AF553985

चिल्ड्रंस साइंस एंसाइक्लोपीडिया

Children's Science Encyclopedia

चिल्ड्रंस साइंस एंसाइक्लोपीडिया

Children's Science Encylopedia

लेखक एवं चित्रकार
ए.एच. हाशमी

सपादक
राजीव गर्ग
एम.ए.सी., एम.टेक

प्रकाशक

वी एण्ड एस पब्लिशर्स

मुख्य कार्यालय
F-2/16, अंसारी रोड, दरियागंज,
नई दिल्ली-110002 ☎ 23240026, 27, 28
info@vspublishers.com
www.vspublishers.com

क्षेत्रीय कार्यालय : हैदराबाद
5-1-707/1, ब्रिज भवन (सेन्ट्रल बैंक ऑफ इण्डिया
लेन के पास) बैंक स्ट्रीट, कोटी, हैदराबाद-500 095
☎ 040-24737290
vspublishershyd@gmail.com

Online Brandstore: amazon.in/vspublishers

पुस्तकें ऑलाइन खरीदें: amazon Flipkart | फ़ॉलो करें :  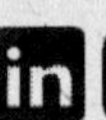  

ISBN 978-93-815888-1-9

नवीन संस्करण

Cataloging in Publication Data--DK
Courtesy: D.K. Agencies (P) Ltd. <docinfo@dkagencies.com>

Hāśamī, E. Eca., author.
Cilḍraṃsa sāiṃsa eṃsāiklopīḍiyā = Children's science encyclopedia / lekhaka evaṃ citrakāra, E. Eca. Hāśamī ; sampādaka, Rājīva Garga. -- Navīna saṃskaraṇa.
pages cm
In Hindi.
On general knowledge; for juvenile.
ISBN 9789381588819

1. Childre s encyclopedias and dictionaries, Hindi. I. Title. II. Title: Children's science encylopedia. III. Title: Cilḍraṃsa sāiṃsa inasāiklopīḍiyā.

LCC AG30.5.H37 2024 | DDC 039.94811 23

मुद्रक : परम ऑफसेटर्स, ओखला, नई दिल्ली-110020

प्रकाशकीय

प्रस्तुत पुस्तक 'चिल्ड्रंस साइंस एंसाइक्लोपीडिया' सत्रह विषय-वस्तु पर आधारित विश्व ज्ञान गंगा है। जैसा कि हम जानते हैं कि बच्चे स्वभाव से ही जिज्ञासु प्रकृति एवं प्रवृत्ति के होते हैं। वे अपने आस-पास की वस्तुओं के बारे में जानने के लिए सदा उत्सुक रहते हैं। सामान्यतः ऐसे प्रसंगों की जानकारी के लिए उनकी पाठ्यपुस्तकें हैं फिर भी उनकी जिज्ञासाओं को शान्त करने के लिए ये पुस्तकें पर्याप्त नहीं होती हैं। इस पुस्तक का प्रणयन इसी कमी की पूर्ति के लिए किया गया है। पुस्तक बच्चों में छिपी प्रतिभा को निखारने में अतिशय सहयोग करेगी। 'चिल्ड्रंस साइंस एंसाइक्लोपीडिया' सत्रह अध्यायों में लिखी गई एक अप्रतिम (unparalleled) पुस्तक है। सभी आवश्यक विषय - विश्व एवं वातावरण, पादप एवं जीवधारी से लेकर मानव शरीर, ध्वनि, प्रकाश, ऊर्जा, खनिज एवं धातुएँ, वातावरण एवं प्रदूषण, पृथ्वी तथा पृथ्वी पर जीवन, संचार, रसायन विज्ञान आदि सभी पक्षों को इसमें समाहित किया गया है। विज्ञान की बारीकियों को संक्षेप में किन्तु समग्रता के साथ समझाया गया है। विज्ञान के सभी पहलुओं को यथा संभव सरल भाषा में चित्रों के साथ इस प्रकार विश्लेषित किया गया कि विद्यार्थी से लेकर सामान्य ज्ञान पिपासु जन इस पुस्तक से अवश्य लाभान्वित होंगे। पुस्तक में विषय-वस्तु को स्पष्ट करने के लिए प्रचुर चित्रों का समावेश किया गया है। पुस्तक में बच्चों के पूछे (asked) तथा अनपूछे (unasked) प्रश्नों का जवाब है जो उनके विचारों एवं मनोभावों को प्रेरित करेंगे, ऐसा हमारा दृढ़ विश्वास है।

विषय-सूची

ब्रह्माण्ड (Universe)

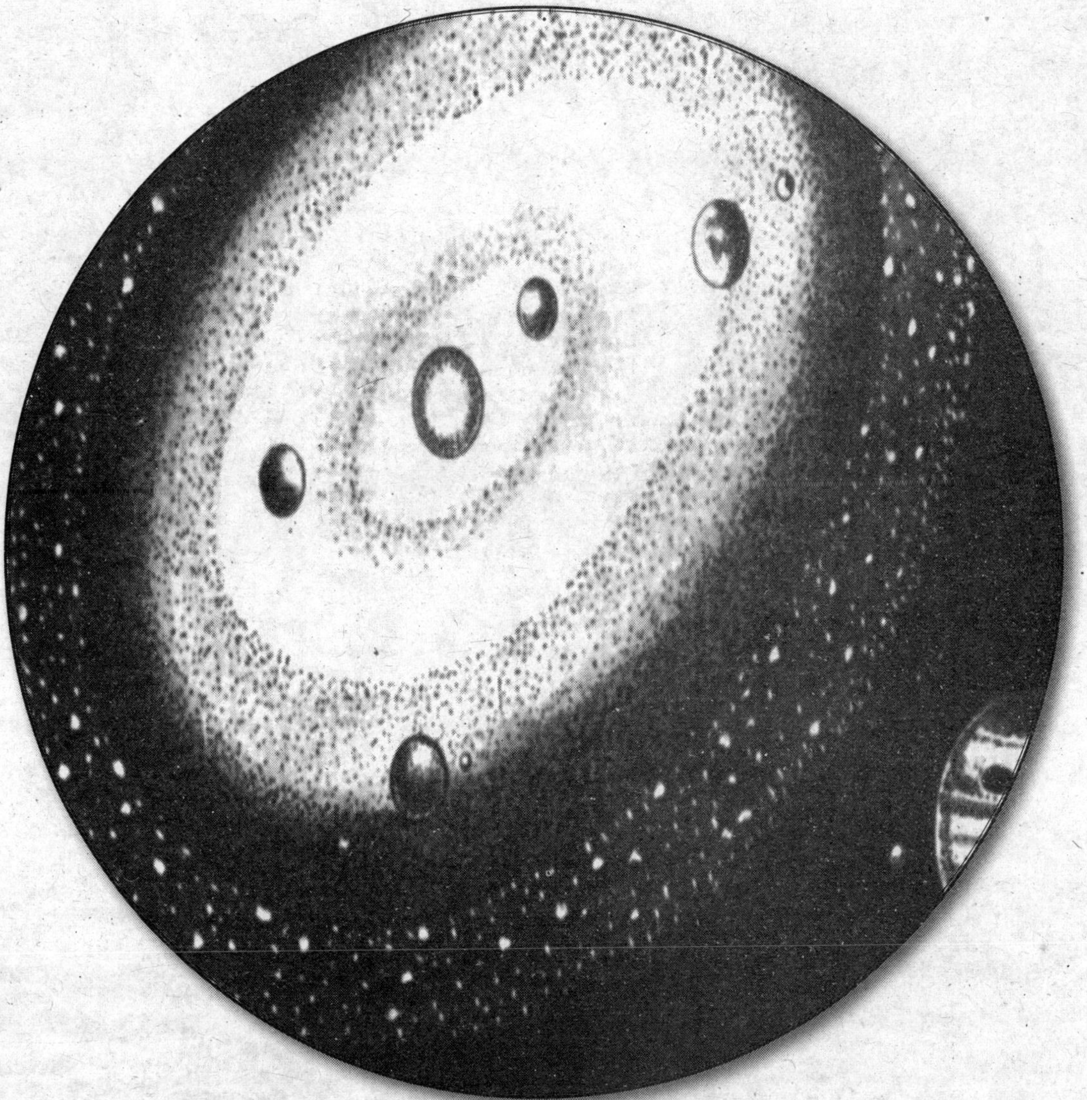

अन्तरिक्ष (Space)

अन्तरिक्ष सभी दिशाओं में अनन्त तक फैला हुआ है

अन्तरिक्ष एक वायु रहित खाली विस्तृत क्षेत्र है, जिसकी सीमाएँ सभी दिशाओं में अनन्त (Infinity) तक फैली हुई हैं। सौरमण्डल, असंख्य तारे, तारकीय धूल और मन्दाकिनियाँ सभी अन्तरिक्ष के अवयव हैं। इसमें किसी प्रकार की हवा नहीं है, और न ही बादल हैं। दिन हो या रात, अन्तरिक्ष सदा काला ही रहता है। अन्तरिक्ष में कोई प्राणी नहीं रहता। निर्वात होने के कारण वहाँ कोई भी प्राणी जीवित नहीं रह सकता है।

अन्तरिक्ष कहाँ से शुरू होता है, इस तथ्य की कोई जानकारी नहीं है। अन्तरिक्ष हमें चारों ओर से घेरे हुए है। समझने के लिए हम इतना ही कह सकते हैं कि अन्तरिक्ष वहाँ से शुरू होता है, जहाँ पृथ्वी का वायुमण्डल समाप्त होता है।

आज का मानव शक्तिशाली रेडियो दूरबीनों, रॉकेटों, उपग्रहों, अन्तरिक्ष यानों और प्रोबों द्वारा अन्तरिक्ष पिण्डों के विषय में जानकारी प्राप्त करने में लगा हुआ है। नये आविष्कारों से अन्तरिक्ष सम्बन्धी नये तथ्य हमारे सामने आये हैं।

✪✪✪

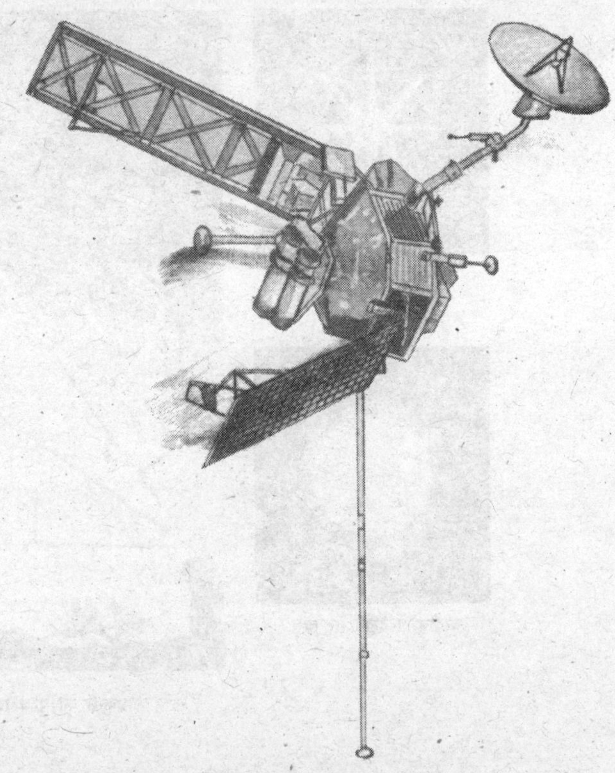

1974 में अन्तरिक्ष प्रोब 'मैरिनर 10' द्वारा शुक्र और बुध सम्बन्धी महत्त्वपूर्ण जानकारी प्राप्त हुई

तारे (Stars)

शाम होते ही, अन्धेरा घिरने लगता है और धीरे-धीरे आसमान पर तारे दिखने लगते हैं। तारे चमकीले बिन्दुओं की तरह नजर आते हैं, क्योंकि ये बहुत दूर हैं। सूर्य भी एक तारा है लेकिन यह दूसरे तारों जैसा नहीं लगता, क्योंकि यह दूसरे तारों की तुलना में हमारे बहुत निकट है। यदि हम तारों के कुछ नजदीक पहुँच जायें, तो वे भी सूर्य की भाँति दिखायी देंगे। तारे चमकती हुई गैस के विशाल पिण्ड हैं। इनमें से कुछ सूर्य से बहुत बड़े और चमकीले हैं तथा दूसरे कुछ छोटे और धुँधले हैं। रीगल, नीले-सफेद दानव (Rigel, blue-white giant) का व्यास सूर्य से 80 गुना अधिक है। इसकी चमक सूर्य की अपेक्षा 60,000 गुना अधिक है।

तारे सफेद दिखायी देते हैं, लेकिन सभी तारे सफेद नहीं होते। कुछ नारंगी, लाल या नीले रंग के भी होते हैं। अत्यधिक गरम तारों का रंग नीला होता है और ठण्डे तारों का लाल। सूर्य पीला तारा है। नीले तारों का तापमान 27,750° सें., सूर्य का 6000° सें. तथा लाल तारों का तापमान 1650° सें. होता है। इसलिए कोई भी अन्तरिक्ष यात्री कभी भी किसी भी तारे पर नहीं उतर सकता।

अन्तरिक्ष यान को चन्द्रमा तक पहुँचने में तीन दिन का समय लगता है। सूर्य तक जाने में कई महीने चाहिए। अन्तरिक्ष यान को सबसे नजदीकी तारे तक पहुँचने में हजारों वर्ष लग सकते हैं। इतनी लम्बी दूरी को कि.मी. में मापना एक कठिन समस्या है। इसलिए वैज्ञानिक तारों की दूरी मापने के लिए प्रकाशवर्ष (Light year) और पारसेक (Parsec-Pc) इकाइयों का इस्तेमाल करते हैं। प्रकाशवर्ष वह दूरी है, जिसे प्रकाश तीन लाख कि.मी. प्रति सेकेण्ड की रफ्तार से चलकर एक वर्ष में तय करता है यानी 9.4607×10^{12} कि.मी.। एक पारसेक (Pc) 3.26 प्रकाशवर्ष के बराबर होता है यानी 30.857×10^{12} कि.मी.।

चन्द्रमा से आने वाले प्रकाश को हम तक पहुँचने में 1.3 सेकेण्ड का समय लगता है। सूर्य से चलने वाला प्रकाश हम तक 8 मिनट 18 सेकेण्ड में पहुँचता है। लेकिन सूर्य के बाद सबसे नजदीकी तारे प्रोक्सिमा सेण्टोरी (Proxima Centauri) से आने वाले प्रकाश को हम तक पहुँचने में 4.2 प्रकाश वर्षों का समय चाहिए। हमारी मन्दाकिनी में सबसे दूर के तारे की दूरी लगभग 63,000 प्रकाशवर्ष (19.325 Pc) है। सभी तारों का जन्म गैस और धूल के बादलों से हुआ है। सभी तारों में संगलन (Fusion) क्रियाओं से प्रकाश और गरमी पैदा होती है।

✪✪✪

पृथ्वी से देखने पर तारा

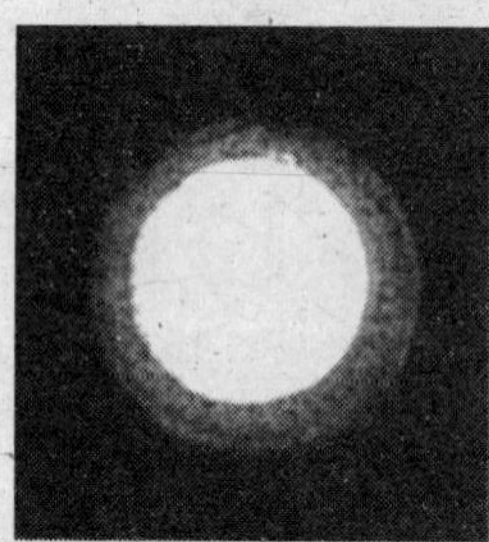

दूरबीन से देखने पर तारा

तारों के प्रकाश को पृथ्वी तक आने में एक लम्बा समय चाहिए

पल्सर, ब्लैकहोल तथा क्वासर (Pulsars, Black Holes and Quasars)

पल्सर (Pulsars)

'पल्सर' घूर्णन करते हुए ऐसे तारे हैं, जिनसे नियमबद्ध रूप से विकिरण स्पन्द आते रहते हैं। 'पल्सर' शब्द पल्सेटिंग रेडियो स्टार के लिए प्रयुक्त होता है।

जब किसी बड़े तारे में विस्फोट होता है, तो उसका बाहरी भाग छिटककर नेबुला (Nebula) का रूप धारण कर लेता है और क्रोड घटकर छोटा सघन तारा बन जाता है, जिसे 'न्यूट्रॉन तारा' (Neutron Star) कहते हैं। इनमें न्यूट्रॉन बहुत-ही पास-पास होते हैं तथा इनका घनत्व भी बहुत अधिक होता है। ये बहुत छोटे और धुँधले होते हैं। एक न्यूट्रॉन तारे का औसत व्यास 10 कि.मी. होता है। न्यूट्रॉन तारे ही 'पल्सर' कहलाते हैं।

रेडियो दूरबीन पर पल्सर से आता किरणपुंज (Beams) 'टिक' जैसी आवाज पैदा करता है। तेजी से घूमते हुए ये न्यूट्रॉन तारे अन्तरिक्ष में लाइटहाउसों की तरह हैं। साधारण पल्सरों की फ्लैश के बीच का अन्तराल 1 या 1/2 सेकेण्ड होता है। अति तीव्रता से स्पन्दन करने वाला पल्सर NP 0532 है, जो 'क्रेब नेबुला' में स्थित है। यह 1 सेकेण्ड में 30 बार स्पन्दन करता है। सबसे पुराना और मन्द गति से घूर्णन करने वाला पल्सर NP 0527 है, जिसकी स्पन्दनों के बीच का अन्तराल 3.7 सेकेण्ड है। सभी पल्सर 0.03 सेकेण्ड से 4 सेकेण्ड की अवधि में एक स्पन्द पैदा करते हैं।

सामान्यतः पल्सरों को प्रकाशीय दूरबीन से नहीं देखा जा सकता। इन्हें खोजने के लिए रेडियो दूरबीनों की आवश्यकता होती है। केवल दो पल्सर ऐसे हैं, जिन्हें प्रकाशीय दूरबीनों से देखा जा सकता है। पहला NP 0532 क्रेब नेबुला में है और दूसरा PSR 0833-45 गम नेबुला में है। अब तक वैज्ञानिक 100 से अधिक पल्सरों का पता लगा चुके हैं।

ब्लैकहोल (Black Hole)

सूर्य से भी तीन गुने विशाल तारों के समाप्त होने पर अन्तरिक्ष में कुछ काले क्षेत्र बच जाते हैं जिन्हें 'ब्लैकहोल' कहते हैं। इनका गुरुत्वाकर्षण बल इतना अधिक होता है कि कोई भी वस्तु जो ब्लैकहोल में चली जाती है, बाहर नहीं आ सकती। यहाँ तक कि प्रकाश भी गुरुत्वाकर्षण के कारण बाहर नहीं आ पाता।

सन् 1972 में सबसे पहले ब्लैकहोल की पहचान की गयी थी। यह सिग्नस (Cygnus) एक्स-1 के दुहरे तारे में था। यह दुहरा तारा एक्स-किरणों का स्रोत है। यह उसका एक छोटा साथी है, जो बिल्कुल

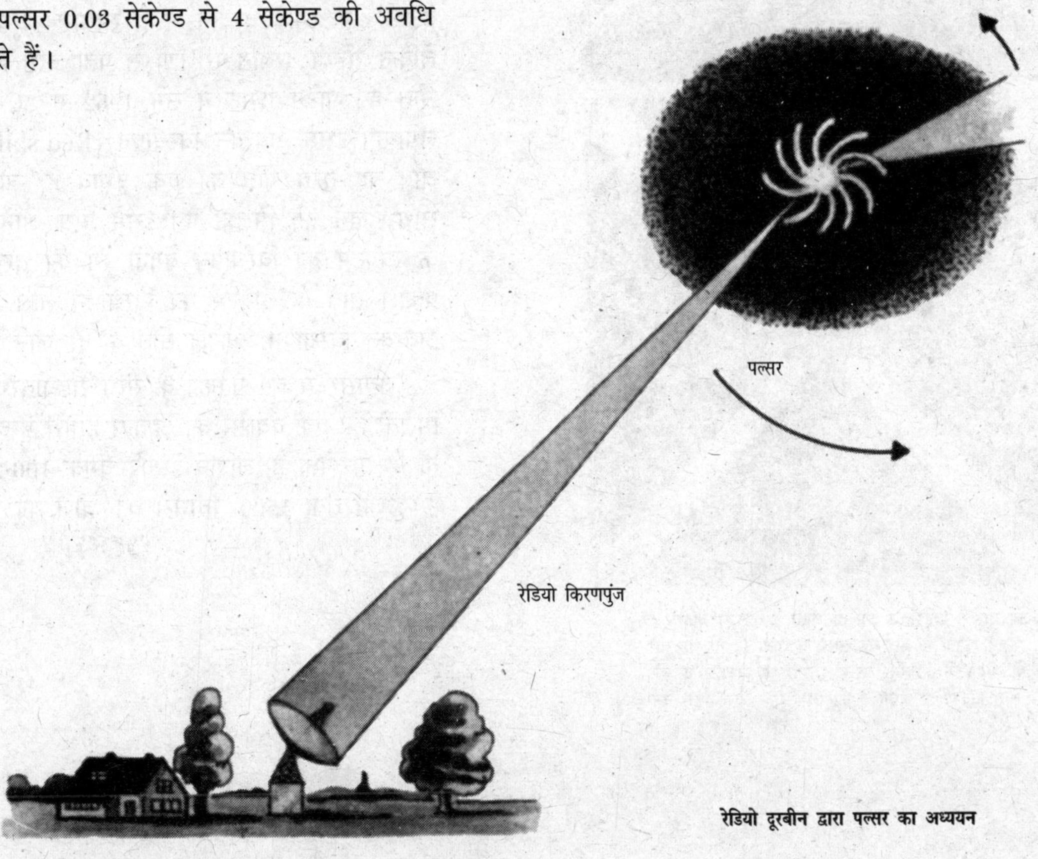

रेडियो दूरबीन द्वारा पल्सर का अध्ययन

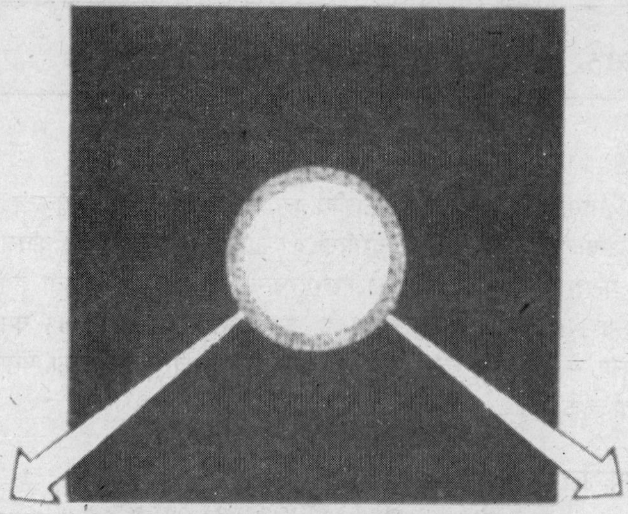

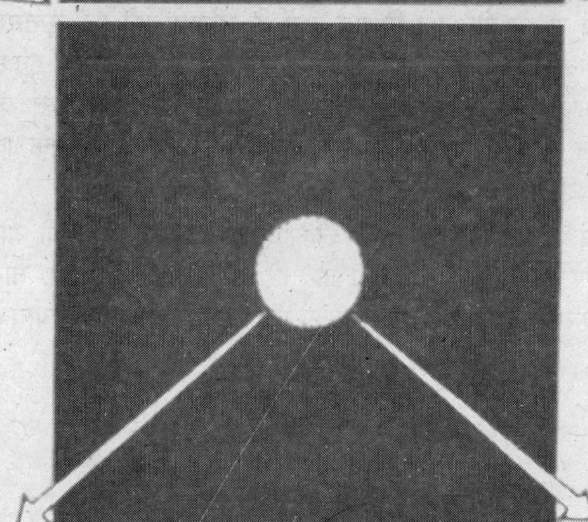

जब तारे में हाइड्रोजन कम हो जाती है, उसका बाहरी क्षेत्र फूलने लगता है और वह लाल हो जाता है, तो यह तारे के जीवन के अन्तिम दिन होते हैं। एक विस्फोट के बाद तारा अदृश्य हो जाता है और वहाँ एक 'ब्लैकहोल' बन जाता है।

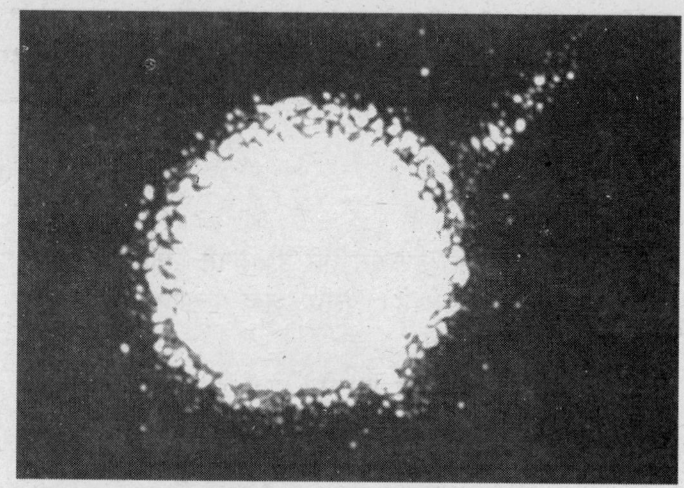

'क्वासर' रेडियोतरंगों के स्रोत हैं

काला है। यह न्यूट्रॉन तारा नहीं है, इसलिए इसको 'ब्लैकहोल' कहते हैं। सामान्यतः ब्लैकहोल से एक्स-किरणों और अवरक्त विकिरण (Infrared radiation) निकलते हैं। इन्हीं विकिरणों के आधार पर अन्तरिक्ष में ब्लैकहोलों का पता लगाया जाता है। ब्लैकहोलों का द्रव्यमान 10 करोड़ सूर्यों के बराबर तक हो सकता है।

क्वासर (Quasars)

'क्वासर' शब्द 'क्वासी-स्टैलर रेडियो सोर्सेज (Quasi-stellar radio sources) का संक्षिप्त रूप है। क्वासर एक तारे की तरह दिखायी देते हैं। प्रकाशीय दूरबीन से ये साधारण धुँधले तारों जैसे लगते हैं, लेकिन रेडियो दूरबीन-परीक्षणों से पता चला है कि ये रेडियोतरंगों के स्रोत हैं। मार्टेन श्मिट ने सन् 1962 में 3C–273 क्वासर का पता लगाया। इसमें अवरक्त विस्थापन (Red shift) Z का मान 0.158 था। यह तरंग गति का एक प्रभाव है, जो गतिशील वस्तुओं के साथ देखने को मिलता है। इसमें पास आने वाले प्रकाश के स्रोत के स्पेक्ट्रम का विस्थापन बैंगनी रंग की तरफ और दूर जाने वाले प्रकाश स्रोत के स्पेक्ट्रम का विस्थापन लाल रंग की ओर होता है। अवरक्त विस्थापन, प्रकाश स्रोत के दूर जाने को दर्शाता है।

क्वासर से हमें प्रकाश के साथ रेडियोतरंगें और एक्स-किरणें भी मिलती हैं। एक क्वासर का आकार हमारी मन्दाकिनी का 1/100,000 वाँ हिस्सा होता है, लेकिन इसकी चमक 100-200 गुना अधिक होती है। अभी तक 1500 क्वासरों की खोज की जा चुकी है।

✪✪✪

मन्दाकिनियाँ (Galaxies)

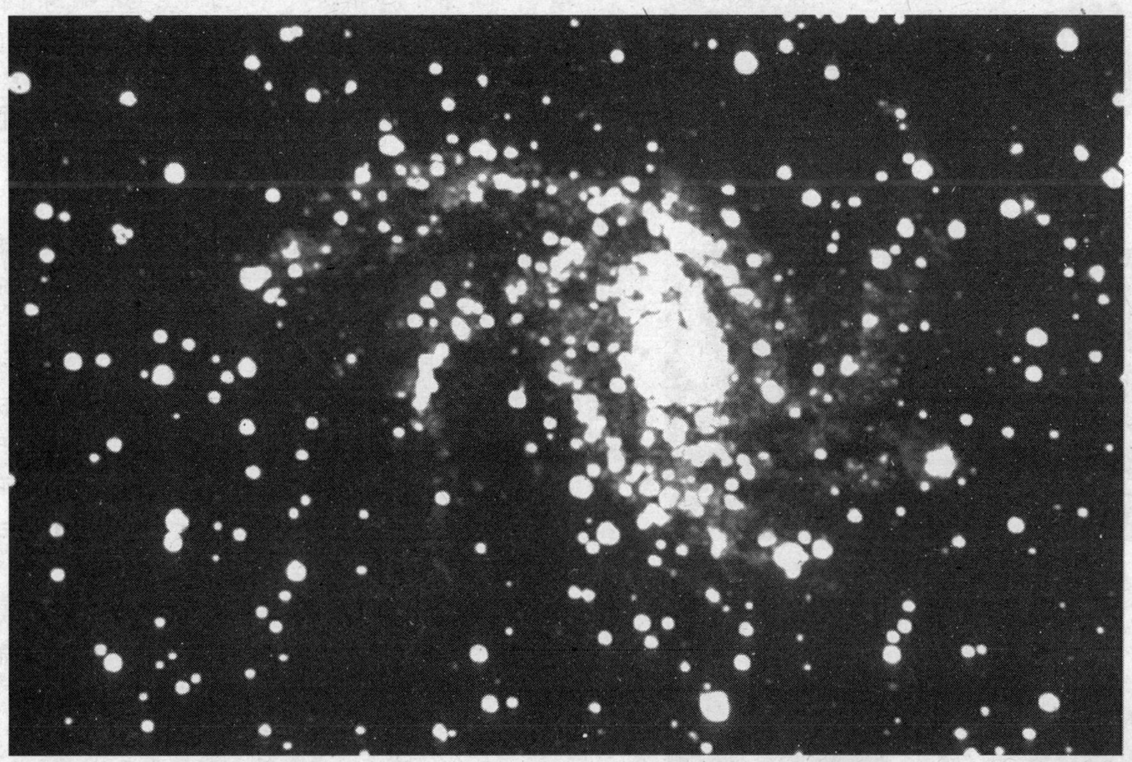

सर्पिल मन्दाकिनी 'एण्ड्रोमेडा (Andromeda)

रात को आकाश में प्रकाश की एक दूधिया नदी-सी दिखायी देती है, जिसे मिल्की वे (Milky Way) या आकाशगंगा कहते हैं। इटली के खगोलवेत्ता गैलीलियो ने सबसे पहले अपनी दूरबीन द्वारा इसको देखकर बताया था कि यह वास्तव में करोड़ों टिमटिमाते तारों का विशाल पुंज है। यह एक मन्दाकिनी (Galaxy) है। हमारा सौर-परिवार इसी का एक सदस्य है। न जाने इसमें और कितने सौरमण्डल हैं।

सभी मन्दाकिनियाँ तारों के विशाल पुंज हैं। ये पुंज इतने विशाल हैं कि कुछ लोग इन्हें 'ब्रह्माण्ड के प्रायद्वीप' कहते हैं। समस्त ब्रह्माण्ड में मन्दाकिनियाँ फैली हुई हैं। शक्तिशाली दूरबीनों से 100 करोड़ मन्दाकिनी देखी जा सकती हैं, जिनकी दूरी 1000 प्रकाशवर्ष से एक करोड़ प्रकाशवर्ष तक है। अधिकांश मन्दाकिनियाँ आकाश में बिखरी हुई दिखायी देती हैं। मन्दाकिनियाँ करोड़ों तारों, धूल और गैसों के समूह हैं।

ऐसा अनुमान है कि जब पहली बार ब्राह्मण्ड में विस्फोट हुआ तो पदार्थों के फैलने से गैस के विशाल समूह या प्रोटो-गैलेक्सी अपनी ही गति विशेष से घूमने लगे। मन्द और तेज गति से घूमने के कारण

मिल्की वे या आकाशगंगा

सर्पिल मन्दाकिनी

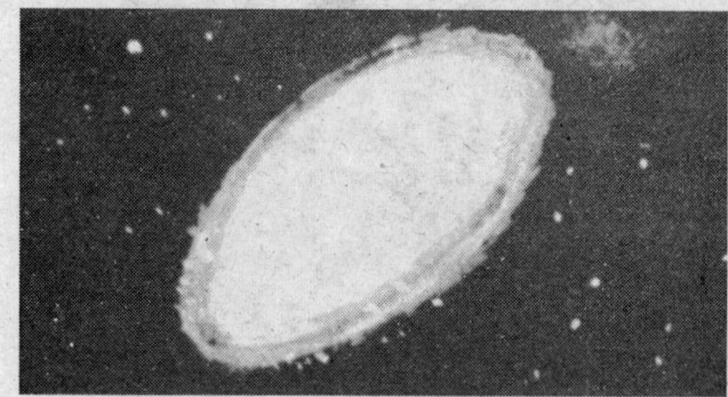

दीर्घवृत्तीय मन्दाकिनी

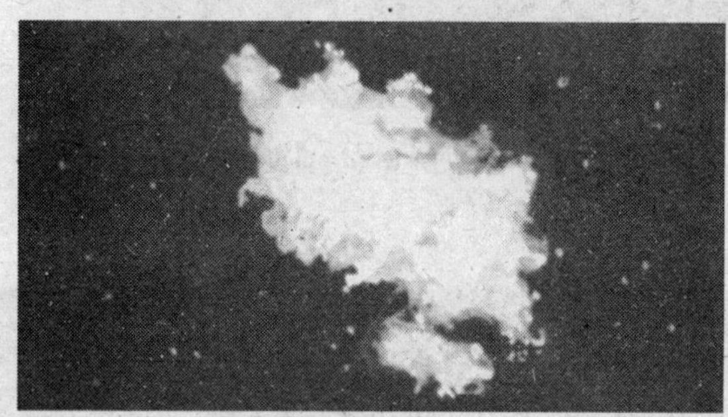

अनियमित मन्दाकिनी

विभिन्न आकारों और रूपों में मन्दाकिनियों का निर्माण हुआ। अब तक की ज्ञात मन्दाकिनियों के प्रमुख तीन रूप हैं–सर्पिल (Spiral), दीर्घवृत्तीय (Elliptical) और अनियमित (Irregular)।

हमारी मन्दाकिनी सर्पिल मन्दाकिनी है। इसकी सर्पिल भुजाएँ दूर-दूर तक फैली हैं और इन्हीं भुजाओं में से एक में हमारा सौरमण्डल स्थित है। मन्दाकिनी व्यास में लगभग 100,000 प्रकाशवर्ष (30,600 Pc) है। इसका केन्द्र तारकीय धूल कणों से ढका हुआ है। सूर्य से लगभग 32,000 प्रकाशवर्ष (9800 Pc) दूर हमारी मन्दाकिनी का केन्द्र है। ऐसा अनुमान है कि यह 1200 करोड़ 1400 करोड़वर्ष पुरानी है और इसमें लगभग 1500 हजार करोड़ तारे हैं।

मन्दाकिनी अपने अक्ष (axis) पर घूम रही है। किनारों की अपेक्षा यह अपने केन्द्र पर अधिक तेजी से घूमती है। मध्य क्षेत्र अपने अक्ष पर एक चक्कर लगभग 50,000 वर्षों में पूरा करता है। सूर्य और उसके पड़ोसी तारे एक गोलाकार कक्षा में 250 कि.मी. प्रति सेकेण्ड की औसत गति से मन्दाकिनी के केन्द्र के चारों ओर परिक्रमा करते हैं। एक चक्कर पूरा करने में सूर्य को लगभग 22.5 करोड़ वर्ष लगते हैं। यह अवधि ब्रह्माण्ड वर्ष (Cosmic year) कहलाती है।

आकाशगंगा के अतिरिक्त ब्रह्माण्ड में हजारों-लाखों मन्दाकिनियाँ हैं। इन मन्दाकिनियों का विस्तार हो रहा है। एक समय ऐसा भी आयेगा जब ये फैलने के वजाय सिकुड़ने लगेंगी।

यदि हम आकाशगंगा को गौर से देखें, तो हमें चमकीले भाग में काले धब्बे भी दिखायी देते हैं। ये वे क्षेत्र हैं, जिनमें तारे कम हैं।

✪✪✪

सूर्य (The Sun)

सूर्य आकाशगंगा का एक तारा है, जो हमें अन्य तारों से बहुत बड़ा दिखायी देता है, क्योंकि यह पृथ्वी से अधिक निकट है। कुछ तारों की तुलना में यह बहुत छोटा है। बीटेलजूज (Betelgeuse) तारा सूर्य से 800 गुना बड़ा है।

पृथ्वी से सूर्य की दूरी लगभग 15 करोड़ कि.मी. है। इसका व्यास लगभग 1,400,000 कि.मी. है यानी पृथ्वी के व्यास का 109 गुना। इसका गुरुत्वाकर्षण पृथ्वी के गुरुत्वाकर्षण की तुलना में 28 गुना अधिक है।

आकाशगंगा के केन्द्र से सूर्य की दूरी आधुनिक अनुमान के आधार पर 32,000 प्रकाशवर्ष है। 250 कि.मी. प्रति सेकेण्ड की औसत गति से केन्द्र के चारों ओर एक चक्कर पूरा करने में सूर्य को 22.5 करोड़ वर्ष लगते हैं। यह अवधि 'ब्रह्माण्ड वर्ष' कहलाती है। 'सूर्य' पृथ्वी की तरह अपने अक्ष (axis) पर भी घूमता है। सूर्य गैसों का बना है, इसलिए विभिन्न अक्षांशों पर विभिन्न गति से घूम सकता है। ध्रुवों पर उसके घूमने की अवधि लगभग 24-26 दिन है और भूमध्य रेखा पर 34-37 दिन है। यह पृथ्वी से 300,000 गुना अधिक भारी है।

सूर्य चमकती हुई गैसों का एक महापिण्ड है। इसको एक विशाल हाइड्रोजन बम कह सकते हैं, क्योंकि इसमें नाभिकीय संगलन (Nuclear Fusion) द्वारा अत्यधिक ऊष्मा और प्रकाश पैदा होते हैं। इससे आने वाले प्रकाश और गरमी से ही पृथ्वी पर जीवन सम्भव है। इसके प्रकाश को धरती तक पहुँचने में 8 मिनट 20 सेकेण्ड का समय लगता है। सूर्य की संरचना चित्र में दिखायी गयी है।

सूर्य की दिखायी देने वाली बाहरी सतह को 'फोटोस्फियर' (Photosphere) कहते हैं, जिसका तापमान लगभग 6000° सेल्सियस है, लेकिन केन्द्र का तापमान 1,5,000,000° सेल्सियस है।

सूर्य की सतह या फोटोस्फियर से चमकती हुई लपटें उठती रहती हैं, जिन्हें 'सौर-ज्वालाएँ' (Solar Prominences) कहते हैं। ये लगभग 1,000,000 कि.मी. ऊँचाई तक पहुँचती है।

सूर्य की सतह पर काले धब्बे भी दिखायी देते हैं। ये सूर्य की सतह के तापमान (6000° सेल्सियस) से अपेक्षाकृत लगभग 1500° सेल्सियस ठण्डे होते हैं। इन धब्बों का जीवन काल कुछ घण्टों से लेकर कई सप्ताह तक होता है। एक बड़े धब्बे का तापमान 4000-5000° सेल्सियस तक हो सकता है। धब्बे तो हमारी पृथ्वी से भी कई गुने बड़े होते हैं।

सूर्य के धब्बे जब अधिक समय तक रहते हैं तो सौर-विस्फोट और सौर-ज्वालाएँ अधिक उठने लगती हैं। इसका नतीजा यह होता है कि आयनमण्डल में उथल-पुथल हो जाती है और पृथ्वी पर रेडियो संचारों में बाधाएँ पड़ती हैं।

✪✪✪

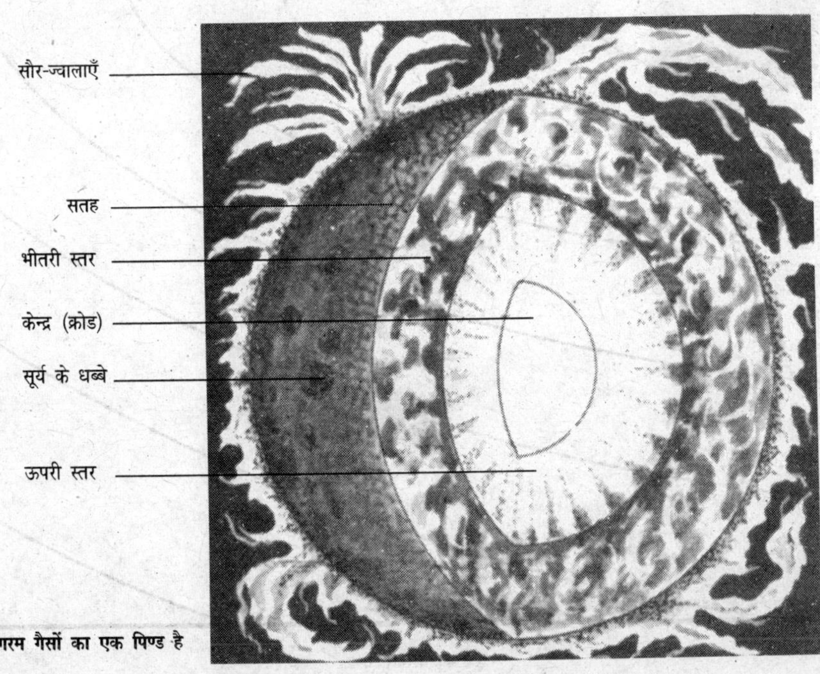

सूर्य गरम गैसों का एक पिण्ड है

सौरमण्डल (Solar System)

आकाशगंगा (Milky way) के केन्द्र से लगभग 30,000 से लेकर 33,000 प्रकाशवर्ष की दूरी पर एक कोने में हमारा सौरमण्डल स्थित है। सौरमण्डल का केन्द्र सूर्य में स्थित है। सूर्य आकाशगंगा की परिक्रमा करता है। यह 2250 लाख वर्ष में एक परिक्रमा करता है। सूर्य अन्य तारों की तरह ही एक तारा है, अन्तर केवल इतना है कि दूसरे तारों की तुलना में यह हमारे अधिक निकट है। सूर्य का अपना परिवार है। सूर्य और इसके परिवार को 'सौरमण्डल' कहते हैं। सूर्य के परिवार में सूर्य, नौ ग्रह, उनके उपग्रह, धूमकेतु (Comets), उल्काएँ (Meteors) तथा क्षुद्र-ग्रह या एस्टिरॉयड (Asteroids) आते हैं।

ग्रह ऐसे खगोल पिण्ड हैं जो हमारी पृथ्वी की भाँति ही सूर्य के इर्द-गिर्द चक्कर लगाते हैं अर्थात् उसकी परिक्रमा करते हैं। सूर्य का प्रकाश ग्रहों पर पड़ता है, जिसके कारण वे चमकदार दिखते हैं। सौर-परिवार का 99% द्रव्यमान (Mass) सूर्य के कारण ही है। सौरमण्डल के सभी सदस्य सूर्य की परिक्रमा करते हैं।

नौ ग्रह इस प्रकार हैं–बुध (Mercury), शुक्र (Venus), पृथ्वी (Earth), मंगल (Mars), बृहस्पति (Jupiter), शनि (Saturn), यूरेनस (Uranus), नेप्च्यून (Neptune) तथा प्लूटो (Pluto)।

बुध, शुक्र, मंगल, बृहस्पति तथा शनि को पृथ्वी से बिना दूरबीन के देखा जा सकता है। खगोलशास्त्री हजारों वर्ष पूर्व भी इनको जानते थे। अन्य तीन ग्रह–यूरेनस, नेप्च्यून तथा प्लूटो की खोज दूरबीन के आविष्कार के बाद हुई। यूरेनस की खोज सन् 1781 में हुई, नेप्च्यून की सन् 1846 में और प्लूटो की सन् 1930 में।

पिछले कुछ वर्षों में खगोलशास्त्रियों ने अनेक परीक्षणों से दसवें ग्रह के अस्तित्व का अनुमान लगाया है। लेकिन अभी तक इसकी खोज नहीं हो पायी है। निकट भविष्य में खगोलविद् इसका पता लगा लेंगे।

✪✪✪

सूर्य का परिवार

बुध (Mercury)

बुध सूर्य के सबसे पास का एक छोटा-सा ग्रह है। यह इतना छोटा है कि कुछ ग्रहों के उपग्रह भी इससे बड़े हैं। बुध आकाश में बहुत नीचे है, इसलिए इसको देख पाना आसान नहीं है। इस ग्रह को सूर्यास्त के तुरन्त बाद या सूर्योदय से पहले देखा जा सकता है।

बुध अपनी धुरी पर 58.7 दिन में एक चक्कर लगाता है। सूर्य के चारों ओर चक्कर लगाने में इसे 88 दिन लगते हैं। यह सबसे तीव्र वेग से घूमने वाला ग्रह है।

यह एक ऐसा ग्रह है, जिसकी सूर्य से दूरी हमेशा समान नहीं रहती, क्योंकि इसका लम्बा, पतला परिक्रमा-पथ नीबू के आकार जैसा है। बुध बहुत धीरे घूमता है। वहाँ का एक दिन हमारी पृथ्वी के 59 दिनों के बराबर होता है। इस ग्रह का एक हिस्सा सूर्य के निकट काफी लम्बे समय तक रहता है, इसलिए सूर्य की भीषण गरमी के कारण वहाँ दिन का तापमान 350° सेल्सियस से भी अधिक हो जाता है। इस तापमान पर टिन और लैंड पिघल जाते हैं। ग्रह का दूसरा हिस्सा जिस पर रात होती है, अपेक्षांकृत बहुत ठण्डा होता है। वहाँ का तापमान–170° सेल्सियस तक पहुँच जाता है।

सन् 1974 में स्पेस प्रोब (Space probe) मैरिनर 10 से प्राप्त चित्रों से पता चला कि यह ग्रह चन्द्रमा जैसा है, जिस पर चट्टानें और खड्डे हैं। वहा जल का नामो निशान नहीं है। बुध का कोई उपग्रह नहीं है और न वहाँ कोई वायुमण्डलीय गैस है।

सूर्य के सबसे पास का ग्रह 'बुध'

* एक खगोलीय इकाई (au) पृथ्वी और सूर्य के बीच की औसत दूरी है जो 149,598,500 कि.मी. के बराबर होती है।

बुध सम्बन्धी आँकड़े

सूर्य से औसत दूरी : 0.39 au*

पृथ्वी से निकटतम दूरी : 0.54 au*

ग्रह का एक दिन : पृथ्वी के 58 दिन 15 घण्टे

ग्रह का एक वर्ष : पृथ्वी के 88 दिन

व्यास : 4,880 कि.मी.

द्रव्यमान : पृथ्वी के द्रव्यमान से 0.06 गुना

सतह का तापमान : दिन में 350° सेल्सियस; रात में –170° सेल्सियस

गुरुत्वाकर्षण : 0.38

पानी के आधार पर घनत्व : 5.5

❂❂❂

बुध की सतह का एक दृश्य

शुक्र (Venus)

सन्ध्या के समय आपने आकाश में एक बहुत चमकीला तारा देखा होगा। यह तारा सुबह भी नजर आता है। इसे 'भोर का तारा' कहते हैं। लेकिन यह तारा नहीं, बल्कि पृथ्वी का निकटतम ग्रह 'शुक्र' है। दूरबीन से देखने पर शुक्र हमारे चन्द्रमा की तरह लगता है। जब यह हमसे बहुत दूर होता है तो पूरा दिखायी देता है। यह सबसे चमकीला ग्रह है।

स्पेस प्रोब्स द्वारा शुक्र के सम्बन्ध में अनेक नये तथ्य सामने आये हैं। शुक्र सबसे अधिक गरम ग्रह है। भूमध्य रेखा पर इसका तापमान 480° सेल्सियस तक पहुँच जाता है। इस तापमान पर लैड, टिन और जिंक सभी पिघल जाते हैं। आप जानते हैं कि हमारी पृथ्वी पर बादल अधिक से अधिक 15 कि.मी. ऊपर जाते हैं, लेकिन शुक्र के घने बादल 55 कि.मी. की ऊँचाई तक पहुँचते हैं। ऊपरी सतह पर शुक्र के बादलों का तापमान –35° सेल्सियस तक घट जाता है। यह लाल तपता हुआ ग्रह बर्फ के बादलों से लिपटा हुआ है।

शुक्र के वायुमण्डल में 90-95 प्रतिशत कार्बन डाइऑक्साइड है। कुछ हाइड्रोजन और जल वाष्प भी है। इसका दाब पृथ्वी के वायुमण्डल के दाब से 100 गुना अधिक है। अन्तरिक्ष यात्री शुक्र की हवा में साँस लेकर जीवित नहीं रह सकता और न ही वहाँ की गरमी को सहन कर सकता है।

रेडियोतरंगों द्वारा ज्ञात हुआ है कि शुक्र पर पर्वत और घाटियाँ भी हैं। इसका कोई उपग्रह नहीं है। इस ग्रह पर सूर्य पश्चिम में उगता है तथा पूर्व में डूबता है।

शुक्र सम्बन्धी आँकड़े

सूर्य से औसत दूरी : 0.72 au
पृथ्वी से निकटतम दूरी : 0.27 au
ग्रह का एक दिन : पृथ्वी के 243 दिन
ग्रह का एक वर्ष : पृथ्वी के 224.7 दिन
व्यास : 12,104 कि.मी.
द्रव्यमान : पृथ्वी के द्रव्यमान से 0.82 गुना
सतह का तापमान : 480° सेल्सियस
गुरुत्वाकर्षण : पृथ्वी की तुलना में 0.88
पानी के आधार पर घनत्व : 5.25
वायुमण्डल की प्रमुख गैस : कार्बन डाइआक्साइड

✪✪✪

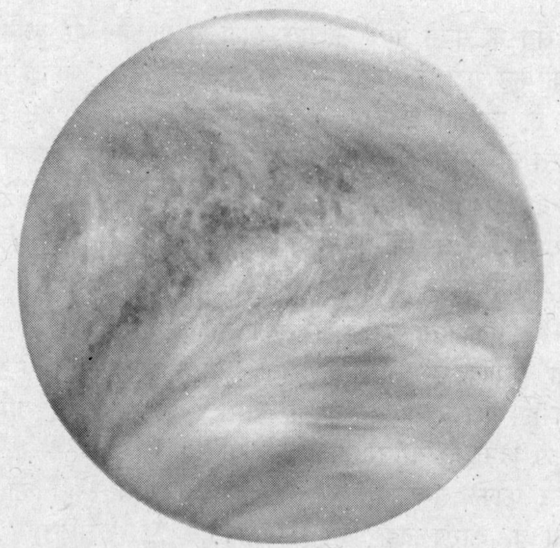

पृथ्वी का निकटतम ग्रह शुक्र

शुक्र की सतह का एक दृश्य

पृथ्वी (Earth)

पृथ्वी जिस पर हम रहते हैं, सूर्य के परिवार का तीसरा ग्रह है। सौरमण्डल का यही एक मात्र ग्रह है, जिस पर जीवन का अस्तित्व है। अन्य ग्रहों की भाँति यह भी सूर्य का चक्कर लगा रही है। पृथ्वी अपनी धुरी पर भी घूम रही है। इस धुरी का एक सिरा उत्तरी ध्रुव कहलाता है और दूसरा दक्षिणी ध्रुव। पृथ्वी के आधे हिस्से पर जहाँ सूर्य का प्रकाश पड़ता है, वहाँ गरमियों का मौसम रहता है और दूसरे हिस्से में इन दिनों सरदी होती है। इस प्रकार पृथ्वी पर मौसम बदलते रहते हैं।

सन् 1961 में सोवियत अन्तरिक्ष यात्री यूरी गगारिन ने अन्तरिक्ष यान 'वोस्तोव' पर सबसे पहले पृथ्वी की परिक्रमा की और अन्तरिक्ष से पृथ्वी को देखा। अन्तरिक्ष या चन्द्रमा से पृथ्वी को देखने पर हरा-भरा थल और महासागरों का नीला जल दिखता है, वैसे ही जैसे ग्लोब पर दिखाया जाता है। पृथ्वी के बहुत-से भाग सफेद बादलों के नीचे छिपे होने के कारण अन्तरिक्ष से दिखायी नहीं देते।

पृथ्वी का एकमात्र उपग्रह चन्द्रमा है, जो पृथ्वी की परिक्रमा करता है। वास्तव में सभी उपग्रह अपने अपने ग्रह की परिक्रमा करते हैं।

सूर्य के परिवार का तीसरा ग्रह 'पृथ्वी'

पृथ्वी सम्बन्धी आँकड़े

सूर्य से औसत दूरी : 100 au

ग्रह का एक दिन : 23 घण्टे 56 मिनट 4.09 सेकेण्ड

ग्रह का एक वर्ष : 365 दिन 5 घण्टे 48 मिनट 45.51 सेकेण्ड

व्यास : 12,756 कि.मी.

सतह का क्षेत्रफल : 510,065,600 वर्ग कि.मी.

द्रव्यमान : 5.96×10^{24} kg

सतह का तापमान : 22° सेल्सियस

गुरुत्वाकर्षण : 6.67×10^{-11} न्यूटन मी.^{2} / कि.ग्रा.

घनत्व : 5.5×10^3 kg/m^3 सर्वाधिक घनत्व

वायुमण्डल की प्रमुख गैसें : नाइट्रोजन, ऑक्सीजन

उपग्रह : 1

✪✪✪

चन्द्रमा (Moon)

चन्द्रमा पृथ्वी का एकमात्र उपग्रह है। खगोलशास्त्रियों के अनुसार पृथ्वी और चन्द्रमा दोनों का निर्माण अलग-अलग हुआ, लेकिन एक ही समय में हुआ, जो बाद में ठण्डे होकर ग्रह और उपग्रह बने। चन्द्रमा से अन्तरिक्ष यात्रियों द्वारा लाये गये चट्टानों और मिट्टी के नमूनों से ज्ञात हुआ कि चन्द्रमा भी उतना ही पुराना है, जितनी पृथ्वी और, यह लगभग 460 करोड़ वर्ष पूर्व बना था।

पृथ्वी और चन्द्रमा के बीच की दूरी 3,84,400 कि.मी. है। इसकी सतह का क्षेत्रफल 37,940,000 वर्ग कि.मी. है। चन्द्रमा की सतह पर छोटे-बड़े असंख्य गड्ढे हैं। ये गड्ढे उल्कापिण्डों के गिरने के कारण बने हैं। चन्द्रमा के पहाड़ ऊँचे हैं, लेकिन उनकी चढ़ाइयाँ ढलवाँ हैं। वहाँ चोटियाँ नहीं हैं, न ही सीधी खड़ी ढलानें हैं। चन्द्रमा पर न तो पानी है, न ही हवा, इसलिए वहाँ जीवन भी नहीं है। वहाँ दिन एकाएक निकलता है और इसी प्रकार रात भी एकाएक होती है। हवा न होने के कारण वहाँ कोई ध्वनि भी नहीं है। चन्द्रमा का गुरुत्वाकर्षण पृथ्वी के गुरुत्वाकर्षण का 1/6 है। यदि आप पृथ्वी पर एक मीटर उछलते हैं, तो चन्द्रमा की सतह पर 6.05 मीटर उछलेंगे। इसी प्रकार वजन पर भी प्रभाव पड़ता

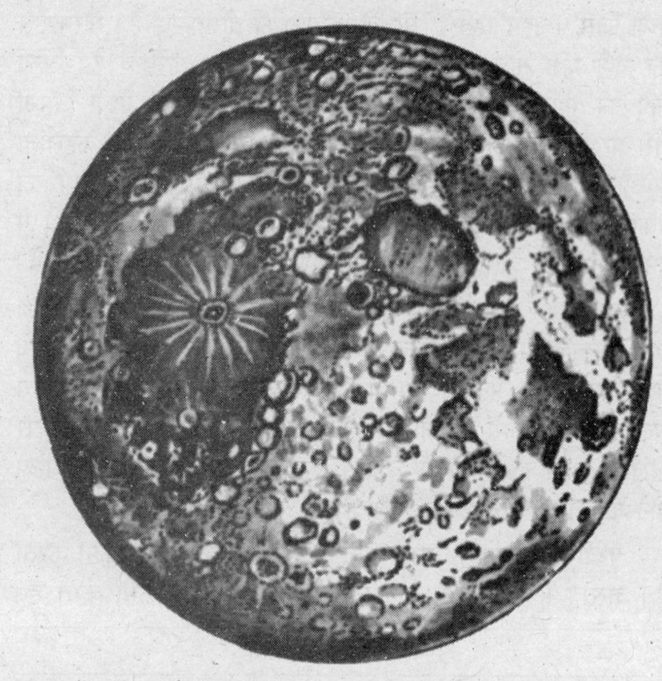

पृथ्वी का एकमात्र उपग्रह 'चन्द्रमा'

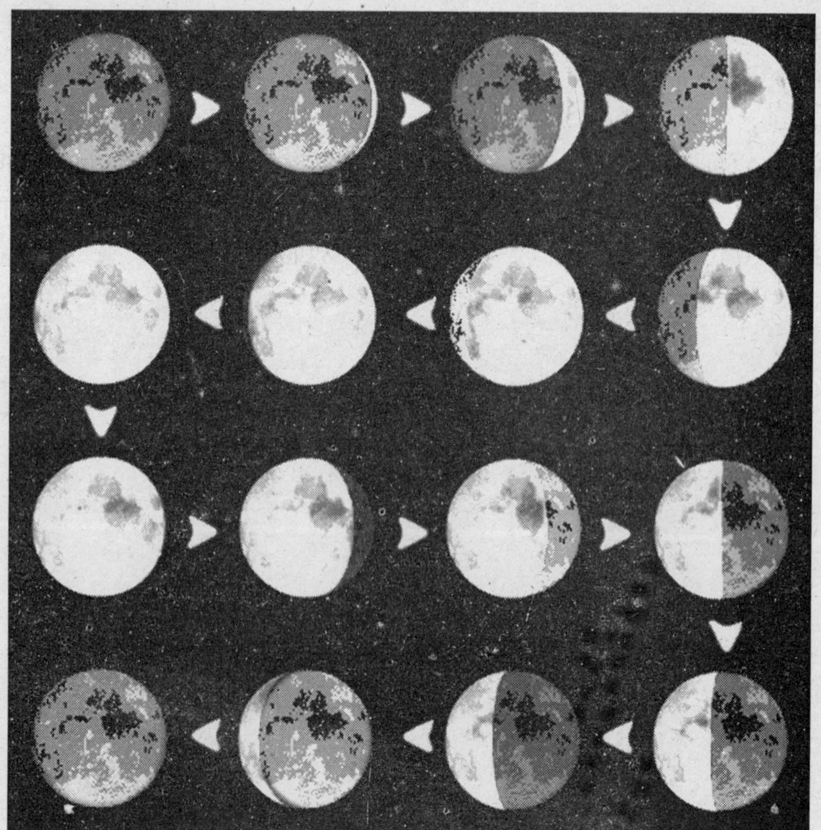

चन्द्र-कलाएँ

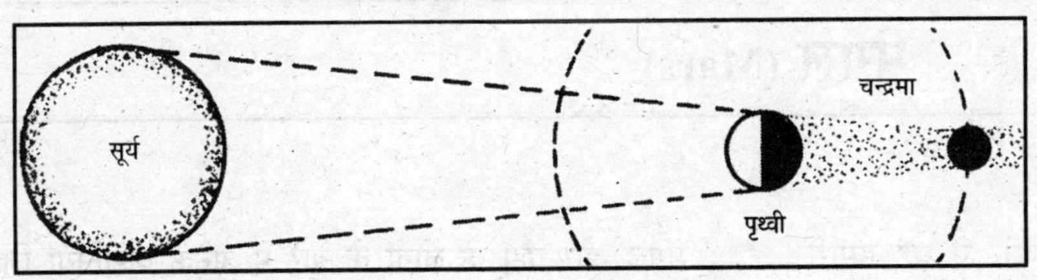

चन्द्रग्रहण

है। चन्द्रमा की सतह पर किसी भी वस्तु का भार छठा हिस्सा हो जाता है। वहाँ का तापमान दिन में 120° सेल्सियस और रात में घटकर –160° सेल्सियस हो जाता है। 20 जुलाई, 1969 को अमेरिकी अन्तरिक्ष यात्री—नील आर्मस्ट्रांग और एडविन एल्ड्रिन ने चन्द्रमा पर पहुँचकर अनेक अध्ययन किये।

'सूर्य' चन्द्रमा की एक ही सतह को चमकाता है, इसकी दूसरी सतह अन्धेरे में रहती है। यह 27.3 दिन में पृथ्वी की एक परिक्रमा पूरी कर लेता है। चन्द्रमा का अपना प्रकाश नहीं है। उस पर सूर्य की किरणें पड़ती हैं, इसलिए हम उसे देख पाते हैं। चन्द्रमा सदा एक जैसा नहीं दिखता। महीने भर के दौरान उसका आकार बदलता रहता है। इसके घटते-बढ़ते आकार को 'चन्द्र-कलाएँ' कहते हैं। जब 'चन्द्रमा' पृथ्वी और सूर्य के बीच में आ जाता है, तब हमें बिल्कुल नहीं दिखता। जब 'सूर्य' पृथ्वी की दूसरी ओर होता है, तब हमें पूरा चाँद दिखता है।

जब चन्द्रमा और सूर्य के बीच में पृथ्वी आ जाती है, तो चन्द्रग्रहण होता है। ऐसी स्थिति केवल पूर्णिमा के दिन ही होती है। अर्थात चन्द्रग्रहण केवल किसी-किसी पूर्णिमा को होता है।

समुद्रों में ज्वार (Tide) चन्द्रमा के खिंचाव के कारण आते हैं। यद्यपि सूर्य भी इसके लिए उत्तरदायी है, लेकिन चन्द्रमा सूर्य की अपेक्षा पृथ्वी के निकट होने के कारण ज्वारों पर अधिक प्रभाव डालता है।

लेसर किरणों की सहायता से चन्द्रमा की दूरी 3,84,000 कि.मी. मापी गयी जिसमें केवल 15 से.मी. की त्रुटि है।

चन्द्रमा पर सबसे बड़े गड्ढे का व्यास 232 कि.मी. है जिसकी गहराई 365.7 मीटर है। इससे एकत्रित की गयी चट्टानों में एल्युमिनियम, लोहा, 'मैग्नीशियम आदि हैं। यहाँ सिलीकेट्स भी हैं। चन्द्रमा का व्यास 3476 कि.मी. है। चन्द्रमा, पृथ्वी की तुलना में 81.3 गुना भारी है और चन्द्रमा से 49 गुना आयतन में बड़ा है।

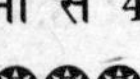

उच्च ज्वार तथा निम्न ज्वार

मंगल (Mars)

सूर्य से दूरी के अनुसार मंगल चौथा ग्रह है। आकार में यह हमारी पृथ्वी से लगभग आधा है। अनुकूल अवस्था में यह चमकीला लाल नजर आता है। इसलिए इसे लाल ग्रह भी कहते हैं। मंगल अपनी धुरी पर पृथ्वी के समान ही झुका हुआ है। इसके ध्रुवीय क्षेत्र बारी-बारी से सूर्य के सामने आते हैं जिनसे प्रत्येक गोलार्द्ध में गरमी और सरदी के मौसम आते हैं। यहाँ के वायुमण्डल में कार्बन डाइऑक्साइड के बादल हैं।

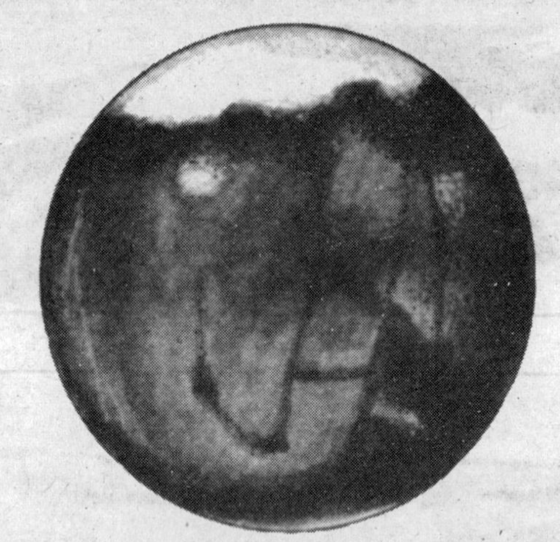

सूर्य परिवार का ग्रह 'मंगल'

मंगल की सतह का एक दृश्य

मंगल और वहाँ के लोगों के बारे में अनेक कहानियाँ लिखी गयी हैं और फिल्में भी बनी हैं, लेकिन अन्तरिक्ष खोजों से पता चला कि वहाँ किसी किस्म का जीवन नहीं है।

स्पेस प्रोब 'मैरिनर 9' से प्राप्त चित्रों से ज्ञात हुआ है कि मंगल पर गहरे खड्ढे, धूल भरी घाटियाँ और ऊँचे उठे हुए भाग हैं। पृथ्वी की तुलना में वहाँ ज्वालामुखी पर्वत अधिक हैं। मंगल पर 'एवरेस्ट की चोटी' से लगभग तीन गुना ऊँचा एक ज्वालामुखी पर्वत 'निक्स ओलिम्पिया' है। यह मंगल की सतह से 24 कि.मी. ऊँचा उठा हुआ है। उसमें 65 कि.मी. लम्बी विशाल बर्फ की गुफाएँ हैं।

सन् 1976 में बाइकिंग स्पेस प्रोब्स (वाइकिंग-I और वाइकिंग-II) मंगल पर भेजे गये, जिनका उद्देश्य मंगल पर जीवन की सम्भावनाओं का पता लगाना था। लेकिन इनकी खोजों से ज्ञात हुआ कि मंगल पर किसी प्रकार का जीवन नहीं है। मंगल पर किसी जीव का न होना कोई आश्चर्य की बात नहीं है, क्योंकि वहाँ का तापमान पानी के हिमांक से कभी ऊँचा नहीं उठता। मंगल पर पानी नहीं है। 2003 में इस ग्रह पर जीवन के अस्तित्व का अध्ययन किया गया लेकिन वहाँ जीवन की सम्भावना न मिली।

मंगल के दो छोटे उपग्रह हैं–फोबोस (Phobos) और डेसीमोस (Decimos)।

मंगल सम्बन्धी आँकड़े

सूर्य से औसत दूरी : 1.52 au

पृथ्वी से निकटतम दूरी : 0.38 au

ग्रह का एक दिन : पृथ्वी के 24 घण्टे 37 मिनट

ग्रह का एक वर्ष : पृथ्वी के 687 दिन

व्यास : 6,795 कि.मी.

द्रव्यमान : पृथ्वी के द्रव्यमान से 0.11 गुना

सतह का तापमान : –23° सेल्सियस

गुरुत्वाकर्षण : पृथ्वी से 8.38 गुना

पृथ्वी की तुलना में घनत्व : 3.94

वायुमण्डल की प्रमुख गैस : कार्बन डाइऑक्साइड

उपग्रह : 2

✪✪✪

बृहस्पति (Jupiter)

'बृहस्पति' सौर-परिवार का सबसे बड़ा ग्रह है। हमारी 318 पृथ्वी बृहस्पति में समा सकती हैं। बृहस्पति गैसों से बना एक ग्रह है। इसमें तारा और ग्रह दोनों की विशेषताएँ पायी जाती हैं। सभी ग्रह सूर्य से ऊर्जा प्राप्त करते हैं, लेकिन बृहस्पति लम्बी वेव लेंग्थों में अपनी रेडियो-ऊर्जा को विस्फोट के द्वारा फैलाता रहता है। सूर्य के बाद सौरमण्डल में सबसे अधिक शक्तिशाली रेडियोतरंगें इसी की हैं।

इसके वायुमण्डल में अधिकांशतः हाइड्रोजन और हीलियम हैं। मीथेन और अमोनिया भी वहाँ मौजूद हैं। बृहस्पति का वायुमण्डल हमारी आदिकालीन पृथ्वी जैसा है। हाइड्रोजन, मीथेन, अमोनिया और पानी जिनसे पृथ्वी पर जीबन का प्रारम्भ हुआ था, सम्भव है कि बृहस्पति में भी जीवन की ऐसी ही प्रक्रिया की शुरुआत हो चुकी हो।

सन् 1973 के अन्त में पहला स्पेस प्रोब पॉयनियर 10 बृहस्पति तक पहुँचा। इसके अनुसन्धानों से पता चला कि बृहस्पति पर चुम्बकीय क्षेत्र है। वैज्ञानिकों के लिए इस चुम्बकीय क्षेत्र से आती हुई रेडियोतरंगें अभी तक रहस्य बनी हुई हैं। वैज्ञानिकों को ऐसा विश्वास है कि बृहस्पति पर कहीं जीवन मौजूद है।

सन् 1979 में वॉयेजर-1 और वॉयेजर-2 बृहस्पति के पास से गुजरे। बृहस्पति का सबसे नजदीकी चित्र उस ग्रह से 18 लाख कि.मी. की दूरी से खींचा गया। ग्रह के इर्द-गिर्द 30 कि.मी. मोटे छल्ले का भी पता चला। उसके एक उपग्रह 'आयो' पर ज्वालामुखियों तथा गन्धक और ऑक्सीजन जैसे तत्त्वों की मौजूदगी का ज्ञान हुआ। बृहस्पति का एक अन्य उपग्रह 'यूरोपा' जो हमारे चन्द्रमा के आकार का है, बर्फ से ढका हुआ है। कुछ स्थानों पर तो बर्फ की सतह 100 कि.मी. तक मोटी है।

बृहस्पति हमेशा बादलों में घिरा रहता है। ग्रह के चारों ओर 5 चमकीली पट्टियाँ और चार गाढ़ी भूरी पट्टियाँ दिखायी देती हैं। ग्रह पर एक अण्डाकार रहस्यमय लाल धब्बा नजर आता है। यह आकार में पृथ्वी से तीन गुना बड़ा है। यह एक अन्तहीन तूफान है, जो इस ग्रह का स्थाई अंग लगता है। यह बृहस्पति के 40,000 कि.मी. लम्बे और 4,000 कि.मी. चौड़े क्षेत्र को ढके हुए है।

बृहस्पति के 16 उपग्रह हैं।

बृहस्पति सम्बन्धी आँकड़े

सूर्य से औसत दूरी : 5.20 au
पृथ्वी से निकटतम दूरी : 3.95 au
ग्रह का एक दिन : पृथ्वी के 9 घण्टे 50 मिनट

सबसे बड़ा ग्रह 'बृहस्पति'

बृहस्पति का अण्डाकार लाल धब्बा जो पृथ्वी से तीन गुना बड़ा है। यह एक अन्तहीन तूफान है

ग्रह का एक वर्ष : पृथ्वी के 11.86 वर्ष
व्यास : 1,42,800 कि.मी.
द्रव्यमान : पृथ्वी के द्रव्यमान से 317.9 गुना
सतह का तापमान : -150° सेल्सियस
पृथ्वी की तुलना में गुरुत्वाकर्षण : 2.64
पानी के आधार पर घनत्व : 1.33
वायुमण्डल की प्रमुख गैसें : हाइड्रोजन, हीलियम
छल्लों की संख्या : 1
उपग्रह : 16

✪✪✪

शनि (Saturn)

सूर्य से दूरी के अनुसार शनि छठा ग्रह है। यह ग्रहों में सबसे अधिक सुन्दर है। अपने पड़ोसी बृहस्पति की भाँति यह भी गैस के गोले के समान है, लेकिन आकार में कुछ छोटा है। हमारी 95 पृथ्वी इसमें समा सकती हैं। हाइड्रोजन और हीलियम के इस विशाल ग्रह के छल्लों ने इसे और भी रहस्यात्मक बना दिया है। ये छल्ले लगभग 275,000 कि.मी. तक फैले हैं और ग्रह के चारों ओर घूम रहे हैं। सन् 1980 में वॉयेजर-1 और वॉयेजर-2 अन्तरिक्ष यानों द्वारा पता चला कि ये घूमते हुए छल्ले असंख्य कणों से बने हैं। वॉयेजरों ने इन 'कणों' को मापने में हमारी मदद की है। इन कणों के व्यास कुछ सेण्टीमीटर से 8 मीटर तक पाये गये हैं। छल्लों की संख्या 1000 से भी अधिक है।

बृहस्पति की तरह शनि में भी एक लाल धब्बा है, लेकिन यह अपेक्षाकृत बहुत ही छोटा है। इसमें सफेद अण्डाकार और पट्टीनुमा हल्के और घने बादल हैं।

शनि पर बहुत तेज हवाएँ चलती हैं, जिनका वेग लगभग 1,760 कि.मी. प्रति घण्टा होता है। इसकी सतह का तापमान –180° सेल्सियस है।

अभी तक शनि के 21 उपग्रह ज्ञात हैं। ये बर्फ से बने लगते हैं। इसके सबसे बड़े उपग्रह 'टिटान' में वायुमण्डल के होने का अनुमान है। यह उपग्रह बुध ग्रह से भी बड़ा है।

शनि के उपग्रह 'रीआ' से लिया गया चित्र

सौर-परिवार का ग्रह 'शनि'

शनि सम्बन्धी आँकड़े

सूर्य से औसत दूरी : 9.54 au

पृथ्वी से निकटतम दूरी : 8.00 au

ग्रह का एक दिन : पृथ्वी के 10 घण्टे 14 मिनट

ग्रह का एक वर्ष : पृथ्वी के 29.46 वर्ष

व्यास : 1,20,000 कि.मी.

द्रव्यमान : पृथ्वी की तुलना में 95.2 गुना

सतह का तापमान : –180° सेल्सियस

गुरुत्वाकर्षण : 1.15

पानी के आधार पर घनत्व : 0.71 सबसे कम घनत्व

वायुमण्डल की प्रमुख गैसें : हाइड्रोजन, हीलियम

छल्लों की संख्या : 1000 से अधिक

उपग्रह : 21

✿✿✿

यूरेनस (Uranus)

सर विलियम हर्शेल ने मार्च, 1781 में यूरेनस की खोज की थी। बृहस्पति और शनि से यूरेनस काफी छोटा है, लेकिन पृथ्वी से काफी बड़ा। इसमें हमारी 15 पृथ्वी समा सकती हैं। दूरबीन से देखने पर यूरेनस हरे रंग का दिखायी देता है। इस ग्रह का अधिकांश भाग मीथेन (Methane) गैस से बना है। यह एक ठण्डा ग्रह है, जिसकी सतह का तापमान –210° सेल्सियस तक पहुँच जाता है।

सन् 1977 में खगोलशास्त्रियों को पता चला कि यूरेनस के चारों ओर 9 धुँधले छल्ले हैं। से सभी छल्ले 64,000 कि.मी. की सीमा के अन्दर हैं। यह वह सीमा है, जिसके अन्दर अपने ज्वारीय बलों (Tidal Forces) से एक विशाल उपग्रह टुकड़े-टुकड़े हो जायेगा।

यूरेनस पृथ्वी के 84 वर्षों में सूर्य का एक चक्कर लगाता है और वहाँ का एक दिन पृथ्वी के 10 घण्टे 49 मिनट के बराबर होता है।

यूरेनस के पाँच उपग्रह हैं–मिराण्डा (Miranda), एरियल (Ariel), अम्ब्रायल (Umbriel), टिटेनिया (Titania) और ओबेरान (Oberon)।

यूरेनस सम्बन्धी आँकड़े

सूर्य से औसत दूरी : 91.18 au

पृथ्वी से निकटतम दूरी : 17.28 au

ग्रह का एक दिन : पृथ्वी के 10 घण्टे 49 मिनट

ग्रह का एक वर्ष : पृथ्वी के 84.01 वर्ष

व्यास : 50,800 कि.मी.

द्रव्यमान : पृथ्वी की तुलना में 14.6 गुना

सतह का तापमान : –210° सेल्सियस

गुरुत्वाकर्षण : 1.17

पानी के आधार पर घनत्व : 1.7

छल्लों की संख्या : 9

वायुमण्डल की प्रमुख गैसें : हाइड्रोजन, हीलियम, मीथेन

उपग्रह : 5

ooo

यूरेनस एक ठण्डा ग्रह है

नेप्च्यून (Neptune)

सन् 1846 में खगोलशास्त्री एडम्स और लवेरियर ने नेप्च्यून ग्रह का पता लगाया था। यह हरे रंग का ठण्डा ग्रह है, जिसकी सतह का तापमान लगभग −220° सेल्सियस रहता है। नेप्च्यून में हमारी 17 पृथ्वी समा सकती हैं। ऐसा अनुमान है कि यूरेनस की तरह नेप्च्यून के चारों ओर भी छल्ले हैं, लेकिन अभी तक इसका कोई प्रमाण नहीं मिल सका। नेप्च्यून का एक दिन पृथ्वी के 18 घण्टे 26 मिनट के बराबर है तथा वहाँ का एक वर्ष पृथ्वी के 164.8 वर्षों के बराबर होता है।

नेप्च्यून के दो उपग्रह हैं—ट्रिटोन (Triton) और नेरीड (Nereid)। ट्रिटोन अपेक्षाकृत प्लूटो से बड़ा है। इसका व्यास 3700 कि.मी. है।

नेप्च्यून सम्बन्धी आँकड़े

सूर्य से औसत दूरी : 30.06 au

पृथ्वी से निकटतम दूरी : 28.80 au

ग्रह का एक दिन : पृथ्वी के 18 घण्टे 26 मिनट

ग्रह का एक वर्ष : पृथ्वी के 164.8 वर्ष

व्यास : 48,500 कि.मी.

द्रव्यमान : पृथ्वी की तुलना में 17.2 गुना

सतह का तापमान : −220° सेल्सियस

गुरुत्वाकर्षण : 1.2

पानी के आधार पर घनत्व : 1.77

वायुमण्डल की प्रमुख गैसें : हाइड्रोजन, हीलियम, मिथेन

उपग्रह : 2

नेप्च्यून हरे रंग का ठण्डा ग्रह है

प्लूटो (Pluto)

नेप्च्यून की खोज के बाद खगोलशास्त्रियों ने सोचा कि अभी एक और ग्रह भी है, जो इससे काफी दूर है। आखिर सन् 1930 में प्लूटो का पता चल ही गया। इसे खोजने का श्रेय क्लायडे विलियम टौमबॉध को जाता है। यह ग्रह बुध से थोड़ा छोटा है। यहाँ सूर्य लगभग 6½ घण्टे ही चमकता है। यह बहुत ठण्डा ग्रह है। यहाँ का तापमान –230° सेल्सियस है। ग्रह से सूर्य किसी चमकीले तारे की भाँति दिखता है, क्योंकि यह सूर्य से 59000 लाख किलोमीटर दूर है।

प्लूटो पर हवा नहीं है। यह एक चट्टानी गोला है। अन्तरिक्ष यात्री यहाँ उतर सकता है, लेकिन सरदी से बचने के लिए उसे स्पेस सूट पहनना पड़ेगा और साँस लेने के लिए हवा की भी व्यवस्था करनी होगी।

प्लूटो का एक उपग्रह है। इसका कक्ष नेप्च्यून की कक्षा को अन्तर्विभाजित करता है, इसलिए ऐसा सोचा जाता है कि यह नेप्च्यून से निकला हुआ उपग्रह है।

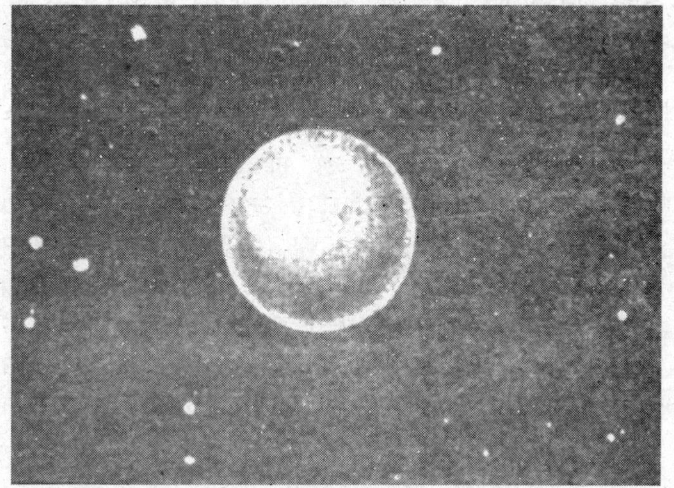

प्लूटो बहुत ठण्डा ग्रह है

प्लूटो सम्बन्धी आँकड़े

सूर्य से औसत दूरी : 39.44 au

पृथ्वी से निकटतम दूरी : 28.72 au

ग्रह का एक दिन : पृथ्वी के 6 दिन 9 घण्टे

ग्रह का एक वर्ष : पृथ्वी के 247.7 वर्ष

व्यास : 3,000 कि.मी.

द्रव्यमान : पृथ्वी की तुलना में 0.002-0.003 गुना

सतह का तापमान : –230° सेल्सियस

वायुमण्डल की प्रमुख गैसें : मीथेन

उपग्रह : 1

✿✿✿

प्लूटो ग्रह से सूर्य एक तारा जैसा लगता है

छुद्र ग्रह (Asteroids)

ग्रह और उनके चन्द्रमा सौर-परिवार के बड़े सदस्य हैं। इनके अलावा कुछ नन्हें सदस्य भी हैं, जिन्हें 'छुद्र ग्रह' (Asteroids) कहते हैं। मंगल और बृहस्पति ग्रहों के बीच की पट्टी में सबसे अधिक छुद्र ग्रह हैं। सूर्य से इनकी दूरी 2.2–3.3 au है। ये भी सूर्य की परिक्रमा कर रहे हैं। ऐसा अनुमान है कि इस पट्टी में 40,000 से 50,000 तक छुद्र ग्रह हैं। इनमें से अधिकांश इतने छोटे हैं कि प्रचलित तरीकों से उनका व्यास भी नहीं मापा जा सकता। इनमें सबसे बड़ा सेरेज (Ceres) है, जिसका व्यास 1003 से 1040 कि.मी. है। इसकी खोज सन् 1801 में हुई थी। केवल एक ही छुद्र ग्रह ऐसा है, जो बिना दूरबीन के दिखायी पड़ता है, वह है 4 वेस्ता (4 Vesta) जिसका व्यास 555 कि.मी. है। जिस छुद्र ग्रह की दूरी पृथ्वी के सबसे निकट आने पर नापी गयी, वह है हर्मीज (Hermes)। पृथ्वी से इसकी दूरी 7,80,000 कि.मी. या 0.006 au थी। यह अब लुप्त हो गया है।

कोई नहीं जानता कि छुद्र ग्रह कैसे बने। कुछ लोगों का अनुमान है कि ये किसी ग्रह के टुकड़े हैं। जो कभी मंगल और बृहस्पति के बीच में स्थित रहा होगा। ऐसा भी कहा जाता है कि ये मंगल और बृहस्पति ग्रह के ही टूटे हुए हिस्से हैं। कुछ छुद्र ग्रह धूमकेतु के भी टुकड़े हो सकते हैं।

❂❂❂

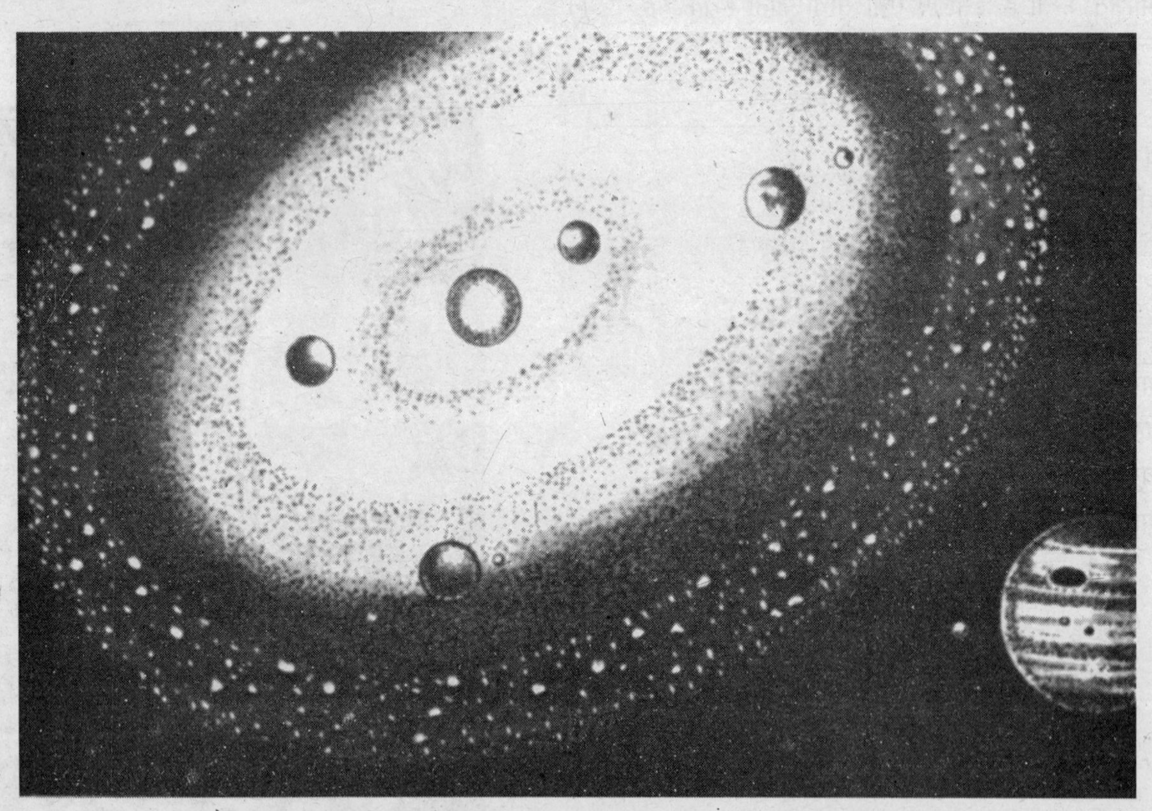

मंगल और बृहस्पति ग्रहों के बीच की पट्टी में सबसे अधिक छुद्र ग्रह हैं

उल्का और उल्कापिण्ड (Meteors and Meteorites)

कभी-कभी रात के समय आकाश में कोई चमकता बिन्दु चमकीली रेखा खींचता हुआ गायब हो जाता है। इसे सामान्यतः तारा टूटना कहते हैं। लेकिन तारे तो कभी टूटते नहीं। टूटकर गिरने वाले ये पिण्ड तारे नहीं बल्कि उल्काएँ होते हैं। ये बड़ी तेज गति से पृथ्वी के वायुमण्डल में प्रवेश करते हैं और हवा से रगड़ खाकर जल उठते हैं। उनका यह जलना ही हमें टूटते तारा जैसा नजर आता है। उल्काएँ भी सौर-परिवार की सदस्य हैं। जब कोई खगोलीय पिण्ड गति करता हुआ पृथ्वी के पास आता है, तो धरती की आकर्षण शक्ति से खिंचकर पृथ्वी की ओर आता है और पृथ्वी पर गिर पड़ता है।

आसमान से गिरी हुई सभी उल्काएँ धरती तक नहीं पहुँचतीं। उनमें से अधिकांश रास्ते में ही हवा की रगड़ से जलकर नष्ट हो जाती हैं या भाप और राख बन जाती हैं, लेकिन जब कोई उल्का पूरी तरह नहीं जल पाती और धरती पर गिर जाती है, तब उसके अवशेष को 'उल्कापिण्ड' (Meteorites) कहते हैं।

चन्द्रमा, मंगल और बुध ग्रहों पर उल्कापिण्डों के गिरने से ही गड्ढे (Creaters) बन गये हैं। पृथ्वी पर सबसे बड़ा गढ्ढा जो उत्तरी ऐरिजोना में है, शायद उल्कापिण्ड के टकराने से बना। 1265 मीटर व्यास के इस क्रेटर की गहराई 175 मीटर है। यह गड्ढा लगभग 25,000 वर्ष पहले बना था।

ऐसा अनुमान है कि प्रतिदिन साढ़े सात करोड़ उल्काएँ पृथ्वी के वायुमण्डल में प्रवेश करती हैं। इनकी गति 35−95 कि.मी. प्रति सेकेण्ड होती है। एक साधारण उल्का को भाप बनने में लगभग एक सेकेण्ड का समय लगता है। हर साल लगभग 500 उल्कापिण्ड पृथ्वी की सतह पर गिरते हैं। सबसे बड़ा उल्कापिण्ड, जो धरती पर गिरा, उसका भार 37 टन था। उल्कापिण्ड तीन प्रकार के होते हैं−(i) धूमकेतु जैसे, (ii) पत्थर जैसे, और (iii) आग की गेंदनुमा जैसे। अधिकांश उल्कापिण्ड पत्थर, लोहा, निकल और दूसरे तत्त्वों से मिलकर बने हैं।

सबसे बड़ा उल्कापिण्ड दक्षिण-पश्चिम अफ्रीका में ग्रुटफॉण्टीन (Grootfontein) के पास होबा वेस्ट में सन् 1920 में पाया गया था। इसका वजन 60,000 कि.ग्रा. है। यह प्रागैतिहासिक काल में कभी गिरा था।

कलकत्ता के अजायबघर में कुछ उल्कापिण्ड दर्शकों के लिए रखे हुए हैं। अमेरिका के विभिन्न अजायबघरों में 672 उल्कापिण्ड रखे हुए हैं।

✿✿✿

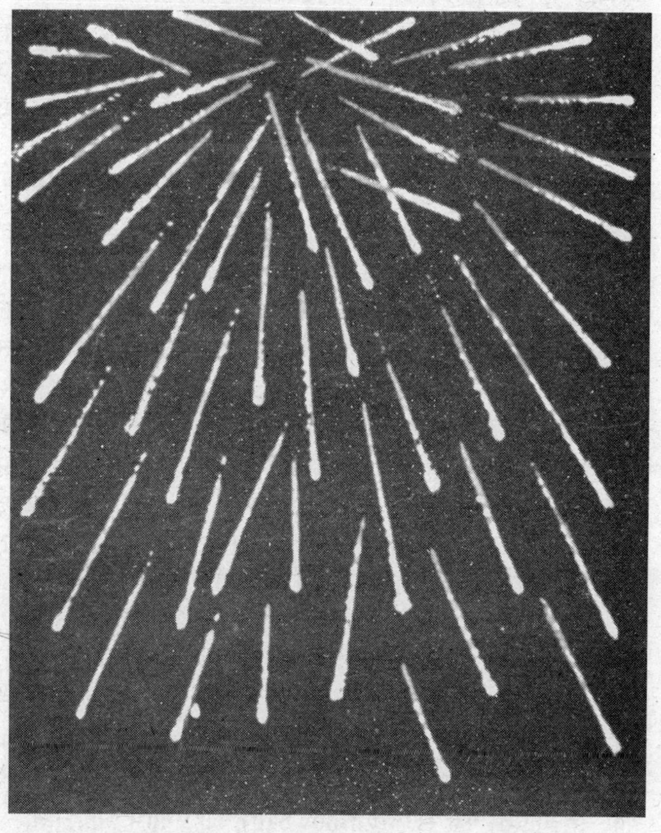

प्रतिदिन करोड़ों उल्काएँ पृथ्वी के वायुमण्डल में प्रवेश करती हैं

उल्कापिण्ड

धूमकेतु (Comets)

धूमकेतु ऐसे खगोलीय पिण्ड हैं जिनकी धुएँ जैसी लम्बी चमकदार पूँछ होती है। इनको 'पुच्छल तारा' भी कहते हैं। पहले लोग इनको देखकर भयभीत हो जाया करते थे। वे इनको विनाश का सूचक समझते थे। लेकिन अब लोगों को इनके रहस्य का पता चल गया है और अब वे ऐसा नहीं समझते।

धूमकेतु सौर-परिवार के अनेक आकाशीय पिण्डों की तरह हैं। पृथ्वी की भाँति इनका भी एक निश्चित पथ है, लेकिन इनका आकार भिन्न होता है। ऐसा अनुमान है कि 100 वर्ष में लगभग 1000 धूमकेतु सूर्य के पास से गुजरते हैं। इनमें से कुछ ही ऐसे चमकीले होते हैं, जिनको बगैर दूरबीन के देखा जा सकता है। 'हेली धूमकेतु' इनमें सबसे प्रसिद्ध है, जो 76 वर्ष बाद सूर्य के पास से गुजरता है। इसको सबसे पहले इंग्लैण्ड के खगोलविद् एडमण्ड हेली ने सन् 1682 में देखा था। उन्हीं के नाम पर इसे 'हेली धूमकेतु' कहते हैं। अभी कुछ वर्ष पहले सन् 1986 में इसे देखा गया था। उस समय गिओटो स्पेस प्रोब ने इसके फोटो लिये। अब इसे सन् 2061 में देखा जायेगा। अब तक खोजे गये सभी धूमकेतुओं में 'हेली' सबसे बड़ा है।

धूमकेतु के तीन भाग होते हैं—नाभि (Nucleus), सिर (Coma) तथा पूँछ (Tail)। 'नाभि' धूमकेतु के सिर का सबसे चमकीला भाग है। नाभि का व्यास 100–10,000 मीटर तक हो सकता है। हेली धूमकेतु (Halye's Comet) की नाभि का व्यास लगभग 5,000 मीटर है। अमोनिया, धूल, गैस जैसे अनेक तत्त्वों से बनी बर्फ की यह दूषित गेंद (Dirty Snowball) जो 'नाभि' कहलाती है, प्रकाश को प्रतिबिम्बित करती हुई सिर के केन्द्र से चमकती हुई दिखायी देती है। नाभि के चारों ओर के भाग को 'सिर' कहते हैं। यह गैस और धूल से बना होता हैं, जिसका व्यास 20,00,000 लाख कि.मी. से भी अधिक हो सकता है। 'सिर' हाइड्रोजन गैस के बादलों से घिरा रहता है। 'पूँछ' धूमकेतु का खास भाग है। यह तब बनती है जब धूमकेतु की पूँछ दो प्रकार की होती है—डस्ट टेल (Dust tail) जो दस लाख से एक करोड़ कि.मी. लम्बी होती है तथा प्लाज्मा (Plasma) टेल यानी अत्यन्त गरम आयोनाइज्ड गैस की पूँछ जो दस करोड़ कि.मी. लम्बी होती है।

ऐनिजोना से दिखने वाला एक धूमकेतु

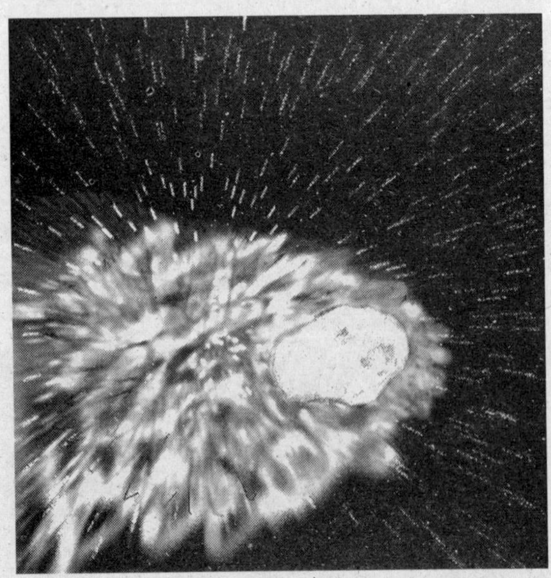

अन्तरिक्ष में एक धूमकेतु

धूमकेतु की पूँछ तभी बनती है जब वह सूर्य के नजदीक आ जाता है। सूर्य का प्रकाश उसके सिर की कुछ गैस को परे ढकेलता है और यही गैस पूँछ की तरह चमकने लगती है। जैसे ही यह सूर्य के पास आता है, बड़ी तेजी से चक्कर काटते हुए अपनी पूँछ को आगे करते हुए सूर्य से दूर चला जाता है। धूमकेतु की पूँछ हमेशा सूर्य की विपरीत दिशा में होती है।

अन्तरिक्ष-अन्वेषण (Exploring Space)

4 अक्टूबर, 1957 को रूस ने पहला उपग्रह स्पूतनिक-1 अन्तरिक्ष में भेजा था। इसी दिन को 'अन्तरिक्ष युग की शुरुआत' कहा जा सकता है। इसकी सफलता के बाद 3 नवम्बर, 1957 को दूसरा उपग्रह स्पूतनिक-2 छोड़ा गया है, जिसमें एक कुतिया 'लायका' को भेजा गया था। इसके अध्ययन से पता लगा कि मानव भी अन्तरिक्ष में जीवित रह सकता है।

1 फरवरी, 1958 को अमेरिका ने अपना पहला उपग्रह एक्सप्लोरर-1 छोड़ा। इस प्रकार रूस के स्पूतनिक और अमेरिका के एक्सप्लोरर से अन्तरिक्ष अभियान का दौर शुरू हो गया।

रूस के मानव युक्त प्रथम उपग्रह वोस्तोक-1 ने 12 अप्रैल, 1961 को पृथ्वी की एक परिक्रमा करने के लिए उड़ान भरी। इसी यान में कर्नल यूरी गगारिन ने सबसे पहले विश्व की परिक्रमा की और अन्तरिक्ष से पृथ्वी और आकश को देखा। ये अन्तरिक्ष में जाने वाले पहले व्यक्ति बने।

रूस की लेफ्टिनेण्ट कर्नल वेलन्तिना तेरेशकोवा अन्तरिक्ष में जाने वाली पहली महिला थीं। उन्होंने 16 जून, 1973 में वोस्तोक-6 में 2 दिन 22 घण्टे 42 मिनट में पृथ्वी की 48 परिक्रमाएँ कीं।

3 जून, 1965 को अमेरिका के जेमिनी-4 के अन्तरिक्ष यात्री एडवर्ड ह्वाइट बाहर निकलकर 21 मिनट तक अन्तरिक्ष में तैरते रहे। अन्तरिक्ष में चलने वाले ये पहले व्यक्ति थे।

सन् 1965 में दो व्यक्तियों वाले जेमिनी की उड़ान से एक शृंखला की शुरुआत हुई। इस कार्यक्रम के अन्तरिक्ष यात्रियों के दल

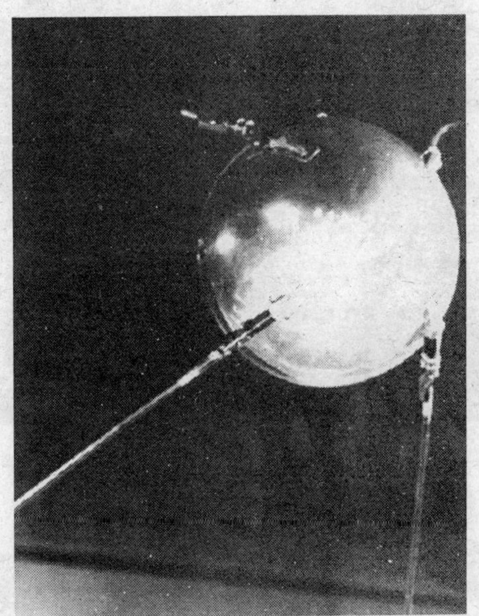

स्पूतनिक-I

वोस्तोक

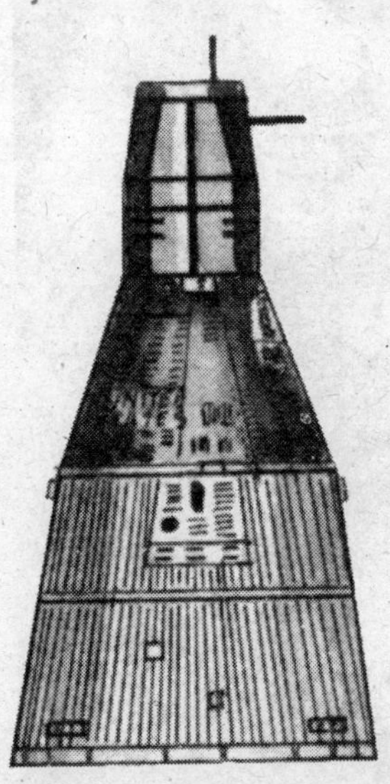

जेमिनी

रूसी अन्तरिक्ष यात्री कर्नल यूरी गगारिन

ने चन्द्रमा पर भेजे जाने वाले अपोलो अभियान के लिए जोखिम से पूर्ण कलाबाजियों, डाकिंग प्रक्रियाओं और अन्तरिक्ष में चलने का अभ्यास किया। इसके बाद चन्द्र अभियान में सफलता प्राप्त की गयी। कुल मिलाकर चन्द्रमा पर 12 लोग गये।

अपोलो का अन्तरिक्ष यात्री

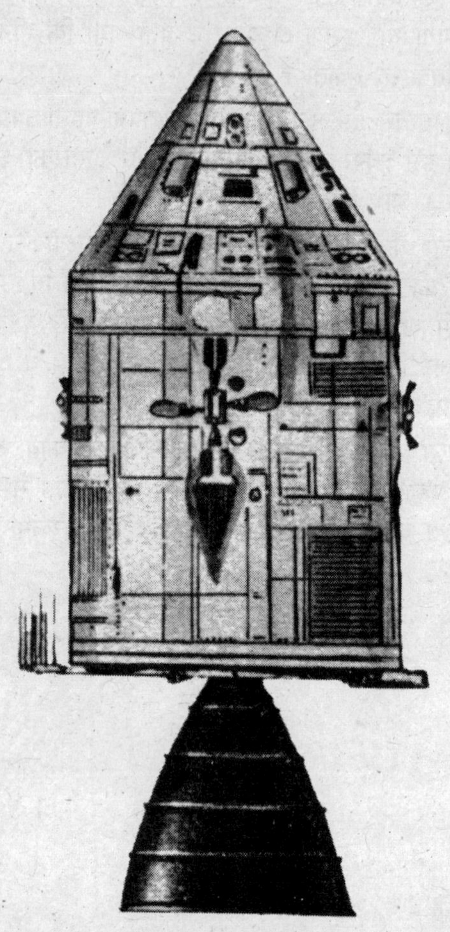

अपोलो-II

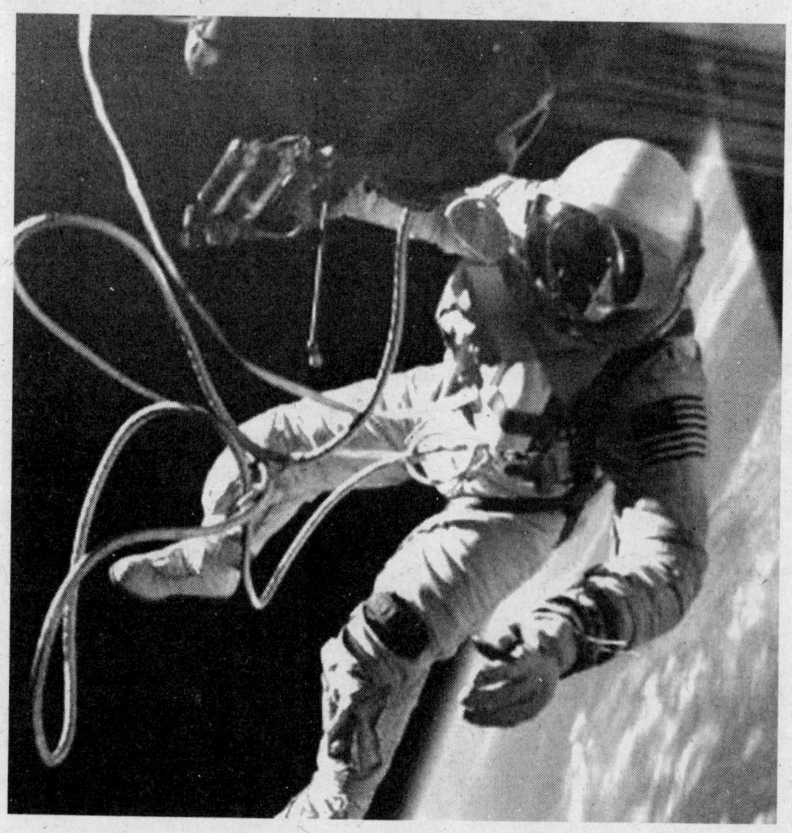

अन्तरिक्ष यात्री एडवर्ड ह्वाइट बाहर निकलकर 21 मिनट तक अन्तरिक्ष में तैरते रहे

चन्द्रमा की यात्रा (Journey to the Moon)

तीन व्यक्तियों वाला अपोलो–11 जिसमें चालकों के घूमने-फिरने और यहाँ तक कि सीधे खड़े होने के लिए काफी जगह थी, 16 जुलाई, 1969 को चन्द्रमा के लिए रवाना हुआ। अपोलो के चन्द्रमा पर उतरने के सम्बन्ध में खास बात यह थी कि उसके चार पैरों वाले लूनर माड्यूल 'ईगल' (Lunar module 'Eagle') द्वारा दो व्यक्ति चन्द्रमां की धरती को छू सकते थे।

20 जुलाई, 1969 की रात को 10 बजकर 56 मिनट पर लूनर माड्यूल चन्द्रमा पर उतरा और नील आर्मस्ट्रांग (Neil Armstrong) ने चन्द्रमा की सतह पर अपना पहला कदम रखा। चन्द्रमा की धरती पर मानव का यह पहला छोटा-सा कदम था।

नील आर्मस्ट्रांग ने धरती की ओर भेजे गये अपने रेडियो संदेश में कहा–''आदमी का यह नन्हा-सा कदम संपूर्ण मानवता के लिए एक

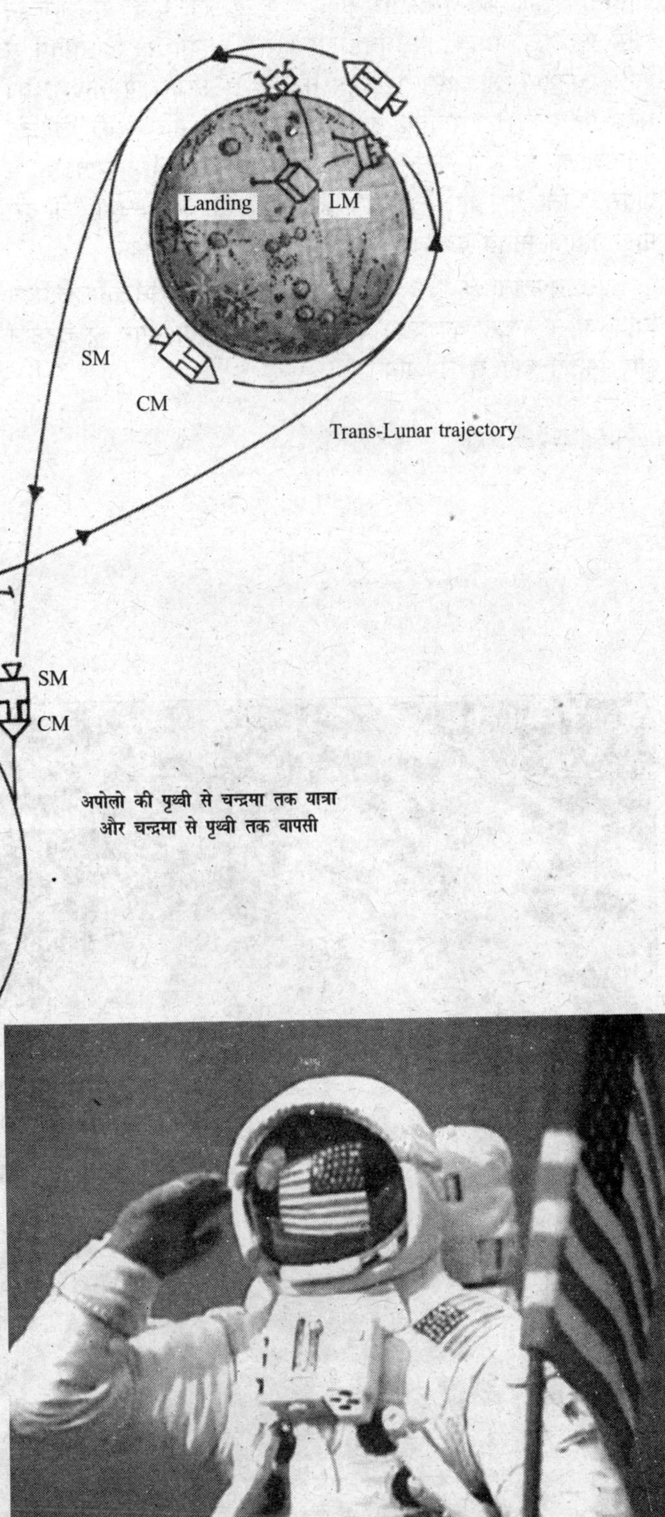

अपोलो की पृथ्वी से चन्द्रमा तक यात्रा और चन्द्रमा से पृथ्वी तक वापसी

नील आर्मस्ट्रांग

बहुत बड़ी छलांग है" (That's one small step for a man-one giant leap for mankind)। इसके बाद एडविन एल्ड्रिन (Edwin Aldrin) भी चन्द्रमा की धरती पर उतर आये। माइकेल कोलिंस (Michael Collins) आदेशानुसार यान के अन्दर ही रहे। इन दोनों अन्तरिक्ष यात्रियों ने 21 घण्टे 35 मिनट चन्द्रमा की सतह पर गुजारे। आर्मस्ट्रांग चाँद की धरती पर सवा दो घण्टे तक घूमते रहे, एल्ड्रिन इनसे कुछ कम समय तक घूमे। इस दौरान इन्होंने 20 किलोग्राम से ज्यादा चट्टानें और मिट्टी एकत्र की। इसी अवधि में चन्द्रमा की सतह पर एक रिट्रोपरावर्तक लगाया गया और अमेरिका की लिकदेव प्रयोगशाला से रूबी लेसर किरणें भेजी गयीं, जो रिट्रोपरावर्तक से वापस धरती पर प्राप्त की गयीं। इनसे धरती से चन्द्रमा की दूरी मापी गयी। मानव के लिए यह बहुत बड़ी उपलब्धि थी।

इस सफलता के बाद अपोलो कार्यक्रम के दौरान निम्नलिखित व्यक्तियों ने चन्द्रमा की यात्रा की। वे 3800 कि.ग्रा. भार की चट्टानें और मिट्टी वहाँ से ले आये।

चन्द्रमा के खनिज और चट्टान

चन्द्रमा की सतह

अपोलो–12 : कॉनराड, गॉर्डन, बीन
14 नवम्बर, 1969

अपोलो–14 : शेपर्ड, मिचेल , रूजा
31 जनवरी, 1971

अपोलो–15 : स्कॉट, इर्विन, वर्डेन
26 जुलाई, 1971

अपोलो–16 : यंग, ड्यूक, मैटिंगले
16 अप्रैल, 1972

अपोलो–17 : सर्नन, श्मिट्ट, इवांस
7 दिसम्बर, 1972

अन्तरिक्ष में मानव को भेजने के अमेरिका के कार्यक्रम पर 'अपोलो–17' के चन्द्र–अभियान तक कुल अनुमानित खर्च 255. 41 करोड़ डॉलर आया था। खर्च को कम करने के लिए अमेरिका ने 'स्पेस शटल' का आविष्कार किया। यह ऐसा अन्तरिक्ष यान है,

20 जुलाई, 1969 को नील आर्मस्ट्रांग ने चन्द्रमा की सतह पर पहला कदम रखा

जिसका इस्तेमाल वायुयान की तरह बार-बार किया जा सकता है। इसकी गति लगभग 28,000 कि.मी. प्रति घण्टा होती है। 12 अप्रैल, 1981 को पहला स्पेस शटल 'कोलम्बिया' छोड़ा गया। रूस ने इसी प्रकार का 'बुरान' नामक अन्तरिक्ष यान का सितम्बर, 1988 में प्रक्षेपण किया, जो अपना लक्ष्य पूरा करके सफलतापूर्वक पृथ्वी पर लौट आया। आज भी स्पेस शटल के अभियान चल रहे हैं, यद्यपि दो स्पेस शटल दुर्घटनाग्रस्त हो गये हैं और उनमें जाने वाले यात्री अपनी जान गँवा बैठे हैं।

❂❂❂

स्पेस शटल 'कोलम्बिया'

चन्द्रमा से पृथ्वी के लिए वापसी

अपोलो-1 के अन्तरिक्ष यात्रियों की पृथ्वी पर वापसी

पृथ्वी (Earth)

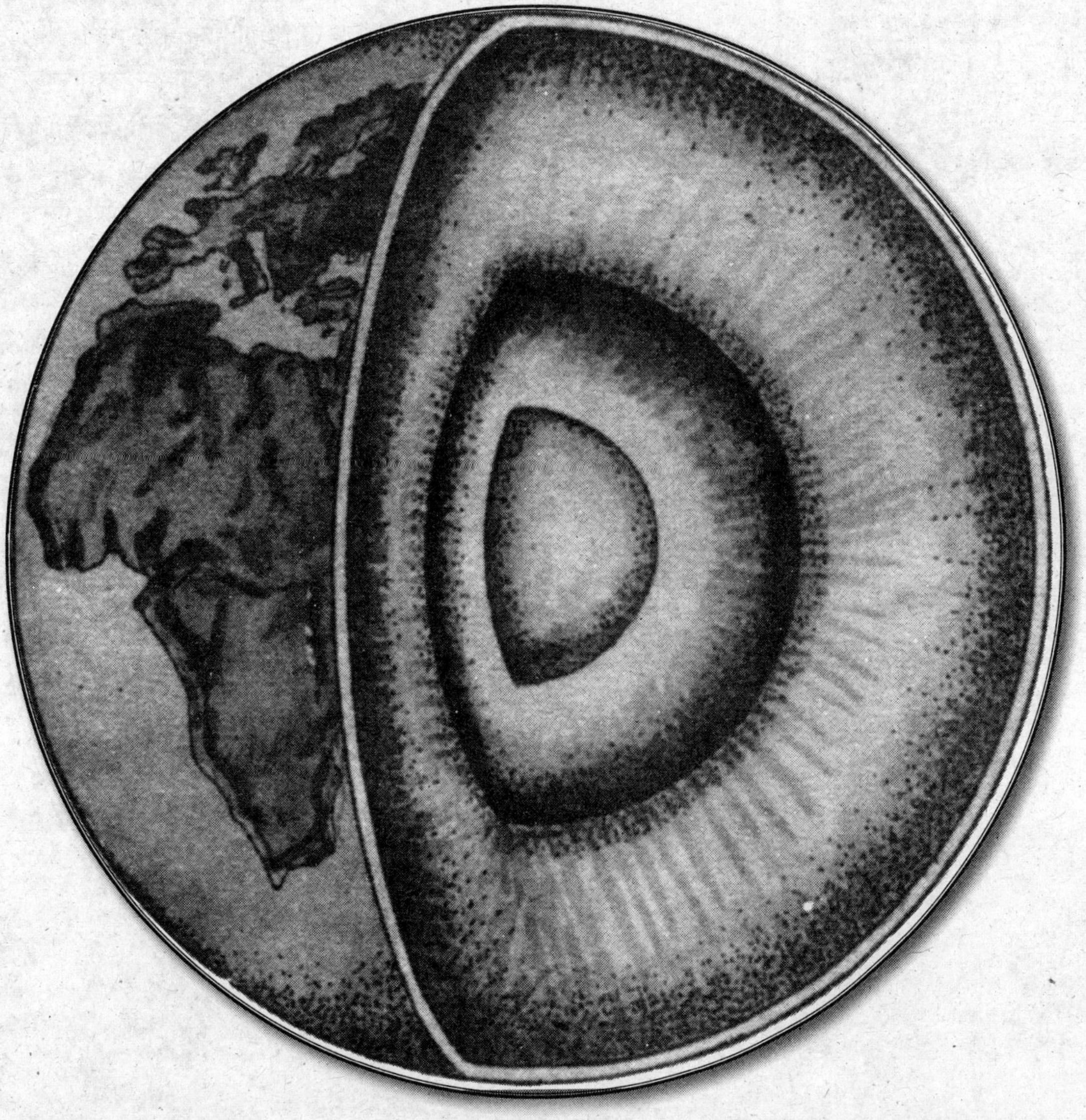

पृथ्वी की उत्पत्ति (Origin of the Earth)

हमारी पृथ्वी सौर-परिवार के नौ ग्रहों में से एक है। यही एक ऐसा ग्रह है, जिस पर पेड़-पौधों और जीव-जन्तुओं का अस्तित्व है। यहाँ जीवन के अस्तित्व के लिए सभी अनुकूल परिस्थितियाँ मौजूद हैं।

वैज्ञानिक आँकड़ों के अनुसार पृथ्वी का जन्म लगभग 460 करोड़ वर्ष पहले हुआ था। जिस प्रकार सूर्य तथा दूसरे ग्रह गैस और धूल के बादलों से पैदा हुए, उसी प्रकार पृथ्वी का भी जन्म हुआ। आरम्भ में पृथ्वी आग के एक गोले के समान थी। करोड़ों वर्षों की अवधि में गरम गैसों का आवरण ठण्डा होकर बादलों के रूप में बदल गया। इन बादलों से होने वाली वर्षा से पृथ्वी जलमग्न हो गयी। एक लम्बे समय में यह ठण्डी होकर जमीन के एक ऐसे विशाल आकार में बदल गयी जो चारों ओर से समुद्र से घिरा था। बाद में यह दो हिस्सों में टूट गया। इन दो टुकड़ों से ही आज के सात महाद्वीपों का जन्म हुआ। (महाद्वीप देखें)।

पृथ्वी की आन्तरिक उथल-पुथल से पर्वतों और ज्वालामुखियों का जन्म हुआ। ठण्डी होने की प्रक्रिया में पृथ्वी की ऊपरी सतह पपड़ी में बदल गयी और इसमें दरारें पड़ गयीं। लगभग 57 करोड़ वर्ष पहले पृथ्वी पर जीवन का आरम्भ हुआ। पहले 34.5 करोड़ वर्षों में रेंगने वाले जीवों का और बाद के 6.5 करोड़ वर्षों में स्तनधारी जीवों का विकास हुआ। मनुष्य का विकास लगभग 10 लाख वर्ष पुरानी घटना है और हम उसके केवल दस हजार वर्षों को ही जानते हैं।

✪✪✪

शुरू में पृथ्वी पिघली हुई चट्टानों की बनी थी। जैसे-जैसे वह ठण्डी हुई, चट्टान, पर्पटी, वायुमण्डल और महासागर बने।

पृथ्वी और वायुमण्डल (Earth and Atmosphere)

पृथ्वी की आन्तरिक रचना : वैज्ञानिक अध्ययनों के अनुसार पृथ्वी की आन्तरिक रचना को मुख्य रूप से तीन भागों में बाँटा जाता हैः 1. भू-पर्पटी या भू-पटल (Earth Crust), 2. मैण्टल (Mantle) और 3. क्रोड (Core)। क्रोड को दो भागों में बाँटते हैं : बाहरी क्रोड और आन्तरिक क्रोड।

पृथ्वी की ऊपरी पपड़ी या भू-पटल मुख्यतः चट्टानों और खनिजों से मिलकर बनी है। इसकी औसत मोटाई 30 से 40 किमी. है। समुद्रों के नीचे इसकी मोटाई 5 से 10 किमी. तक है। भू-पर्पटी के नीचे की परत को मैण्टल कहते हैं। इसकी मोटाई लगभग 2,900 किमी. है। यह मुख्य रूप से काली और भारी चट्टानों से मिलकर बना है। बाहरी क्रोड की मोटाई लगभग 2,200 किमी. है। यह सम्भवतः पिघले लोहे और मैग्नीशियम से बनी है, जिसमें गन्धक और सिलिकॉन भी घुले हुए हैं। पृथ्वी की आन्तरिक क्रोड का व्यास लगभग 2,440 किमी. है। यह गेंद के समान गोल ठोस लोहे और निकिल से बनी है।

वायुमण्डल : पृथ्वी को चारों ओर से घेरे हुए गैसों का आवरण वायुमण्डल कहलाता है। यह पृथ्वी पर गुरुत्वाकर्षण द्वारा टिका है। वायुमण्डल की बाहरी परत बर्हिमण्डल (Exosphere) समुद्रतल से 2000 किमी. की ऊँचाई तक फैला हुआ है।

सम्पूर्ण वायुमण्डल की गैसें मिलकर वायु कहलाती हैं। वायुमण्डल में शुष्क वायु का 99% आयतन, नाइट्रोजन (71%) और ऑक्सीजन (28%) के मिश्रण हैं। शेष 1% में ऑर्गन (0.93%) है और कार्बन डाई-ऑक्साइड, निआन, हीलियम, ओज़ोन और हाइड्रोजन मिलकर 0.1% से भी कम हैं।

वायुमण्डल की निचली परत में गैसों का मिश्रण सापेक्ष अनुपात में समान रहता है, लेकिन जल-वाष्प की मात्रा में परिवर्तन होता रहता है। वायुमण्डल के घटक गैसें, जल-वाष्प और धूल के सूक्ष्म कण हैं। नीचे से 30 और 50 किमी. की ऊँचाई के बीच में ओज़ोन गैस की अलग परत पायी जाती है। 100 किमी. से 200 किमी. तक नाइट्रोजन की परत, 1100 से 1500 किमी. तक हीलियम की परत और 1500 किमी. से ऊपर केवल हाइड्रोजन की परत फैली हुई है।

❂❂❂

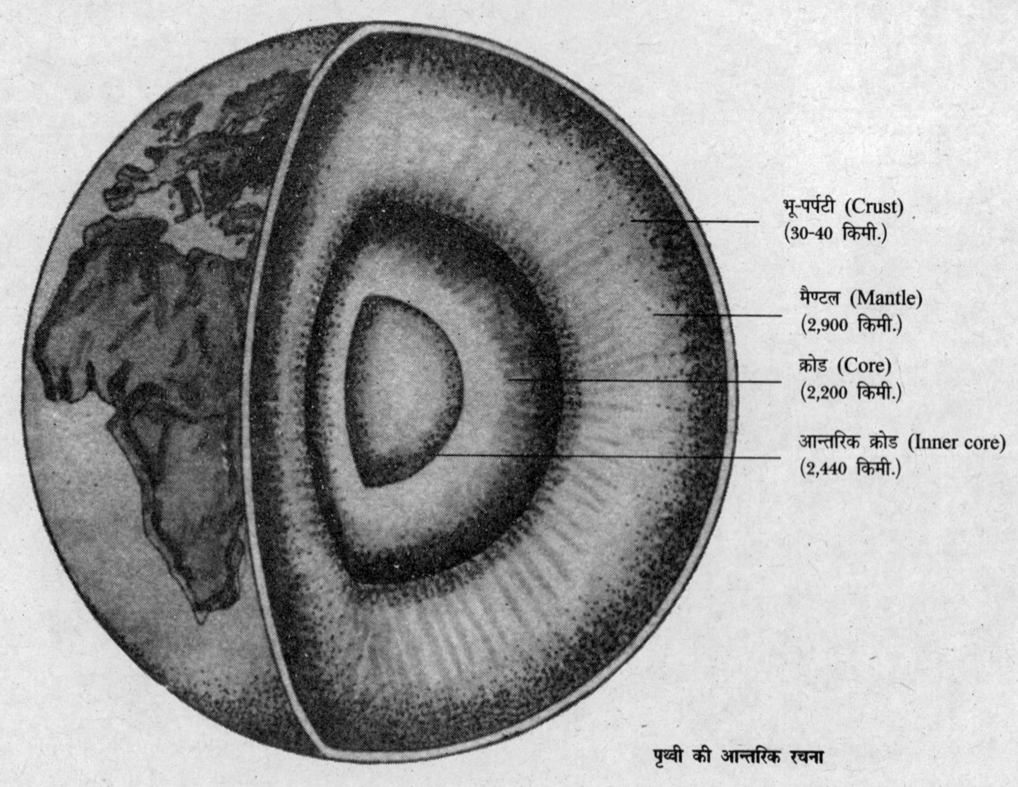

पृथ्वी की आन्तरिक रचना

स्थलमण्डल या भू-पर्पटी (Lithosphere or Crust)

पृथ्वी की सबसे ऊपरी परत को स्थलमण्डल या भू-पर्पटी कहते हैं। इसकी औसत मोटाई 30 से 40 किमी. तक है। समुद्रों के नीचे इसकी मोटाई 5 से 10 किमी. तक है। महाद्वीपों पर पर्वतों के नीचे इसकी मोटाई 60 किमी. तक है। मध्य प्रशान्त महासागर के तल के कुछ भागों में भू-पर्पटी की मोटाई केवल नाममात्र ही है। पृथ्वी की यह पपड़ी दो विभिन्न परतों से मिलकर बनी है। बाहरी परत को स्याल (Sial) कहते हैं। इसमें कम घनत्व वाली ग्रेनाइट जैसी ठोस चट्टानें हैं, जो मुख्यतः सिलिका और एल्युमिना से मिलकर बनी हैं। स्याल के नीचे अधिक घनत्व वाले चट्टानी पदार्थ की परत है, जिसे सिमा (Sima) कहते हैं। इस क्षेत्र का तापमान काफी अधिक है। यह वही पदार्थ है, जिससे धरती की सतह की चट्टानें बनी हैं।

महाद्वीपों के ऊपरी भाग वाले भू-पटल में तीन प्रकार की चट्टानी संरचनाएँ हैं। इनमें सबसे ज्यादा भाग कैम्ब्रियन पूर्व रवेदार शील्ड्स का है। दूसरे स्थल भाग में अवसादी चट्टानों से बने समुद्र तटीय क्षेत्र शामिल हैं। तीसरे भाग की संरचनाएँ मोड़दार पर्वतों की हैं।

भू-पर्पटी अनेक विशाल और विभिन्न मोटाई की प्लेटों से बनी हैं, जिन्हें क्रस्टल प्लेटें (Crustal Plates) कहते हैं। इनमें से कुछ प्लेटें महासागरों के फर्श के रूप में हैं और दूसरी अन्य प्लेटें महाद्वीपों के रूप में हैं। महाद्वीपों की प्लेटें अधिक मोटी लेकिन हल्की हैं, जबकि महासागरों के फर्श बनाने वाली प्लेटें कम मोटी हैं, लेकिन उनका घनत्व अधिक है। इन प्लेटों की उथल-पुथल के कारण ही भूकम्प आते हैं।

❂❂❂

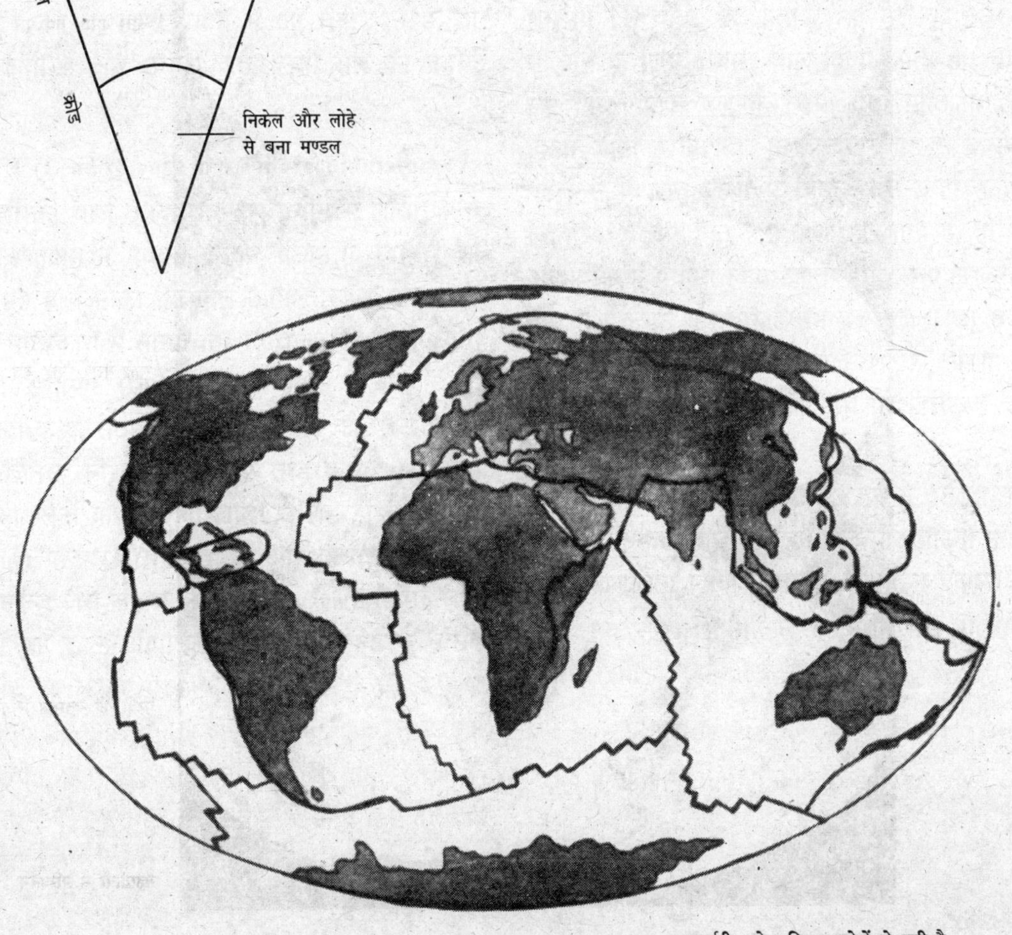

भू-पर्पटी अनेक विशाल प्लेटों से बनी है

महाद्वीप (Continents)

हमारी पृथ्वी की सतह का एक तिहाई से कुछ कम भाग जमीन है और शेष भाग जलमग्न है। जमीन के सात बड़े-बड़े भाग हैं, जिन्हें महाद्वीप कहते हैं। ये सात महाद्वीप हैं : एशिया, यूरोप, अफ्रीका, उत्तरी अमेरिका, दक्षिणी अमेरिका, आस्ट्रेलिया और अण्टार्कटिका।

अल्फ्रेड वैगनर के अनुसार शुरू में पृथ्वी पर केवल एक ही भूखण्ड था और शेष भाग महासागरों में निमग्न था। इस भूखण्ड का नाम पैंगिया (Pangae) था। लगभग 20 करोड़ वर्ष पहले यह विशाल भूखण्ड दो हिस्सों में टूट गया।

वैगनर के महाद्वीपीय विस्थापन सिद्धान्त के अनुसार ये दोनों टुकड़े एक-दूसरे से अलग-अलग खिसकते रहे। लोरेशिया नामक टुकड़े से आज के उत्तरी अमेरिका और यूरेशिया (यूरोप और एशिया) महाद्वीपों का जन्म हुआ तथा गोण्डवाना लैण्ड से दक्षिणी अमेरिका, अफ्रीका, आस्ट्रेलिया और अण्टार्कटिका का जन्म हुआ। इस प्रकार आज के ये सात महाद्वीप जन्मे।

महाद्वीपीय विस्थापन के सिद्धान्त के अनुसार केवल महाद्वीपों का ही विस्थापन नहीं होता, बल्कि विस्थापन भू-पर्पटी की प्लेटों का होता है, जिनमें महाद्वीप और महासागर दोनों ही शामिल हैं। इस सिद्धान्त के अनुसार आज भी महाद्वीपों में परिवर्तन हो रहा है। इन प्लेटों के विस्थापन के कारण ही भूकम्प आते हैं।

❂❂❂

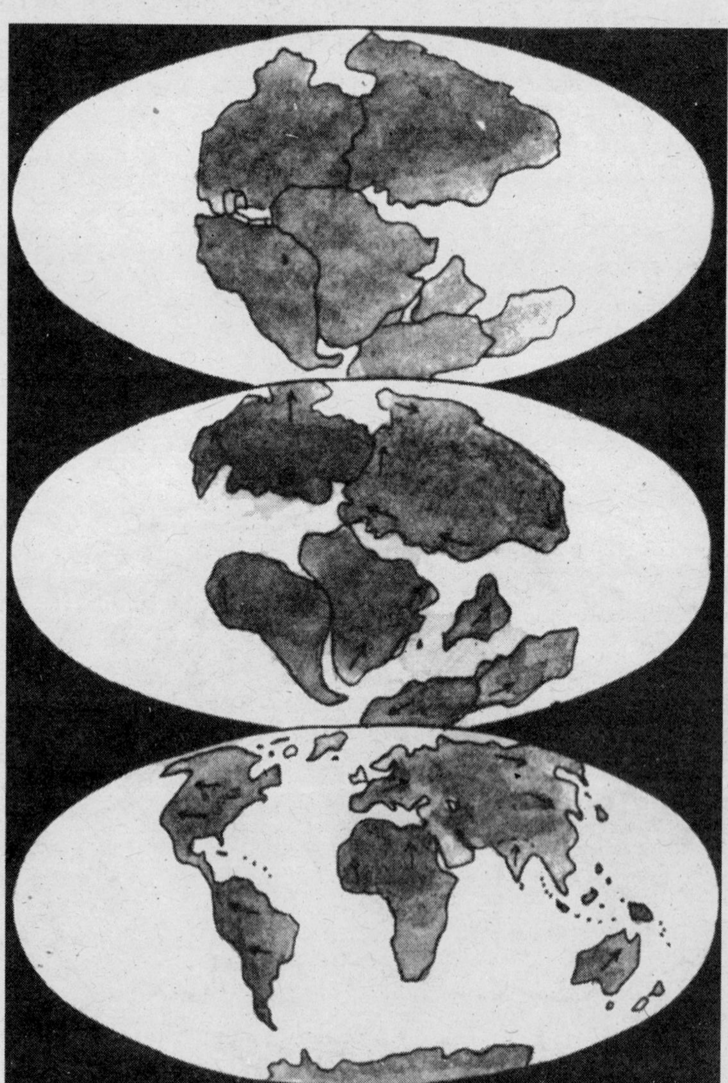

बीस करोड़ वर्ष पूर्व

साढ़े तेरह करोड़ वर्ष पूर्व

पृथ्वी की वर्तमान स्थिति

महाद्वीपों में परिवर्तन

चट्टानें (Rocks)

वे सभी पदार्थ जिनसे भू-पटल या भू-पर्पटी का निर्माण हुआ है, चट्टानें हैं। चट्टानों को तीन वर्गों में बाँटा जाता है : आग्नेय (Igneous), अवसादी (Sedimentary) और कायान्तरित (Metamorphic) चट्टानें।

आग्नेय चट्टानें पिघले हुए मैग्मा से बनी हैं। किसी ज्वालामुखी के फटने में जो मैग्मा बाहर आता है, वह ठण्डा होकर आग्नेय चट्टानों के रूप में जम जाता है। धरती पर पायी जाने वाली ये ही चट्टानें सबसे पुरानी हैं। आग्नेय चट्टानों में ग्रेनाइट, बेसाल्ट और ज्वालामुखीय चट्टानें प्रमुख हैं। ज्वालामुखी चट्टानें पिघले हुए लावे से बनती हैं।

अवसादी चट्टान

चिकनी मिट्टी स्लेट में रूपान्तरित हो जाती है

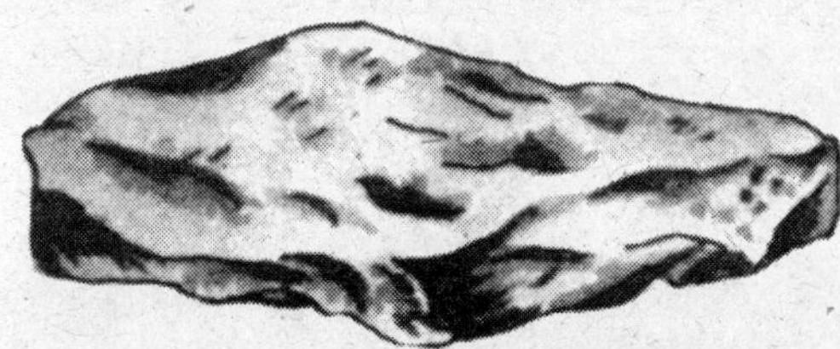

चूना-पत्थर संगमरमर में रूपान्तरित हो जाता है

अवसादी चट्टानों का निर्माण सागरतल में चट्टानों के कणों, जीव-जन्तुओं के खोलों और अस्थिपंजरों के जमा होने से होता है। कोयला भी एक प्रकार की अवसादी चट्टान है, जो प्राचीन काल में दलदलों के अन्दर जंगलों के दब जाने से बना है। चूना पत्थर, खड़िया, बलुआ पत्थर और चिकनी मिट्टी भी अवसादी चट्टानों के उदाहरण हैं। पृथ्वी पर्पटी का 95 प्रतिशत भाग आग्नेय चट्टानों से और 5 प्रतिशत भाग अवसादी चट्टानों से मिलकर बना है।

आग्नेय और अवसादी चट्टानों पर विशाल ऊष्मा और दाब की क्रिया द्वारा कायान्तरित चट्टानों का निर्माण हुआ है। संगमरमर एक कायान्तरित चट्टान है, जो चूना पत्थर पर ऊष्मा के प्रभाव से बनी है। इसी प्रकार चिकनी मिट्टी से स्लेट का निर्माण हुआ है। बहुत-सी कायान्तरित चट्टानों में गारनेट और रूबी जैसे बहुमूल्य मणिभ भी पाये जाते हैं।

चट्टानें हमारे लिए बहुत उपयोगी हैं। संगमरमर से मूर्तियाँ बनायी जाती हैं और इसका उपयोग भवन-निर्माण में होता है। चट्टानों के पत्थर से हमारी सड़कें बनती हैं। स्लेट भी भवन-निर्माण में प्रयोग होती है।

आग्नेय चट्टान

भूकम्प (Earthquake)

भूकम्प आने पर धरती काँपने लगती है। धरती की यह कम्पन कभी-कभी इतनी साधारण होती है कि उसका पता भी नहीं चल पाता, लेकिन कभी-कभी यह इतनी विकराल होती है कि इसके कारण जमीन फट जाती है, इमारतें गिर जाती हैं और बहुत से लोग मर जाते हैं। धरती के इस कम्पन या हिलने को ही भूकम्प या भूचाल कहते हैं।

भूकम्प आने के कई कारण हैं। प्लेट विवर्तनी सिद्धान्त के अनुसार हमारी धरती की बाहरी सतह मोटी-मोटी अनेक परतों (Plates) से बनी हुई है। ये परतें अत्यन्त धीमी गति से निरन्तर गतिशील रहती हैं। कभी-कभी पृथ्वी के अन्दर का पिघला हुआ पदार्थ गति के कारण इन प्लेटों के बीच में भर जाता है। कुछ क्षेत्रों में यह पिघला हुआ पदार्थ बाहर आने का प्रयास करता है। कहीं-कहीं प्लेटें कुछ विकारों के कारण एक-दूसरे के ऊपर खिसकने लगती हैं। कभी-कभी ऐसा भी होता है कि ये प्लेटें एक-दूसरे को धक्का देती हुई खिसकने का प्रयास करती हैं। तीनों ही स्थितियों में परिणाम यह होता है कि प्लेटों की गति के कारण चट्टानें टूट जाती हैं, जिससे भूकम्प आ जाते हैं।

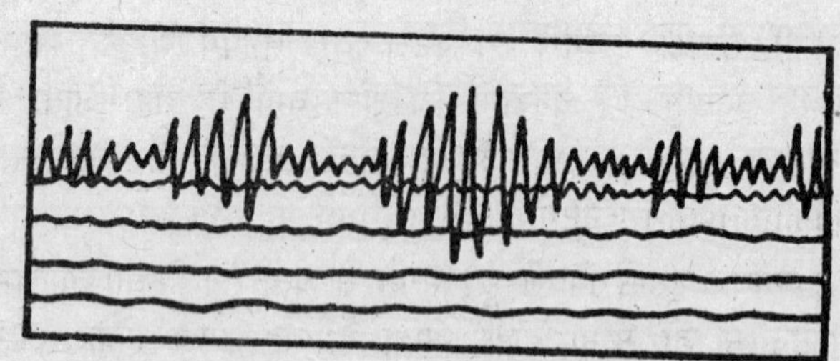

भूकम्प की रिकार्डिंग सीसमोग्राफ द्वारा इस प्रकार होती है

ज्वालामुखियों के फटने से भी भूकम्प आते हैं, क्योंकि धरती के अन्दर का मैग्मा जब बाहर आता है, मैग्मा के पास की चट्टानें टूट जाती हैं, जिससे धरती में कम्पन होने लगता है। मानव युक्त गहरी खुदाइयों से भी धरती के अनेक स्थानों पर कम्पन महसूस किये गये हैं।

जहाँ भूकम्प आने की सम्भावना अधिक होती है, उन्हें सीसमिक बेल्ट कहा जाता है। असम विश्व का सबसे अधिक भूकम्पों की सम्भावना वाला क्षेत्र है। जापान में बहुत अधिक भूकम्प आते हैं। भूकम्पों के अध्ययनों के लिए जो यन्त्र प्रयोग में लाया जाता है, उसे सीसमोग्राफ कहते हैं। भूकम्प की शक्ति 'रेक्टर स्केल' पर मापी जाती है। रुड़की आई. आई. टी. में एक सीसमोग्राफ लगा हुआ है। किसी भी भूकम्प की भविष्यवाणी करना असम्भव है।

❂❂❂

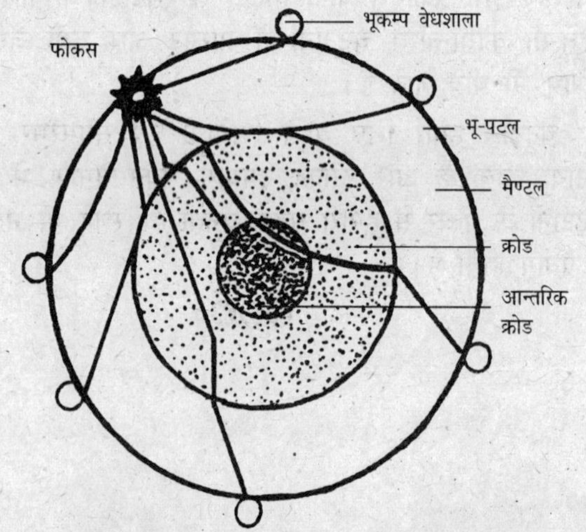

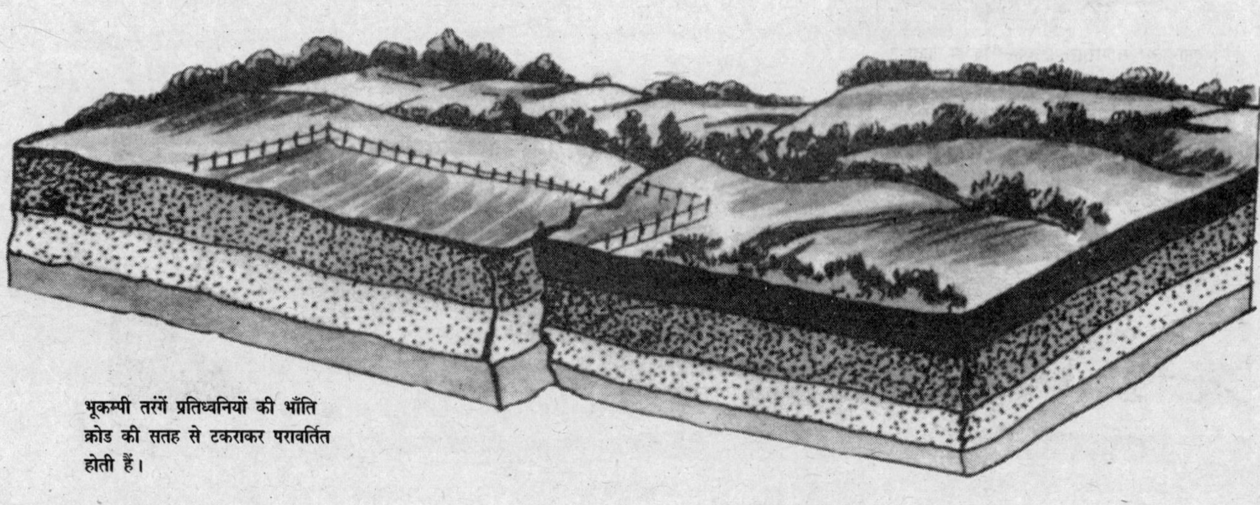

भूकम्पी तरंगें प्रतिध्वनियों की भाँति क्रोड की सतह से टकराकर परावर्तित होती हैं।

पर्वतों का निर्माण (Mountain-Building)

अधिकांश पर्वत-श्रृंखलाओं का निर्माण लाखों-करोड़ों वर्षों की अवधि में पृथ्वी की सतह में भीषण परिवर्तनों के कारण हुआ है। निर्माण-क्रिया के अनुसार पर्वतों को चार वर्गों में बाँटा जाता है : वलन (Folding) पर्वत, ब्लॉक (Block) पर्वत, अवशिष्ट पर्वत और ज्वालामुखीय पर्वत।

वलन पर्वत चट्टानों की कई परतों से बने होते हैं। इन पर्वतों का निर्माण पृथ्वी के अन्दर भयानक सिकुड़न और दाब के कारण होता है। दाब और सिकुड़न की क्रिया में चट्टानें लहरदार होकर एक-दूसरे के ऊपर चढ़ जाती हैं और ये परतें मुड़कर पर्वतों का रूप धारण कर लेती हैं। हिमालय, एण्डीज, रॉकी और आल्प्स पर्वतमालाओं की उत्पत्ति इसी प्रकार हुई है।

पृथ्वी की परतों में दोष आ जाने पर भयानक हलचल के कारण धरती के अन्दर की चट्टानें उलटकर शिलाखण्डों के रूप में जम जाती हैं। इससे ब्लॉक या शिलापर्वतों का निर्माण होता है। फ्रांस के वसिगेज पर्वत और जर्मनी के ब्लैक फॉरेस्ट पर्वत इसी प्रकार बने हैं।

आँधी, पानी, बर्फ आदि की अपरदन क्रिया द्वारा कुछ ऊँचे पठारों पर धूल, बालू और दूसरे पदार्थों के जमाव से अवशिष्ट पर्वतों का निर्माण होता है। दक्षिण न्यूयार्क राज्य में स्थित कैट्सकिल पर्वतमाला पठारों से ही जन्मी है। ग्रेट कैनियन कोलोराडो नदी के अपरदन द्वारा बना है।

ज्वालामुखीय पर्वत पृथ्वी के गर्भ से निकलने वाले मैग्मा के जमने से बनते हैं। जापान का फूजीयामा पर्वत ऐसा ही है। हूड और रेनीयर अमेरिका की ऐसी ही पर्वतमालाएँ हैं।

पर्वतों की ऊँचाई कुछ ही मिलीमीटर प्रतिवर्ष बढ़ती है।

❂❂❂

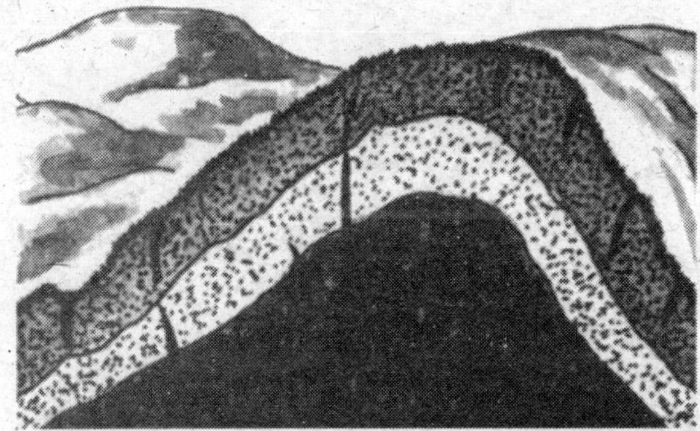

अवसादी चट्टानें ऊपर उठती हैं

चट्टानों का अपरदन

समुद्र-तल पर चट्टान की परतें

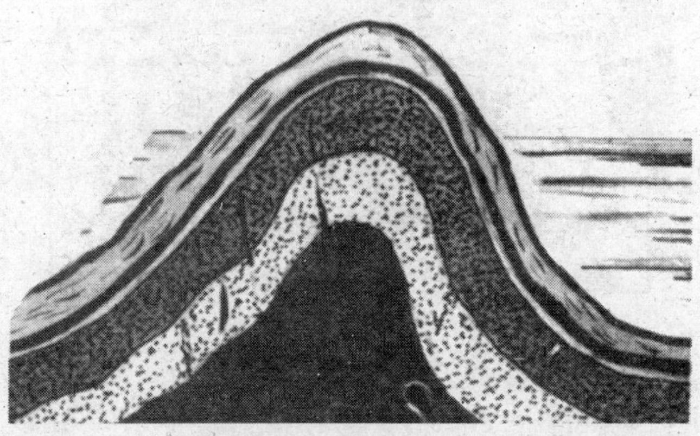

अवसादी चट्टानें 10,000,000 वर्ष बाद दुबारा उठती हैं

वलन तथा भ्रंश (Folds and Faults)

भू-पर्पटी पर निरन्तर आन्तरिक और बाह्य शक्तियाँ अपना प्रभाव डालती रहती हैं, जिससे इसका रूप बदलता रहता है तथा धरातल पर नयी आकृतियों का जन्म होता रहता है।

आन्तरिक बलों द्वारा जहाँ एक ओर लाखों वर्ष की अवधि वाली दीर्घकालिक हलचलें होती हैं, तो दूसरी ओर भूकम्प जैसी आकस्मिक हलचलें भी होती हैं। दीर्घकालिक हलचलें वलन और भ्रंश द्वारा पर्वतों, पठारों और रिफ्ट घाटियों को जन्म देती हैं।

वलन (Fold)

भू-पर्पटी में सम्पीडन (Compression) बलों द्वारा परतों का कमजोर भागों के सहारे मुड़ना (Bending) ही वलन कहलाता है।

वलन कई प्रकार के होते हैं जैसे–सममित वलन (Symmetrical fold), असममित वलन (Asymmetrical fold), एकनतिक वलन (Monoclinal Fold), प्रतिवलन (Overfold), शयान वलन (Recumbent fold) तथा नापे (Nappe)।

भ्रंश (Fault)

भू-पर्पटी की चट्टानों के तनाव व सम्पीडन बलों द्वारा उनका चटक कर दोनों ओर खिसकना 'भ्रंशन' कहलाता है।

भ्रंशन में चट्टानों का खिसकाव क्षैतिज या ऊर्ध्वाधर किसी भी दिशा में हो सकता है। यह खिसकाव कुछ सेमी. से लेकर कई किमी. तक हो सकता है। भ्रंश मुख्यतः तीन प्रकार के होते हैं–सामान्य भ्रंश (Normal fault), उत्क्रम भ्रंश (Reversal Fault) तथा विदारण भ्रंश (Tear fault)।

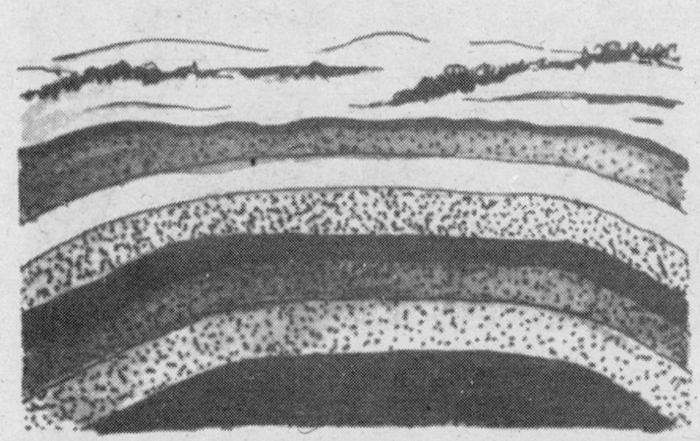

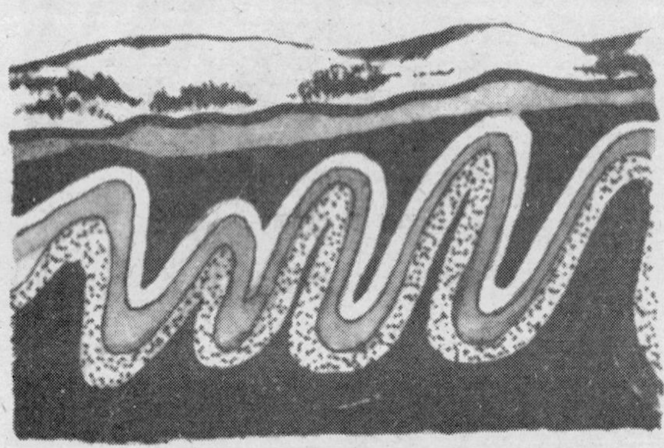

विभिन्न प्रकार के वलन (folds)

वलन पर्वत

भ्रंशन द्वारा बने स्थल रूपों में मुख्यतः ब्लॉक पर्वत (Block Mountains), हॉर्स्ट पर्वत (Horst Mountains) और रिफ़्ट घाटियाँ (Rift Valleys) उल्लेखनीय हैं। जर्मनी के ब्लैक फोरेस्ट पर्वत इसी प्रकार के हैं।

✪✪✪

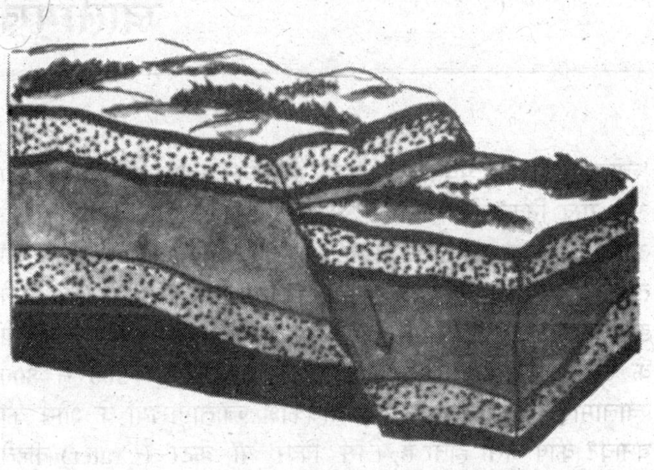

सामान्य भ्रंश (Normal fault)

रिफ्ट घाटी (Rift valley)

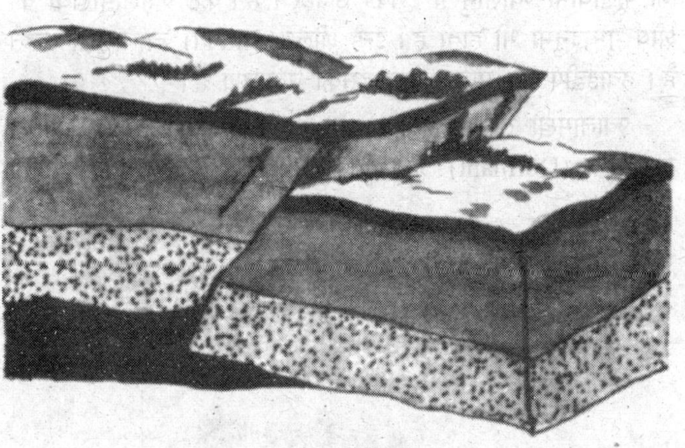

उत्क्रम भ्रंश (Reveroal fault)

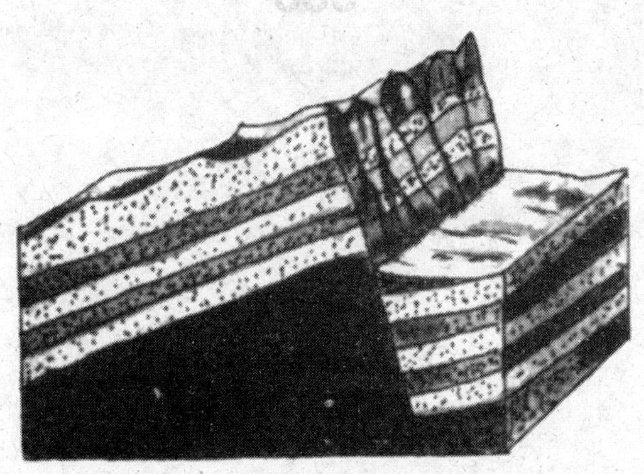

ब्लॉक पर्वत (Block mountain)

बिदारण भ्रंश (Tear fault)

ज्वालामुखी (VolcUnoes)

'ज्वालामुखी' उन पर्वतों को कहते हैं, जिनके मुँह से आग, धुआँ और राख निकलती रहती है। ज्वालामुखियों के फटने में धरती की आन्तरिक सतह का तरल मैग्मा (पिघली हुई चट्टान) भू-पर्पटी को तोड़कर बलपूर्वक बाहर आ जाता है। ज्वालामुखी से निकलने वाले इस तरल पदार्थ को 'लावा' कहते हैं। 'लावा' में गरम राख, चट्टानों के टुकड़े और भाप होती है। इस समय धरती पर 500 से 800 ज्वालामुखियों का अनुमान है। अधिकांश ज्वालामुखियों के शीर्ष की बनावट कीप जैसी होती है, जिसे 'विवर' या 'क्रेटर' (Crater) कहते हैं। इस क्रेटर का आधार एक नली के रूप में होता है, जिससे मैग्मा पृथ्वी के अन्दर से सतह पर आता रहता है। मैग्मा के साथ आने वाली गैसों और भाप के दबाव से पर्वतों की चोटी या ढलानों की चट्टानें उड़ जाती हैं और उनके स्थान पर गड्ढा बन जाता है। जापान का फूजीयामा ज्वालामुखी इसका उदाहरण है। कुछ ज्वालामुखियों का शीर्ष गुम्बदनुमा भी होता है। इन्हें शील्ड (Shield) ज्वालामुखी कहते हैं। हवाईद्वीप का मोना लोवा इसका उदाहरण है।

ज्वालामुखी तीन प्रकार के होते हैं। सक्रिय (Active), शिथिल या प्रसुप्त (Dormant) और मृत (Extinct)। सक्रिय ज्वालामुखियों से लावा निकलता है। इस प्रकार के ज्वालामुखियों के उदाहरण हैं- हवाई द्वीप का मोना लोवा और सिसली द्वीप का माउण्ट एटना। प्रसुप्त ज्वालामुखी वे होते हैं, जिनसे कभी लावा निकलने लगता है, तो कभी उसका निकलना बन्द हो जाता है। ऐसे ज्वालामुखी हैं–जापान का फूजीयामा और इटली का विसूवियस। मृत ज्वालामुखी वे होते हैं, जिनसे सदा के लिए लावा निकलना बन्द हो गया हो। अफ्रीका का किलीमंजारो और दक्षिणी अमेरिका का एकोंकागुआ मृत ज्वालामुखी हैं। संसार का सबसे ऊँचा मृत ज्वालामुखी अर्जेण्टाइना में है, जो 6960 मीटर ऊँचा है।

ज्वालामुखियों का फटना कभी-कभी बड़ा घातक सिद्ध होता है। इटली के विसूवियस ज्वालामुखी के फटने से पोम्पिआई और हरक्यूलेनियस नगर दब गये थे। इण्डोनेशिया के क्राकाटोवा द्वीप का दो तिहाई भाग सन् 1883 में ज्वालामुखी विस्फोट से हवा में उड़ गया था। पिछले 3,000 वर्षों की अवधि में यह सबसे विशालतम ज्वालामुखी विस्फोट माना जाता है। यह विस्फोट 1500 मेगाटन टी एन टी के समतुल्य था और इसकी गरज 500 किमी. की दूरी तक सुनी गयी थी तथा सारे सागरों में ज्वारीय लहरें पैदा हो गयी थीं।

❂❂❂

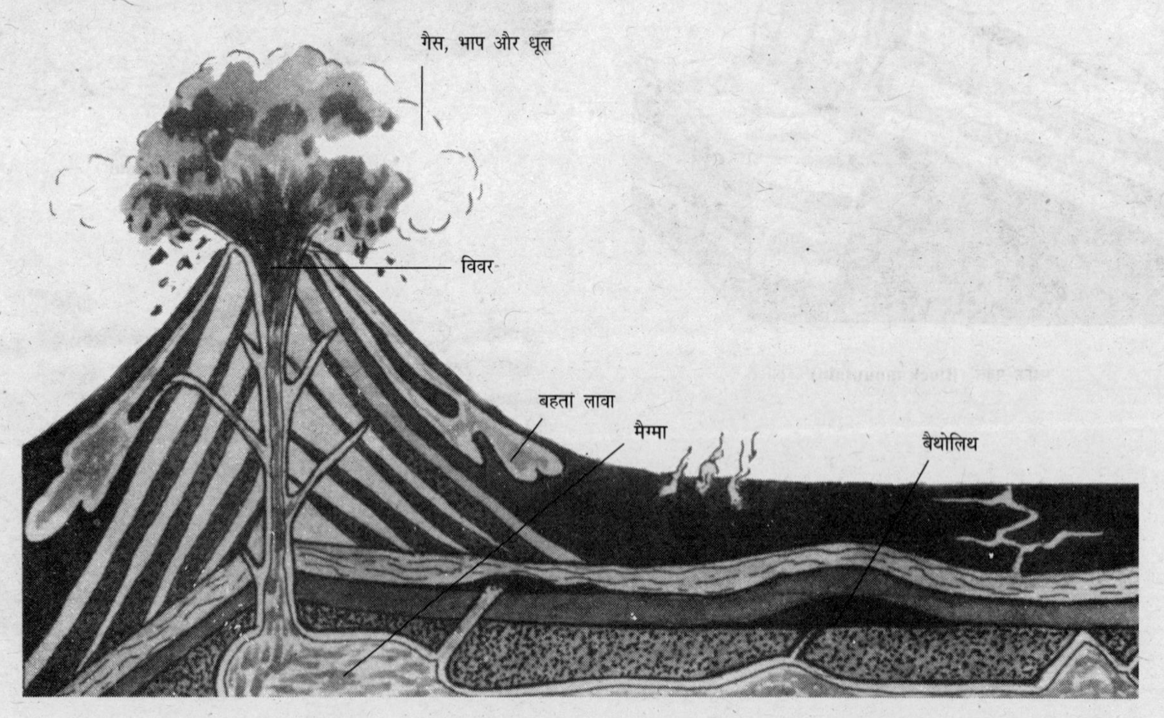

मरुस्थल (Deserts)

मरुस्थल या रेगिस्तान में दूर-दूर तक पीले रंग की रेत ही रेत दिखायी देती है। इन क्षेत्रों में बहुत कम या नहीं के बराबर वर्षा होती है। इन सूखे क्षेत्रों में पेड़-पौधे और जीव-जन्तु भी बहुत कम होते हैं। शुष्क दशाओं में रहने वाली जो वनस्पति यहाँ पायी जाती हैं, उनकी जड़ें लम्बी और पत्तियाँ छोटी, सख्त व चिकनी होती हैं। रेगिस्तान में रहने वाले जीव-जन्तुओं को पानी की ज़्यादा जरूरत नहीं पड़ती। वे बिना पानी के भी काफी समय तक रह सकते हैं। अधिकांश रेगिस्तानों में दिन के समय बहुत तेज गरमी पड़ती है, लेकिन रातें ठण्डी होती हैं।

रेगिस्तान दो प्रकार के होते हैं : शुष्क मरुस्थल और अर्द्ध मरुस्थल। ये दोनों प्रकार के रेगिस्तान उष्णकटिबण्धीय मरुस्थल महाद्वीपों के पश्चिमी तटों पर 20° और 30° अक्षांश के बीच फैले हैं, जबकि मध्य अक्षांशीय मरुस्थल महाद्वीपों के भीतरी भाग में 30° और 35° अक्षांश के बीच पाये जाते हैं। अफ्रीका का सहारा और कालाहारी, दक्षिण-पश्चिमी अमेरिका का मरुस्थल, दक्षिणी अमेरिका में चिली का मरुस्थल, पश्चिमी आस्ट्रेलिया का मरुस्थल और दक्षिण-पश्चिमी एशिया का अरब से थार तक फैला मरुस्थल उष्णकटिबण्धीय मरुस्थलों के क्षेत्र हैं। रूसी तुर्किस्तान और गोबी का मरुस्थल मध्य अक्षांशीय मरुस्थलों के अन्तर्गत आते हैं। सहारा मरुस्थल संसार का सबसे बड़ा मरुस्थल है।

मरुस्थलीय और अर्द्ध मरुस्थलीय क्षेत्रों में तेज हवाओं के चलने से बालू के टीले (Sand Dunes) बनते और बिगड़ते रहते हैं। बालू के ये टीले 210 मीटर तक ऊँचे और 900 मीटर तक लम्बे होते हैं। विश्व के सबसे ऊँचे बालू के टीले सहारा रेगिस्तान में अल्जीरिया में पाये जाते हैं। भारत का सबसे बड़ा रेगिस्तान थार मरुस्थल है। ऊँट रेगिस्तान का जहाज है। रेगिस्तान में कैक्टस के पौधे सबसे अधिक उगते हैं।

✪✪✪

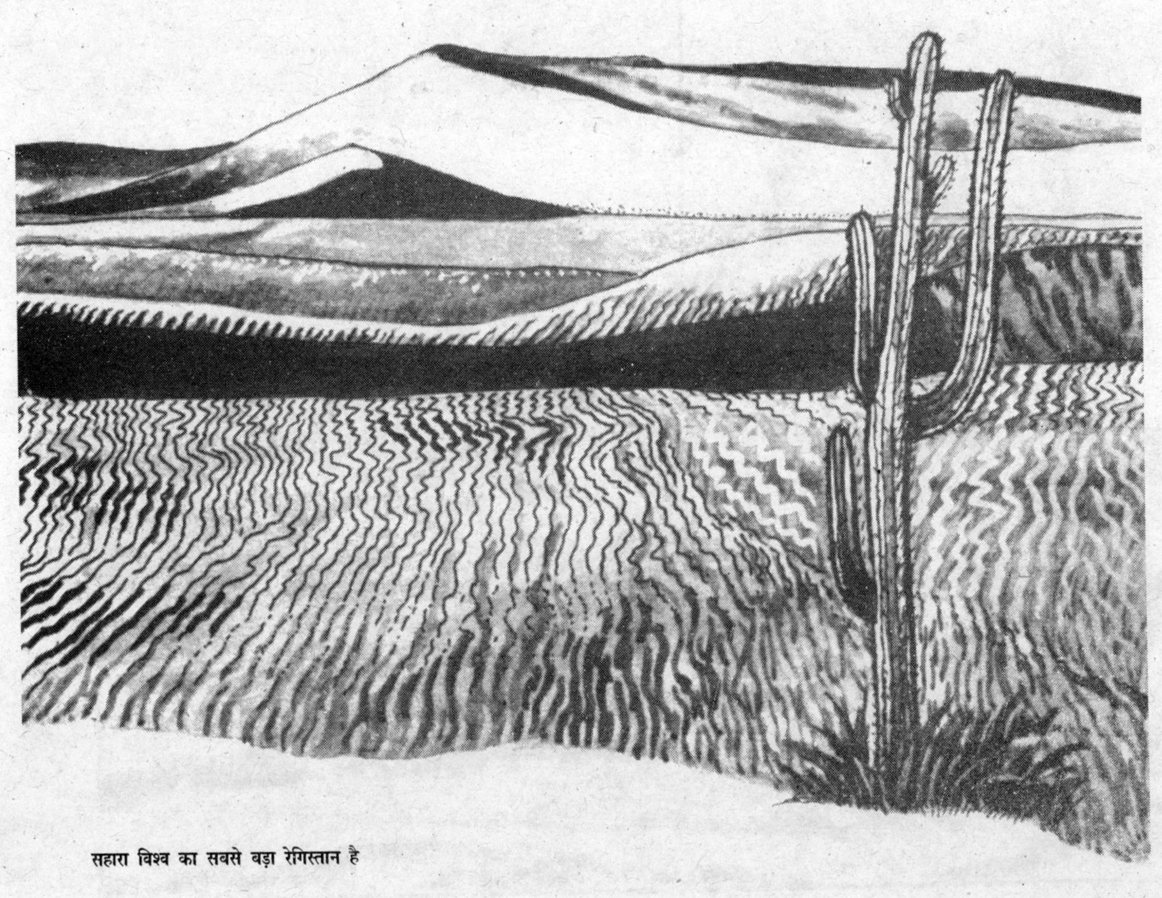

सहारा विश्व का सबसे बड़ा रेगिस्तान है

गीजर (Geyser)

ओल्ड फेथफुल गीजर

कभी-कभी कुछ गरम चश्मों का पानी भाप और पानी के फव्वारे के रूप में जमीन से रुक-रुक कर निकलता रहता है। इसी को हम 'गीजर' कहते हैं। गीजर के नीचे जमीन की सतह से कम गहराई पर कोई गरम चट्टान होती है तथा ऊपरी सतह तक कोई दरार या पतली नाली होती है। पानी इस नाली से होता हुआ गरम चट्टान तक पहुँचता है। जब यह चट्टान की गरमी से लगभग 100° सेल्सियस तापमान तक पहुँच जाता है, तो दाब के कारण धरातल से ऊपर उछलने लगता है। ठण्डा पानी नाली में वापस आने पर पानी का निकलना तब तक बन्द रहता है, जब तक कि गरम होकर उसका दाब पहले के बराबर न हो जाये।

गीजरों से निकलने वाले फव्वारे की ऊँचाई 100 मीटर या उससे भी अधिक हो सकती है। कुछ की ऊँचाई एक या डेढ़ मीटर ही होती है। आयरलैण्ड, न्यूजीलैण्ड और अमेरिका के यलोस्टोन राष्ट्रीय पार्क में अनेक गीजर हैं। जमीन से निकलते हुए गीजर बहुत ही सुन्दर दृश्य प्रस्तुत करते हैं। इन्हें देखने बहुत से लोग आते हैं। यलोस्टोन राष्ट्रीय पार्क के गीजर बहुत ही सुन्दर हैं।

गरम चश्मे (Hot Springs)

गरम चश्मों से निकलने वाले पानी का तापमान सामान्य चश्मों के पानी से अधिक होता है। वैज्ञानिक तथ्यों के अनुसार भूमिगत जल का तापमान धरती के अन्दर प्रति 25 मीटर की गहराई के लिए 1° सेल्सियस बढ़ता जाता है। धरती की अधिक गहराई से जब गरम पानी किसी भूमिगत दरार से होता हुआ बाहर आने लगता है, तो हम उसे गरम चश्मे का नाम दे देते हैं। कुछ ज्वालामुखी क्षेत्रों में पिघली हुई चट्टानों की गरमी से बनी भाप पानी के रूप में बाहर आती रहती है।

गरम चश्मों के पानी में कई खनिज भी घुले रहते हैं। गन्धक घुले हुए गरम चश्मों का जल त्वचा रोगों के लिए बहुत लाभदायक होता है। कुछ चश्मों का पानी बहुत गरम होता है। न्यूजीलैंड द्वीपों में मावरी कबीले के लोग गरम चश्मों की ऊष्मा से अपना खाना पकाते हैं। हरियाणा के सोना नामक स्थान पर और मनाली में बहुत से गरम चश्मे हैं। देहरादून के चश्मों में गन्धक के पानी की बहुतायत है। इनके अतिरिक्त विश्व में और भी अनेक चश्मे हैं।

✪✪✪

आइसलैंड का एक गरम पानी का चश्मा

क्रेटर झील (Crater Lake)

ज्वालामुखियों के फटने से जो क्रेटर या विशाल गड्ढा बन जाता है, उसके चारों ओर लावे की ऊँची-ऊँची दीवारें बन जाती हैं। लम्बे समय तक लावा न निकलने पर बहुत-से क्रेटरों में वर्षा और पिघली बर्फ का पानी भर जाता है। पानी से भरे ये उथले और विशाल गड्ढे ही क्रेटर झील के नाम से जाने जाते हैं।

क्रेटर झीलें सामान्यतः पहाड़ों की चोटियों पर होती हैं। इन झीलों का पानी अत्यन्त स्वच्छ और नीले रंग का दिखायी देता है। देखने में ये झीलें बहुत सुन्दर लगती हैं।

दुनिया की सबसे सुन्दर और बड़ी क्रेटर झील उत्तरी अमेरिका के कास्केड पर्वतों पर है। इसमें क्रेटर झील राष्ट्रीय पार्क बना दिया गया है। इसे हजारों दर्शक रोज देखने आते हैं।

ꙮꙮꙮ

ज्वालामुखी के विस्फोट होने के बाद एक बड़ा गड्ढा (Crater) बन जाता है।

ज्वालामुखी झीलें पुराने मृत ज्वालामुखियों के मुँह होते हैं, जिनमें पानी भर जाता है।

ज्वालामुखी झीलें पहाड़ों की चोटियों पर होती हैं।

अपरदन (Erosion)

पृथ्वी पर बहती हुई नदियाँ, गतिशील बर्फ या ग्लेशियर, सागर की लहरें, वर्षा, हवाएँ आदि निरन्तर रूप से धरती और चट्टानों को घिसने, छीलने, पीसने और बहा ले जाने का जो कार्य करती हैं, उसे अपरदन (Erosion) कहते हैं। धरती पर दिखने वाले दृश्य मुख्य रूप से अपरदन के परिणामस्वरूप ही बने हैं।

अपरदन द्वारा मिट्टियों का निर्माण होता है। खनिजों की प्राप्ति होती है। भूमि को वायु और आर्द्रता मिलती है। इसी से झील, प्रपात, कन्दराएँ, घाटियाँ, प्राकृतिक पुल आदि बनते हैं। कोलेरेडो नदी द्वारा निर्मित संयुक्त राज्य अमेरिका का ग्राण्ड कैनियम, अपरदन का एक प्रमुख उदाहरण है। भूमि अपरदन को रोकने के लिए आज अनेक प्रयास किये जा रहे हैं। अपरदन कई प्रकार से होता है। ग्लेशियरों द्वारा किये गये अपरदन से घाटियाँ बनती हैं। नदियों के बहाव से एक स्थान की मिट्टी दूसरी जगह पहुँच जाती है। रेगिस्तानों में बालू टब्बे वायु अपरदन से बनते हैं। समुद्री लहरों द्वारा अपरदन से गुफाओं का निर्माण होता है।

अपरदन कई प्रकार का होता है–चट्टान चूर्ण या भार के द्वारा धरातल की चट्टानों की रगड़कर पीसने की क्रिया को बलकृत अपरदन (Mechanical Erosion) कहलाता है। चट्टानों का विलयन द्वारा अपरदन संक्षारण (Corrosion) कहलाता है। परिवहन (Transportation) के दौरान भार का आपस में रगड़ द्वारा छोटा होना संनिघर्षण (Attrition) कहलाता है।

✿✿✿

अपरदन द्वारा चट्टानों का विचित्र रूप

महासागर (The Oceans)

महासागर हमारी धरती के सम्पूर्ण क्षेत्रफल के 71 प्रतिशत भाग को घेरे हुए हैं। शेष 29% जमीन है। इनमें 1.3×10^{18} टन पानी का अनुमान है। धरती पर चार महासागर हैं: प्रशान्त महासागर (Pacific Ocean), अटलाण्टिक महासागर (Atlantic Ocean), हिन्द महासागर (Indian Ocean) और आर्कटिक महासागर (Arctic Ocean)। इन महासागरों में छोटे समुद्र, खाड़ियाँ और महासागरीय प्रवेश द्वार भी शामिल हैं।

प्रशान्त महासागर सबसे बड़ा और गहरा है। इसका क्षेत्रफल लगभग 16,62,40,000 वर्ग किमी. है। अटलाण्टिक दूसरा सबसे बड़ा महासागर है, जो प्रशान्त महासागर की अपेक्षा क्षेत्रफल में आधा है। हिन्द महासागर तीसरा सबसे बड़ा महासागर है, जो भारत के कन्याकुमारी से दक्षिणी ध्रुव अण्टार्कटिका तक फैला हुआ है। आर्कटिक महासागर उत्तरी ध्रुव के चारों ओर फैला हुआ है। यह पूर्णतया बर्फ से ढका हुआ है, जिससे इसमें जलपोत नहीं चल सकते। कुछ लोग अर्ण्टाकटिका को भी महासागर कहते हैं।

नमकीन होने के कारण महासागरों का पानी पीने योग्य नहीं होता। इनके पानी की औसत लवणता 35 प्रतिशत है। यानी 100 ग्राम पानी में 35 ग्राम लवणों की मात्रा होती है। महासागरों में लवणता का प्रमुख स्रोत नदियों का पानी है, जिसमें प्रतिवर्ष अरबों टन लवण घुलकर महासागरों में पहँचते हैं।

महासागरों का सबसे बड़ा प्रभाव जलवायु पर पड़ता है। महाद्वीपों पर होने वाली वर्षा का मूल स्रोत महासागर ही हैं। महासागरीय धाराओं द्वारा समुद्रतटीय प्रदेशों में तापमान की नियमितता बनी रहती है।

समुद्री हवाएँ और भूमि से हवाएँ चलती रहती हैं। सूर्य की गरमी से सागरों का पानी वाष्प बनकर बादलों का रूप धारण करके वर्षा के रूप में बरसता है।

❂❂❂

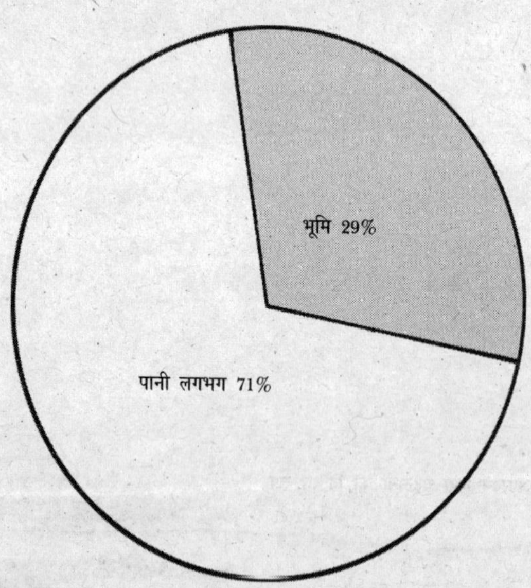

महासागर पृथ्वी के क्षेत्रफल के लगभग 71 प्रतिशत भाग को घेरे हुए हैं

नदियाँ (Rivers)

पानी की बहती हुई विशालधारा को, जिसके किनारे बदलते रहते हैं, 'नदी' कहते हैं नदियों में वर्षा, बर्फ के पिघलने, झीलों और झरनों से पानी आता है। लगभग अधिकांश विशाल नदियाँ सागरों में जाकर गिरती हैं।

नदियाँ कई प्रकार की होती हैं, जैसे-तीव्र नदियाँ, मन्द नदियाँ, सीधी नदियाँ, टेढ़ी-मेढ़ी नदियाँ, विशाल नदियाँ और छोटी नदियाँ। किसी भी नदी में पानी का वेग उसकी गहराई पर निर्भर करता है। पहाड़ों के ढलानों पर बहने वाली नदियों का वेग मैदानों में बहने वाली नदियों से कहीं अधिक होता है। उद्‌गम स्रोत पर नदी का विस्तार कम होता है, लेकिन जैसे-जैसे यह आगे बढ़ती जाती है, इसका विस्तार बढ़ता जाता है।

कुछ नदियों का जन्म पहाड़ों पर जमी बर्फ के पिघलने से हुआ है, तो दूसरी कुछ का ग्लेशियरों के खिसकने से। पर्वतीय भाग में नदी युवावस्था में होती है, घाटी के मध्य चौड़े भाग में प्रौढ़ावस्था में तथा डेल्टा प्रदेश में यह वृद्धावस्था को प्राप्त कर लेती है।

शुरू में नदी घाटी में पर्वत स्कन्धों से बचती हुई टेढ़ी-मेढ़ी बहती है। आगे चलकर यह गॉर्ज और केनियन जैसे स्थलरूपों का निर्माण करती है। कम ढाल के कारण नदी का वेग तो कम हो जाता है, लेकिन सहायक नदियों के मिलने के कारण इसमें पानी बढ़ जाता है। इस अवस्था में नदी में अनेक मोड़ बन जाते हैं। वृद्धावस्था में नदी में अधिक पानी के कारण इसकी चौड़ाई बहुत बढ़ जाती है और वेग बहुत कम हो जाता है। इस भाग में नदी बाढ़कृत मैदान, गाय के खुर जैसी झीलें और डेल्टा बनाती है। डेल्टा की मिट्‌टी 'सिल्ट' बहुत उपजाऊ होती है। अन्त में यह सागर में गिर जाती है।

नदियाँ यातायात का अच्छा साधन हैं। इनमें नावें चलायी जाती हैं। नदियों पर बाँध बनाकर पानी को ऊँचाई से गिराया जाता है और विद्युत-उत्पादन किया जाता है। नदियों का पानी खेतों की सिंचाई में भी काम आता है।

✪✪✪

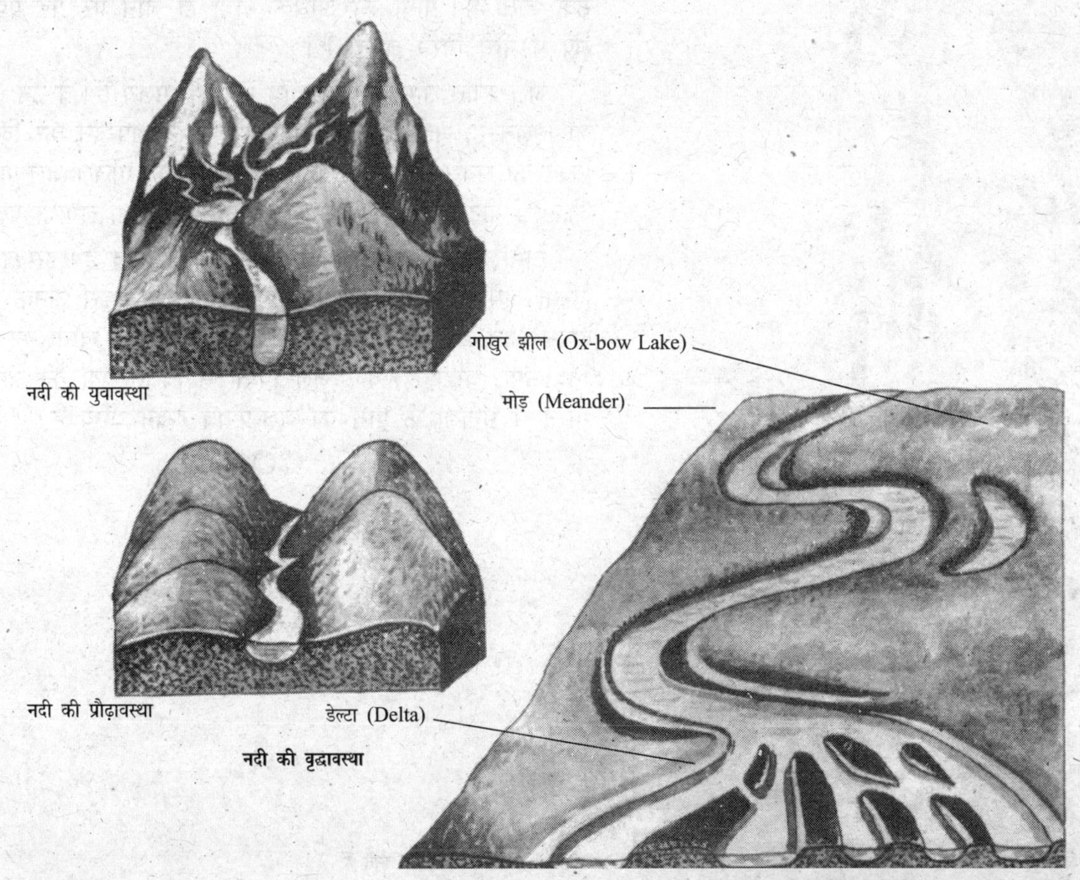

नदी की युवावस्था

नदी की प्रौढ़ावस्था

नदी की वृद्धावस्था

जल-प्रपात (Water Falls)

कनाडा का नाइगरा जल-प्रपात

पहाड़ों की ऊँचाई से नीचाई की ओर गिरने वाले पानी को 'जल-प्रपात' कहते हैं। यदि गिरने वाला जल एक विशाल धारा के रूप में काफी ऊँचाई से गिरता है, तो उसे 'महा जल-प्रपात' (Cataract) कहते हैं। यदि गिरने वाले जल की धारा पतली है, तो उसे छोटा जल-प्रपात (Cascade) कहते हैं।

जल-प्रपात सामान्यतः नदी द्वारा किये गये अपरदन से बनते हैं। जब कोई नदी ऐसे चट्टानी क्षेत्र से गुजरती है, जिसका कुछ भाग कठोर है और कुछ भाग नरम है, तो पानी के बहाव से मुलायम चट्टान का अपरदन हो जाता है। परिणाम यह होता है कि पानी ऊँचाई से प्रपात के रूप में नीचे गिरने लगता है। सामान्यतः मुलायम चट्टान कठोर चट्टान के नीचे होती है। मुलायम चट्टान का पानी द्वारा अन्दर ही अन्दर अपरदन हो जाता है और पानी जल-प्रपात के रूप में नीचे गिरने लगता है। नियाग्रा का जल-प्रपात ऐसे ही बना।

जल-प्रपात प्रायः नदी अपरदन द्वारा बनते हैं

कहीं-कहीं प्राकृतिक कारणों से नदी का बहाव क्षेत्र ऊपर उठता जाता है और इस ऊँचे स्थान से पानी जल-प्रपात के रूप में नीचे गिरने लगता है। कभी-कभी भूस्खलन के कारण नदी का प्रवाह-मार्ग रुक जाता है। पानी की अधिक मात्रा हो जाने पर यह प्रपात के रूप में नीचे गिरने लगता है।

जल-प्रपात सामान्यतः पर्वतीय क्षेत्रों में मिलते हैं। वे उन क्षेत्रों में भी मिलते हैं, जहाँ हिम नदियों और बर्फ ने अपरदन कर दिया है। विश्व का सबसे ऊँचा जल-प्रपात बेनेजुइला का एंजिल जल-प्रपात है, जो 979 मीटर ऊँचा है। इसका पता सन् 1835 में लगाया गया था।

अमेरिका का नियाग्रा जल-प्रपात बहुत प्रसिद्ध है। इसका आधा हिस्सा अमेरिका में है और आधा कनाडा में है। इसे अनेक पर्यटक देखने आते हैं। संसार का सबसे चौड़ा जल-प्रपात खोनी का है, जो 11 किमी. चौड़ा है। कुछ जल-प्रपातों से विद्युत पैदा की जाती है। भारत में मनाली के पास का जल-प्रपात देखने योग्य है।

❂❂❂

भूमिगत जल (Underground Water)

वर्षा और बर्फ के पिघलने से जो पानी रिसकर चट्टानों की दरारों और छेदों द्वारा भूमि के अन्दर प्रवेश कर जाता है, उसे भूमिगत जल कहते हैं। कुछ भूमिगत जल पृथ्वी के आन्तरिक भाग से भी प्राप्त होता है। पानी की अपरदन क्रिया से चूना प्रधान चट्टानों की दरारें चौड़ी होने से विशाल छेद बन जाते हैं। ऐसे छेदों में यदि कोई नदी गिर जाये, तो वह जमीन के अन्दर चली जाती है। यार्कशायर में एक 111 मीटर गहरा विशाल छेद है, जिसमें फेलबैंक नदी गायब हो गयी है।

धरातल पर चश्में (Springs) और उत्स्रुत कूप (Artesian Wells) भूमिगत जल के प्रवाह से ही बनते हैं। संसार के अर्द्ध शुष्क जलवायु वाले क्षेत्रों में पर्वतों से घिरे बेसिनों में उत्स्रुत कूपों का विशेष आर्थिक महत्त्व है। आस्ट्रेलिया में संसार के सबसे बड़े आर्टेजियन बेसिन में 18 हजार से अधिक उत्स्रुत कूप हैं। भारत की तराई में सिंचाई तथा पेयजल की पूर्ति के लिए अनेक उत्स्रुत कूप बनाये गये हैं। भूमिगत जल हमारे लिए बहुत उपयोगी सिद्ध हुए हैं। इनसे पीने का पानी तो मिलता ही है, साथ-साथ ये सिंचाई के लिए भी उपयोगी सिद्ध हुए हैं।

❂❂❂

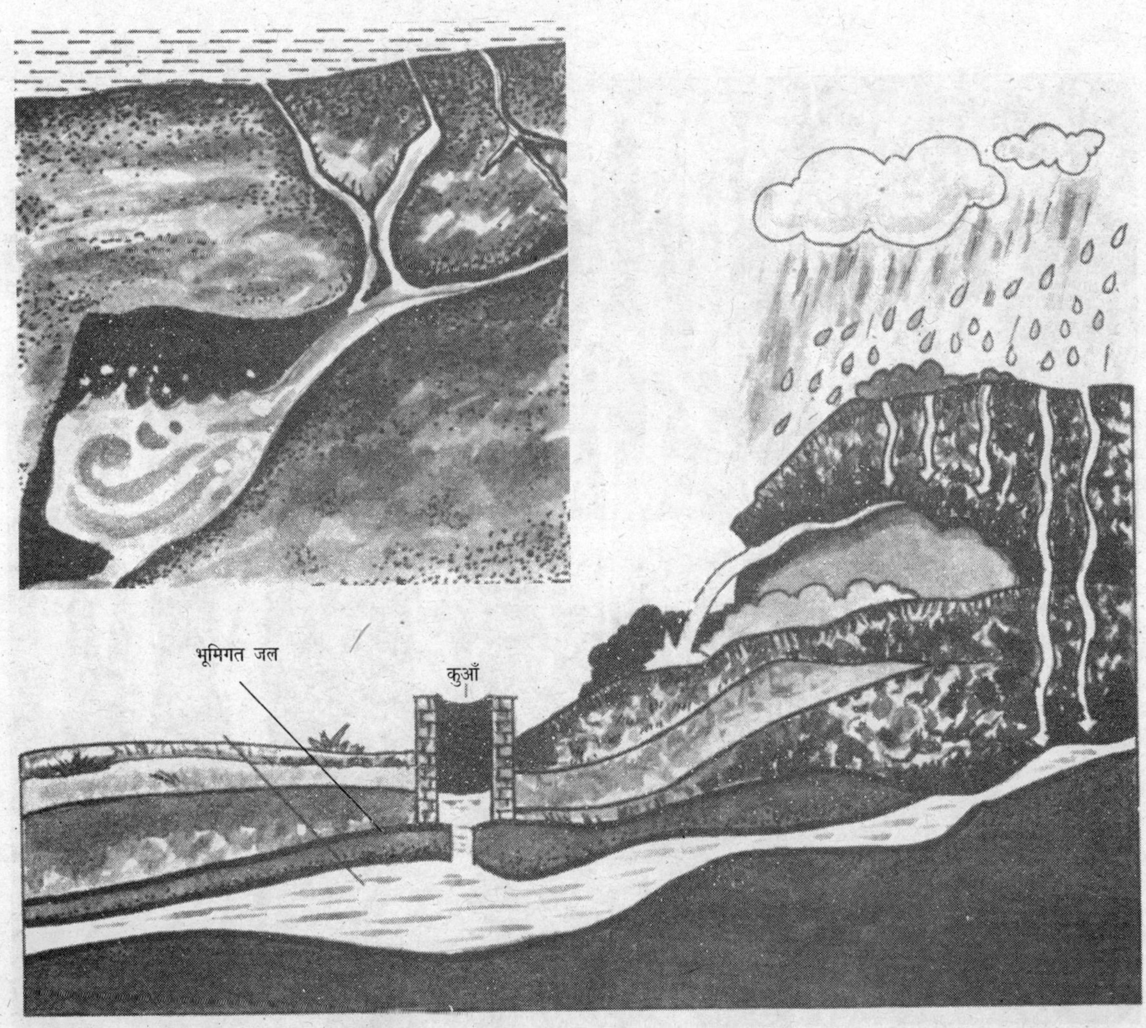

गुफाएँ और कन्दराएँ (Caves and Caverns)

धरती के वे खोखले स्थान जिनमें से मनुष्य और जानवर निकल सकते हैं, 'कन्दराएँ' कहलाते हैं। कन्दराओं का निर्माण सामान्यतः वर्षा या भूमिगत जल के अपरदान द्वारा होता है। जिन चट्टानों में चूना पत्थर या डोलोमाइट की मात्रा अधिक होती है, वे पानी में घुल जाते हैं। पानी में घुली कार्बन डाईऑक्साइड के कारण जल हल्के कार्बोनिक अम्ल में बदल जाता है। यह हल्का अम्ल चट्टानों को निरन्तर रूप से घोलता रहता है। इसी क्रिया द्वारा कन्दराओं, गुफाओं और परस्पर जुड़ी गैलरियों का निर्माण हो जाता है।

दूसरे प्रकार की गुफाएँ लावा गुफाएँ, बर्फ गुफाएँ और समुद्री गुफाएँ होती हैं।। लावा गुफाएँ ज्वालामुखियों के आधार के पास लावा के जमने से बनती हैं। बर्फ गुफाएँ ग्लेशियरों में बनती हैं। समुद्री गुफाएँ किनारे की चट्टानों में समुद्री लहरों के टकराने से बनती हैं।

आदिमानव गुफाओं में ही रहता था। आज भी स्पेन और फिलीपींस में कुछ समूह, गुफाओं में रहते हैं। अमेरिका की केनटकी गुफा काफी प्रसिद्ध है। फ़िलिट रिज केव जो अमेरिका में है, संसार में सबसे लम्बी गुफा है। यह 116 किमी. लम्बी है। भारत में अजन्ता और ऐलोरा की गुफाएँ बहुत प्रसिद्ध हैं।

❂❂❂

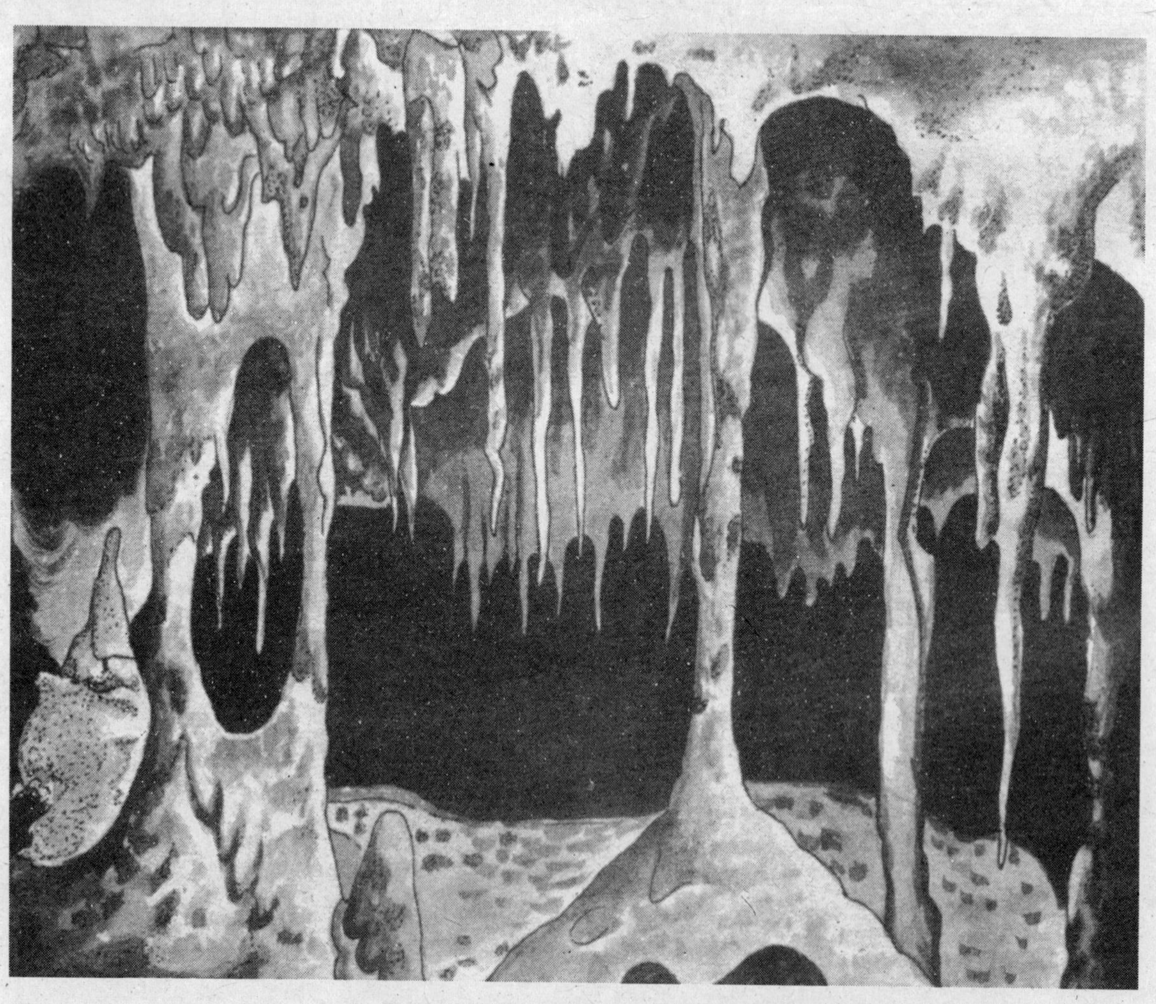

वर्षा और भूमिगल जल के अपरदन द्वारा विशाल कन्दराएँ बनती हैं

मौसम और जलवायु (Weather and Climate)

वायुदाब, ताप, आर्द्रता, वर्षा, बर्फ, वायु की गति एवं दिशा, पर्वतों और समुद्रों से दूरी आदि मौसम और जलवायु के प्रमुख तत्त्व हैं। इन तत्त्वों की किसी स्थान पर किसी विशेष समय में जो दशा होती है, उसे उस स्थान का उस समय का मौसम कहते हैं। इन्हीं तत्त्वों की किसी बड़े क्षेत्र या प्रदेश में लम्बी अवधि की औसत दशाओं को उस स्थान या प्रदेश की जलवायु कहते हैं। मौसम प्रतिदिन की दशाओं को दर्शाता है, जबकि जलवायु लम्बे समय की दशाओं का प्रतीक है।

विश्व को 13 प्रमुख जलवायु प्रदेशों में बाँटा गया है। सुविधा के लिए इन 13 जलवायु प्रदेशों को अक्षांशीय (Latitudinal) स्थिति और विस्तार के अनुसार तीन वर्गों में रखा गया है : निम्न अक्षांशीय, मध्य अक्षांशीय और उच्च अक्षांशीय।

निम्न अक्षांशीय जलवायु प्रदेश : इसमें आर्द्र विषुवतीय, व्यापारिक पवन तटीय, उष्णकटिबन्धीय मरुस्थल व स्टेप, उष्ण कटिबण्धीय मानसूनी व सवाना प्रदेश आते हैं। इन प्रदेशों में तापमान काफी अधिक होता है। इनमें वर्षा भी काफी होती है।

मध्य अक्षांशीय जलवायु प्रदेश : इसमें चीन तुल्य, पश्चिमी यूरोप तुल्य, भूमध्यसागरीय, मध्य अक्षांशीय मरुस्थल व स्टेप तथा मंचूरिया तुल्य प्रदेश आते हैं। इन प्रदेशों में गरमी कम, किन्तु सर्दी बहुत अधिक होती है।

उच्च अक्षांशीय जलवायु प्रदेश : इसमें टैंगा तुल्य, टुण्ड्रा तुल्य, हिम क्षेत्र तथा उच्च पर्वतीय तुल्य प्रदेश आते हैं। इन प्रदेशों में सर्दी में तापमान बहुत कम होता है और गरमी में भी ठण्ड पड़ती है।

जलवायु के प्रभाव के अनुसार ही हम यह निश्चित करते हैं कि हमारे मकानों की बनावट, पहनने के कपड़े, भोजन और यातायात कैसे हों।

✪✪✪

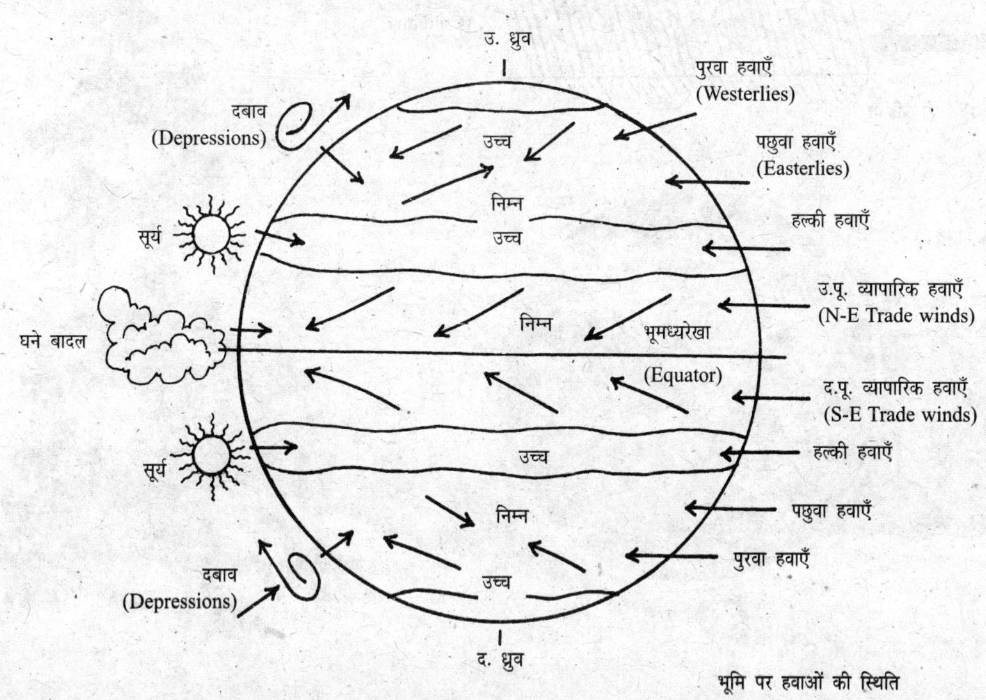

भूमि पर हवाओं की स्थिति

कुहरा और हिमपात (Fog and Snowfall)

कुहरा (Fog) : जब ऊष्मा के विकिरण और चालन द्वारा वायुमण्डल की निचली परत का तापमान ओसांक (Dew Point) से कम हो जाता है, तो हवा में उपस्थित अतिरिक्त नमी पानी की छोटी-छोटी बूँदों के रूप में धूल कणों पर लटक कर कुहरा बन जाती है। कुहरे के आर-पार हम एक किमी. से कम दूरी तक ही देख सकते हैं। यदि हम एक से दो किमी. के बीच में आर-पार देख पायें, तो इसे हम 'कुहासा' (Mist) कहते हैं।

महाद्वीपों की तुलना में सागरों पर अधिक कुहरा बनता है। इसी प्रकार गरम क्षेत्रों की अपेक्षा ठण्डे क्षेत्रों में अधिक कुहरा बनता है।

जिन शहरों में कारखानों का धुआँ अधिक होता है, वहाँ गहरा कोहरा बनता है। मुम्बई, दिल्ली, कोलकाता आदि में गहरा कोहरा बनता है। कोहरे से यातायात में काफी बाधा पड़ती है। सन् 1955 में एक रासायनिक विधि विकसित की गयी, जो कोहरे को साफ करने के लिए प्रयोग की जाती है।

हिमपात (Snow fall) : बादल बनते समय यदि जलवायु का तापमान हिमांक अर्थात् 0° सेल्सियस से नीचे पहुँच जाये, तो वह बर्फ के छोटे-छोटे मणिभों (Crystals) में बदल जाती है। बर्फ के ये मणिभ आपस में मिलकर स्नोफ्लेक (Snow-flake) बनाते हैं। यदि इनसे नीचे की हवा की परत का तापमान भी बहुत कम हो, तो ये स्नोफ्लेक धरती पर हिम के रूप में गिरने लगते हैं। इसी को 'हिमपात' कहा जाता है। सामान्यतः हिमपात ऊँचे पहाड़ों की चोटियों और अधिक अक्षांश वाले क्षेत्रों में होता है।

✪✪✪

बादल (Clouds)

सूरज की गरमी से धरती की सतह का पानी (नदियों, झीलों, सागरों आदि) वाष्पित होता रहता है। वाष्पयुक्त हवा हल्की होने के कारण आकाश में ऊपर उठती रहती है। ऊँचाई पर तापमान कम हो जाने पर यह वाष्प संघनित होकर अत्यन्त छोटी-छोटी बूँदों में बदल जाती है और धुएँ जैसी दिखने लगती है। इसी को हम 'बादल' कहते हैं।

बादलों की आकृति, आकार और ऊँचाइयाँ अलग-अलग होती हैं। इन्हीं के आधार पर बादलों को तीन मुख्य वर्गों में बाँटा गया है। इन वर्गों में दस प्रकार के बादल होते हैं।

निम्न मेघ : (Low Clouds) : इनकी ऊँचाई 2.5 किमी. तक होती है। इनमें एक-जैसे भूरे रंग के स्तरी (Stratus) बादल, कपास के ढेर जैसे कपासी (Cumulus) बादल, गरजने वाले काले रंग के कपासी-वर्षी (Cumulonimbus) बादल, भूरे-काले वर्षा-स्तरी (Nimbostratus) बादल और भूरे-सफेद रंग के स्तरी-कपासी (Stratocumulus) बादल आते हैं।

मध्य मेघ : (Medium Clouds) इनकी ऊँचाई 2.5 किमी. से 4.5 किमी. तक होती है। इनमें सफेद रंग के धारीयुक्त शीट के आकार के स्तरी मध्य मेघ (Altostratus) और सफेद शीट के आकार के कपासी मध्य मेघ (Altocumulus) आते हैं।

उच्च मेघ : (High Clouds) इनकी ऊँचाई 4.5 किमी. से ऊपरी होती है। इनमें सफेद रंग के छोटे-छोटे पक्षाभ (Cirrus) बादल, सफेद लहरदार पक्षाभ कपासी (Cirrocumulus) बादल तथा पारदर्शक रेशेयुक्त पक्षाभी स्तरी (Cirrostratus) बादल आते हैं।

बादलों से जीवनदायी वर्षा होती है, जिससे हमारे खेतों में फसलें पैदा होती हैं।

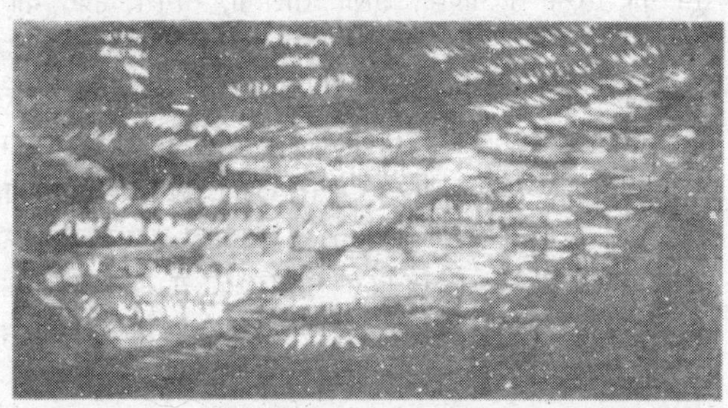

पक्षाभ (Cirrus) मेघ

स्तरी (Stratus) मेघ

कपासी वर्षी (Cumulonimbus) मेघ

कपासी (Cumulus) मेघ

वर्षा (Rain)

सूर्य की गरमी से नदियों, झीलों, तालाबों, सागरों आदि का पानी जलवाष्प में बदलता रहता है। जलवाष्प हवा से हल्की होती है, इसलिए यह वायुमण्डल में ऊपर उठती रहती है। जैसे-जैसे जलवाष्पयुक्त हवा ऊपर उठती है, यह ठण्डी होती जाती है। ठण्डा होने पर जलवाष्प धूल, धुआँ, आयन, बर्फ के कणों और दूसरे कणों पर अत्यन्त सूक्ष्म जलबूँदों के रूप में संघनित (Condense) हो जाती है और बादलों का रूप धारण कर लेती है। संघनन-क्रिया में जल की ये सूक्ष्म बूँदें एक-दूसरे से मिलकर बड़ी बूँदों का रूप धारण कर लेती हैं और अपने भार के कारण वर्षा के रूप में धरती पर गिरती हैं।

वर्षा होने के लिए जलवाष्पयुक्त हवा का ऊपर उठना और ठण्डा होना अति आवश्यक है। ऊपर उठने की क्रिया कई प्रकार से हो सकती है। नम हवा जब किसी पर्वत से टकराकर ऊपर उठती है, तो ठण्डी होकर वर्षा या बर्फ के रूप में नीचे गिरने लगती है। इसे पर्वतीय (Orographic) वर्षा कहते हैं। इस प्रकार की वर्षा पहाड़ों के एक ओर अधिक होती है। वायुमण्डल के विभिन्न तापीय क्षेत्रों में भारी ठण्डी हवा की परत गरम हल्की हवा को ऊपर की ओर धकेलती है। परिणाम यह होता है कि गरम हवा की नमी संघनित होकर वर्षा की बूँदों के रूप में गिरने लगती है। इस प्रकार की वर्षा को चक्रवाती (Cyclonic) वर्षा कहते हैं। तीसरे प्रकार में गरमी के मौसम में धरती की सतह के पास की नम हवा गरम होकर ऊपर उठ जाती है और ठण्डी होकर बरस पड़ती है। इसे संवहनी (Convectiva) वर्षा कहते हैं।

किसीं स्थान पर होने वाली वर्षा को वर्षा मापी (Rain Gauge) नामक यन्त्र द्वारा मापा जाता है। विश्व में सबसे अधिक वर्षा चेरापूँजी (आसाम) में होती है। यहाँ औसत वर्षा 1200 से.मी. होती है। सन् 1861 में यहाँ 2175 सेमी. वर्षा हुई थी।

✪✪✪

वर्षा-चक्र

चक्रवात (Cyclones)

तूफानी मौसम में गोल घेरे में तेजी से घूमते हुए कम वायुदाब वाले क्षेत्र को 'चक्रवात' कहते हैं। चक्रवात की हवाएँ कम वायुमण्डलीय दाब की ओर सर्पिल रूप में घूमती हैं। चक्रवात के केन्द्रीय क्षेत्र को इसकी आँख (Eye) कहते हैं। उत्तरी गोलार्द्ध में चक्रवाती वायु घड़ी की सुई को विपरीत दिशा में तथा दक्षिणी गोलार्द्ध दिशा में घूमती है।

चक्रवाती हवाओं से ठण्डी और गरम वायु मिल जाती है, जिससे तेज वर्षा और बर्फ गिरने लगती है। इस प्रकार के चक्रवातों को फ्रण्टल (Frontal) चक्रवात कहते हैं।

उष्णकटिबण्धीय चक्रवात महासागरों के गरम जल वाले भागों में पैदा होते हैं। अटलाण्टिक महासागर में पैदा होने वाले ऐसे चक्रवातों को 'हरीकेन' (Hurricane) तथा प्रशान्त और हिन्द महासागर में पैदा होने वाले इन चक्रवातों को 'टाइफून' (Typhoon) कहते हैं। हरीकेन और टाइफूनों से जलयानों तथा सागरों के किनारे की बस्तियों पर विनाशकारी प्रभाव पड़ते हैं। इनसे हर वर्ष अनेक लोग मर जाते हैं तथा सम्पत्ति का भारी नुकसान हो जाता है। हरीकेन में वायुवेग 120 से 200 कि.मी. प्रतिघण्टा तक पहुँच जाता है।

टॉरानेडो (Tornado) कम समय तक रहने वाले प्रचण्ड चक्रवात हैं, जो बादलों में विशाल बिजली चमकते समय पैदा होते हैं। टॉरनेडो का बादल अत्यन्त काला और कीप की शक्ल का होता है। इसके प्रभाव से जमीन के पेड़-पौधे कीप की ओर खिंचकर उखड़ जाते हैं और विशाल भवन गिर जाते हैं। एक टॉरनेडो कीप द्वारा धूल और मलवा सोखकर दूसरे स्थान पर बरसा देता है। टारनेडो में वायु का वेग 200 किमी. प्रतिघण्टा तक पहुँच जाता है।

टॉरनेडो एक सूँड़वाला तूफानी बादल है

बंगला देश में एक विशाल चक्रवात 13-14 नवम्बर 1970 में आया था, जिसमें दस लाख से अधिक लोगों की मृत्यु हो गयी थी। हर वर्ष विश्व में आने वाले चक्रवातों, तूफानों और टॉरनेडो में बहुत से लोग मर जाते हैं।

❂❂❂

चक्रवात का विनाशकारी प्रभाव

ग्लेशियर या हिमानी (Glacier)

ग्लेशियर

धीमी गति से चलने वाले हिम और बर्फ के विशाल क्षेत्र को 'ग्लेशियर' या 'हिमानी' कहते हैं। ग्लेशियर सामान्यतः उच्च पर्वतीय क्षेत्रों और उच्च अक्षांशों में मिलते हैं। ग्लेशियर की बर्फ धीरे-धीरे पर्वतीय ढलानों पर खिसकती है। विभिन्न ग्लेशियरों की लम्बाई, चौड़ाई, मोटाई और चाल अलग-अलग होती है। सामान्यतः हिमानियाँ एक दिन में एक या आधा मीटर ही चलती हैं। लेकिन ग्रीनलैण्ड की हिमानियाँ अधिक हिम दाब के कारण 15 मीटर प्रतिदिन तक चलती है। ग्लेशियर सामान्यतः पहाड़ों और घाटियों में मिलते हैं।

आइसबर्ग

उच्च अक्षांशों में जैसे ग्रीनलैण्ड और अण्टार्कटिका के तटीय भागों में ग्लेशियरों के विशाल खण्ड टूटकर समुद्र के पानी में तैरने लगते हैं। इन्हें हिमखण्ड (Ice berg) कहते हैं। आइसबर्ग का सामान्यतः दसवाँ भाग पानी के ऊपर और शेष भाग पानी के अन्दर डूबा रहता है। कोई-कोई हिमखण्ड तो समुद्रतल से 90 मीटर तक ऊँचा होता है। ऐसे हिमखण्ड का लगभग 810 मीटर भाग पानी के अन्दर होता है। कुछ हिमखण्डों में 20 करोड़ टन तक बर्फ होती है। इस प्रकार के ग्लेशियरों में विश्व का सबसे लम्बा ग्लेशियर 'लैम्बर्ट' है, जो आस्ट्रेलियाई अण्टार्कटिका प्रदेश में है। इसकी लम्बाई लगभग 515 किमी. और चौड़ाई 70 किमी. है। इसके अतिरिक्त स्विट्जरलैण्ड का जर्माट, नार्वे का लौम, फ्रांस का वोशन और अमेरिका का निशक्वैली विश्व का मुख्य ग्लेशियर हैं।

❂❂❂

आर्कटिक प्रदेश (Arctic Regions)

आर्कटिक महासागर पृथ्वी की उत्तरी सीमा पर स्थित है। इसके बीच में उत्तरी ध्रुव स्थित है। यह सागर बर्फ से ढका है और लगभग चारों ओर से ज़मीन से घिरा हुआ है। एशिया, यूरोप और उत्तरी अमेरिका के उत्तरी किनारों ने इसे तीन ओर से घेर रखा है। चौथी ओर ग्रीनलैण्ड का विशाल द्वीप और दूसरे छोटे-छोटे द्वीप समूह हैं। यह समस्त क्षेत्र हर समय बर्फ से ढका रहता है और किनारों पर खुले समुद्र में हिमखण्ड तैरते रहते हैं।

यहाँ चारों ओर बर्फ होने के कारण पेड़-पौधे नहीं उग पाते, इसलिए यहाँ बहुत कम लोग रहते हैं। उत्तरी अमेरिका और ग्रीनलैण्ड में एस्कीमो लोग और यूरोप में लैम्प लोग रहते हैं। इन लोगों ने इस क्षेत्र में जीवित रहने का ढंग सीख लिया है। ये लोग बर्फ के ऊपर सख्त बर्फ की मोटी सिल्लियों से अपना घर बनाते हैं। इनकी शक्ल गुम्बद जैसी होती है। इन्हें 'इग्लू' कहते हैं। यहाँ के निवासी अपना जीवन-निर्वाह शिकार तथा मछली पकड़कर करते हैं। रेनडियर, सील, वालरस और ध्रुवीय भालू भी यहाँ पाये जाते हैं। ये स्लेज गाड़ियों का प्रयोग करते हैं, जो बर्फ पर फिसलती हैं।

✪✪✪

एस्कीमो और इनके इग्लू

पेट्रोलियम (Petroleum)

'पेट्रोलियम' शब्द का अर्थ है 'चट्टानी तेल'। पेट्रा का अर्थ चट्टान और ओलियम का अर्थ तेल। यह काले रंग का गाढ़ा तरल पदार्थ होता है और पृथ्वी की सतह के नीचे विशाल भण्डारों के रूप में मिलता है।

ऐसा विश्वास किया जाता है कि लाखों वर्ष पहले समुद्री जीव-जन्तु और पेड़-पौधे पृथ्वी की हलचलों के कारण दब गये थे। भारी आन्तरिक दाब और अत्यधिक ताप के कारण तथा बैक्टीरियाओं की क्रिया द्वारा इनका क्षय होता गया तथा ये पेट्रोलियम में बदल गये। पेट्रोलियम प्राकृतिक गैस से मिश्रित छिद्रयुक्त चट्टानों के नीचे मिलता है।

पेट्रोलियम चट्टानों में छेद करके कुओं से प्राप्त किया जाता है। इसे कच्चा तेल कहते हैं। प्रभाजी आसवन (Fractional Distillation) द्वारा इसका शोधन किया जाता है। पेट्रोलियम शोधन से हमें पेट्रोल, डीजल, मिट्टी का तेल, गैस, नैप्था, टार आदि अनेक पदार्थ प्राप्त होते हैं।

पेट्रोलियम मुख्य रूप से मुम्बई, गुजरात तथा आसाम में मिलता है। इसे शुद्ध करने के लिए तेलशोधक कारखानों में लाया जाता है। इन उत्पादों के अतिरिक्त इससे प्लास्टिक, हाइड्रोकार्बन, औषधियाँ आदि अनेक पदार्थ प्राप्त किये जाते हैं। पेट्रोलियम से प्राकृतिक गैस एल.पी.जी. जैसे ईंधन भी प्राप्त किये जाते हैं।

आज के वैज्ञानिकों ने कुछ संश्लेषित विधियों से पेट्रोल बनाना आरम्भ कर दिया है, लेकिन अभी यह काफी महँगा है।

अमेरिका, वेनेजुइला, सउदी अरब, कुवैत, ईरान, रूस और ईराक में पेट्रोलियम विशाल मात्रा में मिलता है।

✪✪✪

समुद्री पौधों और जीवों के दबने से पेट्रोलियम की उत्पत्ति हुई

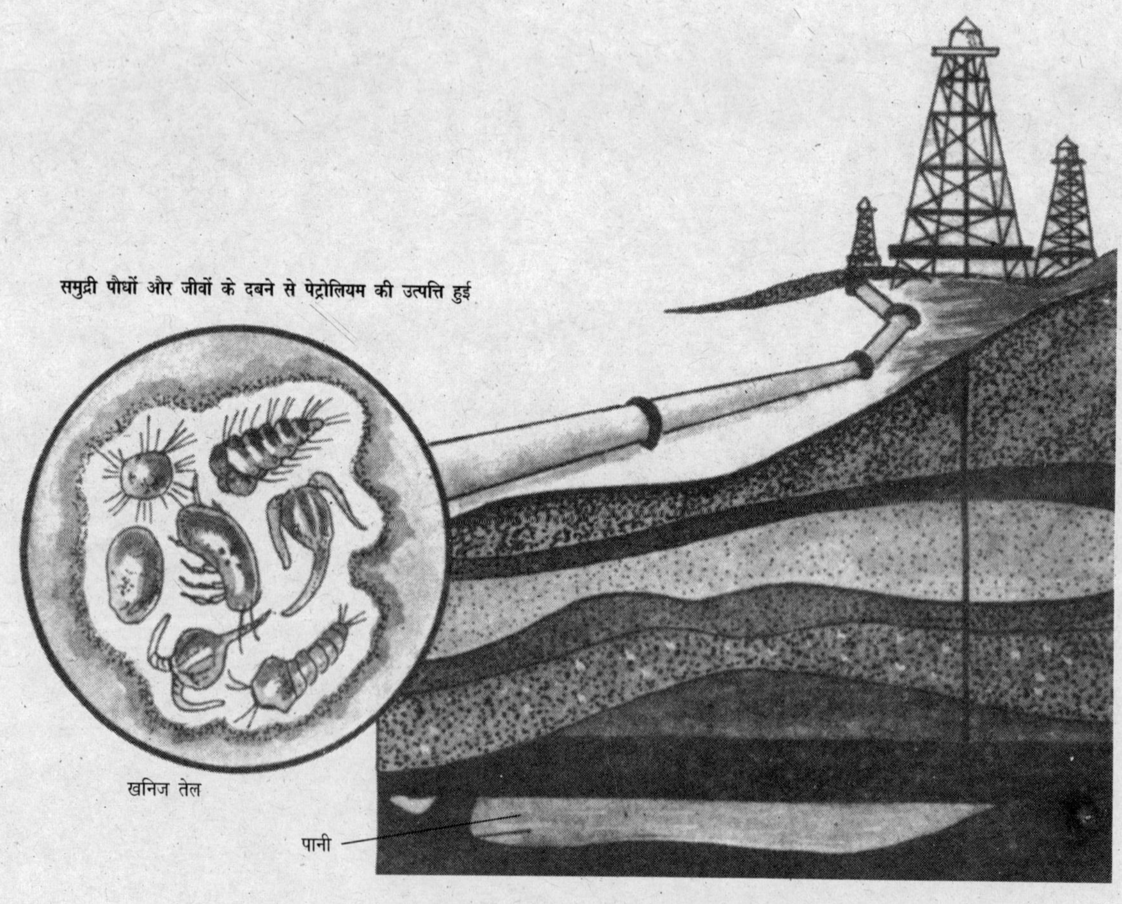

03 पृथ्वी पर जीवन (Life on Earth)

भू-वैज्ञानिक काल (Geological Time)

भू-वैज्ञानिक काल पैमाने पर पृथ्वी की उम्र 4.6 अरब वर्ष है। जब से पृथ्वी बनी है, तभी से उसकी सतह पर निरन्तर परिवर्तन होते रहे हैं। पानी तथा वायुमण्डल बनते ही चट्टानों (Rocks) का अपघटन तथा विघटन शुरू हो गया। इन प्रक्रियाओं से स्थल धीरे-धीरे पंक, बालू और बजरी आदि के रूप में महाद्वीपों के किनारों पर जहाँ समुद्र कम गहरा होता है, स्तरों के रूप में जमा होता गया। इन स्तरों में उन प्राणियों के जीवाश्म पाये गये हैं, जो या तो इन स्तरों में रहते थे या इनमें पानी की लहरों द्वारा पहुँच गये। समय गुजरता गया, ये अवसाद सख्त होकर अवसादी चट्टानों (Sedimentary rock) में बदल गये और उनमें दबे प्राणी जीवाश्म या जीव अवशेष (Fossils) बन गये। भू-पर्पटी के ऊपर उठने (Crustal uplift) के कारण ये चट्टान स्थल बन गये और इनके साथ ही जीवाश्म भी ऊपर आ गये। यही कारण है कि जीवाश्म पर्वतों में पाये जाते हैं।

पृथ्वी की पर्पटी का अधिकतर भाग अवसादी चट्टानों से बना हुआ है। इन चट्टानों की विभिन्न परतें इनके जन्म के क्रमानुसार निर्मित हुई हैं। आधुनिक काल में बनी परतें ऊपर पायी जाती हैं और प्राचीन परतें इनके नीचे होती हैं। इसलिए किसी निचले स्तर में पाया जाने वाला जीवाश्म उससे ऊपर के स्तर में पाये जाने वाले जीवाश्म की अपेक्षा अधिक पुराना माना जाता है।

भू-वैज्ञानिकों ने पृथ्वी की आयु तथा विभिन्न चट्टान सतहों की आयु के अनुमान लगाये हैं। ये अनुमान प्रमाणों पर आधारित हैं। समय को मापने में समुद्रों में नमक के एकत्रित होने की दर तथा रेडियो-एक्टिव पदार्थ, जैसे यूरेनियम तथा थोरियम के अर्द्ध जीवनकाल का उपयोग किया गया। कम समय वाली चट्टानों की आयु का निर्धारण अवसादों के अपरदन तथा निक्षेपण की दर के आधार पर किया जाता है। विभिन्न स्थानों के चट्टान स्तरों की तुलना और इनमें पाये जाने वाले जीवाश्मों की तुलना के आधार पर स्तरों की आयु के अनुसार एक क्रम में रखा गया है। इस क्रम की सभी चट्टानों की आयु जोड़ने से भूवैज्ञानिक समय (Geological Time) का निर्धारण किया गया है।

पृथ्वी के भू-वैज्ञानिक काल को दो महान हिस्सों में बाँटा गया है। ये दो भाग हैं : क्रिप्टोजोइक इओन (छुपे जीवन की अवधि) और फेनरोजोइक इओन (प्रदर्शित जीवन की अवधि)। क्रिप्टोजोइक इओन उस काल को दर्शाता है जो कैम्ब्रियन से पहले का है और धरती के आरम्भ काल से सम्बन्धित है। फेनरोजोइक इओन उस काल से सम्बन्धित है, जो कैम्ब्रियन अवधि से आरम्भ होकर आज तक का विवरण देता है।

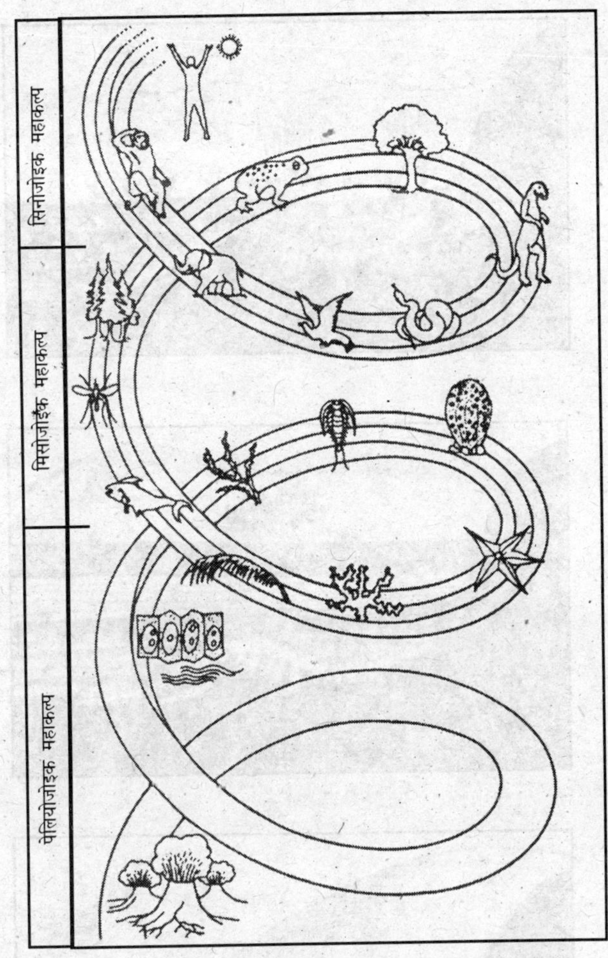

पृथ्वी पर जीवन के विकास का लम्बा मार्ग

कैम्ब्रियन से पहले की अवधि को दो महाकल्पों (Eras) में बाँटा गया है: ये हैं—आर्कियोजोइक महाकल्प और प्रोटेरोजोइक महाकल्प। इसी प्रकार फेनरोजोइक अवधि को तीन महाकल्पों में बाँटा गया है। ये हैं—पेलियोजोइक महाकल्प, मिसोजोइक महाकल्प तथा सिनोजोइक महाकल्प। इन महाकल्पों को कल्पों (Periods) और कल्पों को युगों (Epochs) में बाँटा गया है। जीवन का आरम्भ आर्कियोजोइक महाकल्प में हुआ और सिनोजोइक महाकल्प तक स्तनपायी जीवों का आरम्भ हुआ। इसी युग में लगभग 20,000 वर्ष पहले आधुनिक मनुष्य का जन्म हुआ।

✪✪✪

जीवाश्म (Fossils)

प्राचीनतम युगों में अनेक जीव-जन्तु और पेड़-पौधे उथल-पुथल के कारण धरती के गर्भ में दब गये। धरती की खुदाई करने पर उन्हीं पेड़-पौधों और जन्तुओं के तने, पत्तियाँ, हड्डियाँ, खोल, पदचिह्न आदि अनेक चट्टानों और मिट्टी से प्राप्त होते हैं, जो हमें पृथ्वी का भूतकाल बताते हैं। इन्हीं जीव अवशेषों को जीवाश्म या फॉसिल कहा जाता है। इनसे हमें पृथ्वी के मौसम में हुए परिवर्तन तथा द्वीपों और सागरों के अनेक परिवर्तनों के बारे में पता चला है। इन्हीं के अध्ययन से हमें जीवन के विकास और प्राचीन काल के पेड़-पौधों और जन्तुओं के विषय में जानकारी प्राप्त हुई है। जीवाश्म विज्ञान सन् 1800 में जार्ज कुवीर ने स्थापित की थी।

जीवाश्म बनने में एक लम्बा समय लगता है। जब कभी कोई जन्तु या पौधा झील या समुद्र की तह में गिर कर मर जाता है तो जल्दी ही वह कीचड़ या बालू से ढक जाता है। उसके कोमल अंग गल जाते हैं, लेकिन हड्डियाँ और खोल सुरक्षित रहते हैं। कीचड़ या बालू धीरे-धीरे कठोर चट्टान में बदल जाता है। इस चट्टान में पानी पहुँचता रहता है। पानी में खनिज घुले होते हैं जो हड्डियों और खोल के छिद्रों में पहुँचकर उन्हें धीरे-धीरे पत्थर में परिवर्तित कर देते हैं।

कभी-कभी दबे हुए पेड़ के लट्ठे में खनिजों के सूक्ष्म कण जमा होकर उसे प्रस्तरित लट्ठे (Putrified Log) में बदल देते हैं। ऐरिज़ोना में इस किस्म के पथराये हुए पेड़-पौधों का एक विशाल जंगल है। पत्तियाँ चट्टान में कार्बन की एक पतली परत के रूप में सुरक्षित हो जाती हैं। कुछ जीवाश्म मूल कठोर अंगों का साँचा (Moulds) या कास्ट (Casts) भी होते हैं। जन्तुओं के असली शरीर के भी जीवाश्म होते हैं। कभी-कभी जन्तुओं के शरीर बर्फ में दब जाते हैं और वहाँ हजारों वर्ष तक सुरक्षित रहते हैं।

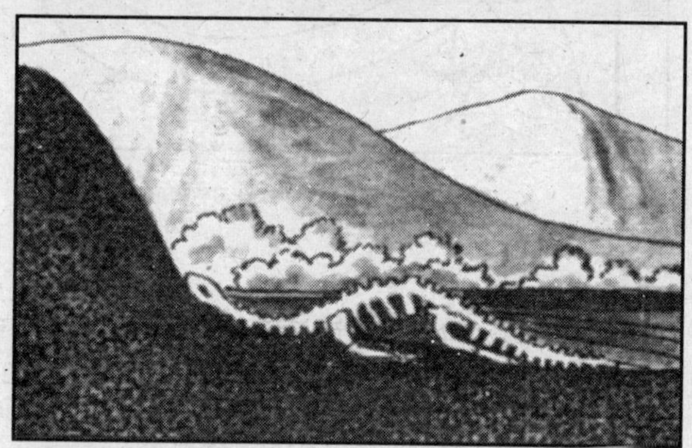

जीवाश्म बनने की प्रक्रिया

जीवाश्म तीन प्रकार के होते हैं। पहले वे जिनमें किसी जीवित वस्तु का पूरा शरीर बिना खराब हुए सुरक्षित मिलता है। दूसरे वे जिनमें जन्तुओं की हड्डियाँ, खोल, दाँत, साँचा, पेड़ के तने, पत्तियाँ आदि मिलते हैं। तीसरे वे निशान हैं जो उस समय प्राणियों के कीचड़ या मिट्टी में चलने से बनाये गये थे और उसी दिशा में ज़मीन में दब गये थे।

जीवाश्मों के अध्ययन से चट्टानों की आयु का पता लगाया जाता है। तथा जीवन की उत्पत्ति के विषय में काफी जानकारी मिली है।

❂❂❂

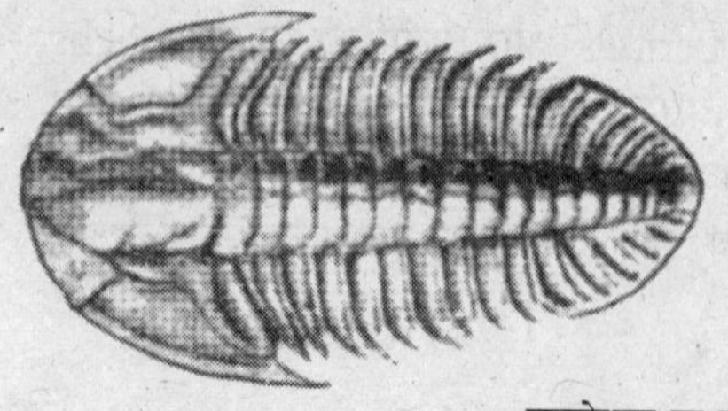

ट्राइलोबाइट का जीवाश्म

सागरों में जीवन का आरम्भ (Life in the Oceans)

विकास-क्रम का इतिहास आर्कियोजोइक महाकल्प से शुरू होता है। आर्कियोजोइक महाकल्प की चट्टानों में किसी भी जीवन के जीवाश्म नहीं प्राप्त हुए हैं, क्योंकि इस समय में एक कोशिकीय जीव ही पैदा हुआ था। यह महाकल्प 15,000 लाख वर्ष पहले था। प्रोटेरोजोइक महाकल्प में अवसादी चट्टानों में कुछ जीवाश्म प्राप्त हुए हैं, जो सम्भवतः शैवाल या जीवाणु हैं। पेलियोजोइक महाकल्प की विभिन्न कालों की चट्टानों में विविध प्रकार के जीवाश्मों का क्रम मिला है। इसलिए पेलियोजोइक महाकल्प को 'प्राचीन जीवन का युग' कहा जाता है। इस महाकल्प में प्राचीन मछलियों, उभयचरों आदि का जन्म हुआ।

पेलियोजोइक महाकल्प (Palaezoic Era) लगभग 57 करोड़ वर्ष पूर्व शुरू हुआ और लगभग 34 करोड़ वर्ष तक चला। भू-वैज्ञानिकों ने इसको 6 कल्पों (Periods) में बाँटा है : कैम्ब्रियन (Cambrian), ऑर्डोविसियन (Ordovician), सिल्यूरियन (Silurian), डिवोनियन (Devonian), कार्बोनिफेरस (Carboniferous) तथा परमियन (Permian)।

पेलियोजोइक महाकल्प के शुरू में सभी पौधे और जन्तु सागरों और महासागरों में रहते थे।

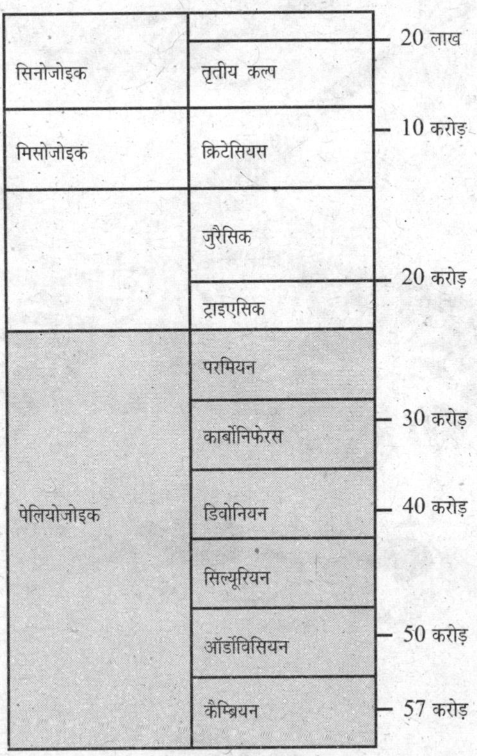

पेलियोजोइक महाकल्प को 6 कल्पों में बाँटा गया है।

कैम्ब्रियन कल्प (Cambrian Period)

कैम्ब्रियन पुरातन वेल्स का नाम है। यह कल्प 57 करोड़ से 53 करोड़ वर्ष पूर्व तक रहा। इस कल्प के बड़ी संख्या में अनेक प्रकार

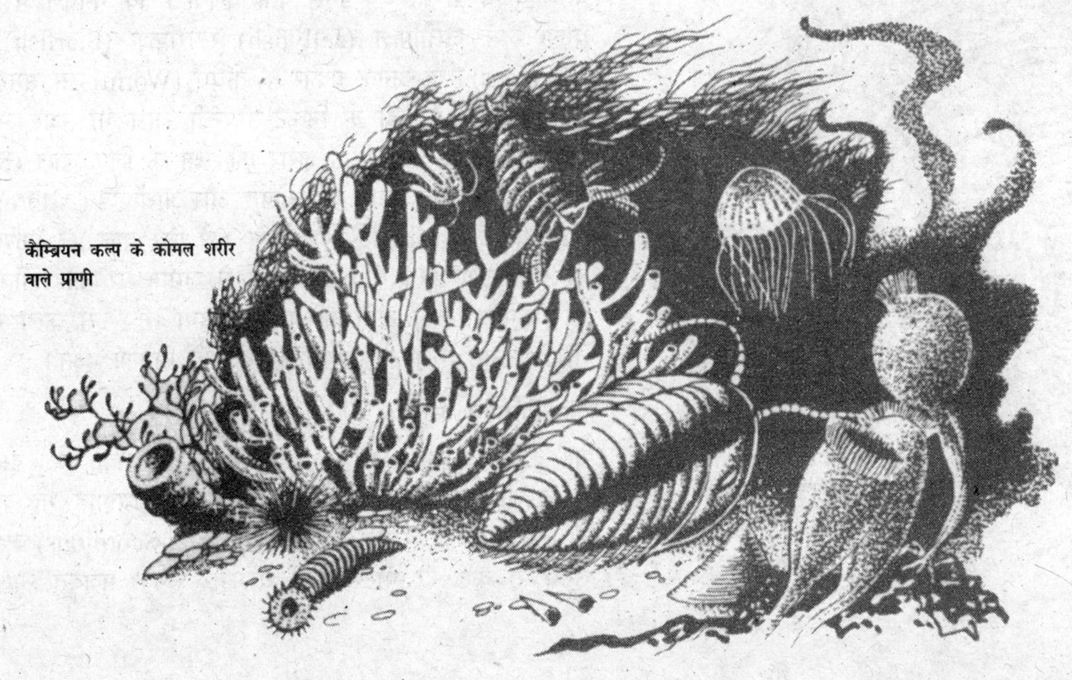
कैम्ब्रियन कल्प के कोमल शरीर वाले प्राणी

ऑर्डोविसियन कल्प के प्राणी

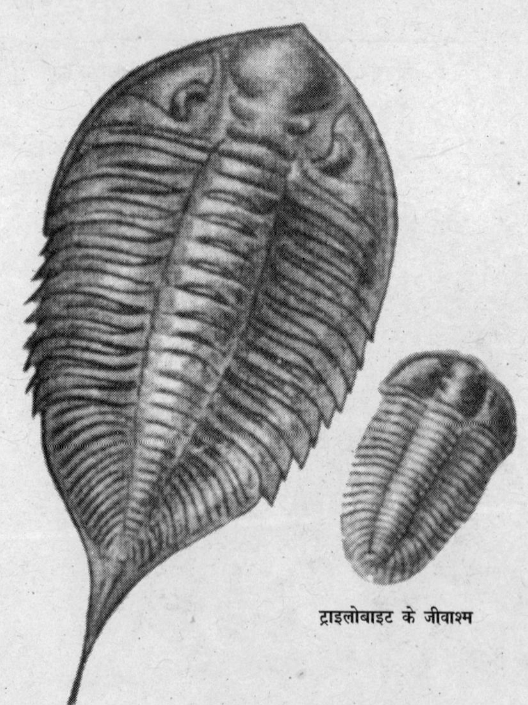

ट्राइलोबाइट के जीवाश्म

के जीवाश्म प्राप्त हुए। इनसे पता चलता है कि कोमल शरीर वाले प्राणी जैसे–जैलीफिश (Jellyfish), स्टारफिश (Starfish), स्पन्ज (Sponges) तथा अनेक प्रकार के केंचुए (Worm) उस समय समुद्र में ही रहते थे। उन्हीं के निकट-सम्बन्धी आज भी नजर आते हैं। कोमल अंगों वाले जीवों में शरीर की रक्षा के लिए खोल (Shells) बनने लगे थे। इनमें प्रथम बाकियोपोड और आर्थ्रोपोड (Arthropods), ट्राइलोबाइट (Trilobites) थे। ढाल जैसे सिर वाले इन प्राणियों की बहुत-सी टाँगें होती थीं। इस कल्प में जमीन पर कोई जीवन नहीं था। समस्त उत्तरी अमेरिका पानी में दबा था। इस कल्प में तेल, तांबा, सीसा, एस्बैस्टस, संगमरमर का भी निर्माण हुआ।

ऑर्डोविसियन कल्प (Ordovician Period)

यह कल्प 50 करोड़ से 43.5 करोड़ वर्ष पूर्व तक रहा। इस कल्प में ट्राइलोबाइट के साथ विचित्र किस्म के आर्थ्रोपोड भी बहुतायत में रहा करते थे, जिन्हें समुद्री-बिच्छू (Sea-Scorpions) कहते हैं। उनमें से कुछ दो मीटर लम्बे थे और उनके मजबूत नाखून थे,

जिनकी मदद से वे कठोरतम खोल वाले प्राणियों को छोड़कर अन्य सभी प्राणियों को खा सकते थे। ये सम्भवतः अपने समय के सबसे भयानक अकशेरुकी प्राणी थे। समुद्री-बिच्छू और ट्राइलोबाइट किन्हीं कारणों से समाप्त हो गये। इसके बाद केंचुए जैसे गण्डेदार शरीर वाले कृमियों का जन्म हुआ। साथ ही इकाइनोडर्मो (Echinoderms) की उत्पत्ति हुई। उनके सम्बन्धी समुद्री अर्चिन (Sea Urchins) और समुद्री लिली (Sea Lilies) आज भी नजर आते हैं। इस कल्प में महाद्वीप उथले सागरों से घिर चले थे। इसी कल्प में तेल, गैस, लोहा, सीसा, जस्ता, सोने और सिलिका का निर्माण हुआ।

सिल्यूरियन कल्प (Silurian Period)

यह कल्प लगभग 43.5 करोड़ से 34.5 करोड़ वर्ष पूर्व तक रहा। इस कल्प में मूंगे (Corals), लैम्पशैल (Lamp shells), बड़ी सीपियाँ (Clams), समुद्री घोंघे (Sea Snails) तथा प्रथम मछलियों (Early Fishes) का विकास हुआ। वनस्पति और अकशेरुकी प्राणियों का इस कल्प में काफी विकास हुआ। बहुत-सी जबड़े रहित (Jawless) मछलियों के साथ जबड़े वाली (Jawed) मछलियाँ भी पहली बार पैदा हुईं। इस कल्प में महाद्वीप समुद्रों से घिर गये और अनेक ज्वालामुखी फूट पड़े। लोहा, तेल, गैस और सिलिका का निर्माण हुआ।

डिवोनियन कल्प (Devonian Period)

यह कल्प 39.5 करोड़ से 34.5 करोड़ वर्ष पूर्व तक रहा। इस कल्प में मछलियों का भारी विकास हुआ। आम तौर पर सभी समुद्रों में अस्थिल मछलियाँ (Bony Fish) पायी जाती थीं। उनमें से कुछ फेफड़ों से हवा में साँस लेती थीं। मकड़ी (Spiders), मांइट (Mites) तथा

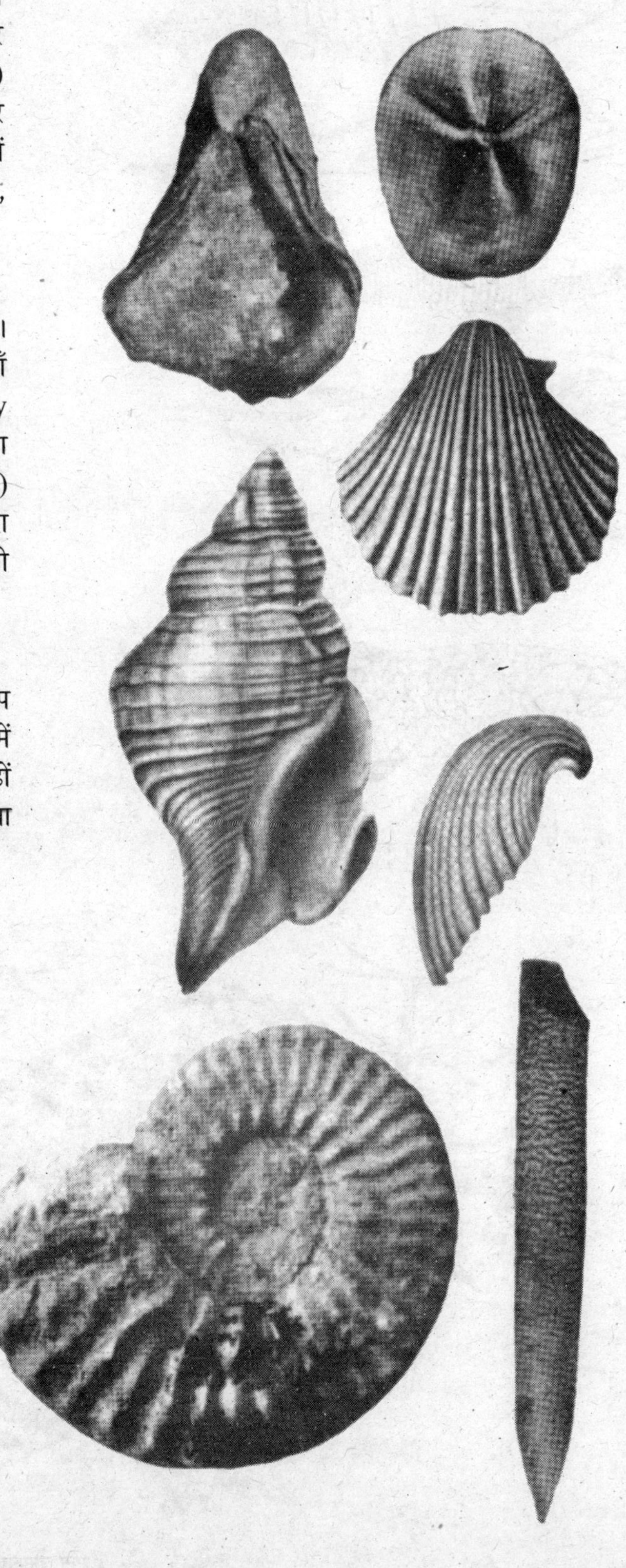

क्रिटेसियस चट्टान से प्राप्त जीवाश्य

पंखरहित प्रथम कीट (Insects) भी पैदा हो चले थे। इसी कल्प के अन्त में उभयचरों (Amphibians) का भी विकास आरम्भ हुआ। जलवायु गरम और शुष्क थी। तेल, गैस, कोयला और सिलिका का निर्माण हुआ।

कार्बोनिफेरस कल्प (Carboniferous Period)

यह कल्प लगभग 34.5 करोड़ वर्ष पूर्व शुरू हुआ और लगभग 28 करोड़ वर्ष पूर्व समाप्त हो गया। इस कल्प के दौरान दलदलों में वृक्षों का विकास हुआ। इन वृक्षों के दबने से कोयले की खानें बनीं। उभयचरों (Amphibians) का निरन्तर विकास होता रहा तथा कीट (Insects) बहुत तेजी से विकसित होते गये। इस कल्प के अन्त में सरीसृप (Reptiles) दिखायी देने लगे थे। इस कल्प में कोयले का मुख्य रूप से निर्माण हुआ। इसलिए इसे कार्बोनिफेरस कल्प कहते हैं।

परमियन कल्प (Permian Period)

यह कल्प लगभग 28 करोड़ वर्ष से 22.5 करोड़ वर्ष पूर्व तक रहा। इस कल्प के दौरान समुद्र बहुत ज्यादा उथले हो गये थे। भूमि पर सरीसृप तथा कीटों की संख्या बढ़ रही थी। पहली बार शंकु वृक्ष दिखायी देने लगे थे। दक्षिणी गोलार्द्ध में बर्फ की परतें जम गयी थीं।

✿✿✿

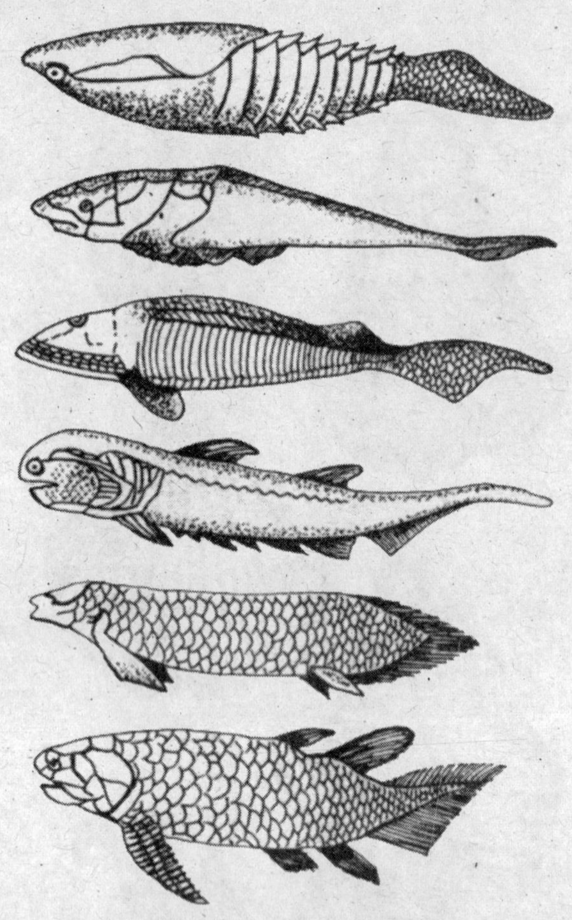

डिवोनियन कल्प की मछलियाँ

प्रथम उभयचर

मिसोजोइक महाकल्प (The Mesozoic Era)

यह डायनोसौरों का युग कहलाता है, क्योंकि जल, थल में इन्हीं का शासन था। वास्तव में यह रेंगने वाले प्राणियों का युग था। वैज्ञानिक इस समय को 'मिसोजोइक महाकल्प' कहते हैं, जिसका अर्थ है 'मध्यजीवी युग'। मिसोजोइक महाकल्प 22.5 करोड़ वर्ष से 8 करोड़ वर्ष पूर्व तक रहा। भू-वैज्ञानिकों ने इसको तीन कल्पों में बाँटा है : ट्राइएसिक (Triassic) 22.5 करोड़ वर्ष पूर्व से 19.3 करोड़ वर्ष पूर्व, जुरैसिक 19.3 करोड़ से 13.5 करोड़ वर्ष पूर्व तथा क्रिटेसियस (Cretaceous) 13.5 करोड़ से 8 करोड़ वर्ष पूर्व।

ट्राइएसिक कल्प में एक ही भूखण्ड था जो धीरे-धीरे दो खण्डों में बँट गया। उत्तरी खण्ड जिसे लॉरेशिया (Laurasia) कहते हैं, उसमें उत्तरी अमेरिका, यूरोप और एशिया शामिल थे। दक्षिणी खड 'गोण डवानालैण्ड' कहलाता है, जिसमें दक्षिण अमेरिका, अफ्रीका, भारत, अण्टार्कटिका तथा आस्ट्रेलिया थे। उस कल्प में जलवायु अर्ध-उष्णकटिबन्धी थी, जिसमें सूखे और वर्षा वाले मौसम होते थे। धरती पर रेगिस्तानी भाग काफी था। फर्न, मॉस, बाँस जैसे पौधे, कोनिफर (Conifers) तथा मंकी पज़ल वृक्ष मौजूद थे। सरीसृपों का जोर था। प्रथम स्तनधारियों की शुरुआत हो चुकी थी। इसी अवधि में कोयला, जस्ता, मैंगनीज का निर्माण भी आरम्भ हो गया था।

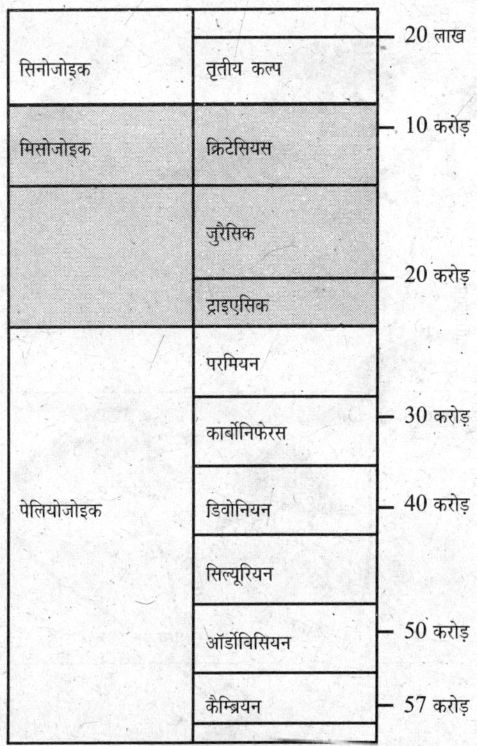

मिसोजोइक महाकल्प को तीन कल्पों में बाँटा गया है

जुरैसिक कल्प में विभिन्न वर्ग में जन्तुओं जैसे विशाल डायनोसौर, ड्रेगन, विशाल छिपकली आदि का विकास हुआ। वास्तव में डायनोसौर धरती पर राज करते थे। इनमें बहुत-से शाकाहारी थे और बहुत से माँसाहारी। जलवायु आर्द्र हो गयी थी, जिसका पेड़-पौधों पर विशेष प्रभाव पड़ा था। कोनिफर, फर्न और पाम जैसे वृक्ष विकसित हो रहे थे। कुछ क्षेत्रों में घने जंगल थे। सरीसृपों की संख्या बढ़ी हुई थी तथा थोड़े से आदि स्तनधारी (Primitive Mammals) और प्रथम पक्षी भी विकसित हो चले थे। इस युग में कोयला, तेल, एल्युमिनियम, लोहा और सोना बनने आरम्भ हो गये थे।

क्रिटेसियस कल्प में आज की तरह के महाद्वीप बन चुके थे, लेकिन पर्वत शृंखलाओं की शुरुआत नहीं हुई थी। भूमि का अधिकांश भाग समतल था। इस कल्प में पेड़-पौधों की नयी किस्में विकसित हुई थीं) उस समय ओक, मैंगनोलिया (Magnolia), विशाल रेडवुड वृक्ष, अंजीर तथा पामा आदि वृक्ष मौजूद थे। प्रथम थैलीदार या मार्सूपियल प्राणी और प्रथम अपरास्तनी (Placental Mammal) पैदा हो चुके थे। बड़े डायनोसौर इस कल्प के अन्त में विलुप्त हो चुके थे। तेल, गैस, कोयला, हीरा, सोना और दूसरे खनिजों का निर्माण हो गया था।

डायनोसौर (Dinosaurs)

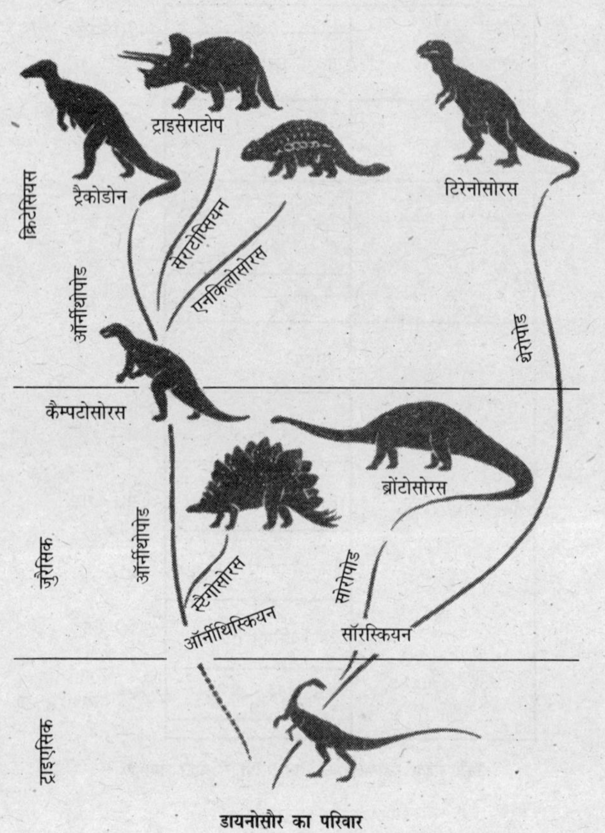

डायनोसौर का परिवार

मिसोजोइक महाकल्प में विशालकाय डायनोसौर पैदा हुए और 15 करोड़ वर्षों तक जल और थल में उनका ही साम्राज्य रहा। इन सरीसृपों में कुछ का आकार कबूतर के बराबर था तो कुछ हाथी से भी बीस गुने बड़े थे। 'डायनोसौर' शब्द ब्रिटेन के जीव वैज्ञानिक रिचार्ड ओवन ने दिया, जिसका अर्थ है- विशालकाय छिपकली। वैज्ञानिकों ने इनको दो बड़े वर्गों में बाँटा है : सॉरस्कियन (Saurischian) तथा ऑर्नीथिस्कियन (Ornithischian)। सॉरस्कियन का पिछला हिस्सा छिपकली जैसा था तथा ऑर्नीथिस्कियन का पक्षियों जैसा। सुविधा के लिए सॉरस्कियन वर्ग को भी दो वर्गों में बाँटा गया है : थेरोपोड (Theropods) या माँसाहारी तथा सोरोपोड (Sauropods) या शाकाहारी। कुछ विषेष डायनोसौरों का विवरण नीचे दिया गया है।

अलुसोरस (Allosaurus)

अलुसोरस जुरैसिक कल्प का सबसे भयंकर माँसाहारी डायनोसौर था। यह अपनी पिछली टाँगों से चलता था। अगली टाँगें छोटी थीं। इसकी लम्बाई लगभग 12 मीटर थी और वजन 2 टन। इसके 15 सेण्टीमीटर लम्बे दाँत छुरों की तरह तेज होते थे। बड़े से बड़े डायनोसौर को यह अपने तेज नाखूनों और दाँतों से चीर-फाड़ कर खा जाता था।

टिरैनोसोरस रेक्स (Tyrannosaurus Rex)

टिरैनोसोरस रेक्स माँसाहारी हिंसक डायनोसौरों में सबसे बड़ा और शक्तिशाली था। इसका सिर और जबड़े बहुत विशाल थे। इस 15 मीटर लम्बे तथा 6 मीटर ऊँचे जन्तु का वजन लगभग 7 टन होता था। यह क्रिटेसियस कल्प के अन्त तक रहा। इसकी अगली टाँगें छोटी और पिछली बड़ी थीं। यह पिछली टाँगों से चलता था।

अलुसोरस तथा स्टैगोसोरस

यह अन्य डायनोसौरों की तुलना में अधिक बुद्धिमान था। उसके कटार जैसे 50 दाँत मोटी-से-मोटी हड्डी चबा जाते थे। यदि उसका कोई दाँत टूट जाता था, तो जल्दी ही उसकी जगह दूसरा निकल आता था। इसकी पिछली टाँगों में लम्बे और तेज नाखून थे। वह तेज दौड़ता था और छलाँगे भी लगाता था। धरती पर कोई भी जन्तु ऐसा न था, जो उसका मुकाबला कर सके। नीचे के चित्र में यह विशालकाय जन्तु दिखाया गया है।

डिपलोडोकस (Diplodocus)

जुरैसिक कल्प का सबसे विशालकाय शाकाहारी जन्तु डिपलोडोकस था। इसका शरीर 28 मीटर लम्बा था, लेकिन शरीर के अनुपात से गर्दन और पूँछ बहुत लम्बी थी। इसका वजन लगभग 10 टन था। इसका अधिकांश समय पानी में गुजरता था। यह अपना मुँह पानी से बाहर निकाले रहता था, ताकि साँस ले सके। यह शक्तिशाली जन्तु अपनी चारों टाँगों से चलता था और किसी को नुकसान नहीं

मंगोलिया में क्रिटेसियस सैंडस्टोन से प्राप्त डायनोसौर के अण्डे

पहुँचाता था। डिपलोडोकस का शरीर बहुत बड़ा था और मुँह बहुत छोटा, इसलिए जीवित रहने के लिए हर समय उसे वनस्पति खाने की जरूरत पड़ती थी। यह पूरी तरह शाकाहारी था।

स्टैगोसोरस (Stegosaurus)

इस डायनोसौर के शरीर पर किनारे से दूसरे किनारे तक ढालों की तरह हड्डियों की दुहरी प्लेटें होती थीं। इसकी पूँछ पर नुकीले सींगों

क्रिटेसियस कल्प के अन्त का मंगोलिया में खोजा गया बिना सींग वाला सेराटोप्सियन डायनोसौर का जीवाश्म

की तरह चार बड़े-बड़े काँटे होते थे। यह सीधा-साधा शाकाहारी जन्तु था, लेकिन इसके शरीर की बनावट इसको माँसाहारी जन्तुओं से बचाती थी। स्टैगोसोरस 9 मीटर लम्बा होता था। उसकी हड्डियों की प्लेटों की ऊँचाई लगभग एक मीटर होती थी। उसका मस्तिष्क उसके शरीर के मुकाबले में बहुत छोटा था, एक अखरोट के बराबर। इसलिए दूसरे शाकाहारी डायनोसौरों की तरह वह भी अल्पबुद्धि रहा होगा।

स्टैगोसोरस की जाति का एक और डायनोसौर था एनकिलोसोरस। वह इतना बड़ा तो नहीं था, लेकिन उसके कठोर कवच सिर से पूँछ तक भालों की तरह हड्डियाँ निकली हुई थीं। हड्डियों के नुकीले कवचों के कारण माँसाहारी डायनोसौर उसको नुकसान नहीं पहुँचा पाते थे।

प्लेसियोसौर (Plesiosaurs)

जुरैसिक कल्प में मुख्यतः तीन वर्ग के सरीसृप समुद्रों में पाये जाते थे : इकथियोसौर (Ichthyosaurs), प्लेसियोसौर (Plesiosaurs) तथा प्लीयोसौर (Pliosaurs)। इनमें प्लेसियोसौर प्रमुख था। उसका शरीर कछुए की तरह था और गर्दन साँप जैसी लम्बी। उसके जबड़े में तेज दाँत थे। वह अपने डैनों जैसे पैरों से पानी में तैरा करता था। उसकी लम्बाई 12 मीटर तक पायी गयी है। प्लेसियोसौर और इकथियोसौर के ढाँचे सबसे पहले एक 12 वर्ष की लड़की एन्निग ने इंग्लैण्ड में खोजे थे।

इनके अतिरिक्त और भी अनेक प्रकार के डायनोसौर थे।

❂❂❂

स्टैगोसोरस जाति का स्कोलासोरस

प्लेसियोसौर

उड़ने वाले सरीसृप (Flying Reptiles)

डायनोसौर युग में विशाल भद्दे जीव आकाश में पक्षियों की भाँति उड़ा करते थे, लेकिन वे पक्षियों की जाति के नहीं थे।

24 करोड़ वर्ष पूर्व परमियन कल्प के दौरान छिपकलियों के निकट सम्बन्धियों ने ग्लाइड करना सीख लिया था। इन पक्षियों जैसे प्राणियों के अगले पंजों से पिछले पैरों तक एक झिल्ली जुड़ी होती थी। इनकी लम्बी चोंच में पैने दाँत होते थे। इनकी पूँछ लम्बी होती थी। उड़ते समय ये झिल्ली को फैलाकर पैराशूट की तरह तान लेते थे।

इनकी एक विकसित जाति थी- टेरोसौर (Pterosaurs), जिन्हें वास्तव में उड़ने वाले कशेरुकी कहा जा सकता है। आकाश में उड़ने वाले ये प्राणी देखने में चमगादड़ जैसे थे। टेरोसौर की हड्डियाँ खोखली और हल्की थीं, लेकिन अगली टाँगों की एक उँगली बहुत लम्बी होती थी। इनकी अगली टाँगों से पिछली टाँगों तक पतली झिल्ली फैली रहती थी। टाँगें फैलाने पर यह झिल्ली फैलकर पंखों का रूप धारण कर लेती थी। मार्च, 1975 में मिले टेरोसौर के अवशेषों से ज्ञात हुआ है कि ये प्राणी आकार में बहुत अधिक बड़े नहीं थे। वैज्ञानिकों के अनुसार इनका वजन लगभग 86 कि.ग्रा. रहा होगा, लेकिन इनके पंखों का फैलाव 10 मीटर से भी ज्यादा होता था। उड़ते समय अवश्य ही ये किसी भयानक दैत्य की तरह लगते थे। ये उड़ने वाले सरीसृपों के वर्ग में आते थे।

✪✪✪

उड़ने वाला कशेरुकी टेरोसौर जिसके पंखों का फैलाव लगभग 10 मीटर था

सबसे पहला पक्षी आर्कियोप्टेरिक्स (Archaeopteryx)

'आर्कियोप्टेरिक्स' शब्द का अर्थ है- 'पंखों वाला पुरातन पक्षी'।

जुरैसिक कल्प के अन्त में 14 करोड़ वर्ष पूर्व इन पक्षियों का जन्म हुआ। सन् 1861 में इनके जीवाश्म जर्मनी में पाये गये। कौवे के आकार (लगभग 20 इंच) के इन पक्षियों के परों वाले पंख थे। इनकी पिछली टाँगें लम्बी और पंजों वाली थीं। पंखों में अगले पंजे जुड़े हुए थे। पूँछ खजूर के पत्ते जैसी थी और उसमें हड्डियों का ढाँचा था। इनकी लम्बी चोंच में टेरोसौर की तरह दाँत होते थे।

आर्कियोप्टेरिक्स का विकास सरीसृपों से हुआ। इनका अस्तित्व डायनोसौर के समय में ही था। इनको सरीसृप और पक्षी के बीच की कड़ी कहा जाता है।

सम्भवतः ये पक्षी तेज उड़ाकू नहीं थे। अपने अगले पंजों द्वारा ये पेड़ पर चढ़कर उड़ान भरते थे। लेकिन एक बात निश्चित है कि आर्कियोप्टेरिक्स ही वे प्रथम पक्षी थे, जिन्हें आज के पक्षियों का पूर्वज कहा जा सकता है। ये लम्बी उड़ान नहीं भर पाते थे।

✪✪✪

सबसे पहला पक्षी आर्कियोप्टेरिक्स

आर्कियोप्टेरिक्स का जीवाश्म

सिनोजोइक महाकल्प या नूतनजीव महाकल्प (Cenozoic Era)

आधुनिक जीवों के युग को 'सिनोजोइक महाकल्प' कहते हैं। डायनोसौरों के विलुप्त होने के बाद, आज से लगभग 8 करोड़ वर्ष पूर्व यह महाकल्प आरम्भ हुआ। यह स्तनधारियों और पक्षियों का युग माना जाता है।

सिनोजोइक महाकल्प को दो कल्पों में बाँटा गया है: तृतीय कल्प (Tertiary period) तथा चतुर्थ कल्प (Quaternary Period)।

तृतीय कल्प को पाँच युगों में बाँटा गया है : पुरा नूतन (Palaecocene), 6 करोड़ 40 लाख से 5 करोड़ 20 लाख वर्ष पूर्व तक। आदि नूतन (Eocene), 5 करोड़ 40 लाख से 3 करोड़ 80 लाख वर्ष पूर्व तक। अल्प नूतन (Oligocene) 3 करोड़ 80 लाख से 2 करोड़ 60 लाख वर्ष पूर्व तक, मध्य नूतन (Miocene) 2 करोड़ 60 लाख से 70 लाख वर्ष पूर्व तक तथा अति नूतन (Pliocene) 70 लाख से 20 लाख वर्ष पूर्व तक। तृतीय कल्प में आधुनिक स्तनधारियों, मानव के पूर्वजों और विशाल पक्षियों का विकास हुआ। सागर कुछ सीमा तक धरती की सतह पर फैल गये। इसी युग में तेल, कोयला और एल्युमिनियम जैसे खनिजों का निर्माण हुआ। इस कल्प में बहुत पहले डायनोसौर विलुप्त हो गये थे। फूल वाले पौधों का विकास भी इसी कल्प में हुआ।

सिनोजोइक	तृतीय कल्प	20 लाख
मिसोजोइक	क्रिटेसियस	10 करोड़
	जुरैसिक	
	ट्राइएसिक	20 करोड़
पेलियोजोइक	परमियन	
	कार्बोनिफेरस	30 करोड़
	डिवोनियन	40 करोड़
	सिल्यूरियन	
	ऑर्डोविसियन	50 करोड़
	कैम्ब्रियन	57 करोड़

पक्षियों और स्तनधारियों का युग : सिनोजोइक महाकल्प

चतुर्थ कल्प (Quaternary Period) को दो छोटे युगों में बाँटा गया है : ठण्डा अत्यन्त नूतन (Pleistocene) जो 20 लाख वर्ष पूर्व शुरू हुआ और केवल 10,000 वर्ष पूर्व समाप्त हो गया। उष्ण अभिनव (Holocene) या आधुनिक युग, जिसमें अब हम रहते हैं। इस युग में जीवों के अति आधुनिक रूपों का विकास हुआ तथा कुछ पुराने रूप जैसे विशालकाय हाथी और बालों वाले गैण्डे विलुप्त हो गये। उत्तरी गोलार्द्ध में चार हिम युग आये जिनके बीच-बीच में गरम अवधियाँ रहीं। इस युग में तेल और दूसरे खनिजों का निर्माण हुआ।

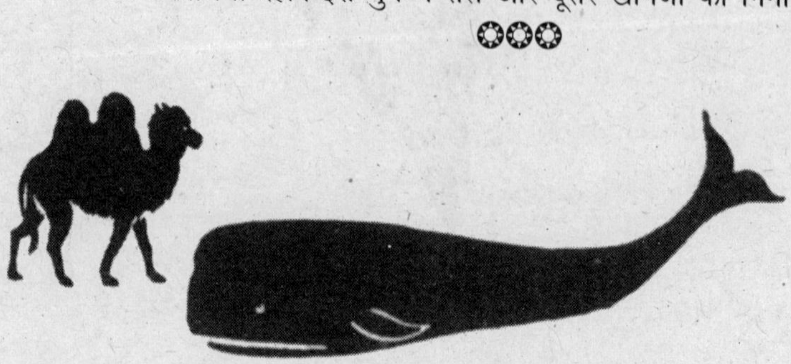

✪✪✪

पेड़-पौधों का विकास (Plant Evolution)

पेलियोजोइक महाकल्प के प्रारम्भिक काल में सरल नीले-हरे शैवालों से लेकर आजकल पाये जाने वाले जटिल संरचना के भूरे शैवाल भी मौजूद थे। इस कल्प के मध्य में प्रथम स्थलीय वनस्पतियों का विकास हुआ। इस महाकल्प में ऐसे पौधे भी पैदा हुए, जो आज पाये जाने वाले मॉसों, फर्नों तथा हार्सटेल आदि से काफी मिलते थे। अन्तिम काल में ये वृक्ष वनस्पति का प्रभावी अंग थे। इनमें क्लब मॉस जैसे वृक्ष थे, जो 50 मीटर ऊँचे थे। इस कल्प के मध्य तथा अन्त में केलेमाइटीज तथा हार्सटेल जैसे वृक्ष भी थे, जो 35 मीटर तक ऊँचे होते थे तथा इनके तनों का व्यास 90 सेण्टीमीटर तक होता था। इस महाकल्प के कार्बनीयुग में वनस्पति अधिकतर क्लब मॉसों, केलेमाइटीज, फर्न तथा बीजी फर्नों के रूप में पायी जाती थी। ये ही वृक्ष दबकर धरती की गरमी और दाब से कोयले में बदल गये।

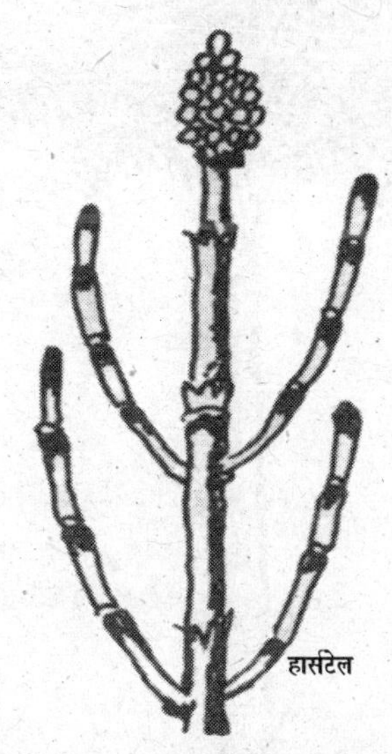

कार्बनीयुग में वनस्पति अधिकतर क्लब मॉसों, केलेमाइटीज, फर्न तथा बीजी फर्नों के रूप में पायी जाती थीं।

इस महाकल्प के अन्त में ये वृक्ष विलुप्त हो गये और जिम्नोस्पर्मों के अनेक वन उत्पन्न हुए। ये आधुनिक जिम्नोस्पर्मों के पूर्वज थे। प्रारम्भिक मिसोजोइक महाकल्प में विविध प्रकार के जिम्नोस्पर्मों का विकास तेजी से हुआ। साइकेडों, मेडनहेयर वृक्षों तथा कोनिफरों के अनेक वन पैदा हुए। धीरे-धीरे अन्य प्रकार के कोनिफर–जैसे चीड़, यू (Yew), रेडवुड (Redwood) और सिप्रेसेस (Cypresses) विकसित हुए। इसके बाद ये विलुप्त होने लगे और आज इनकी केवल 640 जीवित जातियाँ रह गयी हैं। इस महाकल्प के अन्तिम वर्षों में पुष्पी पौधों की भी उत्पत्ति हुई। जीवाश्मों से पता चलता है कि उस समय मेग्नोलिया, विलोक्षों (Wiloss), ओक (Oak), ताड़ (Palm) आदि आधुनिक वृक्षों के अनेक जंगल थे।

कार्बनीयुग का ट्री-फर्न, जिसकी ऊँचाई 25 फुट होती थी

कार्बनीयुग का सीड-फर्न

सिनोजोइक महाकल्प 'फूल वाले पौधों' का युग था। इस महाकल्प में आवृतबीजियों (Angiosperm) यानी पुष्पी पादपों का विकास बड़े पैमाने पर हुआ तथा इनकी अनेक जातियाँ बनीं। पृथ्वी का क्षेत्र आर्कटिक से लेकर अण्टार्कटिक तक का क्षेत्र रंग-बिरंगे फूलों वाले पौधों से घिर गया।

जैसे-जैसे सिनोजोइक महाकल्प बीतता गया, पृथ्वी ठण्डी एवं शुष्क होती गयी। 10 या 15 लाख वर्ष पूर्व 'महा हिमयुग' आया, जिसमें ध्रुवों के पास वाले गरम जलवायु के पौधे विलुप्त हो गये। क्योंकि ये क्षेत्र बर्फ से ढक गये तथा बचे हुए पौधे केवल भूमध्यरेखा के आस-पास के क्षेत्रों तक सीमित रह गये। शीतन और शुष्कन की इस प्रक्रिया के साथ ही शाकीय पौधों का विकास हुआ।

✪✪✪

रेडवुड की पत्तियों के जीवाश्म

कैलिफोर्निया के प्रस्तरित जंगल में एक प्रस्तरित रेडवुड वृक्ष का तना, जिसकी लम्बाई 80 फुट है।

प्रारम्भिक स्तनधारी (Early Mammals)

जीवाश्मों से ज्ञात हुआ है कि सरीसृपों से स्तनधारियों का विकास हुआ। लगभग 25 करोड़ वर्ष पूर्व डाइमेट्रोडॉन (Dimetrodon) पहला प्राणी था, जिसमें स्तनधारियों के कुछ लक्षण मौजूद थे। इस प्राणी की लम्बाई लगभग 3 मीटर थी। इसके दाँत स्तनधारियों जैसे थे। स्तनधारिता की ओर अगला कदम 2 मीटर लम्बे साइनोग्नैथस (Cynognathus) का था। 22 करोड़ वर्ष पूर्व पाये जाने वाले इस प्राणी की त्वचा पर स्तनधारियों जैसे बाल थे। ऐसा अनुमान है कि यह समतापी या गरम रक्तवाला (Warm Blooded) था। यह अण्डे देता था या बच्चे, इसके विषय में कोई प्रमाण नहीं मिल सका। 19 करोड़ वर्ष पूर्व पाये जाने वाले ट्राइकोनोडॉन (Triconodon) को पहला स्तनधारी समझा जाता है। बिल्ली जैसे इस प्राणी के शरीर पर बाल थे और यह समतापी भी था। यह ज्ञान नहीं हो सका कि यह अण्डे देता था या बच्चे, लेकिन यह निश्चित है कि इसके बच्चे दूध पीते थे।

स्तनधारी-सदृश सरीसृपों से स्तनधारियों का विकास हुआ, वे छोटे चूहे जैसे प्राणी थे। ये प्राणी आगे चलकर विकास के मार्ग पर सबसे आगे बढ़े।

सिनोजोइक महाकल्प (लगभग 6 करोड़ वर्ष पूर्व) के शुरू में तीन किस्म के स्तनधारी थे–एकछिद्री (Monotremes), मारसूपियल (Marsupials) तथा प्लेसैण्टल (Placentals)।

एकछिद्री जीव अण्डे देते थे और ये असमतापी या ठण्डे रक्त वाले (Cold-blooded) थे। प्रारम्भिक स्तनधारियों के इस वर्ग में

19 करोड़ वर्ष पूर्व पाये जाने वाले, बिल्ली के आकार को ट्राइकोनोडॉन (Triconodon) में स्तनधारियों के लक्षण पैदा हो गये थे।

प्रारम्भिक स्तनधारी डायनोसौरों से अपनी रक्षा करना जानते थे।

अब आस्ट्रेलिया के डकबिल-प्लेटिपस (Duck-billed platypus) तथा ऐकिड्ना (Echidna) ही बाकी बचे हैं।

मारसूपियल अपरिपक्व बच्चों को पैदा करते हैं। ये बच्चे मादा के उदर भाग में स्थित एक मारसूपियम (Marsupium) या शिशुधानी नामक थैली में पलते हैं। थैली के अन्दर स्तन ग्रन्थियाँ होती हैं, बच्चे इनसे दूध पीते हैं। ये समतापी (Warm blooded) होते हैं। अधिकांश मारसूपियल आस्ट्रेलिया या उसके आसपास के द्वीपों में पाये जाते हैं। कंगारू, कोआला, बोम्बैट तथा मारसूपियल चूहे इसके चार उदाहरण हैं। ओपोसम तथा ओपोसम चूहे आज भी अमेरिका में पाये जाते हैं।

प्रागैतिहासिक आस्ट्रेलिया, उत्तरी और दक्षिणी अमेरिका तथा यूरोप में अनेक मारसूपियल पाये जाते थे। अत्यन्त नूतन (Pleistocene) आस्ट्रेलिया में प्रोकोप्टोडॉन (Procoptodon) नामक दैत्य कंगारू रहते थे। उसी समय भेड़िये के बराबर मारसूपियल शेर थिलाकोलियो (Thylacoleo) तथा हिप्पोपोटैमस आकार के डाइप्रोटोडॉन (Diprotodon) भी मौजूद थे। दक्षिण अमेरिका के सभी प्रारम्भिक स्तनधारी मारसूपियल थे।

प्लेसैण्टल स्तनधारियों में भ्रूण तथा शिशु का पोषण मादा के गर्भाशय में एक नली द्वारा होता है, जिसे प्लेसैण्टा कहते हैं। पूर्ण विकास होने पर ही बच्चों का जन्म होता है। ये स्तनधारी पूर्ण विकसित तथा बुद्धिमान होते हैं। स्तनधारियों के ये तीनों वर्ग जब एक साथ रहा करते थे, उस समय प्लेसैण्टल वर्ग ही विकास के मार्ग पर सबसे आगे था।

प्रारम्भिक स्तनधारी कीट और केंचुए खाते थे। जैसे-जैसे इनका विकास हुआ, कुछ जन्तु माँसाहारी बन गये। सबसे पहला माँसाहारी स्तनधारी ऑक्सीऐना (Oxyaena) 5 करोड़ वर्ष पूर्व पाया जाता था। इसकी लम्बाई एक मीटर होती थी।

3 करोड़ वर्ष पूर्व साइनोडिकटिस (Cynodictis) नामक प्रागैतिहासिक कुत्ते हुआ करते थे। उनकी लम्बाई लगभग 30 सेण्टीमीटर थी। ये समूहों में रहते थे और मिलकर शिकार करते थे।

मारसूपियल स्तनधारी कोआला

प्रारम्भिक माँसाहारी स्तनधारी ऑक्सीऐना

प्रारम्भिक शाकाहारी स्तनधारी बैराइलैम्बडा (Barylambda)

स्तनधारी या मैमेलिया जन्तुओं का सबसे अधिक और विकसित वर्ग है।

2 करोड़ 60 लाख वर्ष पूर्व असिदन्त बिल्लियाँ (Sabretoothed Cats) पायी जाती थीं। इनके दाँत कटार जैसे लम्बे और पैने थे, जिनसे ये हाथियों की मोटी त्वचा फाड़ देती थीं। ढाई मीटर लम्बी इन बिल्लियों की कई जातियाँ थीं।

दो करोड़ वर्ष पूर्व मुर्दाखोर लकड़बग्घा भी पाया जाता था। उसकी लम्बाई डेढ़ मीटर तक होती थी। उसका जबड़ा और दाँत बहुत मजबूत थे। वह मोटी हड्डियाँ भी चबा सकता था।

बैराइलैम्बडा (Barylambda) पहले शाकाहारी स्तनधारी थे, जो साढ़े पाँच करोड़ वर्ष पूर्व पाये जाते थे। इनकी लम्बाई तीन मीटर होती थी। ये जल्दी ही विलुप्त हो गये।

2 करोड़ 80 लाख वर्ष पूर्व खूँखार ब्रोण्टोथीरियम (Brontotherium) रहा करते थे। इनकी नाक पर काँटे जैसा सींग होता था। इनकी लम्बाई 4 मीटर होती थी। इनका आहार हरी पत्तियाँ और रसीले फल थे।

प्रागैतिहासिक राइनॉसेरस जो बलूचीथीरियम (Baluchi-therium) कहलाते हैं, सबसे बड़े शाकाहारी स्तनधारी थे। ये 11 मीटर लम्बे और 8 मीटर ऊँचे हुआ करते थे।

साढ़े तीन करोड़ वर्ष पूर्व अर्सीनोइथीरियम (Arsinoi-therium) शाकाहारी जन्तु पाया जाता था, जिसकी नाक पर दो हड्डियों के खालयुक्त सींग होते थे। इस भारी जन्तु की लम्बाई 3 मीटर होती थी।

4 करोड़ वर्ष पूर्व प्रारम्भिक हाथी मोएरिथीरियम (Moeritherium) रहा करते थे। इनका आकार लगभग बड़े सूअर के बराबर था। खतरा देखते ही ये पानी में घुस जाते थे। इनका मुख्य आहार कोमल और रसीली पत्तियाँ थीं।

प्रारम्भिक घोड़े हाइराकोथीरियम (Hyracotherium) पाँच करोड़ वर्ष पूर्व पाये जाते थे। इनका आकार लोमड़ी के बराबर था तथा खुरों (Hoofs) की जगह इनके लम्बे नाखून थे। इनके अगले पैरों में चार तथा पिछले पैरों में तीन उँगलियाँ होती थीं। ये जंगलों में रहते थे।

लगभग दस और बीस लाख वर्ष पूर्व हिम युग (Ice Age) में ऊनी मैमथ (Wolly mammoths) पाये जाते थे। हाथी जैसे इन जन्तुओं की ऊँचाई 4.5 मीटर थी। इनके उद्दन्त (Tusks) 3.5 मीटर लम्बे और मुड़े हुए होते थे। समय बीतता गया और सत्ताध ारी जन्तुओं का विकास होता गया और आज के रूप में आ गया।

❂❂❂

प्रारम्भिक हाथी मोएरिथीरियम (Moeritherium)

मानव के पूर्वज : बन्दर और कपि हमारे निकटवर्ती जीवित सम्बन्धी हैं।

लम्बाई 40 से.मी.

वृक्ष-वासी छछून्दर प्रागैतिहासिक प्राइमेट्स जैसी होती है।

एशिया का बन्दर

लम्बाई 120 से.मी.

मैडागारकर में पाया जाने वाला लीमर

छोटे आकार के कपि दो करोड़ वर्ष पूर्व दो वर्गों में बँट गये, एक वर्ग जिसने जमीन पर रहना पसन्द किया था विकसित होकर मानव बना।

प्रारम्भिक मानव (Early Man)

आस्ट्रेलोपिथेकस (Australopithecus)

बन्दर और कपि (Apes) मानव के निकट सम्बन्धी माने जाते हैं। बन्दरों में पुँछ होती है, परन्तु कपियों में इसका अभाव होता है। गोरिल्ला, चिम्पैंजी, गिब्बन तथा औरंग-उटान कपि परिवार के सदस्य हैं। जन्तुओं के इस समूह को 'प्राइमेट्स' (Primates) कहते हैं।

लगभग 6 करोड़ 50 लाख वर्ष पूर्व कपियों के अधिकांश वंशज वृक्षों पर रहते थे, लेकिन इनमें एक वर्ग ऐसा भी था, जिसने जमीन पर रहना पसन्द किया। यह वर्ग रैमापिथेकस (Ramapithecus) कहलाता था, जो 60 लाख से एक करोड़ 40 लाख वर्ष पूर्व रहा करता था। इनके जीवाश्म भारत के शिवालिक पहाड़ियों में मिले। अत्यन्त नूतन (Pleistocene) समय में लगभग 30 लाख वर्ष पूर्व इसी वर्ग के प्राणी होमिनिड्स (Hominids) कहलाये। होमिनिड का अर्थ है- 'मानव'। उस समय दो किस्म के होमिनिड रहा करते थे। उनमें से कुछ जो सीधे ही मानव के पूर्वज बने, 'होमो' (Homo) कहलाते हैं। दूसरी किस्म आस्ट्रेलोपिथेकस थी। इनके दाँत और जबड़े मनुष्य जैसे थे।

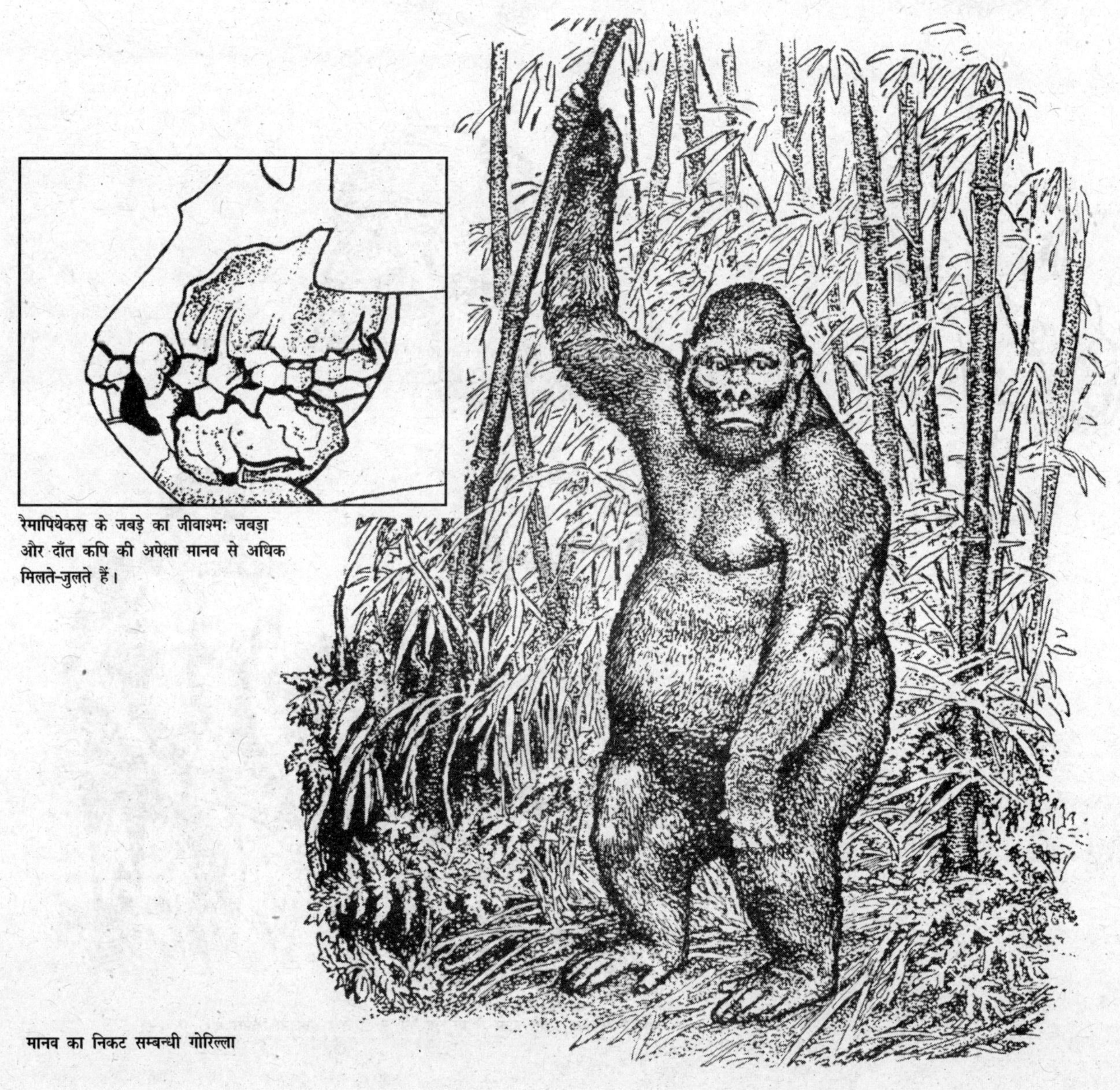

रैमापिथेकस के जबड़े का जीवाश्मः जबड़ा और दाँत कपि की अपेक्षा मानव से अधिक मिलते-जुलते हैं।

मानव का निकट सम्बन्धी गोरिल्ला

दक्षिणी अफ्रीका की नदियों की घाटियों एवं गुफाओं में इनकी जातियों के अनेक जीवाश्म प्राप्त हुए हैं। जीवाश्मों से ज्ञात हुआ कि आस्ट्रेलोपिथेकस अपने हाथों से चीजों को अच्छी तरह पकड़ना जानते थे। अपने शिकार को मारने के लिए वे वृक्ष की मोटी टहनी और पत्थरों का इस्तेमाल करते थे। उनका मस्तिष्क वर्तमान मानव के मस्तिष्क से लगभग आधा था। आस्ट्रेलोपिथेकस अभी मानव नहीं बन पाया था, लेकिन उसे एक बुद्धिमान कपि अवश्य कहा जा सकता है। इन्हें कोई औजार बनाना नहीं आता था।

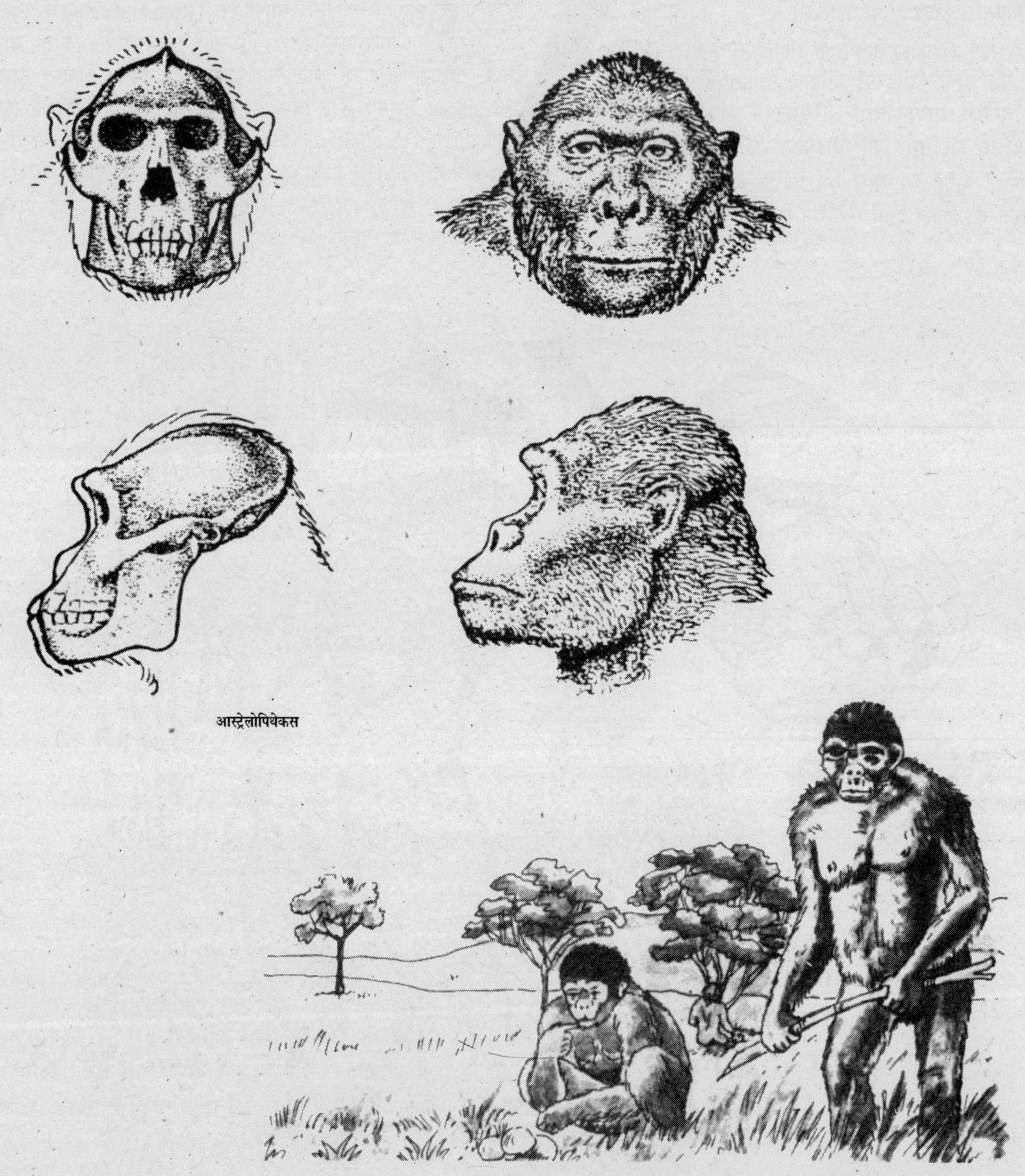

आस्ट्रेलोपिथेकस

आस्ट्रेलोपिथेकस अपने हाथों से वस्तुओं को अच्छी तरह पकड़ना जानते थे।

होमो हैबीलिस (Homo habilis)

लगभग 20 लाख वर्ष पूर्व पूर्वी अफ्रीका की एक झील के किनारे मानव का एक छोटा-सा समूह रहता था। उनको होमो हैबीलिस कहते हैं। ये अधिक बुद्धिमान और सभ्य थे। इनका मस्तिष्क आस्ट्रेलोपिथेकस से अधिक विकसित था। ये अपने समूह के खाने के लिए मिलकर शिकार करते थे। इन्होंने पत्थर के भद्दे औजार भी बनाना सीख लिया था। इनको आग का इस्तेमाल नहीं आता था, इसलिए ये कच्चा मांस खाते थे।

होमो इरेक्टस (Homo erectus)

हजारों वर्ष गुजरने पर बहुत धीरे-धीरे 'प्रथम मानव' का विकास हुआ। 15 लाख वर्ष पूर्व मानव बिना रुके सीधा चलता था। उसे हम 'होमो इरेक्टस' कहते हैं। 300,000 वर्ष पूर्व उसने आग जलाना और उसका प्रयोग सीख लिया था। शुरू में होमो इरेक्टस अफ्रीका में रहते थे, लेकिन धीरे-धीरे वे दुनिया के दूसरे भागों में भी फैल गये। वे पेड़ की शाखाओं से झोंपड़ी भी बनाया करते थे। इनके जीवाश्म जावा में मिले हैं। इनकी लम्बाई 170 सें.मी. और वजन 70 कि.ग्रा. होता था।

नीऐण्डरथल मानव (Neanderthal man)

250,000 वर्ष पूर्व होमो इरेक्टस आधुनिक मनुष्य के रूप में विकसित हो गया और हीमो सैपिएंस (Homo sapiens) कहलाया।

उस समय होमो सैपिएंस की अनेक जातियाँ थीं, लेकिन अब एक ही बची है, जिसे 'नीऐण्डरथल मानव' कहते हैं। नीऐण्डरथल लोग लगभग 50,000 वर्ष पूर्व हिम युग के दौरान यूरोप की गुफाओं के मुहानों या चट्टानों के नीचे रहा करते थे। ये आग जलाना जानते

होमो हैबीलिस पत्थर के औजारों से माँस काटते थे।

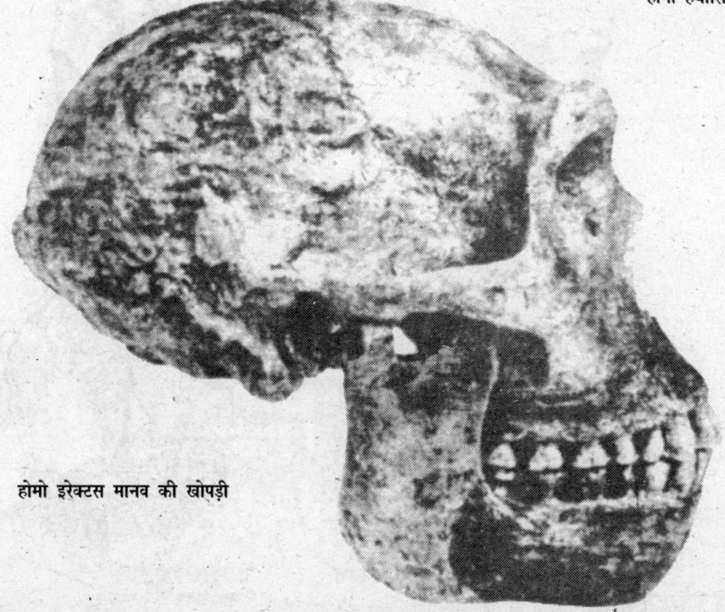

होमो इरेक्टस मानव की खोपड़ी

थे और चकमक पत्थर को काट-छाँटकर अपने काम के योग्य औज़ार भी बना लेते थे। यह उपजाति सारे यूरोप तथा पश्चिमी एशिया में फैली हुई थी। इन लोगें के बहुत-से अस्थि-पंजर प्राप्त हुए हैं, जिनसे ज्ञात हुआ है कि ये लोग अपने मुर्दों को दफन करते थे और उनके साथ उनकी कोई प्रिय वस्तु भी रख दिया करते थे। ये लोग यूरोप और अफ्रीका में मिलते थे।

क्रो-मैग्नॉन लोग (Cro-Magnon people)

नीऐण्डरथल लोग लगभग 40,000 वर्ष पूर्व समाप्त हो गये और नये किस्म के होमो सैपिएंस विकसित हुए। ये नये लोग आधुनिक मानव जैसे थे। इनको 'क्रो-मैग्नॉन मानव' कहते हैं। ये सीधे हमारे पूर्वज थे। इनकी बहुत-सी पूर्ण हड्डियाँ यूरोप के कई देशों में मिली हैं, जिनमें इनके रहन-सहन का पूरा पता चलता है।

ये पत्थर की नोक वाले भालों से जानवरों का शिकार करते थे और भोजन पकाना भी इन्हें आता था। जानवरों की खाल का इस्तेमाल भी ये करने लगे थे। क्रो-मैग्नॉन मानव हड्डी के टुकड़ों को घिसकर सुइयाँ की बनाते थे, जिनसे वे पशुओं की खालों को सीकर सर्दी से

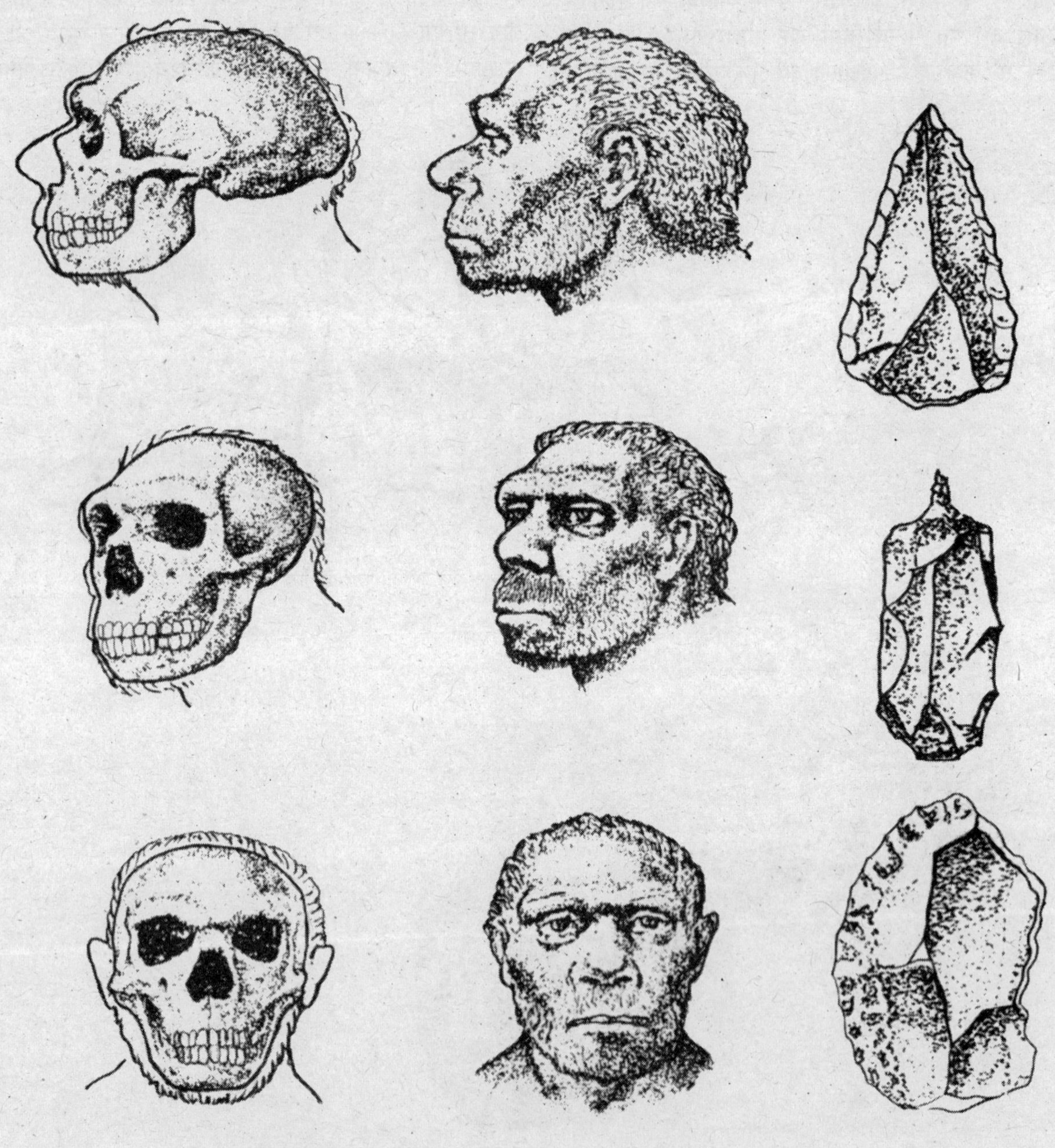

नीऐण्डरथल मानव

नीऐण्डरथल लोगों द्वारा बनाये हुए पत्थर के औजार

क्रो-मैग्नॉन लोगों ने आवश्यकतानुसार नये उपकरणों और हथियारों का निर्माण कर लिया था

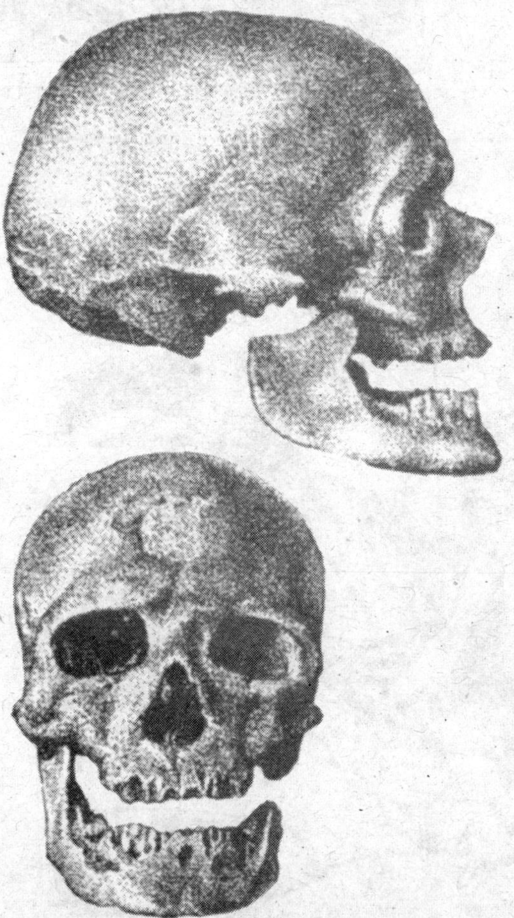

क्रो-मैग्नॉन महिला की खोपड़ी

क्रो-मैग्नॉन लोग गुफाओं की दीवारों और छतों पर चित्र बनाते थे

बचने के लिए वस्त्र तैयार कर लेते थे। इनकी दूसरी विशेषता कला में प्रवीणता थी। जिन गुफाओं में वे रहते थे, उनकी दीवारों और छतों पर उन्होंने अपनी चित्रकारी में दक्ष होने के उदाहरण छोड़े हैं। 30,000 वर्ष पूर्व बनाये गये चित्रों के रंग अभी तक फीके नहीं पड़े हैं। अपने मुर्दों को ये जमीन में गाड़ते थे और उनके साथ उनका कुछ सामान और फूल भी रखते थे। इनके अवशेष फ्रांस में मिले हैं।

क्रो-मैग्नॉन लोग वर्तमान मनुष्य की सबसे पहली उपजाति तक पहुँच चुके थे। इसके बाद उत्तरी पाषाण-काल की शुरुआत होती है। इस काल में मनुष्य गुफाएँ छोड़कर बाहर रहने लगा। मध्य पूर्व में लगभग 11,000 वर्ष पूर्व लोग खेती करने लगे थे। आधुनिक मानव की शुरुआत लगभग 25,000 वर्ष पहले हुई। यह पृथ्वी के जीवों में सर्वश्रेष्ठ है।

अमेरिका के एच.एल. शैपिरो के अनुसार भविष्य का मानव आज के मानव से लम्बा होगा। उसके सिर पर कम बाल होंगे। उन्होंने इसे होमो फ्यूचरिस का नाम दिया है।

❂❂❂

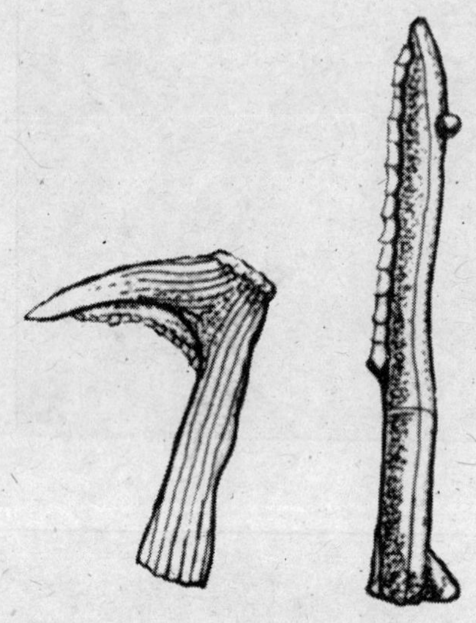

खेती के लिए प्रथम उपकरण पत्थर और सींग के बनाये गये।

लगभग 11,000 वर्ष पूर्व लोग खेती करने लगे थे।

लोग घर बनाकर रहने लगे थे और महिलाएँ गेहूं के आटे से रोटी बनाने लगी थीं।

04 वनस्पति जगत (The Plant Kingdom)

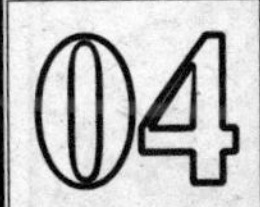

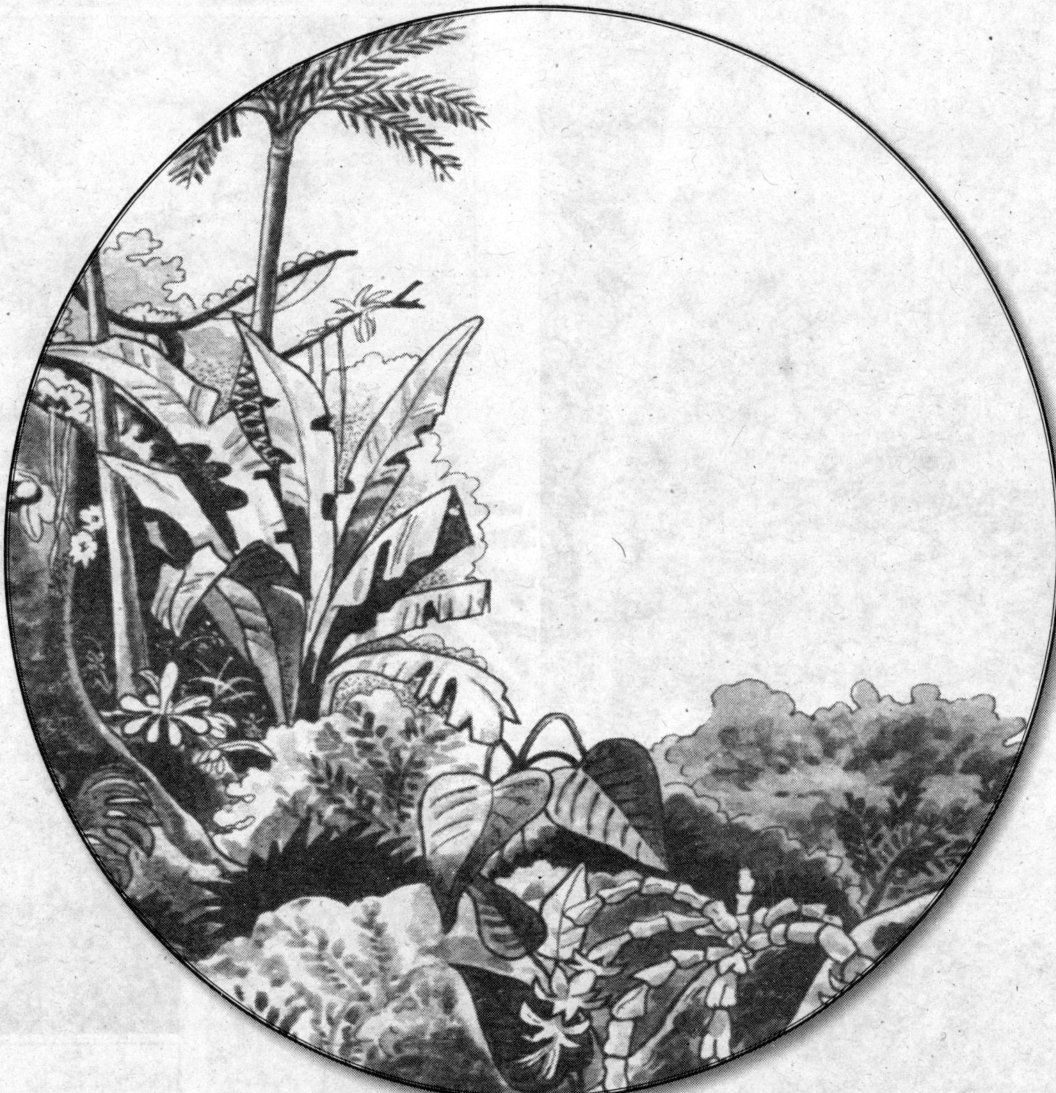

वनस्पति-जगत (Plant Kingdom)

वनस्पति-जगत में आज के वैज्ञानिकों को पौधों की 360,000 से भी अधिक जातियाँ ज्ञात हैं। अधिकांश पेड़-पौधे आकार, रूप व संरचना तथा व्यवहार में एक-दूसरे से भिन्न होते हैं। अध्ययन की दृष्टि से वनस्पति-जगत को दो विशाल उपजगतों (Sub-kingdoms) में बाँटा गया है : थैलोफाइटा (Thallophyta)–इस उपजगत के पौधों के विकास में भ्रूण (Embryo) का निर्माण नहीं होता तथा इनकी संरचना सरल होती है। एम्ब्रियोफाइटा (Embryophyta)–इस उपजगत के पौधों में भ्रूण का निर्माण होता है तथा इनकी संरचना काफी जटिल होती है। इनमें से प्रत्येक उपजगत को संघों (Phyla) और संघों को उपसंघों (Sub-phyla) में बाँटा गया है। उपसंघों को अन्य छोटे उपवर्गों (Sub-classes) में बाँटा गया है।

शैवाल

वनस्पति-जगत का वर्गीकरण
(Classification of Plant Kindgom)

I. उपजगत–थैलोफाइटा (Thallophyta)–वे सरल पौधे जिनमें भ्रूण का निर्माण नहीं होता।

संघ (Phyla) 1. साइनोफाइटा (Cyanophyta) नीलहरित शैवाल।

" 2. यूग्लीनोफाइटा (Euglenophyta) यूग्लीना आदि।

शैवाल (Algae) 3. क्लोरोफाइटा (Chlorophyta) हरी शैवाल।

" 4. क्राइसोफाइटा (Chrysophyta)–पीली, हरी, सुनहरी-भूरी शैवाल और डायटम (Diatom) इत्यादि।

" 5. फियोफाइटा (Phaeophyta)–भूरी (brown) शैवाल।

" 6. रोडोफाइटा (Rodophyta)–लाल शैवाल।

" 7. पाइरोफाइटा (Pyrophyta)–क्रिप्टोमोनेड (Cryptomonads), डाइनोफ्लजिलेट (Dinoflagillates) आदि।

कवक

जीवाणु (Bacteria)

संघ (Phyla) 8. शाइजोमाइकोफाइटा (Schizomycophyta)–जीवाणु।

कवक (Fungi)

ब्रायोफाइटा

फर्न

ऐंजियोस्पर्म

कोनिफर

संघ (Phyla) 9. मिक्सोमाइकोफाइटा (Myxomycophyta)–अर्वपक-मोल्ड (Slimmold)।

" 10. यूमाइकोफाइटा (Eumycophyta)–उच्चतर कवक।

II. उपजगत–एम्ब्रियोफाइटा (Embryophyta)–भ्रूण का निर्माण करने वाले जटिल पौधे।

संघ (Phyla) 11. ब्रायोफाइटा (Bryophyta)–एट्रैकिऐटा (Atracheata)–मॉस व लिवरवर्ट आदि, इनमें संवाहक ऊतकों का अभाव होता है।

12. ट्रैकिओफाइटा (Trachaeophyta), ट्रैकिऐटा (Tracheata)–इन पौधों में संवाहक ऊतक होते हैं, जैसे फर्न।

उपसंघ (Subphyla) 1. सिलोप्सिडा (Psilopsida)–जड़ व पत्र रहित वाहि-मूल संयुक्त पौधे। ये लगभग पूर्णरूप से समाप्त हो गये हैं।

" 2. लाइकोप्सिडा (Lycopsida)–क्लब मॉस (Club-moss) तथा अन्य सम्बन्धित जातियाँ, जिनकी संवाहक-प्रणाली सरल होती है तथा पत्तियाँ मोटी व हरी होती हैं।

" 3. स्फिनोप्सिडा (Sphenopsida)–होर्स-टेल (Horse-tail) तथा अन्य सम्बन्धित जातियाँ, जिनमें संवाहक-प्रणाली सरल तथा संयुक्त, पत्तियाँ मोटी व शल्क के समान होती हैं।

" 4. टैरोप्सिडा (Pteropsida)–इनकी संवाहक- प्रणाली जटिल होती है तथा पत्तियाँ बड़ी व स्पष्ट होती हैं।

वर्ग (Class) 1. फिलीसिनी (Filicineae)–वास्तविक फर्न पौधे।

" 2. जिम्नोस्पर्मी (Gymnospermae)–चीड़, देवदार (Fir), स्प्रूस (Spruce) आदि।

" 3. ऐंजियोस्पर्मी (Angiospermae)– वास्तविक पुष्पी-पौधे–गुलाब, मैगनोलिया (Magnolias), लिलाक (Lilacs), सेब, लिली, ऑरकिड् (Orchid) इत्यादि।

✿✿✿

शैवाल (Algae)

शैवाल सबसे सरल पौधे होते हैं। इनमें क्लोरोफिल होता है और ये प्रकाश-संश्लेषण द्वारा भोजन बना सकते हैं। ये संवहन ऊतक (Nonvascular) रहित होते हैं यानी इनमें जाइलम (Xylem) और फ्लोएम (Phloem) नहीं होते। इनके थैलस (Thallus) में वास्तविक जड़ों, तना तथा पत्तियों का अभाव होता है। शैवालों में सूक्ष्म एककोशिकीय पौधों से लेकर विशालकाय बहुकोशिकीय पौधे भी पाये जाते हैं। इनमें लिंगी प्रजनन (Sexual reproduction) के बाद भ्रूण (Embryo) नहीं बनता। अधिकांश शैवाल रंगीन होते हैं। ये 60 मीटर लम्बाई तक बढ़ सकते हैं।

शैवाल नदियों, तालाबों, नालियों, झीलों तथा समुद्रों में उगते हैं। ये जमीन पर नमी वाले स्थानों पर, पहाड़ों तथा पेड़ों के किनारों पर भी मिलते हैं। कुछ जातियाँ ध्रुवीय बर्फ तथा गरम पानी के चश्मों में भी पायी जाती हैं। नील-हरित शैवालों में कुछ तो 70-80°C पर भी जीवित रह सकते हैं। कुछ शैवाल दूसरे पौधों पर भी उगते हैं तथा कुछ पौधों के अन्दर अपना जीवन-चक्र पूरा करते हैं। इनकी लम्बाई 40 से 60 मीटर तक होती है। बहुत से शैवाल मृतजीवी (Saprophytes) और परजीवी (Parasites) भी होते हैं। सर्वोत्तम शैवाल सीवीड (Seaweed) के रूप में मिलते हैं।

शैवालों की 25-30 जातियों को मनुष्य भोजन के रूप में भी प्रयोग करता है। फियोफायसी वर्ग का शैवाल पोराफाइरा (Porphyra) आम तौर पर जापान में खाया जाता है। चीन में नोस्टोक कोम्यूनी (Nostoc commune) भोजन के रूप में प्रयोग की जाती है। हम लोग भी शैवालों को आइसक्रीम, चॉकलेट, मिल्क, जैलेटिन और बीयर के रूप में प्रयोग करते हैं। कुछ शैवाल विषैले भी होते हैं।

शैवाल से मनुष्य को कार्बोहाइड्रेट, विटामिन A, B, C, D, E और कुछ अन्य पदार्थ मिलते हैं। शैवाल मछलियों का मुख्य भोजन है। बहुत से समुद्री शैवाल आयोडीन, पौटेशियम तथा अन्य खनिजों के अच्छे स्रोत हैं। समुद्री किनारे पर खेती करने वाले किसानों के लिए शैवाल एक अच्छा उर्वरक भी है। कुछ लाल शैवाल विशाल बस्तियों के रूप में पैदा होकर पानी का रंग लाल कर देते हैं। कुछ लाल शैवाल टापुओं का निर्माण भी करते हैं।

✪✪✪

विभिन्न प्रकार के शैवाल

कवक (Fungi)

कवक वनस्पति-जगत के आदिकालीन पौधे माने जाते हैं। इनमें क्लोरोफिल नहीं होता है। अन्य थैलोफाइटा की तरह इनमें भी जड़, तना, फूल और पत्तियाँ नहीं होतीं। ये अपना भोजन स्वयं नहीं बना सकते। ये भोजन के लिए गली-सड़ी वस्तुओं, पौधों तथा जन्तुओं पर निर्भर रहते हैं। कवक परजीवी (Parasitic) या मृतजीवी (Saprophytic) होते हैं। इनमें लैंगिक और अलैंगिक दोनों ही प्रजनन होते हैं। इनकी कोशिका-भित्ति कवक-सेलुलोज या काइटिन से बनी होती है। भोजन पचाने के लिए ये एंजाइम पैदा करते हैं। यीस्ट (Yeast), फफूँद (Molds), कुकरमुत्ते (Mushrooms), पफ बाल (Puff ball) स्मट आदि प्रसिद्ध कवक हैं। पी.ए. माइचैली को कवकों की दुनिया का जन्मदाता कहते हैं। इन्होंने फंगी (कवक) का सन् 1729 में आविष्कार किया था।

कवक संसार की हर जलवायु और पर्यावरण में हर जगह पाये जाते हैं। कुछ कवक हवा या पानी में भी पाये जाते हैं।

कवक हमारे जीवन के लिए लाभदायक भी हैं और हानिकारक भी।

छत्रक (Agaricus), गुच्छी (Morchella) आदि कवकों को मनुष्य भोजन के रूप में प्रयोग करता है। कैमेमबर्ट व रोकफोर्ट कवक पनीर बनाने तथा उसमें महक पैदा करने के काम आते हैं। यीस्ट का इस्तेमाल डबलरोटी तथा एल्कोहल बनाने में किया जाता है। यह विटामिन 'बी' तथा प्रोटीन का अच्छा स्रोत है। कुछ कवकों का उपयोग एण्टीबायोटिक औषधियों के निर्माण में किया जाता है। 'पेनिसिलिन' कवक से ही प्राप्त की जाती है। कवक मिट्टी की उर्वरता को भी बनाये रखते हैं।

रस्ट, स्मट, मोल्ड आदि कवक फसलों में कई प्रकार की भयानक बीमारियाँ पैदा करते हैं। ये मनुष्य और पालतू जानवरों में भी रोग उत्पन्न करते हैं। भोज्य पदार्थों को कवक खराब कर देते हैं। इनकी कुछ जातियों के खाने से मनुष्य की मृत्यु हो जाती है। इनमें सबसे जहरीला कवक 'पीला-हरा कुकुरमुत्ता' (Toadstool) है। एरगोट (Ergot) कवक से एल.एस.डी नामक नशीली दवा बनायी जाती है।

❂❂❂

विभिन्न प्रकार के कवक

जीवाणु (Bacteria)

जीवाणु सबसे सूक्ष्म और एक कोशिकीय साधारण पौधे हैं। आम तौर पर ये एककोशिकीय होते हैं, लेकिन कभी-कभी कोशिकाओं की संख्या 20 तक भी होती है। इनकी लम्बाई 2 से 5 माइक्रोन तक होती है। एक माइक्रोन .001 mm. के बराबर होता है। जीवाणु चल या अचल दोनों प्रकार के होते हैं। ये प्रायः चार रूपों में पाये जाते हैं : गोलाकार (Spherical or Cocci), दण्डरूपी (Bacillus or rod-shaped), सर्पिल (Spiral) तथा विब्रो (Vibro)। विशेषज्ञों के अनुसार जीवाणु धरती के प्रथम जीव माने जाते हैं। बैक्टीरिया सबसे पहले एंटोन वौन लीवानहुक ने सन् 1675 में देखे थे।

जीवाणु हर जगह पाये जाते हैं। ये बर्फ में व गरम पानी के चश्मों में 78°C तापमान पर भी जीवित रहते हैं। सामान्यतः जीवाणु मिट्टी, पानी, वायु और दूसरे प्राणियों पर पाये जाते हैं। जीवाणु अपना भोजन दूसरे सजीव तथा निर्जीव पदार्थों से प्राप्त करते हैं। इसलिए ये परजीवी, मृतजीवी या सहजीवी होते हैं। जीवाणुओं की वृद्धि विभाजन-क्रिया द्वारा होती है। एक जीवाणु विभाजित होकर दो फिर दो से चार और चार से आठ बन जाते हैं। कुछ ही घण्टों में इनकी संख्या लाखों में हो जाती है। लेकिन भोजन के अभाव में कुछ ही जीवित रह पाते हैं।

जीवाणु हमारे लिए कई प्रकार से लाभकारी हैं। इनमें से कुछ लाभ इस प्रकार हैं : उद्योगों के लिए महत्वपूर्ण रसायनों का उत्पादन; पनीर, सिरका, दही, मक्खन आदि का जीवाणुओं द्वारा उत्पादन; विटामिनों का उत्पादन; पौधों और प्राणियों के मृत शरीरों का अपघटन; मिट्टी की उर्वरता को बनाये रखना आदि।

जीवाणु मनुष्य के जीवन पर हानिकारण प्रभाव भी डालते हैं, जैसे—मनुष्यों, पालतू जानवरों और फसलों में अनेक रोग उत्पन्न करना, भोजन को खराब करना तथा मिट्टी से नाइट्रोजन का निष्कासन आदि। रोग फैलाने वाले जीवाणु शरीर में विष पैदा करते हैं, जिन्हें 'जीवविष' कहते हैं। यह विष रोगी के ऊतकों को हानि पहुँचाता है और उन्हें मार डालता है। तपेदिक, टिटनस, कुष्ठरोग, सिफलिस, ग्नोरिया आदि जीवाणु जन्य रोग हैं। इनसे हैजा, मियादी बुखार, डिप्थीरिया आदि रोग भी फैलते हैं।

जीवाणु प्राणियों के शरीर में रोगकारक जीवाणुओं के हमले के कारण प्रतिरक्षी भी बन जाते हैं। जिस प्राणी के शरीर में किसी रोग के जीवाणुओं के हमले के कारण ये प्रतिरक्षी बनते हैं, उस प्राणी में बीमारी के प्रति रोधक्षमता पैदा हो जाती है। सक्रिय रोधक्षमता टीकों द्वारा भी पैदा की जा सकती है। टीके मृत या कमजोर जीवाणुओं द्वारा अथवा उनके विषों द्वारा बनाये जाते हैं।

❂❂❂

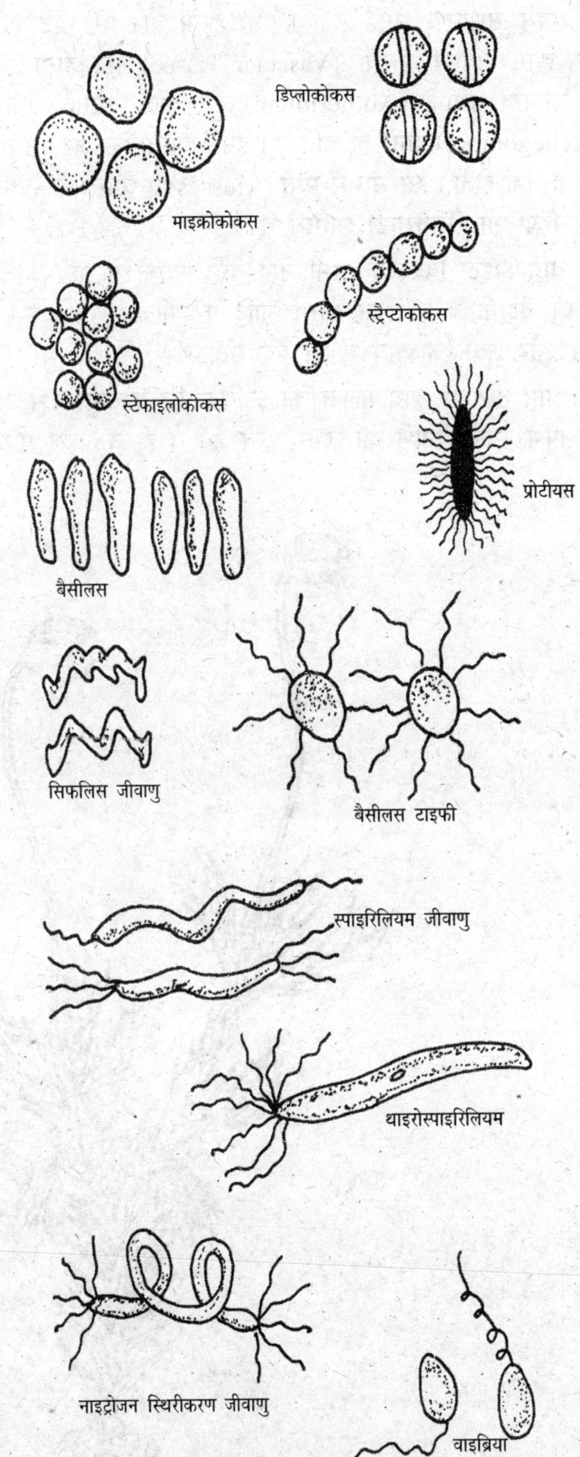

ब्रायोफाइटा (Bryophyta)

ब्रायोफाइटा भ्रूण (Embryo) बनाने वाले हरे पौधों 'एम्ब्रियोफाइटा' का सबसे साधारण समूह है। ये पौधे आम तौर पर छोटे होते हैं और इनमें संवहन ऊतक (Vascular Tissue) नहीं होता। इनमें नर जननांग पुंधानी (Antheridium) और मादा जननांग स्त्रीधानी (Archegonium) दोनों ही होते हैं। इनमें वास्तविक जड़ें, तना एवं पत्तियाँ नहीं होतीं। इस संघ में मॉस (Mosses) एन्थोसिरोटी (हार्नवर्ट) तथा हिपैटिसी (लिवरवर्ट) शामिल हैं।

ब्रायोफाइटा विश्व के सभी नमी वाले स्थानों में पाये जाते हैं। ये नम चट्टानों व वृक्ष की छालों आदि पर भी उग आते हैं। कुछ गरम और शुष्क जलवायु में भी पैदा होते हैं।

आम तौर पर ब्रायोफाइटा का आर्थिक महत्त्व बहुत कम है। ये महत्त्वपूर्ण स्थल-निर्माण का काम करते हैं। ये ही वे पहले पौधे हैं, जो शैलों से स्थल बनाने का काम करते रहे हैं। लिवरवर्ट, मॉस तथा लाइकेन इन अछूती भूमियों पर वृद्धि करते हैं। मिट्टी के अपरदन (Erosion) को रोकने में भी ब्रायोफाइटा सहायक हैं। ये मिट्टी में नमी को रोकते हैं। उसे बहने से रोकते हैं और अपनी जगह पर जमाये रखते हैं। इसी प्रकार ये बाढ़-नियन्त्रण में भी सहायता करते हैं। बड़े मॉसों का उपयोग वस्तुओं की पैकिंग में किया जाता है। यह एक वानस्पतिक ईंधन है, जो दलदल आदि जगहों पर एकत्रित होकर धीरे-धीरे अपघटित होता रहा और फिर कार्बनीकरण द्वारा ऊर्जा का एक स्रोत बन गया। विश्व के कुछ भागों में, जैसे आयलैण्ड और स्कॉटलैण्ड में, पीट ऊर्जा का महत्त्वपूर्ण स्रोत है। स्फेगनम (Sphagnum) को अच्छी तरह साफ करके घावों में ड्रेसिंग करने के काम में लाया जाता है।

❂❂❂

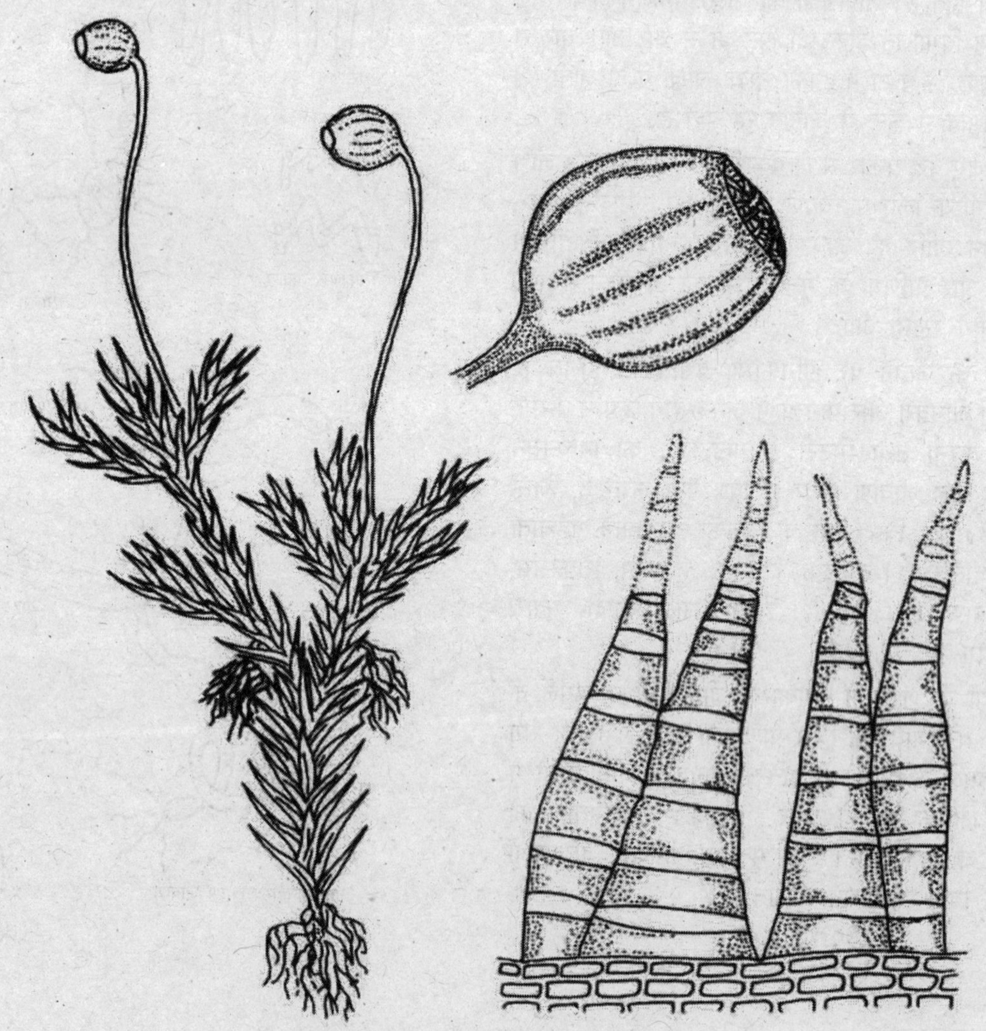

मॉस नमी वाले स्थानों पर पाये जाते हैं।

फर्न (Ferns)

'फर्न पौधे' ट्रैकिनओफाइटा संघ के उपसंघ फिलिकोफाइटा में आते हैं। ये बिना फूलों के पौधे हैं इनमें बीज का निर्माण नहीं होता। इस श्रेणी में लगभग 250 जीवित वंश तथा 9000 जातियाँ हैं। ऐसा अनुमान है कि बीज वाले पौधे, फर्नों के किसी आदिम वर्ग से विकसित हुए हैं।

सत्रहवीं और अठारहवीं शताब्दी के लोग फर्न के पौधों पर फूल व बीज न पाकर अचम्भित हो जाते थे। ढंग से प्रजनन करते हैं। वे सोचते थे कि यदि किसी व्यक्ति को फर्न का बीज मिल जाये तो उसमें अद्वितीय गुण आ जायेंगे। शेक्सपियर ने 'हेनरी IV' में लिखा है कि ''हमें फर्न का बीज मिल गया है और हम अदृश्य बनकर चल सकते हैं।'' आज भी पौधों के विक्रेताओं से कुछ ग्राहक यह शिकायत करते हैं कि उनके फर्न की पत्तियों की निचली सतह पर 'भूरे धब्बे या कीड़े आ गये हैं। वास्तव में ये कीड़े या धब्बे नहीं होते, बल्कि बीजाणुधानियाँ (Sporangnium) होती हैं, जिन्हें 'सोरी' (Sori) कहते हैं।

फर्न आम तौर पर नम, अँधेरे जंगलों की सतह पर उगते हैं। ये कुछ चरागाहों तथा खुले स्थानों पर भी पाये जाते हैं। ये दुनियाभर में मिलते हैं, लेकिन उष्णकटिबन्धीय नम वनों में बहुतायत से मिलते हैं। ये पौधे अधिकतर शाकीय होते हैं, कभी-कभी लताएँ एवं वृक्षरूप में भी पाये जाते हैं। वृक्षीय फर्न के तने सीधे तथा शाखारहित होते हैं। इनकी चोटियों पर ताड़ जैसी पत्तियाँ होती हैं। इनके तनों की ऊँचाई 18 मीटर तक पायी जाती हैं।

ये सुन्दर पौधे हैं इनके प्रकन्द खाये जाते हैं। इनके रेशे तकियों आदि में भरे जाते हैं। जीवाश्म फर्नों ने कोयला निर्माण में भाग लिया है। फर्नों की पत्तियाँ सब्जियों और फलों को पैक करने के काम आती हैं। आँतों के कीड़ों को नष्ट करने के लिए फर्न से एक औषधि भी बनायी जाती है।

विश्व में फर्नों की 9,000 जातियाँ हैं।

बीज वाले पौधे (Gymnosperms and Angiosperms)

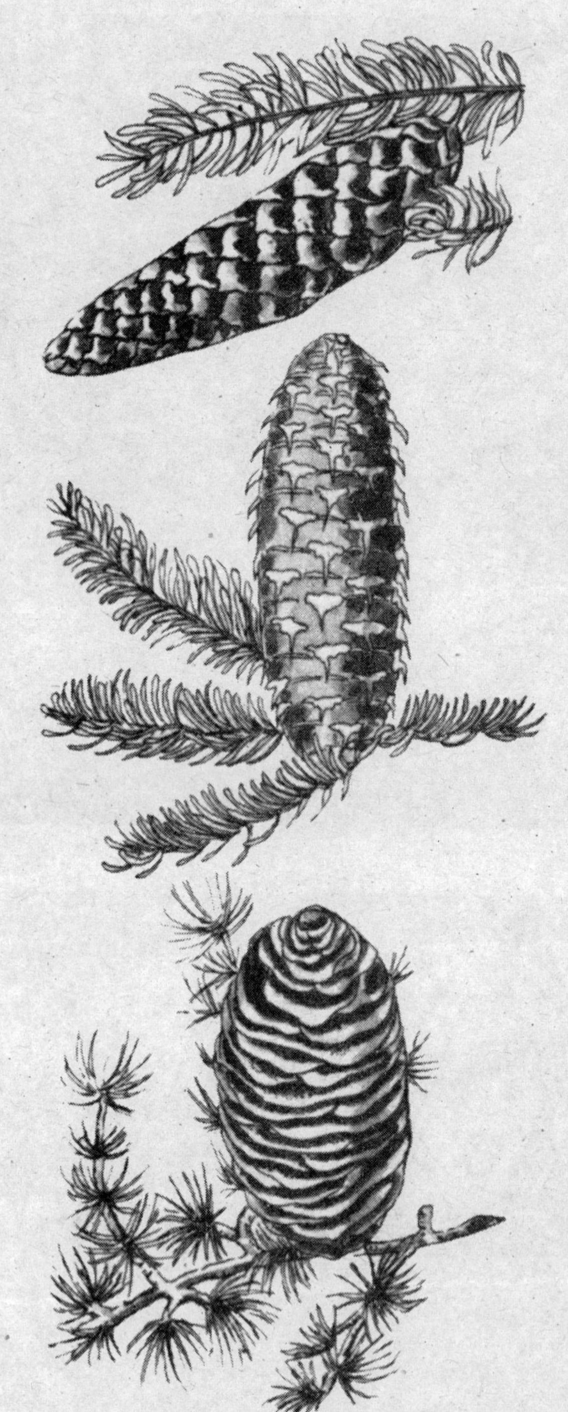

जिम्नोस्पर्म और एंजियोस्पर्म बीज वाले पौधे हैं। जिम्नोस्पर्म पौधों में बीज नग्न रूप से पौधे में लगे होते हैं अर्थात् बीज किसी खोल या फल में बन्द नहीं होते, जबकि ऐंजियोस्पर्म पौधों में आने वाले बीज खोल या फल में बन्द होते हैं। जिम्नोस्पर्म पौधों की पत्तियाँ पूरे साल वृक्ष पर लगी रहती हैं, इसलिए इन वृक्षों को सदाबहार पेड़ कहते हैं। ऐंजियोस्पर्मों का प्रतिवर्ष पतझड़ होता है।

सभी बीज वाले पौधों की पत्तियों में क्लोरोफिल होता है और ये अपना भोजन स्वयं बनाते हैं। जिम्नोस्पर्म पौधों में प्रजनन की क्रिया शंकुओं में होती है, जबकि ऐंजियोस्पर्म पौधों में प्रजनन-क्रिया फूलों में होती है। जिम्नोस्पर्म का जाइलम सरल होता है, जबकि ऐंजियोस्पर्म का जटिल।

जिम्नोस्पर्मों से इमारती लकड़ी तथा ईंधन प्राप्त होते हैं। चीड़, डोग्लास फर, रेडवुड, स्प्रूस, देवदार आदि इसके उदाहरण हैं। ये वृक्ष उत्तरी और दक्षिणी शीतोष्ण वनों में पाये जाते हैं। इनमें वायु द्वारा बीजों का फैलाव होता है। इनमें नर और मादा दोनों ही वृक्ष होते हैं। एंजियोस्पर्म पेड़ों में बीज दो फाड़ी वाले और एक फाड़ी वाले होते हैं।

ऐंजियोस्पर्मों में तरबूज, खरबूज, ककड़ी, खीरा, टमाटर, फलिया, अंगूर, नाशपाती आदि के वृक्ष आते हैं। इनके बीजों में एक बीजपत्र और दो बीजपत्र होते हैं। इन दो प्रकार के बीजी पौधों में एक-दूसरे से काफी अन्तर होता है। इनकी जड़ें लम्बी होती हैं। इनकी पत्तियों में भी भारी अन्तर होता है। इन पौधों से हमें अनाज, दालें, फल, सब्जियाँ आदि प्राप्त होते हैं। इनसे हमें कॉफी, कपास, मसाले, तेल और औषधियाँ भी प्राप्त होती हैं।

❂❂❂

कोनिफरों में विभिन्न प्रकार के शंकु

पौधों का पारिस्थितिकीय वर्गीकरण
(Ecological Classification of Plants)

भली-भाँति फलने-फूलने के लिए पौधों को मानव की तरह अपने आपको वातावरण के साथ ढालना होता है। जीवित रहने के लिए पौधे अपने आपको वातावरण में उपस्थित प्रकाश, तापमान, पानी, वायु और मिट्टी के साथ समायोजित करते हैं। पौधों में अपने आपको वातावरण से समायोजित करने की सामर्थ्य को अनुकूलन (Adaptation) कहते हैं। पारिस्थितिकीय वर्गीकरण के अनुसार पौधों को निम्नलिखित वर्गों में बाँटा गया है :

जलोद्भिद् (Hydrophytes)

इस समुदाय के पौधे पानी में जीवित रहते हैं और वहाँ की परिस्थितियों के अनुसार अपने आपको ढालते हैं। ये या तो पानी में पूरे डूबे होते हैं, जैसे हाइड्रिला, वैलिसनेरिया आदि; या इनका अधिकांश भाग पानी में डूबा हुआ होता है, जैसे सिंघाड़ा, कमल आदि; या ये पानी की सतह पर तैरते होते हैं, जैसे एजोला, सैलवीनिया, युट्रिकुलेरिया आदि। पानी पर तैरने वाले पौधे हवा के साथ पानी की सतह पर दूर-दूर तक जाते हैं।

मध्योद्भिद् (Mesophytes)

सामान्य वातावरण में पाये जाने वाले स्थलीय पौधों के समुदाय को 'मेसोफाइट' कहते हैं। ये पौधे उन स्थानों पर उगते हैं जहाँ की जलवायु न तो बहुत शुष्क हो और न ही बहुत नम तथा जहाँ तापमान और वायुमण्डल की आपेक्षिक आर्द्रता भी साधारण हो। गेहूँ, मटर, टमाटर, आम, अमरूद आदि इसके उदाहरण हैं। इनकी जड़ें जमी हुई होती हैं। पत्तियाँ बड़ी और चौड़ी होती हैं। इनके तने सीधे होते हैं।

मरुद्भिद् (Xerophytes)

इस समुदाय के पौधे रेगिस्तान या सूखे स्थानों में उगते हैं। ये अधिक समय तक सूखे वातावरण में रहने पर भी जीवित और हरे-भरे रह सकते हैं। पानी की पूर्ति के लिए इन पौधों की जड़ें बहुत लम्बी

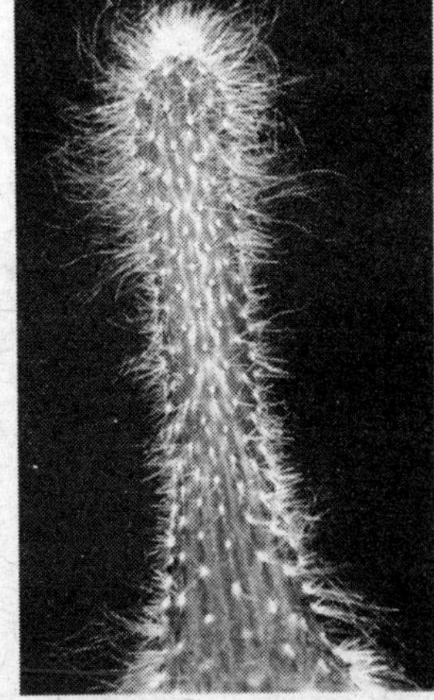

विभिन्न जाति के कैक्टस

तथा इनके तने और पत्तियाँ बहुत मोटी और माँसल हो जाती हैं। आम तौर पर उत्स्वेदन द्वारा पानी को उड़ने से रोकने के लिए इनके तनों पर पत्तियों का काँटों में रूपान्तरण हो जाता है। विभिन्न जाति के कैक्टस, गोखरू, नागफनी, मदार आदि इसी समुदाय के पौधे हैं।

लवणोद्भिद् (Halophytes)

ये ऐसे स्थानों पर उगने वाले पौधे हैं, जहाँ पर पानी में खनिज लवणों की मात्रा बहुत अधिक होती है। इस वर्ग के पौधों की पत्तियाँ और तना आम तौर पर मोटा और माँसल हो जाता है। जल की हानि को रोकने के लिए कुछ पौधों में श्वसन-जड़ें होती हैं जो मिट्टी के ऊपर निकली हुई होती हैं और श्वसन का कार्य करती हैं। राइजोफोरा (Rhizophora), एवीसीनिया (Avicenia) आदि इनके उदाहरण हैं।

अधिपादप (Epiphytes)

ये पौधे दूसरे पौधों के ऊपर उगते हैं, खम्भों या तारों पर वृद्धि करते हैं या मकानों की छतों आदि पर उगते हैं। आम तौर पर अधिपादप क्लोरोफिल युक्त तथा स्वयं भोजन बनाने वाले पौधे होते हैं। ये नम हवा से कार्बन डाइऑक्साइड तथा पानी प्राप्त करते हैं। इनकी जड़ें पानी तथा पोषक पदार्थ अपने चारों ओर जमी हुई धूल से प्राप्त करती हैं। मॉसों, फर्नों, आर्किडों आदि की कई जातियाँ अधिपादप वर्ग में आती हैं। तोरई, लौकी की बेलें इसी वर्ग में आती हैं।

❂❂❂

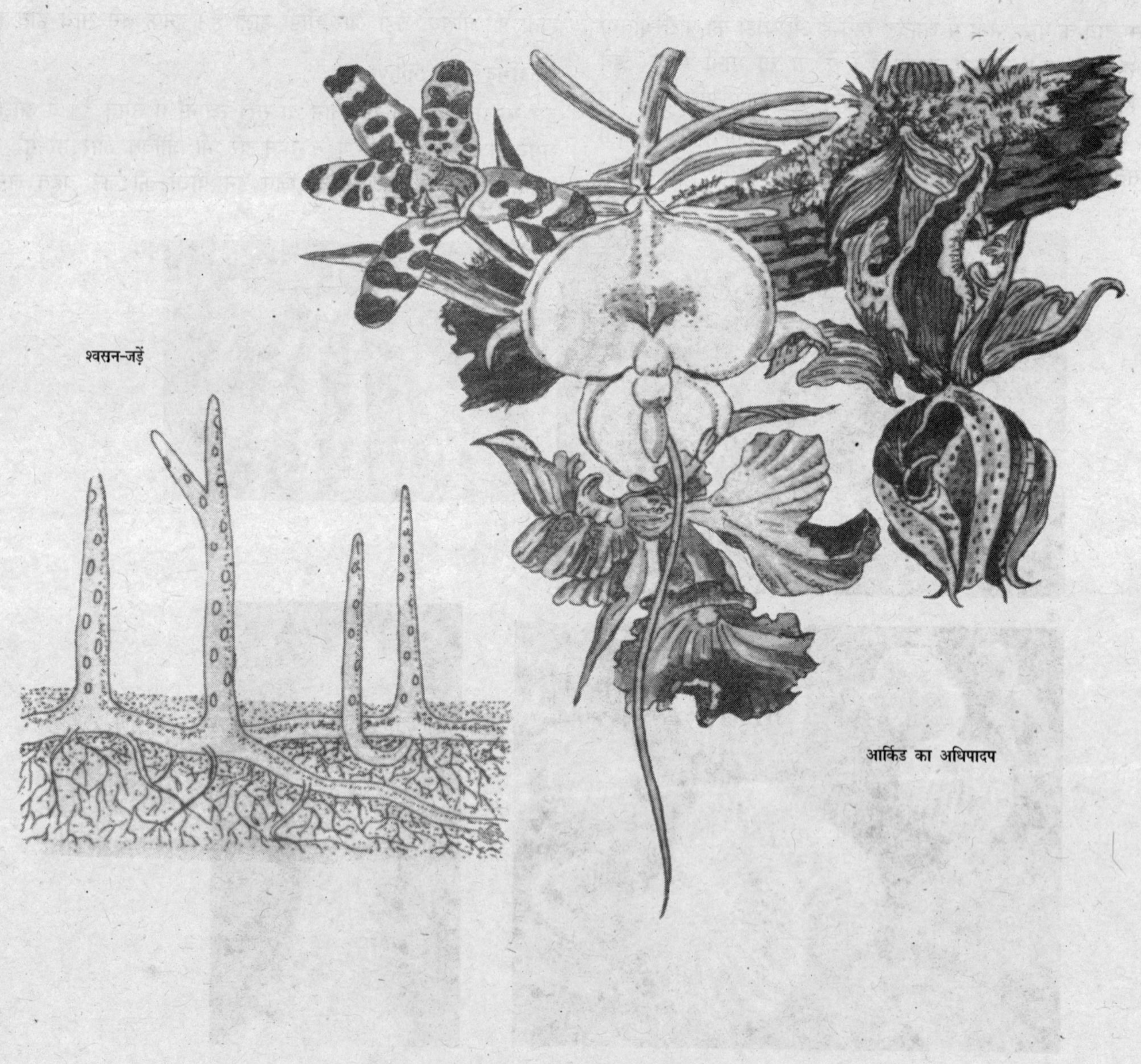

आर्किड का अधिपादप

लाभदायक जड़ें (Useful-Roots)

'जड़ें' पौधों के लिए तो महत्त्वपूर्ण हैं ही, लेकिन बहुत से पौधों की जड़ें हमारे लिए भी अत्यन्त उपयोगी हैं। कुछ पौधों की जड़ें औषधि बनाने के लिए इस्तेमाल की जाती हैं, जैसे–एकोनाइट, हींग, किरात कुल का नीले फूल वाला पौधा, गोल्डन सील, जैनरान लिकोराइस रेवत चीनी, माश मैलो और वेलेरियन आदि। इसके अलावा कुछ पौधों की मुख्य जड़ों को हम भोजन के रूप में प्रयोग करते हैं। चुकन्दर, गाजर, मूली, शलजम, शकरकन्दी, कचालू, और टेपिऔका आदि ऐसी ही जड़ें हैं। ये जड़ें भोजन संग्रह करने के कारण मोटी और माँसल हो जाती हैं। इनके अनेक रूपान्तरण हो जाते हैं, जैसे–तर्कु रूप (Fusiform), जैसे मूली शंकु रूप (Conical), गाजर, कुम्भी रूप (Napiform), बीटरूट कन्दिल (Tuberous) मीठा आलू तथा ग्रन्थिमय (Nodulated) करकुमा आदि। इनमें से चुकन्दर, गाजर, शलजम आदि दो वर्षीय जातियाँ है। अपने पहले साल की वृद्धि के दौरान ये पौधे बहुत ज्यादा भोजन बनाते हैं, जिसका अधिकांश भाग मूसला जड़ों में एकत्रित हो जाता है। वहाँ से दूसरे साल में ये मुख्य रूप से फूलों और बीजों को बनाने का काम करते हैं। मनुष्य इन पौधों की जड़ों को भोजन के लिए इनके जीवन के पहले वर्ष में ही प्रयोग करता है। हल्दी मसालों के रूप में प्रयोग की जाती है।

मसाले और कुछ ऐरोमैटिक पदार्थ बहुत-सी जातियों के पौधों की जड़ों से बनाये जाते हैं। मदार और ऐल्काना (Alkanna) की जड़ों से महत्त्वपूर्ण रंग तैयार किये जाते हैं। मदार से गाढ़ा लाल रंग (Turky red) बनाया जाता है। आजकल अधिकांश रंग संश्लेषित विधियों से बनाये जाते हैं।

✪✪✪

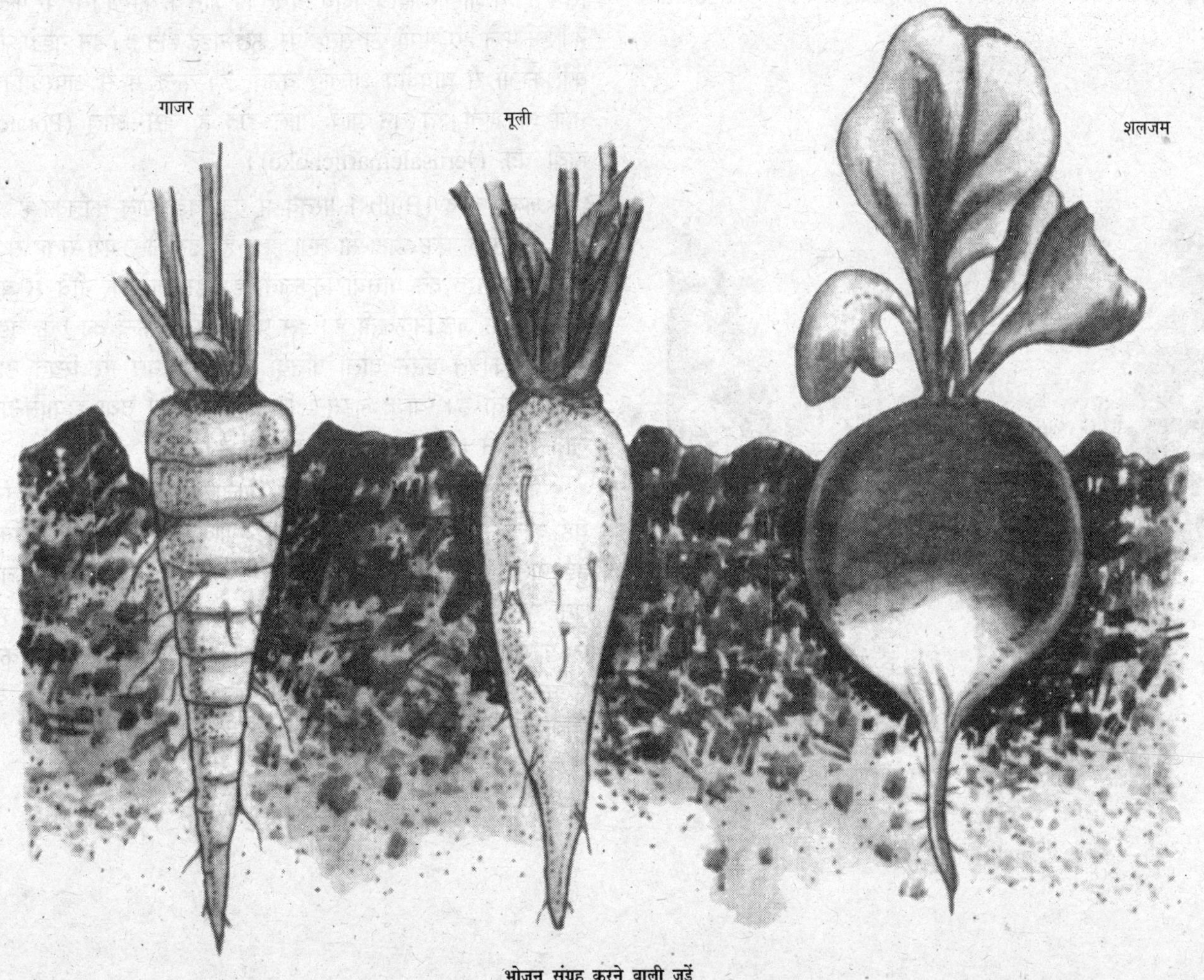

भोजन संग्रह करने वाली जड़ें

भूमिगत तने (Underground Stems)

तने के मुख्य रूप से दो कार्य हैं–पहला तो यह शाखाओं, पत्तियों, फूल और फलों को साधे रखता है तथा दूसरा यह पानी और पदार्थों को जड़ों से पत्तियों में और पत्तियों से जड़ों में संचारित करता है। तनों को अपने इन साधारण कार्यों के अतिरिक्त आवश्यकतानुसार विभिन्न असामान्य कार्य भी करने पड़ते हैं। उनमें एक विशिष्ट कार्य भोजन-संग्रह करना भी है। असामान्य कार्यों के कारण तनों के रूप भी बदल जाते हैं। इन बदले हुए रूपों को 'तनों का रूपान्तरण' कहते हैं।

रूपान्तरित तनों में जो तने भूमि के नीचे पाये जाते हैं, उन्हें 'भूमिगत तने' कहते हैं। ये तने प्रसुप्त (Dormant) दशा में रहते हैं, लेकिन अनुकूल परिस्थितियों में इनकी कलिकाओं से नये पौधे निकलते हैं। इनमें भोजन संचित होता रहता है, जिससे ये काफी मोटे और माँसल हो जाते हैं। ये कायिक प्रजनन (Vegetative propagation) द्वारा नये पौधों को जन्म देते हैं। भूमिगत तने मुख्य रूप से चार प्रकार के होते हैं–प्रकन्द (Rhizomes), कन्द (Tubers), शल्क कन्द (Bulbs) तथा घनकन्द (Corm)।

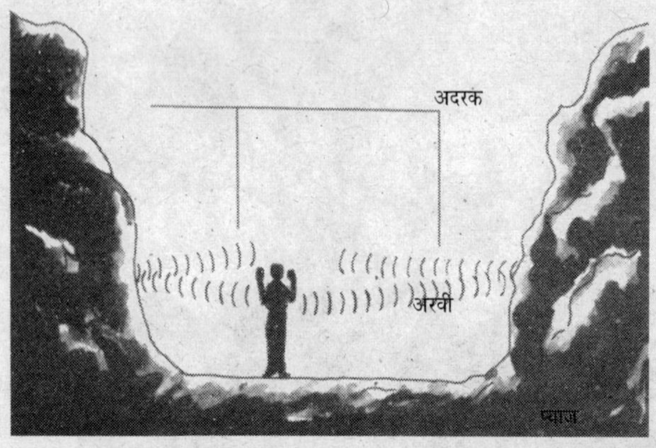

आलू

भोजन संग्रह करने वाले भूमिगत तने

प्रकन्द (Rhizomes) ऐसे भूमिगत तने हैं, जो सीधे, मोटे तथा माँसल होते हैं। ये भूमि की सतह के नीचे क्षैतिजतः (Horizontally) बढ़ते हैं। अदरक (Ginger), हल्दी (Turmeric), फर्न (Fern), कमल (Lotus), केली (Canna), गन्ना (Sugarcane) इसी प्रकार के तने हैं। इनमें पर्व (Internodes) एवं पर्वसन्धियां (Nodes) होती हैं। पर्वसन्धियों पर भूरे रंग के अनेक शल्क पत्र होते हैं। इनके कक्ष में कलिकाएँ (Buds) होती हैं। तने के निचले भाग से अपस्थानिक जड़ें भी निकलती हैं। जब इन्हें काट या तोड़ दिया जाता है, तो प्रत्येक भाग से नये पौधे का जन्म होता है।

कन्द (Tubers) भूमि के अन्दर ही पैदा होने वाली शाखा का फूला हुआ सिरा है। ये शाखाएँ खाद्य-पदार्थ संचित हो जाने के कारण सिरे पर फूल जाती हैं। इन फूले हुए भागों की सतह पर कुछ गड्ढे होते हैं। इन गड्ढों में मौजूद कलिकाओं से वायवीय शाखाएँ बनती हैं। कन्द में से अपस्थानिक जड़ें नहीं निकलतीं। ये तने प्रायः गोल होते हैं, जैसे–आलू (Potato) और हाथी चक्र (Jerusalemartichoke)।

शल्क कन्द (Bulbs) वास्तव में एक बड़ी गोल कलिका है, जिसके नीचे की तरफ एक छोटा-सा तना होता है। इसकी ऊपरी सतह से गूदेदार शल्क की तरह की पत्तियाँ निकलती हैं। इस तने के नीचे से बहुत-सी अपस्थानिक जड़ें निकलती हैं। इस प्रकार शल्क कन्द का एक बड़ा भाग भोजन एकत्रित करने वाली पत्तियाँ हैं, जो आधार पर स्थित छोटे तने से निकलती हैं। प्याज, लहसुन, लिली, नारसिसस तथा हायासिन्थ आदि जाने-पहचाने शलक कन्दों के उदाहरण हैं।

घनकन्द (Corm) एक छोटा, गोलाकार, ऊर्ध्व भूमिगत तना है। यह शल्क कन्द से भिन्न होता है, क्योंकि शल्क में तने में निकलती हुई माँसल पत्तियाँ होती हैं, जबकि घनकन्द मुख्यतया स्तम्भ ऊतक का बना होता है। घनकन्द के अगले सिरे पर एक अग्रस्थ कलिका होती है जो वायुवीय प्ररोह (Aerial shoot) को जन्म देती है। मौसम के अन्त में घनकन्द के हवाई भाग सूखकर नष्ट हो जाते हैं। अरवी, कचालू, जिमीकन्द, जाफरान आदि इसी प्रकार के तने हैं।

✪✪✪

प्रकाश-संश्लेषण (Photosynthesis)

पौधों को दो प्रकार के भोजन की आवश्यकता होती है– अकार्बनिक (Inorganic) और कार्बनिक (Organic)। अकार्बनिक पौधे भोजन अपनी जड़ों द्वारा जमीन से प्राप्त करते हैं तथा कार्बनिक अपने भोजन का निर्माण वे स्वयं करते हैं। जिस क्रिया द्वारा हरे पौधे का. र्बनिक भोजन बनाते हैं, उसे प्रकाश- संश्लेषण (Photosynthesis) की क्रिया कहते हैं।

प्रकाश-संश्लेषण की क्रिया केवल हरे पौधों में होती है। पौधों की पत्तियों में एक हरा पदार्थ होता है, जिसे पर्णहरित (Chlorophyll) कहते हैं। वास्तव में पत्तियों का हरा रंग इसी पदार्थ के कारण होता है। बिना क्लोरोफिल के प्रकाश-संश्लेषण की क्रिया नहीं हो सकती।

प्रकृति में प्रकाश-संश्लेषण की क्रिया ही एक ऐसी क्रिया है, जो अकार्बनिक पदार्थों (कार्बन डाइऑक्साइड और पानी) को कार्बनिक पदार्थ शर्करा (Sugar) में बदल देती है तथा साथ-ही-साथ वायु में ऑक्सीजन छोड़ती है। प्रकाश-संश्लेषण की क्रिया बड़ी जटिल है। यह सूर्य के प्रकाश की ऊर्जा तथा क्लोरोफिल की उपस्थिति में सम्पन्न होती है। यह क्रिया निम्नलिखित प्रकार से होती है।

जल + कार्बन डाइऑक्साइड $\xrightarrow[\text{क्लोरोफिल}]{\text{प्रकाश ऊर्जा}}$ शर्करा + ऑक्सीजन

$$6H_2O + 6CO_2 \xrightarrow[\text{क्लोरोफिल}]{\text{प्रकाश ऊर्जा}} C_6H_{12}O_6 + 6O_2\uparrow$$

प्रकाश संश्लेषण की क्रिया 25°C से 45°C तक होती है।

पौधे अपनी जड़ों द्वारा जमीन से पानी अवशोषित करके पत्तियों तक भेजते हैं। कार्बन डाइऑक्साइड सूक्ष्म छिद्रों द्वारा पत्तियों में प्रवेश करती है, तभी क्लोरोफिल और सूर्य के प्रकाश की उपस्थिति में यह क्रिया सम्पन्न होती है। क्रिया के फलस्वरूप बना ग्लूकोज पौधों की कोशिकाओं द्वारा रासायनिक ऊर्जा के रूप में प्रयुक्त किया जाता है। ग्लूकोज नाइट्रोजन के साथ क्रिया करके अमीनोअम्ल और प्रोटीन बनाता है। ग्लूकोज का कुछ भाग सेल्यूलोज में बदलकर पौधे के ऊतकों का निर्माण करता है। कुछ ग्लूकोज स्टार्च में बदलकर पत्तियों, तना तथा जड़ों में जमा हो जाता है। स्टार्च रात्रि में जमा होता है। इस प्रकार पौधों का जीवन-चक्र चलता रहता है।

✪✪✪

पतझड़ (Autumn)

जिन पौधों की पत्तियों का पतझड़ उनके बनने के एक साल के भीतर ही हो जाता है, उन्हें पर्णपाती (Deciduous) पौधे कहते हैं। इसके विपरीत सदाबहार (Evergreen) पौधों की पत्तियाँ आम तौर पर तीन-चार वर्ष या इससे भी अधिक समय तक शाखाओं पर लगी रहती हैं। ऐसा नहीं है कि सदाबहार पौधों में हमेशा वे ही पत्तियाँ लगी रहती हैं, बल्कि इनकी कुछ पत्तियाँ गिरती रहती हैं और उनके स्थान पर नयी पत्तियाँ आती रहती हैं। इसीलिए ये पौधे सदा ही हरे दिखायी देते हैं। भिन्नता के बावजूद इन पौधों में भी पतझड़ होने के कारण समान हैं।

सर्दियों में टहनी के आधार पर कुछ कोशिकाएँ विभेदित हो जाती हैं और वे टहनी के आधार के चारों तरफ भित्तिवाली कोशिकाओं की एक परत बनाती हैं, जिसे विलगन परत (Abscission layer) कहते हैं। विलगन परत बनने के कुछ ही समय बाद पत्ती ढीली होकर सूखने लगती है। इस स्थिति में पत्ती केवल संवहनी बण्डलों द्वारा ही टहनी के साथ जुड़ी रहती है। हवाओं के टकराव या बर्फ गिरने के कारण पत्ती के बार-बार हिलने से विलगन परत में दरारें पड़ जाती हैं और पत्ती गिर जाती है। इसी को हम 'पतझड़' कहते हैं। पतझड़ के मौसम में वृक्ष बिल्कुल नंगे हो जाते हैं। विलगन परत के बनने के बाद जहाँ से पत्ती को गिरना है, वहाँ पर कार्क कोशिकाओं की आरक्षी परत बन जाती है।

✿✿✿

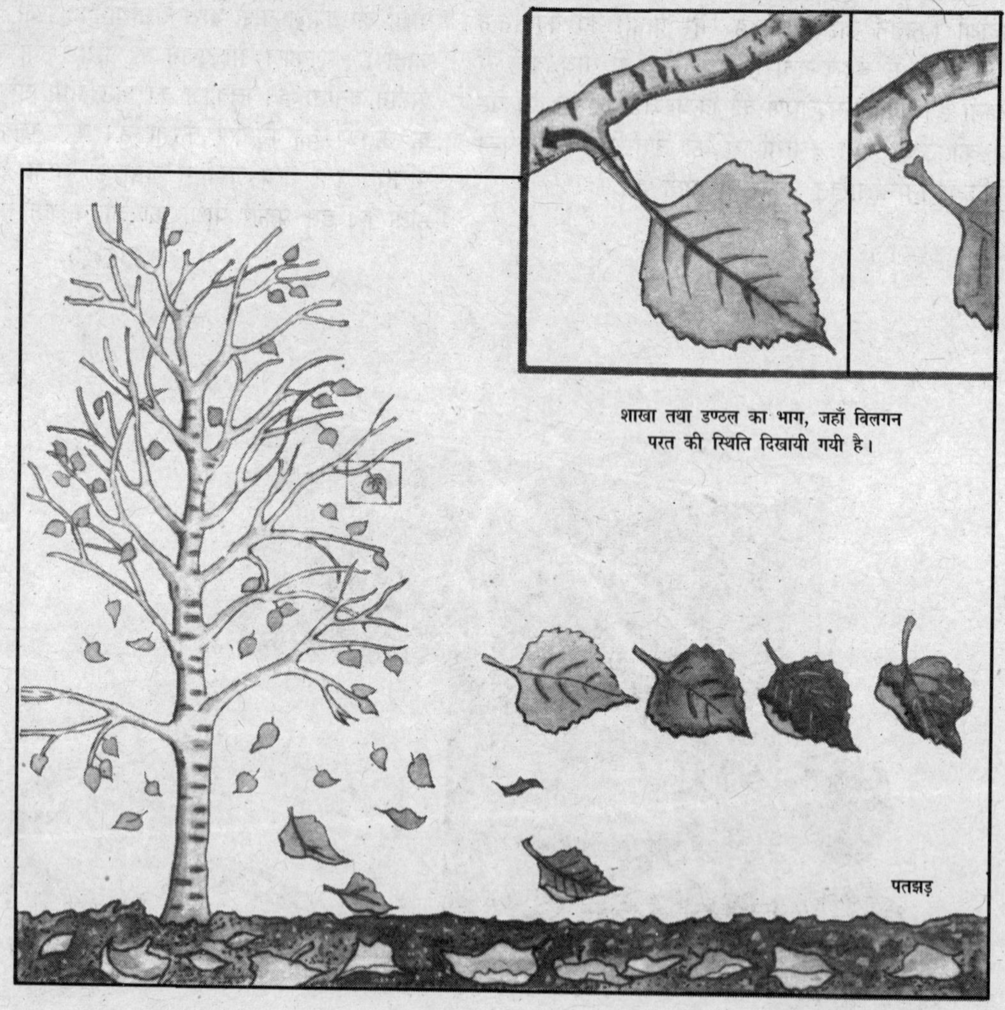

शाखा तथा डण्ठल का भाग, जहाँ विलगन परत की स्थिति दिखायी गयी है।

फूल की संरचना तथा कार्य (Structure and Function of Flower)

सभी ऐंजियोस्पर्मों में लैंगिक प्रजनन की क्रिया फूलों द्वारा होती है, जिसके फलस्वरूप बीज बनते हैं और बीजों से नये पौधों का जन्म होता है। फूल में एक पुष्प-वृन्त (Pedicle) होता है, जो उसे तने से जोड़े रखता है। पुष्प-वृन्त का ऊपरी सिरा कुछ फूला होता है, जिसे 'पुष्पासन' (Thalamus) कहते हैं। इसी पर फूल के विभिन्न भाग लगे रहते हैं। एक सामान्य फूल में चार प्रकार के पुष्प-पत्र विभिन्न चक्रों में लगे होते हैं। ये हैं :

1. **बाह्य दलपुंज** (Calyx) : यह फूल का सबसे बाहरी चक्र है। इसमें पुष्पासन की बाहरी परिधि पर हरे बाह्य दल (Sepals) होते हैं। ये कली की स्थिति में पुष्प की रक्षा करते हैं।
2. **दलपुंज** (Corolla) : दलपुंज के ऊपर सुन्दर रंगबिरंगे दल (Petals) होते हैं, जिनके समूह को 'दलपुंज' कहते हैं। फूल में दलों की संख्या या तो बाह्य दलों के बराबर होती है या इनके गुणन में होती है। ये कीटों को आकर्षित करके पराग-निषेचन कराते हैं।
3. **पुमंग** (Androecium) : दलों से घिरे हुए फूल के तीसरे चक्र में पुंकेसर (Stamen) होते हैं। 'पुंकेसर' फूल का नर जननांग है। इस समूह को 'पुमंग' कहते हैं। प्रत्येक पुंकेसर के दो भाग होते हैं–पुंतन्तु (Filament) तथा परागकोष (Anther)। परागकोष के अन्दर परागकण (Pollen grains) बनते हैं, जिनसे जनन कोशिकाएँ पुमणु (Sperms) बनाती हैं।
4. **जायांग** (Gynoecium) : यह फूल का मादा जननांग है। इसके तीन भाग होते हैं–अण्डाशय (Ovary), वर्तिका (Style) तथा वर्तिकाग्र (Stigma)। वर्तिकाग्र पर निषेचन (Fertilization) से पहले परागकण

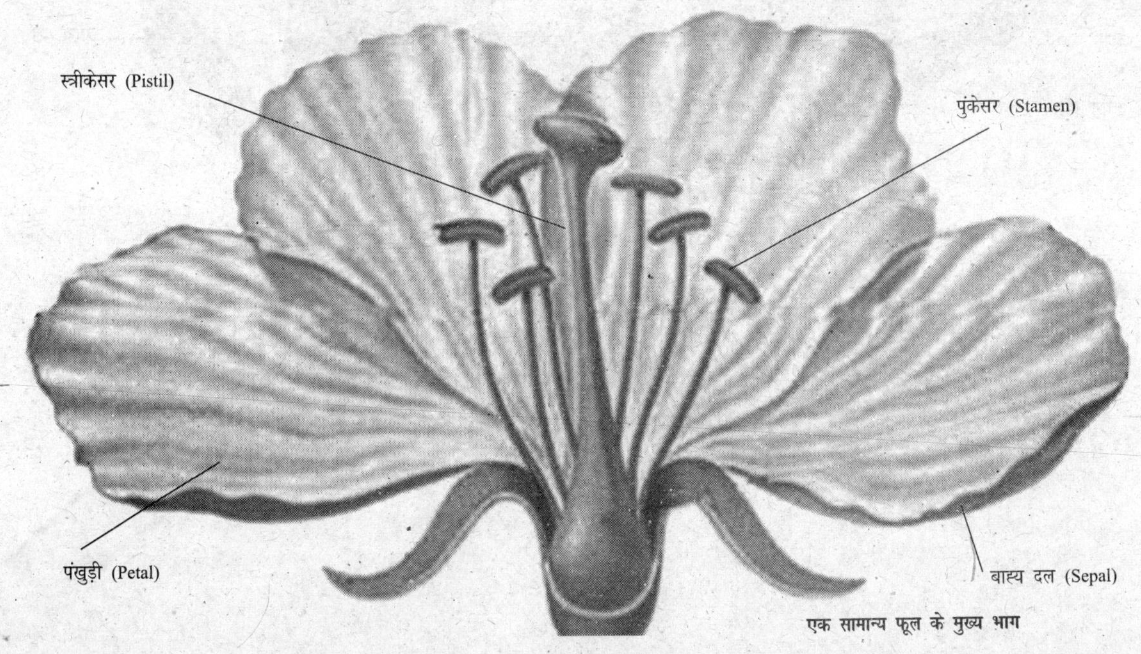

एक सामान्य फूल के मुख्य भाग

आकर गिरते हैं या कीटों द्वारा इन पर छोड़ दिये जाते हैं। निषेचन के बाद अण्डाशय में फल और बीज बनते हैं।

परागण (Pollination) : परागकणों के परागकोष से वर्तिकाग्र तक पहुँचने की क्रिया 'परागण' कहलाती है। परागण दो प्रकार का होता है–स्व-परागण (Self Pollination) तथा पर-परागण (Cross Pollination)।

स्व-परागण में एक ही फूल के पुंकेसरों के उसी फूल के वर्तिकाग्रों पर परागकणों का स्थानान्तरण होता है या एक ही पौधे के एक फूल से दूसरे फूल के परागणों का स्थानान्तरण होता है।

एक पौधे के फूल के पुंकेसरों से दूसरे पौधे के फूल के वर्तिकाग्रों पर परागणों का स्थानान्तरण पर-परागण कहलाता है। परागण को सम्पन्न करने वाले मुख्य साधन कीट, पक्षी, हवा, पानी और जानवर हैं।

निषेचन (Fertilization) : परागण के बाद वर्तिकाग्र पर परागकण जमा हो जाते हैं। इन परागकणों का अंकुरण (Germination) होता है और पराग नलिका (Pollen tube) बनती है। पराग नलिका नर युग्मकों (Male gametes) को भ्रूणपोष (Endosperm) में स्थित मादा युग्मक (Female gamete) तक पहुँचाती है, जहाँ इनका संयोजन (Fusion) होता है। नर तथा मादा युग्मक

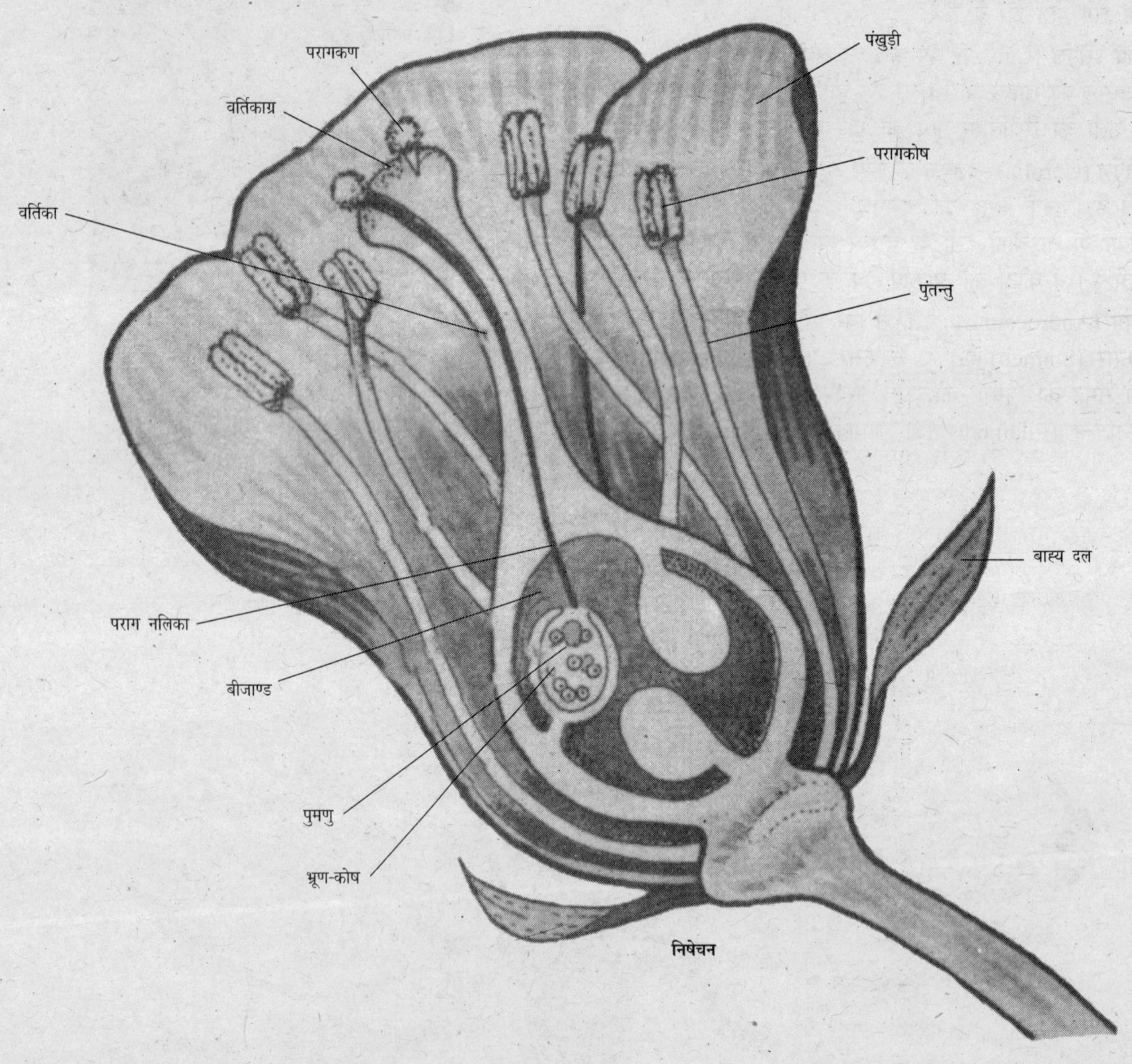

निषेचन

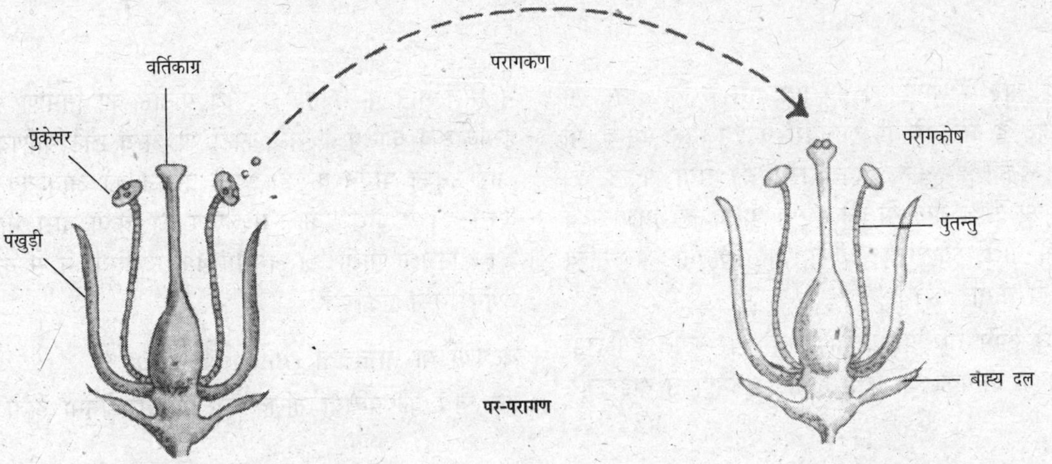

वर्तिकाग्र
परागकण
पुंकेसर
परागकोष
पंखुड़ी
पुंतन्तु
बाह्य दल
पर-परागण

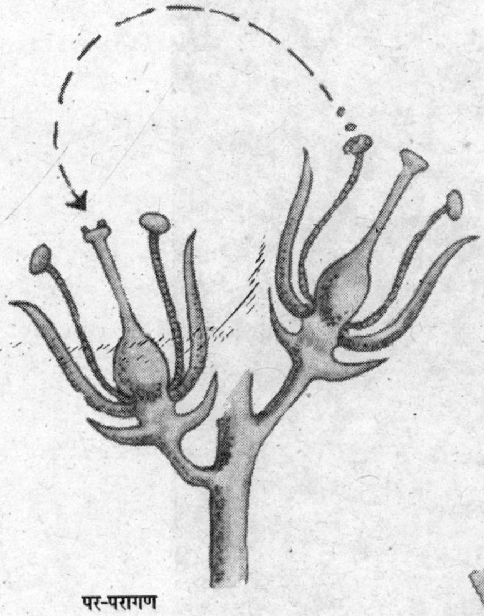

पर-परागण

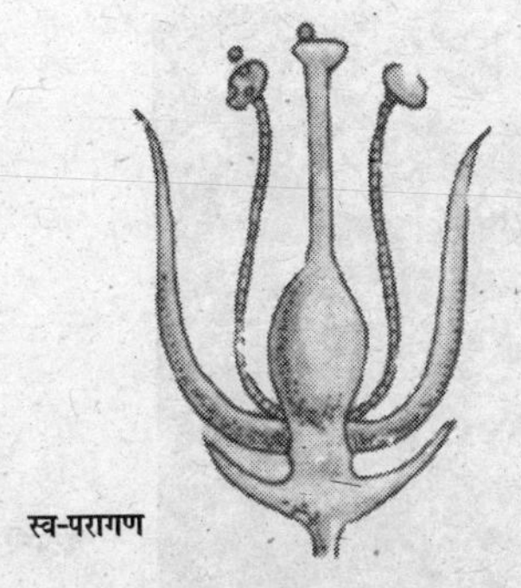
स्व-परागण

के संयोजन की इस क्रिया को 'निषेचन' कहते हैं। निषेचन के बाद बीजाण्ड (Ovule) बीज में परिवर्तित हो जाता है। बीज बनने की क्रिया में युग्मनज (Zygote) तथा भ्रूणपोष कोशा ही प्रमुख रूप से भाग लेते हैं, जिनसे भ्रूण तथा भ्रूणपोष दोनों का विकास होता है। इस प्रकार फूलों से निषेचन द्वारा फल और बीज बनते हैं।

✪✪✪

कीटभक्षी पौधे (Insectivorosu Plants)

कीटभक्षी पौधों के बारे में लोगों का अन्धविश्वास है कि दुनिया में ऐसे पेड़-पौधे मौजूद हैं जो बड़े-बड़े जानवरों को, जिनमें मनुष्य भी शामिल हैं, फँसा सकते हैं और उनके शरीर को पचा सकते हैं। लेकिन वैज्ञानिकों को आज तक भी कोई ऐसा पौधा नहीं मिल सका है। ज्ञात कीटभक्षी पौधे केवल छोटे कीटों, क्रिस्टेशियनों और अन्य जल-प्राणियों को ही फँसाते हैं।

कीटभक्षी पौधे आम तौर पर दलदली भूमि पर उगते हैं। जहाँ भूमि में नाइट्रोजन के यौगिकों की कमी होती है। मिट्टी से नाइट्रोजन न मिल पाने के कारण ये पौधे प्रोटीन का निर्माण नहीं कर पाते। इसलिए ये कीटभक्षी पौधे कीटों या अन्य छोटे प्राणियों को फँसाकर और उनका पाचन करके अपनी प्रोटीन की आवश्यकताओं की पूर्ति करते हैं। ये पौधे प्रकाश-संश्लेषण की क्रिया द्वारा भी भोजन बनाते हैं। कीटभक्षी पौधों की लगभग 400 जातियों में से कुछ का संक्षिप्त वर्णन निम्न प्रकार है:

घटपर्णी या तुम्बिलता (Pitcher plant)

इस पौधे की पत्तियाँ नलिकाकार या सुराहीनुमा होती हैं और उसमें

घटपर्णी

एक मीठा रस (एंजाइम) भरा रहता है। जब कीड़े सुराहीनुमा पत्तियों के रंगों व उनकी खुशबू द्वारा आकर्षित होते हैं, तो वे पत्ती के कड़े और नीचे की ओर झुके हुए रोमों के ऊपर रेंगते हुए उसके अन्दर आ जाते हैं। लेकिन जब वे बाहर निकलने की कोशिश करते हैं तो असफल रहते हैं और अन्त में थककर पाचक द्रव में गिर पड़ते हैं तथा उसमें डूब जाते हैं। इसके बाद पर्ण-कोशिकाएँ कीटों के कोमल अंगों का पाचन करके नाइट्रोजन की जरूरत पूरी कर लेती हैं। इस जाति के पौधों में सरासीनिया (Sarracenia) की पत्तियों की लम्बाई सबसे ज्यादा लगभग एक मीटर होती है।

ड्रोसेरा (Drosera) **या सनड्यू** (Sundew)

'सनड्यू' पौधे कीटभक्षी पौधों का एक दूसरा समूह है। ये 8 से 20 सेमी. लम्बे शाकीय पौधे हैं। इन पौधों में वृत्तीय तथा चपटे पर्णफलक (Lamina) होते हैं और अनेक ग्रन्थिल रोम पाये जाते हैं, जो पत्तियों की ऊपरी सतहों से ऊर्ध्वाधर तथा तिर्यक रूप में ऊपर की ओर बढ़ते हैं। एक पत्ती में, इन स्पर्शकों (Tentacles) की संख्या लगभग 150 से 200 तक होती है। इनसे एक चिपचिपा पदार्थ निकलता रहता है, जो कि ओस की तरह चमकता है। इनकी गन्ध से आकर्षित होकर कीड़े जब फलक पर बैठते हैं, तो चिपक जाते हैं और पास के स्पर्शक मुड़कर कीड़े के शरीर को चारों तरफ से घेर लेते हैं। इस चिपचिपे द्रव में मौजूद एंजाइम कीड़े से नाइट्रोजनयुक्त पदार्थों का पाचन कर लेते हैं। कुछ समय बाद स्पर्शक फिर सीधे हो जाते हैं और कीड़े का बचा हुआ भाग नीचे गिर जाता है।

वीनस-फ्लाइट्रैप (Venus' fly trap)

इन पौधों में आम तौर पर पर्णफलक (Lamina) और उपान्त (Lobes) होते हैं। उपान्तों में 12 से लेकर 20 तक कड़े दाँत पाये जाते हैं, जिनकी लम्बाई लगभग आधा इंच होती है। फलक की ऊपरी सतह पर बहुत-से पतले-पतले बाल उगे रहते हैं, जो सम्पर्क के प्रति संवेदनशील होते हैं। यदि कोई कीट पत्ती के इन संवेदनशील रोमों को छूता है, तो तुरन्त पत्ती के दोनों आधे भाग साथ-साथ इस प्रकार मुड़ने लगते हैं, जैसे कि पुस्तक बन्द की जाती है। इस क्रिया में कीट जकड़ लिया जाता है और पत्ती की ऊपरी सतह की ग्रन्थियाँ फँसे हुए कीट के शरीर का पाचन कर लेती हैं। कीट के कोमल अंगों का पाचन करने के बाद पत्ती फिर खुल जाती है। इस शिकार में पत्ती के अर्ध भागों को बन्द होने में प्रायः एक सेकण्ड का समय लगता है।

✿✿✿

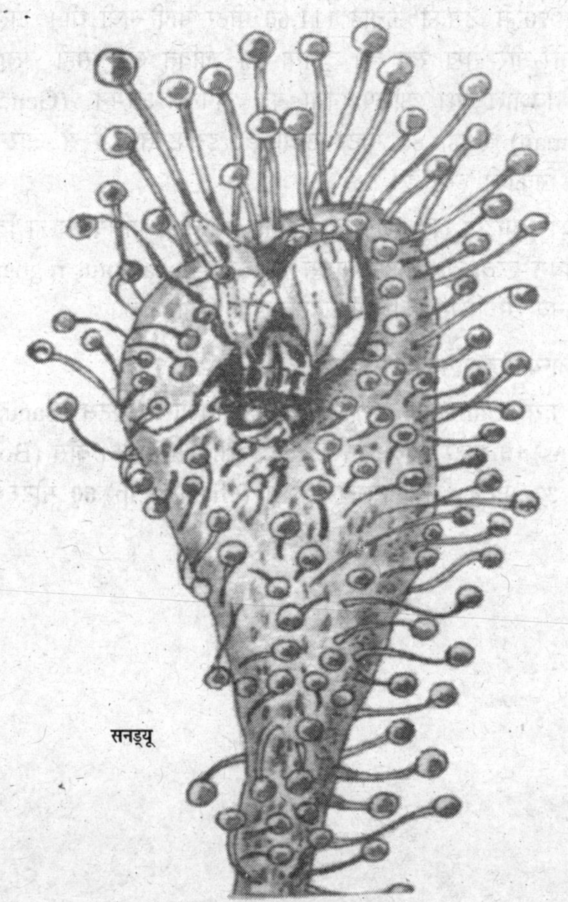

सनड्यू

वीनस-फ्लाइट्रैप

सबसे ऊँचे पेड़-पौधे (Tallest Plants)

चीड़ (Pine), स्प्रूस (Spruce), फर (Fir), देवदार (Cedars), जुनिपर (Juniper), साइप्रेस (Cypresses) आदि प्रसिद्ध वृक्ष कोनिफेरेलीज के अन्तर्गत आते हैं। इन वृक्षों पर शंकु (Cone) पैदा होते हैं, जो एकलिंगी होते हैं, ये नर और मादा शंकु एक ही वृक्ष पर भी बन सकते हैं तथा दो अलग-अलग वृक्षों पर भी। सभी कोनिफर वृक्षों की पत्तियाँ सरल होती हैं और वृक्षों पर पूरे वर्ष लगी रहती हैं। इसलिए इन वृक्षों को सदाबहार वृक्ष कहते हैं।

पृथ्वी पर पाये जाने वाले विशालकाय वृक्ष इसी वर्ग में हैं। संसार के सबसे ऊँचे वृक्षों की ज्ञात किस्म तटीय रेडवुड (Coast redwood) है। ये वृक्ष अब केवल कैलिफोर्निया तट के निकट पाये जाते हैं। इनकी औसत ऊंचाई 90 मीटर से भी अधिक होती है तथा व्यास 5 मीटर तक होता है। इनकी आयु 4000 वर्ष तक होती है। इस जाति के वृक्ष को सबसे ऊँचा मापा गया उदाहरण 'टालेस्ट ट्री' है, जो कैलिफोर्निया राज्य में है। इसकी खोज सन् 1963 में हुई थी। जब उसकी फुंगी सूखी हुई थी और ऊँचाई 112.10 मीटर थी। सन् 1970 में, इसकी ऊँचाई 111.60 मीटर मापी गयी थी। 'टालेस्ट ट्री' धीरे-धीरे सूख रहा है। दुनिया का जीवित और सही सलामत सबसे विशाल वृक्ष कैलिफोर्निया का 'जनरल शरमैन' (General Sherman) है, जो 85 मीटर ऊँचा है। इसके तने में से आर-पार सड़क निकाली हुयी है।

पुष्पी पादपों (Flowering Plants) में चौड़ी पत्तियों वाला विश्व का सबसे ऊंचा वृक्ष 'यूकोलिप्टस रेग्नैन्स' (Eucalyptus regnans) तस्मानिया में स्थित है। इसकी ऊँचाई 99 मीटर है।

कुछ अन्य पेड़-पौधों की ऊँचाई

कैली घास (Callie Grass) **5.5** मीटर। सैगुआरो कैक्टस (Saguaro Cactus) **16** मीटर। वृक्ष फर्न (Tree Fern) 18 मीटर। बाँस (Bomboo) **37** मीटर। दीर्घकाय वरुणघास (Giant Kelp) **60** मीटर।

✪✪✪

परजीवी पौधे (Parasitic Plants)

आम तौर पर पौधे प्रकाश-संश्लेषण द्वारा अपना भोजन स्वयं बनाते हैं, लेकिन कुछ ऐसे भी हैं, जो अपना भोजन सीधे ही किसी अन्य जीवित पौधे के ऊतकों से या मृत या अजीवित कार्बनिक पदार्थ से प्राप्त करते हैं। जिस पौधे से परजीवी पौधे अपना भोजन ग्रहण करते हैं, उसे 'मेजबान' (Host) पौधा कहते हैं।

अमरबेल (Cuscuta) दूसरे पौधों पर जीवित रहती है। पीले, पतले, कमजोर तने वाली अमरबेल अपने मेजबान पौधे के चारों ओर लिपट जाती है। इसकी परजीवी जड़ें (Haustoria) निकलकर पोषक के तने में जाइलम (Xylem) तथा फ्लोएम (Phloem) में प्रवेश कर जाती हैं और वहँ से भोजन, खनिज लवण तथा पानी ग्रहण करती हैं। अमरबेल जिस पौधे पर लिपट जाती है, उसे धीरे-धीरे नष्ट कर देती है।

रैफलेशिया (Rafflesia) 'मूल परजीवी' पौधों में सबसे अद्भुत है, जो दक्षिण-पूर्व एशिया के जंगलों में पाया जाता है। यह वनस्पति धागे जैसी पतली होती है, लेकिन इसका फूल विश्व में सबसे बड़ा होता है। फूल का व्यास एक मीटर और वजन 7 से 8 किलोग्राम तक होता है। ये साइसस (Cissus) लताओं पर फूलते हैं और इनसे सड़ी लाश जैसी बदबू आती है। ये फूल जहरीले होते हैं। यह फूल 5 से 7 दिन तक खिलता है। इनके अतिरिक्त ब्रूमरेप्स और टूथवर्टस भी जाने-माने परजीवी पौधे हैं। ये सामान्यतः मेजबान पौधों की जड़ों पर हमला करते हैं।

सबसे बड़ा फूल रैफलेशिया

अमरबेल

❂❂❂

विभिन्न प्रकार के वन (Different Forests)

वन या जंगल धरती के वे क्षेत्र हैं जहाँ पेड़-पौधों की संख्या बहुत अधिक होती है। यहाँ घास कम होती है लेकिन जीव-जन्तुओं की संख्या काफी अधिक होती है। आम तौर पर वन तीन प्रकार के होते हैं :

उष्णकटिबन्धी वर्षा प्रचुर वन (Tropical Rainforests)

ऐसे वन नमी वाले गरम उष्णकटिबन्धीय क्षेत्रों में पाये जाते हैं। ऐसे अधिकांश वन भूमध्यरेखा के आसपास के क्षेत्रों में पाये जाते हैं। यहाँ पूरे साल गरमी रहती है और भारी वर्षा होती है। इनमें आम तौर पर चौड़ी पत्ती वाले सदाबहार पेड़ होते हैं। इन्हीं वनों में दुनिया के सबसे अधिक जीवोम (Biomes) यानी पेड़-पौधे और जीव-जन्तु पाये जाते हैं। अमेजन जंगल में ही वृक्षों की 2,500 किस्में पायी जाती हैं। ऐसे वन दक्षिणी मैक्सिको, मध्य अमरीका तथा दक्षिण ी अमरीका की अमेजन तथा ओरिंको नदियों की द्रोणियों में बहुत अधिक हैं। विश्व के वर्षा वाले वनों में आधे से ज्यादा ब्राजील, जाइरे तथा इण्डोनेशिया में हैं। ये अफ्रीका तथा एशिया के कुछ भागों तथा दक्षिणी पेसिफिक के कुछ द्वीपों में भी पाये जाते हैं। इन जंगलों में उष्णकटिबन्धी हिरन, बन्दर, सांप और विशाल छिपकली आदि प्राणी पाये जाते हैं। इनके अतिरिक्त चील, तोते, टमिंगबर्ड, मैकाड आदि पक्षी पाये जाते हैं। दक्षिण अमरीका महाद्वीप के एक तिहाई हिस्से में इन वनों की भरमार है।

उष्णकटिबन्धी वर्षा प्रचुर वन

पर्णपाती वन (Temperate Forests)

ये वन वर्षा वाले वनों की अपेक्षा ठण्डे और शुष्क क्षेत्रों में होते हैं। इन क्षेत्रों में वर्षा कम होती है। इन वनों में साल में एक बार ठण्डे एवं शुष्क मौसम में पतझड़ होता है। इन वनों में मुख्यतः ओक, बीच, चेस्टनट, ऐल्म, मेपिल तथा टुलिप आदि वृक्ष होते हैं। ग्रे फॉक्स, वर्जिनिया हिरन, गिलहरी, रेकून, भालू आदि प्राणी इन वनों में भारी संख्या में पाये जाते हैं। यहां घास खाने वाले पक्षी काफी मिलते हैं।

उत्तरी पश्चिमी अमरीका के अधिकांश भाग में इसी प्रकार के वन हैं। मध्य तथा उत्तरी यूरोप, अफ्रीका के कुछ भाग, दक्षिणी अमरीका आदि में भी पर्णपाती वन हैं।

शंकुधारी वन (Coniferous Forests)

जिन क्षेत्रों में सर्दी का मौसम लम्बा होता है और ठण्ड अधिक पड़ती है, वहाँ शंकुधारी वन पाये जाते हैं। इन वनों में अधिकतर सदाबहार जिम्नोस्पर्मी (Gymnospermae) वृक्ष होते हैं–जैसे चीड़, स्प्रूज, फर, हेमलौक आदि।

संयुक्त राज्य अमरीका में शंकुधारी वन पर्वतों, मध्य तथा उत्तरी कैलिफोर्निया तथा पेसिफिक उत्तर-पश्चिम क्षेत्रों में पाये जाते हैं। इन पश्चिमी शंकुधारी वनों में चीड़ की जातियाँ, डोग्लॉस फर, रेडवुड, पश्चिमी हेमलौक आदि वृक्ष मिलते हैं। मूज, हिरन, पहाड़ी भेड़, पहाड़ी भालू, पहाड़ी बकरी आदि प्राणी भी इन वनों में पाये जाते हैं। इन वनों में उल्लू, गिलहरी, खरगोश आदि पाये जाते हैं।

मिनेसोटा, मिशिगन, विस्कोंसिन तथा न्यू इंगलैंड में भी इस प्रकार के वन हैं। यूरोप तथा एशिया के कुछ भागों तथा दक्षिणी पेसिफिक के कुछ द्वीपों में भी शंकुधारी वन हैं।

शंकुधारी वन

पर्णपाती वन

विषैले पौधे (Poisonous Plants)

कुछ पौधों के फूल और फल देखने में तो बहुत सुन्दर और आकर्षक होते हैं, परन्तु ये विषैले होते हैं। कुछ प्रसिद्ध विषैले पौधे निम्नलिखित हैं :

एशियाई देशों में पाया जाने वाला 'नक्स वोमिका' (Nux Vomica) नामक पौधा बहुत विषैला होता है। इसके फल सन्तरे के आकार में होते हैं, जिनमें पाँच बीज होते हैं। इन बीजों से स्ट्राइचनाइन (Strychnine) विष तैयार किया जाता है। इस जहर से श्वासक्रिया रुक जाती है, जिससे आदमी की मृत्यु हो जाती है।

हेमलौक (Hemlock) पौधे पर सफेद फूल खिलते हैं और उनसे दुर्गंध आती है। इसके बीजों और जड़ों से एक विष प्राप्त होता है, जिसे 'केनीन' (Caniine) कहते हैं। इस जहर के प्रभाव से शरीर के सभी अंगों में पक्षाघात (Paralysis) होने लगता है और कुछ ही समय में आदमी की मृत्यु हो जाती है। यूनान के महान दार्शनिक सुकरात को हेमलौक विष का प्याला पीने के लिए दिया गया था। जहर के असर से धीरे-धीरे उनका शरीर ठण्डा होता गया और बिना कष्ट के उनकी मृत्यु हो गयी।

मीडो सैफरन (Meadow Saffron) के पौधे के बीजों से एक विष तैयार किया जाता है, जिसे 'कोलचीसाइन' (Colchicine) कहते हैं। इस विष से गठिया का इलाज किया जाता है, क्योंकि इसका प्रभाव धीरे-धीरे होता है।

इन पौधों के अतिरिक्त फॉक्सग्लोव (Foxglove); मोंकशूड (Monkshood); पॉपी (Poppy); चेरी लौरल (Cherry Laurel); थोर्न एपल (Thorn Apple); केपर स्पर्ज (Caper spurge); लैबर्नम (Laburnum); हेनबैन (Henbane); होली (Holly); हनीसक्ल (Honeysuckle); बकथोर्न (Buckthorn); टोडस्टूल (Toadstools); बिटर-स्वीट (Bitter-sweet) आदि भी प्रसिद्ध विषैले पौधे हैं। मशरूम की कुछ किस्में भी जहरीली होती हैं। अधिकांश मशरूम भोजन के रूप में प्रयोग किये जाते हैं। सुभाक्स वर्ग के कुछ पौधे विषैले होते हैं, जिनके सम्पर्क में आने से त्वचा पर फफोले पड़ जाते हैं। आइवी (Ivy) पौधे से एलर्जी हो जाती है। इनमें से कुछ पौधों से औषधियाँ बनायी जाती हैं।

❂❂❂

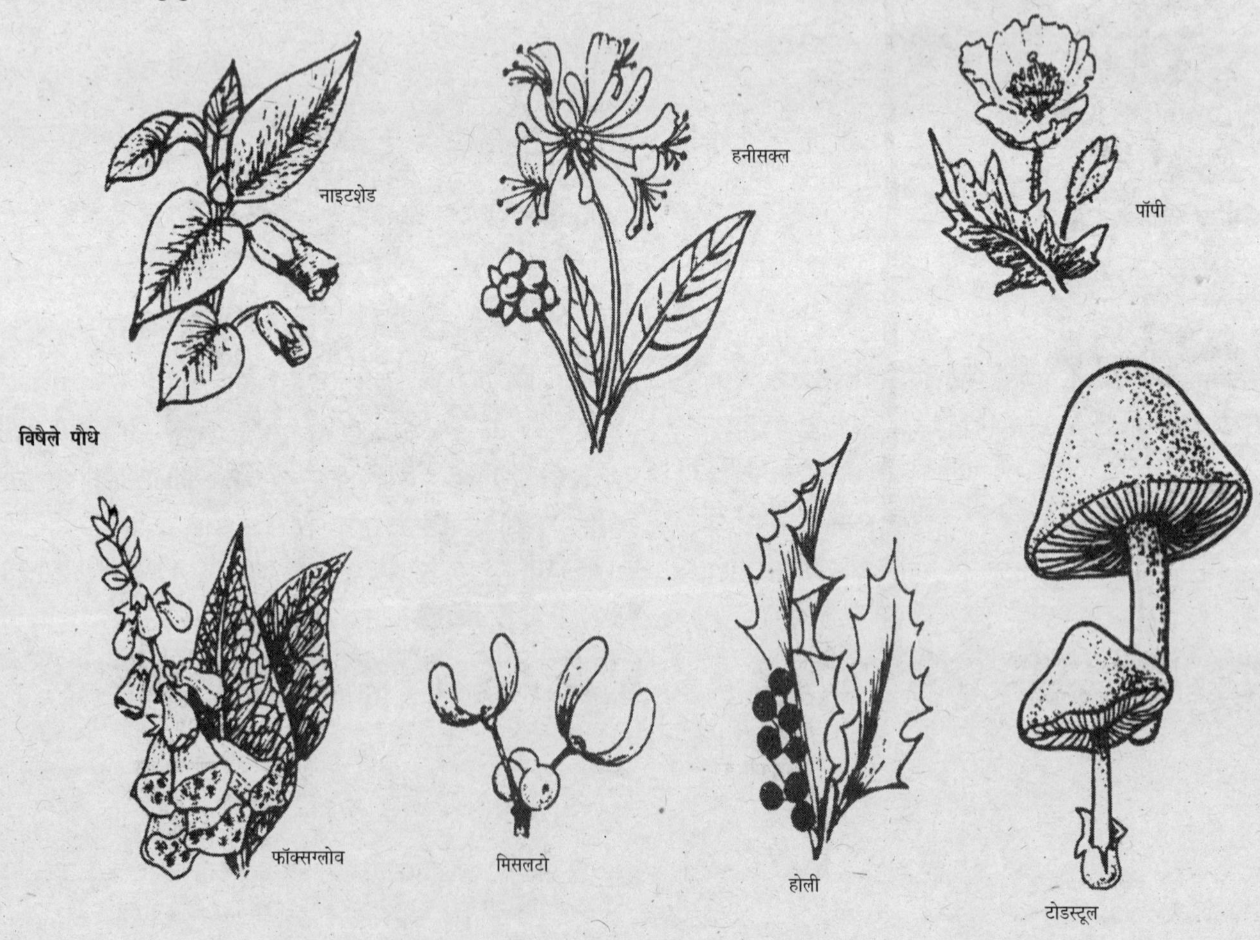

विषैले पौधे

पौधों से लाभ (Uses of Plants)

मनुष्य अपने विकास के आदिमकाल में पेड़-पौधों पर केवल भोजन के लिए ही निर्भर था, लेकिन जैस-जैसे वह विकसित होता गया, पेड़-पौधों पर आवास-सामग्री, कपड़े, ऊर्जा तथा अस्त्र-शस्त्रों के लिए भी निर्भर होता गया। आज की मानव-संस्कृति में हमें पौधों से निम्नलिखित पदार्थ प्राप्त होते हैं, ये सब इकोनॉमिक वनस्पतिशास्त्र के अन्तर्गत आते हैं।

खाद्य-पदार्थ (Food Materials)

समुद्र तट के निवासी शैवालों (Algae) का इस्तेमाल भोजन के रूप में करते हैं। सारगेमस (Sargassum) तथा बट्रकोस्पर्मम (Batrachospermum) शैवाल इनमें प्रमुख हैं। इनके अतिरिक्त एक अन्य शैवाल क्लोरेला (Chlorella) से भोजन के लिए प्रोटीन और पीने के लिए पानी तथा साँस लेने के लिए ऑक्सीजन भी मिलती है। इस शैवाल का इस्तेमाल अन्तरिक्षयात्री अन्तरिक्ष में करते हैं।

भोजन के रूप में कवकों (Fungi) की कुछ जातियों का उपयोग भारत, फ्रांस, अमरीका आदि देशों में किया जाता है।

पुष्पी-पांदपों (Phanerogams) से हमें गेहूँ, चावल, चना, मटर, ज्वार, बाजरा, दालें, सब्जियाँ, फल आदि प्राप्त होते हैं। चावल खाने में विश्वभर में प्रयोग किया जाता है। गेहूँ से रोटी, केक, बिस्कुट ब्रेड आदि बनाये जाते हैं। इसके अतिरिक्त गन्ने, चुकन्दर, गेपल, ताड़ तथा खजूर के रस से चीनी बनायी जाती है। चीनी का उत्पादन भारत में ऊंचे पैमाने पर होता है। अंगूर के रस से ग्लूकोज प्राप्त होता है। हमारे काम आने वाले प्रमुख वसा तेल (Fatty Oils) भी पौधों के बीजों से मिलते हैं–जैसे सरसों, मूँगफली, नारियल, सोयाबीन, तिल, कपास तथा अरण्डी का तेल आदि।

उड़नशील तेलों (Volatile Oils) का उपयोग इत्रों के रूप में किया जाता है। गुलाब, चन्दन, चम्पा, लैवेण्डर, केवड़ा, रोज़मेरी आदि सुगन्धित तेल फूलों से निकाले जाते हैं और इत्र तथा परफ्यूम बनाने में काम आते हैं।

मसाले (Condiments)

विभिन्न मसाले पौधों के भिन्न-भिन्न भागों से प्राप्त किये जाते हैं। भारत (दक्षिणी द्वीप समूह), श्रीलंका, जावा, अफ्रीका और मेडागास्कर मसालों के लिए विश्वभर में प्रसिद्ध हैं। इनसे भोजन स्वादिष्ट बनता है। अदरक, हल्दी, दालचीनी, तेजपात, लौंग, केशर, धनिया, सौंफ, जीरा, लाल मिर्च, काली मिर्च, अजवायन, इलायची, सरसों, मेथी, राई और खटाई आदि प्रमुख मसाले पौधों से ही प्राप्त होते हैं।

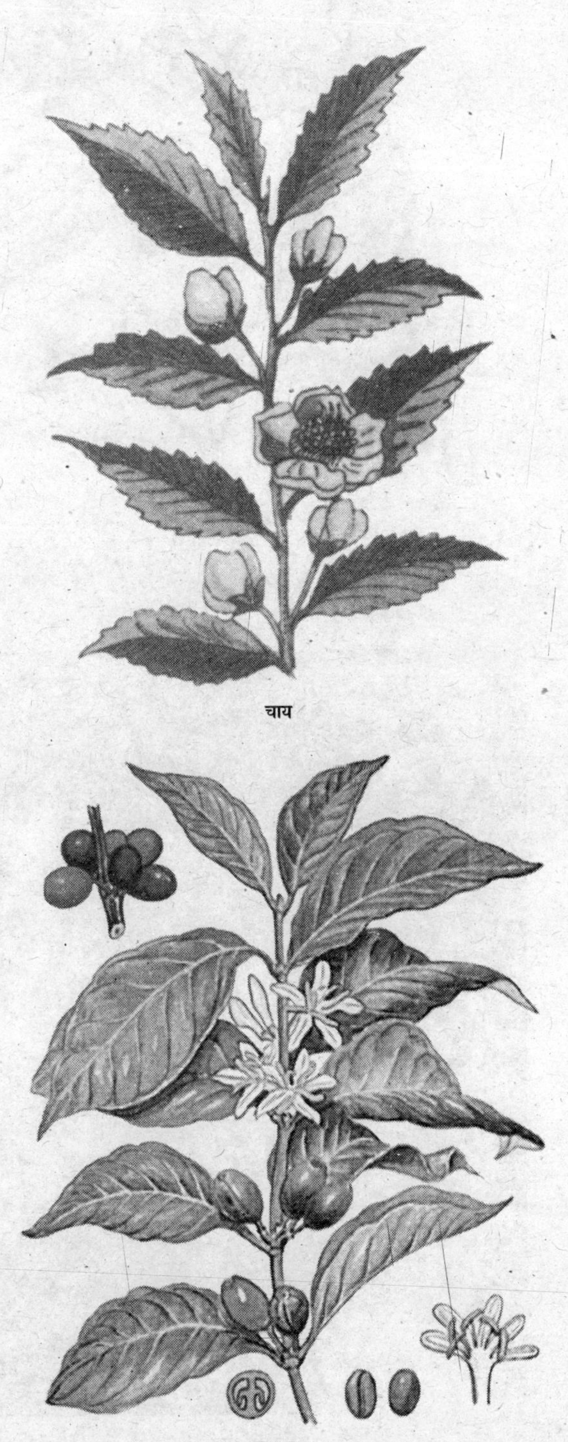

चाय

कॉफी

रुई

काली मिर्च

पेय पदार्थ (Beverages)

अनेक पेय पदार्थ पौधों से ही प्राप्त किये जाते हैं। जैसे चाय के पौधे (Camellia Sinensis) की पत्तियों से चाय (Tea) प्राप्त होती है। चाय की पत्तियों में कैफीन (Caffeine) नामक एल्कोलॉइड 2 से 5 प्रतिशत की मात्रा में पाया जाता है। यह पदार्थ हृदय को उत्तेजित करके स्फूर्ति प्रदान करता है। चाय में टेनिन (Tannin) नामक पदार्थ 10 से 20 प्रतिशत होता है। यह पदार्थ चाय में तीखापन पैदा करता है। चाय का रंग उसमें मौजूद रेजिन (Resin) के कारण होता है। भारत, बांग्ला देश, श्रीलंका, चीन, जापान, इण्डोनेशिया आदि इसके प्रमुख उत्पादक देश हैं। दुनिया के लगभग आधे लोग प्रतिदिन चाय पीते हैं।

कॉफीया ऐरेबिका (Coffea Arabica) नामक पौधे के बीजों से कॉफी पाउडर बनाया जाता है। इसके हरे बीजों में 11 प्रतिशत प्रोटीन और 8 प्रतिशत ग्लूकोज होता है। कॉफी में नायसिन (Niacin) विटामिन काफी मात्रा में होता है। इसलिए इसके पीने वालों को पेलाग्रा (Pellagra) का रोग नहीं होता है। कॉफी का सबसे अधिक उत्पादन ब्राजील में होता है। इसके अतिरिक्त कोलम्बिया, अमरीका, अफ्रीका, भारत और एशिया के कई देशों में भी इसका उत्पादन किया जाता है।

कोको (Cocoa) थियोब्रोमा काकाओ (Theobroma Cacao) वृक्ष के बीजों से प्राप्त किया जाता है। एक फल में 40 से 60 बीज होते हैं। इसके बीजों को सुखाकर तथा भूनकर कोको का पॉउडर तैयार किया जाता है। कोको के बीजों में 'कोको बटर' (Cocoa butter) 50 से 57 प्रतिशत तक मौजूद होता है। कैफीन और थियोब्रोमा (Theobroma) आदि एल्कोलॉइड भी कोको में पाये जाते हैं।

विश्व के महत्त्वपूर्ण पेयों में केवल कोको में ही पोषक तत्त्व होते हैं। इसका इस्तेमाल चॉकलेट में भी किया जाता है। भारत, श्रीलंका, केन्या, घाना, ब्राजील, मैक्सिको आदि देश इसके प्रमुख उत्पादक हैं।

ग्लूकोज के किण्वन (Fermentation) या एल्कोहलिक लिकर (Liquor) के आसवन (Distillation) से विभिन्न एल्कोहलिक पेय पदार्थ तैयार किए जाते हैं–जैसे बीयर, ब्राण्डी, रम, ह्विस्की आदि।

रेशे (Fibers)

विभिन्न प्रकार के पौधों के रेशों से कपड़ा, रस्सी या धागा बनाया जाता है। कपास (Cotton) के पौधे से रुई के रेशे प्राप्त किये जाते हैं। इन रेशों से धागा बनाकर कपड़ा बनाया जाता है। जूट (Jute) के तने से जूट के रेशे मिलते हैं। अलसी (Flax) के पौधे के तने से फ्लेक्स रेशा निकाला जाता है। हैम्प के पौधे के तने से सन (Sunn) के रेशे प्राप्त होते हैं। नारियल के पेड़ों के फलों से जूट (Coir) प्राप्त की जाती है। पेड़ों के रेशों से कागज बनाया जाता है।

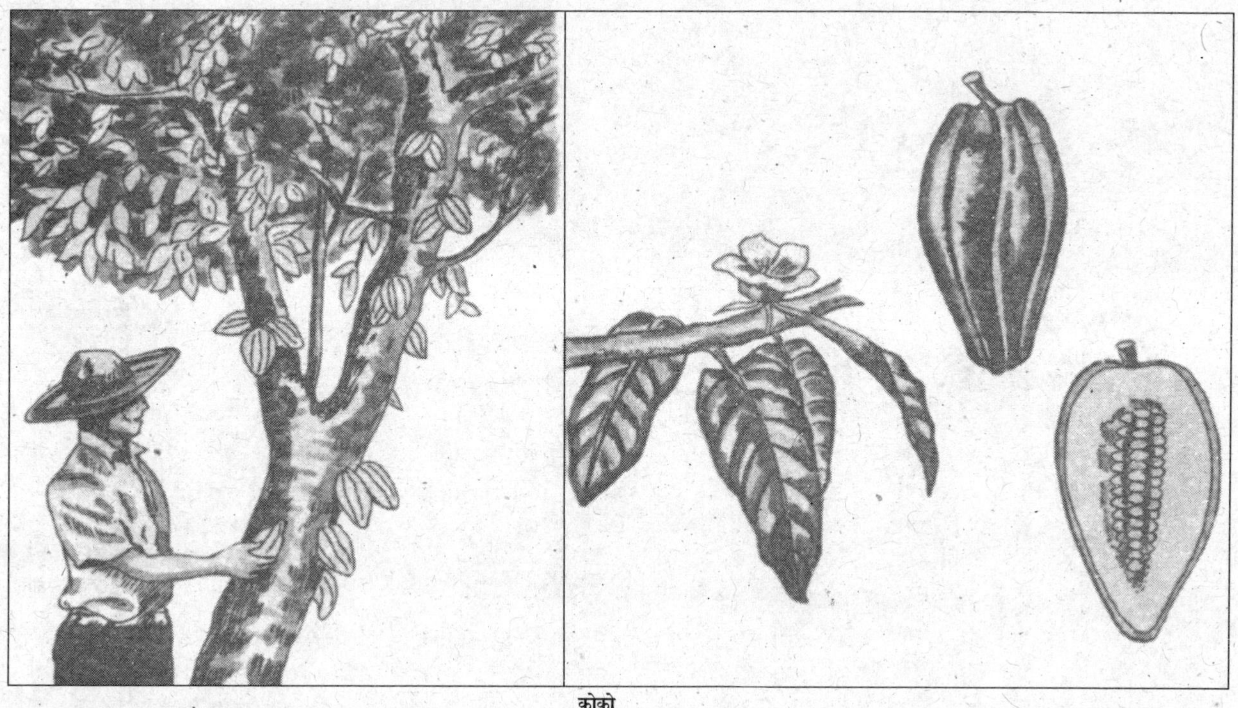

कोको

औषधियाँ (Medicines)

कुछ पेड़-पौधों से प्राप्त औषधियाँ आधुनिक चिकित्सा-विज्ञान में आज भी महत्त्वपूर्ण हैं। पैनीसिलियम (Panicillium) कवक से पैनिसिलीन (Penicillin) निकाली जाती है। क्लेवीसेप्स (Claviceps) कवक से इर्गट दवा प्राप्त होती है। सिनकोना पौधे की छाल से कुनीन (Quinine) बनायी जाती है। इफैड्रा (Ephedra Gerardiana) के तने से इफैड्रिन (Ephedrine) प्राप्त होती है। बैलाडोना (Atropa Belladona) की पत्तियों तथा जड़ों से एट्रोपिन (Atropine) दवा तैयार की जाती है। कोका (Erythroxylum Coca) पौधे की पत्तियों से कोकेन (Cocaine) निकाली जाती है। अफीम (Papaver Somniferum) से मॉरफीन (Morphine) बनायी जाती है। कुचला (Strychnosnux-vomica) के फलों से स्ट्राइचन (Strychnine) दवा प्राप्त की जाती है। भारत में औषधि उत्पन्न करने वाले पौधों की लगभग 4,000 जातियाँ हैं। हल्दी, अदरक, लहसुन, प्याज से दवाएँ बनायी जाती हैं।

रंग (Dyes)

कुछ पौधों से हमें रंग भी प्राप्त होते हैं। पादप ऊतकों से इण्डिगो या नील प्राप्त होता है। एक अमरीकी वृक्ष से काला रंग हिमोटोक्जिलॉन (Haemotoxylon) निकाला जाता है। पीले तथा भूरे रंग का फस्टिक (Fastic) रंग भी एक अमरीकी पादप से प्राप्त होता है। केसर तथा क्लोरोफिल का रंग भोजन तथा दवाओं में इस्तेमाल किया जाता है। टेसुओं से पीला सन्तरे के सदृश रंग बनाया जाता है।

रबर (Rubber)

हेविया ब्रोसिलिएसिंस (Havea Brasiliansis) पौधों से 'लैटेक्स' नामक दूधिया तरल प्राप्त होता है। लैटेक्स में एक कार्बनिक पदार्थ होता है, जो हवा के सम्पर्क में आने पर सख्त हो जाता है तथा वह एक लचीला ठोस पदार्थ बन जाता है। इसे हम 'रबर' कहते हैं।

रबर के वृक्ष

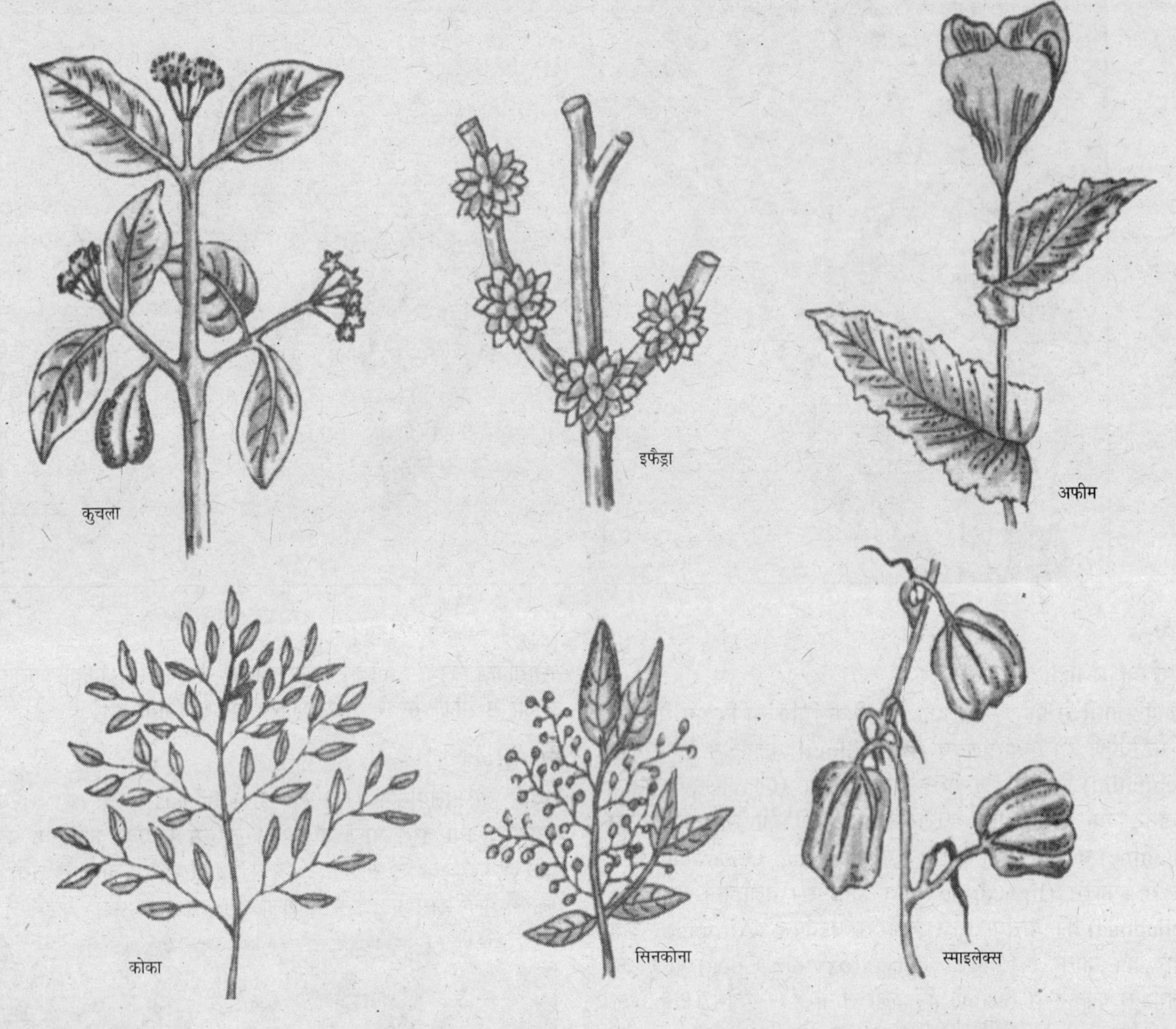

कुछ औषधीय पोधे

रेजिन (Resins) **तथा गोंद** (Gums)

पेड़-पौधों से हमें रेजिन और गोंद प्राप्त होते हैं। खाने का हींग भी एक किस्म का रेजिन है। रेजिन पेण्ट व वारनिश बनाने के काम आते हैं। इनका इस्तेमाल अनेक दवाइयों में भी किया जाता है। तारपीन और स्प्रिट भी पौधों से प्राप्त होते हैं।

गोंद सेलुलोज की बनी कोशाभित्ति के नष्ट होने के कारण बनते हैं। ये पानी में घुलनशील होते हैं। गोंद चिपकाने के काम आते हैं तथा दवाइयों में भी इनका इस्तेमाल होता है।

अन्य उपयोग

पेड़ों की लकड़ी को ईंधन के रूप में प्रयोग किया जाता है। इसे भवन-निर्माण में भी प्रयोग किया जाता है। लकड़ी से कागज का निर्माण होता है। इससे मिथाइल एल्कोहल बनाया जाता है। भाँति-भाँति के बोर्ड भी लकड़ी के बुरादे से बनाये जाते हैं। अनेक प्रकार के अम्ल ऐसीटोन, पिच, टार, तेल, शृंगार प्रसाधन, बालसम आदि सभी पदार्थ पेड़-पौधों से ही प्राप्त होते हैं। कोयला भी पेड़-पौधों की ही देन है। लकड़ी का कच्चा कोयला भी भट्टियों में काम आता है। कोयले से पेण्ट और अनेक रसायन बनाये जाते हैं।

❂❂❂

05 जन्तु-जगत (Animal Kingdom)

LION
Felis leo
GREEN MONKEY
aethiops sabaeus.

जन्तु-जगत (Animal Kingdom)

जन्तु-जगत में अब तक 12,00,000 से भी अधिक जन्तुओं की खोज हो चुकी है तथा इनका नामकरण व वर्गीकरण विभिन्न वैज्ञानिकों द्वारा किया जा चुका है, लेकिन अभी अनेक जन्तु ऐसे हैं, जिनका नामकरण और वर्गीकरण करना शेष है।

समस्त जन्तु-जगत को उनकी समानताओं और असमानताओं के आधार पर अलग-अलग समूहों में बाँटा गया है। जन्तुओं की इस विभाजन प्रणाली को वर्गीकरण (Classification) कहते हैं। वर्गीकरण करते समय प्रत्येक जन्तु का नाम दो शब्दों में लिखा जाता है। नाम का पहला शब्द उस जन्तु का वंश (Genus) तथा दूसरा उसकी जाति (Species) का सूचक होता है। कई वंश जो आपस में समानता रखते हैं, 'गण' (Order) कहलाते हैं। कई गण मिलकर 'वर्ग' (Class) तथा समान वर्ग आपस में मिलकर 'समुदाय' (Phylum) बनाते हैं।

सभी जन्तुओं को मुख्यतः दो समूहों में बाँटा गया हैः अकशेरुकी (Invertebrates) तथा कशेरुकी (Vertebrates। अकशेरुकी के अन्तर्गत वे जन्तु आते हैं, जिनमें रीढ़ की हड्डी (Backbones) नहीं होती, जैसे—अमीबा (Amoeba), मूँगे (Corals), कृमि (Worm), घोंघे (Snails), कीट-पतंगे (Insects) और तारा मछली (Starfish। कशेरुकी जन्तुओं में रीढ़ की हड्डी (Backbone) होती है। मछलियाँ (Fishes), उभयचर (Amphibians), सरीसृप, (Reptiles), पक्षी (Birds) तथा स्तनपायी (Mammals) इसी समूह के अन्तर्गत आते हैं।

अकेशरुकी जन्तुओं के उदाहरण सहित कुछ मुख्य समूह :

- प्रोटोजोआंस (Protozoans) : अमीबा (Ameeba)।
- पोरीफेरांस (Poriferans) : स्पंज (Sponge)।
- सीलनट्रेट्स (Coelenterates) : जेलीफिश (Jellyfish), मूँगा (Coral), समुद्री एनिमोन (Sea Anemone)।
- प्लेटीहेल्मिन्थ्स (Platyhelminths) : चपटे कृमि (Flatworm), लीवरफ्लूक (Liverfluke), फीताकृमि (Tapeworm)।
- निमैटोड्स (Nematodes), गोल कृमि (Roundwarm)।
- ऐनीलिड्स (Annelids), केंचुआ (Earthwarm), जोंक (Leech)।

अकशेरुकी जन्तुओं के मुख्य समूह

कशेरुकी जन्तुओं के पाँच मुख्य समूह

- मोलस्क (Molluscs) : घोंघा (Snail), स्लग (Slug), बड़ी सीपी (Clam), लिमपेट (Limpet), ऑक्टोपस (Octopus)।
- काइलोपोड्स (Chilopods) : सेण्टीपेड (Centipede)।
- डिप्लोपोड्स (Diplopods) : मिलीपेड (Millipede।
- क्रस्टेशियंस (Crustaceans) : झींगा मछली (Prawn), केकड़ा (Crab), वुड लाउस (Wood Louse)।
- इंसेक्ट्स (Insects) : तितली (Butterfly), बर (Wasp), चींटी (Ant), जूँ (Louse), बीटल (Beetle)।
- अरेकनाइड्स (Arachnids) : मकड़ी (Spider), बिच्छू (Scorpion), माइट (Mite)।
- इकाइनोडर्मस (Echinoderms) : तारा मछली (Starfish), समुद्री खीरा (Sea Cucumber), समुद्री अर्चिन (Sea Urchin)।
- यूरोकोर्डेट्स (Urochordates) : सी स्क्वर्ट (Sea Squirt)।

कशेरुकी जन्तुओं के उदाहरण सहित पाँच मुख्य समूह :

- मछलियाँ (Fishes) : शार्क (Shark), ट्रोट (Trout), ईल (Eel), समुद्री घोड़ा (Seahorse)।
- उभयचर (Amphibians) : मेढक (Frog); टोड (Toad), सैलामेण डर (Salamander)।
- सरीसृप (Reptiles) : छिपकली (Lizard), साँप (Snake), टुआटेरा (Tuatara), मगरमच्छ (Crocodile)।
- पक्षी (Birds) : कौवा (Crow), शुतुरमुर्ग (Ostrich), तोता (Parrot)।
- स्तनपायी (Mammals) : मनुष्य, कुत्ता, चमगादड़, ह्वेल, कंगारू, प्लेटिपस (Platypus)।

50 से 100 लाख सजीव जातियों में 75 प्रतिशत जन्तु, 18 प्रतिशत पौधे और 7 प्रतिशत सरल जीव (Simple Organisms) हैं। इनमें से जिनका हमें ज्ञान है, उनमें जन्तु 12,00,000 से अधिक, पौधे लगभग 3,00,000 तथा अन्य 1,00,000 से अधिक हैं। शेष के विषय में अभी ज्ञान प्राप्त करना बाकी है। प्रस्तुत पुस्तक में कुछ अकशेरुकी और कशेरुकी जीवों के विषय में जानकारी दी गयी है।

ज्ञात जीव-जन्तुओं की जातियाँ (Species)

• कीट-पतंगे (Insects)	:	9,50,000
• अन्य अकशेरुकी (Invertebrates)	:	2, 27,000
• कशेरुकी (Vertebrates)	:	45,000

कशेरुकी जीवों की ज्ञात संख्या

• मछलियाँ (Fishes)	:	23,000
• उभयचर (Amphibians)	:	3,000
• सरीसृप (Reptiles)	:	7,000
• पक्षी (Birds)	:	8,600
• स्तनपायी (Mammals)	:	4,200

कशेरुकी प्राणियों के कुछ विशेष गुण

मछलियाँ

जन्तु वैज्ञानिक नाम 'पाइसिज' (Pisces) जल में निवास, ठण्डे रक्त वाले प्राणी गिल्स द्वारा श्वसन क्रिया।

उभयचर

जल तथा भूमि दोनों में निवास, ठण्डे रक्त वाले, नथुनों से श्वसन क्रिया।

सरीसृप

रेंगने वाले जन्तु, भूमि और जल में निवास, ठण्डे रक्त वाले।

पक्षी

उड़ने वाले, मुख्य रूप से वृक्षों पर निवास, गरम रक्त वाले।

स्तनपायी

जमीन पर रहने वाले, गरम रक्त वाले, छोटे बच्चों को दूध पिलाने वाले। सामान्यतः सभी बच्चे पैदा करते हैं।

✪✪✪

प्रोटोजोआ और मेटाजोआ (Protozoa and Metazoa)

अकशेरुकी जीवों में दो समूह होते हैं : प्रोटोजोआ और मेटाजोआ।

प्रोटोजोआ जीवों का शरीर सामान्यतः एक कोशिकीय (Unicelluar) होता है। इसलिए इनको सूक्ष्मदर्शी की सहायता से या कुछ को नंगी आँखों से देखा जा सकता है। इन प्राणियों की समस्त जीवन क्रियाएँ इनके एक कोशिकीय शरीर में ही होती हैं। इनमें कुछ प्राणी परजीवी या मृतोपजीवी भी होते हैं। परजीवी प्रोटोजोआ मनुष्य में अनेक प्रकार के रोग फैलाते हैं, जैसे—मलेरिया, निद्रालु रोग (Sleeping Sickness) तथा पेचिश। इस समूह के जीव आम तौर पर तालाब, नहर, झरना, गीली मिट्टी, दलदलों तथा समुद्र के पानी में पाये जाते हैं। अमीबा, यूग्लिना, पैरामीशियम आदि इसी समूह के जीव हैं। प्रोटोजोआ की कम से कम 15-20 हजार जातियाँ हैं। इनके शरीर का आकार 0.0002 मि.मी. से 16 मि.मी. तक होता है।

अमीबा (Ameeba) : ये जीव तालाबों, नहरों, नदियों, कीचड़ या सड़ी-गली पत्तियों आदि में पाये जाते हैं। इनके शरीर का कोई निश्चित आकार नहीं होता। अमीबा का शरीर मुख्यतः जीवद्रव्य (Protoplasm) का बना होता है, जिसमें एक नाभिक होता है। इसके शरीर के चारों ओर एक महीन झिल्ली होती है, जो प्लाज्मालेमा (Plasmalemma) कहलाती है। इसके द्वारा गैसों का आदान-प्रदान होता है। इनके शरीर की सतह से एक या अधिक कूटपाद (Pseudopodia) निकलते हैं, जो क्रमशः बनते-बिगड़ते रहते हैं। ये गति करने और आहार को पकड़ने में मदद करते हैं। इनका शरीर लगभग 250 से 600– (micron) होता है। इनमें अलैंगिक (Asexual) तथा लैंगिक प्रजनन होता है।

मेटाजोआ में बहुकोशिकीय (Multicellular) जीव आते हैं। इनकी शरीर रचना प्रोटोजोआ जीवों से अधिक जटिल होती है। इस श्रेणी के जीवों में बहुत अधिक विभिन्नताएँ होती हैं, इसलिए इनको कई समुदायों में बाँटा गया है, जैसे—पोरीफेरा, सीलनट्रेटा, प्लैटीहेल्मिन्थीज़, निमैटोहेल्मिन्थीज़, ऐनीलिड/आर्थोपोडा, मोलस्का तथा इकाइनोडर्मेटा।

❂❂❂

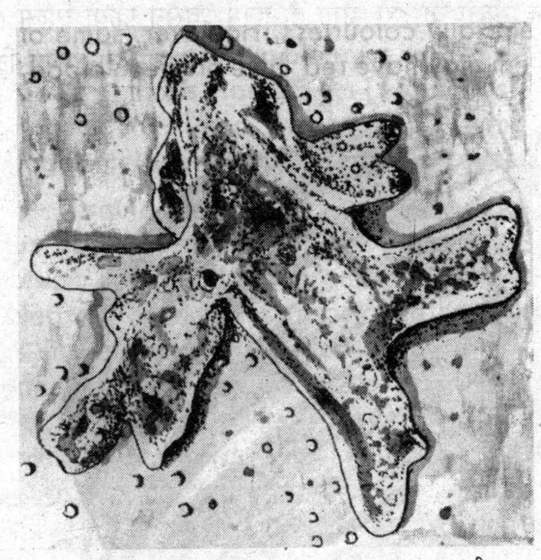

अमीबा

समुद्री फ्लैटवर्म

मोलस्का (Mollusca)

समुदाय मोलस्का जन्तुओं का एक अत्यन्त विशाल परिवार है। अरिस्टॉटल ने 'मोलस्क' शब्द दिया था। इसमें लगभग 1,12,000 जातियाँ पायी जाती हैं। इन जन्तुओं का शरीर बहुत कोमल होता है। इनमें शरीर के तीन भाग होते हैं–सिर, पाद (Foot) तथा पिण्डक। सिर और पाद को छोड़कर इन जन्तुओं का सम्पूर्ण शरीर एक आवरण से घिरा होता है, जिसे मैण्टल (Mantle) कहते हैं। मैण्टल के चारों ओर कैल्शियम कार्बोनेट का कठोर खोल (Shell) होता है। यह खोल जन्तु के कोमल शरीर को सुरक्षित रखता है। गति के लिए इनमें पेशीय पाद (Muscular Foot) होते हैं। इनका रक्त आम तौर पर रंगहीन होता है, लेकिन कुछ जन्तुओं के रक्त का रंग लाल, नीला या हरा होता है, इनमें श्वसन क्रिया गिल्स (Gills) या वायुकोषों (Air Sac) द्वारा होती है। पाचन तन्त्र पूर्ण विकसित होता है तथा उत्सर्जन भी गुर्दों (Kidneys) द्वारा होता है। ये जन्तु आम तौर पर एकलिंगी होते हैं।

मोलस्क जीव नदी, नहर, झील व समुद्र में पाये जाते हैं। इस समुदाय को छः वर्गों में बाँटा गया है : सेफैलोपोडा वर्ग में स्क्विड, ऑक्टोपस, कटलफिश आदि आते हैं। एम्फीन्यूरा वर्ग में सीपी, क्लैम आदि आते हैं। गैस्ट्रोपोडा वर्ग में स्नेल, स्लग आदि आते हैं। स्काफोपोडा में दाँतीले कवच हैं। पोलीप्लाकोफोरा वर्ग में चिटन जैसे जन्तु आते हैं। मोनोटला सोफोश जैसे निओपिलिना।

घोंघा (Snail)

घोंघा और स्लग (Sluge) की लगभग 35,000 जातियाँ हैं। ये मोलस्का समुदाय के वर्ग गैस्ट्रोपोड्स (Gastropods) के अन्तर्गत आते हैं।

घोंघे का शरीर कुण्डलाकार होता है, जो कठोर कवच (Shell) से ढका रहता है। इसके शरीर के तीन भाग होते हैं–सिर, पाद (Foot) तथा पिण्ड। सिर पर आँखें तथा दो जोड़े स्पर्शक (Tentactls) होते हैं। श्वसनक्रिया गिल्स तथा वायुकोषों द्वारा होती है। गति के लिए एक चपटा पाद होता है।

नम स्थानों, मीठे पानी, गड्ढों तथा तालाबों आदि में पाया जाने वाला यह शाकाहारी जन्तु जलीय पौधों पर अपना जीवन निर्वाह करता है।

अफ्रीका का विशालकाय घोंघा, जिसका खोल 20 से.मी. का होता है।

ऑक्टोपस (Octopus)

ऑक्टोपस समुद्र में काफी गहराई पर पाया जाता है। इसे समुद्री दैत्य भी कहते हैं। यह सेफैलोपोड्स वर्ग के अन्तर्गत आता है। इसकी 150 से अधिक जातियाँ हैं। मोलस्क समुदाय के अन्य जन्तुओं की भाँति इनमें कवच (Shell) नहीं होता। इसके बेडौल थैले जैसे शरीर पर आठ भुजाएँ होती हैं, जो सिरों पर स्प्रिंग की तरह मुड़ी होती हैं। बड़ी जाति के ऑक्टोपस में भुजाओं की लम्बाई पाँच मीटर तक पायी जाती है। भुजाओं पर चूषक (Sucker) होते हैं, जिनकी सहायता से यह शिकार से चिपक जाता है और उसको अपनी ग्रन्थियों के विष से बेजान करके खा लेता है। इसके सिर पर मुख और दो आँखें होती हैं। मुख में तोते की तरह चोंच होती है। इस चोंच से यह अपना शिकार चीरकर खाता है।

ऑक्टोपस और स्क्विड अन्य सभी अकशेरुकी जन्तुओं की अपेक्षा ज्यादा फुर्तीले और चतुर होते हैं। ऑक्टोपस अपनी भुजाओं के सहारे समुद्र में घूमता रहता है। लेकिन जब इसे तेज चलने की जरूरत होती है, तो यह छिद्र द्वारा मैण्टल गुहा (Mantle Cavity) में पानी खींच लेता है और उसे तेज धारा के रूप में बाहर फेंकता है। आत्मरक्षा के लिए यह अपने अन्दर से स्याही जैसे नीले रंग का बादल-सा छोड़ता है, जिसकी वजह से दुश्मन इसे नहीं देख पाता।

स्क्विड (Squid)

सेफैलोपोड्स वर्ग का यह जन्तु भार के आधार पर अकशेरुकी जन्तुओं में सबसे बड़ा होता है। दैत्याकार स्क्विड की लम्बाई पन्द्रह मीटर तक होती है और वजन करीब दो टन। इसके रॉकेट जैसे शरीर पर लाल, पीले, हरे और नीले रंग के धब्बे होते हैं। इसका पैर दस भुजाओं में विभाजित होता है। इनमें दो भुजाएँ ज्यादा लम्बी होती हैं। इनकी लम्बाई 15 मीटर तक होती है। इनके सिरों पर चूषकों का गुच्छा होता है। इन्हीं के द्वारा यह अपने शिकार को पकड़ता है। इसके सिर पर दो बड़ी-बड़ी आँखें होती हैं। आँख का व्यास 38 सेण्टीमीटर (15 इंच) से भी ज्यादा होता है। सभी प्राणियों में स्क्विड की आँखें सबसे बड़ी होती हैं।

ऑक्टोपस की अपेक्षा स्क्विड अधिक फुर्तीला होता है। यह जेट-चालन (Jet Propulsion) सिद्धान्त द्वारा तैरता है। दुश्मन से बचने के लिए यह बाँहों के पीछे स्थित साइफन से गहरी काली स्याही पानी में छोड़ता है, जिसकी वजह से दूर तक पानी काला हो जाता है और दुश्मन को कुछ भी नजर नहीं आता। यह बड़ा विचित्र जन्तु है।

✪✪✪

स्क्विड अकशेरुकी जन्तुओं में सबसे बड़ा होता है।

समुद्री दैत्य : ऑक्टोपस

कीट-पतंगे (Insects)

39 करोड़ वर्ष पूर्व पृथ्वी पर कीट पैदा हुए थे। अब तक इनकी दस लाख जीवित जातियों का नामकरण व वर्गीकरण हो चुका है। 40 लाख जातियों का वर्गीकरण करना अभी शेष है। जन्तुओं में इनकी संख्या सबसे अधिक है।

कीट-पतंगे आर्थ्रोपोडा (Arthropoda) समुदाय के अन्तर्गत आते हैं। इन जन्तुओं का शरीर खण्डयुक्त (Segmented) तथा टाँगें जोड़दार (Jointed) होती हैं। शरीर आम तौर पर तीन भागों में बँटा होता है—सिर, (Head), धड़ (Thorax) तथा उदर (Abdomen)। इनके शरीर में आन्तरिक कंकाल नहीं होता, बल्कि शरीर के मृदुल अंग बाह्य कंकाल (Exoskeletons) से ढके होते हैं। इस कंकाल पर जल, हल्के अम्ल और क्षार तथा अल्कोहल का कोई प्रभाव नहीं होता। इन जीवों के नेत्र संयुक्त (Compound) होते हैं, यानी प्रत्येक आँख में लेंसों की संख्या निश्चित नहीं होती। कीटों में वक्ष से लगी तीन जोड़ी टाँगें होती हैं। इन जीवों के दो मुख्य समूह हैं—पंख वाले (Winged) तथा पंखहीन (Wingless)। मच्छर, मक्खियाँ, बर्र, तिलचट्टा, तितली, टिड्डा, चींटी, बीटल, शलभ (Moths) आदि कीट-पतंगों के अन्तर्गत आते हैं। कीट दुनिया में सब जगह पाये जाते हैं। 'कीट' मानव के शत्रु कम हैं, मित्र अधिक।

तितलियाँ और शलभ (Butterflies and Moths)

तितलियाँ और शलभ इंसेक्टा वर्ग के अन्तर्गत आते हैं। अब तक इनकी 1,50,000 जातियों का अध्ययन किया जा चुका है। तितली के शरीर का रंग आकर्षक व चमकीला होता है। शरीर के तीन भाग होते हैं—सिर, वक्ष तथा उदर। उदर में दस खण्ड होते है। दसवें खण्ड के नीचे मादा में जनन छिद्र होता है तथा नर में एक जोड़ा क्लास्पर्स। सिर पर एक जोड़ी शृंगिका होती हैं। मुखभाग में एक जोड़ी मैक्सिला होते हैं, दोनों मिलकर एक चूषक नली (Proboscis)

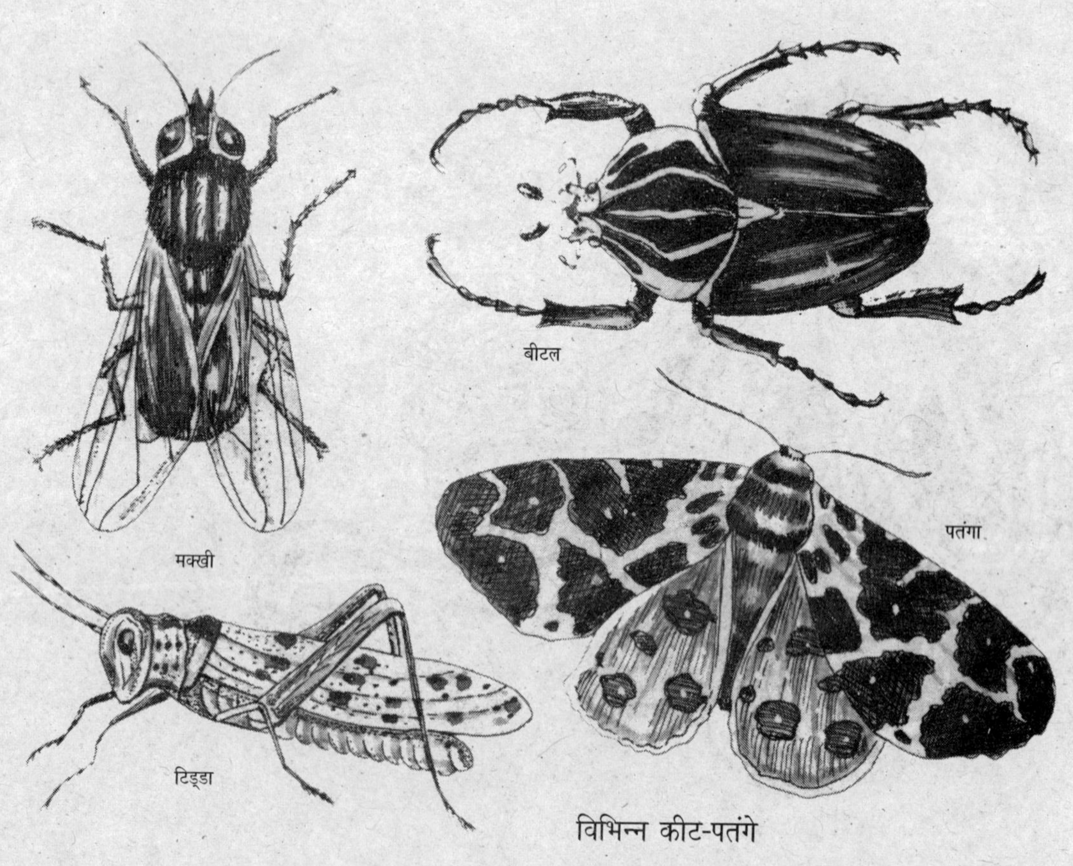

विभिन्न कीट-पतंगे

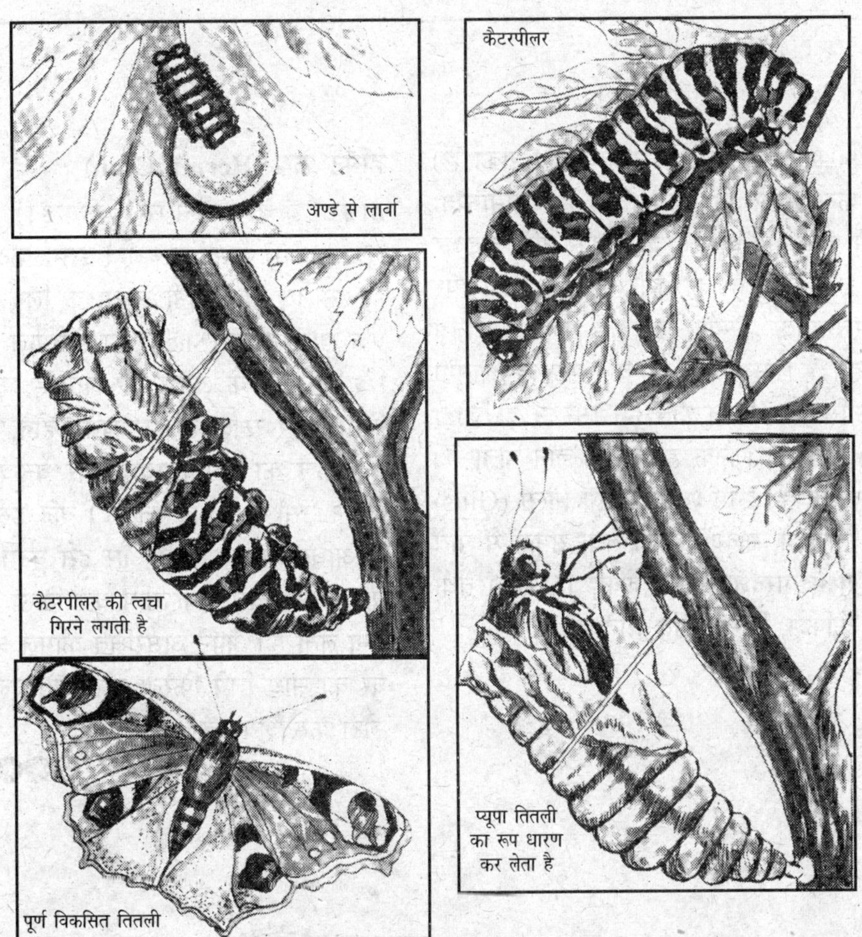

तितली का जीवन-चक्र

बनाते हैं, जो फूलों का रस चूसने का कार्य करती है। वक्ष भाग के प्रतिपृष्ठ पर रंगीन शल्कों के बने दो जोड़े पंख होते हैं। इसके वक्ष भाग के प्रतिपृष्ठ तल में तीन जोड़ी टाँगें होती हैं।

प्रत्येक माता मैथुन के बाद अण्डे देकर उन्हें छोड़ देती है। अण्डे गोल या अण्डाकार होते हैं। इन अण्डों से लगभग 15 दिन बाद लार्वा (Larvae), जिन्हें कैटरपीलर (Caterpillars) कहते हैं, निकल आते हैं, लेकिन इनमें तितली जैसी कोई बात नजर नहीं आती। ये पत्तियाँ खाते हैं। कुछ दिनों बाद ये सुस्त पड़ जाते हैं और विकास क्रिया में प्यूपा (Pupae) या क्राइसेलिस (Chrysalis) में बदलने लगते हैं। प्यूपा कुछ दिनों में विकसित होकर तितली का रूप धारण कर लेते हैं।

शलभ और तितली में अन्तर होता है। तितलियाँ सामान्यतः दिन में उड़ती हैं, लेकिन अधिकांश शलभ रात में उड़ते हैं। शलभ की शृंगिका में अन्तर होता है और इनके पंख भी छोटे होते हैं। रेशम के कीट (Silk Moth) में भी तितली की तरह ही रूपान्तरण होता है, लेकिन लार्वा के शरीर में रेशम पैदा करने वाली दो लम्बी-लम्बी ग्रन्थियां होती हैं। इन ग्रन्थियों से जो लसदार पदार्थ निकलता है, वह हवा में सूखकर रेशम बन जाते हैं। लार्वा अपने सिर को इस प्रकार घुमाता रहता है कि ग्रन्थियों से निकला हुआ धागा उसके शरीर के चारों ओर लिपटता जाता है। इससे शरीर के चारों तरफ रेशम का एक खोल बन जाता है, जिसे कोया (Cocoon) कहते हैं। चीन रेशम के लिए विश्व भर में प्रसिद्ध है। कुछ दिनों में लार्वा से प्यूपा बन जाता है, जो रेशम के धागों को काटकर बाहर निकल आता है। अब यह उड़ सकता है और शलभ या पतंगा बन जाता है।

✪✪✪

क्रस्टेशियंस (Crustaceans)

इस समूह की लगभग 30,000 जातियों का अध्ययन हो चुका है। कीट-पतंगों की भाँति क्रस्टेशियंस भी आर्थ्रोपोड्स हैं। सामान्यतः इस समूह के जन्तुओं में पपड़ीनुमा बाह्य कंकाल और टाँगें जोड़दार (Jointed) होती हैं। इन जन्तुओं का सिर और वक्ष परस्पर मिलकर एक संयुक्त रचना का निर्माण करते हैं, जिसे शिरोवक्ष (Cephalothorax) कहते हैं। संयुक्त नेत्र एक छोटी डण्ठलनुमा (Stalked) संरचना के सिर पर स्थित होते हैं। सिर में दो जोड़ी शृंगिकाएँ (Antennae) होती हैं, जिनके द्वारा स्पर्श-ज्ञान होता है। ये ज्ञानेन्द्रियों का काम करती हैं। इनमें श्वसन क्रिया गिल्स (Gills) द्वारा होती है। ये जन्तु तालाबों, नदियों, झीलों तथा समुद्रों में पाये जाते हैं। इस समूह में सूक्ष्म पारदर्शक जीव, केकड़े (Crabs) तथा लोबस्टर्स (Lobsters), क्रेफिश, श्रिम्प आदि आते हैं।

हर्मिट क्रैब (Hermit Crab)

हर्मिट क्रैब (संन्यासी केकड़ा) एक विचित्र डेकापोड (Decapod) क्रेस्टेशियन है। इसमें कठोर बाह्य कंकाल नहीं होता है, इसलिए यह अपनी सुरक्षा के लिए किसी दूसरे समुद्री जीव के एक खाली खोल (Shell) का इस्तेमाल करता है। यह अपना सम्पूर्ण शरीर खोल के अन्दर कर लेता है, केवल टाँगों के दो जोड़े और पिंसर बाहर रखता है और खतरा होने पर उन्हें भी अन्दर कर लेता है। खोल को अपना स्थायी घर बनाकर हर्मिट क्रैब अपना सारा जीवन उसी में गुजार देता है। यदि इसका शरीर खोल के आकार से अधिक बढ़ जाता है और इसे घुटन महसूस होने लगती है, तो यह अपनी त्वचा को त्याग कर किसी दूसरी खोल को अपना घर बना लेता है। अपने असुरक्षित कोमल शरीर की सुरक्षा के लिए यह घर को साथ लिये फिरता रहता है। एलोनेला (0.25 से.मी.) सबसे छोटा क्रस्टेशियन है।

✪✪✪

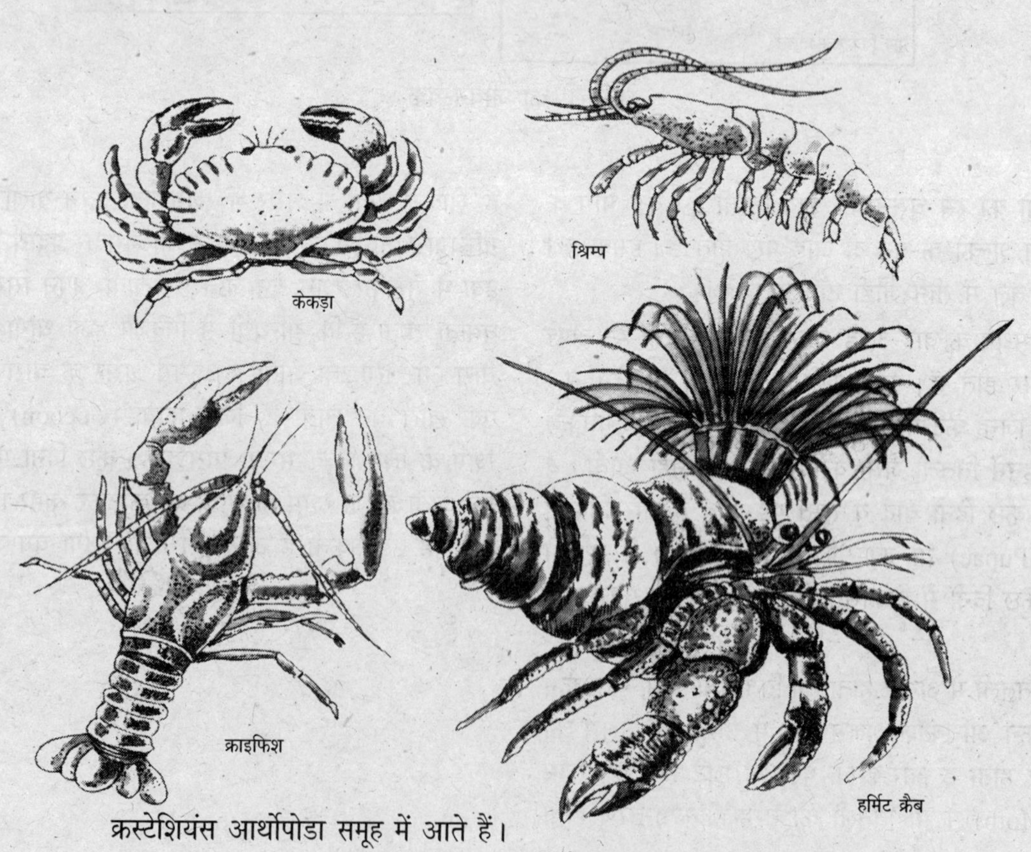

क्रस्टेशियंस आर्थोपोडा समूह में आते हैं।

इकाइनोडर्मेटा (Echinodermata)

तारा मछली, समुद्री अर्चिन, सैण्ड डौलर्स, समुद्री खीरा, समुद्री लिवी आदि 'इकाइनोडर्मेटा' के अन्तर्गत आते हैं। इनकी त्वचा में कैल्शियम कार्बोनेट के बने काँटे होते हैं। इस समुदाय में लगभग 6,000 जातियाँ हैं। इन जन्तुओं की रचना ऐसी होती है, जिसमें सिर, पूँछ या टाँगें अलग-अलग दिखायी नहीं देतीं। शरीर की रचना वृत्ताकार होती है, जिससे पहिये की अरों की तरह भुजाएँ और दूसरे अंग निकले रहते हैं। इन जन्तुओं के शरीर में रुधिर बहाव अन्य जन्तुओं से भिन्न होता है। इनके शरीर के अन्दर जलसंवहनी तन्त्र (Water Vascular System) होता है। तन्त्रिका तन्त्र और संवेदांग अविकसित होते हैं। इन जन्तुओं में छोटी-छोटी थैलियाँ होती हैं, जिन्हें नाल पाद (Tube feet) कहते हैं। इनका इस्तेमाल ये आहार ग्रहण करने, चलने, श्वसन एवं उत्सर्जन के लिए करते हैं। ये जन्तु एकलिंगी होते हैं।

समुद्री अर्चिन (Sea Urchins)

इन जन्तुओं के शरीर पर लम्बे-लम्बे काँटे और कठोर प्लेटों का खोल होता है। इनका मुँह शरीर की निचली ओर तथा गुदा उसके विपरीत सिर पर होती है। अर्चिन के जबड़े समुद्री शैवाल को आसानी से चबा लेते हैं। इनमें पुनरुत्पादन (Rcgeneration) की क्षमता भी होती है। अर्थात् यदि इनके शरीर का कोई भाग कट जाये, तो दोबारा पैदा हो जाता है। इन जन्तुओं में हैट-पिन अर्चिन (Hat-pin Urchin) से लोग दूर ही रहते हैं, क्योंकि इनके 30 से.मी. लम्बे और पतले काँटों में विष भरा होता है। इन काँटों के शरीर में चुभने से भयंकर पीड़ा होती है।

तारा मछली (Star Fish)

तारा मछली की 1,600 ज्ञात जातियाँ हैं। पंचभुजीय तारे की शक्ल के इन जन्तुओं का शरीर कठोर एवं खुरदरा होता है। इन जन्तुओं में सिर नहीं होता। मुख शरीर के निचली तरफ तथा गुदा ऊपरी सतह पर स्थित होती है। ऊपरी सतह पर एक गोल प्लेट 'मैड्रीपोराइट' (Madreporite) होती है, जिसके द्वारा पानी अन्दर प्रवेश करता है। त्वचा पर अस्थिकाएँ (Ossictes) तथा कण्टिकाएँ (Spines) होती हैं। निचली सतह पर प्रत्येक भुजा में एक-एक ग्रूव (Groove) होता है, जिनमें नाल पाद (Tube Feet) होते हैं। इनके द्वारा ये जन्तु गति करते हैं।

तारा मछली में भी पुनरुत्पादन की क्षमता होती है। अर्थात् यदि इसकी एक भुजा कट जाती है, तो जल्दी ही उसी जगह दूसरी भुजा उग आती है। इसकी पुनरुत्पादन की क्षमता सबसे अधिक होती है।

❂❂❂

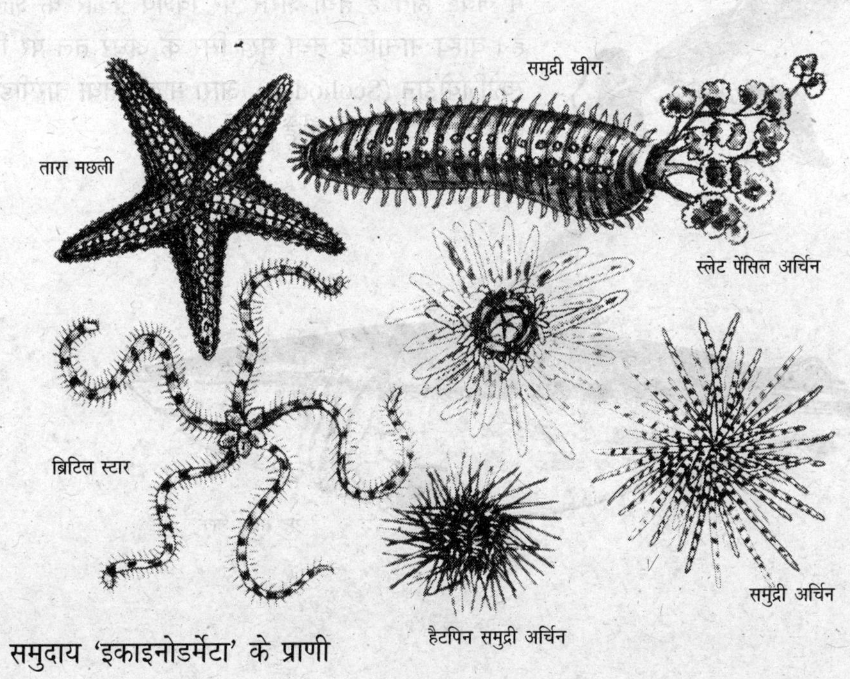

समुदाय 'इकाइनोडर्मेटा' के प्राणी

मत्स्य (Pisces)

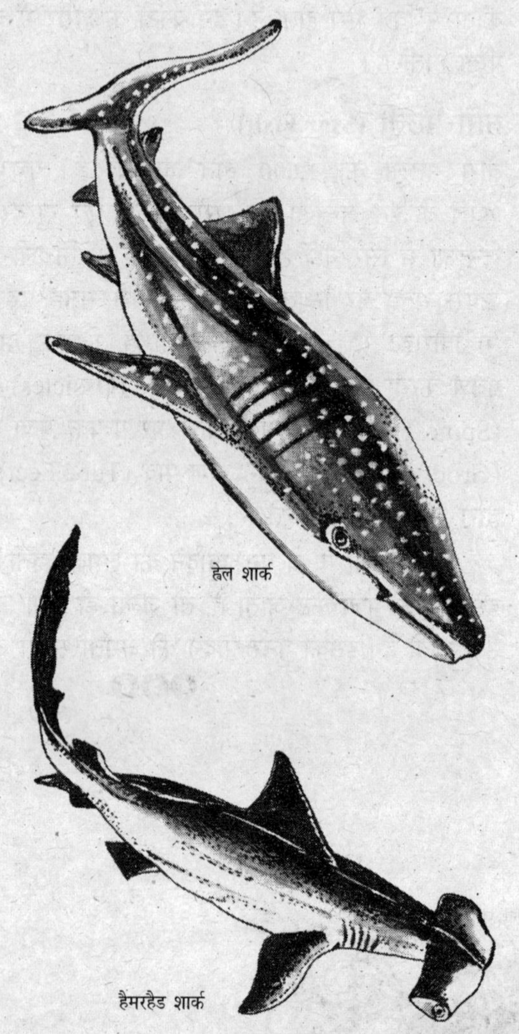

ह्वेल शार्क

हैमरहैड शार्क

मत्स्य या पिसीज वर्ग के अन्तर्गत सभी प्रकार की मछलियाँ आती हैं। आज इनकी लगभग 20,000 जातियाँ हैं। मछलियाँ कशेरुकी (Vertebrate) जीव हैं, जो लगभग 50 करोड़ वर्ष पूर्व विकसित हुए। इनका शरीर नौकाकार होता है और ये फिन (Fin) द्वारा तैरते हैं। इनमें श्वसन क्रिया गिल्स (Gills) द्वारा होती है। मछलियाँ असमतापी होती हैं यानी उनके रक्त का तापमान वातावरण के तापमान के अनुसार घटता-बढ़ता रहता है। अधिकांश मछली अण्डे देती हैं लेकिन कुछ बच्चे भी पैदा करती हैं। मछलियों को चार वर्गों में बाँटा गया है–अगनाथा या साइक्लोस्टोमी (Cyclostomi), प्लेकोडर्मी (Placodermi), कोण्ड्रीक्थीस (Chond-richthyes) तथा ओस्टिक्थीस (Osteichthyes)। अगनाथा वर्ग की मछलियों का मुँह गोल होता है, जो चूषक (Sucker) का काम करता है। मुँह में जबड़े (Jaws) तथा शरीर पर शल्क (Scales) नहीं होते। इनके सिर पर केवल एक ही नासाछिद्र होता है। पेट्रोमाइजॉन (Petromyzon) इसी वर्ग की मछली है, जो उत्तरी अमेरिका और यूरोप के समुद्रों में पायी जाती है।

प्लेकोडर्मी का अर्थ है- प्लेटस्किन। इनमें जबड़े और पंख के जोड़े होते हैं। इस वर्ग की कुछ मछलियाँ शार्क जैसी होती हैं।

कोण्ड्रीक्थीस वर्ग के अन्तर्गत आने वाली मछलियों में 'अन्तःकंकाल' उपास्थि (Cartilage) का बना होता है। इनके मुख में जबड़े होते हैं तथा शरीर पर विशेष प्रकार के शल्क पाये जाते हैं। बाह्य नासाछिद्र तथा मुख सिर के अधर तल पर स्थित होते हैं। स्कोलियोडान (Scoliodon), आरा मछली तथा तारपीडो (Tarpedo) इसी वर्ग की मछलियाँ हैं।

ग्रेट सफेद शार्क

ओस्टिक्थीस वर्ग की मछलियों का अन्तःकंकाल सामान्यतः हड्डियों का बना होता है। मुखद्वार सिर के अगले सिरे पर तथा नासाछिद्र अगले सिरे के पृष्ठ तल पर स्थित होता है। इस वर्ग की मछलियों को दो उपवर्गों में बाँटा गया है। (क) कोएनिक्थीस (Cho-anicthyes), जिसमें साँस लेने के लिए फेफड़े होते हैं, इसलिए इन्हें फेफड़ा मछली भी (Lung Fish) कहते हैं। इन्हीं मछलियों के द्वारा स्थलीय कशेरुकी का विकास हुआ है। इस किस्म की नियोसिरेटोड्स (Neocereatodus) नामक मछलियाँ आस्ट्रेलिया की नदियों में पायी जाती हैं। (ख) निओप्टरिगी (Neoptrygii) उपवर्ग में विकसित मछलियाँ आती हैं। इनका सम्पूर्ण कंकाल हड्डी का बना होता है। दोनों तरफ के गिलें एक-एक प्लेट द्वारा ढके रहते हैं। रोहू (Labes), दरियाई घोड़ा (Seahorse) तथा सिन्धी (Heteropinuestic) मछलियाँ इसी वर्ग के अन्तर्गत आती हैं।

कुछ मछलियाँ विद्युत पैदा करती हैं जैसे—ईल मछली। कुछ मछलियाँ प्रकाश भी पैदा करती हैं, जैसे—लैण्टर्न फिश।

❂❂❂

रे मछली

ऐंग्लरफिश

आस्ट्रेलियन लग फिश

उभयचर (Amphibians)

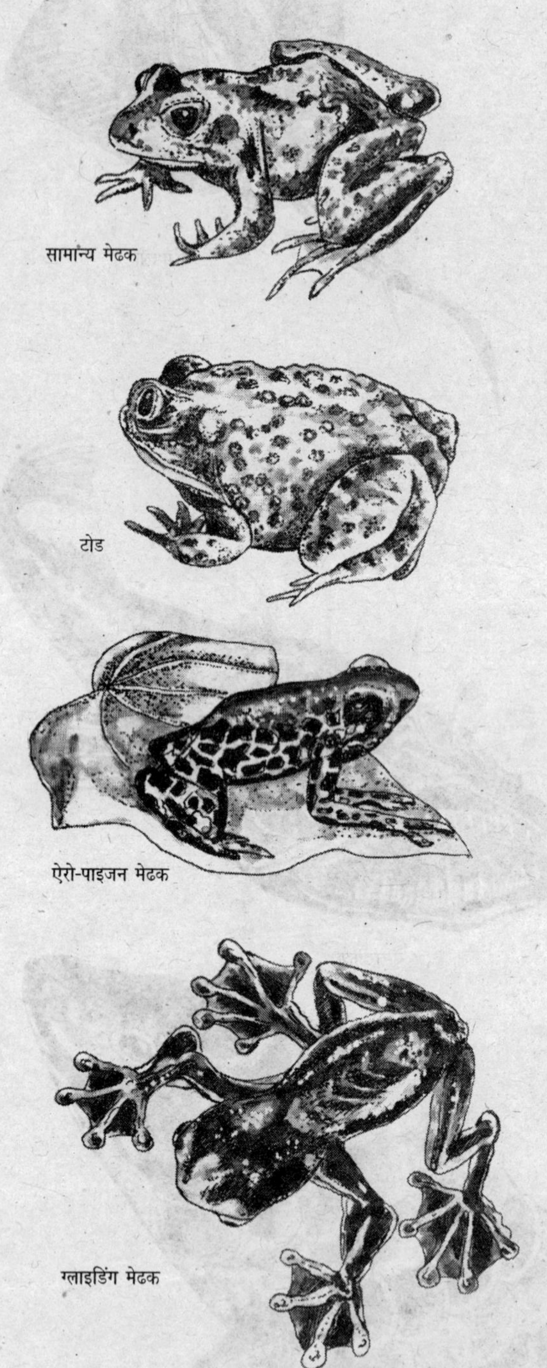

सामान्य मेढक

टोड

ऐरो-पाइजन मेढक

ग्लाइडिंग मेढक

उभयचर

उभयचर जन्तु-जगत के वे प्राणी हैं, जो जल और थल दोनों पर ही रह सकते हैं। उभयचरों का जन्म लगभग 35 करोड़ वर्ष पूर्व हुआ। इनके शरीर में फेफड़े होते हैं, इसलिए ये थल पर भी जीवित रह सकते हैं। ऐसा माना जाता है कि इनका विकास लॉब-फिण्ड (Lobe-Finned) मछलियों से हुआ। उभयचरों को तीन समूहों में बाँटा गया है—मेढक (Frogs) तथा टोड (Toads), सैलामेण्डर्स (Salamanders) और सैसीलियंस (Caecilians)। इनके शरीर को सिर, धड़ और पूँछ में विभाजित किया जा सकता है।

प्रारम्भिक उभयचरों की लम्बाई एक मीटर से भी अधिक होती थी, लेकिन वर्तमान उभयचर आम तौर पर काफी छोटे होते हैं। केवल चीन के दैत्याकार सैलामेण्डरर्स की लम्बाई 3.5 मीटर तक होती है। अफ्रीका में भी मेढकों की एक दैत्याकार जाति पायी जाती है, जिसकी लम्बाई 34 से.मी. से भी अधिक होती है और वजन 3 कि.ग्रा. से अधिक होता है।

उभयचरों की त्वचा चिकनी, कोमल और नम होती है। सांस लेने की क्रिया गिल्स, त्वचा और फेफड़ों द्वारा होती है। हृदय त्रिकोष्ठीय (Three chambered) होता है। इनके दो गुर्दे होते हैं। जनन छिद्र (Genital aperture) और गुदा (Anus) दोनों अलग-अलग छिद्रों द्वारा एक ही कोष्ठ में खुलते हैं। इनके अण्डों का निषेचन तथा भ्रूण-विकास पानी में ही होता है। उभचर प्राणी असमतापी (Cold Blooded) होते हैं, यानी इनके शरीर का तापमान वातावरण के तापमान के अनुसार घटता-बढ़ता रहता है। असमतापी होने के कारण ये प्राणी अधिक गरमी और ठण्ड में अपने बचाव के लिए जमीन के अन्दर छिप जाते हैं और निष्क्रिय अवस्था में पड़े रहते हैं। इस अवस्था को सुप्तावस्था कहते हैं। इनमें नर और मादा दोनों अलग-अलग होते हैं। ये प्राणी अण्डे देते हैं। मेढकों की जीभ उल्टी होती है। यह जन्तु शिकार पकड़ने के लिए जीभ को बाहर फेंकता है, जिसमें कीड़े-मकोड़े चिपक जाते हैं। यह उन्हें मुख के अन्दर ले जाता है।

✪✪✪

सरीसृप (Reptiles)

सांप (Snakes), छिपकली (Lizards), मगरमच्छ (Croc- odiles), कछुए (Tortoises), टरटिल्स (Turtles) सरीसृप या रेप्टीलिया वर्ग के अन्तर्गत आते हैं। इस वर्ग के सभी जन्तु रेंग कर चलते हैं, इसलिए इन्हें रेंगने वाले जन्तु कहते हैं। इनमें अधिकांश जन्तु भूमि पर जीवन गुजारते हैं, लेकिन कुछ जातियाँ पानी में भी पायी जाती हैं। सरीसृप असमतापी होते हैं, यानी इनके शरीर का तापमान वातावरण के तापमान के अनुसार घटता-बढ़ता रहता है। इनकी त्वचा सूखी, खुरदरी तथा नुकीले शल्कों (Horn Scales) से ढकी रहती हैं। इनका ढाँचा अस्थियों से बना होता है। साँस लेने के लिए फेफड़े होते हैं। मादा जमीन पर अण्डे देती है। सरीसृप को तीन गणों में बाँटा गया है—किलोनिया (Chelonia), स्क्वैमेटा (Squamata) तथा क्रोकोडिलिया (Crocodilia)। रेंगने वाले जन्तुओं की लगभग 7,000 जातियाँ हैं। इनका अस्तित्व 50 करोड़ वर्ष पुराना है।

किलोनिया के अन्तर्गत आने वाले जन्तुओं का शरीर हड्डी के कठोर खोल (Shell) में बन्द रहता है। इनके जबड़ों में दाँत नहीं होते। इस गण में विभिन्न प्रकार के कछुए और टरटिल्स आते हैं, जो आम तौर पर पानी या नम स्थानों में पाये जाते हैं। इनके दोनों जबड़ों पर दाँत होते हैं। इनका हृदय चार भागों में बँटा होता है। इनमें लैंगिक प्रजनन होता है।

स्क्वैमेटा गण में विभिन्न प्रकार की छिपकलियाँ शामिल हैं। इस गण को सुविधा के लिए दो उपगणों में बाँटा गया है—लैसरटिलिया (Lacertilia) तथा ओफिडिया (Ophidia)।

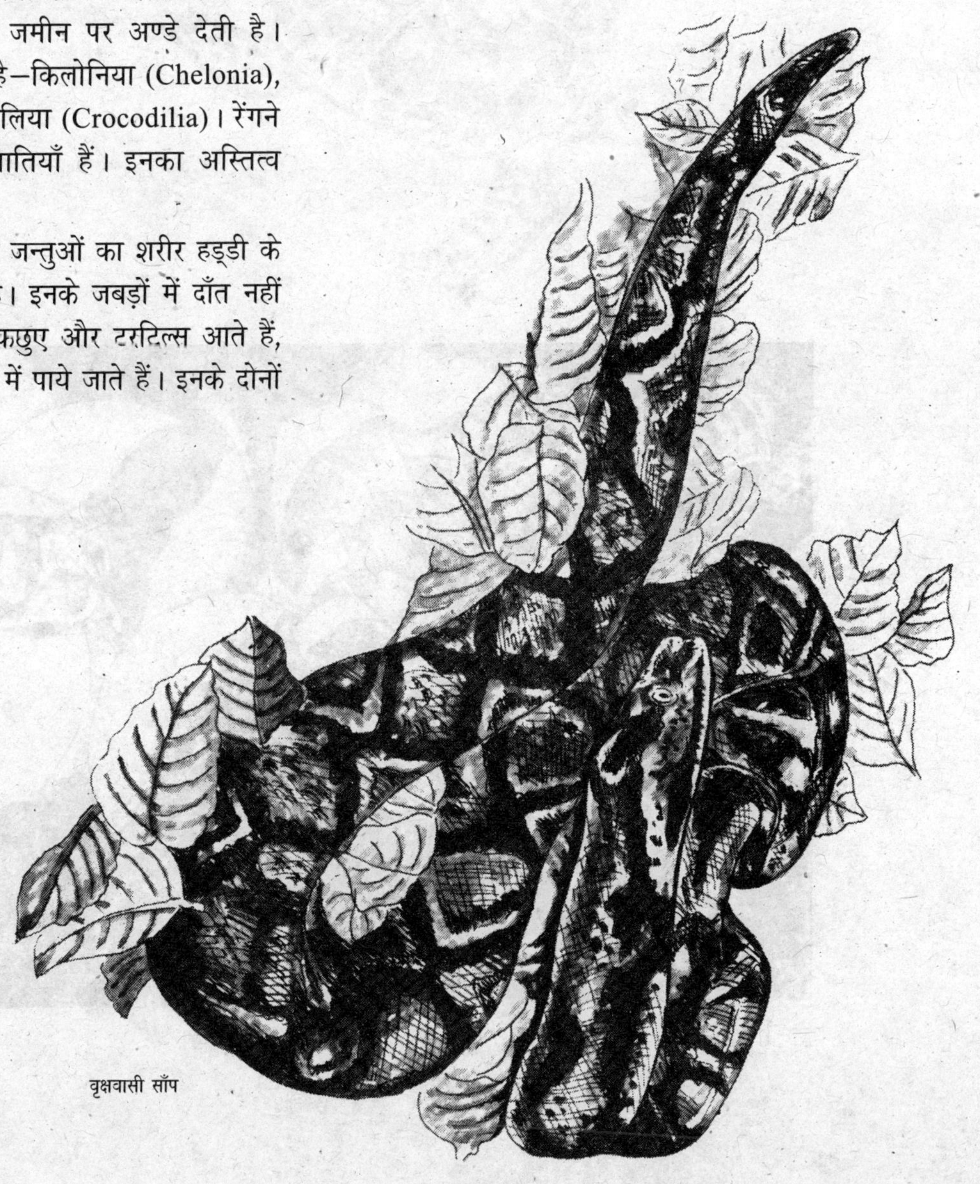

वृक्षवासी साँप

उपगण लैसरटिलिया में विभिन्न प्रकार की छिपकलियाँ शामिल हैं। इनकी टाँगों में पाँच-पाँच उँगलियाँ होती हैं, जिनके सिरों पर पंजे (Claws) होते हैं। उँगलियों में पटलिकाएँ (Lamellae) होती हैं, जिनके द्वारा ये चिकनी सतह पर भी आसानी से चल सकती हैं और दीवारों पर भी चढ़ सकती हैं। आँखों के नीचे गड्ढे होते हैं, जिनमें कर्णपट (Tympanic Membrane) स्थित होता है। आँखों में सचल पलकें होती हैं। ये अपनी पूँछ का त्याग कर सकती हैं। पूँछ के त्याग करने पर नयी पूँछ आ जाती है।

दैत्याकार कछुआ

टरटिल

उपगण ओफिडिया के अन्तर्गत सभी प्रकार के साँप आते हैं। इनका शरीर लम्बा और बेलनाकार होता है तथा रूखे शल्कों से ढका रहता है। साँपों में टाँगें, अंसमेखला, मूत्राशय तथा कर्णपट नहीं होते। साँस लेने के लिए इनमें केवल एक ही फेफड़ा विकसित होता है। इनकी जीभ लम्बी और आगे की ओर दो भागों में बँटी होती है। जीभ के द्वारा ही साँप स्पर्श तथा गन्ध का पता लगाते हैं। इनकी आँखें भी तीव्र होती हैं। सुनने के लिए साँपों के कान नहीं होते। ये जमीन की कम्पनों का शरीर द्वारा पता लगाते हैं। इरेक्स जोनी दो सिर वाला साँप है। पायथन सबसे बड़ा साँप है।

क्रोकोडियलिया गण में घड़ियाल (Gavialis), मगरमच्छ (Crocodiles) तथा ऐलीगेटर (Alligators) आते हैं। ये जन्तु माँसाहारी होते हैं। इनकी त्वचा मोटी और कठोर शल्कों से ढकी रहती है। शल्कों के नीचे हड्डी की प्लेटें होती है। उँगलियाँ झिल्लीदार होती हैं। नासाछिद्र सिर के नोक पर होती हैं। यद्यपि ये जीव पानी में रहते हैं, किन्तु मादा जमीन में गड्ढे बनाकर अण्डे देती है। ये जन्तु नदियों और झीलों में पाये जाते हैं। आधुनिक सरीसृप में ये सबसे बड़े जन्तु हैं। एस्टुएरिन (Extuarine) जाति के मगरमच्छ की लम्बाई 7.5 मीटर (25 फुट) तक होती है। यह सबसे विशाल और भारी होता है, और इसका वजन 525 कि.ग्रा. तक होता है।

✪✪✪

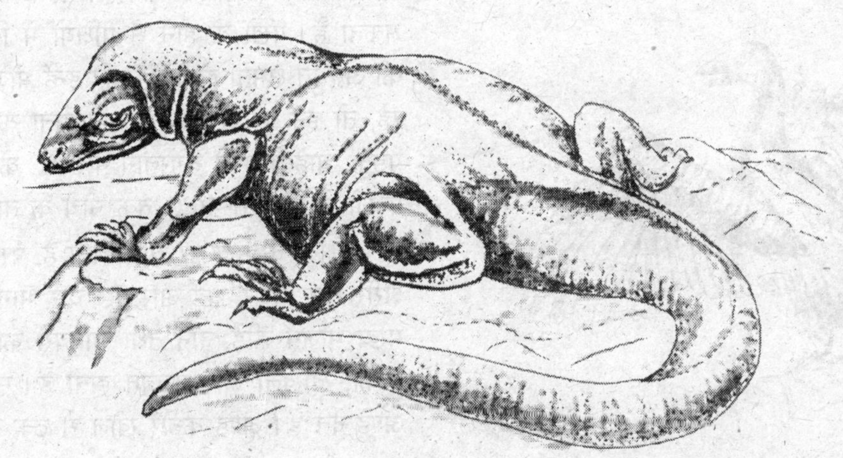

विशालकाय कोमोडो ड्रेगन

मगरमच्छ

पक्षी (Birds)

जीवाश्मी प्रमाणों से पता चलता है कि पक्षियों का उद्भव युगों पहले सरीसृपों से हुआ। पक्षी माने जाने वाले प्राणी के सर्वप्रथम उपलब्ध जीवाश्म आर्कियोप्टेरिक्स (Archaeopteryx) के मिलने से तथा आजकल के पक्षियों के कंकाल तथा आधुनिक खोजों से इस विश्वास की पुष्टि होती है।

आर्कियोप्टेरिक्स

शुतुरमुर्ग

पक्षियों को 'पंखवाला द्विपाद' कहा जाता है। ये कशेरुकी और समतापी (Warm-blooded) जीव हैं, यानी इनके शरीर का तापमान वातावरण के साथ-साथ घटता-बढ़ता नहीं है, बल्कि हमेशा एक-सा बना रहता है। पक्षियों के शरीर का तापमान आम तौर पर स्तनपायी जीवों से कुछ अधिक 38°–44°C रहता है। शरीर का एक-सा तापमान बनाये रखने के लिए इनका शरीर कुचालक परों से ढका रहता है। पंख पक्षियों का प्रमुख लक्षण हैं। किसी पक्षी में पंखों की रचना द्वारा उस वर्ग के पक्षियों के रहन-सहन के ढंग का पता लगाया जा सकता है। पंखों के होने से पक्षियों में विषम जलवायु सहन करने की अद्भुत क्षमता होती है। यदि इन्हें भोजन पर्याप्त मात्रा में मिलता रहे, तो इन पर जलवायु की विषमता का कोई विशेष प्रभाव नहीं पड़ता, चाहे वे तपते रेगिस्तान में 60°C के तापमान में रहें या बर्फीले प्रदेशों में शून्य से 40°C तक नीचे के तापमान में।

पक्षियों के मुख पर चोंच होती है, परन्तु दाँत नहीं होते। इनका शरीर सिर, गर्दन, धड़ और पूँछ चार भागों में बँटा होता है। इनका मुख्य भोजन कीड़े, दाने तथा जानवरों का मांस है। इनकी हड्डिया हल्की, खोखली और मजबूत होती हैं। सरीसृप की भाँति पक्षी भी अण्डे देते हैं। अण्डे कठोर खोल से ढके रहते हैं।

पक्षी हवा में कुशलतापूर्वक उड़ सकते हैं और जीवन व्यतीत कर सकते हैं, लेकिन कुछ पक्षी ऐसे भी हैं, जो उड़ नहीं सकते, जैसे–शुतुरमुर्ग (Ostrich), कैसोवरी (Cassowary), पेंग्विन (Penguins) आदि। इनके पंख अविकसित होते हैं, इसलिए ये उड़ नहीं पाते। सहवास के लिए नर पक्षी जाकर मादा को आकर्षित करते हैं। गाने के अतिरिक्त पक्षी खतरे की आवाज, गुस्से की आवाज और भोजन की आवश्यकता की आवाज पैदा कर लेते हैं।

पक्षियों में दृष्टि और श्रवण संवेद काफी विकसित होता है, लेकिन स्वाद संवेद कम विकसित और घ्राण संवेद तो बिल्कुल ही नहीं होता। अन्य सभी प्राणियों की अपेक्षा पक्षियों की आँखों में शीघ्र समंजन की अद्भुत क्षमता होती है, यानी दूर स्थित किसी वस्तु के पास की वस्तु पर उसी क्षण फोकस बदल जाता है।

अपने अण्डों तथा बच्चों के लिए पक्षी घोंसला बनाते हैं। केवल कुछ पक्षियों को छोड़कर सभी पक्षी अपने शरीर की गरमी से अण्डे सेते हैं और तब तक अपने बच्चों की देखभाल करते हैं जब तक वे अपने पैरों पर खड़े होकर उड़ना शुरू नहीं कर देते।

पक्षियों की लगभग 9,000 जातियाँ हैं। इनका आकार 5 से.मी. से 2.5 मीटर तक होता है। सबसे बड़ा पक्षी शुतुरमुर्ग है। इसकी उँचाई 2.5 मीटर (8 फुट) तक होती है। इसका वजन 120 कि.ग्रा. तक होता है। यह पक्षी उड़ नहीं सकता, लेकिन अपनी लम्बी टाँगों से तेज दौड़ने में सक्षम है। इसकी दौड़ने की गति 80 कि.मी. प्रति घण्टा तक होती है। सभी पक्षियों में घुमक्कड़ एल्बेट्रॉस (Wandering albatross) के पंखों का फैलाव सबसे अधिक होता है। इसके एक पंख से दूसरे पंख तक का फैलाव 3 मीटर (10 फुट) तक होता है। संसार की सबसे छोटी चिड़िया बी हमिंग बर्ड (Bee Humming Bird) है, जो क्यूबा और पाइंस के द्वीपों में पायी जाती है। इसके नर की कुल लम्बाई 57 मि.मी. होती है और वजन 1.6 ग्राम होता है। यह एक सेकेण्ड में लगभग 90 बार पंख फड़फड़ाती है। सबसे तेज उड़ने वाला पक्षी स्विफ्ट (Swift) है, जिसकी रफ्तार 170 कि.मी. प्रति घण्टा तक होती है। बतख सबसे तेज़ उड़ने वाला पक्षी है। यह 130 कि.मी. प्रति घण्टा के वेग से उड़ सकती है। काली कुररी (Sooty Tern) एक ऐसी चिड़िया है, जो 3 या 4 वर्ष तक आकाश में ही उड़ती रहती है, केवल अण्डे देने के दिनों में ही भूमि पर उतरती है। अनेक पक्षी विभिन्न ऋतुओं में प्रवासयात्राएँ करते हैं। पक्षियों के सुन्दर रंग और मनमोहक गीत सदियों से मनुष्य को लुभाते रहे हैं।

❁❁❁

सबसे छोटी चिड़िया 'बी हमिंग बर्ड'

स्तनपायी (Mammals)

स्तनपायी या मैमेलिया वर्ग के जन्तु समतापी (Warm-blooded) होते हैं। इन जन्तुओं की त्वचा पर बाल पाये जाते हैं। त्वचा में स्वेद ग्रन्थियाँ (Sweat Glands) तथा तेल ग्रन्थियाँ (Sebaceous Glands) होती हैं। इनका शरीर सिर, गर्दन, धड़ और पूँछ में बँटा होता है। साँस लेने की क्रिया फेफड़ों से होती है। स्तनपायी शब्द सन् 1758 में लिनाक्स नामक वैज्ञानिक ने किया था। नर एवं मादा में स्तन ग्रन्थियाँ (Mammary Glands) पायी जाती हैं। स्तन ग्रन्थियों के कारण ही इस वर्ग को स्तनपायी कहते हैं। मादा में स्तन ग्रन्थियाँ विकसित हो जाती हैं, जिनसे दूध निकलता है। सभी मादाएँ अपने छोटे बच्चों को स्तनों से दूध पिलाती हैं। सभी जन्तु जरायुज (Viviparous) होते हैं, यानी मादा अण्डे नहीं देती, बल्कि बच्चे पैदा करती है। केवल प्रोटोथीरिया के जन्तु अण्डे देते हैं।

स्तनपायी जन्तुओं का विकास 20 करोड़ वर्ष पूर्व सरीसृपों (Reptiles) से हुआ है। इन जीवों की 4,200 जातियाँ हैं। इनका आकार 5 से.मी. से 31 मीटर तक होता है। आज यह जन्तुओं का सबसे अधिक विकसित एवं बुद्धिमान वर्ग है। स्तनपायी जीवों को तीन उपवर्गों में बाँटा गया है–

प्रोटोथीरिया (Protheria) : यह कम विकसित वर्ग है। चूँकि प्रारम्भिक

जिराफ

काँटेदार चींटीखोर 'एकिड्ना'

डकबिल-प्लेटिपस

स्तनपायी जन्तुओं का विकास सरीसृप से हुआ है, इसलिए इस समूह के जन्तुओं में सरीसृप वर्ग के भी कई लक्षण मौजूद हैं। ये अण्डे देते हैं, लेकिन इनमें स्तन ग्रन्थियाँ होती हैं। अण्डों से निकलने के बाद बच्चे माँ का दूध पीते हैं। ये जन्तु असमतापी होते हैं। इस उपवर्ग की आज केवल 6 जातियाँ डकबिल-प्लेटिपस (Duck-billed Platypus) तथा पाँच जातियाँ काँटेदार चींटीखोर (Spiny Anteater) या एकिड्ना (Echidn) ही शेष बची हैं। प्लेटिपस का मुँह बतख की चोंच की तरह होता है। इसके शरीर पर मुलायम बाल होते हैं। पैरों की उँगलियों में झिल्ली होती है। वयस्क में दाँत नहीं होते। एकिड्ना के शरीर पर नुकीले काँटे पाये जाते हैं। इसके मुँह में दाँत नहीं होते। ये दोनों जन्तु आस्ट्रेलिया और तस्मानिया में पाये जाते हैं।

मेटाथीरिया (Metatheria) : यह भी प्रारम्भिक स्तनपायी जीवों का उपवर्ग है, लेकिन ये आज अधिक विकसित अवस्था में हैं। मादा

कंगारू

ओरंग-उटान

अपरिपक्व बच्चे पैदा करती है। ये बच्चे मादा के उदर भाग में स्थित एक शिशुधानी (Marsupium) या थैली में पलते हैं और माँ का दूध पीकर बड़े होते हैं। इसलिए उस उपवर्ग को मारसूपियल्स (Marsupials) भी कहते हैं। इस उपवर्ग के जन्तु आस्ट्रेलिया और दक्षिण अमेरिका में पाये जाते हैं। कंगारू (Kangaroos), ओपोसम (Opossums), कोआला (Koala) आदि इसी उपवर्ग के जन्तु हैं।

यूथीरिया (Eutheria) : इस उपवर्ग के स्तनपायी सबसे अधिक विकसित और बुद्धिमान हैं। इनमें भ्रूण और शिशु का पोषण मादा के गर्भाशय में एक नली द्वारा होता है, जिसे गर्भनाल (Placenta) कहते हैं। इसी उपवर्ग में प्राइमेट्स (Primates) आते हैं, जिनमें कपि (Apes) और मनुष्य भी हैं। यूथीरिया को कई गणों में बाँटा गया है।

कीटभक्षी (Insectivora) : इसमें छछून्दर (Shrews), झाऊ चूहा (Hedgehogs), मोल (Moles) आदि आते हैं।

काइरोप्टेरा (Chiroptera) : ये जन्तु निशाचर होते हैं। अर्थात् ये रात में क्रियाशील होते हैं। इस गण में विभिन्न प्रकार के चमगादड़ शामिल हैं।

इडेण्टेटा (Edentata) : इस गण के जन्तुओं में दाँत अविकसित होते हैं। इनकी जीभ चिपचिपी, पतली और लम्बी होती है, जिसके द्वारा ये कीटों को चिपकाकर खा जाते हैं। डैसीपस (Dasypus) तथा स्लॉथ (Sloth) आदि इसी गण में आते हैं।

फोलीडोटा (Pholidota) : इस गण के जन्तुओं के शरीर पर कड़ी प्लेटों का आवरण होता है। मैनिज (Manis) इसका एक उदाहरण है।

रोडेसिंया (Rodentia) : इन जन्तुओं के दोनों जबड़ों में एक-एक जोड़ी मुड़े तेज कृंतक (Incisor) दाँत होते हैं। इन्हीं दाँतों के द्वारा ये आहार को कुतर-कुतर कर खाते हैं। ये शाकाहारी होते हैं, जैसे–चूहा, सेही, गिलहरी, बीवर आदि।

लोगोमोर्फा (Logomorpha) : इस गण के जन्तु कुतरने में बहुत तेज होते हैं। ये भी शाकाहारी होते हैं, जैसे–खरगोश और खरहा।

कार्नीवोरा (Carnivora) : इस गण में माँसाहारी जन्तु शामिल हैं। इनके पंजे मजबूत होते हैं और शिकार को चीरने वाले नुकीले रदनक (Canine) दाँत होते हैं। कुत्ता, भेड़िया, वीजल, भालू, शेर, रेकून, सील, बिल्ली आदि माँसाहारी जन्तु हैं।

पेरिसोडेक्टाइला (Perissodactyla) : इस गण में गैण्डा, घोड़ा आदि आते हैं। इन जन्तुओं के खुर उँगलियों की विषम संख्या जैसे–3 या 5 से बने होते हैं।

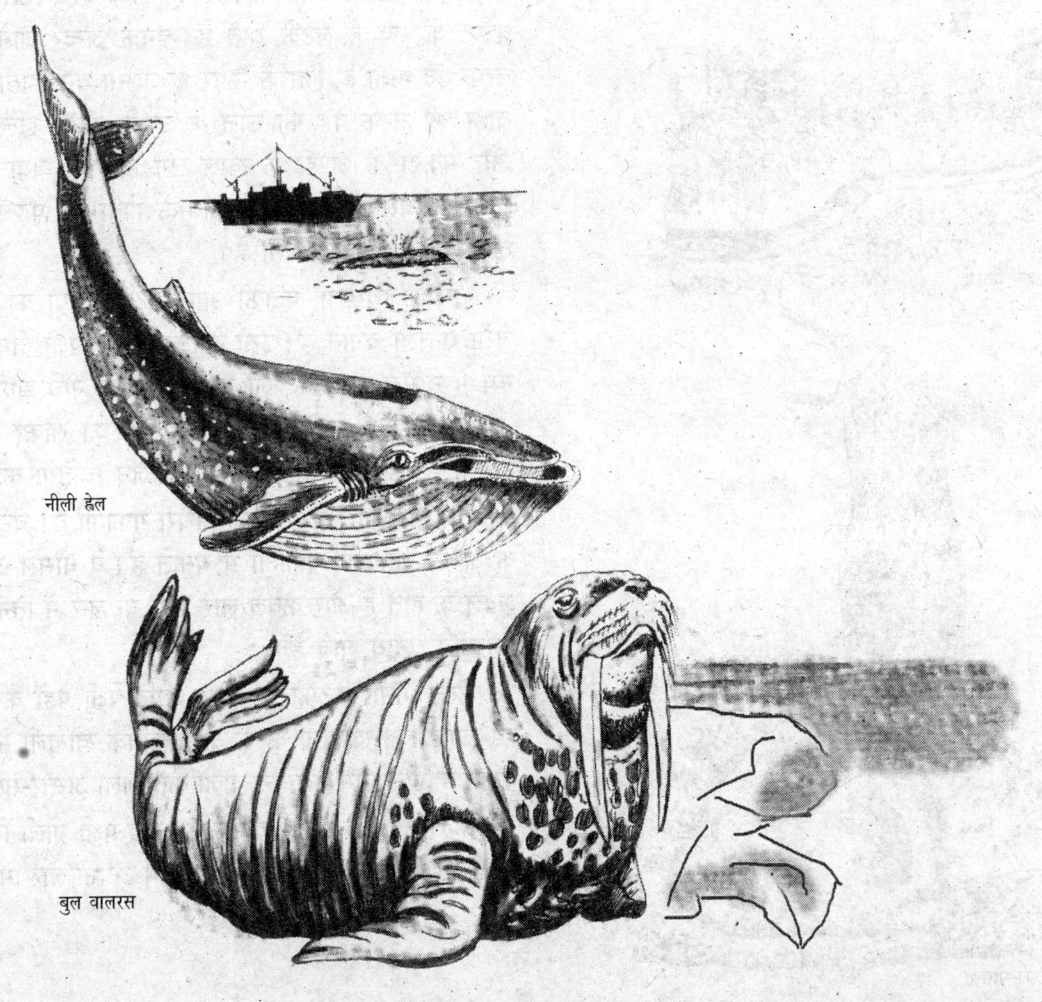

नीली ह्वेल

बुल वालरस

आर्टिओडेक्टाइला (Artiodactyla) : इस गण के जन्तुओं में खुर उँगलियों की सम संख्या 2 या 4 से बने होते हैं, जैसे–जिराफ, गाय, बकरी आदि।

प्रोबोसीडिया (Proboscidea) : इस गण में विभिन्न प्रकार के हाथी शामिल हैं, जिनका आकार विशालकाय होता है।

सिटेसिया (Cetacead) : इस गण के स्तनपायी जन्तु समुद्रों में पाये जाते हैं। इनका शरीर पानी में रहने के लिए अनुकूल होता है, जैसे–ह्वेल और डोलफिन। ब्लू ह्वेल सबसे विशालकाय जीव हैं।

प्राइमेट्स (Primates) : इस गण के जन्तुओं के हाथों और पैरों में पाँच-पाँच उँगलियाँ होती हैं। उँगलियों में नाखून होते हैं। आँखें चेहरे पर सामने होती हैं। छाती पर स्तन ग्रन्थियाँ होती हैं। बन्दर, गोरिल्ला, चिम्पैंजी, मनुष्य आदि इस गण में आते हैं। प्राइमेट्स में मनुष्य सबसे अधिक बुद्धिमान है। इसने अपनी बुद्धि के आधार पर विज्ञान तथा तकनीकी में तहलका मचा दिया है।

❂❂❂

घोंसले (Nests)

आम तौर पर पक्षियों के अण्डे देने, उन्हें सेने और बच्चों का पालन-पोषण का एक निश्चित समय या मौसम होता है, जिसे नीड़न ऋतु (Nesting Season) कहते हैं। अण्डों और बच्चों की सुरक्षा के लिए पक्षी घोंसला बनाते हैं। घोंसलों का निर्माण पक्षी सामान्यतः अण्डे देने से कुछ दिन पहले ही करते हैं। पक्षी विभिन्न प्रकार के घोंसले बनाते हैं, लेकिन एक जाति के पक्षी हमेशा एक ही प्रकार का घोंसला बनाते हैं। कोई चीज बनाने के लिए बुद्धि और प्रशिक्षण की जरूरत पड़ती है, लेकिन पक्षियों के बच्चे, जिन्हें न माता-पिता ही कुछ सिखाते हैं और न ही उनमें इतनी बुद्धि ही होती है, घोंसलों का कुछ भी ज्ञान न होने पर भी निर्धारित समय पर वे विशिष्ट प्रकार का अपना घोंसला बना लेते हैं। घोंसला बनाने की प्रेरणा पक्षियों को सहज प्रवृत्ति (Instinct) से मिलती है, जो वंशानुगत होकर असंख्य पीढ़ियों तक चली जाती है। पक्षी विभिन्न प्रकार के घोंसले अपने स्वभाव और आवश्यकतानुसार बनाते हैं।

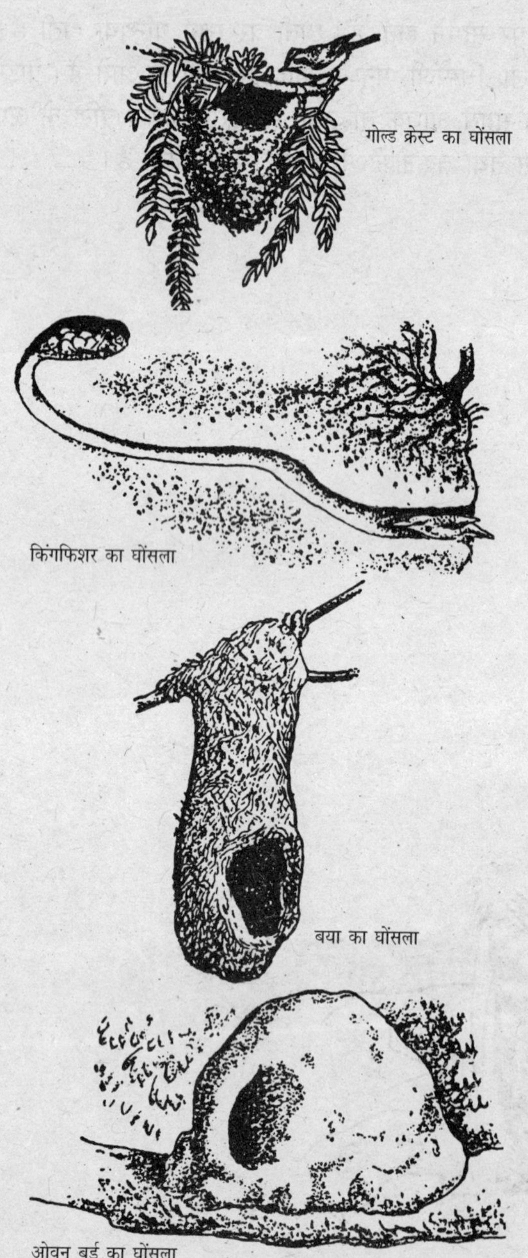
गोल्ड क्रेस्ट का घोंसला

किंगफिशर का घोंसला

बया का घोंसला

ओवन बर्ड का घोंसला

बया, सूर्यपक्षी तथा फूलचुकी अपने घोंसले लटकते हुए बनाते हैं। ये पेड़ की पतली डाली के सिरे पर ऊर्ध्वाधर (Vertical) दीर्घाकार कोष्ठ के रूप में लटके रहते हैं। इनके अन्दर जाने के लिए एक तरफ छेद होता है, जिसके ऊपर छज्जा-सा बना होता है। घोंसले के बाहर की तरफ पेड़ की छाल के टुकड़े, सींक, इल्लियों की विष्ठा और मकड़ी के अण्डों के खोल लगे होते हैं। बया का बुना हुआ घोंसला सबसे सुन्दर और कलात्मक होता है। पेड़ पर लटका यह अलग से ही दिखायी देता है।

दरजिन चिड़िया, फुतकी आदि पक्षी पत्तियों को मिलाकर कीप जैसा घोंसला बनाते हैं। इसी जाति के कुछ पक्षी दीर्घाकार बटुए के रूप में घोंसले बनाते हैं, जो लम्बी घास या नीचे झाड़ियों के तने में अटके रहते हैं। दरजिन चिड़िया पत्तियों को सीकर अपना घोंसला बनाती हैं। इसलिए इस पक्षी को दरजिन चिड़िया कहते हैं।

बतासी पक्षी अपने घोंसले अँधेरी गुफाओं की चट्टानों या समुद्र के अन्दर द्वीपों की गुफाओं में बनाते हैं। ये घोंसले आधे प्याले की शक्ल के होते हैं और केवल लार द्वारा या लार में तिनके, पंख आदि मिलाकर बनाये जाते हैं।

उल्लू, मैना, कठफोड़ा, धनेश आदि पक्षी पेड़ों के तनों या सड़ी हुई लकड़ी को खोखला करके या प्राकृतिक खोखलों में अपने घोंसले बनाते हैं और उनमें मुलायम चीजों का पतला अस्तर-सा बिछा देते हैं।

कस्तूरा, अबाबील और मार्टिन आदि पक्षी गीली मिट्टी बरसाती गड्ढों के पास से लाते हैं और मिट्टी में अपनी लार मिलाकर घोंसला

बनाते हैं। लार सीमेण्ट का काम करती है। मीनरक और हूप आदि के घोंसले मकानों के छज्जों तथा टीलों आदि पर होते हैं। ये अपनी चोंच से मिट्‌टी खोदकर और पैरों से हटाकर एक क्षैतिज सुरंग बनाते हैं, जो मिट्‌टी के कटाव में या पानी के किनारे एक तरफ खुलती है। इन सुरंगों की लम्बाई कई फुट तक होती है। सुरंग सिरे पर चौड़ी होकर एक गोल-सी अण्ड कक्ष (Egg Chamber) बन जाती है।

बटेर, टर्न, जंगली मुर्गी आदि भूमि पर जमा की गयी कतरन, भुस या छीलन आदि पर घास, पत्तियाँ बिछाकर घोंसला बनाते हैं। घरेलू चिड़िया आस-पास के वृक्षों और घरों के छज्जों पर तिनका तथा पत्तियों से घोंसला बनाते हैं। हर घोंसले में बैठने का स्थान मुलायम होता है जहाँ पक्षी अण्डे देकर उन्हें सेते हैं।

❂❂❂

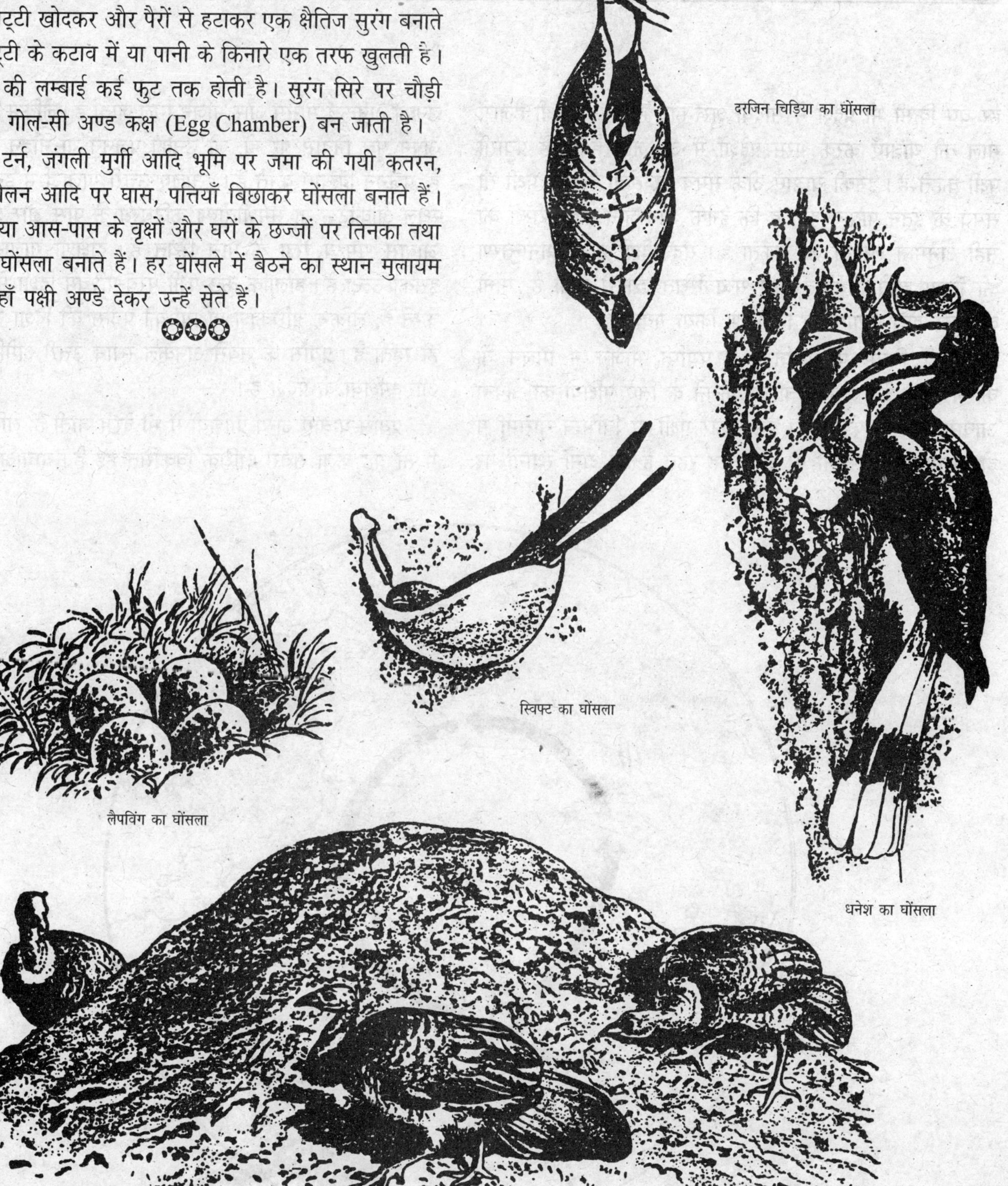

दरजिन चिड़िया का घोंसला

स्विफ्ट का घोंसला

धनेश का घोंसला

लैपविंग का घोंसला

ब्रश टर्की का घोंसला

जन्तुओं की प्रवास-यात्राएँ (Migration)

हर वर्ष किसी भी प्रदेश में सर्दियाँ शुरू होते ही अनेक पक्षी हजारों मील की यात्राएँ करके गरम प्रदेशों में आ जाते हैं। इन्हें प्रवासी पक्षी कहते हैं। इनकी यात्राएँ ठीक समय पर होती हैं और पक्षी तो समय के इतने पाबन्द होते हैं कि इनके आने-जाने की तारीखों का सही अनुमान लगाया जा सकता है। सुदूर देशों तक स्थानान्तरण की क्रिया इतने नियमित तथा सुव्यवस्थित ढंग से होती है, मानो कम्प्यूटर द्वारा प्रोग्राम का नियन्त्रण किया गया हो।

ठण्डी विषम परिस्थितियों में पर्याप्त भोजन न मिलने के कारण अण्डे देने और बच्चों को पालने के लिए पक्षियों को अपना आवास बदलना पड़ता है। इस प्रकार पक्षी दो विभिन्न मौसमों में दो अलग-अलग स्थानों पर इस तरह रहते हैं कि दोनों स्थानों पर उनको अनुकूल मौसम और भोजन मिल जाता है। लेकिन पक्षी हमेशा अपने मूल निवास पर ही, जो उनका प्रजनन या नीड़न स्थल होता है, प्रजनन क्रियाएँ करते हैं। इसलिए उत्तरी गोलार्द्ध में इनके प्रजनन स्थल आर्कटिक या समशीतोष्ण कटिबन्ध के पास और शीतकालीन आवास भूमध्य रेखा के पास स्थित हैं। दक्षिणी गोलार्द्ध में ठीक इसका उल्टा है। हालाँकि कुछ पक्षी पूरब-पश्चिम दिशा में भी प्रवास करते हैं, लेकिन अधिकांश पक्षियों की प्रवास की दिशा उत्तर-दक्षिण ही रहती है। प्रवास के सबसे अनुकूल स्थान उत्तरी अमेरिका, यूरोप और एशिया के प्रदेश हैं।

प्रवास-यात्राएँ अन्य प्राणियों में भी देखी जाती हैं, लेकिन पक्षियों में तो यह कला सबसे अधिक विकसित हुई है। यात्राओं के दौरान

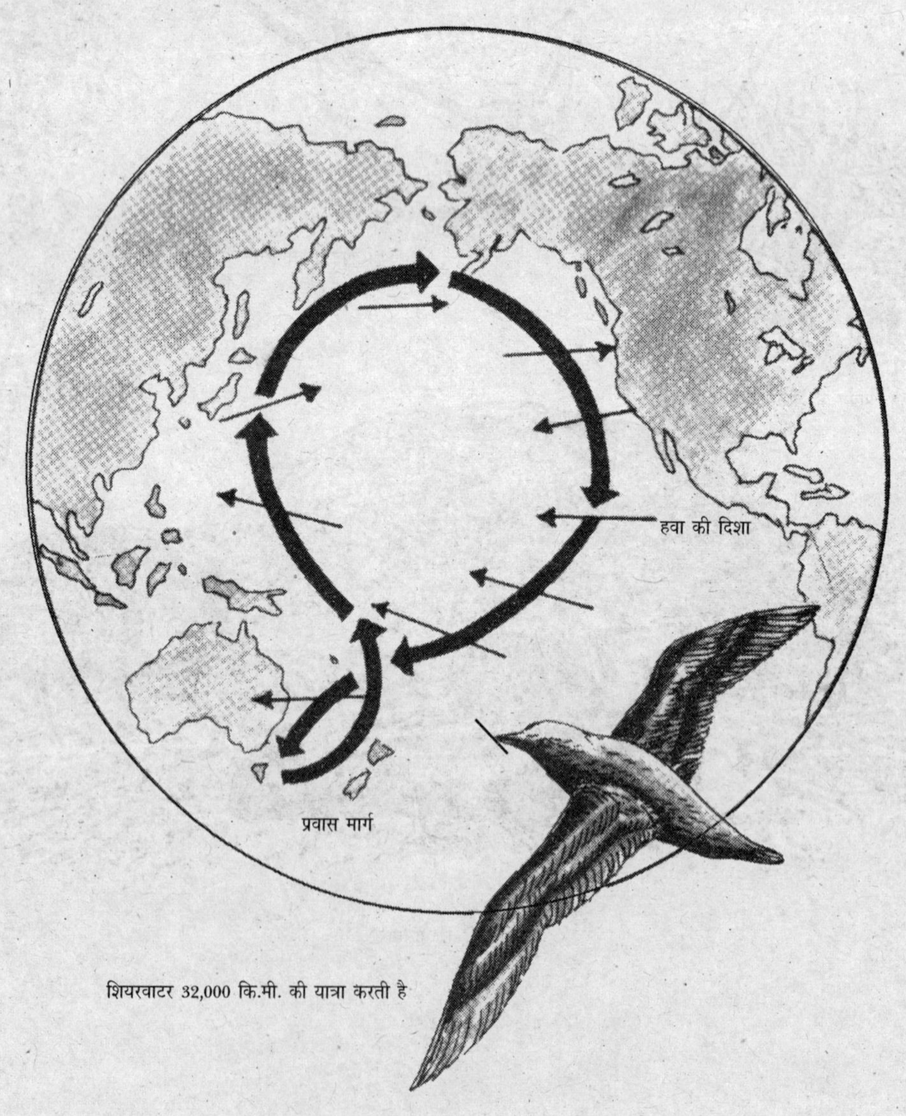

शियरवाटर 32,000 कि.मी. की यात्रा करती है

इन्हें भारी कष्ट झेलने पड़ते हैं और बड़े-बड़े खतरों का सामना करना पड़ता है। कितने आश्चर्य की बात है कि ये दुर्घटनाओं तथा रास्ता भूलने आदि अन्य बाधाओं से बचते हुए ठीक निश्चित स्थान पर पहुँच जाते हैं। इनकी ये यात्राएँ बिना किसी पूर्व अनुभव या प्रशिक्षण के होती हैं। ऐसा माना जाता है कि लक्ष्य तथा रास्ते का पूर्वज्ञान उन जन्मजात जातीय प्रथा की अभिव्यक्ति है, जो प्रवासी पक्षियों में असंख्य पीढ़ियों से वंशानुगत चली आ रही है।

पक्षियों की प्रवास-उड़ानें विभिन्न ऊँचाइयों पर होती हैं। उड़ान की ऊँचाई सामान्यतः 900-9000 मीटर तक होती है।

पक्षियों में सबसे लम्बी प्रवास-यात्रा वर्ष में दो बार आर्कटिक टर्न (Arctic Tern) की होती है, जो सर्दी में आर्कटिक से

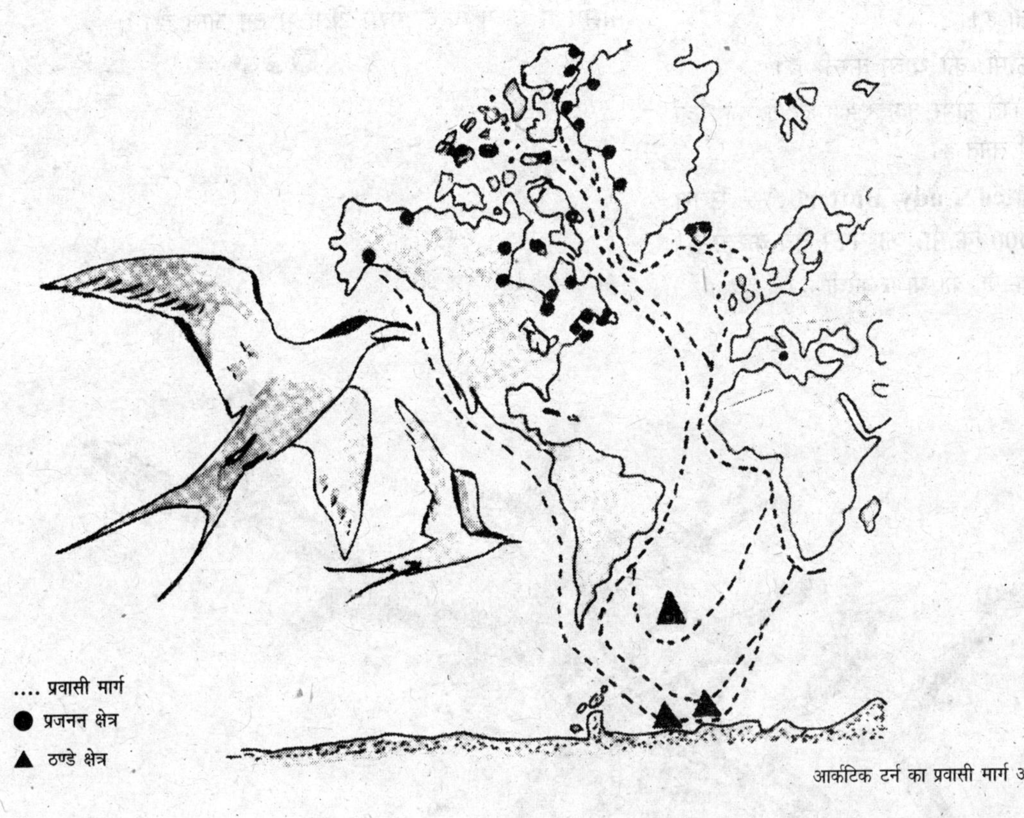

आर्कटिक टर्न का प्रवासी मार्ग और क्षेत्र

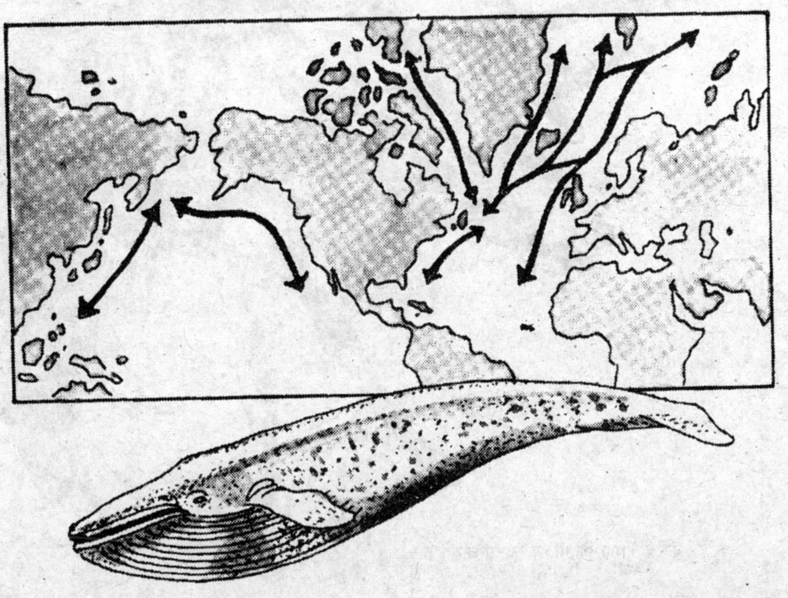

ग्रे ह्वेल 9,000 कि.मी. की प्रवास यात्रा करती है

दक्षिण की ओर पृथ्वी के आर-पार उड़ती हुई गरमियाँ अण्टार्कटिक प्रदेश में गुजारकर फिर वापस लौट आती है। हर वर्ष यह चिड़िया आने-जाने में 36,000 किलोमीटर का सफर तय करती है।

पक्षियों के अलावा स्तनपायी, कीट-पतंगे, सरीसृप, उभयचर आदि भी प्रवास-यात्राएँ करते हैं।

कुछ प्रवासी जन्तुओं के रिकार्ड–

- **कैरिबू (Caribou)**–आर्कटिक उत्तरी अमेरिका से दक्षिण की ओर 1,100 कि.मी. की यात्रा करता है।

ग्रे ह्वेल–हर वर्ष 9,000 कि.मी. की यात्रा करती है।

- **ईल मछली**–सरगासो समुद्र से काले सागर तक 8,300 कि.मी. की यात्रा करती है। इस यात्रा में कई वर्ष लगते हैं।

पेण्टेड लेडी तितली (Painted Lady Butterfly)– उत्तरी अफ्रीका से आइसलैण्ड तक 6,400 कि.मी. का सफर तय करती है।

- **अलास्का सील**–यह 9,600 कि.मी. की यात्रा करती है।
- **चमगादड़**–2,300 कि.मी. तक की प्रवास-यात्राएँ करती हैं।
- **ग्रीन टर्टिल (Green Turtle)**–दक्षिण अमेरिका से अफ्रीका तक 5,900 कि.मी. की यात्रा करता है।
- **टोड**–3 कि.मी. तक की यात्रा करते हैं।
- **शियरवाटर चिड़िया (Shearwater)**–32,000 कि.मी. की यात्रा करती हैं।

इनके अतिरिक्त प्रवासी पक्षियों की लम्बी लिस्ट है, जो जाड़े के मौसम में यात्रा करके गरम क्षेत्रों में आ जाते हैं।

✪✪✪

कैरिबू 1100 कि.मी. की यात्रा करता है

जन्तुओं की रफ्तार (Speeds of Animals)

जन्तुओं के दौड़ने, उड़ने और तैरने का अधिकतम वेग ज्ञात करने के लिए अनेक परीक्षण किये गये हैं। इन परीक्षणों से ज्ञात हुआ है कि कोई भी जन्तु 2 या 3 किलोमीटर तक ही तेज गति से दौड़ सकता है। जन्तुओं की रफ्तार के कुछ रिकॉर्ड निम्नलिखित प्रकार हैं :

- **टूना मछली (Tuna)**–69 कि.मी. प्रति घण्टा
- **सेलफिश**–110 कि.मी. प्रति घण्टा
- **स्वोर्डफिश**–92 कि.मी. प्रति घण्टा
- **चार पंखों वाली फ्लाइंग फिश**–64 कि.मी. प्रति घण्टा
- **शुतुरमुर्ग**–80.450 कि.मी. प्रति घण्टा
- **स्पाइन-टेल्ड स्विफ्ट (Spine- tailed Swift)**–171 कि.मी. प्रति घण्टा
- **हॉकमोथ (Hawkmoth)**–53 कि.मी प्रति घण्टा
- **ब्लैक माम्बा (Black Mamba) साँप**–11 कि.मी. प्रति घण्टा
- **ब्लैक बग (Black Bug)** 95 कि.मी प्रति घण्टा
- **शेर**–88 कि.मी. प्रति घण्टा
- **ग्रास स्नेक (Grass Snake)**–8 कि.मी. प्रति घण्टा
- **लैदरबैक टर्टिल (Leatherback Turtle)**–35 कि.मी. प्रति घण्टा
- **कंगारू (Kangaroo)**–25 कि.मी. प्रति घण्टा
- **हाथी**–35 कि.मी. प्रति घण्टा
- **गजेल (Gazelle)** – 92 कि.मी. प्रति घण्टा
- **प्रोंगहॉर्न एण्टीलोप (Pronghorn Antelope)**–89 कि.मी. प्रति घण्टा
- **जेब्रा**–64 कि.मी. प्रति घण्टा
- **भेड़िया**–45 कि.मी. प्रति घण्टा
- **चीता**–101 कि.मी. प्रति घण्टा
- **मनुष्य**–43 कि.मी. प्रति घण्टा
- **हिरन (Deer)**–75 कि.मी. प्रति घण्टा
- **लोमड़ी (Fox)**–75 कि.मी. प्रति घण्टा
- **भैंस (Buffalo)**–55 कि.मी. प्रति घण्टा

धीमी गति से चलने वाले जन्तुओं में निम्नलिखित मुख्य हैं–

- **सामान्य गार्डन स्नेल (Snail)**–0.83 मीटर प्रति मिनट
- **विशालकाय कछुआ (Giant Tortoise)**–4.57 मीटर प्रति मिनट
- **स्लाथ (Sloth)**–2.10 मीटर प्रति मिनट

जन्तुओं की अधिकतम आयु (Maximum Lifespans of Animals)

इस धरती पर जिसने जन्म लिया है, वह मरता भी अवश्य है, लेकिन हर प्राणी की उम्र उसकी जाति के अनुसार होती है। बर्फ के तापमान या नमक में दबे कुछ जीवाणु (Bacteria) दस लाख वर्ष से भी अधिक समय तक जीवित रह सकते हैं। कुछ पेड़ों की उम्र भी बहुत लम्बी होती है। केवल जन्तु-जगत ही ऐसा है, जिसमें कुछ की आयु बहुत कम तो कुछ की बहुत अधिक होती है। कुछ जन्तुओं की अधिकतम आयु के आँकड़े निम्नलिखित हैं :

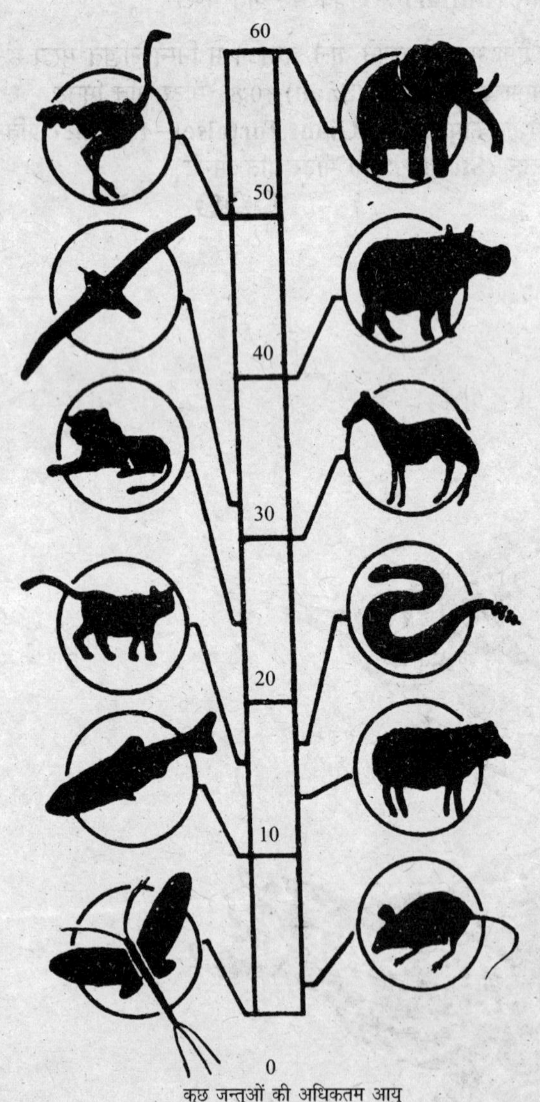

कुछ जन्तुओं की अधिकतम आयु

- **मेफ्लाई (Mayfly)**–1 दिन
- **चूहा**–2-3 वर्ष
- **ट्रॉट (Trout)**–5-10 वर्ष
- **भेड़**–10-15 वर्ष
- **बिल्ली**–13-17 वर्ष
- **रैटिल स्नेक (Rattle Snake)**–18 वर्ष
- **जापानी सैलामेण्डर (Japanese Salamander)**–55 वर्ष
- **लेक स्टर्जियन मछली (Lake Sturgeon)**–82 वर्ष
- **जैली मछली (Jellyfish)**–1 वर्ष
- **जोंक (Leech)**–20 वर्ष
- **लोबस्टर (Lobster)**–50 वर्ष से अधिक
- **मकड़ी**–28 वर्ष
- **बीटल (Beetle)**–30 वर्ष
- **टेपवर्म इकाइनोकोकस**–56 वर्ष
- **क्लेम (Clam) घोंघा**–150 वर्ष से अधिक
- **कछुआ**–152 वर्ष से अधिक
- **एल्बेट्रॉस (Albatross)**–33 वर्ष
- **शुतुरमुर्ग–(Ostrich)**–50 वर्ष
- **ऐडिण्यन कोण्डोर पक्षी**–70 वर्ष से अधिक
- **सफेद पेलिकन**–51 वर्ष
- **दरियाई घोड़ा (Hippopotamus)**–40 वर्ष
- **हाथी**–60 वर्ष
- **शेर**–25 वर्ष
- **गैण्डा**–40 वर्ष
- **घोड़ा**–30 वर्ष
- **भालू**–34 वर्ष
- **बन्दर**–20 वर्ष
- **कुत्ता**–22 वर्ष
- **मनुष्य**–118 वर्ष से अधिक
- **तोता**–140 वर्ष
- **घरेलू चिड़िया**–23 वर्ष
- **कार्प फिश**–25 वर्ष
- **कैट फिश**–60 वर्ष
- **ईल**–50 वर्ष

❂❂❂

मानव शरीर (The Human Body)

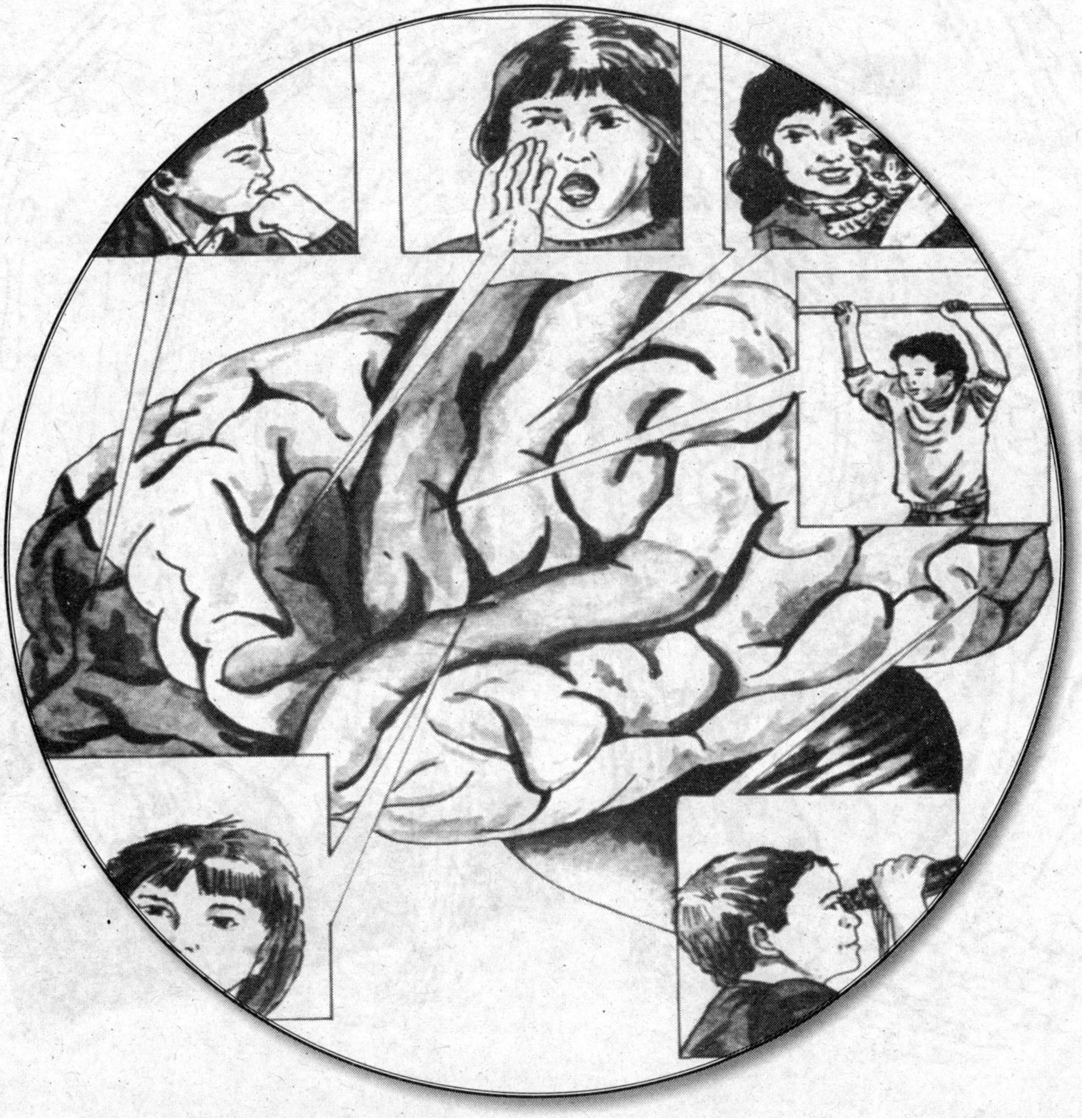

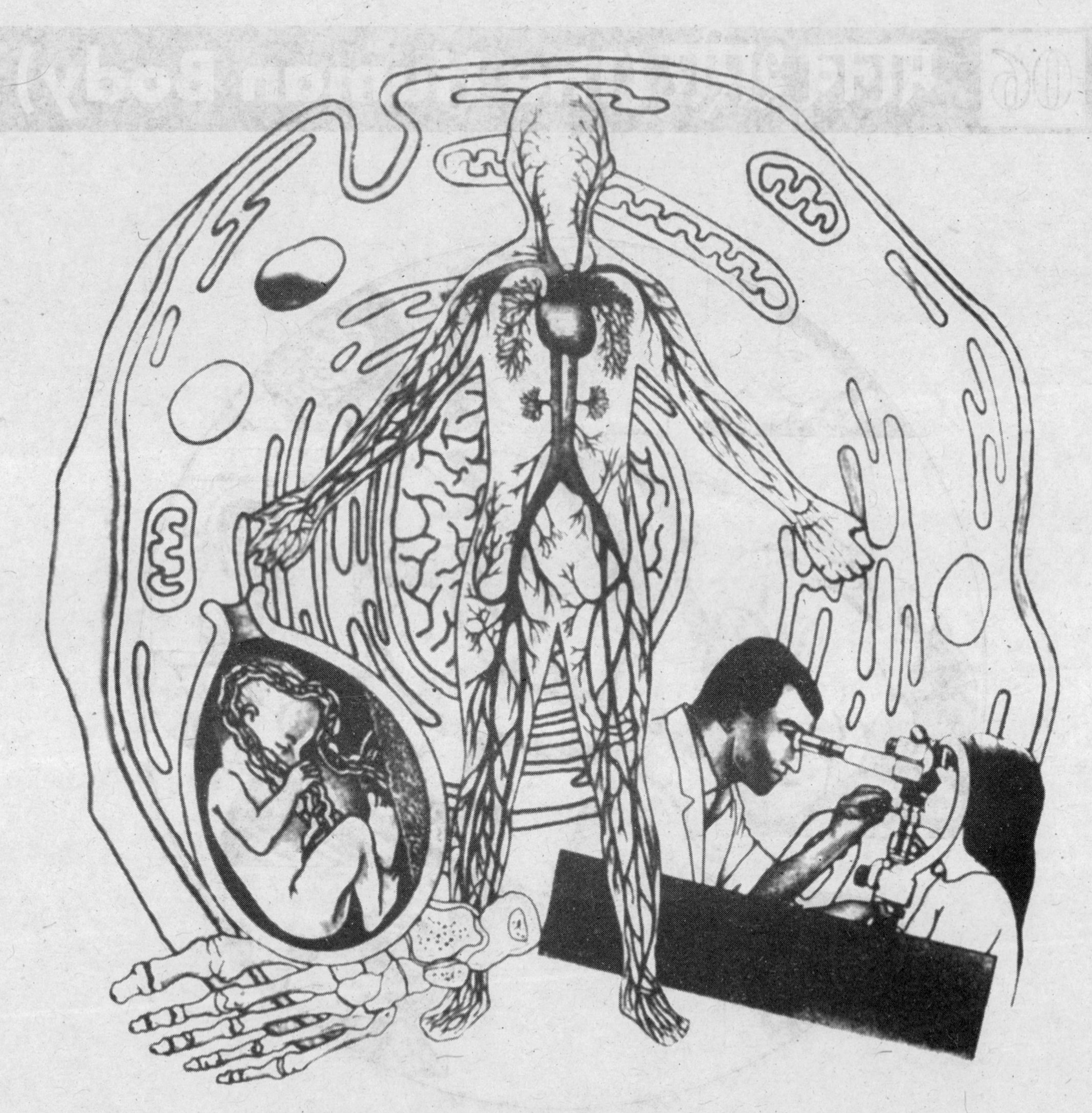

जीवित कोशिकाएँ (Living Cells)

जिस प्रकार किसी भी भवन की मूल इकाई (Basic Unit) ईंट है, उसी प्रकार कोशिका भी हमारे शरीर की मूल इकाई है। मानवशरीर अरबों-खरबों कोशिकाओं से मिलकर बना है। सभी कोशिकाएँ शरीर में उपस्थित कोशिकाओं से बनती हैं। सभी कोशिकाएँ रासायनिक संरचना में एक जैसी होती हैं। समान कोशिकाओं के मिलने से ऊतक (Tissues) बनते हैं तथा विभिन्न ऊतकों से अंग। विभिन्न अंगों के मिलने से शारीरिक तन्त्रों का निर्माण होता है। शरीर के विभिन्न तन्त्रों की कोशिकाओं की बनावट और आकार भी भिन्न होते हैं तथा इनका अपना विशिष्ट कार्य होता है। कोशिका के सात मुख्य भाग होते हैं– कोशिका भित्ति (Cell Membrane), कोशिका द्रव्य (Cytoplasm), लाइसोसोम (Lysosomes), केन्द्रक (Nucleus), एण्डोप्लाज़्मिक जालिका (Endoplasmic Reticulum), माइटोकॉण्ड्रिया (Mitochondria) तथा गॉल्गी तन्त्र (Golgi Complex)।

कोशिका भित्ति

कोशिका के चारों ओर एक भित्ति होती है, जो जीवद्रव्यों (Protoplasms) का स्रावित पदार्थ (Secretory Product) है। यह कोशिका की प्रतिकूल वातावरण से रक्षा करती है तथा एक कोशिका को दूसरी कोशिका से अलग करती है। यह कोशिका को बाँधे रखती है और उसे एक निश्चित आकार प्रदान करती है। जन्तुओं और पेड़-पौधों की कोशिकाएँ अलग-अलग होती हैं।

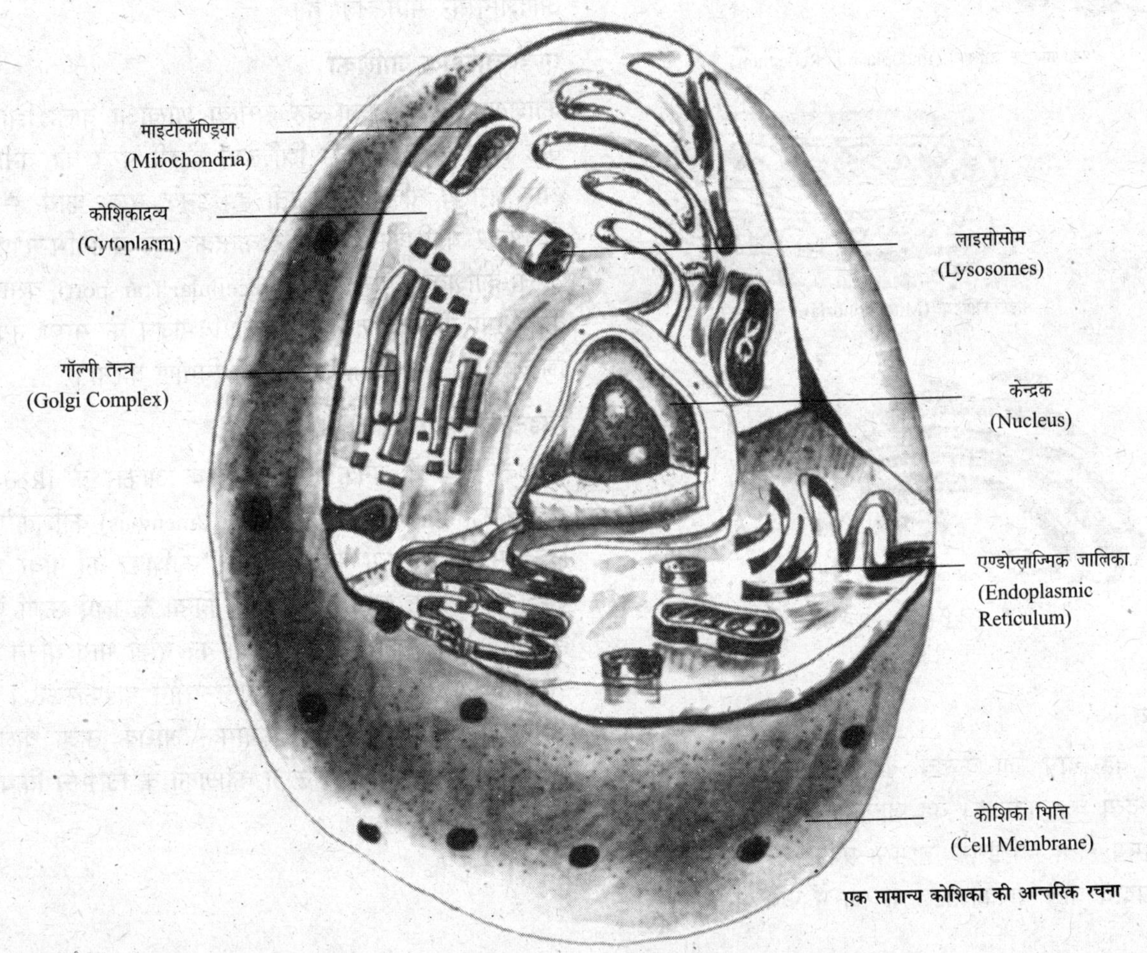

एक सामान्य कोशिका की आन्तरिक रचना

लाइसोसोम

ये गोल शक्ल की एक परत वाली झिल्लियों से घिरी थैलियाँ होती हैं। इनका मुख्य कार्य बाह्य-कोशिका पदार्थों का पाचन (Digestion of extra-cellular material), अन्तः-कोशिका पाचन (Intracellular Digestion), स्वनष्टीकरण (Autolysis) तथा कोशिका विभाजन में सहायता (Trigger of cell division) करना है।

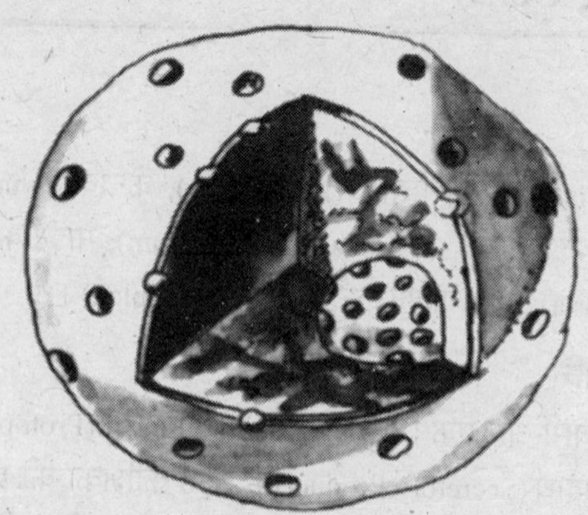

केन्द्रक (Nucleus)

केन्द्रक

यह एक सघन गोल संरचना होती है, जो कोशिका के कार्यकलापों पर नियन्त्रण रखती है। केन्द्रक एक अर्ध पारगम्य झिल्ली से घिरा होता है। इसमें 85% प्रोटीन, 10% RNA और 5% DNA होते हैं। DNA का सबसे महत्त्वपूर्ण कार्य आनुवंशिक लक्षणों को एक पीढ़ी से दूसरी पीढ़ी तक पहुँचाना है। यह कई प्रकार के राइबोन्युक्लियक अम्लों का निर्माण करता है, जिसकी मदद से प्रोटीन-संश्लेषण होता है। यह कोशिका की सभी जैव प्रक्रियाओं का नियन्त्रण करता है। RNA एमीनो अम्लों से प्रोटीन संश्लेषण की क्रिया में DNA के आदेशानुसार भाग लेता है।

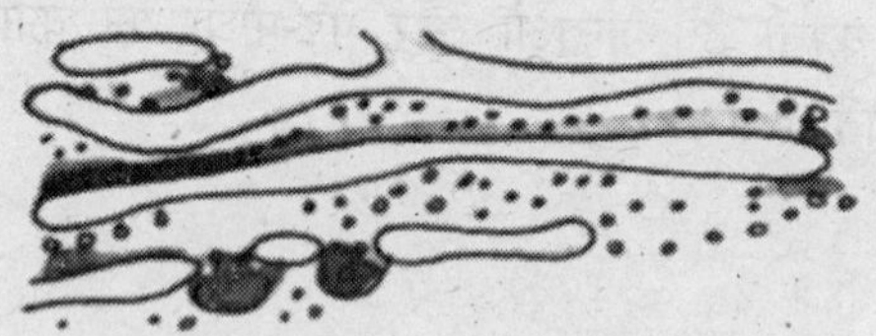

एण्डोप्लाज्मिक जालिका (Endoplasmic Reticulum)

एण्डोप्लाज़्मिक जालिका

कोशिका द्रव्य में फैला यह असंख्य शाखाओं वाली झिल्लियों का एक जाल है। जाल की झिल्लियाँ दोहरी परत की बनी होती हैं और असंख्य नलिकाएँ बनाती हैं। इनके मुख्य कार्य हैं- कोशिका के अन्दर कोशिका द्रव्य और केन्द्रक द्रव्य में विभिन्न पदार्थों का अन्तः-कोशिकीय परिवहन (Intracellular Transport), वसा-संश्लेषण की क्रिया में मदद तथा कोशिका विभाजन के समय नयी केन्द्रक झिल्ली (Nuclear Membrane) का निर्माण करना।

माइटोकॉण्ड्रिया (Mitochondria)

माइटोकॉण्ड्रिया

कोशिका द्रव्य में अनेक सूक्ष्म, छड़ी के आकार के (Rod-shaped), गोलाकार (Spherical) तथा सूत्री (Filamentous) कोशिकांग होते हैं, जिन्हें माइटोकॉण्ड्रिया कहते हैं। इन्हें कोशिका का पॉवर हाउस भी कहते हैं, क्योंकि इन्हीं में कोशिका क्रिया के लिए ऊर्जा पैदा होती है। इनमें ऑक्सिकीय श्वसन क्रिया का मुख्य भाग घटित होता है। इस ऑक्सीकरण की क्रिया में एडीनोसीन डाइफॉस्फेट (ADP) से एडीनोसीन ट्राइफॉस्फेट (ATP) नामक अधिक ऊर्जा वाले यौगिक का निर्माण होता है। यही ऊर्जा कोशिका के विभिन्न क्रिया-कलापों में काम आती है।

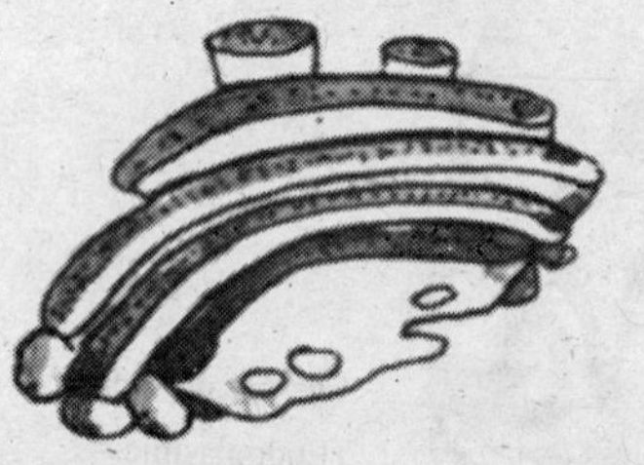

गॉल्जी तन्त्र (Golgi Complex)

कोशिका द्रव्य

जीवद्रव्य का वह भाग, जो केन्द्रक को चारों ओर से घेरे रहता है, कोशिका द्रव्य कहलाता है। यह जीवित, रंगहीन, अर्ध-पारदर्शी और कणिकामय होता है। इसमें विभिन्न प्रकार के कार्बनिक तथा अकार्बनिक पदार्थ घोल या कोलाइड के रूप में पाये जाते हैं।

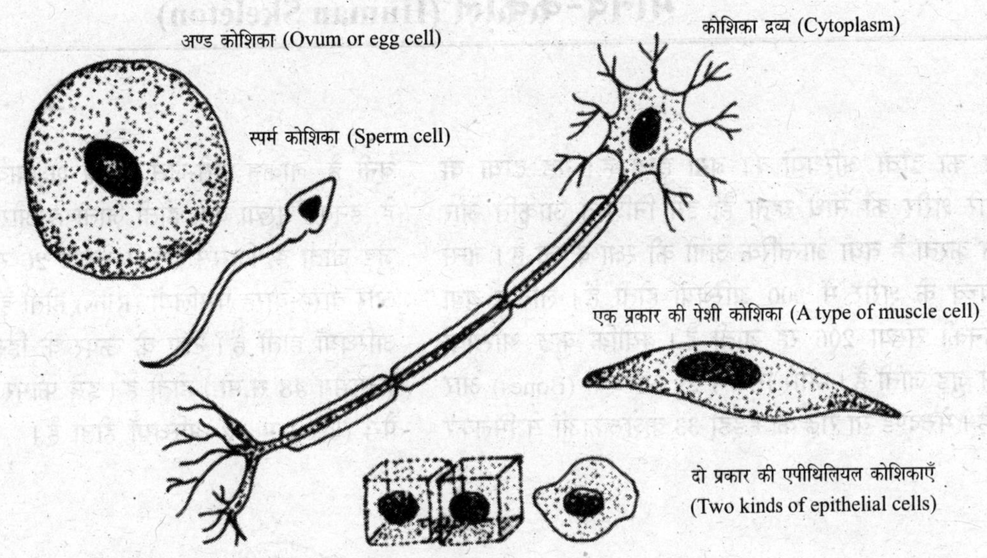

विभिन्न प्रकार की कोशिकाएँ

गॉल्गी तन्त्र

इस तन्त्र में विभिन्न आकार की चपटी तथा मुड़ी हुई थैलियों (Cisternae) का एक समूह होता है। इस तन्त्र के मुख्य कार्य हैं : कोशिकीय पदार्थों का स्रवण (Secretion) तथा विभिन्न हारमोनों का उत्पादन।

विभिन्न प्रकार की कोशिकाएँ

मानवशरीर में विभिन्न प्रकार की कोशिकाएँ होती हैं। मस्तिष्क की कुछ कोशिकाएँ बहुत सूक्ष्म होती हैं, जिनका आकार केवल 0.005 mm होता है। अण्ड (Ovum) या अण्ड कोशिका (Egg cell) सबसे बड़ी होती है, जिसका व्यास 0.2 mm होता है। कुछ कोशिकाएँ गोल और कुछ चपटी होती हैं। पेशी कोशिका लम्बी और बेलनाकार होती है, जिसकी लम्बाई लगभग 60 mm होती है। इसमें सिकुड़ने का गुण होता है। गुर्दे की कोशिकाएँ मूत्र-उत्सर्जन में सहायता करती हैं।

ऊतक और अंग (Tissues and Organs)

समान कोशिकाओं के एक विशेष क्रम में मिलने से ऊतक बनते हैं। प्रत्येक ऊतक का एक विशिष्ट कार्य होता है। ऊतक चार प्रकार के होते हैं। ये हैं– प्रोटेक्टिव ऊतक, पेशीय ऊतक, कनेक्टिव ऊतक तथा तन्त्रिका ऊतक। विभिन्न प्रकार के ऊतक आपस में मिल-जुलकर कार्य करते हैं।

विभिन्न प्रकार के ऊतकों के मिलने से अंगों का निर्माण होता है, जैसे– हृदय, गुर्दे, वृक्क, फेफड़े आदि। प्रत्येक अंग का शरीर में एक विशिष्ट कार्य होता है। अंगों के मिलने से तन्त्रों (Systems) का निर्माण होता है। शरीर के मुख्य तन्त्र हैं–कंकाल तन्त्र (Skeletal System), पेशी तन्त्र (Muscular System), तन्त्रिका तन्त्र (Nervous System), पाचक तन्त्र (Digestive System), श्वसन तन्त्र (Respiratory System), रुधिर-परिसंचरण-तन्त्र (Circulatory System), एण्डोक्राइन तन्त्र (Endocrine System), मूत्रीय तन्त्र (Urinary System) और जनन तन्त्र (Reproductive system)।

कोशिकाएं कब तक जीवित रहती हैं?

कुछ कोशिकाएँ तो थोड़े दिन तक ही जीवित रहती हैं, लेकिन कुछ ऐसी भी हैं, जो हफ्तों, महीनों या वर्षों तक जीवित रहती हैं। अस्थि कोशिकाएँ (Bone Cells) 15-20 वर्षों तक जीवित रहती हैं, जबकि श्वेत रक्त कोशिकाओं (White Blood Cells) की आयु केवल चार महीने ही होती है। त्वचा कोशिकाओं (Skin Cells) का जीवन-काल लगभग 3 सप्ताह होता है। तन्त्रिका कोशिकाओं की आयु सबसे अधिक होती है। ये हमारे जीवन के अन्तिम समय तक जीवित रहती हैं।

मिओसिस और माइटोसिस क्रियाओं द्वारा शरीर में कोशिका विभाजन की क्रिया होती रहती है। इन्हीं से शारीरिक वृद्धि और प्रजनन क्रियाएँ भी होती हैं। इन क्रियाओं द्वारा पुरानी कोशिकाओं के स्थान पर नयी कोशिकाएँ आती हैं। मिओसिस से स्पर्म और अण्डा बनता है। वृद्धि और प्रजनन क्रियाएँ जीवों की मूल क्रियाएँ हैं।

✪✪✪

मानव-कंकाल (Human Skeleton)

हमारे शरीर का ढाँचा अस्थियों का बना हुआ है। यह ढाँचा या कंकाल हमारे शरीर को साधे रहता है, इसे निश्चित आकृति और दृढ़ता प्रदान करता है तथा आन्तरिक अंगों की रक्षा करता है। जन्म के समय बच्चे के शरीर में 300 अस्थियाँ होती हैं। लेकिन युवा होते-होते इनकी संख्या 206 रह जाती है। क्योंकि कुछ अस्थियाँ एक-दूसरे से जुड़ जाती हैं। हमारे सिर में 29 अस्थियाँ (Bones) और प्लेटें होती हैं। मेरुदण्ड या रीढ़ की हड्डी 33 कशेरुकाओं से मिलकर बनी है, लेकिन जैसे-जैसे मानव शैशवावस्था को पार करता जाता है, इनकी संख्या कम होती जाती है और कुछ कशेरुकाएँ आपस में जुड़ जाती हैं, जिससे इनकी संख्या 26 रह जाती है। छाती में दोनों ओर बारह-बारह पसलियाँ (Ribs) होती हैं। हाथ की अँगुलियों में 15 अस्थियाँ होती हैं। टाँग के ऊपर के हिस्से की अस्थि सबसे लम्बी (लगभग 48 से.मी.) होती है। इसे फीमर (Femur) अस्थि कहते हैं। पैरों (Feet) में 52 अस्थियाँ होती हैं।

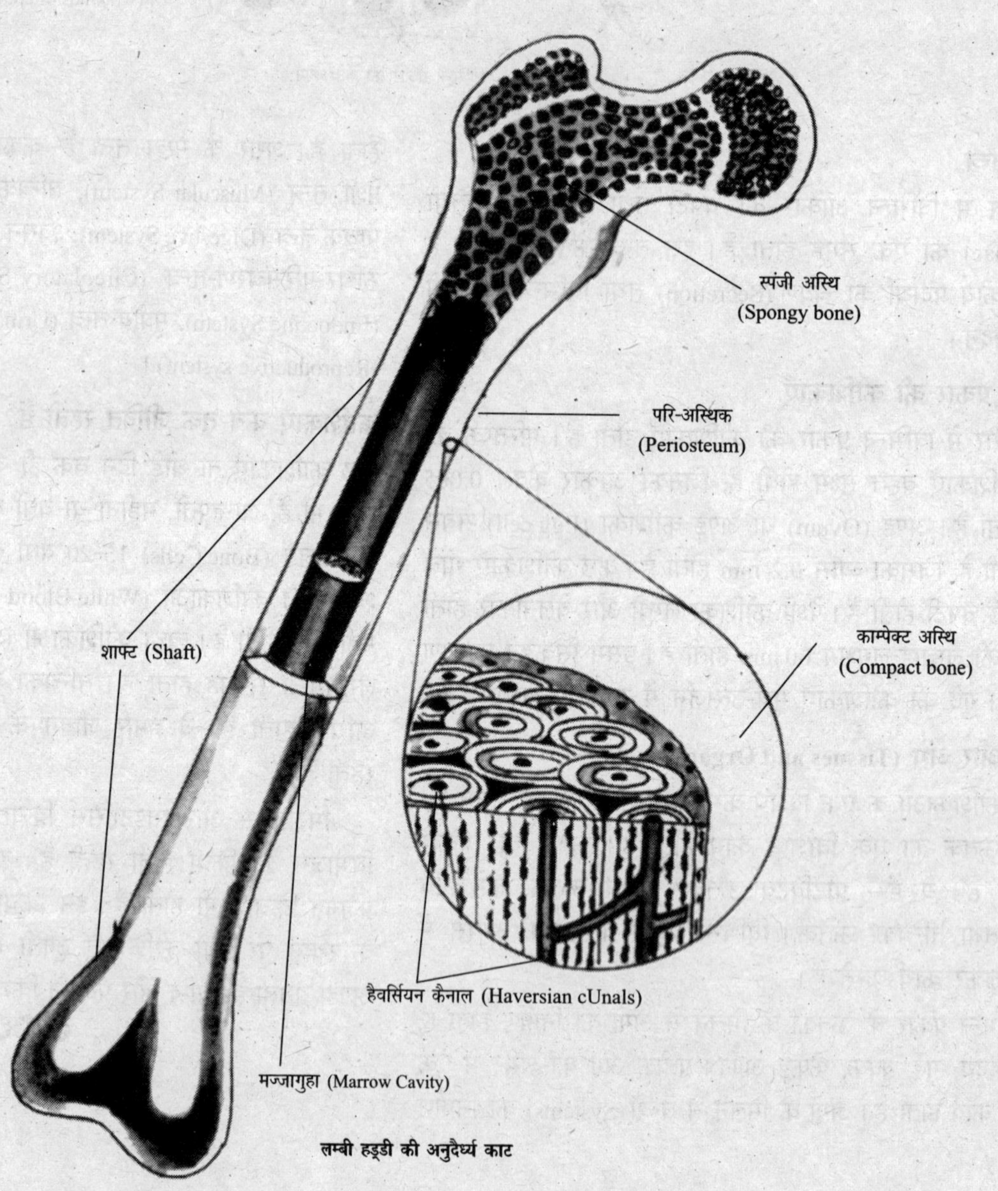

लम्बी हड्डी की अनुदैर्घ्य काट

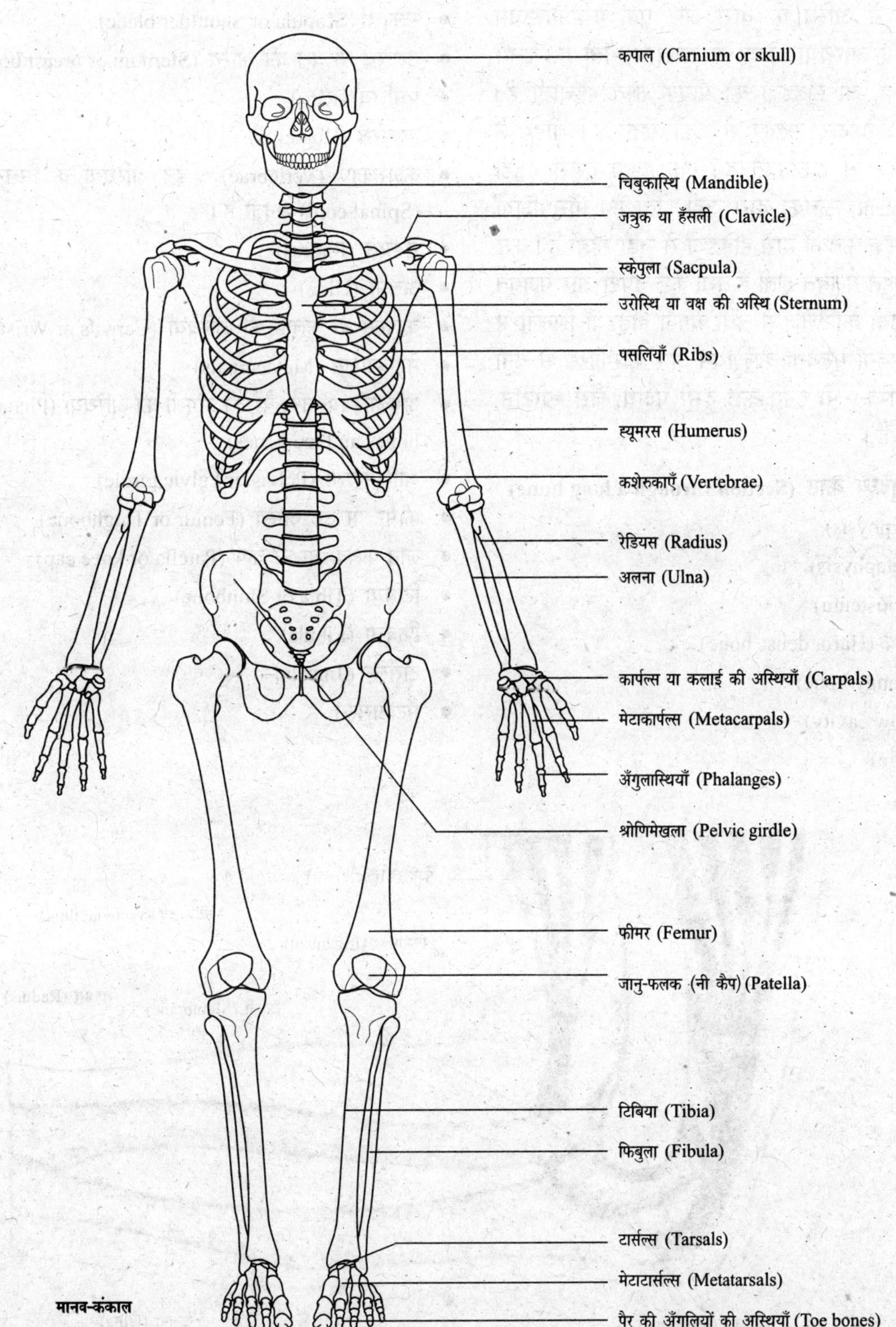

कपाल (Carnium or skull)
चिबुकास्थि (Mandible)
जत्रुक या हँसली (Clavicle)
स्केपुला (Sacpula)
उरोस्थि या वक्ष की अस्थि (Sternum)
पसलियाँ (Ribs)
ह्यूमरस (Humerus)
कशेरुकाएँ (Vertebrae)
रेडियस (Radius)
अलना (Ulna)
कार्पल्स या कलाई की अस्थियाँ (Carpals)
मेटाकार्पल्स (Metacarpals)
अँगुलास्थियाँ (Phalanges)
श्रोणिमेखला (Pelvic girdle)
फीमर (Femur)
जानु-फलक (नी कैप) (Patella)
टिबिया (Tibia)
फिबुला (Fibula)
टार्सल्स (Tarsals)
मेटाटार्सल्स (Metatarsals)
पैर की अँगुलियों की अस्थियाँ (Toe bones)

मानव-कंकाल

हमारा अस्थि-पंजर हृदय, फेफड़ों, मस्तिष्क आदि जैसे कोमल और महत्त्वपूर्ण अंगों की रक्षा करता है तथा माँसपेशियों को आधार प्रदान करता है। कंकाल साँस लेने वाले तथा सुनने वाले अंगों के निर्माण तथा उनके कार्य-सम्पादन में सहायक होता है।

जीवित अवस्था में अस्थि के चारों ओर एक पेरीओस्टियम झिल्ली होती है। सभी अस्थियाँ अन्दर से खोखली होती हैं। इनमें रक्तवाहिनियाँ होती हैं, जो हड्डियों को पोषक तत्त्व पहुँचाती हैं। आमतौर पर हड्डियाँ रेशेदार ऊतकों से ढकी रहती हैं। जोड़ों के आखिरी सिरे कार्टिलेज से ढके रहते हैं। एक हड्डी दूसरी हड्डी से लिगामेण्ट (Ligament) ऊतकों द्वारा जुड़ी होती है। माँसपेशियाँ टेण्डन (Tendon) नामक ऊतकों द्वारा हड्डियों से जुड़ी रहती हैं। कुछ हड्डियाँ लम्बी और बहुत मजबूत होती हैं तथा कुछ चपटी और मजबूत होती हैं। लम्बी हड्डियाँ कार्टिलेज से तथा चपटी हड्डियाँ झिल्ली से आरम्भ होती हैं। हड्डियाँ मुख्यतः कैल्शियम और फॉस्फोरस से बनी होती हैं। इनके अतिरिक्त भी इनमें कुछ दूसरे पदार्थ, जैसे–प्रोटीन, कोलागन आदि होते हैं।

लम्बी हड्डी की अनुदैर्ध्य काट (Section through a long bone)

- एपिफाइसिस (Epiphysis)
- मेटाफाइसिस (Metaphysis)
- परि-अस्थिक (Periosteum)
- कठोर, सघन अस्थि (Hard, dense bone)
- स्पंजी अस्थि (Spongy bone)
- मज्जागुहा (Marrow cavity)
- उपास्थि (Cartilage)

कुछ महत्त्वपूर्ण मानव-अस्थियाँ (Some important human bones)

- क्रेनियम या कपाल (Cranium or Skull)
- चिबुकास्थि (Mandible or Jawbone)
- जत्रुक या हँसली (Clavicle or Collarbone)
- स्केपुला (Scapula or Shoulder blade)
- उरोस्थि या वक्ष की अस्थि (Sternum or breast bone)
- पसलियाँ (Ribs)
- ह्यूमरस (Humerus)
- कशेरुकाएँ (Vertebrae) : इन अस्थियों के मिलने से रीढ़ रज्जु (Spinal cord) बनती है।
- रेडियस (Radius)
- अलना (Ulna)
- कार्पल्स या कलाई की अस्थियाँ (Carpals or Wrist bones)
- मेटाकार्पल्स (Metacarpals)
- अँगुलास्थियाँ तथा पैर की अँगुली की अस्थियाँ (Phalanges or finger bones and toe bones)
- श्रोणिमेखला (Pelvis or Pelvic girdle)
- फीमर या उरु अस्थि (Femur or Thighbone)
- जानु-फलक या नी कैप (Patella or knee cap)
- टिबिया (Tibia or Shinbone)
- फिबुला (Fibula)
- टार्सल्स (Tarsals)
- मेटाटार्सल्स

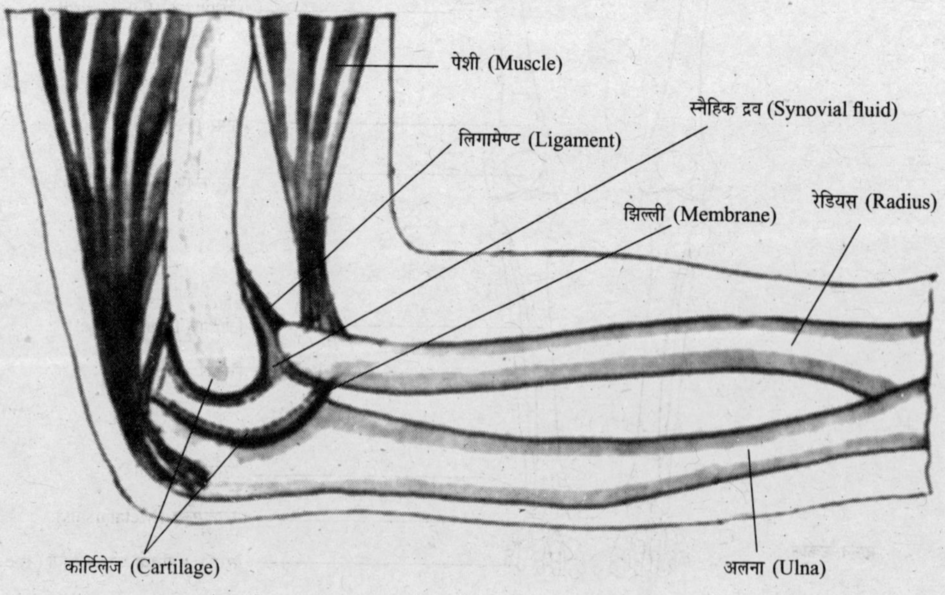

कोहनी का जोड़

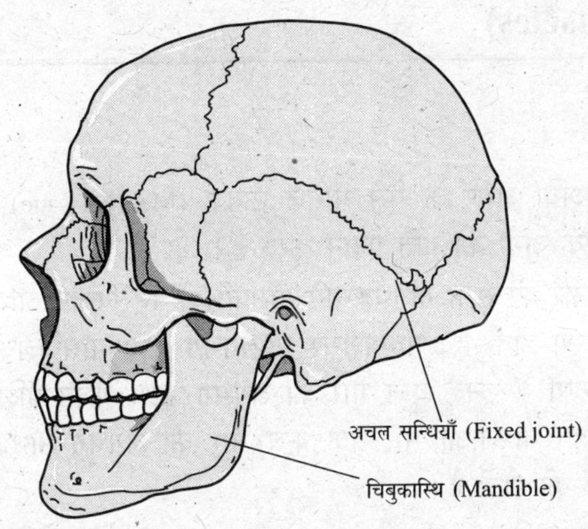

खोपड़ी की अचल सन्धियाँ

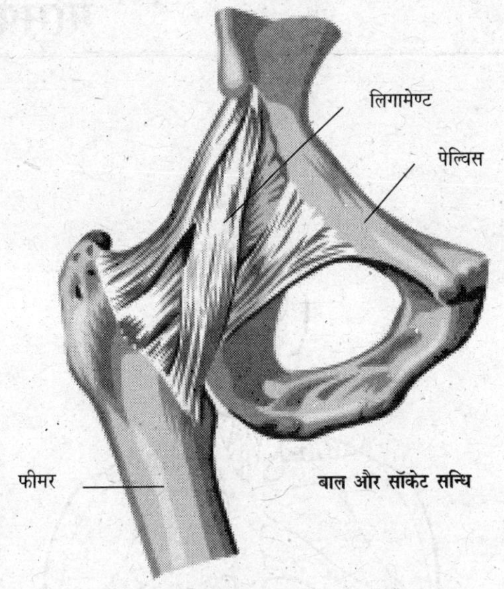

बाल और सॉकेट सन्धि

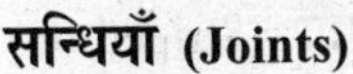

सन्धियाँ (Joints)

शरीर में दो या दो से अधिक अस्थियाँ या उपास्थियाँ जहाँ मिलती हैं, उस स्थान को 'सन्धि या जोड़' कहते हैं। अधिकांश जोड़ किसी-न-किसी प्रकार की गति प्रदान करते हैं, लेकिन कुछ ऐसे भी हैं, जो गति प्रदान नहीं करते। मुख्य रूप से शरीर में तीन प्रकार की सन्धियाँ होती हैं– चल सन्धि(Movable Joint), विसर्पी सन्धि (Gliding Joint) तथा अचल सन्धि (Immovable Joint)।

चल सन्धि

इन जोड़ों द्वारा हम इच्छानुसार गति कर सकते हैं। सन्धि में मिलने वाली हड्डियों के सिरों पर उपास्थि (Cartilage) की टोपी चढ़ी होती है, जो गद्दे का काम करती है। ये सन्धियाँ कई प्रकार की होती हैं, जैसे– बॉल और सॉकेट सन्धि (Ball and Socket Joint), कब्जा सन्धि (Hinge Joint), कोनेदार सन्धि (Angular Joint) तथा धुरीय सन्धि (Pivot Joint)।

कन्धों तथा हिप पर बॉल और सॉकेट सन्धि होती हैं, जो दोनों ओर मुड़ते हैं। जैसे दरवाजे या बॉक्स के कब्जे होते हैं, वैसे ही शरीर में कब्जा सन्धि होती है, जैसे घुटना और कोहनी सन्धि। कुछ सन्धियाँ शरीर में धुरी का काम करती हैं, इन्हें धुरीय सन्धि कहते हैं। सभी सन्धियाँ अलग-अलग प्रकार की गति करती हैं।

विसर्पी सन्धि

इस जोड़ पर दो अस्थियाँ मुड़ती नहीं हैं, बल्कि एक-दूसरे पर फिसलती हैं। रीढ़ की हड्डी के कशेरुक विसर्पी सन्धि से ही जुड़े होते हैं। मानव के दोनों पैर बाईपैडल गति करते हैं।

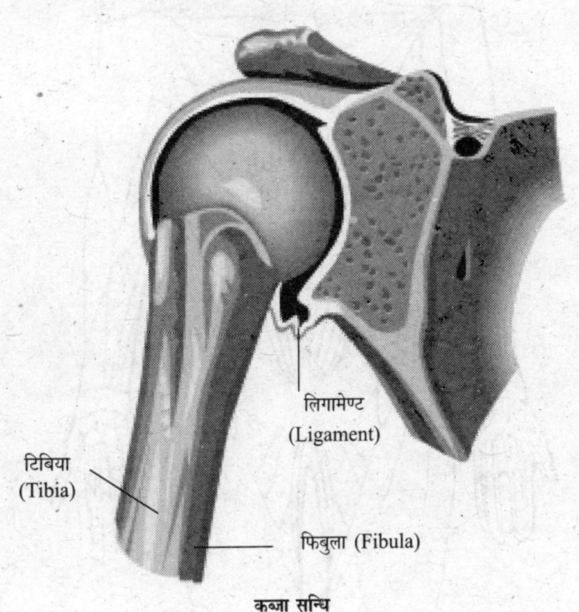

कब्जा सन्धि

अचल सन्धि

जैसा कि नाम से ही स्पष्ट है, इनमें किसी प्रकार की गति नहीं होती। दो अस्थियों के बीच में कार्टिलेज नहीं होता। दाँतों के जबड़े और खोपड़ी के जोड़ अचल सन्धि की श्रेणी में आते हैं। ये सन्धियाँ अचल रहती हैं। इनमें गति नहीं होती है।

माँसपेशियाँ (Muscles)

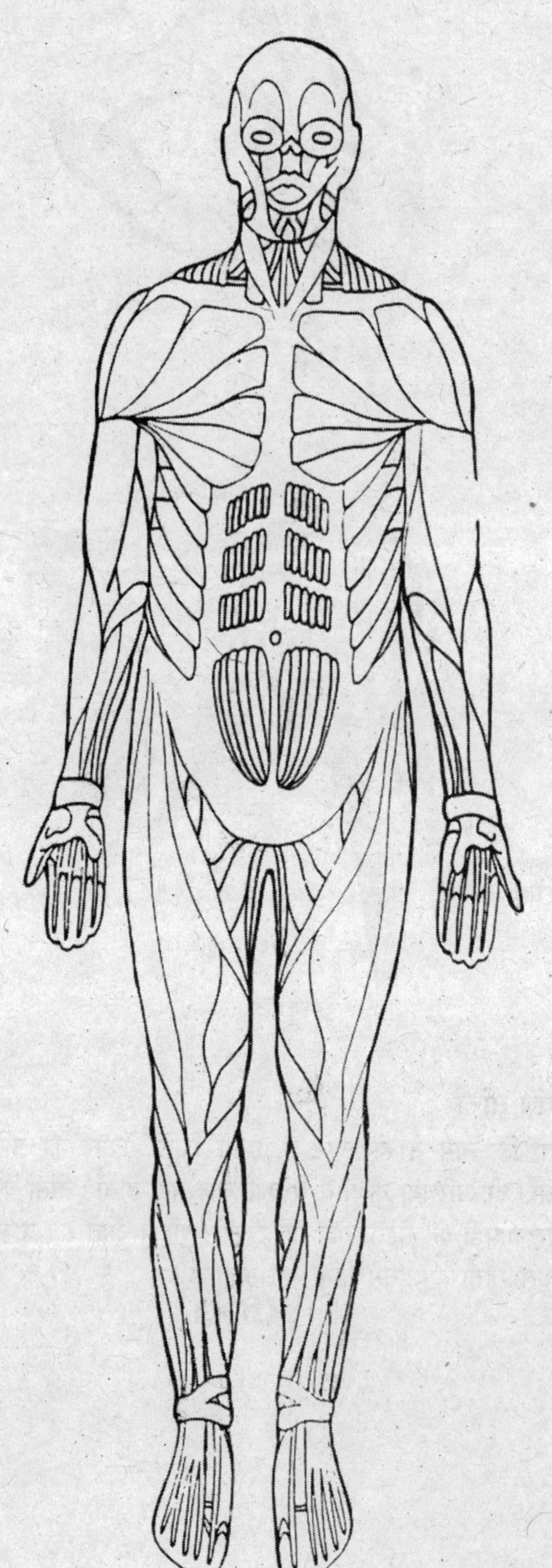

माँसपेशियाँ शरीर के ऐसे माँसल ऊतक (Meaty Tissue) हैं, जो शारीरिक अंगों को गति प्रदान करते हैं।

शरीर की सभी गति-क्रियाएँ माँसपेशियों के संकुचन और फैलने के कारण होती हैं। मानवशरीर में लगभग 650 माँसपेशियाँ होती हैं। पुरुषों में उनके कुल भार का लगभग 42% वजन पेशियों का होता है। महिलाओं में उसके कुल भार का लगभग 36% वजन पेशियों की होती हैं।

माँसपेशियाँ तीन प्रकार की होती हैं– अरेखित या अनैच्छिक पेशियाँ (Unstriped or involuntary muscle), हृदयपेशियाँ (Cardiac muscle) और रेखित या ऐच्छिक पेशियाँ (Striped or voluntary muscle)। अधिकांश पेशियाँ तन्तुओं से बनी होती हैं।

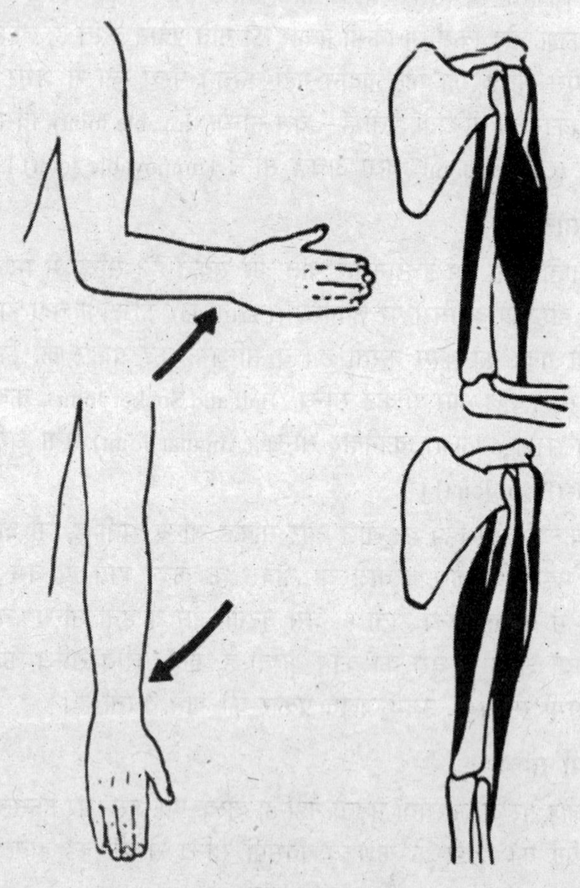

शरीर की सभी गति क्रियाएँ माँसपेशियों के संकुचन और फैलने के कारण होती हैं।

अरेखित या अनैच्छिक पेशियाँ : ये पेशियाँ स्वतः फैलती और सिकुड़ती रहती हैं। इनके ऊपर इच्छा का कोई प्रभाव नहीं पड़ता। इसलिए इन्हें अनैच्छिक पेशियाँ कहते हैं। ये मूत्राशय, आहार-नली तथा रक्तवाहिनियों आदि की दीवारों में पायी जाती हैं।

हृदयपेशियाँ : ये पेशियाँ हृदय की दीवारों में होती हैं। इनमें अरेखित तथा रेखित दोनों पेशियों के गुण पाये जाते हैं, परन्तु स्वभाव से ये अनैच्छिक होती हैं। ये पेशियाँ पूरे जीवन बिना रुके निरन्तर काम करती रहती हैं, जैसे हृदय सदा ही धड़कता रहता है।

रेखित या ऐच्छिक पेशियाँ : ये पेशियाँ हमारी इच्छानुसार सिकुड़ती हैं, इसलिए इन्हें ऐच्छिक पेशियाँ कहते हैं। ये अस्थियों में लगी रहती हैं और शरीर के समस्त हिलने-डुलने की क्रिया इन्हीं के द्वारा होती है। उदाहरण के लिए टाँगों की पेशियों द्वारा हम चलते-फिरते और दौड़ते हैं। हाथों की पेशियों द्वारा हम वस्तुओं को पकड़ते हैं तथा दूसरे काम करते हैं।

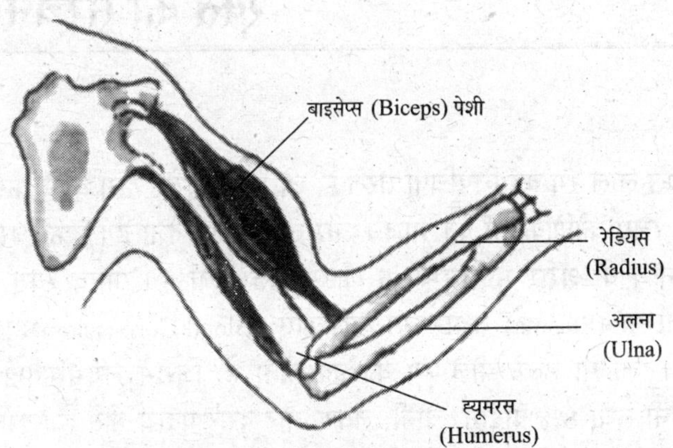

पेशियाँ कण्डरा (Tendon) द्वारा अस्थियों से जुड़ी रहती हैं।

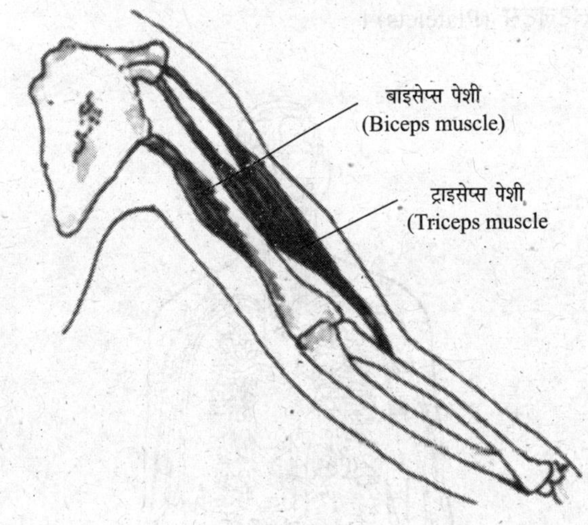

पेशियों का कार्य

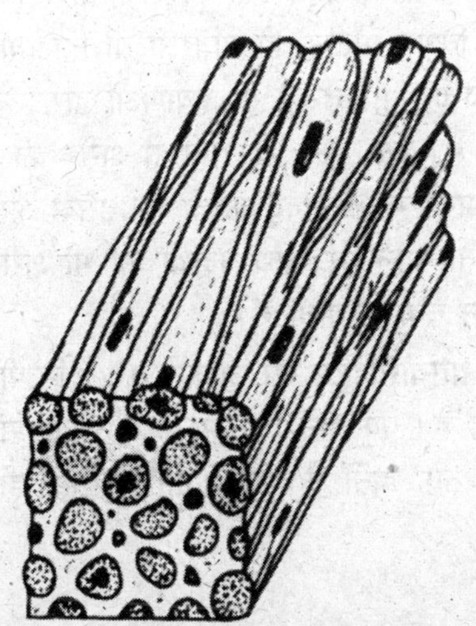

अनैच्छिक पेशी (Involuntary muscle)

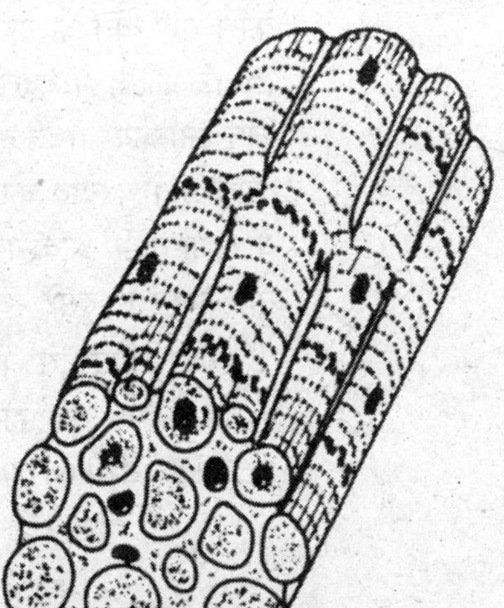

हृदपेशियाँ (Cardiac muscles)

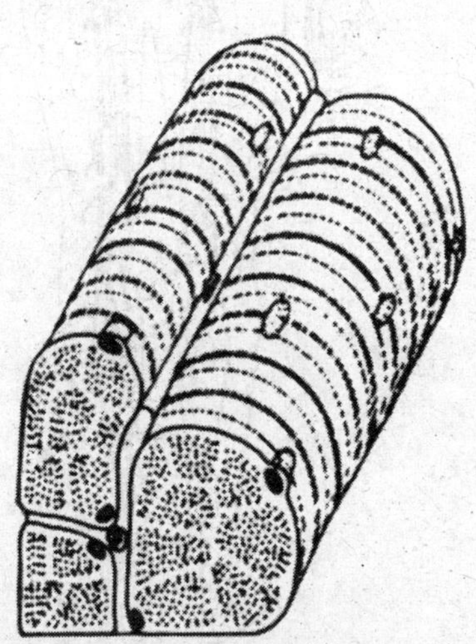

ऐच्छिक पेशी (Voluntary muscle)

रक्त की संरचना (Structure of Blood)

रक्त लाल रंग का चिपचिपा तरल है, जो हमारे शरीर द्वारा काम करने के लिए कोशिकाओं को भोजन और ऑक्सीजन देता है। एक स्वस्थ मनुष्य के शरीर में लगभग 5 लीटर रक्त होता है। मानव रक्त में प्लाज़्मा (Plasma) तथा रक्त कणिकाएँ (Blood Corpuscles) होती हैं। प्लाज़्मा हल्के पीले रंग का द्रव होता है, जिसमें लगभग 92% पानी तथा 8% प्रोटीन, चीनी, लवण और दूसरे पदार्थ होते हैं। इसमें तीन प्रकार की रक्त कणिकाएँ होती हैं– लाल रक्त कणिकाएँ (Red Blood Corpuscles), श्वेत रक्त कणिकाएँ (White Blood Corpuscles) तथा प्लेटलेट्स (Platelets)।

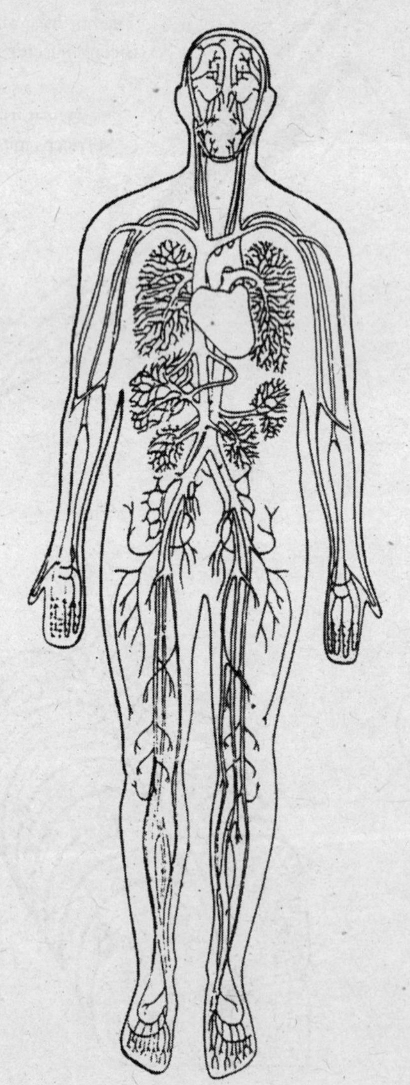

मनुष्य के शरीर में लगभग 5 लीटर रक्त होता है।

लाल रक्त कणिकाएँ या एरिथ्रोसाइट्स (Erythrocytes) चपटी, गोल तथा दोनों ओर से बीच में दबी हुई (Biconcave) होती हैं। इनमें नाभिक (Nuclei) नहीं होता। लाल रक्त कणिकाओं में एक लौहयुक्त प्रोटीन पाया जाता है, जिसे हिमोग्लोबिन कहते हैं। इसी के कारण रक्त का रंग लाल होता है। हिमोग्लोबिन ऑक्सीजन को शोषित करके ऑक्सीहिमोग्लोबिन नामक अस्थायी पदार्थ बनाता है, जो विखण्डित होकर ऑक्सीजन को मुक्त करता है। यही ऑक्सीजन शरीर के विभिन्न भागों में पहुँचती है। इनका जीवनकाल 50 से 120 दिन तक होता है। इनका आकार 0.007 मि.मी. होता है। इनका निर्माण बोन मेरो में होता है। एक घन मिलीमीटर में लगभग 50 लाख लाल रक्त कण होते हैं।

श्वेत रक्त कणिकाएँ या ल्यूकोसाइट्स कई प्रकार की होती हैं। ये आकार में लाल रक्त कणिकाओं से बड़ी होती हैं, लेकिन इनकी संख्या उनकी तुलना में कम होती है। एक घन मिलीमीटर में इनकी संख्या 5 से 10 हजार होती है। इनमें नाभिक होता है। हिमोग्लोबिन न होने के कारण इनका रंग सफेद होता है। जब कभी शरीर के किसी हिस्से में बाहरी हानिकारक जीवाणुओं का हमला होने लगता है, तो वहाँ पर भारी संख्या में श्वेत कणिकाएँ पहुँचकर जीवाणुओं से लड़ना शुरू कर देती हैं और उन्हें मार कर खा जाती हैं। इसके अलावा ये शरीर के घायल हिस्सों की अन्य टूटी-फूटी कोशिकाओं को खाकर उस हिस्से को साफ करती हैं, ताकि ये कोशिकाएँ शरीर में रोग न फैला पायें। जीवाणु एक प्रकार का विषैला पदार्थ भी पैदा करते हैं, जो शरीर के लिए बहुत हानिकारक होता है। श्वेत कणिकाएँ रक्त के कुछ विशेष प्रोटीन को प्रतिरक्षी या एण्टीबॉडीज़ (Antibodies) में बदल देती हैं। प्रतिरक्षी से जीवाणुओं द्वारा उत्पन्न विष निष्क्रिय हो जाता है। इस प्रकार ये रोगों से शरीर की रक्षा करती हैं। ये घाव को भरने में भी मदद करती हैं। इसके अलावा ये कभी-कभी आवश्यकता पड़ने पर खाद्य पदार्थों को भी शरीर में एक स्थान से दूसरे स्थान तक पहुँचाती हैं।

रक्त प्लेटलेट्स या थ्राम्बोसाइट्स का आकार 0.002 मि.मी. से 0.004 मि.मी. तक होता है। एक घन मिलीमीटर में इनकी संख्या 1,50,000 से 4,00,000 तक होती है। इनमें नाभिक नहीं होता।

इनका कार्य शरीर के कट जाने पर रक्त बहाव को रोकना है, ताकि शरीर से रक्त की मात्रा कम न हो। जिन लोगों के रक्त में प्लेटलेट्स की संख्या कम होती है, उनका रक्त बहना बहुत देर तक नहीं रुक पाता। ऐसे व्यक्तियों को हीमोफीलिया रोग से पीड़ित कहते हैं।

रुधिर वर्ग (Blood Group)

जब कभी किसी घायल या रोगी मनुष्य के शरीर में रक्त की कमी हो जाती है, तो उसके शरीर में अन्य व्यक्ति का रक्त चढ़ाया जाता है, जिससे उसका जीवन बचाया जा सके। लेकिन किसी भी व्यक्ति का रक्त किसी भी रोगी को नहीं दिया जा सकता। इसके लिए रक्त वर्ग मिलाना होता है। सर्वप्रथम कार्ल लैण्ड स्टाइनर (Karl Land Steainer) ने सन् 1931 में मनुष्य के रक्त को तीन वर्गों में बाँटा था। इनके बाद डी-कैस्टीलो (De-Castello) तथा स्टूलरी (Stulri) ने मनुष्य के रक्त में चौथे वर्ग का भी पता लगाया। अब मनुष्य के रक्त को चार वर्गों में बाँटा गया है। ये हैं– रुधिर वर्ग A, रुधिर वर्ग B, रुधिर वर्ग AB तथा रुधिर वर्ग O।

रुधिर वर्गों की भिन्नता लाल कणिकाओं (RBC) में मौजूद एक विशेष पदार्थ के कारण होती है, जिसे एण्टीजन (Antigen) कहते हैं। एण्टीजन दो प्रकार के होते हैं– 'एण्टीजन A' और 'एण्टीजन B'। रक्त प्लाज़्मा (Blood Plasma) में एण्टीबॉडी या प्रतिरक्षी (Antibody) 'a' तथा एण्टीबॉडी 'b', दो महत्त्वपूर्ण पदार्थ पाये जाते हैं। एण्टीजन A तथा एण्टीबॉडी b वाले रक्त (वर्ग A) को एण्टीजन B तथा एण्टीबॉडी a (वर्ग B) के साथ मिलने पर दोनों की लाल रक्त कणिकाएँ आपस में चिपक जाती हैं, लेकिन एण्टीजन A के साथ एण्टीबॉडी b तथा एण्टीजन B के साथ एण्टीबॉडी a मिलाने पर रक्त कणिकाएँ आपस में नहीं चिपकतीं।

चारों वर्गों के साथ एण्टीबॉडी का वितरण

रुधिर वर्ग	एण्टीजन (RBC में)	एण्टीबॉडी (रक्त प्लाज़्मा में)
A	केवल A	केवल b
B	केवल B	केवल a
AB	A B दोनों	कोई नहीं
O	कोई नहीं	a b दोनों

इन रक्त समूहों में O वर्ग किसी भी रोगी को दिया जा सकता है तथा AB वर्ग का रोगी किसी भी वर्ग का रक्त ले सकता है। इनके अतिरिक्त रक्त में Rh फैक्टर भी होता है। रक्त चढ़ाते समय इसका भी ध्यान रखना पड़ता है। Rh नेगेटिव वाली महिलाओं को सन्तान पैदा करने में परेशानी होती है।

❂❂❂

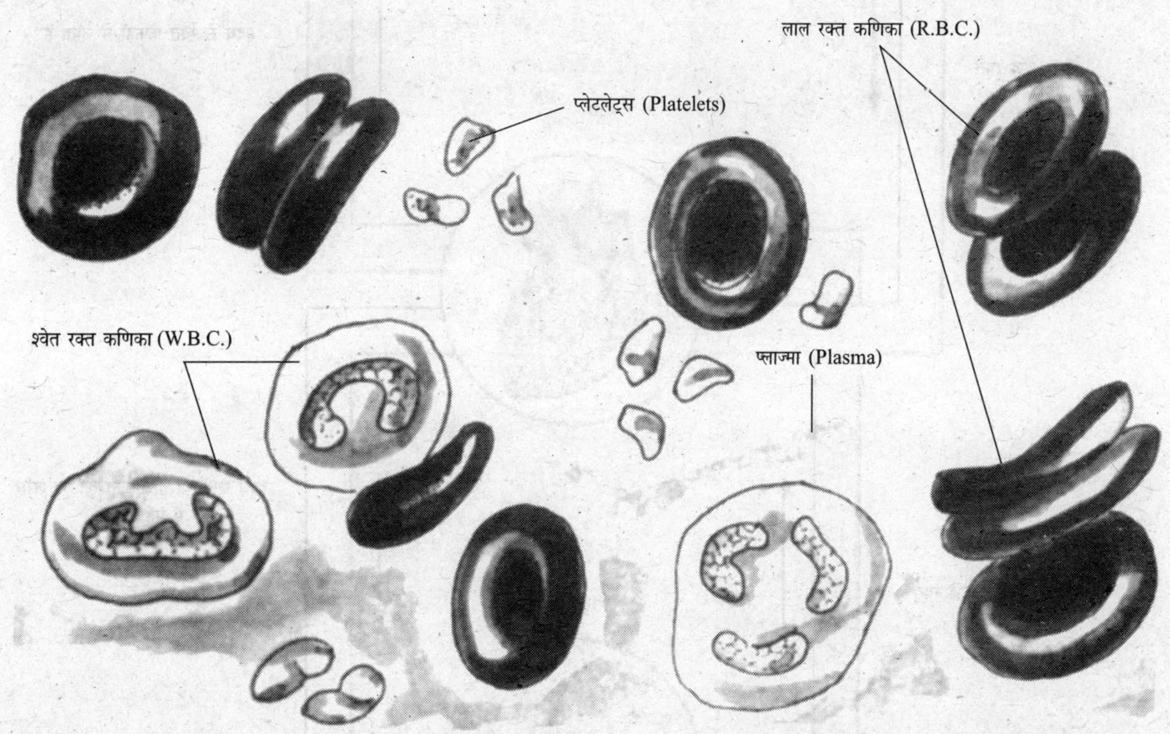

रक्त में श्वेत और लाल कणिकाएँ तथा प्लेटलेट्स प्लाज़्मा में तैरती रहती हैं।

परिसंचरण-तन्त्र (Circulatory System)

परिसंचरण-तन्त्र का अर्थ है- रक्त का समस्त शरीर में परिभ्रमण। मानव के परिसंचरण-तन्त्र में रक्त नलिकाएँ (Blood vessels) तथा हृदय मुख्य रूप से कार्य करते हैं। हृदय एक पेशीय अंग है, जिसका वजन लगभग 280 ग्राम होता है। हृदय एक पम्प की तरह काम करता है। हृदय से 'रक्त' धमनियों द्वारा शरीर के विभिन्न भागों को जाता है तथा वहाँ से शिराओं के द्वारा हृदय में वापस आता है। इस प्रकार 'रक्त' हृदय, धमनियों और शिराओं द्वारा पूरे शरीर में जीवनभर लगातार भ्रमण करता रहता है।

रक्त नलिकाएँ (Blood vessels)

धमनियाँ (Arteries) : ये हृदय से शुद्ध रक्त को शरीर के विभिन्न अंगों तक ले जाने का कार्य करती हैं।

शिराएँ (Veins) : ये शरीर के विभिन्न अंगों से अशुद्ध रक्त को हृदय में वापस लाती हैं।

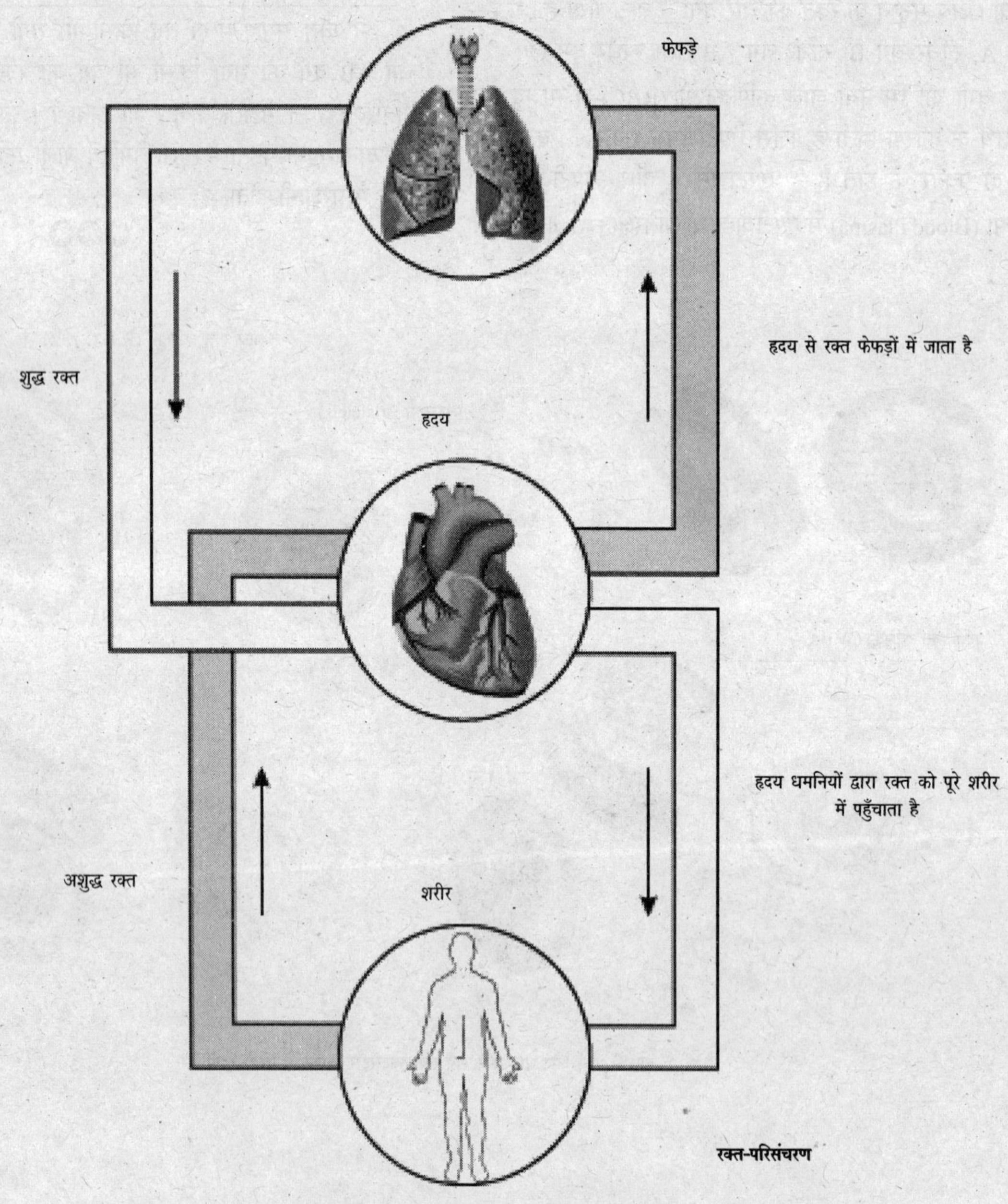

रक्त-परिसंचरण

परिसंचरण (Circulation) : शुद्ध या ऑक्सीजनयुक्त (Oxygenated) रक्त फेफड़ों से हृदय में आता है। हृदय पम्पिंग क्रिया द्वारा इस रक्त को धमनियों के द्वारा पूरे शरीर में पहुँचाता है। शरीर के रक्त में मिला ऑक्सीजन प्रयोग हो जाता है और अशुद्ध या ऑक्सीजनरहित (Deoxygenated) रक्त शिराओं द्वारा फिर हृदय की ओर आता है। हृदय इस रक्त को ऑक्सीजन प्राप्त करने के लिए फिर फेफड़ों में भेजता है। इस प्रकार यह चक्र निरन्तर चलता रहता है।

केशिका तन्त्र (Capillary Network) : मुख्य धमनी शरीर के विभिन्न भागों में जाकर पतली-पतली शाखाओं में बँट जाती है। ये शाखाएँ आगे और भी पतली-पतली शाखाओं में जाल की तरह बँट

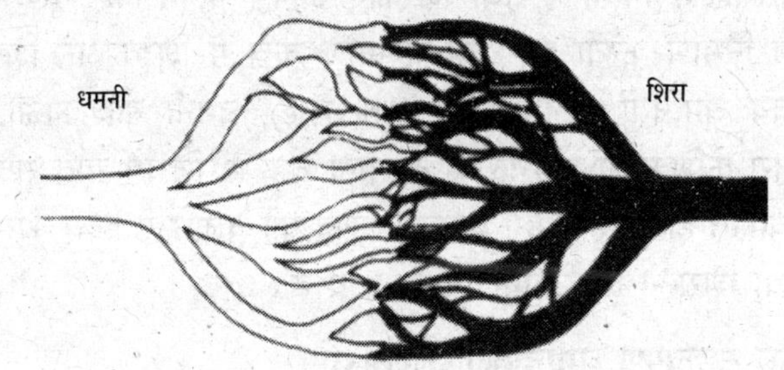

धमनी और शिरा के बीच सम्बन्ध

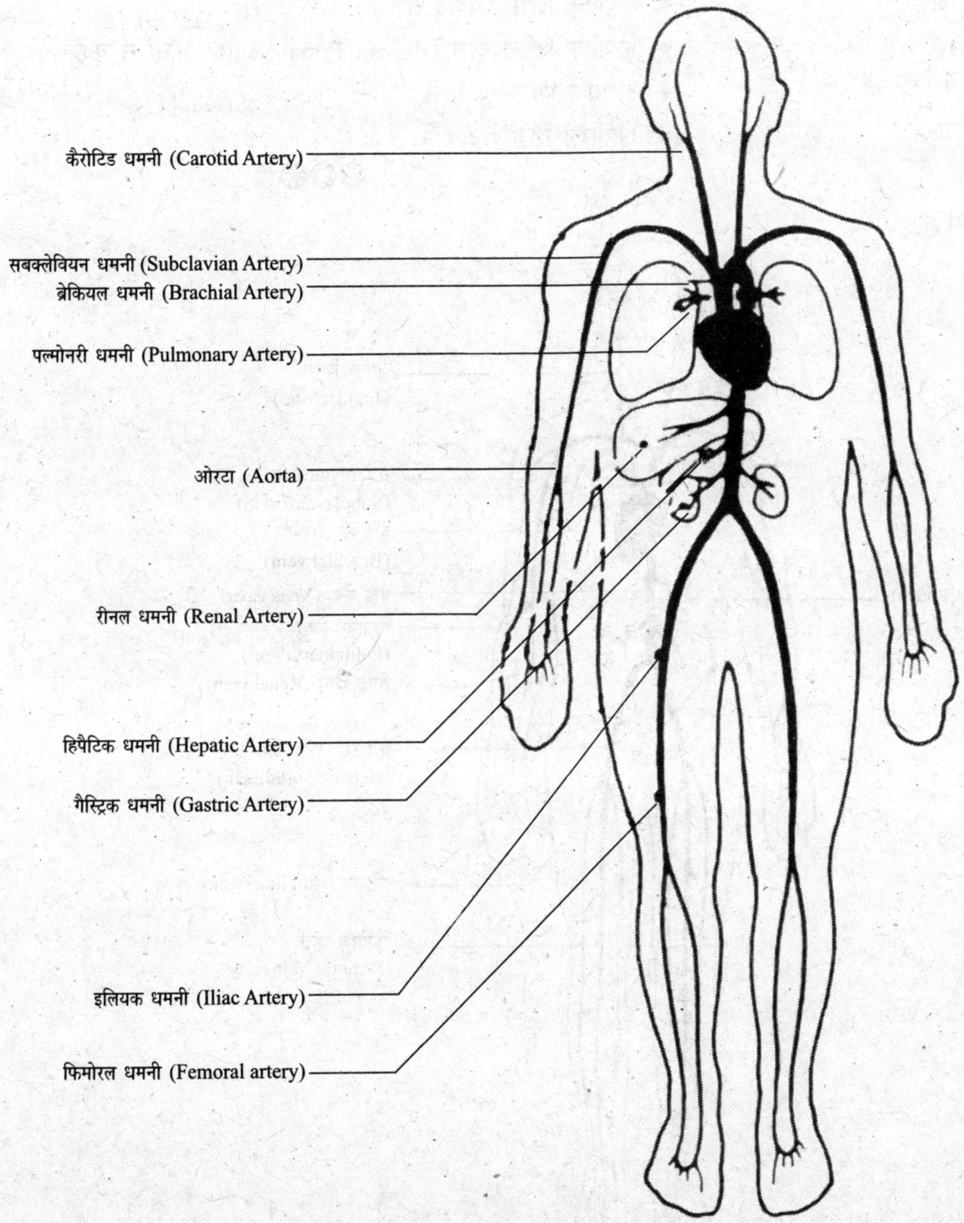

कैरोटिड धमनी (Carotid Artery)
सबक्लेवियन धमनी (Subclavian Artery)
ब्रेकियल धमनी (Brachial Artery)
पल्मोनरी धमनी (Pulmonary Artery)
ओरटा (Aorta)
रीनल धमनी (Renal Artery)
हिपैटिक धमनी (Hepatic Artery)
गैस्ट्रिक धमनी (Gastric Artery)
इलियक धमनी (Iliac Artery)
फिमोरल धमनी (Femoral artery)

मनुष्य का धमनी-तन्त्र

जाती हैं। इन्हें धमनी केशिकाएँ (Arterial capillaries) कहते हैं। धमनी केशिकाओं का जाल शिरा केशिकाओं (Venal capillaries) में बदल जाता है। शिरा कोशिकाएँ एक-दूसरे से मिलकर शिरकाएँ (Venules) बनाती हैं तथा शिरकाएँ आपस में मिलकर मुख्य शिरा का निर्माण करती हैं। रक्त-परिभ्रमण तन्त्र में शिरकाओं, शिराओं, हृदय धमनियों, धमनिकाओं (Arteriole), धमनी केशिकाओं और शिरा केशिकाओं की नलियों का बन्द चक्र है, जिसमें रक्त सदैव ही प्रवाहित होता रहता है। शरीररूपी नाव को चलाने में हृदय, धमनियों तथा शिराओं का अपना विशेष कार्य है।

कुछ महत्त्वपूर्ण धमनियाँ (Arteries)

- कैरोटिड धमनी (Carotid Artery) : सिर को
- सबक्लेवियन धमनी (Subclavian Artery) : बाजू को
- पल्मोनरी धमनी (Pulmonary Artery) : फेफड़ों को
- ओरटा (Aorta) : हृदय से पूरे शरीर के लिए
- रीनल धमनी (Renal Artery) : वृक्क को
- हिपैटिक धमनी (Hepatic Artery) : यकृत को
- गैस्ट्रिक धमनी (Gastric Artery) : आमाशय को
- इलियक धमनी (Iliac Artery) : टाँग को
- फिमोरल धमनी (Femoral Artery) : टाँग को

कुछ महत्त्वपूर्ण शिराएँ (Veins)

- जुगुलर शिरा (Jugular Vein) : सिर से
- सबक्लेवियन शिरा : बाजू से
- ब्रेकियल शिरा : आस्तीन (हाथ) से
- पल्मोनरी शिरा : फेफड़े से
- वेना केवा (Vena Cava) : शरीर से हृदय को
- रीनल शिरा : वृक्क से
- हिपैटिक शिरा : यकृत से
- हिपैटिक पोर्टल शिरा (Hepatic Portal Vein) : आँतों से यकृत को
- इलियक शिरा : टाँग से
- फिमोरल शिरा : टाँग में

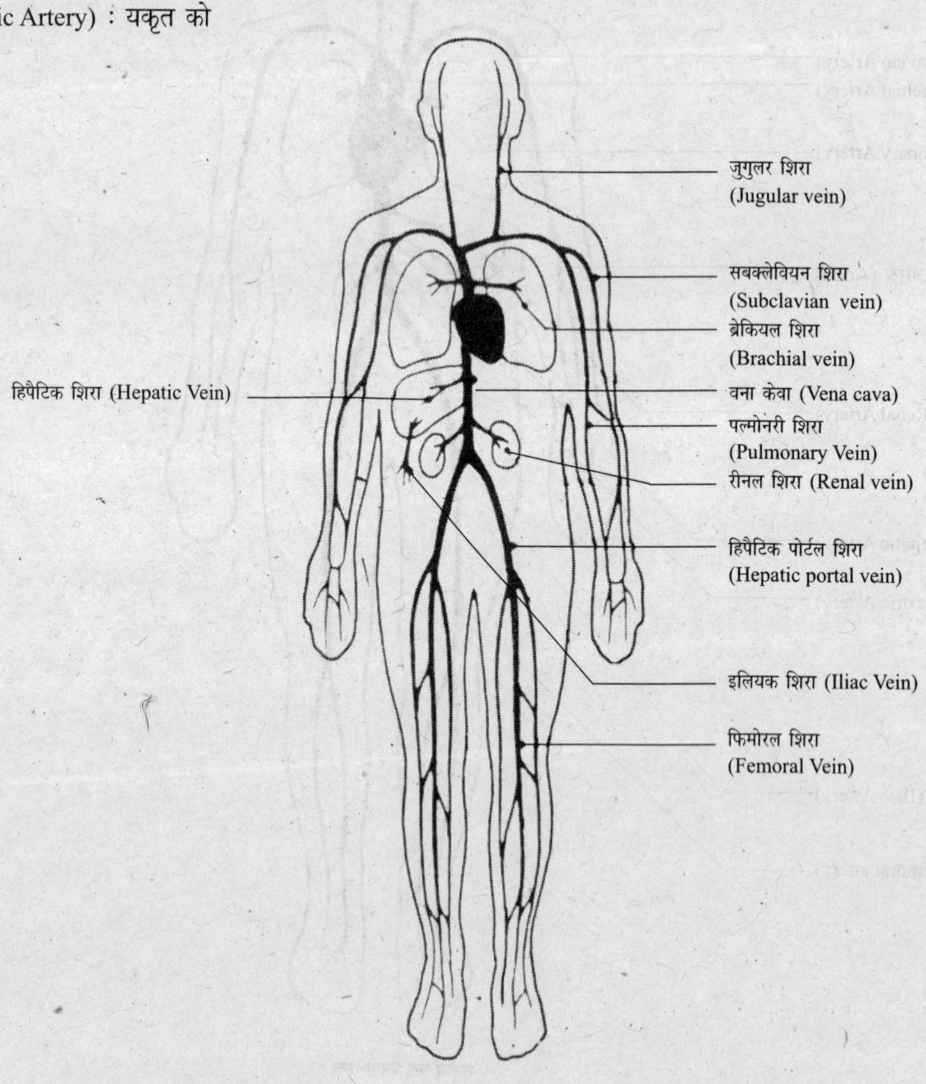

मनुष्य का शिरा-तन्त्र

हृदय (Heart)

हृदय हमारे शरीर का एक अत्यन्त महत्त्वपूर्ण अंग है, जो वक्ष में बायीं ओर स्थित होता है। बन्द मुट्ठी के आकार के हृदय का भार लगभग 300 ग्राम होता है। इसके दोनों ओर दो फेफड़े होते हैं। हृदय पर झिल्ली का बना एक आवरण होता है, जिसे पेरीकार्डियम (Pericardium) कहते हैं। इसकी दो परतें होती हैं– एक परत हृदय के सम्पर्क में रहती है और दूसरी इसके बाहर होती है। हृदय वास्तव में एक माँसपेशी है, जिसके अन्दर रक्त भरा रहता है। इस भाग को मायोकार्डियम (Myocardium) कहते हैं। इसके अन्दर की परत जो रक्त के सम्पर्क में रहती है, एण्डोकार्डियम (Endocardium) कहलाती है।

हृदय एक खोखला अंग है, जो चार कोष्ठों (Chambers) में बँटा होता है। दो कोष्ठ दाहिनी ओर होते हैं, जिनके बीच में एक परदा (Septum) होता है, जो दाहिने और बायें ओर के रक्त को मिलने

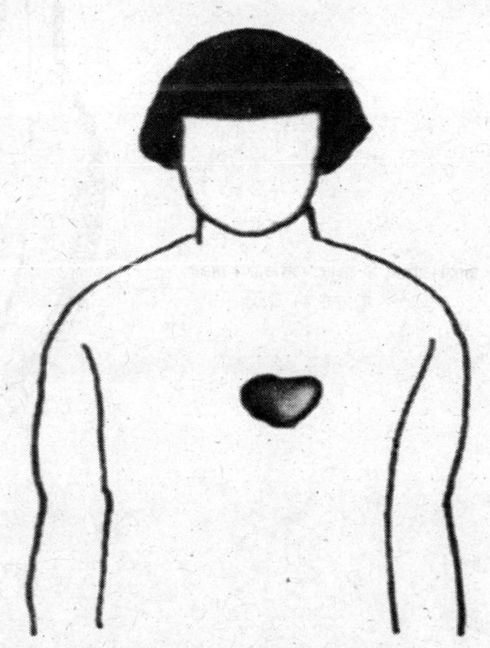

हृदय का आकार आपकी मुट्ठी के बराबर होता है।

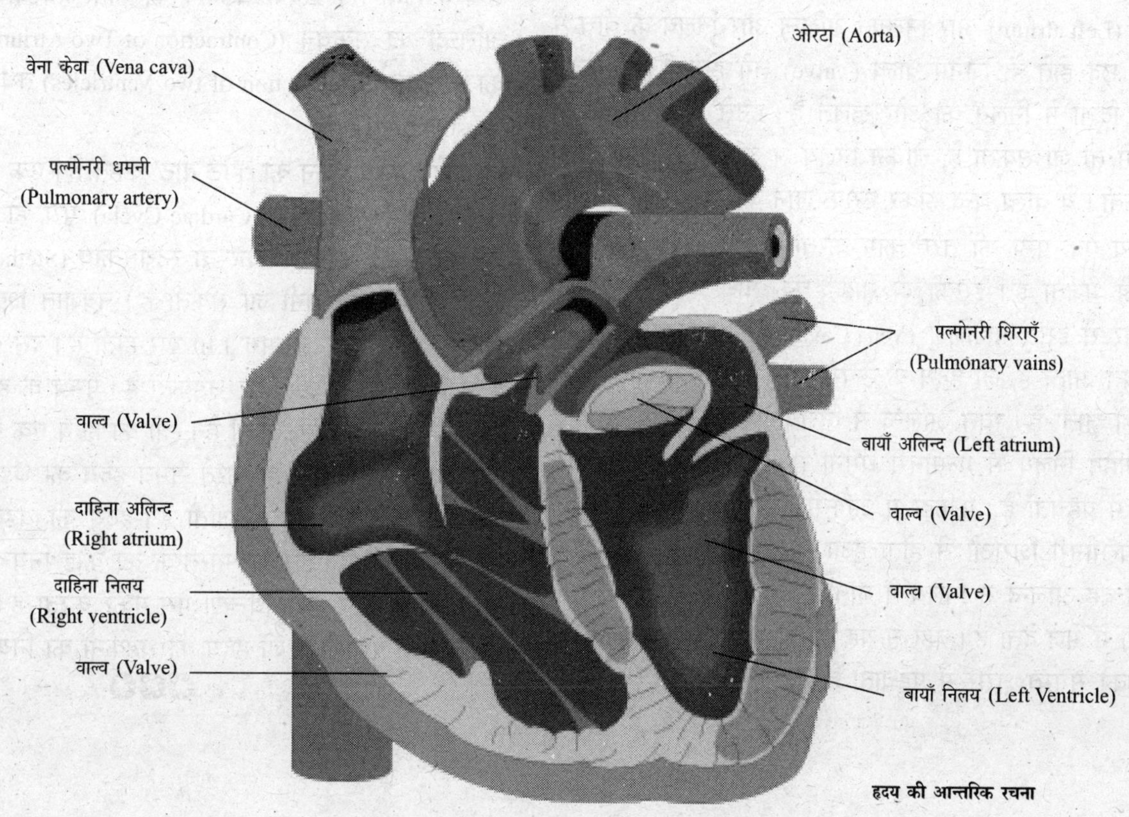

हृदय की आन्तरिक रचना

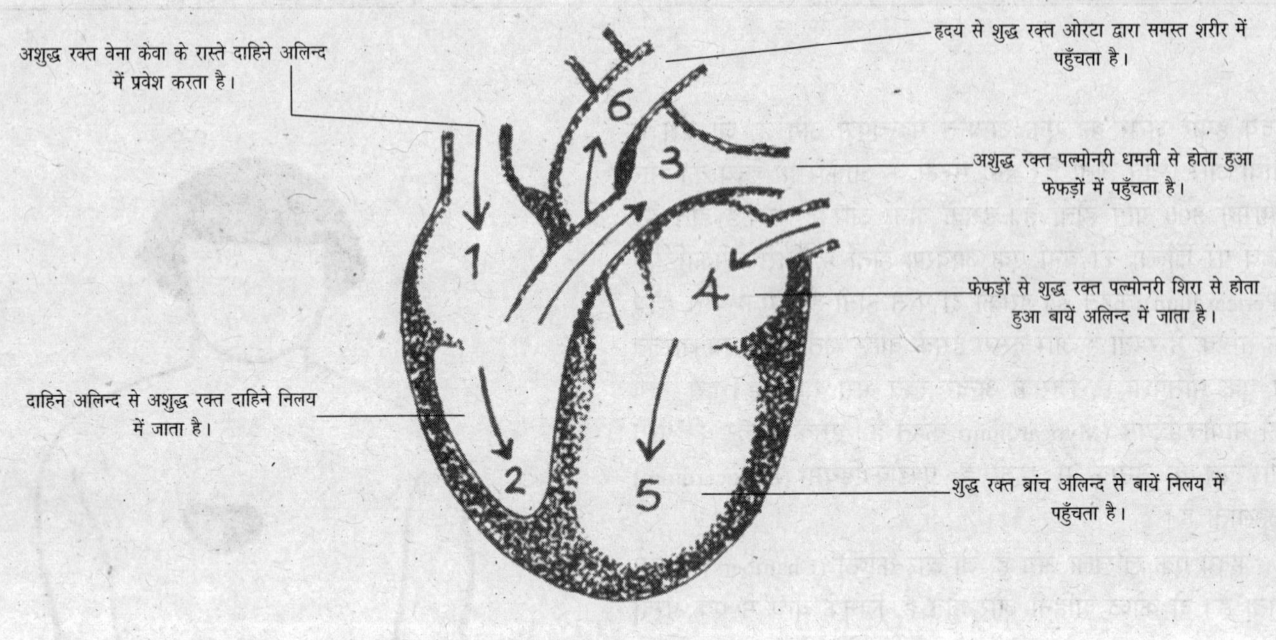

हृदय द्वारा शुद्ध रक्त समस्त शरीर में पहुँचता है।

नहीं देता। ऊपर का कोष्ठ अलिन्द (Atrium) और नीचे का निलय (Ventricle) कहलाता है। इस प्रकार दोनों तरफ दो-दो कोष्ठ होते हैं– दाहिना अलिन्द (Right atrium) और निलय (Ventricle) तथा बायाँ अलिन्द (Left atrium) और निलय। अलिन्द और निलय के बीच में बड़े-बड़े छेद होते हैं, जिनमें वाल्व (Valve) लगे होते हैं। ये केवल एक ही दिशा में निलय की ओर खुलते हैं। इनसे रक्त अलिन्द से निलय में तो जा सकता है, लेकिन निलय से अलिन्द में वापस नहीं आ सकता। ये वाल्व बन्द होकर उसके जाने का मार्ग रोक लेते हैं।

हृदय एक पम्प की तरह काम करता है और समस्त शरीर में रक्त को भेजता है। इसकी दो साइडें एक साथ काम करती हैं। एक ओर से इसमें महाशिरा (Vena Cava) और पल्मोनरी धमनियों द्वारा रक्त आता है, जो हृदय के ऊपरी कोष्ठ अलिन्द (Atrium) में एकत्र हो जाता है। रक्त अलिन्द से निलय (Ventricle) में जाता है और दाहिने निलय से पल्मोनरी धमनी (Pulmonary Artery) द्वारा फेफड़ों में पहुँचता है। फेफड़ों में ऑक्सीजन के मिलने से वह शुद्ध होकर पल्मोनरी शिराओं से होता हुआ बायें अलिन्द में लौट आता है। जब वह अलिन्द से निलय में जाता है, तो वह उसको महाधमनी (Aorta) में भेज देता है। वहाँ से यह अपनी शाखाओं (धमनियों) द्वारा उसको समस्त शरीर में पहुँचाती है।

हृदय-धड़कन (Heart Beats)

शरीर में रक्त-संचार की प्रक्रिया हृदय की पम्पिंग या धड़कन द्वारा सम्पन्न होती है। प्रत्येक धड़कन की तीन अवस्थाएँ होती हैं : दो अलिन्दों का संकुचन (Contraction of Two Atriums), दो निलयों का संकुचन (Contraction of two Ventricles) तथा विश्राम काल (Rest Period)।

हृदय की धड़कन को 'हार्ट बीट' कहते हैं। एक बार की धड़कन में एक कार्डिअक चक्र (Cardiac Cycle) पूरा हो जाता है। वक्ष पर बायीं ओर कान लगाकर या स्टेथोस्कोप (Stethoscope) रखकर हृदय की धड़कन सुनी जा सकती है। नवजात शिशु के हृदय की धड़कन प्रति मिनट लगभग 140 बार होती है। दस वर्ष के बच्चे का हृदय एक मिनट में 90 बार धड़कता है। पुरुष के हृदय की धड़कन 70-72 बार प्रति मिनट होती है। स्त्री का हृदय एक मिनट में 78-82 बार धड़कता है। व्यायाम करते समय हृदय की धड़कन प्रति मिनट 140 से 180 बार तक हो जाती है। हृदय की धड़कन अपने आप ही होती रहती है। इस पर मस्तिष्क का कोई नियन्त्रण नहीं होता। हृदय की धड़कन का नियन्त्रण पेस-मेकर करता है। पेस-मेकर एक इलेक्ट्रिकल प्रणाली है जो हृदय की धड़कनों का नियन्त्रण करता है।

✪✪✪

त्वचा (Skin)

हमारे शरीर का बाहरी आवरण त्वचा कहलाता है। यह शरीर का सबसे बड़ा अंग है। हमारी त्वचा आन्तरिक अंगों की रक्षा करती है। त्वचा पर स्पर्श संवेदी तन्त्रिकाओं का जाल होता है। जिनसे त्वचा पर होने वाली प्रत्येक घटना की सूचना निरन्तर मस्तिष्क को पहुँचती रहती है। शरीर के तापमान का नियमन (Regulation of Temperature) भी त्वचा द्वारा ही होता है। श्वसन क्रिया में त्वचा फेफड़ों की भी सहायता करती है। त्वचा द्वारा शरीर के अपशिष्ट पदार्थ पसीने के रूप में शरीर से बाहर निकलते रहते हैं।

त्वचा की संरचना

एपिडर्मिस (Epidermis) : यह त्वचा की बाहरी परत है, जिसके ऊपरी स्तर में मृत कोशिकाएँ होती हैं और नीचे जीवित कोशिकाएँ। इसमें रक्तवाहिनियाँ नहीं होतीं।

डर्मिस (Dermis) : इस स्तर में तन्त्रिकाओं की शाखाएँ फैली होती हैं।

त्वग्वसा ग्रन्थि (Sebaceous or grease gland): इसमें एक विशेष प्रकार का वसामय पदार्थ (Sebum) बनता है, जो बालों की जड़ों को चिकना रखता है।

उपत्वचीय वसा (Subcutaneous fat) : यह त्वचा की रक्षा करती है।

इरेक्टर पेशी (Erector muscle) : यह बालों को खड़ा रखती है।

रक्तवाहिनियाँ (Blood Vessel) : त्वचा के सम्पर्क में आने वाली हवा में से रक्तवाहिनियों का रक्त ऑक्सीजन सोख लेता है।

स्वेद ग्रन्थियाँ (Sweat Glands) : इनमें स्वेद या पसीना बनता है, जो शरीर के अपशिष्ट पदार्थों को बाहर निकालता है।

मैल्पिजियन स्तर (Malphigian Layer) : यह एक रंगीन पदार्थ (Pigment) उत्पन्न करता है, जो मेलानिन (Melanin) कहलाता है। त्वचा का रंग इसी पदार्थ के कारण होता है।

मानवशरीर की त्वचा की मोटाई 0.05 से 0.65 से.मी. होती है। यह मोटाई पलकों पर सबसे कम तथा तलुओं पर सबसे अधिक होती है। त्वचा में अत्यन्त सूक्ष्म छिद्र होते हैं। इन्हें संक्रमण से रोकने के लिए स्वच्छ रखना अति आवश्यक है। त्वचा के निम्नलिखित कार्य हैं–

- शरीर की रक्षा करना
- शरीर तापमान नियन्त्रण
- पसीना निकालना
- शरीर को कवर प्रदान करना

✪✪✪

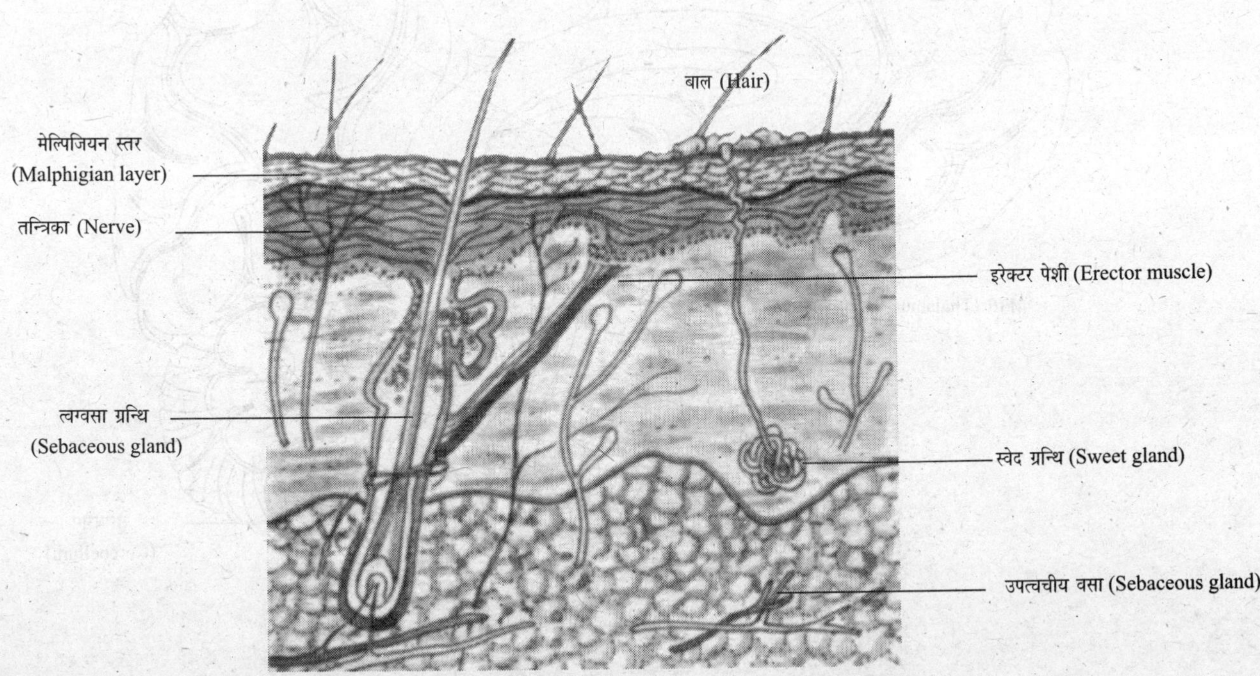

त्वचा की आन्तरिक रचना

मस्तिष्क (Brain)

मस्तिष्क हमारे शरीर का सबसे महत्त्वपूर्ण अंग है। वास्तव में यह शरीर का नियन्त्रण केन्द्र है। शरीर के विभिन्न भागों में सामंजस्य स्थापित करना, देखना, सुनना, सोचना, अनुभव करना या किसी बात को याद रखना आदि समस्त शारीरिक क्रियाएँ मस्तिष्क द्वारा ही नियन्त्रित होती हैं। मस्तिष्क का सम्बन्ध तन्त्रिका तन्त्र (Nervous system) से होता है। तन्त्रिकाएँ (Nerves) टेलीफोन के तारों की तरह सन्देशों को मस्तिष्क तक लाने तथा मस्तिष्क के आदेशों को विभिन्न अंगों तक पहुँचाने का कार्य करती हैं। मनुष्य के तन्त्रिका तन्त्र में लगभग 13 अरब कोशिकाएँ हैं, जिनमें से 10 अरब अकेले मस्तिष्क में हैं। मस्तिष्क का बायाँ भाग शरीर के दायें भाग को तथा दायाँ भाग शरीर के बायें भाग को नियन्त्रित करता है।

मनुष्य का मस्तिष्क खोपड़ी की मोटी हड्डियों के बीच सुरक्षित रहता है। एक वयस्क मानव के मस्तिष्क का वजन लगभग 1.4 कि.ग्रा. होता है। मस्तिष्क की तन्त्रिकाओं द्वारा सन्देशों को पहुँचाने की रफ्तार 400 कि.मी. प्रति घण्टा होती है।

मनुष्य के मस्तिष्क को तीन हिस्सों में विभाजित किया जा सकता है— सेरीब्रम (Cerebrum), सेरीबेलम (Cerebellum) और मस्तिष्क स्टेम तथा मेडुला ऑबलौंगाटा (Medulla Oblongata)।

सेरीब्रम : यह मस्तिष्क का सबसे बड़ा भाग है। यह भाग खोपड़ी के पिछले हिस्से में ऊपरी सतह पर स्थित होता है। यह दो गोलार्द्धों में बँटा होता है, जिन्हें सेरीब्रम गोलार्द्ध कहते हैं। इसकी सतह ग्रे मैटर (Grey matter) की बनी होती है और उस पर बहुत-से घुमाव और

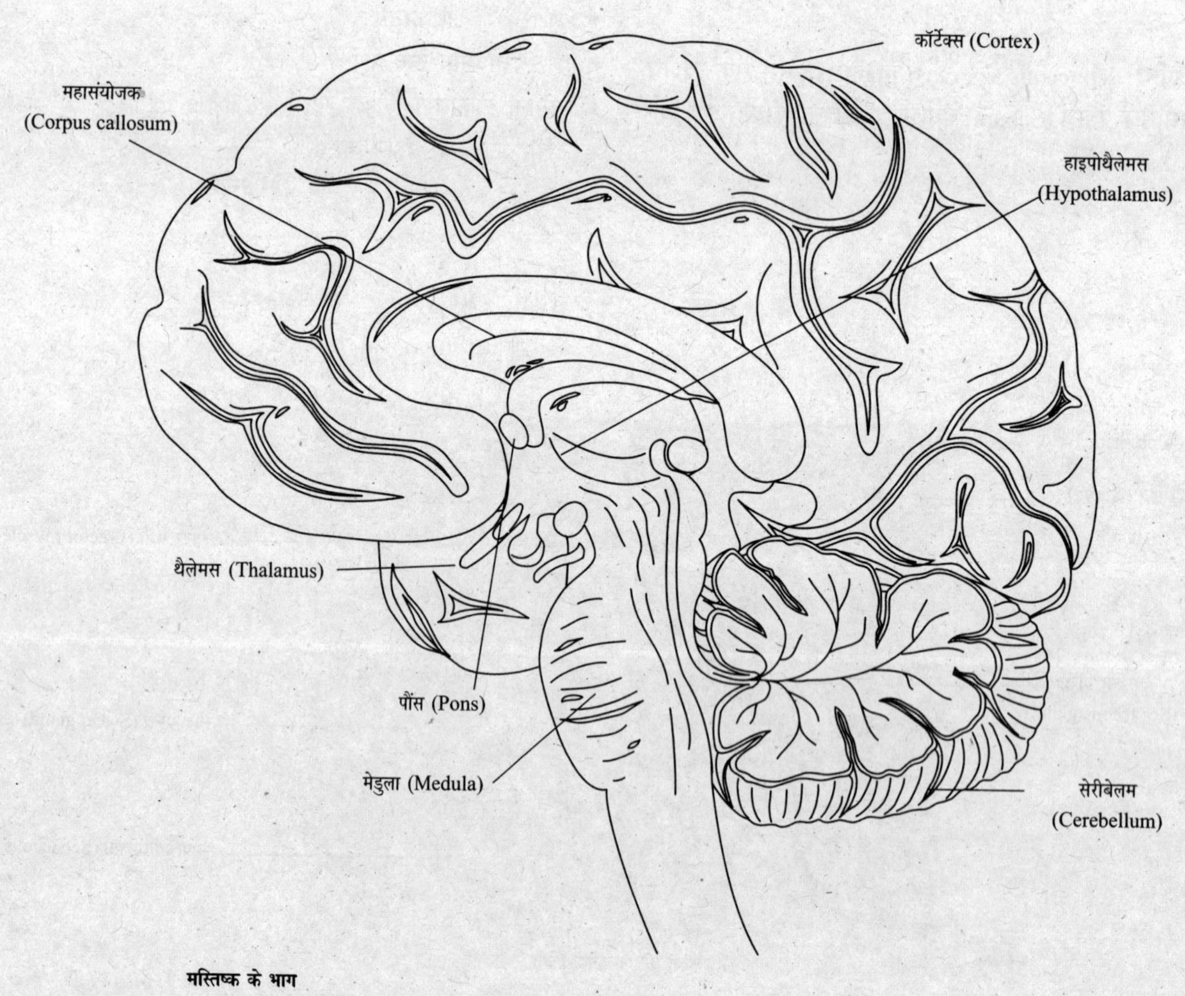

मस्तिष्क के भाग

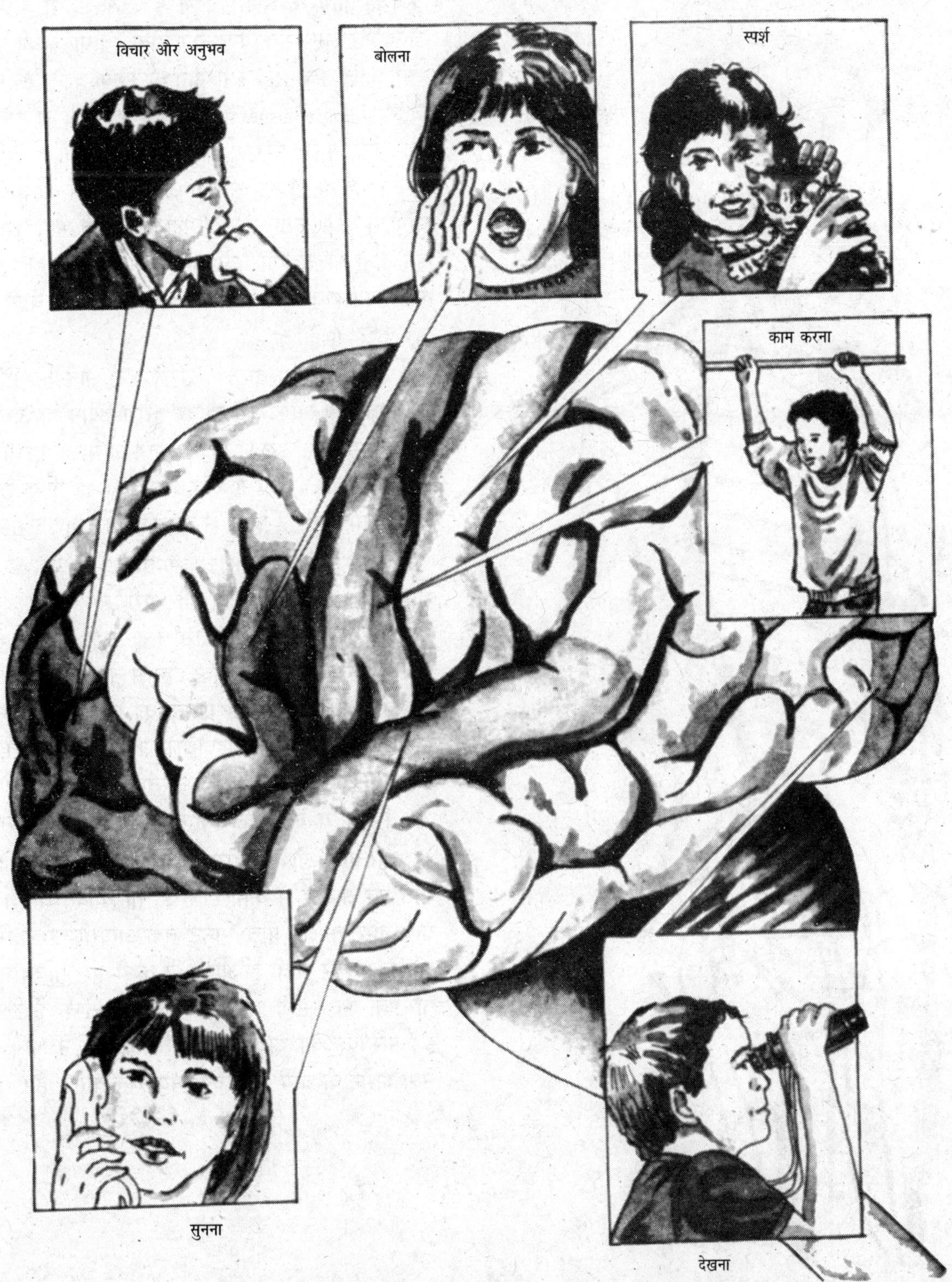

मस्तिष्क के विभिन्न क्षेत्र और उनके मुख्य कार्य

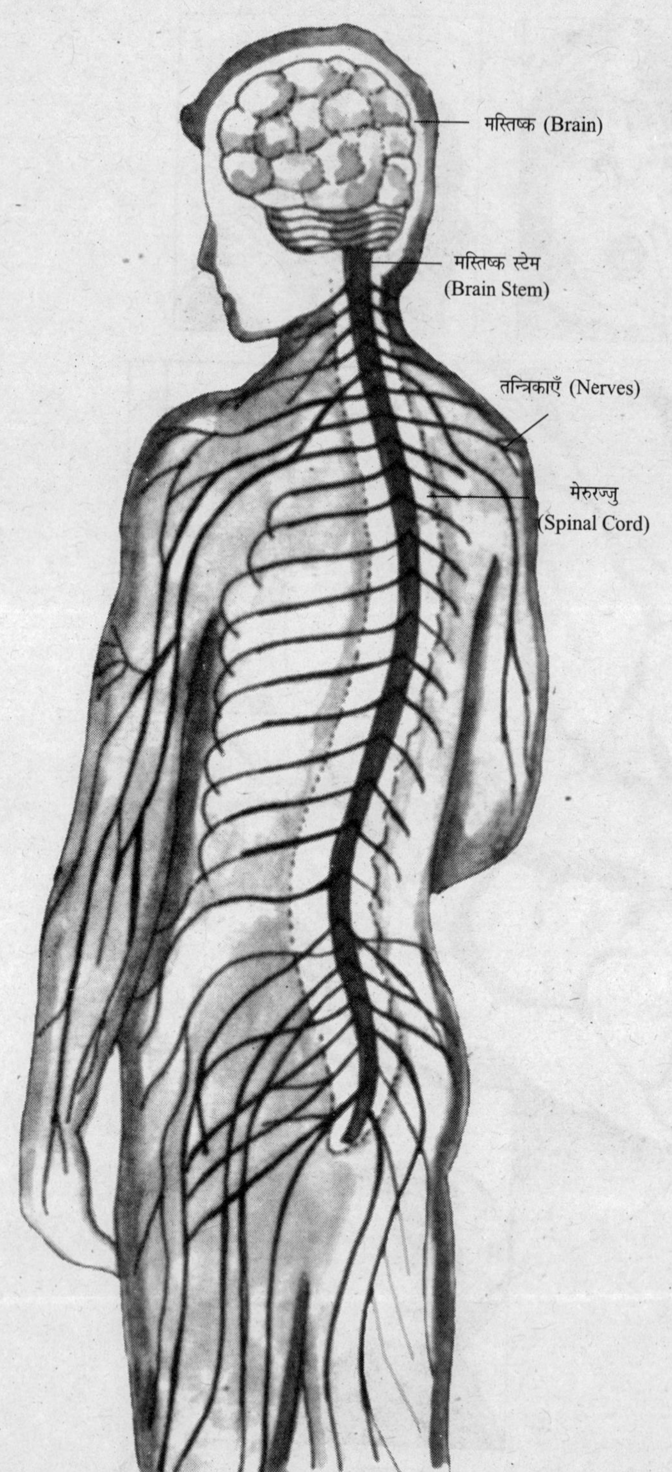

तन्त्रिका तन्त्र

झुर्रियाँ होती हैं। इस सतह के नीचे व्हाइट मैटर (White Matter) होता है। इसमें लगभग 25,000 लाख तन्त्रिका कोशिकाएँ होती हैं। मस्तिष्क का यह भाग सबसे महत्त्वपूर्ण है। इसके द्वारा ही स्मृति, सक्रियता, ज्ञान और अनुभव का नियन्त्रण होता है। मानव की प्रतिभा, दया, प्रेम, क्षमा आदि उच्च भाव इसी भाग की क्रिया का परिणाम हैं। यही हमारी चेतना (Consciousness) का स्थान है। यहीं से हमको भूख, प्यास, दर्द, ताप, गन्ध, सुख, दुःख का अनुभव होता है। यही भाग बोलना, सुनना, देखना, सूँघना, सोचना और याददाश्त को नियन्त्रित करता है। अंगों से काम कराने की जिम्मेदारी भी इसी भाग की है। मस्तिष्क के इन दोनों गोलार्द्धों में एक अधिक शक्तिशाली होता है। उदाहरण के लिए दायें हाथ से काम करने वाले व्यक्ति का बायाँ गोलार्द्ध अधिक प्रभावी होता है।

सेरीबेलम : मस्तिष्क में सेरीब्रम के नीचे का हिस्सा 'सेरीबेलम' कहलाता है। आकार में इसका दूसरा स्थान है। इस अंग में भी दो गोलार्द्ध होते हैं। इसका विशेष कार्य शारीरिक क्रियाओं का समन्वय (Co-ordination) करना और शरीर को सन्तुलित रखना है। हमारा शरीर इसी भाग की क्रिया से साम्यावस्था (Equilibrium) में रहता है।

मस्तिष्क स्टेम और मेडुला ऑबलौंगाटा : मस्तिष्क के इस भाग के द्वारा पौंस (Pons), सेरीब्रम और सेरीबेलम का मेरुरज्जु का सम्बन्ध स्थापित होता है। इसी के द्वारा तन्तु ऊपर से नीचे को तथा नीचे से ऊपर को जाते हैं। इसके नष्ट होने से तुरन्त मृत्यु हो जाती है। श्वास की क्रिया तथा हृदय की धड़कन की क्रियाओं का नियन्त्रण यहीं से होता है। इसमें स्थित हाइपोथैलेमस आँतों की गति, भावनाओं की प्रक्रिया तथा नींद को नियमित करता है। शरीर का तापमान, रक्तचाप और पिट्यूटरी ग्रन्थि का नियन्त्रण भी हाइपोथैलेमस ही करता है।

मस्तिष्क खोपड़ी द्वारा सुरक्षित रहता है। यदि मस्तिष्क को रक्त की सप्लाई में कमी होती है, तो व्यक्ति बेहोश हो सकता है। यदि मस्तिष्क को पाँच मिनट तक ऑक्सीजन न मिले, तो इसकी कोशिकाएँ मर जाती हैं और फिर कभी भी जीवित नहीं हो सकतीं। मस्तिष्क की रसौली और कुछ दवाएँ मस्तिष्क के लिए बहुत घातक हैं। मस्तिष्क का बायाँ भाग शरीर के दाहिने भाग को और दायाँ भाग शरीर के बायें भाग को नियन्त्रित करता है।

❂❂❂

पाचन-तन्त्र (Digestive System)

भोजन नली (Alimentary Canal)

- मुख (Mouth)
- ग्रसनी (Pharynx or throat)
- ग्रसिका या इसोफेगस (Oesophangus or gullet)
- आमाशय (Stomach)
- छोटी आँत (Small intestine)
- बड़ी आँत (Large intestine)
- रेक्टम (Rectum)

जिस प्रकार मशीनों को चलाने के लिए ईंधन की आवश्यकता होती है, उसी प्रकार शरीररूपी मशीन की समस्त क्रियाओं के संचालन के लिए भोजन की आवश्यकता होती है। भोजन शरीर में पहुँचकर पाचन क्रिया के बाद जीवद्रव्य के निर्माण में भाग लेता है और ऑक्सीकृत होकर

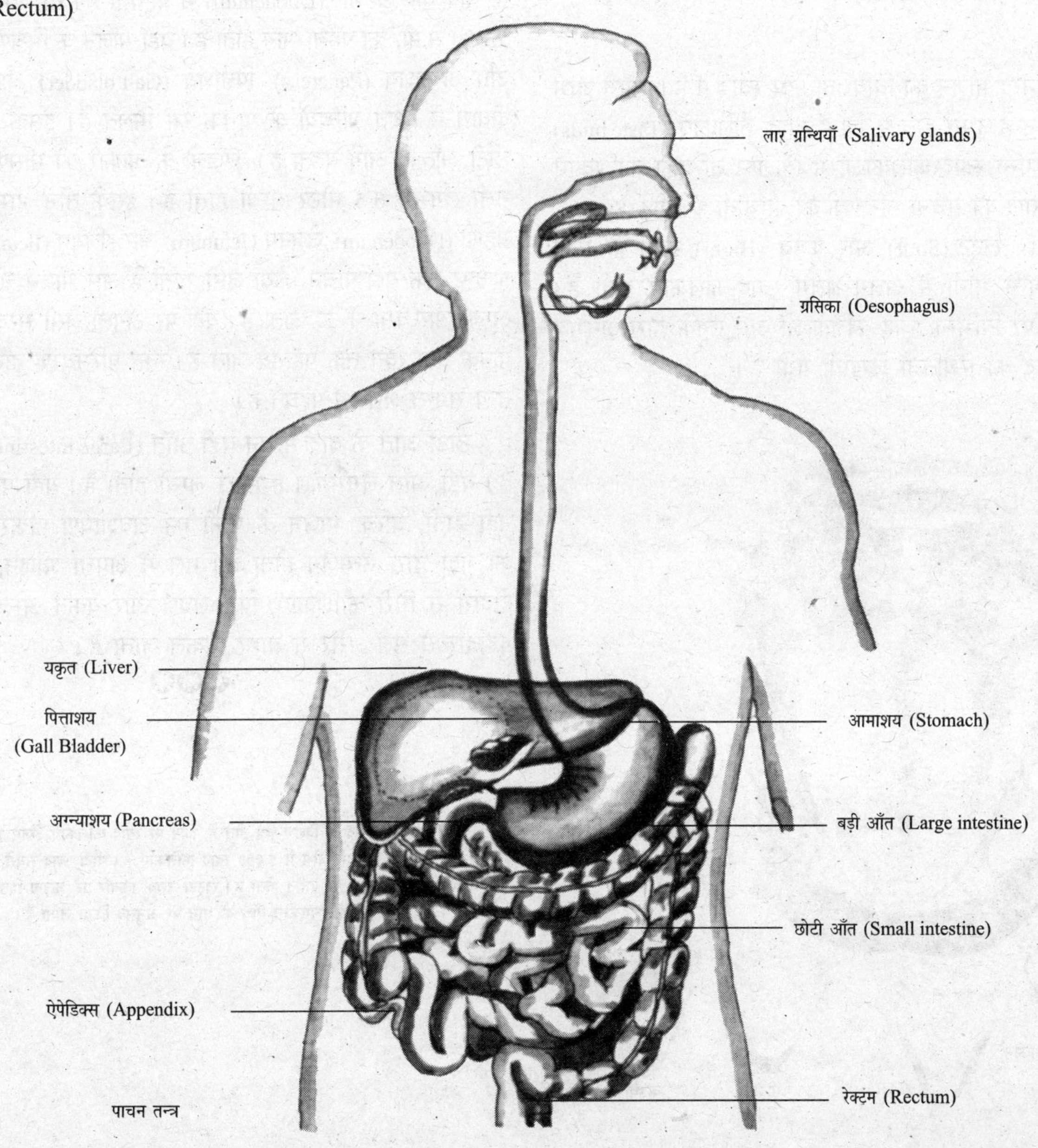

पाचन तन्त्र

ऊर्जा का उत्पादन करता है। यही ऊर्जा शरीर में होने वाली जैविक क्रियाओं में प्रयोग होती रहती है। भोजन आम तौर पर ठोस अवस्था में होता है। शरीर में इस ठोस या अविलेय भोजन को पाचक रसों (Enzymes) की सहायता से रासायनिक अभिक्रियाओं द्वारा घुलनशील और अवशोषण योग्य बनाने की व्यवस्था होती है। इस कार्य में भौतिक और रासायनिक दोनों ही क्रियाएँ होती हैं। वह स्थान, जहाँ पर पाचन कार्य होता है, उसे 'भोजन नली' (Alimentary canal or Digestive tract) कहते हैं तथा वह अंग, जहाँ से रासायनिक द्रव निकलकर आते हैं और पाचन क्रिया में सहायता देते हैं, उसे 'पाचन ग्रन्थि' (Digestive gland) कहते हैं। इस प्रकार भोजन नली और पाचन ग्रन्थियाँ मिलकर 'पाचन-तन्त्र' (Digestive System) का निर्माण करती हैं।

स्वाद (Taste)

जीवन का आनन्द भोजन की विविधता और स्वाद में है। हमारी जीभ पर कुछ नन्हे-नन्हे उभार होते हैं, जिन्हें स्वाद-कलिकाएँ (Taste buds) कहते हैं। विभिन्न स्वाद-कलिकाओं में विशिष्ट तन्त्रिका कोशिकाएँ होती हैं, जो स्वाद की सूचना मस्तिष्क को पहुँचाती हैं। मीठे (Sweet), नमकीन (Salt), खट्टे (Sour) और कड़वे (Bitter) स्वाद के लिए जीभ के विभिन्न भागों में अलग-अलग स्वाद-कलिकाएँ होती हैं। चित्र में जीभ पर विभिन्न स्वाद-कलिकाओं और उनके द्वारा अनुभव किये गये स्वाद की स्थितियाँ दिखायी गयी हैं।

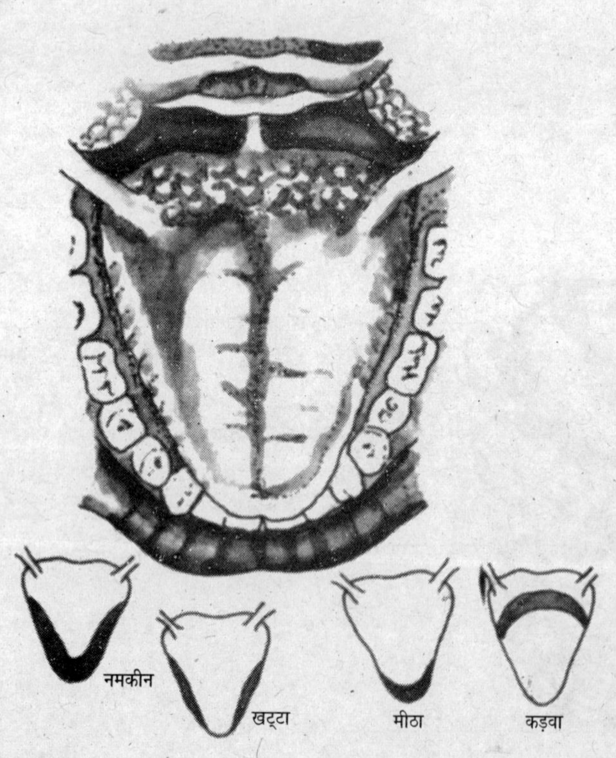

जीभ में स्वाद के विशेष क्षेत्र होते हैं, जिन पर स्वाद कलिकाएँ ;ज्ंेजम इनकेद्ध होती हैं। हमारी जीभ में 3,000 स्वाद कलिकाएँ हैं। मीठा स्वाद सबसे अधिक जीभ की नोक पर प्रतीत होता है। खट्टा उसके किनारे पर, कड़वा पिछले भाग पर और नमकीन बीच के भाग पर अनुभव किया जाता है।

भोजन कैसे पचता है?

भोजन की पाचन-क्रिया मुँह से ही आरम्भ हो जाती है। भोजन को चबाते समय मुँह में स्थित लार ग्रन्थियाँ (SalivUry glands) भोजन पर क्रिया करती हैं और कार्बोहाइड्रेट को शक्कर में बदल देती हैं। इसके बाद यह 'ग्रसनी' (Pharynx) में जाता है, जहाँ एक सेकेण्ड से भी कम समय रुक कर 'ग्रसिका' (Oesophagus) में पहुँचता है और 10 सेकेण्ड बाद भोजन 'आमाशय' (Stomach) में पहुँच जाता है। 'आमाशय' मशक के आकार का माँसपेशियों का बना एक थैला होता है। यहाँ इसमें हाइड्रोक्लोरिक अम्ल जैसे पाचक रस मिल जाते हैं, जो भोजन को अर्ध तरल में बदल देते हैं। तीन-चार घण्टे भोजन आमाशय में रहता है, जहाँ अनेक क्रियाओं के बाद यह 'ग्रहणी' (Duodenum) में पहुँचता है। यह छोटी आँत का 25-30 से.मी. का पहला भाग होता है। यहाँ भोजन के मिश्रण में एंजाइम और अग्नाशय (Pancreas), पित्ताशय (Gall bladder) और आँत की दीवारों में स्थित ग्रन्थियों के पाचक रस मिलते हैं। इसके बाद भोजन छोटी आँत में आगे बढ़ता है। कुण्डली के आकार की माँसपेशी की यह नली लगभग 6.5 मीटर लम्बी होती है। इसके तीन भाग होते हैं—ग्रहणी (Duodenum), जेजुनम (Jejunum) और इलियम (Ileum)। लगभग 5 घण्टे तक यहाँ पाचन क्रिया जारी रहती है और भोजन चीनी, एमिनो अम्लों और वसा में टूट जाता है। यहीं पर अँगुली जैसी संरचनाओं द्वारा पोषक तत्व रक्त तक पहुँचाये जाते हैं। रक्त परिसंचरण द्वारा ये पोषक तत्त्व समस्त शरीर में पहुँचते हैं।

छोटी आँत के बाद भोजन बड़ी आँत (Large intestine) में आता है। बड़ी आँत लगभग 1.8 मीटर लम्बी होती है। यहाँ पाचन क्रिया नहीं होती, बल्कि भोजन के पानी का अवशोषण होकर ठोस मल का गुदा द्वारा उत्सर्जन होता है। मल में अपचा भोजन, आँत की दीवारों से गिरी कोशिकाएँ, पित्त लवण और यकृत अम्ल होता है। गुदाद्वार से मल शरीर से बाहर निकल जाता है।

उत्सर्जन-तन्त्र (Excretory System)

शरीर द्वारा अपशिष्ट तथा अवांछित पदार्थों का त्याग 'उत्सर्जन' (Excretion) कहलाता है। भोजन से हमें कार्बोहाइड्रेट, प्रोटीन, वसा आदि पदार्थ प्राप्त होते हैं। ये पदार्थ पचने के बाद पाचन नलिका से रक्त केशिकाओं द्वारा शरीर की विभिन्न ऊतक कोशिकाओं में पहुँचते हैं। कोशिकाओं के अन्दर ऊर्जा के लिए ऑक्सीजन द्वारा इन पदार्थों का ऑक्सीकरण होता है, जिसमें ऊर्जा के अलावा कार्बन डाईऑक्साइड, जल-वाष्प, अमोनिया, यूरिया, यूरिक अम्ल आदि हानिकारक पदार्थ बनते हैं। इनका शरीर से बाहर निकलना अति आवश्यक है, क्योंकि ये विषैले पदार्थ हैं। इनमें कार्बन डाइऑक्साइड, जल-वाष्प, श्वसन-क्रिया द्वारा बाहर निकल जाते हैं। एक व्यक्ति प्रति मिनट 0.2 लीटर कार्बन डॉइऑक्साइड का त्याग करता है। अमोनिया, यूरिया और यूरिक अम्ल रुधिर केशिकाओं के द्वारा यकृत में पहुँचते हैं, जहाँ अमोनिया यूरिया में बदल जाती है। नाइट्रोजन के यौगिक यूरिया और यूरिक अम्ल यकृत से रक्त द्वारा गुर्दों (Kidney) में पहुँचते हैं। गुर्दे छन्ने का काम करते हैं और इन पदार्थों को रक्त से अलग कर देते हैं। एक व्यक्ति के गुर्दे प्रति मिनट लगभग 120 मि.ली. रक्त छानते हैं। समस्त रक्त को छानने की क्रिया एक दिन में लगभग 30 बार होती है। गुर्दों में लगभग 20 लाख छन्ने होते हैं।

छने हुए पदार्थ में यूरिया और यूरिक अम्ल के अलावा अन्य हानिकारक पदार्थ भी पानी में घुले होते हैं। ये सभी पदार्थ मूत्र के रूप में शरीर से बाहर निकल जाते हैं। एक दिन में एक व्यक्ति लगभग एक लीटर मूत्र त्याग करता है। व्यक्ति एक गुर्दे से भी जीवित रह सकता है। आज कल गुर्दे प्रतिस्थापित होने लगे हैं।

हमारी त्वचा भी उत्सर्जन का एक महत्त्वपूर्ण अंग है। त्वचा से पसीने के रूप में जल और लवण शरीर से बाहर निकल जाते हैं। एक व्यक्ति पसीने के रूप में 0.7 लीटर पानी और कुछ लवण प्रतिदिन शरीर से बाहर निकालता है।

✪✪✪

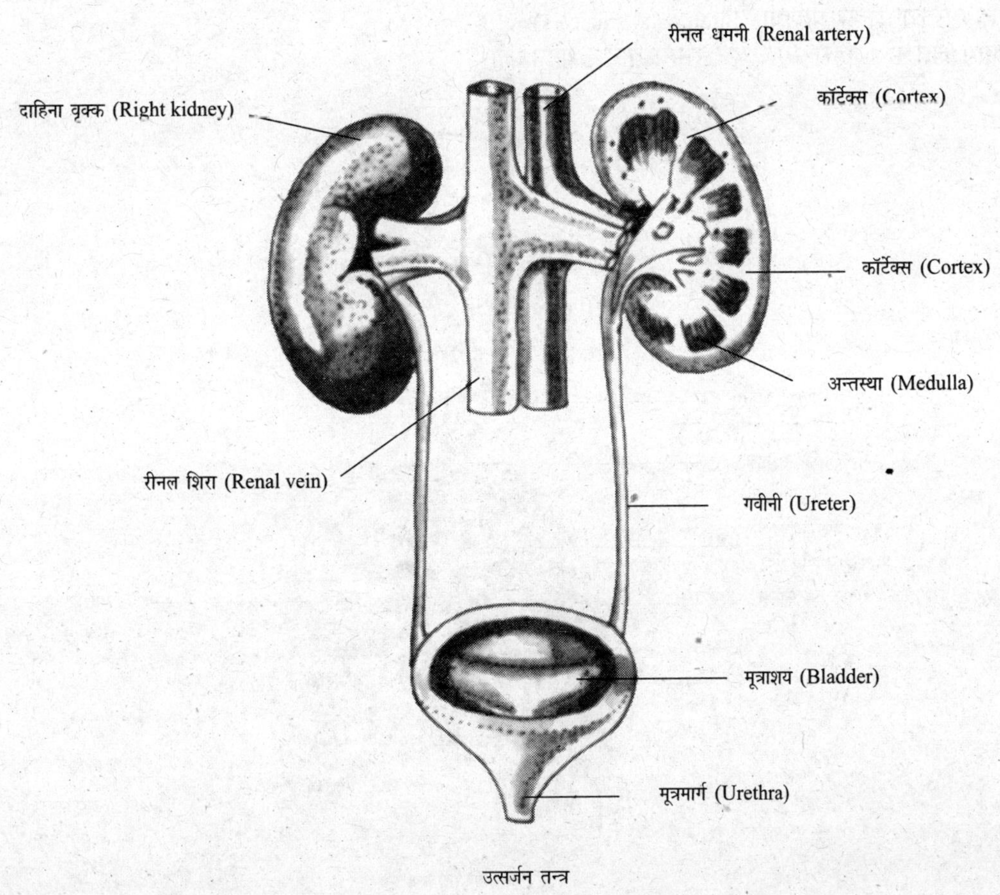

उत्सर्जन तन्त्र

श्वसन-तन्त्र (Respiratory System)

प्रत्येक प्राणी साँस लेता है। साँस लेना एक ऐसी प्रक्रिया है, जिसमें प्राणी खाद्य अणुओं को ऑक्सीकृत करके कोशिकाओं के लिए ऊर्जा पैदा करता है। साँस क्रिया के फलस्वरूप पानी और कार्बन डाइऑक्साइड बनते हैं। ये दोनों ही अपशिष्ट पदार्थ हैं, जिन्हें शरीर से बाहर निकालना जरूरी है। शरीर में हवा के अन्दर जाने व बाहर निकलने की क्रिया निरन्तर होती रहती है। साँस द्वारा हवा को अन्दर लेने और बाहर निकालने की क्रियाओं में एक सम्बन्ध होता है। श्वास लेने वाली क्रिया को 'उच्छ्वास' (Inspiration) और निकालने की क्रिया को 'निःश्वसन' (Expiration) कहते हैं। मनुष्य एक मिनट में 15 से 17 बार साँस लेता है। एक बार में 500 मिलीलीटर हवा अन्दर जाती है और इतनी ही बाहर आती है। साँस की क्रिया तीन पदों में पूरी होती है– उच्छ्वास, निश्वसन तथा विश्राम।

मनुष्य नाक या मुँह से हवा को शरीर के अन्दर ले जाता है। हवा जब नाक से अन्दर प्रवेश करती है, तो यह हल्की नम और गरम हो जाती है। नाक धूल-कणों को भी हवा से दूर कर देती है। यह हवा श्वास नलिका (Windpipe) से होती हुई फेफड़ों में जाती है। श्वसन-क्रिया के अन्तर्गत उच्छ्वास में सीने का फूलना पेशियों की क्रिया है। यह क्रिया ऐच्छिक (Voluntary) और अनैच्छिक (Involuntary) दोनों ही पेशियों द्वारा होती है। श्वसन की सामान्य क्रिया में केवल अन्तरापर्शुका पेशियाँ (Intercostal muscles) और डायफ्राम ही भाग लेते हैं। गहरी साँस लेते समय कन्धे, गर्दन और उदर की पेशियाँ भी सहायता करती हैं।

'फेफड़े' श्वसन-तन्त्र के अत्यन्त महत्त्वपूर्ण अंग हैं। ये वक्ष-गुहा की मध्य रेखा (Middle line of thoracic cavity) के दोनों ओर स्थित होते हैं। दायाँ फेफड़ा बायें फेफड़े से कुछ बड़ा होता है। ये स्पंजी होते हैं और प्रत्येक फेफड़ा एक दोहरी झिल्ली के बने थैले में सुरक्षित रहता है, जिसे फुफ्फसावरण (Pleura) कहते हैं। फेफड़ों में लाखों कोशिकाएँ होती हैं। ये हृदय से आये हुए अशुद्ध रक्त को श्वसन-क्रिया में आयी हुई ऑक्सीजन से शुद्ध करते हैं तथा रक्त में घुली हुई कार्बन डाइऑक्साइड को बाहर निकालते हैं। रक्त की शुद्धि के बाद उसे पुनः हृदय को वापस भेज देते हैं।

श्वसन-क्रिया का नियन्त्रण मस्तिष्क के श्वसन-केन्द्र द्वारा स्वाभाविक रूप से होता रहता है। यह केन्द्र रक्त में उपस्थित कार्बन डाइऑक्साइड के प्रति संवेदनशील होता है। जैसे ही रक्त में कार्बन डाइऑक्साइड की मात्रा बढ़ती है, यह केन्द्र अधिक बार साँस लेने के लिए सन्देश भेजने लगता है और हमारी साँस दर बढ़ जाती है।

साँस लेने में गैस विनिमय होता है। जल-सन्तुलन बनाया जाता है। अम्ल-क्षार को नियमित किया जाता है। शरीर का तापमान नियन्त्रित होता है। शारीरिक क्रियाओं के लिए यह बहुत ही महत्त्वपूर्ण है।

✪✪✪

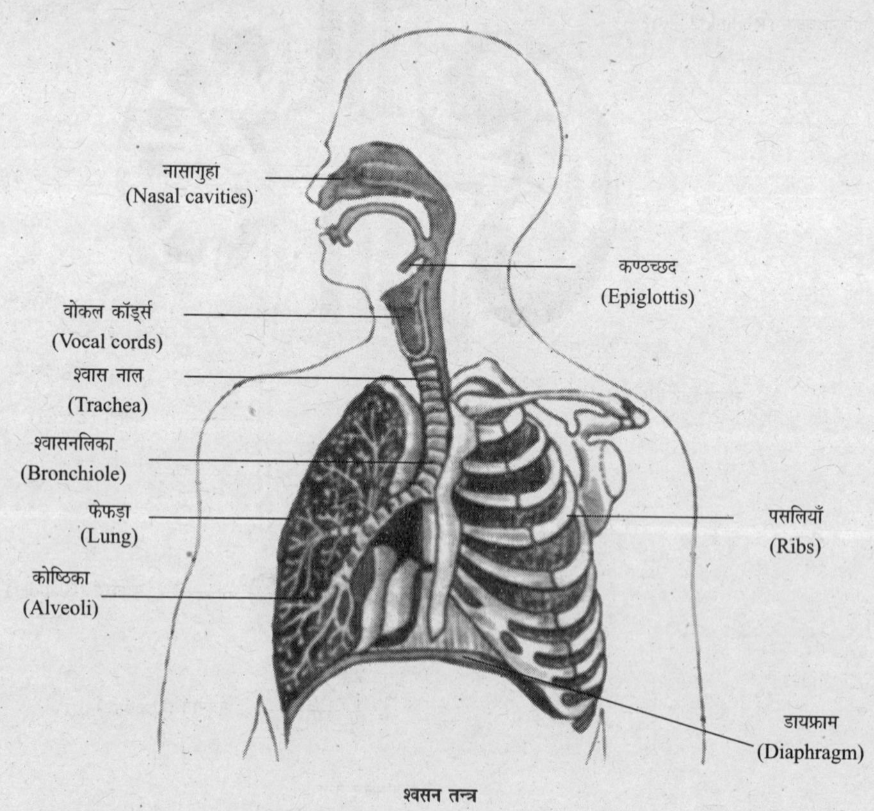

श्वसन तन्त्र

नेत्र (Eye)

आँखें या नेत्र हमारे शरीर के ऐसे महत्त्वपूर्ण अंग हैं, जिनसे हम अपने आसपास के वातावरण को देखते हैं। हमारी आँखों की बनावट गोलाकार है, जिसका व्यास लगभग 2.5 से.मी. होता है। यह माँसपेशियों की सहायता से इधर-उधर घूम सकती है। आँख की कार्यप्रणाली फोटोग्राफी कैमरे से मिलती-जुलती है। जिस वस्तु को हम देखते हैं, उससे चलने वाली किरणें कॉर्निया (Cornea) और नेत्रोद द्रव (Aqueous humour) से होकर पुतली (Pupil) के रास्ते से लेंस पर पड़ती हैं। लेंस इन्हें विट्रियस द्रव द्वारा मूर्तिपटल (Retina) पर फोकस कर देता है, जहाँ पर वस्तु का छोटा तथा उल्टा प्रतिबिम्ब (Image) बन जाता है। इस प्रतिबिम्ब से मूर्तिपटल की संवेदी कोशिकाएँ उत्तेजित हो जाती हैं। इससे उत्पन्न उद्दीपन (Stimulus) दृष्टिनाड़ी (Optic Nerve) के तन्तुओं द्वारा मस्तिष्क में पहुँच जाता है। मस्तिष्क प्रतिबिम्ब को सीधा कर देता है और वस्तु हमें वास्तविक रूप में दिखने लगती है। आँख के रेटिना की संवेदी कोशिकाओं को छड़ (Rods) और शंकु (Cones) कहते हैं। छड़ें धीमे प्रकाश के प्रति संवेदी होती हैं, जबकि शंकु हमें रंगों का आभास कराते हैं। संवेदी कोशिकाओं की संख्या लगभग 13 करोड़ है।

आँख के मुख्य भाग

- **अश्रु-ग्रन्थि (Lachrymal) या टियर ग्लैण्ड** : यह आँसू उत्पन्न करती है, जिससे आँख की सफाई होती रहती है।
- **आइरिस (Iris)** : इसके फैलने और सिकुड़ने से पुतली छोटी या बड़ी हो जाती है।
- **अवलम्बी स्नायु (Suspensory Ligaments)** : लेंस पर एक बारीक कैपसूल चढ़ा रहता है, जो एक अत्यन्त कोमल स्नायु (Ligament) के द्वारा रोमक पिण्ड (Ciliary body) से जुड़ा रहता है।
- **लेंस (Lens)** : यह कोमल और पारदर्शक होता है। यही आँख में वस्तु का प्रतिबिम्ब बनाता है।
- **काचाभ द्रव (Vitreous humour)** : जेली की भाँति पारदर्शक तरल पदार्थ।
- **नेत्रोद द्रव (Aqueous humour)** : यह जल-सदृश द्रव होता है।
- **कॉर्निया (Cornea)** : नेत्र-गोलक का सामने का स्वच्छ और अत्यन्त पारदर्शी भाग।
- **कोराइड स्तर (Choroid Layer)** : अत्यन्त कोमल काले रंग का स्तर, जो आँख में प्रकाश को फैलने से रोकता है।
- **मूर्तिपटल (Retina)** : प्रकाश-संवेदी पर्दा, जहाँ वस्तु का प्रतिबिम्ब बनता है।
- **दृष्टि नाड़ी (Optic nerve)** : यह प्रतिबिम्ब को मस्तिष्क तक ले जाने का कार्य करती है।
- **पीक स्पॉट** : यह सबसे बेहतर दृष्टि प्रदान करता है।
- **ब्लाइण्ड स्पॉट** : इस क्षेत्र में कुछ भी दिखायी नहीं देता।

प्रकृति ने हमारे शरीर में दो आँखें बनायी हैं। दो आँखों से हमें दूरी का सही-सही बोध होता है तथा वस्तुओं के ठोसपन और गहराई का पूर्ण ज्ञान प्राप्त होता है।

❂❂❂

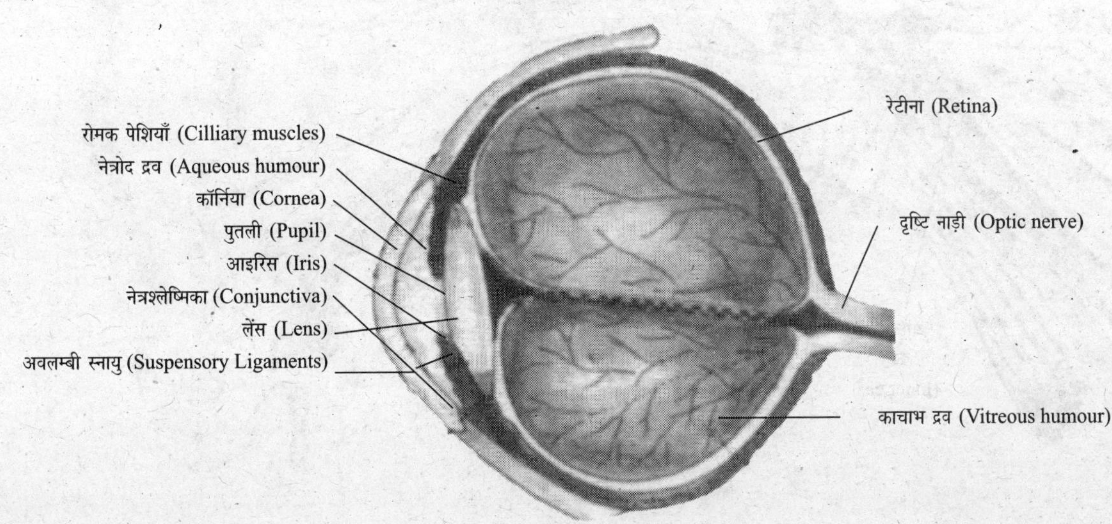

आँख की आन्तरिक रचना

कान (Ears)

कानों से हम आवाज या ध्वनि तो सुनते ही हैं, लेकिन ये हमारे शरीर का सन्तुलन बनाये रखने में भी हमारी मदद करते हैं। बनावट के आधार पर कान को तीन भागों में बाँटा जा सकता है—बाह्य कान (Outer ear), मध्य कान (Middle ear) और आन्तरिक कान (Inner ear)।

जब किसी वस्तु से आवाज उत्पन्न होती है, तो ध्वनि तरंगें पैदा होती हैं। ये तरंगें बाह्य कान से होती हुई एक नली द्वारा कान के अन्दर पहुँचती हैं। मध्य कान का कर्ण पटल (Ear drum) या टिम्पैनिक झिल्ली (Tympanic membrane) इन तरंगों के टकराने से कम्पन (Vibrate) करने लगती है। कर्ण पटल के ठीक पीछे तीन छोटी-छोटी अस्थिकाएँ (Ossicles) होती हैं। इन्हें मैलियस या हैमर (Malleus or hammer), इंकस या इनविल (Incus or Anvil) तथा स्टेप्स या स्टिरप (Stapes or Stirrup) कहते हैं। ये हड्डियाँ इन कम्पनों को कॉक्लिया (Cochlea) तक पहुँचा देती हैं। कॉक्लिया में एक द्रव पदार्थ (Fluid) भरा होता है, जिसके अन्दर तन्त्रिकाओं के सिर (Nerve endings) होते हैं। कॉक्लिया में कम्पन होने से यह द्रव पदार्थ भी कम्पन करने लगता है। इन कम्पनों से नाड़ियों के सिरे उत्तेजित हो उठते हैं और उत्तेजना से पैदा हुए संवेग श्रवण तन्त्रिका (Auditory Nerve) द्वारा मस्तिष्क में पहुँच जाते हैं। मस्तिष्क आवाज का विश्लेषण करता है और हमें आवाज़ सुनायी दे जाती है। हमारे कान तेज और मन्द सभी ध्वनियाँ सुन सकने में सक्षम होते हैं। कानों को निरोग रखने के लिए समय-समय पर उनकी सफाई करवानी जरूरी है।

कॉक्लिया के पीछे वेस्टीबुलर उपकरण होता है, जो शरीर का सन्तुलन बनाता है।

❂❂❂

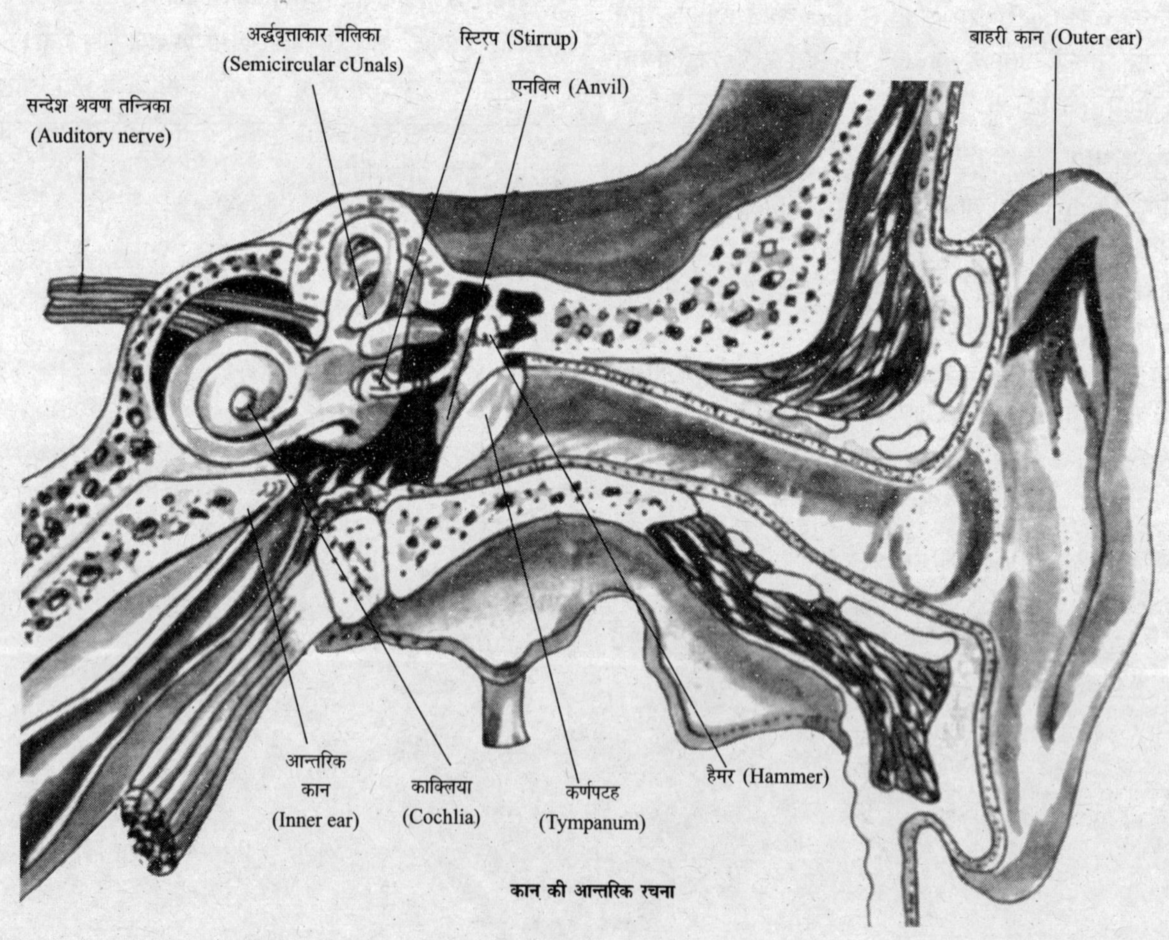

कान की आन्तरिक रचना

दाँत (Teeth)

एक वयस्क व्यक्ति के मुँह में 32 दाँत होते हैं। 16 दाँत ऊपर के जबड़े में और 16 दाँत नीचे के जबड़े में होते हैं, जिनमें मध्य से 8 दायीं ओर और 8 बायीं ओर होते हैं। ऊपर और नीचे के जबड़ों में दाँत एक महराब या चाप के रूप (Dental arch) में व्यवस्थित होते हैं। ऊपर और नीचे के दोनों दन्तचापों में सामने दो छेदक या कर्त्तनक (Incisor) दाँत होते हैं। इनका मुख्य काम खाद्य पदार्थों को कुतरना और काटना है। इनके बाहर एक भेदक (Canine) दाँत होता है। यह फाड़ने का काम करता है। इसके पीछे दो अग्रचर्वणक (Premolar) दाँत होते हैं। उनके पीछे तीन चौड़े चर्वणक (Molar) दाँत होते हैं, जिनको आम भाषा में दाढ़ कहते हैं। इन पाँचों दाँतों का काम भोजन को चबाना है। एक दाढ़ काफी बड़ी उम्र में निकलती है, जिसे अक्ल दाढ़ (Wisdom Tooth) कहते हैं।

बच्चों में दाँतों की संख्या कम होती है। इन्हें दूध के दाँत (Deciduous or Milk Teeth) या अस्थायी दाँत (Temporary Teeth) कहते हैं। ये छठे वर्ष की उम्र से गिरने लगते हैं। इनके गिरने के बाद स्थायी दाँत निकलते हैं। दूध के दाँत बच्चे के मुँह में 20 होते हैं। इनके गिरने से 32 स्थायी दाँत निकलते हैं।

हम प्रत्येक दाँत को दो भागों में बाँट सकते हैं— मसूड़ों से ऊपर वाला भाग, जिसे क्राउन (Crown) कहते हैं और मसूड़ों से नीचे वाला भाग, जिसे मूल (Root) कहते हैं। जहाँ क्राउन और मूल मिलते हैं, उसे नेक (Neck) कहते हैं।

प्रत्येक दाँत तीन परतों से बना होता है। ऊपरी परत, जो सबसे कठोर होती है, 'एनेमल' (Enamel) कहलाती है। इसके नीचे की परत को 'डेन्टाइन' (Dentine) कहते हैं और सबसे नीचे की परत को 'पल्प' (Pulp) कहते हैं। डेण्टाइन हड्डी की भाँति होता है। सबसे नीचे दाँत की जड़ या मूल होती है।

चीनी या मीठी चीजें खाने से दाँतों में बैक्टीरिया बहुत अधिक हो जाते हैं। ये चीनी पर क्रिया करके अम्ल बनाते हैं। यह अम्ल दाँतों के एनेमल पर हमला करता है और दाँतों में केविटी बना देता है। बहुत गरम और ठण्डी वस्तुएँ भी दाँतों के लिए हानिकारक हैं। दाँतों को सुरक्षित और स्वस्थ रखने के लिए हर भोजन के बाद दाँतों को साफ करना जरूरी है।

❂❂❂

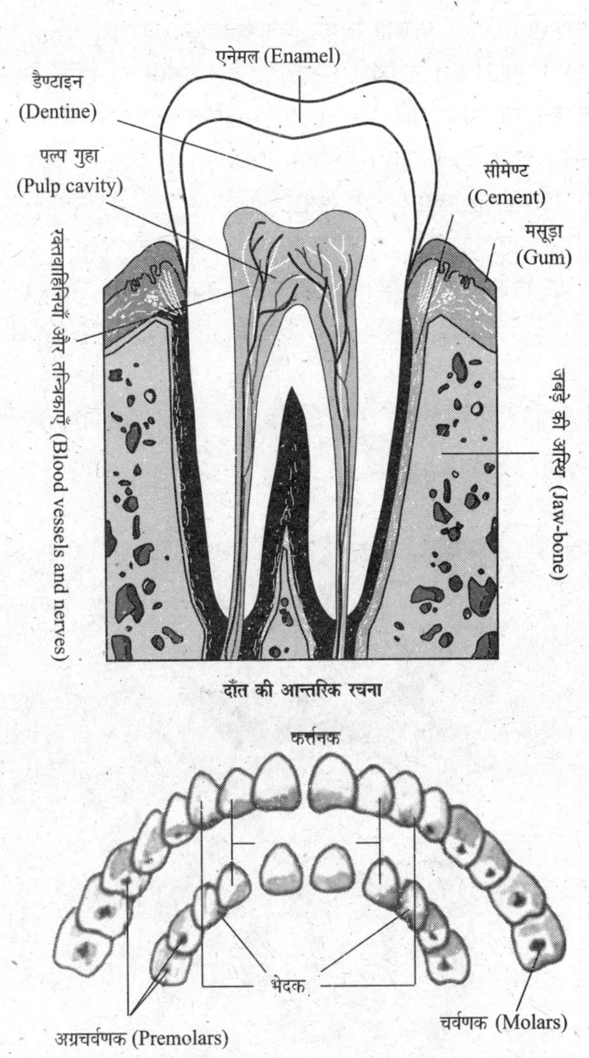

दाँत की आन्तरिक रचना

बच्चे और वयस्क के दाँत

नया जीवन (New Life)

सभी प्राणियों में जीवन की शुरुआत केवल एक कोशिकीय जीव से होती है। सम्भोग क्रिया के परिणामस्वरूप पिता का एक शुक्राणु (Sperm) माता के एक डिम्ब (Egg) में प्रवेश करता है। इसे गर्भधारण (Conception) कहते हैं। यह नयी कोशिका (Cell) माता के गर्भाशय (Womb) में विकसित होती है। निषेचित डिम्ब गर्भाशय में अवस्थित के बाद स्वयं को विभाजित करते हुए एक से अनेक कोशीय संरचना में परिवर्तित और परिवर्धित होता जाता है। ये ही कोशिकाएँ अनगिनत संख्या में जुड़कर बच्चे का विकास करती हैं। 9 महीने की अवधि में एक नया जीवन 'शिशु' के रूप में विकसित होकर जन्म लेता है। इस प्रकार नये जीवन का आरम्भ होता है।

यदि एक ही अण्डे का गर्भीकरण होता है और वह अण्डा दो में टूट जाता है, तो एक जैसे जुडवाँ बच्चे पैदा होते हैं और यदि एक साथ दो अण्डे गर्भित होते हैं, तो दो बच्चे एक जैसे नहीं होते। ये दोनों बच्चे समलैंगिक या विषम लैंगिक, कोई भी हो सकते हैं।

✪✪✪

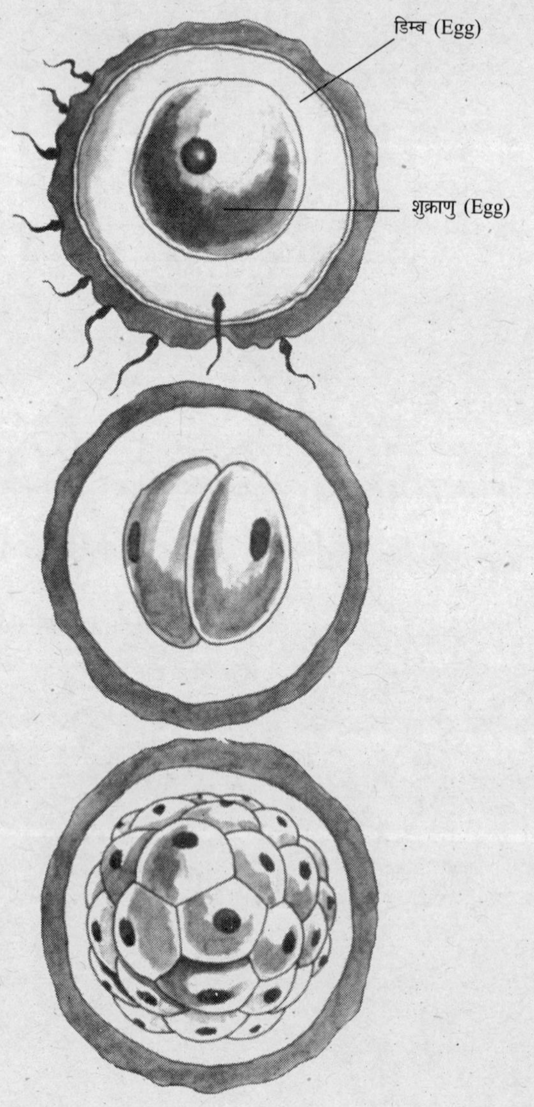

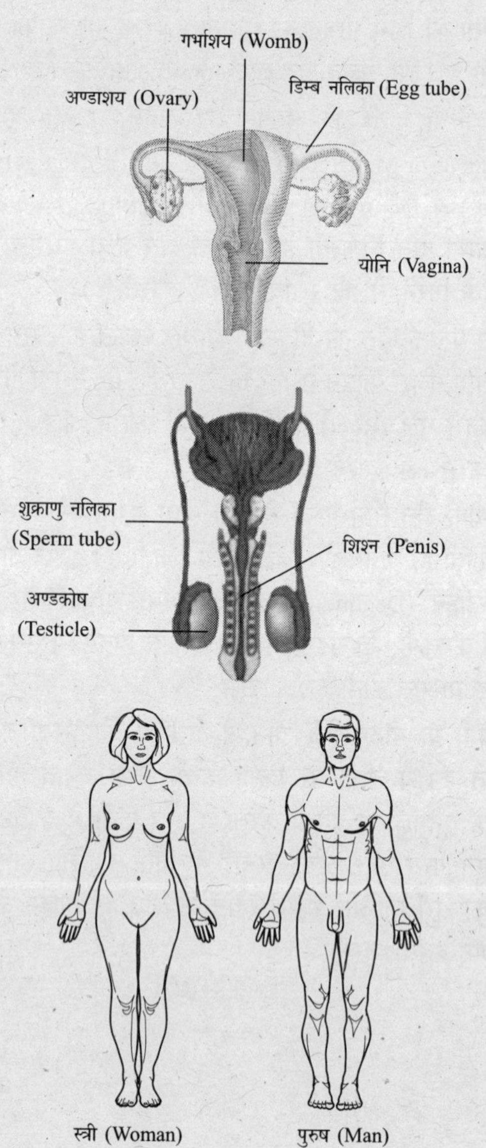

07 पर्यावरण और प्रदूषण (Environment & Pollution)

R.GHOSH

पारिस्थितिकी (Ecology)

मानव-संस्कृति का विकास धीरे-धीरे हुआ है। मनुष्य अपने विकास के आरम्भिक काल में प्रकृति पर निर्भर था, परन्तु जैसे-जैसे वह अपना भोजन स्वयं उगाने लगा, तब से उसने प्राकृतिक नियमों में दखल देना शुरू कर दिया। उसने खेती के लिए जंगलों को काट डाला, भोजन और कपड़े की आवश्यकता के लिए अनेक जंगली पशुओं को पालतू बना लिया। मनुष्य ने सुमेरिया, मिस्र और सिन्धु घाटी जैसी सभ्यताओं को जन्म दिया। मनुष्य धरती पर फैलता गया, उसने अपना घर बनाने के लिए अनेकों जंगलों का सफाया कर दिया। एक सामान्य धारणा के अनुसार मानव ने प्रकृति पर विजय प्राप्त कर ली लेकिन फिर भी वह प्राकृतिक विपदाओं पर नियन्त्रण नहीं कर पाया।

जलवायु
पौधे
जन्तु
मृदा

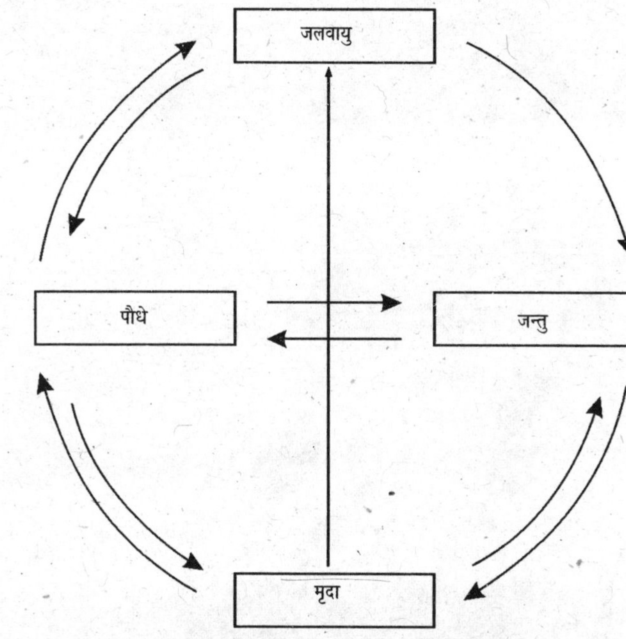

जलवायु, वनस्पति और जन्तुओं के पारस्परिक सम्बन्ध

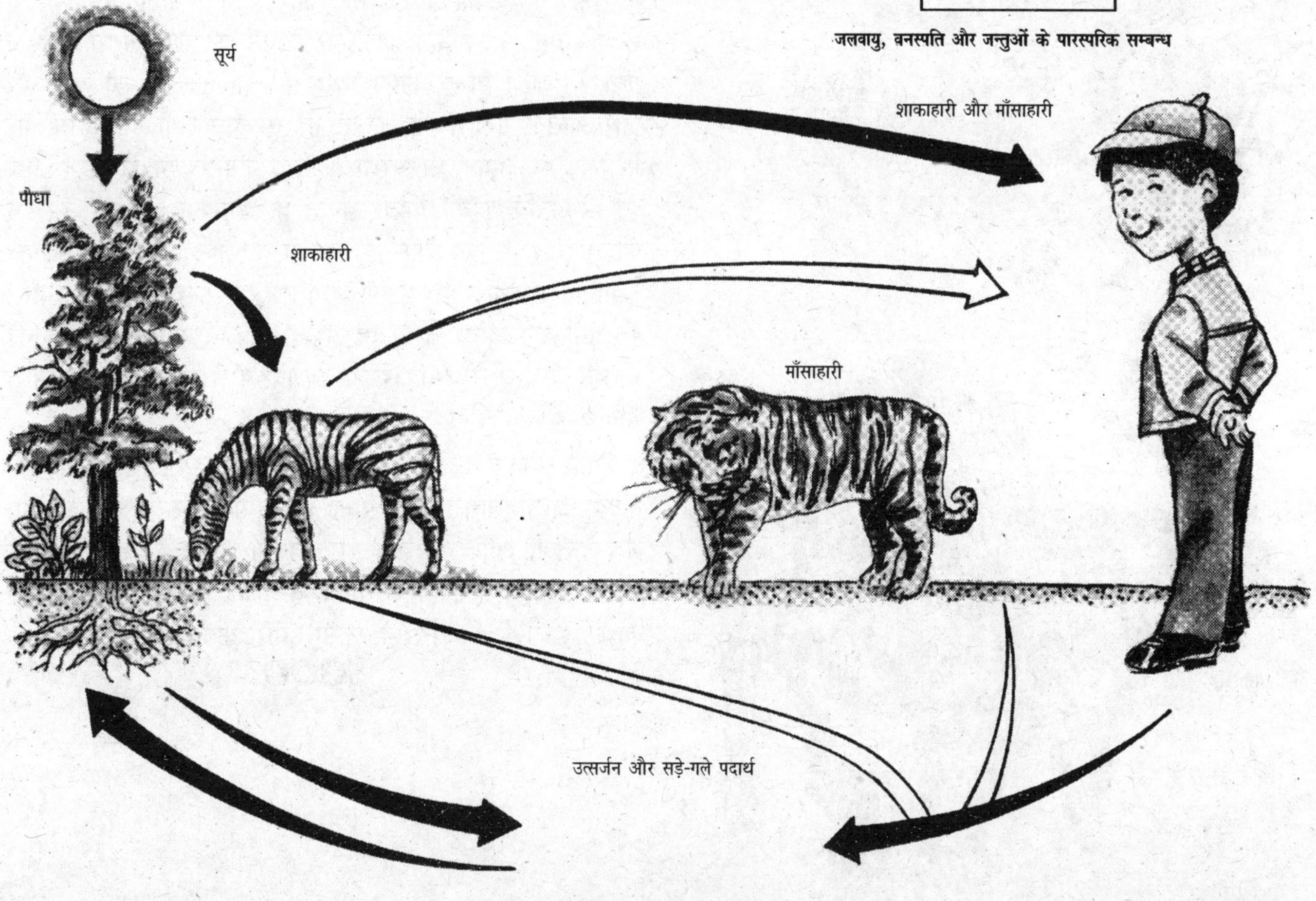

सूर्य
पौधा
शाकाहारी और माँसाहारी
शाकाहारी
माँसाहारी
उत्सर्जन और सड़े-गले पदार्थ

एक समुदाय के पोषण सम्बन्ध

पारिस्थितिकी तन्त्र में एक सामान्य खाद्य-शृंखला

पृथ्वी पर समस्त जीव सूर्य से ऊर्जा प्राप्त करते हैं और भौतिक वातावरण यानी वायुमण्डल (Atmosphere), स्थलमण्डल (Lithosphere) तथा जलमण्डल (Hydrosphere) से जीवोपयोगी तत्त्व प्राप्त करते हैं। लेकिन आधुनिकता और औद्योगीकरण की दौड़ में मानव ने प्रकृति के इन मुख्य अवयवों से छेड़-छाड़ करके इनमें असन्तुलन पैदा कर दिया है। यह असन्तुलन विनाश का संकेत है। लगातार बढ़ती जनसंख्या, कार्बन डाइऑक्साइड, अम्ल-वर्षा, परमाणु विस्फोट तथा विषैले रासायनिक कचरे से मनुष्य के लिए अभूतपूर्व पारिस्थितिक संकट पैदा हो गया है।

पशु-पक्षी अपने भोजन के लिए पेड़-पौधों या दूसरे पशु-पक्षियों पर निर्भर रहते हैं। प्रकृति में जीव और निर्जीव वस्तुओं के बीच एक सन्तुलन बना रहता है। जब कोई एक वस्तु जरूरत से अधिक बढ़ जाती है या घट जाती है, तब यह सन्तुलन बिगड़ जाता है। तरह-तरह के जीव प्रकृति में कैसे रहते हैं और एक-दूसरे पर उनका क्या असर होता है। इसी के अध्ययन को पारिस्थितिकी (Ecology) कहते हैं। किसी समुदाय के निर्जीव भौतिक वातावरण या उसमें पाये जाने वाले प्राणियों के वर्ग को 'पारिस्थितिक तन्त्र' (Ecosystem) कहते हैं।

आज पृथ्वी का प्रत्येक भाग और इसके सभी निवासी प्रदूषण से प्रभावित हो रहे हैं। पृथ्वी पर जीवन के लिए खतरा पैदा हो गया है। आज मानव को पर्यावरण (Environment) की रक्षा और पारिस्थितिक संरक्षण की जरूरत महसूस होने लगी है। दुनिया भर में पृथ्वी पर जीवन की सुरक्षा के लिए जन-प्रदर्शन हो रहे हैं। हर देश में पर्यावरण को बेहतर बनाने के कार्यक्रम चल रहे हैं। इन कार्यक्रमों का उद्देश्य प्राकृतिक सम्पदा को नष्ट होने से बचाना है। वैज्ञानिक संरक्षण-कार्यक्रम पारिस्थितिकी के सिद्धान्तों पर आधारित हैं। पर्यावरण बेहतर तभी बन सकता है, जब सामान्य व्यक्ति को भी इस सम्बन्ध में जानकारी हो, विशेषरूप से बच्चों को, जो हमारा भविष्य हैं।

पारिस्थितिक तन्त्र के अध्ययन के लिए हमें हरे पेड़-पौधों; तालाबों, नदियों, झीलों, सागरों; वायु, पानी और जमीन; फसलों और जन्तुओं; जल-जन्तुओं आदि का ज्ञान प्राप्त करना जरूरी है। इसी ज्ञान के आधार पर हम अपने पारिस्थितिक तन्त्र को बेहतर बना सकते हैं। खाद्य-शृंखलाओं को सुरक्षित रखना हमारा कर्तव्य है।

✪✪✪

सजीव ग्रह (The Living Planet)

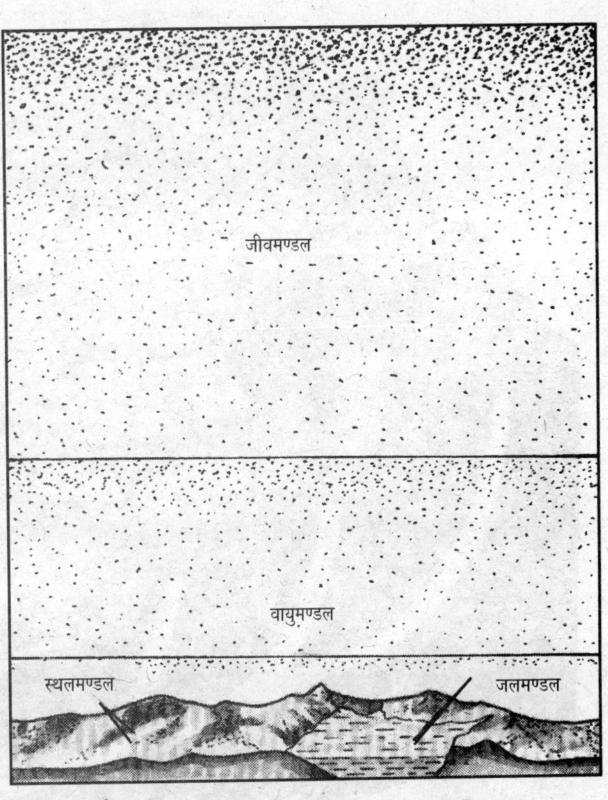

जीवमण्डल : स्थलमण्डल, जलमण्डल तथा वायुमण्डल

सौरमण्डल के नौ ग्रहों में पृथ्वी ही एकमात्र ऐसा ग्रह है,जिस पर जीवन विद्यमान है। केवल पृथ्वी पर ही जीव-जन्तु और पेड़-पौधे जीवित रह सकते हैं, क्योंकि यहाँ जीवन की वे सभी परिस्थितियाँ मौजूद हैं, जो किसी जीव को जीवित रखने के लिए जरूरी होती हैं।

पृथ्वी पर सभी जगह जीवन नहीं है, क्योंकि जीवन के लिए खास वातावरण की जरूरत होती है। धरती के जिन भागों में पेड़-पौधे और जीव-जन्तु रहते हैं, उसे जीवमण्डल (Biosphere) कहते हैं। जीवमण्डल को तीन भागों में बाँटा गया है: स्थलमण्डल (Lithosphere), जलमण्डल (Hydrosphere) तथा वायुमण्डल (Atmosphere)। स्थलमण्डल धरती का वह भाग है, जिसमें चट्टानें, रेत, मिट्टी, पेड़-पौधे जीव-जन्तु इत्यादि आते हैं। धरती का वह भाग जिसमें जल है, जलमण्डल कहलाता है। सभी प्राणियों और पेड़-पौधों के जीवन के लिए पानी की आवश्यकता होती है। धरती के ऊपर लगभग 1000 कि.मी. की ऊँचाई तक फैला हुआ गैसीय क्षेत्र वायुमण्डल कहलाता है। वायुमण्डल बहुत-सी गैसों जैसे— ऑक्सीजन, कार्बन डाइऑक्साइड तथा नाइट्रोजन का सन्तुलित मिश्रण है। स्थल और जलमण्डल के ऊपर 320 कि.मी. तक

पृथ्वी पर जीवन है

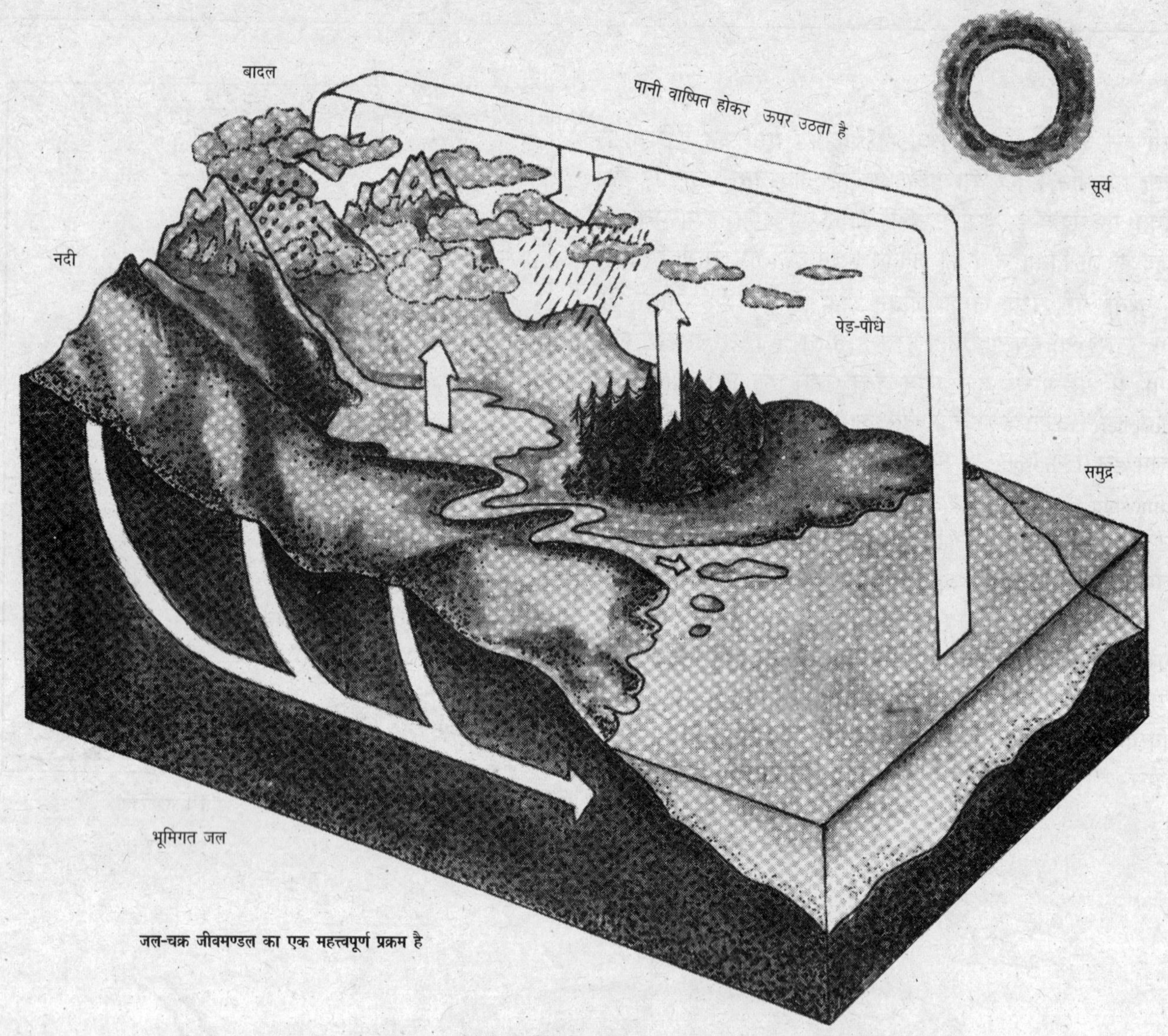

जल-चक्र जीवमण्डल का एक महत्त्वपूर्ण प्रक्रम है

वायुमण्डल फैला हुआ है। पृथ्वी की सतह से लगभग 10 कि.मी. ऊपर और 10 कि.मी. नीचे तक का हिस्सा जीवमण्डल है। वास्तविकता तो यह है कि 90 प्रतिशत जीवधारी धरती से एक कि.मी. नीचे तथा एक कि.मी. ऊपर के क्षेत्र में रहते हैं।

जीवमण्डल या पारिस्थितिक व्यवस्था एक विकासात्मक प्रणाली है। इसमें तरह-तरह के जैविक और भौतिक घटकों का सन्तुलन बना रहता है। हवा, पानी, मिट्टी, जीव-जन्तु, पेड़-पौधे और जीवाणु आदि आपस में एक-दूसरे से तथा अपने आसपास की वस्तुओं के साथ किसी न किसी तरह जुड़े हुए हैं। इस व्यवस्था को पर्यावरण (Environment) कहते हैं। पर्यावरण में वे सभी परिस्थितियाँ आती हैं, जो हमारे जीवन पर प्रभाव डालती हैं। पेड़-पौधे, जीव-जन्तु, जल, वायु, जमीन हमारे पर्यावरण के हिस्से हैं, क्योंकि इनके बिना हमारा अस्तित्व सम्भव नहीं है। हमारा घर, गाँव, शहर, सभी हमारे पर्यावरण के हिस्से हैं। मनुष्य ने अपनी सुख-सुविधा और अपनी जरूरतें पूरी करने के लिए पर्यावरण में असन्तुलन पैदा कर दिया है। वृक्षों को बड़ी संख्या में बेरहमी से काटा जा रहा है, हवा और पानी को प्रदूषित किया जा रहा है। यदि पर्यावरण-प्रदूषण इसी तरह बढ़ता रहा, तो एक दिन ऐसा आयेगा, जब पृथ्वी पर जीवन का अस्तित्व ही खतरे में पड़ जायेगा।

✪✪✪

पारिस्थितिक तन्त्र में कार्बन, नाइट्रोजन, ऑक्सीजन और हाइड्रोजन के चक्र
(Cycles of Carbon, Nitrogen, Oxygen and Hydrogen in Ecosystem)

पृथ्वी पर असंख्य जाति के पेड़-पौधे और जीव-जन्तु पाये जाते हैं, जो संरचना, रूप व आकार में एक-दूसरे से भिन्न हैं। ये सभी कार्बन (Carbon), नाइट्रोजन (Nitrogen), ऑक्सीजन (Oxygen) तथा हाइड्रोजन (Hydrogen) जैसे मूल तत्त्वों से मिलकर बने हैं। ये सभी तत्त्व जीवों को प्रकृति से ही प्राप्त होते हैं। निर्माण और विखण्डन, वृद्धि और अपघटन की क्रियाएँ प्रकृति में सामान्य रूप से होती रहती हैं। इन्ही क्रियाओं से प्रकृति में विभिन्न चक्र चलते हैं। इन चक्रों से पौधे, जन्तु और उनका पर्यावरण एक-दूसरे से जुड़े रहते हैं। और उनके बीच एक सन्तुलन बना रहता है।

कार्बन-चक्र (Carbon-Cycle)

कार्बन सभी जीवित वस्तुओं में पाया जाने वाला आवश्यक तत्त्व है। पौधों और जन्तुओं को यह तत्त्व वायुमण्डल में उपस्थित कार्बन डाइऑक्साइड गैस से मिलता है। पौधे हवा से कार्बन डाइऑक्साइड लेकर पानी की उपस्थिति और सूर्य की रोशनी में प्रकाश-संश्लेषण (Photosynthesis) की क्रिया द्वारा अपने भोजन का निर्माण करते हैं। पौधों को दूसरे जीव-जन्तु भोजन के रूप में खाते हैं। इस प्रकार उनके शरीर में कार्बन यौगिक पहुँच जाते हैं। इन कार्बन यौगिकों के पचने से ऊर्जा निकलती है। शाकाहारी जीवों के माँस से माँसाहारी जीवों को अपना कार्बन प्राप्त होता है। मनुष्य जैसे सर्वाहारी पौधों

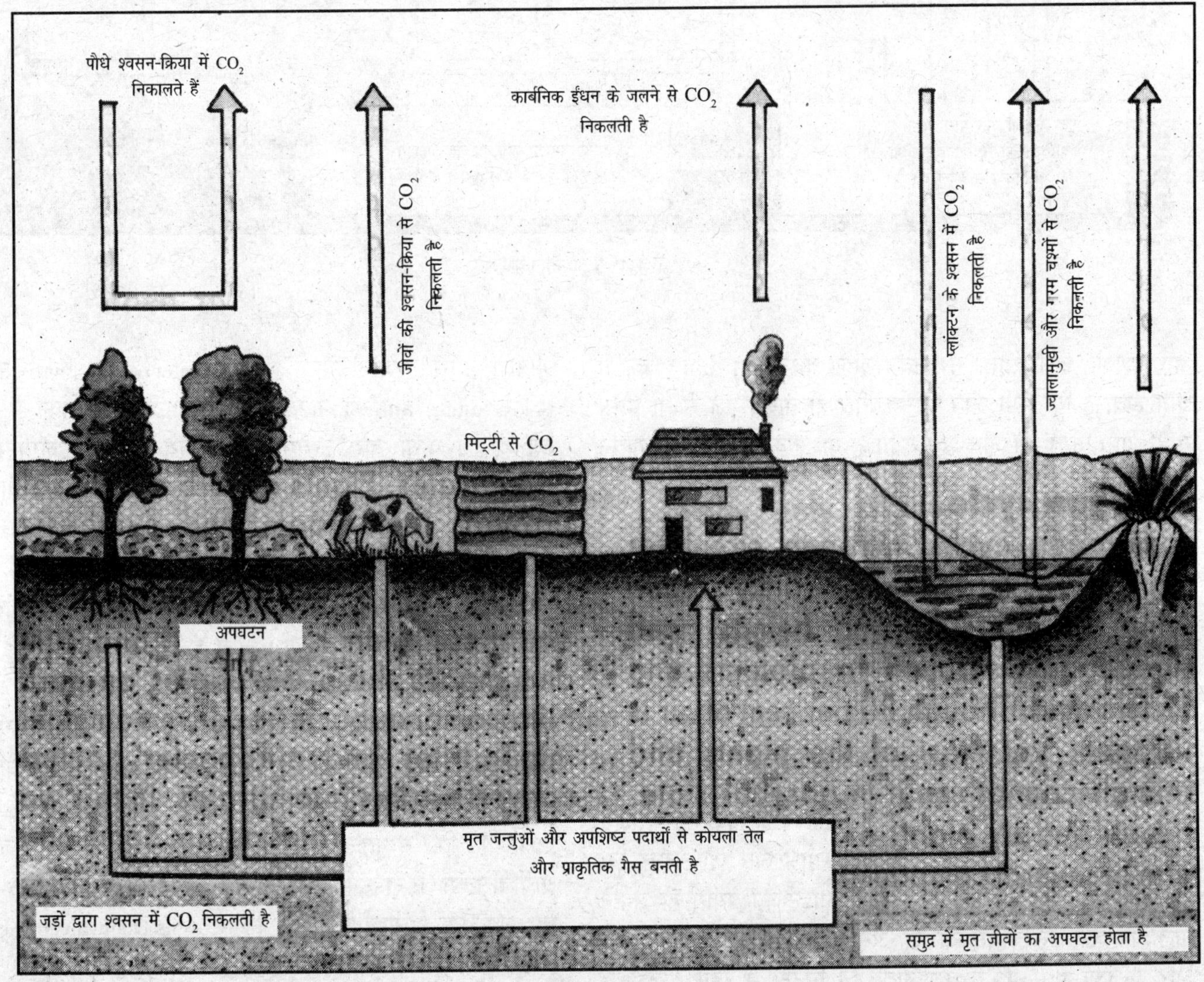

प्रकृति में कार्बन-चक्र

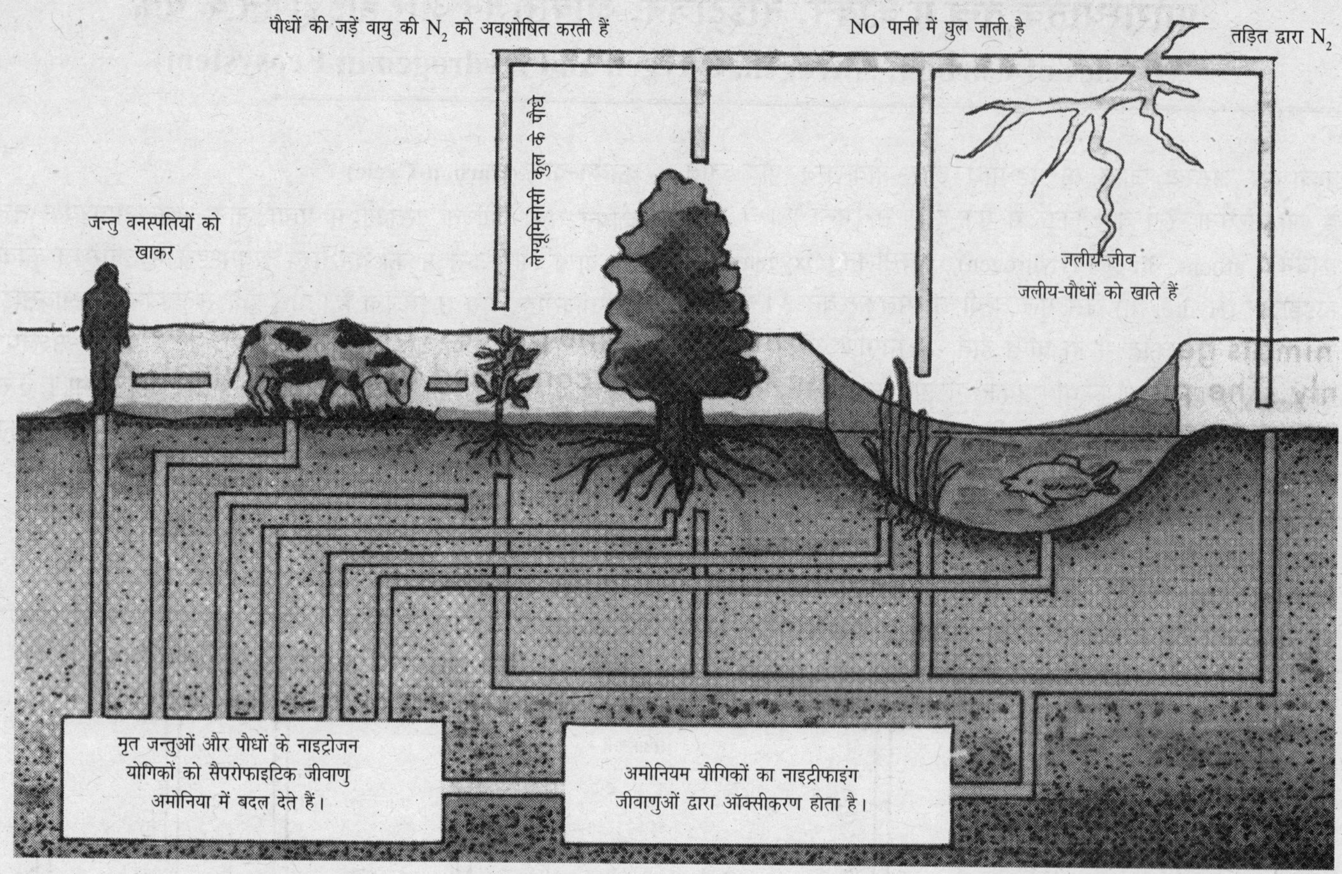

प्रकृति में नाइट्रोजन-चक्र

और पशुओं, दोनों स्रोतों से कार्बन ग्रहण करता है। कार्बन-चक्र से ज्ञात होता है कि सभी जीव कार्बन सीधे ही वायुमण्डल से या पौधों से ही प्राप्त करते हैं। जीव श्वसन-क्रिया या ऑक्सीकरण द्वारा कार्बन को फिर कार्बन डाइऑक्साइड में बदलकर प्रकृति को वापस कर देते हैं। पौधे और जीवों के क्षय (Decay) से तथा ईंधन के जलने से कार्बन डाइऑक्साइड निकलती है। जो पुनः वायुमण्डल में जाकर कार्बन-चक्र पूरा कर देती है।

नाइट्रोजन-चक्र (Nitrogen-Cycle)

नाइट्रोजन-चक्र में नाइट्रोजन का मिट्टी, पानी, हवा तथा जीवित वस्तुओं में लगातार परिभ्रमण चलता है। सभी जीवित वस्तुओं को नाइट्रोजन की आवश्यकता होती है। यह जीवन के लिए जरूरी प्रोटीन तथा न्यूक्लिक एसिडों में पायी जाती है। हवा में हालाँकि 80 प्रतिशत नाइट्रोजन होती है, लेकिन अधिकांश पेड़-पौधे और जीव-जन्तु इसे गैस अवस्था में प्रयोग नहीं कर सकते। नाइट्रोजन प्रयोग हो सकने वाले यौगिकों जैसे अमोनिया या अमीनो अम्लों में बदलकर पौधों और जन्तुओं द्वारा प्रयोग की जाती है। मिट्टी में रहने वाले कुछ जीवाणु, जैसे—एजोटोबैक्टर (Azotobacter) तथा क्लास्ट्रीडियम (Clostridium) हवा की नाइट्रोजन को नाइट्रोजन यौगिकों में बदल देते हैं, जो पौधों द्वारा इस्तेमाल कर लिये जाते हैं। लेग्यूमिनोसी (Leguminosae) परिवार के पौधों की जड़ों पर छोटी-छोटी ग्रन्थियाँ होती हैं, जिनमें राइज़ोबियम लेग्यूमिनोसेरम (Rhizobium Leguminosarum) जीवाणु होते हैं। ये हवा की नाइट्रोजन को नाइट्रेट्स में बदल देते हैं। पौधे जड़ों से नाइट्रेट लवण सोख लेते हैं तथा अपनी कोशिकाओं में प्रोटीन का निर्माण करते हैं। जन्तु इन पौधों को खाते हैं और नाइट्रोजन उनके शरीर में चली जाती है। मृत शरीर पर भूमि में मिलने वाले जीवाणुओं तथा कवकों की क्रिया होती है। नाइट्रोसोमोनास (Nitrosomonas) जीवाणु अमोनिया को नाइट्राइट में और नाइट्रोबैक्टर (Nitrobacter) जीवाणु नाइट्राइट को नाइट्रेट में बदल देते हैं। इस प्रकार पौधे फिर से नाइट्रेट का अवशोषण करते हैं। कुछ अन्य जीवाणु थायोबेसिलस डिनाइट्रीफिकेंस (Thiobacillus Denitrificans) तथा माइक्रोकोकस डिनाइट्रीफिकेंस (Micrococcus Denitrificans) मिट्टी में मिलने वाले नाइट्रेट्स तथा अमोनिया को नाइट्रोजन में बदल देते हैं। इसके अतिरिक्त वायुमण्डल में नाइट्रोजन का कुछ अंश तड़ित

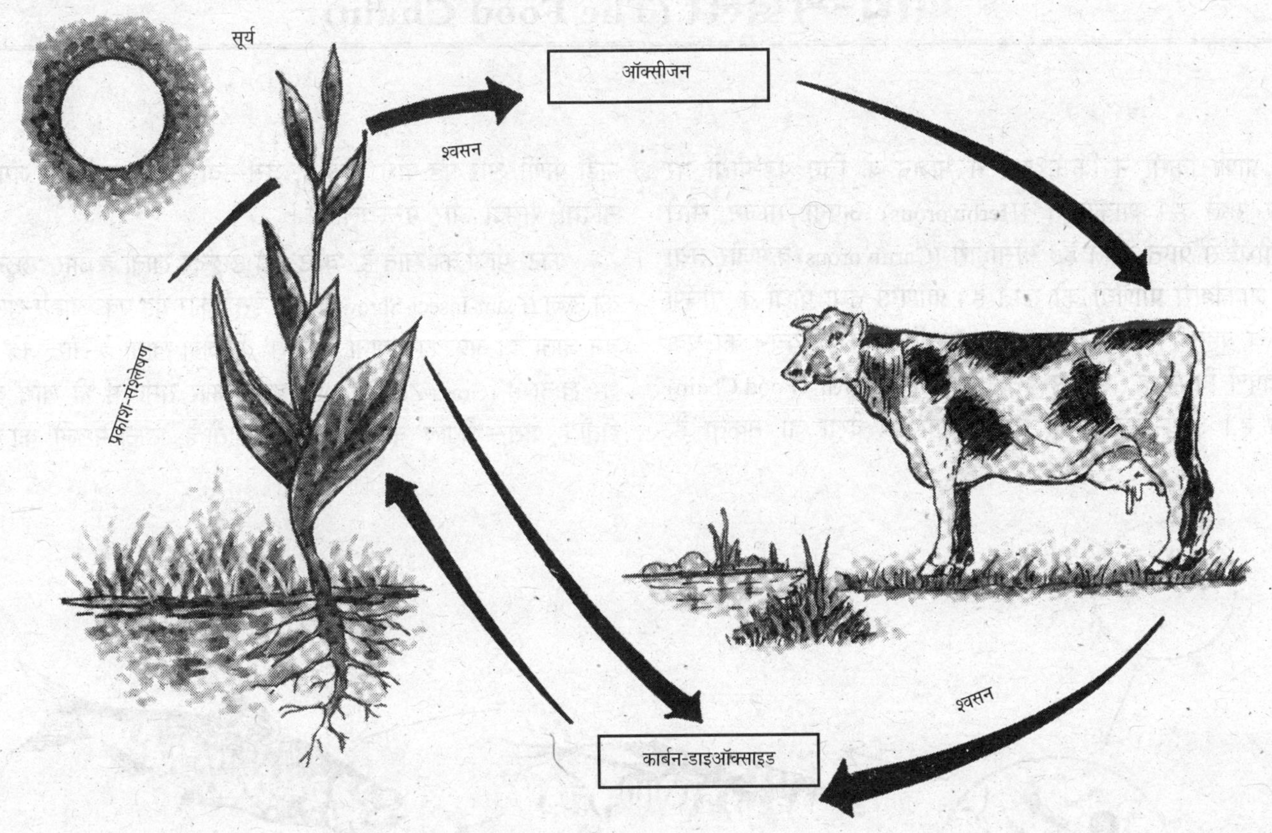

प्रकृति में ऑक्सीजन-चक्र

विद्युत द्वारा नाइट्रिक एसिड में भी बदल जाता है, जो वर्षा के साथ मिट्टी में मिलकर नाइट्रेट बनाता है, जिसे पौधे अवशोषित करते हैं। इस प्रकार नाइट्रोजन-चक्र में हवा में उपस्थित नाइट्रोन खाद्य-शृंखलाओं में से होती हुई पुनः हवा में आ जाती है। इस क्रिया को होने में चाहे करोड़ों वर्ष लगें, लेकिन नाइट्रोजन का प्रत्येक परमाणु लौटकर हवा में ही आता है।

ऑक्सीजन-चक्र (Oxygen-Cycle)

ऑक्सीजन के बिना जीवन सम्भव नहीं है। हवा में ऑक्सीजन की मात्रा लगभग 21 प्रतिशत है। पृथ्वी पर सभी जीव-जन्तुओं को साँस लेने में ऑक्सीजन की जरूरत होती है। कोई वस्तु ऑक्सीजन के बिना नहीं जल सकती। आप सोचते होंगे कि इस प्रकार तो वायु में ऑक्सीजन निरन्तर कम होती जायेगी और एक दिन समाप्त भी हो सकती है? लेकिन प्रकृति में ऑक्सीजन-चक्र एक ऐसी व्यवस्था है, जो इस गैस के सन्तुलन को बिगड़ने नहीं देती। यह कार्बन तथा नाइट्रोजन-चक्र के साथ-साथ ही चलती है। हरे पौधे वायुमण्डल की कार्बन डाइऑक्साइड गैस को प्रकाश-संश्लेषण की क्रिया द्वारा ऑक्सीजन में बदल देते हैं। दिन के समय समस्त पेड़-पौधे वायुमण डल में ऑक्सीजन छोड़ते हैं और कार्बन डाइऑक्साइड लेते हैं। रात्रि को पेड़-पौधे कार्बन डाइऑक्साड छोड़ते हैं। इस प्रकार प्रकृति में ऑक्सीजन की प्रतिशत मात्रा स्थिर रहती है।

हाइड्रोजन-चक्र (Hydrogen-Cycle)

पानी सभी पेड़-पौधों और जीव-जन्तुओं के लिए महत्त्वपूर्ण पदार्थ है, क्योंकि पानी से ही जीवमण्डल अपने सबसे ज्यादा प्रचुर तत्त्व हाइड्रोजन को प्राप्त करता है। हाइड्रोजन और ऑक्सीजन के संयोग से पानी बनता है। प्रकाश-संश्लेषण की क्रिया में जल के विखण डन से हाइड्रोजन निकलती है, जो कार्बन डाइऑक्साइड से संयोग कर ग्लूकोज का निर्माण करती है। शाकाहारी जन्तुओं का आहार पेड़-पौधे हैं, इन्हीं को खाने से उनको ग्लूकोज तथा कार्बोहाइड्रेट्स आदि मिलते हैं। हाइड्रोजन सभी जीवों के लिए ऊर्जा के अत्यधिक महत्त्वपूर्ण स्रोत कार्बोहाइड्रेट का निर्माण करती है। यही कार्बोहाइड्रेट हम भोजन के रूप में खाते हैं। ये हमारे जीवन-चक्र को चलाते हैं।

✿✿✿

खाद्य-शृंखला (The Food Chain)

सभी प्राणी किसी न किसी रूप में भोजन के लिए पेड़-पौधों पर निर्भर रहते हैं। शाकाहारी (Herbivorous) अपना भोजन सीधे पेड़-पौधों से प्राप्त करते हैं। माँसाहारी (Carnivorous) कमजोर तथा छोटे शाकाहारी प्राणियों को खाते हैं। प्राणियों तथा पौधों के पोषण सम्बन्ध बहुत ही रोचक है और पारिस्थितिकी के अध्ययन का एक महत्त्वपूर्ण विषय है। इन सम्बन्धों को खाद्य-शृंखला (Food Chain) कहते हैं। खाद्य-शृंखला को ऐसी जगहों पर देखा जा सकता है, जहाँ प्राणी और पेड़-पौधे रहते हैं, जैसे—चारागाहों, पर्णपाती जंगलों, नदियों, समुद्रों और मरुस्थलों में।

'कीट' पौधों को खाते हैं, 'कीट' को छछून्दर खाती है और 'छछून्दर' को उल्लू (Plant-Insect-Shrew-owl)। इस प्रकार यह एक आहार-शृंखला बन जाती है। अफ्रीका सवाना में 'घास' को जेब्रा खाता है और 'जेब्रे' को शेर खाता है (Grass-Zebra-Lion। इसी प्रकार समुद्र में भी खाद्य कड़ी होती है, जैसे—'शैवाल' को छोटी मछली खाती है, 'छोटी मछली' को बड़ी

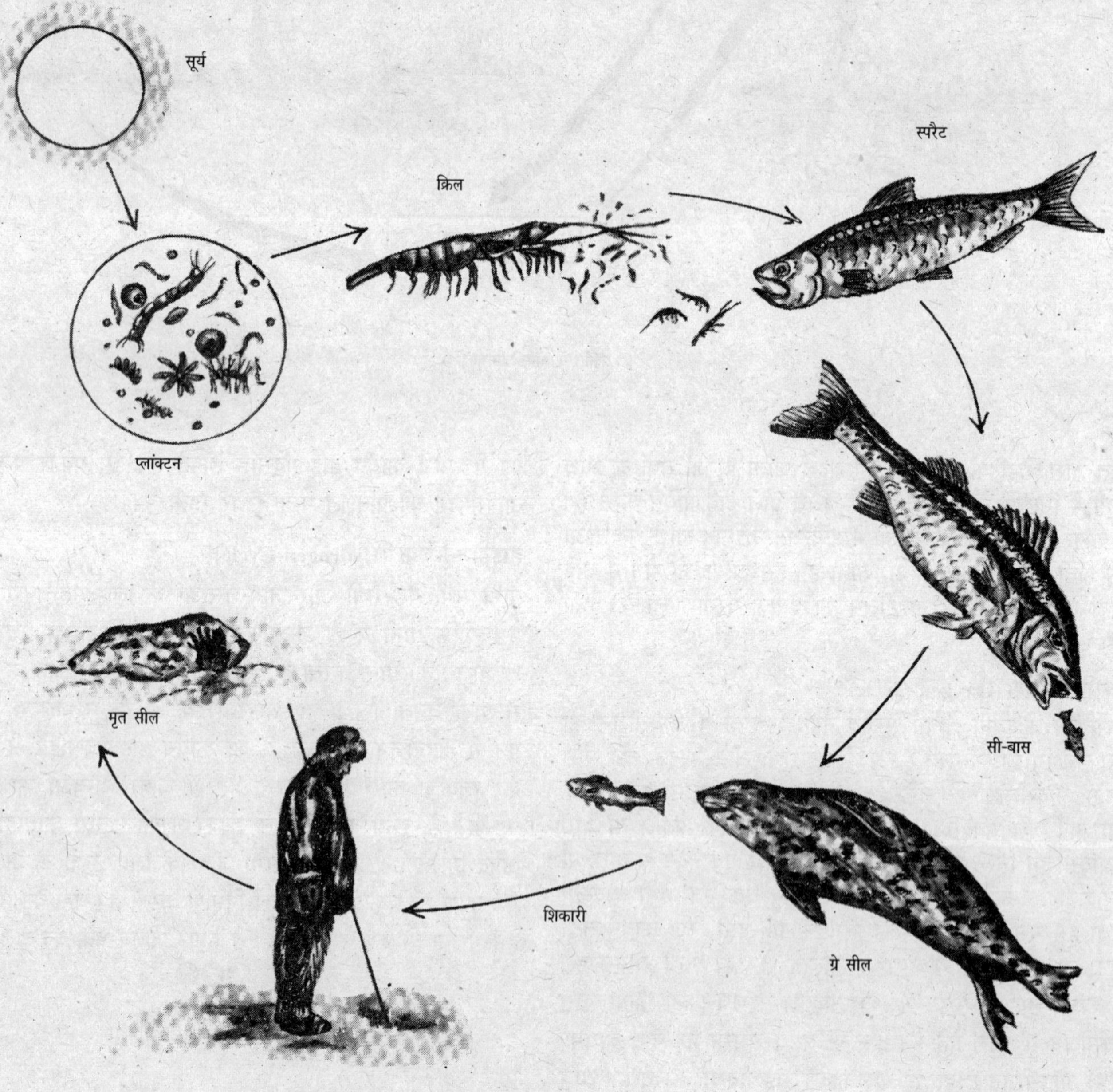

समुद्र की एक खाद्य-शृंखला

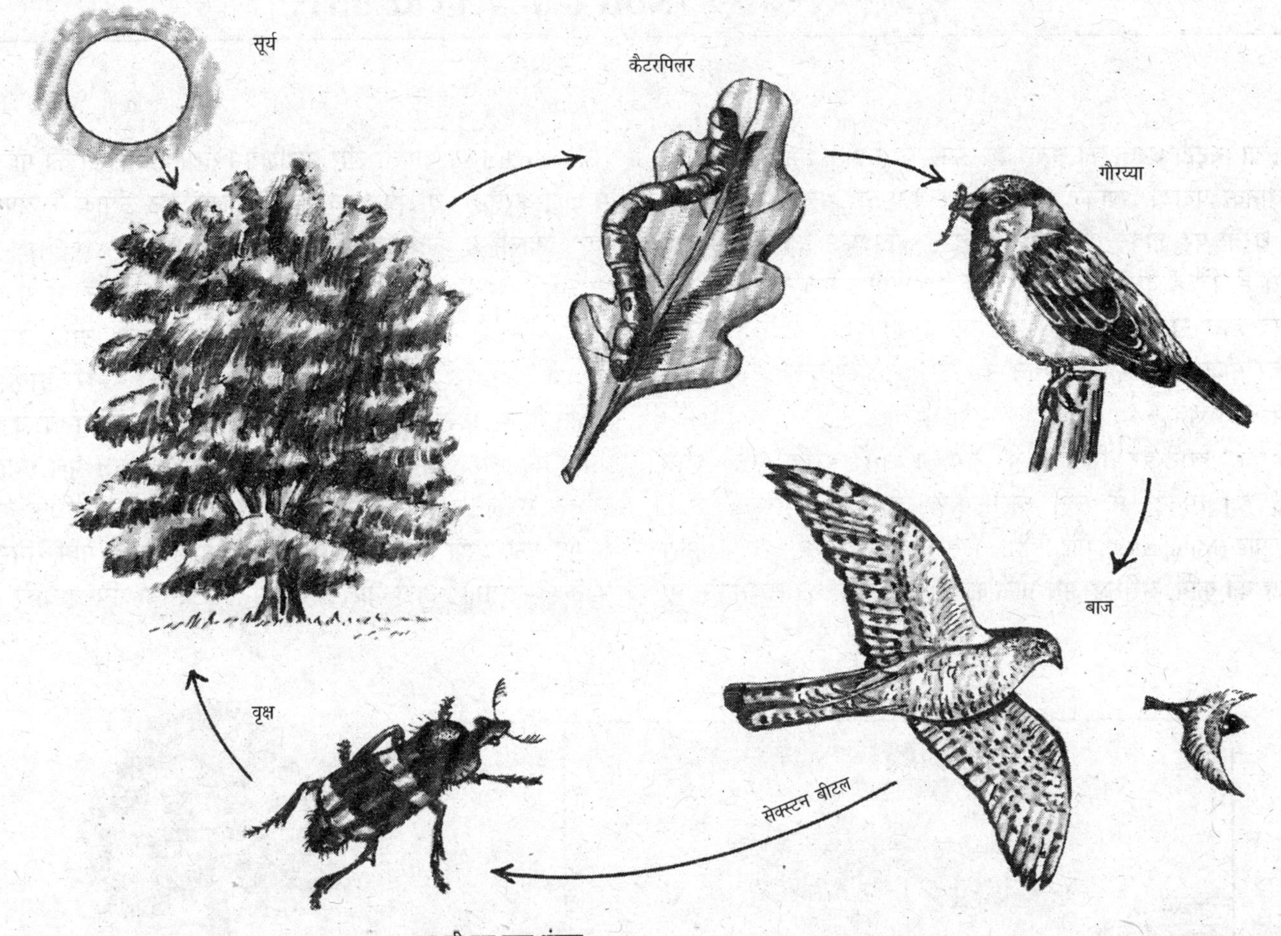

वन की एक खाद्य-शृंखला

मछली खा जाती है, 'बड़ी मछली' को गल और 'गल' को सील अपना भोजन बनाती है। इसी प्रकार हिरण घास खाता है और 'हिरन' को शेर खाता है। प्रकृति में अनेक खाद्य-शृंखलाएँ हैं, लेकिन यह क्रम यहीं नहीं समाप्त हो जाता। जब कई आहार-शृंखलाएँ आपस में जुड़ जाती हैं, तो एक खाद्य-जाल (Food Web) बन जाता है। अधिकांश खाद्य-शृंखलाएँ पौधों से ही शुरू होती हैं।

खाद्य-शृंखला अत्यन्त नाजुक है और उसे आसानी से तोड़ा जा सकता है। एक सम्बन्ध को तोड़ने से सम्पूर्ण कड़ी के लिए खतरा पैदा हो जाता है। यदि -किसान' कीटों को मारने के लिए कीटनाशक (Pesticides) दवाइयों का इस्तेमाल करता है, तो कीटों के समाप्त होने से छछून्दर भी भूखी मर जायेंगी, क्योंकि कीट उनका आहार है। उल्लू जो छछून्दर को खाता है, भोजन न मिलने के कारण मर जायेगा। पीरू के तट पर ऐंचोबी मछलियों का अधिक शिकार करने से कार्मोरैण्ट पक्षियों की संख्या में कमी आ गयी, क्योंकि ये पक्षी ऐंचोबी मछली ही खाते थे। कार्मोरैण्ट के कम होने से उनकी बीट (ग्वानों) कम हो गयी, जिस पर निर्भर रहने वाला प्लांक्टन (Plankton) यानी मछली का भोजन कम हो गया। प्लांक्टन की कमी से ऐंचोबी मछलियों का भोजन कम हो गया और नतीजा यह हुआ कि ऐंचोबी मछलियों की संख्या कम हो गयी।

इस खाद्य-कड़ी में मनुष्य भी शामिल हैं, क्योंकि वह पेड़-पौधों से भी भोजन प्राप्त करता है और माँस, मछली तथा अण्डे आदि भी खाता है। खाद्य-कड़ी टूटने न पाये, इसलिए हमें जंगली जीवन के संरक्षण में जानवरों की भोजन-प्रवृत्तियों एवं भोजन-सम्बन्धों की जानकारी होनी चाहिए। दुनिया के सभी देशों के लोगों में पारिस्थितिक तन्त्र की जानकारी देकर उसका सन्तुलन बनाये रखने से ही पृथ्वी पर जीवन का अस्तित्व कायम रह सकता है।

✪✪✪

मृदा-संरक्षण (Soil Conservation)

मृदा या मिट्टी धरती की सतह की ऊपरी परत होती है। यह चट्टानों, कार्बनिक पदार्थों, खनिजों, पानी और हवा से मिलकर बनी होती है। धरती पर जीवन के लिए मृदा बहुत आवश्यक है। इसी में पौधे उगते हैं, जिन्हें दूसरे जीव खाते हैं। इन जीवों को अन्य जीवों तथा मानव द्वारा खाया जाता है। मृदा अनेक प्रकार की होती है। इसके अन्दर मौजूद हवा में व जमीन में रहने वाले कीड़े-मकोड़े तथा अन्य जीव साँस लेते हैं।

एक हेक्टेअर मिट्टी में लगभग 30 करोड़ नन्हें जीव रहते हैं। मिट्टी में रहने वाले मुख्य जीव हैं : रोडेण्ट, कीट, मिलीपीड (Millipedes), माइट (Mite), सॉ-बग, साँप, मकड़ी, केंचुआ, अन्य प्रकार की कृमि, सरीसृप और प्रोटोजोआ। ये मृदाओं की क्षार विनिमय (Base exchange) क्षमता और पोटैशियम तथा फॉस्फोरस की मौजूदगी में वृद्धि करते हैं। ये अपने मृत शरीरों व अपशिष्ट उत्पादों के अपघटन द्वारा मृदाओं में कार्बनिक पदार्थ पैदा करते हैं।

मानव ने मृदा के महत्त्व को समझा, तो उसने अपने लिए भोजन उगाने के लिए जंगल साफ कर डाले, बाँध बनाकर या अन्य विधि से पानी की व्यवस्था की और प्राकृतिक पद्धतियों के विरुद्ध कृषि-कार्य किया। इस प्रकार मानव ने खूब प्रगति की। वह अपने फायदे में इस बात को बिल्कुल भूल गया कि अधिक फसल उगाने, जंगल साफ करने और चराई अधिक कराने से मृदा का क्षरण होगा, जिसके फलस्वरूप उपजाऊ भूमि रेगिस्तान में बदल जायेगी। जहाँ नील-घाटी, मेसोपोटामिया, सिन्धु-घाटी और

झाड़ी और वृक्ष की जड़ें मिट्टी को जमाये रखती हैं

मृदा-बहाव ;वपस ेपदहद्ध को रोकने के लिए पुश्ता-दीवार बनायें

अपरदन नियन्त्रण

चीन की वी-हो घाटी की महान प्राचीन सभ्यताओं में लोग लगातार फसलें उगाते थे। आज वहाँ बंजर क्षेत्र नजर आते हैं। उसी प्राचीन सभ्यता के इराक की भूमि में 20 प्रतिशत से भी कम भाग में आज खेती की जाती है। आज हम मृदा के महत्त्व को समझते हुए भी अनदेखी कर रहे हैं। हम प्रति सेकेण्ड 3,000 टन से भी ज्यादा मृदा को नष्ट कर देते हैं। उपजाऊ भूमि के लिए अच्छी मृदा होनी चाहिए और उसका संरक्षण किया जाना चाहिए। मृदा-संरक्षण में प्रमुख भूमिका अपरदन (Erosion) का नियन्त्रण है और अत्यधिक अपरदनी क्षेत्रों में ऊपरी मृदाओं (Top Soil) को पुनः तैयार करना है। मृदा अपरदन हवा और पानी द्वारा होता है। अधिक चराई, एक ही फसल बार-बार उगाने, जंगल की आग, वनस्पति नष्ट होने से मृदा अपरदन होता है। मृदा अपरदन से जमीन धँस जाती है और पानी मिट्टीदार हो जाता है। मछलियाँ तथा वन्य जीवों की अनेक जातियाँ मर जाती हैं। इससे बाढ़ आने का भी खतरा बढ़ जाता है। मृदा अपरदन को अपरदनी क्षेत्रों में वृक्षों, घासों और झाड़ियों को पुनः उगाकर रोका जा सकता है। मृदा का बहाव (Soil Washing) बाँध और पुश्ता-दीवार (Retaining Walls) बनाकर रोका जा सकता है। कटूर जुताई (Contour Ploughing) व सीढ़ीदार खेती करने, गहरी जुताई करने और मृदाओं में जैविक-खाद, हरी-खाद अथवा कार्बनिक पदार्थ मिलाने से भी भूमि को बंजर होने से रोका जा सकता है। उपलब्ध प्रमाणों से यह भी पता चला है कि बिना देशी खाद मिलाये रासायनिक उर्वरकों का लगातार इस्तेमाल करने से कुछ मृदाओं की भौतिक अवस्था बिगड़ जाती है और फसल की उपज भी कम हो जाती है। संक्षेप में हम मृदा-संरक्षण निम्नलिखित प्रकार कर सकते हैं :

- घास और पौधे लगाकर
- बाँध बनाकर
- कटूर खेती करके
- पशुओं को चराना रोककर
- जंगलों की कटाई रोककर
- फसलों को बदल-बदल कर पैदा करना।

इन तरीकों से मृदा-संरक्षण किया जा सकता है।

भूमि अपरदन

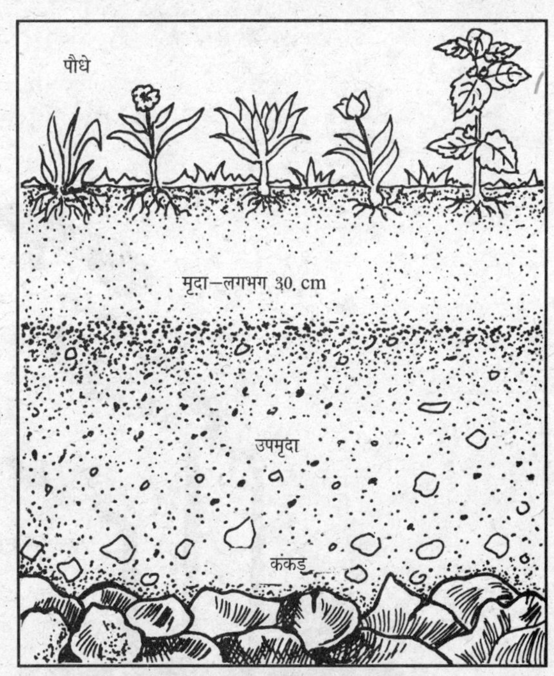

मृदा का निर्माण

अम्ल-वर्षा (Acid Rain)

वास्तव में अम्ल-वर्षा का अर्थ है, अम्लों की वर्षा और उसे बर्फ के साथ धरती पर गिरना। उद्योगों से निकलने वाली गैसें, जो चिमनियों से निकलकर वातावरण को प्रदूषित करती हैं, अम्ल-वर्षा का मुख्य कारण हैं। इन गैसों में सबसे महत्त्वपूर्ण है- सल्फर डाइऑक्साइड, जो कोयले एवं खनिज तेल के जलने से निकलती है। प्राकृतिक स्रोतों जैसे ज्वालामुखियों के फटने, जंगलों में लगी आग में भी सल्फर डाइऑक्साइड काफी अधिक मात्रा में होती है। वायुमण्डल में यह गैस हवा द्वारा बहा ले जायी जाती है। सूर्य के प्रकाश की उपस्थिति में यह गैस हवा की नमी से क्रिया कर सल्फ्यूरिक अम्ल (Sulphuric Acid) का निर्माण करती है। यह वर्षा या बर्फ के साथ धरती पर गिरती है। इसी प्रकार नाइट्रोजन के ऑक्साइड, जो मोटर वाहनों के तेल जलने से बनते हैं, नाइट्रिक अम्ल बनाते हैं। अम्ल-वर्षा का पता सबसे पहले रॉबर्ट एंगस स्मिथ ने सन् 1872 में लगाया था।

अम्ल-वर्षा गैसों के उद्गम स्रोत से हजारों कि.मी. दूर तक हो सकती है। खाड़ी युद्ध में तेल के कुओं के जलने से हुए प्रदूषण के कारण ही वहाँ पर काली वर्षा हुई तथा कश्मीर के ऊँचे क्षेत्रों में काली बर्फ गिरी। अम्ल-वर्षा नदी में उपस्थित प्राणियों पर प्रभाव डालती है। मछलियों की जनन क्षमता कम हो जाती है और जानवरों के अण्डों का विकास भी मन्द हो जाता है। अम्ल-वर्षा के प्रभाव से पेड़-पौधों का पतझड़ जल्दी हो जाता है तथा जड़ों वाली फसलें नष्ट हो जाती हैं। आगरे में स्थित 'ताजमहल' तथा न्यूयार्क में स्थित 'स्टेच्यू ऑफ लिबर्टी' भी अम्ल-वर्षा के कारण अपनी चमक खो चुके हैं। वाटर लिली नामक पौधों पर अम्ल-वर्षा का सबसे अधिक प्रभाव होता है।

❂❂❂

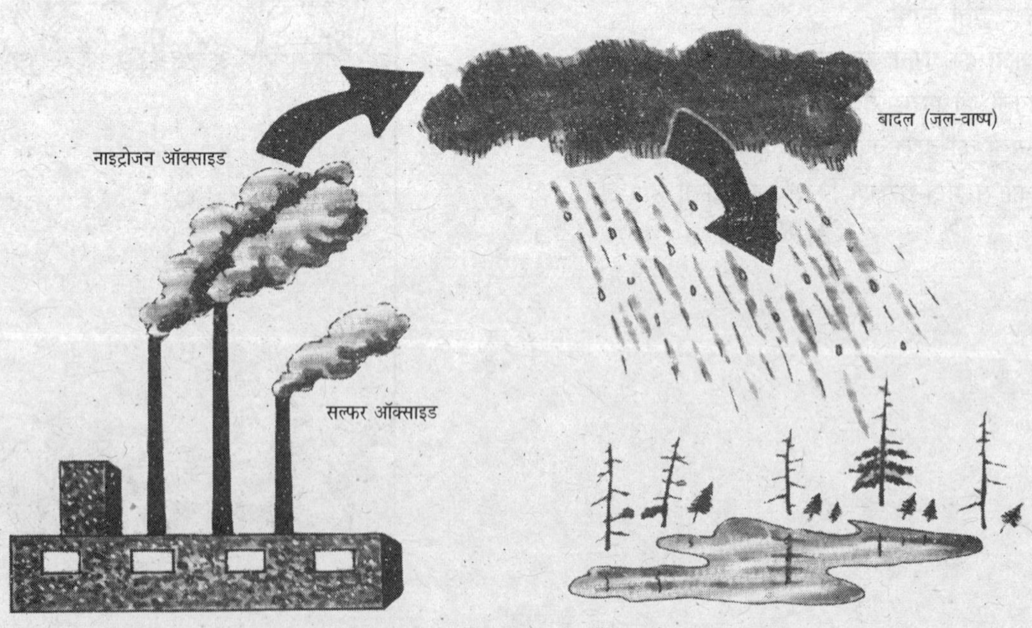

सल्फर डाइऑक्साइड और नाइट्रस ऑक्साइड से अम्ल-वर्षा होती है।

प्रदूषण (Pollution)

'प्रदूषण' का अर्थ है-जल, थल और वायु में अवांछित एवं हानिकारक पदार्थों का एकत्रित होना एवं उपयोगी पदार्थों की कमी। सम्पूर्ण जीवमण्डल (Biosphere) प्रदूषण से प्रभावित है।

प्रदूषण कोई प्राकृतिक देन नहीं है, बल्कि मनुष्य ही इसका जिम्मेदार है। मानव वायु को धुएँ और विषैली गैसों से तथा नदियों, झीलों और समुद्रों को वाहितमल (Sewage) तथा हानिकारक रसायनों से दूषित कर रहा है। भूमि उर्वरकों (Fertilizers) तथा कीटनाशकों (Pesticides) से दूषित हो गयी है। जहाजों से कच्चा पेट्रोलियम निकालते और भरते समय कई लाख टन तेल समुद्र में बह जाता है, जिसका प्रभाव जन्तुओं पर पड़ता है। आप समुद्र-तट पर पड़े या पानी के ऊपर तैरते हुए मुरदा पक्षी और मछलियाँ देख सकते हैं। खाड़ी युद्ध से हुए प्रदूषण से पड़ोसी देश भी प्रभावित हुए हैं।

प्रदूषण के वैसे तो अनेक कारण हैं, लेकिन इनमें से दो मूल कारण हैं। पहला कारण है- विश्व की बढ़ती हुई जनसंख्या और दूसरा औद्योगीकरण। बढ़ती जनसंख्या को बसाने के लिए जंगलों को साफ कर दिया गया है, जिससे पेड़-पौधों की संख्या कम हो गयी है। इससे पर्यावरण सन्तुलन बिगड़ गया है। पिछले 50 वर्षों में उद्योगों का विकास इतनी तीव्रता से हुआ है, जिससे कि पर्यावरण का ढाँचा ही बदल गया है। अपनी आवश्यकताओं की पूर्ति के लिए लगाये गये कारखानों से निकलने वाला धुआँ और गैसें वायुमण्डल को प्रदूषित कर रहे हैं। कारखानों के अपशिष्ट पदार्थ जल को प्रदूषित कर रहे हैं। मोटर वाहनों से निकलने वाले धुएँ से वायु-प्रदूषण बढ़ता जा रहा है तथा इनके इंजनों की आवाजों से कोलाहल-प्रदूषण। कृषि के तरीकों में जो उन्नति हुई है, उनमें निश्चय ही कीटनाशक रसायनों का प्रयोग बढ़ा है, जिससे भूमि और जल-प्रदूषण बढ़ गया है।

एरी जैसी विशाल झील प्रदूषणों के कारण ही समाप्त हो गयी। नालों का गन्दा पानी और औद्योगिक कचरा तथा अत्यधिक कृत्रिम खादयुक्त कृषि-फार्मों के पानी ने इस झील को फॉस्फेट और नाइट्रेट से इतना भर दिया कि उन्होंने झील के जैव सन्तुलन को स्थायी रूप से बिगाड़ दिया। इसकी सभी मछलियाँ मर गयी हैं। गंगा और यमुना का पानी भी बुरी तरह प्रदूषित होता जा रहा है। श्रीनगर की डलझील का बुरा हाल है। प्रदूषण का मनुष्य पर प्रतिकूल प्रभाव पड़ा है और उसका जीवन संकट में पड़ता जा रहा है। अब जीवमण्डल को बिगाड़ना या सुधारना केवल मनुष्य पर निर्भर है और पशु-पक्षियों तथा पेड़-पौधों को बचाना भी मानव के तौर-तरीकों पर ही आश्रित है।

❂❂❂

औद्योगीकरण से प्रदूषण पैदा हुआ।

वायु-प्रदूषण (Air Pollution)

वायु केवल मनुष्यों की ही जीवनदायिनी नहीं है, बल्कि दूसरे जीव-जन्तु और पेड़-पौधे भी बिना हवा के जीवित नहीं रह सकते। यदि यही वायु दूसरी गैसों से प्रदूषित हो जाये, तो जीवनदायी के बजाय जानलेवा हो सकती है। वायु-प्रदूषण का अर्थ है-वायु में धुआँ, धूल, राख, परागकण, बहुत-सी गैसें और दूसरे पदार्थों के कणों का मौजूद होना, जो वायु के सामान्य घटक नहीं हैं। फॉसिल ईंधनों (Fossil-Fuels) जैसे—कोयला, पेट्रोल, गैस आदि के जलने से वायु में सल्फर डाइऑक्साइड, नाइट्रोजन के ऑक्साइड, कार्बन के ऑक्साइड जैसी गैसें आ जाती हैं, जो वायु को प्रदूषित करती हैं। कारखानों, मोटरगाड़ियों, रेलगाड़ियों, जलयानों आदि से निकला धुआँ वायु को प्रदूषित करता है। जैट विमानों से निकला धुआँ ऊपरी वायुमण्डल को प्रदूषित करता है। वायु प्रदूषण से खुजली, खाँसी, जुकाम, दिल की बीमारियाँ तथा अनेक प्रकार के कैंसर हो जाते हैं। इससे पौधे पीले पड़ जाते हैं तथा उनकी वृद्धि रुक जाती है और वे मर जाते हैं। भवनों का पेण्ट फीका पड़ जाता है तथा पदार्थों और कपड़ों का रंग उड़ जाता है।

वायुमण्डल में कार्बन डाइऑक्साइड की मात्रा बढ़ने से पर्यावरण के लिए खतरा पैदा हो गया है।-औद्योगिक क्रान्ति से पूर्व वायुमण डल के 10 लाख भाग में कार्बन डाइऑक्साइड 275 से 285 भाग तक थी। परन्तु सन् 1980 तक इसकी मात्रा बढ़कर 338 भाग प्रति 10 लाख हो गयी। 21वीं सदी के आरम्भ में यह 400 भाग प्रति 10 लाख हो चुकी है। पृथ्वी की उष्मा दीर्घ तरंगों में विकरित होती है, जिसके लगभग 90 प्रतिशत भाग को वायुमण्डल सोख लेता है। वायुमण्डल मुख्यतः पार्थिव विकिरण (Terrestrial Radiation)

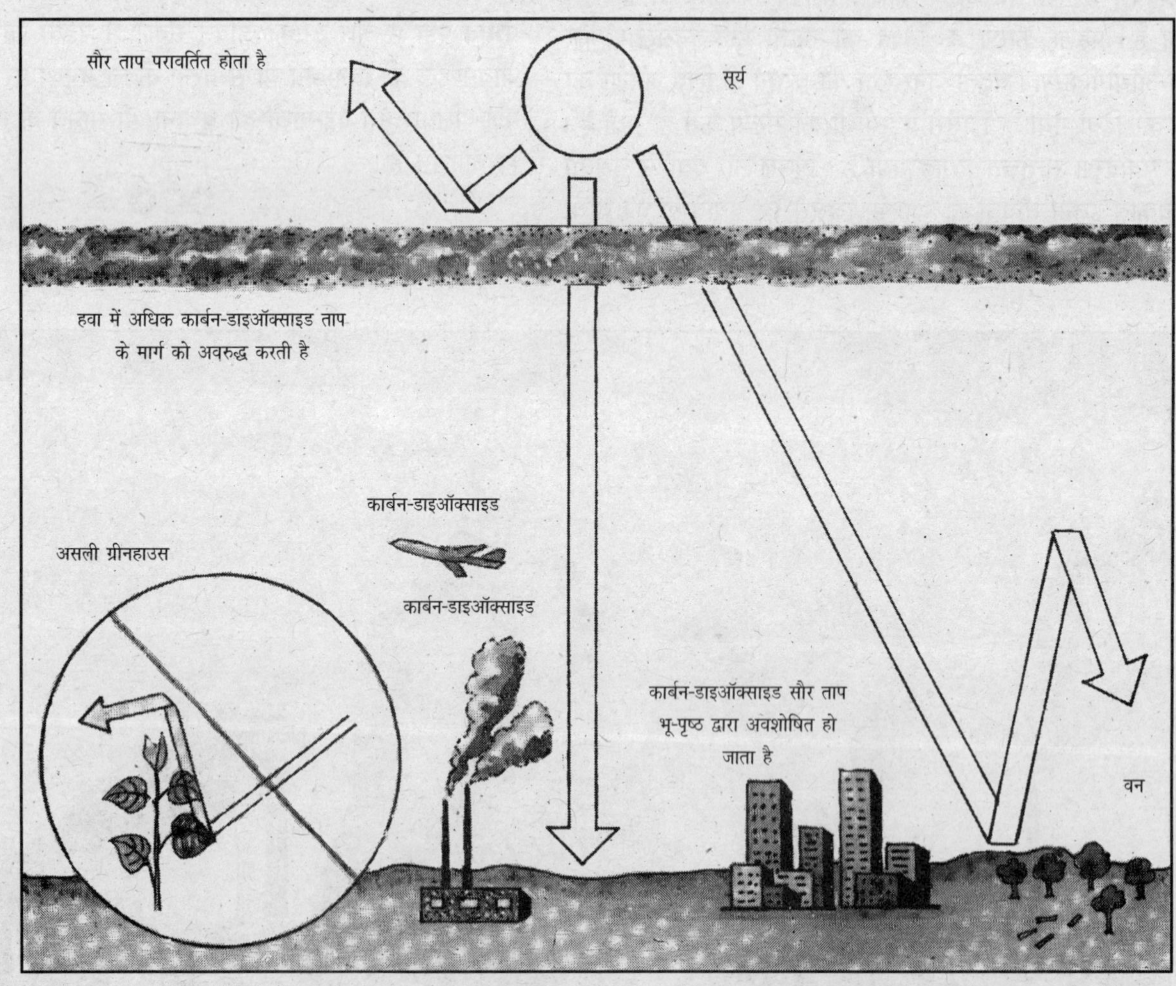

ग्रीनहाउस प्रभाव

औद्योगिक नगरों में धूम-कुहरा

द्वारा ही गरम होता है। वायुमण्डल द्वारा सौर-विकिरण को न रोकने और पार्थिव-विकिरण को पूर्णतः अवशोषित करने को वायुमण्डल का ग्रीनहाउस प्रभाव (Greenhouse Effect) कहते हैं। स्वीडन के रसायन विज्ञानी आर्थीनियस ने सन् 1986 में सबसे पहले ग्रीनहाउस प्रभाव के बारे में बताया था। ग्रीनहाउस की दीवारें काँच की और छत भी सूर्यताप को भू-पृष्ठ तक जाने देती हैं, लेकिन भू-पृष्ठ की गरमी को अत्यन्त धीमी गति से बाहर निकलने देती हैं।

कार्बन डाइऑक्साइड गैस सूर्य की किरणों को पृथ्वी पर आने तो देती है, लेकिन इन किरणों के मार्ग को अवरुद्ध कर देती है, फलस्वरूप पृथ्वी निरन्तर गरम होती जा रही है। यदि वायुमण्डल में कार्बन डाइऑक्साइड की मात्रा बढ़ती गयी तो, इससे पृथ्वी का तापमान इतना बढ़ जायेगा कि हिम क्षेत्रों की बर्फ पिघल जायेगी तथा समुद्र में जलस्तर इतना बढ़ जायेगा कि तटवर्ती क्षेत्रों और नगर बाढ़ों द्वारा जल में डूब जायेंगे। इसके अतिरिक्त वायु-प्रदूषण से वायु की दिशा, तापमान, जलवायु और मौसम प्रभावित होते हैं। इससे स्थानीय वर्षा की सम्भावना अधिक हो जाती है। वायु-प्रदूषण का सुन्दर इमारतों पर प्रतिकूल प्रभाव पड़ रहा है। मथुरा के पेट्रोल शोधक कारखाने से निकलने वाले धुएँ से ताजमहल के पत्थर की चमक समाप्त होती जा रही है। संसार में जापान के टोकियो शहर में सबसे अधिक वायु-प्रदूषण है।

वायु-प्रदूषण को अधिक पेड़ लगाकर तथा कारखानों की चिमनियों में इलेक्ट्रोस्टेटिक फिल्टर लगाकर कम किया जा सकता है।

✪✪✪

ओजोन संकट (Ozone Depletion)

मौसमविज्ञों की आधुनिक खोजों के आधार पर वायुमण्डल को अनेक ताप परतों या ताप मण्डलों में बाँटा गया है : क्षोभमण्डल (Troposphere) –समुद्रतल से 10 कि.मी. तक; समतापमण्डल (Stratosphere)–10 से 40 कि.मी. तक; मध्यमण्डल (Mesosphere)–40 से 70 कि. मी. तक; आयनमण्डल (Inosphere) 70-400 कि.मी. तक तथा बहिर्मण्डल (Exosphere) 400 कि.मी. से ऊपर।

समतापमण्डल में जल-वाष्प और धूल के सूक्ष्मकण नाममात्र के होते हैं। इस परत में जेट प्रवाह (Jet Streams) नामक पवन की प्रबल धाराएँ चलती हैं, जो पृथ्वी के मौसम को प्रभावित करती हैं। इस परत को सुविधा के लिए दो उपभागों में बाँटा गया है–समतापी परत और ओजोनमण्डल (Ozonosphere)। समतापी परत केवल 25 कि.मी. की ऊँचाई तक है, जिसमें तापमान समान रहता है। ओजोनमण्डल, ओजोन (O3) की अधिकता वाली ऊपरी परत है, जो 25 कि.मी. से 40 कि.मी. के बीच फैली है। यह गैस की परत सूर्य से निकलने वाली लघु पराबैंगनी किरणों (Short Ultraviolet Rays) का 99 प्रतिशत अवशोषण करके गरम परत का निर्माण करती है और धरातलीय जीवों व पेड़-पौधों को भस्म होने से बचाती है। ओजोनमण्डल में ताप की वृद्धि तेजी से होती है, जो 50ºC से बढ़कर 75ºC हो जाता है। ओजोन की परत धरती के लिए ढाल का काम कर रही है। क्योंकि यह सूर्य के पराबैंगनी विकिरणों को सोख लेती है।

प्रकृति में ओजोन ऑक्सीजन से बनती है। इन दोनों गैसों के बीच एक सन्तुलन बना रहता है। पर्यावरण में बढ़ते हुए प्रदूषणों के कारण अब यह सन्तुलन बिगड़ने लगा है। वैज्ञानिकों का मत है कि अण्टार्कटिका पर भी ओजोन की परत पतली होती जा रही है, जिससे काफी हानिकारक परिणाम देखने को मिल सकते हैं।

मनुष्य के बनाये हुए रसायनों का प्रभाव ओजोनमण्डल पर पड़ रहा है। इनमें मुख्यतः क्लोरोफ्लोरोकार्बन (Chlorofluoro Carbons-CFCs) है। फ्रीऑन गैस भी एक क्लोरोफ्लोरोकार्बन है, जिसका इस्तेमाल रेफ्रिजरेटरों में किया जाता है। एयरकण्डिशनरों में ऐरोसॉल स्प्रे (Aerosol Spray) और प्लास्टिक फोम में भी इन रसायनों का प्रयोग किया जाता है। यह रसायन ही ओजोन परत को प्रभावित कर रहे हैं। ओजोन की कमी होने से धरती पर कैंसर जैसे भयानक रोग और त्वचा के अनेक रोग पैदा हो जायेंगे। पेड़-पौधों और दूसरे जीवों पर भी इसके घातक प्रभाव होंगे। धरती की सुरक्षा के लिए हमें निश्चय ही ऐसे उपाय खोजने होंगे, जिनके द्वारा फ्लोरोकार्बनों का वायुमण्डल में जाना रुक जाये।

✪✪✪

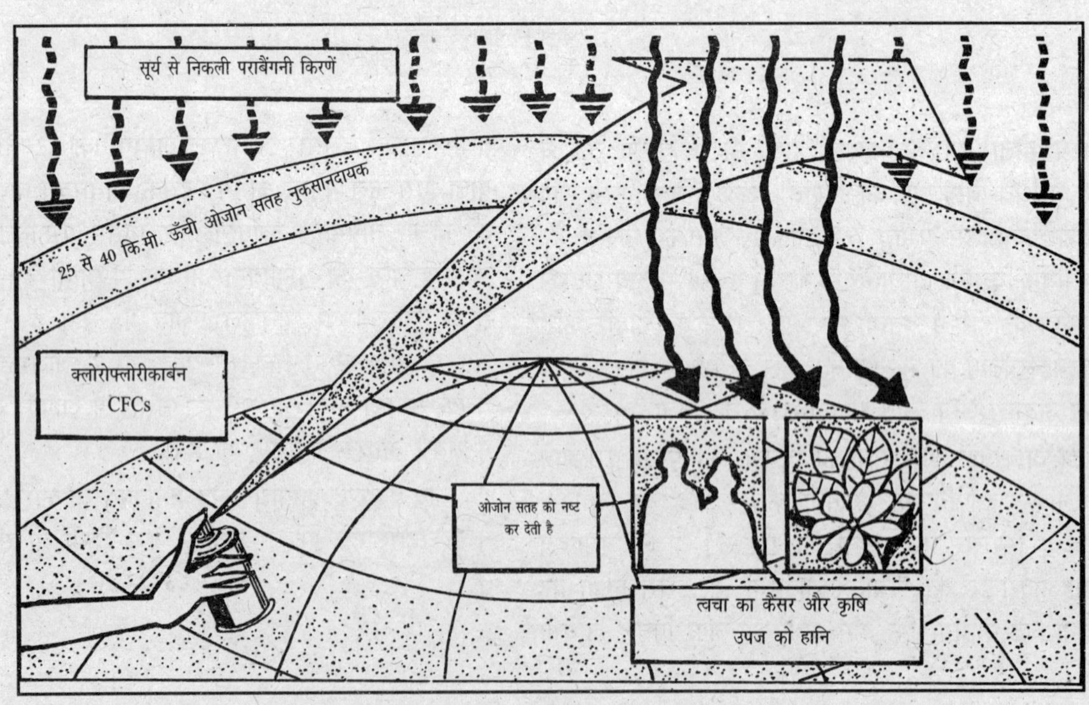

ओजोनमण्डल पृथ्वी को अन्तरिक्ष से आने वाले अनेक घातक विकिरणों से बचाता है।

जल-प्रदूषण (Water Pollution)

अन्तरिक्ष से देखने पर हमारी पृथ्वी नीली दिखायी देती है। इसका कारण यह है कि पृथ्वी की सतह पर दो-तिहाई पानी है। इस पानी को हम जलमण्डल (Hydrosphere) कहते हैं। जीवन के लिए पानी अत्यन्त आवश्यक है। पेड़-पौधे हों या जीव-जन्तु कोई भी बिना पानी के अधिक समय तक जीवित नहीं रह सकते।

तेजी से बढ़ती हुई जनसंख्या और औद्योगिक क्रान्ति ने ऐसे अवांछित कचरे को जन्म दिया, जिसका ढेर लगता जा रहा है और इससे मुक्ति पाना मुश्किल हो गया है। औद्योगिक कारखानों तथा घरों से निकलने वाले पानी में तरल व ठोस कचरा तथा मल आदि मिला होता है। इसे वाहितमल (Sewage) कहते हैं। यह वाहितमल नदियों में बहा दिया जाता है, जिससे नदियों का जल दूषित हो जाता है। नदियों के मुहाने और समुद्र तट भी इससे दूषित हो जाते हैं। अनुमान है कि केवल मुम्बई जैसे महानगर में प्रतिदिन 9 करोड़ गैलन दूषित वाहितमल समुद्र में बहा दिया जाता है। इस दूषित जल में पारे तथा सीसे के कार्बनिक यौगिक भी होते हैं, जो सूक्ष्म पौधों के माध्यम से मछलियों के शरीर में पहुँचते हैं और उन्हें प्रभावित करते हैं। ऐसी मछलियों को खाने से मनुष्य की आँखें और मस्तिष्क पर बुरा प्रभाव पड़ता है। उदाहरण के लिए जापान की मिनामाता खाड़ी में औद्योगिक कचरे द्वारा समुद्री जीवों के शरीर में मर्करी जमा हो गया, जिन्हें स्थानीय लोगों ने खाया। जहर का स्रोत पता लगने से पहले ही 10

औद्योगिक कारखानों और घरों का तरल व ठोस कचरा जल को प्रदूषित करता है

तेल के रिसाव से समुद्री जीव बड़ी संख्या में मरते हैं

हजार लोग विषाक्त हो चुके थे और 100 लोग मर चुके थे। जल गन्दा होने पर सूर्य का प्रकाश भी जलीय पौधों तक नहीं पहँच पाता और प्रकाश-संश्लेषण की क्रिया रुक जाने से पौधे मरने लगते हैं, इसका परिणाम यह होता है कि मछलियाँ तथा अन्य जीव जो पौधों पर निर्भर हैं, मर जाते हैं।

तेल-प्रदूषण (Oil Pollution) द्वारा समुद्री पारिस्थितिक तन्त्रों को बहुत नुकसान पहुँचता है। समुद्र में तेल गिरने से वह दूर-दूर तक पानी पर फैल जाता है, जिसका समुद्री जीवों पर बहुत बुरा प्रभाव पड़ता है। एक बड़े टैंकर के तेल फैलने से 30,000 समुद्री पक्षी मर सकते हैं। हाल ही के खाड़ी युद्ध में जो तेल समुद्र में फैला था, उसके विनाशकारी प्रभावों को दुनिया जानती है। तेल-प्रदूषण से मछलियों को उचित मात्रा में ऑक्सीजन नहीं मिल पाती है और वे तेजी से बड़ी संख्या में मरने लगती हैं।

कृषि उर्वरक और कीटनाशक भी जल-प्रदूषण को बढ़ा रहे हैं। लेकिन आजकल जल-प्रदूषण का सबसे बड़ा स्रोत है- ऊष्मा। सभी विद्युतघरों को विद्युत-निर्माण में अनेक उपकरणों को ठण्डा करने के लिए बहुत अधिक पानी की आवश्यकता होती है। नदियों से ठण्डा पानी लिया जाता है और बाद में उसे प्रयोग कर नदी में वही गरम पानी पुनः छोड़ दिया जाता है। इससे नदी के पानी का तापमान बढ़ जाता है और पानी के अनेक जीव, पेड़-पौधे प्रभावित हो जाते हैं तथा मर जाते हैं।

स्वच्छ पेयजल की पर्याप्त मात्रा में उपलब्धि विश्व के सभी देशों का लक्ष्य है, जिसकी प्राप्ति जल-प्रदूषण को रोककर ही हो सकती है। आज धरती पर केवल 1.6% जल पीने योग्य है। प्रकृति के जलचक्र में लगभग 1000 वर्ष का समय लगता है।

✪✪✪

ध्वनि-प्रदूषण (Noise Pollution)

बस, ट्रको और गाड़ियों का कोलाहल

आज सभी शहरों और कस्बों में ध्वनि-प्रदूषण बढ़ रहा है। बस, ट्रकों और गाड़ियों की घर्र-घर्र, उद्योग-धन्धों तथा मशीनों की तेज आवाज़ें, मनोरंजन के साधनों जैसे रॉक म्यूजिक, डी. जे. आदि द्वारा पैदा हुई आवाजें कानों में बहुत चुभती हैं। इस शोर से मनुष्य बेचैनी महसूस करने लगता है। ध्वनि के इस अप्रिय प्रभाव को हम 'ध्वनि-प्रदूषण' या कोलाहल-प्रदूषण कहते हैं।

ध्वनि की तीव्रता या प्रबलता डेसीबेलों में मापी जाती है। डेसीबेल (बेल का दसवाँ भाग) एक भौतिक इकाई है, जो उस हल्की से हल्की ध्वनि पर आधारित है, जिसे मनुष्य सुन सकता है। मनुष्य के कान 80 डेसीबेल तक की ध्वनि तीव्रता को सहन कर सकते हैं। इससे अधिक ध्वनि की तीव्रता कानों तथा स्वास्थ्य के लिए हानिकारक है। बहुत ज्यादा शोरगुल के वातावरण में रहने वालों के कान उस आवाज के आदी हो जाते हैं। ऐसी हालत में कान ध्वनि-कम्पनों को मस्तिष्क तक पहुँचाने की अपनी क्षमता और संवेदनशीलता को धीरे-धीरे खो देते हैं, जिससे बहरापन आ जाता है।

एक अध्ययन के अनुसार यह तथ्य सामने आया कि भारत में दस प्रतिशत से अधिक शहरों में रहने वाले और सात प्रतिशत से अधिक देहातों में रहने वाले श्रवण-शक्ति के विकारों से पीड़ित हैं। जर्मनी में हाल ही में किये गये एक अध्ययन से पता चला है कि 6 करोड़ 30 लाख की आबादी में लगभग 25 लाख लोग ऐसी जगहों में रहते हैं,जहाँ शोरगुल का स्तर अधिक है।

मनुष्य की सामान्य आवाज में ध्वनि की तीव्रता 60 डेसीबेल होती है। अधिक समय तक तेज आवाजें (100 डेसीबेल से अधिक) सुनते रहने से सुनने की शक्ति कम हो जाती है। तेज आवाजों से नींद में बाधा पड़ती है, हृदय की धड़कन बढ़ जाती है। ध्वनि-प्रदूषण से आँखों की पुतलियाँ चौड़ी हो जाती हैं और पेट के अनेक रोग हो जाते हैं। इससे पेट में अल्सर, दाँत कमजोर तथा गुर्दे के रोग भी हो सकते हैं। गर्भवती स्त्री के गर्भ की तन्त्रिकाओं में दोष आ जाते हैं, जिसका असर बच्चे पर पड़ता है। ध्वनि-प्रदूषण को केवल जनसामान्य की जागरूकता द्वारा ही रोका जा सकता है। कुछ ऊँची ध्वनि पैदा करने वाले वाद्ययन्त्रों पर रोक लगायी जा सकती है।

❂❂❂

मनोरंजन के साधनों का कोलाहल

वनों का विनाश (Losing Forests)

वन विभिन्न पेड़-पौधों और जीव-जन्तुओं के घर हैं। मनुष्य अपने स्वार्थ के लिए इनके घरों को उजाड़ रहा है। एक समय था, जब धरातल का लगभग 40 प्रतिशत भाग वनों से घिरा था। अब तो लगभग एक तिहाई भाग पर ही वन हैं। विश्व के 22% वन सोवियत संघ में, 22% दक्षिण अमेरिका में, 20% उत्तरी अमेरिका में, 17% अफ्रीका में, 15% एशिया और प्रशान्त क्षेत्र में और 4% यूरोप में हैं। विश्व में समस्त वनों का क्षेत्रफल 40500 लाख हेक्टेअर है।

बहुत समय से मनुष्य वनों को बड़े पैमाने पर अन्धाधुन्ध काटता रहा है। एक अनुमान के अनुसार आजकल प्रति मिनट 40 हेक्टेअर वनों का सफाया किया जा रहा है। सबसे अधिक

आजकल प्रति मिनट 40 हेक्टेअर वनों का सफाया किया जा रहा है।

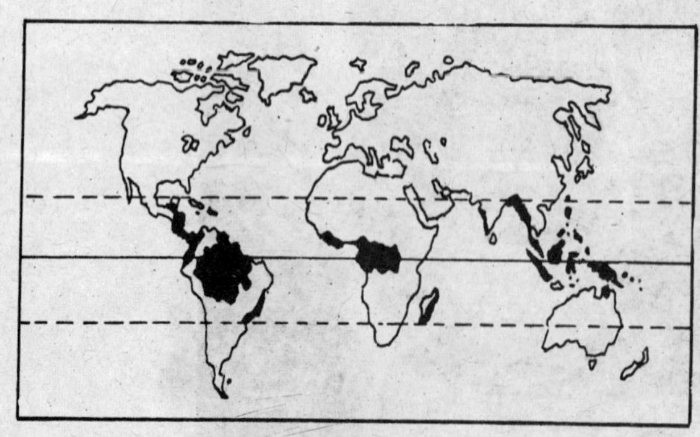

उष्णकटिबन्धीय वर्षा वन

विनाश शीतोष्ण दृढ़ काष्ठवनों (Temperate Forests) का हुआ है। उष्णकटिबन्धीय वर्षा वनों (Tropical Rain Forests) का 42% भाग मनुष्य ने नष्ट कर दिया है। इस किस्म के वनों में सबसे अधिक विनाश अफ्रीका में हुआ है, जहाँ ये लगभग आधे रह गये हैं। दक्षिण अमेरिका में 37% और एशिया में 41% वनों को काटा जा चुका है। वनों को नष्ट करने से केवल वृक्ष ही खत्म नहीं होंगे, बल्कि सम्पूर्ण पारिस्थितिक तन्त्र का सन्तुलन बिगड़ जायेगा।

वनों से हमें लकड़ी, अनेक कच्चे माल और पर्यावरण की सुरक्षा प्राप्त होती है। सोवियत संघ की 41%, संयुक्त राज्य अमेरिका की

32%, ब्राजील की 50% और जापान की 69% भूमि वनों से ढकी हुई हैं। इन वनों का प्रमुख इस्तेमाल इमारती लकड़ी, काष्ठ-लुगदी और ईंधन प्राप्त करने के लिए होता है। लेकिन इसके अलावा भी वनों से हमें महत्त्वपूर्ण लाभ होते हैं। वन वाली भूमि पर वर्षा के पानी का बहाव धीमा होता है, जो बाढ़ों की रोकथाम करते हैं। इनसे भूमिगत जल में वृद्धि होती है और भूमि का कटाव भी रुकता है। 'वन' भूमि से होने वाले तीव्र वाष्पीकरण को रोकते हैं और वाष्पोत्सर्जन (Transpiration) द्वारा हवा में नमी बढ़ाते हैं, जिसका असर जलवायु पर पड़ता है। वनों का विनाश कर मानव अपने पैरों पर कुल्हाड़ी मार रहा है। वनों का विनाश पेड़ लगाने, वनों की कटाई रोकने, जंगलों की आग को रोकने से रोका जा सकता है।

मनुष्य की असावधानी तथा प्राकृतिक कारणों से वनों में आग लगती है।

वृक्ष अम्ल-वर्षा से नष्ट हो जाते हैं

नयी जातियाँ (New Species)

पृथ्वी के सौन्दर्यात्मक दृश्य पेड़-पौधों और जीव-जन्तुओं के कारण ही बनते हैं। घास के मैदान, सुगन्धित शंकुधारी वृक्षों के वन, सदाबहार वन तथा ठण्डे छायादार पर्णपाती वन पेड़-पौधों की ही देन हैं। पेड़-पौधों के साथ अन्य प्राणी भी पाये जाते हैं। पौधे एवं प्राणियों के ये प्राकृतिक समूह जो किसी बड़े क्षेत्र में पाये जाते हैं, 'जीवोम' (Biomes) कहलाते हैं। 'जीवोम' उन सभी स्थलों पर पाये जाते हैं, जहाँ पर्यावरण वनस्पति के लिए उपयुक्त होता है। दुनिया के प्राकृतिक वनस्पति प्रदेशों और उनमें पाये जाने वाले जीवोम में परस्पर निर्भरता पायी जाती है।

किसी प्रदेश की जलवायु पर वहाँ की वनस्पति निर्भर होती है। प्राकृतिक वनस्पति और जलवायु के साथ समायोजन करते हुए वहाँ के जीव-जन्तु पाये जाते हैं। उत्तरी अमेरिका के ग्रेट प्लेन (Great Plain) में अब बिजोन (Bison) घास नहीं पायी जाती, इसी कारण ऐण्टिलोप (Antelope) नामक जीव इस घासीय जीवोम से विलुप्त हो चुका है। पहाड़ी बकरी तथा पहाड़ी भेड़ें कोनिफर जीवोमों से विलुप्त हो चुकी हैं। सफेद चीड़ भी इसी प्रकार विलुप्त हो चुकी है तथा कैलिफोर्निया के रेडवुड भी विलुप्ति की कगार पर हैं। यह विनाश मनुष्य द्वारा

वर्षा वन घने व बहुमंजिले होते हैं

वातावरणीय परिवर्तन ला देने की वजह से हुआ है। विश्व के सभी भागों में जलवायु के ऐसे परिवर्तनों को रोका जाना चाहिए, जिनकी वजह से जीवोम के नष्ट होने का खतरा पैदा हो गया है। वैज्ञानिकों को अब वर्षावनों की चिन्ता है।

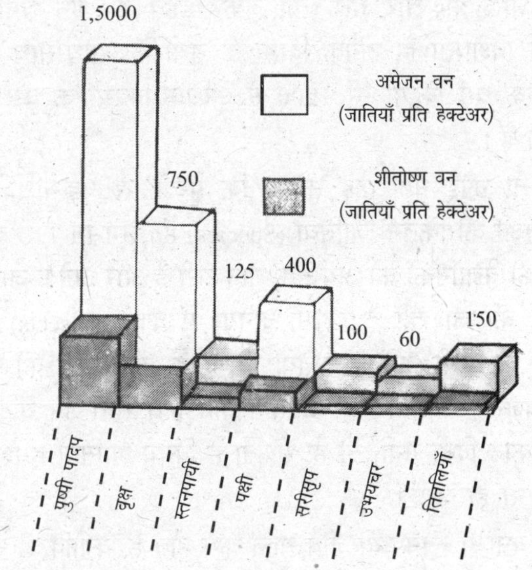

वर्षावन (Rain Forests)

ये वन दक्षिणी अमेरिका में अमेजन बेसिन तथा ब्राजील के तटीय भाग, मध्यवर्ती अमेरिका के तटीय भागों व पश्चिमी द्वीप समूह; अफ्रीका में कांगो बेसिन; गिनी तट और पूर्वी मेडागास्कर; एशिया में न्यूगिनी द्वीप; श्रीलंका, भारत के पश्चिमी प्रायद्वीपीय तट व उत्तर-पूर्वी राज्यों, दक्षिण-पूर्वी एशिया के देशों और दक्षिणी चीन में हैं।

वर्षावन घने व बहुमंजिले होते हैं। इन वनों में एपिफाइट वर्ग के पौधों की बहुतायत होती है, जिनमें फर्न, आर्किड,

अमेजन उष्णकटिबन्धीय वर्षा वनों में अनेक विचित्र जीव-जन्तु पाये जाते हैं

काई, लाइकेन आदि प्रमुख हैं। ये पौधे वृक्षों के तनों, पत्तियों, शाखाओं और बेलों को जकड़े रहते हैं। इन वनों की महत्त्वपूर्ण विशेषता है, अनेक किस्म के वृक्षों का साथ-साथ पाया जाना। एक वर्ग कि.मी. में 1200 से अधिक किस्मों के वृक्ष पाये जा सकते हैं।

यह तो कोई नहीं कह सकता कि पृथ्वी पर पेड़-पौधों और जीव-जन्तुओं की कितनी जातियाँ (Species) हैं। लगभग 115 करोड़ जातियों की वैज्ञानिकों को अब तक जानकारी है और अनेक जातियों की खोज की जा रही है। अभी दुनिया में कीटों (Insects) और पेड़-पौधों की ऐसी अनेक जातियाँ मौजूद हैं, जो संसार की नजर में नहीं गुजरीं। वर्षावन नयी जातियों का मुख्य स्रोत है। यदि इन वनों को काट दिया गया, तो हो सकता है कि ये जातियाँ हमेशा के लिए विलुप्त हो जायें।

वर्षा वनों में स्तनपायी जीव बहुत कम होते हैं, क्योंकि वे सघन वनों में घूम-फिर नहीं सकते। लेकिन यहाँ पेड़ों पर रहने वाले बन्दर, रीक्ष और जगुआर पाये जाते हैं। नदियों में मगर, घड़ियाल और दरियाई घोड़ों की संख्या भी काफी होती है। यहाँ सरीसृप, कीड़े-मकोड़े और पक्षी भी बड़ी संख्या में होते हैं। जीव-जन्तुओं के अलावा ये वन भविष्य में आवश्यक उत्पादों के विशाल भण्डार होंगे, जिनको अभी तक छुआ भी नहीं गया है।

जोजोबा पौधा

रोजी पेरिविंकल

आजकल लगभग 40% औषधियाँ पेड़-पौधों से प्राप्त होती हैं। अमेजन वर्षावन से एक नया अद्‌भुत पौधा रोजी पेरिविंकल (Rosy Periwinkle) खोजा गया है, जो एक प्रकार के कैंसर को ठीक कर देता है। इस तरह के न जाने कितने पेड़-पौधे इन वनों में सुरक्षित हैं, जिन्हें अभी खोजा जाना बाकी है।

अमेजन वर्षावन में ही एक पौधा मिला है, जो पेट्रोल प्लाण्ट (Petrol Plant) कहलाता है। इस पौधे का रस पेट्रोल के स्थान पर कार-इंजनों में इस्तेमाल किया जा सकता है। जोजोबा पौधा भी एक महत्त्वपूर्ण खोज है, क्योंकि इस पौधे से बहुत अच्छा तेल प्राप्त होता है। इसका इस्तेमाल ह्वेल ऑयल के स्थान पर कई उद्योग कर रहे हैं। भविष्य में इन वनों से और भी महत्त्वपूर्ण उत्पाद मिलने की आशा है।

आजकल विश्व में पेड़-पौधों के फार्म बनाये जा रहे हैं,जिनके पौधों से प्राप्त होने वाले उत्पादों को प्राप्त किया जाता है। हमारे देश में देहरादून स्थित फोरेस्ट रिसर्च इंस्टीट्‌यूट महत्त्वपूर्ण कार्य कर रहा है।

✪✪✪

वन्यजीव खतरे में (Wildlife Under Threat)

अन्धाधुन्ध शिकार करने के कारण वूली मैमथ का वंश नष्ट हो गया

वनों के कटने, प्रदूषण, जलवायु के परिवर्तन और अन्धाधुन्ध शिकार से पेड़-पौधों और जन्तुओं की अनेक जातियाँ या तो विलुप्त हो गयी हैं या विलुप्तता के कगार तक पहुँच गयी हैं। मनुष्य ने अब समझ लिया है कि वन्यजीवन के नष्ट होने का मतलब है, मानव की पूर्ण तबाही।

उत्तरी ध्रुवप्रदेशों का 'ऑक पक्षी' जो 100 वर्ष पहले बहुतायत से पाया जाता था, माँस और परों के लालच में इसका इतना शिकार किया गया कि इसका वंश ही मिट गया। न्यूजीलैण्ड में पाया जाने वाला 'मोआ पक्षी' भी लगभग 300 वर्षों से पृथ्वी से सदा के लिए विलुप्त हो गया। 'डोडो' मॉरीशस द्वीप पर पाया जाने वाला पक्षी था, 300 वर्ष पूर्व मनुष्य की निर्दयता का शिकार होकर वह भी इस धरती से विदा हो गया। थैलीदार जन्तु थाइलेसीन (Thylacine) जिसे 'तस्मानिया का भेड़िया' भी कहते हैं, प्राप्त सूचना के अनुसार 30 से 40 के दशक के अन्तिम वर्षों में यह जाति विलुप्त हो गयी। भारतीय चीता, पहाड़ी बटेर, छोटा भारतीय गैण्डा, गुलाबी सिर वाली बतख भी ऐसे प्राणी हैं, जो हमारे देश से इस शताब्दी में विलुप्त

विलुप्त पक्षी डोडो

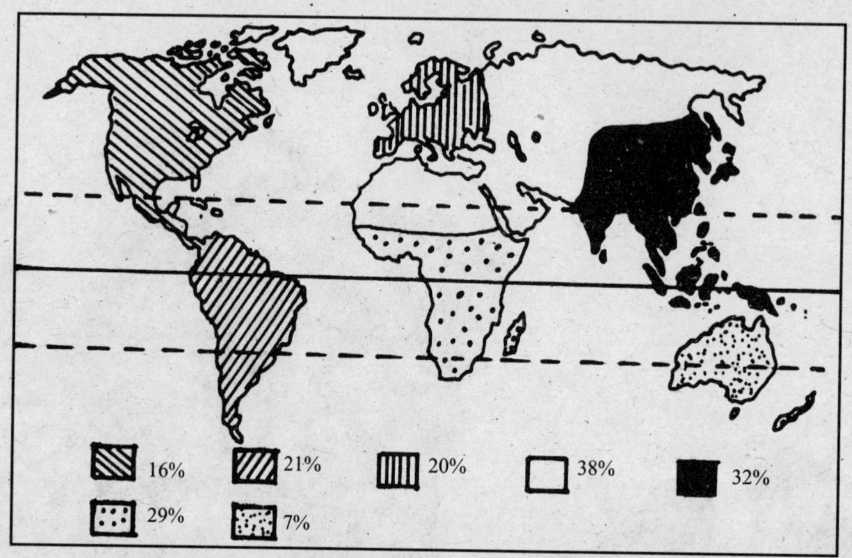

विश्व में जीव-जन्तुओं के विलुप्त होने का खतरा

हम्पबैक व्हेल

स्नेक हैड फ्रिटीलरी

हो गये। दुर्लभ एवं संकटापन जीवों की सूची दिनों-दिन लम्बी होती जा रही है।

वनों का जितना विनाश हाल के वर्षों में हुआ है, उतना पहले कभी नहीं हुआ। सन् 1550 और 1950 के दौरान 400 वर्षों में औसतन एक जाति प्रतिवर्ष मनुष्य की अदूरदर्शिता के कारण विलुप्त हुई। सन् 1985 तक यह दर बढ़कर एक जाति प्रतिदिन हो गयी। यदि यही हालत रही, तो इस शताब्दी के अन्त तक 50,000 जातियाँ विलुप्त हो जायेंगी। एक अध्ययन के अनुसार सन् 1980 और 2000 के दौरान 5,00,000 पेड़-पौधों और जीव-जन्तुओं की जातियाँ नष्ट हो जायेंगी यानी पृथ्वी के कुल पेड़-पौधों और जीव-जन्तुओं की 10% जातियाँ विलुप्त हो जायेंगी।

बड़ी नीली तितली

वन्य जीवन का विनाश हर देश में हो रहा है और इसका जिम्मेदार मनुष्य ही है। भारत में यह कुछ ज्यादा ही है। आज लगभग 1,000 विभिन्न किस्म के जीव-जन्तुओं और 20,000 किस्म

के पेड़-पौधों की जातियों और उपजातियों के लिए खतरा पैदा हो गया है। कुछ दुर्लभ कशेरुकी; जैसे—गिला ट्रोट (Gila Trout), हॉस्टन टोड (Houston Toad), घड़ियाल (Gharial), कैलिफोर्नियन कोण्डोर (Californian Condor), जावन गैण्डा (Javan Rhinoceros), बबर शेर, प्यूमा, ध्रुवीय भालू, बारहसिंगा, हैम्पबैक व्हेल (Humpback Whale) तथा पाण्डा (Panda) विलुप्तता के कगार तक पहुँच चुके हैं। पौधों में मंकी आर्किड (Monkey Orchid), अल्पाइन कैचफ्लाई (Alpine Catchfly) तथा स्नेक्स हैड फ्रिटीलरी (Snake's Head Fritillary) की जातियाँ खतरे में हैं। निम्नलिखित कशेरुकियों (Vertebrates) की जातियों और उपजातियों के विलुप्त होने का खतरा पैदा हो गया है :

मछलियाँ (Fishes)	190
उभयचर (Amphibians)	40
सरीसृप (Reptiles)	150
पक्षी (Birds)	430
स्नतपायी (Mammals)	320

कैलिफोर्नियन कोण्डोर

मोंक सील

पाण्डा

पिगमी होग

प्रदूषण की रोकथाम के अलावा आज संसार के सभी भागों में वृक्षारोपण करके वनों का विस्तार किया जा रहा है। वनों की कटाई पर प्रतिबन्ध लगाकर वनों के विनाश की रोकथाम के प्रयत्न किये जा रहे हैं। वन्य-जीवन को बचाने के लिए उनको प्राकृतिक वातावरण में रखा जा रहा है। इसी दिशा में सन् 1872 में अमेरिका में 'यलोस्टोन नेशनल पार्क' बनाया गया, यह विश्व का प्रथम आरक्षित क्षेत्र (Conservation Area) था। संसार का सबसे बड़ा नेशनल पार्क अल्बर्टा, कनाडा का 'वुड बफेलो नेशनल पार्क' है, जो सन् 1922 में निर्मित हुआ था और जिसका क्षेत्रफल 45480 वर्ग कि.मी. है। आज विश्व में इस तरह के 1,200 पार्क और शरणस्थल (Reserves) हैं। भारत में 59 नेशनल पार्क हैं। अब चिड़ियाघरों (Zoos) पर भी काफी ध्यान दिया जा रहा है। अनुमानित रूप से पूरे विश्व में करीब 500 चिड़ियाघर हैं। इन चिड़ियाघरों ने अनेक जन्तुओं की नस्लों को विलुप्त होने से बचाया है।

'इण्टरनेशनल यूनियन फार दि कंजर्वेशन ऑफ नेचर एण्ड नेचुरल रिसोर्सेज' (IUCN) एक ऐसी संस्था है, जो पर्यावरण और वर्ल्ड वाइल्डलाइफ फण्ड (WWF) के लिए महत्त्वपूर्ण कार्य कर रही है। इस संस्था के फण्ड से वन्य जीवन को बचाने में मदद मिली है। जीवों और पेड़-पौधों को निम्नलिखित तरीके अपनाकर विलुप्त होने से बचाया जा सकता है :

- प्राणियों के शिकार पर प्रतिबन्ध
- खाल के प्रलोभन का त्याग
- प्रदूषण की रोकथाम
- वृक्षारोपण और जंगलों की कटाई पर रोकथाम
- राष्ट्रीय पार्कों और रिजर्व्स का निर्माण
- चिड़ियाघरों का निर्माण

इन तरीकों को अपना कर जानवरों, पक्षियों और पेड़-पौधों को नष्ट होने से बचाया जा सकता है।

❂❂❂

सफेद गैण्डा

बबर शेर

08 परिवहन (Transport)

620
103

पहिये का आविष्कार (Invention of Wheel)

मानव-सभ्यता के विकास में पहिये का बहुत ही महत्त्वपूर्ण स्थान है। वास्तव में आज की सम्पूर्ण सभ्यता पहिये की धुरी पर टिकी है। यदि पहिये का आविष्कार न हुआ होता, तो न कार होती, न रेलगाड़ी, न हवाई जहाज और न ही वैज्ञानिक युग की शुरुआत होती। यान्त्रिक साधनों में पहिये का जो महत्त्व है, उसे अनदेखा नहीं किया जा सकता। वस्तुतः आज की लगभग सभी मशीनें पहिये से ही चलती हैं।

आज से लगभग पन्द्रह हजार वर्ष या इससे कुछ पहले मानव को परिवहन के किसी यान्त्रिक साधन की जानकारी नहीं थी। उस युग में मानव की सबसे बड़ी चिन्ता थी भोजन और आश्रय की। वह अपने कुछ आदिम हथियारों के साथ किसी ऐसे शिकार की खोज में जंगल की ओर निकल पड़ता था, जो उसकी भोजन की आवश्यकता पूरी कर सके। उस समय किसी बड़े जन्तु को मार लेने के बाद उसे अपनी गुफा तक ले जाना उसके लिए एक बड़ी समस्या थी। शिकार को उठाकर या खींचकर ले जाने में वह बहुत थक जाता था।

कहते हैं, आवश्यकता आविष्कार की जननी है। शायद इसीलिए आखिर एक तरीका मानव को सूझ ही गया। उसने शिकार के नीचे लकड़ी के लम्बे व चपटे टुकड़े रखे और उसे स्लेज (Sledge) की तरह खींचते हुए अपनी गुफा तक ले गया। इस प्रकार शिकार को खींचकर ले जाना उसे अधिक सुविधाजनक लगा।

यह परिवहन का पहला साधन था। बाद में आवश्यकतानुसार इसमें सुधार किया गया– दो पटरियों के बीच में लकड़ियाँ लगाकर उसे चमड़े की पट्टियों से बाँधकर स्लेज गाड़ी का रूप दिया गया। बर्फीले इलाकों में ये स्लेज गाड़ियाँ परिवहन का एक बेहतर साधन सिद्ध हुईं।

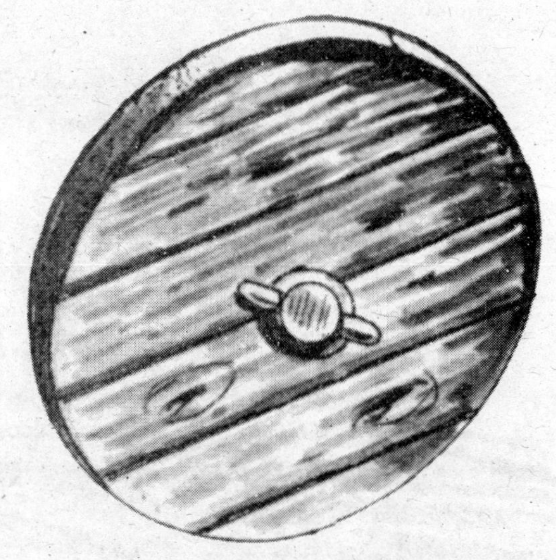

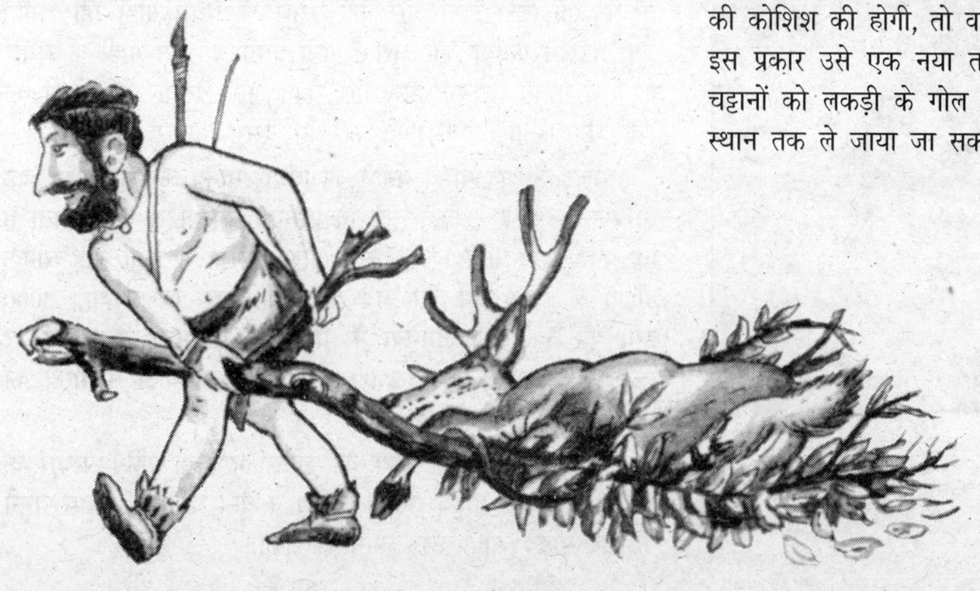

आदिमानव की स्लेज गाड़ी : परिवहन का पहला साधन

मिस्र के पिरामिड और ब्रिटेन के स्टोनहेंज को देखकर ऐसा लगता है कि इसका निर्माण रोलर्स (Rollers) वाहनों द्वारा किया गया है। हमारे पास इस बात का कोई ठोस प्रमाण तो है नहीं कि यह आविष्कार कब और कैसे हुआ, लेकिन हम कल्पना जरूर कर सकते हैं। हुआ यह होगा कि किसी ने अपना घर बनाने के लिए कोई पेड़ काटा होगा और अचानक ही कोई भारी चट्टान टूटकर लकड़ी के लट्ठे पर आ गिरी होगी। जब उसने उस चट्टान को ठेलने की कोशिश की होगी, तो वह आसानी से आगे फिसल गयी होगी। इस प्रकार उसे एक नया तरीका सूझा होगा कि भारी सामान या चट्टानों को लकड़ी के गोल लट्ठों पर आसानी से लुढ़काकर वांछित स्थान तक ले जाया जा सकता है।

लकड़ी के गोल लट्ठों से मानव को पहिये के आविष्कार का विचार सूझा होगा

मिस्र के पिरामिड : रोलर परिवहन का चमत्कार

लकड़ियों के गोल लट्ठे, जिन्हें हम 'बेलन' या 'रोलर' कहते हैं, मध्य पाषाण काल में भारी वजन को एक स्थान से दूसरे स्थान तक ले जाने के लिए प्रयोग किये जाते थे। बहुत लम्बे समय के बाद किसी व्यक्ति ने पेड़ के किसी तने से गोल चकरी काटकर उसमें छेद कर दिया होगा। शायद यही विश्व का सबसे पहला पहिया था। उसके बाद दो पहियों को एक धुरे के साथ जोड़कर एक लकड़ी का तख्ता लगा दिया होगा और यही संसार की प्रथम गाड़ी रही होगी। इस गाड़ी में पहिया और धुरा– दोनों घूमते थे। इस गाड़ी के सुधार के लिए मानव बराबर प्रयत्नशील रहा। आगे चलकर दो पहियों का आविष्कार हुआ– एक गाड़ी का और दूसरा कुम्हार का।

रोलर के बाद पहिये बनाने का विचार मानव को कैसे सूझा, यह तो स्पष्ट नहीं है, लेकिन कुछ विश्वसनीय प्रमाणों से पता लगता है कि पहिये का आविष्कार सीरिया और सुमेरिया में हुआ था, क्योंकि 4000 से 3500 वर्ष ईसा पूर्व वहाँ पहिये का प्रचलन था। 3000 ईसा पूर्व तक मेसोपोटामिया में पहिये का इस्तेमाल आम तौर पर किया जाता था। लगभग 2500 ईसा पूर्व सिन्धु घाटी में पहिये का प्रचलन शुरू हुआ था।

काफी समय तक पहिये की शक्ल भद्दी ही रही। पत्थरों के औजारों से अच्छे पहिये बनाना सम्भव न था। धातु के औजार बनने के बाद पहिये का प्रचलन आम हो सका।

रोलरों द्वारा परिवहन

मिस्रवासियों को पहिये की जानकारी कई शताब्दियों बाद हुई। लगभग 1800 ईसा पूर्व मिस्र में अरेदार पहिये का आविष्कार हुआ, जो सामान्य तवे की शक्ल के पहिये से अधिक हल्का और मजबूत था। उसमें नाभि (Hub) और नेमि (Felloe) को अरों (Spokes) से जोड़ा गया था। मिस्रवासियों ने इसमें एक और सुधार किया– दो पहियों के बीच के धुरे (Axle) पर लकड़ी का तख्ता न रखकर एक डब्बे जैसी बॉडी बनायी। इस गाड़ी में आदमी आराम से बैठ सकता था और सामान भी रख सकता था।

मिस्र की इस दो पहियों वाली गाड़ी को यूनानियों और रोमनों ने भी अपनाया। शुरू में गाड़ियों को खींचने के लिए बैलों का प्रयोग किया जाता था। बाद में घोड़ों का भी प्रयोग किया जाने लगा। रोमनों ने चार पहियों वाली गाड़ी का भी आविष्कार किया, जिसे आज 'रथ' कहा जाता है। इसके बाद तो ये गाड़ियाँ परिवहन का आम साधन बन गयीं। समय बीतता गया और पहिये के निर्माण में अनेक सुधार होते गये।

पहिये वाली गाड़ियों के आविष्कार से सड़क-परिवहन के युग का आरम्भ हुआ। सड़कों पर इसी से लोग पशु, बैलगाड़ियाँ, घोड़ागाड़ियाँ, मोटर, बस, ट्रक, मोटरकार, स्कूटर, साइकिल आदि से दुनिया के

ब्रिटेन का विख्यात स्मारक : स्टोनहेंज

3000 ईसा पूर्व मेसोपोटामिया में पहिये का प्रचलन शुरू हो चुका था

विभिन्न भागों में एक स्थान से दूसरे स्थान पर यात्राएँ करते हैं। सबसे पहले पत्थर की सड़कों का निर्माण रोम साम्राज्य में हुआ था, लेकिन रोम साम्राज्य के पतन के साथ इनकी दुर्दशा हो गयी। पक्की सड़कों का व्यवस्थित ढंग से निर्माण अठारहवीं शताब्दी में औद्योगिक विकास के साथ ही शुरू हुआ। दूसरे विश्वयुद्ध से पूर्व पूरे देश में उच्च मार्गों का जाल बिछाने वाला पहला देश जर्मनी था। हिटलर ने जर्मनी में 3,200 कि.मी. लम्बी सड़कें बनवायी थीं। आज दुनिया में सड़कों की लम्बाई संयुक्त राज्य अमेरिका में सबसे अधिक है। वहाँ लगभग 64 लाख कि.मी. लम्बी सड़कें हैं, जबकि भारत में सड़कों की कुल लम्बाई लगभग 16,75,000 कि.मी. है। इन पर कुल सामानों का 40% भाग ढोया जाता है।

देश के एक छोर से दूसरे छोर तक जांने वाली प्रमुख सड़कें 'उच्च मार्ग' (Highways) तथा एक देश की राजधानी से दूसरे देश की राजधानी को मिलाने वाली सड़कें 'अन्तरराष्ट्रीय उच्च मार्ग' (International Highways) कहलाती हैं। पेशावर से कोलकाता तक जाने वाली सड़क हमारे देश का सबसे पुराना उच्च मार्ग है, जो आज भी पूरी तरह प्रयोग में है। संसार की सबसे बड़ी सड़क पैन-अमेरिकन उच्च मार्ग है।

✪✪✪

साइकिल (Bicycle)

साइकिल आज एक व्यावहारिक और लोकप्रिय सवारी है। यह आमतौर पर घर-घर में देखी जाती है। पेट्रोल की कमी ने इसके महत्त्व को और बढ़ा दिया है।

एक आधुनिक साइकिल में दो पहिये होते हैं, जो एक फ्रेम में लगे होते हैं। इनमें से पिछला पहिया एक चेन और दाँतेदार पहियों की सहायता से पैडलों द्वारा घूमता है। एक हैण्डल की सहायता से वाहन को वांछित दिशा में मोड़ा जाता है। इस वाहन का आविष्कारक कार्ल वॉन ड्राइस (Karl Von Drais) था।

सन् 1818 में उसने दो पहियों का एक वाहन बनाया, जिसमें लकड़ी के एक ढाँचे में दो पहिये एक सीध में आगे- पीछे लगाये गये थे और बीच में एक छोटी-सी गद्दी थी।

एक दिन लोगों ने ड्राइस को जर्मनी के एक नगर मानहाइम की सड़कों पर इस वाहन पर बैठे देखा। हरा कोट पहने और ऊँचा टोप लगाये वह उस पर बैठे-बैठे ही अपने पैरों से बारी-बारी से धक्का मारकर उसे आगे धकेल रहा था। उसके हास्यास्पद हुलिए पर राहगीर अपनी हँसी नहीं रोक पा रहे थे।

ड्राइस ने इस सवारी का नाम 'दौड़ने की मशीन' रखा। एक उच्चवर्गीय सिविल अफसर के इस आविष्कार के हास्यास्पद प्रदर्शन से बड़े अफसर नाराज हो गये और उसे नौकरी से निकाल दिया। किसी ने भी इस आविष्कारक पर गम्भीरता से ध्यान नहीं दिया। उसे लोगों की नफरत और शत्रुता के अलावा कुछ नहीं मिला। गरीबी की हालत में सन् 1851 में उसकी मृत्यु हो गयी। उसका नाम डाण्डी-हॉर्स (Dandy-Horse) या ड्राइसाइन (Draisine) के आविष्कार के रूप में ही जाना गया।

ड्राइस की एक लीक पर चलने वाली इस दो पहियों की गाड़ी पर इंग्लैण्ड, फ्रांस और अमेरिका में काफी विकास-कार्य हुए। ड्राइस के आविष्कार के लगभग 20 साल बाद अर्थात सन् 1839 में एक नौजवान लुहार किर्कपैट्रिक मैकमिलन (Kirkpatrick Macmillan) ने पिछले पहिये के धुरे में दो क्रैंक फिट किये और उन्हें लम्बे लीवरों से चलाया। इस मशीन का नाम वेलोसिपेड (Velocipede) था। दस वर्षों के बाद एक जर्मन मेकैनिक फिलिप हाइनरिश फिशर ने अगले पहिये में पैडल लगाया। एक अंग्रेज लॉसन ने अगले और पिछले पहिये के बीच दाँतेदार चक्का और पैडल लगाया। स्विस हांस रेनॉल्ड ने रोलर चेन लगायी। इसके बाद तारयुक्त पहिये, स्प्रिंगदार गद्दी, बॉल-बेयरिंग, गियर और गियर शिफ्ट तथा फ्रीह्वील को साइकिल में लगाया गया।

सन् 1874 में इंग्लैण्ड के जेम्स स्टारले (James Starley) और सन् 1876 में हेरे जे. लावसन ने आधुनिक साइकिल का विकास किया। इसके पहियों में 24 से 40 तक तार लगे होते हैं, जो स्पोक का काम करते हैं। ये ऊबड़-खाबड़ जमीन के झटकों को सहन करते हैं। साइकिलों को हलका और तेज़ गति वाली बनाने के लिए सन् 1888 में जॉन डनलप (John Dunlop) ने हवा भरे टायर (Pneumatic Tyre) का आविष्कार किया। इस आविष्कार से ही साइकिल एक व्यावहारिक और लोकप्रिय सवारी बन सकी। सन् 1902 में ब्रिटेन की स्टर्मी आर्चर कम्पनी ने पिछले पहिये के हब (Hub) में दाँतेदार गियर लगाकर साइकिल को नया रूप दिया।

भारत ने सन् 1905 से इंग्लैण्ड से साइकिलों का आयात करना शुरू किया। सन् 1938 से भारत में भी साइकिलों का निर्माण होने लगा। चीन में तो आजकल 8 करोड़ लोग साइकिल की सवारी करते हैं। फ्रांस में हर वर्ष साइकिल दौड़ों का आयोजन किया जाता है, जिसे 'टूर डे फ्रांस' कहते हैं। यह सन् 1903 में आरम्भ हुई थी। यह दौड़ 20 दिन में पूरी होती है, जिसमें 400 कि.मी. दौड़ना होता है।

✿✿✿

कार्ल वॉन ड्राइस की साइकिल

रेलगाड़ी (Railways)

आजकल भारी सामान और यात्रियों का परिवहन रेलगाड़ियों द्वारा बड़े पैमाने पर किया जाता है। इनका विकास पिछले 150 वर्षों में ही हुआ है। वास्तव में रेल परिवहन औद्योगिक क्रान्ति का ही परिणाम है। भाप की शक्ति का ज्ञान तो लोगों को पहले भी था, लेकिन सत्रहवीं शताब्दी में इसके प्रयोग पर काफी ध्यान दिया गया। सन् 1776 में ब्रिटेन के जेम्स वाट (James Watt) ने पहला स्टीम इंजन बनाया। आगे चलकर स्टीम इंजनों में अनेक लोगों ने सुधार किया, जिससे रेलगाड़ियों की शुरुआत सम्भव हो सकी।

पहला स्वचालित स्टीम लोकोमोटिव सन् 1803 में बनाया गया। इसका श्रेय रिचर्ड ट्रेविथिक (Richard Trevithic) को जाता है। उसकी यह भाप-गाड़ी सड़क पर सफलतापूर्वक नहीं चल सकी। इस असफलता से उसने यह निष्कर्ष निकाला कि भाप-गाड़ी को सड़क पर नहीं चलाया जा सकता। इसलिए उसने पहले स्टीम इंजनों को पटरियों पर चलाया। लेकिन आर्थिक संकट के कारण उसे इसमें कोई खास सफलता नहीं मिली।

सन् 1814 में एक अँग्रेज जॉर्ज स्टीफेंसन (George Stephenson) ने रेल-इंजन के प्रदर्शन में सफलता प्राप्त की। वह विश्व में रेलगाड़ी के आविष्कारक के रूप में प्रतिष्ठित हुए। उनका जन्म सन् 1781 में न्यू कैसल (New Castle) के समीप एक गाँव में हुआ था। उनको बचपन से ही इंजनों का बहुत शौक था। 18 वर्ष की आयु तक

जेम्स वाट (1736-1800)

वह लिखना-पढ़ना नहीं जानते थे। बाद में वह एक रात्रि विद्यालय में जाने लगे, जहाँ उन्होंने कामचलाऊ शिक्षा प्राप्त की। वह कोयला खान में काम करते थे। वहाँ के लोग उन्हें 'इंजन डॉक्टर' के नाम से पुकारते थे, क्योंकि थोड़े ही समय में उन्होंने इंजन के बारे में इतनी जानकारी प्राप्त कर ली थी, जितनी गणित और यान्त्रिकी की शिक्षा-प्राप्त इंजीनियरों को भी नहीं थी। उनका मालिक उनसे बहुत खुश था। उन्होंने एक रेल-इंजन बनाने में आर्थिक सहायता के लिए अपने मालिक को राजी कर लिया।

सन् 1814 में दो वर्षों की कड़ी मेहनत के बाद रेल-इंजन तैयार हुआ, जिसका नाम ब्लूचर (Blucher) रखा गया। यह इंजन 30 टन कोयले से लदे आठ डब्बों को 7 कि.मी. प्रति घण्टे की रफ्तार से खींच सकता था। इस सफलता से स्टीफेंसन को यह विश्वास हो गया कि भविष्य में रेलगाड़ी का इस्तेमाल आम जनता के लिए परिवहन के रूप में किया जा सकेगा।

स्टीफेंसन ने वेस्टमिंस्टर के संसद भवन में रेल लाइन की एक योजना पेश की। बड़ी कठिनाइयों के बाद संसद ने एक अधिनियम पारित करके विशाल ऑकलैण्ड घाटी में स्टॉकटन (Stockton) से डार्लिंगटन (Darligton) तक रेलवे लाइन बिछाने की अनुमति दे दी। यह रेलवे लाइन माल ढोने के अलावा सवारियों को ले जाने के लिए भी थी। स्टीफेंसन को रेल-इंजन बनाने का काम सौंपा गया।

सन् 1825 में दस मील लम्बी रेल लाइन का उद्घाटन हुआ। इंजन का नाम 'ऐक्टिव' रखा गया, जिसे स्टीफेंसन ने खुद चलाया। 33 डब्बों की एक गाड़ी में कोयले और आटे से लदे छह डब्बे, एक सवारी डब्बा (जिसमें कम्पनी के निदेशकगण अपनी-अपनी पत्नियों और मित्रों के साथ बैठे थे), आम यात्रियों के लिए बने 22 डब्बे (जिनमें अस्थायी रूप से सीटें लगी हुई थीं) और अन्त में कोयले के 6 डब्बे थे। इस गाड़ी, जिसमें 600 व्यक्ति सवार थे, ने 8 कि.मी. की दूरी एक घण्टे में तय की।

जब सन् 1826 में दूसरा विधेयक पारित हो गया, तो स्टीफेंसन ने अपना वह इंजन तैयार किया, जिससे वह लिवरपूल-मैनचेस्टर (Liver-

जॉर्ज स्टीफेंसन (1781-1848)

जार्ज स्टीफेंसन के 'रॉकेट' ने सन् 1829 में पाँच सौ पौण्ड का पुरस्कार जीता था

pool-Manchester) रेलवे का उद्घाटन करना चाहते थे। सरकार ने तय किया कि अन्य इंजन-निर्माताओं को भी मौका दिया जाना चाहिए। रेल-इंजनों के निर्माण का ठेका देने के लिए सन् 1829 में एक प्रतियोगिता का आयोजन किया गया और कहा गया कि उसमें जो इंजन सफल होगा, उसे सरकार 500 पौंड में खरीद लेगी। उस प्रतियोगिता में चार इंजनों ने भाग लिया।

सबसे पहले स्टीफेंसन के इंजन रॉकेट (Rocket) ने दौड़ लगायी। शेष तीनों इंजन पिछड़ गये। तब रॉकेट को ही सफल इंजन माना गया। उस इंजन ने 13 टन का भार खींचते हुए 19 कि.मी. का सफर 65 मिनट में 20 बार तय किया। रॉकेट की सफलता के बाद स्टीफेंसन द्वारा बनाये गये ऐसे ही सात अन्य इंजनों से 15 सितंबर, 1830 को लिवरपूल-मैनचेस्टर रेल लाइन का उद्घाटन हुआ।

स्टीफेंसन की कोशिशों से रेलगाड़ियाँ चलीं। इससे वह एक धनी आदमी बन गये। उनकी मृत्यु सन् 1848 में हुई।

इंग्लैण्ड के बाद जल्दी ही अन्य देशों में भी रेल-मार्ग बनाये गये। अमेरिका में पूर्वी तट से पश्चिमी तट तक रेलवे लाइन बिछायी गयी। सन् 1863 में लन्दन में पहला भूमिगत रेल-मार्ग बनाया गया। सन् 1877 में रेलगाड़ियों में निर्वात ब्रेक लगाये गये। इससे दुर्घटनाओं की आशंका काफी कम हो गयी।

इसके बाद रेलगाड़ियों के विकास में नयी-नयी क्रान्तियाँ होने लगीं। सन् 1884 में बिजली से रेलगाड़ियाँ चलने लगीं। पहली विद्युत गाड़ी ब्लैकपूल में चलायी गयी। फलतः वायु-प्रदूषण काफी कम हो गया। सन् 1925 में कनाडा में रेलगाड़ियों के लिए डीजल इंजनों का विकास हुआ। सन् 1964 में जापान में टोकियो और ओसाका के बीच बुलेट ट्रेन सेवाएँ शुरू हुईं। इस ट्रेन की गति 163 कि.मी. प्रति घण्टा थी। सन् 1976 में ब्रिटेन में तेज गति (230 कि.मी. प्रति घण्टा) वाली डीजल गाड़ियाँ चलने लगी थीं। इसके बाद मैग लैव ट्रेन, मोनो रेल आदि का भी विकास सम्भव हुआ।

लिवरपूल से मैनचेस्टर तक रेल लाइन बिछायी गयी

अब डीजल और बिजली के लोकोमोटिवों ने भाप की जगह ले ली है

भारत में पहली रेलगाड़ी 16 अप्रैल, 1853 को मुम्बई और थाणे के बीच चलायी गयी थी। विश्व की सबसे बड़ी रेल लाइन मास्को और व्लाडिवॉस्टॉक के बीच है, जिसकी लम्बाई 9,438 कि.मी. है। इसका नाम सोवियत ट्रांस-साइबेरिया लाइन है। आधुनिक तकनीकी के विकास ने ट्यूब ट्रेन, चैनल ट्रेन, ड्राइवर रहित ट्रेन विकसित कर दी हैं। अब ऐसी रेलगाड़ियाँ बन गयी हैं, जो 270 कि.मी. प्रति घण्टा से भी अधिक तेज रफ्तार से चल सकती हैं।

ooo

जलयान (Ships)

तैरते हुए लट्ठे को देखकर मानव ने नाव बनायी होगी।

अधिकांश प्राचीन सभ्यताओं का विकास नदियों के किनारों पर हुआ है। उस समय नदियों और झीलों को पार करना मानव के लिए एक बहुत बड़ी समस्या थी। नाव बनाने का विचार मानव के मस्तिष्क में कब और कैसे आया, यह तो कोई नहीं जानता, लेकिन शायद पानी में तैरते हुए लकड़ी के लट्ठे को देखकर किसी तैराक को नाव बनाने की बात सूझी होगी। उसने लट्ठे को खोखला करके नाव बनायी होगी। बाद में अगला सिरा कुछ नुकीला करके पहली नौका डोंगी का निर्माण हुआ होगा।

उपलब्ध सूचनाओं के अनुसार, ईसा से 4,000 वर्ष पहले मध्य-पूर्व में नौका-निर्माण का विकास धीमी, लेकिन सुस्थिर गति से शुरू हुआ था। 3,500 ई.पू. से मस्तूल और पालों तथा उनके साथ ही चप्पुओं का भी इस्तेमाल होने लगा था। आरम्भ में नावों का चलन दजला, फरात, नील आदि बड़ी नदियों तक ही सीमित था। मिस्रवासियों ने सबसे पहले समुद्र में नाव चलाने की शुरुआत की। मौजूदा समय में दुनिया की सबसे पुरानी नौका मौजूद है, उसका निर्माण-काल ईसा से लगभग 2,500 वर्ष पहले का माना गया है। 40 टन क्षमता वाली 43.4 मीटर लम्बी नील नदी की यह नौका मिस्र में खुफू

फिनीशिया की मस्तूलवाली एक नाव

फारस का युद्धपोत

(Khufu) के महान पिरामिड के पास दबी पायी गयी थी। सबसे पुराने जिस ध्वस्त समुद्री जहाज के अवशेष अब तक खोजे जा सके हैं, उसका समय 2,700 से 2,250 ई.पू. के बीच का निर्धारित किया गया है।

प्राचीन फिनीशियन पूरे अफ्रीका महाद्वीप के चक्कर नौकाओं द्वारा लगाया करते थे। वे ही पहले भूमध्यसागरीय लोग थे, जो नावों की सहायता से ब्रिटेन से व्यापार किया करते थे और जिन्होंने सम्भवतः 600 ई.पू. के आसपास भारत के लिए समुद्री मार्ग निश्चित किये थे। बन्दरगाहों की स्थापना का श्रेय भी उन्हें ही जाता है। मिस्री, ग्रीक, रोमन, हिन्दुस्तानी और अरब व्यापारियों ने इनके द्वारा खूब व्यापार किये। यूनानी, रोमन और वाइकिंगो ने भी समुद्री जहाज बनाये। वाइकिंग अपने चौड़े-छिछले जहाजों को 'लांग शिप' कहते थे।

कुतुबनुमा या दिग्सूचक के आविष्कार के बाद बड़े-बड़े जहाज बनाये गये। जहाज-निर्माण की तकनीक की सही अर्थों में शुरुआत चौदहवीं शताब्दी में हुई। पहले इटली इस क्षेत्र में आगे बढ़ा और फिर यूरोप के नाविक राष्ट्रों में इंग्लैण्ड सबसे आगे निकल गया। पुर्तगाल और स्पेन उसके सबसे बड़े प्रतिद्वन्द्वी थे। लगभग 100 वर्षों के बाद तक पालदार जहाज चप्पू वाले जहाजों की जगह नहीं ले सके। इनका प्रचलन अंग्रेजों द्वारा अपनी जलसेना के निर्माण के साथ हुआ। सन् 1620 में पनडुब्बी का निर्माण हुआ। सत्रहवीं तथा अठारहवीं शताब्दी में पालदार जहाजों का आकार और उनकी रफ्तार निरन्तर बढ़ती गयी। फलतः वे अधिक सक्षम होते गये।

अठारहवीं शताब्दी में भाप की शक्ति से चलने वाले जलपोतों का निर्माण आरम्भ हो चला था। ब्रिटेन में सबसे अच्छे जहाज बनते थे। इंग्लैण्ड ने 'ईस्ट इण्डिया मेन' नामक भारी जहाज बनाया। तेज रफ्तार के लिए 'फ्रिगेट' नौकाएँ बनायी गयीं। 'क्लिपर' जहाज का भी आविष्कार किया गया। लम्बा, पतला और तेज वेग से चलने वाला यह जहाज दक्षिण-पूर्वी एशिया से इंग्लैण्ड तक चाय पहुँचाने के काम आता था। सन् 1863 में जहाज-निर्माण में लकड़ी की जगह इस्पात का इस्तेमाल होने लगा था।

भाप से चलने वाला पहला स्टीमर पायरोस्कैफे (Pyroscaphe) सन् 1783 में बनाया गया था। भाप से चलने वाला पहला सफल जहाज 'शार्लट डण्डास' (Charlotte Dundas) एक टग बोट (Tug Boat) था, जिसका निर्माण 1801-02 में हुआ था। इसके पिछले भाग में पैडल और पहिये लगाये गये थे। स्क्रू प्रोपेलर का आविष्कार सन् 1836 में हुआ था। दुनिया के सबसे पुराने यन्त्र-चालित जहाज,

अमेरिका का एण्टरप्राइज एयरक्राफ्ट कैरियर

ब्रिस्टल (48 टन क्षमता वाला) का वाष्पचालित ड्रेजर 'बर्था' (Bertha) है। 50 फुट लम्बे इस जहाज की डिजाइन सन् 1844 में तैयार की गयी थी।

एक ब्रिटिश इंजीनियर चार्ल्स पारसन्स ने भाप टरबाइन इंजन का पहला प्रयोग जहाज में किया। सन् 1911 में जलयान-निर्माण में 9 डीजल इंजनों का प्रयोग किया जाने लगा। अमेरिकी पनडुब्बी नोटीलस को पहली बार सन् 1955 में परमाणु शक्ति से चलाया गया। आज बहुत-सी पनडुब्बियाँ परमाणु शक्ति से चलती हैं और महीनों तक पानी के अन्दर रहने में सक्षम हैं। अमेरिका का पहला परमाणु ऊर्जा चालित मालवाहक यात्री जहाज 'सेवाना' सन् 1961 में चालू हुआ।

आधुनिक जलयानों में हल, इंजन, प्रोपेलर, रडार आदि का आकार बहुत विशाल होता है। जलयानों में विद्युत-निर्माण, शयन-कक्ष धुलाई, भोजनशाला, मनोरंजन आदि की सभी सुविधाएँ होती हैं। इनमें टरबाइन इंजन होते हैं। जलयान जल में इसलिए तैरता है कि इसका भार इसके द्वारा हटाये गये जल से कम होता है। जहाज की गति को स्थिर करने के लिए स्टेब्लाइजर लगे होते हैं। ये कई सौ मीटर लम्बे हो सकते हैं और 10 करोड़ टन माल ढो सकते हैं। इनमें 2,500 तक सवारियाँ ढोने की क्षमता होती है।

आजकल अनेक प्रकार के जहाज हैं, जैसे– भारवाही पोत, तेलवाही पोत (Oil Tanker), ह्वेल पकड़ने वाले पोत, ट्रालर पोत, बजरे पोत, युद्धपोत, विध्वंसक पोत (Destroyer), फ्रिगेट पोत, सुरंगभेदी पोत,

मिसाइल लांचिंग क्रूइजर

पनडुब्बी

क्रूजर पोत, विमानवाही पोत (Aircraft Carrier), मौसम पोत, प्रकाश पोत, रक्षा नौका पोत, मछली पकड़ने वाले पोत आदि।

आधुनिक जलयानों में सोनार, भूचालों का पता लगाने वाले यन्त्र और वर्फ तोड़ने वाले यन्त्र लगे होते हैं। रूस का बर्फ तोड़ने वाला जहाज परमाणु शक्ति से चलता है। इसका नाम 'सिबिर' (Sibir) है। यह 75,000 अश्व शक्ति का है और 4 मीटर मोटी बर्फ तोड़ सकता है।

कुछ सुपर टैण्कर इतने विशाल हैं कि उनकी लम्बाई 450 मीटर तक है और इनमें 5,50,000 टन कच्चा तेल ले जाया जा सकता है। सन् 1960 में एक बैथीस्केफे बनाया गया जिसका नाम 'ट्रोस्टे' था और जो 10,917 मीटर की गहराई तक जा सकता था।

अमेरिका द्वारा निर्मित वायुयान वाहक पोत 'एण्टरप्राइज' 335 मीटर लम्बा है, जिसमें आठ परमाणु इंजन लगे हैं।

एक परमाणु ऊर्जा चालित पनडुब्बी 16 निर्देशित मिसाइल जिनमें प्रत्येक में 10 वारहैड लगे हों, ले जा सकती है।

'एल्विन' नामक पोत का टाइटैनिक के टुकड़े निकालने के लिए प्रयोग किया गया। यह 3,800 मीटर की गहराई तक गया।

✪✪✪

होवरक्राफ्ट (Hovercraft)

परिवहन के अनेक साधनों में 'होवरक्राफ्ट', जिसे एयर-कुशन वेहिकल (A.C.V.) भी कहा जाता है, एक ऐसा विचित्र वाहन है, जो हवा के गद्दे पर चलता है। इसमें लगा पंखा हवा को यान के नीचे लगी नलियों में धकेलता है, जिससे हवा का गद्दा बन जाता है। यह यान जमीन, पानी, दलदल, कीचड़, बर्फ आदि पर चल सकता है। इस वाहन का विकास सर क्रिस्टोफर कॉकेरेल (Sir Christopher Cockerell), जो एक ब्रिटिश इंजीनियर थे, ने किया था। होवरक्राफ्ट विकसित करने का विचार उनके मस्तिष्क में सन् 1954 में आया था। उन्होंने अपने इस विचार का पेटेण्ट 12 दिसम्बर, 1955 को कराया था। उन्होंने सोचा था कि पानी वाले जहाज के संचालन में काफी शक्ति नष्ट हो जाती है। अतः यदि जलयान को पानी से ऊपर उठाकर हवा के गद्दे पर चलाया जाये, तो कम शक्ति में ही तेज रफ्तार प्राप्त हो सकती है। इसीलिए उन्होंने अपने प्रयोग जारी रखे।

इस विधि में यान में लगे और इंजन से चलने वाले एक बड़े पंखे से हवा का एक उच्च दाब वाला बुलबुला तैयार हो जाता है तथा हवा अगल-बगल की अनेक टोंटियों से बाहर निकलती रहती है। एक लचीला आवरण इस हवा को जहाज के नीचे गद्दे की शक्ल में बनाये रखता है। उसी के सहारे जहाज पानी, बर्फ या जमीन से दो मीटर ऊपर ही टँगा रहता है।

जब होवरक्राफ्ट का पहला परीक्षण 30 मई, 1959 को कोवेज़ (Cowes), इंग्लैण्ड में किया गया, तो इसकी सनसनीखेज खबर चारों ओर फैल गयी। 4 टन वजनी होवरक्राफ्ट चलते-चलते जब समुद्र के तट पर चढ़ आया और बालू के ढेरों पर से गुजरते हुए एक सड़क के बीच में जा बैठा, तो दर्शकों की भीड़ आश्चर्यचकित रह गयी।

यदि होवरक्राफ्ट को काफी बड़ा बनाया जाये और काफी तेज गति से चलाया जाये, तो लहरों पर लुढ़कते हुए जहाज की तरह इसमें ऊपर उछलने और नीचे गिरने जैसी कोई अप्रिय गति भी नहीं होगी। होवरक्राफ्ट रेगिस्तानों, खन्दकों और नदियों के ऊपर से माल तथा सवारियों को बड़ी आसानी से ले जा सकता है। इसे न तो सड़कों और बन्दरगाहों की जरूरत होती है और न ही रेल की पटरियों व हवाई अड्डों की। होवरक्राफ्ट 150 कि.मी. प्रति घण्टा की गति से चल सकता है।

कॉकेरेल के आविष्कार के बाद होवरक्राफ्ट के निर्माण में अनेक सुधार किये गये। होवरक्राफ्ट की पहली सार्वजनिक सेवा 24 यात्रियों की क्षमता और 60 नॉट (111 कि.मी. प्र.घं.) चाल वाले वी.ए.-3 वाहन से जुलाई, 1962 में शुरू की गयी। यह सेवा डी एस्टुअरी (Dee Estuary) के आर-पार की थी। ब्रिटेन में निर्मित 305 टन वाला 'SRN 4 Mk III' होवरक्राफ्ट विश्व का सबसे बड़ा होवरक्राफ्ट है। इसकी लम्बाई 56.69 मीटर है। इसमें 418 यात्री और 60 कारें आ सकती हैं। इसकी अधिकतम रफ्तार 65 नॉट्स (120.5 कि.मी. प्र.घं.) से ऊपर है। आज अनेक छोटे-बड़े होवरक्राफ्ट विश्व में हैं। इन्हें 'फैरीज़' कहते हैं। कुछ होवरक्राफ्ट तो इतने बड़े हैं कि इनमें कार, बस, ट्रक आदि सीधे ही अन्दर जा सकते हैं।

✪✪✪

होवरक्राफ्ट

मोटर-कार (Motor-Car)

'मोटर-कार' पेट्रोल या डीजल से चलने वाला चार पहियों वाला यात्री-वाहन है। इसने संसार में तहलका मचा दिया है। सड़क वाहन के रूप में यह आज अत्यन्त लोकप्रिय है। इसका विकास मानव के सतत प्रयासों का परिणाम है।

पेरिस के निकोलस-जोसफ कूनो (Nicholas-Joseph Cugnot) ने सन् 1769 में दो भाप-चालित ट्रैक्टर बनाये थे। उनमें से पहला ट्रैक्टर ही पहली यन्त्र-चालित सवारी गाड़ी था। उसकी चाल 3.6 कि.मी. प्रति घण्टा थी। ब्रिटेन की पहली भाप-चालित गाड़ी रिचर्ड ट्रेविथिक ने सन् 1801 में बनायी थी। सन् 1876 में जर्मनी के एक इंजीनियर अगस्ट निकोलस ओट्टो (August Nikolaus Otto) ने अन्तर्दहन इंजन (Internal Combustion Engine) का आविष्कार किया। इससे मोटरकारों को एक नयी दिशा मिली। अन्तर्दहन इंजन

रिचर्ड ट्रेविथिक की भापचालित पहली सफल मोटर

कार्ल बेंज (1844-1929)

कार्ल फ्रेडरिक बेंज ने अन्तर्दहन इंजन वाली पेट्रोल से चलने वाली पहली सफल कार बनायी

1885 के आसपास सवारी गाड़ियों में पेट्रोल का इस्तेमाल होने लगा था

मॉडल टी फोर्ड 'टिन लीजी', 1908-1927

लैंचेस्टर, 1895

वाली पेट्रोल चालित पहली सफल कार 'मोटर वैगन' थी, जिसे कार्लस्रूहे (Karlsruhe) के कार्ल फ्रेडरिक बेंज (Karl Friedrich Beng) ने सन् 1885 में बनाया था। तीन पहियों वाली इस मोटरकार का वजन 250 कि.ग्रा. और गति 13 से 16 कि.मी. प्रति घण्टा थी। इसका सिंगल सिलिण्डर वाला चार स्ट्रोक का चेन ड्राइव इंजन प्रति मिनट 200 घूर्णनों द्वारा 0.85 हॉर्स पावर की शक्ति पैदा करता था। कार्ल बेंज को 'आधुनिक मोटर-कारों का जन्मदाता' कहा जाता है।

सन् 1885 में उन्होंने दो और गाड़ियाँ बनायीं, जिनमें से एक आज भी चालू हालत में म्यूनिख के डुइशेज (Deutsches) संग्रहालय में सुरक्षित है।

बेंज को छोटी उम्र से ही कड़ी मेहनत करनी पड़ी थी, क्योंकि पिता की मृत्यु के बाद घर की जिम्मेदारी उन्हीं पर थी। बेंज ने अपनी एक छोटी-सी वर्कशाप खोली और स्वतन्त्र रूप से काम करना शुरू किया। ओट्टो के अन्तर्दहन इंजन को प्रयोग करके बेंज ने तीन पहियों वाली पहली कार बनायी। उसमें चार स्ट्रोक का इंजन लगा था। पेट्रोल से चलने वाले उस इंजन में उन्होंने अपनी निजी विद्युत प्रज्वलन प्रणाली का भी आविष्कार किया और इंजन को ठण्डा रखने के लिए उसे पानी से भरे एक आवरण से ढक दिया। इसमें ड्राइवर और मुसाफिर के लिए एक सीट थी। उसके सामने एक डण्डे पर एक छोटा पहिया लगाकर दिशा-परिवर्तन के लिए स्टीयरिंग की व्यवस्था की गयी थी। यह गाड़ी कार्ल बेंज की निजी रचना थी। सन् 1887 में पेरिस की एक प्रदर्शनी में उन्होंने एक परिष्कृत नमूने का प्रदर्शन किया, लेकिन किसी ने उस पर कोई विशेष ध्यान नहीं दिया। बेंज ने अपनी गाड़ी को म्यूनिख में चलाना शुरू किया। उसे देखकर लोग आश्चर्यचकित रह गये। कई देशों से उन्हें मोटरकारों को बनाने के ऑर्डर मिलने लगे। आधुनिक मोटरकार के युग की शुरुआत यहीं से हुई।

मोटर उद्योग बड़ी तेजी से बढ़ा। अमेरिका में हेनरी फोर्ड (Henry Ford) ने डेट्रोइट (Detroit) में पहली मोटरकार सन् 1896 में बनायी। देशी पुर्जों से निर्मित इस कार में 4 हॉर्स पावर का एक इंजन और दो सिलिण्डर थे। चूँकि आविष्कृत वस्तुओं में सुधार करने की योग्यता हेनरी फोर्ड में थी, अतः उन्होंने जल्दी ही समझ लिया कि यूरोपीय

रोल्स रॉइस, 1905

मर्सिडीज स्पोर्ट्स कार, 1928

कारों में क्या कमियाँ हैं। उन्होंने उत्तम किस्म की टिकाऊ और मजबूत कारें बनायी, जिनकी कीमत बहुत कम थी। उनकी 'मॉडल टी फोर्ड' (Model T Ford) गाड़ी, जिसका नाम लोगों ने 'टिन लीज़ी' (Tin Lizzie) रख दिया था, इतनी लोकप्रिय हुई कि वह दुनिया के एक विख्यात और धनी व्यक्ति बन गये। उन्होंने डेट्रोइट में एक नया कारखाना खोला, जो 300 मीटर लम्बा था। उसमें उन्होंने एक ही समय में बड़ी संख्या में कारें तैयार करने के लिए असेम्बली लाइन (Assembly Line) विधि का विकास किया। सन् 1908 से सन् 1927 तक की अवधि में 180 लाख 'टिन लीज़ी' कारें बिकीं। इसके बाद फोर्ड ने कारों के अनेक सुन्दर मॉडल तैयार किये।

आज भी फोर्ड कारें काफी महँगी हैं। आज अनेक प्रकार की

यूनियन C कार, 1936

कारें बनायी जा रही हैं। सी.एस. रोल्स और हेनरी रॉयस ने बड़ी तथा कीमती कारें बनायीं। इसके बाद एक बेबी कार बनायी गयी। उसमें चार सीटें थीं। लोगों ने उसे भी बहुत पसन्द किया। उसका नाम 'ऑस्टेन सेवेन' रखा गया।

एक आधुनिक कार में इंजन, ट्रांसमिशन तथा ड्राइवट्रेन, स्टीयरिंग, ब्रेक, सस्पेंशन, चेसिस आदि अनेक हिस्से हैं। कारों में चार स्ट्रोक वाले पेट्रोल या डीजल इंजन होते हैं। जब कार को चालू किया जाता है, तो स्पार्क प्लग से निकलने वाली चिनगारी ईंधन को जलाती है। उससे पैदा होने वाली गैस की शक्ति से ही कार चलती है। आज वैज्ञानिकों ने कम्प्यूटर-नियन्त्रित तथा ध्वनि-नियन्त्रित कारें भी बना डाली हैं। आज कारें हमारी जिन्दगी का एक मुख्य अंग बन गयी हैं। हर साल कारों की संख्या लगभग 15% बढ़ जाती है। मोटर-कार के विकास से इतने कम समय में ही करोड़ों व्यक्तियों के लिए परिवहन का एक सफल माध्यम उपलब्ध हो गया है। आज भारत के बड़े शहरों में तो कारों की बाढ़-सी आ गयी है। ए.सी. युक्त कारें लोगों की पसन्द बन गयी हैं। उबड़-खाबड़ सड़कों के लिए जीप उपलब्ध हैं। स्पोर्ट्स कारें और रेसिंग कारें भी आज बाजार में उपलब्ध हैं। आधुनिक कार तकनीकी में कम्प्यूटरों ने तहलका मचा दिया है।

✪✪✪

पैनहार्ड, 1892

डूरिया रेसिंग मॉडल, 1895

मोटरसाइकिल (Motorcycle)

मोटरसाइकिल दो पहियों का पेट्रोल से चलने वाला वाहन है।

सबसे पहले अन्तर्दहन इंजन वाली मोटरसाइकिल का निर्माण जर्मनी के गॉट्लीब डाइमलर (Gottlieb Daimler) ने सन् 1885 में किया था। उसे विल्हेम मेबाख ने चलाया था। उसका फ्रेम लकड़ी का था और रफ्तार 19 कि.मी. प्रति घण्टा थी। सन् 1898 में ब्रिटेन में दो मोटरसाइकिलें बनायी गयीं, जिनका नाम 'होल्डन फ्लैट-फोर' और 'क्लाइड सिंगल' था।

मोटरसाइकिल उद्योग का विकास इस शताब्दी के आरम्भ में ही हुआ। बड़े पैमाने पर मोटरसाइकिलें बनाने वाला पहला कारखाना म्यूनिख, पश्चिमी जर्मनी में हाइनरिख और विल्हेम हिल्डेब्रैण्ड तथा अलोइस वोल्फमूलर (Alois Wolfmuller) ने खोला था। इस कारखाने में पहले दो वर्षों में 1,000 से अधिक मोटरसाइकिलें बनायी गयीं। उनमें से प्रत्येक में चार स्टोक और दो सिलिण्डर वाले जलशीतित (Water-cooled) इंजन थे, जिनका आयतन 1,488 घन से.मी. था। वे 600 घूर्णन प्रति मिनट पर 2.5 ब्रेक हॉर्स पावर (bhp) की शक्ति पैदा करते थे।

मोपेड्स सस्ती और आसानी से चल सकने वाली मोटरबाइक हैं। इनका इंजन 50 सी.सी. से कम और गति 50 कि.मी. प्रतिघण्टा होती है। स्कूटर का इंजन भी छोटा होता है।

आधुनिक मोटरसाइकिलों में दो या चार स्ट्रोक वाला अन्तर्दहन इंजन होता है। कुछ मोटरसाइकिलों में रोटरी वेंकल टाइप इंजन भी होते हैं। ये इंजन वायु या जल द्वारा ठण्डे रहते हैं। एक अन्तर्दहन इंजन में ईंधन को वायु के साथ मिलाकर स्पार्क प्लग की चिनगारी द्वारा जलाया जाता है। विशाल मात्रा में गरम गैस पैदा होती है, जो सिलिण्डर में लगे पिस्टन को धक्का देती है। पिस्टन का सम्पर्क पहियों से होता है। आधुनिक मोटरसाइकिलों के ढाँचे इस्पात के बने होते हैं।

आज अनेक प्रकार की मोटरसाइकिलें बाजार में उपलब्ध हैं। सामान्य उपयोग की मोटरसाइकिलों की अधिकतम रफ्तार 248 कि.मी. प्रति घण्टा तक होती है। रेस की मोटरसाइकिलें 300 कि. मी. प्रति घण्टा से भी अधिक गति से चलती हैं। इनका इंजन 125 सी.सी. होता है। बड़ी गाड़ियों का इंजन 1000 सी.सी. तक होता है।

❂❂❂

मोटरसाइकिल

वायुयान (Aircraft)

प्राचीन काल से ही पक्षियों को उड़ते हुए देखकर मनुष्य की आकाश में उड़ने की प्रबल इच्छा रही है।

इस कल्पना को साकार रूप देने के लिए लियोनार्दो दा विंची ने फ्लाइंग मशीन और पैराशूट के रेखाचित्र बनाये थे। आखिर जोसफ और एतीएने नामक दो भाइयों, जिन्हें हवा में उड़ने का बड़ा शौक था, द्वारा बनाये गये गुब्बारों से मनुष्य की पहली उड़ान शुरू हुई।

उन्होंने पेरिस में उड़ाने के लिए अपना पहला गुब्बारा सिल्क से तैयार किया। गुब्बारे के नीचे लटकी हुई टोकरी में एक भेड़, एक बतख और एक मुर्गे को रखा गया तथा नीचे से आग जलाकर उसे हवा में उड़ाया गया। गुब्बारा केवल 8 मिनट तक हवा में उड़ा और फिर एक पेड़ के सिरे में फँस गया। टोकरी की डोरी टूट गयी, लेकिन तीनों जानवर जीवित नीचे आ गये।

सन् 1783 में जोसफ और एतीएने भाइयों द्वारा उड़ाया गया पहला गुब्बारा, जिसमें दो आदमी उड़े थे

अब दोनों भाई स्वयं हवा में उड़ना चाहते थे, लेकिन इसी दौरान एक अन्य उत्साही अमीर युवक 'पिलात्रे द रोजियेर' ने अधिकारियों पर दबाव डालना शुरू किया कि गुब्बारे में उड़ने वाले पहले व्यक्ति का सम्मान प्राप्त करने का अवसर उसे ही दिया जाये। परीक्षण उड़ानों में रोजियेर साथ में अपने एक मित्र काउण्ट द अर्लेण्ड्स को भी ऊपर ले गया। 21 नवम्बर, 1783 की यह उड़ान सफल रही। यह गुब्बारा 9 कि.मी. ऊँचाई तक उड़ा। उड़ने वालों और उन दोनों भाइयों को राष्ट्रीय वीरों का सम्मान प्राप्त हुआ।

विल्बर राइट और ओरविल राइट

गुब्बारों के बाद ग्लाइडरों का निर्माण आरम्भ हुआ। अमेरिका के विल्बर राइट (Wilbur Wright) तथा ओरविल राइट (Orville Wright) बन्धुओं ने ग्लाइडरों की कला विकसित की और उनमें पतवार लगाकर क्रान्तिकारी सुधार किये। पतवार की सहायता से वे अपने ग्लाइडर को ऊपर या नीचे ले जा सकते थे। अमेरिका के ओहियो प्रान्त के निवासी इन राइट बन्धुओं की साइकिल मरम्मत की एक दुकान थी। उस दुकान से जो आमदनी होती थी, उसी को वे वायुयान-निर्माण के प्रयोगों में खर्च कर देते थे। उनको ग्लाइडरों के अध्ययनों और प्रयोगों में कई वर्ष लग गये। तब कहीं जाकर परीक्षण करने के लिए सन् 1903 में एक विमान तैयार हुआ। उस विमान में 12 हॉर्स पावर का एक पेट्रोल-इंजन निचली लाइन की दायीं ओर निचले पंख पर लगाया गया था और बायीं ओर पायलट के बैठने की सीट रखी गयी थी। इंजन का सम्बन्ध बड़े आकार के दो प्रॉपेलरों, जो विमान के पीछे लगे हुए थे, से किया गया था।

किटी हॉक, उत्तरी कैरोलिना (Kitty Hawk, North Carolina) अमेरिका में 17 दिसम्बर, 1903 को सुबह 10.35 बजे ओरविल इस 'फ्लायर-1' (Flyer-1) नामक चेन-ड्राइव विमान पर चढ़ा और पेट के बल लेटकर नियन्त्रकों को सम्भाला। इंजन चालू किया गया। कुछ मिनट इन्तजार करने के बाद ओरविल ने उस तार को छोड़ दिया, जिससे विमान रेल पर टिका हुआ था। अचानक विमान तेजी से हवा में आगे बढ़ा। कुछ सेकेण्ड तक विल्बर उसके साथ-साथ दौड़ा और पंख पकड़कर उसे रेल पर बनाये रखने की कोशिश करता

रहा। रेल पर कुछ दूर तक चलने के बाद विमान हवा में ऊपर उठ गया। 2.5 से 3.5 मीटर की ऊँचाई पर लगभग 12 सेकेण्ड तक 48 कि.मी. प्रति घण्टे की गति से 36.5 मीटर की दूरी तक उड़ने के बाद वह विमान जमीन पर आ गया। विश्व के इतिहास में यह पहली उड़ान थी, जिसमें एक आदमी को लेकर मशीन स्वयं अपनी शक्ति से हवा में उड़ी थी, रफ्तार में बिना किसी कमी के आगे बढ़ी थी और आसानी से जमीन पर उतरी थी। उस ऐतिहासिक घटना के समय ओरविल का भाई विल्बर, चार अन्य व्यक्ति व एक बच्चा मौजूद थे। वह विमान आज भी वाशिंगटन डी.सी. के स्मिथसोनियन इंस्टीट्यूशन में 'नेशनल एयर ऐण्ड स्पेस म्यूज़ियम' से सुरक्षित है।

राइट बन्धुओं ने अपने वायुयान का प्रदर्शन किया

इस राफलता के बाद राइट बन्धुओं ने सन् 1908 में अपने नये वायुयान में कुछ और सुधार किये तथा फ्रांस में उसका प्रदर्शन किया। सन् 1903 की उड़ान की पहली सफलता के 9 वर्ष बाद विल्बर की मृत्यु हो गयी। ओरविल ने वायुयान का विकास होते देखा। सन् 1948 तक वह जीवित रहा। उस समय तक वायुयानों की रफ्तार 100 कि.मी. प्रति घण्टा से भी अधिक हो चुकी थी।

बहुत थोड़े समय में ही विश्व के अधिकांश देशों में वायुयान बनाये गये। इनमें फ्रांस सबसे आगे था। एक फ्रांसीसी लुई ब्लेरियत (Louis Bleriot) ने सन् 1909 में एक वायुयान चैनल के आर-पार उड़ाया। दो अंग्रेज, एलकॉक (Alcock) और ब्राउन (Brown) ने रानू 1919 में अटलाण्टिक के आर-पार उड़ान भरी। सन् 1920 में यात्री विमान (Airlines) बनाये गये और अमेरिका, फ्रांस तथा जर्मनी में एयरलाइन कम्पनियाँ खोली गयी।

आज अनेक प्रकार के वायुयान हैं। आधुनिक वायुयान जेट इंजनों से चलते हैं। इनकी रफ्तार काफी तेज होती है और इनको अधिक ऊँचाई तक उड़ाया जा सकता है। इन विमानों के तीन

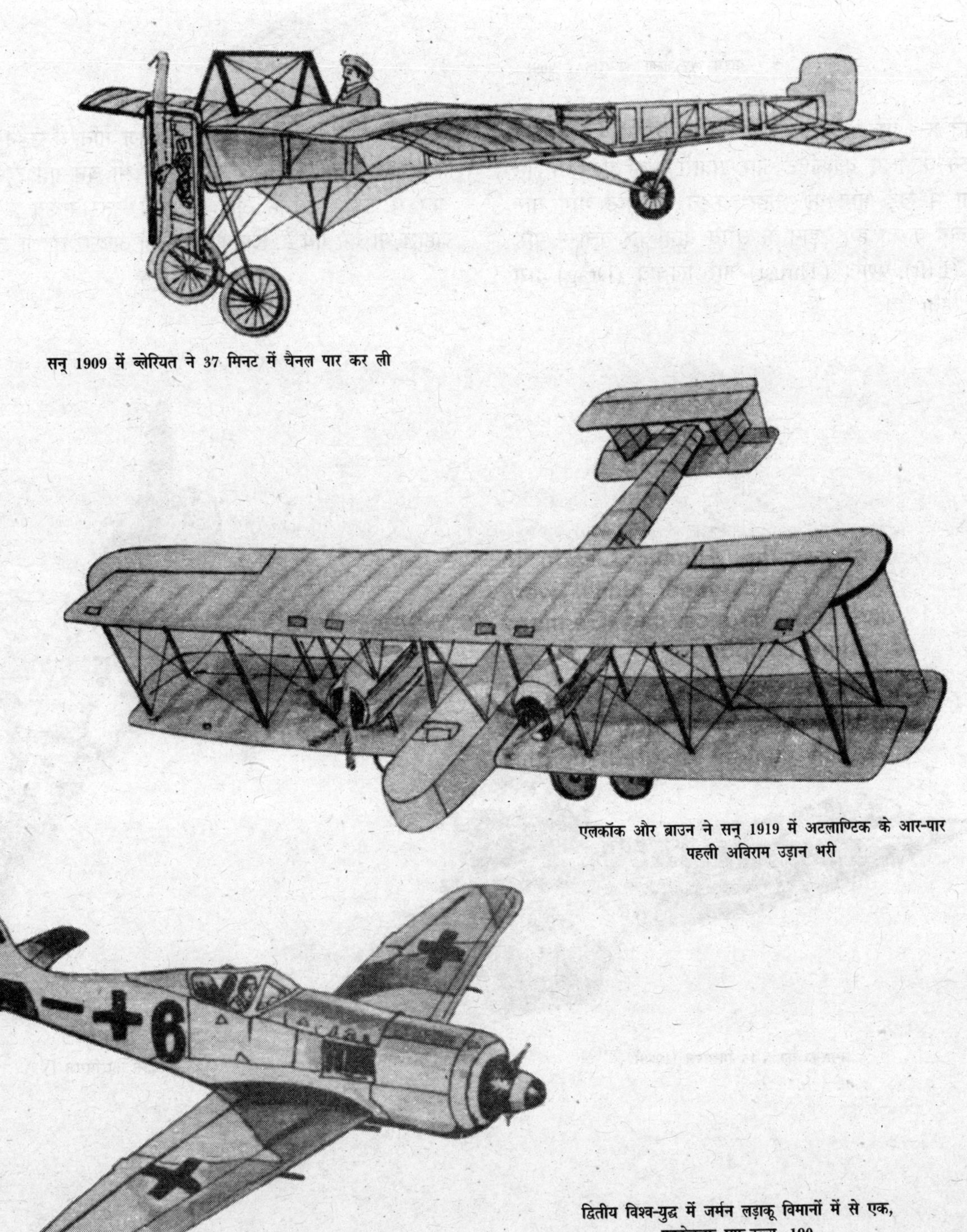

सन् 1909 में ब्लेरियत ने 37 मिनट में चैनल पार कर ली

एलकॉक और ब्राउन ने सन् 1919 में अटलाण्टिक के आर-पार पहली अविराम उड़ान भरी

द्वितीय विश्व-युद्ध में जर्मन लड़ाकू विमानों में से एक, फाकेउल्फ एफ.डब्ल्यू. 190

बोइंग 747 जम्बो जेट (USA, 1969)

प्रमुख भाग होते हैं– पंख, बॉडी और पृष्ठ भाग एसेम्बली। बॉडी में चालक के बैठने के लिए कॉकपिट और सवारी कक्ष होते हैं। पूँछ पर ऊर्ध्व दिशा में खड़े भाग को 'रुडर' कहते हैं। पृष्ठ भाग यान को स्थिरता प्रदान करता है। उड़ान के समय यान चार बलों– भार, उत्थापक बल (Lift), प्रणोद (Thrust) और खिंचाव (Drag) द्वारा हवा में टिका रहता है।

आजकल ध्वनि के वेग से भी तेज गति से उड़ने वाले विमान बना लिये गये हैं। आज ऐसे विमान भी बन गये हैं, जो सीधे ही वायु में उड़ सकते हैं और सीधे ही उतर सकते हैं। ऐसे हवाई जहाज भी बन गये हैं, जिनके पंखों का आकार बदला जा सकता है।

❂❂❂

अमेरिका का X 15 मिसाइल (1959)

फ्रांस का मिराज IV

जेट विमान (Jet Plane)

जेट विमान न्यूटन के तीसरे नियम पर कार्य करते हैं। इस नियम के अनुसार प्रत्येक क्रिया के विपरीत प्रतिक्रिया होती है। ईंधन के जलने से क्रिया होती है और नोजल से निकलने वाली गैसों से विपरीत दिशा में प्रतिक्रिया होती है। जेट इंजन पिस्टन इंजनों की तुलना में 80% अधिक दक्ष होते हैं। जेट विमानों ने तो वायुयानों की रूपरेखा ही बदल दी है।

जेट विमान उड़ान के समय अपने पीछे धुएँ के बादलों जैसी सफेद लकीर छोड़ते हैं। ये (विमान) जेट नोदन (Jet Propulsion) के सिद्धान्त पर आधारित हैं। किसी छोटे छेद से होकर अत्यधिक वेग से बाहर निकलने वाली किसी तरल (द्रव या गैस) पदार्थ की धार को 'जेट' (Jet) कहते हैं। जब वस्तु में छोटे छेद से तेज धार बाहर निकलती है, तो इसकी प्रतिक्रिया वस्तु पर विपरीत दिशा में कार्य करती है, जिससे वस्तु जेट की गति की दिशा के विपरीत दिशा में तेजी से चलने लगती है। जेट की मदद से किसी वस्तु को आगे की ओर चलाना 'जेट नोदन' कहलाता है तथा वह वस्तु, जो जेट की मदद से आगे बढ़ती है, 'जेट नोदित' (Jet Propelled) कहलाती है। जेट विमान के पिछले हिस्से में एक गैस टरबाइन (Turbine) तथा आगे के भाग में एक सम्पीडक पंखा लगा होता है।

विमानों में जेट इंजनों के प्रयोग से राम्बन्धित आरम्भ का प्रस्ताव फ्रांस के कैप्टन मार्कोने और रूमानिया के हेनरी कोआन्दा ने तथा टर्बोजेट का प्रस्ताव मैक्सिम गियॉम (Maxime Gillaume) ने सन् 1921 में रखा था। फ्रैंकह्विटल ने सन् 1930 में जेट इंजन से चलने वाले वायुयान का पेटेण्ट कराया। फ्रैंक ह्विटल द्वारा प्रस्तावित तथा ब्रिटिश पावर जेट्स लि. द्वारा निर्मित परीक्षणात्मक जेट वायुयान WU ने 12 अप्रैल, 1937 को प्रथम सफल उड़ान भरी। टर्बोजेट इंजन से चलने वाले वायुयान की पहली उड़ान 27 अगस्त, 1939 को हाइंकल हे (Heinkel He 178) ने मैरीन हे (Mariene He), जर्मनी में की थी। इसके बाद गैस टरबाइन इंजनों के आधार पर अनेक प्रकार के जेट इंजन विकसित हुए।

जेट विमान 30,500 मीटर की ऊँचाई तक जाने में सक्षम होते हैं। इनकी रफ्तार 3,500 कि.मी. प्रति घण्टा से भी अधिक होती है। जेट विमानों ने वायुयान तकनीक में एक नया अध्याय जोड़कर दुनिया की दूरी को छोटा कर दिया है। कंकार्ड दुनिया का जाना-माना जेट विमान है। लौकहीड एस.आर. 71 ने सन् 1976 में दुनिया का रिकार्ड 3,529.56 कि.मी. प्रति घण्टा के वेग द्वारा तोड़ा था। कोलम्बिया ने 26,715 कि.मी. प्रति घण्टा के वेग से उड़ान भरी थी। बोइंग 707 भी दुनिया के जाने-माने जेट विमान हैं।

✪✪✪

एंग्लो-फ्रेंच सुपरसोनिक कंकार्ड (1969)

हेलीकॉप्टर (Helicopter)

हेलीकॉप्टर जमीन पर बिना दौड़ लगाये सीधा ही हवा में ऊपर उठकर उड़ सकता है और सीधा ही जमीन पर उतर सकता है। इसे उतरने के लिए किसी हवाई अड्डे की जरूरत नहीं होती। हमिंग बर्ड की तरह यह हवा में स्थिर भी रह सकता है। हेलीकॉप्टर किसी भी दिशा में उड़ सकता है। यह ऊपर-नीचे, आगे-पीछे उड़ सकता है।

'हेलीकॉप्टर' शब्द दो ग्रीक शब्दों– 'हेली' और 'कॉप्टर' से बना है, जिसका अर्थ है– पेंच और पंखा। ईसा से 500 वर्ष पूर्व 'हेलीकॉप्टर खिलौने' प्राचीन चीनियों को ज्ञात थे। सन् 1500 के आसपास लियोनार्दो दा विंची ने आर्कीमिडीज़ के पेंचों पर आधारित हेलीकॉप्टर का डिजाइन तैयार किया था। 19वीं शताब्दी के पूरे दौर में लोग हेलीकॉप्टर बनाने का प्रयास करते रहे। सन् 1936 में जर्मनी की फोक वुल्फ विमान कम्पनी को हेलीकॉप्टर बनाने में सफलता प्राप्त हुई। यह पहला हेलीकॉप्टर था, जो सन् 1937 में 11 हजार फुट की ऊँचाई पर 70 मील प्रति घण्टा की रफ्तार से उड़ा। उसके बाद इगोर सिकोर्स्की (Igor Sikorsky) ने अमेरिकी सेना के लिए एक हेलीकॉप्टर बनाया, जिसका नाम XR–4 था। सन् 1941 में इसका सफल परीक्षण किया गया। उसके बाद से अब तक विश्व में अनेक प्रकार के छोटे-बड़े हेलीकॉप्टर बनाये जा चुके हैं।

आजकल हेलीकॉप्टरों के द्वारा समुद्री जहाजों में पड़े बीमार लोगों को उठाकर अस्पतालों तक पहुँचाया जाता है, बाढ़ में फँसे लोगों को बचाया जाता है तथा उनके लिए खाने की सामग्री और दवाएँ गिरायी जाती हैं। जंगलों में तेल के कुओं के लिए सामान की व्यवस्था की जाती है तथा सैन्य सामग्री गिरायी जाती है। इसके अलावा इनका उपयोग फसलों पर कीटनाशक दवाओं के छिड़काव में, भू-विज्ञान अन्वेषण के नक्शे बनाने में और सर्वेक्षण के काम में भी किया जा रहा है। तोपों से सुसज्जित हेलीकॉप्टर छापामारों के विरुद्ध काम में लाये जाते हैं। अब युद्ध में भी हेलीकॉप्टरों का प्रयोग होने लगा है। युद्ध में काम आने वाले हेलीकॉप्टर अति आधुनिक होते हैं।

❂❂❂

हेलीकॉप्टर

अन्तरिक्ष शटल (Space Shuttle)

अमेरिका द्वारा विकसित स्पेस शटल एक ऐसा अन्तरिक्ष यान है, जो रॉकेटों द्वारा अन्तरिक्ष में जाता है, लेकिन वायुयान की भाँति धरती पर उतरता है। इसे बार-बार अन्तरिक्ष में भेजा जा सकता है। इससे लोग अन्तरिक्ष में भ्रमण के लिए जा सकते हैं तथा कृत्रिम उपग्रह अन्तरिक्ष में भेजे जा सकते हैं। इसे अनेक अन्तरिक्ष अनुसन्धानों में भी प्रयोग किया जा रहा है।

विश्व का पहला स्पेस शटल 12 अप्रैल, 1981 को अन्तरिक्ष में भेजा गया था। इसका नाम 'कोलम्बिया' था। पृथ्वी के 36 चक्कर लगाने के बाद यह 14 अप्रैल, 1981 को पृथ्वी पर सफलतापूर्वक उतर आया।

अन्तरिक्ष शटल के माल खण्ड में 21 टन वजन ले जाया जा सकता है। इसकी रफ्तार लगभग 28,000 कि.मी. प्रति घण्टा होती है। इसका इस्तेमाल आम तौर पर उपग्रह और कक्षीय दूरबीनें छोड़ने, खराब उपग्रहों की मरम्मत करने या वापस लाने तथा बाहरी अन्तरिक्ष में वैज्ञानिक प्रयोग करने के लिए किया जाता है। इसे वैज्ञानिक कार्यों के लिए अन्य देश किराये पर ले सकते हैं।

अन्तरिक्ष शटल का प्रक्षेपण

अन्तरिक्ष शटल के तीन भाग होते हैं– ठोस ईंधन रॉकेट, बाह्य ईंधन टंकी और परिक्रमा यान। ठोस ईंधन रॉकेट और मुख्य इंजन परिक्रमा यान को अपनी शक्ति से ऊपर ले जाते हैं। दो मिनट बाद ही अन्तरिक्ष में लगभग 43 कि.मी. की ऊँचाई पर पहुँचने के बाद ठोस ईंधन रॉकेट खाली हो जाते हैं और परिक्रमा यान से अलग होकर नीचे गिर पड़ते हैं। उड़ान के दस मिनट बाद पृथ्वी की सतह से 200 कि.मी. ऊपर पहुँचकर बाह्य ईंधन टंकी अलग होकर समुद्र में गिर जाती है। रॉकेटों और इस टंकी को ठीक करके दोबारा उड़ानों में इस्तेमाल किया जा सकता है। इसके बाद अन्तरिक्ष शटल अपनी कक्षा में प्रवेश कर जाता है और आवश्यकतानुसार पृथ्वी की परिक्रमा करता रहता है। इस समय कर्मचारी चालक-कक्ष के नीचे बने निवास-कक्ष में चले जाते हैं। पृथ्वी पर वापस उतरने के लिए इंजन चलाये जाते हैं और वह नीचे उतरने लगता है। कर्मचारी चालक-कक्ष में लौट आते हैं। परिक्रमा यान वायुमण्डल में प्रवेश करता है और फिर हवाई जहाज की भाँति जमीन पर उतर आता है। विशाल ईंधन टैंक के अतिरिक्त अन्तरिक्ष शटल के सभी भाग दोबारा इस्तेमाल किये जा सकते हैं।

अब तक कोलम्बिया के अतिरिक्त डिस्कवरी चैलेंजर, एटलाणिटस नामक अन्तरिक्ष शटल अन्तरिक्ष की कई उड़ानें भर चुके हैं। 26 जनवरी, 1986 को चैलेंजर उड़ान के कुछ ही क्षणों बाद दुर्घटनाग्रस्त हो गया था। फलतः पाँच व्यक्तियों की मृत्यु हो गयी थी। अन्तरिक्ष

पृथ्वी पर उतारने के लिए पश्चगामी इंजन चलाए गये

अन्तरिक्ष शटल अपनी कक्षा में पहुँचा

परिक्रमा यान ने वायुमण्डल में प्रवेश किया

बड़ी आसानी से हवाई जहाज की तरह स्पेस शटल जमीन पर उतर आया

बाह्य टंकी अलग हो गयी

ठोस ईंधन रॉकेट खाली होकर नीचे गिर गये

शटल के इतिहास में यह सबसे बड़ी दुर्घटना थी। दूसरा अन्तरिक्ष शटल कोलम्बिया, 1 फरवरी, 2003 को पृथ्वी पर उतरते समय दुर्घटनाग्रस्त हो गया था, जिसमें भारत की कल्पना चावला की मृत्यु हो गयी थी, साथ में और भी क्रू मेम्बर मर गये थे।

✪✪✪

09 ध्वनि (Sound)

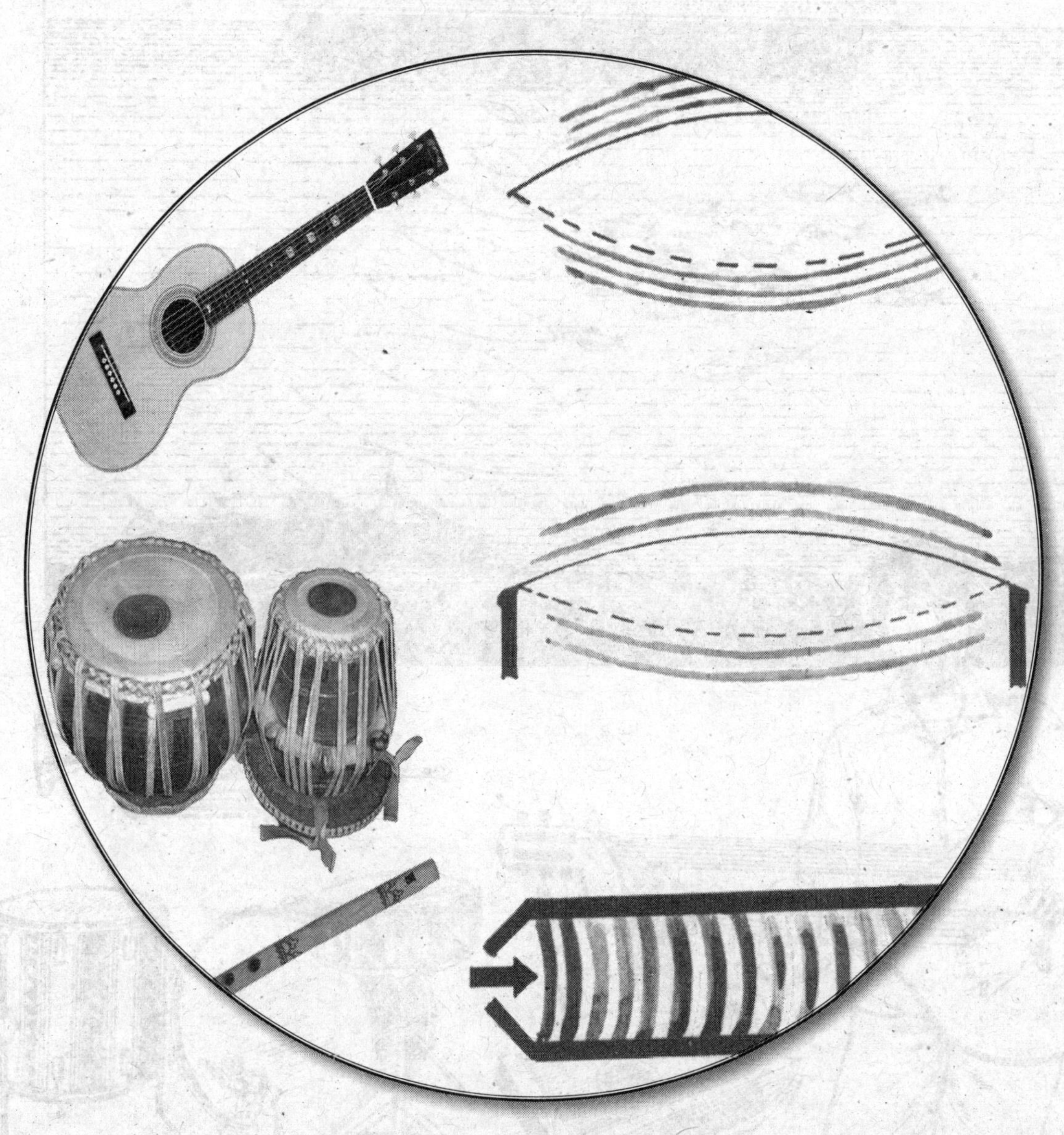

ध्वनि क्या है? (What is Sound?)

ध्वनि एक प्रकार की ऊर्जा (Energy) है, जिसकी अनुभूति कानों द्वारा होती है। ध्वनि किसी माध्यम से चलती हुई तरंगों के रूप में हमारे कानों तक पहुँचती है। कानों द्वारा ध्वनि हमारे मस्तिष्क तक पहुँचती है और हमें सुनायी देती है। बिना पदार्थ माध्यम के 'ध्वनि' यात्रा नहीं कर सकती। ध्वनि हमारे जीवन का एक अभिन्न अंग है।

ध्वनि केवल उन्हीं वस्तुओं से उत्पन्न होती है, जो कम्पन करती है। अब प्रश्न उठता है कि कम्पन करने वाली सभी वस्तुएँ ध्वनि क्यों नहीं पैदा करतीं? उदाहरण के लिए यदि हाथ को ऊपर-नीचे हिलाया जाये, तो किसी भी प्रकार की ध्वनि सुनायी नहीं देती। इसका कारण है कि हमारे कानों को ध्वनि तभी सुनायी देती है, जब कम्पनों की आवृत्ति 20 प्रति सेकेण्ड से अधिक और 20 हजार कम्पन प्रति सेकेण्ड से कम होती है। इस प्रकार हमारे सुनने की सीमा 20 हर्ट्ज से 20 हजार हर्ट्ज तक होती है। जिन यान्त्रिक तरंगों की आवृत्ति इस सीमा से कम या अधिक होती है, उसके लिए हमारे कान संवेदनशील नहीं हैं। इन ध्वनियोँ को कुत्ता, चमगादड़ आदि सुन सकते हैं। इसलिए

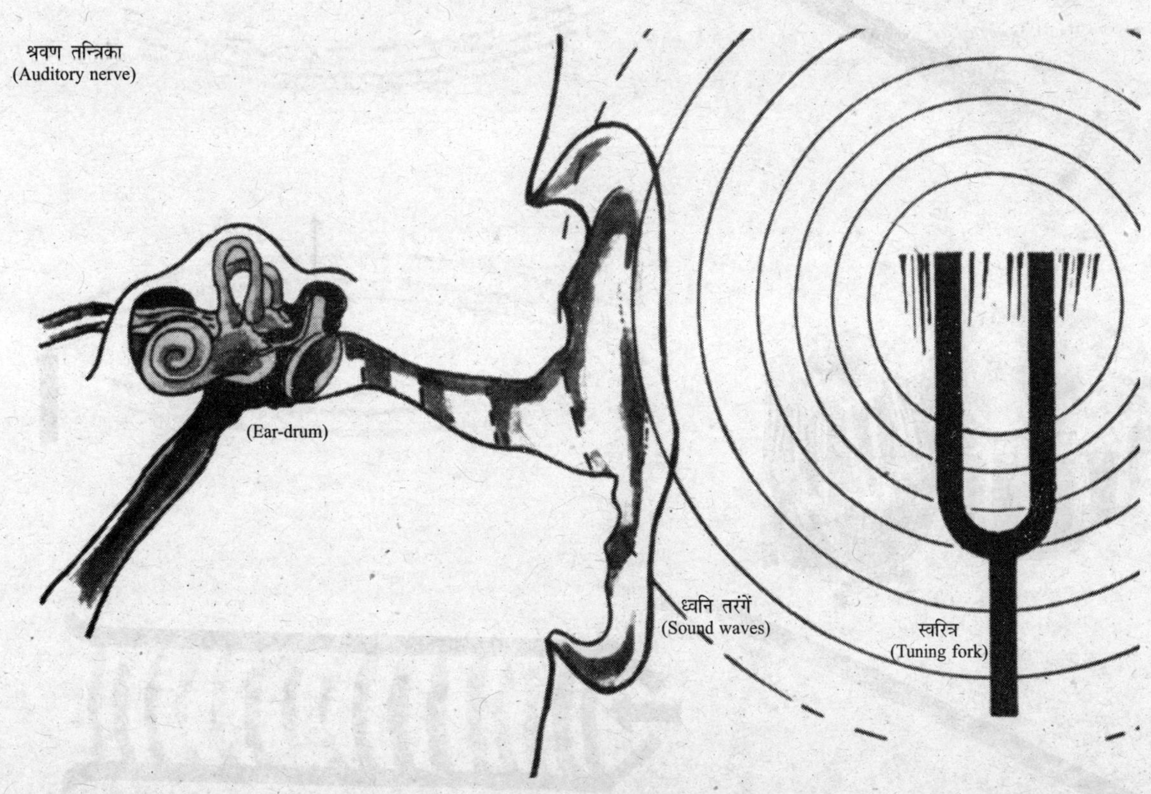

कम्पनों से ध्वनि उत्पन्न होती है

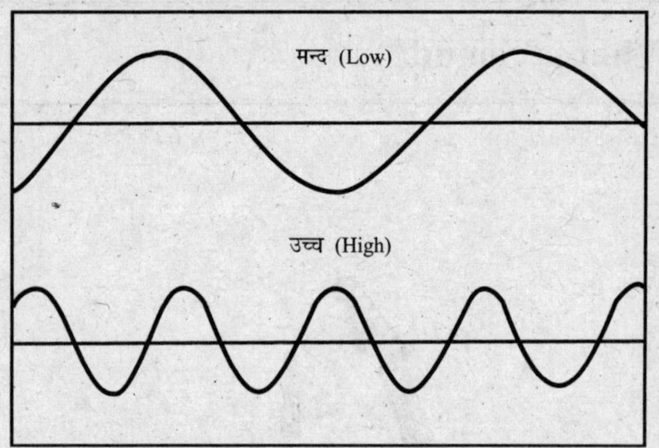

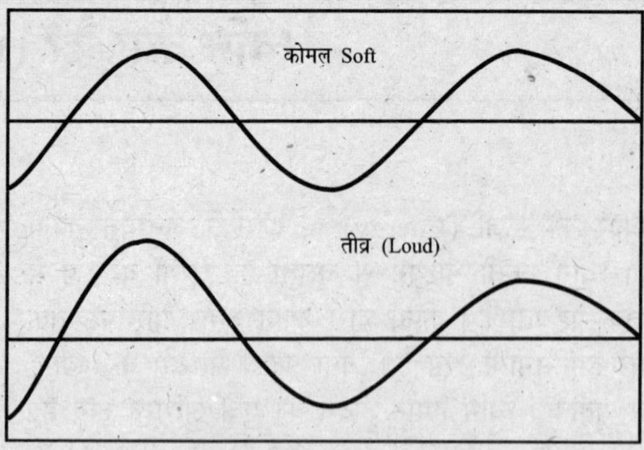

ऊँचे–तारत्व की ध्वनियों में तरंगें पास-पास होती हैं जबकि नीचे तारत्व की ध्वनियों में तरंगें ज्यादा लम्बी होती हैं। तीव्र ध्वनि में आयाम अधिक होता है।

'ध्वनि' शब्द का प्रयोग केवल उन तरंगों के लिए ही किया जाता है, जिनकी अनुभूति हमें अपने कानों द्वारा होती है।

हर व्यक्ति के लिए ध्वनितरंगों का आवृत्ति परिसर (Range of frequency) थोड़ा अलग-अलग हो सकता है, लेकिन मानव के लिए सामान्यतः यह 20 से 20,000 हर्ट्ज होता है। 1000 से 4000 हर्ट्ज तक की ध्वनियों के लिए हमारे कानों की संवेदनशीलता सबसे अधिक होती है। हम 400,000 प्रकार की विभिन्न ध्वनियों को सुन सकते हैं।

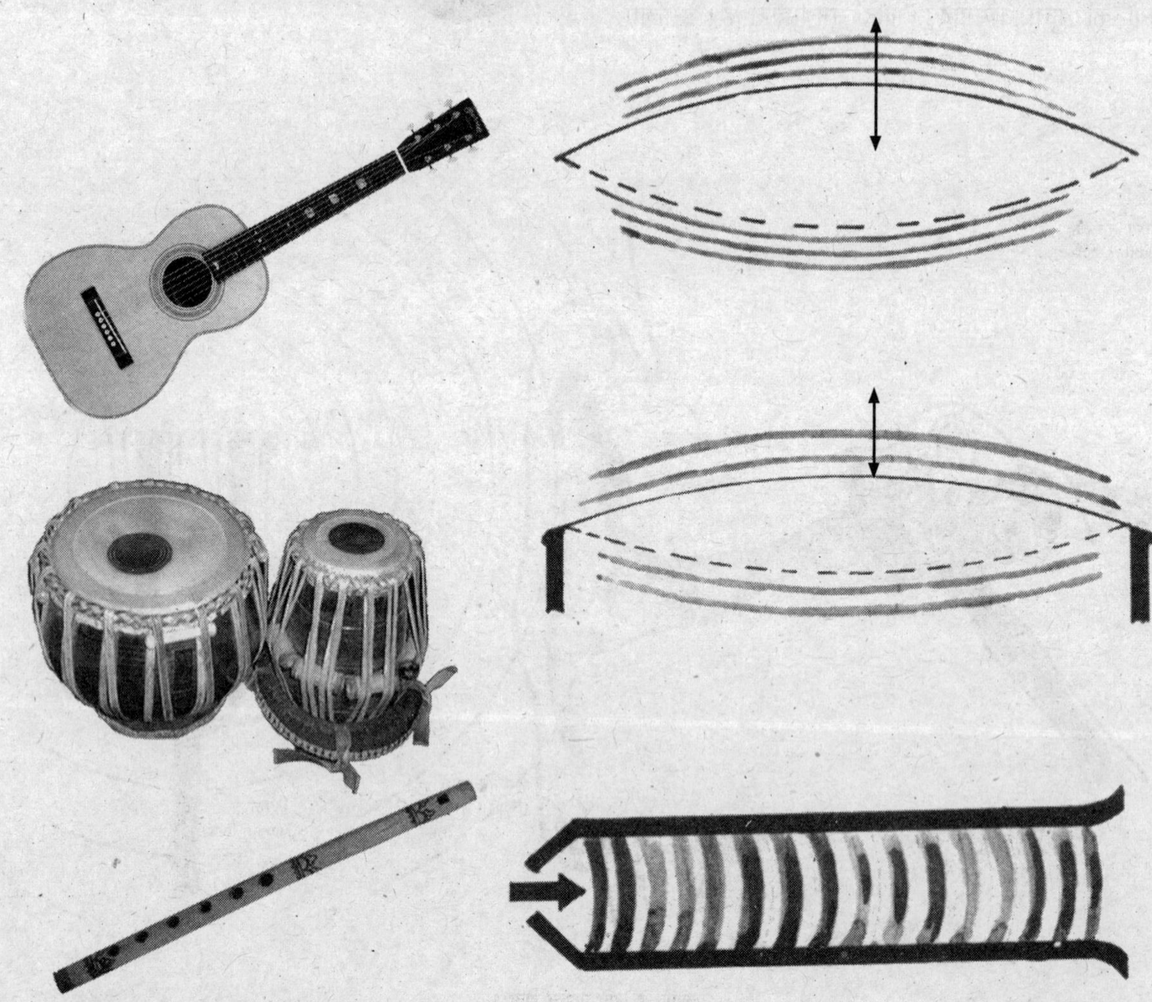

विभिन्न वाद्ययन्त्र कम्पनों द्वारा अलग-अलग प्रकार की ध्वनि उत्पन्न करते हैं।

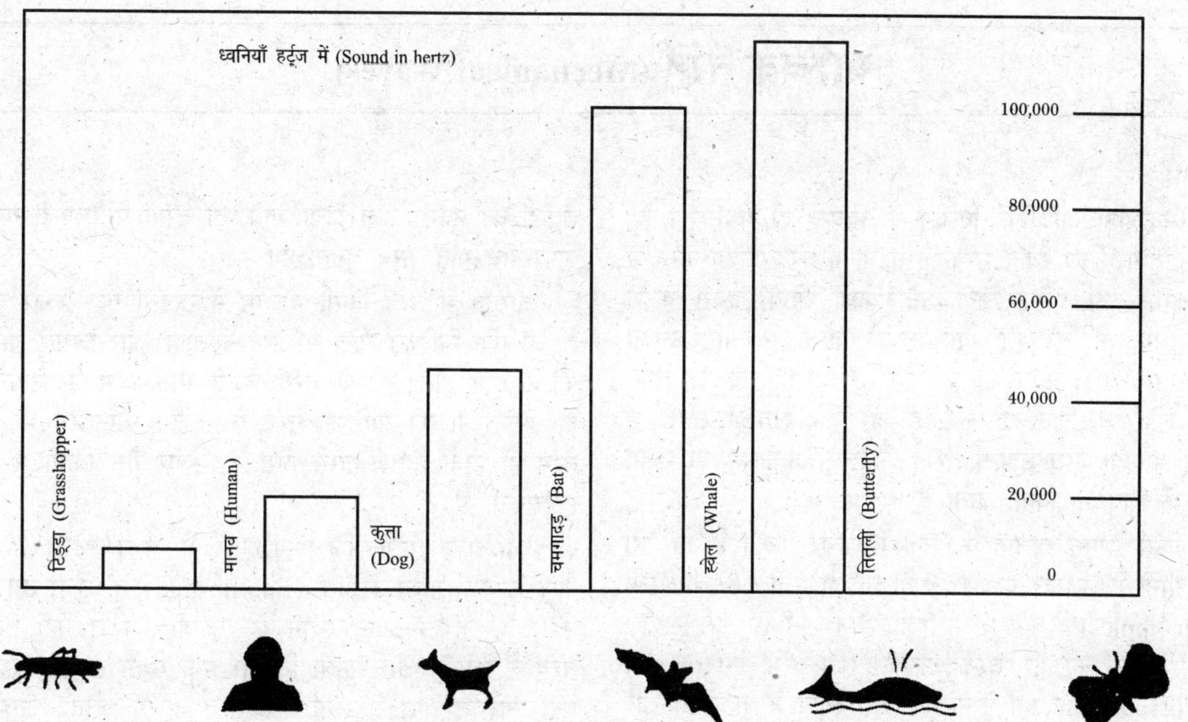

अधिकांश जीव-जन्तु विभिन्न प्रकार की आवाजें निकालते हैं और उन्हें सुन सकते हैं। तितली कोई आवाज नहीं निकालती फिर भी 100,000 हर्ट्ज से ज्यादा आवृत्ति की आवाज को सुन सकती है। व्हेल और चमगादड़ के कान बहुत सुग्राही होते हैं। जीव-जन्तुओं की तुलना में मानव में सुनने की शक्ति कम होती है

कम्पनों की आवृत्ति जितनी अधिक होती है, हमें सुनायी देने वाली आवाज उतनी ही तीखी होती है। भारी आवाज को मन्द्र स्वर कहते हैं। भालू, दरियाई घोड़े, बाघ आदि का स्वर मन्द्र होता है। बारीक आवाज को तार स्वर कहते हैं। चूहे, पक्षी, खरगोश आदि की आवाज बारीक होती है।

जिन तरंगों की आवृत्ति 20 हर्ट्ज (Hertz) से कम होती है, उन्हें 'अवश्रव्य' तरंगें (Infrasonic waves) तथा जिन तरंगों की आवृत्ति 20,000 हर्ट्ज (Hz) से अधिक होती है, उन्हें 'पराश्रव्य' तरंगें कहते हैं। पराश्रव्य तरंगें (Ultrasonic waves) मानव के लिए विज्ञान प्रयोगशालाओं, रोग-निदान यन्त्रों और मशीनों के निर्माण में बहुत ही उपयोगी सिद्ध हुई हैं। ध्वनि पैदा करने वाले अनेक स्रोत हैं। जो वस्तु कम्पन करती है, वही ध्वनि पैदा करती है। वाद्ययन्त्र अलग-अलग ध्वनियाँ पैदा करते हैं। जो कानों को अच्छी लगती हैं, इन्हें संगीतमय ध्वनियाँ कहते हैं। जो ध्वनियाँ कानों को कर्कश लगती हैं, उन्हें 'कोलाहल' कहते हैं।

✿✿✿

यान्त्रिक तरंगें (Mechanical Waves)

तरंग की संकल्पना आधुनिक विज्ञान में अत्यन्त ही महत्त्वपूर्ण है। तरंगों का प्रयोग केवल ध्वनि सम्बन्धी घटनाओं की व्याख्या करने में ही नहीं किया जाता, बल्कि इनके द्वारा प्रकाश, रेडियो, एक्स-किरण और गामा-किरणों की भी व्याख्या की जाती है और उनका पारस्परिक सम्बन्ध भी स्पष्ट किया जाता है। 'तरंग' शब्द का प्रयोग समुद्र की लहरों के लिए तो किया ही जाता है, खेत में खड़ी गेहूँ की फसल में हवा द्वारा उत्पन्न तरंगों के लिए, शीतलहर या गरमी की लहर के लिए भी किया जाता है।

जब किसी शान्त तालाब के पानी में पत्थर फेंकते हैं, तो उस स्थान के पानी में हलचल पैदा हो जाती है, जो वृत्ताकार ऊर्मिकाओं (Circular ripples) के रूप में चारों ओर फैल जाती है। इस हलचल से पैदा हुई लहरों को भी 'तरंग' कहते हैं। ये तरंगें श्रृंग (Crest) और गर्त (Trough) के रूप में हलचल वाले स्थान से बाहर की ओर संचरित होती हैं। यदि पानी में पत्थर गिरने के स्थान के पास कोई लकड़ी का टुकड़ा डाल दिया जाये, तो तरंगों पर लकड़ी का टुकड़ा ऊपर-नीचे गति करने लगता है।

वास्तव में तरंग किसी माध्यम में उत्पन्न एक प्रकार का क्षोभ है, जो एक निश्चित चाल से आगे बढ़ता है और जिसके द्वारा ऊर्जा का संचरण होता है। ये तरंगें किसी माध्यम में ही उत्पन्न होती हैं; इन तरंगों को यान्त्रिक तरंगें कहते हैं। ध्वनितरंगें भी यान्त्रिक तरंगें ही होती हैं। ये तरंगें ठोस, द्रव और गैस किसी में भी पैदा हो सकती हैं।

यान्त्रिक तरंगें जिस माध्यम में पैदा होती हैं, उसके कण अपनी साम्य स्थिति (Equilibrium) के इधर-उधर दोलन करते हैं, लेकिन अपने स्थान को स्थायी रूप से नहीं छोड़ते हैं। तरंग के रूप में क्षोभ ऊर्जा निरन्तर एक स्थान से दूसरे स्थान तक एक निश्चित चाल से संचरित होती है। तरंग मूलतः 'आवर्त गति' (Periodic Motion) से उत्पन्न होती है।

जब किसी शान्त तालाब में पत्थर फेंकते हैं, तो उस स्थान के चारों ओर पानी में तरंगें पैदा होती हैं।

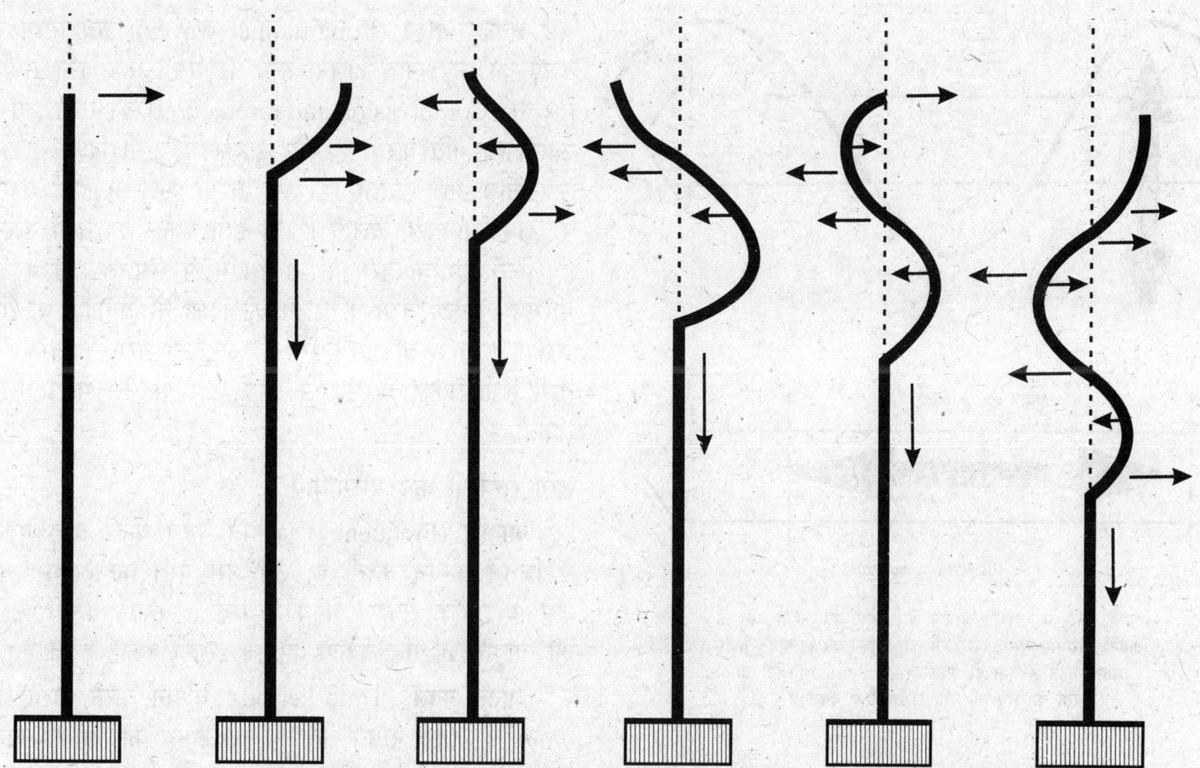

यदि रस्सी के एक सिरे को निरन्तर हिलाया जाये, तो इस प्रकार श्रृंग रस्सी में आगे बढ़ते हुए दिखायी देंगे। इस प्रकार की हलचल रस्सी में अनुप्रस्थ तरंग को प्रदर्शित करती है। एक श्रृंग से दूसरे समीपवर्ती श्रृंग की दूरी को अनुप्रस्थ तरंग की तरंगदैर्घ्य (Wavelength) कहते हैं।

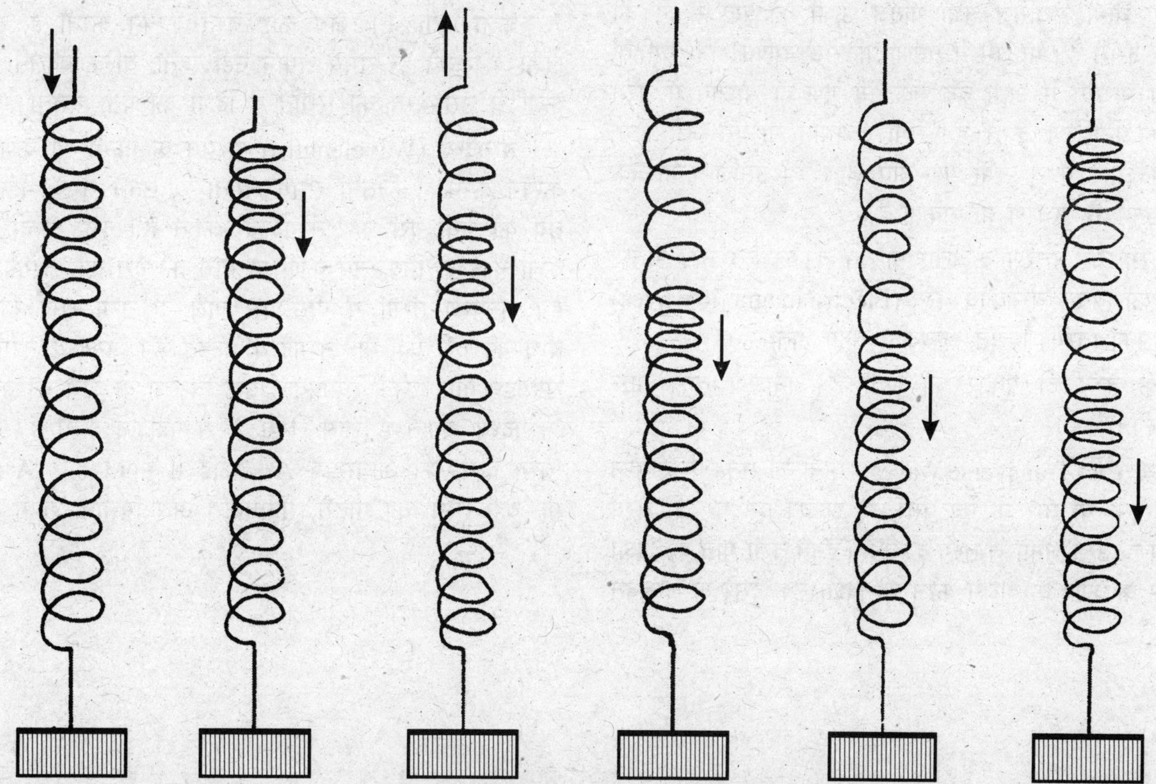

सपाट सर्पिल स्प्रिंग के एक सिरे को एक दीवार से बाँधकर तथा दूसरे सिरे को हाथ से पकड़कर आगे-पीछे करने पर स्प्रिंग की कॉयलें स्प्रिंग की लम्बाई के अनुदिश कम्पन करने लगती हैं। इस प्रकार की हलचल स्प्रिंग में अनुदैर्घ्य तरंग को प्रदर्शित करती है

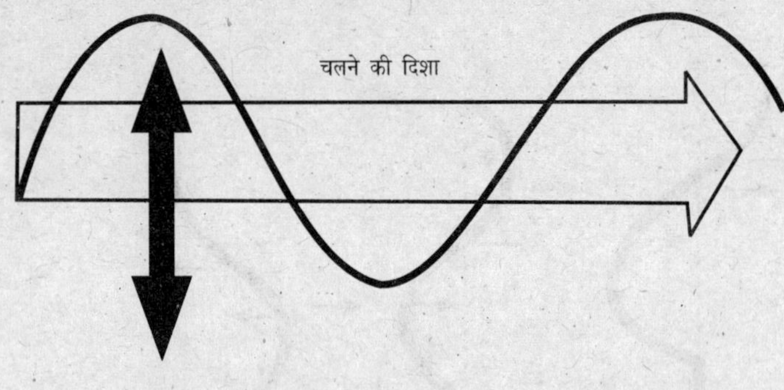

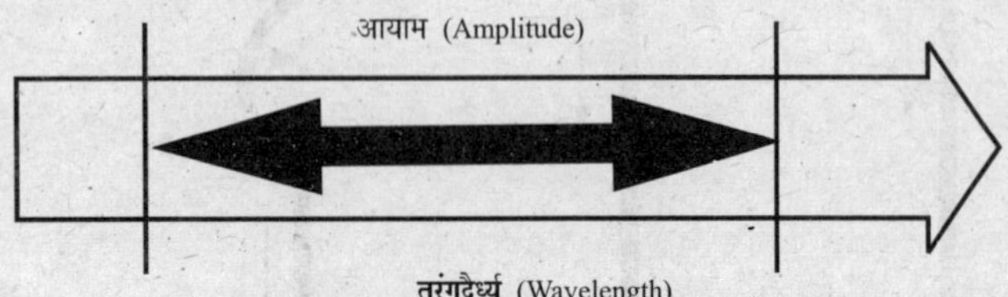

तरंग के दो मुख्य गुण हैं–आयाम और तरंगदैर्ध्य। कंपित वस्तु के अपनी मध्यमान स्थिति के दोनों ओर अधिकतम विस्थापन को आयाम कहते हैं तथा दो क्रमिक (consecutive) श्रृंगों या गर्तों के बीच की दूरी को तरंगदैर्ध्य कहते हैं

यान्त्रिक तरंगों के संचरण के लिए माध्यम में प्रत्यास्थता (Elasticity) का गुण होना चाहिए। इस गुण के कारण माध्यम के कणों में, एक बार विस्थापित होने पर वापस अपनी पहली स्थिति में लौटने की प्रवृत्ति पैदा हो जाती है। माध्यम में जड़त्व (Inertia) का गुण होना चाहिए यानी स्थितिज तथा गतिज ऊर्जा को रख सकने की क्षमता होना जरूरी है। माध्यम में घर्षणी प्रतिरोध नगण्य होना चाहिए, जिससे तरंग माध्यम में आगे बढ़ सके। ये गुण ही माध्यम में तरंग की चाल का निर्धारण करते हैं। सभी द्रव्यमान माध्यम जैसे हवा, पानी, स्टील आदि में ये सभी गुण पाए जाते हैं। इसलिए यान्त्रिक तरंगों का इनमें से संचरण हो सकता है।

कुछ तरंगों के संचरण के लिए माध्यम की जरूरत नहीं होती। ऐसी तरंगों को विद्युत चुम्बकीय तरंगें (Electro magnetic waves) कहते हैं। 'प्रकाशतरंगें' विद्युत चुम्बकीय तरंगें होती हैं।

यान्त्रिक तरंगें दो प्रकार की होती हैं–अनुप्रस्थ तरंगें और अनुदैर्ध्य तरंगें।

अनुप्रस्थ तरंगें (Transverse Waves): पानी की सतह पर उत्पन्न तरंगें और रस्सी या तार के एक सिरे को झटका देने पर जो तरंगें उत्पन्न होती हैं, उन्हें अनुप्रस्थ तरंगें कहते हैं। इनमें तरंग गति की दिशा और माध्यम के कणों के दोलन करने की दिशा एक दूसरे के लम्बवत् होती है।

अनुदैर्ध्य तरंगें (Longitudinal Waves): जब स्प्रिंग से लटके टुकड़े को ऊपर-नीचे दोलन करने पर स्प्रिंग में उत्पन्न सम्पीडन एवं विरलन (Compression and rarefaction) की तरंग पूरी स्प्रिंग में ऊपर-नीचे गति करती है और टुकड़ा भी उसी दिशा में समानान्तर ऊपर-नीचे गति करता है, ऐसी तरंगों को 'अनुदैर्ध्य तरंगें' कहते हैं। जब ध्वनितरंगें चलती हैं, तो इसी प्रकार की तरंगें उत्पन्न होती हैं। किसी यान्त्रिकतरंग के माध्यम में से संचरित होने पर जब उस माध्यम के कण तरंग के चलने की दिशा के अनुदिश या समानान्तर कम्पन करते हैं तो उस तरंग को अनुदैर्ध्य तरंग कहते हैं। अनुदैर्ध्य तरंगें सभी प्रकार के माध्यम–ठोस, द्रव या गैस में उत्पन्न की जा सकती हैं।

तरंग सम्बन्धी कुछ परिभाषाएँ

आवृत्ति (Frequency): कम्पन करने वाली वस्तु एक सेकेण्ड में जितने कम्पन करती है, उसे उस वस्तु की आवृत्ति कहते हैं। जैसे–यदि एक सेकेण्ड में कोई वस्तु n कम्पन करती है, तो वस्तु की आवृत्ति n प्रति सेकेण्ड होगी। इसकी इकाई हर्ट्ज है।

आवर्त काल (Time Period): कम्पन करने वाली वस्तु एक कम्पन में जितना समय लेती है, उस समय को 'आवर्त काल' कहते हैं। इसे T से प्रदर्शित किया जाता है। इसे सेकेण्ड में मापा जाता है।

आयाम (Amplitude): कम्पन करने वाली वस्तु के अपनी मध्यमान स्थिति के दोनों ओर अधिकतम विस्थापन को 'कम्पन का आयाम' कहते हैं। इसे a से प्रदर्शित करते हैं।

कला (Phase): जब कोई वस्तु कम्पन करती है, तो उसकी दिशा व स्थिति हर समय समान नहीं रहती, बल्कि बदलती रहती है। कला से उस वस्तु की स्थिति व दिशा का पता चलता है।

तरंगदैर्ध्य (Wavelength): माध्यम के किसी भी कण को एक कम्पन करने में जितना समय लगता है, उतने समय में तरंग द्वारा तय की गयी दूरी को 'तरंगदैर्ध्य' कहते हैं। दूसरे शब्दों में समान कला वाले दो निकटतम कणों के बीच की दूरी को 'तरंगदैर्ध्य' कहते हैं। अनुप्रस्थ तरंगों में पास-पास वाले दो तरंग श्रृंगों या गर्तों के बीच की दूरी को भी 'तरंगदैर्ध्य' कहते हैं। अनुदैर्ध्य तरंगों में एक सम्पीडन और उसके समीपवर्ती एक विरलन के बीच की दूरी को भी 'तरंगदैर्ध्य' कहते हैं। इसे लेम्डा λ से प्रदर्शित करते हैं। सामान्यतः 'तरंग दैर्ध्य' को आंगस्ट्राम A^o इकाई में मापते हैं। $1A^o=10^{-8}$ से.मी. बड़ी तरंगों को मीटरों, सेंटीमीटरों और मिलीमीटरों में मापते हैं।

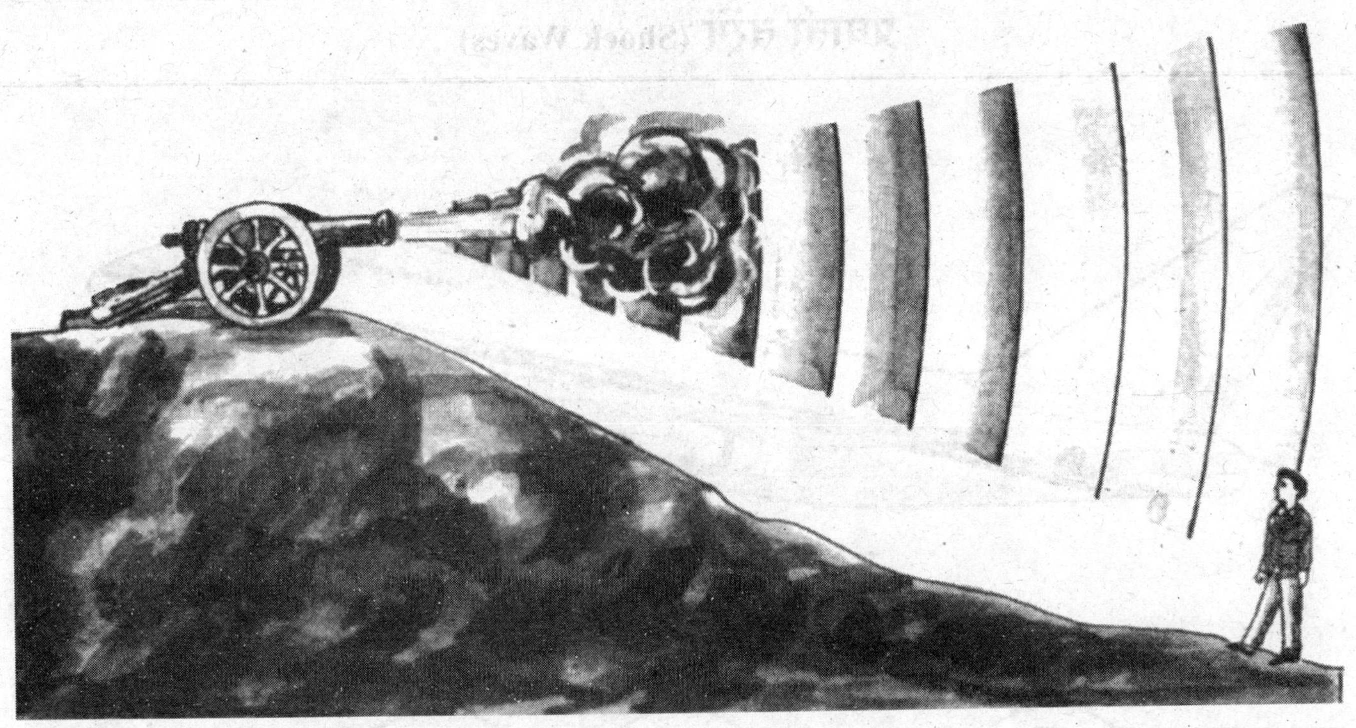

प्रकाश की तुलना में ध्वनि की चाल कम होती है। तोप छूटते ही प्रकाश दिखायी देता है लेकिन आवाज बाद में सुनायी देती है

पिच (Pitch): 'पिच' तरंग की आवृत्ति पर निर्भर करती है। आवृत्ति जितनी अधिक होगी, पिच या आवाज का तीखापन भी उतना ही अधिक होगा।

तरंग की चाल (Speed): एक सेकेण्ड में कोई तरंग किसी माध्यम में जितनी दूरी चलती है, वह उसकी 'चाल' कहलाती है। मान लिया कि किसी कम्पित वस्तु की आवृत्ति n प्रति सेकेण्ड है और उसकी तरंगदैर्ध्य λ है तब तरंग की चाल $n\lambda$ होगी। सामान्यतः वायु में तरंग की चाल 340 मीटर प्रति सेकेण्ड होती है।

✪✪✪

प्रघाती तरंगें (Shock Waves)

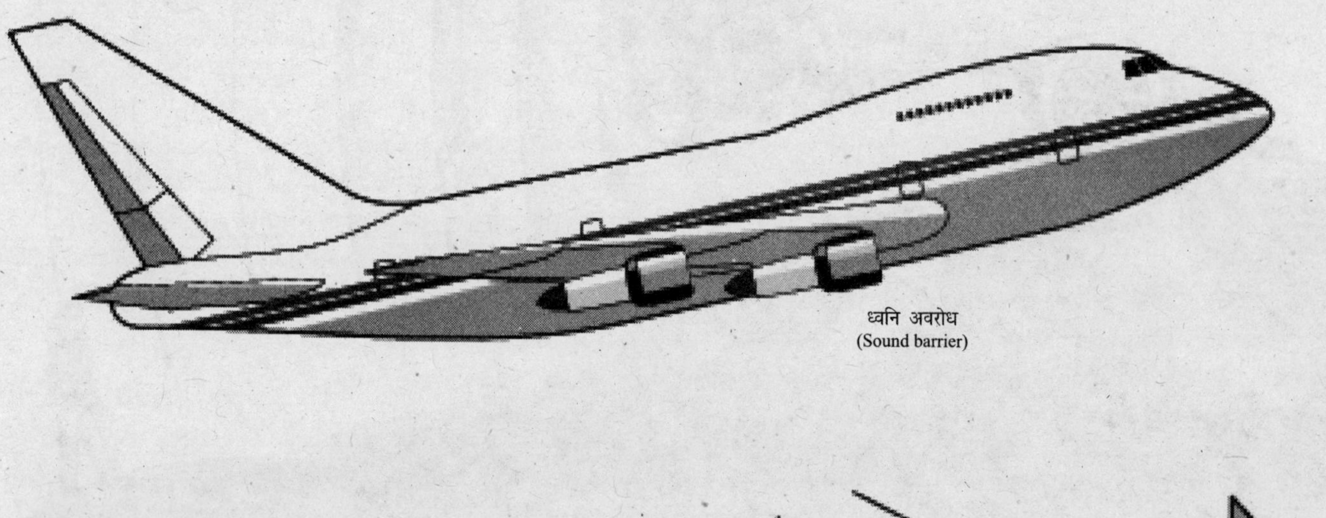

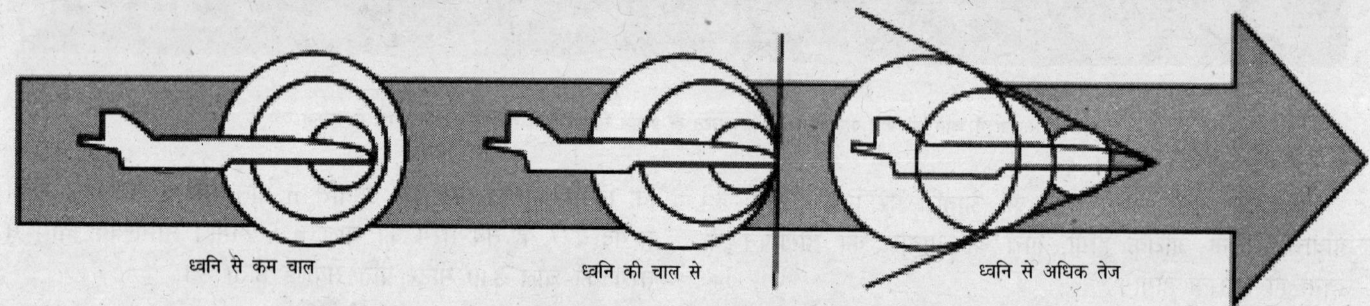

सुपरसोनिक विमान से प्रघाती तरंगें उत्पन्न होती हैं

गैस या द्रव पदार्थ में किसी वस्तु के तीव्र गति से चलने पर पैदा होने वाली उच्च दाब की तरंगों को 'प्रघाती तरंगें' कहते हैं। प्रघाती तरंगें तब पैदा होती हैं, जब कोई वस्तु गैस या द्रव में ध्वनि के वेग से अधिक हो जाती है। इन्हें 'दाब तरंगें' (Pressure waves) भी कहते हैं। ये तरंगें बहुत अधिक ऊर्जा वाली होती हैं। बादलों की गरज, ज्वालामुखी के फटने तथा बिजली चमकने से 'प्रघाती तरंगें' पैदा होती हैं। ये तरंगें बड़ी घातक होती हैं। इनसे हर वर्ष सैकड़ों व्यक्तियों की मृत्यु और करोड़ों रुपये की सम्पत्ति नष्ट हो जाती है।

सुपरसोनिक विमान की उड़ान के दौरान भी प्रघाती तरंगें उत्पन्न होती हैं। आपने आकाश में इन विमानों के निकलने पर अचानक ही कड़कदार आवाज सुनी होगी। इसे 'सोनिक बूम' (Sonic boom) कहते हैं। सोनिक बूम से मकानों की खिड़कियों के शीशे कम्पन करने लगते हैं और कभी-कभी टूट जाते हैं।

विस्फोट होने से भी प्रघाती तरंगें उत्पन्न होती हैं, इन तरंगों से कई कि.मी. दूर के भवनों को भी क्षति पहुँच सकती है। बन्दूक की गोली की चाल बहुत ज्यादा होने पर भी इन तरंगों को अनुभव किया जा सकता है। जब किसी मोटर बोट की चाल पानी में बहुत अधिक हो जाती है तो प्रघाती तरंगों का प्रभाव पानी की सतह पर दिखायी देता है। आतिशबाजी के बमों से भी प्रघाती तरंगें पैदा होती हैं।

भूकम्प आने से भयानक प्रघाती तरंगें पैदा होती हैं। परमाणु बम और हाइड्रोजन बमों के विस्फोट के दौरान पैदा हुई प्रघाती तरंगों से हजारों लोग मौत के घाट उतर सकते हैं। दूसरे रासायनिक बमों के फटने से भी प्रघाती तरंगें पैदा होती हैं।

✪✪✪

शोर या कोलाहल (Noise)

जिस ध्वनि का कानों पर मधुर प्रभाव होता है उसे संगीत कहते हैं। कर्कश और कष्टदायक ध्वनि को 'शोर' या 'कोलाहल' कहते हैं।

मशीनों के इस्तेमाल की अधिकता, यान्त्रिक परिवहन के विकास, रेडियो, टेलीविजन और कुछ अन्य कारणों से बढ़ते हुए कोलाहल ने मानव का ध्यान आकृष्ट किया है। आजकल शोर के शारीरिक और मानसिक प्रभावों के वैज्ञानिक अध्ययन किये जा रहे हैं ताकि शोर के माप और विश्लेषण से अनावश्यक कोलाहल को निरस्त किया जा सके और इसकी मात्रा को जहाँ तक हो सके, घटाया जा सके।

कोलाहल का सबसे अधिक महत्त्वपूर्ण लक्षण है 'ध्वनि की प्रबलता' (Loudness)। प्रबलता एक अनुभूति है, जो कान विशेष पर निर्भर करती है। एक ही तीव्रता (Intensity) की ध्वनि को सुनकर दो अलग-अलग कान विभिन्न प्रबलता का अनुभव कर सकते हैं या दो अलग-अलग आवृत्ति की ध्वनियों की तीव्रता एक होने पर एक ही कान को उनकी प्रबलता अलग-अलग प्रतीत हो सकती है। 'प्रबलता' वास्तव में श्रोता के कान की संवेदनशीलता पर निर्भर करती है। इसी के आधार पर हमें ध्वनि धीमी या तीव्र प्रतीत होती है। प्रबलता नापने की अनेक विधियाँ हैं। कोलाहल पैदा करने वाले अनेक स्रोत हैं, जैसे–स्कूटर, कार, ट्रक, बस, रेल, हवाई जहाज, कारखाने, रेडियो, टेलीविजन, लाउडस्पीकर, विस्फोटक, आतिशबाजी, रौक म्यूजिक डी.जे. आदि।

ऐसा बहुत कम होता है कि कोलाहल से कोई शारीरिक क्षति हो जाये। यह तभी होता है, जब किसी व्यक्ति को लंबे समय तक ऐसे अत्यन्त प्रबल स्तर के कोलाहल में रहना पड़े, जो सामान्य जीवन के कोलाहल से बहुत ही अधिक स्तर का हो। सामान्य मनुष्य को शायद ही कभी लम्बे समय तक इतने कोलाहल में रहना पड़े कि उसकी सुनने की शक्ति को कोई स्थायी नुकसान हो सके। लेकिन लगभग 1000 हर्ट्ज की आवृत्ति के स्वरक का शरीर पर अस्थायी प्रभाव हो सकता है, यदि उसकी तीव्रता का स्तर 100 डेसीबेल हो। हवाई सैनिकों का अस्थायी बहरापन इसका उदाहरण है।

तन्त्रिका-तन्त्र (Nervous System) पर शोर का जो प्रभाव पड़ता है, उसका अनुमान लगाना अत्यन्त कठिन है। लार्ड हॉर्डर (Lord Horder) ने चिकित्सकों के मत को इस प्रकार व्यक्त किया है–''डॉक्टरों का निश्चित विश्वास है कि कोलाहल से मनुष्य का तन्त्रिका-तन्त्र कमजोर हो जाता है, जिससे रोग के लिए शरीर के स्वाभाविक प्रतिरोध में तथा आरोग्य लाभ करने की स्वाभाविक शक्ति में कमी हो जाती है।'' इस प्रकार कोलाहल के कारण स्वास्थ्य संकट में पड़ जाता है। कोलाहल के वातावरण में रहने पर व्यक्ति को ऊँचा सुनायी देने लगता है। स्वभाव में चिड़चिड़ापन, मानसिक तनाव और रक्तचाप बढ़ जाता है। तेज ध्वनि से दिल की धड़कन बढ़ जाती

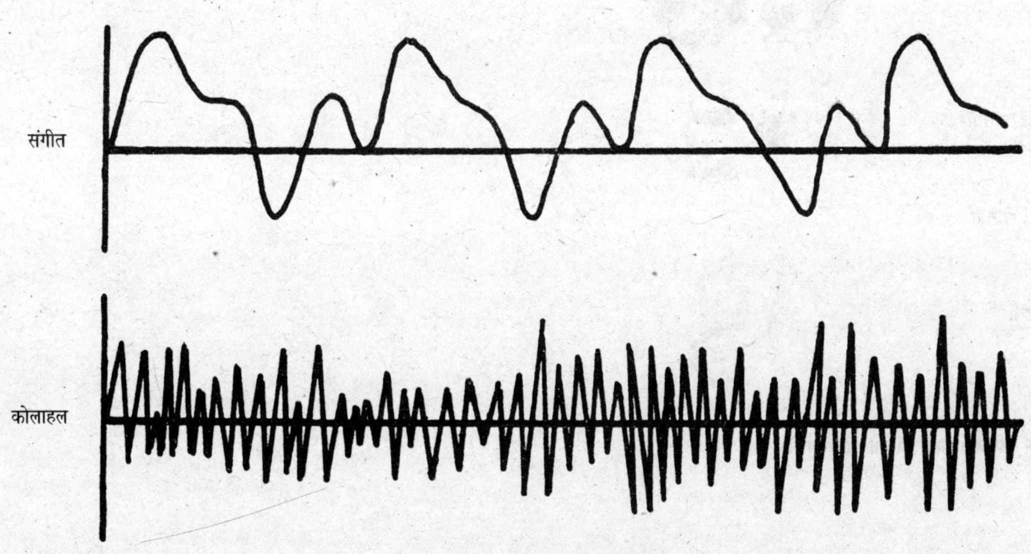

संगीत और कोलाहल की ध्वनि तरंगों में अन्तर होता है

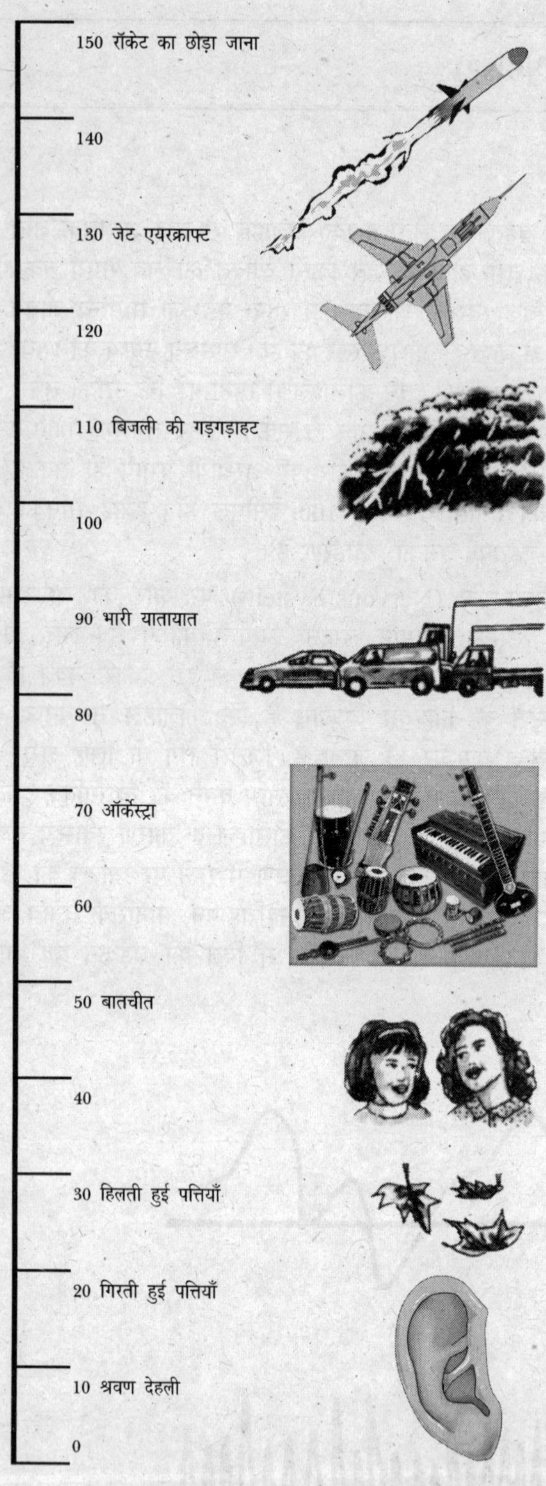

कुछ ध्वनिस्रोतों की प्रबलता (डेसीबेल में)

है। पेट के विकार खासतौर से अल्सर जैसे विकार हो जाते हैं। कोलाहल स्वास्थ्य के लिए काफी घातक है। कोलाहल की प्रबलता को आमतौर पर डेसीबेल (Decible-dB) में मापा जाता है। 140 डेसीबेल की ध्वनि से हमारे कानों का पर्दा फट सकता है। चौराहों पर मोटर वाहनों की आवाज का स्तर 100 डेसीबेल तक होता है।

कुछ ध्वनिस्रोतों की प्रबलता डेसीबेल (dB) में–

रॉकेट का छोड़ा जाना	150 dB
जेट एयरक्राफ्ट	130 dB
बिजली की गड़गड़ाहट	110 dB
भारी यातायात	90 dB
ऑर्केस्ट्रा (Orchestra)	70 dB
हिलती हुई पत्तियाँ	20 dB
श्रवण देहली (Hearing threshold)	10 dB

शान्त वातावरण स्वास्थ्य के लिए जितना लाभदायक है, कोलाहल उतना ही हानिकारक। कोलाहल हृदय, पेट, रक्त चाप जैसे अनेक विकारों को जन्म देता है।

❂❂❂

ध्वनि का परावर्तन (Reflection of Sound)

जिस प्रकार प्रकाश किसी चमकीली सतह से परावर्तित हो जाता है, उसी प्रकार ध्वनि भी पहाड़ियों, भवनों आदि से टकराकर परावर्तित हो जाती है। किसी पहाड़ी से या घने जंगल में किनारे से या ऊँचे मकान की छत से बोले हुए शब्द 'प्रतिध्वनि' या 'गूँज' के रूप में सुनायी देते हैं। जब बोले हुए शब्द या ध्वनि किसी दूर की वस्तु से परावर्तित होकर दो या तीन बार सुनायी पड़ती है, तो उसे 'प्रतिध्वनि' (Echo) कहते हैं।

यदि परावर्तक तल का क्षेत्रफल ज्यादा हो और बोले हुए शब्द छोटे और अधिक वृत्ति के हों, तब प्रतिध्वनि स्पष्ट सुनायी देती है।

जिस ध्वनि में अक्षर स्पष्ट नहीं होते, जैसे—ताली बजाने की आवाज, गोली चलने की आवाज, तो ऐसी ध्वनि का प्रभाव कान पर लगभग 1/10 सेकेण्ड तक रहता है और यदि परावर्तित ध्वनितरंग कानों तक 1/10 सेकेण्ड के बाद लौटती है, तो प्रतिध्वनि स्पष्ट सुनायी देती है। 1/10 सेकेण्ड में ध्वनि लगभग 34 मीटर की दूरी तय करती है। अतः प्रतिध्वनि सुनने के लिए टकराने वाली वस्तु कम से कम 17 मीटर की दूरी पर अवश्य होनी चाहिए।

अपवर्त्य प्रतिध्वनि (Multiple Echoes) : जब दो बड़ी चट्टानें या दो बड़ी इमारतें समानान्तर व उचित दूरी पर स्थित होती हैं और उनके बीच में कोई ध्वनि पैदा की जाती है, तो वह ध्वनि क्रमशः दोनों चट्टानों से बार-बार परावर्तित होगी। इस प्रकार की परावर्तित ध्वनि को अपवर्त्य प्रतिध्वनि कहते हैं। परावर्तकों से बार-बार परावर्तन होने से ये सब प्रतिध्वनियाँ मिलकर गड़गड़ाहट की आवाज पैदा करती हैं। बिजली की गड़गड़ाहट का कारण भी यही है, क्योंकि बादलों के तल, पहाड़ आदि परावर्तक तलों का काम करते हैं।

किसी पहाड़ी के नजदीक बोले हुए शब्द प्रतिध्वनि के रूप में सुनायी देते हैं।

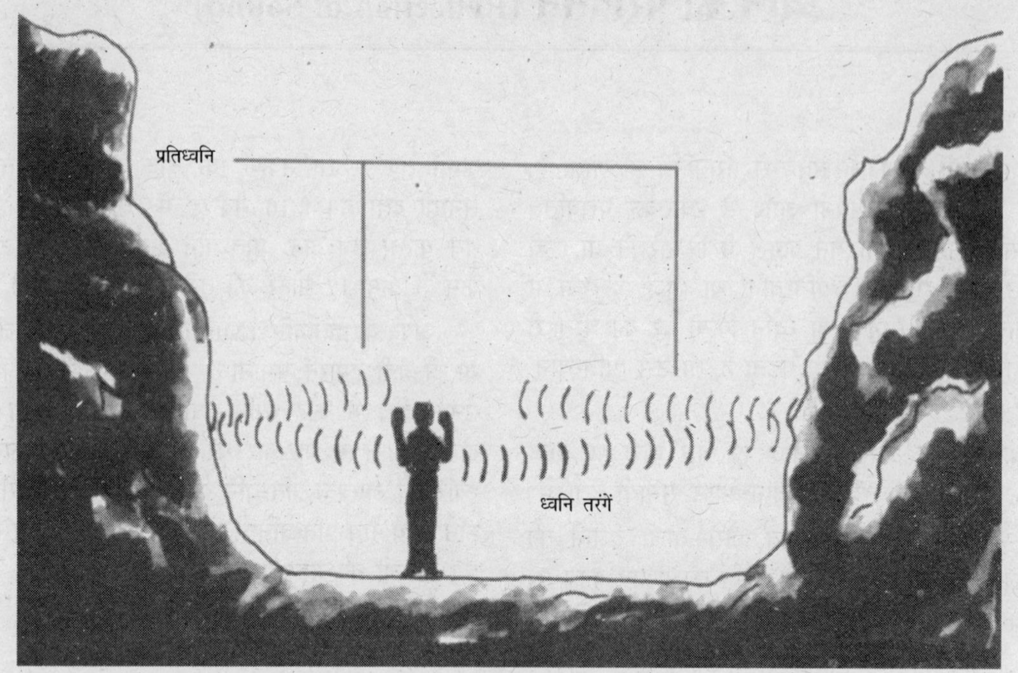

जब दो बड़ी समानान्तर व उचित दूरी पर स्थित चट्टानों के बीच में कोई ध्वनि पैदा की जाती है, तो वह ध्वनि क्रमशः दोनों चट्टानों से बार-बार परावर्तित होती है।

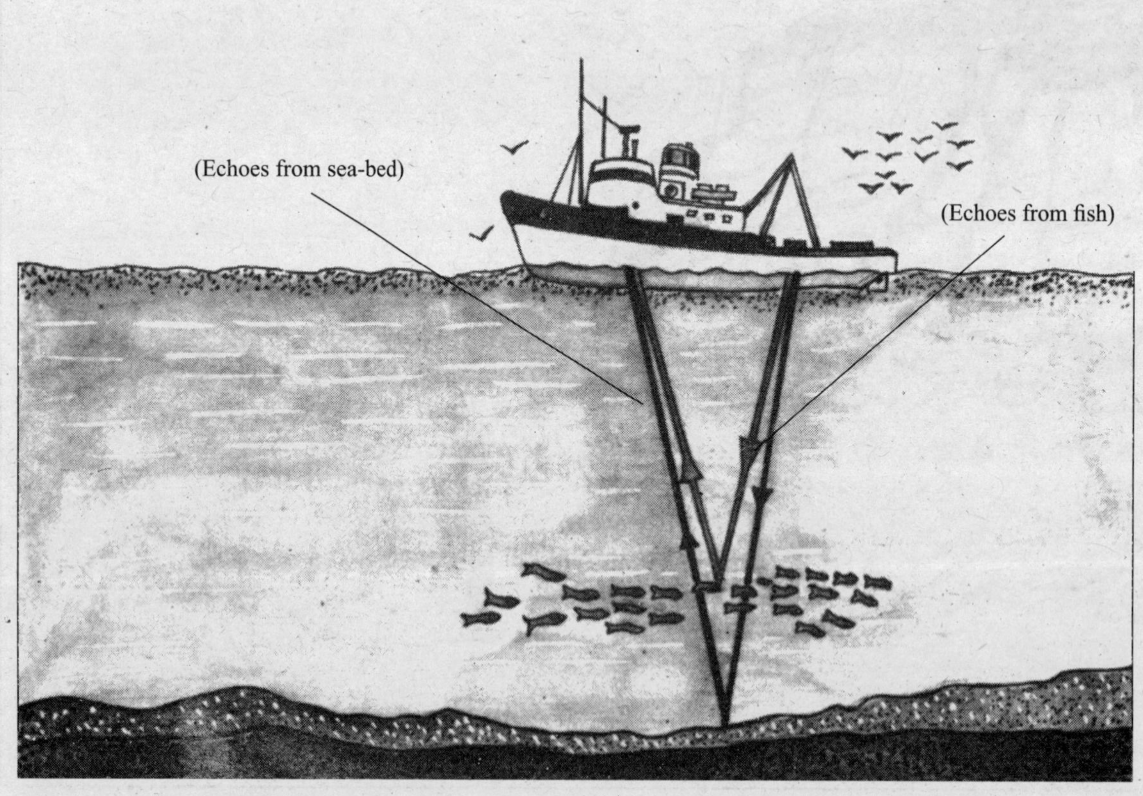

ध्वनितरंगों के परावर्तन का इस्तेमाल मछली भण्डारों का पता लगाने तथा सागर की गहराई मापने में किया जाता है।

समुद्र की गहराई ज्ञात करने, राडार और सागर में पनडुब्बी आदि की स्थिति ज्ञात करने के लिए प्रतिध्वनि का सिद्धान्त प्रयोग किया जाता है।

ध्वनि-परावर्तक (Sound Reflection): यदि आप खुले मैदान में कोई बात कहें, तो उसे सुनने में श्रोताओं को बड़ी कठिनाई होगी। इसका कारण है कि खुली हवा में ध्वनितरंग की ऊर्जा छितर जाती है। लेकिन बड़ी-बड़ी इमारतों की दीवारें ध्वनि-परावर्तक का काम करती हैं। यही कारण है कि कुछ इमारतों में मंच के पीछे अवतल (Concave) या परवलयाकार दर्पण (Parabolic mirror) लगा दिये जाते हैं ताकि वक्ता इनके फोकस पर खड़े होकर अपनी बात कह सके और परावर्तित ध्वनि मंच से दूर बैठे श्रोता आसानी से सुन सकें। ध्वनि-परावर्तन के सिद्धान्त पर ही उपाशुवादी गैलरी (Whispering Gallery) बनायी जाती है। आमतौर पर बड़े गुम्बद वाली इमारत के अन्दर, गिरजाघरों में दीवारें गोलाकार बनायी जाती हैं और किनारों पर बैठने के लिए गैलरी बनी होती है। ऐसी गैलरियाँ बनाने से ध्वनि बार-बार परावर्तित होकर श्रोताओं तक आसानी से पहुँच जाती है। इसलिए इन गैलरियों को कानाफूसी करने वाली गैलरी (Whispering Gallery) कहते हैं, क्योंकि यदि कोई व्यक्ति दीवार के पास बहुत धीरे से भी बोलता है, तो भी ध्वनि बार-बार परावर्तित होकर दीवार के पास कान लगाकर सुनने वाले को सुनायी देती है।

ध्वनितरंगों के परावर्तन या प्रतिध्वनियों का इस्तेमाल मछुआरों के लिए मछली भण्डारों का पता लगाने, पनडुब्बी की स्थिति ज्ञात करने और भू-वैज्ञानिकों के लिए धरती की सतह के नीचे खनिजों का पता लगाने में किया जाता है। समुद्र में किसी वस्तु की स्थिति जानने के लिए जहाज पर रखे हुए इको-साउण्डर (Echo-Sounder) से छोटी व अधिक आवृत्ति की तरंगें समुद्र की तली की ओर भेजी जाती हैं। और जहाज में रखे हुए ग्राही यन्त्र द्वारा समुद्र से परावर्तित तरंगें ग्रहण कर ली जाती हैं। तरंग की इस पूरी यात्रा में लिया गया समय सावधानी से ज्ञात कर लिया जाता है। इस तकनीक को सोनार (SONAR) कहते हैं, जिसका अर्थ है–साउण्ड नेवीगेशन एण्ड रेंजिंग (Sound Navigation and Ranging)।

बिजली की गड़गड़ाहट अपवर्त्य प्रतिध्वनियों के कारण होती है।

चमगादड़ प्रतिध्वनि के आधार पर अपने शिकार का ठीक-ठीक पता लगा सकता है।

चमगादड़, ह्वेल, पॉर्पोइज आदि जन्तु प्रतिध्वनि के आधार पर सन्देशों का आदान-प्रदान करते हैं और अपने शिकार का ठीक-ठीक पता लगा लेते हैं, उन्हें अन्धेरे में भी देखने की जरूरत नहीं पड़ती। ये जन्तु एक प्रकार की ध्वनि पैदा करके सभी दिशाओं में भेजते हैं और लौटने वाली प्रतिध्वनि के रास्ते के आधार पर शिकार की स्थिति ज्ञात कर लेते हैं।

○○○

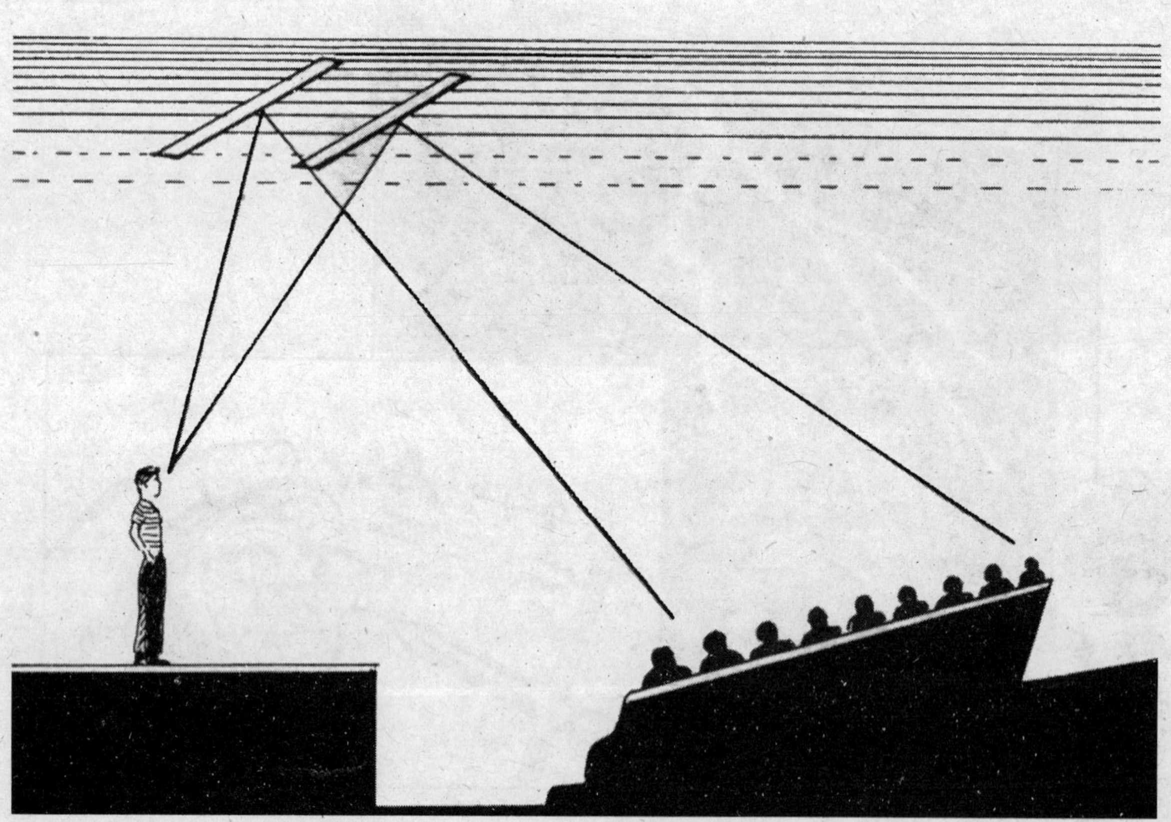

ध्वनि परावर्तन के सिद्धान्त पर ही उपांशुवादी गैलरी बनायी जाती है

डॉप्लर का प्रभाव (Doppler's Effect)

सभी प्रकार की गतिशील तरंगों की आवृत्ति स्रोत, माध्यम और निरीक्षक की गति पर आधारित होती है। जब हम सड़क पर खड़े होते हैं, तो हमारी ओर आती हुई कार के हॉर्न की आवृत्ति कम होती हुई प्रतीत होती है। इसी प्रकार रेलवे प्लेटफार्म पर खड़ा व्यक्ति इंजन की सीटी की आवाज सुनकर यह बता देता है कि इंजन प्लेटफार्म की ओर आ रहा है या उससे दूर जा रहा है।

ध्वनि स्रोत तथा श्रोता के मध्य सापेक्षिक गति के कारण ध्वनि स्रोत की आवृत्ति या तारत्व में उत्पन्न आभासी परिवर्तन (Apparent Change) का अध्ययन 1842 में सर्वप्रथम सी.जे. डॉप्लर (Christian Johann Doppler) ने किया था, जिसे डॉप्लर का प्रभाव कहते हैं। आवृत्ति में आभासी परिवर्तन से सम्बन्धित यह प्रभाव ध्वनि, प्रकाश और रेडियो तरंगों–सभी के लिए लागू होता है।

डॉप्लर प्रभाव के अनुसार जब भी ध्वनि स्रोत स्थिर श्रोता की ओर गति करता है या श्रोता और ध्वनि स्रोत के बीच सापेक्षिक गति (Relative Motion) होती है, तो श्रोता द्वारा सुनी गयी ध्वनि की आवृत्ति, ध्वनिस्रोत की वास्तविक आवृत्ति से अलग होती है तथा इस सुनी गई आवृत्ति को 'आभासी आवृत्ति' (Apparent Frequency) कहते हैं। सापेक्षिक गति से जब श्रोता तथा ध्वनिस्रोत के मध्य दूरी बढ़ती है, तो आवृत्ति कम और जब दूरी घटती है तो आवृत्ति बढ़ जाती है। लेकिन जब ध्वनिस्रोत और श्रोता स्थिर होते हैं या दोनों समान वेग से एक ही दिशा में इस प्रकार गति करते हैं कि उनमें सापेक्षिक गति शून्य हो, तब श्रोता द्वारा सुनी गयी आभासी आवृत्ति वास्तविक आवृत्ति के बराबर होती है।

डॉप्लर का प्रभाव ध्वनितरंगों के समान प्रकाशतरंगों के लिए भी लागू होता है। लेकिन प्रकाश का वेग बहुत अधिक होने के कारण साधारण विधियों से इस प्रभाव का अनुभव नहीं किया जा सकता। इसके लिए स्पेक्ट्रम रिकार्ड करना होता है। ध्वनि और प्रकाश के

जब हम सड़क पर खड़े होते हैं, तो हमारी ओर आती हुई कार के हॉर्न की आवृत्ति बढ़ती हुई और दूर जाती कार के हॉर्न की आवृत्ति कम होती हुई अनुभव होती है।

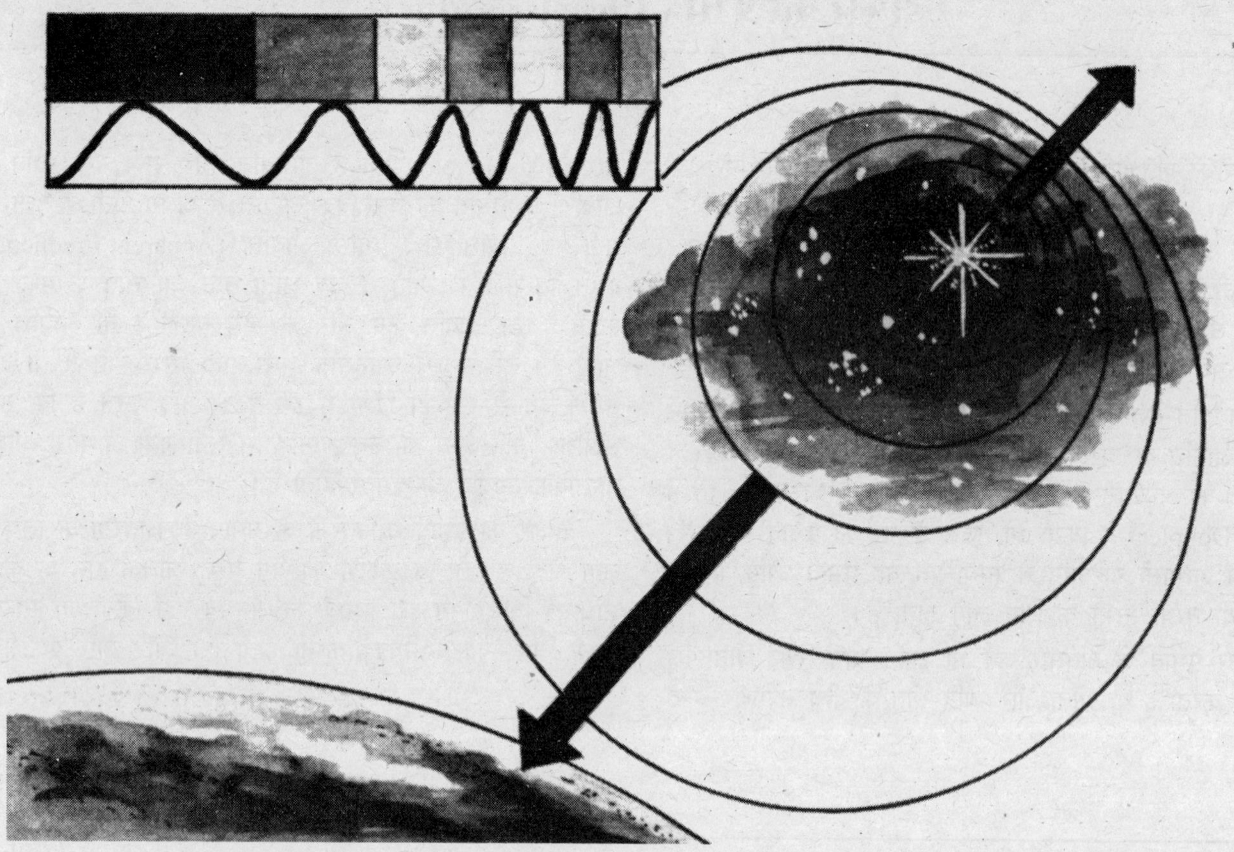

डॉप्लर के प्रभाव के सिद्धान्त द्वारा ब्रह्माण्ड में तारों और गैलेक्सी आदि के वेग का अनुमान लगाया जा सकता है

डॉप्लर प्रभाव में एक मुख्य अन्तर है। ध्वनितरंगें यान्त्रिक होती हैं और ये माध्यम में संचरित होती हैं। प्रकाश के डॉप्लर प्रभाव में यह अन्तर प्रकाशतरंगों के विद्युत चुम्बकीय होने से होता है, जो अन्तरिक्ष (Space) में संचरित होती हैं तथा जिनके संचरण के लिए माध्यम की जरूरत नहीं होती।

डॉप्लर प्रभाव द्वारा आवृत्ति परिवर्तन के आधार पर तारों और मन्दाकिनियों (Galaxies) के वेग का अनुमान लगाया जा सकता है। विभिन्न मन्दाकिनियों पर किये गये प्रेक्षणों से पता चला कि ये हमसे दूर भाग रही हैं, क्योंकि इनकी आभासी-आवृत्ति कम हो रही है या तरंगदैर्ध्य बढ़ रही है। इसे 'रैडशिफ्ट' कहते हैं। यह भी ज्ञात हुआ है कि जो-जो मन्दाकिनी हमसे जितनी अधिक दूर है, उतनी ही अधिक चाल से वे हमसे दूर जा रही हैं। यदि कोई तारा हमारी तरफ आ रहा है, तो वायलैट शिफ्ट होगी।

डॉप्लर प्रभाव द्वारा सूर्य का घूर्णन वेग (Rotation of the Sun) ज्ञात किया जा सकता है। इसके लिए सूर्य के दोनों किनारों (Edges) से आने वाले प्रकाश की तरंग दैर्ध्य ज्ञात करते हैं।

युद्ध के दौरान डॉप्लर प्रभाव द्वारा विमानों तथा पनडुब्बियों के वेग का अनुमान लगाया जाता है तथा यह ज्ञान प्राप्त किया जाता है कि विमान या पनडुब्बी हमारी ओर आ रही है या हमसे दूर जा रही है। लेसर किरणों को प्रयोग में लाकर लेसर डॉप्लर बेलो सिटीमीटर विकसित की गयी है, जो गतिशील वस्तुओं का वेग मापने के काम आती है।

✪✪✪

व्यतिकरण (Interference)

कुहरा-साइरन की ध्वनि नीरव-क्षेत्र में सुनायी नहीं देती

दो या दो से अधिक एक ही आवृत्ति व आयाम (Amplitude) की तरंगें जब माध्यम में एक ही दिशा में चलती हैं और एक दूसरे पर अध्यारोपित होती हैं, तो वे व्यतिकरण (Interference) पैदा करती हैं।

ध्वनितरंगें अनुदैर्ध्य होती हैं, इसलिए ये माध्यम के किसी भी बिन्दु पर सम्पीडन तथा विरलन की दशाएँ एकान्तर क्रम से पैदा करती हैं। जब समान आवृत्ति की दो तरंगें माध्यम में किसी दिशा में एक साथ चलती हैं, तो कुछ बिन्दुओं पर दोनों तरंगें एक साथ सम्पीडन या विरलन उत्पन्न करती हैं। इन बिन्दुओं का आयाम दोनों तरंगों के अलग-अलग आयामों के योग के बराबर होता है। इसलिए इन बिन्दुओं पर ध्वनि की तीव्रता अधिकतम होती है। इसके विपरीत कुछ अन्य बिन्दुओं पर एक तरंग-विरलन और उसी समय दूसरी तरंग-सम्पीडन उत्पन्न करती है। इन बिन्दुओं का आयाम दोनों तरंगों के आयाम के अन्तर के बराबर होता है। इसलिए वहाँ ध्वनि की तीव्रता न्यूनतम होती है। इस क्रिया को 'ध्वनि का व्यतिकरण' कहते हैं।

खराब मौसम में या जब वायुमण्डल में कोहरा छाया हो, तो समुद्र में यात्रा करने वाले जहाज के नाविकों को संकेत प्राप्त करने के लिए लाइट हाउस का प्रकाश स्पष्ट नजर नहीं आता। ऐसी हालत में जहाजों को दिशा बताने के लिए उच्च ध्वनि का इस्तेमाल करते हैं। यह उच्च ध्वनि कोहरा-साइरन (Fog-Siren) से उत्पन्न होती है, जिसे लम्बी दूरी तक सुना जा सकता है। लेकिन बीच में कुछ क्षेत्र ऐसे हैं, जहाँ यह ध्वनि सुनायी नहीं देती। इन क्षेत्रों को नीरव-क्षेत्र (Silence-zones) कहते हैं। यह ध्वनि व्यतिकरण के कारण होता है। कोहरा-साइरन से उत्पन्न ध्वनि-तरंग जहाज पर बैठे व्यक्ति तक सीधी पहुँच जाती है। जबकि उसी व्यक्ति तक अन्य ध्वनि-तरंग समुद्र तल से परावर्तित होकर पहुँचती है। जब सीधी और परावर्तित तरंग के मार्ग का अन्तर $\lambda/2$ का विषम अपवर्त्य (Odd Multiple) होता है, तो विनाशी व्यतिकरण होता है। इसलिए ध्वनि-व्यतिकरण के कारण कोई ध्वनि सुनायी नहीं देती।

प्रकाशतरंगों के बीच भी व्यतिकरण होता है, जिससे अधिक तीव्रता और कम तीव्रता की फ्रिंज बनती हैं। प्रकाश व्यतिकरण छोटी दूरियाँ मापने में बहुत ही उपयोगी सिद्ध हुआ है।

✪✪✪

विस्पन्द (Beats)

जब बहुत ही कम अन्तर वाली आवृत्ति के दो ध्वनिस्रोत एक साथ किसी माध्यम में बजाये जाते हैं, तो उनसे निकली हुई तरंगों का कलान्तर समय के साथ-साथ बदलता रहता है, जिसके कारण कभी तो वे अनुकूल कला में होकर ध्वनि तीव्रता को बहुत बढ़ा देते हैं और कभी विपरीत कला में मिलकर ध्वनि को मन्द कर देते हैं। इस प्रकार ध्वनि की तीव्रता में उतार-चढ़ाव (Waxing and Waning) एक नियमित समयांतर से होता रहता है। ध्वनि की तीव्रता के इस उतार-चढ़ाव को विस्पन्द (Beats) बनना कहते हैं। एक चढ़ाव और

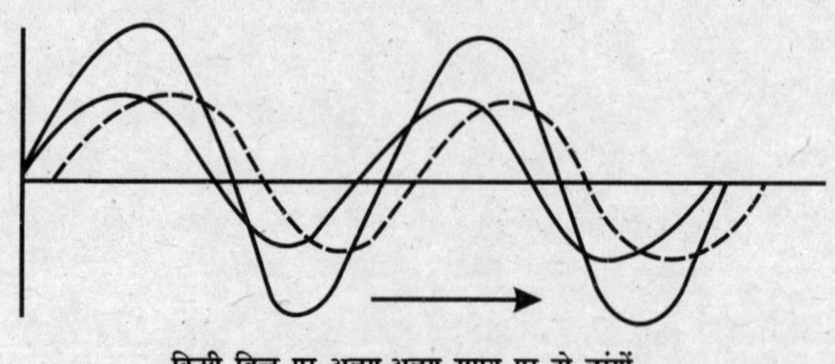

किसी बिन्दु पर अलग-अलग समय पर दो तरंगों द्वारा उत्पन्न विस्थापन-वक्र

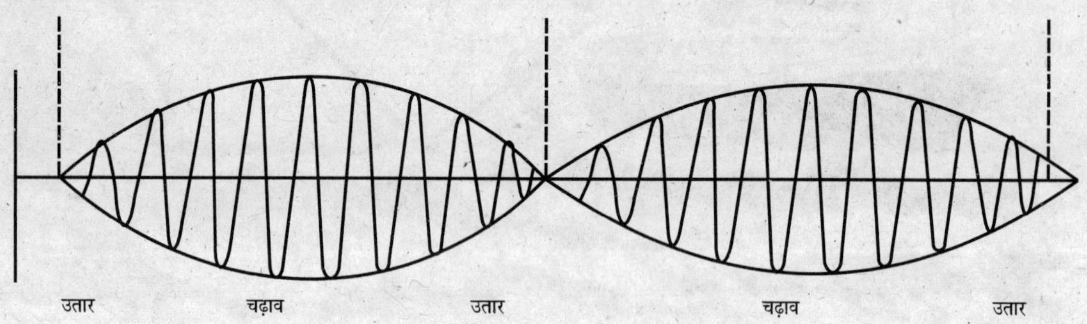

ध्वनि की तीव्रता के उतार-चढ़ाव को विस्पन्द कहते हैं

एक उतार मिलकर एक विस्पन्द (Beat) बनाते हैं। विस्पन्दों की संख्या आवृत्ति अन्तर के बराबर होती है।

दूसरे शब्दों में हम यह कह सकते हैं कि जब कम अन्तर वाली दो तरंगें एक ही दिशा में चलती हैं, तो उनके परिणाम स्वरूप विस्पन्द बनते हैं। जिनमें ध्वनि की तीव्रता घटती-बढ़ती है।

विस्पन्द की सहायता से वाद्य-यन्त्रों का स्मस्वरण (Tuning of Musical Instruments) किया जाता है। दो वाद्यों को समस्वरित करने के लिए उन्हें एक साथ बजाया जाता है। यदि समस्वरण में थोड़ा-सा भी अन्तर होता है, तो विस्पन्द सुनायी देते हैं। इस हालत में एक बाजे की आवृत्ति को धीरे-धीरे इस प्रकार समायोजित करते हैं कि दोनों बाजे एक साथ बजाने पर कोई विस्पन्द सुनायी न दे। इस प्रकार दोनों वाद्य एक धुन (Tune) में कहे जाते हैं।

विस्पन्द का रेडियोतरंगों के संकरण अभिग्रहण (Heterodyne Reception) में प्रयोग किया जाता है। प्रवेशी उच्च आवृत्ति सिग्नलों (Incoming High Frequency Signals) को अभिग्राही स्टेशन (Receiving Station) पर उत्पन्न कुछ भिन्न आवृत्ति की तरंगों से मिश्रित कर दिया जाता है। इन दोनों के संयोजन से एक स्पन्दमान आवृत्ति (Pulsating Frequency) प्राप्त होती है, जो श्रव्य परिसर (Audible Range) में होती है।

✪✪✪

ध्वनि का विवर्तन (Diffraction of Sound)

यह एक सामान्य अनुभव की बात है कि यदि किसी ऊँची इमारत के पीछे कोई बैंड बज रहा हो, तो इमारत के सामने खड़े होकर उसे सुना जा सकता है, लेकिन देखा नहीं जा सकता। इसका कारण यह है कि ध्वनि-तरंगें तो भवन की दीवारों के किनारे से मुड़कर हमारे पास तक पहुँच जाती हैं, लेकिन प्रकाश तरंगें हम तक नहीं पहुँच पातीं। इसी प्रकार कमरे में होने वाली बातचीत दरवाजों, खिड़कियों के खुले भागों से बाहर सुनी जा सकती है। इस प्रकार ध्वनि-तरंगों का छिद्रों तथा अवरोधों के किनारे पर मुड़ना ही 'ध्वनि विवर्तन' कहलाता है। इसका कारण यह है कि कानों को सुनायी देने वाली ध्वनियों की तरंगदैर्ध्य एक मीटर से कम होती है और सामान्य अवरोधकों का आकार भी इसी क्रम का होता है। ध्वनि-विवर्तन के लिए तरंगदैर्ध्य और अवरोधक का आकार लगभग एक जैसा होना चाहिए।

साधारण ध्वनि की तुलना में पराश्रव्य तरंगों की तरंगदैर्ध्य लगभग एक सेण्टीमीटर के क्रम की होती है, जबकि साधारण अवरोध तथा छिद्र इसकी तुलना में बहुत बड़े होते हैं। इसलिए आमतौर पर पराश्रव्य (Ultrasonic) तरंगों का विवर्तन अनुभव नहीं किया जा सकता।

प्रकाशतरंगों में भी विवर्तन होता है। प्रकाश-विवर्तन द्वारा अत्यन्त सूक्ष्म छेदों, बहुत पतले तारों का व्यास मापा जा सकता है। विवर्तन द्वारा प्रकाशतरंगों की तरंगदैर्ध्य मापी जा सकती है। इसके लिए प्रिज्म या समतल ग्रेटिंग प्रयोग किये जाते हैं।

❂❂❂

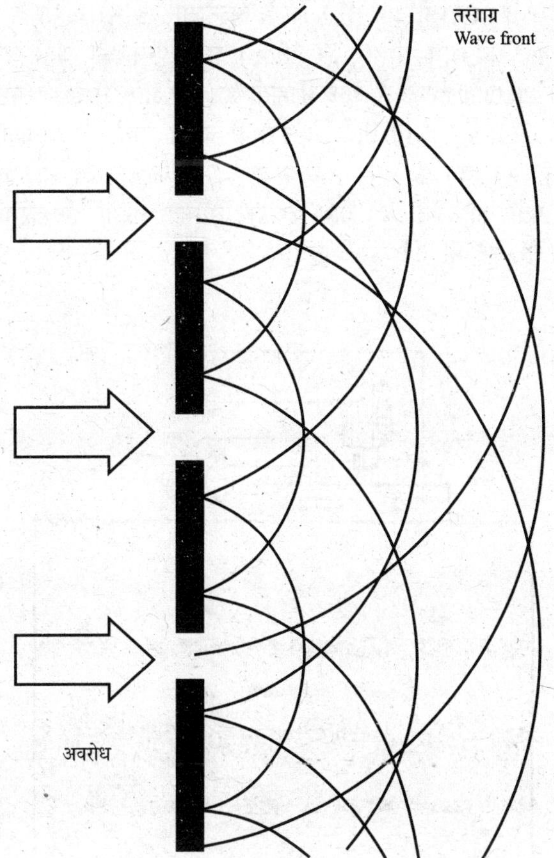

जब तरंगों के मार्ग में कोई अवरोध आ जाता है या तरंगें किसी छिद्र से गुजरती हैं, तो वे अवरोध या छिद्र के किनारों से मुड़ जाती हैं। इसे विवर्तन कहते हैं

अल्ट्रासोनिक तरंगें (Ultrasonic Waves)

परास्रव्य या अल्ट्रासोनिक तरंगें जिन्हें अल्ट्रासाउण्ड भी कहते हैं, इन तरंगों को सर्वप्रथम गाल्टन (Galton) ने उत्पन्न की थीं। इनकी आवृत्ति 20,000 हर्ट्ज से अधिक होती है। शुरुआत में इन्हें 'गाल्टन सीटी' (Galton's whistle) के नाम से जाना जाता था। आजकल विभिन्न आवृत्तियों की अल्ट्रासोनिक तरंगें क्वार्ट्ज क्रिस्टल को दोलित कराके पैदा की जाती हैं। वायु में अल्ट्रासोनिक तरंगों की तरंगदैर्ध्य 1.6 से.मी. से भी कम होती है।

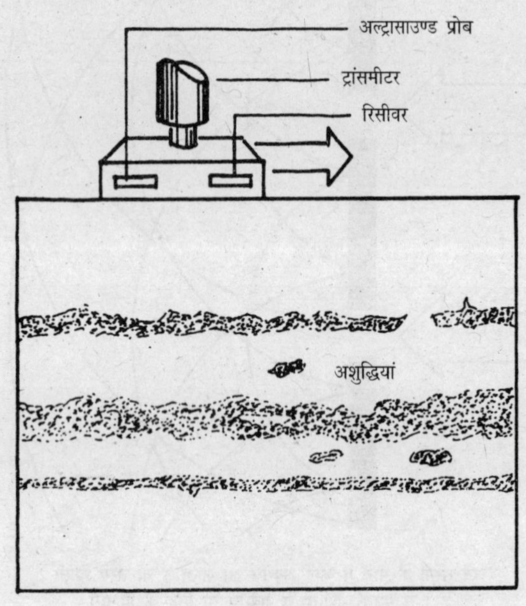

मैटल गर्डर

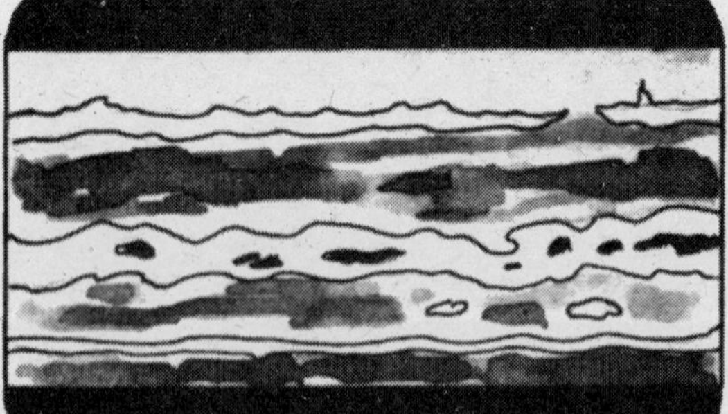

अल्ट्रासाउण्ड स्कैनिंग से धातुओं की मोटी-मोटी चादरों के दोषों का पता लगाया जाता है

इन तरंगों की तरंगदैर्ध्य कम होती है और आवृत्ति अधिक, इसलिए इनमें निहित ऊर्जा भी अधिक होती है। इन तरंगों में ऐसे कार्य करने की क्षमता होती है जो साधारण ध्वनितरंगों से नहीं किये जा सकते।

इनका इस्तेमाल समुद्र की गहराई मापने और समुद्र जल में छिपी हिमशिलाओं, चट्टानों, विशालकाय मछलियों तथा पनडुब्बियों का पता लगाने में किया जाता है। इस कार्य के लिए अल्ट्रासोनिक तरंगों के संकेत भेजे जाते हैं तथा इन वस्तुओं से परावर्तित तरंगों को ग्रहण करके और तरंगों के आने और जाने का समय मापकर इन वस्तुओं की दूरी ज्ञात कर ली जाती है। इस यन्त्र को 'सोनार' कहते हैं। युद्धक्षेत्र में 'सोनार' बहुत उपयोगी सिद्ध हुए हैं। इन तरंगों द्वारा धातुओं की मोटी-मोटी चादरों में उपस्थित बुलबुले तथा दोषों का पता लगाया जाता है।

अल्ट्रासोनिक तरंगों द्वारा वायु में मौजूद धूल और कोयले आदि के छोटे-छोटे कणों का स्कन्दन (Coagulation) कराके धुन्ध वाले दिन में हवाई अड्डों पर धुन्ध को साफ करके जहाजों को सुरक्षित उतारने में मदद मिलती है।

जटिल मशीनों के पुर्जों तथा वायुयान के आन्तरिक भागों की सफाई भी इन तरंगों के द्वारा की जाती है। छोटे-छोटे कीड़ों आदि को मारने में भी इनका प्रयोग होता है।

आजकल अल्ट्रासोनिक तरंगों का प्रयोग अल्ट्रासाउण्ड के नाम से चिकित्सा-विज्ञान में रोग के उपचार और निदान के लिए किया जा रहा है। बिना खून बहाय ऑपरेशन ट्यूमर की स्थिति ज्ञात करने, दाँत आदि निकालने में इनका बड़े पैमाने पर प्रयोग किया जा रहा है। अल्ट्रासाउण्ड का इस्तेमाल ऐसी वस्तुओं को देखने में भी किया जाता है, जिसे हम सामान्य तौर पर नहीं देख सकते। अस्पताल में स्कैनर (ScUnner) द्वारा गर्भ में बच्चे की जाँच की जाती है। बच्चे की स्थिति स्क्रीन पर दिखायी देती है। तीन महीने के गर्भ में पल रहे बच्चे का लड़का या लड़की होने का पता लग जाता है। बच्चे की वृद्धि ठीक से हो रही है अथवा नहीं, यह भी पता चल जाता है। गर्भ में पल रहा बच्चा उल्टा है या सीधा यह भी पता चल जाता है। बच्चे का जन्म सामान्य होगा या उसे पैदा करने के लिए शल्य चिकित्सा करनी होगी—यह भी पता चल जाता है। इन तरंगों से शरीर पर एक्स किरणों की तरह घातक प्रभाव नहीं होते।

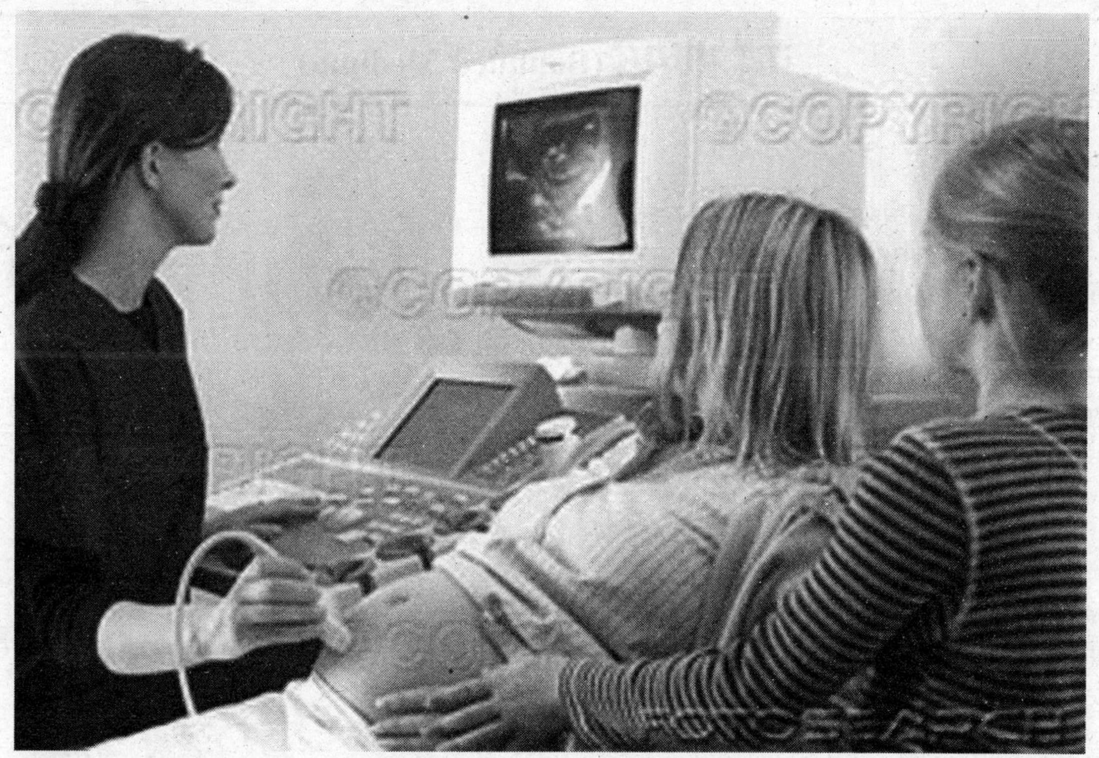

अल्ट्रासाउण्ड गर्भ में पल रहे बच्चे की जाँच की जाती है।

अल्ट्रासोनिक तरंगों द्वारा पेट के विकारों का पलभर में पता लगा लिया जाता है। इन तरंगों से गुर्दे की पथरी तथा ब्लेडर की पथरी का पता लग जाता है।

हृदय विकारों का पता लगाने के लिए ईको कार्डियोग्राफी की जाती है। आजकल हृदय की स्ट्रैस ईको भी की जाती है और यह पता लगाया जाता है कि हृदय कितना स्ट्रैस सहन कर सकता है।

अल्ट्रासोनिक तरंगों से बहुमूल्य प्रकाशीय घटक भी उचित तरल पदार्थों द्वारा साफ किये जाते हैं। इन तरंगों को प्रयोग में लाकर आ. जकल छेद करने की मशीनें भी बनने लगी हैं। इस प्रकार अल्ट्रासोनिक तरंगें हमारे लिए बहुत ही उपयोगी सिद्ध हुई हैं।

✪✪✪

बद्ध माध्यम (Bounded Medium)

किसी माध्यम की एक निश्चित परिसीमा 'बद्ध माध्यम' कहलाती है। ऐसा माध्यम कुछ निश्चित आवृत्तियों में ही कम्पन कर सकता है। इन आवृत्तियों को माध्यम की अभिलाक्षणिक आवृत्तियाँ (Characteristic Frequencies) कहते हैं। दो खूँटियों के बीच कसा तार जैसे–सोनोमीटर, सितार आदि में होता है, बाँसुरी का वायु स्तम्भ, तबले की झिल्ली इत्यादि बद्ध माध्यम के अन्तर्गत आते हैं। इन वाद्य-यन्त्रों को बजाने पर निश्चित आवृत्तियों के स्वर निकलते हैं। बद्ध माध्यम की परिसीमाएँ दो प्रकार की हो सकती हैं–मुक्त (Free) और दृढ़ (Rigid)। उदाहरण के तौर पर, वायु स्तम्भ की नली का खुला सिरा 'मुक्त परिसीमा' तथा बन्द सिरा 'दृढ़ परिसीमा' कहलाता है। दो खूँटियों के बीच कसे तार के दोनों सिरे दृढ़ परिसीमा निर्मित करते हैं। मुक्त परिसीमा पर माध्यम के कण कम्पन करने के लिए पूर्णरूपेण स्वतन्त्र होते हैं, जबकि दृढ़ परिसीमा पर माध्यम के कण कम्पन नहीं कर सकते। दृढ़ परिसीमा पर विस्थापन हमेशा शून्य होता है, जबकि मुक्त परिसीमा पर कणों का कम्पन हमेशा शून्य नहीं हो सकता।

सभी वाद्य-यन्त्रों की आवृत्तियाँ बनाते समय स्थिर करनी होती हैं ताकि उनसे नपा-तुला स्वर निकले। विद्युत गिटार में सन्देश एक एम्प्लीफायर को जाता है और वहाँ से यह लाउडस्पीकर को जाता है, जिससे ध्वनि पैदा होती है। रौक म्यूजिक में प्रयोग होने वाले वाद्ययन्त्र जैसे वायलन, सैक्सोफोन, ड्रम, ट्रम्फैट आदि सभी बद्ध माध्यम पर आधारित होते हैं।

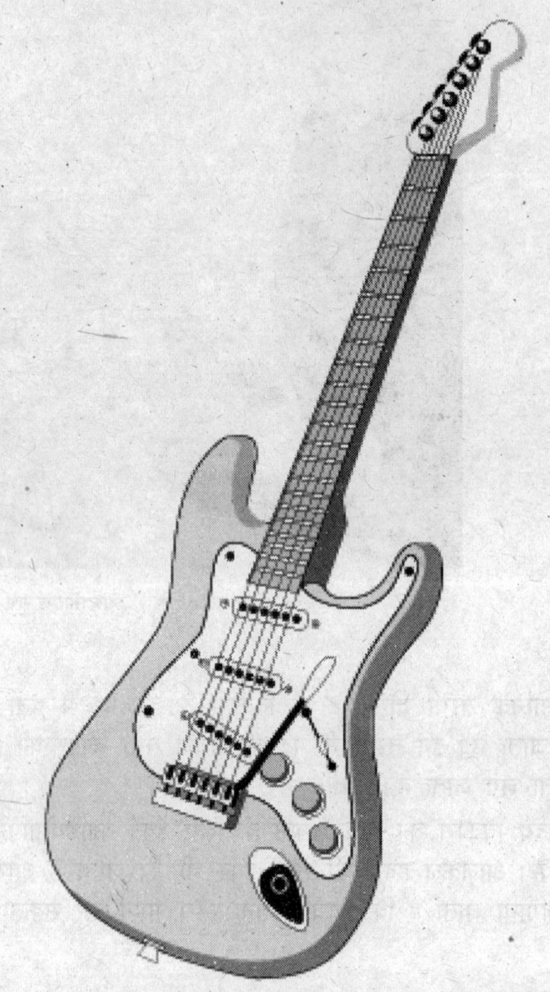

वाद्य-यन्त्रों को बजाने पर निश्चित आवृत्तियों के स्वर निकलते हैं

वायु स्तम्भों के कम्पन (Vibrations of air Columns)

बाँसुरी, सीटी, बिगुल, शहनाई आदि वाद्य-यन्त्रों से पैदा होने वाली सुरीली ध्वनि वायु-स्तम्भों के कम्पनों के परिणामस्वरूप पैदा होती है।

वायु या गैस के स्तम्भ में जब दो अनुदैर्ध्य तरंगें विपरीत दिशा में चलती हैं, तो अनुदैर्ध्य अप्रगामी तरंगें (Stationary waves) पैदा होती हैं। नली जिसमें वायु भरी रहती है, ऑर्गन पाइप कहलाती है। जो नली दोनों सिरों पर खुली रहती है, उसे खुला ऑर्गन पाइप और जो एक सिरे पर बन्द होती है, उसे बन्द ऑर्गन पाइप कहते हैं।

पाइप का व्यास उसकी लम्बाई की अपेक्षा बहुत कम होता है, लेकिन इतना जरूर होता है कि नली के अन्दर वायु की श्यानता के प्रभाव को नगण्य माना जा सके। पाइप की दीवारें दृढ़ होती हैं।

रूप में और विरलन, विरलन के रूप में परावर्तित होता है। इस प्रकार उत्पन्न परावर्तित व अपरावर्तित तरंगों के अध्यारोपण से अनुदैर्ध्य अप्रगामी तरंगें उत्पन्न होती हैं, क्योंकि पाइप के खुले सिरों पर वायु के कणों को कम्पन करने की पूर्ण स्वतन्त्रता होती है, इन पर हमेशा प्रस्पन्द बनते हैं। इसके विपरीत, पाइप के बन्द सिरों पर वायु के कणों को कम्पन करने की बिल्कुल स्वतन्त्रता नहीं होती, इसलिए वहाँ हमेशा निस्पन्द बनते हैं। इन्हीं कम्पनों के परिणामस्वरूप वाद्य-यन्त्रों से विभिन्न ध्वनियाँ पैदा होती हैं। निस्पन्द और प्रस्पन्दों की संख्या इस बात पर निर्भर करती है कि फूँक कितने दाब से मारी जा रही है।

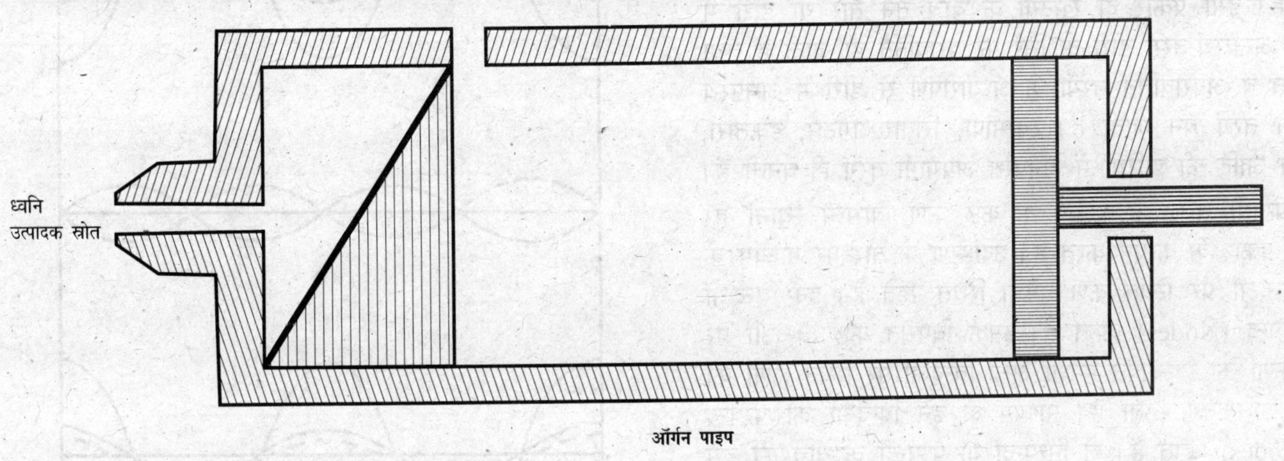

ऑर्गन पाइप

जब पाइप के एक सिरे पर फूँक मारते हैं, तो पाइप की वायु में अनुदैर्ध्य तरंग दूसरे सिरे की ओर चलने लगती है, जहाँ से वह परावर्तित होकर वापस लौटती है। यदि पाइप का दूसरा सिरा बन्द है, तो वह अनुदैर्ध्य तरंग को एक दृढ़ दीवार (Rigid boundary) की तरह परावर्तित करता है। सम्पीडन, सम्पीडन के

वायु-स्तम्भों का अध्ययन ध्वनि में एक महत्त्वपूर्ण शाखा है, क्योंकि इसी अध्ययन के आधार पर बाँसुरी, बिगुल, शहनाई आदि की रचना की जाती है।

✪✪✪

अप्रगामी तरंगें (Stationary Waves)

किसी माध्यम में जब समान आवृत्ति और समान आयाम की दो प्रगामी तरंगें एक ही चाल से विपरीत दिशा में गमन करती हैं, तो उनके अध्यारोपण (Superposition) से एक नवीन तरंग बनती है, जिसे 'अप्रगामी तरंग' (Stationary Wave) कहते हैं। नवीन तरंग किसी भी दिशा में बढ़ती हुई प्रतीत नहीं होती, यानी इसमें ऊर्जा का संचरण नहीं होता। 'अप्रगामी तरंगें' अनुदैर्ध्य तथा अनुप्रस्थ दोनों ही प्रकार की तरंगों से उत्पन्न की जा सकती हैं। उदाहरण के तौर पर किसी पाइप के वायु-स्तम्भ में संचरित अनुदैर्ध्य-तरंग पाइप के सिरे पर परावर्तित हो जाती है तथा परावर्तित व अपरावर्तित तरंगों के अध्यारोपण से वायु-स्तम्भ में अप्रगामी तरंगें बन जाती हैं। क्लैरीनेट, बाँसुरी, बिगुल, बीन आदि के वायु स्तम्भ में अनुदैर्ध्य अप्रगामी तरंगें बनती हैं। इसी प्रकार दो खूँटियों के बीच तने तार या डोरी में संचरित अनुप्रस्थ-तरंगें डोरी के सिरे पर परावर्तित हो जाती हैं तथा परावर्तित व अपरावर्तित तरंगों के अध्यारोपण से डोरी में अनुप्रस्थ अप्रगामी तरंगें बन जाती हैं। स्वरमापी, सितार, गिटार, इकतारा, वायलिन आदि की डोरियों में अनुप्रस्थ अप्रगामी तरंगें ही बनती हैं।

अप्रगामी तरंग में माध्यम के कुछ कण विभिन्न स्थानों पर एक ही प्रकार के कम्पन करते हैं। उदाहरण के तौर पर माध्यम के कुछ बिन्दुओं पर स्थित कण हमेशा स्थित रहते हैं। इन बिन्दुओं को निस्पन्द (Nodes) कहते हैं। इसके विपरीत कुछ बिन्दुओं पर स्थित कणों का विस्थापन हमेशा अन्य बिन्दुओं पर स्थित कणों की अपेक्षा अधिकतम रहता है। माध्यम के इन बिन्दुओं को प्रस्पन्द (Antinodes) कहते हैं। दो निस्पन्दों या प्रस्पन्दों के बीच की दूरी तरंगदैर्ध्य की आधी होती है।

अप्रगामी तरंगों का समीकरण है–

$$y = A \sin \frac{2\pi vt}{\lambda}$$

A आयाम को दर्शाता है।

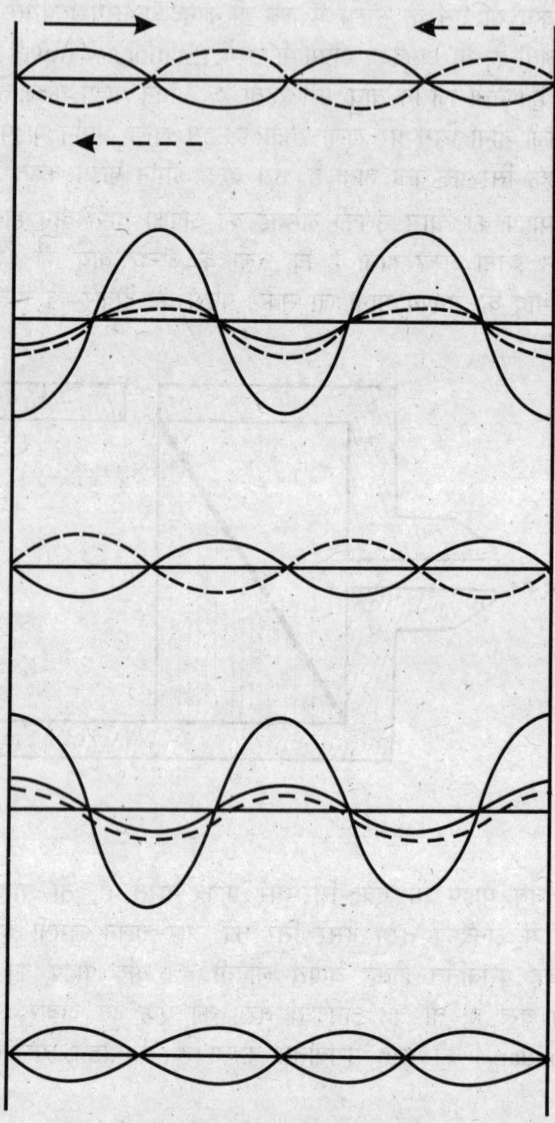

अप्रगामी तरंगों के बनने की क्रिया

ध्वनियों के लक्षण (Characteristics of Sound)

ध्वनियों के तीन मुख्य लक्षण हैं–तीव्रता (Loudness), तारत्त्व (Pitch) और गुणता (Quality)।

तीव्रता (Loudness): 'तीव्रता' ध्वनि का वह गुण है, जिसके द्वारा ध्वनि कानों को मन्द या तेज सुनायी देती है। एक घण्टे व स्वरित्र द्विभुज (Tuning Fork) को कम्पित कराने पर घण्टे का कम्पन आयाम द्विभुज की अपेक्षा अधिक होता है। इसलिए घण्टे की ध्वनि तेज सुनायी देती है, जबकि स्वरित्र द्विभुज की ध्वनि धीमी सुनायी देती है। ध्वनि की तीव्रता आयाम के वर्ग के बराबर होती है। यह कम्पन स्रोत की दूरी और उसके आयाम पर निर्भर करती है।

तारत्व (Pitch): ध्वनि-स्रोत से उत्पन्न मोटी और बारीक ध्वनि का ज्ञान तारत्व से होता है। ऊँचे तारत्व वाली आवाज बारीक व कम तारत्व वाली आवाज मोटी होती है। कम्पन आवृत्ति जितनी अधिक होती है, तारत्व उतना ही अधिक होता है। इस प्रकार किसी ध्वनि-स्रोत का तारत्व उसकी आवृत्ति से प्रदर्शित किया जाता है। महिलाओं की आवाज पुरुषों से अधिक सुरीली होती है, क्योंकि उसका तारत्व अधिक होता है।

गुणता (Quality): यदि हारमोनियम, सितार और सारंगी से समान आवृत्ति व तीव्रता की ध्वनियाँ सुनी जायें, तो ध्वनियों को सुनते ही हमें बोध हो जाता है कि कौन-सी ध्वनि किस यन्त्र की है। इस बात का ज्ञान हमें ध्वनि की गुणता से होता है। वास्तव में गुणता ध्वनि की वह विशेषता है, जिसके द्वारा समान आवृत्ति व तीव्रता की ध्वनियों को स्पष्ट रूप से पहचाना जा सकता है।

ध्वनियों की यह विशेषता ध्वनि-स्रोत से उत्पन्न नोट (Note) में मौजूद संनादियों (Harmonics) की संख्या, उनके क्रम (Order) व उनकी आपेक्षिक तीव्रता पर निर्भर करती है। यदि किसी ध्वनि

मन्द आवृत्ति

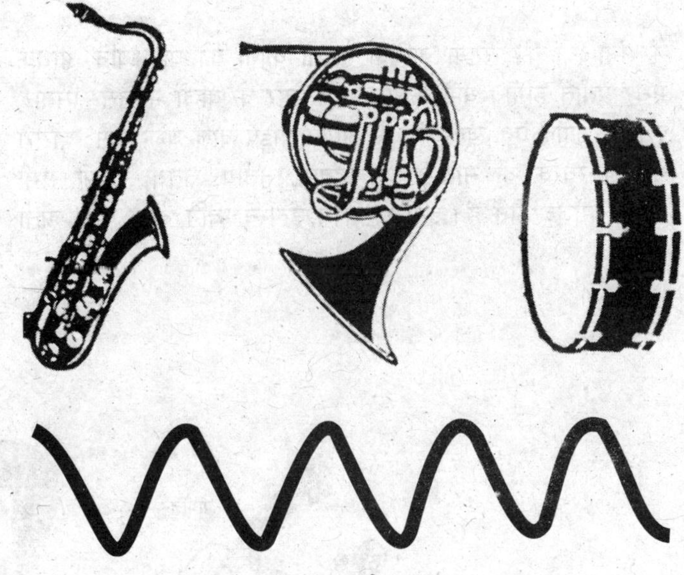

नीचे तारत्व वाली आवाज

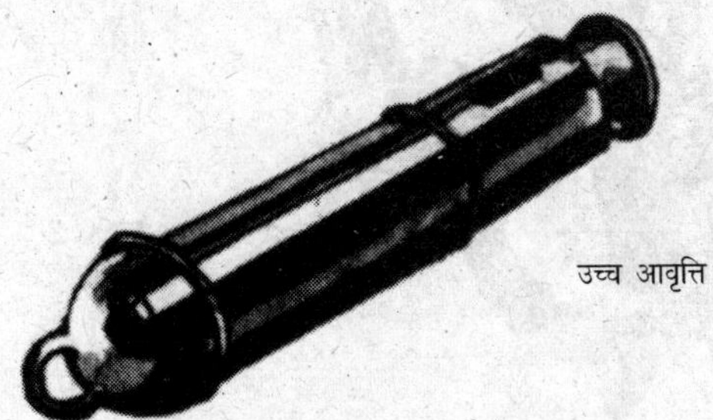

उच्च आवृत्ति

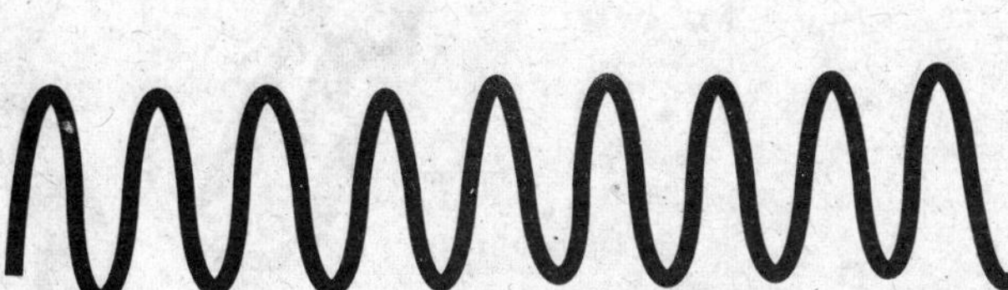

ऊँचे तारत्व वाली आवाज

तारत्व का सम्बन्ध आवृत्ति से है

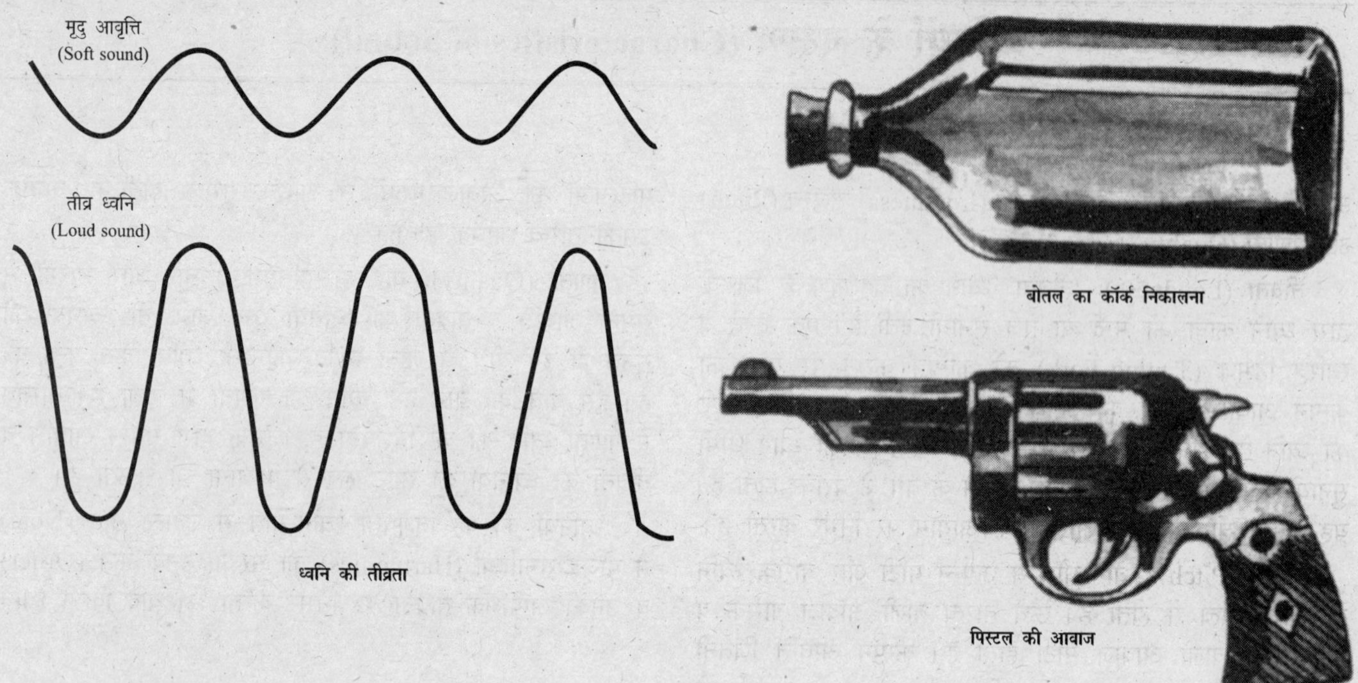

ध्वनि की तीव्रता

बोतल का कॉर्क निकालना

पिस्टल की आवाज

में संनादियों की संख्या अधिक है, तो कानों को वह ध्वनि अधिक मधुर प्रतीत होगी। यही कारण है कि तार के बाजों में जैसे–सितार, इसराज आदि एवं खुले मुँह के आर्गन पाइप वाले बाजे जैसे–बाँसुरी में मूल स्वरक के साथ प्रथम, द्वितीय, तृतीय, चतुर्थ, पंचमी सभी संनादी मौजूद होते हैं। इसलिए इनसे उत्पन्न ध्वनि बहुत मधुर होती है। बन्द मुँह वाले बाजे जैसे–सीटी, हारमोनियम में तृतीय, पंचम, सप्तम संनादी उत्पन्न होते हैं। इसलिए इनमें संनादियों की संख्या कम है, जिनसे इनकी ध्वनि इतनी मधुर नहीं होती।

❂❂❂

कुछ तार-वाद्य यन्त्र

अनुनाद (Resonance)

जब कोई आवर्त-बल किसी वस्तु पर आरोपित किया जाता है तो वह वस्तु उस बल के कारण दोलन करने लगती है। जब वस्तु की स्वाभाविक आवृत्ति, आवर्त-बल की आवृत्ति के बराबर होती है, तो वस्तु के दोलन का आयाम धीरे-धीरे बढ़ता जाता है और बहुत अधिक हो जाता है। इस प्रकार के कम्पनों को 'अनुनाद' (Resonance) कहते हैं और आरोपित बल की इस विशेष आवृत्ति को 'अनुनादी आवृत्ति' (Resonant Frequency) कहते हैं। दूसरे शब्दों में अनुनाद, प्रणोदित दोलनों (Forced Oscillations) की एक विशेष अवस्था है जिसमें प्रणोदित कम्पनों की आवृत्ति, वस्तु की स्वाभाविक आवृत्ति के बराबर होती है।

जब बाह्य आवर्त-बल की आवृत्ति वस्तु की स्वाभाविक आवृत्ति के बराबर होती है, तब वस्तु के दोलन इस प्रकार होते हैं कि बाह्य बल हमेशा वस्तु की गति की दिशा में आरोपित होता है। दूसरे शब्दों में बल और वस्तु की गति एक ही कला (Phase) में होते हैं। इसलिए आवर्त-बल द्वारा लगाये गये उत्तरोत्तर आवेग (Successive Impulse) लगातार वस्तु की गतिज ऊर्जा बढ़ाते जाते हैं। इसी के कारण वस्तु के दोलन का आयाम लगातार बढ़ता जाता है, यानी कम्पनों में लगाये गये आवर्ती बल का प्रभाव जुड़ता जाता है तथा आरोपित बल द्वारा किया गया लगभग पूरा कार्य उस वस्तु का आयाम बढ़ाने में काम आता है। लेकिन आयाम में वृद्धि, घर्षण

स्वरमापी

आदि क्षय-बलों के कारण सीमित हो जाती है। जब बाह्य बल द्वारा प्रतिदोलन में प्रदान ऊर्जा, वस्तु द्वारा प्रतिदोलन में घर्षण आदि से ऊर्जा के क्षय के बराबर होती है, आयाम का बढ़ना रुक जाता है। इस सन्तुलनावस्था में ही आयाम का मान अधिकतम होता है।

यदि आरोपित बल की आवृत्ति, अनुनाद आवृत्ति से थोड़ी ही भिन्न होने पर दोलन-आयाम में बहुत अधिक कमी हो जाये तो अनुनाद 'तीक्ष्ण' (Sharp) कहलाता है। इसके विपरीत यदि आयाम में केवल साधारण सी कमी आये, तो अनुनाद 'सपाट' (Flat) कहलाता है। अनुनाद की तीक्ष्णता, (Sharpness) अवमन्दन (Damping) पर निर्भर करती है। अवमन्दन जितना कम होता है, अनुनाद उतना ही

कान पर कोई खोखली वस्तु रखने पर गुन-गुन की आवाज सुनायी देने लगती है

तीक्ष्ण होता है। अवमन्दन के अधिक होने पर अनुनाद 'सपाट' होता है। जैसे स्वरमापी के तार के लिए अनुनाद तीक्ष्ण होता है, क्योंकि तार में अवमन्दन कम होता है। इसके विपरीत अनुनाद स्तम्भ में वायु की श्यानता के कारण अवमन्दन बहुत अधिक होता है, जिससे कि अनुनाद सपाट होता है। यही कारण है जब किसी स्वरित्र द्वारा स्वरमापी के तार को अनुनादित करते हैं, तो अनुनादित लम्बाई में जरा सा ही परिवर्तन करने पर आयाम एकदम गिर जाता है जबकि स्वरित्र द्विभुज द्वारा वायु-स्तम्भ को अनुनादित करते समय, वायु की लम्बाई के काफी विस्तार में अनुनाद की स्थिति का ठीक पता नहीं चलता।

तार-वाद्ययन्त्र : तार-वाद्ययन्त्रों जैसे–सितार, वायलिन आदि में मुख्य तारों के साथ-साथ कई तार बगल में भी लगाये जाते हैं। ये तार विभिन्न आवृत्तियों के लिए समस्वरित (Tuned) रहते हैं। जब मुख्य तार को बजाते हैं, तो बगल वाले तार अनुनादित हो जाते हैं, जिससे स्वर की तीव्रता बढ़ जाती है।

स्वरमापी : एक स्वरित्र को बजाकर स्वरमापी के बक्से के ऊपर रखने पर स्वरमापी का तार कम्पन करने लगता है। अब तार की लम्बाई को ब्रिजों के बीच कम या ज्यादा करके समन्वित करते हैं, तो तार की एक विशेष लम्बाई पर तार के दोलन का आयाम बहुत अधिक हो जाता है। ऐसी अवस्था में तार की स्वाभाविक आवृत्ति स्वरित्र की आवृत्ति के बराबर होती है यानी अनुनाद उत्पन्न हो जाता है।

माध्यम में कम्पन : दैनिक जीवन में हमारे चारों ओर माध्यम में हमेशा कम्पन होते रहते हैं। लेकिन इनमें से कुछ ही हमें सुनायी देते हैं, क्योंकि बाकी कम्पनों की तीव्रता बहुत कम होती है। यदि हम अपने कान के ऊपर कोई गिलास या इसी प्रकार की कोई दूसरी वस्तु रख लें और उपर्युक्त कम्पनों की आवृत्ति, कान पर रखे बर्तन या अनुनादक में विद्यमान वायु-स्तम्भ की आवृत्ति के बराबर हो जाये, तो अनुनाद उत्पन्न होने से इन कम तीव्रता के कम्पनों का आयाम इतना अधिक बढ़ जाता है कि हम उन्हें सुन सकते हैं। यही कारण है कि कान पर कोई खोखली वस्तु रखने पर गुन-गुन की ध्वनि सुनायी देने लगती है। इसलिए कम सुनने वाले व्यक्ति साफ सुनने के लिए कान के पीछे हथेली लगा लेते हैं।

कार, स्कूटर आदि के कम्पन : कभी-कभी रेडियो, टेलीविजन या टेपरिकार्डर से विशेष आवृत्ति की संगीत ध्वनियाँ उत्पन्न होने पर मेज पर रखे गिलास, प्लेट, कप आदि बजने लगते हैं। यह अनुनाद के कारण ही होता है यानी इन बर्तनों की आवृत्ति व संगीत ध्वनि की आवृत्ति बराबर होने पर दोलन आयाम बढ़ जाता है, जिससे ये खड़खड़ाने लगते हैं। ऐसा ही अनुभव हमें बस या कार से यात्रा करते समय होता है। जब कार एक निश्चत चाल से चलती है, तो वह खड़खड़ाने लगती है। इसका कारण यह है कि इन गाड़ियों के पहिए सन्तुलित नहीं होते, जिससे गाड़ी पर एक निश्चित आवृत्ति का बल कार्य करता है। जब यह बाह्य आवृत्ति, गाड़ी की स्वाभाविक आवृत्ति के तुल्य हो जाती है, खड़खड़ाहट उत्पन्न हो जाती है।

✪✪✪

कभी-कभी टेलीविजन आदि से विशेष आवृत्ति की संगीत ध्वनियाँ उत्पन्न होने पर मेज पर रखे गिलास, प्लेट, कप आदि बजने लगते हैं

10 रसायन का विकास (Development of Chemistry)

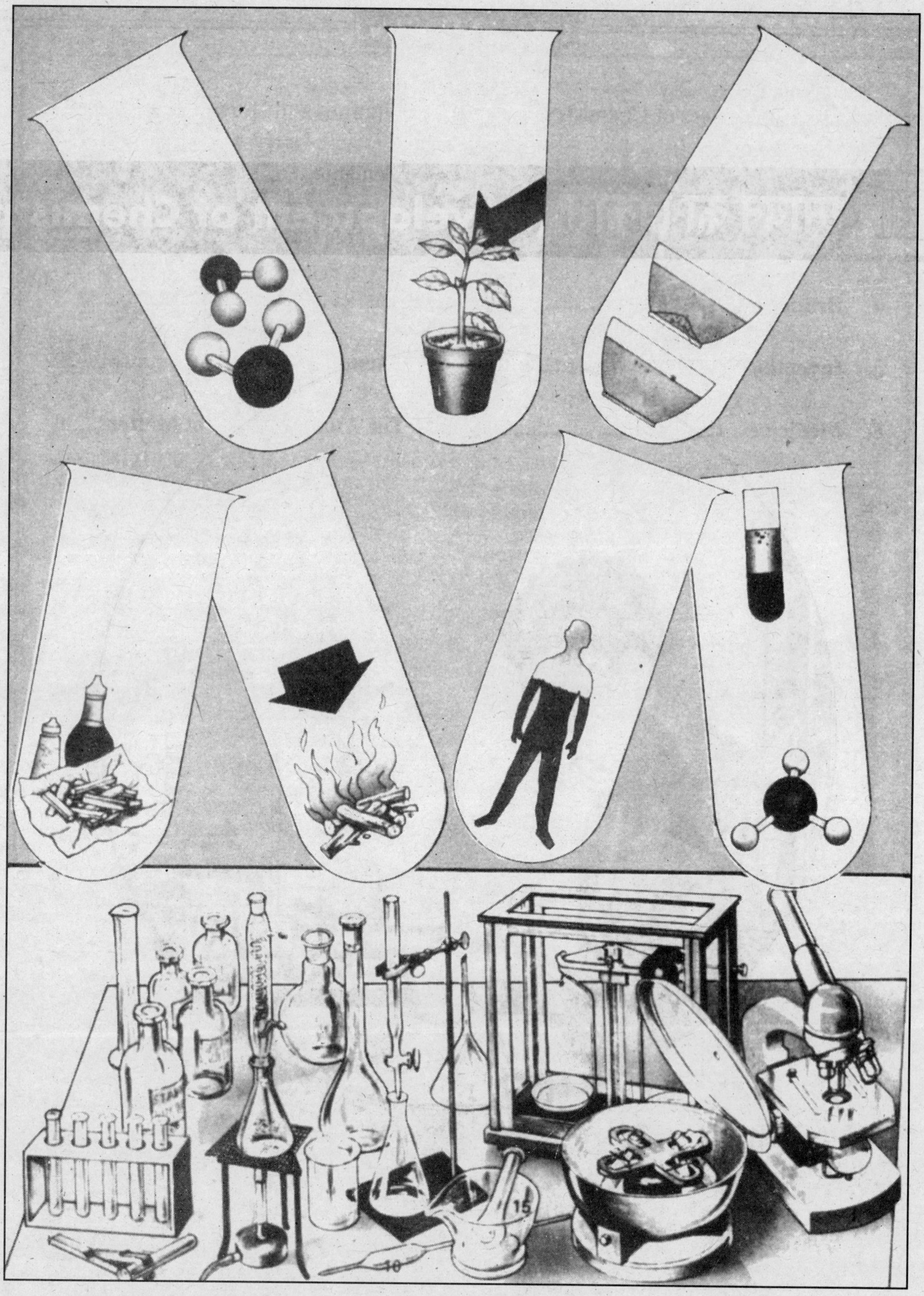

रसायन विज्ञान के पूर्वज (The Forefathers of Chemistry)

प्राचीन मानव ने धीरे-धीरे अपनी आवश्यकता की वस्तुओं का आविष्कार किया था। उसने अपने बचाव के लिए पत्थर के औजार और हथियार बनाये। सींग, हड्डी और चमड़े का उपयोग भी वह करने लगा, लेकिन धातुओं की जानकारी में उसे बहुत समय लगा। सोना सम्भवतः पहली धातु थी जिसका उपयोग मानव ने सबसे पहले किया था। प्राचीन सभ्यताओं के विकास के इतिहास से पता चलता है कि मिस्र नदी की रेत को धो-छान कर सोने को कणों के रूप में प्राप्त किया जाता था। नव प्रस्तर (Neolithic Age) के स्वर्ण आभूषणों के विभिन्न अवशेष उस समय के मानव की कार्यकुशलता और दक्षता के प्रमाण हैं। ईसा से चौदह शताब्दी पूर्व के मिस्री फराह (Pharh of Egypt) तूतेनखामेन (Tutankhamen) की कब्र से शुद्ध सोने के बने अनमोल आभूषण और बर्तन प्राप्त हुए थे। फराह के सोने के ताबूत का वजन 110 कि.ग्रा. था।

मिस्र और मेसोपोटेमिया के प्राचीन अवशेषों से जो वस्तुएँ प्राप्त हुई हैं, उनमें ताँबे की वस्तुएँ भी शामिल हैं। ये वस्तुएँ 3500 वर्ष पहले ताँबे से बनायी गयी थीं। ऐसा माना जाता है कि सोने के बाद ताँबा दूसरी धातु थी, जो मानव ने खोजी थी।

ताँबे के बाद टिन (Tin) धातु का आविष्कार किया गया। मिस्र में यह धातु लगभग 300 ई.पू. मिश्र-धातु (Alloy) के रूप में प्रयोग की जाती थी। मिस्र की खुदाई में ईसा से 1200 वर्ष पहले का टिन से बना गुलदस्ता प्राप्त हुआ है। मिस्र की एक कब्र से ईसा से 1580-1350 वर्ष पहले की बनी टिन की अँगूठी और बोतल मिली है। टिन की वस्तुओं में इन्हें सबसे पुराना माना जाता है।

ईसा से 2500 वर्ष पूर्व कांस्य-युग (Bronze Age) की शुरुआत मिस्र से ही हुई। ताँबे की अपेक्षा काँसा अधिक कड़ा होता है।

प्राचीन मिस्रवासियों ने धातु-कर्म की विभिन्न विधियों को विकसित किया था।

तूतेनखामेन की कब्र से प्राप्त अनमोल वस्तुएँ।

टिन और ताँबे के मेल से बनी यह मिस्र धातु मूर्तियाँ, बर्तन, गहने, हथियार और औजार बनाने के लिए काम आती थी। मिस्र के एक मकबरे से ईसा से 3300 वर्ष पूर्व बनी काँसे की वस्तुएँ मिली हैं। प्राचीन सुमेरियन सभ्यता के केन्द्र मेसोपोटेमिया के स्थान उर (Ur) के नजदीक खुदाई से काँसे से बने उत्तम नमूने के बर्तन और हथियार प्राप्त हुए हैं, जो 3000 ईसा पूर्व बनाये गये थे। इसी युग की चाँदी की वस्तुएँ भी प्राप्त हुई हैं। प्रमाणों से पता चलता है कि सुमेरियन सभ्यता के लोग सीसे से चाँदी अलग करना जानते थे। हड़प्पा और मोहनजोदड़ो की खुदाई में चाँदी के आभूषण और बर्तन मिले हैं, जिनमें 'नर्तकी' नामक काँसे की मूर्ति उल्लेखनीय है।

लोहा मनुष्य के हाथ बहुत देर से लगा। शुरू में आकाश से गिरने वाले उल्कापिण्डों (Meteorites) से लोहा प्राप्त किया जाता था। मिस्र में 3000 ईसा पूर्व लोहा गलाने की भट्टियाँ बन चुकी थीं। चिओप (Cheops) के पिरामिड में 2900 ईसा पूर्व लोहे के औजार मिले हैं। मिस्र में लोहे की कमी थी, वहाँ के लोग एशिया माइनर (Asia Minor) में काले सागर के चारों ओर बसे हित्तियों (Hittites) के देश से लोहा प्राप्त करते थे, जो लोहे की वस्तुएँ बनाने में कुशल थे। असीरिया (Assyria) के लोग भी 1400 ईसा पूर्व लोहे का व्यापक इस्तेमाल करने लगे थे। भारत में लोहे का उपयोग 900 से 500 ईसा पूर्व माना गया है। दिल्ली में कुतुब मीनार के पास एक लौह-स्तम्भ है, जो सन् 415 में बनाया गया था। इसमें 99.72 प्रतिशत लोहा है। इसकी ऊँचाई 8 मीटर और वजन 7 टन है। इसमें आज तक जंग नहीं लगा। चीन में लोहे का उपयोग ईसा से लगभग 500 वर्ष पूर्व शुरू हो चुका था।

मिस्र से प्राप्त प्राचीन वस्तुओं में कुछ सीसे (Lead) की वस्तुएँ भी हैं। इनमें सीसे की एक मूर्ति 6000 वर्ष पुरानी है। इसमें सिद्ध होता है कि सीसे का सबसे पहले इस्तेमाल करने वाले सम्भवतः मिस्रवासी ही थे। भारत में ईसा से 300-200 वर्ष पहले की कुछ मुद्राएँ प्राप्त हुई हैं, जो सीसे की हैं। काफी बाद में रोमन और यूनानी सभ्यताओं के युग में सीसे का विविध रूपों में इस्तेमाल किया गया।

मिस्रवासियों और मेसोपोटेमिया के निवासियों ने धातु-कर्म की विभिन्न विधियों को विकसित किया था। इस प्रकार रसायन-विज्ञान की ओर मानव अपना पहला कदम बढ़ा चुका था।

मिट्टी के बर्तन तो मानव बहुत पहले बनाने लगा था, लेकिन उन्हें चिकना और चमकदार बनाने की कला धातुओं का ज्ञान होने के बाद ही विकसित हुई। 4000-3000 ईसा पूर्व सुमेर तथा

तूतेनखामेन का शुद्ध सोने से बना मुखौटा।

मिस्रवासियों ने ताँबे के यौगिकों का इस्तेमाल करके नीले या हरे रंग के चमकदार बर्तन बनाने शुरू किये। प्राप्त अवशेषों से ज्ञात हुआ है कि उसी जमाने में काँच का निर्माण भी शुरू हो गया था। ईसा से लगभग 2500 वर्ष पहले मिस्रवासी क्षार और स्फटिक (Quartz) को पिघलाकर काँच बनाते थे। मिस्र से यह ज्ञान प्राचीन सुमेरी सभ्यता तक पहुँचा। आभूषण और रंगीन काँच के बर्तनों को देखने से पता चलता है कि वे नीले रंग का एक यौगिक काँच पर लगाया करते थे। इसे सिलिका तथा मैलेकाइट (Malachite) को चूने के साथ गरम करके बनाया जाता था। नीले रंग के काँच के अवशेषों में कोबाल्ट का रंग भी मिलता है। काँच के निर्माण की विधियाँ मिस्र से ही रोम, स्पेन, जर्मनी आदि में पहुँचीं। चीन में यह कला ईसा से 600 वर्ष पूर्व पहुँची। चमकदार चीनी मिट्टी के बर्तन चीन में ही पहले-पहल बनाये गये।

मिस्रवासी ईसा से 1700-1500 वर्ष पूर्व नीले रंग के लिए नील की खेती किया करते थे। क्रीट (Crete) में समुद्री मोलस्क्स (Molluscs) से बैंगनी रंग प्राप्त किया जाता था। उस जमाने में कई प्राकृतिक रंगों का इस्तेमाल भी किया जाता था। कपड़ों को रंगने के लिए वे रंगों में धातु के यौगिक का रंगबन्धक (Mordant) के रूप में इस्तेमाल करते थे। उस जमाने के मिस्र की सुन्दरियाँ एण्टीमोनाइट (Antimonite) को अपने चेहरे पर पाउडर के रूप में मला करती थीं।

दिल्ली में कुतुबमीनार के पास एक लौह-स्तम्भ जो 1600 वर्ष से भी अधिक पुराना है, लेकिन इसमें आज तक जंग नहीं लगा।

मिस्रवासी हजारों वर्ष पहले जौ से शराब बनाया करते थे। भारत में ईसा से 1000 वर्ष पूर्व आर्यों के समय में 'सोमरस' का प्रचलन था। प्राचीन काल के लोगों को अनेक रासायनिक यौगिकों का ज्ञान था। वे समुद्री पानी को वाष्पीकृत करके नमक बनाना जानते थे। चूने का पत्थर जलाकर चूना बनाना उन्हें आता था। पोटाश, शोरा, फिटकरी, गन्धक, कार्बन, इत्र, तारपीन के तेल आदि का इस्तेमाल भी उस जमाने में किया जाता था। उस काल में प्राकृतिक वस्तुओं से औषधियाँ भी बनायी जाती थीं। ईसा से लगभग 2000 वर्ष पूर्व का एक औषधियों का बक्स बर्लिन के म्यूजियम में सुरक्षित रखा हुआ है।

मिस्र के प्राचीन निवासियों के बने रंगीन काँच और टाइलों के रंग आज भी उतने ही चमकदार हैं, जितने वे उस समय रहे होंगे। टाइलों पर बने रंगीन चित्र इस बात का प्रमाण हैं कि वे लोग ऐसे पदार्थों को बनाना जानते थे, जिनमें रसायन के ज्ञान की आवश्यकता होती है। रोम के निवासी सीमेण्ट बनाना जानते थे। सीमेण्ट का जमना एक रासायनिक प्रक्रम है। भारत में रसायन विज्ञान का अध्ययन प्राचीन काल से ही धातुशास्त्र और आयुर्वेद की सहायक विद्या के रूप में होता था। वैदिक काल में भारतीयों को धातु-ज्ञान था।

प्राचीन काल की वस्तुओं को देखने से पता चलता है कि उस जमाने में रसायन-विज्ञान की नींव पड़ चुकी थी। यद्यपि उन लोगों का ज्ञान अधूरा था, लेकिन उसी ज्ञान के आधार पर हम विकास के मार्ग पर आगे बढ़े हैं।

✿✿✿

कीमियागरी (Alchemy)

कीमियागरी रसायन विज्ञान का आरम्भिक रूप था। कीमियागर सस्ती धातुओं को सोने में परिवर्तित करने की खोज में थे। सोने के अलावा दो और वस्तुएँ थीं, जिन्हें वे अपनी प्रयोगशालाओं में बनाना चाहते थे। वे एक ऐसा पेय बनाना चाहते थे, जिसे पीने से बूढ़े लोग जवान हो जायें और जो उसे एक बार पी ले, अमर हो जाये। दूसरी वस्तु थी एक ऐसे द्रव की खोज, जिसमें सभी पदार्थ घुल जायें।

प्राचीन मिस्र में सस्ती धातुओं से कृत्रिम सोना बनाना, रंग तथा रंगने की कला को विकसित करना आदि विज्ञान के मुख्य क्षेत्र थे। ईसा से 331 वर्ष पूर्व मिस्र में 'एलेक्जेण्ड्रिया' नगर की स्थापना हुई और यहीं से 'यूनानी-मिस्री' रसायन विद्या से कीमियागरी की शुरुआत हुई। मिस्री लोगों द्वारा लिखी गयी इस कला से सम्बन्धित विषय-वस्तु को कीमिया (Chemia) कहते थे और जो लोग इसे करते थे, वे कीमियागर (Alchemist) कहे जाते थे। यह शब्द यूनानी भाषा

कीमियागरी के संस्थापक : जाबिर इब्न हय्यान

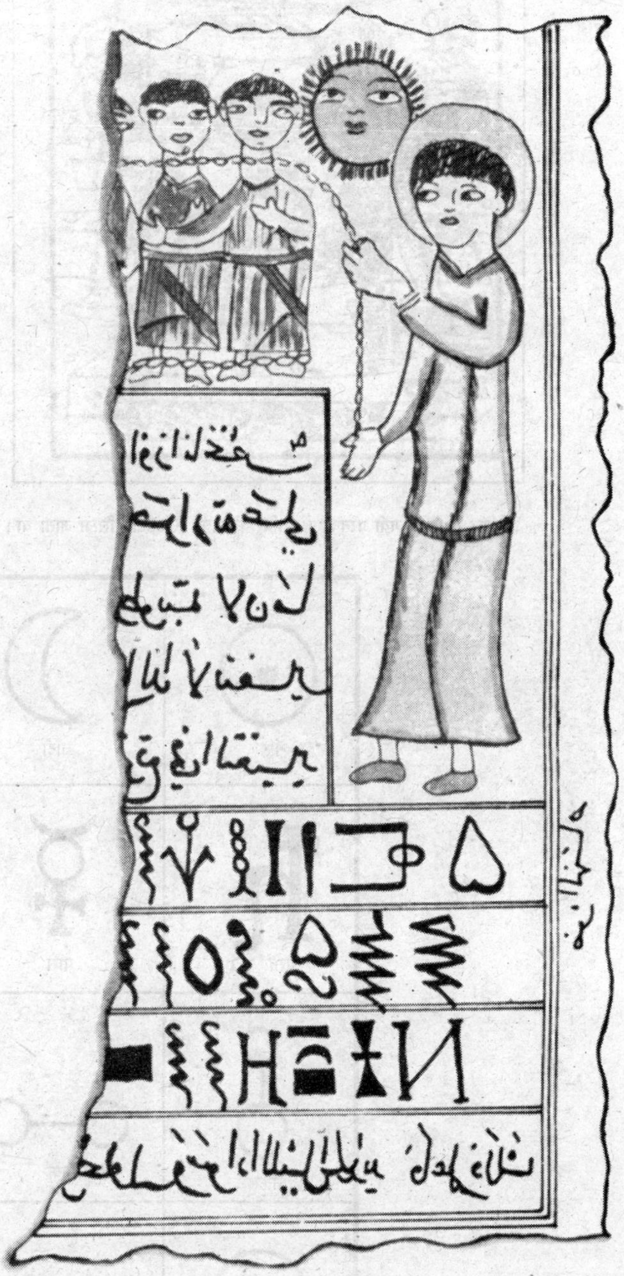

18वीं शताब्दी में लिखी गयी कीमियागरी की पुस्तक के एक पृष्ठ की झलक।

में भी आ गये। अँग्रेजी के वर्तमान शब्द 'केमिस्ट्री' और 'केमिस्ट' इन्हीं शब्दों से बने। इन्हीं शब्दों से जर्मन 'केमी' (Chemie), फ्रांसीसी कीमी (Chimie) तथा इतालवी 'किमिका' (Chimica) शब्द बने।

लैटिन में लिखी गयी पुस्तकों में जाबिर को गेबर (Geber) लिखा जाता था।

अरबों को मिस्र की विजय के बाद कीमियागरी विरासत में मिली थी। मिस्र के अलावा अन्य वे देश भी, जो भूमध्य सागर के चारों ओर थे, अरबों के प्रभाव में आ गये थे। इन देशों में यूरोपीय देश स्पेन भी था। अरब के विजेताओं ने इन देशों में बस कर वहाँ अपनी कला और विज्ञान का विकास और प्रसार करना शुरू कर दिया था। धीरे-धीरे गणित, खगोल शास्त्र, औषधि विज्ञान और कीमियागरी का ज्ञान फैलने लगा। स्पेन का कोरडोबा (Cordoba) नामक स्थान अरब सभ्यता का यूरोप में एक विशेष केन्द्र था। वहाँ से यह सभ्यता इटली तक जा पहुँची। इस प्रकार इन सभी स्थानों पर अरबों ने ज्ञान एवं विज्ञान का प्रसार किया।

अरब कीमियागरी के युग में एक महत्त्वपूर्ण नाम है 'जाबिर इब्न हय्यान' (Jabir Ibn Hayyan) का, जिन्हें अरब कीमियागरी का संस्थापक भी कहा जाता है। जाबिर (सन् 720 से 813 तक) तुस (Tus)

सोना	चाँदी	लोहा	टिन
सीसा	पारा	गन्धक	ताँबा
निकल	आर्सेनिक	एण्टीमोनी	पानी
नमक	आग	कपूर	मूत्र

कीमियागरों के संकेत।

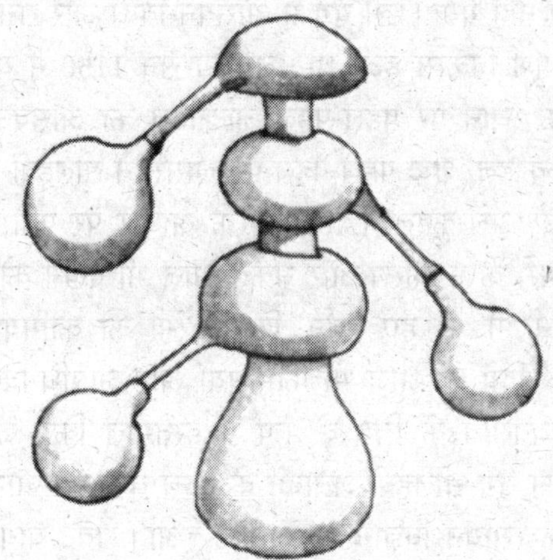

कीमियागरों का एक उपकरण

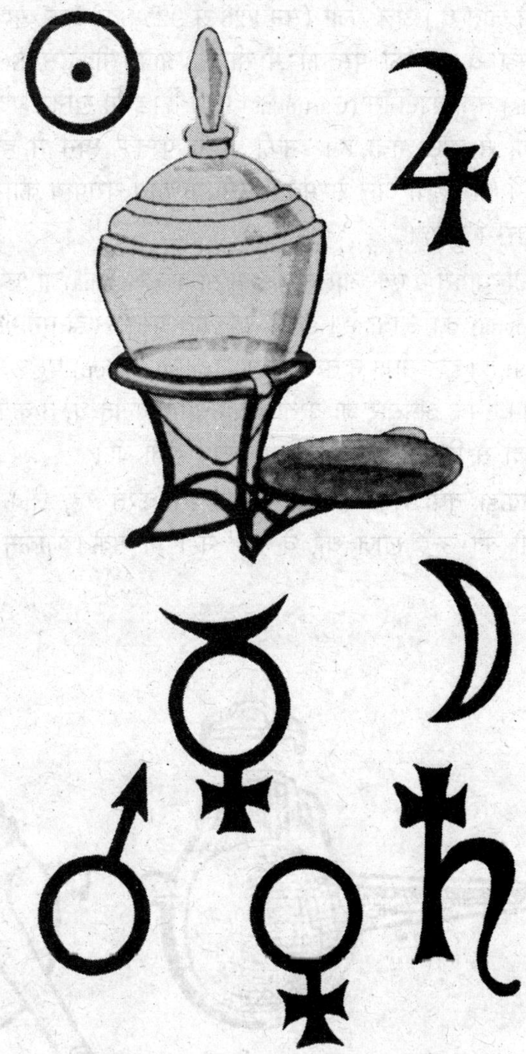

कीमियागरों के कुछ सांकेतिक चिह्न आज भी औषधि-विक्रेताओं द्वारा इस्तेमाल किये जाते हैं।

नामक स्थान से बगदाद में आ बसे थे। उन्होंने अनेक पुस्तकें लिखीं, जिनमें अधिकांश अरबी में हैं। लैटिन भाषा में भी इनकी कुछ पुस्तकें उपलब्ध हैं। इन पुस्तकों में कृत्रिम सोना बनाने की विधियाँ, रासायनिक क्रियाओं द्वारा धातु-निर्माण तथा धातु शुद्धिकरण की विधियाँ, विभिन्न प्रकार की भट्ठियाँ और उपकरण, नौसादर का ऊर्ध्वपातन (Sublimation), आसवन की विभिन्न विधियाँ, वनस्पति तेलों का निर्माण, क्षार एवं साबुन बनाने की विधियाँ वर्णित हैं। इसके अलावा कुछ लवण और खनिज भी शामिल हैं, जैसे–अल-क्या (Al-Kya or alkali), नौसादर (Salammoniac), तूतिया, कुहल (Kuhl or grey antimony ore), हरा तथा नीला तूतिया (Vitriols) आदि।

अल-राजी (Al-Razi) भी उसी समय के एक अन्य विख्यात कीमियागर थे, जो पाश्चात्य देशों में रेसेज (Rases or Rhazes) के नाम

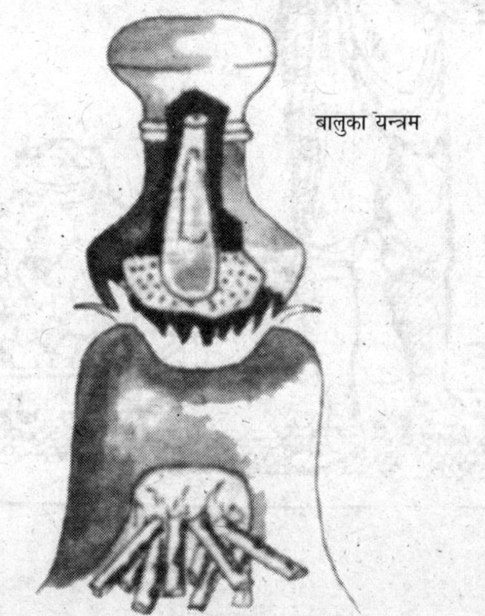

बालुका यन्त्रम

डेकी यन्त्रम

भारत में कीमियागरी सम्बन्धी ज्ञान चरक एवं सुश्रुत की रचनाओं में पूर्ण विकसित रूप में मिलता है।

से जाने जाते थे। अल-राजी (सन् 826 से 925 तक) एक व्यावहारिक रसायनज्ञ थे। इनकी पुस्तकों में सीक्रेट ऑफ सीक्रेट्स (Secret of Secrets) तथा कार्टीनेंस (Cartinens) मुख्य हैं। इनमें खनिज पदार्थों को 6 भागों में बाँटा गया है। इनकी पहली पुस्तक स्पेन से होती हुई यूरोप में भी पहुँची और सम्भवतः उसी के द्वारा यूरोपीय कीमियागरी का आरम्भ हुआ।

कीमियागरों में एक और नाम 'इब्ने-सीना' (Ibn-sina) या 'एवीसेन्ना' (Avicenna) का आता है। इनकी विख्यात पुस्तक 'डी-एनीमा' (De-Anima) है। इब्ने-सीना ने तत्त्वान्तरण (Transmutation) पर शंका प्रकट की थी। उनके अनुसार जो वस्तुएँ कीमियागर बनाते थे, वे केवल सोने या चाँदी से मिलती जुलती-कृत्रिम वस्तुएँ होती थीं।

सैकड़ों वर्षों तक कीमियागर परिश्रम करते रहे, लेकिन जिन वस्तुओं की उन्हें खोज थी, वे उन्हें नहीं पा सके। लेकिन उनका परिश्रम बेकार नहीं गया। उस युग में आसवन-विधि और रासायनिक क्रियाओं का पूर्ण विकास हुआ था। लगभग सन् 1150 में यूरोप के सालेर्नो नामक स्थान पर पहले-पहल अल्कोहल का आसवन किया गया था। 'अल्कोहल' शब्द पहले-पहल पेरेक्लीसस ने सोलहवीं शताब्दी में अरबी शब्द 'अल-कुहल' (Al-kuhl) के आधार पर प्रयोग किया था। कीमियागरों के उपकरण और संकेत आज भी देखने को मिलते हैं। रंगीन पानी से भरे हुए बर्तन, जिनके रंगों को कीमियागरों ने सांकेतिक अर्थ दिये थे, आज भी फार्मेसियों और औषधि-विक्रेताओं द्वारा अपने व्यवसाय के चिह्न के रूप में इस्तेमाल किये जाते हैं। कीमियागरी का युग सोलहवीं शताब्दी के अन्त तक रहा और उसके बाद आधुनिक रसायन विज्ञान का आरम्भ हुआ। राबर्ट बॉयल और लैवासिस को आधुनिक रसायन विज्ञान का जन्मदाता माना जाता है।

❂❂❂

17वीं शताब्दी में जे.आर. ग्लॉबर द्वारा विकसित आसवन की भट्टी और उपकरण।

मानव सेवा में रसायन विज्ञान (Uses of Chemistry in Everyday Life)

रसायन विज्ञान ने मानव-जीवन में तहलका मचा दिया है। रसायन विज्ञान के कारण दुनिया में उद्योगों में बहुत उन्नति हुई है। रसायन विज्ञान ने अनेक रसायनों, औषधियों, उर्वरकों, ईंधनों, शृंगार प्रसाधनों, कीटनाशकों, रबर, कृत्रिम धागों, धातुओं आदि के स्रोत में बहुत महत्वपूर्ण कार्य किया है। यहाँ हम रसायन विज्ञान के योगदानों का विवरण दे रहे हैं :

1. **प्लास्टिक :** प्लास्टिक के आविष्कार ने जीवन में कई नये अध्याय जोड़ दिये हैं। बाल्टी, गिलास, प्लेट, पानी की टंकी, दाँतों के ब्रुश, चटाई आदि सब प्लास्टिक से बनने लगे हैं। कृत्रिम रबर प्लास्टिक की देन है। टेफलॉन, नायलॉन और दूसरे प्लास्टिक के समान हमारी अनेक आवश्यकताओं की पूर्ति कर रहे हैं।

2. **उर्वरक :** मानव-निर्मित खाद खेती में बहुत दिनों से प्रयोग हो रहे हैं। अब कृत्रिम खादों ने खेती की उपज में चार चाँद लगा दिये हैं। यूरिया, फास्फेट, नाइट्रेट आदि अनेक खाद हैं। अमोनियम सल्फे जट, नाइट्रोफास्फेट, अमोनियम सल्फेट आदि का देश में भारी उत्पादन हो रहा है।

3. **साबुन औट डिटरजैण्ट :** आज देश में अनेक प्रकार के नहाने के साबुन तथा कपड़े धोने के डिटरजैण्ट देश में निर्मित हो रहे हैं। देश में निर्मित साबुन तथा डिटरजैण्ट लगभग एक अरब से अधिक लोगों की आवश्यकताएँ पूरी कर रहे हैं।

4. **बैक्टीरिया विनाशक पदार्थ :** आज डिटॉल, सेवलॉन बोरिक एसिड आदि अनेक ऐसे पदार्थ हैं, जो बैक्टीरिया विनाशक के रूप में घरों और अस्पतालों में प्रयोग हो रहे हैं।

5. **कीटाणुनाशक :** नलियों और फर्शों को साफ करने वाले अनेक पदार्थ आज निर्मित हो रहे हैं। इनमें अनेक पदार्थ आज बाजार में उपलब्ध हैं।

6. **एण्टीबायोटिक औषधियाँ :** आज 80 से भी अधिक एण्टीबायोटिक औषधियाँ हैं, जो संक्रामक रोगों के इलाज के लिए प्रयोग की जा रही हैं। टेट्रासाइक्लिन, क्लोरोमाइस्टिन, एथ्रोमाइसिन, स्ट्रेप्टोमाइसिन आदि अनेक एण्टीबायोटिक औषधियाँ आज प्रयोग में हैं।

7. **धातुएँ :** आज 70 से अधिक धातुएँ विश्व को रसायन विज्ञान की देन हैं। इन धातुओं से मोटरें, रेलगाडियाँ, हवाई जहाज, अनेक मशीनें, घरेलू उपकरण आदि बनाये जा रहे हैं।

8. **रबर :** रबर रसायन विज्ञान की देन है। तरह-तरह की ट्यूब, टायर और दूसरी सामग्री रबर से बनायी जा रही है। सभी यातायात की गाड़ियाँ रबर के कारण ही सड़कों पर दौड़ती हैं।

9. **रेशे :** कृत्रिम रेशों से मानव के कपड़ों की समस्या हल हुई है। यह सब रसायन विज्ञान के कारण है। कपड़ों की दुनिया में नाइलॉन, टेरिलीन आदि ने तहलका मचा दिया है।

10. **कोयला :** कोयला केवल ईंधन के रूप में ही प्रयोग नहीं होता बल्कि इससे अनेक रसायन, ईंधन गैसें आदि बनायी जाती हैं।

11. **पेट्रोलियम :** पेट्रोलियम से हमें पेट्रोल, डीज़ल, मिट्टी का तेल, ग्रीस आदि प्राप्त होते हैं। विश्व में पेट्रोलियम के अनेक शोधक कारखाने हैं। भारत में भी बरौनी, गुवाहाटी, मथुरा, कोचीन आदि में अनेक कारखाने हैं। पेट्रोल और डीज़ल से ही मोटर वाहन सड़कों पर दौड़ते हैं।

12. गर्भनिरोधक गोलियाँ रसायन विज्ञान की देन हैं। भारत की जनसंख्या नियन्त्रण में इन औषधियों का विशेष योगदान रहा है। भोजन और मकान की समस्या केवल जनसंख्या नियन्त्रण से हल हो सकती है।

13. **शराब और बियर :** रसायन विज्ञान के नये तरीकों से शराब और बियर का निर्माण ऊँचे पैमाने पर हो रहा है।

14. **शृंगार प्रसाधन :** भाँति-भाँति के क्रीम, पाउडर, लोशन, तेल, इत्र, परफ्यूम, लिपस्टिक, शैम्पू आदि ने मानव सेवा में विशेष योगदान दिया है। यह सब रसायन विज्ञान की देन ही है।

इसके अतिरिक्त मानव उपयोग की अनेक वस्तुएँ रसायन विज्ञान ने हमें दी हैं। इस प्रकार रसायन विज्ञान ने मानव की बहुत बड़ी सेवा की है।

❂❂❂

रसायन विज्ञान की शाखाएँ (Branches of Chemistry)

कीमियागरी के ज्ञान को संचित करके सर्वप्रथम वान हेल्माण्ट (Van Helmont) ने एक वैज्ञानिक रूप देने का प्रयास किया। रॉबर्ट बॉयल, प्रीस्टले, शीले और एण्टाइन लारेण्ट लेवासिए ने कीमियागरी को आधुनिक रसायन विज्ञान का रूप दिया। रासायनिक विज्ञान सम्बन्धी महत्त्वपूर्ण परिवर्तनों के कारण लेवासिए और बॉयल को आधुनिक रसायन का जन्मदाता कहा जाता है। कोल्बे (Kolbe), वूलर (Wohler), केकुले (Kekule), बर्थेलो (Berthelot) तथा लुई पास्चर (Pasteur) ने कार्बनिक रसायन का विकास किया। रसायन विज्ञान का अधिकतम विकास बीसवीं शताब्दी में हुआ। जॉन डाल्टन, रदरफोर्ड, नील्स बोर, थॉमसन, सॉडी, हेनरी बीक्वेरल, मैडम मेरी क्यूरी, आइंस्टीन, चैडविक और एनरिको फर्मी आदि वैज्ञानिकों ने रेडियोधर्मिता, समस्थानिकों, परमाणु संरचना तथा परमाणु ऊर्जा सम्बन्धी महत्त्वपूर्ण खोजों से रसायन विज्ञान को आगे बढ़ाया। अब नये-नये आविष्कारों के कारण रसायन विज्ञान का क्षेत्र अत्यन्त गहन, व्यापक और विस्तृत हो गया है, इसलिए अध्ययन को सरल एवं सुविधाजनक बनाने के लिए वैज्ञानिकों ने इसे कई शाखाओं में बाँटा है।

रसायन विज्ञान की मुख्य शाखाएँ

- **अकार्बनिक रसायन (Inorganic Chemistry) :** इसके अन्तर्गत सभी धातुएँ तथा अधातुएँ और उनके यौगिकों (कार्बन के केवल ऑक्साइडों और सल्फाइडों) के बनाने की विधि, उनके गुण, संगठन तथा उपयोगों का अध्ययन किया जाता है।
- **कार्बनिक रसायन (Organic Chemistry) :** इसके अन्तर्गत कार्बन और इसके अनगिनत यौगिक (कार्बोनेट, ऑक्साइडों और सल्फाइडों आदि को छोड़कर) के बनाने की विधि, गुण, उपयोग और संरचना आदि का अध्ययन आता है। बेंजीन और उसके यौगिकों का अध्ययन भी इसी के अन्तर्गत आता है।
- **भौतिक रसायन (Physical Chemistry) :** रसायन विज्ञान के नियम तथा रासायनिक अभिक्रियाएँ जिन परिस्थितियों और नियमों पर आध. ारित हैं, उनका अध्ययन तथा विभिन्न यन्त्रों और मापों का अध्ययन इस शाखा के अन्तर्गत किया जाता है।
- **विश्लेषिक रसायन (Analytical Chemistry) :** इसके अन्तर्गत पदार्थों की परख, परीक्षण तथा उनके अनुपातों का अध्ययन किया जाता है।
- **जीव रसायन (Bio-Chemistry) :** इसमें जन्तु और वनस्पतियों से सम्बन्धित पदार्थों, जैव अणुओं और रासायनिक अभिक्रियाओं का अध्ययन किया जाता है।
- **औद्योगिक रसायन (Industrial Chemistry) :** जीवनोपयोगी पदार्थों के औद्योगिक निर्माण सम्बन्धी विधियों व उनके उपयोगों का अध्ययन इस शाखा के अन्तर्गत अध्ययन किया जाता है।
- **कृषि रसायन (Agricultural Chemistry) :** इसके अन्तर्गत कृषि तथा उससे सम्बन्धित पदार्थों, उर्वरक, खनिज, लवणों, कीटनाशकों आदि का अध्ययन किया जाता है।
- **नाभिकीय रसायन (Nuclear Chemistry) :** इसके अन्तर्गत परमाण ु के नाभिकों से सम्बन्धित अध्ययन किये जाते हैं।

✿✿✿

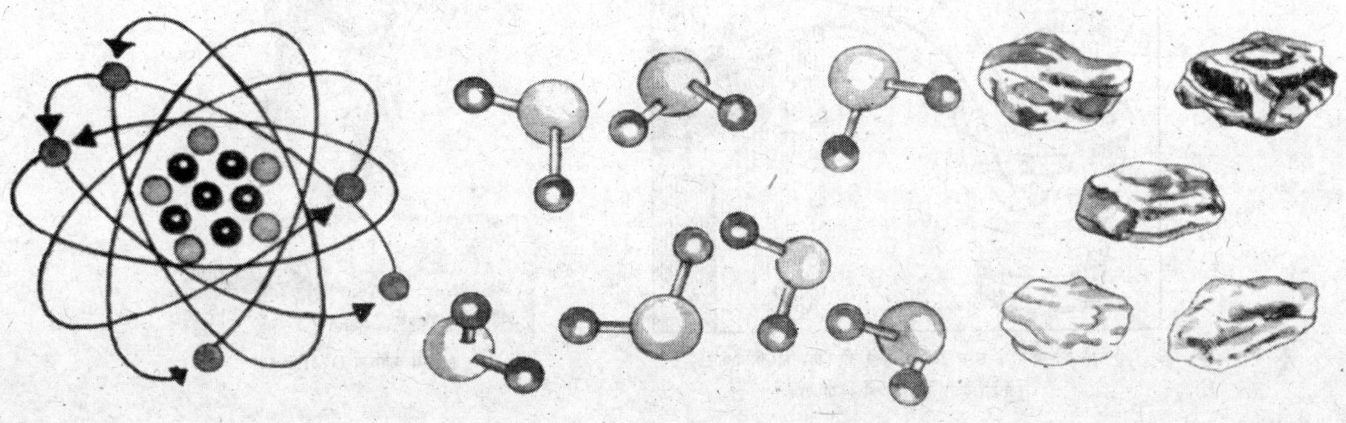

गैसों का आविष्कार (Invention of Gases)

सोलहवीं शताब्दी के आरम्भ में जर्मन रसायनज्ञ पैरासेल्सस (Paracelsus) ने देखा कि गन्धक के अम्ल में लोहा डालने से एक ज्वलनशील गैस निकलती है। वान हेलमॉण्ट (Van Helmont) ने पहले-पहल लगभग सन् 1630 में गैस (Gas) शब्द का प्रयोग किया। उन्होंने कई प्रकार की गैसों के बारे में बताया, जिनमें दो गैसों का उल्लेख तो काफी स्पष्ट है। लेकिन इन गैसों को प्राप्त करके भी वे उन्हें इकट्ठा नहीं कर पाये। रॉबर्ट बॉयल ही पहले व्यक्ति थे, जिन्होंने पहली बार किसी गैस को इकट्ठा करने में सफलता प्राप्त की। लोहे और गन्धक के अम्ल से प्राप्त होने वाली गैस की ज्वलनशीलता का भी उन्होंने पता लगाया।

गैसों को इकट्ठा किये बिना उनका वैज्ञानिक विधियों द्वारा सही रूप नहीं जाना जा सकता था, इसलिए गैसों के अध्ययन में लम्बे समय तक रुकावटें रहीं। गैसों को पानी के ऊपर इकट्ठा करने की विधि का आविष्कार सन् 1727 में अँग्रेज पादरी स्टीफेन हेल्स (Stephen Hales) ने किया था। 'न्यूमेटिक बाथ' के आविष्कार के बाद गैसों से सम्बन्धित प्रयोग एवं शोध कार्य आसान हो गये थे।

हेनरी केवेण्डिश (Henry Cavendish, 1731.1810) ने सन् 1766 में लोहे या जस्ते पर हल्के गन्धक के अम्ल की अभिक्रिया द्वारा एक गैस प्राप्त की तथा उसके गुणों का अध्ययन करने के बाद उसका नाम 'ज्वलनशील गैस' (Inflammable gas) रखा। उन्होंने सिद्ध किया कि यह गैस पानी का एक अवयव है। सन् 1783 में लेवासिए (Lavoisier, 1743.1794) ने इस गैस और ऑक्सीजन के संयोग द्व ारा जल का निर्माण किया और इसी आधार पर इस गैस का नाम हाइड्रोजन (हाइड्रोज = जल, जंस = उत्पाद) रखा।

केवेण्डिश ने नमक के अम्ल से ताँबे के तार की अभिक्रिया करके एक गैस प्राप्त की। प्रीस्टले ने भी उनके प्रयोग के आधार पर 'अम्ल-वायु' (Acid-Air) को पारे के ऊपर इकट्ठा किया। यह अम्ल-वायु आज की हाइड्रोक्लोरिक एसिड गैस थी।

केवेण्डिश ने एक और गैस का पता लगाया था, जिसका नाम था 'फ्लाज़िस्टिक' या 'मेफेटिक एयर', लेकिन उन्होंने अपने परिण

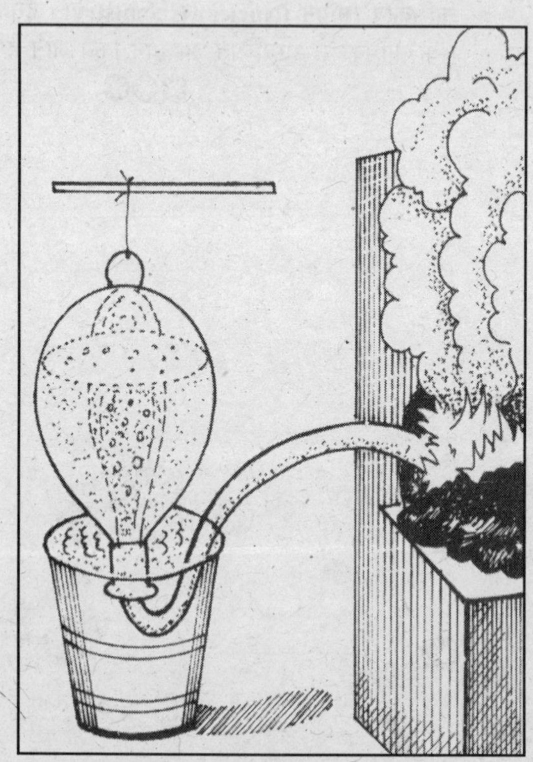

गैसों को पानी के ऊपर इकट्ठा करने की विधि का आविष्कार स्टीफेन हेल्स ने 1727 में किया था।

हेनरी केवेंडिश (1731-1810)

ाामों को प्रकाशित नहीं कराया। सन् 1772 में डेनियल रदरफोर्ड ने भी इस गैस की खोज की तथा इसके गुणों का अध्ययन करने के बाद इसका नाम 'मेफिटिक एयर' (Mephitic Air) रखा। लेवासिए ने इसके गुणों का अध्ययन करके इसका नाम एजोट (Azote) यानी 'जीवन रहित' रखा। रसायनज्ञ चैपटल ने 1823 में इसका नाम 'नाइट्रोजन' रखा जो आज भी प्रचलित है।

स्वीडन के रसायनज्ञ कार्ल विल्हेल्म शीले ने पहले-पहल सन् 1772 के लगभग पारे के लाल ऑक्साइड को सूर्य की संकेन्द्रित किरणों द्वारा गरम करके एक गैस प्राप्त की, जिसका नाम 'फायर एयर' (Fire Air) रखा। अँग्रेज रसायनज्ञ जोसेफ प्रीस्टले ने भी इसी विधि द्वारा यह गैस प्राप्त की। लेवासिए ने सन् 1776 में इसके गुणों का अध्ययन किया और इस गैस का नाम 'ऑक्सीजन' (Oxygen) यानी अम्ल उत्पाद (Oxus = अम्ल, Gennao = पैदा करना) रखा। वास्तव में यह गैस अम्लों का आवश्यक अंग नहीं है।

शीले ने सन् 1774 में नमक के अम्ल और मैंगनीज़ डाइ-ऑक्साइड के मिश्रण को गरम करके क्लोरीन गैस प्राप्त की और इसे

आधुनिक रसायन के जन्मदाता–एण्टाइन लारेण्ट लेवासिए (1743-1794)

कार्ल विल्हेल्म शीले (1742-1786) ऑक्सीजन बनाते हुए।

'ऑक्सीम्यूरेटिक गैस' कहा। डेवी ने सन् 1810 में इसको एक तत्त्व सिद्ध किया और हरे-पीले रंग के कारण इसका नाम 'क्लोरीन' रखा।

सन् 1770 में प्रीस्टले ने सोडावाटर का आविष्कार किया। उन्होंने सन् 1774 में नौसादर और चूने के मिश्रण को गरम करके अमोनिया गैस प्राप्त की। नौसादर से बनाये जाने के कारण इसका नाम 'अमोनिया' रखा। बर्थेलो ने सन् 1785 में यह सिद्ध किया कि अमोनिया के अपघटन से नाइट्रोजन और हाइड्रोजन गैसें बनती हैं।

सन् 1774 में प्रीस्टले ने शुद्ध पारे पर सान्द्र गन्धक के अम्ल की क्रिया से एक गैस बनायी। लेवासिए ने सन् 1777 में इस गैस का नाम सल्फर डाइऑक्साइड रखा।

ग्लाउबर (Glauber) ने सन् 1648 में हाइड्रोजन क्लोराइड को नमक और सान्द्र गन्धक के अम्ल को गरम करके प्राप्त किया। डेवी ने सन् 1810 में इसे 'हाइड्रोजन' और 'क्लोरीन' का यौगिक बताया और इसका नाम 'हाइड्रोजन क्लोराइड गैस' रखा।

कुछ अन्य गैसों का आविष्कार

- **आर्गन (Argon)** — लार्ड रैले और रैमजे, 1894
- **हीलियम (Helium)** — रैमजे, 1894
- **निऑन (Neon), क्रिप्टन (Krypton)** और **जीनॉन (Xenon)** — रैमजे और ट्रैवर्स, 1898
- **फ्लोरीन** (Fluorine) — मोयसां, 1896
- **ब्रोमीन** (Bromine) — ए.जे. बेलर्ड, 1826

गैसों के अणु ठोस और द्रवों की तुलना में एक-दूसरे से काफी दूर-दूर होते हैं। ये निरन्तर रूप में गतिशील रहते हैं। गैसों का अपना कोई रूप और निश्चित आकार नहीं होता। गैसों को दबाकर उनका आयतन कम किया जा सकता है। दबाने से गैसें द्रव में परिवर्तित

जोसेफ प्रीस्टले (1733-1804)

विलियम रैमजे (1852-1916)

हो जाती हैं। ग्यारह गैसें ऐसी हैं, जो साधारण तापमान पर तत्त्व हैं।

गैसें कुछ नियमों का पालन करती हैं। ये नियम हैं:

1. **बॉयल का नियम :** इस नियम के अनुसार किसी गैस का आयतन उस पर लगे दाब का व्युत्क्रमानुपाती होता है, जब कि तापमान स्थिर हो।
2. **चार्ल्स का नियम :** स्थिर दाब पर किसी गैस का आयतन उसके एबसोलूट तापमान के समानुपाती होता है।
3. **गे-लूसक का नियम :** स्थिर आयतन पर किसी गैस का दाब उसके एबसोलूट तापमान के समानुपाती होता है।
4. **एवोगेड्रो का नियम :** एक समान तापमान और दाब पर सभी गैसों के समान आयतन में अणुओं की संख्या समान होती है।
5. **ग्राहम का विसरण नियम :** किसी दिये गये तापमान और दाब पर किसी के विसरण की दर उसके घनत्व के वर्गमूल के व्युत्क्रमानुपाती होती है।

गैसों के स्वभाव को समझने में ये नियम बहुत उपयोगी सिद्ध हुए हैं।

❁❁❁

औषधियाँ (Medicines)

बीसवीं शताब्दी में अनेक रासायनिक यौगिकों का औषधि-निर्माण में प्रयोग किया गया। सबसे पहले सन् 1903 में फिशर (Fischer) तथा मोरिंग (Moring) ने नींद लाने वाली दवा वेगेनल (Veronal or Diethyl Barbituric Acid) का निर्माण किया। इसके बाद हेनरिक होएर्लिन (Heinrich Hoerlien) ने सन् 1912 में लुमीनाल (Luminol or Ethyl Phen Barbituric Acid) यौगिक बनाये, जिनका इस्तेमाल आज नींद लाने वाली औषधियों के रूप में किया जाता है।

प्राचीन काल से ही सिफिलिस (Syphilis) के इलाज के लिए आर्सेनिक के यौगिकों का इस्तेमाल किया जाता रहा है। सन् 1905 में एटॉक्सिल (Atoxyl) बनाया गया, जो इस भयंकर रोग के लिए उपयोगी सिद्ध हुआ। पॉल एर्लिक (Paul Ehrlich) ने अपने सहयोगी अलफ्रेड बर्थीम (Alfred Bertheim) के सहयोग से इस बीमारी के इलाज के लिए प्रभावशाली औषधि सल्वर्सन (Salvarson) बनायी।

मलेरिया के इलाज के लिए शूलेमान (Schulemann) ने सन् 1924 में प्लाज्मोकिन (Plasmochin) का निर्माण किया। इसके बाद सन् 1922 में फ्रिट्ज मीच (Fritz Mietsch) ने मलेरिया के लिए एक दूसरी दवाई एटेब्रिन (Atebrin) बनायी।

सर एलेक्जेण्डर फ्लेमिंग प्रयोगशाला में।

संक्रामक रोगों के इलाज के लिए सन् 1932 में गेरहार्ड डोमाघ (Gerhard Domagk) ने सल्फोनामाइडों (Sulphon-amides) का आविष्कार किया। इसी अवधि में एण्टीबायोटिक औषधियाँ खोजी गयीं।

पहली एण्टीबायोटिक औषधि पेनीसिलीन (Penicillin) थी, जिसे सर एलेक्जेण्डर फ्लेमिंग (Sir Alexander Fleming, 1881-1955) ने सन् 1928 मे एक किस्म के फफूँद पेनीसिलीयम नोटेटम (Fungus Penicillium Notatum) से प्राप्त की। यह औषधि हर प्रकार के जख्मों और संक्रामक रोगों के लिए बहुत उपयोगी सिद्ध हुई। पेनीसिलीन की खोज के बाद एण्टीबायोटिक्स द्वारा रोगोपचार की एक नयी पद्धति की शुरुआत हो गयी। सन् 1943 में सेल्मन एब्राहम वाक्समैन (Selman Abraham Waksman) ने स्ट्रेप्टोमाइसिन (Streptomycin) का आविष्कार किया, जो टी.बी. के लिए उपयोगी है। बेंजामिन डुग्गर (Benjamin Dugger) ने सन् 1952 में ऑरोमाइसिन (Auromycin) तथा सन् 1953 में एच. बूकमैन (H. Bockman) ने सन् 1952 मे पहले-पहल टी.बी. के इलाज के लिए संश्लेषित औषधि नियोटेबिन (Neoteben) का आविष्कार किया था। आज 30 से भी अधिक एण्टीबायोटिक औषधियाँ हैं, जो विभिन्न रोगों की चिकित्सा में प्रयोग हो रही हैं :

- **मार्फीन** – 1805, जर्मनी के फ्रैडरिक सर्टर्नर
- **एस्प्रीन** – 1883, जर्मनी के ड्रेसर
- **एल. एस. डी.** – 1983, स्विट्जरलैण्ड के हाफमैन
- **क्लोरोमाइस्टिन** – 1947, अमरीका के बर्कहोल्डर
- **टेरामाइसिन** – 1950, अमरीका के फिनले और अन्य

आज विश्व मे विभिन्न रोगों के लिए अनेक प्रकार की औषधियों का विकास हो चुका है। इनमे सल्फा औषधियाँ, एण्टीबायोटिक्स, दर्द निवारक औषधियाँ, चिन्ता और अवसाद निवारक औषधियाँ, एण्टीएलर्जिक औषधियाँ, निश्वेजक औषधियाँ, हार्मोन औषधियाँ आदि मुख्य हैं। क्षय, जो कभी असाध्य रोग माना जाता था, आज सरलता से ठीक किया जा सकता है। हृदय रोगों का शल्य-चिकित्सा द्वारा इलाज बहुत आसान हो गया है। औषधियों और शल्य-चिकित्सा के क्षेत्र में आज क्रान्ति आ गयी है। वह दिन दूर नहीं, जब एड्स और कैंसर जैसे रोगों का इलाज भी सम्भव हो जायेगा।

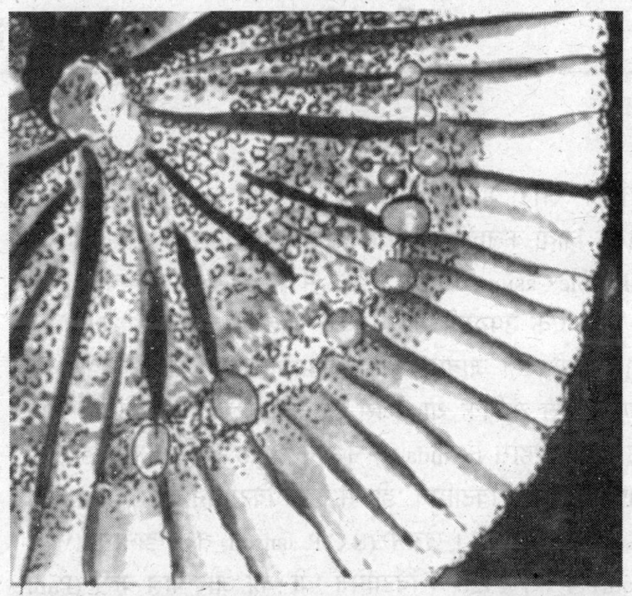

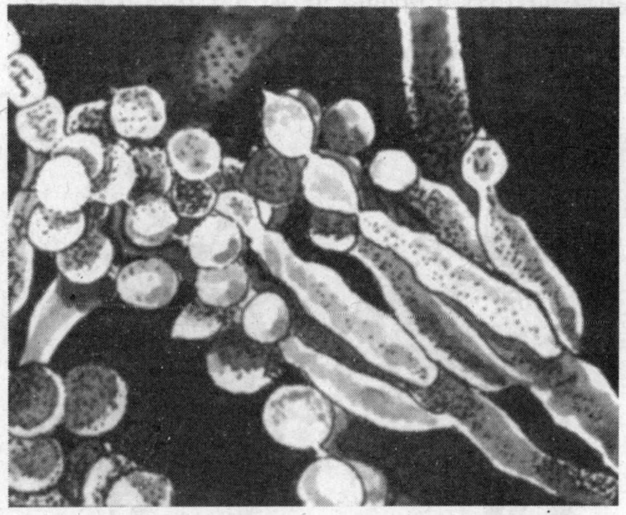

पहली एण्टीबायोटिक औषधि 'पेनीसिलीन' जिसे फ्लेमिंग ने एक किस्म के फफूँद 'पेनीसिलीयम नोटेटम' से प्राप्त किया।

विटामिन तथा हारमोन (Vitamins and Hormones)

विटामिन और हारमोन ऐसे रासायनिक पदार्थ हैं, जो शारीरिक क्रिया-कलापों को सुचारू रूप से संचालित करते हैं। फंक (Funk, Pole Casimir) ने सन् 1912 में कहा था कि यदि चावल की भूसी में से एक उपयोगी भाग निकल जाता है, तो बेरी-बेरी (Beri-Beri) का रोग हो जाता है। यह उपयोगी भाग कार्बनिक रसायन का एक खास यौगिक था, जिसे 'विटामिन' का नाम दिया गया। इसके बाद विण्डास (Windaus) ने सन् 1926 में विटामिन 'डी' का आविष्कार किया। विटामिन 'डी' से अन्य विटामिन डी-1, डी-2 तथा डी-3 प्राप्त किये गये। जेंसन (S.C.P. Jansen) तथा डोनाथ (W.F. Donath) ने सन् 1926 मे विटामिन 'बी' का और पाल केरर (Paul Karrer) ने सन् 1931 में विटामिन 'ए' का, सन् 1935 में बी-2 का तथा सन् 1939 में विटामिन 'के' का आविष्कार किया। टी. रीचस्टीन (T. Reichstein) ने सन् 1934 में विटामिन 'सी' का संश्लेषण किया। सन् 1937 में आर. कुहन ने विटामिन 'ए' तथा 'बी-6' का संश्लेषण किया। अधिकांश विटामिन खाद्य पदार्थों जैसे दूध, माँस, मछली, फलों तथा सब्जियों से प्राप्त होते हैं। मुख्य विटामिन हैं—विटामिन A, B1, B2, B6, B12, C, D, E, और K से प्राप्त होते है। ये अच्छे स्वास्थ्य और शारीरिक विकास के लिए अति आवश्यक हैं। विटामिनों की कमी से शरीर अनेक रोगो से ग्रसित हो जाता है।

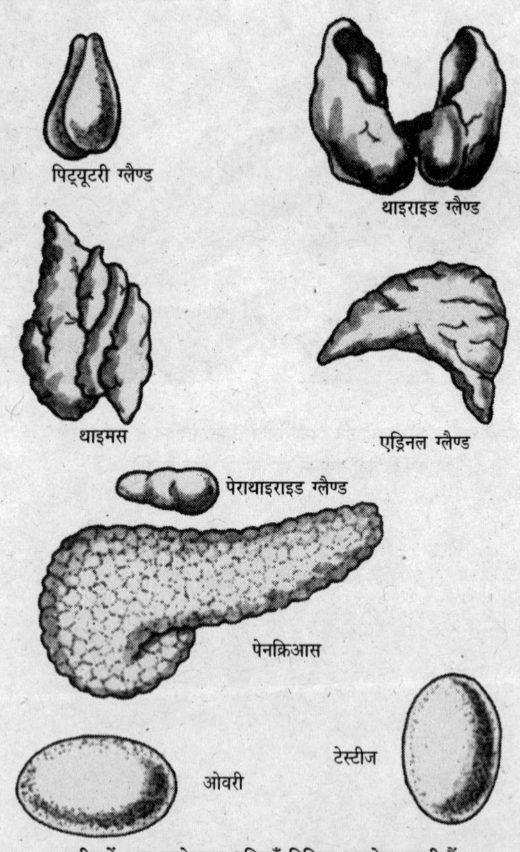

शरीर में आठ एन्डोक्राइन ग्रन्थियाँ विभिन्न हारमोन बनाती हैं।

सन् 1906 में हेनरी स्टार्लिंग (Henry Starling) ने बताया कि शरीर मे एक प्रकार का सक्रिय पदार्थ होता है, जो रासायनिक संवादवाहकों का कार्य करता है। यह शरीर की विशेष ग्रन्थियों में से प्राप्त स्राव में सक्रिय पदार्थ के रूप में रहता है। इन पदार्थों को हारमोंस (Hormones) कहा गया। वास्तव में हारमोन ऐसे पदार्थ हैं, जो शरीर में विशेष ग्रन्थियों द्वारा निर्मित किये जाते हैं। सन् 1901 में जापानी योकीची टोकामाइन (Yokichi Tokamine) तथा टी.बी. एल्ड्रिच (Thomas Bell Aldrich) ने सर्वप्रथम एड्रेनलाइन (Adrenaline) नामक हारमोन की खोज की, जो रक्तदाब बढ़ाता है। दो वर्ष बाद ही इसे फ्रीडरिक स्टोल्ज (Friedrich Stolz) ने संश्लेषित करके इसका नाम 'सुप्रारेनिन' (Supra-Renine) रखा।

यद्यपि ई. बॉमान (E. Baumann) ने सन् 1895 में ही थायराइड ग्रन्थि से थायरो आयोडीन प्राप्त कर लिया था, लेकिन इसी ग्रन्थि से एक अन्य आरमोन थायरॉक्सीन (Thyroxine) सन् 1915 में एडवर्ड केल्विन केण्डाल (Edward Calvin Kendall) ने प्राप्त किया।

कुहन (Kuhn), एल. रुजिका। (L. Ruzicka), अर्नेस्ट लेक्वीयर (Ernest Laqueur), एडोल्फ ब्यूटिनाण्ट (A olf Butenandt) आदि ने लिंग हारमोंस में पुरुष हारमोन 'टेस्टोस्टिरॉन' तथा स्त्री हारमोन 'आइस्ट्रॉडिआल' तथा 'प्रोजेस्टिरॉन' एक साथ विश्लेषित किये थे। इनका सही संश्लेषण कई प्रयोगशालाओं में सन् 1934-35 के मध्य किया गया। हारमोन दूसरे प्राणियों और पेड़-पौधों में भी निर्मित होते हैं। हारमोनों की कमी से गोइटर, मधुमेह आदि विकार पैदा होते हैं।

✪✪✪

तत्त्व (Elements)

प्राचीन भारत के ऋषियों के अनुसार, संसार की समस्त वस्तुएँ पाँच तत्त्वों से मिलकर बनी हैं। ये तत्त्व हैं—पृथ्वी, जल, अग्नि, वायु और आकाश। इसे 'पंच तत्त्व' या 'पाँच भूत' का सिद्धान्त कहा जाता है। अरस्तू और उनके पहले के यूनान के दार्शनिक संसार की सब वस्तुओं को चार पदार्थों से बनी हुई मानते थे—पृथ्वी, वायु, जल और अग्नि। सत्रहवीं शताब्दी के मध्य में रॉबर्ट बॉयल ने पाँच और चार तत्त्वों के सिद्धान्त को रासायनिक दृष्टि से निराधार बताया। उन्होंने इस सम्बन्ध में सन् 1682 में 'सन्देहवादी रसायन' (Scoptic Chemistry) नामक पुस्तक लिखी। इसके 100 वर्ष बाद सन् 1789 में फ्रांसीसी वैज्ञानिक लेवासिए ने पहली बार तत्त्व की परिभाषा दी। उनके अनुसार, तत्त्व वह पदार्थ है, जो किसी भी ज्ञान विधि से अपने से सरलतम पदार्थों में नहीं तोड़ा जा सकता। इसी शताब्दी में नये रासायनिक तत्त्वों का आविष्कार होने लगा। अब प्रकृति में पाये जाने वाले सभी 92 तत्त्वों का पता लगाया जा चुका है। इनके अतिरिक्त अब कृत्रिम तत्त्वान्तरण (Artificial Transmutation) से ऐसे अनेक तत्त्व बनाये जा चुके हैं, जो प्रकृति में नहीं पाये जाते। ये मानव-निर्मित तत्त्व ट्रांसयूरेनिक (Transuranic) तत्त्व कहलाते हैं। इनका निर्माण न्यूक्लीयर रिएक्टरों या कण त्वरकों द्वारा होता है या ये हाइड्रोजन बम-विस्फोटों के मलबों से निकाले जाते हैं। मानव-निर्मित तत्त्व रेडियोधर्मी होते हैं और शीघ्र ही इनका अपक्षय हो जाता है। अब तक ज्ञात तत्त्वों की संख्या 109 तक पहुँच चुकी है। ये निम्नांकित तालिका में दर्शाये गये हैं :

सर हम्फरी डेवी (1778-1829)

जोंस जेकेब बर्जीलियस (1779-1848)

परमाणु संख्या	तत्त्व	आविष्कारक	आविष्कार वर्ष
1.	हाइड्रोजन (Hydrogen) H	एच. केवेंडिश	1766
2.	हीलियम (Helium) He	जनसन और लाकयर	1868
3.	लीथियम (Lithium) Li	ए. अर्फवेडसन	1817
4.	बेरिलियम (Beryllium) Be	एन. वाक्यूलिन	1797
5.	बोरोन (Boron) B	एच. डेवी	1808
6.	कार्बन (Carbon) C	प्रागैतिहासिक	–
7.	नाइट्रोजन (Nitrogen) N	डी. रदरफोर्ड	1772
8.	ऑक्सीजन (Oxygen) O	प्रीस्टले	1771
9.	फ्लोरीन (Fluorine) F	एच. मोयसां	1886
10.	निऑन (Neon) Ne	रैमजे व ट्रैवर्स	1898
11.	सोडियम (Sodium) Na	एच. डेवी	1811
12.	मैगनीशियम (Magnesium) Mg	जे. लाख	1808
13.	एल्युमिनियम (Aluminium) Al	एफ. वोलर	1827
14.	सिलिकॉन (Silicon) Si	बर्जीलियस	1824
15.	फॉस्फोरस (Phosphorus) P	एच. ब्राण्ड	1869
16.	सल्फर (Sulphur) S	प्रागैतिहासिक	–
17.	क्लोरीन (Chlorine) Cl	शीले	1774
18.	ऑर्गन (Argon) Ar	रैमजे व रैले	1894
19.	पोटेशियम (Potassium) K	एच. डेवी	1807
20.	कैल्शियम (Calcium) Ca	एच. डेवी	1808
21.	स्कैंडियम (Scandium) Sc	एल. निल्सन	1897
22.	टाइटेनियम (Titanium) Ti	डब्ल्यू. जार्ज	1791
23.	वैनेडियम (Vanadium) V	एन. डेलरियो	1801
24.	क्रोमियम (Chromium) Cr	एन. वाक्यूलिन	1797
25.	मैंगनीज़ (Manganese) Mn	शीले	1774
26.	आयरन (Iron) Fe	प्रागैतिहासिक	–
27.	कोबाल्ट (Cobalt) Co	जी. ब्राण्ट	1737
28.	निकल (Nickel) Ni	ए. क्रानस्टेट	1751

मैडम क्यूरी (1867-1934)

जी.टी. सीबोर्ग (1912-1999)
इ.एम. मैकमिलन (1907-1991)

29.	कॉपर (Copper) Cu	प्रागैतिहासिक	–
30.	जिंक (Zinc) Zn	प्रागैतिहासिक	–
31.	गैलियम (Gallium) Ga	बाइसबाड्रान	1875
32.	जर्मेनियम (Germanium) Ge	सी. विंकलर	1886
33.	आर्सेनिक (Arsenic) As	ए. मैग्रस	एलकेमी
34.	सेलेनियम (Selenium) Se	बर्जीलियस	1818
35.	ब्रोमीन (Bromine) Br	ए. बैलार्ड	1825
36.	क्रिप्टॉन (Krypton) Kr	रैमजे व ट्रैवर्स	1898
37.	रूबिडियम (Rubidium) Rb	बुनसन व किर्चाफ	1861
38.	स्ट्राँशियम (Strontium) Sr	एच. डेवी	1838
39.	इट्रियम (Yttrium) Y	जे. गैबालिन	1794
40.	जिर्कोनियम (Zirconium) Zr	क्लाप्रोथ	1789
41.	नायोबियम (Niobium) Nb	सी. हैचेट	1801
42.	मोलिब्डेनम (Molybdenum) MO	शीले	1781
43.	टेक्नेशियम (Technetium) Tc	सेग्रे व पेरीर	1937
44.	रूथेनियम (Ruthenium) Ru	के. क्लास	1844
45.	रोडियम (Rhodium) Rh	वालास्टन	1803
46.	पैलेडियम (Palladium) Pd	वलस्टन	1803
47.	सिल्वर (Silver) Ag	प्रागैतिहासिक	–
48.	कैडमियम (Cadmium) Cd	स्ट्रामेयर	1817
49.	इण्डियम (Indium) In	रीच व रिचटर	1863
50.	टिन (Tin) Sn	प्रागैतिहासिक	–
51.	एण्टीमनी (Antimony) Sb	बी वलण्टाइन	एलकेमी
52.	टैल्यूरियम (Tellurium) Te	रीचस्टीन	1783
53.	आयोडीन (Iodine) I	बी. कोर्टायस	1811
54.	जीनॉन (Xenon) Xe	रैमजे व ट्रैवर्स	1898
55.	सीजियम (Caesium) Cs	बुनसन व किर्चाफ	1860
56.	बेरियम (Barium) Ba	एच. डेवी	1808
57.	लैंथेनम (Lanthanum) La	सी. मोसाण्टर	1839
58.	सीरियम (Cerium) Ce	बर्जीलियस व हिसलिंगर	1803
59.	प्रैजिओडिमियम (Praseodymium) Pr	बेल्सबाख	1885
60.	नियोडिमियम		

डी.रदरफोर्ड (1871-1937)

	(Neodymium) Nd	वोल्सबाश	1885
61.	प्रोमिथियम (Prometheum) Pm	जे. मार्नस्की व अन्य	1945
62.	समेरियम (Samarium) Sm	बाइसबाड्रान	1879
63.	यूरोपियम (Europium) Eu	ई. डेमार्के	1901
64.	गैडोलिनियम (Gadolinium) Gd	मैरिग्राफ	1886
65.	टर्बियम (Terbium) Tb	सी. मोसेण्डर	1843
66.	डिसप्रोसियम (Dysprosium) Dy	बाइसबाड्रान	1886
67.	होलमियम (Holmium) Ho	सोरट और डेलाफेण्टाई	1879
68.	अर्बियम (Erbium) Er	सी. मोसेण्डर	1843
69.	थूलियम (Thulium) Tm	पी. क्लेव	1878
70.	इटर्बियम (Ytterbium) Yb	सी. मैरिग्राफ	1878
71.	लूटीशियम (Lutecium) Lu	जी. अर्बाइन	1907
72.	हैफनियम (Hafnium) Hf	कास्टर व हेवसी	1923
73.	टैण्टेलम (Tantalum) Ta	ए. इकबर्ग	1802
74.	टंगस्टन (Tungsten) W	जी. एण्ड एफ. एयूयर	1783
75.	रीनियम (Rhenium) Re	इनोडाक व अन्य	1925
76.	ऑस्मियम (Osmium) Os	एस. टेनेण्ट	1804
77.	इरिडियम (Iridium) Ir	एस. टेनेण्ट	1804
78.	प्लेटिनम (Platinum) Pt	डी. द उलोआ	16वीं शताब्दी
79.	गोल्ड (Gold) Au	प्रागैतिहासिक	–
80.	मर्करी (Mercury) Hg	प्रागैतिहासिक	–
81.	थैलियम (Thallium) TI	क्रूक्स	1861
82.	लैड (Lead) Pb	प्रागैतिहासिक	–
83.	बिस्मथ (Bismuth) Bi	सी. जेफ्री द यंगर	एलकेमी
84.	पोलोनियम (Polonium)	पी. और एम. क्यूरी	1898
85.	एस्टैटिन (Astatine) At	ई. सेग्रे व अन्य	1940
86.	रैडन (Radon) Rn	रदरफोर्ड	1900
87.	फ्रैंशियम (Francium) Fr	एम. पेरी	1898
88.	रेडियम (Radium) Ra	पी. और एम. क्यूरी	1898
89.	एक्टीनियम (Actinium) Ac	ए. डबायर्न	1899
90.	थोरियम (Thorium) Th	बर्जीलियम	1828
91.	प्रोटैक्टिनियम (Protactinium) Pa	एस. सॉडी व अन्य	1917
92.	यूरेनियम (Uranium) U	पेलीगाट	1789
93.	नेप्ट्यूनियम (Neptunium) Np	मैकमिलन व एबलसन	1940
94.	प्लूटोनियम (Plutonium) Pu	जी.सी. बोर्ग व अन्य	1940
95.	एमेरिशियम (Americium) Bk	जी.सी. बोर्ग व अन्य	1944
96.	क्यूरियम (Curium) Cm	जी.सी. बोर्ग व अन्य	1944
97.	बुर्किलियम (Berkelium) Bk	एस. थामसन व अन्य	1949
98.	कैलीफोर्नियम (Californium) Cf	एस. थामसन व अन्य	1950
99.	आइन्स्टीनियम (Einsteinium) Es	ए. घियार्सो व अन्य	1952
100.	फर्मियम (Fermium) Fm	ए. घियार्सो व अन्य	1953
101.	मेंडेलेवियम (Mendelevium) Md	ए. घियार्सो व अन्य	1955
102.	नोबेलियम (Nobelium) No	फील्ड्स व अन्य	1957
103.	लॉरिशियम (Lawrencium) Lr	ए. घियार्सो व अन्य	1962
104.	यूनिलक्वाडियम (Unnilquadium) Unq	–	1969
105.	यूनिलपेण्टियम (Unnilpentium) Unp	–	1970
106.	यूनिलहेक्सियम (Unnilhexium) Unh	अमरीका	आधुनिकतम
107.	यूनिलसेप्टियम (Unnilseptium) Uns	रूस	”
108.	यूनिलोक्टीयम (Unniloctium) Uno	जर्मनी	”
109.	यूनिलएनियम (Unnilennium) Une	जर्मनी	”

✪✪✪

कार्बनिक रसायन (Organic Chemistry)

प्राचीन काल से ही लोग कार्बनिक रसायन से सम्बन्धित कुछ यौगिकों का इस्तेमाल करते आ रहे हैं, जैसे–सोमरस, जौ की शराब, नील, ऐलिजरीन आदि। बॉयल की पुस्तक सेप्टीकल कैमिस्ट (Sceptical Chymist, 1661) में मैथिल ऐल्कोहल एवं एसीटोन नामक यौगिकों का उल्लेख है।

सर्वप्रथम सन् 1675 में निकोलस लेमरी ने जन्तु तथा पेड़-पौधों से प्राप्त किये गये पदार्थों को ऑरगैनिक (Organic) पदार्थ कहा। शुरू में लोगों का विचार था कि कार्बनिक पदार्थ जीवित कोशिकाओं में ही एक रहस्यमय शक्ति के प्रभाव से बनते हैं और इन्हें प्रयोगशालाओं में नहीं बनाया जा सकता। इस आधार पर रसायनज्ञों ने जैव-स्रोतों से प्राप्त पदार्थों के अध्ययन को 'ऑरगैनिक केमिस्ट्री' कहा।

सन् 1784 में लेवासिए ने अनेक कार्बनिक पदार्थों का विश्लेषण करके सिद्ध किया कि प्रत्येक कार्बनिक पदार्थ में कार्बन तो जरूर होता है, लेकिन कार्बन के साथ उसमें हाइड्रोजन, ऑक्सीजन, नाइट्रोजन, सल्फर, फास्फोरस एवं हैलोजन आदि भी हो सकते हैं।

सन् 1815 में बर्जीलियस ने इस विशेष शक्ति को 'जैव बल' (Vital force) कहा। जैव शक्ति का यह सिद्धान्त काफी समय तक चलता रहा। लेकिन वूलर (Friedrich Wohler, 1800-1882) ने सन् 1828 में अमोनियम सल्फेट और पोटेशियम सायनेट के मिश्रण को गरम करके मूत्र में पाये जाने वाले एक कार्बनिक पदार्थ 'यूरिया' (Urea) को प्राप्त कर लिया। यह पहला कार्बनिक पदार्थ था, जिसको प्रयोगशाला में बनाया गया। वर्जीलियस के ही शिष्य वूलर के संश्लेषण के बाद सन् 1845 में कोल्बे (Kolbe) ने एसिटिक एसिड का संश्लेषण किया। बर्थेलो (Berthelot) सन् 1856 में मेथेन के संश्लेषण में सफल हुए। इन यौगिकों के निर्माण से यह सिद्ध हो गया कि कार्बनिक यौगिकों का निर्माण अकार्बनिक पदार्थों की सहायता से उन्हीं रासायनिक क्रियाओं के आधार पर किया जा सकता है, जिनके आधार पर विभिन्न अकार्बनिक यौगिक बनाये जाते हैं।

भोजन, दैनिक उपयोग की वस्तुएँ, ईंधन, औषधियाँ, सुरक्षा और कृषि में कार्बनिक रसायन ने महत्त्वपूर्ण भूमिका निभायी है। उन्नीसवीं शताब्दी में कार्बनिक रसायन में शोधकार्य बहुत तेजी से हुए और बहुत ही कम समय में कार्बनिक यौगिकों की संख्या हजारों में पहुँच गयी। आज विश्व में 70,000 से भी अधिक कार्बनिक पदार्थ हैं। इनकी संख्या दिन-प्रतिदिन बढ़ती जा रही है।

✪✪✪

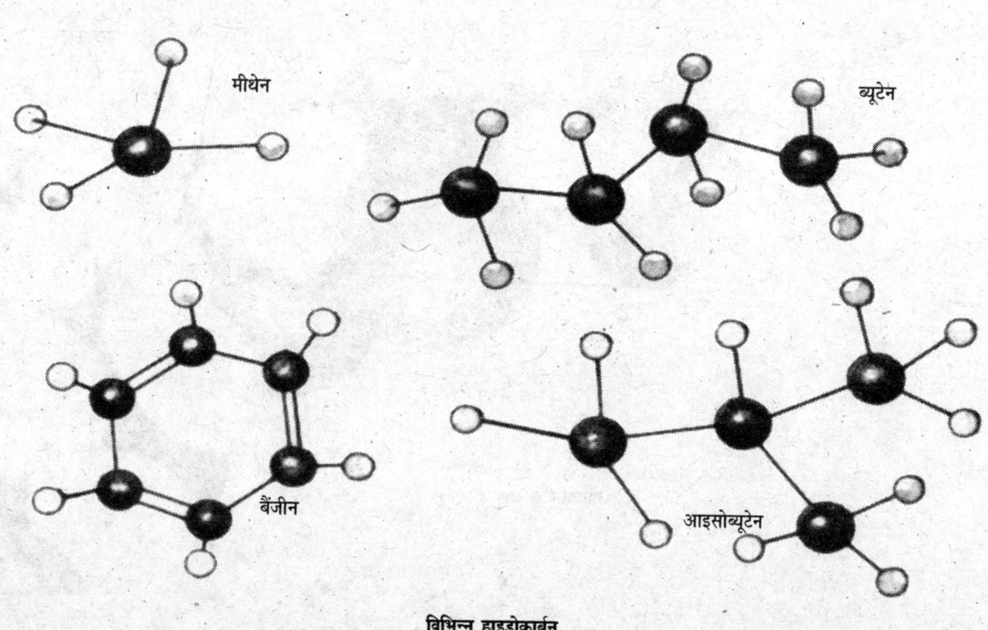

विभिन्न हाइड्रोकार्बन

प्लास्टिक (Plastic)

बीसवीं शताब्दी में कार्बनिक संश्लेषित पदार्थों में प्लास्टिक का निर्माण एक नवीन क्रान्तिकारी परिवर्तन था, जिसने आधुनिक दुनिया का रूप-रंग ही बदल दिया। प्लास्टिक आम तौर पर उच्च अणुभार वाले असन्तृप्त हाइड्रोकार्बन होते हैं। बहुलकीकरण (Polymerisation) अभिक्रिया से प्लास्टिक का निर्माण किया जाता है। अधिकांश प्लास्टिक और कृत्रिम रेशे मानव-निर्मित बहुलक या पॉलिमर्स (Polymers) हैं। प्राकृतिक बहुलकों में रबर (Rubber), प्रोटीन (Proteins), सेल्यूलोज (Cellulose), स्टार्च (Starch) आदि पदार्थ आते हैं।

फ्रांस, इंग्लैण्ड और जर्मनी में 19वीं शताब्दी के मध्य में सेल्यूलोज नाइट्रेट बनाया गया। प्रायोगिक महत्त्व के प्लास्टिक सेलुलॉइड (Celluloid) का निर्माण सन् 1869 में जॉन वेसली हाइयेट (John Wesley Hyatt) ने किया। सेल्यूलोज ऐसीटेट की श्रेणी के पहले प्लास्टिक का पेटेण्ट सन् 1903 में आइशेनुग्रुन और बेकर (A. Eichenugrun and T. Becker) ने कराया था। यह थर्मोप्लास्टिक प्लास्टिक का आधार बना। सन् 1907 में डॉ. बैकेलैण्ड (Dr. Leo H. Bakeland) ने फिनोल फॉर्मेल्डिहाइड (Phenol Formaldehyde) रेजिन का आविष्कार किया। इसको बैकेलाइट (Bakelite) का नाम दिया गया। सन् 1923 में फ्रिट्ज पोलक और कुर्ट रिपर (Fritz Pollock and Kurt Ripper) ने यूरिया फॉर्मेल्डिहाइड (Urea Formaldehyde) प्लास्टिक का आविष्कार किया। इम्पीरियल केमिकल इण्डस्ट्रीज ने पॉलिथीन (Polythene) का निर्माण किया। आजकल इसका उपयोग ऊँचे पैमाने पर किया जा रहा है।

वस्त्र उद्योग में भी प्लास्टिक का उपयोग किसी से छिपा नहीं है। कार्बनिक रसायन द्वारा कृत्रिम रेशे (Artificial Fibres) बनाये जा रहे हैं। इनमें नाइलॉन (Nylon) का संश्लेषण 1935 में किया गया, जिसका श्रेय अमरीका के कैरोथर्स (Carothers) तथा उनके साथियों को जाता है। टेरिलीन (Terylene) का आविष्कार जे.टी. डिक्सन और जे.आर. विनफील्ड (J.T. Dickson and J.R. Winfield) ने किया।

आजकल विभिन्न कृत्रिम रेशों से निर्मित वस्त्र जैसे टेरिलीन, नाइलॉन, रेयॉन, एक्रीलिक, स्ट्रेचलॉन आदि सूती वस्त्रों की अपेक्षा अधिक लोकप्रिय हैं। ये अधिक टिकाऊ होते हैं तथा इन पर इस्त्री करने की आवश्यकता नहीं होती। प्लास्टिक से निर्मित कृत्रिम अंगों का शरीर में भी प्रत्यारोपण होने लगा है। प्लास्टिक से घरेलू वस्तुएँ औषधियाँ तथा औद्योगिक उत्पाद भारी संख्या में बनाये जा रहे हैं। इन्हें वायुयान-निर्माण में भी प्रयोग किया जा रहा है।

❁❁❁

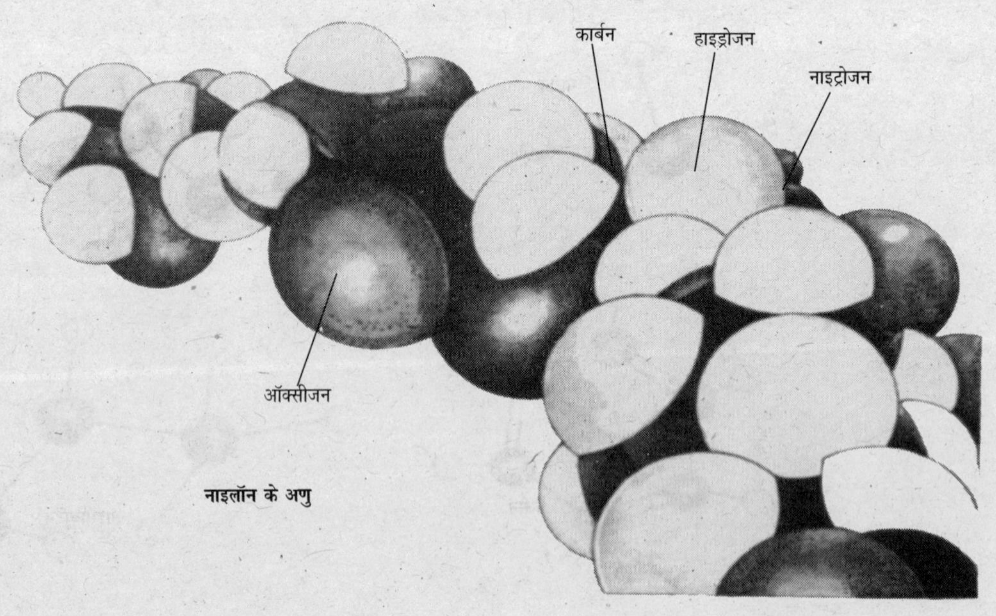

नाइलॉन के अणु

रासायनिक उर्वरक (Chemical Fertilizers)

विश्व की बढ़ती हुई जनसंख्या की भोजन की आपूर्ति का श्रेय रसायन उर्वरकों को जाता है। जुस्टस वान लीबिग (Justus Von Liebig, 1803-73) ने वनस्पतियों की राख का पूर्ण रूप से विश्लेषण करके यह सिद्ध किया था कि पौधों की उपज के लिए उन खनिज तत्त्वों की मिट्टी में जरूरत होती है, जो नाइट्रोजन, फास्फोरस और पोटेशियम दे सकते हैं। उन्होंने कृत्रिम खादों की उपयोगिता का प्रयोगात्मक प्रदर्शन करके दिखाया।

सन् 1905 में बर्कलैण्ड (Birkeland) और एस. आइड (S. Eyde) नामक नार्वे के दो निवासियों ने सर्वप्रथम वायुमण्डल की नाइट्रोजन का सफलतापूर्वक उपयोग करके रासायनिक खाद के उद्योगों की नींव डाली।

भूमि का उपजाऊपन बढ़ाने के लिए रासायनिक उर्वरक (Fertilizers) मिट्टी में मिला दिये जाते हैं। ये उर्वरक तीन प्रकार के होते हैं–

1. **नाइट्रोजनी उर्वरक (Nitrogenous Fertilizers)**: अमोनियम सल्फेट, कैल्शियम सायनेमाइड, यूरिया, बेसिक नाइट्रेट और कैल्शियम अमोनियम नाइट्रेट। इनमें नाइट्रोजन की मात्रा अधिक होती है।
2. **फॉस्फेटी उर्वरक (Phosphatic Fertilizers)** : सुपरफॉस्फेट ऑफ लाइम, अवक्षेप और टॉमस धातुमल। इनमें फास्फोरस अधिक होता है।
3. **पोटाश उर्वरक (Potash Fertilizers)** : ये पोटेशियम लवणों के प्राकृतिक निक्षेपों (Natural Deposits) से प्राप्त किये जाते हैं। पोटेशियम से भी पौधों की उर्वरा शक्ति बढ़ती है।

भारत में उर्वरक

भारत में उर्वरकों का उत्पादन मुख्यतः 'फर्टिलाइजर कॉर्पोरेशन ऑफ इण्डिया' करता है। सिन्दरी, बिहार में अमोनियम सल्फेट, यूरिया और कैल्शियम सुपरफॉस्फेट तैयार किया जाता है। ट्राम्बे (महाराष्ट्र) में यूरिया तथा नाइट्रोफॉस्फेट का उत्पादन होता है। गोरखपुर (उत्तर प्रदेश) में यूरिया और नामरूप (असम) में यूरिया और अमोनियम सल्फेट बनाया जाता है। इनके अतिरिक्त देश के कई स्थानों पर नये कारखाने खोले गये हैं, जहाँ पर कृषि की आपूर्ति के लिए रासायनिक उर्वरकों का निर्माण किया जाता है।

✪✪✪

भूमि की उर्वरा-शक्ति बढ़ाने के लिए रासायनिक उर्वरक मिट्टी में मिलाये जाते हैं।

द्रव्य का परमाणु सिद्धान्त (The Atomic Theory of Matter)

भारतीय दार्शनिक कणाद, ग्रीस दार्शनिक लूसिपस, डिमोक्राइटस, रोम के दार्शनिक लुक्रिटस ने यह कल्पना की थी कि पदार्थ सूक्ष्म कणों से मिलकर बना है। अठारहवीं शताब्दी के अन्त तक इन सूक्ष्म कणों के सम्बन्ध में कोई भी वैज्ञानिक स्पष्ट विचार नहीं दे सका। सर्वप्रथम जॉन डाल्टन (1808) ने द्रव्य की संरचना और परमाणु-सम्बन्धी एक सुव्यवस्थित विचार अपनी परिकल्पनाओं के रूप में प्रस्तुत किया। इसे डाल्टन का परमाणुवाद (Dalton's Atomic Theory) कहा जाता है। डाल्टन के अनुसार परमाणु किसी भी तत्त्व का छोटे से छोटा अविभाज्य कण है। 19वीं शताब्दी के अन्त और 20वीं शताब्दी के शुरू तक टामसन, रदरफोर्ड, चैडविक आदि वैज्ञानिकों ने अपने प्रयोगों से सिद्ध किया कि परमाणु तत्त्व का अविभाज्य सूक्ष्मतम कण नहीं है, बल्कि परमाणु इलेक्ट्रॉन (Electron), प्रोटोन (Proton) और न्यूट्रॉन (Newtron) आदि कणों से मिलकर बना होता है। इस प्रकार—''परमाणु तत्त्व का वह छोटे से छोटा कण है, जो किसी भी रासायनिक अभिक्रिया में भाग ले सकता है, लेकिन स्वतन्त्र अवस्था में नहीं रह सकता।''

24 फरवरी, 1896 में हेनरी बीक्वेरल (Henry Becquerel) ने ज्ञात किया कि यूरेनियम धातु से कुछ अदृश्य किरणें निकलती हैं, जो फोटो प्लेट को प्रभावित करती हैं। इन किरणों को 'बीक्वेरल किरणें' कहा गया। जिन पदार्थों से ऐसी किरणें निकलती हैं, उन्हें 'रेडियोधर्मी पदार्थ' और इस प्राकृतिक घटना को 'रेडियोधर्मिता' कहा गया।

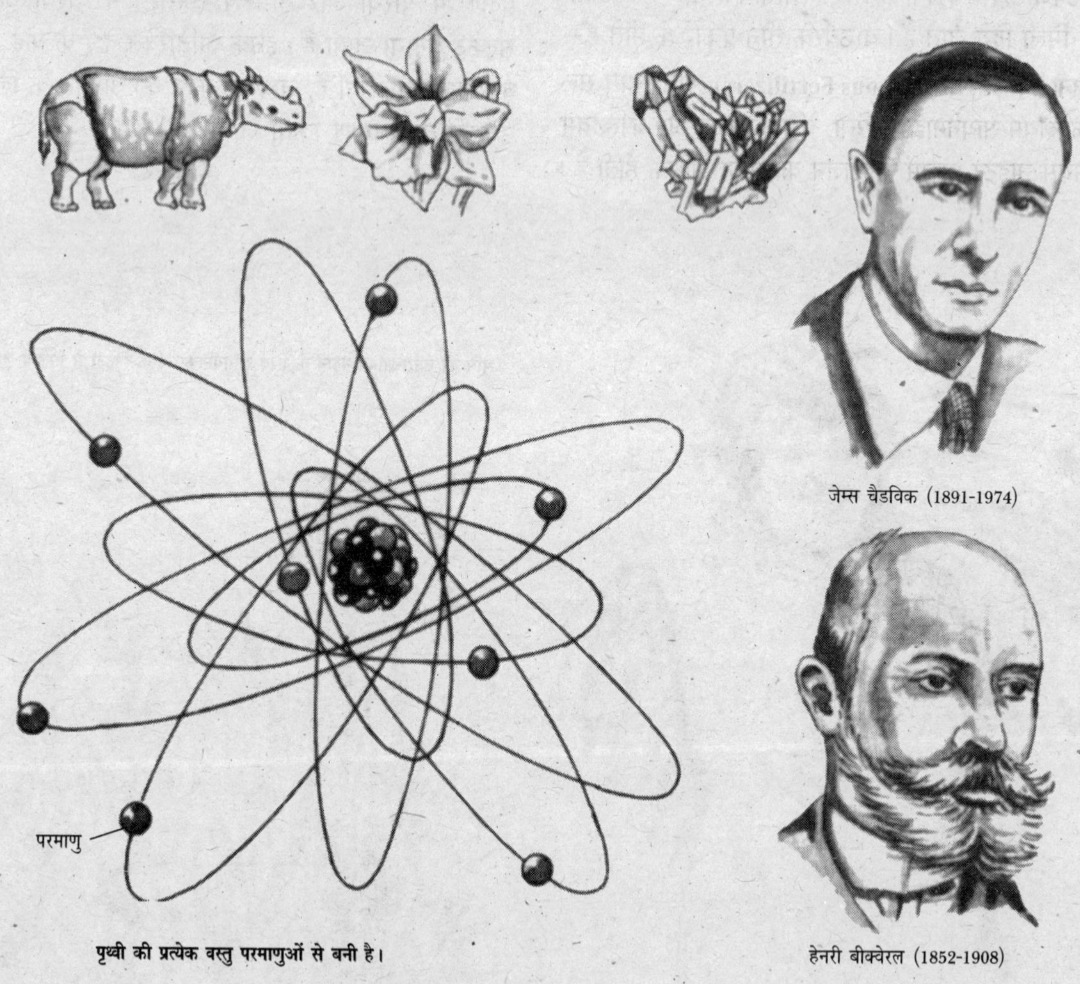

पृथ्वी की प्रत्येक वस्तु परमाणुओं से बनी है।

जेम्स चैडविक (1891-1974)

हेनरी बीक्वेरल (1852-1908)

नील बोर (1885-1962)

फ्रीडरिक सॉडी (1877-1956)

एलबर्ट आइंस्टीन (1879-1955)

मैडम क्यूरी तथा उनके पति पियरे क्यूरी ने सन् 1898 में पिच ब्लेण्डी CysUMh (Pich blende) नामक खनिज से दो नवीन तत्त्व 'रेडियम' और 'पोलोनियम' प्राप्त करके रेडियोधर्मिता को सिद्ध कर दिखाया। रेडियोधर्मिता के आविष्कार ने 19वीं शताब्दी तक माने जाने वाले अनेक मूल-भूत विचारों को समूल नष्ट कर दिया। कीमियागरों के पुराने तत्त्वान्तरण के विचार को, जिसे बॉयल तथा अन्य वैज्ञानिकों ने ठुकरा दिया था, रेडियोधर्मिता की प्राकृतिक घटना ने सिद्ध कर दिया। प्रकृति स्वयं यह तत्त्वान्तरण कुछ तत्त्वों में हमेशा करती रहती है। इस प्रकार जिस तत्त्वान्तरण या स्वर्ण-प्राप्ति का विचार रसायन में शुरू हुआ था, वह प्राकृतिक एवं कृत्रिम दोनों ही प्रकार से 20वीं शताब्दी में सम्भव हो गया। सोना तो नहीं बन सका, लेकिन नवीन कृत्रिम तत्त्वों की एक श्रेणी वैज्ञानिकों को अवश्य प्राप्त हो गयी।

जब यूरेनियम परमाणु विखण्डित होकर दो छोटे-छोटे भागों में टूट जाता है, इसको नाभिकीय विखण्डन (Nuclear Fission) कहते हैं। इस विखण्डन अभिक्रिया में पर्याप्त ऊर्जा मुक्त होती है। यह रहस्य खुल जाने के बाद यूरेनियम तत्त्व ऊर्जा-प्राप्ति का एक भण्डार सिद्ध हुआ, जिसका इस्तेमाल अब युद्ध में परमाणु बम बनाने में तथा शान्ति में विद्युत-निर्माण आदि के लिए किया जा रहा है। सन् 1945 में दो परमाणु बम बनाये गये, जिनका विस्फोट जापान के हीरोशिमा और नागासाकी नगरों पर किया गया। नाभिकीय रिएक्टरों द्वारा यूरेनियम से प्राप्त न्यूट्रॉन एक नाभिकीय शृंखला-क्रिया प्रारम्भ करते हैं, जिससे ऊर्जा निरन्तर रूप से प्राप्त होती रहती है। सन् 1942

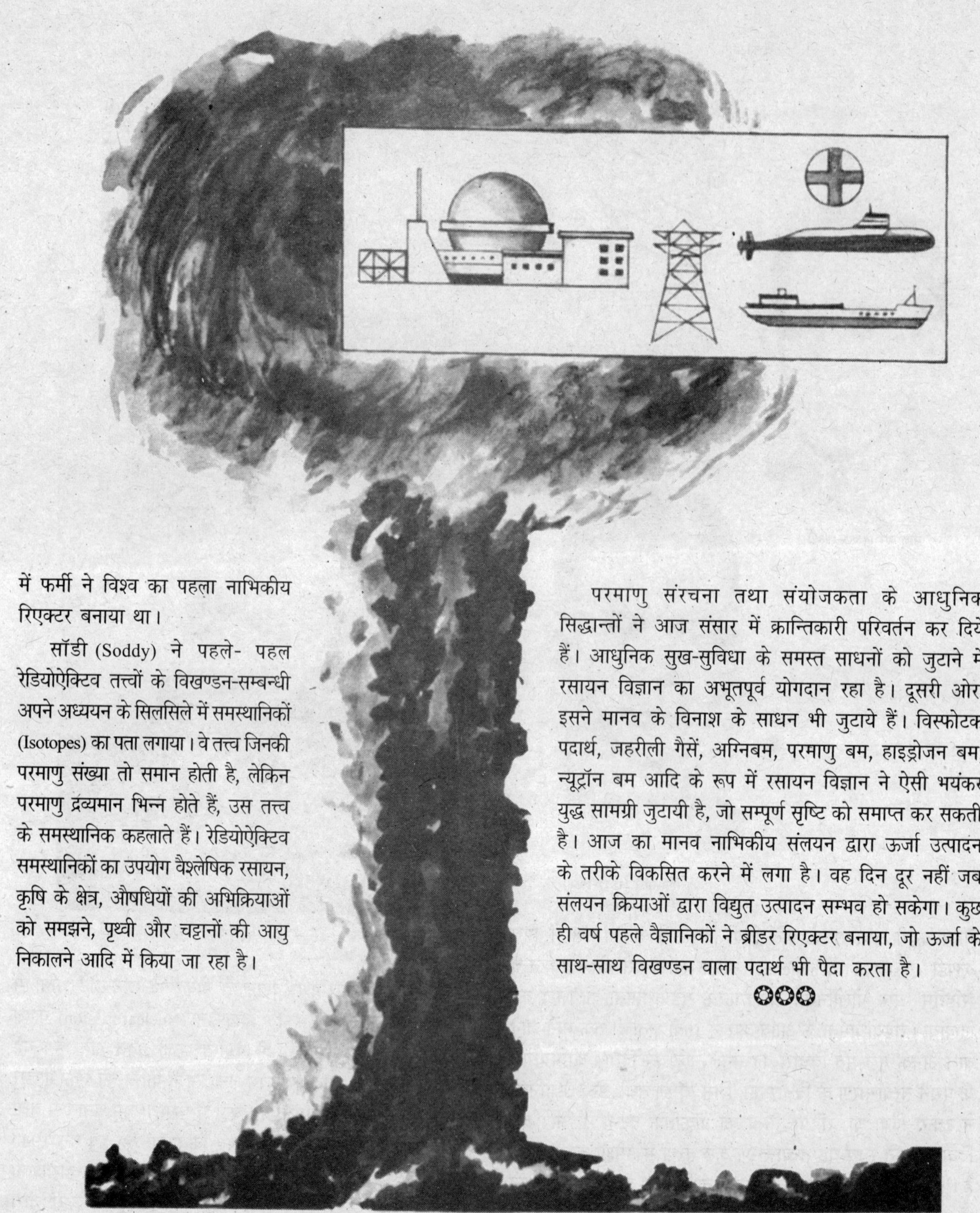

में फर्मी ने विश्व का पहला नाभिकीय रिएक्टर बनाया था।

सॉडी (Soddy) ने पहले- पहल रेडियोऐक्टिव तत्त्वों के विखण्डन-सम्बन्धी अपने अध्ययन के सिलसिले में समस्थानिकों (Isotopes) का पता लगाया। वे तत्त्व जिनकी परमाणु संख्या तो समान होती है, लेकिन परमाणु द्रव्यमान भिन्न होते हैं, उस तत्त्व के समस्थानिक कहलाते हैं। रेडियोऐक्टिव समस्थानिकों का उपयोग वैश्लेषिक रसायन, कृषि के क्षेत्र, औषधियों की अभिक्रियाओं को समझने, पृथ्वी और चट्टानों की आयु निकालने आदि में किया जा रहा है।

परमाणु संरचना तथा संयोजकता के आधुनिक सिद्धान्तों ने आज संसार में क्रान्तिकारी परिवर्तन कर दिये हैं। आधुनिक सुख-सुविधा के समस्त साधनों को जुटाने में रसायन विज्ञान का अभूतपूर्व योगदान रहा है। दूसरी ओर, इसने मानव के विनाश के साधन भी जुटाये हैं। विस्फोटक पदार्थ, जहरीली गैसें, अग्निबम, परमाणु बम, हाइड्रोजन बम, न्यूट्रॉन बम आदि के रूप में रसायन विज्ञान ने ऐसी भयंकर युद्ध सामग्री जुटायी है, जो सम्पूर्ण सृष्टि को समाप्त कर सकती है। आज का मानव नाभिकीय संलयन द्वारा ऊर्जा उत्पादन के तरीके विकसित करने में लगा है। वह दिन दूर नहीं जब संलयन क्रियाओं द्वारा विद्युत उत्पादन सम्भव हो सकेगा। कुछ ही वर्ष पहले वैज्ञानिकों ने ब्रीडर रिएक्टर बनाया, जो ऊर्जा के साथ-साथ विखण्डन वाला पदार्थ भी पैदा करता है।

❂❂❂

सुख-सुविधा के साधनों के साथ-साथ रसायन विज्ञान द्वारा भयंकर युद्ध-सामग्री का निर्माण भी हुआ है

11 ऊर्जा (Energy)

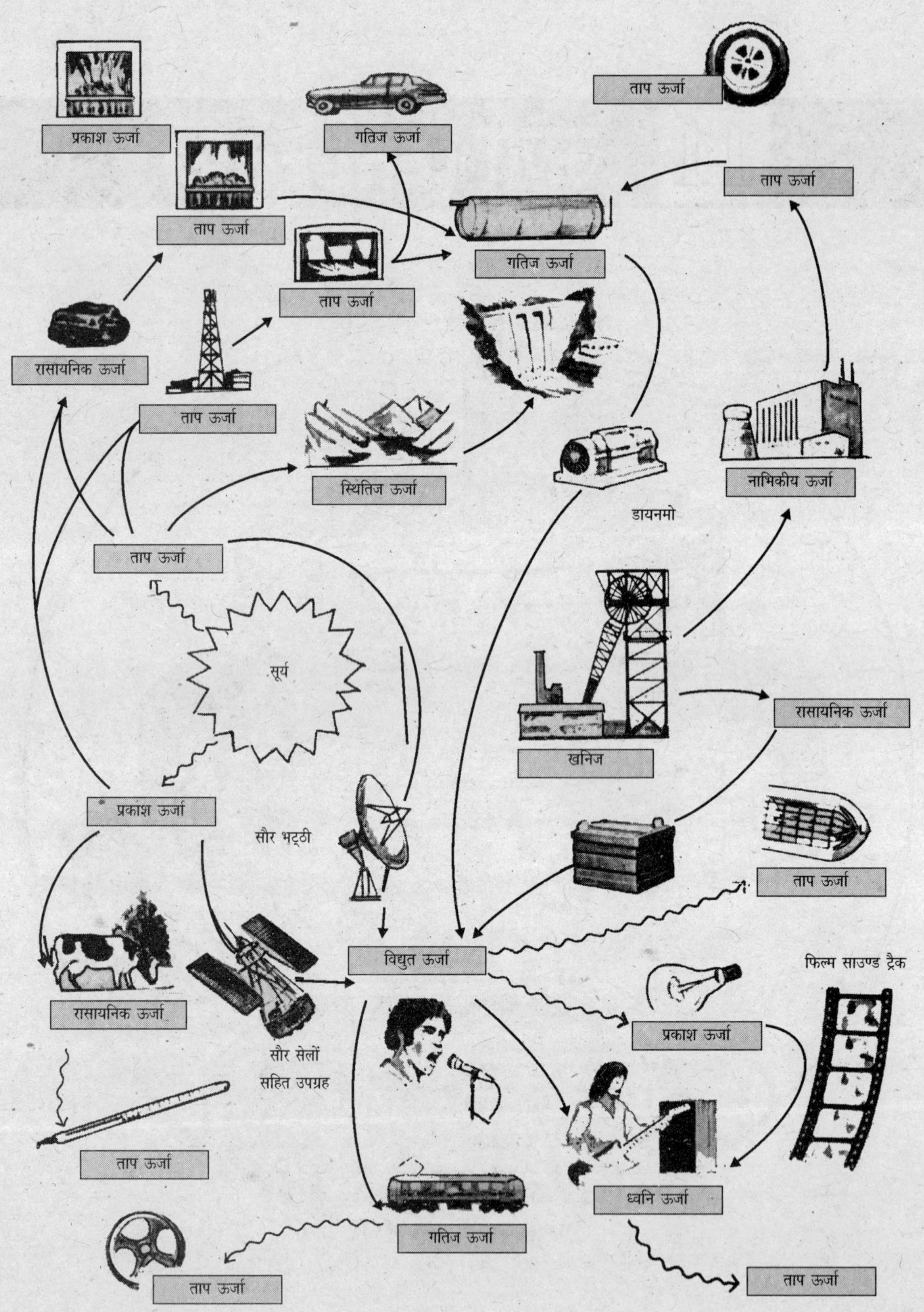
प्रकाश ऊर्जा
गतिज ऊर्जा
ताप ऊर्जा
ताप ऊर्जा
ताप ऊर्जा
गतिज ऊर्जा
ताप ऊर्जा
रासायनिक ऊर्जा
ताप ऊर्जा
स्थितिज ऊर्जा
नाभिकीय ऊर्जा
डायनमो
ताप ऊर्जा
सूर्य
खनिज
रासायनिक ऊर्जा
प्रकाश ऊर्जा
सौर भट्ठी
ताप ऊर्जा
विद्युत ऊर्जा
फिल्म साउण्ड ट्रैक
रासायनिक ऊर्जा
प्रकाश ऊर्जा
सौर सेलों
सहित उपग्रह
ताप ऊर्जा
ध्वनि ऊर्जा
गतिज ऊर्जा
ताप ऊर्जा
ताप ऊर्जा

ऊर्जा (Energy)

दैनिक जीवन में हम जो शारीरिक परिश्रम करते हैं, उसे विज्ञान की भाषा में 'कार्य' (Work) कहते हैं। कार्य करने की क्षमता को 'ऊर्जा' (Energy) कहा जाता है। दुनिया के समस्त कार्य ऊर्जा के कारण ही होते हैं। ऊँचाई से गिरते हुए पानी से जनित्र चलाकर बिजली पैदा की जाती है, जिससे अनेक कार्य किये जाते हैं। कोयले को जलाकर और पानी से भाप बनाकर उससे इंजन चलाया जाता है। बिजली से

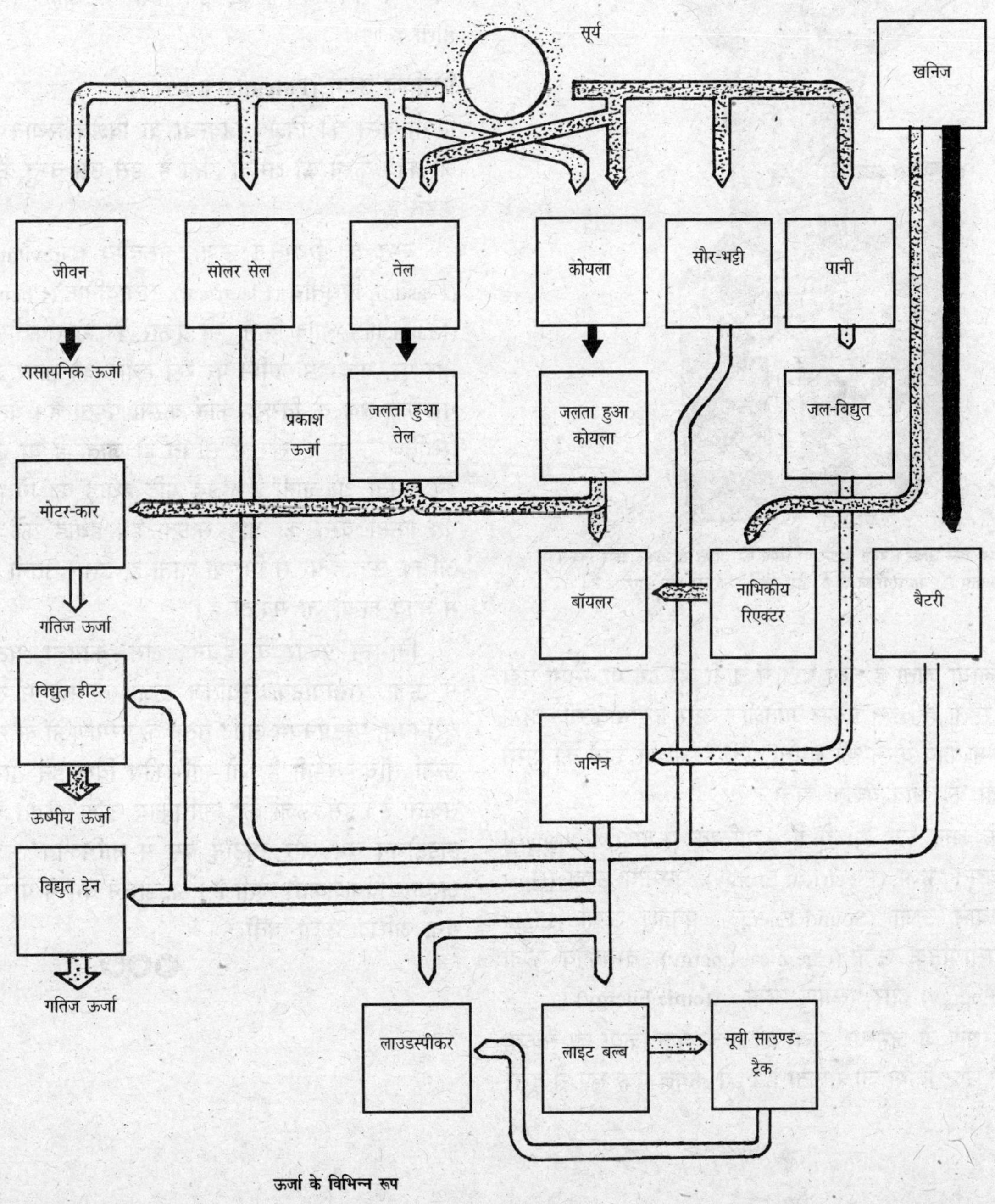

ऊर्जा के विभिन्न रूप

डब्बे में बन्द जोकर। डब्बा खुलने पर स्प्रिंग की शक्ति से जोकर बाहर निकल आता है। यह स्थितिज ऊर्जा और गतिज ऊर्जा का एक उदाहरण है।

मोटर को चलाया जाता है तथा घड़ी में चाबी भर देने पर स्प्रिंग घड़ी को चलाता रहता है। इस प्रकार गतिशील और विरामावस्था—दोनों ही स्थितियों में कार्य करने की क्षमता होती है अर्थात् कार्य को करने के लिए ऊर्जा की आवश्यकता होती है।

ऊर्जा के आठ रूप हैं। ये हैं – यान्त्रिक ऊर्जा (Mechanical Energy), विद्युत ऊर्जा (Electrical Energy), ऊष्मीय ऊर्जा (Heat Energy), ध्वनि ऊर्जा (Sound Energy), प्रकाश ऊर्जा (Light Energy), रासायनिक ऊर्जा (Chemical Energy), चुम्बकीय ऊर्जा (Magnetic Energy) और परमाणु ऊर्जा (Atomic Energy)।

ऊर्जा-संरक्षण के अनुसार ऊर्जा को न तो पैदा किया जा सकता है और न ही नष्ट किया जा सकता है। इसे केवल एक रूप से दूसरे रूप में परिवर्तित किया जा सकता है। इस प्रकार समस्त ब्रह्माण्ड की ऊर्जा निश्चित रहती है। उसका केवल रूप बदलता रहता है। इसे ऊर्जा-संरक्षण का नियम (Conservation) कहते हैं।

सभी प्रकार की ऊर्जाओं के दो रूप होते हैं—गतिज ऊर्जा (Kinetic Energy) और स्थितिज ऊर्जा (Potential Energy)।

गतिज ऊर्जा (Kinetic Energy)

प्रत्येक गतिशील वस्तु में उसकी गति के कारण कार्य करने की क्षमता होती है, जिसे उसकी गतिज ऊर्जा कहते हैं। बन्दूक से निकली हुई गोली में तथा चलती हुई ट्रेन तथा मोटरकार में गतिज ऊर्जा ही होती है।

स्थितिज ऊर्जा (Potential Energy)

किसी वस्तु की विशेष अवस्था या विशेष स्थिति के कारण उसमें जो कार्य करने की क्षमता होती है, इसे उस वस्तु की स्थितिज ऊर्जा कहते हैं।

वस्तु की स्थितिज ऊर्जा, गुरुत्वीय (Gravitational), प्रत्यास्थ (Elastic), विद्युतीय (Electrical), रासायनिक (Chemical), चुम्बकीय (Magnetic) आदि किसी भी प्रकार की हो सकती है। उदाहरण के तौर पर, यदि हम जमीन पर रखे हथौड़े को ऊपर उठाते हैं, तो हमें गुरुत्वीय बल के विरुद्ध कार्य करना पड़ता है। यह कार्य ही उसमें स्थितिज ऊर्जा के रूप में संचित हो जाता है या उसमें कार्य करने की क्षमता आ जाती है। अब यदि हथौड़े का गिरा दिया जाये, तो वह किसी वस्तु को तोड़ सकता है। हथौड़े को वस्तु से जितनी अधिक ऊँचाई पर से गिराया जाता है, उससे उतनी ही अधिक मात्रा में कार्य किया जा सकता है।

विभिन्न प्रकार के ईंधनों, जैसे—कोयला, पेट्रोल, गैस आदि में ऊर्जा 'रासायनिक स्थितिज ऊर्जा' के रूप में संचित रहती है। यूरेनियम, प्लूटोनियम आदि तत्वों के परमाणुओं के नाभिकों में अपार ऊर्जा संचित रहती है, जो नाभिकीय विखण्डन द्वारा प्राप्त की जा सकती है। इस ऊर्जा को 'नाभिकीय ऊर्जा' कहते हैं। परमाणु बम, हाइड्रोजन बम और न्यूट्रॉन बम में नाभिकीय ऊर्जा होती है, जो अत्यन्त विनाशकारी होती है। हाइड्रोजन बम में परमाणु बम से 700 गुना अधिक ऊर्जा होती है।

✪✪✪

सौर ऊर्जा (Solar Energy)

सूर्य अपने प्रकाश और ताप से पृथ्वी के सभी सजीव पदार्थों को जीवित रखता है, समुद्र और आकाश के बीच जल-चक्र को जारी रखता है, हवा पैदा करता है तथा हमारे लिए इसी ने कोयले और तेल के विशाल भण्डार भरे तथा इसी ने वनस्पति के आदिमकाल से हमारे लिए खनिज द्रव्यों की सम्पदा का निर्माण किया है। परमाणु ऊर्जा को छोड़कर वह समस्त ऊर्जा, जिसका प्रयोग आज तक मानव करता रहा है, सूर्य से ही प्राप्त होती है।

वास्तव में सूर्य ऊर्जा का महानतम स्रोत है। कोयला, तेल और प्राकृतिक गैसों से भी हमें ऊर्जा प्राप्त होती है, लेकिन धरती पर इसके सम्पूर्ण भण्डारों को यदि एकत्र कर लिया जाये और उसे उसी गति से जलाया जाये, जिससे सूर्य से हमें ऊर्जा प्राप्त होती

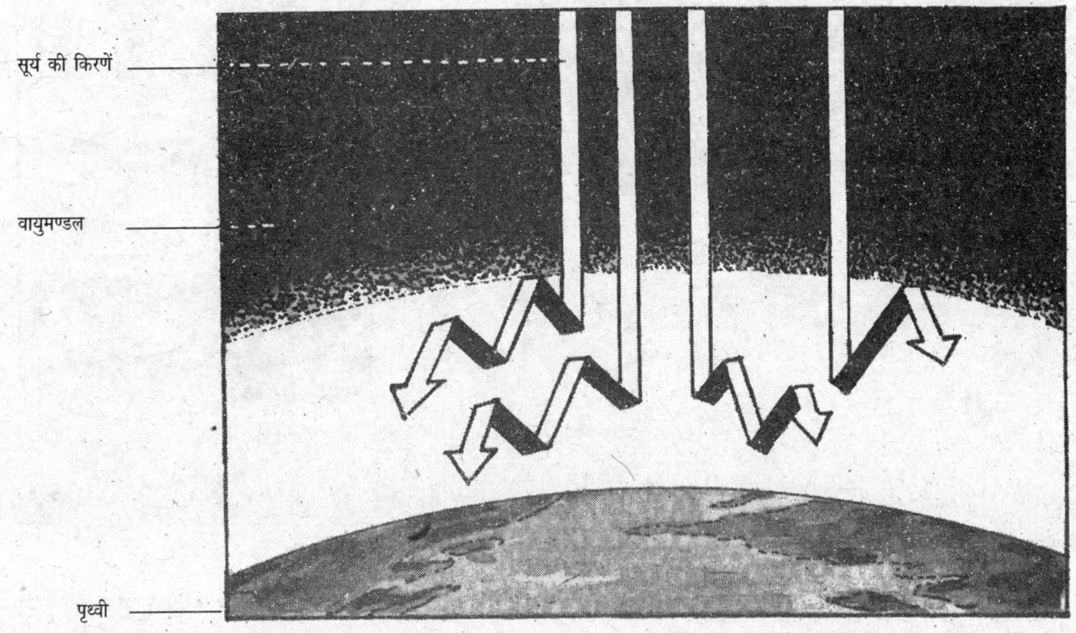

पौधाघर प्रभाव

पौधाघर (Greenhouse) में अन्दर की हवा बाहर की हवा की तुलना में गरम रहती है।

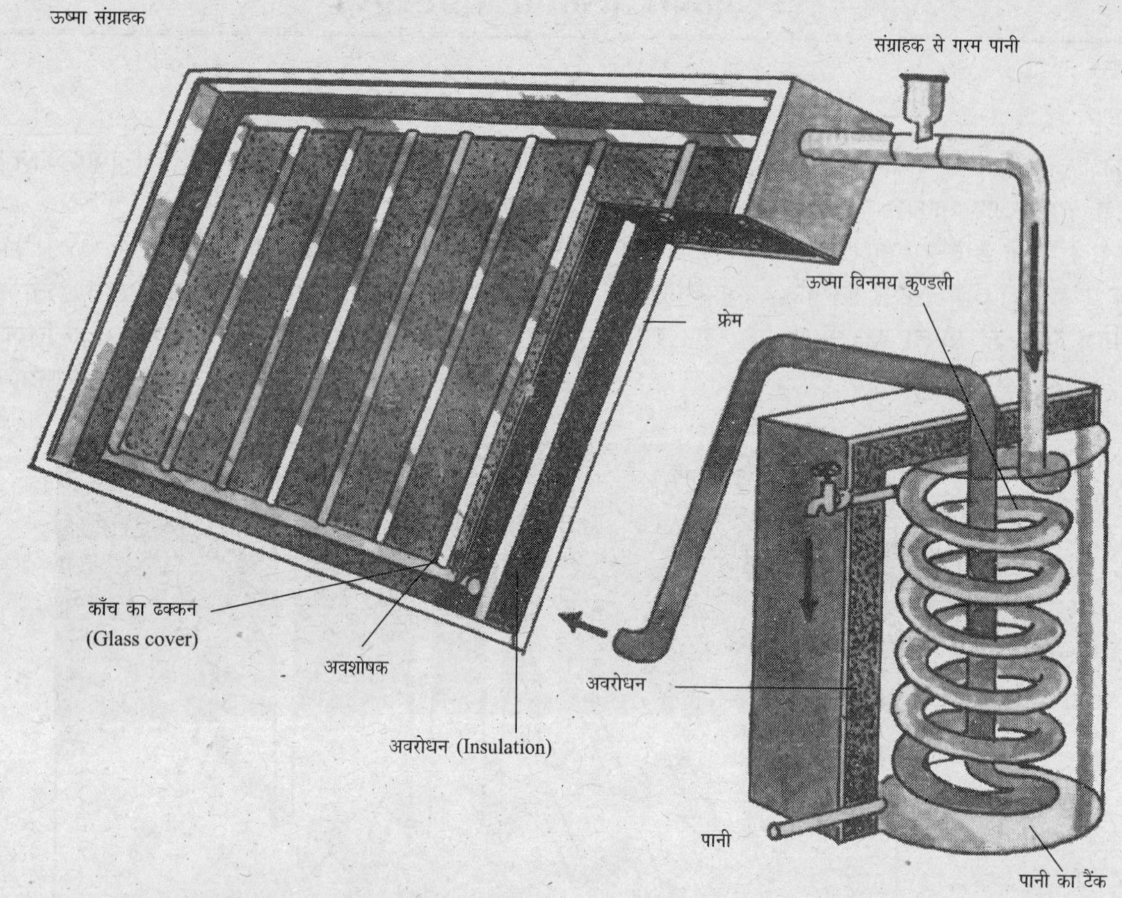

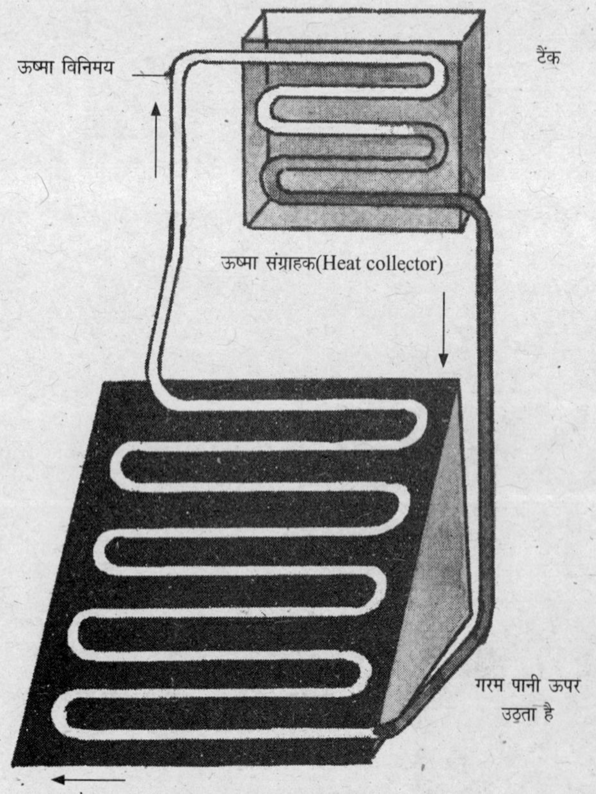

सौर-ऊर्जा द्वारा पानी गरम करना

है, तो ये भण्डार तीन दिनों से पहले ही समाप्त हो जायेंगे। सौर ऊर्जा का इतना विशाल स्रोत होने पर भी मानव ने इसका सीधा इस्तेमाल करना बहुत देर से सीखा। उद्योगों, मशीनों और मोटर वाहनों को चलाने के लिए आज ऊर्जा की आवश्यकताएँ बढ़ती जा रही हैं। सूर्य की ऊष्मा को संचित करके और उसे ऊर्जा के रूप में इस्तेमाल करके इस ऊर्जा-संकट को कुछ हद तक हल किया जा सकता है।

पौधाघर प्रभाव (The Greenhouse Effect)

सूर्य की ऊष्मा का 51% भाग भू-धरातल पर पहुँचता है। पहले वह धरातल को गरम करता है और फिर उसी गरमी से विकिरण, संवहन और चालन द्वारा वायुमण्डल गरम होता है। पृथ्वी की ऊष्मा दीर्घ अवरक्त तरंगों के रूप में विकरित होती है, जिसके लगभग 90% भाग को वायुमण्डल सोख लेता है। वायुमण्डल आमतौर पर पार्थिव विकिरण (Terrestrial Radiation) द्वारा ही गरम होता है। वायुमण्डल द्वारा सौर विकिरण को न रोक सकने और पार्थिव विकिरण को पूर्णतः अवशोषित करने को वायुमण्डल का 'पौधाघर प्रभाव' कहते हैं।

एक सौर गृह

ठीक इसी प्रकार पौधाघर की काँच की दीवारें और छत भी सूर्य के ताप को भू-पृष्ठ तक तो जाने देती हैं, लेकिन भू-पृष्ठ की गरमी को बहुत ही धीमी गति से बाहर निकलने देती हैं। ठण्डे देशों में पौधे उगाने के लिए पौधाघर (ग्रीनहाउस) बनाये जाते हैं। ग्रीनहाउस में अन्दर की हवा बाहर की हवा की तुलना में गरम रहती है। फैमिली मोटरकार ग्रीनहाउस प्रभाव का एक सामान्य उदाहरण है। काँच की दीवारें मोटरकार को एक ग्रीनहाउस बना देती हैं। गरमी के मौसम में इस प्रभाव के कारण बाहर की तुलना में अन्दर का तापमान कम और सर्दी में अधिक रहता है।

सौर ऊर्जा द्वारा पानी गरम करना

सूर्य की ऊष्मा से पानी गरम करने के लिए किसी मकान की छत पर लकड़ी, धातु या प्लास्टिक के छिछले (Shallow) डब्बे में ताँबे की नलियों की कुण्डली (Coil) लगायी जाती है और डब्बे पर काली कंक्रीट की तह चढ़ाकर शीशे से ढककर रखा जाता है। काली कंक्रीट का प्रयोग इसलिए किया जाता है कि काला रंग आसानी से सूर्य की ऊष्मा को सोख लेता है। ताँबे की नलियों में घूमता हुआ पानी गरम हो जाता है और उसे जल-पम्पों से पानी के टैंक में भेज दिया जाता है। इस प्रकार घरेलू कामकाज के लिए गरम पानी उपलब्ध हो जाता है। अनेक ठण्डे देशों में गरम पानी प्राप्त करने के लिए इसी युक्ति का इस्तेमाल किया जा रहा है। आस्ट्रेलिया में लगभग 60 से 95% परिवार सौर-संग्राहक (Solar Collector) द्वारा गरम किये गये पानी का इस्तेमाल करते हैं। अमेरिका के फ्लोरिडा शहर में 50,000 से भी अधिक मकानों में इसी विधि द्वारा गरम पानी प्राप्त किया जाता

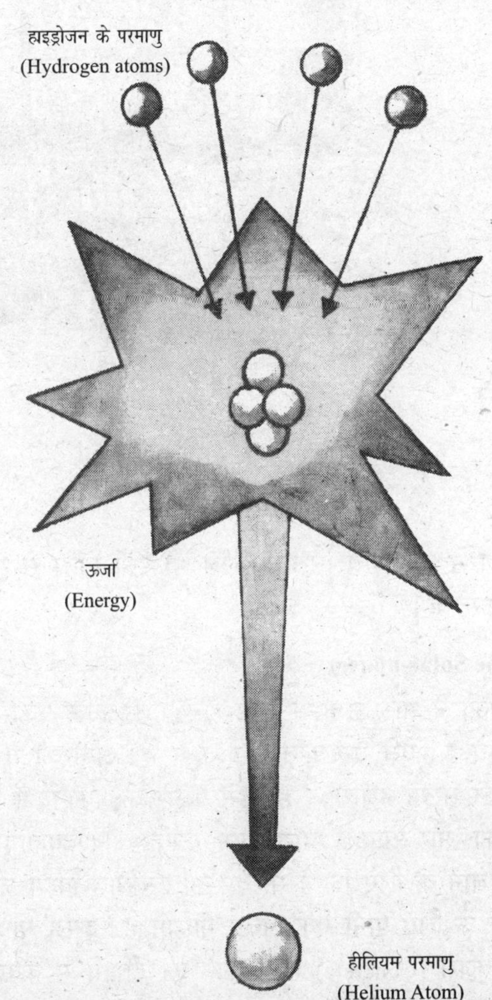

सौर ऊर्जा नाभिकीय संगलन प्रतिक्रिया के फलस्वरूप उत्पन्न होती है।

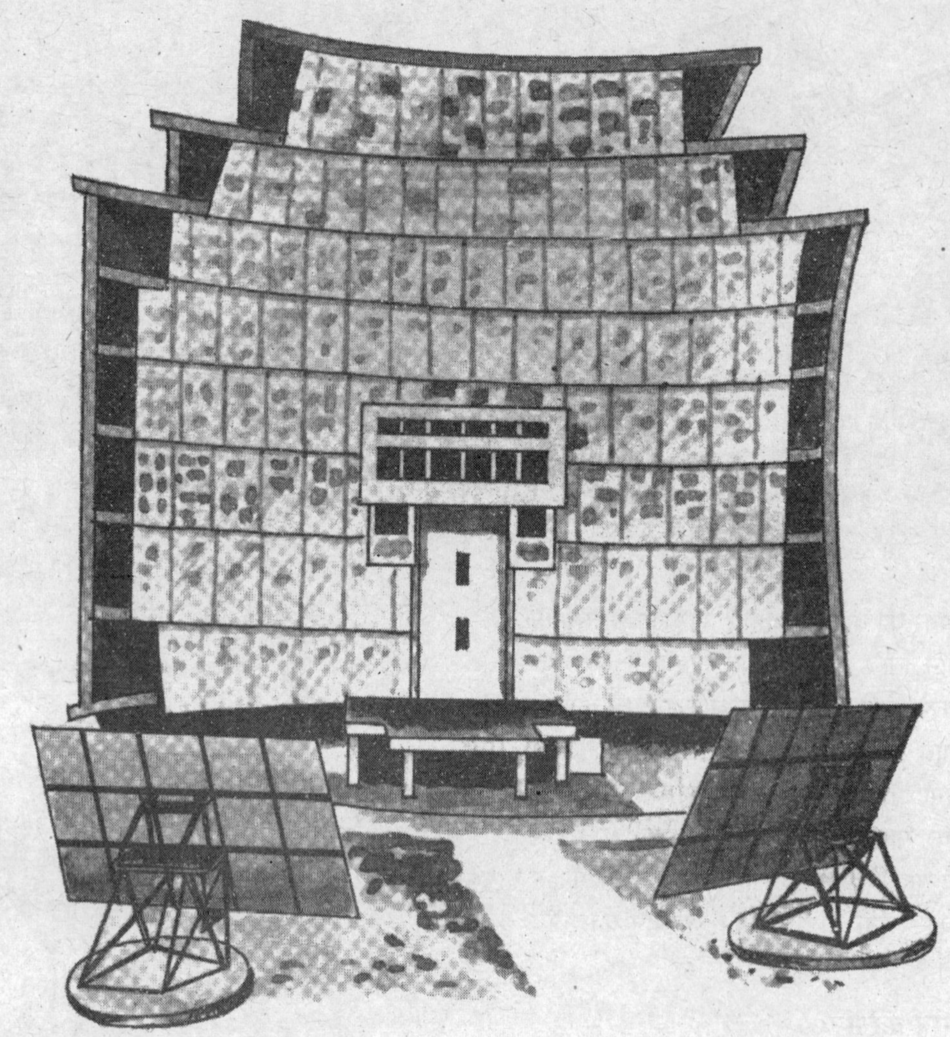

सौर भट्ठी

है। हमारे देश में कुछ पाँच सितारा होटल भी इसी विधि से गरम पानी प्राप्त करते हैं।

सौर-गृह (The Solar-house)

भवन-निर्माताओं ने सौर ऊर्जा से गरम होने वाले अनेक प्रकार के सौर-गृह बनाये हैं। ऐसे घर बहुत-से देशों में हैं। अमेरिका में तो ऐसे भवनों की संख्या हजारों में है। इस प्रकार के मकानों में सूर्य की ऊष्मा को सौर-संग्राहक द्वारा जमा करके आवश्यकतानुसार उसे काम में लाने के लिए किसी माध्यम का इस्तेमाल किया जाता है। इस कार्य के लिए पानी एक अच्छा माध्यम है। दूसरा माध्यम कंकरीट या बजरी (Concrete) है। मकान की दीवारों में कंकरीट का विशेष प्रकार से उपयोग करने पर मकान को सर्दी में गरम रखा जा सकता है। छत पर एक ताप-संग्राहक लगा दिया जाता है, जहाँ से एक छोटे-से रोशनदान द्वारा ऊष्मा कंकरीट तक पहुँचती है और अवशोषित हो जाती है। बाद में ठण्ड के दिनों में यह ऊष्मा मकान को गरम रखने के काम आती है।

खारे पानी से मीठा पानी

खाड़ी देशों में मीठे पानी की बहुत कमी है। वहाँ सौर ऊर्जा द्वारा समुद्री जल को गरम करके और आसवित करके मीठा पानी प्राप्त किया जाता है। इस युक्ति में खारे पानी से भरे बर्तन को ढालू शीशे के टुकड़े से ढक दिया जाता है। सूर्य की गरमी से खारा पानी वाष्पित होकर शीशे तक पहुँचता है और ठण्डा होकर मीठे पानी की बूँदों की शक्ल में एक बर्तन में गिरता जाता है। मीठे पानी के अलग होने पर जो नमक नीचे बचा रहता है, वह भी काम में ले लिया जाता है।

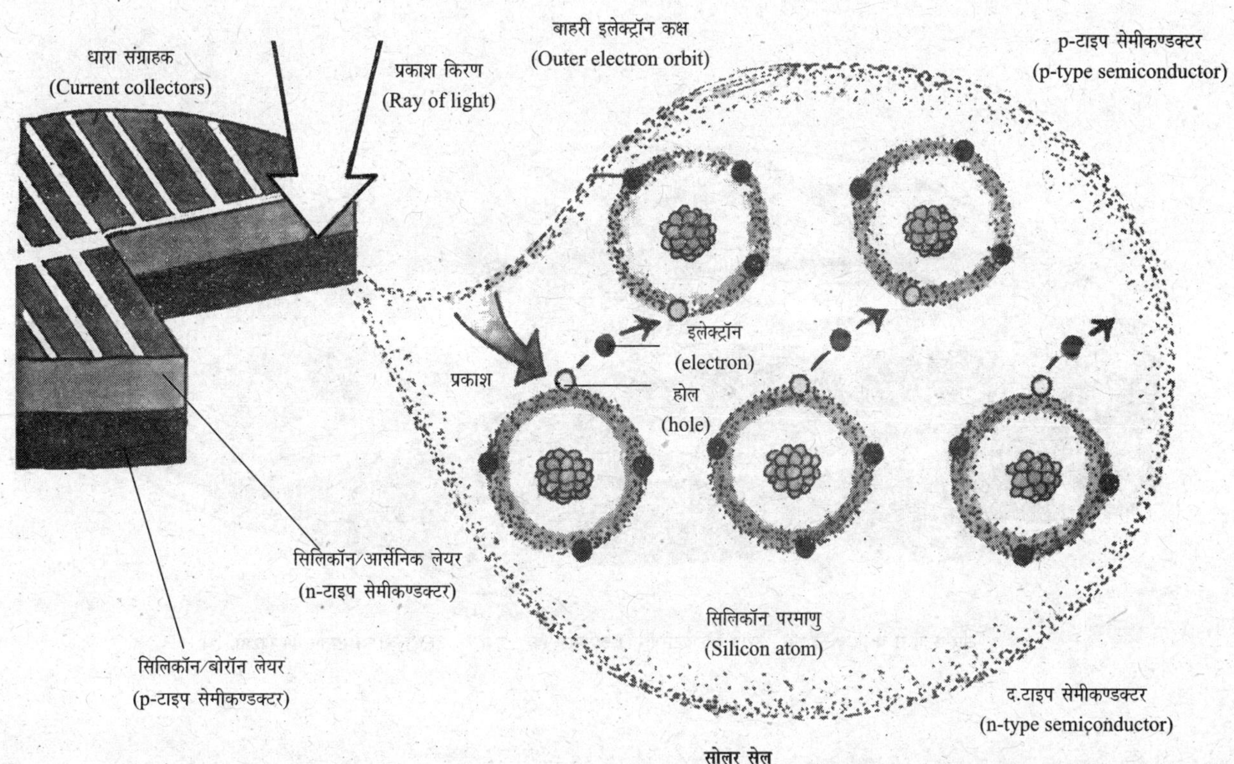

सोलर सेल

सौर भट्ठियाँ (Solar Furnaces)

सौर ऊर्जा को प्रयोग में लाकर सौर भट्ठियों के विकास सम्बन्धी प्रयोग विश्व के कई देशों में किये जा रहे हैं। इन भट्ठियों से विद्युत का उत्पादन किया जायेगा। फ्रांसीसी वैज्ञानिक 'पाइरेनीज़' (Pyrenees) क्षेत्र में स्थित अपने शोध केन्द्र में ऐसी भट्ठियों का प्रयोग कर रहे हैं। ये विशाल भट्ठियाँ हैं। एक भट्ठी में परवलयिक (Parabolic) परावर्ती सतह (Reflecting Surface) में 9,000 दर्पण तथा एक समतल परावर्ती सतह में 11,000 समतल दर्पण लगे हुए हैं। भट्ठी परावर्तकों (Reflector) के बीच में बनायी गयी है। दर्पणों से परावर्तित ऊष्मा द्वारा इस भट्ठी में 3,800°C का तापमान उत्पन्न होता है, जो प्रति घण्टे 70 कि.ग्रा. लोहा गलाने के लिए पर्याप्त है। रूसियों ने भी एक विशाल सूर्यकिरण बॉयलर तैयार किया है।

इस यन्त्र से इतनी भाप पैदा होती है, जो 1,000 कि.वा. के एक टर्बोजेनरेटर को चलाने के लिए पर्याप्त है। निकट भविष्य में सौर भट्ठियों के प्रचलन की सम्भावना बढ़ जायेगी।

सोलर सेल (Solar Cells)

प्रकाश ऊर्जा को विद्युत ऊर्जा में बदलने वाली युक्ति को 'सोलर सेल' कहते हैं। इसमें सिलिकॉन या जर्मेनियम के मणिभीय पतले

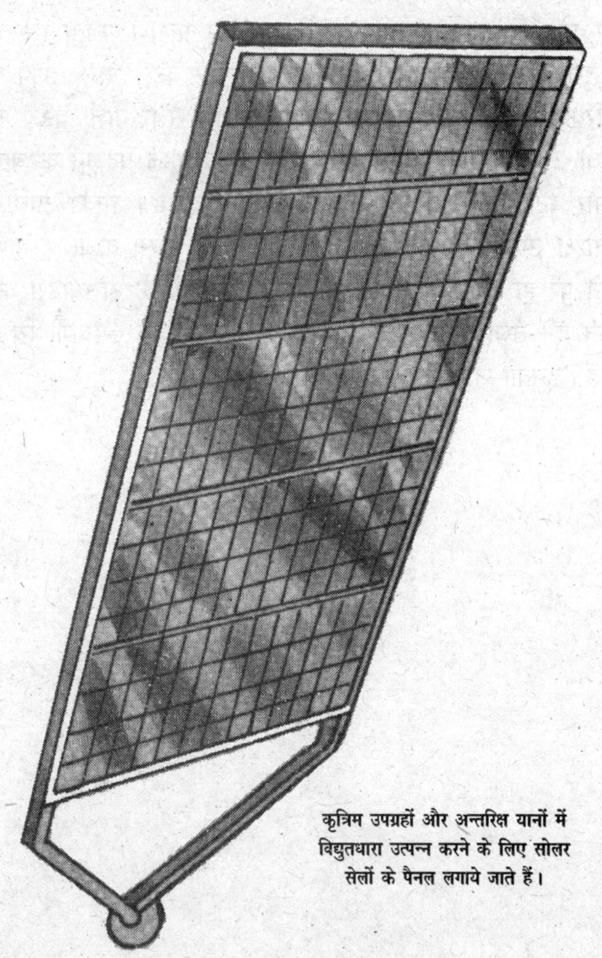
कृत्रिम उपग्रहों और अन्तरिक्ष यानों में विद्युतधारा उत्पन्न करने के लिए सोलर सेलों के पैनल लगाये जाते हैं।

सौर-ऊर्जा से चलने वाली कार। इसमें सौर बैटरियों का इस्तेमाल किया गया है। इसकी औसत रफ्तार 46 कि.मी. है।

वेफर होते हैं। जब इन वेफरों पर सूर्य का प्रकाश पड़ता है, तो विद्युतधारा उत्पन्न होती है। सबसे पहली 'सौर बैटरी' सन् 1954 में अमेरिका में बनायी गयी है। 400 सिलिकॉन सेलों वाली बैटरी से 12 वोल्ट की विद्युत उत्पन्न होती थी। अपने पहले प्रदर्शन के बाद से सौर बैटरी अब तक काफी विकसित हो चुकी है। उनका उपयोग अन्तरिक्ष उपग्रहों में सौर ऊर्जा से विद्युत पैदा करने के लिए भारी पैमाने पर हो रहा है। ये बैटरियाँ अन्तरिक्ष यानों के ट्रांसमीटरों को शक्ति देने तथा दूसरे उपकरणों को चलाने में बहुत उपयोगी सिद्ध हुई हैं। इनका जीवनकाल बहुत अधिक होता है।

सोलर सेल फोटोग्राफिक लाइट मीटरों में प्रयोग किये जाते हैं। इनका इस्तेमाल टेलीफोन लाइनों में बूस्टर धारा (Booster Current) के लिए भी होता है। कैलकुलेटरों में भी ये प्रयोग किये जा रहे हैं। कैलकुलेटर के ऊपर तीन- चार सोलर सैल लगे होते हैं, जो विद्युतधारा पैदा करते हैं और कैलकुलेटरों को चलाने का काम करते हैं। सोलर पैनलों द्वारा विद्युत ऊर्जा पैदा की जाती है। सोलर सेल अभी बहुत महँगे हैं। ऐसी आशा है कि भविष्य में सौर बैटरियों का मूल्य कम हो जायेगा और इनका उपयोग बढ़ जायेगा। आज सोलर पैनलों द्वारा विद्युत-उत्पादन भी किया जा रहा है।

वायु जनित्र (Wind Generators)

बारहवीं से अठारहवीं सदी के दौरान पश्चिमी देशों में आटा पीसने और पानी खींचने के लिए पवनचक्कियों (Wind Mills) का प्रयोग भारी पैमाने पर होता था। हॉलैण्ड तो यूरोप में पवनचक्कियों के देश के नाम से प्रसिद्ध था। इंग्लैण्ड में उन्नीसवीं सदी के आरम्भ में लगभग दस हजार पवनचक्कियाँ थीं। भाप-इंजन तथा बिजली के विकास के साथ पवनचक्कियाँ बन्द होती गयीं, लेकिन वर्तमान युग में ऊर्जा की आवश्यकताएँ बढ़ने पर वैज्ञानिकों और तकनीशियनों ने वायु की उपयोगिता के विषय में फिर से सोचना शुरू कर दिया है। वायु-शक्ति ऊर्जा का साफ-सुथरा स्रोत है। इससे पर्यावरण प्रदूषित नहीं होता है।

अठारहवीं सदी तक आटा पीसने और पानी खींचने के लिए पवन चक्कियों का इस्तेमाल होता रहा।

आज वायु की शक्ति से अनेक देशों में विद्युत पैदा करने के लिए जनित्र चलाये जा रहे हैं। वायु जनित्र को चलाने के लिए चक्कियों की तरह पालदार पंखों की आवश्यकता नहीं होती। इसके प्रोपेलर में एल्युमिनियम की दो या दो से अधिक ब्लेडें लगी होती हैं, जिनकी घूर्णन-दिशा वायु की गति की दिशा के अनुसार स्वयं व्यवस्थित हो जाती है। ये ब्लेड अन्दर से खोखले होते हैं और इनके सिरों पर छेद होते हैं। जब हवा ब्लेड को घुमाती है, तो ये छेद हवा को अन्दर खींच लेते हैं। प्रोपेलर स्टील के एक खोखले स्तम्भ के सिरे पर लगा होता है और नीचे पेंदे में एक वायु-टरबाइन होती है। बाहरी हवा और खोखले स्तम्भ के अन्दर के वायुदाब-अन्तर से टरबाइन चलने लगती है। वायुदाब का अन्तर ब्लेड के छेदों से हवा निकलने के कारण पैदा होता है। टरबाइन का सम्बन्ध एक विद्युत-जनित्र से होता है, जो विद्युत पैदा करता है। बड़ी पवनचक्कियों के पंखे 60 मीटर तक लम्बे होते हैं तथा इनकी मीनार 100 मीटर ऊँचाई तक होती है। ये पवनचक्कियाँ बड़े शहरों और छोटे शहरों के लिए विद्युत आपूर्ति करती हैं।

घरेलू इस्तेमाल के लिए आजकल छोटे प्रकार के वायु जनित्र उपलब्ध हैं, मुख्यतः उन किसानों के लिए, जिनके क्षेत्रों में बिजली नहीं पहुँच पायी है। इन जनित्रों से बल्ब, ट्यूब, रेफ्रीजरेटर, पंखे, टेलीविजन आदि के लिए विद्युत पैदा की जा सकती है। कुछ छोटी पवनचक्कियाँ भी पानी खींचने के काम आती हैं।

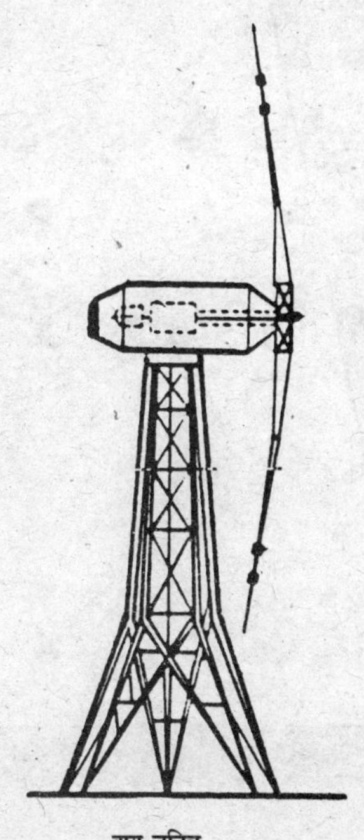

वायु जनित्र

जल-विद्युत शक्ति (Hydro-electric Power)

ईसा से लगभग 100 वर्ष पूर्व जल-शक्ति को मानव के उपयोग के लिए नियन्त्रित करने का पहला प्रयास रोमन साम्राज्य में किया गया था। बहती हुई नदी और कुछ समय बाद गिरते हुए झरने की शक्ति को एक बड़े और घूमने वाले पहिये के माध्यम से इस्तेमाल के योग्य ऊर्जा में रूपान्तरित किया गया था, जिसके बाहरी घेरे में छोटी-छोटी अनेक तख्तियों की शक्ल की पत्तियाँ लगी होती थीं। कई सदियों तक इस प्रकार से घूमने वाला चक्का मुख्य रूप से आटा पीसने की चक्की चलाने में काम आता रहा। ईसा से लगभग 200 वर्ष बाद रोमन लोगों ने एक युक्ति का निर्माण किया, जिसे हम प्राचीनतम 'शक्ति संयन्त्र' कह सकते हैं। उन्होंने दक्षिण फ्रांस के आर्ले नगर के पास सोलह पनचक्कियों का एक संयन्त्र स्थापित किया था। ये पनचक्कियाँ 32 मिलों को चलाती थीं, जो प्रतिदिन 30 टन आटा पीसती थीं।

पायलन

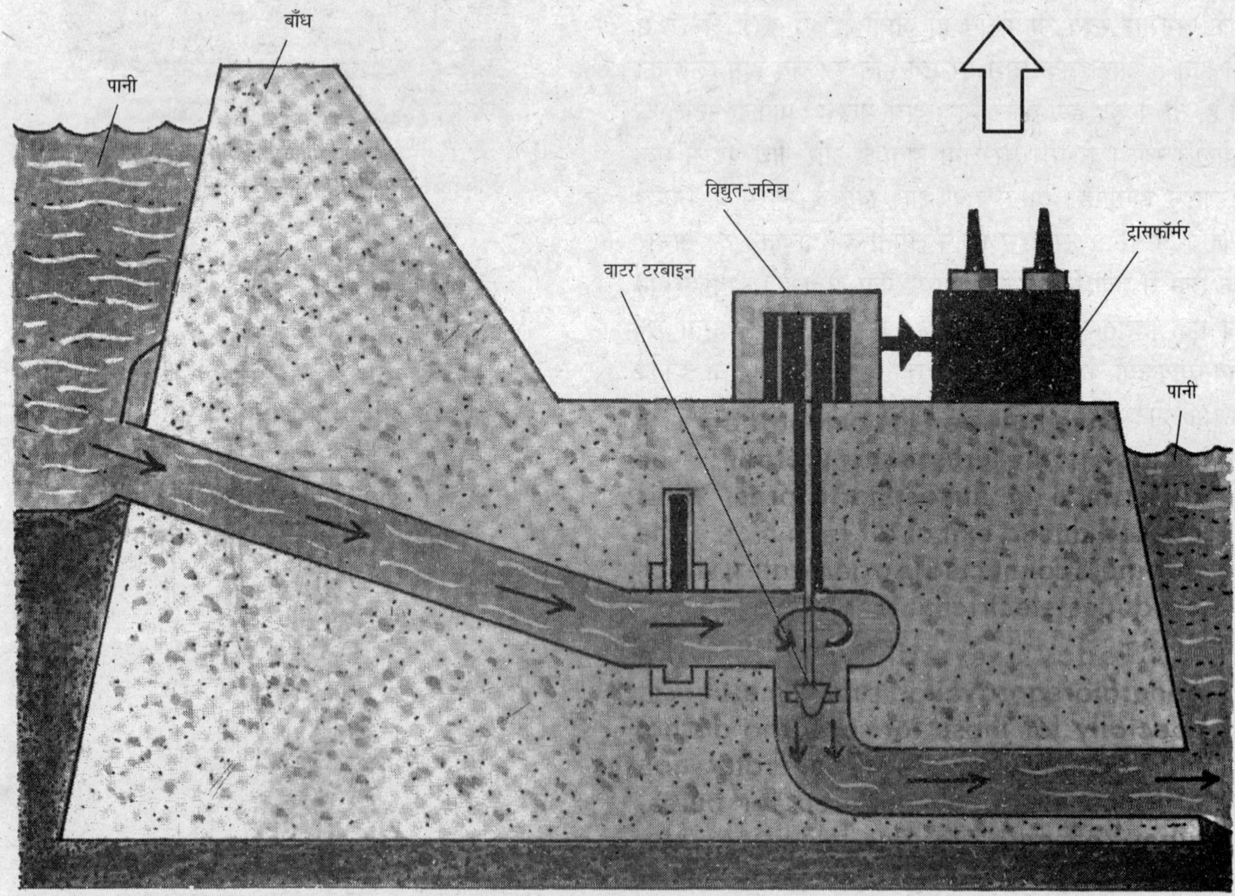

जल-विद्युत

विश्व की कुल विद्युत का लगभग 20% उत्पादन हाइड्रोइलेक्ट्रिक प्लाण्टों से किया जाता है।

अरब लोगों ने पनचक्कियों का लम्बे समय तक व्यापक इस्तेमाल किया, जबकि यूरोप ने मध्य युग में पहुँचकर इस आविष्कार को बिलकुल भुला दिया। यह आविष्कार पश्चिमी दुनिया में 800 से 1200 ईस्वी के लगभग फिर से लौट आया। तब यह अपने समय का सबसे महत्त्वपूर्ण चालक बना। यह चालक आटा-मिल, धान-मिल, हैमर, खदानों के पम्प आदि चलाने के लिए आवश्यक शक्ति प्रदान करते हुए औद्योगिक उत्पादन में वृद्धि के पहले संयन्त्र की भूमिका अदा करने लगा।

फैराडे द्वारा विद्युत चुम्बकीय प्रेरण द्वारा बिजली पैदा करने की खोज के बाद विद्युतऊर्जा मानवजीवन का एक अभिन्न अंग बन गयी। इस विधि में विद्युत पैदा करने के लिए टरबाइनों से जनित्रों को चलाया जाता है। टरबाइनों को चलाने के लिए कोयले, खनिज तेल या परमाणु ऊर्जा की आवश्यकता होती है, लेकिन जल-शक्ति के उपयोग से पनचक्की वाले तरीके में निःशुल्क विद्युत प्राप्त होती है। कोयले और खनिज तेल के घटते हुए भण्डारों के कारण जल-विद्युत का महत्त्व बहुत अधिक बढ़ गया है। सर्वप्रथम सन् 1858 में अमेरिका में गिरते हुए पानी द्वारा टरबाइन चलाकर बिजली पैदा की गयी थी।

बहते हुए पानी को ऊँचाई से गिराकर टरबाइन को घुमाने से चलने वाले जनित्र जो विद्युत पैदा करते हैं, उसे जल-विद्युत शक्ति (Hydro-electric Power) कहते हैं। विश्व के कुल ऊर्जा उत्पादन में जल-विद्युत शक्ति का योगदान लगातार बढ़ रहा है, क्योंकि कोयले, खनिज़ तेल आदि के जलाने से धुआँ, गन्दगी और प्रदूषण होता है, जबकि जल-विद्युत उत्पादन ऊर्जा प्राप्त करने का साफ-सुथरा तरीका है। जल-विद्युत का उत्पादन सस्ता पड़ता है। यद्यपि आरम्भ में बाँध आदि बनाने में भारी खर्च आता है, लेकिन बाद में बहुत कम खर्च आता है। इसलिए कुल मिलाकर यदि लम्बी अवधि तक खर्च का औसत लिया जाये, तो जल-विद्युत उत्पादन दूसरे तरीकों से काफी सस्ता पड़ता है। बाँध-निर्माण और विद्युत-उत्पादन प्लाण्ट का खर्च बाढ़-नियन्त्रण, सिंचाई, जल-परिवहन आदि योजनाओं पर बँट जाने से बहुद्देशीय परियोजनाओं के कारण बिजली का उत्पादन और भी सस्ता हो जाता है।

अफ्रीका महाद्वीप में जल-विद्युत उत्पादन की सबसे अधिक भौगोलिक सुविधाएँ हैं, लेकिन वहाँ विद्युत का विकास बहुत कम हो पाया है। एशिया महाद्वीप में भी पर्वतीय भागों में बड़ी नदियों के उद्गम क्षेत्रों में बहुत बड़े जल-संसाधन पाये जाते हैं। एशिया में जल-विद्युत शक्ति का सबसे अधिक विकास जापान में हुआ है। चीन और भारत का एशिया में जल-विद्युत उत्पादन में क्रमशः दूसरा व तीसरा स्थान है। यूरोप और उत्तरी अमेरिका ने भी जल-विद्युत उत्पादन के क्षेत्र में उल्लेखनीय विकास किया है। संसार की कुल जल-विद्युत शक्ति का एक-तिहाई से अधिक उत्पादन संयुक्त राज्य अमेरिका और कनाडा में किया जा रहा है। हमारे देश में अनेक जल-विद्युत संयन्त्र हैं, जिनमें भाखड़ा-नांगल और सतलुज-व्यास योजनाएँ मुख्य हैं।

✪✪✪

भू-ऊष्मीय ऊर्जा (Geothermal Energy)

भूगर्भ के अन्दर की ऊष्मा ऊर्जा को 'भू-ऊष्मीय ऊर्जा' कहते हैं। यह तीन प्रकार की होती है—प्राकृतिक भाग, गरम पानी तथा गरम चट्टानें। इन तीनों का ही प्रयोग आज का मानव अपने कार्यों के लिए कर रहा है। आइसलैण्ड, संयुक्त राज्य अमेरिका का येलोस्टोन नेशनल पार्क, इटली और न्यूजीलैण्ड का उत्तरी द्वीप गरम पानी के चश्मों (Hot Springs) तथा गीजरों (Geysers) के लिए प्रसिद्ध हैं। न्यूजीलैण्ड के सबसे बड़े गीजर पोहूटू (Pohutu) के भाप का फव्वारा 30 मीटर ऊँचाई तक उठता है। इस क्षेत्र के माओरी गाँव के लोग इस प्राकृतिक ऊर्जा का काफी लाभ उठाते हैं। वे इन चश्मों के गरम पानी से खाना पकाते हैं, कपड़े धोते हैं और नहाते हैं। इस ऊर्जा के कारण इनको ईंधन की बहुत कम आवश्यकता होती है। इस गाँव के पास रोटोरुआ (Rotorua) नगर में पाइप लाइन द्वारा इन चश्मों के गरम पानी से मकानों को गरम रखा जाता है।

भू-ऊष्मीय ऊर्जा से विद्युत का उत्पादन किया जा सकता है।

विद्युत-उत्पादन के लिए भू-ऊष्मीय ऊर्जा का इस्तेमाल इटली के एक छोटे-से गाँव लार्डेरेलो (Larderello) में किया जा रहा है। लार्डेरेलो के गरम पानी के चश्मों से तेज गरम भाप की धारा 50 मीटर से भी अधिक ऊँची होती है। इसकी भाप का तापमान 190°C से भी अधिक होता है। बिजली उत्पादन के लिए चट्टान में 150 से 450 मीटर गहराई तक ड्रिल करके उच्च दाब वाली भाप प्राप्त की जाती है। इस भाप से स्टीम टरबाइन जनरेटरों को चलाया जाता है। यह विद्युत-उत्पादन का प्रदूषण-मुक्त स्रोत है। इसके उत्पादन में किसी बड़े बाँध, जलाशय, कोयले या तेल की आवश्यकता नहीं पड़ती और न ही धुआँ होने से नगर का वातावरण दूषित होता है।

भू-ऊष्मीय ऊर्जा से न्यूजीलैण्ड, जापान, अमेरिका, रूस, इटली आदि में भी विद्युत का उत्पादन किया जा रहा है। रोटोरुआ (Rotorua) और वाइराकी (Wairakei) में भू-ऊष्मीय भाप की शक्ति का इस्तेमाल हो रहा है। आज के वैज्ञानिक सूखी गरम चट्टानों से भी ऊष्मा ऊर्जा प्राप्त करने लगे हैं। रूस और न्यूजीलैण्ड में भूगर्भ से निकले गरम पानी का प्रयोग वातानुकूलन में किया जा रहा है। ऐसी आशा है कि निकट भविष्य में भू-ऊष्मीय ऊर्जा का प्रयोग और भी अधिक होने लगेगा और अनेक विद्युत-उत्पादन केन्द्र बनाये जा सकेंगे।

✪✪✪

कोयला (Coal)

कोयला सम्भवतः आधुनिक औद्योगीकरण का आधार है। विश्व की कुल ऊर्जा-खपत का लगभग आधा भाग कोयले से ही प्राप्त किया जाता है। कोयला केवल ऊर्जा और ऊष्मा का ही नहीं, बल्कि अनेक बहुमूल्य उत्पादों का भी स्रोत है। कोयले से हमें कोल गैस (Coal gas), कोलतार, पिच (Pitch), अमोनिया (Ammonia), उर्वरक, कृत्रिम रंग, वाटरप्रूफ कागज, नैफ्थलीन (Naphthalene), नाइलॉन के धागे, रसायन पदार्थ और अनेक औषधियाँ प्राप्त होती हैं। कोयले से विद्युत-ऊर्जा भी पैदा की जाती है, जिसे तापीय-विद्युत कहते हैं। लोहा-इस्पात उद्योग में भी कोयले का महत्वपूर्ण स्थान है।

प्राचीन काल में धरती की उथल-पुथल के कारण जंगलों के दब जाने से कोयले की खानों की उत्पत्ति हुई। करोड़ों वर्ष पहले जब जन्तु-जगत का विकास रेंगनेवाले जन्तुओं तक ही सीमित था तथा धरातल पर दलदलयुक्त बड़े-बड़े घने और सैकड़ों मीटर ऊँचे पेड़ उगे हुए थे, उन दिनों सभी वृक्ष बिना फूल के थे। तब न पक्षी थे और न स्तनपायी जीव। सैकड़ों वर्षों तक इन घने जंगलों के वृक्ष बढ़ते रहे और हर वर्ष असंख्य पत्तियाँ तथा वृक्षों के अन्य भाग दलदलों में गिर-गिर कर दबते रहे और उन पर फिर दूसरे पेड़ उगते रहे। धीरे-धीरे ये जंगल नीचे धँसकर मिट्टी में दब गये और उन पर बालू तथा मिट्टी की तहें जमने लगीं। इसी हालत में अपने ऊपर के स्तर के भारी बोझ से दबे हुए ये वृक्ष हजारों वर्ष तक पड़े रहे। दबाव से वनस्पति का स्तर कड़ा होता गया और धरती के अन्दर की गरमी के कारण झुलसता गया और अन्त में उसने कठोर चमकदार काले खनिज कोयले का रूप धारण कर लिया। जब कभी यह धँसी हुई धरती फिर से ऊपर उठ आयी, तो उस पर फिर से जंगल पैदा हो गये। वे जंगल फिर से मिट्टी में दब गये तथा कोयले का एक और स्तर पहले की तरह तैयार हो गया। यह घटनाचक्र जितनी बार चला, कोयले की उतनी ही परतें बनती गयीं। इसीलिए कोयले की खानों में कई पट्टियाँ पायी जाती हैं। इन्हें 'सीम' कहते हैं। जिस युग में कोयले का निर्माण हुआ, उसे 'कार्बनीफैरस पीरियड' कहते हैं।

खनिज कोयले की विभिन्न किस्मों तथा उनकी बनावट से उसके प्राचीन इतिहास की सत्यता प्रमाणित हो जाती है। कोयले की पट्टी के ऊपर वाले स्तर में भिदे हुए वृक्षों की कार्बनीभूत शाखाएँ और उनके नीचे के स्तर में कार्बनीभूत जड़ों के अवशेष मिलते हैं। इससे स्पष्ट होता है कि इन जंगलों में कुछ पेड़ सीधे या बिना गिरे ही दब गये होंगे।

करोड़ों वर्ष पहले जंगलों के धरती में दब जाने से कोयले की उत्पत्ति हुई।

कोयले की किस्में (Kinds of Coals)

कार्बन की मात्रा के अनुसार कोयले को चार किस्मों में बाँटा गया है—एन्थ्रासाइट (Anthracite), बिटुमिनस कोल (Bituminous Coal), लिग्नाइट (Lignite) और पीट (Peat)।

एन्थ्रासाइट : इसमें कार्बन का अंश 95% तक होता है। यह कोयले की सर्वोत्तम किस्म है और सबसे अधिक मिलता है। जलने पर यह बहुत ऊष्मा देता है और इससे चमकीली नीली ज्वाला निकलती है।

बिटुमिनस कोल : शुद्धता में एन्थ्रासाइट के बाद इसी का स्थान है। इसकी चार किस्में हैं— स्टीम कोयला, घरेलू कोयला, कोककारी कोयला

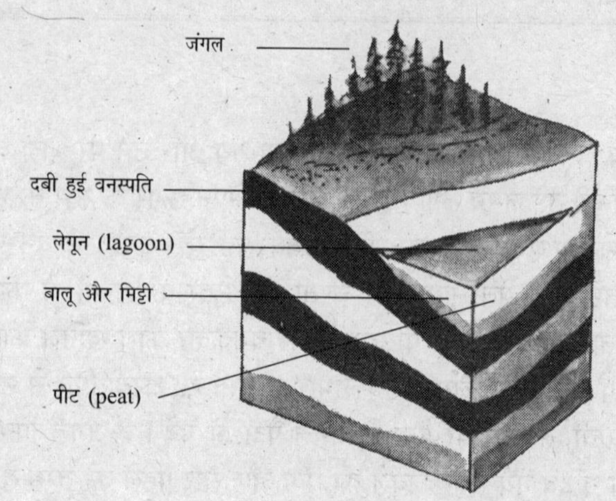

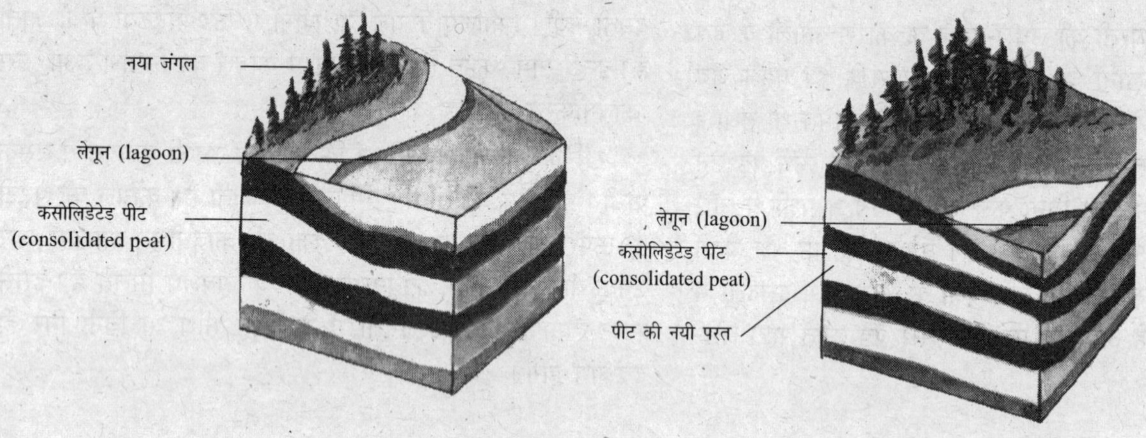

कोयले की उत्पत्ति

कोयले की खान

और गैस कोयला। स्टीम कोयले में कार्बन का अंश 80% से अधिक होता है, कोक कोयले को लौह–अयस्क के गलाने में प्रयोग किया जाता है, जो उत्तम कोटि के बिटुमिनस कोयले से बनाया जाता है।

लिग्नाइट या भूरा कोयला : इसको जलाने पर अधिक धुआँ निकलता है और कम ऊष्मा प्राप्त होती है। इसमें 40% कार्बन का अंश और 40% आर्द्रता होती है।

पीट कोयला : पीट कोयला रेशेदार और भूरा होता है। यह लकड़ी की तरह ही जलता है और बहुत धुआँ देता है। इसमें केवल एक-तिहाई कार्बन होता है। इसका इस्तेमाल आमतौर पर घरेलू ईंधन के रूप में किया जाता है।

कोयले की विशाल खानें होती हैं, जिनसे कोयला निकालने का काम अनेक मजदूरों तथा विशाल मशीनों द्वारा किया जाता है। कोयले का प्रयोग ईंधन के रूप में तो किया ही जाता है, इससे अनेक रसायन, रबर और औषधियाँ भी बनायी जाती हैं। कोयले से कोल गैस का निर्माण किया जाता है। इसे जलाकर पानी की भाप बनायी जाती है, जिससे टर्बाइनें चलाकर विद्युत पैदा की जाती है। संश्लेषित पेट्रोल, प्राकृतिक गैस, कोक, कोलगैस, अमोनीकल द्रव, कोलतार आदि कोयले से बनाये जाते हैं। हमारे देश में छत्तीसगढ़, बिहार आदि में कोयले की अनेक खानें हैं।

✪✪✪

लिग्नाइट (lignite)

बिटुमेनी कोयला (bituminous coal)

एन्थ्रासाइट (anthracite)

विभिन्न प्रकार का कोयला

खनिज तेल या पेट्रोलियम (Mineral Oil or Petroleum)

लाखों वर्ष पहले समुद्र की तली पर असंख्य छोटे समुद्री पौधे और जीव कीचड़ में दब गये थे। विशाल दाब और ऊष्मा के कारण ये अवसादी चट्टानों में बदल गये। इन पौधों और जीवों के बैक्टीरिया द्वारा अपघटन से इनके हाइड्रोकार्बंस (Hydrocarbons) खनिज तेल या पेट्रोलियम जैसे पदार्थ में बदल गये। 'पेट्रा' का अर्थ है- चट्टान और 'ओलियम' का अर्थ है- तेल। इस प्रकार 'पेट्रोलियम' का अर्थ चट्टानों में बना तेल है। यह काले-भूरे रंग का काफी गाढ़ा द्रव पदार्थ है।

पेट्रोलियम की जानकारी मनुष्य को सैकड़ों वर्ष पूर्व भी थी, लेकिन उस समय वह इसका उपयोग दवाओं आदि के लिए करता था और कभी-कभी जलाने के काम में भी लाता था। तेल का सबसे

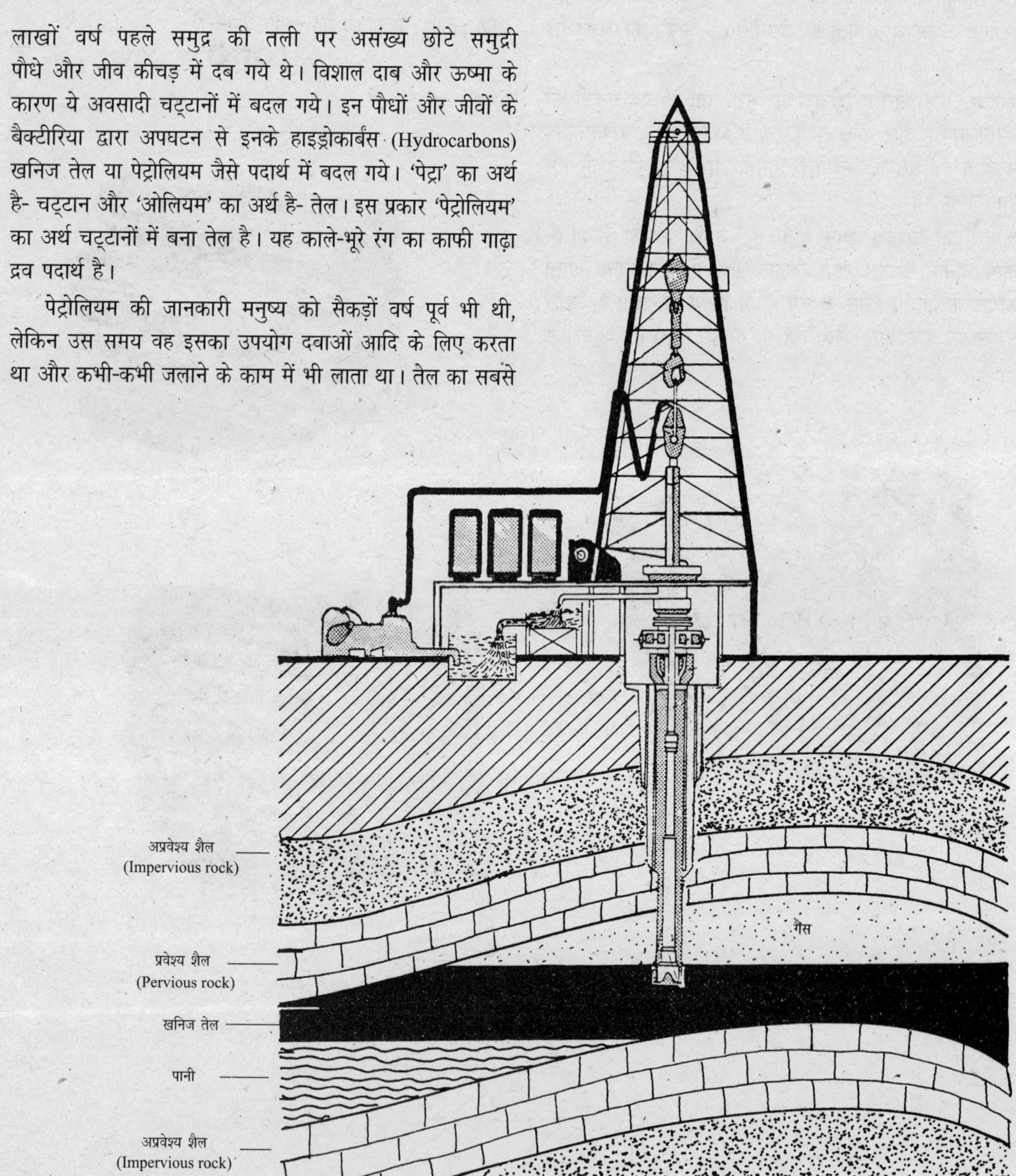

पेट्रोलियम भूगर्भ में अप्रवेश्य शैल के नीचे छिद्रयुक्त शैल-स्तर में रहता है।

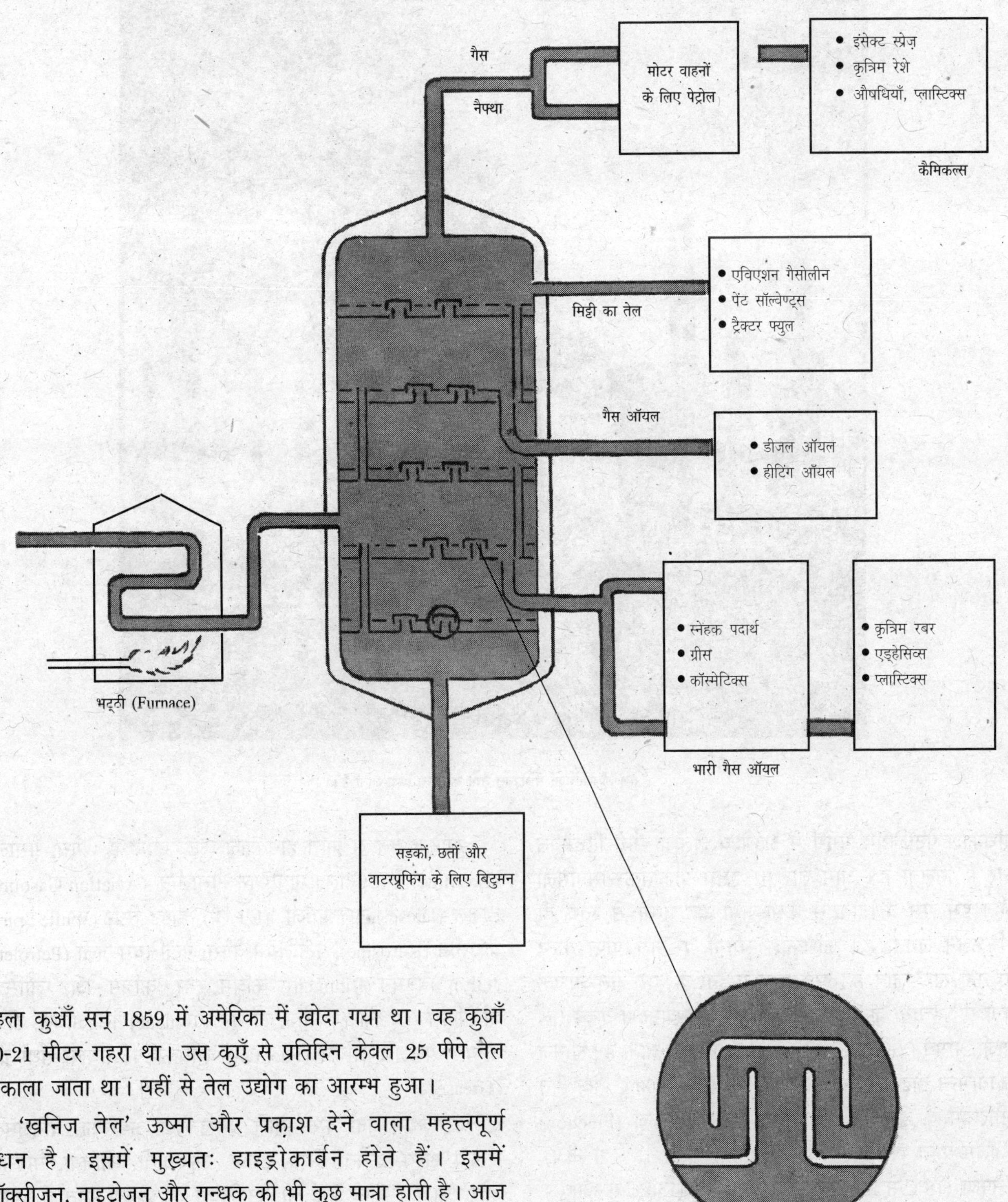

कच्चे तेल का प्रभाजी आसवन

पहला कुआँ सन् 1859 में अमेरिका में खोदा गया था। वह कुआँ 20-21 मीटर गहरा था। उस कुएँ से प्रतिदिन केवल 25 पीपे तेल निकाला जाता था। यहीं से तेल उद्योग का आरम्भ हुआ।

'खनिज तेल' ऊष्मा और प्रकाश देने वाला महत्त्वपूर्ण ईंधन है। इसमें मुख्यतः हाइड्रोकार्बन होते हैं। इसमें ऑक्सीजन, नाइट्रोजन और गन्धक की भी कुछ मात्रा होती है। आज विश्व की आधी से कुछ कम ऊर्जा खनिज तेल से प्राप्त होती है। ऊर्जा के अलावा तेल-शोधशालाओं से हमें हजारों रासायनिक उत्पाद प्राप्त होते हैं। जैसे—कृत्रिम रबर, वस्त्र बनाने के लिए कृत्रिम रेशे, उर्वरक, प्लास्टिक, ग्रीस तथा अन्य अनेक उपयोगी वस्तुएँ।

तेल-शोधशालाओं में फालतू गैसों को जला दिया जाता है।

अधिकांश पेट्रोलियम भूगर्भ में अप्रवेश्य शैल के नीचे छिद्रयुक्त शैल-स्तर में मिलता है। आम तौर पर इसमें प्राकृतिक गैस मिली रहती है। इस गैस के दाब से कभी-कभी यह पृथ्वी से स्वयं ही बाहर निकलने लगता है। अधिकांश स्थानों पर तेल प्राप्त करने के लिए कुएँ खोदे जाते हैं। इसे पाइप लाइनों के द्वारा तेल-शोधक कारखानों में पहुँचाया जाता है। उन शोधक कारखानों में कच्चे तेल का प्रभाजी आसवन (Fractional Distillation) किया जाता है। खनिज तेल के विभिन्न हाइड्रोकार्बनों के क्वथनांक 0° से 400°C तक होते हैं। पेट्रोलियम के प्रभाजी आसवन से विभिन्न प्रभाज (Fraction) अलग-अलग प्राप्त होते हैं। जैसे— असंघनित गैसें (18°C से नीचे), कच्चा नैफ्था (18°C से 150°C), मिट्टी का तेल (150°C से 300°C), भारी तेल (300°C से 400°C) तथा पिच (400°C से ऊपर)। इन पदार्थों से भी दूसरे अनेक पदार्थ प्राप्त होते हैं।

खनिज तेल से प्राप्त होने वाले कुछ उत्पाद हैं : गैस, गैसोलीन (Gasoline) या पेट्रोल, एविएशन गैसोलीन (Aviation Gasoline), डीजल (Diesel), एल.पी.जी. (L.P.G.), ह्वाइट स्प्रिट (White Spirit), केरोसीन (Kerosine), पेट्रोलियम वैक्स, पेट्रोलियम जेली (Petroleum Jelly), बिटुमन (Bitumen), कृत्रिम रबर, कृत्रिम रेशे, प्लास्टिक, ओलेफिंस (Olefins), बेंजीन, टोल्यून (Toluene) गैस ऑयल, डीजल ऑयल, फ्यूअल ऑयल (Fuel Oil), लुब्रिकेटिंग ऑयल्स तथा ग्रीस (Grease)।

पेट्रोलियम पैदा करने वाले प्रमुख देश अमेरिका, वेनिजुएला, सऊदी अरब, कुवैत, ईरान, इराक, आबुधाबी, लीबिया, मैक्सिको और रुस हैं। बॉम्बे हाई भी पेट्रोलियम का अच्छा स्रोत है। इसके अलावा गुजरात और असम में भी पेट्रोलियम मिलता है।

✪✪✪

ईंधन गैस (Fuel Gases)

ऐसी गैसें, जो सरलता से आग पकड़ लेती हैं और जलने पर पर्याप्त ऊष्मा पैदा करती हैं, ईंधन गैसें कहलाती हैं। ईंधन गैसों में प्राकृतिक गैस, कोल गैस, वाटर गैस, प्रोड्यूसर गैस तथा ऑयल गैसें आती हैं। इन्हें घरों और उद्योगों में भारी पैमाने पर प्रयोग किया जाता है।

प्राकृतिक गैस (Natural Gas)

प्राकृतिक गैस का उत्पादन विश्व के विभिन्न खनिज तेल उत्पादक देशों द्वारा किया जाता है। प्राकृतिक गैस आम तौर पर जल-तेल-गैस अनुक्रम में पेट्रोलियम के कुओं से प्राप्त होती है। इस गैस में मुख्य रूप से मीथेन और कुछ मात्रा में ईथेन तथा प्रोपेन होती है, जो ज्वलनशील होने के कारण ईंधन के रूप में इस्तेमाल की जाती है।

विश्व में प्राकृतिक गैस का सबसे अधिक उत्पादन अमेरिका और रूस में होता है। रूस में गैस-पाइप लाइनों की लम्बाई 124 हजार कि.मी. से भी अधिक है। ये लाइनें देश के बड़े-बड़े औद्योगिक नगरों तथा यूरोप के देशों के महानगरों को गैस सप्लाई कर रही हैं। प्राकृतिक गैस के उत्पादन में नीदरलैण्ड का विश्व में तीसरा स्थान है। भारत में असम और गुजरात में प्राकृतिक गैस मिलती है। बंगलादेश में इस गैस के बहुत बड़े भण्डार हैं, जो अगले 200 वर्षों के लिए काफी होंगे। इस गैस से मिलने वाली हाइड्रोजन गैस उर्वरक उद्योगों में प्रयोग होती है।

कोल-गैस (Coal Gas)

यह गैस कोयले के भंजन आसबन से प्राप्त की जाती है। वास्तव में यह कई दहनशील गैसों (हाइड्रोजन, मीथेन, कार्बन मोनो-ऑक्साइड और असन्तृप्त हाइड्रोकार्बन) का मिश्रण है। इस गैस को तैयार करने के लिए अग्निसह मिट्टी (Fire Clay) के रिटार्टों में कोयला भरकर 1100ºC से 1200ºC तक गरम किया जाता है। गरमी से बनने वाली गैसें आरोहण-नली (Ascension Pipe) से होकर जलकुण्ड (Hydraulic Main) में पहुँचती हैं। यहाँ गैसों का कुछ भाग ठण्डा होकर कोलतार (Tar) और द्रव अमोनिया में बदल जाता है। बची हुई गैसें लोहे की खड़ी नलियों में प्रवाहित की जाती हैं, जो वायु-संघनित्र का काम करती हैं। यहाँ उनका कुछ और भाग द्रवित होकर टार-हौज (Tar-well) में जमा हो जाता है। टार से पूर्णतया मुक्त कोल गैस में भी अशुद्धियाँ रह जाती हैं, जिसे ठण्डे पानी, बुझा हुआ चूना, आर्द्र फेरिक ऑक्साइड और गरम निकेल धातु द्वारा पूर्णतया शुद्ध कर लिया जाता है। शुद्ध गैस को पानी में उलटी हुई लोहे की टंकियों में इकट्ठा कर लेते हैं।

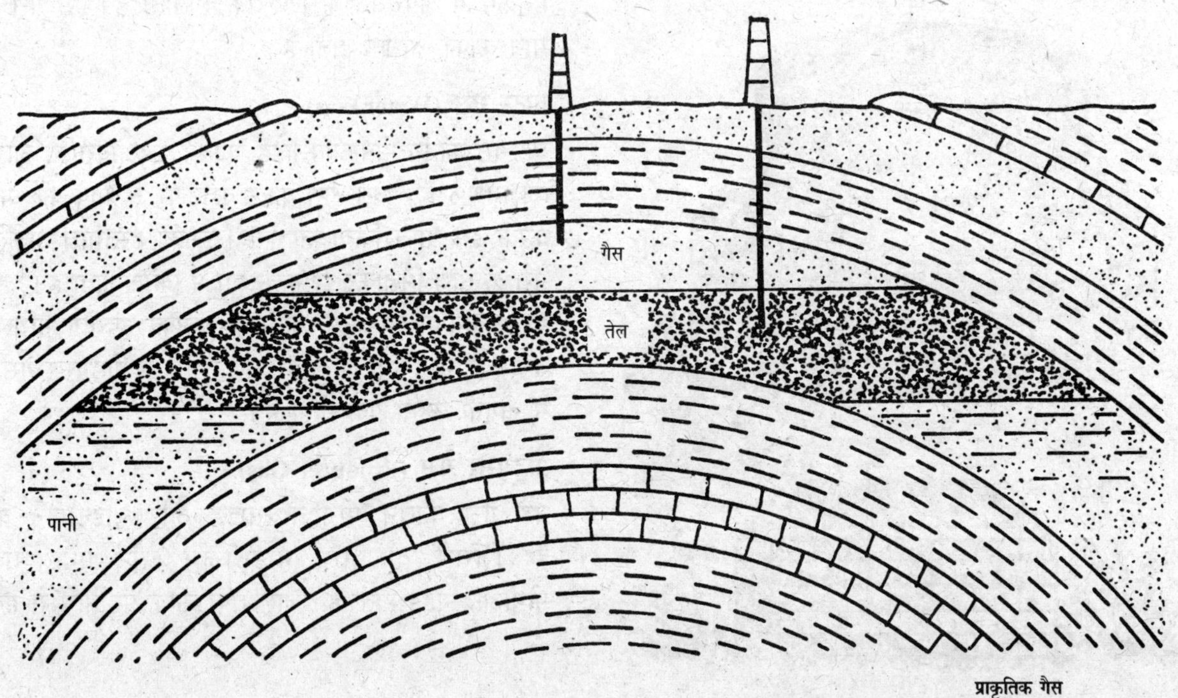

प्राकृतिक गैस

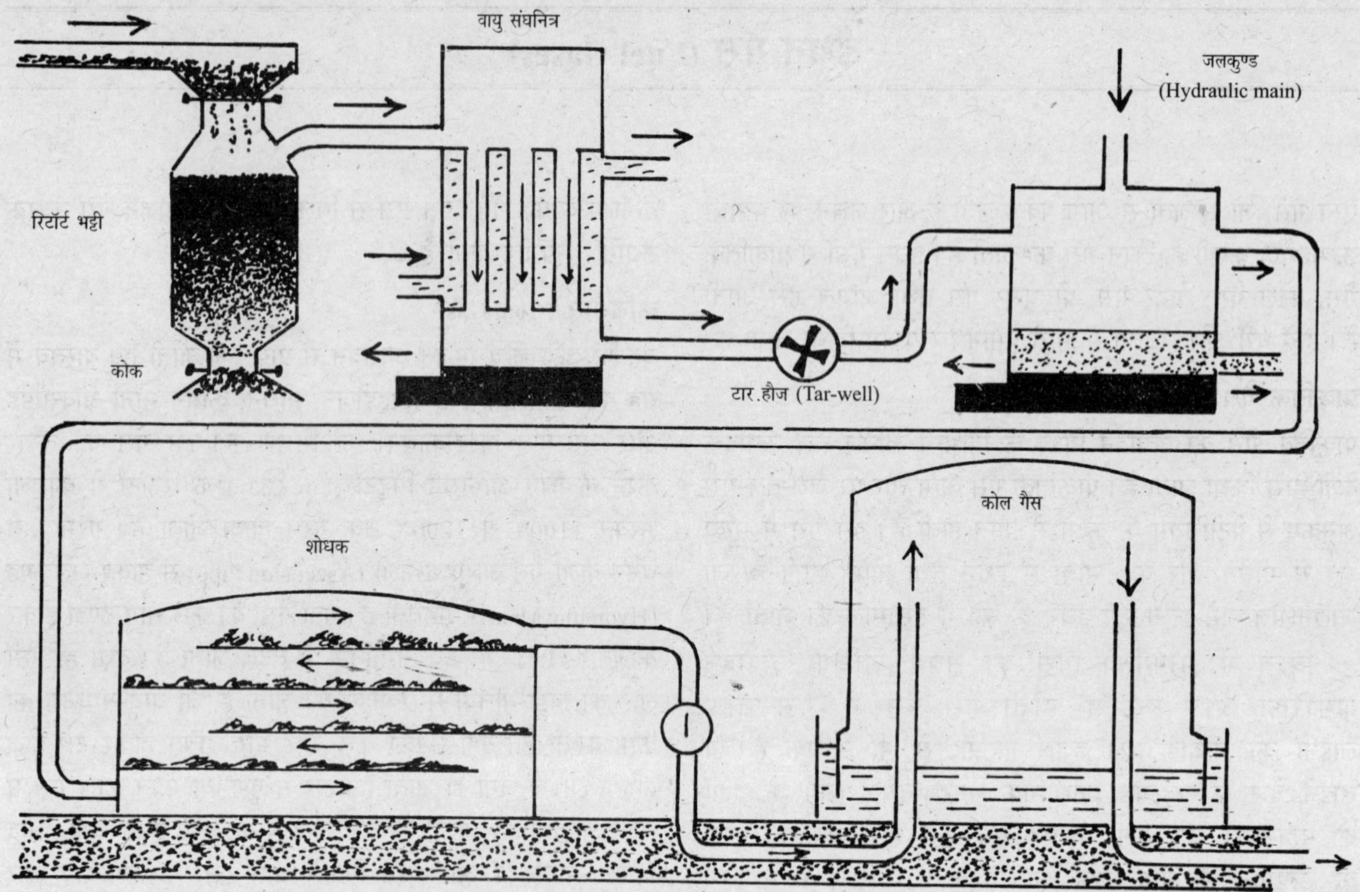

कोल गैस का निर्माण

बॉयोगैस संयन्त्र

इस गैस का इस्तेमाल बुंसन बर्नर, प्रकाश उत्पन्न करने और धातुकर्म में अपचयन के लिए किया जाता है। इस गैस का कैलोरी मान काफी अधिक होता है।

वाटर गैस (Water Gas)

यह गैस कार्बन मोनोऑक्साइड, कार्बन डाइऑक्साइड और हाइड्रोजन का मिश्रण है। रक्त-तप्त कोक के ऊपर से भाप की धारा प्रवाहित करके इसे प्राप्त किया जाता है। इसका इस्तेमाल अकेले या कोल गैस के साथ मिलाकर ईंधन के रूप में किया जाता है। यह हाइड्रोजन गैस बनाने में भी काम आती है। इसका उपयोग मेथिल एल्कोहल बनाने में भी किया जाता है। वाटर गैस से प्रोड्यूसर गैस की तुलना में दोगुनी ऊष्मा पैदा होती है।

प्रोड्यूसर गैस (Producer Gas)

यह गैस कार्बन मोनोऑक्साइड और नाइट्रोजन का मिश्रण है, जिसमें दो भाग नाइट्रोजन और एक भाग कार्बन मोनोऑक्साइड होती है। लाल तप्त कोक पर नीचे से हवा प्रवाहित

करके इस गैस को प्राप्त करते हैं। पहले कार्बन डाइऑक्साइड गैस बनती है, जो ऊपर पहुँचकर कार्बन मोनोऑक्साइड में अपचयित हो जाती है।

यह गैस सस्ते ईंधन के रूप में इस्तेमाल की जाती है। इसके जलने पर उच्च तापमान पैदा होता है। इसका उपयोग काँच बनाने और धातु-निष्कर्षण में किया जाता है। वाटर गैस की तुलना में यह कम ऊष्मा देती है। इसलिए प्रोड्यूसर गैस और वाटर गैस का मिश्रण भी इस्तेमाल किया जाता है, जिसे सेमी-वाटर गैस (Semi-water Gas) कहते हैं। इस मिश्रण से दोनों गैसों के बीच का ताप प्राप्त होता है।

ऑयल गैस (Oil Gas)

यह गैस तरल और असन्तृप्त हाइड्रोकार्बनों (मीथेन, एथिलीन, ऐसीटिलीन आदि) का मिश्रण है। इसे पेट्रोलियम या मिट्टी के तेल के भंजन आसवन द्वारा प्राप्त किया जाता है। इस गैस को प्राप्त करने के लिए तेल की पतली धार रक्त-तप्त लोहे के रिटार्ट पर डाली जाती है, जिससे ज्वलनशील हाइड्रोकार्बनों का मिश्रण गैस के रूप में बदल जाता है। इसे पानी में उलटी टंकियों में जमा कर लेते हैं। इस गैस का इस्तेमाल प्रयोगशालाओं में किया जाता है।

बॉयोफ्यूल (Biofuels)

मीथेन गैस (Methane Gas) एक बॉयोफ्यूल है। यह गैस आसानी से जलती है। दलदली स्थानों में जन्तु व वनस्पति पदार्थों के सड़ने के कारण यह गैस बुलबुलों के रूप में निकलती है। इसे मार्श गैस भी कहते हैं। इस गैस को डाइजेस्टर (Digester) में भी आसानी से बनाया जा सकता है। हर तरह के कूड़े-करकट, जैसे—घास की कतरन, गोभी की पत्तियाँ, केले के छिलके, गोबर और मलजल (Sewage) आदि डाइजेस्टर में डाले जा सकते हैं। डाइजेस्टर से यह गैस पाइप के द्वारा घरों में पहुँचायी जाती है। आजकल गाँवों में गोबर गैस का इस्तेमाल ईंधन के रूप में किया जा रहा है। कुछ जगहों पर तो इसकी ऊष्मा से विद्युत-जनित्र भी चलाये जा रहे हैं। गोबर गैस प्लाण्ट आधुनिक तकनीक की देन है। गोबर, पौधों, खाद, मल-मूत्र, चीनी, आलू आदि के फर्मेण्टेशन द्वारा द्रव ईंधन और गैसीय ईंधनों का निर्माण होने लगा है। बायोमास, गार्बेज और पालतू पशुओं का चारा आज ऊर्जा के जाने-माने स्रोत बन गये हैं।

इस ईंधन से धुआँ पैदा नहीं होता। काफी मात्रा में ऊष्मा पैदा होती है। इससे प्रदूषण का भी डर नहीं है।

दलदली क्षेत्रों में जन्तु व वनस्पति पदार्थों के सड़ने से मीथेन गैस बुलबुलों के रूप में निकलती है।

नाभिकीय ऊर्जा (Nuclear Energy)

नाभिकीय विखण्डन (Nuclear Fission) तथा नाभिकीय संगलन (Nuclear Fusion) क्रियाओं से पैदा होने वाली ऊर्जा को नाभिकीय या परमाणु ऊर्जा कहते हैं।

नाभिकीय विखण्डन (Nuclear Fission)

सन् 1905 में अल्बर्ट आइंस्टीन ने यह सिद्ध किया कि द्रव्य (Matter) को ऊर्जा में परिवर्तित किया जा सकता है। उन्होंने ऊर्जा तथा द्रव्य की समतुल्यता में जो सम्बन्ध स्थापित किया, उसे आइंस्टीन का द्रव्यमान ऊर्जा समीकरण कहते हैं। इसके अनुसार –

$$E = mc^2$$

(E = ऊर्जा, m = पदार्थ का द्रव्यमान, c = प्रकाश का वेग)

सन् 1939 में जर्मन वैज्ञानिक ओटो हान और स्ट्रासमैन (Otto Hahn and Strassman) ने दिखाया कि जब कम वेग वाले न्यूट्रॉनों की यूरेनियम पर बौछार की जाती है, तब बेरियम और क्रिप्टान बनते हैं, जिनके परमाणु-द्रव्यमान यूरेनियम के परमाणु-द्रव्यमान से कम होते हैं।

आइंस्टीन ने ऊर्जा तथा पदार्थ के द्रव्यमान में सम्बन्ध स्थापित किया।

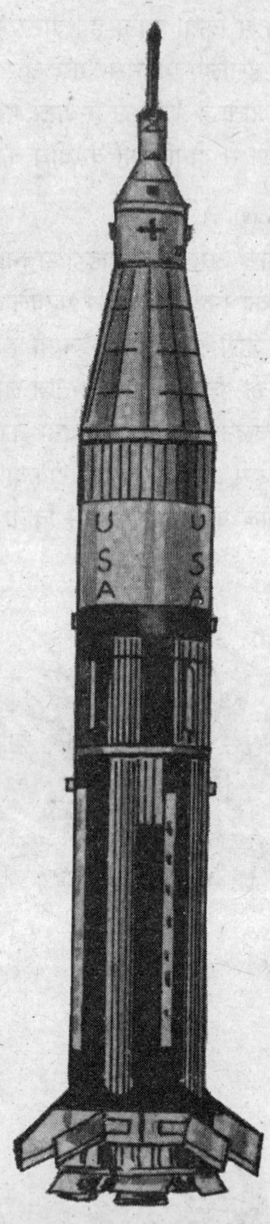

यदि एक मिलीग्राम द्रव्य को पूर्णतया ऊर्जा में परिवर्तित कर दिया जाये तो, इस ऊर्जा से एक रॉकेट को अन्तरिक्ष में भेजा जा सकता है।

इससे पता चला कि यूरेनियम (परमाणु-क्रमांक=92) का परमाणु विखण्डित होकर दो छोटे-छोटे भागों—बेरियम (प. क्र.=56) और क्रिप्टान (प. क्र.=36) में टूट जाता है। इसके बाद पता चला कि इस विखण्डन-अभिक्रिया में यूरेनियम का वह समस्थानिक (Isotop) भाग लेता है, जिसका परमाणु-द्रव्यमान 235 होता है। इस विखण्डन-अभिक्रिया

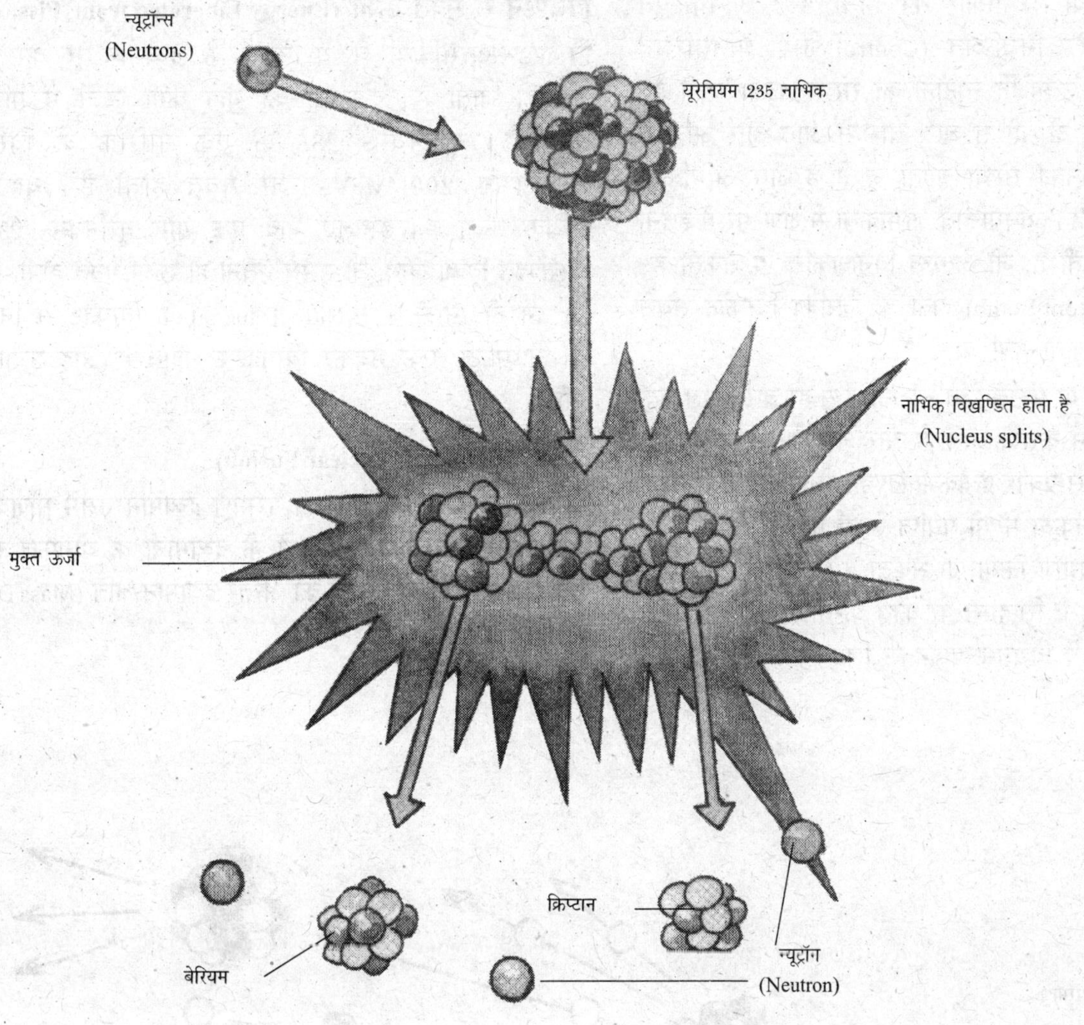

नाभिकीय विखण्डन (Nuclear fission)

में पर्याप्त ऊर्जा (200 MeV) मुक्त होती है और U235 के नाभिक में से कुछ न्यूट्रान भी निकलते हैं। इस प्रकार किसी नाभिक का न्यूट्रॉनों की बौछार से लगभग दो समान भागों में टूटना नाभिकीय विखण्डन कहलाता है और इस प्रक्रिया में जो ऊर्जा मुक्त होती है, उसे नाभिकीय ऊर्जा (Nuclear Energy) कहते हैं।

नाभिकीय विखण्डन में टूटने वाले परमाणु के द्रव्यमान का एक निश्चित परिमाण कम हो जाता है। द्रव्यमान का यही परिमाण आइंस्टीन के सूत्र के अनुसार ऊर्जा में परिवर्तित हो जाता है।

नाभिकीय विखण्डन की क्रिया में उत्पन्न न्यूट्रॉनों में से कुछ न्यूट्रॉन अन्य यूरेनियम नाभिकों से टकराते हैं, जिससे दूसरे नाभिकों का विखण्डन हो जाता है। इस प्रकार एक शृंखला-अभिक्रिया (Chain Reaction) शुरु हो जाती है। यही शृंखला-अभिक्रिया परमाणु बम में होती है, जिसमें अपार ऊर्जा पैदा होती है।

शृंखला-अभिक्रिया (Chain Reaction)

यूरेनियम का जब एक नाभिक न्यूट्रॉन द्वारा विखण्डित होता है, तो इससे 3 न्यूट्रॉन उत्सर्जित होते हैं। (जिनमें से औसतन दो न्यूट्रॉन आगे विखण्डन क्रिया करते हैं)। ये 2 न्यूट्रॉन यदि 2 अन्य यूरेनियम नाभिकों को विखण्डित करते हैं, तो उत्सर्जित न्यूट्रॉनों की संख्या 4 हो जाती है। ये 4 न्यूट्रॉन यूरेनियम के 4 और नाभिकों को विखण्डित करके 8 न्यूट्रॉन उत्पन्न करते हैं। इस प्रकार उत्पन्न न्यूट्रॉनों की संख्या और उनके कारण विखण्डित यूरेनियम नाभिकों की संख्या बड़ी तेजी से बढ़ने लगती है। इस प्रकार क्षण भर में करोड़ों नाभिकों का विखण्डन हो सकता है। इनसे मिलने वाली ऊर्जा इतनी अधिक होती है कि साधारण आदमी उसकी कल्पना भी नहीं कर सकता। इस प्रकार की क्रिया को ही शृंखला-अभिक्रिया कहते हैं।

शृंखला-अभिक्रिया दो प्रकार की होती है : अनियंन्त्रित (Uncontrolled) और नियन्त्रित (Controlled)। अनियन्त्रित शृंखला-अभिक्रिया में उत्सर्जित न्यूट्रॉनों की संख्या बढ़ती रहती है। इस क्रिया में एक से दो, दो से चार, चार से आठ और आठ से सोलह, इस प्रकार उनकी संख्या बढ़ती जाती है और अभिक्रिया अनियन्त्रित हो जाती है। अनियन्त्रित अभिक्रिया से क्षण भर में इतनी अधिक ऊर्जा पैदा होती है, जो अत्यन्त विनाशकारी हो सकती है। यही परमाणु बम (Atom Bomb) होता है, जिसका विस्फोट सबसे पहले हिरोशिमा पर किया गया था।

नियन्त्रित अभिक्रिया में उत्सर्जित न्यूट्रॉनों में से हर बार केवल एक ही न्यूट्रॉन से विखण्डन कराया जाता है और शेष दो को अवशोषित कर लिया जाता है। इस प्रकार प्रत्येक विखण्डन से मिलने वाली ऊर्जा समान रहती है। इस क्रिया में भी पर्याप्त ऊर्जा मुक्त होती है, जिसे रचनात्मक कार्यों में प्रयोग किया जा सकता है। न्यूक्लियर रिएक्टर (Nuclear Reactor) इसी सिद्धान्त पर कार्य करता है। इन रिएक्टरों का प्रयोग मुख्य रूप से विद्युत-उत्पादन के लिए किया जा रहा है।

विखण्डन से मुक्त ऊर्जा (Energy Liberated from Fission)

विखण्डन-अभिक्रिया में यूरेनियम के द्रव्यमान में कुछ मात्रा कम हो जाती है। द्रव्यमान की यही कमी ऊर्जा में परिवर्तित होती है। यूरेनियम- 235 के एक नाभिक के विखण्डन से लगभग 200 MeV ऊर्जा मुक्त होती है। यह बहुत अधिक ऊर्जा है। इसलिए यदि एक ग्राम यूरेनियम- 235 को विखण्डित किया जाये, तो उससे उतनी ही ऊर्जा मुक्त होगी, जितनी 20 टन टी.एन.टी. (Tri-Nitro Toluene) के विस्फोट से निकलती है। टी.एन.टी. एक भयंकर विस्फोटक पदार्थ है। यह ऊर्जा बहुत अधिक है।

नाभिकीय संगलन (Nuclear Fusion)

किसी तत्व के समस्थानिक का परमाणु द्रव्यमान उसमें मौजूद मुक्त प्रोटॉनों, न्यूट्रॉनों और इलेक्ट्रॉनों के द्रव्यमानों के योगफल से कम होता है। इन दोनों द्रव्यमानों का अन्तर द्रव्यमान-क्षति (Mass Defect) कहलाता है।

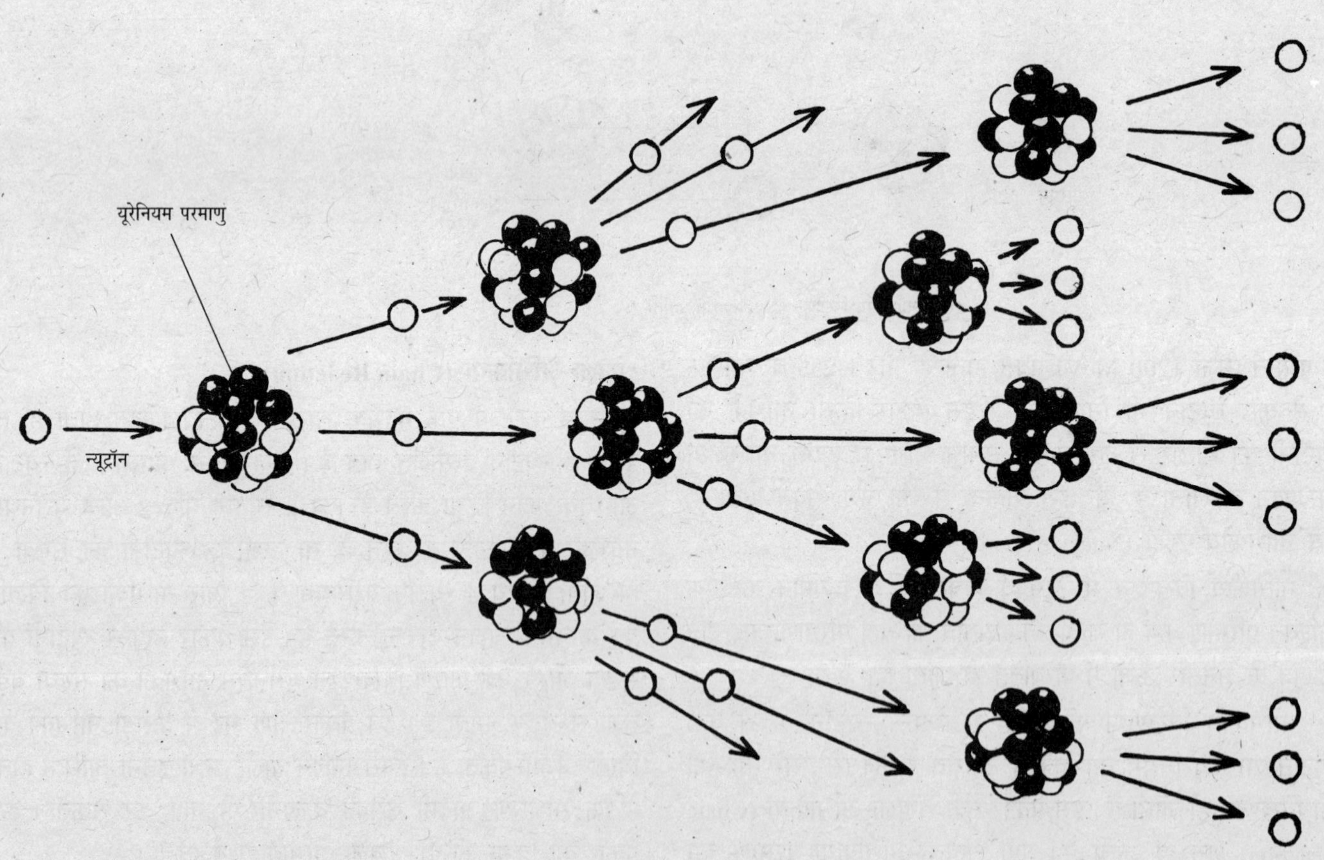

शृंखला-अभिक्रिया (Chain Reaction)

इस द्रव्यमान-क्षति के कारण जब दो हलके परमाणुओं के नाभिकों से कोई भारी नाभिक बनता है, तब इस क्रिया में काफी ऊर्जा मुक्त होती है। यह ऊर्जा 17.6 MeV होती है। इस प्रक्रिया को नाभिकीय संगलन कहते हैं।

उच्च वेग वाले प्रोटॉनों, ड्यूटेरॉनों आदि कणों द्वारा तत्वों के नाभिकों पर प्रहार करने पर नाभिकीय संगलन होता है। वास्तव में नाभिकीय संगलन नाभिकीय विखण्डन की उल्टी प्रक्रिया है। ऐसी प्रक्रियाएँ बहुत उच्च ताप, लगभग दस लाख डिग्री तापमान पर ही होती हैं। इसलिए इन प्रक्रियाओं को ऊष्मा-नाभिकीय अभिक्रिया (Thermo-nuclear Reaction) कहते हैं। जब यह अभिक्रिया एक बार शुरू हो जाती है, तो इसमें जो ऊर्जा मुक्त होती है, उससे यह तापमान बना रहता है और अभिक्रिया जारी रहती है।

नाभिकीय संगलन के आधार पर ही हाइड्रोजन बम बनाया गया। ड्यूटीरियम (Deuterium) या ट्राइटियम (Tritium) या दोनों के मिश्रण को परमाणु बम द्वारा संयुक्त किया जाता है। परमाणु बम के विस्फोट से बहुत ही उच्च तापमान पैदा होता है, जिस पर यह संगलन-अभिक्रिया आसानी से हो जाती है। इस बम का विस्फोट होने पर ड्यूटीरियम और ट्राइटियम के संगलन से हीलियम नाभिक की उत्पत्ति होती है तथा अत्यधिक ऊर्जा का उत्सर्जन होता है। इस क्रिया में उत्पन्न न्यूट्रॉन दुबारा प्लूटोनियम या यूरेनियम पर प्रहार करके उसे विखण्डित करते हैं। इसलिए हाइड्रोजन बम की संहारक क्षमता परमाणु बम से लगभग 700 गुना ज्यादा होती है। सूर्य और तारों में भी ऊर्जा नाभिकीय संगलन प्रक्रिया के फलस्वरूप ही उत्पन्न होती है।

वैज्ञानिक संगलन-अभिक्रिया को नियन्त्रित करने में लगे हुए हैं, ताकि इसका उपयोग विद्युत के उत्पादन में किया जा सके। आज के वैज्ञानिक शक्तिशाली चुम्बकीय मशीन, जिसे टोकामाक्स (Tokamaks) कहते हैं तथा लेसर (Lasers) का प्रयोग करके संगलन-अभिक्रिया को रूप देने का प्रयास कर रहे हैं। आशा है कि निकट भविष्य में वैज्ञानिक संगलन रिएक्टर बनाने में सफलता प्राप्त कर लेंगे। संगलन रिएक्टर बनने पर विद्युत-निर्माण की समस्या काफी हल हो जायेगी।

❂❂❂

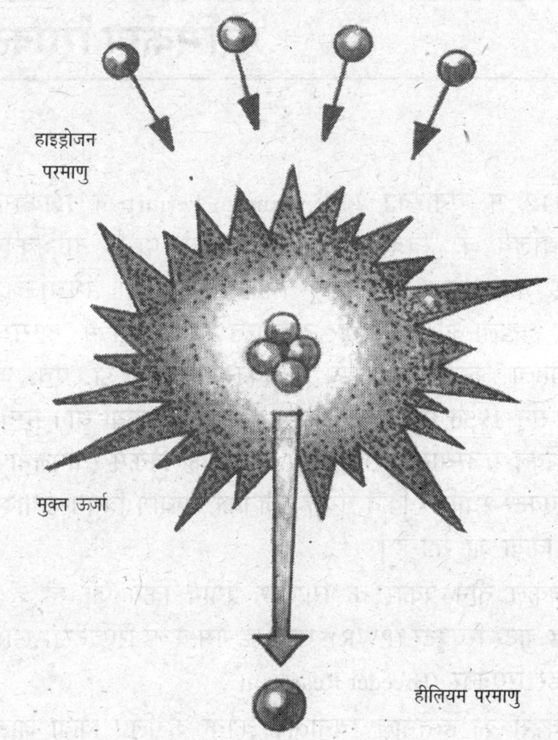

नाभिकीय संगलन (Nuclear fusion)

सूर्य और तारों में नाभिकीय संगलन द्वारा ऊर्जा उत्पन्न होती है।

नाभिकीय रिएक्टर (Nuclear Reactors)

सन् 1942 में एनरिको फर्मी (Enrico Fermi) ने शिकागो विश्वविद्यालय के स्क्वैश कोर्ट में सबसे पहले नाभिकीय रिएक्टर का सफल परीक्षण किया था, जो नियन्त्रित विखण्डन श्रृंखला-अभिक्रिया पर आधारित था। भारत में 'अप्सरा' नामक पहला अनुसन्धान टाइप नाभिकीय रिएक्टर डॉ. एच. जे. भाभा ने सन् 1956 में ट्रॉम्बे (मुम्बई) में स्थापित किया था। मुम्बई के अतिरिक्त राजस्थान, नरोरा (उ.प्र.) तथा कल्पक्कम (तमिलनाडु) में भी रिएक्टर स्थापित किये गये हैं, जिनका उपयोग विद्युत-उत्पादन के लिए किया जा रहा है।

आजकल तीन प्रकार के रिएक्टर प्रयोग किये जा रहे हैं : प्रेशराइज़्ड वाटर रिएक्टर (PWR), एडवांस्ड गैस-कूल्ड रिएक्टर (AGR) तथा ब्रीडर रिएक्टर (Breeder Reactor)।

रिएक्टरों का इस्तेमाल रचनात्मक कार्यों के लिए किया जाता है। नाभिकीय विखण्डन से तीव्रगामी न्यूट्रॉन उत्पन्न होते हैं, जिनका इस्तेमाल अन्य पदार्थों के नाभिकों पर बमबारी के अध्ययन के लिए किया जाता है। इनके द्वारा कृत्रिम रेडियो आइसोटोप (Radio Isotopes) बनाये जाते हैं, जिनका इस्तेमाल कृषि, उद्योग और चिकित्सा क्षेत्र में किया जाता है। विखण्डन से उत्पन्न ऊष्मा से पानी की भाप बनाकर टरबाइन चलाये जाते हैं, जिनसे विद्युत पैदा की जाती है। इन्हें परमाणु विद्युत स्टेशन कहते हैं।

सामान्य नाभिकीय रिएक्टर में ग्रेफाइट (Graphite) की ईंटों का बना एक ब्लॉक (Block) होता है, जिसमें निश्चित दूरी पर प्राकृतिक यूरेनियम की छड़ें लगी होती हैं। ये नाभिकीय ईंधन का काम करती हैं। प्राकृतिक यूरेनियम में 99.3% तो 92U238 होता है और 92U235 की मात्रा 0.7% होती है। ब्लॉक में बने छेदों में कैडमियम की छड़ें धँसी रहती हैं, जिन्हें नियन्त्रक छड़ें (Controlling Rods) कहते हैं।

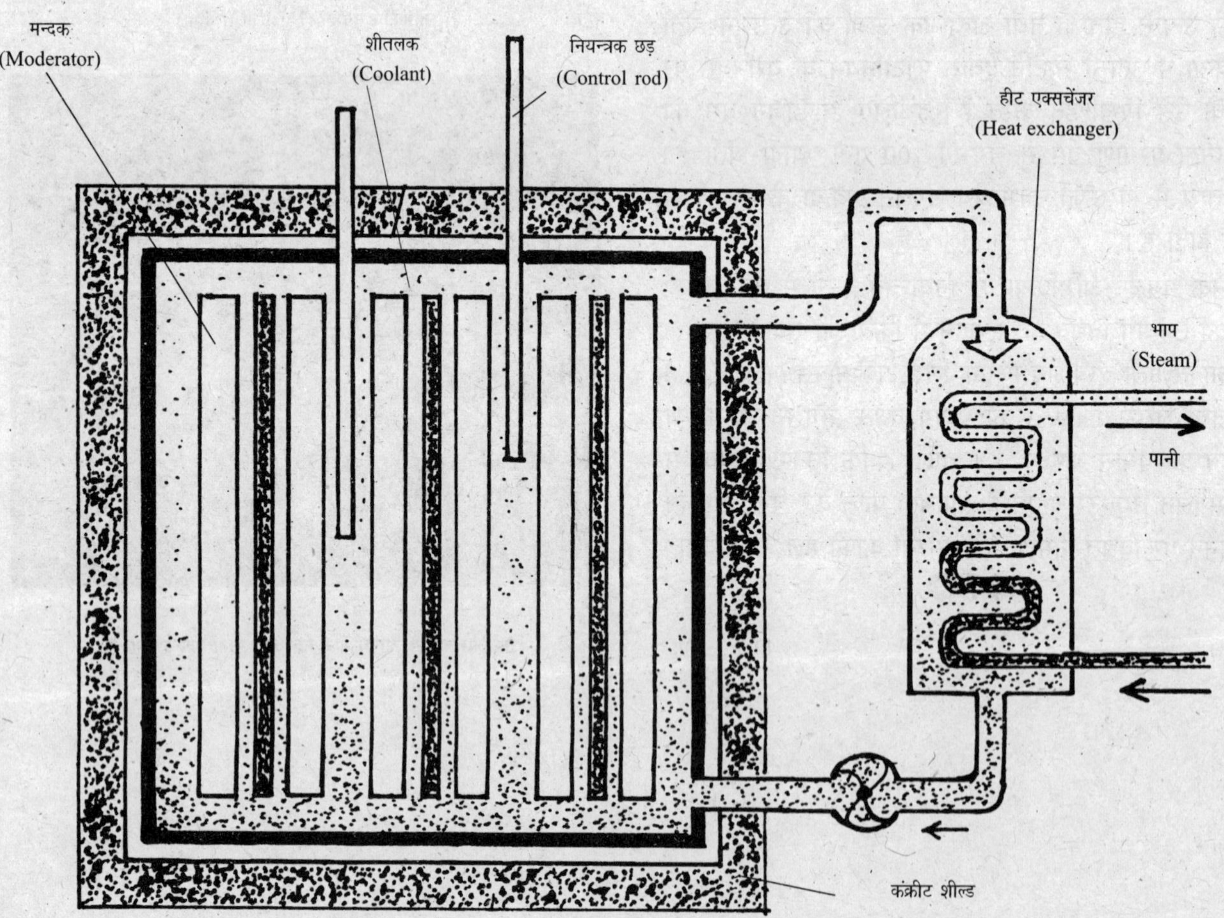

सामान्य नाभिकीय रिएक्टर

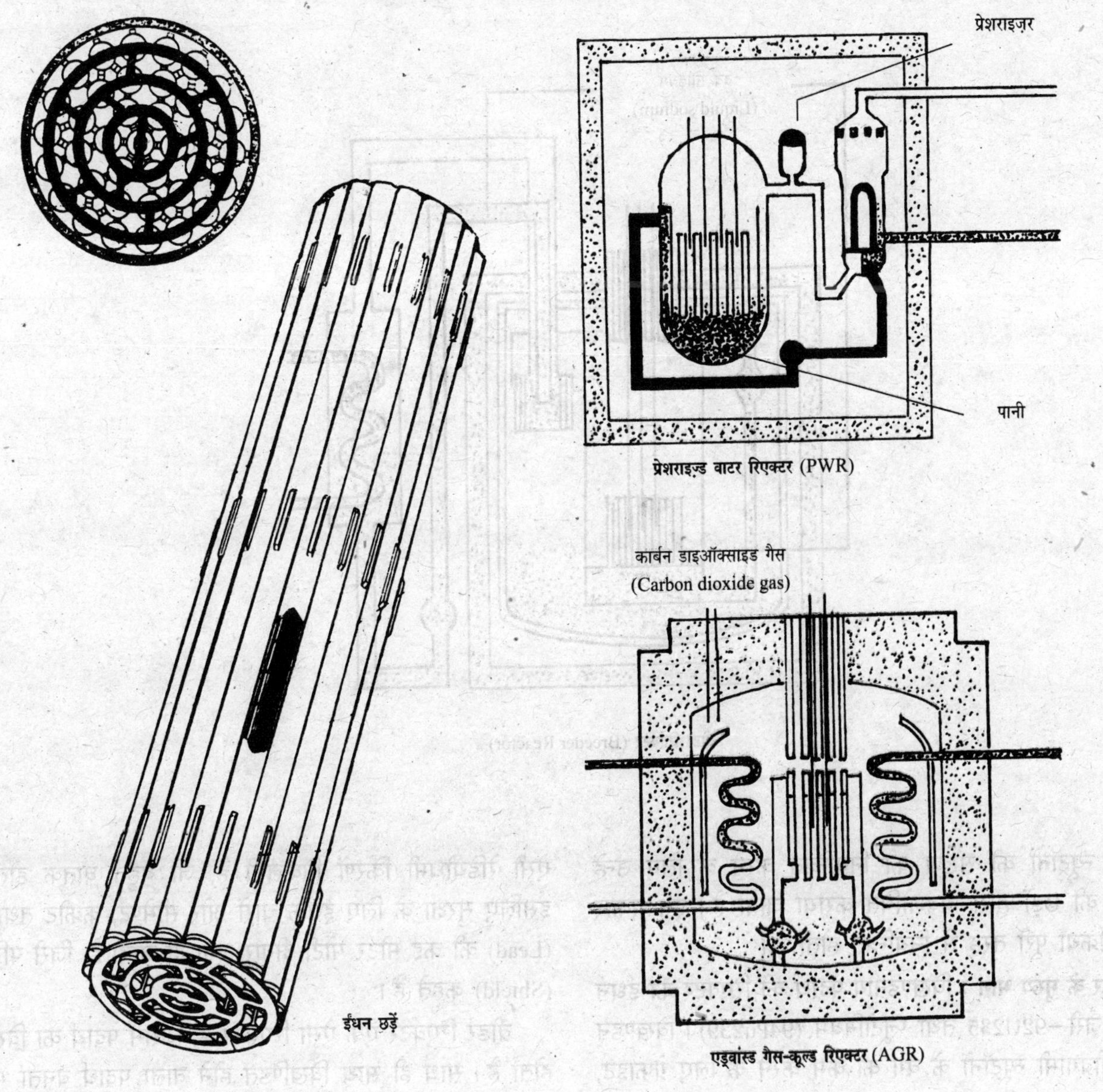

प्रेशराइज़्ड वाटर रिएक्टर (PWR)

ईंधन छड़ें

एडवांस्ड गैस-कूल्ड रिएक्टर (AGR)

कैडमियम न्यूट्रॉनों का अच्छा अवशोषक (Absorber) है।

नियमित विखण्डन क्रिया के लिए जब न्यूट्रॉनों का अधिक अवशोषण करना होता है, तो छड़ों को अधिक अन्दर तक डाल देते हैं या ऊपर की ओर खींच लेते हैं। इनके अतिरिक्त कुछ अन्य छड़ें भी होती हैं, जिन्हें सुरक्षा छड़ें (Safety Rods) कहते हैं। ये स्वचालित होती हैं और किसी दुर्घटना के समय या किन्हीं विशेष परिस्थितियों में खुद ही प्रवेश करके अभिक्रिया को रोक देती हैं।

रिएक्टर को चलाने के लिए किसी न्यूट्रॉन-स्रोत की जरूरत नहीं पड़ती। उसमें कुछ न्यूट्रॉन हमेशा मौजूद रहते हैं। अभिक्रिया शुरू करने के लिए कैडमियम की छड़ों को थोड़ा बाहर खींच लिया जाता है। इससे न्यूट्रॉनों का अवशोषण कम हो जाता है। ये मन्दगामी न्यूट्रॉन, U235 के नाभिक को विखण्डित करने लगते हैं। विखण डन से उत्पन्न न्यूट्रॉनों का वेग बहुत अधिक होता है। ग्रेफाइट इनके वेग को घटा देता है। फिर ये U235 के अन्य नाभिकों को विखण्डित करने लगते हैं। इस प्रकार विखण्डन-अभिक्रिया शुरू हो

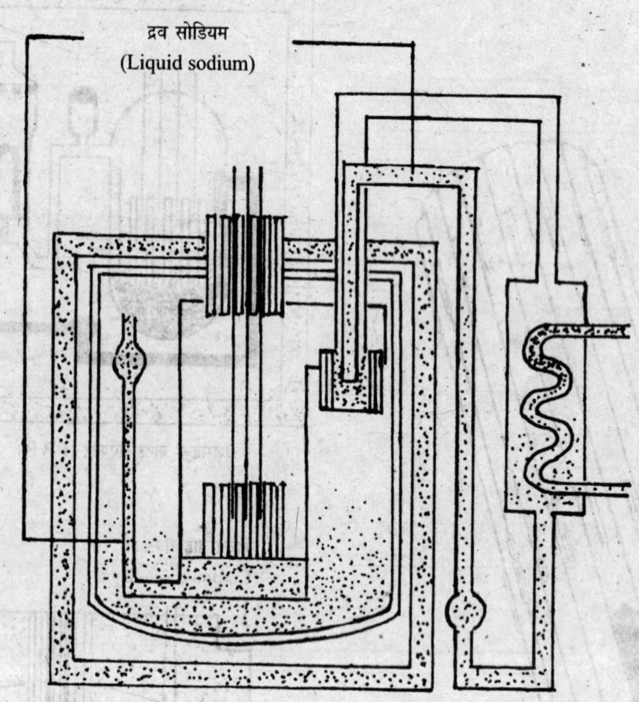

ब्रीडर रिएक्टर (Breeder Reactor)

जाती है। न्यूट्रॉनों की संख्या को नियन्त्रित करने के लिए उन्हें कैडमियम की छड़ों द्वारा अवशोषित कराया जाता है। इस प्रकार विखण्डन क्रिया पूरी तरह से नियन्त्रित होती है।

रिएक्टर के मुख्य भाग : विखण्डनीय पदार्थ को रिएक्टर का ईंधन कहते हैं। जैसे–92U235 तथा प्लूटोनियम (94Pu239)। विखण्डन से प्राप्त तीव्रगामी न्यूट्रॉनों के वेग को कम करने के लिए ग्रेफाइट, भारी जल (Heavy Water, D2O) या बेरीलियम ऑक्साइड का इस्तेमाल करते हैं। भारी जल सबसे अच्छा मन्दक (Moderator) है, लेकिन ग्रेफाइट का इस्तेमाल सबसे ज्यादा आसान है। शृंखला-अभिक्रिया को नियन्त्रित करने के लिए कैडमियम की छड़ों का इस्तेमाल किया जाता है। विखण्डन-अभिक्रिया में बहुत ऊष्मा पैदा होती है। इसलिए रिएक्टर को ठण्डा करने के लिए पानी या CO_2 को रिएक्टर के चारों ओर प्रवाहित किया जाता है। विखण्डन के दौरान बहुत-सी ऐसी रेडियोधर्मी किरणें निकलती हैं, जो बहुत घातक होती हैं। इसलिए सुरक्षा के लिए इसके चारों ओर सीमेण्ट, कंक्रीट तथा सीसे (Lead) की कई मीटर मोटी दीवार लगा दी जाती है, जिसे परिरक्षक (Shield) कहते हैं।

ब्रीडर रिएक्टर एक ऐसा रिएक्टर है, जिसमें पदार्थ का विखण्डन होता है। साथ ही साथ विखण्डित होने वाला पदार्थ बनता भी है। इस रिएक्टर में ईंधन बनने का बहुत लाभ है क्योंकि इसमें ईंधन समाप्त नहीं होता बल्कि खर्च होने से अधिक ईंधन पैदा होता है।

विश्व में लगभग 10% विद्युत उत्पादन परमाणु ऊर्जा से किया जा रहा है।

❂❂❂

12 बल और गति (Force & Movement)

विस्थापन, दूरी, चाल और वेग
(Displacement, Distance, Speed and Velocity)

विश्राम और गति (Rest and Motion)

यदि कोई वस्तु समय के साथ अपनी स्थिति नहीं बदलती है, तो हम उसे विश्रामावस्था में कहते हैं, लेकिन यदि 'वस्तु' समय के साथ अपनी स्थिति बदलती है, तो हम उसे गतिशील अवस्था में कहते हैं।

विस्थापन (Displacement)

विस्थापन वह सदिश (Vector) दूरी है, जो किसी निश्चित बिन्दु से, वस्तु की अपनी गति से, उसकी स्थिति में उत्पन्न परिवर्तन को प्रदर्शित करती है।

दूरी (Distance)

किसी वस्तु द्वारा निश्चित समय में तय की गयी, रास्ते की लम्बाई को 'दूरी' कहते हैं। यह एक अदिश राशि (Scaler) है, अर्थात् इसमें केवल परिमाण होता है, दिशा नहीं होती। इसके विपरीत विस्थापन में परिमाण व दिशा दोनों ही होती हैं। अतः विस्थापन एक सदिश राशि है।

इस तथ्य को एक उदाहरण द्वारा समझा जा सकता है। मान लीजिए कि हमारे घर से हमारे मित्र के घर की दूरी 100 मीटर है। यदि हम अपने घर से अपने मित्र के घर जाते हैं और फिर वापस घर लौट आते हैं, तो हमने कुल रास्ता या दूरी 200 मीटर तय की, जबकि हमारी स्थिति में कोई परिवर्तन नहीं होने के कारण हमारा विस्थापन शून्य ही रहा। इसलिए वस्तु की अन्तिम और प्रारम्भिक स्थितियों का अन्तर विस्थापन के बराबर होता है। इसी प्रकार वृत्ताकार पथ में चक्कर काट रही वस्तु का एक पूरा चक्कर होने पर विस्थापन तो शून्य होगा, लेकिन वस्तु द्वारा तय की गयी दूरी वृत्त की परिधि के बराबर होगी।

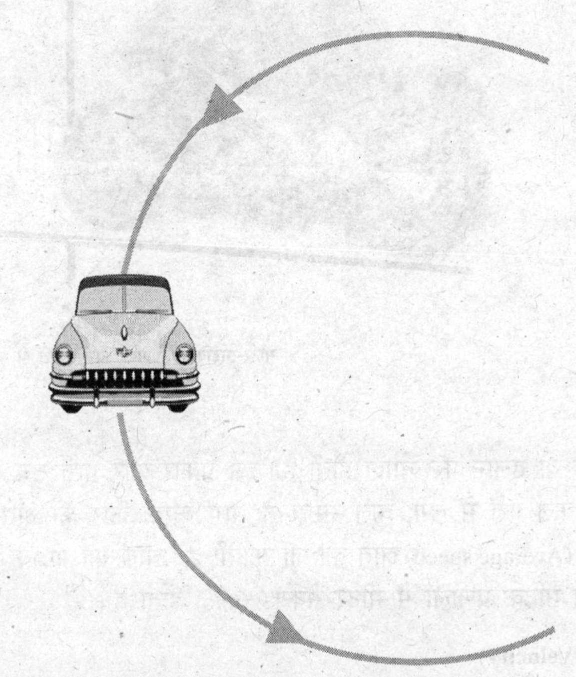

वृत्त में चलने वाली कार की चाल तो समान रहती है, लेकिन उसके वेग में परिवर्तन होता रहता है।

चाल (Speed)

चाल एक ऐसी सदिश राशि है, जिसकी कोई दिशा नहीं होती, इसमें केवल परिमाण होता है। दिशा से इसका कोई सम्बन्ध नहीं होता। वास्तव में किसी वस्तु द्वारा इकाई समय में तय की गयी दूरी को उस वस्तु की 'चाल' कहते हैं।

आपने देखा होगा कि जब कोई कार किसी स्थान से चलती है, तो शुरू में उसकी चाल कम होती है और बाद में लगातार बढ़ती जाती है। भीड़, मोड़ों या चढ़ाई पर चाल कम होती है तथा खुली

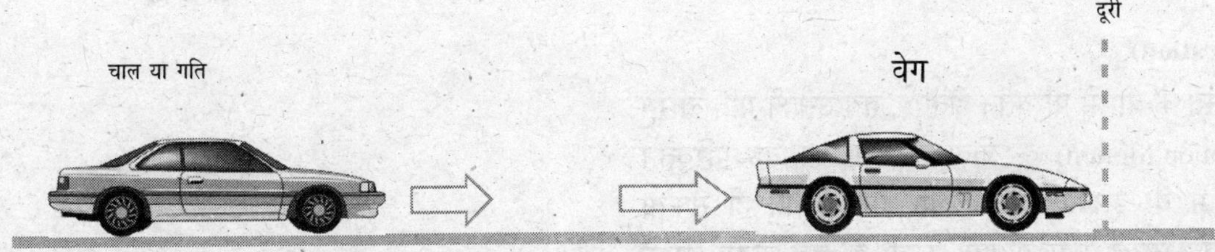

चाल और वेग में इतना ही अन्तर है कि चाल एक अदिश राशि है, जबकि वेग सदिश अर्थात् चाल में केवल परिमाण है, जबकि वेग में परिमाण और दिशा दोनों होते हैं।

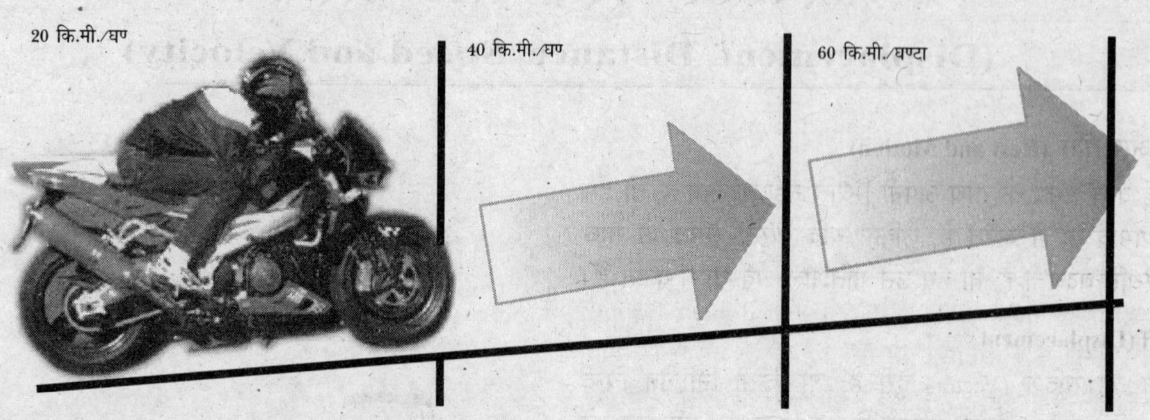

मोटर-साइकिल की गति आरम्भ होते ही उसका वेग प्रति सेकेण्ड बढ़ता जाता है। इसे हम त्वरण कहते हैं।

सड़क या ढलान पर ज्यादा होती है। इस प्रकार कार द्वारा तय की गयी कुल दूरी में लगे, कुल समय से भाग करके कार की औसत चाल (Average speed) ज्ञात की जा सकती है। चाल का मात्रक या इकाई मैट्रिक प्रणाली में मीटर/सेकेण्ड (m/s) होता है।

वेग (Velocity)

वेग का मात्रक चाल के मात्रक के समान ही होता है। वेग और चाल में इतना ही अन्तर है कि वेग में दिशा को भी प्रदर्शित करना होता है, जबकि चाल में नहीं। 'वेग' एक सदिश राशि है। इसे जानने के लिए परिमाण और दिशा—दोनों का ही ज्ञान आवश्यक है। इसलिए किसी वस्तु द्वारा इकाई समय में विस्थापन या निश्चित दिशा में तय की हुई दूरी को उस वस्तु का वेग कहते हैं।

सामान्यतः वस्तु का वेग दो प्रकार का होता है—समान वेग और परिवर्ती वेग। जब कोई वस्तु किसी निश्चित दिशा में समान समयान्तरालों में समान दूरी तय करती है, तो उसका वेग 'एक समान' (Uniform) कहलाता है। इसके विपरीत जब एक ही दिशा में चलती हुई वस्तु समान समयान्तरालों में असमान दूरियाँ तय करती है, तो उसका वेग परिवर्ती (Variable) कहलाता है।

त्वरण (Acceleration)

जब गतिशील वस्तु के वेग में परिवर्तन होता है, तब उसकी गति त्वरित गति (Acceleration Motion) कहलाती है। वेग का यह परिवर्तन इसके परिमाण में या इसकी दिशा में या दोनों में ही हो सकता है। यदि वस्तु एक सरल रेखा में गति करती है, तब केवल उसके परिमाण में ही परिवर्तन होता है। वस्तु के वेग-परिवर्तन की दर को उस वस्तु का 'त्वरण' कहते हैं। वास्तव में, इकाई समयान्तराल में वस्तु के वेग में जितना परिवर्तन होता है, उसे वस्तु का त्वरण कहते हैं। जब वस्तु के वेग में वृद्धि होती है, तो त्वरण धनात्मक कहलाता है। इसके विपरीत जब वस्तु के वेग में कमी होती है, तो त्वरण ऋणात्मक कहलाता है। ऋणात्मक त्वरण को 'मन्दन' (Retardation) कहते हैं। त्वरण एक सदिश राशि है। इसका मात्रक मैट्रिक पद्धति में मीटर/से^{2} (ms^{-2}) होता है तथा सी.जी.एस. में सेंमी/से^{2} होता है।

यदि किसी वस्तु के वेग में समान समयान्तरालों में समान परिवर्तन होता है, तो वस्तु का त्वरण 'समान' (Uniform) कहलाता है। जब वस्तु के वेग में समान समयान्तरालों में असमान परिवर्तन होता है, तो त्वरण 'परिवर्ती' (Variable) कहलाता है। ऐसी स्थिति में वस्तु का औसत त्वरण ज्ञात किया जाता है।

गुरुत्व त्वरण (Acceleration due to Gravity)

जब कोई वस्तु किसी ऊँचाई से स्वतन्त्रता पूर्वक गिरती है, तो प्रति सेकेण्ड गुरुत्व बल के कारण उसके वेग में वृद्धि होती है। इस वृद्धि दर को हम 'गुरुत्व त्वरण' कहते हैं।

✪✪✪

अभिकेन्द्री बल और अपकेन्द्री बल
(Centripetal Force and Centrifugal Force)

अभिकेन्द्री बल (Centripetal force)

वृत्तीय पथ में गति करती हुई वस्तु पर एक बल कार्य करता है, जिसकी दिशा सदैव ही वृत्त के केन्द्र की ओर रहती है। इस बल को 'अभिकेन्द्री बल' कहते हैं। इस बल के बिना वृत्तीय गति सम्भव नहीं है।

'अभिकेन्द्री बल' की प्रकृति विभिन्न निकायों (Systems) के लिए अलग-अलग होती है। पृथ्वी के चारों ओर चन्द्रमा के वृत्तीय पथ पर घूमने के लिए आवश्यक अभिकेन्द्री बल पृथ्वी द्वारा चन्द्रमा पर आरोपित गुरुत्वीय खिंचाव (Gravitational Pull) के कारण होता है। न्यूक्लियस के चारों ओर इलेक्ट्रॉन की वृत्तीय गति के लिए आवश्यक अभिकेन्द्री बल धन आवेशित न्यूक्लियस तथा ऋण आवेशित इलेक्ट्रॉन के बीच विद्युत आकर्षण (Electrostatic Attaction) से प्राप्त होता है।

जब कोई व्यक्ति सड़क के मोड़ या वृत्ताकार रास्ते पर तेज रफ्तार से स्कूटर या साइकिल चलाता है, तो वह स्वभावतः मोड़ के केन्द्र की ओर झुक जाता है और अपनी चाल कम कर लेता है या बड़ी त्रिज्या के वृत्ताकार रास्ते पर वाहन को मोड़ता है। घर्षण के सामान्य नियम के आधार पर यह समझा जा सकता है कि स्कूटर का ऊर्ध्वाधर से झुकाव घर्षण कोण से अधिक नहीं हो सकता।

यदि पानी से भरी बाल्टी को वृत्ताकार पथ में घुमाया जाता है, तो अपकेन्द्री बल के कारण उसका पानी नहीं गिरता।

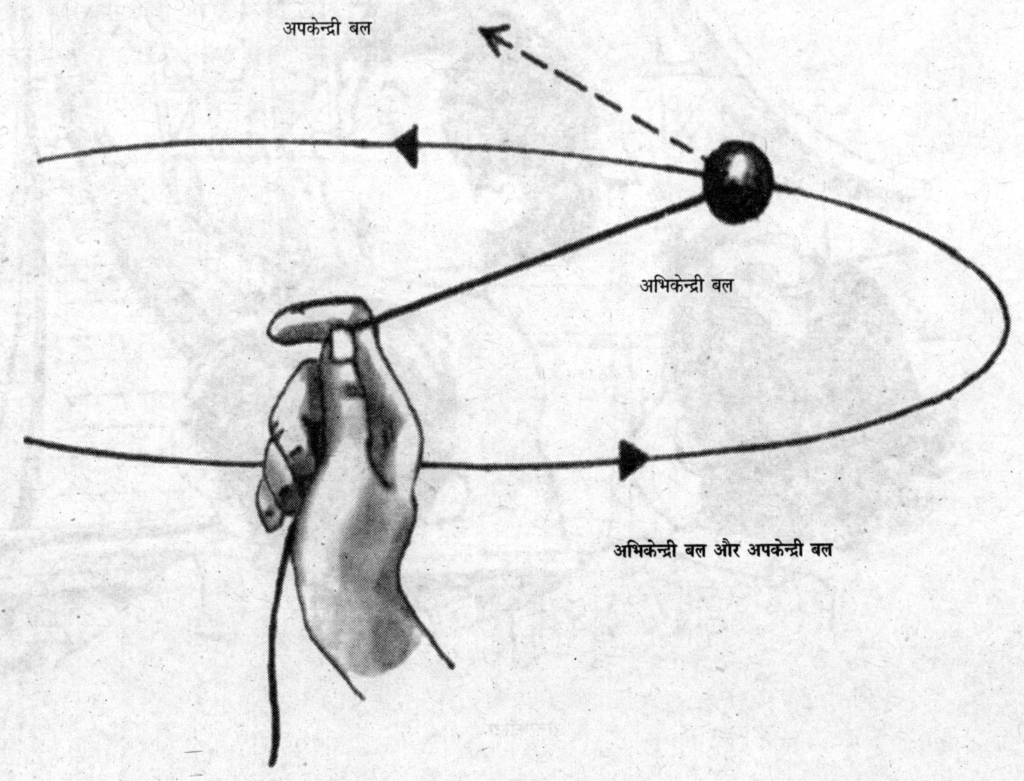

अभिकेन्द्री बल और अपकेन्द्री बल

घर्षण कोण से अधिक झुकाव होने पर स्कूटर सड़क पर फिसल जायेगा। इसलिए बिना दुर्घटना के मुड़ने के लिए वाहन-सवार मोड़ पर वाहन की चाल कम कर लेता है और अधिक त्रिज्या के वक्र पथ पर चलता है।

अपकेन्द्री बल का एक उदाहरण

अपकेन्द्री बल (Centrifugal force)

यदि एक व्यक्ति दरवाजे से सटा कार में बैठा है और कार सड़क के किसी मोड़ पर वृत्तीय मार्ग पर मुड़ती है, तो कार के मुड़ते समय वह अनुभव करता है कि वह दरवाजे की ओर गिर जायेगा और यदि इस स्थिति में दरवाजा खुल जाये, तो वह कार से बाहर गिर पड़ेगा। ऐसी दशा में केन्द्र से बाहर की ओर लगने वाले इस बल को 'अपकेन्द्री बल' कहते हैं। यह बल अपनी विपरीत दिशा में लगने वाले अभिकेन्द्री बल के बराबर होता है।

रोलरकॉस्टर

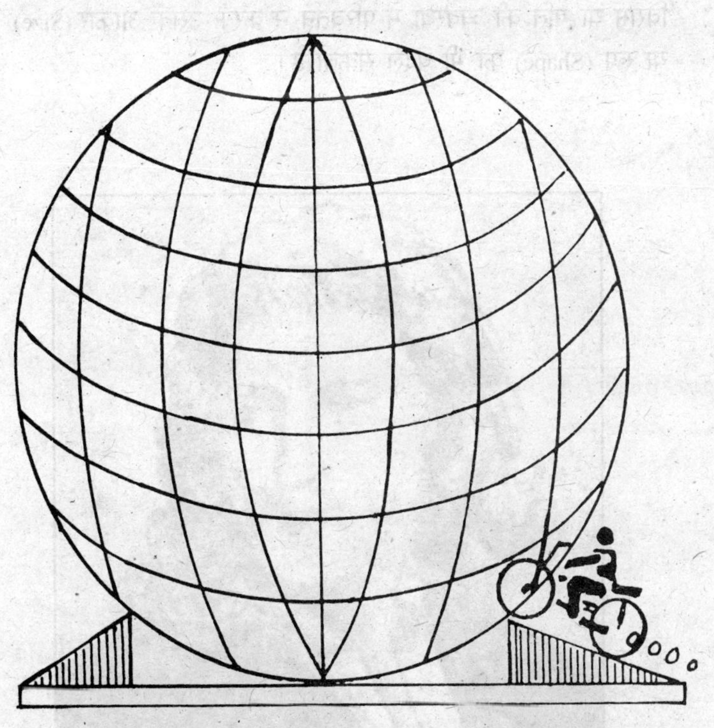

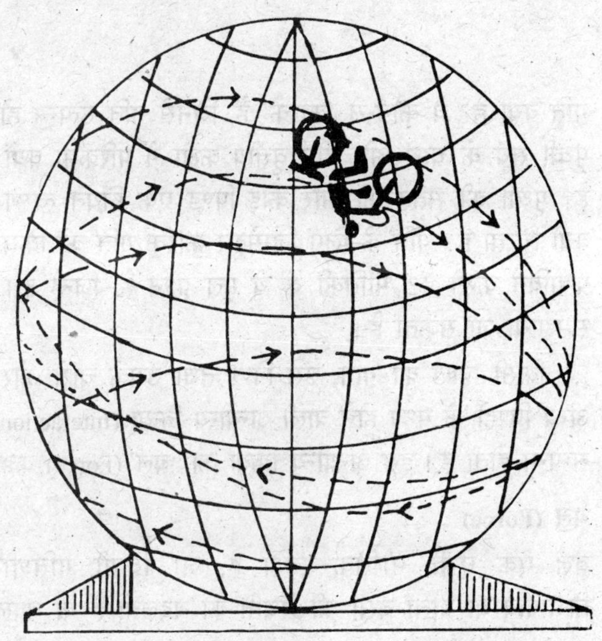

आपने सर्कस में मोटर-साइकिल के करतब देखे होंगे। करतब दिखाने वाला चालक मोटर-साइकिल दौड़ाता हुआ गोले की छत से होता हुआ नीचे उतर आता है, फिर चढ़ता है और फिर उतर आता है। कुछ क्षण के लिए वह मोटर-साइकिल सहित छत से उलटा लटका हुआ नजर आता है, यह करिश्मा है 'अपकेन्द्री बल' का।

यदि आप पानी से भरी एक बाल्टी को अपने सिर की ऊँचाई तक ले जाकर तेजी से घुमाएँ, तो उसमें भरा पानी नहीं गिरता। घूमती हुई बाल्टी पर एक बल लगता है, जो पानी को बाल्टी के अन्दर धकेलता है। यही अपकेन्द्री बल है, जो केन्द्र से बाहर की ओर लगता है। अभिकेन्द्री बल केन्द्र की ओर लगता है और यही बल बाल्टी को वृत्ताकार पथ में घुमाता है। यदि अभिकेन्द्री बल न हो, तो बाल्टी एक सीधी रेखा में दूर जाकर गिर जायेगी। वृत्त में जितनी तेजी से वस्तु घूमेगी, अपकेन्द्री बल उतना ही अधिक होगा।

अपकेन्द्री बल पर आधारित अनेक उपकरण बनाये गये हैं। जैसे– अपकेन्द्री शोषक (Centrifugal Drier), अपकेन्द्री पम्प (Centrifugal pump), क्रीम पृथक्कारी (Cream Separator) आदि।

अप्पू घर में आपने रोलरकॉस्टर (Rollercoaster) पर चलती कार देखी होगी। इसके पहिये ऊपर हो जाने पर भी कार नीचे नहीं गिरती। यह चमत्कार अपकेन्द्री बल का ही है।

❂❂❂

न्यूटन के गति के नियम (Newton's Laws of Motion)

गति क्या है? वे कौन-से 'कारक' हैं, जिनसे गति उत्पन्न होती है? पृथ्वी सूर्य के चारों ओर दीर्घ वृत्तीय कक्षा में परिक्रमा क्यों करती है? पृथ्वी की सतह की ओर कोई पिण्ड एक नियत त्वरण से ही क्यों गिरता है? गति के लिए जिम्मेदार कारक गति को किस प्रकार प्रभावित करते हैं? भौतिकी के ये मूल प्रश्न हैं, जिन्हें इस प्रकार समझाया जा सकता है।

किसी पिण्ड की गति, उस पिण्ड तथा उसके चारों ओर स्थित अन्य पिण्डों के मध्य होने वाली अन्योन्य क्रिया (Interaction) द्वारा सम्पन्न होती है। इस अन्योन्य क्रिया को 'बल' (Force) कहते हैं।

बल (Force)

बल एक ऐसी भौतिक राशि है, जो किसी गतिशील या विश्रामावस्था वाली वस्तु की स्थिति को बदलती है या बदलने का प्रयास करती है।

वजन उठाने, फुटबॉल खेलने, हथौड़े से कील ठोंकने आदि में हमें बल लगाना पड़ता है। बल वह भौतिक राशि है, जो वस्तुओं में गति पैदा करता है या गति की अवस्था में परिवर्तन पैदा करता है। इसके द्वारा वस्तु के वेग या गति की दिशा या दोनों में ही परिवर्तन हो जाता है। इसलिए 'बल' किसी वस्तु में त्वरण (Acceleration) पैदा करता है।

इसके अलावा बल का एक दूसरा प्रभाव भी होता है। यह वस्तु की विराम या गति की व्यवस्था में परिवर्तन न करके उसके आकार (Size) या रूप (Shape) को भी बदल सकता है।

आइजक न्यूटन (1642-1726)

बल वस्तु के आकार या रूप को बदल सकता है।

बल वस्तुओं में गति उत्पन्न करता है।

न्यूटन के गति के नियम

आइज़क न्यूटन को भौतिकी का जन्मदाता कहा जाता है। उन्होंने गति के तीन नियम प्रतिपादित किये थे–

पहला नियम : यदि कोई पिण्ड विश्रामावस्था में है, तो वह विश्राम अवस्था में ही रहेगा और यदि वह गतिशील अवस्था में है, तो गतिशील ही रहेगा, जब तक कोई बाहरी बल उसकी वर्तमान अवस्था में परिवर्तन न कर दे।

दूसरा नियम : संवेग-परिवर्तन की दर पिण्ड पर लगाये गये बल के समानुपाती तथा बल की दिशा में होती है।

तीसरा नियम : प्रत्येक क्रिया (Action) के फलस्वरूप समान और विपरीत दिशा में प्रतिक्रिया (Reaction) होती है। यदि कोई वस्तु किसी अन्य वस्तु पर बल लगाती है, तो वह वस्तु भी पहली वस्तु पर विपरीत दिशा में समान बल लगाती है। इन दोनों बलों में से लगने वाले बल को 'क्रिया' और दूसरे को 'प्रतिक्रिया' कहते हैं।

क्रिया-प्रतिक्रिया के नियम के अनेक उदाहरण मिलते हैं। जैसे– बन्दूक से गोली दागने पर पीछे की ओर धक्का लगता है। अपनी हथेली पर अधिक वजन रखकर उसे सम्भालने के लिए हमें उतने ही बल से हाथ को ऊपर की ओर उठाना पड़ता है। गैसों के तीव्रगति से पीछे की ओर निकलने के कारण ही रॉकेट आगे बढ़ता है। गैसों का वेग जितना अधिक होता है, रॉकेट भी उतने ही अधिक वेग से आगे की ओर बढ़ता है। पृथ्वी द्वारा चन्द्रमा पर आरोपित गुरुत्वीय बल के कारण चन्द्रमा पृथ्वी के चारों ओर चक्कर लगाता है, जबकि चन्द्रमा द्वारा पृथ्वी पर आरोपित गुरुत्वीय बल के कारण ही समुद्र में ज्वार (Tides) आते हैं। सूर्य पृथ्वी को खींचता है और पृथ्वी भी सूर्य को अपनी ओर उसी बल से खींचती है। इस क्रिया-प्रतिक्रिया के कारण ही पृथ्वी सूर्य के चारों तरफ चक्कर लगाती है। इस प्रकार सौरमण डल के ग्रह तथा उपग्रह एक-दूसरे से अपना सन्तुलन बनाये हुए हैं।

संवेग (Momentum)

यह एक सामान्य अनुभव की बात है कि समान वेग से चलने वाले एक खाली ट्रक की अपेक्षा लदे हुए ट्रक को गति अवस्था से विराम अवस्था में लाना अधिक कठिन होता है। वास्तव में लदे हुए गतिशील ट्रक का खाली ट्रक की अपेक्षा संवेग अधिक होता है। यदि दो अलग-अलग द्रव्यमान की वस्तुएँ समान वेग से चल रही हैं, तो उन्हें रोकने के लिए कम द्रव्यमान वाली वस्तु की अपेक्षा अधिक द्रव्यमान वाली वस्तु पर अधिक बल लगाना पड़ेगा। किसी वस्तु की गति अवस्था में परिवर्तन करने के लिए आवश्यक बल, वस्तु के वेग तथा द्रव्यमान दोनों पर या उनके गुणनफल पर निर्भर करता है। वह भौतिक राशि, जो गतिशील वस्तु के द्रव्यमान व वेग के गुणनफल के बराबर होती है, वस्तु का संवेग कहलाती है। संवेग भी एक सदिश भौतिक राशि है। किसी बाहरी बल की अनुपस्थिति में संवेग का मान स्थिर रहता है।

✪✪✪

जब कोई व्यक्ति नाव से कूदता है, तो वह अपने पैरों से बल लगाकर नाव को पीछे की तरफ ढकेलता है।
उसकी प्रतिक्रिया से नाव व्यक्ति पर आगे की ओर बल लगाती है और व्यक्ति किनारे पर पहुँच जाता है।

जेट-नोदन (Jet-propulsion)

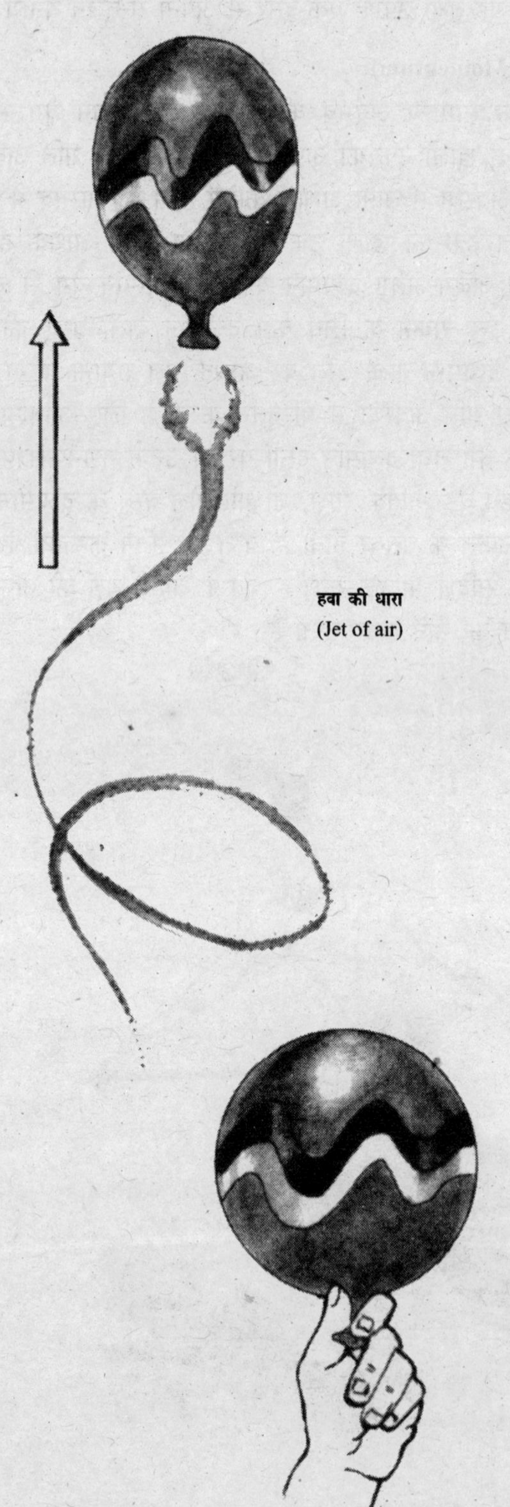

जेट-नोदन न्यूटन के क्रिया-प्रतिक्रिया के तीसरे नियम या संवेग संरक्षण (Conservation of Momentum) के सिद्धान्त पर आधारित है।

किसी छोटे छेद में से बहुत तेज वेग से बाहर निकलने वाले किसी तरल (द्रव या गैस) पदार्थ की धारा को जेट (Jet) कहते हैं। जब किसी छोटे छेद से गैस की तेज धारा बाहर निकलती है, तो इसकी प्रतिक्रिया वस्तु पर विपरीत दिशा में कार्य करती है, जिससे वस्तु जेट की गति की विपरीत दिशा में चलने लगती है। जेट की मदद से किसी वस्तु को गतिशील करना 'जेट-नोदन' कहलाता है और वह वस्तु, जो जेट की मदद से आगे बढ़ती है, जेट-नोदित (Jet-propelled) कहलाती है।

एक रबर के गुब्बारे में हवा भरकर उसके मुँह पर बँधी डोरी को थोड़ा-सा ढीला करने पर गुब्बारे में से आवाज के साथ तेजी से हवा बाहर निकलती है और गुब्बारा वायु की गति की विपरीत दिशा में चलने लगता है। रॉकेट इसी सिद्धान्त पर उड़ता है।

रॉकेट-नोदन (Rocket-propulsion)

रॉकेट के दहन कक्ष में उच्च दाब पर ईंधन और ऑक्सीजन के मिश्रण को जलाया जाता है। जलने से पैदा हुई गरम गैसें निकास नोज़लों (Exhaust Nozzles) से बाहर निकलती हैं।

इस प्रकार तेजी से गैसों के निकलने के कारण रॉकेट आगे की ओर गति करने लगता है। रॉकेट निर्वात में भी उड़ सकते हैं, क्योंकि इनके लिए वायुमण्डल की आवश्यकता नहीं होती। इनमें ईंधन के जलने के लिए अपनी ऑक्सीजन होती है।

जेट-नोदन विमान (Jet-propulsion Plane)

जेट-विमान जेट-नोदन के सिद्धान्त पर ही कार्य करते हैं। ये विमान चलते समय अपने पीछे धुएँ की सफेद लकीर छोड़ते जाते हैं। इनमें हवा को अन्दर खींचा जाता है, जहाँ ईंधन के जलने से इसका ताप व दाब बहुत अधिक हो जाता है। जब यह गरम गैस तेजी से जेट से बाहर निकलती है, तो इंजन पर प्रतिक्रिया होती है, जिससे विमान

किसी गुब्बारे में हवा भरकर उसके मुँह पर बँधी डोरी को कुछ ढीला करने पर गुब्बारा हवा की गति की दिशा के विपरीत दौड़ता है।

आगे बढ़ता है। जेट-विमान साधारण वायुयान की अपेक्षा अधिक ऊँचाई तक उड़ सकते हैं, लेकिन रॉकेट की भाँति निर्वात में नहीं उड़ सकते, क्योंकि ये वायुमण्डल से ईंधन के जलने के लिए ऑक्सीजन प्राप्त करते हैं।

रॉकेट कई चरण वाले होते हैं। एक चरण, दो चरण, तीन चरण आदि। किसी रॉकेट को जितनी अधिक दूर जाना होता है, उसमें उतने ही चरण अधिक होते हैं। अन्तरिक्ष यानों को ले जाने का काम बहुचरणीय रॉकेट करते हैं।

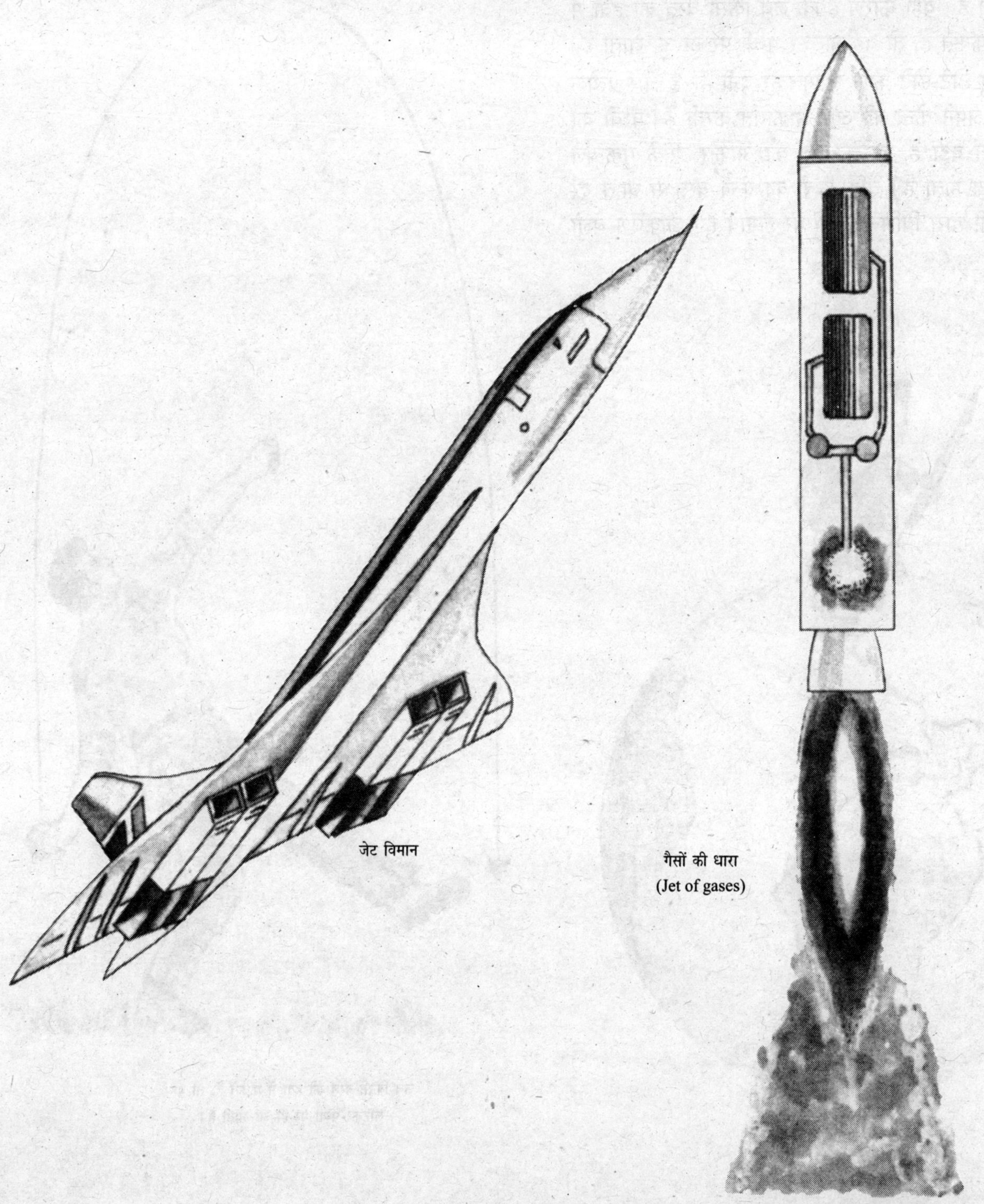

रॉकेट जेट-नोदन के सिद्धान्त पर कार्य करता है।

गुरुत्व केन्द्र और सन्तुलन (Centre of Gravity and Equilibrium)

यह एक जाना-माना तथ्य है कि पृथ्वी सभी वस्तुओं को अपने केन्द्र की ओर खींचती है। यही कारण है कि जब किसी वस्तु को हवा में ऊपर की ओर फेंकते हैं, तो वह लौटकर पृथ्वी पर ही आ जाती है।

प्रत्येक वस्तु छोटे-छोटे कणों से मिलकर बनी हुई है और प्रत्येक कण को पृथ्वी अपने केन्द्र की ओर आकर्षित करती है। पृथ्वी का आकार तो बहुत बड़ा है, जबकि वस्तु का आकार इसके मुकाबले में बहुत ही छोटा होता है। चूँकि पृथ्वी का केन्द्र वस्तु से बहुत दूर है, इसलिए पृथ्वी द्वारा विभिन्न कणों पर लगाये हुए आकर्षण बलों

जब किसी वस्तु को हवा में फेंकते हैं, तो वह लौटकर पृथ्वी पर ही आ जाती है।

गुरुत्वाकर्षण के कारण हम पृथ्वी पर उल्टे होने पर भी नहीं गिरते।

की दिशाएँ समानान्तर मानी जा सकती हैं। इन सभी समानान्तर बलों का परिणामी बल (Resultant Force) सम्पूर्ण वस्तु के भार के बराबर होता है और वस्तु के एक निश्चित बिन्दु से ऊर्ध्वतः नीचे की ओर कार्य करता है। इस निश्चित बिन्दु पर सभी बलों के आघूर्णों का बीजीय योग शून्य होता है। वस्तु को चाहे जिस स्थिति में रखा जाये, परिणामी बल हमेशा इस निश्चित बिन्दु पर ही कार्य करता है। इस बिन्दु को उस वस्तु का 'गुरुत्व केन्द्र' कहते हैं। अतः गुरुत्व केन्द्र वस्तु के अन्दर वह निश्चित बिन्दु है, जहाँ पर वस्तु का समस्त भार लगता है।

सन्तुलन (Equilibrium)

जब किसी वस्तु पर कई बल इस प्रकार लग रहे हों कि वस्तु न तो रेखीय गति और न ही घूर्णन गति करे, तो वस्तु सन्तुलन की अवस्था में कहलाती है। कोई भी वस्तु उस समय तक सन्तुलन की अवस्था में रह सकती है, जब तक उसके गुरुत्व केन्द्र से होकर जाने वाली ऊर्ध्वाधर रेखा उस वस्तु के आधार के क्षेत्रफल के अन्दर से होकर गुजरती है। यदि यह रेखा आधार के क्षेत्रफल से बाहर हो जाती है, तो वस्तु का सन्तुलन बिगड़ जाता है और वह गिर पड़ती है। इसलिए वस्तु के आधार का क्षेत्रफल जितना बड़ा होगा, उस वस्तु का सन्तुलन उतना ही अधिक स्थायी होगा।

पीसा की मीनार झुकी होने पर भी आज तक खड़ी है। इसका कारण यह है कि इसके गुरुत्व केन्द्र से जाने वाली ऊर्ध्वाधर रेखा उसके आधार से होकर ही गुजरती है। जब इस मीनार का झुकाव इतना हो जायेगा कि गुरुत्व केन्द्र से गुजरने वाली ऊर्ध्वाधर रेखा आधार के बाहर से गुजरने लगेगी, तो यही मीनार गिर जायेगी।

जब आप पानी से भरी बाल्टी अपने दायें हाथ में लेकर चलते हैं, तो बायें हाथ की तरफ झुक जाते हैं। वास्तव में आप ऐसा इसलिए करते हैं कि आपके गुरुत्व केन्द्र से होकर जाने वाली ऊर्ध्वाधर रेखा आपके पैरों के बीच में ही रहे। इस प्रकार आपका सन्तुलन बना रहता है।

जब आप अपनी पीठ पर भारी वजन लेकर चलते हैं, तो आगे झुक जाते हैं, ताकि गुरुत्व केन्द्र से जाने वाली ऊर्ध्वाधर रेखा आपके पैरों के नीचे से होकर जाये और आपका सन्तुलन बना रहे। सन्तुलन बिगड़ने पर ही आदमी गिर जाता है।

यदि किसी वस्तु को उसकी सन्तुलन स्थिति से थोड़ा-सा हटाकर छोड़ दिया जाये और वस्तु फिर अपनी पूर्व अवस्था में आ जाये, तो उसे स्थायी सन्तुलन (Stable Equilibrium) कहते हैं।

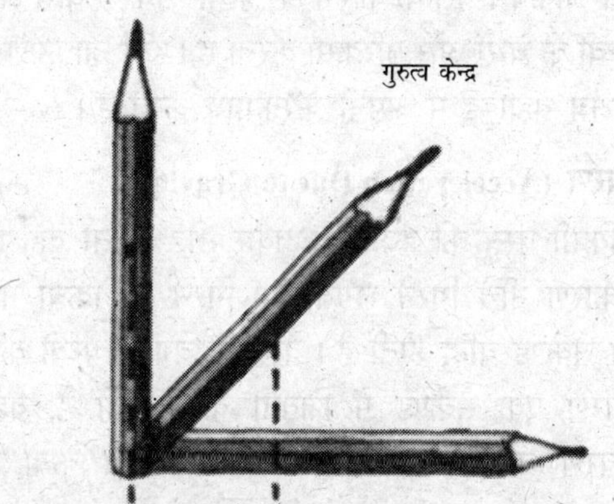

यदि किसी वस्तु को उसकी सन्तुलन स्थिति से थोड़ा-सा हटाकर छोड़ देने पर वस्तु अपनी पूर्व अवस्था में न आये, तो उसे अस्थायी सन्तुलन (Unstable Equilibrium) कहते हैं।

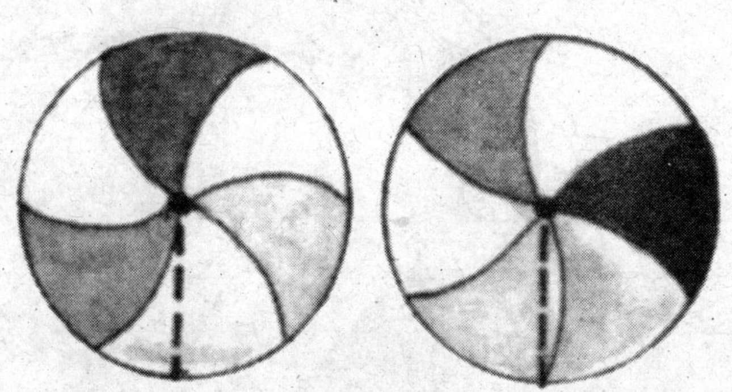

यदि किसी वस्तु को उसकी सन्तुलन स्थिति से थोड़ा-सा हटाकर छोड़ देने पर वह वस्तु अपनी पहली अवस्था में आने की कोशिश न करे, बल्कि अपनी नयी स्थिति में ही बनी रहे, तो ऐसी वस्तु उदासीन सन्तुलन (Neutral Equilibrium) की स्थिति में कहलाती है।

सर्वव्यापी गुरुत्वाकर्षण (Universal Gravitation)

न्यूटन के अनुसार इस ब्रह्माण्ड का प्रत्येक पिण्ड दूसरे पिण्ड को अपनी तरफ आकर्षित करता है। किन्हीं दो पिण्डों के बीच लगने वाले आकर्षण-बल का परिमाण उनके द्रव्यमानों के गुणनफल के समानुपाती और उनके बीच की दूरी के वर्ग के व्युत्क्रमानुपाती होता है और इसकी दिशा दोनों पिण्डों को मिलाने वाली रेखा की सीध में होती है। इसे न्यूटन का सर्वव्यापी गुरुत्वाकर्षण का नियम कहते हैं।

दैनिक जीवन में गुरुत्वाकर्षण बल का अनुभव हम नहीं करते हैं, क्योंकि इस आकर्षण-बल का मान बहुत ही कम होता है, लेकिन आकाशीय ग्रहों व उपग्रहों के बीच गुरुत्वाकर्षण का मान बहुत अधिक होता है। इस आकर्षण बल के कारण ही 'पृथ्वी' सूर्य के चारों ओर तथा 'चन्द्रमा' पृथ्वी के चारों ओर परिक्रमा करता है। इसी आकर्षण-बल के द्वारा ग्रह-नक्षत्र ब्रह्माण्ड में अपनी परिक्रमाएँ करते हैं।

गुरुत्वीय-त्वरण (Acceleration Due to Gravity)

यदि आप किसी वस्तु को हवा में उठाकर छोड़ दें, तो वह पृथ्वी के गुरुत्व के कारण नीचे गिरने लगती है। गिरने की क्रिया में उसके वेग में प्रति सेकेण्ड वृद्धि होती है। वस्तु के वेग में पृथ्वी के गुरुत्व बल के कारण एक सेकेण्ड में जितनी वृद्धि होती है, वह वृद्धि 'गुरुत्वीय-त्वरण' कहलाती है। इसको 'g' से प्रदर्शित किया जाता है और इसका मान 9.80665 मीटर प्रति सेकेण्ड होता है।

गुरुत्वीय-त्वरण के मान में परिवर्तन (Variation in the Value of g)

गुरुत्वीय-त्वरण 'g' का मान पृथ्वी के विभिन्न स्थानों पर अलग-अलग होता है। पृथ्वी तल से ऊपर तथा नीचे जाने पर 'g' का मान कम होने लगता है।

पृथ्वी तल पर 'g' का मान ध्रुवों पर सबसे अधिक और भूमध्य रेखा पर सबसे कम होता है। इसका कारण है—पृथ्वी का आकार तथा पृथ्वी का अपने अक्ष पर घूर्णन करना।

पृथ्वी पूरी तरह गोल नहीं है। यह दोनों ध्रुवों पर चपटी है। ध्रुवों पर इसकी त्रिज्या भूमध्य रेखा की त्रिज्या से 21 कि.मी. कम है। 'g' का मान पृथ्वी की त्रिज्या पर निर्भर करता है। जैसे-जैसे हम भूमध्य रेखा से ध्रुवों की ओर चलते हैं, वैसे-वैसे त्रिज्या का मान कम होता जाता है। इसलिए 'g' का मान बढ़ता जाता है।

पृथ्वी अपने अक्ष पर घूर्णन करती है। पृथ्वी-तल पर रखी प्रत्येक वस्तु भी वृत्तीय मार्ग पर घूमती है। वस्तुओं के घूमने की चाल भूमध्य रेखा पर अधिकतम और ध्रुवों की ओर चलने पर कम होती जाती है, यहाँ तक कि ठीक ध्रुवों पर चाल शून्य हो जाती है, क्योंकि वस्तु को वृत्तीय पथ पर घूमने के लिए अभिकेन्द्री बल की जरूरत होती है। इसलिए पृथ्वी के आकर्षण-बल का प्रभावी मान कम हो जाता है। ध्रुवों पर चाल न्यूनतम होने से अभिकेन्द्री बल का मान भी सबसे कम होता है। इसलिए ध्रुवों पर आकर्षण बल के प्रभावी मान में

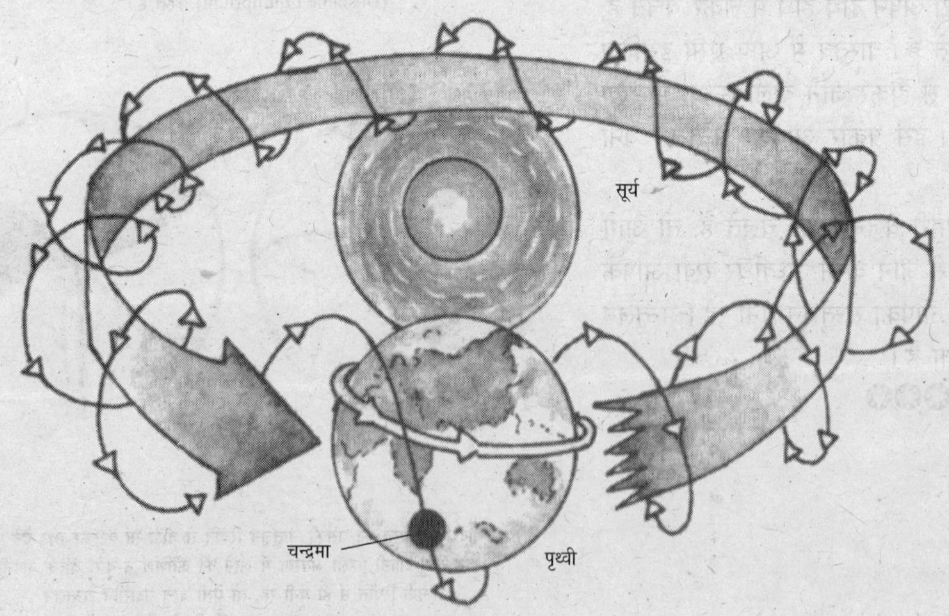

गुरुत्वाकर्षण बल के कारण ही 'पृथ्वी' सूर्य के चारों ओर तथा 'चन्द्रमा' पृथ्वी के चारों ओर परिक्रमा करता है।

सबसे कम कमी होती है। यह कमी भूमध्य रेखा की ओर जाने पर बढ़ती जाती है। इसलिए 'g' का मान ध्रुवों पर सबसे अधिक और भूमध्य रेखा पर सबसे कम होता है।

पृथ्वी तल से ऊपर जाने पर और पृथ्वी तल से नीचे जाने पर 'g' का मान घटता है। जैसे-जैसे पृथ्वी के केन्द्र से वस्तु की दूरी या पृथ्वी तल से वस्तु की ऊँचाई बढ़ती है, वैसे-वैसे 'g' का मान घटता है। पृथ्वी के अन्दर जाने पर भी गुरुत्वीय-त्वरण घटता है और केन्द्र पर इसका मान शून्य हो जाता है। पृथ्वी के केन्द्र पर किसी वस्तु का भार ही शून्य होता है, द्रव्यमान नहीं। वास्तव में किसी वस्तु का भार वह बल है, जिससे वस्तु पृथ्वी के केन्द्र की ओर आकर्षित होती है।

❂❂❂

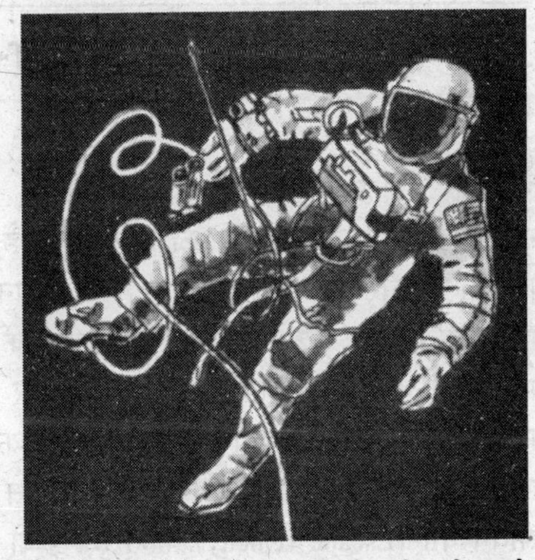

जैसे-जैसे पृथ्वी से दूर जाते हैं, पृथ्वी का गुरुत्वाकर्षण उसी दर से कम होता जाता है। गुरुत्वाकर्षण कम होने से वस्तु का भार भी कम होता जाता है।

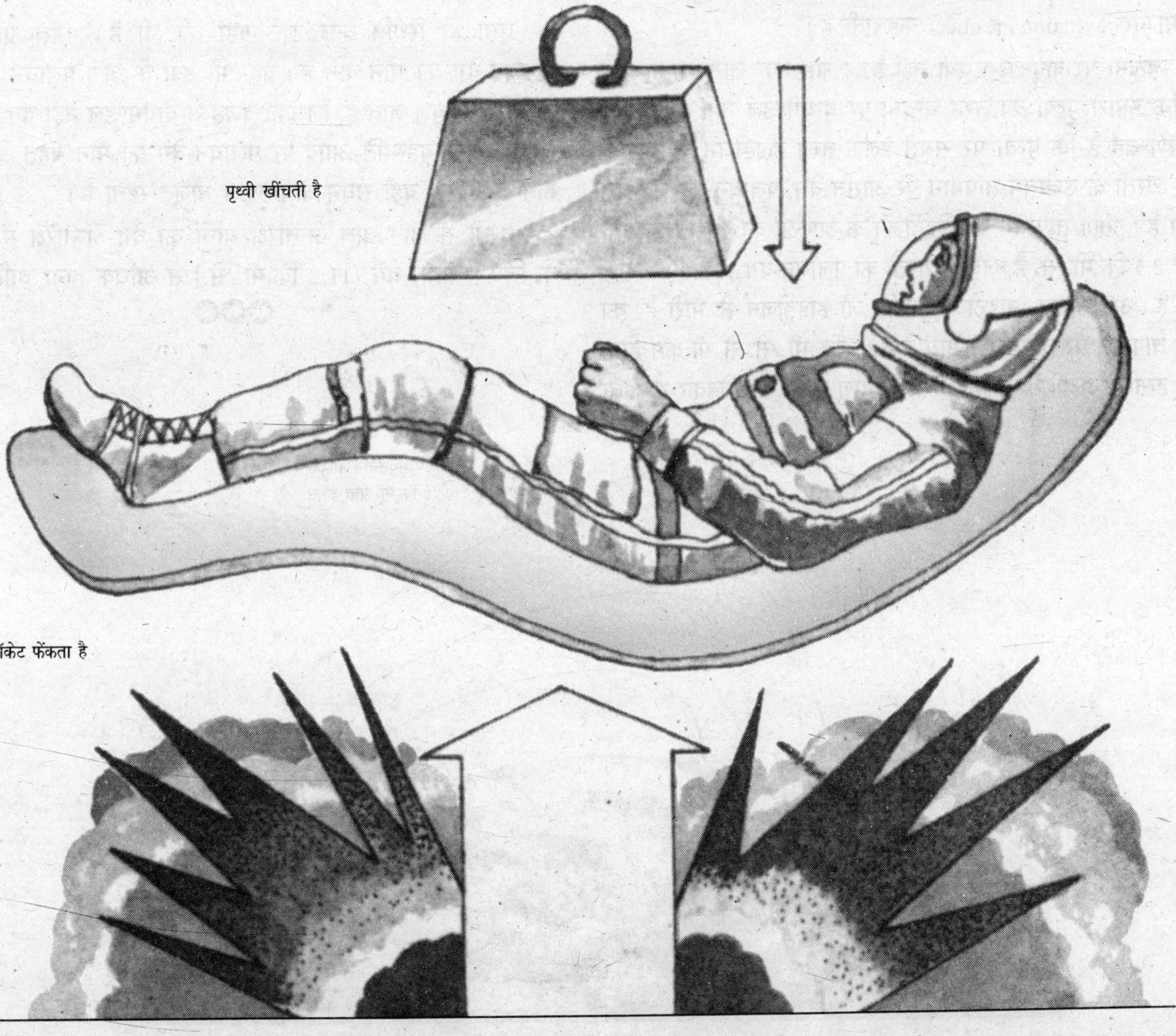

पृथ्वी खींचती है

रॉकेट फेंकता है

गुरुत्वाकर्षण अन्तरिक्षयात्री (Spaceman) को नीचे की ओर खींचता है और रॉकेट उसे ऊपर की ओर फेंकता है। दो बलों के बीच फँसा अन्तरिक्षयात्री भारहीनता का अनुभव करता है।

पलायन-वेग (Escape Velocity)

जब हम किसी वस्तु को पृथ्वी से ऊपर की ओर फेंकते हैं, तो वह वस्तु गुरुत्वीय बल के कारण वापस लौट आती है। हम जानते हैं कि वस्तु को अधिक ऊँचाई पर फेंकने के लिए अधिक वेग की जरूरत होती है। यदि किसी वस्तु को पृथ्वी से आकाश की ओर ऐसे वेग से फेंका जाये कि वह पृथ्वी के गुरुत्वीय क्षेत्र से बाहर निकल जाये, तो वह वापस लौटकर पृथ्वी पर नहीं आयेगी। वस्तु के इस न्यूनतम वेग को 'पलायन वेग' (Escape Velocity) कहते हैं। पृथ्वी के चारों ओर की वह सीमा, जहाँ पहुँचकर वस्तुएँ पृथ्वी की ओर वापस नहीं आतीं, बल्कि हमेशा के लिए अन्तरिक्ष में चली जाती हैं, 'गुरुत्वाकर्षण सीमा' (Gravitation Frontier) कहलाती है।

चन्द्रमा पर वायुमण्डल क्यों नहीं है? : यह एक जाना-माना तथ्य है कि हमारी पृथ्वी की तरह चन्द्रमा पर वायुमण्डल नहीं है। इसका कारण यह है कि पृथ्वी पर सबसे हलके तत्त्व हाइड्रोजन के अणुओं का, धरती के उच्चतम तापमान पर औसत वेग, पलायन-वेग से बहुत कम है। 500k तापमान पर हाइड्रोजन के अणुओं का औसत ऊष्मीय वेग 2.5 कि.मी. से. है, जबकि धरती का पलायन-वेग 11.20 कि.मी./से. है। ऑक्सीजन, नाइट्रोजन आदि, जो हाइड्रोजन से भारी हैं, का इस तापमान पर औसत ऊष्मीय वेग 2.5 कि.मी./से. से भी कम होता है। इसलिए पृथ्वी पर मौजूद गैसों के अणु पृथ्वी को छोड़कर नहीं जा सकते। यही कारण है कि पृथ्वी के चारों ओर वायुमण्डल मौजूद रहता है, लेकिन चन्द्रमा पर ऐसा नहीं है, क्योंकि उसकी त्रिज्या और गुरुत्वीय त्वरण—दोनों ही पृथ्वी की अपेक्षा कम हैं। चन्द्रमा पर पलायन-वेग का मान लगभग 2.38 कि.मी./से. है। चन्द्रमा के तापमान पर हाइड्रोन और दूसरी सभी गैसों के अणुओं का औसत वेग पलायन-वेग से अधिक होता है। जैसे—1000k पर हाइड्रोजन के अणुओं का औसत ऊष्मीय वेग लगभग 3.5 कि.मी./से. होता है, जो चन्द्रमा पर पलायन-वेग से ज्यादा है। इसलिए गैसों के अणु चन्द्रमा पर नहीं ठहर पाते। यही कारण है कि चन्द्रमा पर वायुमण्डल नहीं है।

ऐसी ही स्थिति कुछ छोटे ग्रहों की भी है। मंगल ग्रह पर पलायन-वेग का मान कम है। वहाँ भी हवा के अणु पलायन करके अन्तरिक्ष में चले जाते हैं, जिसकी वजह से वायुमण्डल नहीं बन पाता, लेकिन शनि, बृहस्पति आदि पर पलायन-वेग का मान बहुत अधिक होने के कारण वहाँ सघन वायुमण्डल मौजूद रहता है।

धरती से जाने वाले अन्तरिक्ष यानों का वेग अन्तरिक्ष में जाने के लिए पलायन वेग (11.2 कि.मी./से.) से अधिक होना चाहिए।

❂❂❂

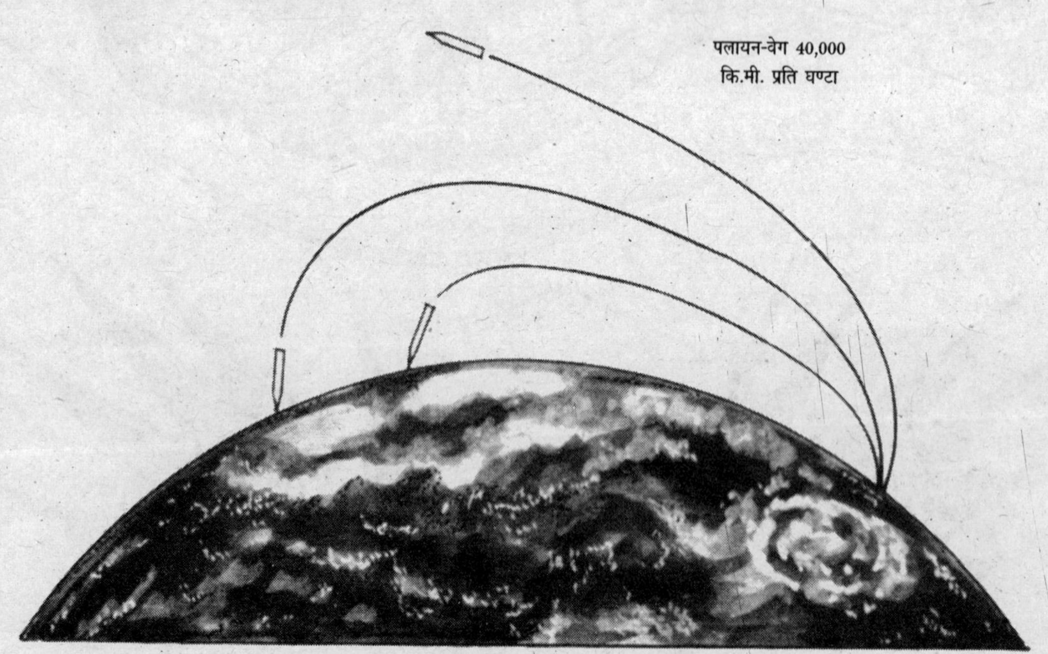

यदि रॉकेट की चाल पलायन-वेग से कम होती है, तो वह पृथ्वी पर ही आ गिरता है और यदि अधिक होती है, तो अन्तरिक्ष में चला जाता है।

कृत्रिम उपग्रह (Artificial Satellite)

यदि किसी पिण्ड को पृथ्वी तल से कुछ सौ कि.मी. की ऊँचाई पर अन्तरिक्ष में ले जाकर एक निश्चित कक्षा (Orbit) में छोड़ दिया जाये, तो वह पृथ्वी के चारों ओर परिक्रमा करने लगेगा। ऐसे पिण्डों को 'कृत्रिम उपग्रह' कहते हैं।

कृत्रिम उपग्रह पृथ्वी के चारों ओर अभिकेन्द्री त्वरण (Centripetal Acceleration) के अन्तर्गत परिक्रमा करते हैं।

कृत्रिम उपग्रह को उसकी कक्षा में भेजने के लिए बहुचरणीय रॉकेटों (Multistage rockets) का प्रयोग किया जाता है। उपग्रह को रॉकेट के ऊपरी भाग में रखते हैं। इन रॉकेटों को पहले ऊर्ध्वाधर दिशा में ऊपर की ओर प्रक्षेपित किया जाता है। जब यह एक निश्चित ऊँचाई (150-300 कि.मी.) तक पहुँच जाता है, तो वह धीरे-धीरे क्षैतिज दिशा में मुड़ता चला जाता है। जब बहुचरणीय रॉकेट के पहले चरण का ईंधन समाप्त हो जाता है, तो पहला चरण उपग्रह से अलग हो जाता है। उस समय रॉकेट का वेग लगभग 10,000 कि.मी. प्रति घण्टा होता है। तब रॉकेट का दूसरा चरण काम करने लगता है। जल्दी ही इसका भी ईंधन समाप्त हो जाता है। यह चरण समस्त उपग्रह को लगभग 24,000 कि.मी. प्रति घण्टा की चाल देकर अलग हो जाता है। उसी समय रॉकेट का तीसरा चरण काम करने लगता है। यह चरण उपग्रह को निश्चित क्षैतिज चाल (लगभग 30,000 कि.मी. प्रति घण्टा) देकर उपग्रह को उसकी कक्षा में स्थापित कर देता है।

कृत्रिम उपग्रह में किसी खराबी के कारण यदि क्षैतिज वेग में कमी आ जाती है, तो उस पर आरोपित गुरुत्वाकर्षण बल आवश्यक

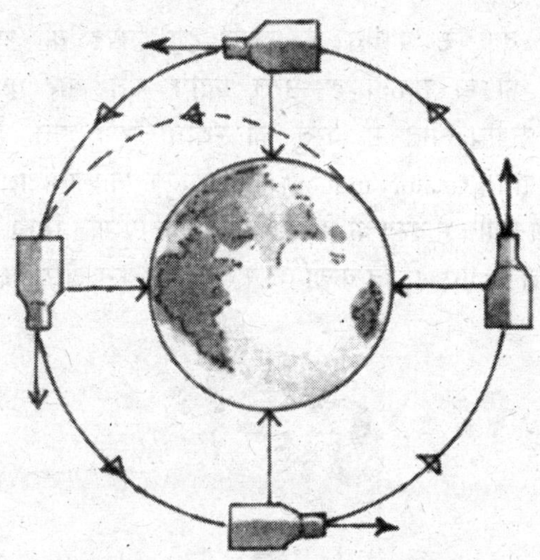

राकेट उपग्रह को उसकी कक्षा में स्थापित कर देता है।

अभिकेन्द्री बल से अधिक हो जाता है। तब उपग्रह अपनी कक्षा में न रहकर पृथ्वी के चारों ओर सर्पिल पथ में यात्रा करने लगता है। सर्पिल पथ में यात्रा करता हुआ जब वह पृथ्वी के वायुमण्डल में पहुँचता है, तो वायुमण्डलीय घर्षण से बहुत अधिक ऊष्मा पैदा होने से जलकर नष्ट हो जाता है। इसीलिए कृत्रिम उपग्रहों की कक्षा भू-वायुमण्डल के बाहर ही रखी जाती है, ताकि वे लम्बे समय तक बिना वायुमण्डलीय घर्षण के अन्तरिक्ष में यात्रा करते रहें।

आज विश्व के अनेक देशों ने 1500 से भी अधिक कृत्रिम उपग्रह अन्तरिक्ष में छोड़ रखे हैं, जो संचार, नौसंचालन, भू-सम्पदा, मौसम, रक्षा आदि की जानकारी के लिए मानव की सेवा कर रहे हैं।

✪✪✪

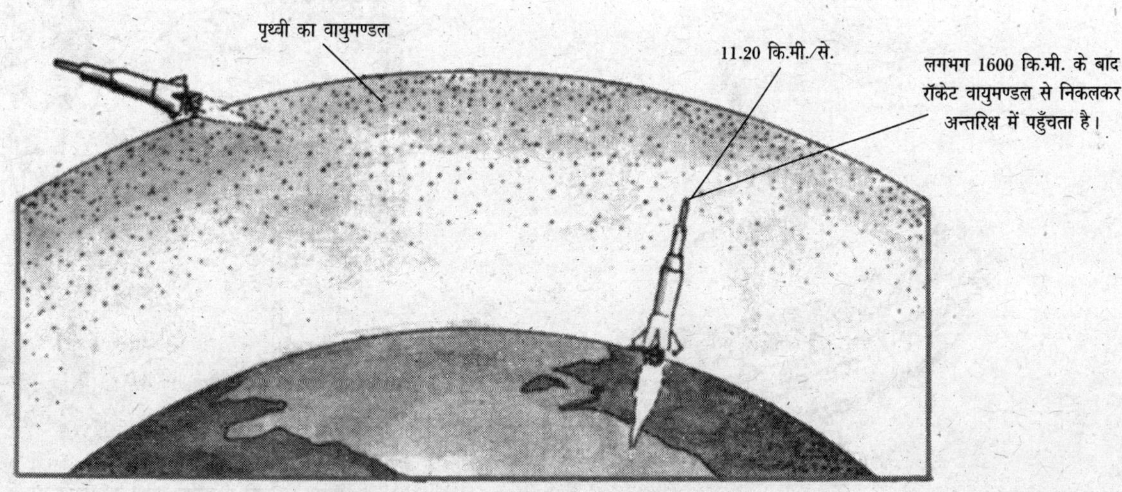

कृत्रिम उपग्रह को बहुचरणीय रॉकेटों द्वारा उसकी कक्षा में पहुँचाया जाता है।

घूर्णन (Rotation)

बाहरी बल के प्रभाव से किसी दृढ़ पिण्ड की गतियाँ दो प्रकार की हो सकती हैं—सरल रेखीय गति और घूर्णन गति। सरल रेखीय गति में वस्तु का स्थानान्तरण होता है, लेकिन घूर्णन-गति (Rotatory motion) में पिण्ड एक निश्चित अक्ष पर घूमता है। घूर्णन-गति में वस्तु के भिन्न भागों की रेखीय गति भिन्न-भिन्न होती है। अक्ष के पास स्थित कणों का रैखिक वेग कम और अक्ष से दूर के कणों का रैखिक वेग अधिक होता है, लेकिन वस्तु के प्रत्येक कण का कोणीय वेग एक समान रहता है। लट्टू का घूमना घूर्णन-गति का एक जाना-माना उदाहरण है। हर घूमने वाली वस्तु में कोणीय संवेग होता है।

'घूर्णन-गति' का एक उदाहरण

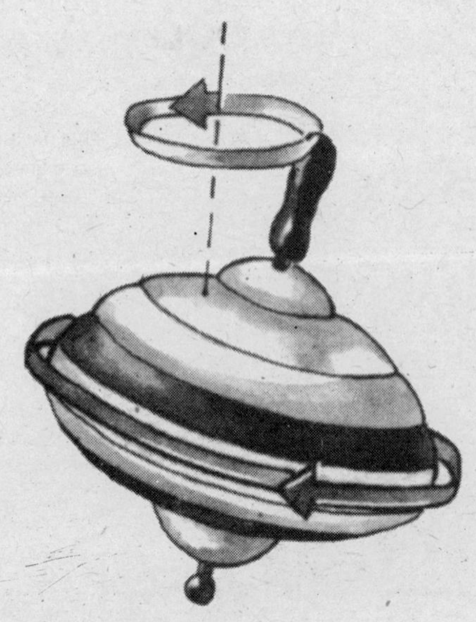

लट्टू का घूमना 'घूर्णन गति' है।

जड़त्व-आघूर्ण (Moment of Inertia)

यदि कोई वस्तु विराम अवस्था में है, तो वह विराम अवस्था में ही रहेगी और यदि गतिशील है, तो वह गतिशील ही रहेगी, जब तक कि उस पर कोई बाहरी बल न लगाया जाये। वस्तुओं के इस गुण को 'जड़त्व' (Inertia) का गुण कहते हैं। इसका प्रतिपादन सर्वप्रथम न्यूटन ने किया था।

आपने देखा होगा कि जब किसी वस्तु को, जो विराम अवस्था में है, किसी अक्ष के चारों ओर घुमाने के लिए या घूर्णन करती हुई वस्तु के कोणीय वेग में परिवर्तन करने का प्रयास किया जाता है, तो वस्तु अपनी अवस्था-परिवर्तन का विरोध करती है। वस्तु की अवस्था में तब तक परिवर्तन नहीं किया जा सकता, जब तक उस पर बाहर से एक बल-युग्म (Couple) न लगाया जाये। वस्तु के इस गुण को वस्तु का घूर्णन अक्ष के प्रति 'जड़त्व-आघूर्ण' कहते हैं। किसी वस्तु का किसी अक्ष के सापेक्ष जड़त्व-आघूर्ण (Moment of Inertia) उस वस्तु का द्रव्यमान और वस्तु की घूर्णन-अक्ष से दूरी के वर्ग के गुणनफल के बराबर होता है।

चलती बस से कूदने में झटका लगता है, क्योंकि बस के समान वेग से जड़त्व हमारे शरीर को आगे धकेलता है।

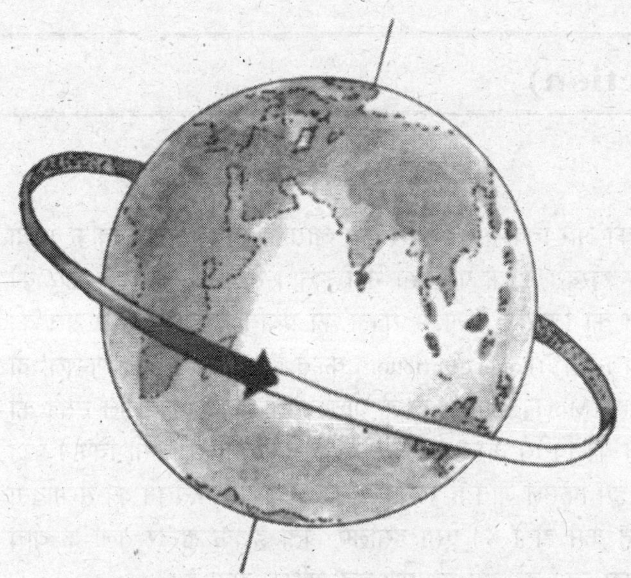

पृथ्वी एक फ्लाई-ह्वील की तरह है, जो अपने विशाल जड़त्व आघूर्ण (Moment of Inertia) के कारण हमेशा एक समान गति से घूर्णन करती रहती है।

कच्चे और उबले अण्डे को बिना तोड़े ही जड़त्व (Inertia) के सिद्धान्त के आधार पर पहचाना जा सकता है। उबला हुआ अण्डा घूर्णन करता है, जबकि कच्चा अण्डा इधर-उधर भागता है।

किसी वस्तु का द्रव्यमान जितना अधिक होता है, उसकी विरामावस्था या रेखीय वेग में परिवर्तन करने के लिए उतने ही अधिक बल की जरूरत होती है। इसलिए किसी वस्तु का द्रव्यमान ही उसके जड़त्व की माप है।

किसी वस्तु का जड़त्व-आघूर्ण जितना अधिक होता है, उसकी घूर्णन अवस्था में परिवर्तन के लिए उस पर उतना ही अधिक बल-आघूर्ण लगाना पड़ता है। स्पष्ट है कि घूर्णन गति में किसी वस्तु का जड़त्व-आघूर्ण वही काम करता है, जो रेखीय गति में वस्तु का जड़त्व करता है।

जड़त्व और जड़त्व-आघूर्ण में एक अन्तर है। जड़त्व केवल वस्तु के द्रव्यमान पर निर्भर करता है, जबकि जड़त्व-आघूर्ण वस्तु के द्रव्यमान और घूर्णन अक्ष से दूरी पर निर्भर करता है।

यदि कोई वस्तु घूर्णन कर रही है, तो वह अपने जड़त्व-आघूर्ण के कारण उसी गति से उस दिशा में तब तक घूमती रहेगी, जब तक उस पर बाहर से कोई बल-युग्म न लगाया जाये। इस सिद्धान्त का इस्तेमाल रेल के इंजनों में फ्लाई ह्वील (Fly Wheel) लगा कर किया गया। इंजन का पिस्टन इसी पहिये को घुमाता है। फ्लाई व्हील ही पिस्टन को मृतक बिन्दु से निकालता है। पृथ्वी एक फ्लाई ह्वील की तरह ही है, जो अपने विशाल जड़त्व-आघूर्ण के कारण हमेशा एक समान गति से अपने अक्ष के चारों ओर घूमती रहती है। वाहनों में लगने वाले पहियों का इस प्रकार निर्माण किया जाता है कि कम-से-कम भार के लिए उनका जड़त्व-आघूर्ण अधिक-से-अधिक हो जाये, ताकि उनकी गति एक समान रहे।

❂❂❂

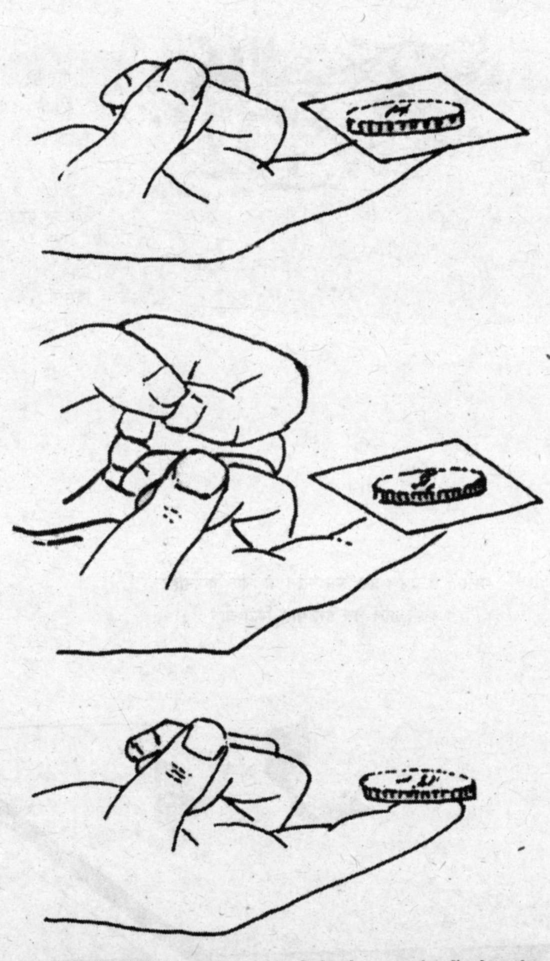

अपनी उँगली की नोक पर एक कार्ड पर रखे सिक्के पर चुटकी मारें, तो कार्ड दूर भाग जायेगा, लेकिन सिक्का जड़त्व के कारण उँगली पर ही रुका रहेगा।

घर्षण (Friction)

माचिस की तीली को खुरदरी सतह पर रगड़कर जलाया जाता है।

पक्की और चिकनी सड़क पर कार आसानी से चलती है, जबकि कच्ची और खुरदरी सड़क पर ऐसा नहीं होता। सदा ही कोई बल कार की गति को विपरीत दिशा में रोकने का प्रयास करता है। इस बल को 'घर्षण-बल' (Force of Friction) कहते हैं। वास्तव में 'घर्षण-बल' दो सतहों (Moving Surfaces) के बीच लगता है और गतिशील सतह की गति का विरोध करता है। जरा-सी असावधानी से किसी चिकने फर्श पर हम फिसल जाते हैं, लेकिन खुरदरे फर्श पर फिसलने की सम्भावना बहुत कम होती है। ऐसा इसलिए होता है कि खुरदरे तलों के बीच चिकने तलों की अपेक्षा घर्षण-बल अधिक होता है।

घर्षण-बल दो प्रकार के होते हैं :

खिसकने वाले घर्षण (Sliding Friction)

जब कोई वस्तु किसी सतह पर खिसकती है, तो उस पर खिसकने वाला घर्षण लगता है।

लुढ़कने वाला घर्षण (Rolling Friction)

जब कोई वस्तु किसी सतह पर लुढ़कती है, तो उस पर रोलिंग बल लगता है। जैसे गेंद का लुढ़कना इस प्रकार के घर्षण का उदाहरण है।

जब कोई वस्तु स्थिर अवस्था में होती है, तो उसे गतिशील करने में अधिक बल लगाना पड़ता है। जबकि गतिशील वस्तु को गतिशील अवस्था में रखने के लिए कम बल लगाना पड़ता है। स्थिर अवस्था में रखी वस्तु को गतिशील करने में जो बल लगाना पड़ता है, उसे 'स्टेटिक' (Static) घर्षण कहते हैं और गतिशील वस्तु को गतिशील रखने में जो बल लगाना पड़ता है, उसे 'डायनेमिक घर्षण' कहते हैं।

घर्षण से गरमी भी पैदा होती है। जिस समय माचिस नहीं बनी

मशीनों में घर्षण-बल कम करने के लिए चिकनाहट पैदा करने वाले तेल इस्तेमाल किये जाते हैं।

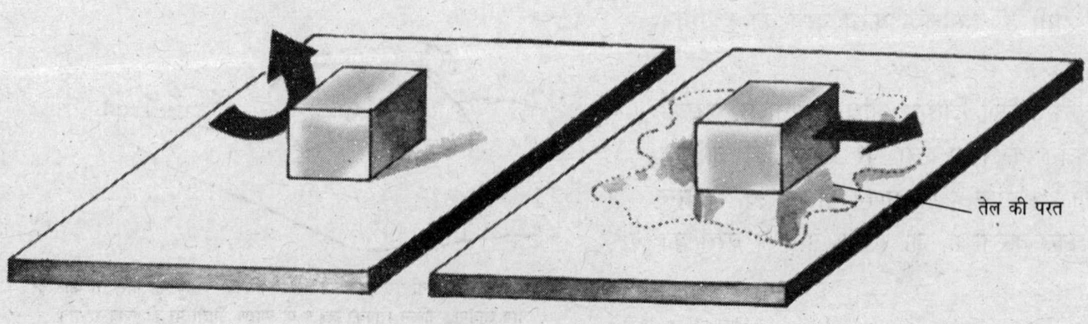

चिकनी सतह पर घर्षण-बल कम होता है।

थी, उस समय का मानव लकड़ी की सूखी चेड़ों को एक-दूसरे से रगड़कर आग जला लिया करता था। आज भी माचिस की तीली को खुरदरी सतह पर रगड़कर जलाया जा सकता है। सिगरेट लाइटर भी घर्षण पर आधारित है। इसमें चकमक (Flint) पत्थर और धातु के एक छोटे-से टुकड़े के घर्षण से चिनगारी पैदा होती है। इस चिनगारी से तरल ईंधन या गैस जल उठती है।

घर्षण-बल से मशीनों के पुर्जे बहुत गरम हो जाते हैं और जल्दी घिस जाते हैं। घर्षण-बल कम करने के लिए चिकनाहट पैदा करने वाले स्नेहक पदार्थ इस्तेमाल किये जाते हैं। बॉल बियरिंग (Ball Bearings) या रोलर बियरिंग (Roller Bearings) भी घर्षण-बल को कम करते हैं। ग्रीस एक स्नेहक है। सतहों को पॉलिश करके भी घर्षण-बल को कम किया जाता है। हवाई जहाजों और मोटर गाड़ियों को रैखिक बनाकर भी घर्षण-बल कम किया जाता है।

उपग्रह को पृथ्वी से अन्तरिक्ष कक्षा तक जाते समय या अन्तरिक्ष यान के उतरते समय वायुमण्डल में घर्षण से बचाने के लिए इसके ऊपर विशेष अग्नि-निरोधक पदार्थों का शील्ड लगाया जाता है। कोई भटका हुआ कृत्रिम उपग्रह जब पृथ्वी के वायुमण्डल में प्रवेश करता है, तो घर्षण से अत्यधिक ऊष्मा उत्पन्न होने के कारण जलकर नष्ट हो जाता है। उल्कापात में वायुमण्डल के घर्षण के कारण उल्काएँ इतनी गरम हो जाती हैं कि लाल होकर इनसे गैसें निकलने लगती हैं और ये जल उठती हैं। गरमी और घर्षण के कारण इनके बहुत छोटे-छोटे टुकड़े हो जाते हैं, जो वायुमण्डल में कणों के रूप में ही बिखर जाते हैं।

घर्षण-बल हमारे लिए उपयोगी भी है। जूते और फर्श के बीच घर्षण ही हमें फिसलने से रोकता है। ब्रेक घर्षण के आधार पर ही काम करते हैं। घर्षण ही कार के टायरों को सड़क पर फिसलने से रोकता है। बिना घर्षण के हम चल नहीं सकते हैं और न ही दौड़ सकते हैं। बर्फ पर चलना असम्भव है, क्योंकि बर्फ की सतह पर घर्षण बहुत कम होता है। वास्तव में घर्षण एक आवश्यक बुराई (Necessary Evil) है।

साइकिल ब्रेक

घर्षण-बल दो सतहों के बीच लगता है।

प्रत्यास्थता (Elasticity)

सामान्यतः जब किसी वस्तु पर बाह्य बल लगाया जाता है, तो वस्तु के आकार (Size) या रूप (Shape) या दोनों में परिवर्तन हो जाता है। इस बाहरी बल को हम 'विरूपक बल' (Deforming Force) कहते हैं। इस बल से उत्पन्न परिवर्तन का विरोध करने वाला गुण लगभग सभी पदार्थों में कम या ज्यादा पाया जाता है। इस गुण के कारण ही वस्तु पर से बाह्य बल को हटा लेने से वस्तु अपनी मूल अवस्था में आ जाती है। जैसे रबर की डोरी को खींचने पर उसकी लम्बाई बढ़ जाती है, लेकिन छोड़ देने पर वह फिर अपनी पहली लम्बाई में आ जाती है। इसी प्रकार रबर की गेंद दबाने पर चिपक जाती है, लेकिन दाब हटाने पर फिर अपने मूल रूप में आ जाती है। पदार्थों पर बल लगाने पर विरूपण होना और बल हटाने पर मूल अवस्था में आ जाने के इस गुण को 'प्रत्यास्थता' (Elasticity) कहते हैं। वास्तव में 'प्रत्यास्थता' पदार्थ का वह गुण है, जिसके कारण वस्तु लगाये गये विकृतिकारी बल का विरोध करती है और बल को हटा लिये जाने पर वह अपनी मूल अवस्था में आने की कोशिश करती है।

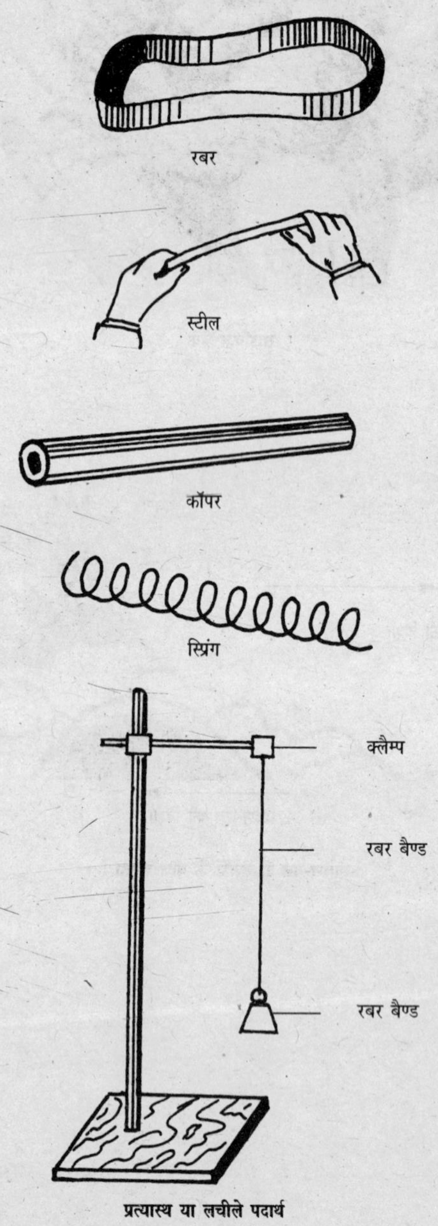

प्रत्यास्थ या लचीले पदार्थ

विकृतिकारी बल को हटाने पर यदि वस्तु अपने मूल आकार या रूप में पूरी तरह से वापस आ जाती है, तो वस्तु को 'पूर्ण प्रत्यास्थ' (Perfect Elastic) कहते हैं। प्रकृति में ऐसा कोई पदार्थ नहीं, जो प्रत्येक विकृतिकारी बल के लिए पूर्ण प्रत्यास्थ हो। स्टील आदि पदार्थ भी एक निश्चित सीमा तक के बल के लिए ही प्रत्यास्थ होते हैं। अधिक बल के लिए वे स्थायी रूप से विरूपित हो जाते हैं।

जिन पदार्थों में विकृतिकारी बल का विरोध करने का गुण नहीं होता, उस गुण को 'प्लास्टिसिटी' कहते हैं। इन वस्तुओं से बाह्य बल को हटा लेने पर वे अपने मूल रूप या आकार में नहीं लौट पातीं। गीली मिट्टी और गीला आटा इसके उदाहरण हैं। विश्व में कोई भी पदार्थ पूरी तरह से प्लास्टिक नहीं है। यह देखा गया है कि रबर से स्टील अधिक प्रत्यास्थ है। प्रत्यास्थता तीन प्रकार की होती है—लम्बाई प्रत्यास्थता, क्षेत्रफल प्रत्यास्थता तथा आयतन प्रत्यास्थता।

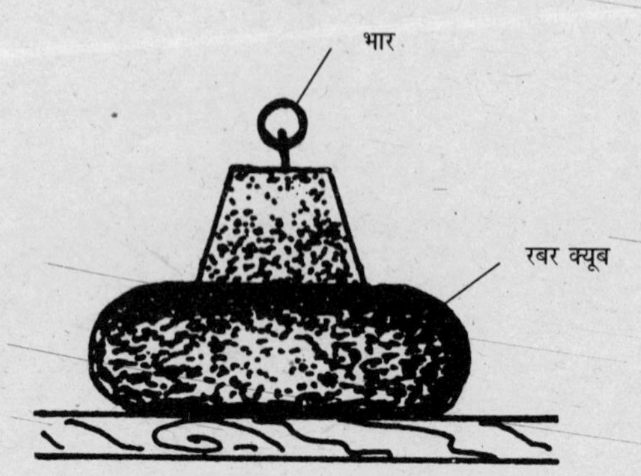

विकृति (Strain)

जब किसी वस्तु पर विकृतिकारी बल लगाया जाता है, तो उसके आकार या रूप या दोनों में ही अणुओं के विस्थापन के कारण परिवर्तन हो जाता है। इस परिवर्तन को हम पदार्थ में विकृति आना कहते हैं। आरोपित विकृतिकारी बल के कारण पदार्थ के मात्र आकार (Dimension) में हुआ परिवर्तन 'विकृति' कहलाता है। 'विकृति' तीन प्रकार की होती है—अनुदैर्ध्य (Longitudinal), आयतन (Volume) तथा अपरूपण (Shearing)। ये विकृतियाँ इस बात पर निर्भर करती हैं कि विकृतिकारक बल वस्तु पर किस प्रकार आरोपित किया गया है। विकृति एक अनुपात है। इसलिए इसका कोई मात्रक नहीं होता।

प्रतिबल (Stress)

जब किसी वस्तु पर बाह्य बल लगाने पर उसके रूप या आकार में परिवर्तन हो जाता है, तो वस्तु को 'विकृतिकारी' (Strained) कहा जाता है। इस परिवर्तन के विरोध में वस्तु की प्रत्येक आन्तरिक काट (Section) पर न्यूटन के तीसरे नियम के अनुसार एक आन्तरिक प्रतिक्रिया बल पैदा हो जाता है, जो वस्तु को उसके मूल आकार व रूप में लाने का प्रयास करता है। 'आन्तरिक प्रतिक्रिया बल' बाह्य बल का विरोध करता है। बाह्य बल के कारण वस्तु के अन्दर इकाई क्षेत्रफल पर उत्पन्न आन्तरिक प्रतिक्रिया बल को 'प्रतिबल' (Stress) कहते हैं। यह बल बाहरी बल के बराबर ही होता है। इसका मात्रक न्यूटन प्रति वर्गमीटर होता है।

प्रत्यास्थता की सीमा (Elastic limit)

जब किसी स्प्रिंग पर भार लटकाया जाता है, तो वह लम्बाई में बढ़ जाती है। भार के हटा लेने पर वह फिर अपनी पहली अवस्था में आ जाती है, लेकिन भार बढ़ाते जाने पर एक ऐसी अवस्था भी आती है, जब भार को हटा लेने पर स्प्रिंग अपनी मूल अवस्था में नहीं आ पाती, बल्कि हमेशा के लिए विकृत हो जाती है। स्प्रिंग में प्रत्यास्थता तभी तक रहती है, जब तक उस पर आरोपित बल का मान एक निश्चित सीमा के अन्दर होता है। पदार्थों की इस सीमा, जिसके बाद वह स्थायी रूप से विकृत हो जाये, को 'प्रत्यास्थता की सीमा' कहते हैं।

कुछ पदार्थों को अपनी मूल अवस्था में आने में कुछ समय लगता है। इसे हम 'प्रत्यास्थ थकान' (Elastic Fatigue) कहते हैं।

✪✪✪

आवर्ती गति (Periodic Motion)

जब कोई वस्तु एक साम्य स्थिति के इधर-उधर निश्चित समय के अन्तरालों में बार-बार गति करती है, तो उसकी गति को 'आवर्ती गति' (Periodic Motion) कहते हैं। इस गति के निश्चित समय के अन्तरालों को 'आवर्त काल' (Time Period) कहते हैं।

ग्रहों का सूर्य के चारों ओर चक्कर लगाना तथा दीवार घड़ी के पेण्डुलम का दोलन करना इसी के उदाहरण हैं। 'पृथ्वी' सूर्य के चारों ओर चक्कर लगाती है और एक चक्कर 365 दिनों में पूरा कर लेती है। इसलिए पृथ्वी की गति 'आवर्ती गति' कहलाती है, जिसका आवर्त काल 365 दिन है। इसी प्रकार 'चन्द्रमा' पृथ्वी के चारों ओर चक्कर लगाता है और एक चक्कर 27.3 दिनों में पूरा कर लेता है। इसलिए चन्द्रमा की आवर्ती गति का आवर्त काल 27.3 दिन है। कृत्रिम उपग्रहों का पृथ्वी के चारों ओर परिक्रमण करना भी आवर्ती गति है।

सितार के तार को झटककर जब हम कम्पित कराते हैं, तो वह अपनी साम्य स्थिति के इधर-उधर दोलन करने लगता है। झूले पर बैठकर झूलने में भी दोलन गति होती है। इस प्रकार जब कोई वस्तु किसी निश्चित बिन्दु के इधर-उधर आवर्ती गति करती है, तो वस्तु की गति को हम 'दोलनी गति' (Oscillatory Motion) कहते हैं, जो एक आवर्ती गति है।

ब्लेड को जब कम्पित कराते हैं, तो वह अपनी साम्य स्थिति के इधर-उधर दोलन करने लगता है।

लोहे की पत्ती को एक ओर क्लैम्प करके और दूसरे सिरे को दबाकर छोड़ देने पर वह अपनी साम्यावस्था के इधर-उधर दोलन करने लगती है। इसी प्रकार एक स्प्रिंग पर लटके भार को थोड़ा खींचकर छोड़ देने पर भार ऊपर-नीचे आवर्ती गति से दोलन करने लगता है।

सरल आवृत्ति गति (Simple Harmonic Motion)

सरल लोलक (Simple Pendulum) आवर्ती गति का एक जाना-माना उदाहरण है। इसमें वस्तु अपनी माध्य स्थिति के दोनों ओर इधर-उधर एक सरल रेखा में गति करती है। इसे हम इस तरह भी कह सकते हैं कि किसी वृत्त की परिधि पर होने वाली एक समान गति का वृत्त के व्यास पर प्रक्षेपण (Projection) 'सरल आवर्ती गति' होता है।

लोलक की गति को हम इस प्रकार समझ सकते हैं। जब लोलक के गोलक को उसकी माध्य स्थिति से विस्थापित करके नयी स्थिति पर लाया जाता है, तो उसकी स्थितिज ऊर्जा बढ़ जाती है। इस हालत में गोलक को स्वतन्त्र छोड़ देने पर वह माध्य स्थिति की ओर आता है। इस क्रिया में गोलक में संचित ऊर्जा धीरे-धीरे गतिज ऊर्जा में बदल जाती है। माध्य स्थिति में गोलक की स्थितिज ऊर्जा न्यूनतम तथा गतिज ऊर्जा अधिकतम हो जाती है। अब जड़त्व के नियम से गोलक अपनी माध्य स्थिति के दूसरी ओर आगे निकल जाता है और उसका गुरुत्व केन्द्र फिर ऊपर उठने लगता है, जिससे उसकी स्थितिज ऊर्जा बढ़ने लगती है। स्थितिज ऊर्जा की यह बढ़ोतरी गोलक की गतिज ऊर्जा से प्राप्त होती है यानी उसकी गतिज ऊर्जा कम होने लगती है। जब गोलक माध्य स्थिति के दूसरी ओर अधिकतम विस्थापित हो जाता है, तो उसकी सम्पूर्ण गतिज ऊर्जा 'स्थितिज ऊर्जा' में बदल जाती है। इस हालत में गोलक एक क्षण के लिए विश्रामावस्था में आ जाता है। गुरुत्व केन्द्र के सन्तुलन के लिए गोलक अब फिर माध्य स्थिति की ओर चलता है और उसकी स्थितिज ऊर्जा बदलने लगती है। गोलक की गतिज ऊर्जा का स्थितिज ऊर्जा में तथा स्थितिज ऊर्जा का गतिज ऊर्जा में बदलने का यह क्रम लगातार चलता रहता है, बशर्ते गोलक पर वायु का घर्षण-बल न लगे।

✪✪✪

साधारण मशीनें (Simple Machines)

मशीन एक ऐसा उमक्रम है, जिसमें किसी एक स्थान पर बल लगाकर दूसरे स्थान पर भारी प्रतिरोध पर विजय प्राप्त करके काम किया जाता है।

आज का मानव हजारों किस्म की मशीनों का प्रयोग कर रहा है। ये मशीनें विभिन्न पुर्जो को जोड़कर बनायी जाती हैं। जैसे— ह्वील (Wheel), गियर (Gear), बियरिंग (Bearing), शैफ्ट (Shaft), पिस्टन (Piston), स्प्रिंग (Spring), रॉड (Rod) आदि। मशीन के प्रत्येक भाग का एक-दूसरे से विशेष सम्बन्ध होता है। इन्हीं के मिले-जुले रहने से मशीन काम करती है, लेकिन इन पुर्जों का अपना काम आम तौर पर बहुत साधारण होता है। ये एक साधारण मशीन की तरह काम करते हैं। कील उखाड़ने का हथौड़ा और चाकू मशीन नजर न आते हुए भी साधारण मशीनें ही हैं।

घिरनी (Pulley)

घिरनी एक ऐसा प्रक्रम है, जिसके द्वारा हम कम बल लगाकर अधिक वजन आसानी से उठा सकते हैं। आप जानते हैं कि वस्तु पर बल लगाकर जब इसे विस्थापित किया जाता है, तो एक विरोधी बल भी उपस्थित होता है। यदि कोई विरोधी बल मौजूद न हो, तो वस्तु को विस्थापित करने में किसी बल की जरूरत न हो। घिरनी वास्तव में इन्हीं विरोधी बलों के विरुद्ध कार्य करती है। घिरनी द्वारा वजन उठाने के लिए हमें रस्सी को नीचे की ओर भार के ऊपर उठाने की अपेक्षा अधिक खींचना पड़ता है। इसलिए लगने वाला आयास

आर्किमिडीज ने राजा को एक बार पत्र लिखा कि उन्होंने ऐसी खोज की है कि किसी बहुत भारी वस्तु को कम शक्ति से उठा सकते हैं। आर्किमिडीज ने अपनी खोज का प्रदर्शन शाही नौसेना के भरे हुए पोत को अकेले ही तट पर खींचकर किया। यह चमत्कार था घिरनियों का।

(Effort) बल भार के मुकाबले में अधिक दूरी तय करता है। वस्तु को घिरनी द्वारा उठाने में किया गया कार्य उसे सीधे उठाने में किये गये कार्य से किसी भी तरह कम नहीं होता। वास्तव में आयास द्वारा किया गया कार्य भार पर किये गये कार्य के बराबर होता है।

आयास
(Effort)

आयास
(Effort)

भार
(Load)

जितनी कम शक्ति लगाकर भार खींचना हो, उतनी ही अधिक घिरनियाँ लगायी जाती हैं।

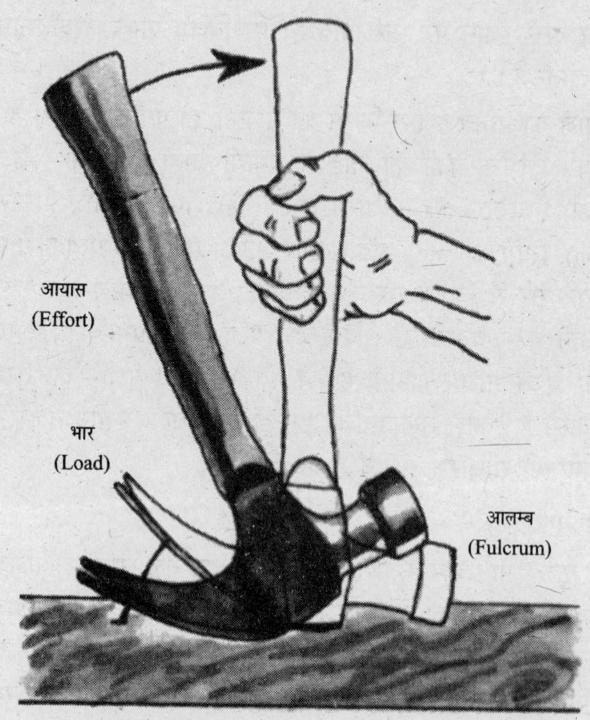

कील उखाड़ने का हथौड़ा (Claw Hammer) एक साधारण मशीन है।

सी-सॉ (See-saw) को सन्तुलित करने के लिए दोनों ओर के आघूर्ण बराबर होने चाहिए।

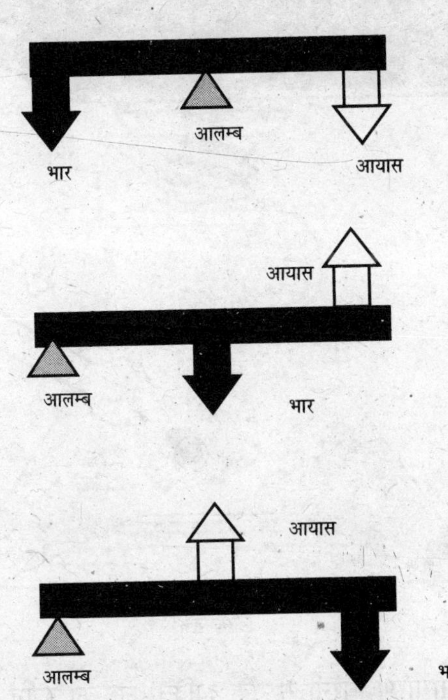

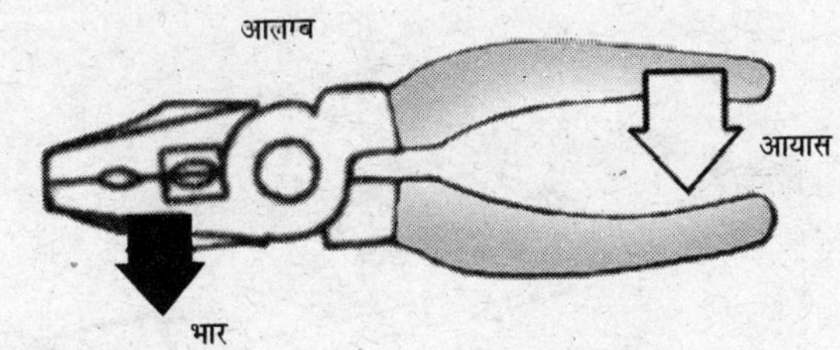

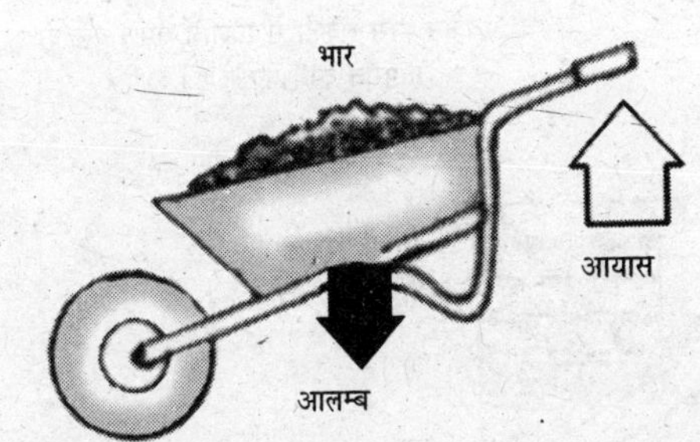

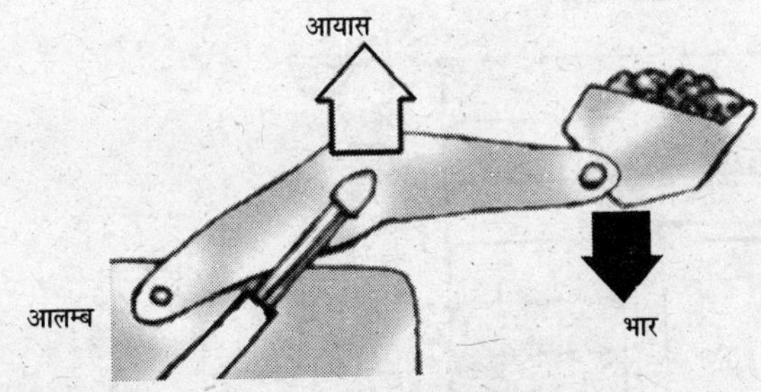

तीन प्रकार के उत्तोलक : उत्तोलक के सन्तुलन बिन्दु को 'आलम्ब' कहते हैं। जिस बल को गतिशील करना होता है, उसे 'भार' कहते हैं और जिस बल के द्वारा भार को गतिशील किया जाता है, उसे 'आयास बल' (Effort) कहते हैं। उत्तोलक के सिद्धान्त पर अनेक चीजें काम करती हैं।

ऐसी स्थिति में सी-सॉ को सन्तुलित करने के लिए लड़के को आलम्ब के और नजदीक आना पड़ेगा।

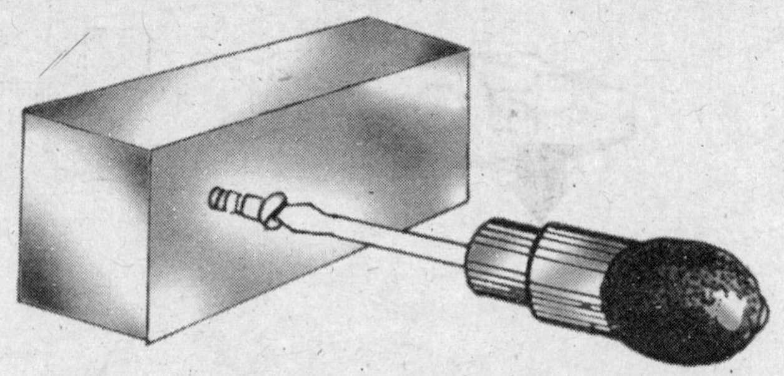

'पेच' पेचकस द्वारा लकड़ी में विशाल घर्षण-बल के विपरीत कार्य करता है।

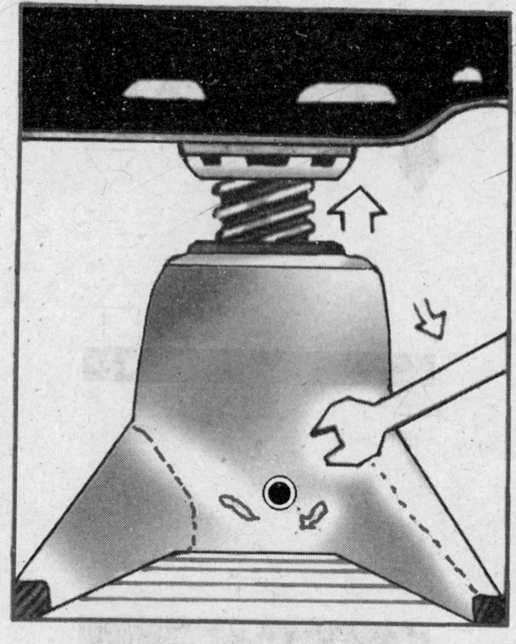

स्क्रू जैक

स्क्रू जैक द्वारा कारों और मकानों को ऊपर उठाया जा सकता है।

एक साधारण घिरनी से एक व्यक्ति कार का इंजन उठा सकता है, क्योंकि इसमें एक व्यक्ति के समस्त शरीर का भार आयास की तरह इस्तेमाल किया जा सकता है। घिरनी प्रक्रम कई प्रकार के होते हैं, जिनमें एक या एक से अधिक घिरनियों का प्रयोग किया जाता है।

उत्तोलक (Lever)

उत्तोलक आघूर्ण के सिद्धान्त पर कार्य करता है। जैसे—साधारण तुला, जिसके एक पलड़े में भार और दूसरे में वस्तु रखकर उसे सन्तुलित किया जाता है। जब दोनों पलड़ों में सही वजन रख दिया जाता है, तो दोनों तरफ के आघूर्ण बराबर हो जाते हैं, क्योंकि आलम्ब से दोनों की दूरियाँ बराबर होती हैं।

उत्तोलक से कम बल इस्तेमाल करके अधिक भार खिसकाया जा सकता है। उत्तोलक तीन प्रकार के होते हैं—पहले ऐसे उत्तोलक, जिनमें भार और आयास के बीच में आलम्ब होता है। जैसे—क्रोबार। दूसरे प्रकार के उत्तोलकों में एक किनारे पर आलम्ब और दूसरे पर आयास लगता है और दोनों के बीच में भार होता है। जैसे—ह्वील-बैरो (Wheel-barrow)। तीसरी किस्म के उत्तोलकों में एक सिरे पर आलम्ब और दूसरे सिरे पर भार होता है। और इन दोनों के बीच में बल बिन्दु होता है। जैसे—चिमटा।

पेच (Screw)

पेच में आयाम-दूरी भार-दूरी से कहीं ज्यादा होती है। इसलिए इसके द्वारा कम बल से अधिक भार हटाया जा सकता है। वास्तव में

यह भी एक साधारण मशीन ही है, जो पेचकस के द्वारा लकड़ी में विशाल घर्षण-बल के विपरीत कार्य करती है। स्क्रू-जैक भी पेच के सिद्धान्त पर कार्य करता है। इसके हैण्डिल को घुमाने से कार धीरे-धीरे ऊपर उठती है।

गियर (Gears)

गियर एक प्रकार के दाँतों वाले पहिये (Toothed Wheels) होते हैं, जिनका इस्तेमाल मशीनों में एक शैफ्ट से दूसरी शैफ्ट को घुमाने में किया जाता है। वास्तव में गियर भी एक साधारण मशीन ही है, जो केवल कम बलों को अधिक बलों में ही परिवर्तित नहीं करती, बल्कि विशाल बलों को भी छोटे बलों में बदल देती है। गियर के इस्तेमाल से गति को कम या अधिक किया जा सकता है तथा गति की दिशा भी बदली जा सकती है। गियरों का प्रयोग लगभग सभी मोटर वाहनों में होता है।

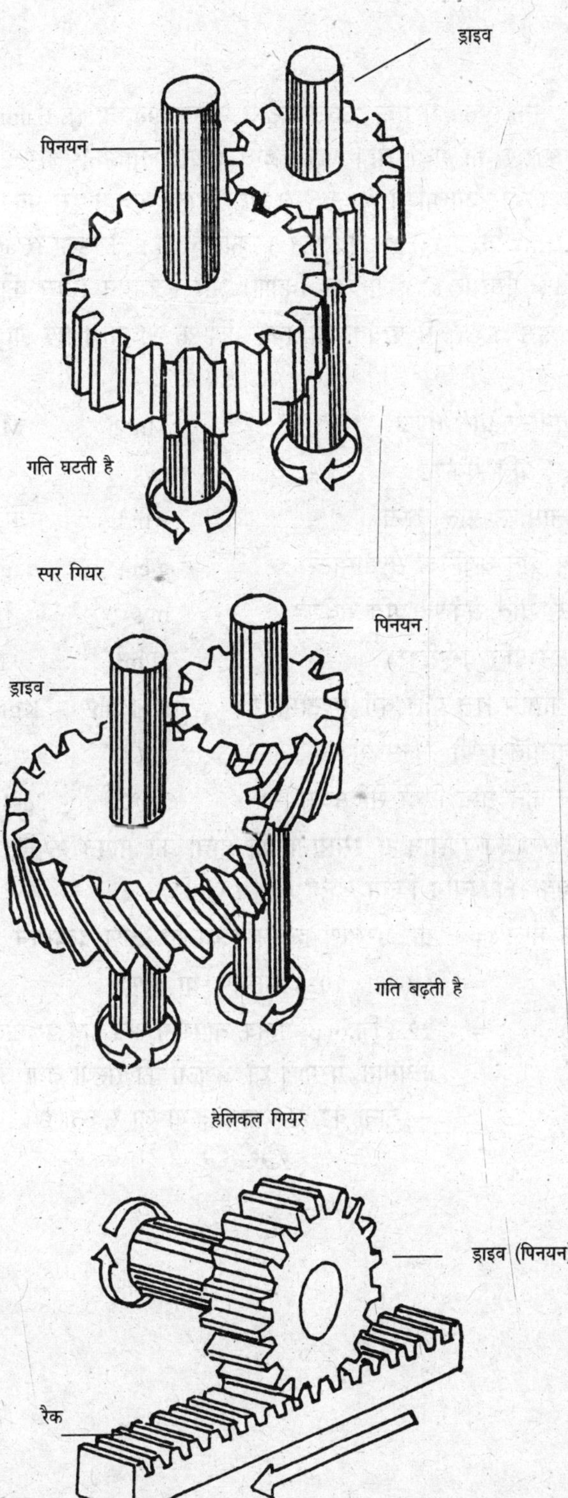

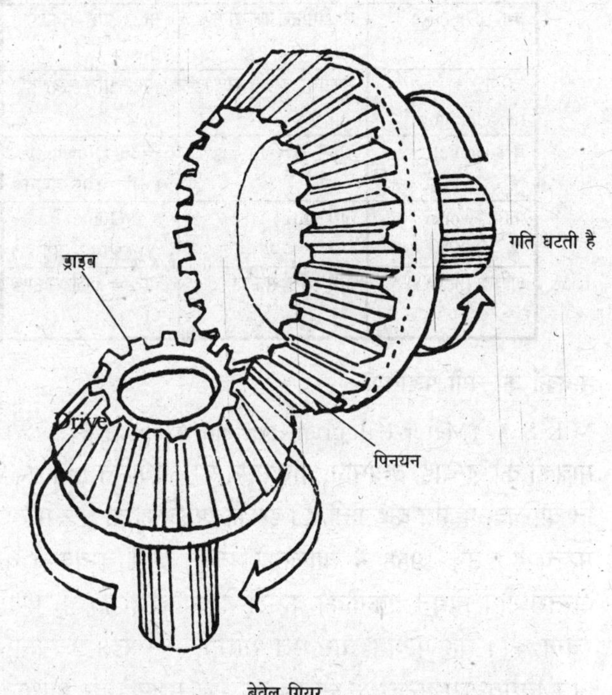

बेवेल गियर

मात्रकों की पद्धतियाँ (Systems of Units)

भौतिक राशियों के मापने के लिए आजकल दो पद्धतियों का प्रयोग किया जाता है। सेण्टीमीटर-ग्राम-सेकेण्ड पद्धति (Centimeter-Gram-Second System or C.G.S. System) तथा मीटर-किलोग्राम-सेकेण्ड पद्धति (Meter-Kilogram-Second System or M.K.S. System)। एक तीसरी पद्धति जिसे फुट पाउण्ड सेकेण्ड पद्धति कहते थे, भी प्रयोग की जाती थी, जो अब प्रयोग नहीं होती है।

सें.ग्रा.से. तथा मी.कि.से. पद्धति में विभिन्न राशियों के मात्रक।

राशि (Quantity)	C.G.S. पद्धति	M.K.S. पद्धति
लम्बाई (length)	सेण्टीमीटर (centimeter)	मीटर (m)
द्रव्यमान (mass)	ग्राम (gram)	किलोग्राम (kg)
समय (time)	सेकेण्ड (second)	सेकेण्ड (s)
वेग (velocity)	सेण्टीमीटर प्रति सेकेण्ड (cms^{-1})	मीटर प्रति सेकेण्ड (ms^{-1})
त्वरण (acceleration)	सेण्टीमीटर प्रति सेकेण्ड^2 (cms^{-2})	मीटर प्रति सेकेण्ड^2 (ms^{-2})
बल (force)	डाइन (Dyne)	न्यूटन (Newton) (N) = 105 डाइन
कार्य (work)	अर्ग (Erg)	जूल (Joule) (J) = 107 अर्ग
शक्ति (power)	अर्ग प्रति सेकेंण्ड	वाट = जूले/सेकेण्ड (Js^{-1})

मात्रकों की नयी पद्धतियाँ

M.K.S.A. (Meter-Kilogram-Second-Ampere System) तीन मात्रकों की लम्बाई, द्रव्यमान और समय पर आधारित M.K.S.A. पद्धति यान्त्रिक-पद्धति कहलाती है। इसका यान्त्रिकी के क्षेत्र में सर्वाधिक महत्त्व है। सन् 1958 में यान्त्रिकी, विद्युत और चुम्बकत्व के लिए अन्तर्राष्ट्रीय विद्युत तकनीकी कमेटी ने ज्योर्जी (Giorgi) पद्धति की रचना की। यह पद्धति चार मूल राशियों—लम्बाई, द्रव्यमान, समय और विद्युतधारा-घनत्व के नीचे लिखे मूल मात्रकों पर आधारित हैं।

(i) मी. (m), (ii) कि.ग्रा. (kg), (iii) सेकेण्ड (s) तथा

(iv) ऐम्पियर (A).

सन् 1960 में एक 'अन्तर्राष्ट्रीय मात्रक पद्धति' (S.I. units) की सिफारिश की गयी थी। यह पद्धति 6 मूल मात्रकों और 2 पूरक मात्रकों पर आधारित है। ये मूल तथा पूरक मात्रक इस प्रकार हैं—मी. (m), कि.ग्रा. (kg), सेकेण्ड (s), केल्विन (k), कैण्डला (Candela) (Cd), ऐम्पियर (A), रेडियन (कोण) और स्ट्रेडियन (ठोस कोण)।

इस पद्धति में प्रत्येक भौतिक राशि के मात्रक लिखे जा सकते हैं। जैसे—

मेगामीटर प्रति घण्टा	Mm/h	Mmh^{-1}
मीटर प्रति सेकेण्ड	m/s	ms^{-1}
किलोमीटर प्रति घण्टा	Km/h	Kmh^{-1}
ग्राम प्रति क्यूबिक सेण्टीमीटर	g/cm^3	gcm^{-3}
मीटर प्रति सेकेण्ड प्रति सेकेण्ड	m/s^2	ms^{-2}
न्यूटन प्रति वर्गमीटर	N/m^2	Nm^{-2}
किलोग्राम बल प्रति वर्ग सेण्टीमीटर	Kgf/cm^2	$Kgfcm^{-2}$
जूल प्रति डिग्री सेल्सियस	J/ºC	J^oC^{-1}
जूल प्रति ग्राम डिग्री सेल्सियस	J/gºC	Jg-1 $^oC^{-1}$

रसायन विज्ञान में रसायनों की मात्रा को मापने के लिए मोल मात्रक का प्रयोग किया जाता है।

एक मोल = ग्रा. परमाणु द्रव्यमान या ग्रा. अणु द्रव्यमान

= 6-023 × 1023 परमाणु या अणु

= 22.4 लि. n.p. मानक तापमान और दाब पर मोल द्वारा द्रव्यमान, परमाणु या अणुओं की संख्या तथा आयतन – तीनों को ही व्यक्त किया जा सकता है।

❂❂❂

13 संचार (Communication)

संचार (Communication)

'संचार' शब्द का अर्थ है-प्राणियों के बीच विचारों और सूचनाओं का आदान-प्रदान। जीव-जन्तु विशिट आवाजों द्वारा एक-दूसरे के साथ सन्देशों का आदान-प्रदान करते हैं। पुराने ज़माने में मनुष्य चिल्लाकर, बिगुल बजाकर, ढोल पीटकर, आग जलाकर या रोशनी दिखाकर अपने सन्देश भेजता था। धीरे-धीरे मानव ने भाषा और लेखन का विकास किया।

भाषा और लेखन द्वारा मानव अपने जटिल विचारों और सूचनाओं को व्यक्त कर सकता था। मुगल काल में सन्देशों को भेजने के लिए कबूतरों का प्रयोग किया जाता था। कबूतर के गले में धागे से पत्र को बांध दिया जाता था। 16वीं सदी के आरम्भ में डाक प्रणाली शुरू हो गयी थी, लेकिन दूर स्थानों पर सन्देश भेजने के लिए सन् 1830 तक घुड़सवारों का इस्तेमाल किया जाता था। भारत में डाक प्रणाली का आरम्भ सन् 1854 में हुआ।

टेक्नोलॉजी के विकास ने संचार का हमें एक नया मार्ग दिखाया। सन् 1837 में इंग्लैण्ड के कुक और चार्ल्स (Cooke and Charles) ने तथा अमेरिका में सैम्युएल मोर्स (Samuel Morse) ने विद्युत टेलीग्राफ (Electric telegraph) का विकास किया। यह यन्त्र सन्देशों को तार के द्वारा विद्युत संकेतों या कोड के रूप में भेजता था। कोड में वर्णमाला के अक्षरों और संख्याओं को डॉट और डैश के रूप में विकसित किया गया था। अमेरिका के अलेक्ज़ेण्डर ग्राहम बेल (Alexander Graham Bell) ने सन् 1873 में टेलीफोन का आविष्कार किया, जिसमें आवाज़ को तारों के द्वारा भेजने की व्यवस्था थी। इटली के गुग्लील्मो मार्कोनी (Guglielmo Marconi) ने सन् 1894 में बेतार के तार (Wireless telegraph) का आविष्कार किया, जो सन्देशों को बिना तार के लम्बी दूरी तक भेज सकता था। इन्हीं महान वैज्ञानिकों ने आधुनिक दूरसंचार की नींव डाली, जिसके परिणामस्वरूप आज हम क्षणभर में दुनिया के किसी भी स्थान तक सन्देश पहुँचा सकते हैं और सन्देश प्राप्त कर सकते हैं।

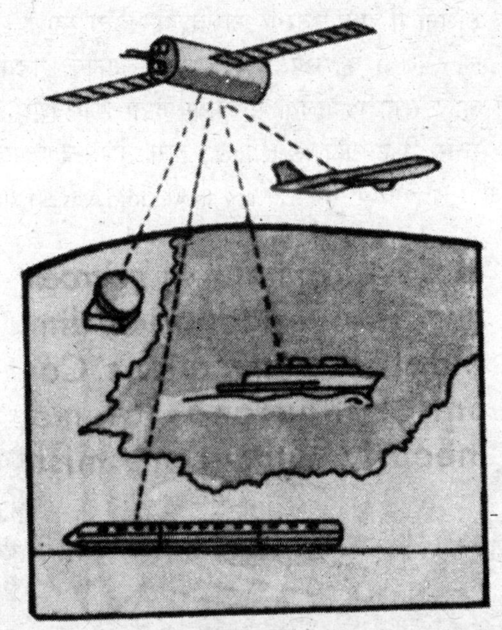

दूरसंचार के लिए आजकल संचार उपग्रहों का प्रयोग होने लगा है

5000 वर्ष पूर्व सन्देश चित्रों के रूप में पत्थर पर लिखे जाते थे

विद्युत टेलीग्राफ से आधुनिक टेलेक्स पद्धति (Telex system) का विकास हुआ और वायरलेस टेलीग्राफ से जन्मा रेडियो। सबसे अधिक टेलीफोन नेटवर्क ने प्रगति की है। अब फैक्स (Fax) द्वारा सन्देशों के साथ हम चित्र भी भेज सकते हैं।

संचार साधनों में रेडियो तरंगों का विशेष महत्त्व रहा है। रेडियो तरंगों (Radio waves) का उपयोग टेलेक्स, टेलीफोन, रेडियो और टेलीविज़न आदि सभी प्रणालियों में किया जाता है। विशेष रूप से समुद्र-पार संचारों में उपग्रहों (Satellites) द्वारा जो सन्देश भेजे जाते हैं, उनमें अति लघु रेडियो तरंगों (Very short radio waves) या सूक्ष्म

फैक्स मशीन द्वारा प्रलेख और चित्र भेजे और प्राप्त किये जा सकते हैं

तरंगों (Micro waves) का इस्तेमाल होता है। माइक्रोइलेक्ट्रॉनिक्स (Microelectronics) और कम्प्यूटर के विकास से दूरसंचार में तेज़ी से प्रगति हुई। टेलीफोन द्वारा भेजी गयी सूचना को कम्प्यूटर अपने आप ही तीव्रता के साथ बिना किसी गलती के अदला-बदली कर सकता है।

पुस्तकें, समाचार-पत्र, रेडियो, टेलीविज़न, सिनेमा आदि सूचना देने के जाने-माने साधन हैं। इन्हीं साधनों के द्वारा हम घर बैठे ही

भविष्य में प्रत्येक व्यक्ति के पास एक कॉम्पैक्ट टेलीफोन होगा

देश-विदेश की जानकारी प्राप्त कर सकते हैं और क्षणभर में लोगों से सम्पर्क स्थापित कर सकते हैं। सन् 1957 में अन्तरिक्ष युग का आरम्भ हुआ। देखते ही देखते वैज्ञानिकों ने संचार उपग्रह विकसित कर डाले। संचार उपग्रहों ने संचार के क्षेत्र में क्रान्ति पैदा कर दी। इनकी सहायता से हम देश-विदेशों का जीता जागता हाल टी.वी. पर देख सकते हैं। इनके द्वारा टेलीटेक्स्ट और वीडियो टेक्स्ट जैसी प्रणालियाँ विकसित हो गयी हैं।

कम्प्यूटर ने सन्देशों के आदान-प्रदान में क्रान्ति पैदा कर दी है। ई-मेल द्वारा हम पल भर में कोई भी सूचना कहीं भी भेज सकते हैं। 'इण्टरनेट' कम्प्यूटर की ही देन है। कम्प्यूटर द्वारा हम विदेश में बैठे अपने सगे-सम्बन्धियों से चैट कर सकते हैं। यदि आधुनिक युग को सूचना-प्रणाली का युग कहें तो कोई अतिशयोक्ति नहीं होगी।

❂❂❂

मुद्रण (Printing)

मुद्रण या छपाई एक ऐसी विधि है, जिसके द्वारा पाठ्य-सामग्री और चित्रों की अधिक संख्या में कागज पर प्रतियाँ तैयार की जाती हैं। मुद्रण-कला का आविष्कार छठी शताब्दी में चीन में हुआ था। लगभग 500 वर्ष बाद गतिशील टाइप (Movable type) का आविष्कार भी चीन में ही हुआ। चीन से यह कला यूरोप के देशों में फैलनी शुरू हुई। पन्द्रहवीं शताब्दी में जर्मनी के जोहांस गुटेनबर्ग (Johannes Gutenberg) ने यूरोप में मुद्रण-पद्धति को विकसित किया। सन् 1476 में लन्दन में विलियम कैक्सटन (William Caxton) ने पहला प्रिण्टिंग प्रेस लगाया।

जर्मनी के जोहांस गुटेनबर्ग ने यूरोप में मुद्रण पद्धति को विकसित किया

आरम्भ में एक-एक करके छपाई करने वाला प्लेटन प्रेस (Platen press) प्रयोग होता था। बाद में उसकी जगह रोटरी प्रेस (Rotary press) ने ले ली, जो कागज के रोल को निरन्तर छापता रहता है। जिस प्रिण्टिंग में गतिशील टाइप का इस्तेमाल होता है, उसे लेटर प्रेस (Letter press) कहते हैं। लिथोग्राफी (Lithography) में छपाई करने वाली प्लेट चिकनी होती है। पाठ्य-सामग्री या चित्र को ग्रीज़ी सतह (Greasy layer) पर उतार लेते हैं। बाकी प्लेट ग्रीज़-रिपेलिंग सामग्री (Grease-repelling material) से ढकी रहती है। जब प्लेट पर ग्रीज़ वाली स्याही लगायी जाती है, तो वह केवल ग्रीज़ वाले भागों में लगती है।

ऑफसेट प्रिण्टिंग लिथोग्राफी का ही एक परिष्कृत रूप है। ऑफसेट मशीन में एक प्लेट सिलिण्डर, दूसरा ब्लैंकेट सिलिण्डर और तीसरा इम्प्रेशन सिलिण्डर होता है। प्लेट सिलिण्डर से रबर पर इम्प्रेशन पड़ता है और फिर कागज पर छपाई होती है। ऑफसेट प्रिण्टिंग में छपाई बहुत सुन्दर एवं तीव्रता से होती है।

कम्प्यूटर के आविष्कार ने मुद्रण कला को नया जन्म दिया है। आजकल पाठ्य-सामग्री का सम्पादन, पृष्ठ का डिजाइन तथा प्रिण्टिंग कम्प्यूटर द्वारा सम्भव हो गयी है।

वर्ड प्रोसेसिंग (Word Processing) : वर्ड प्रोसेसर्स में कम्प्यूटर द्वारा किसी भी पाठ्य-सामग्री, समाचार-पत्र या पुस्तक के अक्षर, आवश्यक आकार और डिज़ाइन में बहुत तेज़ी और आसानी से टाइप किये जा सकते हैं। वर्ड प्रोसेसर से इलेक्ट्रॉनिक पद्धति द्वारा आप अपने लिखे हुए मैटर को सम्पादित कर सकते हैं, शब्दों का क्रम और वाक्य, यहाँ तक कि किसी शब्द को निकाल सकते हैं या जोड़ सकते हैं। इसके लिए मैटर को दुबारा टाइप करने की जरूरत नहीं पड़ती।

गुटेनबर्ग की बाइबल का एक पृष्ठ

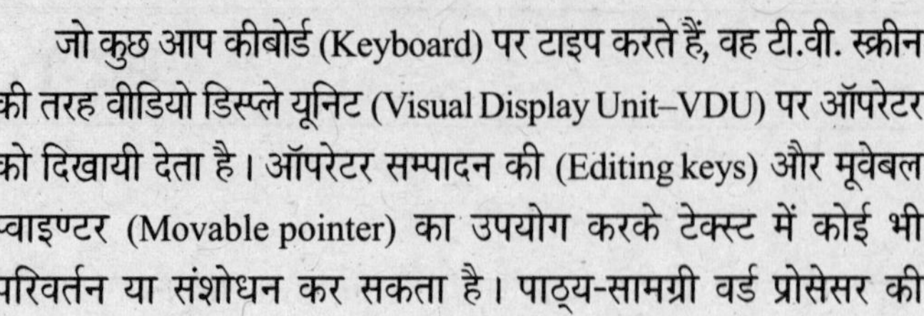
जो कुछ आप कीबोर्ड (Keyboard) पर टाइप करते हैं, वह टी.वी. स्क्रीन की तरह वीडियो डिस्प्ले यूनिट (Visual Display Unit–VDU) पर ऑपरेटर को दिखायी देता है। ऑपरेटर सम्पादन की (Editing keys) और मूवेबल प्वाइण्टर (Movable pointer) का उपयोग करके टेक्स्ट में कोई भी परिवर्तन या संशोधन कर सकता है। पाठ्य-सामग्री वर्ड प्रोसेसर की

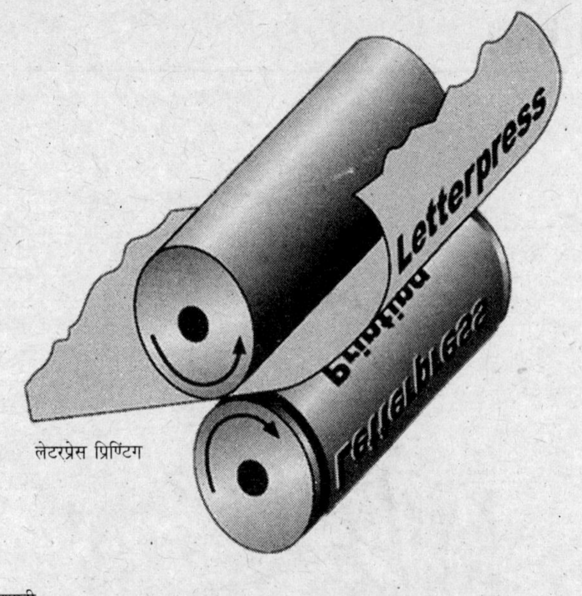

लेटरप्रेस प्रिण्टिंग

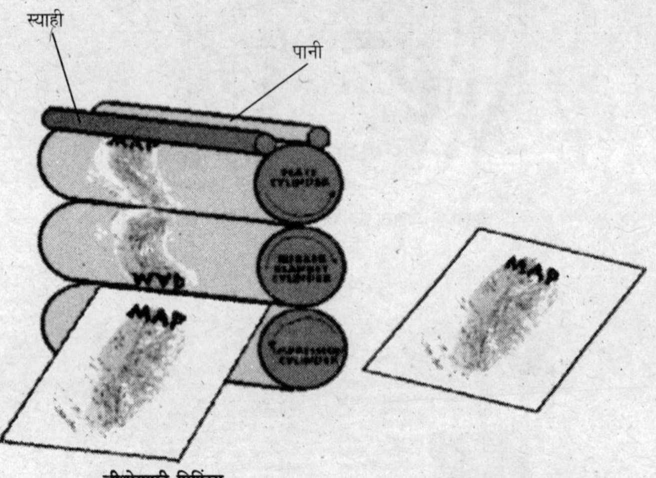

लीथोग्राफी प्रिण्टिंग

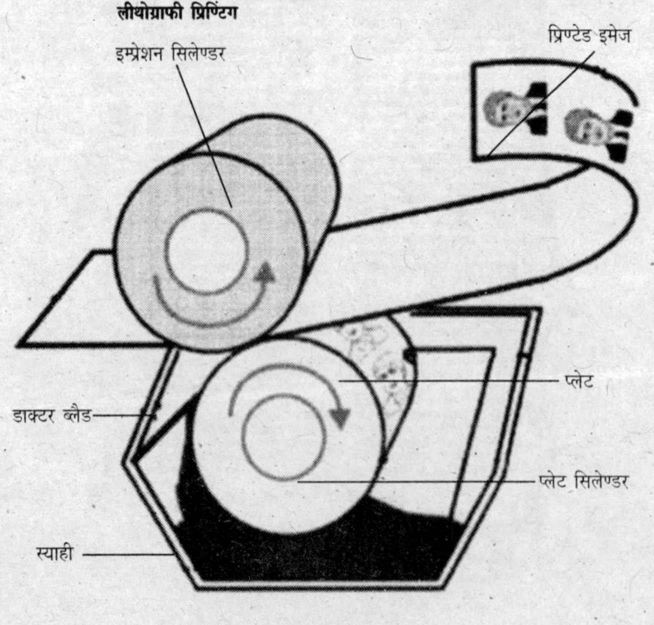

ग्रेव्योर प्रिण्टिंग

ऑफसेट मशीन

वर्ड प्रोसेसर

स्मृति (Memory) मे संचित हो जाती है, जिसे स्क्रीन पर देखकर सही ढंग से व्यवस्थित किया जा सकता है। ऑपरेटर टेक्स्ट को स्थाई रूप से डिस्क (Disk) या टेप (Tape) पर संचित कर सकता है, जिसे बाद में आवश्यकता पड़ने पर इस्तेमाल किया जा सकता है। वर्ड प्रोसेसर का सम्बन्ध एक इलेक्ट्रॉनिक प्रिण्टर (Electronic printer) से होता है, जिसके द्वारा मेमोरी में संचित टेक्स्ट की टाइप कॉपी तैयार होकर निकलती है।

वर्ड प्रोसेसर से टेक्स्ट को आवश्यकतानुसार पृष्ठों में सेट किया जा सकता है। पंक्ति की लम्बाई (Line length) और स्पेसिंग (Spacing), इण्डेण्टेशंस (Indentations), मार्जिंस (Margins) आदि को इच्छानुसार सेट किया जा सकता है। इसमें एक डिक्शनरी होती है, जिसके द्वारा टेक्स्ट के स्पैलिंग सही किये जा सकते हैं। समाचार-पत्र लाखों की संख्या में छपते हैं, जो विशाल मशीनों द्वारा छापे जाते हैं।

ऑफसेट प्रिण्टिंग द्वारा रंगीन कागज भी छापे जा सकते हैं। आज की दुनिया में चार रंगों की पुस्तकें छापना आसान काम हो गया है। छपाई द्वारा हम अपने ज्ञान का एकत्रीकरण कर सकते हैं। संसार में प्रिण्टिंग द्वारा करोड़ों पुस्तकें रोज ही छापी जाती हैं। जब इसे प्रिण्ट किया जाता है, तो मशीन अपने आप से टेक्स्ट को व्यवस्थित कर लेती है। यदि कोई शब्द ज्यादा लम्बा है और पंक्ति से बाहर निकल रहा है, तो वर्ड प्रोसेसर उसे दूसरी पंक्ति में लेकर पहली पंक्ति की स्पेसिंग ठीक कर लेता है। इसी प्रकार प्वाइण्ट के आकार आदि में भी परिवर्तन किया जा सकता है।

✪✪✪

फोटोग्राफी (Photography)

कैमरे द्वारा प्रकाश-संवेदी फिल्म पर किसी वस्तु का प्रतिबिम्ब रिकॉर्ड करने की विधि को फोटोग्राफी कहते हैं। आरम्भ में कैमरे धातु या काँच की प्लेटों पर प्रतिबिम्ब रिकॉर्ड करते थे। सन् 1889 में प्लास्टिक रोल फिल्मों का विकास हुआ। 19वीं शताब्दी के मध्य में फोटोग्राफिक प्रतिबिम्ब को डेवेलप करने के लिए दाग्यूरेटाइप (Daguerreutype) तथा कैलोटाइप (Calotype) नेगेटिव-पॉजिटिव विधि के अलावा अनेक कैमिकल विधियों का विकास किया गया। आज भी नेगेटिव-पॉजिटिव विधि का इस्तेमाल किया जाता है।

सभी कैमरों में एक लेंस होता है, जिसके द्वारा दृश्य का उल्टा प्रतिबिम्ब फोटो फिल्म पर बनता है। श्याम-सफेद फिल्म पर, फोटो फिल्म पर सिल्वर ब्रोमाइड की परत चढ़ी होती है। इसे एक्सपोजिंग कहते हैं। एक्सपोजिंग के बाद फिल्म को विभिन्न रसायनों में डेवेलप करके फिक्स किया जाता है। इस प्रकार फिल्म पर दृश्य का स्थायी नेगेटिव प्राप्त हो जाता है। इस नेगेटिव से ब्रोमाइड पेपर पर एनलार्जर द्वारा वांछित आकार के प्रिण्ट बना लिये जाते हैं।

एल.जे.एम. दाग्यूरे (1787-1851)

रंगीन फोटोग्राफी के लिए दो प्रकार की फिल्में इस्तेमाल की जाती हैं। कलर रिवर्सल (Colour reversal) फिल्म, जिस पर कलर पॉजिटिव, स्लाइड या ट्रांसपैरेंसीज़ (Transparencies) बनायी जाती हैं। कलर नेगेटिव फिल्म का इस्तेमाल कलर प्रिण्ट बनाने में किया जाता है। ये दोनों ही फिल्में तीन प्राथमिक (Primary) रंगों—नीला, हरा और लाल के प्रति संवेदी होती हैं। एक कलर फिल्म में प्रकाश-संवेदी एमल्शन की तीन परतें होती हैं; एक नीले रंग के लिए संवेदी होती है, दूसरी हरे के लिए और तीसरी लाल के लिए। प्रत्येक एमल्शन परत निश्चित परिमाण में प्रकाश अवशोषित या सब्ट्रैक्ट (Subtract) करती है। यह विधि सब्ट्रैक्टिव विधि (Subtractive process) कहलाती है। रंगीन फिल्मों को विशेष प्रकार के डेवेलपर में डेवेलप किया जाता है।

किसी भी कैमरे का लेंस सबसे महँगा और महत्वपूर्ण भाग होता है। दृश्य से आने वाली प्रकाश की किरणें लेंस द्वारा मुड़ जाती हैं और फिल्म पर उल्टा प्रतिबिम्ब बनाती हैं। इस प्रतिबिम्ब को फिल्म पर लेने के लिए शटर द्वारा प्रकाश अन्दर प्रवेश करता है। शटर एक सेकेण्ड के कुछ हिस्से तक खुलता है। लेंस के सामने एक अपरचर होता है, जिससे कैमरे के अन्दर जाने वाले प्रकाश की मात्रा संयोजित होती है। आजकल ऐसे कैमरे आ रहे हैं जिनमें फिल्म अपने आप आगे खिसक जाती है। मूवी कैमराओं और वीडियो कैमराओं ने तो आज की दुनिया में कमाल कर दिया है।

रेडियो (Radio)

समाचार, संगीत और दूसरे सन्देशों को दूरस्थ स्थानों तक भेजने के लिए रेडियो एक अति प्रभावशाली माध्यम है। इस प्रक्रम में रेडियो तरंगों का प्रयोग किया जाता है, जो एक प्रकार की विद्युत चुम्बकीय तरंगें हैं।

रेडियो प्रणाली के आविष्कार का श्रेय इटली के वैज्ञानिक गुग्लील्मो मार्कोनी (Guglielmo Marconi) को जाता है। सन् 1901 में मार्कोनी ने इंग्लैण्ड से न्यूफाउण्डलैण्ड तक रेडियो सन्देश भेजने में सफलता प्राप्त की थी।

रेडियो प्रसारण में प्रयोग होने वाली तरंगों की आवृत्ति 150 किलोहर्ट्ज से 30,000 मैगाहर्ट्ज तक होती है। रेडियो द्वारा सन्देशों का प्रसारण एक ट्रांसमीटर द्वारा किया जाता है, जिसका सम्पर्क रेडियो स्टेशन से होता है। ट्रांसमीटर में माइक्रोफोन, मॉडूलेटर, एम्पलीफायर, ऑसीलेटर और एण्टीना आदि उपकरण होते हैं। रेडियो स्टेशन पर बोलने वाला व्यक्ति माइक्रोफोन के सामने बोलता है। इससे ध्वनि तरंगें विद्युतधारा में बदल जाती हैं। इसे कैरियर तरंगों के साथ मॉडूलेट करके संचारित किया जाता है। मॉडूलेशन के दो तरीके होते हैं—एम्प्लीट्यूड मॉडूलेशन और आवृत्ति मॉडूलेशन। ट्रांसमीटर से संचारित होने वाले सन्देश हमारे रेडियो सेट द्वारा प्राप्त कर लिये जाते हैं। रेडियो सेट इनको फिर से मूल आवाज में बदल देता है और हमें आवाज सुनायी देने लगती है।

कुछ कार्यक्रमों को टेप कर रिकॉर्ड कर लिया जाता है और फिर उन्हें प्रसारित किया जाता है। ट्रांसमीटर से रेडियो तरंगें दो प्रकार से हमारे रेडियो सैट तक पहुँचती हैं। एक तरीके में रेडियो तरंगें धरती के समानान्तर चलती हैं और दूसरे तरीके में आयन मण्डल से परावर्तित होकर सैट तक आती हैं। आयन मण्डल द्वारा आने वाली तरंगें बहुत लम्बी दूरियों तक जा सकती हैं। भारत में रेडियो प्रसारण सेवा सन् 1936 में शुरू हुई थी।

गुग्लील्मो मार्कोनी (1874-1937)

❂❂❂

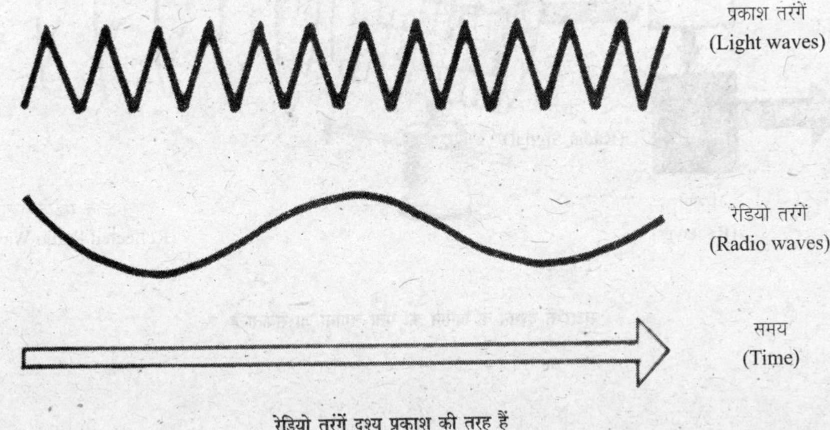

रेडियो तरंगें दृश्य प्रकाश की तरह हैं

राडार (Radar)

किसी वस्तु की स्थिति और दूरी का पता लगाने के लिए जिस यन्त्र का प्रयोग किया जाता है, उसे 'राडार' कहते हैं। खराब मौसम, को. हरा, धुन्ध या अन्धकार राडार के कार्य-कलापों में बाधा नहीं डालते। इसका इस्तेमाल आमतौर पर एयरक्राफ्ट और जलयानों की स्थिति, वेग और दूरी का पता लगाने के लिए किया जाता है।

जिस प्रकार ध्वनितरंगें किसी वस्तु से टकराकर वापस लौटती हैं, तो प्रतिध्वनि पैदा करती हैं, उसी प्रकार रेडियो तरंगें भी किसी वस्तु से टकराकर परावर्तित हो जाती हैं और प्रतिध्वनि पैदा करती हैं। इसी सिद्धान्त के आधार पर राडार का आविष्कार हुआ।

'राडार' (Radar) शब्द रेडियो डिटेक्शन एण्ड रेंजिंग (Radio Detection and Ranging) का संक्षिप्त रूप है। पहली सफल राडार पद्धति का विकास सन् 1930 में रॉबर्ट वाटसन वाट (Robert Watson Watt) और उनके साथियों द्वारा ब्रिटेन में किया गया था।

राडार के ट्रांसमीटर से एक घूमते हुए एरियल (Rotating aerial) द्वारा उच्च आवृत्ति (High Frequency) के छोटे स्पन्द (Short Pulses) संचारित किये जाते हैं। ये स्पन्दें किसी भी वस्तु से टकराकर वापस लौटती हैं और रिसीवर द्वारा ग्रहण कर ली जाती हैं। रिसीवर की स्क्रीन पर वस्तु की स्थिति का पता चलता है। राडार से जाने वाली तरंगें वस्तु से टकराकर जब वापस लौटती हैं, तो ट्रांसमीटर से जाने और रिसीवर तक आने का समय ज्ञात हो जाता है। प्रकाश के वेग से इस अन्तराल को गुणा करने पर वस्तु की दोगुनी दूरी प्राप्त हो जाती है। राडार में लगे यन्त्र इस दूरी को आधा करके प्रदर्शित कर देते हैं।

राडार वायुयानों और जलयानों के नियन्त्रण के अतिरिक्त सेना, मिसाइल नियन्त्रण, यातायात नियन्त्रण, मौसम की भविष्यवाणी, अन्तरिक्ष यानों के नियन्त्रण आदि में भी अत्यन्त उपयोगी सिद्ध हुए हैं। राडार द्वारा युद्ध-क्षेत्र की भी अनेक जानकारियाँ प्राप्त होती हैं। राडार द्वारा समुद्र तल की गहराई भी मापी जा सकती है।

❁❁❁

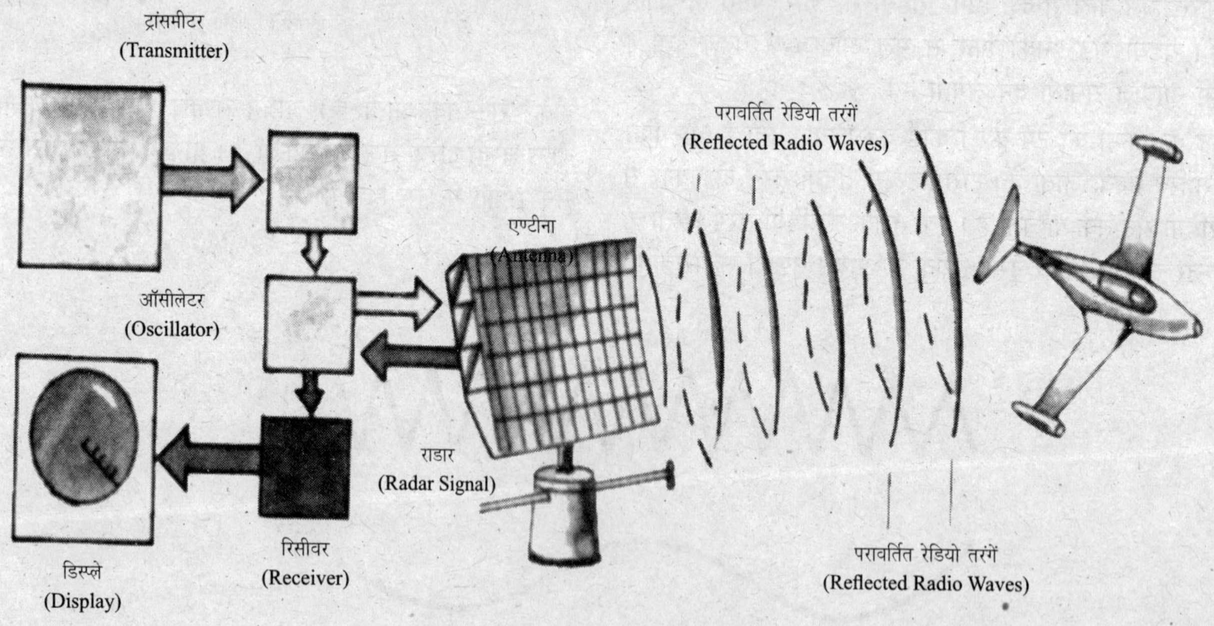

राडार से दुश्मन के विमान का पता लगाया जा सकता है

सिनेमाटोग्राफी (Cinematography)

सिनेमा के चलते-फिरते चित्रों का दिखायी देना परसिस्टेंस ऑफ ह्यूमन विज़न (Persistence of human vision) पर आधारित है। वास्तव में चित्र चलते ही नहीं हैं अपितु पर्दे पर प्रत्येक स्थिर चित्र के बाद दूसरा स्थिर चित्र आता है। यदि हम किसी वस्तु को देख रहे हैं, तो वस्तु को आँख से अलग हटाने पर भी उसका प्रतिबिम्ब लगभग 1/16 सेकेण्ड तक आँख के पर्दे पर बना रहता है और हमें ऐसा प्रतीत होता है जैसे कि वस्तु हमारी आँखों के सामने है। जब तेजी से एक के बाद दूसरे चित्र पर्दे पर दिखाये जाते हैं, तो मस्तिष्क को भ्रम होता है कि चित्र चल रहे हैं। आँखों के अन्दर पहले चित्र की मानसिक आकृति मिट नहीं पाती, तब तक दूसरे चित्र की आकृति उसके ऊपर आ जाती है। फिर कुछ क्षण बाद एक नया चित्र, जो कि पहले वाले चित्र से कुछ ही अलग होता है, आ जाता है। इस प्रकार यह क्रम इतनी तेजी से जारी रहता है कि हमें यह भ्रम होने लगता है कि पर्दे पर चित्र वास्तव में चल रहे हैं। सिनेमा चित्र एक सेकेण्ड में 16 की दर से दिखाये जाते हैं।

सिनेमाटोग्राफी यानी फिल्म बनाना : एक सिनेमा फिल्म में हज़ारों स्थिर (Still) चित्रों की एक लम्बी पट्टी (Strip) होती है, जो एक स्पूल पर लिपटी रहती है और स्पूल प्रोजेक्टर पर चढ़ा दिया जाता है। प्रोजेक्टर प्रत्येक चित्र या फ्रेम को पर्दे पर दिखाता है। प्रति सेकेण्ड 16 फ्रेम या चित्र पर्दे पर आते हैं, जिससे दृश्य की गति सजीव लगती

लुमीरे बन्धुओं द्वारा बनायी गयी फिल्मों के कुछ दृश्य

है। फिल्म पर प्रतिबिम्ब मूवी कैमरे द्वारा लिये जाते हैं। यह स्टिल (Still) कैमरे की तरह ही काम करता है, अन्तर केवल इतना होता है कि यह फिल्म पर 16 चित्र प्रति सेकेण्ड लेता है। फिल्म के रोल के एक किनारे पर ध्वनि के सिगनल छेदों के रूप में रिकॉर्ड होते हैं। फिल्म के पॉजिटिव प्रिण्ट में चित्र और ध्वनि का तालमेल होता है, जिसे सिंक्रोनाइजेशन (Synchronization) कहते हैं।

पहला चलचित्र या मूवी थॉमस एल्वा एडीसन (Thomas Alva Edison) ने बनाया था। इस यन्त्र को किनेटोस्कोप (Kinetoscope) कहते थे, जिसमें एक छोटे छेद में से चलते-फिरते चित्र देखे जा सकते थे।

चलचित्र के प्रदर्शन का श्रेय फ्रांस के लुमीरे बन्धुओं (Lumiere brothers) को जाता है। उन्होंने सबसे पहला सिनेमा प्रोजेक्टर (Cinema projector) बनाया, जिसके द्वारा बड़ी संख्या में एक साथ बैठकर फिल्म देखी जा सकती थी।

मार्च, 1895 में उन्होंने अपने कारखाने में एक कैमरे और प्रोजेक्टर के द्वारा अपनी पहली छोटी-सी फिल्म का प्रदर्शन किया था। फ्रांस में दुनिया का सबसे पहला सिनेमाघर खोला गया। शहर की दीवारों पर पोस्टर चिपकाये जाते थे। पोस्टरों पर लुमीरे ब्रदर्स के फोटो होते थे और बड़े अक्षरों में 'लुमीरे का सिनेमा' लिखा रहता था।

सिनेमा की शुरुआत सन् 1895 में हुई और 34 वर्षों तक बिना बोलती फिल्में ही बनती रहीं। सबसे पहली बोलती फिल्म सन् 1927 में अमेरिका के वार्नर ब्रदर्स ने बनायी। इस फिल्म का नाम था 'द जाज़ सिंगर' (The Jazz Singer। सन् 1930 में कलर फिल्में आयीं। इसके बाद सिनेमा का तेजी से विकास हुआ। बड़े स्क्रीन वाली सिनेमास्कोप (Wide screen cinemascope) फिल्में इस सदी के मध्य में बनने लगी थीं। आजकल सिनेरामा (Cinerama) और टेक्निरामा (Technirama) जैसी तकनीकों से दर्शकों को दृश्य वास्तविक रूप में दिखायी पड़ते हैं। 'राजा हरिश्चन्द्र' भारत में 1913 में बनी, जो बिना बोलती फिल्म थी। सन् 1931 में पहली बोलती फिल्म 'आलम आरा' बनायी गयी। दादा साहेब फालके अवार्ड फिल्म जगत का सबसे बड़ा पुरस्कार है।

✪✪✪

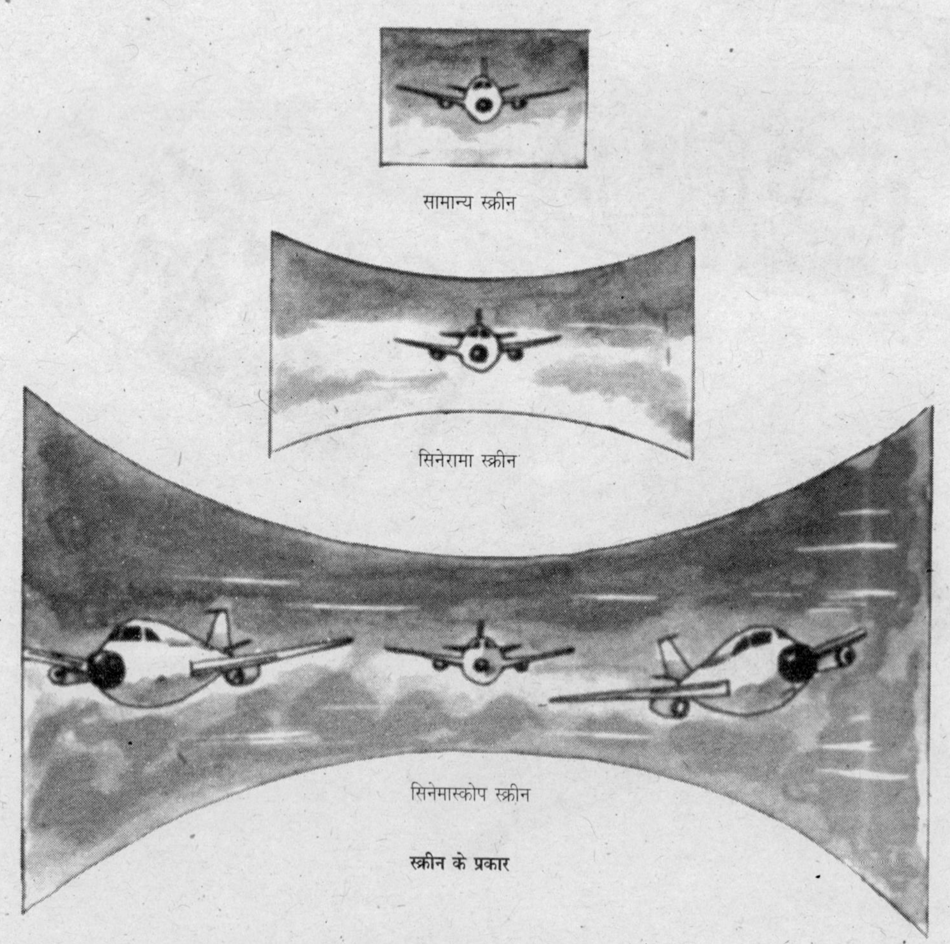

स्क्रीन के प्रकार

ध्वनि पुनरुत्पादन (Reproduction of Sound)

'ध्वनि' तरंगों के रूप में पैदा होती है। इसे विद्युत धारा में बदलकर टेप या डिस्क पर रिकॉर्ड किया जा सकता है तथा दुबारा सुना जा सकता है। इस समस्त प्रक्रम को ध्वनि का रिकॉर्डिंग और पुनरुत्पादन कहते हैं। टेप पर ध्वनितरंगों को मैगनेटिक पैटर्न (Magnetic pattern) के रूप में रिकॉर्ड किया जाता है। साधारण रिकॉर्ड डिस्क पर इन्हें लहरदार नालियों (Wavy grooves) के रूप में रिकॉर्ड करते

सर्वप्रथम थॉमस एल्वा एडीसन ने 1877 में फोनोग्राफ द्वारा ध्वनि रिकॉर्ड की। रिकॉर्डिंग का पहला वाक्य था–मैरी हैड ए लिटल लैम्ब।

हैं। कॉम्पैक्ट डिस्क में माइक्रोस्कोपिक पिट (Microscopic pit) के स्पाइरल पैटर्न (Spiral pattern) के रूप में ध्वनि रिकॉर्ड की जाती है। ध्वनि रिकॉर्डिंग की ये सभी पद्धतियाँ एक-दूसरे से बिलकुल भिन्न हैं, लेकिन इन्हें रिकॉर्ड करने के लिए माइक्रोफोन की आवश्यकता होती है तथा पुनः आवाज सुनने के लिए लाउडस्पीकर का इस्तेमाल किया जाता है।

माइक्रोफोन ध्वनितरंगों को प्रतिवर्ती विद्युत धारा (Varying Electric Current) में परिवर्तित कर देता है। सामान्य माइक्रोफोन में एक पतला डायाफ्राम एक विद्युत मणिभ (Piezoelectric crystal) से जुड़ा रहता है। जब इस मणिभ पर ध्वनितरंगों का दाब पड़ता है, तो इससे एक हलकी विद्युतधारा पैदा होती है। ध्वनितरंगें माइक्रोफोन के डायाफ्राम को कम्पित करती हैं। कम्पनों से मणिभ पर दबाव पड़ता है और हलकी विद्युतधारा उत्पन्न होती है। कम्पनों के आयाम

डायाफ्राम
Diaphragm

मंणिन

मणिभ माइक्रोफोन
(Crystal Microphone)

मूविंग-कॉयल लाउडस्पीकर
(Moving-coil Loudspeaker)

(Amplitude) के अनुसार धारा कम या अधिक होती रहती है, जिससे ध्वनि तरंगों का एक पैटर्न बनता है, जो डिस्क या टेप पर रिकॉर्ड होता जाता है। दूसरे प्रकार के रिबन माइक्रोफोन होते हैं, जिनमें धातु का रिबन होता है। इसमें कॉयल नहीं होती।

ध्वनि को दुबारा सुनने के लिए डिस्क या टेप से विद्युत धारा पैदा की जाती है और इस विद्युतधारा को लाउडस्पीकर तक तारों द्वारा पहुँचाया जाता है। लाउडस्पीकर इन विद्युत सिगनलों को फिर से ध्वनि तरंगों में बदल देता है। एक सामान्य लाउडस्पीकर में तार की एक कॉयल (Coil) के साथ काले कागज का शंकु जुड़ा रहता है, जो स्थायी चुम्बक के बीच में रखा होता है। जब इस कॉयल में से विद्युतधारा गुजरती है, तो चुम्बकीय क्षेत्र पैदा हो जाता है, जिससे शंकु में कम्पन पैदा होने से ध्वनि उत्पन्न हो जाती है। इस प्रकार रिकॉर्ड की गयी ध्वनि को पुनरुत्पादित कर लिया जाता है।

रिकॉर्ड डिस्क (Record disc)

साधारण डिस्क पर सबसे पहले ध्वनि को रिकॉर्ड करने का श्रेय अमेरिका के वैज्ञानिक थॉमस एल्वा एडिसन को जाता है। उन्होंने 1877 में फोनोग्राफ (Phonograph) का आविष्कार किया था।

रिकॉर्ड प्लेयर

सन् 1887 में आधुनिक किस्म के डिस्क ग्रामोफोन का निर्माण शुरू हुआ। व्यापारिक रूप में डिस्क रिकॉर्डिंग की शुरुआत सन् 1895 में हुई।

यदि आप किसी आवर्धक लेंस से डिस्क रिकॉर्ड को देखें, तो उस पर टेढ़ी-मेढ़ी नालियाँ (Wavy grooves) दिखायी देंगी। नालियों का यह रूप आवाज के कम या अधिक होने से बनता है। नालियों या खाँचों में ध्वनि तरंगें एक पैटर्न के रूप में रिकॉर्ड होती हैं। रिकॉर्डिंग के बाद जब डिस्क पर सुई रखकर इसे घुमाया जाता है, तो सुई के ऊपर-नीचे होने से माइक्रोफोन के डायाफ्राम में कम्पन पैदा होती है, जिससे मूल ध्वनि उत्पन्न हो जाती है। आजकल मशीनी पुनरुत्पादन पद्धति का स्थान विद्युत पिक-अप पद्धति ने ले लिया है। लांग प्ले और स्टीरियो रिकॉर्ड भी विकसित हो चुके हैं। स्टीरियो ध्वनि से दिशा का ज्ञान प्राप्त होता है।

टेप रिकॉर्डर (Tape recorder)

टेप रिकॉर्डर की शुरुआत सन् 1899 में वाल्देमार पोल्सेन (Valdemar Poulsen) द्वारा की गयी थी। ध्वनि एक प्लास्टिक टेप पर रिकॉर्ड की जाती है, जो रील के रूप में लिपटा हुआ कैसेट (Cassette) में रहता है। अधिकांश कैसेट टेप पर आयरन ऑक्साइड की कोटिंग होती है।

टेप रिकॉर्डर से सामान्यतः एक माइक्रोफोन लगा होता है। टेप रिकॉर्डर में माइक्रोफोन से आने वाले विद्युत सिगनल चुम्बकीय सिगनलों में बदल जाते हैं। यह काम एक छोटा विद्युत चुम्बक (Electromagnet) करता है, जिसे रिकॉर्डिंग हैड (Recording head) कहते हैं। टेप को एक मीटर द्वारा हैड के बीच से गुजारा जाता है। इस पर लगा आयरन ऑक्साइड ध्वनि के द्वारा पैदा हुई विद्युत से चुम्बक में बदल जाता है। इस प्रकार ध्वनि चुम्बकीय क्षेत्र के रूप में रिकॉर्ड हो जाती है।

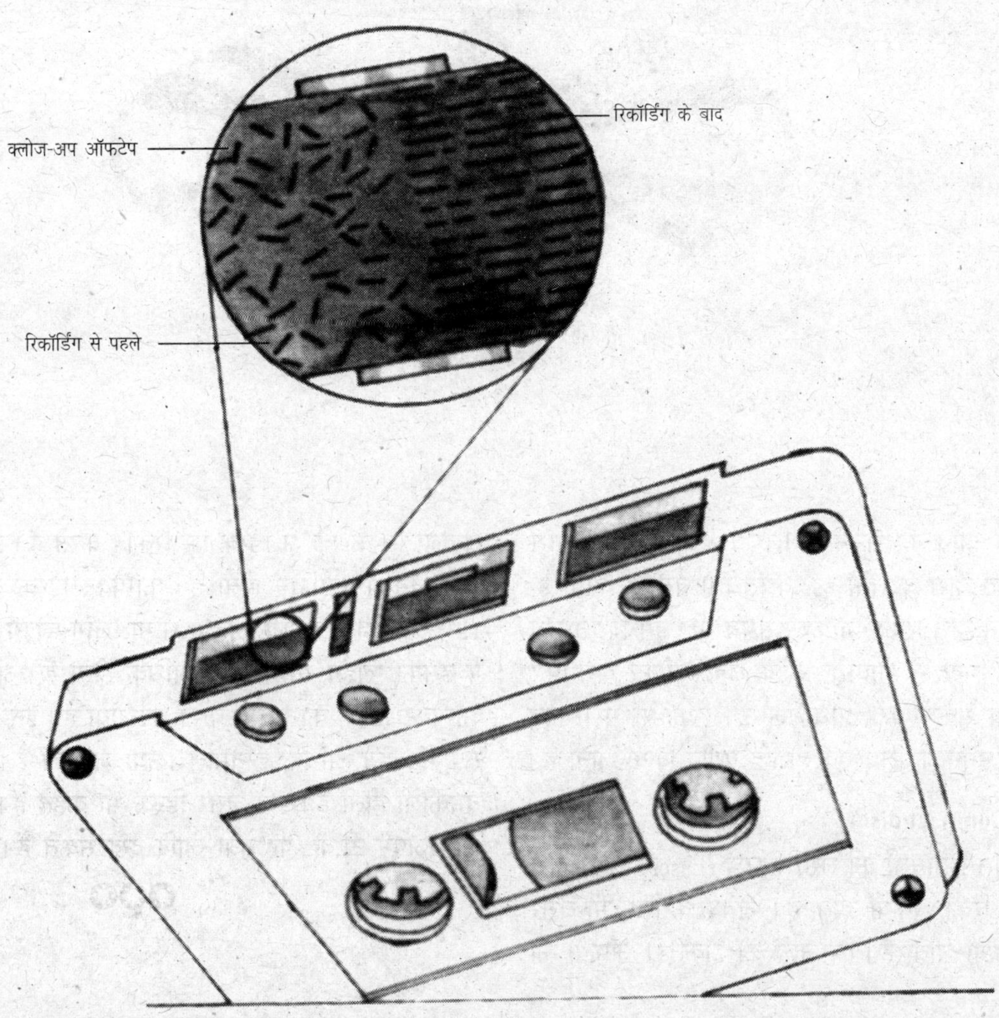

चुम्बकीय टेप

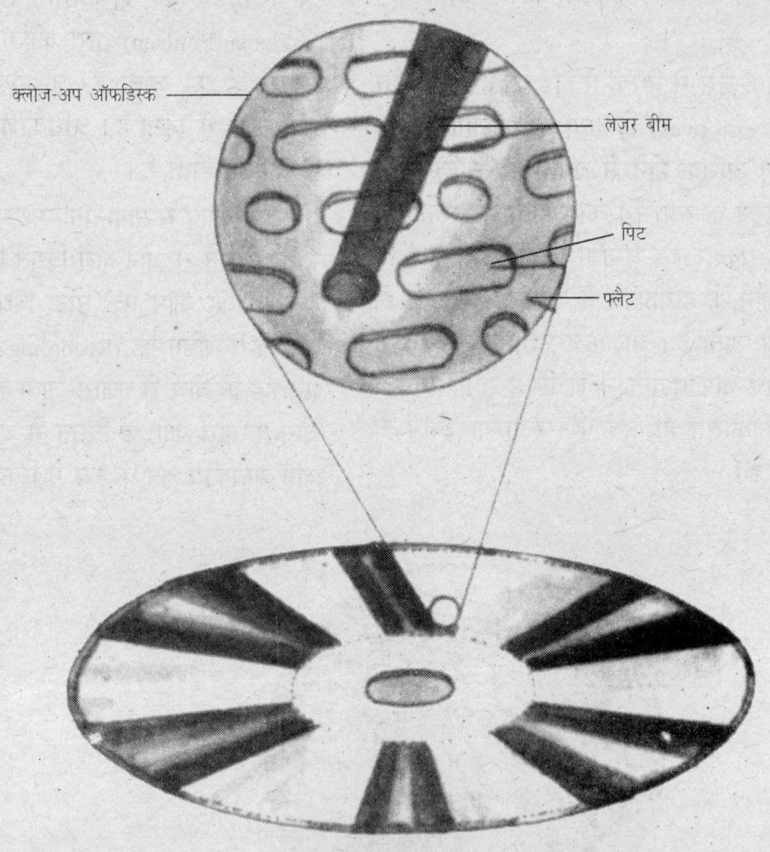

काम्पैक्ट डिस्क

टेप पर रिकॉर्ड ध्वनि को सुनने के लिए टेप को हैड से दुबारा गुजारा जाता है। हैड द्वारा बदलती हुई विद्युतधारा वैसी ही होती है, जैसी वह माइक्रोफोन द्वारा रिकॉर्डिंग करते समय थी। इस विद्युतधारा को एम्पलीफायर की मदद से आवर्धित करके लाउडस्पीकर द्वारा फिर वही ध्वनि सुनी जा सकती है। अधिकांश टेप रिकॉर्डरों में रिकॉर्ड करने और आवाज सुनने के लिए एक ही हैड प्रयोग किया जाता है।

कॉम्पैक्ट डिस्क (Compact disc)

माइक्रोफोन के विद्युत सिगनलों को लेसर किरण (Laser beam) द्वारा कॉम्पैक्ट डिस्क पर रिकॉर्ड किया जाता है। प्लेबैक के लिए भी लेसर का ही इस्तेमाल किया जाता है। सिगनलों को अंकों (1 और 0 की शृंखला में) के रूप में डिस्क पर रिकॉर्ड करते हैं। इस विधि से ध्वनि का उत्तम पुनरुत्पादन होता है। कॉम्पैक्ट डिस्क का आकार यद्यपि 12 से.मी. होता है, लेकिन 30 से.मी. लांग-प्लेइंग रिकॉर्ड की तुलना में इसका प्लेइंग समय बहुत अधिक होता है। आज की दुनिया में काम्पैक्ट डिस्क का प्रयोग बहुत बढ़ गया है। इन्हें वीडियो डिस्क के रूप में बहुत अधिक इस्तेमाल किया जा रहा है। ये ऊपर से बड़ी चमकीली होती हैं। इन्हें लेसर डिस्क भी कहते हैं। वीडियो डिस्क से आप अपने टी.वी. पर मूवी आदि देख सकते हैं।

✪✪✪

टेलीफोन नेटवर्क (Telephone Network)

टेलिफोन नेटवर्क टू-वे दूरसंचार (Two-way telecommunications) की एक अत्यन्त प्रभावशाली और उपयोगी प्रणाली है। यह ध्वनि-प्रसारण की एक ऐसी व्यवस्था है, जिसमें लोग एक-दूसरे से बातचीत कर सकते हैं। टेलीफोन के साथ कम्प्यूटर के जुड़ने से दूरसंचार की इस प्रणाली में महत्त्वपूर्ण प्रगति हुई है। व्यूडेटा (Viewdata), या टेली टेक्स्ट टेलीशॉपिंग (Tele Text shopping), इलेक्ट्रॉनिक बैंकिंग (Electronic banking), इलेक्ट्रॉनिक कार्यालय इत्यादि सभी कम्प्यूटर दूरसंचार के कमाल हैं। वास्तव में कम्प्यूटर द्वारा फोन नेटवर्क (Phone networks) में एक नया अध्याय जुड़ गया है, जिससे संचार व्यवस्थाएँ अधिक आसान हो गयी हैं।

फोन कैसे काम करता है

जब हम बोलते हैं, तो हमारी आवाज से हवा में ध्वनितरंगें (Sound wave) उत्पन्न होती हैं। टेलीफोन के माउथपीस (Mouthpiece) में लगा माइक्रोफोन (Microphone) इन ध्वनितरंगों को विद्युतधारा में परिवर्तित कर देता है। यह विद्युत धारा केबल (Cable) से होती हुई एक्सचेंज द्वारा रिसीविंग फोन (Receiving phone) के ईयरपीस तक पहुँचती है। इस फोन का ईयरपीस (Earpiece) विद्युतधारा को पुनः मूल ध्वनितरंगों में परिवर्तित कर देता है। इस प्रकार हमारी आवाज दोबारा उत्पन्न होकर वांछित स्थान तक पहुँच जाती है और प्राप्त करने वाले को सुनायी दे जाती है। इस

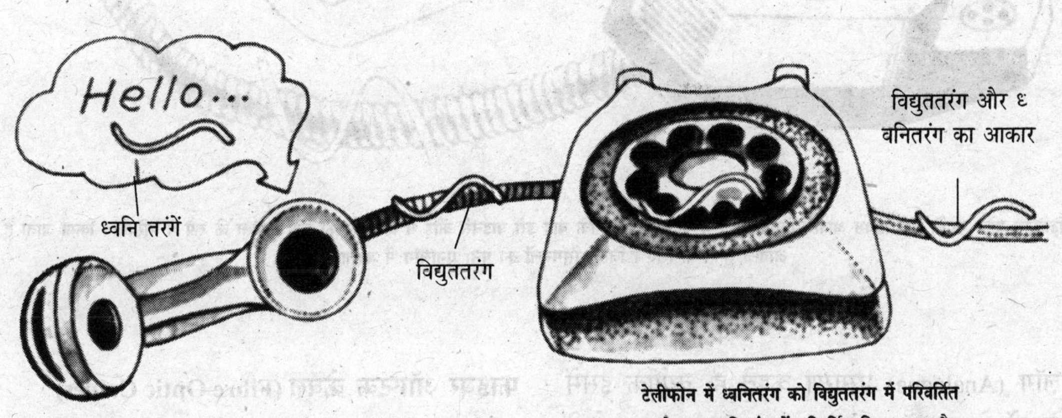

टेलीफोन में ध्वनितरंग को विद्युततरंग में परिवर्तित करके पुनः ध्वनितरंग में परिवर्तित किया जाता है।

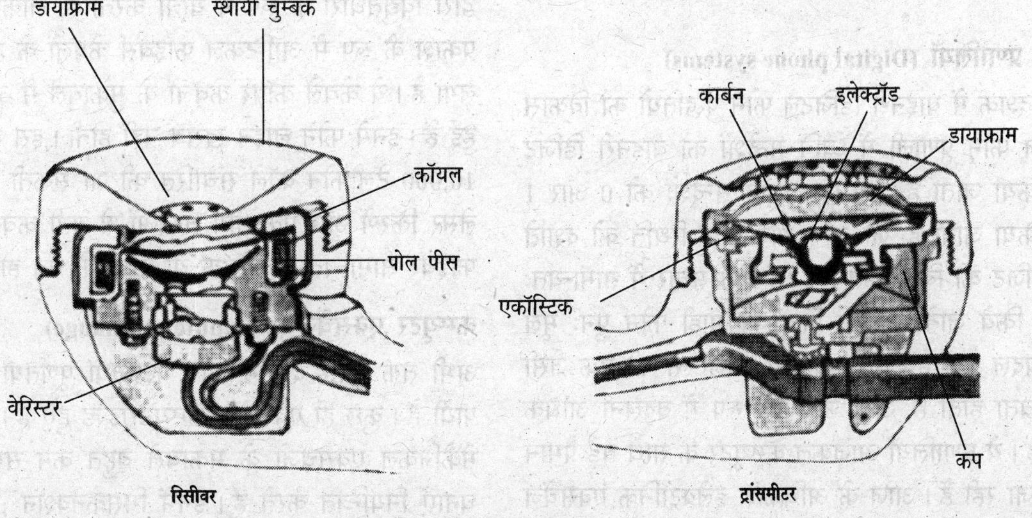

डिजिटल फोन पद्धति में एर्वप्रयम आवाज विघुत तरंगों में बदलती है। इसके बाद इसे बाइनरी कोड में डिजिट्स की एक शृखला के रूप में परिवर्तित किया जाता है। आवाज सुनने के लिए डिजिटल सिगनलों को पुनः एनालॉग में बदला जाता है।

पद्धति को एनालॉग (Analogue) प्रसारण कहते हैं, क्योंकि इसमें विद्युतधारा ध्वनितरंगों के एनालॉगूस (Analogous) या अनुरूप होती है।

डिजिटल फोन प्रणालियाँ (Digital phone systems)

सन् 1960 के दशक में बाइनरी डिजिटल फोन पद्धतियों का विकास हुआ। डिजिटल फोन प्रणाली में ध्वनि सन्देशों को बाइनरी डिजिट में परिवर्तित किया जाता है। इसमें एनालॉग सन्देशों को 0 और 1 में परिवर्तित किया जाता है, जो ऑन और ऑफ स्थिति को दर्शाते हैं। बाइनरी डिजिट को बिट कहते हैं। टेलीफोन संचार में सामान्यतः 7 बिट प्रयोग किये जाते हैं। इन बिटों को ग्राही फोन पुनः मूल ध्वनितरंग में बदल देता है। चूँकि बाइनरी डिजिटल्स की एक जैसी शक्ल और तीव्रता होती है, अतः उन्हें मूल रूप में बदलना अधिक आसान होता है। ये प्रणालियाँ आजकल कम्प्यूटर के साथ बड़े पैमान पर प्रयोग की जा रही हैं। आज के अधिकांश इलेक्ट्रॉनिक एक्सचेंज डिजिटल प्रणाली पर आधारित हैं।

फाइबर ऑप्टिक केबल (Fibre Optic Cables)

यद्यपि अधिकांश फोन कॉलें ताँबे के तारों से बनी केबलों द्वारा विद्युतधारा के रूप में यात्रा करती हैं, लेकिन आजकल इनको प्रकाश के रूप में ऑप्टिकल फाइबर्स केबलों के द्वारा भी भेजा जाने लगा है। ये केबलें कॉपर केबलों के मुकाबले में अधिक बेहतर सिद्ध हुई हैं। इनमें फोन लाइन खराब नहीं होती। इस केबल से एक साथ 10,000 टेलीफोन कॉलें संचारित की जा सकती हैं। इस प्रणाली में लेसर किरणें और प्रकाशीय तन्तुओं से बनी केबल प्रयोग होती है। फाइबर सामान्यतः प्लास्टिक या काँच के बने होते हैं।

कम्प्यूटर एक्सचेंज (Computer exchange)

अभी तक हमारे देश में फोन पद्धतियाँ पूर्णतया डिजिटल नहीं हो पायी हैं। कुछ ही एक्सचेंज कम्प्यूटराइज्ड हुए हैं। ये एक्सचेंज पुराने मेकैनिकल एक्सचेंजों के मुकाबले बहुत कम समय में अधिक सू. चनाएँ नियन्त्रित करते हैं। इनमें मिसकनेक्शन ;Misconnections), क्रॉस्ड लाइंस (Crossed lines), बाधा (Interference) और लॉस्ट

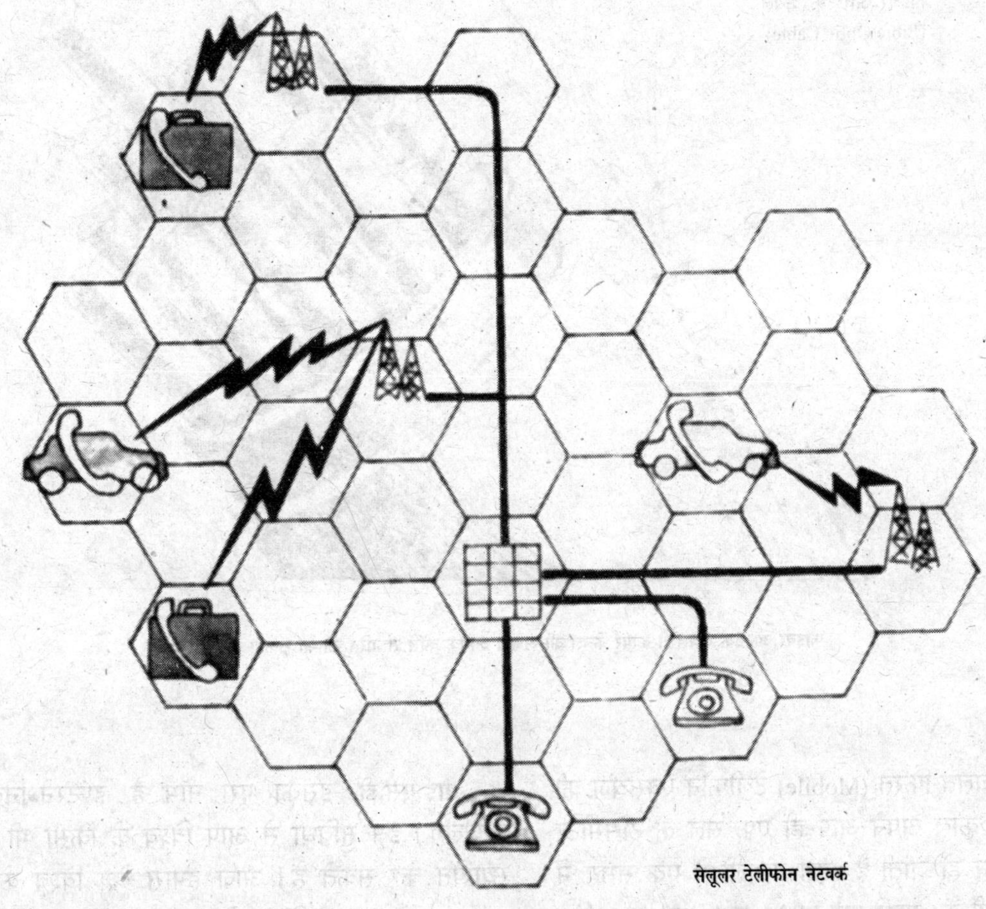

सेलूलर टेलीफोन नेटवर्क

बेस स्टेशन
(Base Station)

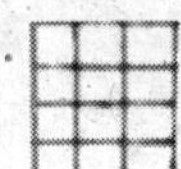

माइक्रोवेव या लैण्डलाइन लिंक
(Microwave orLandline Link)

विद्युत सिगनल
(Electrical Signals)

कार फोन
(Car Phone)

पोर्टेबल टेलीफोन
(Portable Telephone)

व्यक्तिगत टेलीफोन एक्सचेंज
(Private Telephone Exchange)

कॉल (Lost calls) की सम्भावना न के बराबर होती है। कम्प्यूटर से नियन्त्रित होने वाला एक्सचेंज अतिरिक्त सेवाएँ भी उपलब्ध कराता है, जैसे—किसी कॉल की दूसरे फोन के लिए री-रूटिंग (Re-routing), व्यूडेटा फोन नम्बर डाइरेक्टरीज़, कॉल की ऑटोमैटिक मॉनीटरिंग (Monitoring) आदि।

सेलूलर रेडियो और टेलीफोन (Cellular Radio and Telephones)
सेलूलर रेडियो या टेलीफोन सामान्यतः गतिशील संचार के लिए इस्तेमाल किये जाते हैं। इसमें टेलीफोनों का सम्बन्ध केबल से होता है और कॉर्डलेस (Cordless) टेलीफोन इस्तेमाल करने वाला बेस स्टेशन से कुछ किलोमीटर के सेल में घूम सकता है। बड़े शहरों के कुछ क्षेत्रों में विशिष्ट रेडियो चैनल या ट्रांसमीटिंग फ्रिक्वेंसी का इस्तेमाल किया जाता है। सेलूलर टेलीफोन नेटवर्क में किसी शहरी क्षेत्र को सेल्स में बाँटा जाता है। प्रत्येक सेल 5 किलोमीटर के फासले पर होती है। जब सेल फोन इस्तेमाल करने वाला व्यक्ति कोई कॉल करता है, तो एक रेडियो सिगनल नजदीकी बेस स्टेशन को भेजता

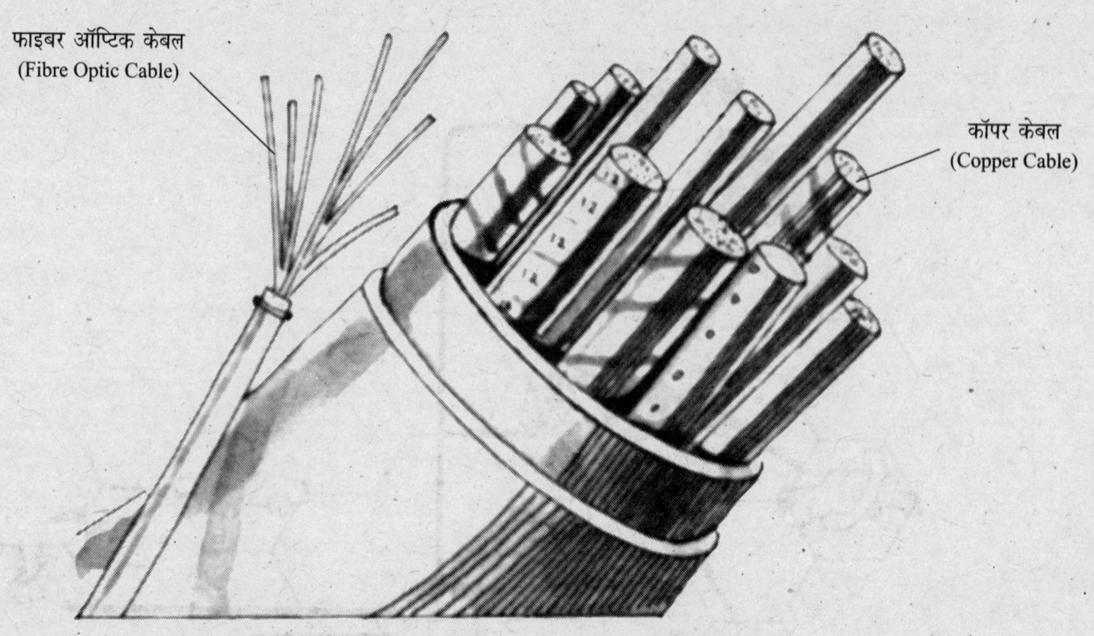

फाइबर ऑप्टिक केबल से कॉपर केबल की अपेक्षा अधिक कॉलें संचारित की जा सकती हैं

है। यह इसे नजदीकी चलते-फिरते (Mobile) टेलीफोन एक्सचेंज को भेजता है। इसके बाद कॉल अपने आप ही एक सेल के ट्रांसमीटर से दूसरे सेल में ट्रांसफर हो जाती है। इस प्रणाली में एक समय में कई कॉलें की जा सकती हैं। चलते हुए स्कूटर, कार, बस या व्यक्ति द्वारा ये कॉलें की जा सकती हैं।

वीडियो टेलीफोन

यह अति आधुनिक टेलीफोन है। इस फोन में बोलने वाले की आवाज तो सुनायी देती ही है, साथ ही साथ उसका चित्र भी दिखायी देता है। इस फोन में ध्वनि सिगनल और वीडियो सिगनल दोनों ही एक साथ प्रसारित होते हैं।

एस.टी.डी. इसका पूरा नाम है सब्सक्रांइबर ट्रंक डायलिंग। इस सुविधा से आप एक देश के किसी भी शहर में सम्पर्क स्थापित कर सकते हैं। हमारे देश में 1,100 से भी अधिक शहर एस.टी.डी. सुविधा से जुड़े हुए हैं। प्रत्येक शहर का अपना एक अलग एस.टी. डी. कोड होता है।

आई.एस.डी. इसका पूरा नाम है, इण्टरनेशनल सब्सक्राइबर डायलिंग। इस सुविधा से आप विश्व के किसी भी देश से सम्पर्क स्थापित कर सकते हैं। आज हमारा देश विश्व के 212 देशों से जुड़ा हुआ है। इस सुविधा की सफलता संचार उपग्रहों के कारण है।

आज पूरे देश में एस.टी.डी. और आई.एस.डी. सुविधाओं का जाल-सा बिछा हुआ है। आप घूमते-फिरते किसी भी कॉल ऑफिस से फोन कर सकते हैं।

कॉर्डलेस फोन

इस फोन से आप अपने मकान के किसी भी कमरे से फोन कर सकते हैं।

फैक्स या फैस्सीमाइल (Fax or Fascimile)

फैक्स या फैक्सीमाइल संचारण (Fax or Fascimile Transmission) टेलीफोन लाइन द्वारा कागज पर सूचनाएँ भेजने की एक नवीन पद्धति है। यह अन्य संचार-पद्धतियों, जैसे– टेलेक्स (Telex) और इलेक्ट्रॉनिक डाक (Electronic mail) से भिन्न है। इस प्रणाली से हर प्रकार के प्रलेख (Document), चाहे वे छपे हुए हों या हाथ से लिखे हुए, रेखाचित्र हों या फोटोग्राफ, फैक्स मशीन के द्वारा वांछित स्थान तक भेजे जा सकते हैं और प्राप्त किये जा सकते हैं।

एक आधुनिक फैक्स मशीन को एक लिखित पृष्ठ प्रेषित करने में 30 सेकेण्ड से भी कम समय लगता है। आरम्भ में फैक्स मशीनें अनुरूप यानी एनालॉग (Analogue) किस्म की थीं, लेकिन आजकल डिजिटल (Digital) मशीनें अधिक प्रयोग हो रही हैं।

फैक्स मशीन प्रलेख को प्रकाश द्वारा स्कैन करती है और उसका प्रतिबिम्ब (Image) में फोटो सेल द्वारा विद्युत सिगनलों (Electrical Signals) में परिवर्तित हो जाता है। ये सन्देश टेलीफोन लाइन द्वारा यात्रा करते हैं और दूसरी फैक्स मशीन द्वारा ग्रहण कर लिये जाते हैं। मशीन उन्हें डीकोड (Decode) करके मूल प्रलेख की कॉपी छापकर बाहर निकालती है।

विश्व की सभी फैक्स मशीनों की सिगनल भेजने और ग्रहण करने की प्रणाली (Coding and decoding system) एक जैसी ही होती है। इसलिए अपनी फैक्स मशीन से आप किसी भी दूसरी फैक्स मशीन को प्रलेख भेज सकते हैं। हर फैक्स मशीन का टेलीफोन की भाँति एक नम्बर होता है, जिसे सन्देश भेजने से पहले मिलाना पड़ता है।

फैक्स सुविधाएँ आज व्यापारिक और औद्योगिक संस्थानों में ऊँचे पैमाने पर प्रयोग हो रही हैं। इनके द्वारा रेडियो के एक्स-रे, कैटस्कैन और दूसरी सूचनाएँ भेजी जा सकती हैं।

विद्युत सिगनल फोन द्वारा भेजे जाते हैं।

फैक्स मशीन पर हर प्रकार के प्रलेख और चित्र भेजे और प्राप्त किये जा सकते हैं।

संचार उपग्रह (Satellite Communications)

दूरसंचार सन्देशों को केवल फोन केबल से ही प्रसारित नहीं किया जाता, बल्कि आजकल कृत्रिम उपग्रहों का इस्तेमाल भी होता है। प्रतिदिन हजारों फोन कॉल, टी.वी. सिगनल और कम्प्यूटर डाटा संचार उपग्रहों द्वारा दुनिया के एक हिस्से से दूसरे हिस्से में भेजे जाते हैं। संचार उपग्रह केबल की तुलना में अधिक सूचनाएँ नियन्त्रित कर सकता है और उन्हें अधिक तेजी से संचारित कर सकता है।

सिगनल भेजना (Sending signals)

किसी भी सन्देश को भूकेन्द्र से सूक्ष्म तरंग (Microwave) सिगनलों के रूप में उपग्रह की ओर भेजा जाता है। सूक्ष्म तरंगें एक प्रकार की शॉर्ट रेडियो तरंगें हैं, जो अन्तरिक्ष में यात्रा कर सकती हैं। सन्देशों को डिश-आकार (Dish-shaped) के एरियलों द्वारा भेजा और ग्रहण किया जाता है। भूकेन्द्र से जाने वाले सन्देश उपग्रह द्वारा प्राप्त कर लिये जाते हैं और ट्रांसपॉण्डर द्वारा आवर्धित करके पुनः धरती की ओर प्रसारित किये जाते हैं। धरती पर लगे एण्टीना इन्हें प्राप्त कर लेते हैं और वांछित स्थान तक भेजते हैं। ये सन्देश टेलीफोन, रेडियो या टेलीविजन आदि किसी के भी हो सकते हैं।

उपग्रहों का उपयोग

संचार उपग्रहों की सहायता से पृथ्वी के किसी भी स्थान तक टेलीफोन, रेडियो और टेलीविजन सन्देश भेजना आज एक सरल कार्य हो गया है। विश्व के किसी भी देश से खेलों के जीते-जागते दृश्य प्रसारित किये जा सकते हैं। आज उपग्रहों की सहायता से धरती के एक स्थान से ऐसी टेलीफोन कॉल भेजना सम्भव हो गया है, जो समस्त धरती की परिक्रमा करके उसी स्थान पर प्राप्त की जा सकती है। विश्व के समाचार-पत्र ऑफिस भी उपग्रहों द्वारा जुड़े हुए हैं। बहुराष्ट्रीय संस्थाएँ भी संचार उपग्रहों द्वारा एक-दूसरे से जुड़ गयी हैं।

टैलीटेक्स्ट, वीडियोटेक्स्ट प्रणालियाँ भी संचार उपग्रहों द्वारा जुड़ी हुई हैं।

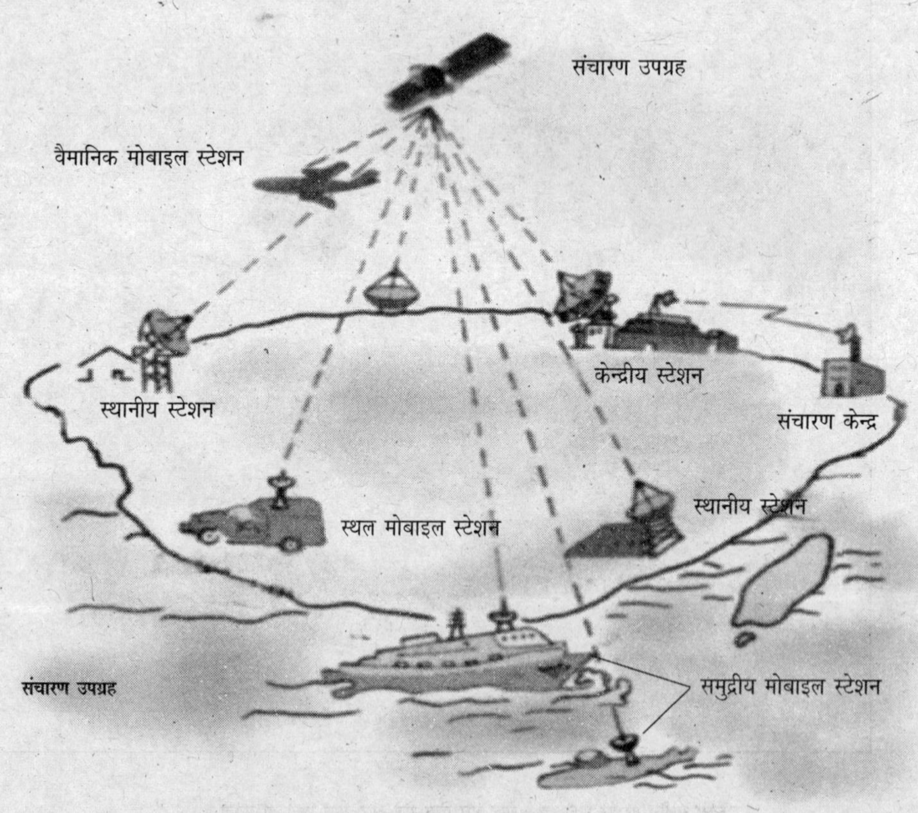

टेलीविजन (Television)

जॉन लोगी बेयर्ड (John Logie Baird) ने ब्रिटेन में सन् 1926 में टेलीविजन (T.V.) का पहला सार्वजनिक प्रदर्शन किया था। वास्तव में दूरस्थ वस्तुओं और दृश्यों को उसी वक्त स्क्रीन पर प्रदर्शित करने में सक्षम, टी.वी. का आविष्कार क्रमिक और मिली-जुली खोजों के परिणामस्वरूप हुआ। अमेरिका के वी. ज्योरिकिन (V. Zworykin) ने इस क्षेत्र में महत्त्वपूर्ण कार्य किया। सन् 1928 में उन्होंने इलेक्ट्रॉनिक प्रणाली विकसित की, जिसने बेयर्ड की मेकैनिकल प्रणाली को असफल कर दिया। टी.वी. सन्देशों को शीघ्र और सही रूप में प्रेषित करने में यह एक क्रान्तिकारी विकास था। भारत में टी.वी. प्रसारण सेवा 15 सितम्बर, 1959 में दिल्ली में आरम्भ हुई थी।

टी.वी. के कार्यक्रमों को प्रसाारित करने के लिए ध्वनि और दृश्य दोनों को विद्युत चुम्बकीय तरंगों में परिवर्तित किया जाता है। ये तरंगें टी.वी. पर आकर फिर मूल ध्वनि और दृश्य में बदल जाती हैं। टी.वी. कैमरे में एक ऑर्थीकॉन ट्यूब (Orthicon Tube) होती है। दृश्य का प्रतिबिम्ब एक लेंस द्वारा इस ट्यूब में लगी प्रकाश-संवेदनशील प्लेट (Photosensitive Plate) पर पड़ता है। प्रकाश की तीव्रता के अनुसार प्लेट से इलेक्ट्रॉन निकलते हैं। इसके बाद इसको कैथोड रे ट्यूब (Cathode ray tube) के द्वारा स्कैन (Scan) किया जाता है। स्कैनिंग से प्रतिबिम्ब विद्युतधारा में परिवर्तित हो जाता है, जिसे वीडियो सिगनल (Video Signal) कहते हैं। इसे एम्प्लीट्यूड मॉडूलेटेड (Amplitude Modulated) करके प्रसारित करते हैं। साथ ही आवाज को माइक्रोफोन द्वारा विद्युतधारा में परिवर्तित करके तथा आवृत्ति मॉडूलेटेड करके प्रसारित किया जाता है। इसे ऑडियो सिगनल (Audio Signal) कहते हैं। दृश्य और आवाज की ये विद्युत चुम्बकीय तरंगें एण्टीना

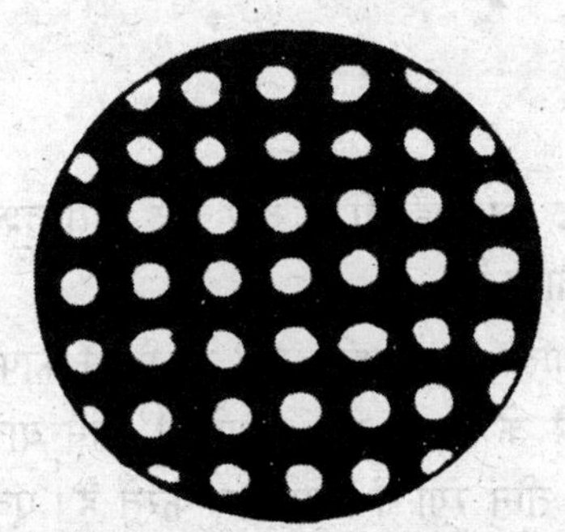

एक प्रतिबिम्ब के लाल, हरे औरृ नीले डॉट

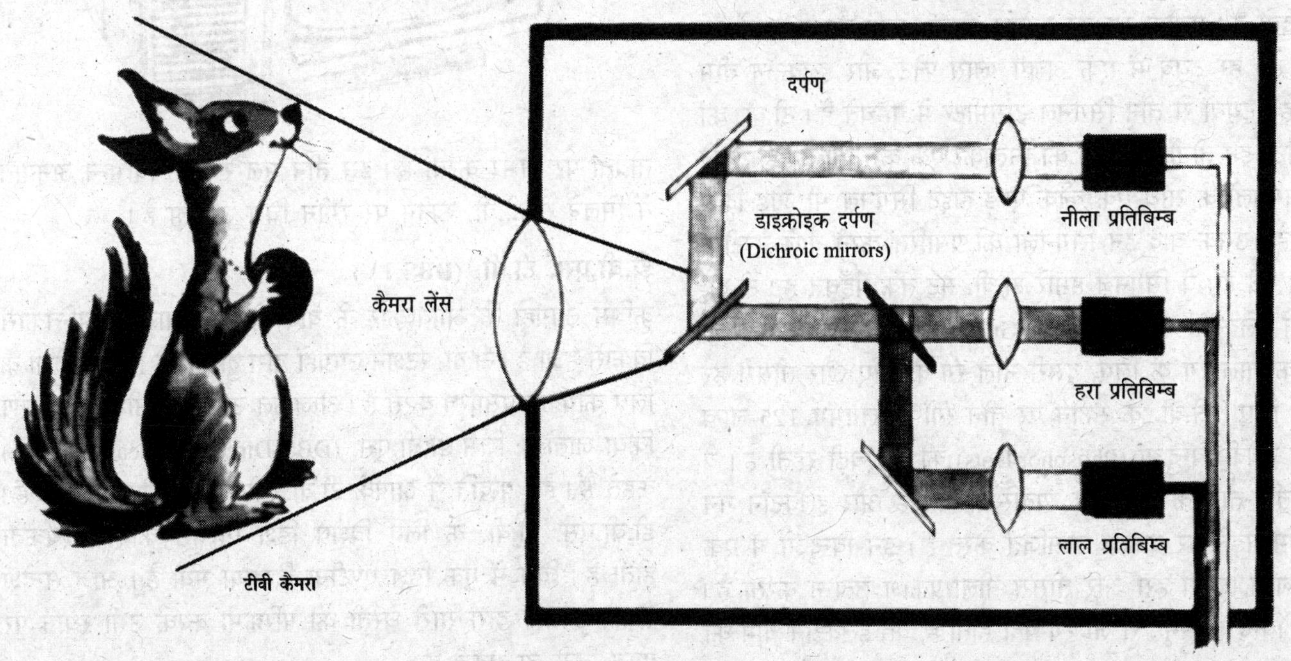

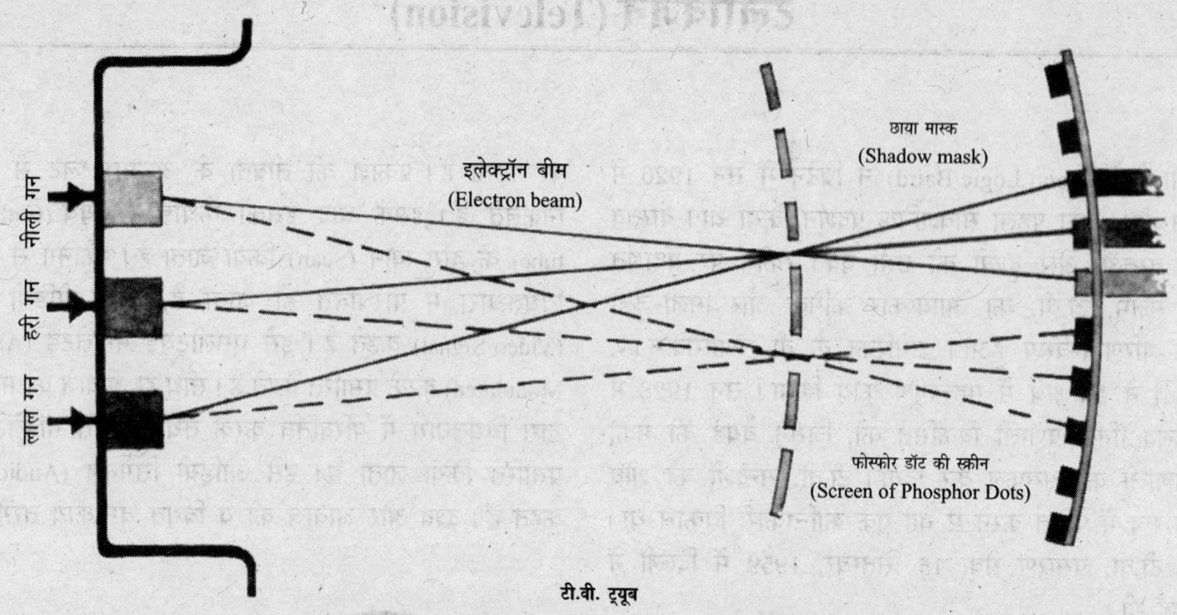

टी.वी. ट्यूब

से टकराकर हमारे टी.वी. सेट तक पहुँचती हैं और सेट द्वारा दृश्य तथा ध्वनि में परिवर्तित हो जाती हैं।

कलर टी.वी. की कार्य-प्रणाली ब्लैक एण्ड ह्वाइट टी.वी. से काफी मिलती-जुलती है। इनके कैमरे के अन्दर लगे दर्पणों से आने वाले प्रकाश को तीन फिल्टरों द्वारा तीन रंगों में विभाजित करते हैं। एक फिल्टर केवल लाल रंग के प्रकाश को गुजरने देता है, दूसरा केवल नीले रंग के प्रकाश को तथा तीसरा केवल हरे रंग के प्रकाश को जाने देता है। प्रत्येक रंग का प्रकाश अलग-अलग कैमरा-ट्यूबों पर पड़ता है। हर ट्यूब में एक अलग ग्लास प्लेट और इलेक्ट्रॉन बीम होती है। ट्यूबों से तीन सिगनल ट्रांसमीटर में पहुँचते हैं। टी.वी. का ट्रांसमीटर इन तीनों सिगनलों को मिलाकर एक कर देता है। इन मिले हुए सिगनलों के साथ एक ब्लैक एण्ड ह्वाइट सिगनल भी जोड़ दिया जाता है। उसके बाद इन सिगनलों को प्रसारित करने वाले एण्टीना में भेज देते हैं। ये सिगनल हमारे टी.वी. सेट तक पहुँचते हैं। टी.वी. में तीन इलेक्ट्रॉन गनों (Electron Guns) का इस्तेमाल किया जाता है। एक लाल रंग के लिए, दूसरी नीले रंग के लिए और तीसरी हरे रंग के लिए। टी.वी. के स्क्रीन पर तीन रंगों के लगभग 125 लाख प्रकाश संवेदी बिन्दुओं (Phosphor Dots) की तह चढ़ी रहती है। ये बिन्दु तीन-तीन के समूहों में व्यवस्थित होते हैं और इलेक्ट्रॉन गन की बीम पड़ने पर प्रकाश उत्सर्जित करते हैं। इन बिन्दुओं में एक बिन्दु लाल, दूसरा हरा और तीसरा नीला प्रकाश उत्पन्न करता है। प्रत्येक बिन्दु के समूह से जो रंग पैदा होता है, वह इलेक्ट्रॉन बीम की

तीव्रता पर निर्भर करता है। इस तीन मूल रंगों के विभिन्न अनुपात में मिलने से टी.वी. स्क्रीन पर रंगीन चित्र उभरता है।

डी.बी.एस. टी.वी. (DBS TV)

कृत्रिम उपग्रहों के आविष्कार के बाद टी.वी. संचार में क्रान्तिकारी विकास हुआ है। टी.वी. स्टेशन उपग्रहों द्वारा दुनिया के विभिन्न देशों के लिए कार्यक्रम प्रसारित करते हैं। आजकल उपग्रह से सीधे ही प्रसारण किया जाता है, जिसे डी.बी.एस. (DBS-Direct Broadcast Satellite) कहते हैं। इस पद्धति में आपके टी.वी. को सीधे सिगनल मिलते हैं। डी.बी.एस. टी.वी. के लिए विशेष डिश एरियल की आवश्यकता होती है। चित्र में एक डिश एण्टीना दिखाया गया है। आज सन्देश संचार उपग्रहों द्वारा सारी धरती की परिक्रमा करके उसी स्थान पर प्राप्त किये जा सकते हैं।

डी.बी.एस. टी.वी. के लिए डिश एरियल

केबल टी.वी. (Cable T.V.)

केबल टी.वी. में सन्देश हमारे सेट तक केबलों की मदद से पहुँचते हैं। आजकल कॉलोनियों में एक डिश एरियल लगा लेते हैं और केबल द्वारा पूरी कॉलोनी के लोग अपने टी.वी. पर कार्यक्रम देखते हैं। साधारण प्रसारण के मुकाबले में केबल द्वारा ज्यादा चैनलों का उपयोग किया जा सकता है। केबल द्वारा टी.वी. सन्देश पहाड़ियों, घाटियों और ऊँचे भवनों के बीच तक भेजे जा सकते हैं। आजकल केबल टी.वी. का चलन काफी बढ़ गया है।

केबल टी.वी. का मुख्य उद्देश्य अत्यन्त ऊँचे, भीड़ वाले भवनों, पहाड़ियों, घाटियों वाले स्थानों में सन्देश भेजना था। आज यह आम मनोरंजन का साधन बन गया है। इसके द्वारा फिल्मों, खेलों का हाल, तथा दूसरे कार्यक्रम देखे जा सकते हैं। एक केबल पर 100 से भी अधिक चैनल स्थापित किये जा सकते हैं। केबल का इनपुट टी.वी. एण्टीना इनपुट में लगाने पर सन्देश आने लगते हैं। केबल टी.वी. पर जी.टी.वी., स्टार, ए.टी.एन आदि के कार्यक्रम आते रहते हैं।

❂❂❂

वीडियो (Video)

वीडियो कैसेट प्लेयर/रिकॉर्डर

वीडियो रिकॉर्डर इलेक्ट्रॉनिकी द्वारा टेप और डिस्क पर चित्र और ध्वनि अंकित करने का एक आधुनिक तरीका है। टेलीविजन स्टूडियो भी कार्यक्रमों को रिकॉर्ड करने के लिए वीडियो रिकॉर्डर का इस्तेमाल करते हैं। इसके अलावा इसके द्वारा फीचर फिल्मों की कॉपियाँ तैयार की जाती हैं, जिन्हें आप खरीदकर या किराये पर लेकर घर पर ही अपने टी.वी. सेट पर देख सकते हैं। घरेलू मूवी बनाने के लिए वीडियो टेप साधारण फिल्मों की अपेक्षा सस्ता पड़ता है और इसको प्रयोग करना भी आसान है। वीडियो डिस्क एक नवीनतम विकास है, लेकिन यह टेप से भिन्न है।

सर्वप्रथम सन् 1956 में यू.एस. एम्पेक्स कॉर्पोरेशन (US Ampex Corporation) ने वीडियो रिकॉर्डर विकसित किया था। घरेलू इस्तेमाल के लिए पहला वीडियो रिकॉर्डर सन् 1972 में यूरोप की फिलिप्स कम्पनी ने बनाया था। सबसे यादा लोकप्रिय प्रणाली होम वीडियो पद्धति वी.एच.एस. (V.H.S.) है, वीडियो होम पद्धति (Video

वीडियो कैमरा

Home System) सन् 1970 में जापान में जे.वी.सी. (J.V.C.) द्वारा विकसित की गयी। इसमें 12.65mm चौड़े टेप का इस्तेमाल होता है।

कैमरा और रिकॉर्डर (Camera and Recorder)

वीडियो कैमरा दृश्य (प्रकाश) और ध्वनि को विद्युत सन्देशों में बदल देता है। रिकॉर्डर इन सन्देशों को चुम्बकीय स्पन्दों (Magnetic Pulses) में बदलकर उन्हें चुम्बकीय टेप पर रिकॉर्ड कर लेता है।

वीडियो कैसेट प्लेयर/रिकॉर्डर (Video Cassette Player/Recorder)

वीडियो कैसेट प्लेयर चुम्बकीय स्पन्दों को जो टेप पर रिकॉर्ड हो जाती हैं, उन्हें मूल विद्युत सन्देशों में बदल देता है। ये सन्देश टी. वी. सेट द्वारा मूल चित्र और ध्वनि में बदल जाते हैं। अधिकांश घरेलू वीडियो कैसेट रिकॉर्डर मशीनें रिकॉर्ड भी करती हैं और टेप को प्ले भी। इनके द्वारा टी.वी. कार्यक्रमों को रिकॉर्ड करके बाद में देखा जा सकता है।

वीडियो डिस्क (Video Disc)

वीडियो डिस्क लांग प्ले रिकॉर्ड (Audio LPs) की तरह होती है। इन पर आप स्वयं कार्यक्रम रिकॉर्ड नहीं कर सकते। ये पहले से ही रिकॉर्ड (Pre-recorded) होती हैं। इनके इस्तेमाल के लिए विशेष प्रकार का डिस्क प्लेयर होता है।

वीडियो डिस्क दो प्रकार की होती हैं। एक प्रकार की डिस्क ऑडियो प्लेयर की तरह ही प्रयोग की जाती है। दूसरी में पतली लेसर किरण (Thin Laser Beam) का इस्तेमाल होता है। लेसर डिस्क

वीडियो प्लेयर

(Laser disc) चाँदी के दर्पण जैसी होती है, जिसमें इन्द्रधनुषी रंग झलकते हैं। इसको लेसर बीम द्वारा प्ले किया जाता है।

वीडियो डिस्क पर रिकॉर्डेड कार्यक्रम बड़े स्पष्ट होते हैं। इन्हें लम्बे समय तक सुरक्षित रखा जा सकता है। ये वीडियो टेप की तुलना में सस्ती होती हैं। इनका उपयोग शिक्षा, प्रशिक्षण और औद्योगिक क्षेत्रों में किया जाता है। कुछ वीडियो डिस्क घरेलू कम्प्यूटर से भी नियन्त्रित की जा सकती हैं।

वीडियो कैमरा द्वारा पूरी शादी की, जन्म दिन की, सगाई की या और किसी दूसरे समारोह की पूरी फिल्म तैयार की जा सकती है और अपने टी.वी. पर देखी जा सकती है। मनोरंजन का आज यह जाना-माना साधन बन गया है।

कम्प्यूटर (Computer)

कम्प्यूटर एक ऐसी स्वचालित मशीन है, जो गणना कर सकती है, लिख सकती है और जटिलतम समस्याओं को पलभर में बिना किसी गलती के हल कर सकती है। इतना ही नहीं, इससे एक समय में कई काम लिये जा सकते हैं। एक कम्प्यूटर कई लाख गणनाएँ एक सेकेण्ड में कर सकता है।

आजकल कम्प्यूटर का उपयोग दूरसंचार, अन्तरिक्ष, अनुसन्धान, एयरक्राफ्ट, इंजीनियरिंग, विज्ञान, उद्योग, चिकित्सा, शिक्षा, बैंक, परिवहन, डाक, रेलवे और खेल-कूद आदि अनेक क्षेत्रों में सफलतापूर्वक किया जा रहा है।

पहला इलेक्ट्रॉनिक कम्प्यूटर एनिआक (ENIAC) था, जो सन् 1946 में पेनसिलेविनिया विश्वविद्यालय में एकर्ट और मौचले ने बनाया था। इसमें 18,000 इलेक्ट्रॉन ट्यूबें थीं। प्रत्येक ट्यूब का आकार एक छोटी बोतल के बराबर था और इसका नियन्त्रण प्रशिक्षित ऑपरेटरों की एक टीम करती थी। सन् 1950 में ट्यूब की जगह ट्रांजिस्टर का इस्तेमाल शुरू हुआ। आजकल कम्प्यूटरों में एकीकृत परिपथ (Integrated circuits) या सिलिकॉन चिप (Chips) का प्रयोग होता है, जिससे कम्प्यूटर का आकार काफी छोटा हो गया है।

कम्प्यूटर दो प्रकार के होते हैं—एक अनुरूप या एनालॉग (Ana-

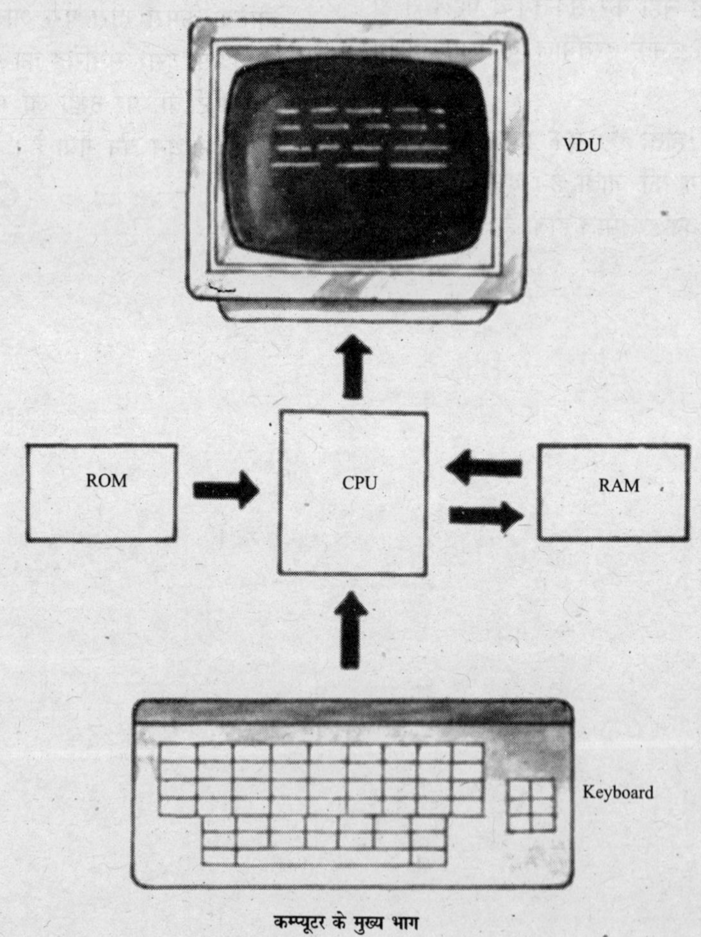

कम्प्यूटर के मुख्य भाग

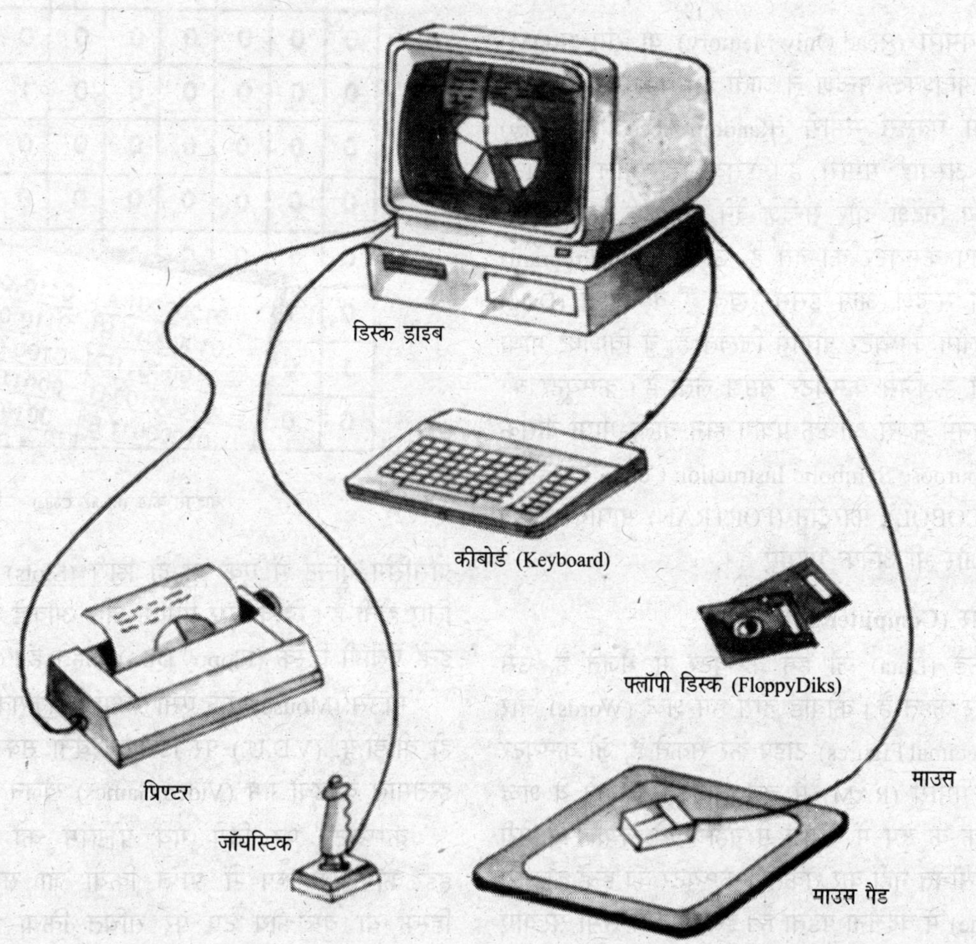

log), जो एक परिमाण को दूसरे में मापते हैं। दूसरा अंकीय या डिजिटल (Digital), जिसमें अंकों का प्रयोग करके समस्याओं को हल किया जाता है।

कम्प्यूटर के तीन मुख्य भाग होते हैं—इनपुट यूनिट (Input unit), सेण्ट्रल प्रोसेसिंग यूनिट (C.P.U.) और आउटपुट यूनिट (Output Unit)। इनपुट यूनिट में चुम्बकीय टेप, पंच कार्ड, कागज का फीता आदि इस्तेमाल किये जाते हैं। सी.पी.यू. (C.P.U.) में मेमोरी (Memory) होती है, जहाँ सूचनाएँ संचित होती हैं। इनकी नियन्त्रण प्रणाली निर्देश देती है और अंकगणित तन्त्र अनेक क्रियाएँ करता है। आउटपुट यूनिट में प्रिण्टर, कैथोड रे ट्यूब या आवाज संकेत मात्रक होते हैं। वास्तव में कम्प्यूटर का इनपुट यूनिट हमारी आँख और कान के समान है, सी.पी.यू. हमारे मस्तिष्क के समान है और आउटपुट यूनिट हाथ और मुँह के समान है।

डिजिटल कम्प्यूटर (Digital computer)

डिजिटल कम्प्यूटर में प्रोग्राम द्वारा समस्त सूचनाएँ भेजी जाती हैं, जो उसे बताती हैं कि क्या करना है। एक इनपुट मशीन द्वारा प्रोग्राम के आँकड़े कम्प्यूटर में भेजे जाते हैं, जो सी.पी.यू. (C.P.U.) में प्रोसेस हो जाते हैं। प्रोग्राम के आँकड़े मेमोरी में संचित हो जाते हैं। वहाँ अंकगणित यूनिट और लॉजिक यूनिट द्वारा गणना की जाती है। कण्ट्रोल यूनिट द्वारा संचयन और गणनाओं का नियन्त्रण होता है और आउटपुट मशीन द्वारा समस्या के हल प्राप्त हो जाते हैं।

होम कम्प्यूटर (Home Computer)

होम कम्प्यूटर में केवल एक चिप (Chip) होती है, जिसे माइक्रोप्रोसेसर (Microprocessor) कहते हैं। चिप के विभिन्न भाग कम्प्यूटर के विभिन्न कार्य करते हैं। इन भागों में दो प्रकार की मे.

मोरी (Memory), एक सेण्ट्रल प्रोसेसिंग यूनिट (C.P.U.) और क्लॉक (Clock) होते हैं।

रीड ओनली मेमोरी (Read Only Memory) या रॉम (ROM) कम्प्यूटर के लिए आवश्यक सन्देश ले जाती है। यह परिवर्तित नहीं हो सकती। रैण्डम एक्सेस मेमोरी (Random Access Memory) या रैम (RAM) अस्थाई मेमोरी है। इसका इस्तेमाल कम्प्यूटर ऑपरेटिंग के समय निर्देश और सन्देश देने के लिए किया जाता है। जो निर्देश आप कम्प्यूटर को देते हैं, उसे प्रोग्राम (Program) कहते हैं; और जो सन्देश आप इसमें रखते हैं वह डाटा (Data) कहलाता है। जो लोग कम्प्यूटर प्रोग्राम लिखते हैं, वे विशिष्ट भाषा का इस्तेमाल करते हैं, जिसे कम्प्यूटर समझ लेता है। कम्प्यूटर की कई भाषाएँ हैं, जिनमें सबसे अधिक प्रयोग होने वाली भाषा बेसिक (Beginner's All-purpose Symbolic Instruction Code) है। इसके अलावा कोबोल (COBOL), फॉरट्रान (FORTRAN) भाषाएँ भी हैं। इनके अतिरिक्त और भी अनेक भाषाएँ हैं।

कम्प्यूटर सॉफ्टवेयर (Computer Software)

प्रोग्राम और आँकड़े (Data) जो हम कम्प्यूटर में भेजते हैं, उसे कम्प्यूटर सॉफ्टवेयर कहते हैं। कीबोर्ड द्वारा हम शब्द (Words) और दशमलव अंक (Decimal Figures) टाइप कर सकते हैं, जो कम्प्यूटर के रैण्डम एक्सेस मेमोरी (RAM) में चले जाते हैं, लेकिन ये शब्द और दशमलव अंक के रूप में मेमोरी में नहीं जाते, क्योंकि मेमोरी इनको इस रूप में संचित नहीं कर सकती। कम्प्यूटर को इन्हें बाइनरी कोड (Binary Code) में बदलना पड़ता है। इस कोड में सभी संख्याएँ और शब्द 1 और 0 में बदल जाते हैं।

दो बाइनरी डिजिट्स (Binary Digits) को बिट्स (Bits) कहते हैं। अधिकांश कम्प्यूटर आँकड़ों को नियन्त्रित और संचित आठ-बिट यूनिट्स (Eight-bit Units) के रूप में करते हैं, जिसे बाइट्स (Bytes) कहते हैं। एक होम कम्प्यूटर की राम (RAM) में 128,000 बाइट्स (Bytes) को नियन्त्रित करने की क्षमता होती है।

कम्प्यूटर हार्डवेयर (Computer hardware)

कम्प्यूटर के भौतिक भाग, जिन्हें हम छू सकते हैं, हार्डवेयर के नाम से जाने जाते हैं। एक होम कम्प्यूटर के मुख्य प्रोसेसिंग यूनिट में टी.वी. स्क्रीन की तरह विज़्युअल डिस्प्ले यूनिट (V.D.U.), एक कीबोर्ड (Keyboard), माउस (Mouse), जॉयस्टिक (Joystick), प्रिण्टर (Printer) तथा मॉडेम (Modem) होते हैं।

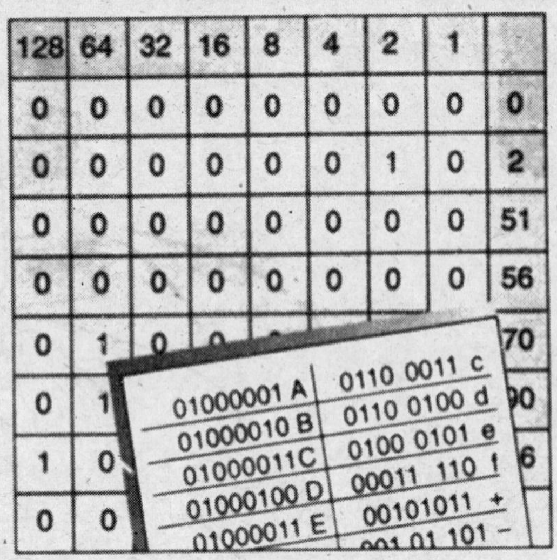

बाइनरी कोड (Binary Code)

प्रोसेसिंग यूनिट में एक या दो झिरी (Slots) चुम्बकीय डिस्कों के लिए होती हैं। डिस्कों पर प्रोग्राम और आँकड़े संचित किये जाते हैं। इन्हें फ्लॉपी डिस्क (Floppy Diks) कहते हैं।

माउस (Mouse) एक ऐसा प्रक्रम है, जिसकी मदद से आप सीधे ही वी.डी.यू. (V.D.U.) पर डिजाइन बना सकते हैं। जॉयस्टिक का इस्तेमाल वीडियो गेम (Video Games) खेलने में होता है।

कम्प्यूटर पर दिये गये प्रोग्राम को प्रिण्टर द्वारा छपी हुई कॉपी के रूप में प्राप्त किया जा सकता है या फ्लॉपी डिस्क या चुम्बकीय टेप पर संचित किया जा सकता है। इन्हें टेलीफोन लाइनों द्वारा दूसरे कम्प्यूटर को भी संचारित किया जा सकता है। यह काम मॉडेम (Modem) के द्वारा भी किया जा सकता है, जो कम्प्यूटर आउटपुट सिगनलों को ऑडियो सिगनलों में बदल देता है। दूसरे सिरे पर मॉडेम द्वारा इसको पहले की तरह परिवर्तित कर लेते हैं।

आज के वैज्ञानिकों ने तरह-तरह के कम्प्यूटर बना डाले हैं, जिनमें सुपर कम्प्यूटर सबसे अधिक शक्तिशाली और तीव्र है। कम्प्यूटरों का अति आधुनिक प्रयोग ई-मेल प्रणाली और इण्टरनेट में है। ई-मेल द्वारा हम कोई भी सूचना विश्वभर में पलभर में भेज सकते हैं। इण्टरनेट सूचना आदान-प्रदान का एक अति शक्तिशाली माध्यम है।

✪✪✪

14 विधुत और चुम्बकत्व (Electricity & Magnetism)

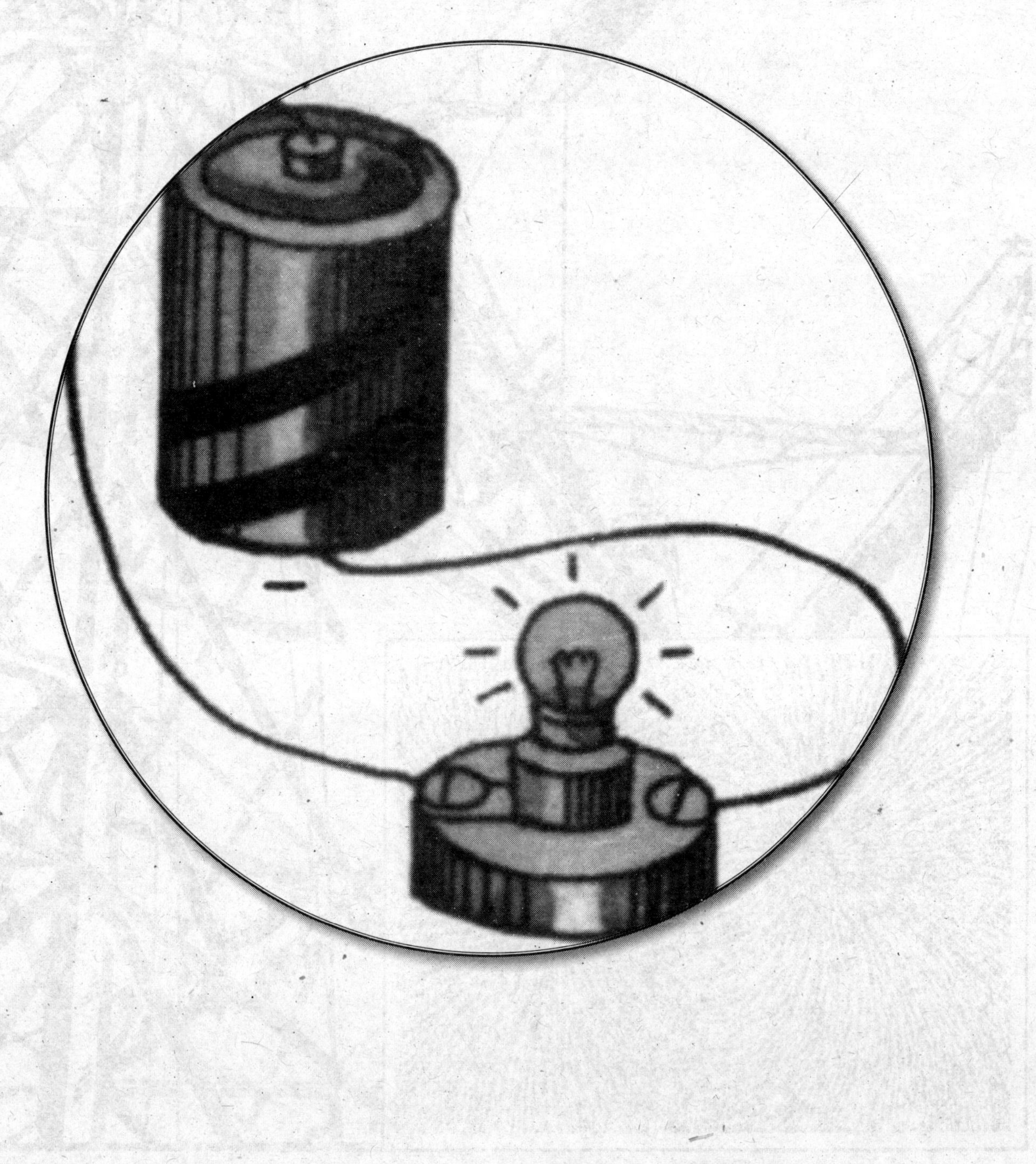

स्थिर-वैद्युतिकी (Electrostatics)

विद्युत आवेश (Charge) ब्रह्माण्ड में सर्वत्र व्याप्त है, लेकिन आश्चर्य की बात है कि 'मानव' युगों तक बिजली के विषय में कुछ भी जाने बिना इस दुनिया में रहता रहा। मनुष्य तड़ित-विद्युत या आकाश में गरज के साथ चमकने वाली बिजली की घटना को अनेक कल्पनाओं के माध्यम से समझने का प्रयास करता रहा है। ईसा से लगभग 600 वर्ष पूर्व ग्रीक दार्शनिक थेल्स (Thalesa), जो वहाँ के सात बुद्धि मान व्यक्तियों में से एक था, ने सबसे पहले इस रहस्य को समझा कि जो शक्ति आकाश में चमकने वाली बिजली का मूल कारण है, वही शक्ति 'अम्बर' (Amber) नामक पत्थर के उस टुकड़े में तब पैदा हो जाती है, जब उसे 'फर' (Fur) से रगड़ा जाता है। फर से रगड़ने के बाद उसमें तिनके, पंख तथा कागज़ के टुकडों जैसी हल्की वस्तुओं को अपनी तरफ आकर्षित करने का गुण आ जाता है। अम्बर के लिए यूनानी शब्द है 'इलेक्ट्रोन' (Elektron) और इसलिए थेल्स ने उस रहस्यमय शक्ति का नाम 'इलेक्ट्रिक' रखा। थेल्स की खोज के लगभग 2,000 वर्ष बाद एक अँग्रेज वैज्ञानिक विलियम गिलबर्ट (William Gilbert) ने अम्बर और चुम्बक पत्थर से कुछ प्रयोग किये और विद्युत तथा चुम्बकीय आकर्षण के मूलभूत अन्तर का पता लगाया। शीशा, गन्धक और चपड़ा जैसी वस्तुओं के लिए, जो अम्बर की तरह व्यवहार करती थीं, उन्होंनें 'इलेक्ट्रिका' शब्द का प्रयोग किया और इनके प्रयोग से जो प्राकृतिक घटना घटित होती थी, उसके लिए उन्होंनें 'इलेक्ट्रिसिटी' शब्द का प्रयोग किया।

जब अँधेरे कमरे में आप अपने बालों को कंघे से काढ़ेंगे और कंघे को अपने अँगूठे के पास लायेंगे, तो एक छोटी-सी चिनगारी दिखायी देगी। ऐसा इसलिए होता है कि आवेश में निहित ऊर्जा कंघे और हमारे अँगूठे के बीच की हवा के परमाणुओं से प्रकाश उत्सर्जित करती है। यही क्रिया बादलों में बिजली चमकते समय होती है।

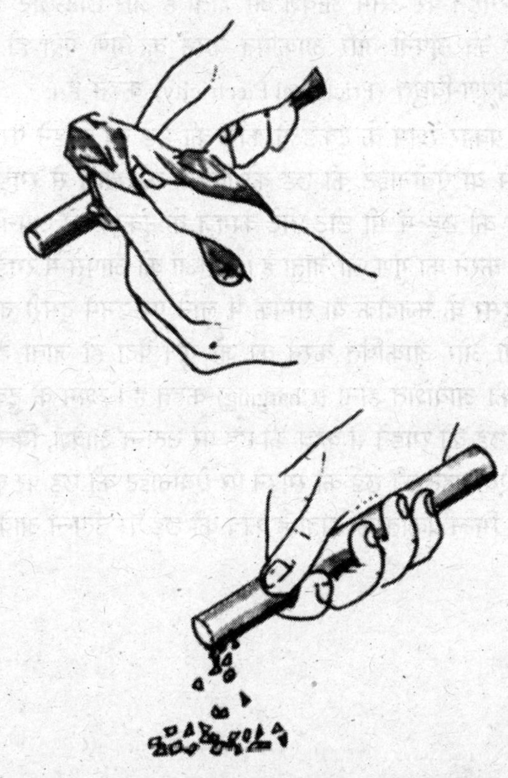

रेशम के टुकड़े से काँच की छड़ को रगड़ने पर काँच की छड़ में भी छोटे-छोटे कागज के टुकड़ों को अपनी ओर आकर्षित करने का गुण आ जाता है।

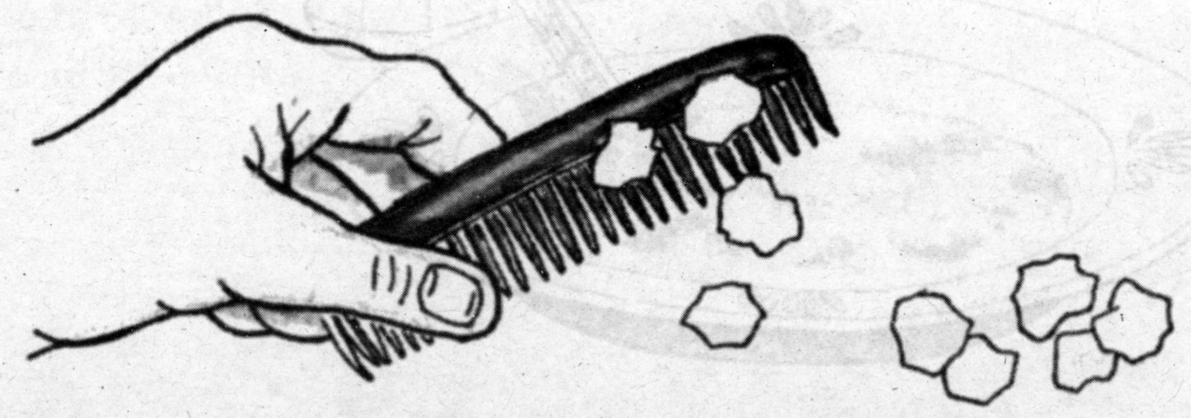

प्लास्टिक के कंघे से बाल काढ़ने पर कंघा आवेशित हो जाता है। यदि इस कंघे को कागज के छोटे-छोटे टुकड़ों के पास ले जाया जाये, तो कागज के टुकड़े कंघे की ओर आकर्षित होने लगते है।

जब प्लास्टिक के कंघे से सूखे बालों को सँवारा जाता है तो चट-चट की आवाज पैदा होती। अब यदि इस कंघे को कागज के छोटे-छोटे टुकड़ों के पास ले जाया जाये, तो कागज के टुकड़े कंघे की ओर आकर्षित होने लगते हैं। इसका कारण यह है कि कंघे को बालों से रगड़ने पर उसमें आवेश आ जाता है और छोटे-छोटे कागज के टुकड़ों को अपनी ओर आकर्षित करने का गुण पैदा हो जाता है। इसे घर्षण-विद्युत (Frictional Electricity) कहते हैं।

इसी प्रकार रेशम के टुकड़े से काँच की छड़ को रगड़ने पर काँच की छड़ में या ऐबोनाइट की छड़ को बिल्ली की खाल से रगड़ने पर ऐबोनाइट की छड़ में भी छोटे-छोटे कागज के टुकड़ों को अपनी ओर आकर्षित करने का गुण आ जाता है। वस्तुओं को आपस में रगड़े जाने या एक-दूसरे के नजदीक या सम्पर्क में लाने पर उनमें दूसरी वस्तुओं को अपनी ओर आकर्षित करने का जो गुण पैदा हो जाता है, उसे वस्तुओं का आवेशित होना (Charging) कहते हैं। रेशम के टुकड़े से काँच की छड़ को रगड़ने से काँच की छड़ पर उत्पन्न आवेश, बिल्ली की खाल से ऐबोनाइट की छड़ को रगड़ने पर ऐबोनाइट की छड़ पर उत्पन्न आवेश से भिन्न प्रकृति का होता है काँच की छड़ पर उत्पन्न आवेश को धन आवेश (Positive charge) और ऐबोनाइट की छड़ पर उत्पन्न आवेश को ऋण आवेश (Negative charge) कहते हैं। समान आवेशों में प्रतिकर्षण (Repulsion) और विपरीत आवेशो में आकर्षण (Attraction) होता है। एक उदासीन छड़ के निकट एक आवेशित छड़ लाने पर उदासीन छड़ आवेशित हो जाती है और आवेशित छड़ को हटा लेने पर प्रथम छड़ दोबारा उदासीन हो जाती है। इस प्रभाव को 'स्थिर वैद्युत प्रेरण' (Electrostatic Induction) कहते हैं। आज भी हमें यह ज्ञात नहीं है कि 'आवेश' क्या होता है तथा धनात्मक और ऋणात्मक आवेशो में क्या अन्तर है?

✿✿✿

प्लास्टिक के कंघे या पेन को ऊन पर रगड़कर प्लेट में रखे हुए नमक और काली मिर्च के मिश्रण में से काली मिर्च को अलग किया जा सकता है। काली मिर्च के कण हल्के होने के कारण पेन की ओर आकर्षित हो जाते हैं।

वायुमण्डलीय विद्युत (Atmospheric Electricity)

आकाश में कौंधने वाली बिजली ने पृथ्वी पर जीवन की उत्पत्ति के लिए आवश्यक रसायन पैदा करने में महत्त्वपूर्ण भूमिका निभायी है, साथ ही यह प्रतिवर्ष बहुत-से लोगों की जान भी ले लेती है या उन्हें घायल कर देती है। जंगलो में आग लगाने या आलीशान भवनों का विनाश करने के लिए भी आकाशीय बिजली कई बार जिम्मेदार होती है। जब बरसात होती है, तो बादलों में बिजली चमकती है और गर्जन होती है

बेंजामिन फ्रैंकलिन

सन् 1708 में ब्रिटेन के विलियम वॉल (Willam Wall) ने बताया कि बादलों में बिजली का कौंधना एक ऐसी ही घटना है, जैसे किसी विद्युत आवेशित वस्तु को एक चालक के पास लाकर निरावेशित (Discharge) करने पर होती है। सूखी हवा से विद्युत आसानी से नहीं गुजर पाती, लेकिन यदि हवा में जल-वाष्प होती है, तो वह एक चालक बन जाती है, फिर भी विद्युत को हवा में तेजी से गुजरने के लिए बहुत अधिक शक्ति की आवश्यकता पड़ती है। विद्युत के विसर्जन से मार्ग के चारों ओर की हवा बहुत गरम हो जाती है। इससे तापमान लगभग 10,000ºC तक पहुँच जाता है। इसी विसर्जन को हम तड़ित चमक के रूप में देखते है। अधिक तापमान से अचानक हवा फैल जाती है और तापमान के कम होने पर फिर शीघ्रता रो संकुचित हो जाती है। हवा के अचानक फैलाव और संकुचन से ही बादलों में गर्जन उत्पन्न होती है। यद्यपि विद्युत का कौंधना और गर्जन का पैदा होना, दोनों ही घटनाएँ एक साथ घटित होती हैं, फिर भी हम चमक को पहले देखते हैं, क्योंकि ध्वनि की तुलना में प्रकाश का वेग बहुत अधिक होता है

अमेरिकी वैज्ञानिक बेंजामिन फ्रेंकलिन ने 1752 में पतंग और चावी वाला अपना प्रसिद्ध प्रयोग किया।

अमेरिकी वैज्ञानिक बेंजामिन फ्रैंकलिन (Benjamin Franklin) का विचार था कि आकाश में चमकने वाली बिजली भिन्न विद्युत विभवों (Potential) से युक्त वस्तुओं, जैसे– बादल और पृथ्वी के बीच का निस्सरण मात्र है। उन्होंने देखा कि बिजली सामान्यतः ऊँचे भवनों और वृक्षों पर ही गिरती है इस विचार को सिद्ध करने के लिए उन्होंने सन् 1752 में बरसात के मौसम में पतंग और चाबी वाला एक प्रयोग किया। यह प्रयोग उससे कहीं अधिक घातक सिद्ध हुआ, जिसकी उन्होंने कल्पना की थी। जैसे ही बिजली कौंधना शुरू हुई, उन्होंने लोहे के सिरे वाली अपनी रेशमी पतंग

ऊँची उड़ायी। फिर उन्होंने पतंग की डोर के सिरे को लोहे की एक लम्बी चाबी से बाँध दिया। फ्रैंकलिन ने पतंग को एक गरजते हुए बादल के बीच उड़ाया और फिर अपनी उँगली को चाबी के पास रखा। उसी समय चाबी और उँगली के बीच के स्थान में चिनगारी उत्पन्न हुई। इस प्रकार उनका विचार सही सिद्ध हुआ, लेकिन यह प्रयोग इस दृष्टि से घातक था कि यदि उनकी पतंग पर बिजली गिरी होती, तो फ्रैंकलिन और उनके छोटे पुत्र, जिसे वह इस प्रयोग के लिए अपने साथ ले गये थे, की तुरन्त ही मृत्यु हो सकती थी।

फ्रैंकलिन के इस प्रयोग से ऊँचे भवनों को तड़ित (Lightning) से बचाने के लिए एक प्रक्रम बनाया गया। उन्होंने इमारत के सबसे ऊँचे सिरे पर ताँबा धातु की छड़ लगायी और इस छड़ को दीवार के साथ-साथ एक तार से जोड़ कर तार को जमीन के नीचे गाड़ दिया। जब भी भवन पर बिजली गिरती थी, तो विद्युत आवेश तार द्वारा धरती में चला जाता था। फलतः भवन सुरक्षित रहता था। इसका नाम 'तड़ित चालक' (Lightning conductor) रखा गया।

भवन के ऊपर लगा हुआ एक धातु का तड़ित चालक (Lightning conductor), जो भवन को बिना हानि पहुँचाए विद्युत आवेशों को धरती में भेज देता है।

फ्रैकलिन के इस नये आविष्कार का आम उपयोग धार्मिक रूढ़ियों के कारण काफी समय तक रुका रहा। लोगों का कहना था कि अगर ईश्वर किसी व्यक्ति के घर पर बिजली गिराकर उसे सजा देना चाहता है, तो मनुष्य उसमें बाधक क्यों बने। फिर भी सन् 1782 तक अमेरिका की पहली राजधानी फिलेडेल्फिया की सभी सरकारी इमारतों पर फ्रैकलिन के तड़ित चालक (Lightning conductor) लगाये गये। केवल फ्रांसीसी दूतावास ने ही इसे अपनी इमारत पर नही लगाया। संयोग से उसी वर्ष इस दूतावास की इमारत पर बिजली गिरी और एक अधिकरी की जान चली गयी। उसके बाद फ्रैंकलिन के आविष्कार का महत्त्व लोगों की समझ में आ गया। आज विश्व के सभी ऊँचे भवनों पर उनकी सुरक्षा के लिए तड़ित चालक लगाये जाते हैं।

यदि आप किसी भी ऊँचे भवन को देखें, तो उसमें तड़ित चालक लगा दिखायी देगा। ताजमहल में ताँबा धातु से बना तड़ित चालक लगा है। संसार की सभी गगनचुम्बी इमारतों को बादलों की बिजली से बचाने के लिए तड़ित चालक लगे हुए है।।

यहाँ यह जान लेना जरूरी है कि जब आकाश में बिजली कड़कती है और आपको बिजली की चमक दिखायी देती है, तो आप पूरी तरह बिजली से सुरक्षित हैं। अतः जब बिजली चमके तो आपको डरना नहीं चाहिए और घर के अन्दर नहीं दौड़ना चाहिए, बल्कि खुली जगह पर आ जाना चाहिए।

❂❂❂

विद्युत-आपूर्ति (Electric Supply)

आज के मशीनी युग में बिजली या विद्युत एक महत्त्वपूर्ण ऊर्जा स्रोत है। कारखानों में सभी मशीनें विद्युत से ही चलती हैं। ट्रेनें भी विद्युत से चालायी जा रही है। शहरों और घरों में प्रकाश भी विद्युत द्वारा ही होता है। रेडियो, टेलीविजन, मिक्सी, हीटर, पखे, कूलर, ए.सी., आदि उपकरणो में विद्युत का ही इस्तेमाल होता है

विद्युत-केन्द्रों (Power stations) पर विशाल जनित्रों द्वारा विद्युत का निर्माण किया जाता है विद्युत को इन केन्द्रो से दूरस्थ स्थानो तक भेजने के लिए दो समानान्तर तार प्रयोग में लाये जाते हैं। विद्युत अपव्यय को रोकने के लिए विद्युत केन्द्रों पर इसकी वोल्टता को ट्रांसफॉर्मर द्वारा कई गुना बढ़ाया जाता है। ये ट्रांसफॉर्मर कम वोल्टता और अधिक विद्युतधारा की विद्युत को उच्च वोल्टता और कम विद्युत-धारा की शक्ति में परिवर्तित कर देता है। इस प्रकार तारों में होने वाली विद्युत-शक्ति की क्षति कम हो जाती है। आम तौर पर विद्युत जनित्र 6,600 वोल्ट पर 100 किलोवाट विद्युत-शक्ति पैदा करता है। इससे प्राप्त होने वाली वोल्टता को 1,32,000 वोल्ट तक बढ़ाकर तारों द्वारा संचरित (Transmit) किया जाता है। ये तार पाइलोंस (Pylons) पर लगाये जाते हैं। इन तारो का जाल-सा बिछा रहता है, जिसे ग्रिड (Grid) कहते हैं। ग्रिड से विद्युत को 33,000 वोल्ट पर शहरो में भेजा जाता है। शहरों में उपकेन्द्र पर इस विद्युत को फिर से 6,600 वोल्ट तक कग कर दिया जाता है

घरों में बिजली पहुँचाने के लिए 6,600 वोल्ट को ट्रांसफॉर्मर द्वारा 220 वोल्ट में बदल देते हैं। घरों में जो बिजली की सप्लाई होती है, उसमें दो तार होते हैं, जिन्हें 'लाइन वायर' (Line Wire) कहते हैं। बल्ब, ट्यूब, पंखे, फ्रिज, हीटर आदि सभी उपकरण इसके साथ समानान्तर क्रम में जुड़े रहते हैं और सबके अपने-अपने अलग स्विच होते है। जिस उपकरण को काम में लाना होता है, उसके स्विच को ऑन कर देते है और जिसे काम में नहीं लाना होता है, उसका स्विच ऑफ रहता है। इस समूह में सभी उपकरणों की वोल्टता (Voltage) तो एक ही होती, परन्तु विद्युतधारा अलग-अलग होती है यदि बिजली की सप्लाई 220 वोल्ट पर हो रही है तो सभी उपकरणों के सिरों का विभवान्तर (Potential Difference) 220 वोल्ट ही होता है। ट्रांसफॉर्मरों द्वारा केवल प्रत्यावर्ती धारा (AC) ही भेजी जा सकती है। इन्हें दिष्ट धारा (DC) के लिए प्रयुक्त नहीं किया जा सकता। देश में आजकल लगभग सभी जगह केवल प्रत्यावर्ती धारा ही पैदा की जाती है। अमेरिका जैसे देश में विद्युत-सप्लाई 110 वोल्ट पर होती है

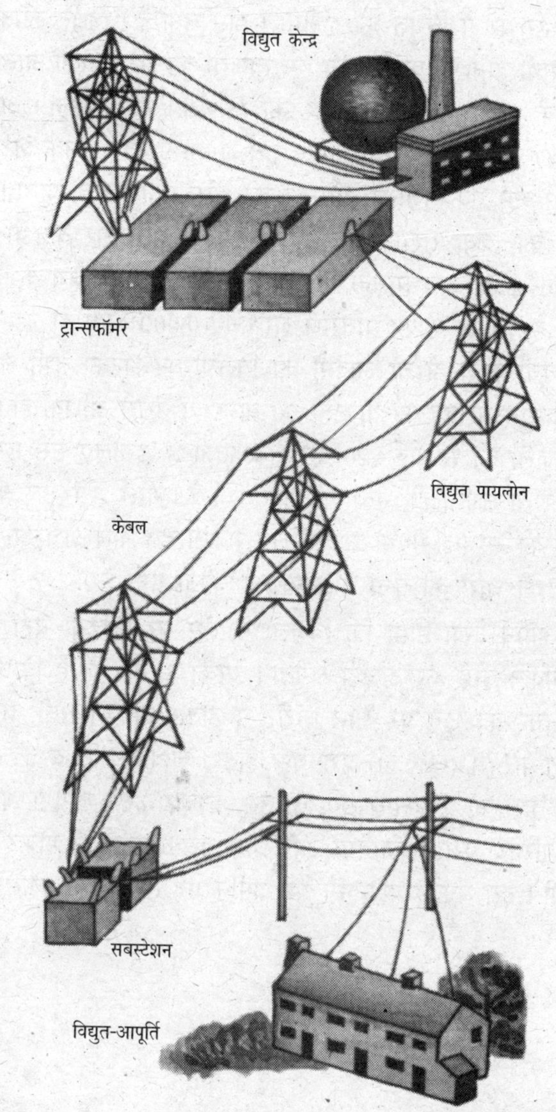

किसी घर या फैक्टरी में प्रयुक्त होने वाली विद्युत को एक मीटर द्वारा मापा जाता है। उस मीटर के पाठ्यांक के अनुसार ही हमें विद्युत का बिल चुकाना होता है

✪✪✪

बिजली का झटका लगना (Electric Shock)

आज हर घर में विद्युत का इस्तेमाल होने लगा है। विद्युत उपकरणों में खराबी होने पर कभी-कभी हमें बिजली का झटका लग जाता है। टॉर्च के करेण्ट से हमें कोई झटका (Shock) नहीं लगता। आदमी को बिजली का झटका या करेण्ट तब लगता है, जब उसके शरीर से कम-से-कम एक हजारवें एम्पियर की धारा प्रवाहित हो जाये। जब शरीर की त्वचा सूखी रहती है, तो आदमी के शरीर का प्रतिरोध (Resaistance) लगभग 50,000 ओम होता है, लेकिन जब वह गीली रहती है, तो शरीर का प्रतिरोध लगभग 10,000 ओम ही रह जाता है। त्वचा सूखी हो तो आदमी को बिजली का झटका तभी लगेगा, जब विद्युत-सप्लाई की वोल्टता 50 वोल्ट या उससे अधिक हो। घरों में बिजली की सप्लाई 220 वोल्ट पर होती है, इसलिए उसे छूने पर झटका तो लगेगा ही, मृत्यु भी हो सकती है। गीले शरीर पर तो 10 वोल्ट की सप्लाई से भी झटका लग सकता है। गीले शरीर से 220 वोल्ट की धारा को छूना तो मौत को न्यौता देना है

आपने देखा होगा कि बिजली के तार पर चिड़ियाँ बैठी रहती हैं, लेकिन उन्हे करेण्ट नहीं लगता। इसका कारण यह है कि केवल एक तार को छूने पर धारा शरीर से होकर नहीं गुजरती, क्योंकि विद्युत-परिपथ (Circuit) पूरा नहीं होता। लेकिन यदि कोई व्यक्ति दोनों तारों को एक साथ छुए, तो उसे जोरदार करेण्ट लगेगा, क्योकि तब परिपथ पूरा हो जायेगा और धारा उसके शरीर से होकर बहने लगेगी। इस प्रकार यदि नंगे पैर जमीन पर खड़े होकर किसी एक तार को छुआ जाये, तो भी धक्का लगेगा क्योंकि तार से धारा शरीर में होती हुई जमीन में चली जायेगी। इसलिए यह आवश्यक है कि किसी भी विद्युत उपकरण को गीले हाथों से नहीं छुएँ। घर में एक इलेक्ट्रिक टेस्टर अवश्य होना चाहिए, ताकि यह देखा जा सके कि किसी उपकरण की बॉडी में बिजली तो नहीं आ रही है। यदि उपकरण ों में बिजली आ रही हो, तो उसे विद्युत विशेषज्ञ (Electrician) से चेक करा लेना चाहिए।

विद्युत के झटके से बचने के लिए विद्युत का अर्थिंग (Earthing) होना अति आवश्यक है। किसी भी उपकरण की बॉडी 'अर्थ' होती है, तो उस उपकरण का प्रयोगकर्ता विद्युत के झटके से बचा रहता है अर्थिंग के लिए घर में आने वाली विद्युत का एक तार जमीन में दस-बारह फुट नीचे दबा दिया जाता है

❂❂❂

बिजली के तार पर बैठे पक्षी को 'करेण्ट' नहीं लगता।

विद्युतवाहक बल के स्रोत (Sourcesa of Electro motive Force)

विद्युतवाहक बल उस ऊर्जा को व्यक्त करता है, जो सेल या विद्युत के अन्य किसी स्रोत द्वारा मुक्त इलेक्ट्रॉनो को दी जाती है। ऐसे किसी स्रोत, जो किसी अन्य प्रकर की ऊर्जा को रूपान्तरित करके विद्युत-आवेश के प्रवाह के लिए आवश्यक ऊर्जा की पूर्ति कर सके, को विद्युतवाहक बल का स्रोत कहते हैं। विद्युत या विद्युतवाहक बल पैदा करने वाले कुछ प्रमुख स्रोत निम्नलिखित हैं–

1. **विद्युत सेल (Electric cell)**– वोल्टीय सेल, शुष्क सेल, सीसा संचालक सेल, मर्करी सेल आदि विद्युत के ऐसे स्रोत हैं, जिनमें विभिन्न रासायनिक क्रियाओं द्वारा पदार्थों की रासायनिक ऊर्जा को विद्युत-ऊर्जा में बदला जाता है।
2. **जनित्र या डायनमो (Generator or Dynamo**– जनित्र या डायनमो ऐसी मशीने हैं, जिनसे बड़े पैमाने पर विद्युत-ऊर्जा पैदा की जाती है। इनमें किसी चुम्बकीय क्षेत्र में तारों की कुण्डली को घुमाया जाता है, जिससे विद्युत चुम्बकीय प्रेरण (Electro Magnetic Induction) द्वारा विद्युतवाहक बल या विद्युत वोल्टता पैदा होती है। छोटे जनित्र घरेलू कामों या दुकानों में भी विद्युत पैदा करने के काम आते हैं।

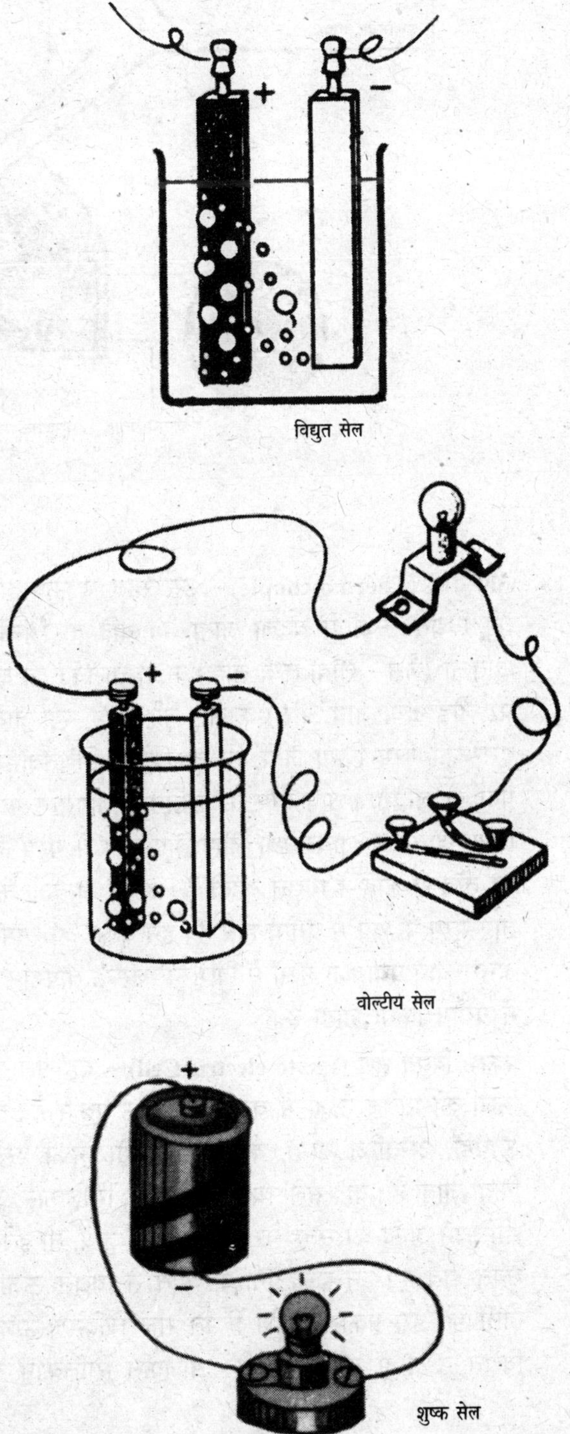

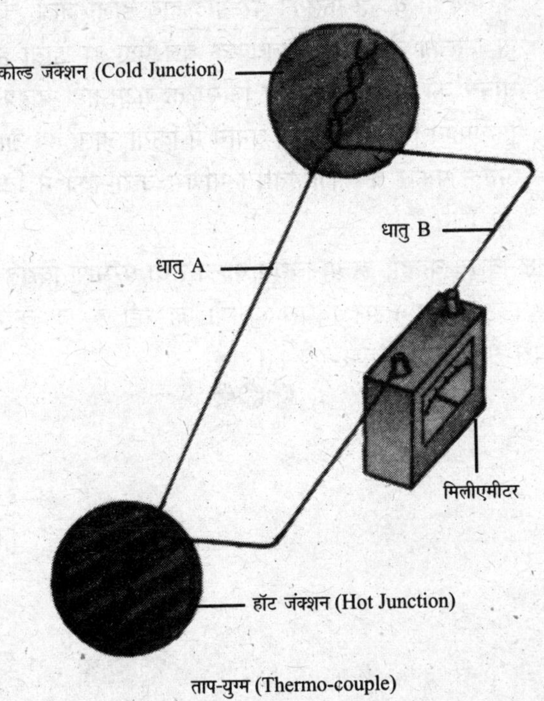

ताप-युग्म (Thermo-couple)

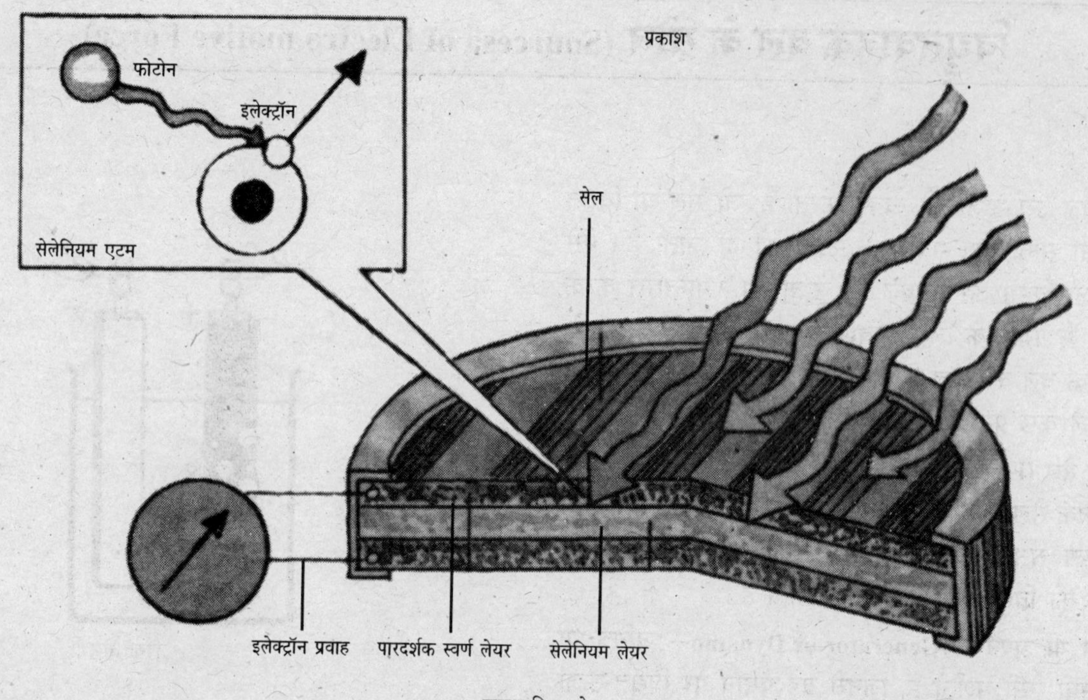

प्रकाश विद्युत सेल

3. **ताप-युग्म (Thermo-couple)**– इस स्रोत में ऊष्मीय ऊर्जा को विद्युत ऊर्जा में बदला जाता है। यदि दो भिन्न-भिन्न धातुओं (जैसे– ताँबा तथा लोहा) के दो चालकों को दो सिरों पर जोड़ दिया जाये और एक जोड़ को ठण्डा रखा जाये तथा दूसरे को गरम किया जाये, तो चालकों में विद्युतवाहक बल पैदा हो जायेगा। ताप-युग्म का इस्तेमाल तापमान मापने में किया जाता है। ताँबा तथा लोहा ताप-युग्म में गरम जंक्शन पर ताँबे से लोहे में विद्युत बहती है। अनेक धातुओं के जोड़े ताप-युग्म के रूप में प्रयोग होते हैं। इन युग्मों का सामान्यतः अनुसन्धान प्रयोगशालाओं में विभिन्न स्तर के तापमान मापने में प्रयोग किया जाता है।

4. **प्रकाश विद्युत सेल (Photo-electric Cell)**– यह सेल प्रकाश ऊर्जा को विद्युत ऊर्जा में बदलने का एक प्रक्रम है। कृत्रिम उपग्रहों, अन्तरिक्ष यानों, कैमरा आदि में इनका इस्तेमाल किया जाता है। यदि सेलेनियम, पोटैशियम, सिलिकॉन, जस्ता, सीजियम आदि की सतह पर प्रकाश डाला जाये, तो इलेक्ट्रॉन मुक्त होते हैं। इन इलेक्ट्रॉनों की गति से विद्युत ऊर्जा पैदा होती है। इस प्रकार प्रकाश विद्युत सेल विकिरण-ऊर्जा को विद्युत ऊर्जा में बदल देता है। आजकल सिलिकॉन सोलर सेलो का उपयोग अन्तरिक्ष यानों में ही नहीं, बल्कि विद्युत उत्पादन के लिए भी किया जा रहा है।

5. **पीजो-विद्युत स्रोत (Piezo-electric Source)**– इस स्रोत में यान्त्रिक ऊर्जा का रूपान्तरण विद्युत ऊर्जा में होता है। क्वार्ट्ज के मणिभों के दो फलकों पर यदि दाब डाला जाये, तो अन्य दो फलकों के बीच विद्युतवाहक बल पैदा हो जाता है। इस युक्ति का इस्तेमाल विशेष किस्म के सूक्ष्मग्राही माइक्रोफोन, ग्रामोफोन पिक-अप आदि बनाने में किया जाता है। आजकल अनेक प्रकार के पीजो-विद्युत मणिभ वैज्ञानिकों ने विकसित कर लिये हैं।

जल-विद्युत केन्द्रों, ऊष्मा-विद्युत केन्द्रों तथा परमाणु विद्युत-केन्द्रों पर बहुत ऊँचे पैमाने पर विद्युत बनायी जा रही है, जो कारखानों और घरों में प्रयोग की जा रही है।

✪✪✪

शुष्क सेल और सीसा संचायक सेल (Dry Cell and Lead Accumulator)

टॉर्च, ट्रांजिस्टर, कैलकुलेटर, खिलौने, कार, ट्रक, बस आदि उपकरणों में कम वोल्टता की जरूरत होती है। इनमें विद्युत सेलों और बैटरियों का प्रयोग किया जाता है। ये सेल दो प्रकार के होते हैं– प्राथमिक सेल (Primary cell) और द्वितीयक सेल (Secondary Cell)। प्राथमिक सेलों में रासायनिक पदार्थों की पारस्परिक क्रिया द्वारा रासायनिक ऊर्जा से विद्युत-ऊर्जा पैदा होती है। बोल्टायक सेल, लेक्लांशी सेल, डैनियल सेल, बुनसन सेल, बाइक्रोमेट सेल, शुष्क सेल इसी प्रकार के हैं। द्वितीयक सेलों में पहले किसी अन्य विद्युत स्रोत से विद्युत-धारा प्रवाहित करके विद्युत ऊर्जा को रासायनिक ऊर्जा में बदला जाता है इस क्रिया को 'सेल का चार्ज करना' कहते हैं। चार्जिंग के बाद सेल का प्रयोग करते समय रासायनिक ऊर्जा फिर विद्युत-ऊर्जा में बदल जाती है। इन सेलों में विद्युत-ऊर्जा का रासायनिक ऊर्जा के रूप में संचय किये जाने के कारण इन्हें संचायक सेल (Storage Cell) या संग्राहक (Accumulator) भी कहते हैं। सीसा संचायक तथा क्षारीय या नीफे सेल (Alkalie cell or Nife cell) द्वितीयक सेलो के अन्तर्गत आते हैं।

शुष्क सेल (Dry Cell)

फ्लैशलाइट, ट्रांजिस्टर, टेपरिकॉर्डर, टॉर्च तथा अन्य इलेक्ट्रॉनिक उपकरणों में शुष्क सेलों का इस्तेमाल होता है। इन सेलों में जस्ते से बना एक बेलनाकार बर्तन ऋणात्मक इलेक्ट्रोड का कार्य करता है। बर्तन के बीच में रखी कार्बन की छड़ धनात्मक इलेक्ट्रोड का काम करती है। छड़ के चारों ओर मेगनीज डाइऑक्साइड भरा होता है। जस्ते के डिब्बे और मेगनीज डाइऑक्साइड के बीच में अमोनियम क्लोराइड की जलीय लेई भर दी जाती है कार्बन की छड़ के ऊपरी सिरे पर पीतल की कैप लगा दी जाती है। सेल का ऊपरी सिरा चपड़े या पिच से बन्द कर दिया जाता है। इन सेलों का विद्युतवाहक बल लगभग 1.5 वोल्ट

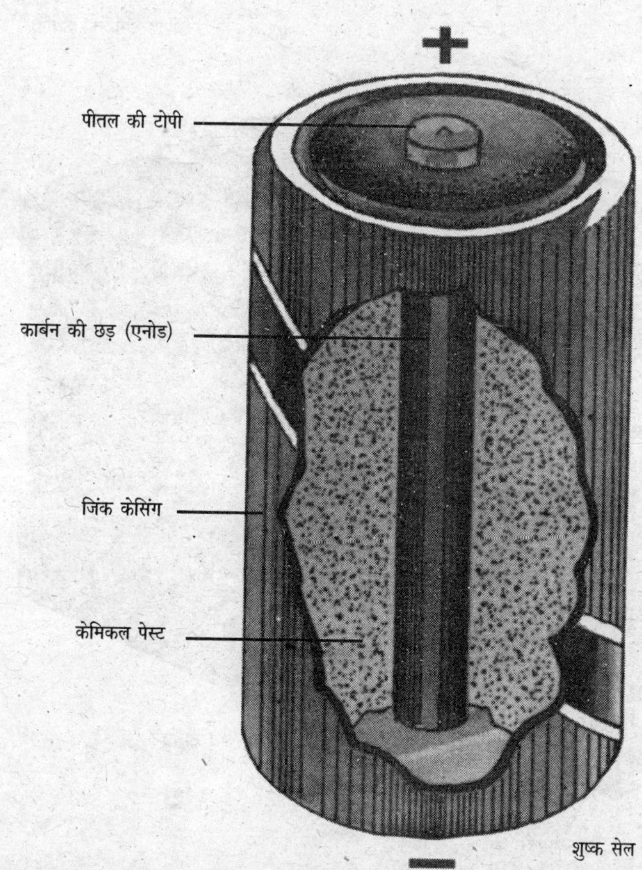

शुष्क सेल

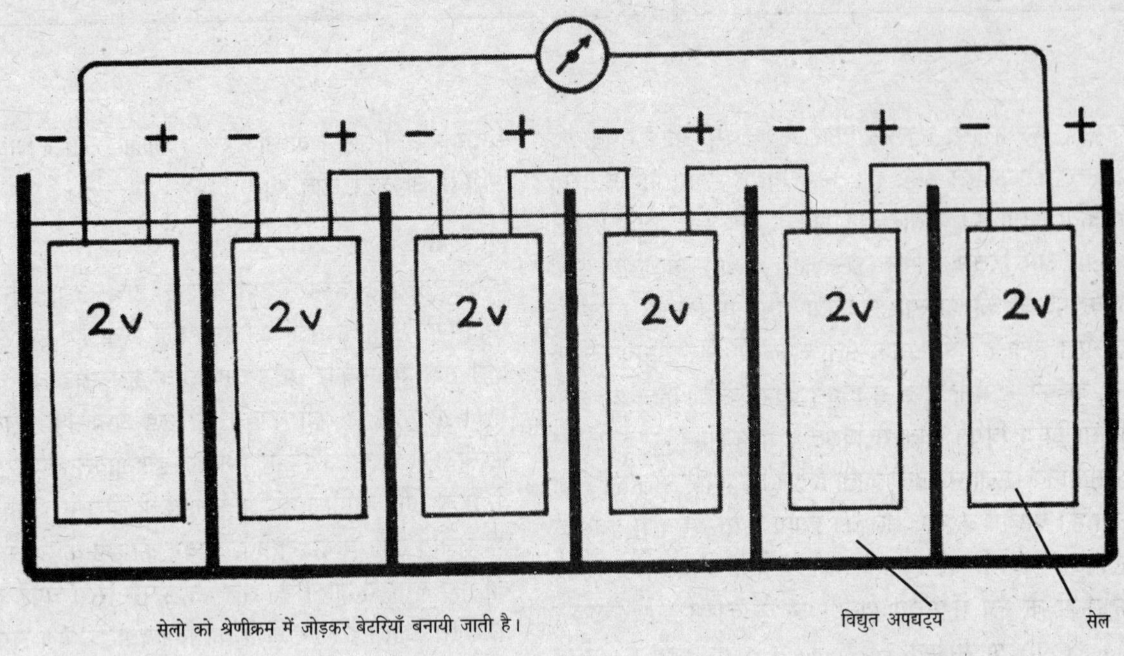

सेलो को श्रेणीक्रम में जोड़कर बेटरियाँ बनायी जाती है।

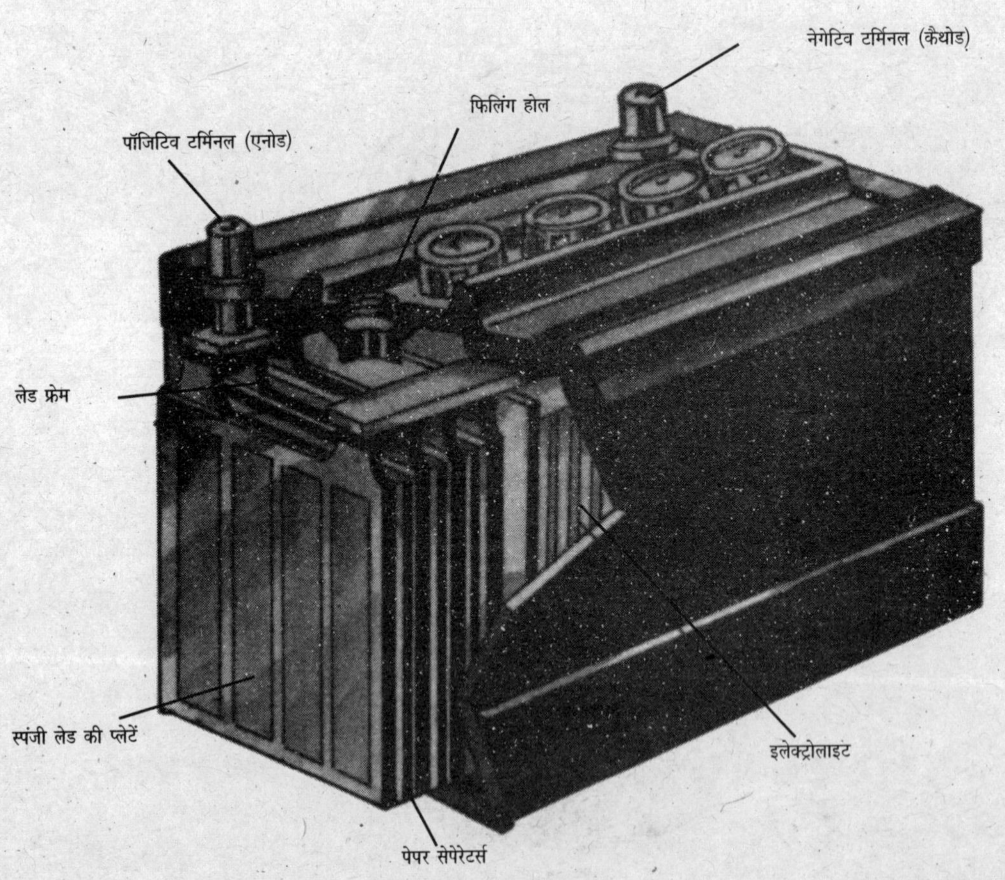

कार बैटरी

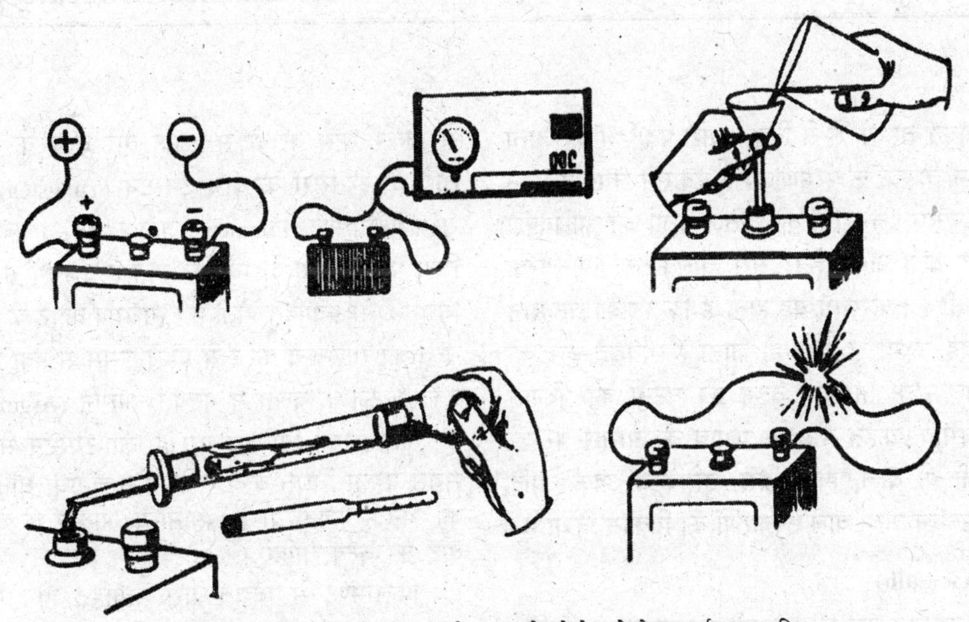

सीसा संचायक सेल का वि.वा.ब. जब 1.8 वोल्ट रह जाये, तो सेल को दोबारा चार्ज करना चाहिए। विलयन की मात्रा कम न होने दें। बैटरी को शॉर्ट सर्किट न करें।

होता है। सेल में विभिन्न रसायनों के बीच होने वाली क्रिया से विद्युत-धारा पैदा होती है। जब ये पदार्थ प्रयोग में आ चुके होते हैं, तो सेल कमजोर हो जाती है और उसकी जगह नयी सेल का प्रयोग करना होता है।

सीसा संचायक सेल (Lead storage or Lead Accumulator)

सीसा संचायक सेलों को चार्ज करके बार-बार प्रयोग में लाया जाता है। इन सेलों को श्रेणीक्रम में संयुक्त करके अधिक विभवान्तर की बैटरियाँ बनायी जाती हैं, जिनका इस्तेमाल आम तौर पर मोटरकारों में किया जाता है। मोटरकारों में सामान्यतः 12 बोल्ट की बैटरी प्रयोग की जाती है। सीसा संचायक सेल में सीसे की जाली से बनी छः-छः या बारह-बारह प्लेटों के दो सेट होते हैं। प्रत्येक सेट की प्लेटें आपस में जुड़ी होती हैं, जिनसे बने दो सिरे एनोड तथा कैथोड का काम करते हैं। एनोड की प्लेटों की ग्रिड या जाली में लेड डाइऑक्साइड का सरन्ध्र (Porous) पाउडर भरा जाता है और कैथोड की प्लेटों की ग्रिड के छिद्र स्पन्ज जैसे सरन्ध्र लेड (Spongy lead) से भरे जाते हैं। प्लेटों के दोनों सेट 1.25 आपेक्षित घनत्व के सल्फ्यूरिक एसिड के विलयन में काँच या कठोर रबड़ के आयताकार बर्तन में डुबो दिये जाते हैं। बर्तन का ऊपरी भाग अच्छी तरह सील बन्द होता है। इसके ऊपर एनोड और कैथोड के सिरे निकले रहते हैं। सेल में एसिड या पानी डालने के लिए एक छोटा-सा छेद होता है। दो प्लेटों से भी सीसा संचायक सेल बनाये जाते हैं।

सेल का विद्युतवाहक बल लगभग 2.2 वोल्ट होता है। जब वि.वा.ब. लगभग 1.8 वोल्ट रह जाता है, तो सेल को और अधिक इस्तेमाल में लाने के लिए दोबारा चार्ज किया जाता है। चार्ज करने के लिए इसे विद्युतवाहक बल के किसी दूसरे स्रोत से इस प्रकार सम्बद्ध किया जाता है कि सेल के अन्दर एनोड से कैथोड की ओर यानी पहले से विपरीत दिशा में विद्युत-धारा प्रवाहित हो। जब सेल का वि.वा.ब. बढ़कर फिर 2.2 वोल्ट हो जाता है, तो चार्जर से सेल को अलग करके प्रयुक्त किया जाता है। इस प्रकार सीसा संचायक सेल को चार्ज करके बार-बार इस्तेमाल में लाया जा सकता है। बार-बार चार्ज करने पर पानी के वाष्पीकरण के कारण विलयन की कुल मात्रा में कुछ कमी हो जाती है, जिसे डिस्टिल्ड वाटर डालकर पूरा कर लिया जाता है

कारों में प्रयुक्त होने वाली बैटरी इंजन से चालित डायनमो द्वारा चार्ज होती रहती है। विद्युत से चलने वाले मोटरवाहनों में भी सीसा संचायक सेलों का प्रयोग किया जाता है। ये वाहन प्रदूषण से मुक्त होते हैं। कुछ शुष्क सेल जैसे निकिल-कैडमियम सेल भी बार-बार चार्ज करके प्रयोग किये जाते हैं। इनकी आयु (Life) काफी अधिक होती है।

❂❂❂

विद्युत-बल्ब और विद्युत-हीटर (Electric Bulb and Electric Heater)

जब किसी प्रतिरोधयुक्त चालक में से विद्युत-धारा प्रवाहित की जाती है, तो मुक्त इलेक्ट्रॉन चालक के परमाणुओं से टकराने लगते हैं। इन टक्करों के परिणामस्वरूप इलेक्ट्रॉनों की गतिज ऊर्जा का अधिकांश भाग परमाणुओं को चला जाता है। इससे चालक की आन्तरिक गतिज ऊर्जा बढ़ जाती है। परिणाम यह होता है कि उसका तापमान बढ़ जाता है और वह ऊष्मा से लाल हो जाता है। विद्युत-धारा के प्रवाह से किसी चालक के तापमान बढ़ने की घटना को 'विद्युत धारा का ऊष्मीय प्रभाव' कहते हैं। इस प्रभाव के आधार पर ही वैज्ञानिकों ने बिजली के बल्ब, हीटर, प्रेस, इलेक्ट्रिक-आर्क आदि ऊष्मा तथा प्रकाश उत्पन्न करने वाले उपकरणों का विकास किया है।

विद्युत-बल्ब (Electric bulb)

विद्युत-बल्ब में लगी टंगस्टन तार की कुण्डली में विद्युतधारा प्रवाहित करने से तार गरम हो जाता है इसमे कुण्डली के तार का तापमान इतना बढ़ जाता है कि वह गरमी से सफेद होकर प्रकाश देने लगता है बल्ब काँच का बना हुआ एक खोखला गोला होता है, जिसके ऊपरी भाग में कुचालक पदार्थ भरा होता है इस प्रदार्थ और काँच से होकर धातु के दो सुचालक तार बल्ब के अन्दर जाते हैं। इन तारों के दो सिरों के बीच टंगस्टन (Tungsten) धातु का बना एक सूक्ष्म फिलामेण्ट (Filament) जुड़ा रहता है। सुचालक तारों के ऊपरी सिरों पर धातु के दो प्वाइण्ट होते हैं, जिनमे से होकर फिलामेण्ट में विद्युत-धारा प्रवाहित होती है। साधरण कोटि के तथा कम सामर्थ्य के बल्ब को सीलबन्द करने से पहले उसमे से हवा निकाल दी जाती है। उच्च वाटेज के बल्बो में मुख्यतः आर्गन (Argon) गैस भर दी जाती है। आर्गन एक निष्क्रिय गैस है, जो टंगस्टन से क्रिया नही करतीं। सबसे पहला विद्युत-बल्ब ऐडीसन ने बनाया था। आज विद्युत बनाने की अनेक फैक्टरियाँ हैं। सामान्य आकार के कमरे में 60 से 100 वाट का बल्ब चाहिए।

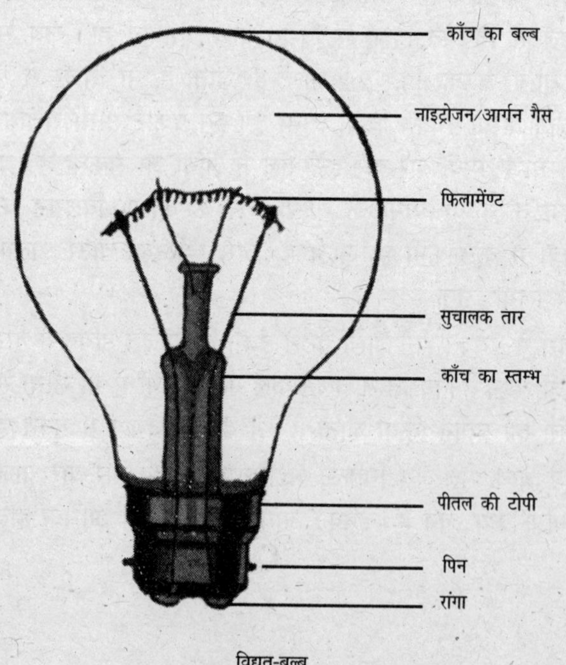

विद्युत-बल्ब

फिलामेण्ट में विद्युत-धारा प्रवाहित होने पर उसका तापमान 1500°C से 2500°C तक पहुँच जाता है। इतने तापमान पर फिलामेण्ट सफेद होकर प्रकाश देने लगता है। आम तौर पर इन तापदीप्त बल्बों में बहने वाली विद्युत-ऊर्जा का केवल 5% से 10% भाग ही प्रकाश में बदलता है, शेष ऊर्जा ऊष्मा में ही रूपान्तरित होती है और ऊष्मीय विकिरणो के रूप में बल्ब से बाहर निकलती रहती है।

विद्युत-हीटर (Electric heater)

विद्युत के ऊष्मीय प्रभावों को हम अनेक रूपों में प्रयुक्त करते हैं, जैसे– घरों में खाना पकाने के लिए काम आने वाला विद्युत स्टोव, पानी गरम करने वाला वाटर हीटर (Water Heater) या गीजर, इमर्शन हीटर (Immersion Heater), विद्युत आयरन, कमरा गरम करने के लिए विद्युत विकिरण (Electric radiator) आदि।

इन सभी हीटरों में नाइक्रोम (Nichrome) मिश्रधातु से बनी तार की कुण्डली (Coil) प्रयुक्त की जाती है। इसके सिरे दो पेचों से जुड़े रहते है, जिनमें होकर तार की कुण्डली में विद्युत-धारा प्रवाहित की जाती है। इनका सम्पर्क विद्युत-धारा से कर दिया जाता है। स्विच आन करने पर तार में धारा प्रवाहित होने से ऊष्मा पैदा होती है, जिससे तार का तापमान 800°C से 1000°C तक पहुँच जाता है। इन उपकरणों में ताप-नियन्त्रक भी लगे होते हैं, ताकि इनका तापमान आवश्यकता से अधिक न बढ़े। नाइक्रोम तार की कुण्डली यदि खराब हो जाये, तो उसकी जगह नयी कुण्डली डाल दी जाती है।

❂❂❂

विद्युत अपघटन (Electrolysis)

किसी अम्ल, क्षार या लवण के जलीय विलयन में जब विद्युत-धारा प्रवाहित की जाती है, तो विलयन में विद्युत अपघटन की क्रिया होती है। इस क्रिया को विद्युत-धारा का रासायनिक प्रभाव कहते हैं। विद्युत-धारा के रासायनिक प्रभाव द्वारा विद्युत ऊर्जा का रूपान्तरण रासायनिक ऊर्जा में होता है। विद्युत के रासायनिक प्रभावों का विद्युत लेपन (Electroplating), विद्युत लेखन, धातुओ के निष्कासन, शोधन आदि अनेक कार्यो में प्रयोग किया जाता है।

जब किसी विद्युत अपघट्य (Electrolyte) के विलयन में विद्युत-धारा प्रवाहित की जाती है, तो उसके धनात्मक आयन ऋणात्मक इलेक्ट्रोड की ओर तथा ऋणात्मक आयन धनात्मक इलेक्ट्रोड की ओर जाने लगते हैं। इस क्रिया को प्रयोग में लाकर विभिन्न धातुओं की दूसरी धातुओं पर परत चढ़ायी जाती है। कैथोड (Cathode) पर जमा होने वाले आयनों को धनायन (Cation) और एनोड (Anode) पर होने वाले आयनों को ऋणायन (Anion) कहते हैं। जिस बर्तन में विद्युत अपघटन की क्रिया होती है, उसे विद्युत अपघटनी सेल (Electrolytic cell) या वोल्टामीटर (Voltameter) कहते हैं। आज के औद्योगिक युग में विद्युत अपघटन अत्यन्त महत्त्वपूर्ण हो गया है

विद्युत अपघटन की क्रिया का विद्युत लेपन के लिए ऊँचे पैमाने पर प्रयोग किया जा रहा है। इलेक्ट्रोप्लेटिंग या विद्युत लेपन द्वारा लोहे के पदार्थों पर निकल-क्रोम का लेपन किया जाता है। चाँदी, सोने, ताँबे आदि के लेपन से वस्तुओ की चमक-दमक अलग से हो जाती है। धातु-शोधन और निष्कासन के लिए धातु के घोल में विद्युत-धारा गुजारी जाती है। धातु का एनोड अशुद्ध धातु का बना होता है, जो घोल में घुलता रहता है तथा धनात्मक कैथोड पर शुद्ध धातु के रूप में जमा होते रहते है। पाँच-सितारा होटलों में पीतल के बर्तनों पर चाँदी का लेपन करके सिलवरवेयर के रूप में प्रयोग किया जाता है। हीरे के जेवरो पर रोढियम का लेपन किया जाता है। इस प्रकार विद्युत अपघटन हमारे लिए बहुत ही उपयोगी सिद्ध हो रहा है

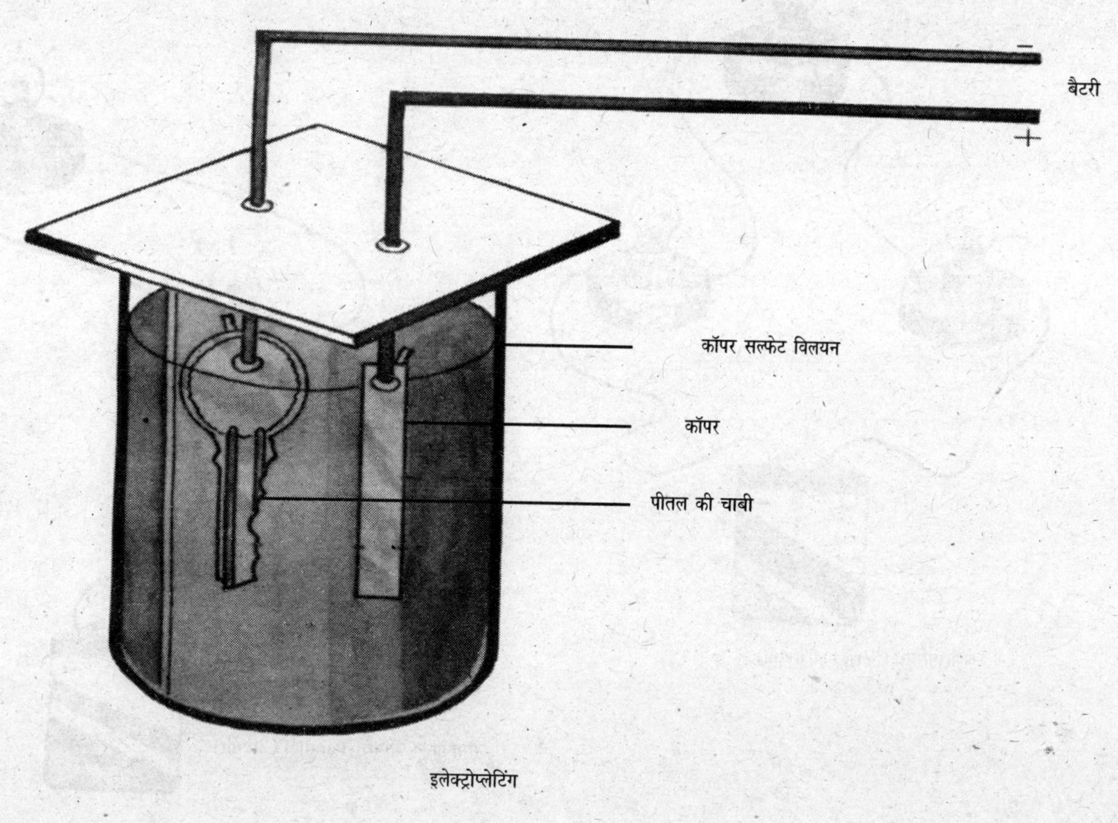

इलेक्ट्रोप्लेटिंग

सरल परिपथ (Simple Circuits)

विद्युत-धारा जिस मार्ग से प्रवाहित की जाती है, उसे विद्युत परिपथ (Electric circuit) कहते हैं। जब परिपथ में विद्युत-धारा प्रवाहित नही होती, तो उसे खुला परिपथ (Open Circuit) तथा जब परिपथ में विद्युत-धारा प्रवाहित होती है, उसे बन्द परिपथ (Closed circuit) कहते हैं।

विद्युत परिपथ विभिन्न प्रकार के विद्युत उपकरणों और यन्त्रों का ऐसा संयोजन है, जिसमें विद्युत-धारा प्रवाहित करके विद्युत ऊर्जा का इस्तेमाल विभिन्न प्रकार के कार्य करने में किया जाता है।

विद्युत-धारा (Electric Current)

विद्युत-धारा इलेक्ट्रॉनों या आवेशित कणों के स्थानान्तरण या प्रवाह के कारण उत्पन्न होती है। अम्ल, क्षार और लवण के जलीय विलयनों में तथा गैस में आयनों के प्रवाह के कारण विद्युत-धारा पैदा होती है। धात्विक चालकों में केवल इलेक्ट्रॉनों के स्थानान्तरण के कारण विद्युत-धारा उत्पन्न होती है।

विद्युत आवेश दो प्रकार के यानी धनात्मक तथा ॠणात्मक होते हैं। किसी भी प्रकार के आवेश के प्रवाह की दर को विद्युत-धारा कहा जाता है, लेकिन दोनों आवेशों के लिए विद्युत-धारा के बहने की दिशा एक-दूसरे के विपरीत होती है। विद्युत-धारा की बहने की दिशा धन-आवेश की गति की दिशा में और ऋण-आवेश की गति की दिशा के विपरीत मानी जाती है। इस प्रकार किसी चालक में मुक्त इलेक्ट्रॉनों का प्रवाह जिस दिशा में होता है, विद्युत-धारा की दिशा उसके विपरीत मानी जाती है।

सेल (Cell)

विद्युत सेल एक ऐसी युक्ति (device) है, जो रासायनिक ऊर्जा (Chemical Energy) को रासायनिक क्रियाओं द्वारा विद्युत ऊर्जा (Electrical Energy) में बदल देती है। जब भिन्न-भिन्न प्रकार के दो ठोस चालकों (Solid conductors) को किसी विद्युत अपघट्य (Electrolyte) के विलयन में डाला जाता है, तो उनके बीच एक विभवान्तर (Potential difference)

श्रेणी परिपथ (Seriesa Circuit)

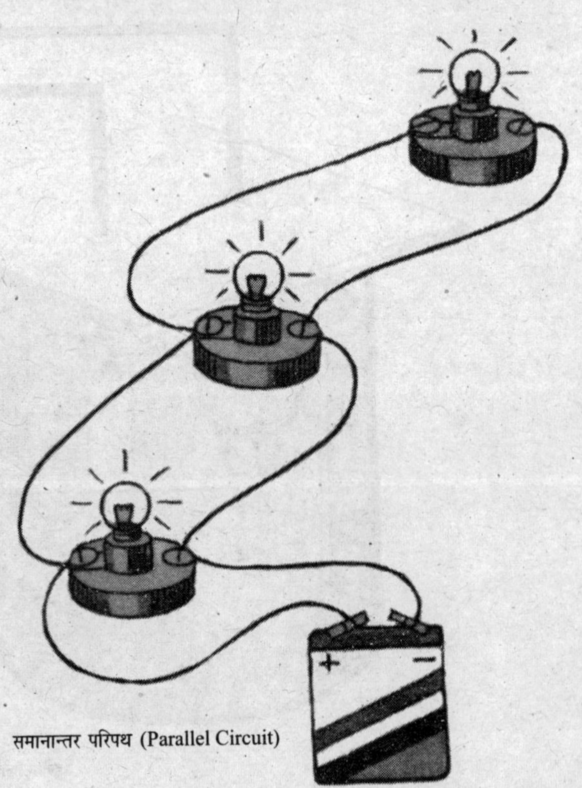

समानान्तर परिपथ (Parallel Circuit)

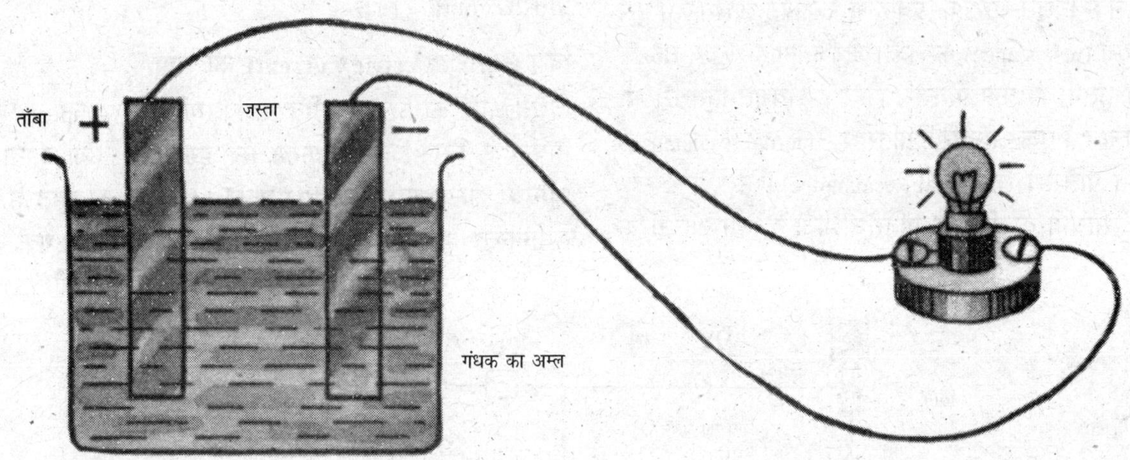

एक वोल्टीय सेल में रासायनिक क्रिया से विद्युत उत्पन्न होती है

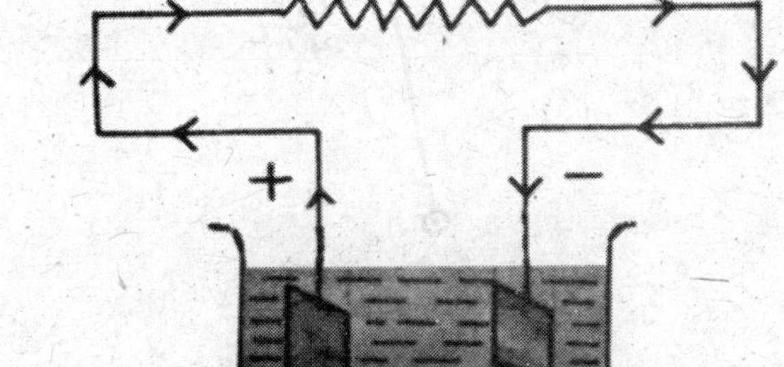

आन्तरिक और बाह्य प्रतिरोध

उत्पन्न हो जाता है। यही विभवान्तर आवेशों को प्रभावित करता है, यानी विद्युत-धारा उत्पन्न करता है। उदाहरण के लिए– जब एक ताँबे की प्लेट को और जस्ते की प्लेट को गन्धक के अम्ल के विलयन में डुबोया जाता है तथा बाहर से ताँबे की प्लेट को जस्ते से जोड़ा जाता है, तो विद्युत-धारा प्रवाहित होने लगती है।

दिष्ट धारा (Direct Current)

जब किसी चालक में धारा की दिशा (Direction) नहीं बदलती, तो उसे दिष्ट धारा (Direct current) कहते है। इसे सक्षेप में D.C. कहा जाता है। किसी विद्युत सेल से प्रवाहित होने वाली धारा, जिसके धनात्मक और ऋणात्मक इलेक्ट्रोड फिक्स रहते हैं, से दिष्ट धारा पैदा होती है

प्रत्यावर्ती धारा (Alrernating Current)

प्रत्यावर्ती धारा वह विद्युत-धारा होती है, जिसकी दिशा प्रत्येक अर्द्ध आवर्तकाल (Half Time Period) में बदलती रहती है। इसे सक्षेप में A.C. (Alternating Current) से प्रदर्शित किया जाता है।

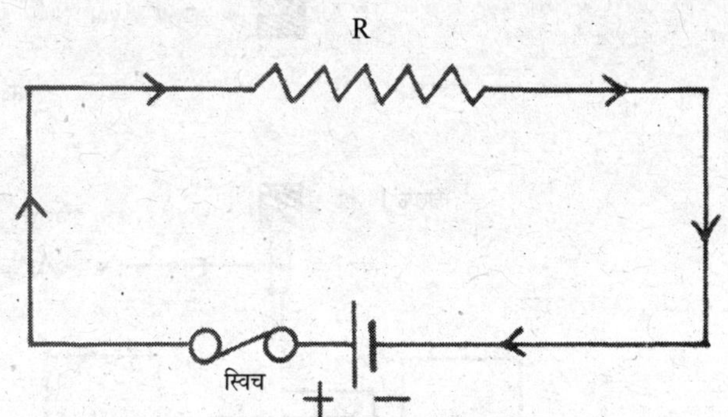

बन्द परिपथ (Closed Circuit)

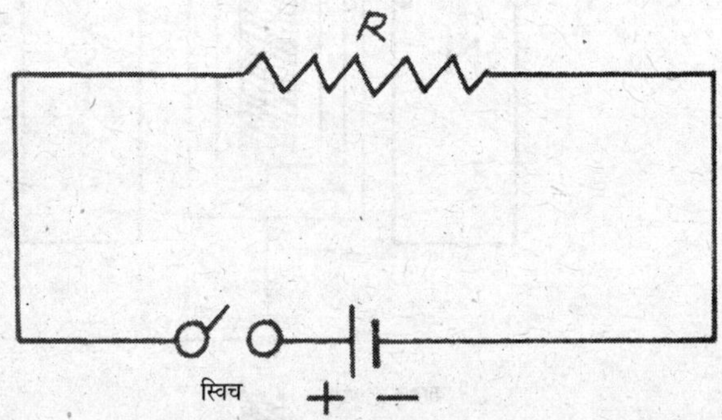

स्विच (Open Circuit)

प्रतिरोध (Resaistance)

सभी विद्युत चालक विद्युत-धारा के प्रवाह में रुकावट डालते हैं। इसे चालक का प्रतिरोध (resaistance) कहते हैं। जो जितना ही अच्छा चालक होता है, उसका उतना ही कम प्रतिरोध होता है। विद्युत-प्रतिरोध भी दो प्रकार का होता है। एक आन्तरिक प्रतिरोध (Internal resaistance) और दूसरा बाह्य प्रतिरोध (External Resaistance)। सेल के अन्दर इलेक्ट्रोडो और रसायनों के बीच जो प्रतिरोध होता है, उसे आन्तरिक प्रतिरोध कहते हैं और बाहर के परिपथ में लगाये प्रतिरोध को बाह्य प्रतिरोध कहते हैं।

विद्युत-धारा (Electric Current) की माप

विद्युत-धारा का अन्तरराष्ट्रीय मात्रक एम्पियर (Ampere) है। इसके मापने के लिए जिस उपकरण का इस्तेमाल किया जाता है, उसे एम्पियर मीटर या संक्षेप में एमीटर (Ammeter) कहते हैं। एमीटर समानान्तर क्रम में जुड़े बहुत ही कम प्रतिरोध वाला एक धारामापी

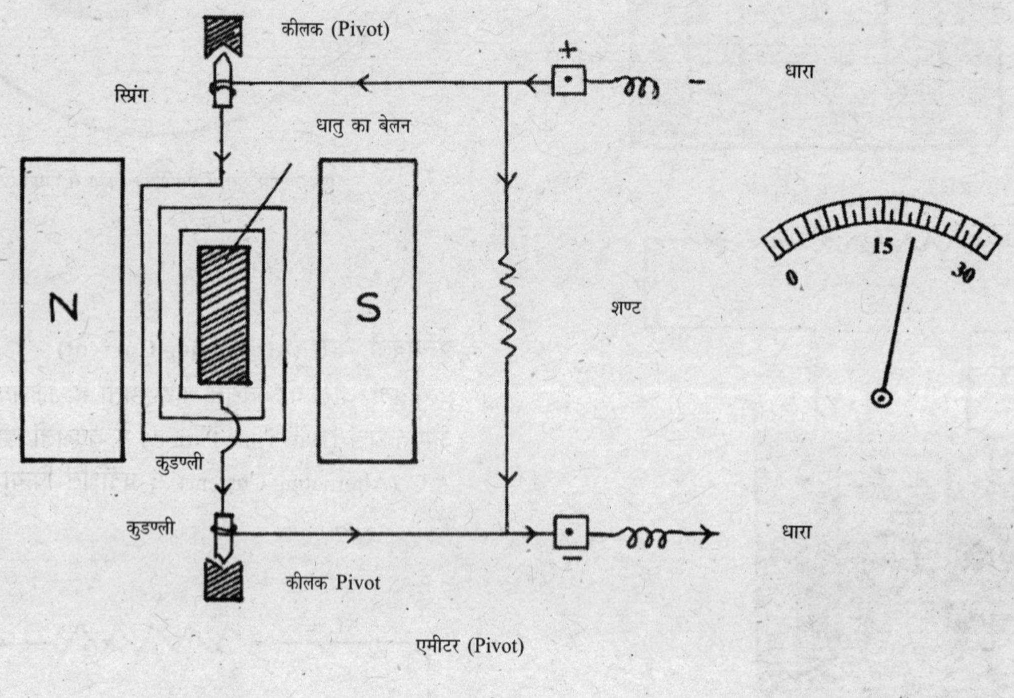

एमीटर (Pivot)

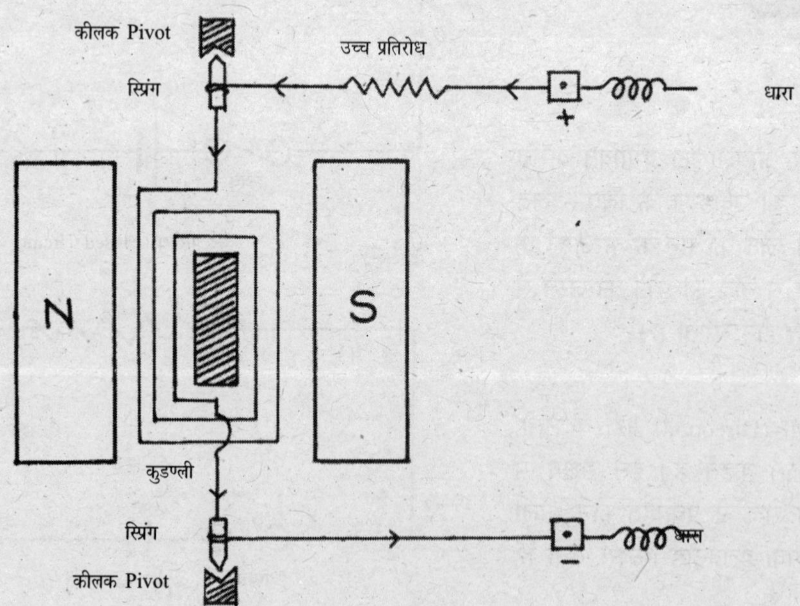

वोल्टमीटर (Voltmeter)

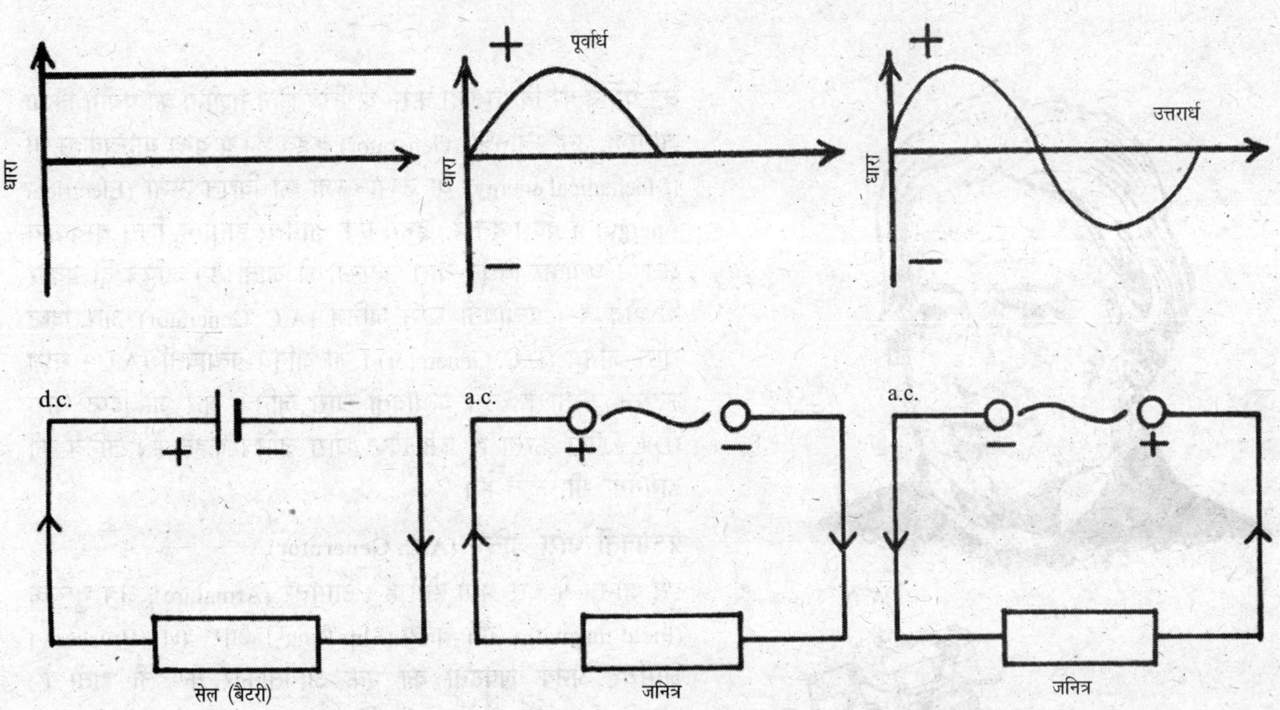

दिष्ट धारा में धारा की दिशा नहीं बदलती। प्रत्यावर्ती धारा में हर अर्द्ध आवर्तकाल में धारा की दिशा बदलती रहती है।

(Galvanometer) होता है। इसमें एक नाल-चुम्बक के दो ध्रुवों के बीच स्थित एक कॉइल (Coil) होती है, जिसमें विद्युत-धारा प्रवाहित करने पर कॉइल अपने सामान्य स्थिति से कुछ घूम जाती है। कॉइल का विक्षेप उसमें प्रवाहित होने वाली विद्युत-धारा के समानुपाती होता है। इसलिए यदि किसी परिपथ में प्रवाहित होने वाली विद्युत-धारा को एमीटर की कॉइल से प्रवाहित किया जाये, तो कॉइल के विक्षेप से धारा की माप हो जाती है। कॉइल का विक्षेप मापने के लिए उसकी धुरी से एक निर्देशक लगा होता है, जो यन्त्र में लगे वृत्तीय स्केल पर घूमता है। वृत्तीय पैमाने का अंशांकन सामान्यतः एम्पियर या मिलीएम्पियर में होता है। किसी विद्युत-धारा के प्रवाह से निर्देशक स्केल के जिस अंक तक जाता है, वही विद्युत-धारा की मात्रा होती है। एमीटर को सदा ही परिपथ के श्रेणी-क्रम में लगाया जाता है।

विभवान्तर (Potential Difference) की माप

विभवान्तर का मात्रक वोल्ट (Volt) है। इसे मापने के लिए वोल्टमीटर (Voltmeter) का इस्तेमाल किया जाता है। एमीटर की भाँति यह भी एक धारा-मापी होता है, जिसके श्रेणी क्रम में अधिक मान का एक प्रतिरोध जुड़ा होता है। इसकी रचना एमीटर के समान ही होती है। इसके वृत्तीय स्केल का अंशांकन वोल्ट में किया जाता है। वोल्टमीटर को विद्युत-परिपथ में सदा समानान्तर क्रम में लगाया जाता है।

❂❂❂

विद्युत-जनित्र और विद्युत-मोटर (Electric Generator and ElectricMotor)

बड़े पैमाने पर विद्युत पैदा करने के लिए जिन मशीनों का प्रयोग किया जाता है, उन्हें 'जनित्र' (Generator) कहते हैं। ये यन्त्र यान्त्रिक ऊर्जा (Mechanical energy) या उष्मा ऊर्जा को विद्युत ऊर्जा (Electrical Energy) में बदल देते है। इनमें एक आर्मेचर होता है, जिसे चुम्बकीय क्षेत्र में घुमाकर विद्युत-धारा उत्पन्न की जाती है। जनित्र दो प्रकार के होते है– प्रत्यावर्ती धारा जनित्र (A.C. Generator) और दिष्ट धारा जनित्र (D.C. Generator)। जो जनित्र प्रत्यावर्ती (A.C.) धारा उत्पन्न करता है, उसे प्रत्यावर्ती धारा जनित्र और जो दिष्ट धारा (D.C.) पैदा करता है, उसे दिष्ट धारा जनित्र कहते हैं। जनित्र को डायनेमो भी कहते हैं।

प्रत्यावर्ती धारा जनित्र (A.C. Generator)

इस जनित्र में चार भाग होते हैं : आर्मेचर (Armature), क्षेत्र चुम्बक (Field magnet), सर्पी वलय (Slip Rings) और ब्रुश (Brushesa। आर्मेचर अनेक लपेटनों की एक आयताकार कुण्डली होती है, जो किसी नरम लोहे के स्तरित कोर (Laminated Core) पर विद्युतरोधी (insulated) ताँबे के तार को लपेट कर बनायी जाती है। क्षेत्र चुम्बक एक शक्तिशाली स्थायी चुम्बक (Permanent Magnet) या विद्युत चुम्बक होता है, जिसके ध्रुवों के बीच में आर्मेचर घूमता है।

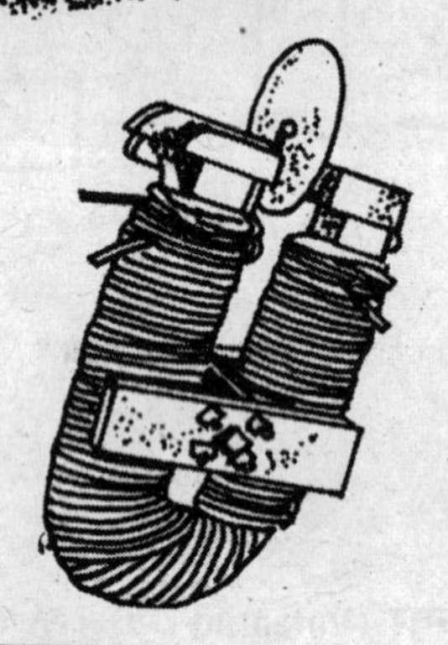

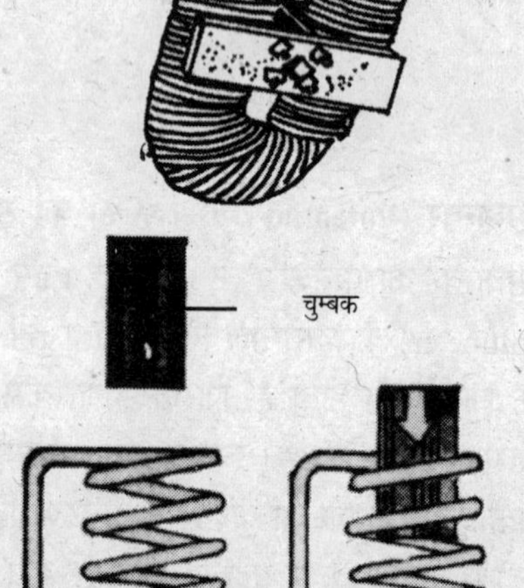

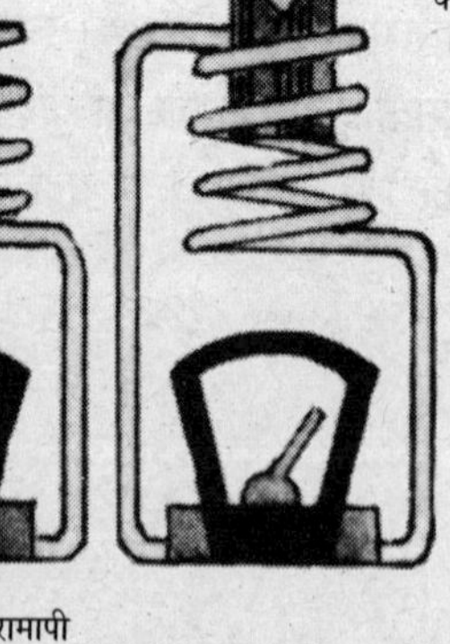

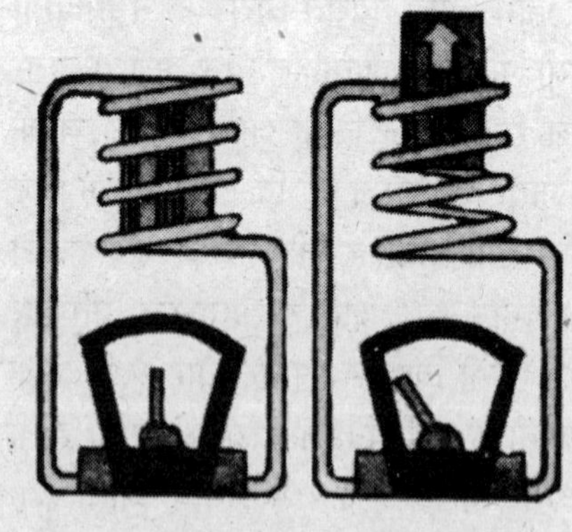

फैराडे ने देखा कि जब किसी कॉइल के पास छड़ चुम्बक रखा रहता है, तो कॉइल में कोई धारा प्रवाहित नहीं होती, लेकिन जैसे ही चुम्बक को आगे-पीछे चलाया जाता है, उसमें धारा उत्पन्न होती है। जनित्र 'विद्युत-चुम्बकीय प्रेरण' के इसी सिद्धान्त पर आधारित है। फैराडे को विद्युत-चुम्बकीय प्रेरणा का जन्मदाता कहते हैं।

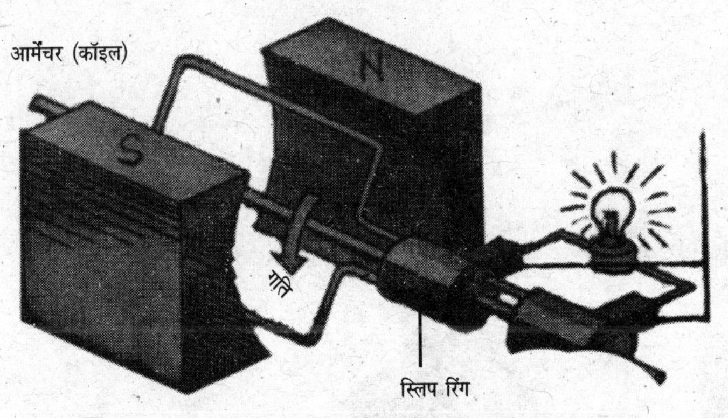

प्रत्यावर्ती धारा (A.C.) जनित्र

दिष्ट धारा (D.C.) जनित्र

सर्पी वलय धातु के दो वलय (Rings) होते हैं। प्रत्येक वलय के साथ आर्मेचर के तार का एक सिरा स्थाई रूप से जुड़ा रहता है। कार्बन की दो छड़ें 'ब्रुश' कहलाती हैं। ये स्प्रिंगों की सहायता से सर्पी वलयों के सम्पर्क में रखी जाती हैं। इनके सिरो पर एक-एक टर्मिनल लगे होते हैं, जिनकी सहायता से विद्युत-धारा को बाहरी परिपथ में भेजा जाता है

जब किसी चालक को किसी चुम्बकीय क्षेत्र में घुमाया जाता है, तो उससे सम्बद्ध चुम्बकीय फ्लक्स (Flux) में परिवर्तन होता है इस परिवर्तन के कारण चालक के बन्द परिपथ में प्रेरित धारा प्रवाहित होने लगती है। ये जनित्र इसी सिद्धान्त पर कार्य करते है। इसे विद्युत-चुम्बकीय प्रेरण कहते है। जब आर्मेचर को किसी टरबाइन द्वारा चुम्बक के ध्रुवों के बीच में घुमाया जाता है, तो विद्युत-चुम्बकीय प्रेरण द्वारा प्रत्यावर्ती धारा उत्पन्न होती है, जो ब्रुशों की सहायता से बाहरी परिपथ में चली जाती है। टरबाइन को घुमाने के लिए पानी को ऊँचाई से गिराया जाता है या पानी की भाप से चलाया जाता है। पानी को किसी बाँध में ऊँचाई से गिराया जाता है या कोयला जलाकर पानी गरम किया जाता है।

दिष्ट धारा जनित्र (D.C. Generator)

दिष्ट धारा जनित्र की रचना प्रत्यावर्ती धारा जनित्र के समान ही होती है। अन्तर केवल इतना होता है कि इसमें सर्पी वलय (Slip rings) के स्थान पर दिक्परिवर्तक (Commutator) लगा होता है। इसका सिद्धान्त भी वही है, जो प्रत्यावर्ती धारा जनित्र का होता है। अन्तर केवल यह है कि इसमें कोई ब्रुश स्थायी रूप से दिक्परिवर्तक के साथ नही लगा रहता। इसमें प्रत्येक आधे चक्र के बाद विद्युत की दिशा परिवर्तित हो जाती है।

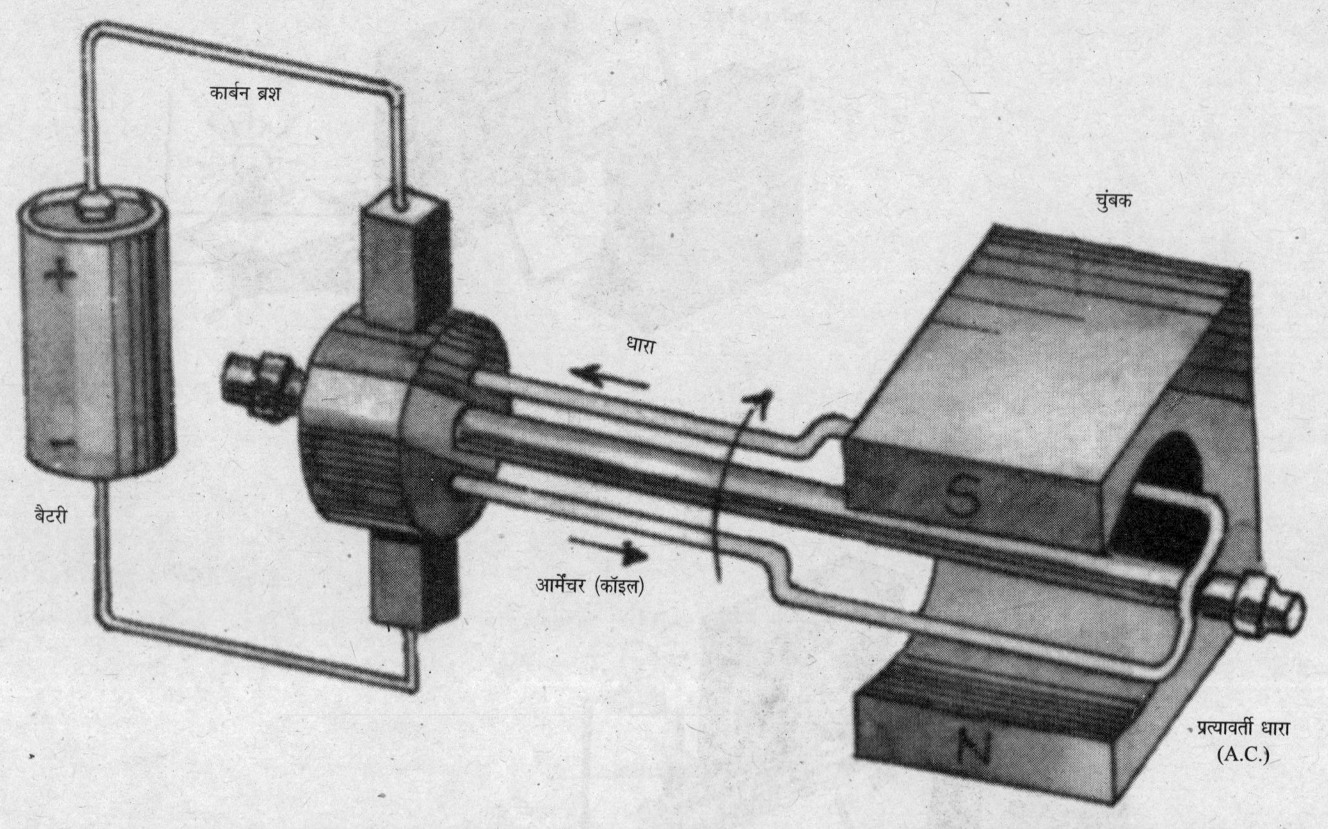

इलेक्ट्रिक मोटर (Electric motor)

इलेक्ट्रिक मोटर में विद्युत ऊर्जा को यान्त्रिक ऊर्जा में बदला जाता है अर्थात् यदि मोटर में विद्युत-धारा प्रवाहित की जाये, तो वह घूमने लगती है, जैसे बिजली का पंखा, मशीनों की मोटरें आदि। इसकी कार्यप्रणाली जनित्र या डायनेमो के ठीक विपरीत होती है। यह विद्युत-धारा के चुम्बकीय प्रभाव पर काम करती है।

मोटर दो प्रकार की होती है– प्रत्यावर्ती धारा मोटर (A.C. Motor) और दिष्ट धारा मोटर (D.C. Motor)। जो मोटर प्रत्यावर्ती धारा (A.C.) से चलती है, उसे प्रत्यावर्ती धारा मोटर तथा जो दिष्ट धारा से चलती है, उसे दिष्ट धारा मोटर (D.C. motor) कहते हैं।

प्रत्यावर्ती धारा मोटर (A.C. Motor) की रचना प्रत्यावर्ती धारा जनित्र की तरह ही होती है। अन्तर केवल इतना होता है कि लोड के स्थान पर इसे A.C. के स्रोत के साथ जोड़ दिया जाता है।

दिष्ट धारा मोटर (D.C. motor) की रचना भी दिष्ट धारा जनित्र (D.C. generator) की भाँति ही होती है। अन्तर केवल यह होता है कि इसमें लोड के स्थान पर बैटरी लगा दी जाती है।

यदि A.C. मोटर को D.C. स्रोत के साथ या D.C. मोटर को A.C. स्रोत के साथ लगा दिया जाये, तो उसमें गति नही होगी। अधिकांश मोटरें ए.सी. मेंस से चालित होती हैं। ये मोटरें अनेक प्रकार की मशीनों में लगी होती हैं। जैसे– निर्वात क्लीनर, कटाई मशीन, लेथ मशीन, आदि।

ट्रांसफॉर्मर (Transformer)

ट्रांसफॉर्मर ऐसी युक्ति है जिसे प्रत्यावर्ती विद्युत विभवान्तर को कम या अधिक करने के लिए प्रयुक्त किया जाता है। यह भी विद्युत-चुम्बकीय प्रेरण के सिद्धान्त पर कार्य करता है।

ट्रांसफॉर्मर दो प्रकार के होते हैं– स्टेप-अप ट्रांसफॉर्मर (Step-up Transformer) और स्टेप-डाउन ट्रांसफॉर्मर (Stepdown Transformer)। स्टेप-अप ट्रांसफॉर्मर कम विभवान्तर की प्रत्यावर्ती धारा (A.C.) को उच्च विभवान्तर की प्रत्यावर्ती धारा में बदल देता है। स्टेप-डाउन ट्रांसफॉर्मर द्वारा उच्च विभवान्तर की प्रत्यावर्ती धारा को कम विभवान्तर की प्रत्यावर्ती धारा में बदला जाता है।

साधारण ट्रांसफॉर्मर नरम लोहे के लैमिनेटेड कोर (Laminated core) पर ताँबे के विद्युतरोधी तारों को लपेटकर बनाया जाता है। इन्हें कॉइल (Coil) कहते हैं। किसी भी ट्रांसफॉर्मर में कम-से-कम दो कॉइल होती है। जिस कॉइल में प्रत्यावर्ती धारा दी जाती है (A.C. Input)] उसे प्राथमिक कॉइल (Primary Coil) और जिससे प्रत्यावर्ती धारा ली जाती है (A.C. Out Put)] उसे द्वितीयक कॉइल (Secondary Coil) कहते हैं। द्वितीयक कॉइल दो या दो से अधिक भी हो सकती है। स्टेप-अप ट्रांसफॉर्मर के प्राथमिक कॉइल में लपेटनों की संख्या कम और द्वितीयक में लपेटनों की संख्या अधिक होती है। प्राथमिक कॉइल के तार मोटे और द्वितीयक के तार पतले होते हैं। इसका ठीक उल्टा स्टेप-डाउन ट्रांसफॉर्मर में होता है। इसके प्राथमिक कॉइल में लपेटनो की संख्या अधिक और द्वितीयक में कम होती है। साथ-ही-साथ इसकी प्राथमिक कॉइल पतले तार की और द्वितीयक कॉइल मोटे तार की बनायी जाती है। स्टेप-अप-ट्रांसफॉर्मर के आउटपुट में विद्युत विभवान्तर तो बढ़ जाता है लेकिन विद्युत-धारा कम हो जाती है। इसी प्रकार स्टेप-डाउन ट्रांसफॉर्मर के आउटपुट में विद्युत विभवान्तर तो कम हो जाता है, लेकिन विद्युत धारा बढ़ जाती है।

ट्रांसफॉर्मरो का प्रयोग विद्युत को विद्युत उत्पादन केन्द्रो से दूरस्थ स्थानों के प्रेषण के लिए किया जाता है। विद्युत चालित अनेक मशीनों में भी इसका उपयोग वहाँ होता है, जहाँ मेंस की लाइन से अधिक या कम विद्युत विभवान्तर की आवश्यकता होती है। वोल्टेज स्टेबिलाइजरों में भी इनका प्रयोग किया जाता है

यहाँ यह जान लेना जरूरी है कि ट्रांसफॉर्मर A.C. विद्युत-धारा को कम या ज्यादा करने के लिए प्रयोग होता है इसे D.C. विद्युत-धारा के साथ प्रयोग नहीं किया जा सकता।

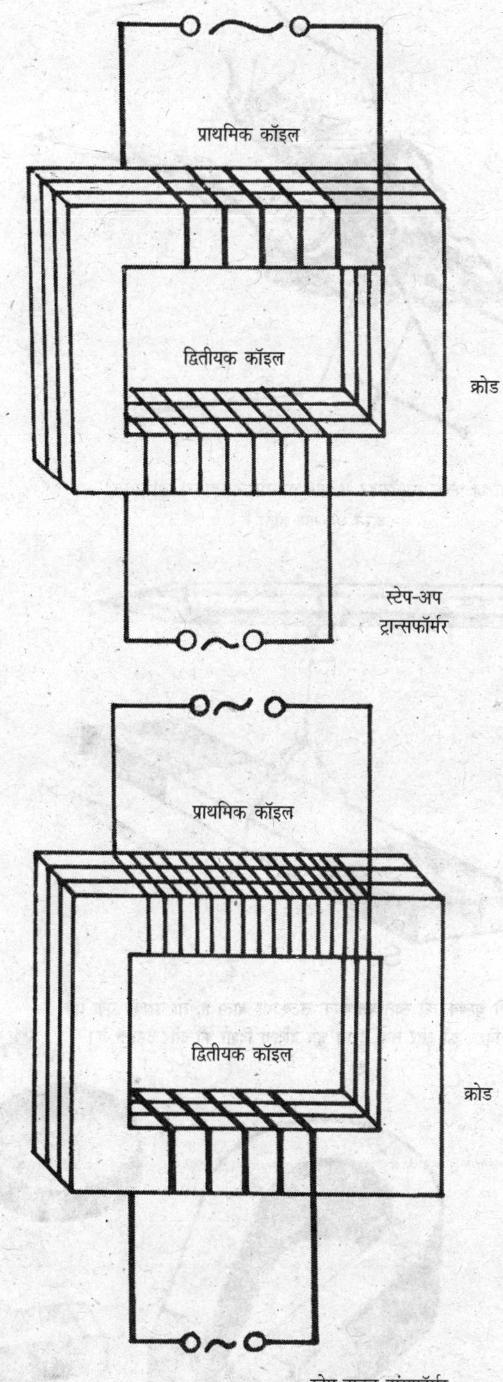

चुम्बक और चुम्बकीय क्षेत्र (Magnets and Magnetic Field)

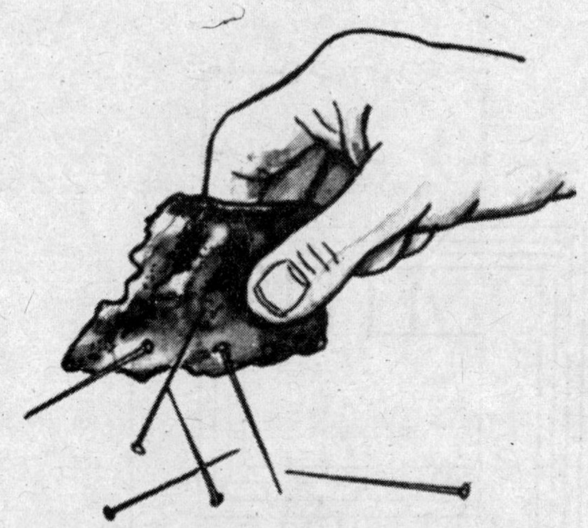

खनिज पत्थर मेंगनेटाइट में लोहे के छोटे टुकड़ों को आकर्षित करने का गुण होता है

ईसा से लगभग 800 वर्ष पूर्व एशिया माइनर के लोगों को 'मेगनीशिया' नामक स्थान पर कुछ विचित्र गुणों वाला 'लोडस्टोन' (Lodesatone) नामक एक पत्थर मिला। इस पत्थर में लोहे के छोटे-छोटे टुकड़ों को अपनी ओर आकर्षित करने का गुण था और यह स्वतन्त्रतापूर्वक लटकाये जाने पर हमेशा उत्तर-दक्षिण दिशा में ठहरता था। 'मेगनीशिया' के नाम पर इस पत्थर को मैगनेट (Magnet) का नाम दिया गया। चुम्बक के आकर्षण के गुण और दैशिक गुण को चुम्बकत्व (Magnetism) कहा गया। लोडस्टोन वास्तव में लोहे का एक अयस्क (Ore) 'मैगनेटाइट' (Magnetite) है यह लोहे का एक ऑक्साइड है।

चुम्बक दो प्रकार के होते है – प्राकृतिक चुम्बक (Natural Magnets) और कृत्रिम चुम्बक (Artificial Magnets)। प्रकृति में स्वतन्त्र रूप में मिलने वाले चुम्बक 'प्राकृतिक चुम्बक' कहलाते हैं। कृत्रिम विधि द्वारा या इस्पात से जो चुम्बक बनाये जाते हैं, कृत्रिम चुम्बक कहलाते हैं। ये किसी रूप में भी बनाये जा सकते हैं, लेकिन आम तौर पर ये छड़ चुम्बक (Bar Magnet), नाल चुम्बक (Horse-shoe Magnet) और चुम्बकीय सुई के रूप में होते है।

जब किसी चुम्बक को स्वतन्त्रतापूर्वक लटकाया जाता है, तो उसका एक ध्रुव उत्तर दिशा की ओर तथा दूसरा ध्रुव दक्षिण दिशा की ओर ठहरता है।

चुम्बक के ध्रुव (Pole)

जब चुम्बक को लोहे के बुरादे के करीब लाते हैं, तो उसके सिरों पर सबसे अधिक बुरादा चिपकता है। चुम्बक के बीच में सबसे कम बुरादा चिपकता है। चुम्बक के दोनो सिरे, जहाँ लोहे का बुरादा सबसे अधिक मात्रा में चिपकता है, चुम्बक के ध्रुव (Pole) कहलाते हैं। बीच का भाग उदासीन क्षेत्र कहलाता है। इसी प्रकार किसी चुम्बक को स्वतन्त्रतापूर्वक लटकाया जाता है, तो उसका

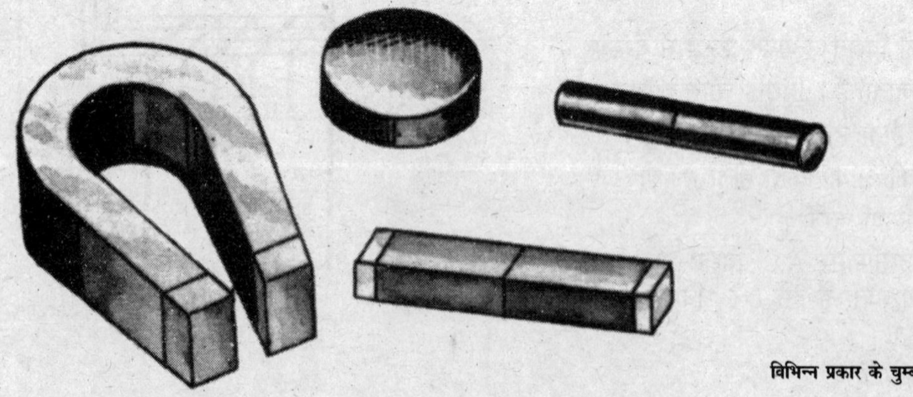

विभिन्न प्रकार के चुम्बक

एक ध्रुव उत्तर दिशा की ओर तथा दूसरा ध्रुव दक्षिण दिशा की ओर ठहरता है। उत्तर दिशा की ओर ठहरने वाले ध्रुव को उत्तरी ध्रुव (North Pole) और दक्षिण दिशा की ओर ठहरने वाले ध्रुव को दक्षिणी ध्रुव कहते हैं। एक चुम्बक का उत्तरी ध्रुव दूसरे चुम्बक के दक्षिणी ध्रुव (South Pole) को तो आकर्षित करता है लेकिन उत्तरी ध्रुव को प्रतिकर्षित (Repel) करता है। इस प्रकार चुम्बक के असमान ध्रुवों में आकर्षण और समान ध्रुवों में प्रतिकर्षण होता है।

चुम्बकीय क्षेत्र (Magnetic Field)

चुम्बक के चारो ओर का वह क्षेत्र, जिसमें चुम्बक के प्रभाव का अनुभव किया जा सके, चुम्बकीय क्षेत्र कहलाता है।

चुम्बकीय क्षेत्र को चित्रित करने के लिए एक छड़ चुम्बक लेकर उसे एक कार्डबोर्ड पर रखते हैं। इसके चारों ओर लोहे का बुरादा बिखेर देते है। अब कार्डबोर्ड को धीरे-धीरे उँगली की नोक से खटखटाते हैं। बुरादा स्वयं ही एक विशेष आकृति में व्यवस्थित हो जाता है। इसका कारण यह है कि लोहे के बुरादे के महीन कण

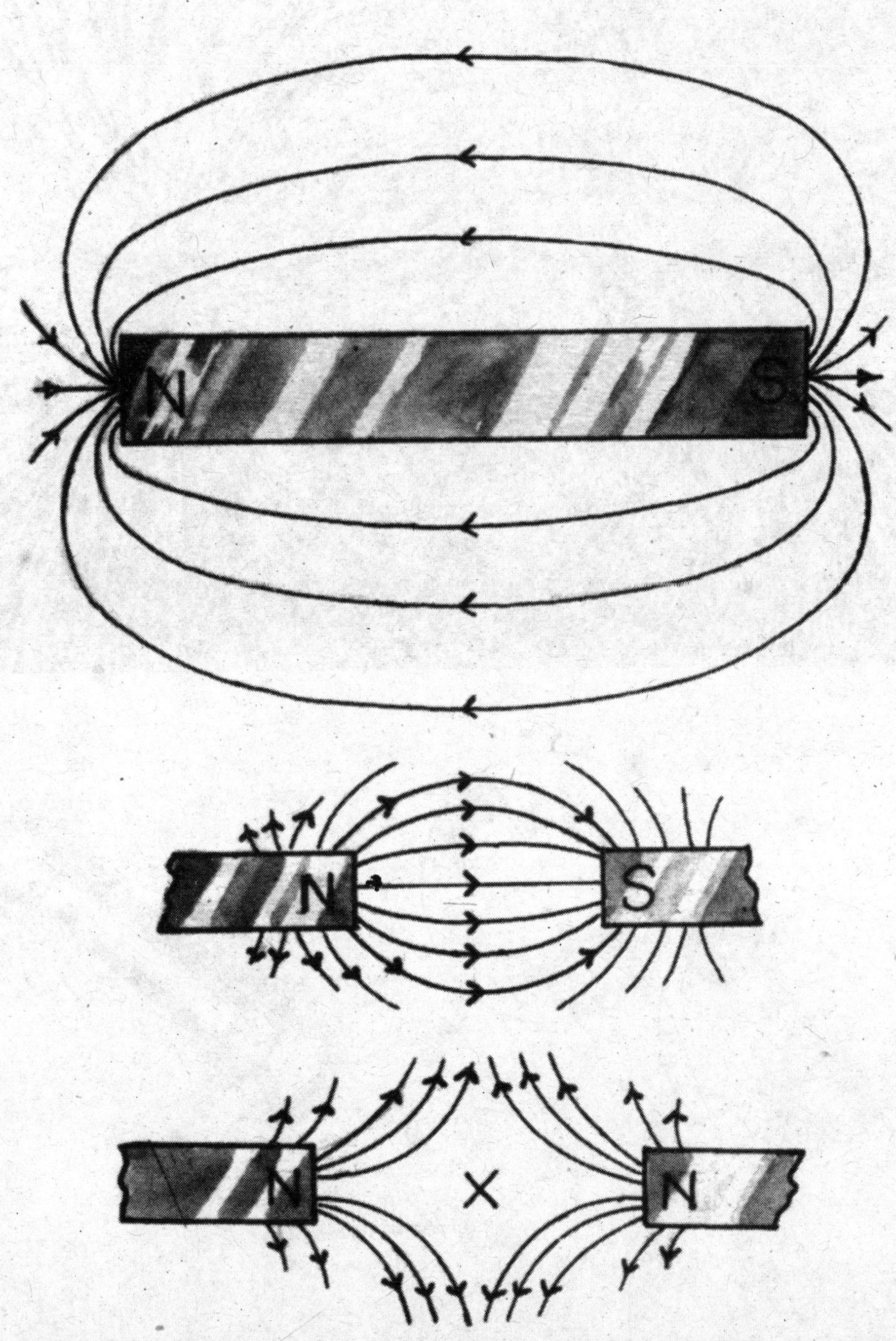

चुम्बक के असमान ध्रुवों में आकर्षण और समान ध्रुवों में प्रतिकर्षण होता है

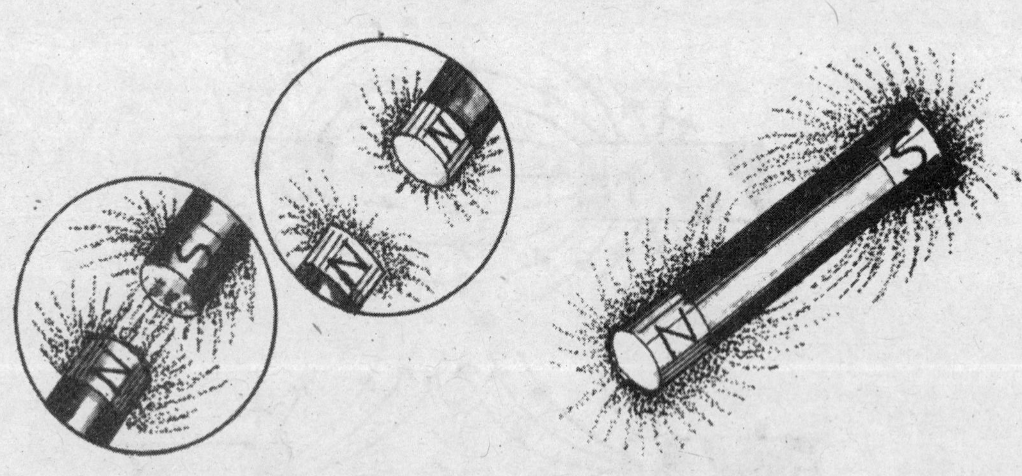

चुम्बकीय बल रेखाएँ

जब चुम्बकीय क्षेत्र में रखे जाते हैं, तो स्वयं छोटे-छोटे चुम्बक बन जाते हैं और फिर अपने-अपने स्थान पर चुम्बकीय क्षेत्र की दिशा के अनुसार टेढ़ी रेखाओं के रूप में ठहर जाते हैं। इन टेढ़ी रेखाओं को चुम्बकीय बल रेखाएँ (Magnetic linesa of force) कहते हैं। ये वास्तव में काल्पनिक रेखाएँ हैं। ये रेखाएँ चुम्बक के उत्तरी ध्रुव से दक्षिणी ध्रुव की ओर जाती हैं। इन रेखाओं से यह भी पता लगता है कि जब कोई वस्तु इस क्षेत्र में रखी जायेगी, तो किस दिशा में बल लगेगा। जिस जगह बल रेखाओं की सघनता अधिक होती है, वहाँ चुम्बकीय क्षेत्र की तीव्रता अधिक और जहाँ बल रेखाओं की सघनता कम होती है, वहाँ चुम्बकीय क्षेत्र की तीव्रता कम होती है। चुम्बकीय बल रेखाओं की दिशा चुम्बक के बाहर उत्तरी ध्रुव से दक्षिणी ध्रुव की ओर होती हैं। चुम्बकीय बल रेखाएँ एक-दूसरे को कभी काटती नहीं, क्योंकि एक बिन्दु पर चुम्बकीय क्षेत्र की दो दिशाएँ सम्भव नहीं है।

प्राचीन काल में नाविक दिशा ज्ञात करने के लिए चुम्बक का इस्तेमाल दिक्-सूचकों (Magnetic Compassesa) में किया करते थे। दिक्-सूचक में सुई के रूप में एक छोटा चुम्बक होता है, लेकिन दिक्-सूचक से बिल्कुल सही दिशा नहीं जानी जा सकती, क्योंकि चुम्बकीय सुई भौगोलिक उत्तरी ध्रुव की ओर नहीं ठहरती, बल्कि वह चुम्बकीय उत्तरी ध्रुव की दिशा में रुकती है, जो वास्तविक उत्तरी ध्रुव से 1,600 किमी. दूर है। भौगोलिक दक्षिणी ध्रुव चुम्बकीय दक्षिणी ध्रुव से लगभग 2,400 कि.मी. दूर है। कुछ स्थानों पर पृथ्वी के आन्तरिक भागों में उपस्थित लोहे के अयस्कों या चुम्बकीय पदार्थों का भी दिक्-सूचकों पर प्रभाव पड़ता है, जिससे उसकी सुई विश्वसनीय सूचना नहीं देती।

यहाँ यह जान लेना जरूरी है कि कोई भी चुम्बक अनेक छोटे छड़ चुम्बको से मिलकर बना होता है। इन चुम्बकों को चुम्बकीय डोमेंन कहते हैं, जो चुम्बकीय बल लगाने पर एक दिशा में संयोगित हो जाते हैं।

हर चुम्बक के चारों ओर चुम्बकीय क्षेत्र होता है जो छोटी-छोटी लोहे की वस्तुओ को अपनी ओर खीचता है चुम्बकीय क्षेत्र की बल रेखाएँ उत्तरी ध्रुव से दक्षिणी ध्रुव की ओर जाती है।

प्राचीन काल में नाविक समुद्री यात्राओं के दौरान दिक्-सूचक द्वारा दिशाएँ ज्ञात करते थे। आज भी हर जलयान में चुम्बकीय दिक्-सूचक लगा होता है।

लौह-चुम्बकीय पदार्थ (Ferro-magnetic Substancesa)

वैसे तो संसार में पाये जाने वाले सभी पदार्थों में चुम्बकत्व का गुण होता है, लेकिन कुछ ऐसे पदार्थ हैं, जो चुम्बकों द्वारा आकर्षित होते हैं और जिनको बहुत अधिक चुम्बकित किया जा सकता है। ये हैं– लोहा, निकल, कोबाल्ट और उनकी मिश्र धातुएँ। इन्हे लौह-चुम्बकीय पदार्थ कहा जाता है।

लौह-चुम्बकीय पदार्थों के चुम्बकन (Magnetisation) और विचुम्बकन (Demagnetisation) को चुम्बकीय डोमेन-सिद्धान्त (Domain-theory) द्वारा समझा जा सकता है। इस सिद्धान्त के अनुसार, लौह-चुम्बकीय पदार्थ छोटे-छोटे हजारों चुम्बकीय डोमेनो (Domains) से मिलकर बना होता है, चाहे पदार्थ चुम्बकित (Magnetised) हो या अचुम्बकित (Demagnetised)। प्रत्येक डोमेन चुम्बकन की दृष्टि से सन्तृप्त (Saturated) होता है यानी उसके सभी परमाणु एक ही दिशा में चुम्बकित होते हैं। अचुम्बकित अवस्था में डोमेनो का वितरण (Distribution) तितर-बितर रूप में इस प्रकार होता है कि एक डोमेन दूसरे के प्रभाव को नष्ट कर देता है और पदार्थ का चुम्बकीय प्रभाव शून्य हो जाता है

यदि इन पदार्थो पर प्रबल चुम्बकीय बल लगाया जाये, तो डोमेन घूमकर बल की दिशा में अनुदिश हो जाते है। इस स्थिति के बाद चुम्बकीय बल को हटा लेने पर भी पदार्थ का चुम्बकत्व समाप्त नहीं होता।

जब किसी लौह-चुम्बकीय पदार्थ को एक निश्चित (Definite) ताप तक गरम किया जाता है, तो ऊष्मीय विक्षोभ (Thermal agitation) के कारण डोमेन-संरचना (Domain structure) बिगड़ जाती है और पदार्थ विचुम्बकित हो जाता है। ऊँचाई से गिराने या पीटने से भी चुम्बकत्व नष्ट हो जाता है

यही कारण है कि चुम्बकत्व को नष्ट करने के लिए या तो चुम्बक को गरम किया जाता है अथवा उसे ऊँचाई से गिराया जाता है। किसी चुम्बक का चुम्बकत्व नष्ट न हो, इसके लिए दो चुम्बकों को मिलाकर उनके सिरे पर चुम्बकीय रक्षक (Magnetic Keeper) लगा दिये जाते हैं। इससे चुम्बक का चुम्बकत्व लम्बी अवधि तक बना रहता है। लौह चुम्बकीय पदार्थों का अध्ययन एक जटिल अध्ययन है, जिस पर अनेक अनुसन्धान कार्य हो रहे हैं।

❂❂❂

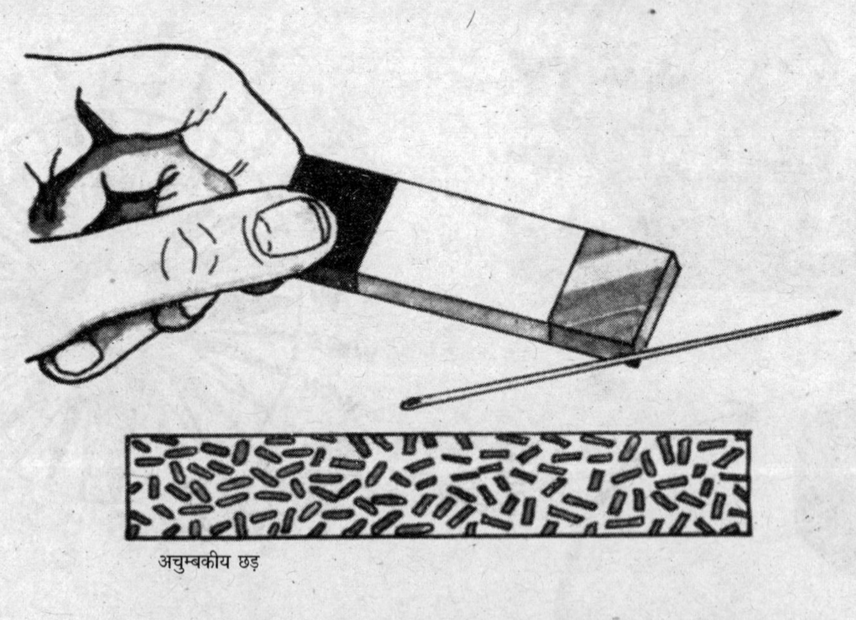

अचुम्बकीय छड़

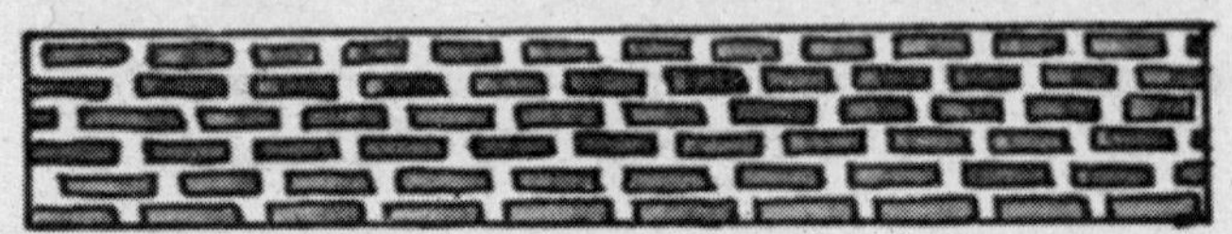

चुम्बकीय छड़

विद्युत-चुम्बक (Electromagnet)

यदि किसी नरम लोहे की छड़ के ऊपर विद्युतरोधी (Insulated) ताँबे का तार लपेट कर उसमें विद्युत-धारा प्रवाहित की जाये, तो लोहे की छड़ चुम्बक बन जाती है, जिसका एक सिरा उत्तरी ध्रुव और दूसरा सिरा दक्षिणी ध्रुव बनता है। इस प्रकार लोहे की छड़ में अस्थाई चुम्बकत्व पैदा होता है। जैसे ही विद्युत-धारा का बहना रोक दिया जाता है, वैसे ही उस छड़ का चुम्बकत्व समं. ाप्त हो जाता है, लेकिन यदि यही क्रिया किसी इस्पात (Steel) के साथ दुहराई जाये, तो धारा बन्द कर देने में कुछ चुम्बकत्व बाकी रह जाता है। नरम लोहे में अपने चुम्बकत्व को बनाये रखने या धारण किये रहने की क्षमता नहीं होती, जबकि इस्पात में यह क्षमता होती है चुम्बकीय पदार्थों के इस गुण को धारणशीलता (Retentivity) कहते हैं। विद्युत-धारा का मान बढ़ाने और छड़ पर लपेटी गयी लपेटनों की संख्या बढ़ाने में विद्युत-चुम्बक को अधिक शक्तिशाली बनाया जाता है।

विद्युत चुम्बकों का प्रयोग विद्युत घण्टियों, टेलीफोन रिसीवरों, टेपरिकार्डरों, लाउडस्पीकरों आदि अनेक उपकरण ों में बड़े पैमाने पर किया जाता है। विद्युत-चुम्बकीय क्रेनों द्वारा लोहे के स्क्रेप को उठाने का काम लिया जाता है। इन क्रेनों में विशाल विद्युत-चुम्बक प्रयोग किये जाते हैं। इन्हें ऑन करने पर लोहे का स्क्रेप क्रेन से चिपक जाता है और जहाँ स्क्रेप गिराना होता है, वहाँ स्विच ऑफ कर दिया जाता है, जिससे उसका चुम्बकत्व नष्ट हो जाता है। लोहे के अयस्क को सान्द्रित करने के लिए विद्युत-चुम्बक प्रयुक्त किये जाते है। अत्यधिक वेग से चलने वाली रेलगाड़ियों के पहियों में भी विद्युत-चुम्बक प्रयुक्त किये जाते हैं। विद्युत-चुम्बकों से मीटर बनाये जाते हैं। इनका उपयोग जेनेरेटरों और मोटरों में होता है

❂❂❂

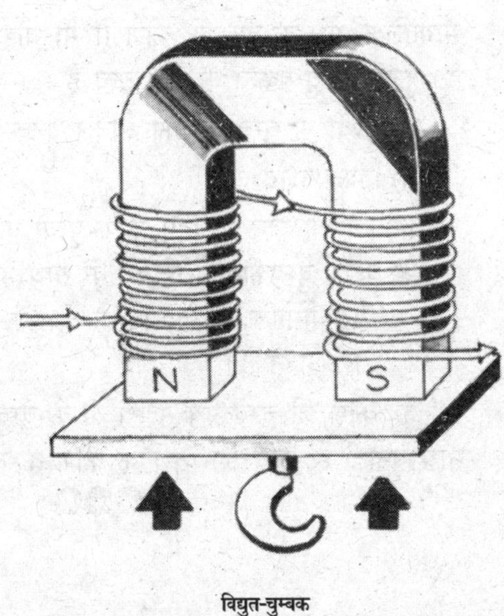

विद्युत-चुम्बक

बड़े लोहे को उठाने के लिए विशाल चुम्बक इस्तेमाल किया जाता है।

भू-चुम्बकत्व (The Earth's Magnetism)

हमारी पृथ्वी ऐसे काम करती है, जैसे उसके अन्दर कोई विशाल छड़ चुम्बक (Bar magnet) रखा हो। स्वतन्त्रतापूर्वक एक धागे से लटके चुम्बक का हमेंशा उत्तर-दक्षिण दिशा में रुकना इस बात का प्रमाण है कि उस पर पृथ्वी के चुम्बक के कारण एक चुम्बकीय बल कार्य कर रहा है। स्वतन्त्रतापूर्वक लटकाये गये चुम्बक के उत्तरी ध्रुव का पृथ्वी के उत्तर के ओर, दक्षिणी ध्रुव का उसके दक्षिण की ओर रुकना यह दर्शाता है कि पृथ्वी रूपी छड़ चुम्बक का उत्तरी ध्रुव पृथ्वी के दक्षिण की ओर तथा दक्षिणी ध्रुव उसके उत्तर की ओर है।

वैज्ञानिक अध्ययनों से पता चला है कि चुम्बकीय अक्ष (Magnetic axis) और भौगोलिक अक्ष (Geographical axis) (पृथ्वी के उत्तरी और दक्षिणी ध्रुवों को मिलाने वाली रेखा) के बीच 17° का कोण बनता है। पृथ्वी का चुम्बकीय दक्षिण ध्रुव हडसन बे (Hudson Bay) कनाडा के पास है और भौगोलिक उत्तर से दक्षिण की ओर 1931 कि.मी. दूर है।

हमारी पृथ्वी एक विशाल चुम्बक की भाँति कैसे काम करती है, इस विषय में कई सिद्धान्त प्रस्तुत किये गये है, लेकिन कोई भी सिद्धान्त सभी तथ्यों की व्याख्या नही कर पाता। वास्तव में अभी तक कोई भी ऐसा सिद्धान्त प्रतिपादित नहीं हो पाया है, जो सर्वमान्य हो। एक सिद्धान्त के अनुसार, वायुमण्डल की गैसें सूर्य से आने वाली कॉस्मिक किरणों और रेडियोधर्मी किरणों से आयनित हो जाती हैं। पृथ्वी के अपने अक्ष पर घूमने के कारण वायुमण्डल में पृथ्वी के चारों ओर प्रबल विद्युत-धाराएँ चलती हैं। इन्ही धाराओं के कारण पृथ्वी के अन्दर स्थित लौह पदार्थ चुम्बकित हो गया है और धरती एक चुम्बक बन गयी है

एक दूसरे सिद्धान्त के अनुसार, पृथ्वी के अन्दर लोहे और निकल जैसे चुम्बकीय पदार्थ पिघली अवस्था में मौजूद हैं। पृथ्वी के घूमने के कारण इन तरल पदार्थों में संवहन धाराएँ (Convection Currents) पैदा हो जाती हैं, जिनका प्रभाव स्व-उत्तेजित (Self-excited) डायनमो (Dynamo) की तरह होता है। इन्हीं धाराओं के कारण पृथ्वी एक स्थाई चुम्बक बन गयी है।

धरती रूपी चुम्बक के ध्रुव समयानुसार थोड़ा-सा परिवर्तित होते रहते हैं। इस परिवर्तन के कारण चुम्बकीय अक्ष और भौगोलिक अक्ष के बीच के कोण में भी थोड़ा परिवर्तन होता रहता है। पृथ्वी के चुम्बकत्व के तीन तत्व हैं :

(i) पृथ्वी के चुम्बक़त्व का क्षैतिज घटक
(ii) डिक्लीनेशन और
(iii) इनक्लीनेशन या डिप कोण पृथ्वी के चुम्बकत्व का क्षैतिज घटक चुम्बकीय मैरीडियन के साथ है। चुम्बकीय मैरीडियन और भौगोलिक मैरीडियन के बीच के कोण को डिक्लीनेशन कोण कहते हैं।

वह कोण जो चुम्बकीय सुई पृथ्वी के चुम्बकीय क्षैतिज घटक के साथ बनाती है, उसे डिप या दिक् कोण कहते है।

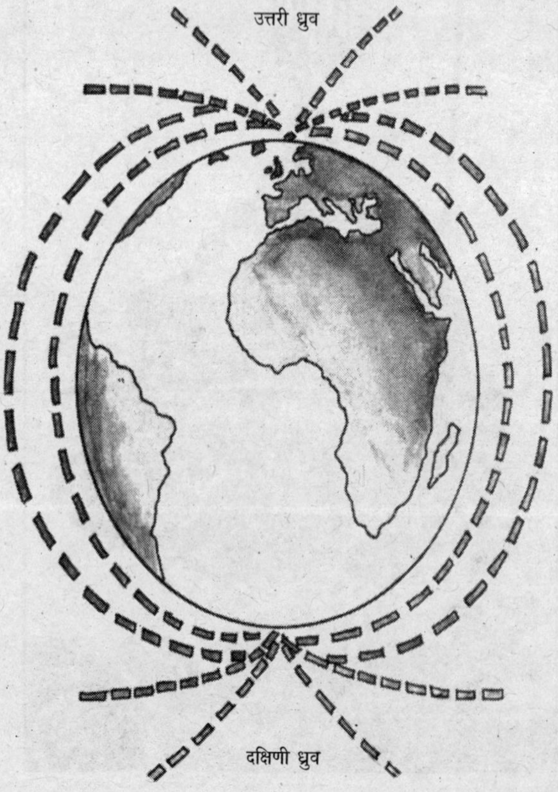

❂❂❂

उत्तरी ध्रुव

दक्षिणी ध्रुव

पृथ्वी एक विशाल चुम्बक की तरह काम करती है

15 खनिज और धातुएँ (Minerals & Metals)

खनिज (Minerals)

प्रकृति में सोना, चाँदी, ताँबा, प्लैटिनम आदि कुछ धातुएँ तो मुक्त अवस्था में मिल जाती हैं, लेकिन अधिकांश धातुएँ खनिजों के रूप में संयुक्तावस्था में पायी जाती हैं। प्रकृति में पाये जाने वाले मणिभीय तत्त्व या तत्त्वों के यौगिक खनिज (Mineral) कहलाते हैं। जिस खनिज में किसी धातु की पर्याप्त मात्रा हो और उससे कम मूल्य पर लाभ लेकर शुद्ध धातु आसानी से प्राप्त की जा सके, उस खनिज को उस धातु का अयस्क (ORE) कहते हैं। जैसे–गैलेना (Galena) सीसा (Lead) का, बॉक्साइट (Bauxite) एल्युमिनियम का और सिनेबार (Cinnabar) पारे (Mercury) का अयस्क है। पृथ्वी की पपड़ी में एल्युमिनियम (8%), लोहा (5%) और कैल्सियम (4%) प्रचुर मात्रा में मिलते हैं।

अयस्क दो प्रकार के होते हैं–प्राकृत अयस्क (Native Ores) तथा यौगिक अयस्क (Compound Ores। प्राकृत अयस्कों में तत्त्व मुक्त अवस्था में रहते हैं, लेकिन उनमें कुछ अशुद्धियाँ होती हैं। यौगिक अयस्कों में तत्त्व दूसरे तत्त्वों के साथ संयुक्तावस्था में पाये जाते हैं। सभी खनिज निर्जीव (Non-living) यानी अकार्बनिक (Inorganic) होते हैं। कोयला, तेल, गैस कार्बनिक (Organic) पदार्थ हैं, इसलिए इन्हें कुछ विशेष खनिजों की श्रेणी में नहीं रखते हैं। पन्ना (Emeralds), बेरूज (Aquamarine), कोरण्डम (Corundum), पुखराज (Topaz), अकीक (Agate), जैस्पर (Jasper) आदि जाने-माने कीमती खनिज हैं।

वैज्ञानिक लगभग 3,000 खनिजों का पता लगा चुके हैं, लेकिन इनमें से केवल 100 ऐसे हैं, जो सामान्य कार्यों में प्रयुक्त होते हैं। वायुमण्डल में ऑक्सीजन और कार्बन डाइऑक्साइड गैसें प्रमुख हैं। समुद्री पानी में क्लोरीन मौजूद है। समुद्री घास से ब्रोमीन प्राप्त की जाती है। पृथ्वी में कहीं-कहीं गन्धक (Sulphur) और सिलिकन बहुतायत में पाया जाता है। ये सभी तत्त्व काफी क्रियाशील हैं। यही कारण है कि अधिकांश धातुओं के ऑक्साइड, कार्बोनेट, क्लोराइड, सल्फाइड, सल्फेट और सिलिकेट के रूपों में प्राप्त होते हैं। कुछ प्रमुख अयस्क निम्नलिखित हैं–

प्राकृत अयस्क (Cu;s Ag, Au;s Hg, As, Sb, Bi, S)
ऑक्साइड अयस्क (Fe, Al, Mn, Sn)
सल्फाइड अयस्क (Zn, Cd, Hg, Cu;s Pb, Ag)
कार्बोनेट अयस्क (Fe, Pb, Zn, Mg, Ca, Ba)
हैलाइड अयस्क (Na, K, Mg, Ca, Ag)
सल्फेट अयस्क (Ca, Sr, Ba, Mg, Pb)
सिलिकेट अयस्क (Li, Na, K, Mg, Ca, Al)
फॉस्फेट अयस्क (Ca, Li, Fe, Mn)

पृथ्वी के कोर (Core) में लोहे और निकल की प्रधानता है, लेकिन कोर के बाहरी भाग में सिलिकेट खनिज भी मौजूद हैं। कोर के साथ वाले मैण्टल (Mantle) में पाइराक्सीन और ऑलिविन (Olivine) खनिजों की प्रधानता है। भूपर्पटी (Crust) में सिलिकेट खनिज सबसे अधिक मात्रा में पाये जाते हैं। फेल्सपार (Felspar), स्फटिक (Quartz) और

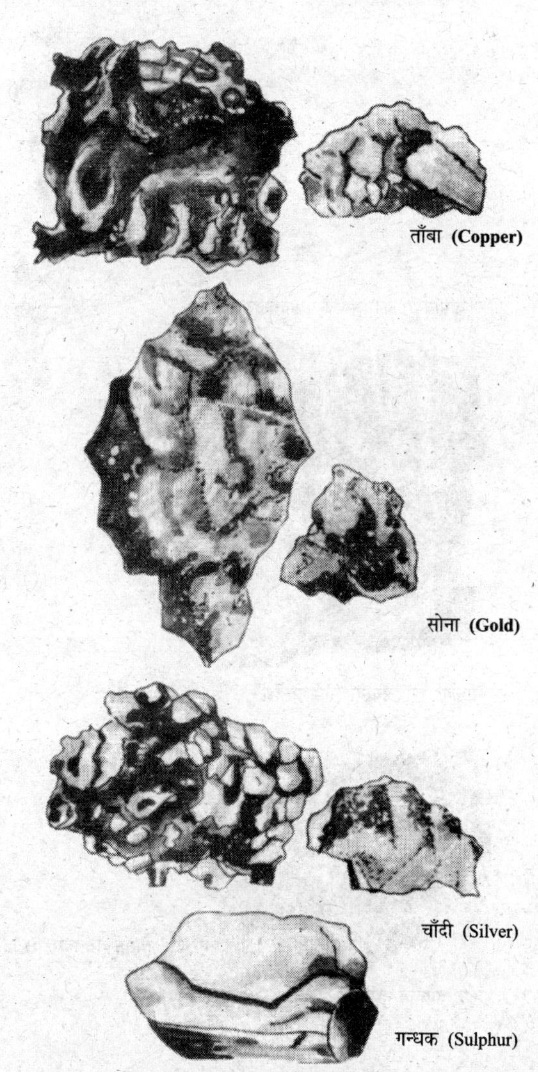

ताँबा, सोना, चाँदी, गन्धक आदि खनिज मुक्त अवस्था में मिल जाते हैं।

अभ्रक (Mica) सामान्य चट्टानों को निर्मित करने वाले सिलिकेट खनिज हैं। प्रतिशत मात्रा के अनुसार भूपर्पटी के प्रमुख खनिज हैं, सिलिका या क्वार्ट्ज 62%, एल्युमिना 16%, आयरन ऑक्साइड 6%, मैंगनीज ऑक्साइड 3%, बिना बुझा चूना 6%, सोडियम ऑक्साइड 3% और पोटेशियम ऑक्साइड 3%। भूपर्पटी के निचले भाग के खनिज भी ऊपरी भाग के समान ही हैं, लेकिन ये अपेक्षाकृत भारी हैं तथा थोरियम और यूरेनियम जैसे रेडियो ऐक्टिव तत्त्वों की इनमें कमी है। भूपटल में ताँबा, सीसा, जस्ता, चाँदी आदि धात्विक खनिज प्रचुर मात्रा में नहीं मिलते। इनका जमाव कुछ ही क्षेत्रों तक सीमित है।

पृथ्वी की सबसे बाहरी परत को 'स्थलमण्डल' (Lithosphere) कहते हैं, जो मुख्यतः चट्टानों से मिलकर बना है। अधिकांश चट्टानें विभिन्न खनिजों से बनी हैं। आग्नेय (Igneous) और कायान्तरित (Metamorphic) चट्टानों की शिराओं में अपरदन से बनी अवसादी (Sedimentary) चट्टानों में सोने, टिन, प्लैटिनम आदि के प्लेसर निक्षेप पाये जाते हैं। अमेरिका में सोना और मलाया में टिन ऐसे ही निक्षेपों से प्राप्त किया जाता है। लोहे का अयस्क हेमेटाइट भी अवसादी चट्टानों से ही प्राप्त किया जाता है।

आम तौर पर धातुएँ आग्नेय चट्टानों में धात्विक खनिजों के रूप में पायी जाती हैं। चट्टानों की दरारों और गुहिकाओं (Cavities) में गलित मैग्मा की शिराओं के निक्षेप में क्रोमियम, निकिल, ताँबा, चाँदी, सोना, सीसा, जस्ता आदि धातुएँ पायी जाती हैं। यूरेनियम और थोरियम प्रधानतः ग्रेनाइट चट्टानों में या इनसे निर्मित अवसादी चट्टानों में पाये जाते हैं।

अधिकांश खनिजों की संरचना मणिभीय (Crystalline) होती है। खनिजों की परख उनकी चमक, कठोरता, रंग, स्ट्रीक, स्पैक्ट्रम आदि के आधार पर की जाती है। खनिजों का अध्ययन करने वाले वैज्ञानिकों को 'खनिजशास्त्री' (Mineralogist) कहा जाता है।

✪✪✪

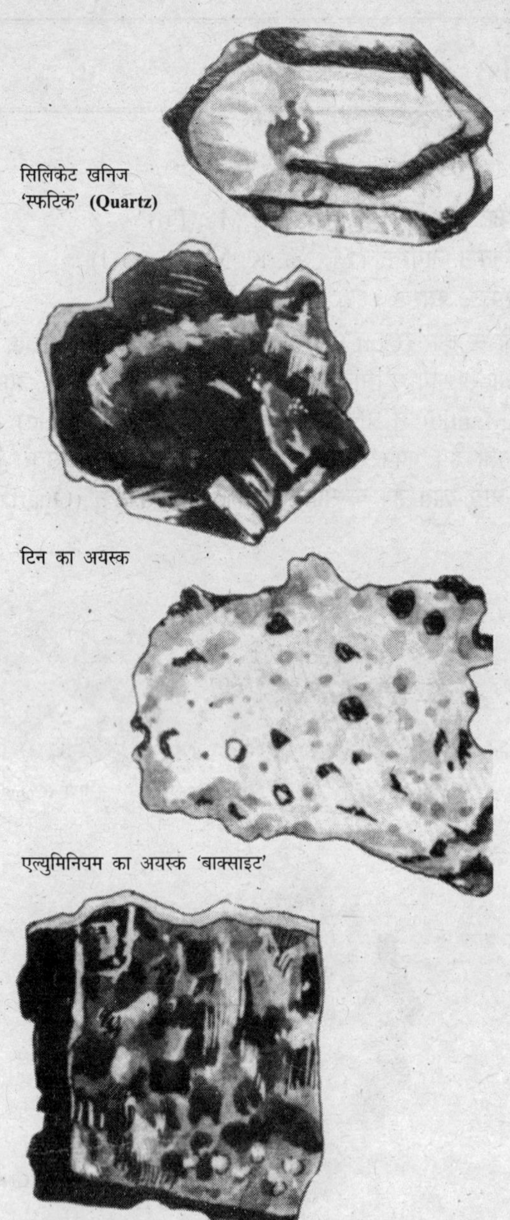

सिलिकेट खनिज 'स्फटिक' **(Quartz)**

टिन का अयस्क

एल्युमिनियम का अयस्क 'बाक्साइट'

मैंगनीज का अयस्क 'रोडोक्रोसाइट'

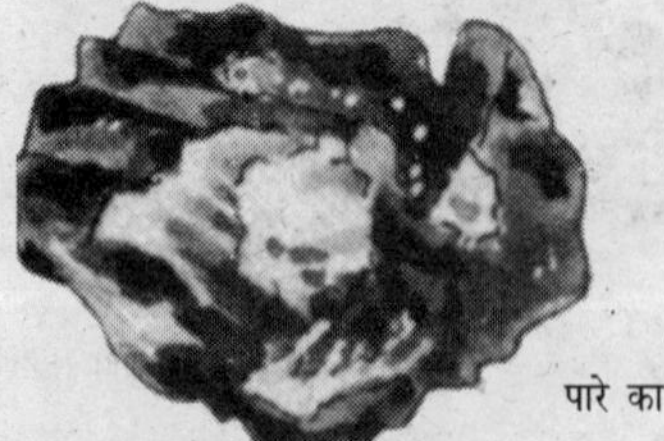

पारे का अयस्क 'सिनेबार' **(Cinnabar)**

कुछ सामान्य खनिज

धातुएँ (Metals)

सोडियम, सोना, चाँदी, जस्ता आदि धातुएँ तत्त्वों (Elements) के वर्ग में आती हैं, लेकिन इनके गुणों में अन्तर होता है। अधिकांश धातुएँ चमकीली (Shiny) होती हैं तथा पारे के अतिरिक्त सभी सामान्य तापमान पर ठोस (Solid) होती हैं। केवल पारा ही तरल अवस्था में होता है। धातुओं में आधातवर्ध्यता (Malleability) और तन्यता (Ductility) के गुण होते हैं। अर्थात् इन्हें पीटकर चादरें बनायी जा सकती हैं तथा इनके तार खींचे जा सकते हैं।

अभी तक हमें 70 धातुओं की ही जानकारी मिल पायी है। इनमें से अधिकांश भूपर्पटी (Crust) में मौजूद हैं। कुछ धातुएँ तो मुक्त अवस्था में पायी जाती हैं, लेकिन अधिकांश यौगिकों के रूप में मिलती हैं। जिन यौगिकों से किसी धातु को लाभान्वित (Profited) रूप में प्राप्त किया जा सकता है, उन्हें उस धातु या अधातु के खनिज या अयस्क (Ores) कहते हैं। धातु अयस्क खानों से प्राप्त होते हैं। किसी धातु के साथ दूसरी धातु या अधातु के मिश्रण को मिश्रधातु या एलौय (Alloys) कहा जाता है। जैसे ताँबे और जस्ते की मिश्रधातु पीतल है। काँसा और इस्पात भी मिश्रधातु हैं। काँसा ताँबे और टिन की मिश्रधातु है, जबकि इस्पात लोहे और कार्बन की मिश्रधातु है।

ये सभी धातुएँ ऊष्मा और विद्युत के सुचालक (Good Conductors) होते हैं। धातुओं में गुंजायमान (Sonorous) गुण होता है, यानी यदि इन पर कोई चीज मारी जाये तो इनसे घण्टी जैसी आवाज निकलती है। धातुओं को पिघला कर मनचाहे रूप में ढाला (Cast) जा सकता है।

सोना, चाँदी और ताँबा विद्युत तथा ऊष्मा के सबसे बेहतर सुचालक हैं। इन्हें सिक्का (Coinase) धातु कहते हैं, क्योंकि सबसे पहले इन धातुओं के ही सिक्के बनाये जाते थे। सोना, चाँदी और प्लैटिनम महँगी धातुएँ हैं। इन्हें अधिकतर आभूषण बनाने में प्रयोग किया जाता है। ताँबा और एल्युमिनियम से बिजली के तार बनाये जाते हैं। लोहा और एल्युमिनियम मशीन, रेलगाड़ी, मोटर-कार, बसें व हवाई जहाज बनाने के काम आते हैं।

❂❂❂

धातुओं ने मानव सभ्यता को आगे बढ़ाया है।

धातुकर्म (Metallurgy)

ईसा से 14वीं शताब्दी के मिस्त्री फराह तूतेनखामेन की कब्र से प्राप्त अत्यन्त प्राचीन कटारें (Daggers)।

सेल्टिक लौह-युग (Celtic Iron-Age) में निर्मित चाँदी का एक कड़ाह (Cauldron)।

धातुकर्म रसायन विज्ञान की वह शाखा है, जिसके अन्तर्गत विभिन्न धातुओं का निष्कासन, शोधन और अध्ययन किया जाता है। धातुकर्म दो प्रकार का होता है : निष्कर्षणी धातुकर्म (Extractive Metallurgy) तथा भौतिक धातुकर्म (Physical Metallurgy)। धातुकर्म में अयस्क (Ores) से धातुओं को प्राप्त करने की विभिन्न विधियाँ काम में लायी जाती हैं और भौतिक धातुकर्म में धातुओं की संरचना तथा उनके गुणों का अध्ययन किया जाता है। इसके अन्तर्गत मिश्रधातु का निर्माण भी आता है।

धातु-विज्ञानी धातुओं की सतह के विकारों (Surface Flaws) की जाँच सूक्ष्मदर्शी द्वारा करते हैं। इनके विश्लेषण से वे ज्ञात करते हैं कि धातुकर्म को जंग (Rust) और संक्षरण (Corrosion) से कैसे बचाया जा सकता है। हीट ट्रीटमेण्ट (Heat treatment) जैसे स्टील का तापानुशीतन (Tempering) या कड़ापन (Annealing), एनोडाइजिंग (Anodizing), इलेक्ट्रोप्लेटिंग (Electroplating), गैलवेनाइजिंग (Galvanizing), कार्बुराइजिंग (Carbur- izing) आदि भी धातुओं के अन्तर्गत आते हैं। हैमरिंग (Hammering), कास्टिंग (Casting), रौलिंग (Rolling) या एक्सट्रजन (Extrusion) भी भौतिक धातुकर्म की शाखाएँ हैं। आजकल मिश्रित पदार्थों (Composites Materials) का अध्ययन भी धातुकर्म के अन्तर्गत ही किया जाता है, जिसमें धातुओं को काँच तन्तुओं (Fibreglass) या प्लास्टिक के तन्तुओं के साथ मिलाया जाता है।

धातुकर्म की विधियाँ

1. **अयस्क का सान्द्रण** (Concentration of Ore): अयस्क सान्द्रण का अर्थ है, उसमें से बेकार पदार्थों को दूर करना। अयस्क को सान्द्र करने के लिए कई विधियाँ काम में लायी जाती हैं, जैसे–हाथ से चुनकर (By Hand-Picking), गुरुत्व-पृथक्करण (Gravity Separation), तेल-उत्प्लावन प्रक्रम (Oil Floatation Process), चुम्बकीय सान्द्रण प्रक्रम (Magnetic Concentration Process), स्थिर वैद्युत सान्द्रण-विधि (Electrostatic Concentration Method) आदि।
2. **धातु निष्कासन** (Extraction of Metal) : अयस्क के सान्द्रण के बाद आमतौर पर तीन विधियों द्वारा उसमें से धातु अलग की जाती है। ये विधियाँ हैं–निस्तापन (Calcination), भर्जन (Roasting) तथा प्रगलन (Smelting)।

धातुकर्म

3. **धातु का शोधन** (Purification of the Metal): उपर्युक्त विधियों से प्राप्त धातुएँ अधिक शुद्ध नहीं होतीं। उनमें सिलिका, फॉस्फोरस, कार्बन आदि अशुद्धियाँ मिली होती हैं। निम्नलिखित विधियों द्वारा अशुद्ध धातु से शुद्ध धातु प्राप्त की जाती है।

आसवन-क्रिया : सरलता से वाष्पित होने वाली धातुओं जैसे जस्ता, कैडमियम, पारा आदि को आसवन द्वारा शुद्ध रूप में प्राप्त किया जाता है।

द्रवण विधि : सरलता से पिघलने वाली धातुओं जैसे–टिन आदि को द्रवण विधि द्वारा शुद्ध किया जाता है। अशुद्ध धातु को एक भट्ठी की ढलान पर रखकर गरम किया जाता है। शुद्ध धातु पिघलकर नीचे बह जाती है और अशुद्धियाँ ढलान पर ही रह जाती हैं।

विद्युत अपघटन विधि : इस विधि में धातु के लवण का विलयन लेकर अशुद्ध धातु की एक मोटी प्लेट या छड़ को एनोड (Anode) तथा शुद्ध धातु की एक पतली प्लेट को कैथोड (Cathode) बनाया जाता है। विद्युत-धारा प्रवाहित करने पर शुद्ध धातु एनोड से विलयन में घुलती जाती है और कैथोड पर जमती रहती है। अशुद्धियाँ, जिन्हें एनोड मड (Anode mud) कहा जाता है, विलयन में नीचे जमा हो जाती है। ताँबा, टिन, सोना, चाँदी, जस्ता, सीसा आदि को इसी विधि द्वारा शुद्ध किया जाता है।

ईसा से 500 वर्ष पूर्व का सोने का एक प्याला।

इनके अतिरिक्त ऑक्सीकरण तथा पोलिंग विधियाँ भी धातुओं को शुद्ध करने में प्रयोग की जाती हैं।

भट्ठियाँ (Furnaces)

धातुओं को विभिन्न भट्ठियों में गरम करके निष्कासित किया जाता है। धातुकर्म में प्रयुक्त कुछ भट्ठियों के विवरण इस प्रकार हैं–

भट्ठा (Kiln) : भट्ठी का यह सबसे पुराना रूप है। इस में एक घेरे में हवा की मौजूदगी में पदार्थ तथा ईंधन को इतना गरम किया जाता है कि पदार्थ गलने न पाये और बेकार गैसें चिमनी से होकर बाहर निकलती रहें। ये भट्ठियाँ आम तौर पर धातुओं को नरम करने तथा ईंटें और बर्तन पकाने के काम आती थीं। इस प्रकार की आधुनिक भट्ठियों में गैस या विद्युत का प्रयोग किया जाता है।

ताँबे, लोहे और सोने को मिलाकर बनाया गया एक टोप **(Helmet)**

सेल्टिक लौह-युग की एक कुल्हाड़ी।

वात भट्ठी (Blast Furnace) : इस भट्ठी की बाहरी सतह पर लोहे की चादरें लगी रहती हैं और अन्दर का अस्तर ऊष्मा अवरोधी ईंटों का बना होता है। भट्ठी के ऊपर से अयस्क, ईंधन (जैसे-कोक) और गालक (जैसे लाइम-स्टोन) का मिश्रण डाला जाता है। भट्ठी की तली में जालियाँ होती हैं, जिनके नजदीक बने नोजलों से हवा झोंकी जाती है। अपशिष्ट गैसें चिमनी से बाहर निकलती रहती हैं।

उच्च ताप के कारण अयस्क पिघल कर चूल्हे (Hearth) में जमा हो जाता है, जहाँ से पिघली धातु और धातु-मल अलग कर लिये जाते हैं। ये भट्ठियाँ लोहे के उत्पादन में प्रयुक्त होती हैं।

परावर्तनी भट्ठी (Reverberatory Furnace) : इस भट्ठी के एक भाग में ईंधन जाता है और दूसरे भाग में चूल्हा (Hearth) बना होता है, जिसमें अयस्क को रखकर गरम किया जाता है। एक छेद द्वारा वायु प्रवेश कराके ज्वालाओं और गरम गैसें चिमनी से बाहर निकलती रहती हैं। भट्ठियों का प्रयोग ऑक्सीकरण और अवकरण दोनों ही प्रक्रमों के लिए किया जा सकता है। ये भट्ठियाँ धातुओं के निस्तापन (Calcination) और भर्जन (Roasting) में भी काम आती हैं।

मफल भट्ठी (Muffle Furnace) : इस प्रकार की भट्ठियों में गरम गैसों को चारों ओर से प्रवाहित करके अयस्क को गरम किया जाता है, जिससे न तो ईंधन और न ही ज्वाला अयस्क के सम्पर्क में आ पाते हैं। इन भट्ठियों का इस्तेमाल जस्ते के धातुकर्म में तथा चाँदी और सोने के आमापनों (Assaying) व तापानुशीतन (Annealing) में किया जाता है।

ईसा से 14-11 शताब्दी पहले चीन में निर्मित 700 किग्रा. वजन का काँसे का एक बर्तन।

विद्युत भट्ठी (Electric Furnacc) : विद्युत भट्ठियाँ आम तौर पर उच्च ताप पैदा करने वाली होती हैं। अयस्क के ऑक्सीकरण के लिए इनका इस्तेमाल किया जाता है। ये तीन प्रकार की होती हैं–प्रेरण भट्ठी (Induction Furnace), प्रतिरोधक भट्ठी (Resistance Furnace) तथा आर्क भट्ठी (Arc Furnace)। प्रेरण भट्ठी में विद्युत चुम्बकीय प्रेरण द्वारा ऊष्मा पैदा की जाती है। प्रतिरोधक भट्ठियों में विद्युतधारा प्रवाहित करके तार गरम किये जाते हैं तथा आर्क भट्ठियों में उच्च विद्युत विभवान्तर पर विद्युत आर्क पैदा करके ताप पैदा किया जाता है।

इनके अतिरिक्त वैसीमर भट्ठी, खुली भट्ठी तथा रीजेनेरेटिव भट्ठियाँ भी प्रयोग की जाती हैं।

❂❂❂

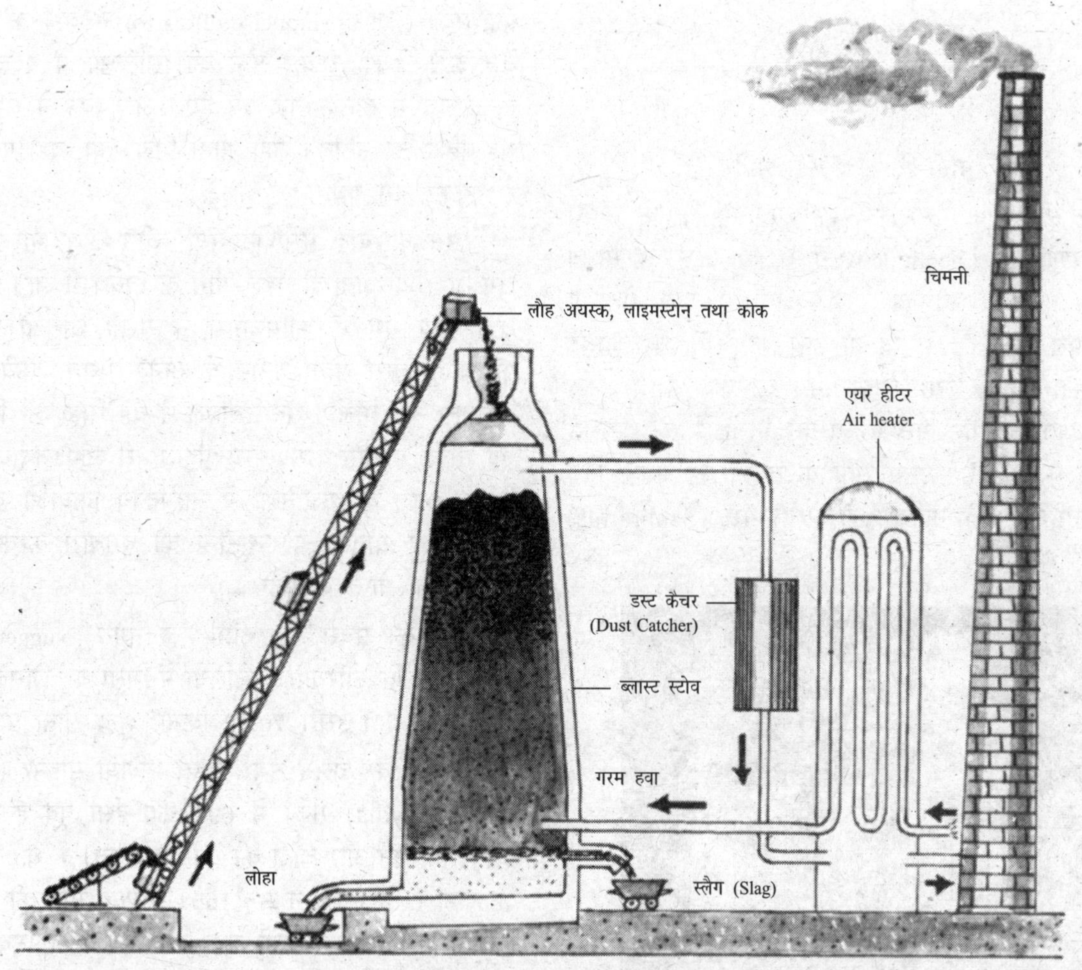

ब्लास्ट या वात भट्ठी (Blast Furnace) चिमनी।

सोना (Gold)

लैटिन नाम	:	**औरम** (Aurum)
संकेत	:	Au
परमाणु संख्या	:	77
परमाणु द्रव्यमान	:	196-97
रंग	:	**पीला, चमकीला**
गलनांक	:	1063°C
क्वथनांक	:	2660°C
घनत्व	:	**पानी से 19.3 गुना भारी**

सोना या स्वर्ण एक ऐसी आकर्षक धातु है, जिसके विषय में नवीन पाषाण युग (Neolithic Age) से भी पहले से मानव को पता था। प्राचीन सभ्यताओं के अवशेषों से ज्ञात होता है कि सबसे पहली धातु जो मनुष्य के हाथ लगी थी, वह शायद सोना ही थी। मिस्र के फराह तूतेनखामेन की कब्र से जो शुद्ध सोने से बने जेवरात और अनमोल वस्तुएँ मिली हैं, वे ईसा से 14वीं शताब्दी पूर्व की हैं। इनमें सोने के ताबूत का वजन 110 किग्रा. है। असीरिया की महारानी ने सेमीरामिस (Semiramis)

तूतेनखामेन के मकबरे से प्राप्त सोने का सिंहासन।

देवता की 12 मीटर ऊँची एक मूर्ति शुद्ध सोने की बनवायी थी, जिसका वजन लगभग 30 टन था। देवी रिहा (Rhea) की एक विशाल सोने की मूर्ति का वजन 250 टन था। प्राचीन इंका (Incas) सभ्यता का विनाश सोने की लूट के कारण ही हुआ था। फ्रांसिस्को पिजारो (Francisco Pizarro) ने वहाँ की प्राचीन स्वर्ण कलाकृतियों को लूटकर सोने की सिल्लियों में बदल दिया। सोने के लालच में अनेक युद्ध भी हुए। अन्वेषकों ने सोने की खातिर बड़े-बड़े खतरे उठाये। जहाँ सोना मिल गया, वहाँ पर लोग दूर-दूर से आकर बस गये।

मिस्र के बाद मेसोपोटामिया, चीन और भारत में, ईसा से लगभग 10वीं शताब्दी पहले सोने के विषय में ज्ञान प्राप्त हो चुका था। मध्य युग में कीमियागरों ने सस्ती धातुओं से रासायनिक प्रक्रियाओं द्वारा सोना बनाने के अनेक प्रयास किये, लेकिन उन्हें सफलता नहीं मिली। रॉबर्ट बॉयल ने यह सिद्ध कर दिया कि सोना एक तत्त्व है और उसे अन्य पदार्थों से नहीं बनाया जा सकता, लेकिन आज के वैज्ञानिकों ने नाभिकीय क्रियाओं द्वारा पारे और सीसा जैसी धातुओं पर न्यूट्रॉनों की बमबारी करके सोना बनाने में सफलता प्राप्त कर ली है।

सोने का सबसे बड़ा और शुद्ध नगेट (Nugget) 'होल्टरमान' मोलियागन विक्टोरिया, ऑस्ट्रेलिया में मिला था, जिसका वजन 214. 32 किग्रा. था। इससे 70.92 किग्रा. शुद्ध सोना प्राप्त हुआ था।

सिक्कों का चलन सबसे पहले एशिया माइनर (अब तुर्की) के लीडिया (Lydia) राज्य में 690-650 ईसा पूर्व हुआ। ये सिक्के इलेक्ट्रम (सोने और चाँदी की एक मिश्रधातु) के थे। मुगल बादशाह शाहजहाँ (1628-57) ने सन् 1654 में 200 सोने की मुहरों का एक सिक्का चलाया था। अभी तक ढाले गये सभी सिक्कों में उसका मूल्य सबसे अधिक है। सोने के सिक्कों का सबसे बड़ा भण्डार सन् 1814 में माडेना (इटली) के पास ब्रेस्केलो (Brescello) में जमीन के अन्दर मिला था। ये सिक्के 37 वर्ष ईसा पूर्व जमीन में गाड़े गये थे। इनमें रोमन साम्राज्य में प्रचलित ओरीअस (Aureous) नामक सोने के लगभग 80,000 सिक्के थे।

बैंकॉक (थाईलैण्ड) स्थित 'बात त्रिमित्र मन्दिर' में 15वीं शताब्दी

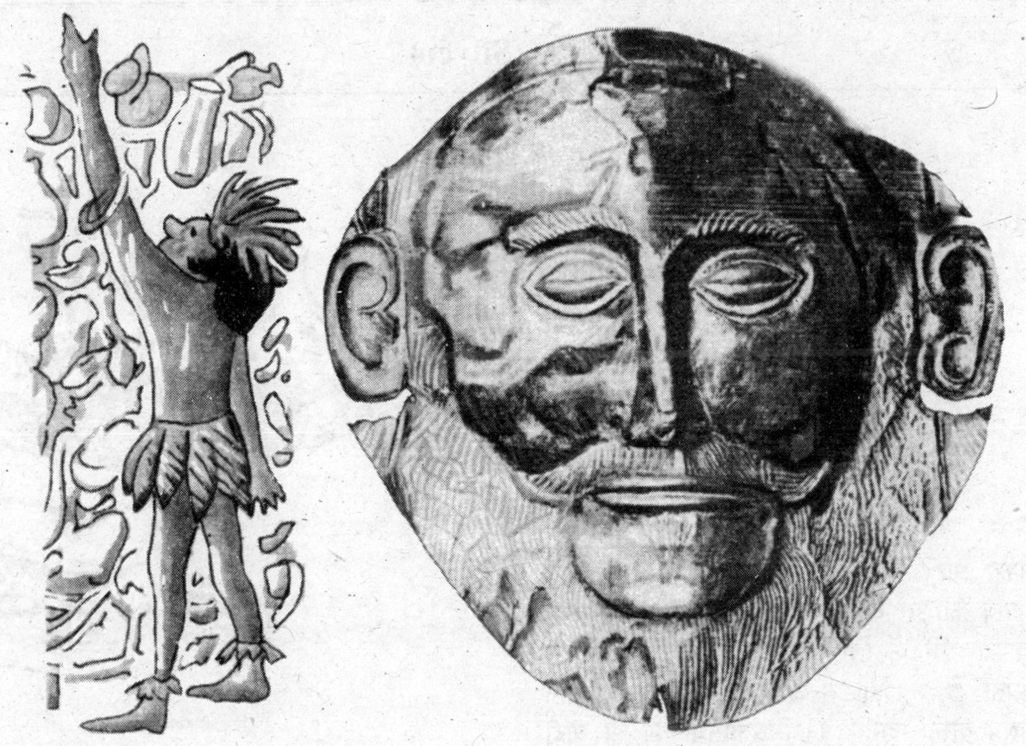

प्राचीन इंका सभ्यता का विनाश सोने के कारण ही हुआ।

सेल्टिक लौह-युग में बनाया गया सोने का एक डेथमास्क।

की बुद्ध की एक 3.04 मीटर (10 फुट) ऊँची सोने की मूर्ति है। इसका अनुमानित भार साढ़े पाँच टन है। आज इसके सोने की कीमत लगभग 51.3 करोड़ रुपये से भी अधिक है।

सोना समस्त विश्व में पाया जाता है। यह काफी गहरी खानों से प्राप्त होता है। आम तौर पर ठोस चट्टानों की दरारों में शुद्ध सोना मिल जाता है। कुछ जगहों की रेत में भी पर्याप्त मात्रा में सोना है। समुद्रों के पानी में भी सोना मौजूद है। पाँच टन समुद्री पानी में एक मिलीग्राम सोना होता है। विश्व में दक्षिणी अफ्रीका, रूस, कनाडा और अमेरिका में सबसे अधिक सोना मिलता है। भारत में सोने की खानें कर्नाटक में हैं।

सोने का इस्तेमाल सबसे पहले जेवरात और मूर्तियाँ बनाने में किया गया था, क्योंकि यह धातु आकर्षक और चमकीली होती है। सोना न तो जल्दी घिसता है और न ही इसकी चमक नष्ट होती है। शुद्ध सोना 24 कैरट का होता है। 22 कैरट के सोने का अर्थ है 24 हिस्सों में से 22 हिस्सा शुद्ध सोना है। 22 कैरट में 87.7% शुद्ध सोना होता है। 22 कैरट सोने के आजकल जेवर बनाये जाते हैं।

सोने पर पानी, हवा या धूप का कोई प्रभाव नहीं पड़ता। यह किसी एक अम्ल में नहीं घुलता, केवल अम्लराज (Aqua Regia) में घुलता है, जो सान्द्र नाइट्रिक एसिड और सान्द्र हाइड्रोक्लोरिक एसिड का मिश्रण है। सोना भारी होने के बावजूद बहुत नरम होता है। थोड़े-से सोने से काफी पतले वर्क (एक मिलीमीटर का दस हजारवाँ भाग) और काफी लम्बे तार खींचे जा सकते हैं।

सोने का उपयोग केवल जेवरात और मूर्तियों में ही नहीं होता, बल्कि औद्योगिक कार्यों में भी होता है। यह विद्युत का उत्तम-चालक है। सोना चढ़ी धातुएँ संक्षरण (Corrosion) से सुरक्षित रहती हैं। इलेक्ट्रॉनिक वस्तुओं में सोने का उपयोग बढ़ गया है। ट्रांजिस्टरों, डायडों तथा माइक्रोचिपों (Microchips) में सोने का उपयोग किया जाता है। कृत्रिम उपग्रहों में भी सोने का उपयोग किया जाने लगा है। विभिन्न देशों में व्यापार के लिए सोना मुद्रा के रूप में प्रयुक्त होता है। प्रत्येक देश में सोने के अपने भण्डार हैं, जो सोने की ईंटों के रूप में सुरक्षित रखे जाते हैं। पूजा स्थलों में सोने की मूर्तियाँ तथा पतले पत्र प्रयोग किये जाते हैं। किसी देश की सम्पन्नता वहाँ के स्वर्ण भण्डारों से मापी जाती है।

✪✪✪

चाँदी (Silver)

लैटिन नाम	:	**अर्जेण्टम** (Argentum)
संकेत	:	Ag
परमाणु संख्या	:	47
परमाणु द्रव्यमान	:	107-87
रंग	:	**चमकदार सफेद**
गलनांक	:	961°C
क्वथनांक	:	2180°C
घनत्व	:	**पानी से 10.5 गुना भारी**

शुद्ध चाँदी सफेद और चमकीली होती है। यह एक दुर्लभ और महँगी धातु है। मानव को इस धातु का ज्ञान अत्यन्त प्राचीन काल से ही है। कीमियागर चाँदी के लिए आधे चाँद का संकेत बनाते थे। सुमेरियन सभ्यता के अवशेषों से ज्ञात होता है कि वे लोग सीसा से चाँदी अलग करना जानते थे। मिस्रवासियों को भी चाँदी का ज्ञान था। हड़प्पा और मोहनजोदड़ों की खुदाइयों में चाँदी के जेवरात और बर्तन मिले हैं। 'अर्जेण्टीना' देश का नाम चाँदी के लैटिन नाम (अर्जेण्टम) के आधार पर ही रखा गया, क्योंकि वहाँ चाँदी के विशाल भण्डार थे। 327 ईसा पूर्व सिकन्दर महान जब भारत आया, तो कुछ ही दिनों में उसके सिपाही पेट की एक भयंकर बीमारी (Gastrointestinal Disease) के शिकार होने लगे, लेकिन अधिकारियों को यह रोग नहीं हुआ। इसका कारण लगभग 2,000 वर्ष बाद पता चला। वैज्ञानिकों ने बताया कि सिपाही पानी पीने के लिए टिन के प्याले (Tin Cups) का इस्तेमाल करते थे, जिससे यह रोग लग गया था, जबकि अधिकारी चाँदी के बर्तनों में पानी पीते थे। चाँदी का एक विशिष्ट गुण है, पानी को शुद्ध करना। चाँदी में लगभग 650 तरह के रोग फैलाने वाले जीवाणुओं को मारने की क्षमता है। एक ग्राम चाँदी का एक करोड़वाँ भाग एक लिटर पानी को शुद्ध करने के लिए काफी है। ईसा से 500 वर्ष पूर्व फारस का बादशाह साइरस (Cyrus) यात्रा करते समय पीने का पानी चाँदी के बर्तनों में रखा करता था। ये 'पवित्र चाँदी के बर्तन' (Sacred Silver Vessels) कहलाते थे।

टिन के प्याले और कप।

पुराने समय से ही चाँदी का इस्तेमाल मुद्रा के रूप में होता है। रोमनों ने ईसा से 269 वर्ष पूर्व चाँदी के सिक्के चलाये थे।

प्रकृति में चाँदी पर्याप्त मात्रा में पायी जाती है। चाँदी मुक्त रूप और संयुक्तावस्था दोनों में पायी जाती है। सन् 1860 में चाँदी का

चाँदी विद्युत और ताप की सर्वोत्तम चालक है।

ईसा से तीन सहस्राब्दी (Millennium) पहले के चाँदी के बर्तन, जो फ्रांस में पाये गये।

एक नगेट (Nugget) स्पेन में मिला था, जिसका वजन आठ टन था। इसके मुख्य अयस्क हैं:

- सिल्वर ग्लांस या आरजेण्टाइट (Silver Glance or Argentite) $-Ag_2S$.
- हॉर्न सिल्वर या क्लोरार्जिराइट (Horn Silver or Chlorargyrite)—Agcl.
- रूबी सिल्वर या पाइरार्जिराइट (Ruby Silver or Pyrargyrite)—$Ag_3\ Sb\ S_2$
- सिल्वर कॉपर ग्लांस या स्ट्रोमेइराइट (Silver Copper Glance or Stromeyrite)—$(Ag, Cu)_2S$.
- स्टेफोनाइट (Stephonite)—$Ag_5\ Sb\ S_4$.
- प्रोस्टाइट (Proustite)—$Ag_3\ As\ S_2$.

मैक्सिको में सबसे अधिक चाँदी मिलती है। उत्तरी और दक्षिणी अमेरीका, ऑस्ट्रेलिया, कनाडा, जापान आदि देशों में भारी मात्रा में चाँदी के अयस्क खानों से प्राप्त करके इस धातु को निकाला जाता है। चाँदी को साइनाइड प्रक्रम द्वारा निकाला जाता है। इस प्रकार प्राप्त चाँदी को विद्युत अपघटन विधि द्वारा शुद्ध किया जाता है।

यद्यपि चाँदी कम क्रियाशील है, तथापि वायु के सम्पर्क में अधिक समय तक रहने पर यह हल्की काली पड़ जाती है। चाँदी अम्लों के साथ क्रिया करके विभिन्न लवण (Salt) बनाती है।

चाँदी का उपयोग बर्तन, जेवरात, मूर्तियाँ, सिक्के आदि बनाने में किया जाता है। चाँदी विद्युत और ताप की उत्तम सुचालक है। इसलिए इलेक्ट्रॉनिक यन्त्रों में विद्युत सम्पर्क बनाने के लिए इसका इस्तेमाल किया जाता है। चाँदी नाइट्रिक एसिड में घुल जाती है। चाँदी के यौगिक प्रकाश किरणों से प्रभावित होते हैं। इसलिए सिल्वर क्लोराइड, सिल्वर ब्रोमाइड और सिल्वर आयोडाइड का इस्तेमाल फोटोग्राफी में किया जाता है। चिकित्सा में भी चाँदी का विशेष महत्त्व है। चाँदी का प्रयोग दर्पणों पर परावर्तक तह चढ़ाने के लिए भी किया जाता है। अन्तरिक्ष यानों में चाँदी और जस्ते से बनी बैटरियाँ काम में लायी जाती हैं। चाँदी एक मुलायम धातु है। इसलिए इसके बहुत पतले वर्क और तार बनाये जा सकते हैं। ढाई ग्राम चाँदी से पाँच किमी. लम्बा तार बनाया जा सकता है। पुराने जमाने से आज तक दवाइयों में चाँदी का उपयोग हो रहा है। चाँदी का उपयोग खाद्य उद्योगों में भी किया जाता है। चाँदी के पदक और सिक्के आज भी चलन में हैं। चाँदी का उपयोग विद्युत लेपन (Electroplating) में भी किया जाता है। चाँदी लेपित पीतल के बर्तन पंचतारा होटलों में प्रयोग किये जाते हैं। आज भी चाँदी की ईंटों को अन्तरराष्ट्रीय व्यापार में मुद्रा के रूप में प्रयुक्त किया जाता है।

ooo

लोहा (Iron)

लैटिन नाम	:	**फेरम** (Ferrum)
संकेत	:	Fe
परमाणु संख्या	:	26
परमाणु द्रव्यमान	:	55-847
रंग	:	**भूरा कालापन लिये**
गलनांक	:	1539°C
क्वथनांक	:	2800°C
घनत्व	:	**पानी से 7.9 गुना भारी**

लोहे की जानकारी मानव को प्रागैतिहासिक काल से है। आज यह एक सस्ती धातु है, लेकिन आज से 5,000 वर्ष पूर्व मिस्रनिवासी काफी सोना देकर थोड़ा-सा लोहा खरीद पाते थे। उस जमाने में लोहा सोने से भी कहीं अधिक महँगा था। अवशेषों से पता लगता है कि ईसा से 1500 वर्ष पूर्व दक्षिण-पूर्वी एशिया के लोग इसके एक अयस्क को गरम करके लोहा निकालते थे। सबसे पहले जो लोहा मनुष्य के हाथ लगा, वह उल्कापिण्डों (Meteorities) का था। भारतवासी बहुत पुराने समय से अच्छी किस्म का लोहा तैयार करना जानते थे। इसका प्रमाण दिल्ली में कुतुबमीनार के पास बना एक लोहे का स्तम्भ है, जो लगभग 800 वर्ष से बिना जंग लगे खड़ा है। सिकन्दर महान को पोरस ने जो कीमती उपहार दिया था, वह सोना या हीरा नहीं, बल्कि 15 किग्रा. उच्चकोटि का लोहा था। दमिश्क अच्छी किस्म के लोहे के लिए प्रसिद्ध था। वहाँ की तलवारें दुनियाभर में इस्तेमाल की जाती थीं।

लोहा खानों से लौह-अयस्क के रूप में प्राप्त किया जाता है। लोहे के मुख्य खनिज निम्नलिखित हैं–

सबसे पहला जो लोहा मनुष्य के हाथ लगा, वह उल्कापिण्डों का था।

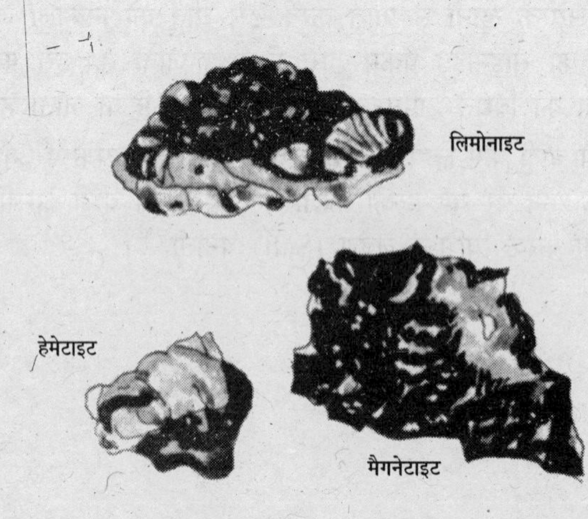

लोहे की खान से लौह-अयस्क निकाला जा रहा है।

- **ऑक्साइड अयस्क :** मैग्नेटाइट (Magnetitie) Fe_3O_4; लाल हेमेटाइट (Red Haematite)—Fe_2O_3
- **जलयुक्त ऑक्साइड अयस्क :** भूरा हेमेटाइट या लिमोनाइट–$2Fe_2O_3\ 3H_2O$
- **स्पैथिक लोहा अयस्क :** $FeCo_3$
- **सल्फाइड अयस्क :** लौह पाइराइट–$Fe\ S_2$

आधुनिक 'मशीन युग' का आधार लोहा ही है। लोहे और इस्पात (Steel) के बड़े उत्पादक देश ही आज संसार के समृद्ध, शक्तिशाली और औद्योगीकृत राष्ट्र हैं।

लोहे का 90% उत्पादन संसार के 11 देशों–रूस, ब्राजील, ऑस्ट्रेलिया, कनाडा, अमेरिका, भारत, चीन, दक्षिण अफ्रीका, स्वीडन, लाइबेरिया और बेनेजुएला में होता है। भारत में लौह-अयस्क के बड़े-बड़े भण्डार बिहार, उड़ीसा, मध्य प्रदेश, कर्नाटक, महाराष्ट्र, तमिलनाडु और गोवा में हैं।

राजमिस्त्री ने बादशाह सुलेमान को बताया कि यदि लुहार लोहे की कुदाल (Spade) और गैंती (Pick-axe) न बनाता, तो मन्दिर का निर्माण सम्भव नहीं था।

आज लौह-अयस्कों से लोहा निकालने के लिए विशाल वात-भट्ठियाँ प्रयोग में लायी जाती हैं। वात-भट्ठी में लौह अयस्क (हेमेटाइट) को कोक और लाइमस्टोन के साथ गरम किया जाता है। इससे अयस्क के अधिकांश हिस्से जल जाते हैं और काफी शुद्ध लोहा प्राप्त हो जाता है।

लोहे की किस्में

लोहा आमतौर पर चार रूपों में प्राप्त होता है—

ढलवा लोहा (Cast Iron), पिग आइरन (Pig Iron) इस्पात (Steel) और पिटवाँ लोहा (Wrought Iron)। ये चारों रूप लोहे में मौजूद कार्बन की मात्रा पर निर्भर हैं। ढलवाँ लोहे में कार्बन की मात्रा 0.2% रहती है। यह 'साधारण लोहा' कहलाता है। इस्पात में कार्बन की मात्रा सबसे कम रहती है। पिटवाँ लोहा सबसे उत्तम माना जाता है। ढलवाँ लोहा भी दो प्रकार का होता है—सफेद ढलवाँ लोहा (White Cast Iron) जिसमें कार्बन का अधिकांश भाग संयुक्त अवस्था में रहता हैं। भूरा ढलवाँ लोहे (Grey Cast Iron) में कार्बन का अधिकांश भाग ग्रेफाइट के सूक्ष्म क्रिस्टलों के रूप में रहता है।

स्टेनलैस स्टील में 73% लोहा, 18% क्रोमियम, 8% निकिल, और 10% कार्बन होता है। इनवार (Invar) लोहा और निकिल की मिश्रधातु है। एलनिको (Alnico) लोहा, एल्युमिनियम, निकिल और कोबाल्ट की मिश्रधातु है।

लोहा दो प्रकार के यौगिक बनाता है—फेरस और फेरिक। फेरस यौगिकों में इसकी संयोजकता 2 और फेरिक में 3 होती है। लोहे के यौगिक मुख्य रूप से रंग और स्याहियों के निर्माण में काम आते हैं। हमारे रक्त में भी लोहा होता है। लोहा एक चुम्बकीय धातु है। इस गुण के कारण इसे विद्युत मशीनों में प्रयुक्त किया जाता है। मैग्नेटिक टेप आयरन ऑक्साइड को प्रयोग में लाकर बनायी जाती है। लोहा भवन-निर्माण में ऊँचे पैमाने पर प्रयुक्त होता है।

✪✪✪

लोहे ने मानव सभ्यता को आगे बढ़ाया है।

ताँबा (Copper)

लैटिन नाम : **क्यूप्रम (Cuprum)**
संकेत : Cu
परमाणु संख्या : 29
परमाणु द्रव्यमान : 63-55
रंग : **लाली लिए, सन्तरी**
गलनांक : 1083ºC
क्वथनांक : 2567ºC
घनत्व : **पानी से 8.93 गुना भारी**

लगभग 10,000 वर्षों से मानव ताँबे का इस्तेमाल करता आ रहा है। प्रारम्भ में प्राकृतिक रूप से मिलने वाली धातुओं में सोने और चाँदी के साथ ताँबा भी था। ईसा से 5,000-3,000 वर्ष पूर्व के दौर को 'ताम्र-युग' (Copper-age) कहा जाता है। उस जमाने में यही ऐसी धातु थी, जिससे औजार और हथियार बनाये जाते थे। ऐसा अनुमान है कि प्राचीन मिस्र के पिरामिडों के निर्माण में ताँबे के औजारों का प्रयोग किया गया था। हड़प्पा की खुदाई से जो वस्तुएँ प्राप्त हुई हैं, उनमें ताँबे के औजार और हथियार भी हैं। सुमेरियन अपने सैनिकों के कवच ताँबे के बनाते थे। प्राचीन स्थलों की खुदाई में ताँबे की मूर्तियाँ, जेवरात, बर्तन और सिक्के मिले हैं।

रोमन काल में साइप्रस द्वीप ताँबे का मुख्य प्राप्ति-स्थान था। इसलिए साइप्रस के नाम पर इसका नाम 'क्यूप्रम' रखा गया। अँग्रेजी शब्द (Copper) की भी उत्पत्ति इसी शब्द से हुई है।

ताँबे के साथ-साथ प्राचीन मानव को टिन-पत्थर भी मिला। उसने उसमें से टिन निकाल लिया। फिर टिन और ताँबे को एक साथ गला कर काँसा बना लिया। ताँबे और जस्ते को गलाया, तो पीतल बन गया। इस प्रकार ताँबे से कई मिश्रधातुएँ बन गयीं।

ताँबे के भण्डार दक्षिण अमेरिका, रूस, कनाडा, स्वीडन, जाम्बिया, चिली, जर्मनी, फ्रांस आदि देशों में हैं। भारत में ताँबा बहुत कम पाया जाता है। बिहार, राजस्थान तथा आन्ध्र प्रदेश में ताँबे के कुछ भण्डार हैं। विश्व में प्रतिवर्ष लगभग 70 लाख मैट्रिक टन ताँबा निकाला जाता है। ताँबा निकालने की कई विधियाँ हैं। विद्युत अपघटन द्वारा अशुद्ध ताँबे से शुद्ध ताँबा प्राप्त किया जाता है। ताँबे के मुख्य अयस्क निम्नलिखित हैं–

- **सल्फाइड अयस्क :** कॉपर पाइराइट–$CuFeS_2$; बोर्नाइट–Cu_3FeS_2; कॉपर ग्लांस–Cu_2S ;
- **ऑक्साइड अयस्क :** मैलेकाइट–$CuCO_3Cu(OH)_2$; एजुराइट–2CuCO3. Cu $(OH)_2$.

10,000 वर्ष पूर्व मानव ताँबे का उपयोग करने लगा था।

ताँबा सामान्यतः कॉपर पाइराइट से निकाला जाता है। इसे बेसीमर कनवर्टर से प्राप्त किया जाता है। अन्त में विद्युत अपघटन से शुद्ध किया जाता है। ताँबे से पीतल, काँसा, बैलमैटाल, गनमैटाल, जर्मन सिलवर आदि मिश्रधातुएँ बनायी जाती हैं।

चाँदी के बाद ताँबा बिजली का सबसे अच्छा सुचालक हैं। ताँबा ऊष्मा का भी उत्तम सुचालक है। संसार का लगभग दो-तिहाई ताँबा विद्युत उद्योग में तथा विद्युत सम्बन्धी वस्तुओं के निर्माण में काम आता है। शेष ताँबा मिश्रधातुओं तथा बर्तनों के निर्माण में इस्तेमाल किया जाता है।

ताँबा वायु के प्रभाव में लाल-भूरा रंग का हो जाता है। ताँबा यौगिक जीव-जगत के लिए काफी महत्त्वपूर्ण है। इन्हें कीटनाशक के रूप में भी प्रयुक्त किया जाता है। कुछ यौगिक पेण्ट उद्योग में भी प्रयुक्त किये जाते हैं।

✿✿✿

मैंगनीज (Manganese)

लैटिन नाम	:	मैंगनीज (Manganese)
संकेत	:	Mn
परमाणु संख्या	:	25
परमाणु द्रव्यमान	:	54-938
रंग	:	स्लेटी (Grey)
गलनांक	:	1244°C
क्वथनांक	:	1962°C
घनत्व	:	पानी से 7.2 गुना भारी

मैंगनीज की खोज सन् 1744 में स्विस रसायन शास्त्री जो. हान्नगाहन ने की थी। अधिकांश मैंगनीज खनिज पाइरोलुसाइट या मैंगनीज डाइऑक्साइड से प्राप्त किया जाता है। इस खनिज को एल्युमिनियम के साथ गरम किया जाता है। इस क्रिया में मैंगनीज प्राप्त हो जाता है।

यह तत्त्व प्रकृति में उपलब्ध कई खनिजों में पाया जाता है, जैसे–पाइरोलुसाइट (Pyrolusite), मैंगेनाइट (Manganite), ब्राउनाइट (Braunite), हॉसमैंनाइट (Haus-mannite) और आयरन अयस्क। इनके अलावा मानव, जीव-जन्तुओं और पेड़-पौधों में भी इसकी सूक्ष्म मात्रा पायी जाती है।

दुनिया में मैंगनीज के अधिकांश अयस्क रूस, भारत, ब्राज़ील, घाना और दक्षिणी अफ्रीका में मिलते हैं।

मैंगनीज का सबसे अधिक इस्तेमाल लौह-मिश्रधातु के रूप में होता है। आमतौर पर लोहे और इस्पात उत्पादन में मैंगनीज का इस्तेमाल किया जाता है, क्योंकि यह इनमें से ऑक्साइड तथा गन्धक के यौगिकों को बाहर निकालने का काम करता है।

मैंगनीज डाइऑक्साइड का इस्तेमाल ड्राई सेल बैटरियों, सेरेमिकों और रंगों में किया जाता है। यह यौगिक उद्योगों में उत्प्रेरक (Catalyst) और ऑक्सीकारक (Oxidizing agent) के रूप में प्रयुक्त किया जाता है। मैंगनीज सल्फेट पेण्टों (Paints), वार्निशों (Varnishes) और उर्वरकों (Fertilizers) के काम आता है। पोटैशियम परमैंगेनेट (Potassium Permanganate) एक तीव्र ऑक्सीकारक और विसंक्रामक (Disinfectant) है। यह जल को कीटाणु रहित करने के काम आता है। इसे कुओं की लाल दवा के नाम से जाना जाता है। इस पदार्थ का बहुत हल्का घोल सब्जियाँ धोने के काम आता है।

❂❂❂

"मुझे अकेला मत समझो। मेरे साथ मैंगनीज भी है, तुम मेरा कुछ नहीं बिगाड़ सकते।"

टिन (Tin)

लैटिन नाम : **स्टैनम** (Stannum)
संकेत : Sn
परमाणु संख्या : 50
परमाणु द्रव्यमान : 118-69
रंग : **चाँदी जैसा सफेद**
गलनांक : 233°C
क्वथनांक : *
घनत्व : **पानी से 7.3 गुना भारी**

प्राचीन काल में लगभग छह हजार वर्ष पहले लोगों को टिन का ज्ञान था। मिस्र में एक कब्र से ईसा से 1580-1350 वर्ष पहले की टिन की एक अँगूठी और बोतल मिली है। ये टिन की वस्तुओं में सबसे पुरानी हैं। ईसा से 1200 वर्ष पहले का टिन से बना एक गुलदस्ता भी मिस्र में ही मिला है। रोम निवासी टिन का प्रयोग दर्पण बनाने में करते थे।

टिन का मुख्य अयस्क कैसीटेराइट (Cassiterite) है। सबसे अधिक टिन मलेशिया (Malaysia) में मिलता है। बोलिविया, इण्डोनेशिया, बेल्यिन कांगो, थाईलैण्ड और नाइजीरिया में भी टिन के भण्डार हैं। टिन के समस्त उत्पादन का आधा से अधिक भाग सिर्फ अमेरिका में इस्तेमाल किया जाता है।

टिन चाँदी जैसी सफेद और कोमल धातु है। इस पर जंग नहीं लगता। टिन का सबसे अधिक इस्तेमाल डिब्बे बनाने में किया जाता है। लोहे पर टिन की बहुत पतली परत चढ़ायी जाती है। यह परत खाने-पीने की वस्तुओं को खराब नहीं होने देती।

टिन से मिश्रधातुएँ भी बनायी जाती हैं। सोल्डर (Solder) जो टिन और सीसा की मिश्रधातु है, विद्युत परिपथों में टाँका लगाने के काम आती है। काँसा भी टिन की मिश्रधातु है। इसका यौगिक स्टेनिक क्लोराइड कपड़े रंगने में और फ्लोराइड टूथपेस्टों (Fluoride Toothpastes) के निर्माण में प्रयुक्त होता है। टिन को विद्युत लेपन में भी प्रयुक्त किया जाता है। टिन के यौगिकों को शीशे की प्लेटों पर स्प्रे करके विद्युत सुचालक परत जमायी जाती है।

✪✪✪

टिन का सबसे अधिक उपयोग डिब्बे बनाने में किया जाता है।

पारा (Mercury)

** टिन को जब 1500°C-1600°C तक गरम किया जाता है, तो यह चमक वाली ज्वाला के साथ जलने लगती है।*

लैटिन नाम	:	हाइड्रैर्जिरम (Hydrargyrum)
संकेत	:	Hg
परमाणु संख्या	:	80
परमाणु द्रव्यमान	:	200-59
रंग	:	**चमकदार सफेद तरल**
गलनांक	:	39°C
क्वथनांक	:	359°C
घनत्व	:	**जल से 13.5 गुना भारी**

थर्मामीटरों में पारे का इस्तेमाल किया जाता है।

पारा एकमात्र ऐसा धात्विक तत्त्व है, जो साधारण तापमान पर द्रव अवस्था में रहता है। प्राचीन रोमवासियों ने इस धातु को 'मर्करी देवता' का नाम दे रखा था।

कीमियागरों के लिए पारा सबसे महत्त्वपूर्ण धातु थी। इसके द्वारा वे अन्य सस्ती धातुओं से सोना बनाने का प्रयास करते रहे। ईसा से लगभग 1500 वर्ष पूर्व के मिस्री पिरामिडों में पारा मिला है।

एक चमकीले लाल खनिज सिनेबार (Cinnabar) को गरम करके इसकी वाष्प को संघनित करके पारा प्राप्त किया जाता है। 'सिनेबार' पारे और गन्धक का यौगिक है। इसे मरक्यूरिक सल्फाइड कहते हैं। पारे का सबसे बड़ा भण्डार अल्मेडन (Almaden) (स्पेन) में है।

पारा तापमान बढ़ने पर फैलता है और कम होने पर सिकुड़ता है। यह -38.87°C से +356.58°C पर द्रव अवस्था में रहता है। -39°C तापमान पर यह जमकर ठोस हो जाता है। पारे में कुछ धातुओं को अपने में घोलने की क्षमता होती है। इसे अमलगम (Amalgam) कहा जाता है। अमलगम का इस्तेमाल धातुओं पर सोने की परत चढ़ाने में किया जाता है। इसके अलावा दाँतों के छेदों को भरने में, दर्पण बनाने में तथा प्रयोगशालाओं में इसका प्रयोग किया जाता है। थर्मामीटर, बैरोमीटर, मैनोमीटर (Manometer), विसरण, निर्वात पम्प (Vaccum Pump) आदि में भी पारा प्रयुक्त होता है। मर्करी वेपर लैम्पों (Mercury Vapour Lamps) और कवाट्र्ज मर्करी लैम्पों (Quartz Mercury Lamps) में पारे का वाष्प भरा जाता है। बैटरियों (Batteries), स्विचों (Switches) और विद्युत अपघटन सेल (Electrolysis Cell) में भी पारे का उपयोग किया जाता है। पारे के कुछ यौगिक चिकित्सा में भी काम आते हैं। पारा और इसका वाष्प जहरीला होता है। इससे मस्तिष्क सम्बन्धी रोग हो जाते हैं। पारे के यौगिक विषैले होते हैं। अतः इसका उपयोग सावधानी से करना पड़ता है। पारे से भरे थर्मामीटर तापमान मापने में प्रयोग किये जाते हैं। इनका रेंज−40°C से 350°C तक होता है। फार्टिन बैरोमीटर में पारे द्वारा वायुदाब मापा जाता है। पारा हमारे लिए बहुत उपयोगी है।

✪✪✪

एल्युमिनियम (Aluminium)

- **नाम** : एल्युमिनियम (Aluminium)
- **संकेत** : Al
- **परमाणु संख्या** : 13
- **परमाणु द्रव्यमान** : 26-90
- **रंग** : चाँदी जैसा सफेद
- **गलनांक** : 660°C
- **क्वथनांक** : 2467°C
- **घनत्व** : जल से 2.7 गुना भारी

एल्युमिनियम का इस्तेमाल हवाई जहाज बनाने में होने लगा और लोग इसे 'उड़ने वाली धातु' कहने लगे।

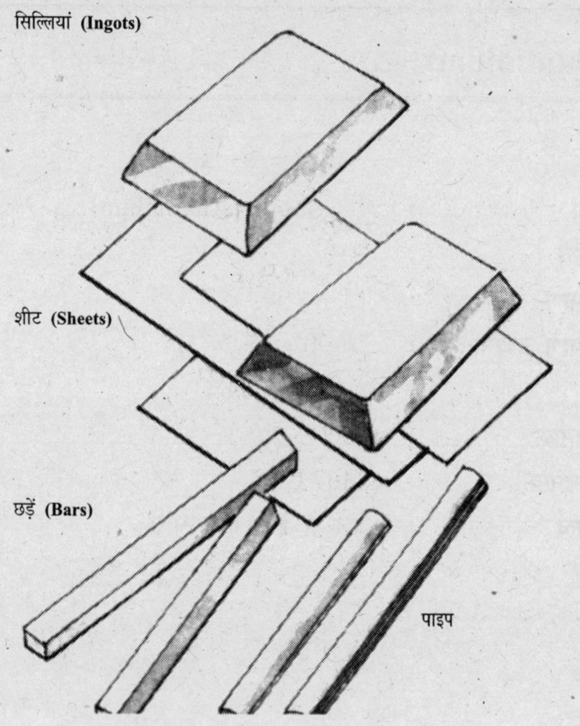

एल्युमिनियम की सिल्लियों, शीटों और छड़ों का उद्योगों में बड़े पैमाने पर इस्तेमाल होता है।

प्रकृति में एल्युमिनियम धातु स्वतन्त्र अवस्था में नहीं पायी जाती, इसलिए मनुष्य को इसका ज्ञान काफी देर से हुआ। एल्युमिनियम की खोज सन् 1827 में जर्मन रसायन विज्ञानी फ्रीडरिक व्होलर (Friedrich Wohler) ने की थी। उन्होंने सर्वप्रथम एल्युमिनियम क्लोराइड को पोटैशियम के साथ गरम करके एल्युमिनियम धातु प्राप्त की। लगभग 60 वर्षों तक यह एक महँगी धातु रही। सन् 1886 में इस धातु को प्राप्त करने की सस्ती विधि विकसित की गयी।

पृथ्वी की पपड़ी में लगभग 8.0ः एल्युमिनियम है, जो विभिन्न खनिजों के रूप में मिलता है। एल्युमिनियम के मुख्य खनिज निम्नलिखित हैं-

- **ऑक्साइड** : बॉक्साइड **(Bauxite)—Al_2O_3. $2H_2O$;**
- **सिलिकेट** : फेलस्पार **(Felspar)—K_2O. Al_2O_6.$6SiO_2$;**
  अबरख (Mica)—k_2O. $3Al_2O_3$. $6SiO_2$. $2H_2O$;
- **फ्लोराइड** : क्रोयोलाइट **(Cryolite)—3NaF. AlF_3.**
- **काओलीन (Kaolin)—Al_2O_3, $2SiO_2$.$2H_2O$.**
- **सल्फेट** : एल्युनाइट **(Alunite)—K_2SO_4. Al_2 $(SO4)_3$. 4Al $(OH)_3$.**
- **फॉस्फेट अयस्क** : टरकीस **(Turquoise)—$AlPO_4$. Al $(OH)_2$. H_2O.**

अधिकांश एल्युमिनियम बॉक्साइट से प्राप्त किया जाता है।

बॉक्साइट अयस्क से पहले एलुमिना और फिर विद्युत अपघटन क्रिया द्वारा एल्युमिनियम धातु प्राप्त की जाती है।

एल्युमिनियम बेयर प्रक्रम, हॉल प्रक्रम और सरपैक प्रक्रम द्वारा प्राप्त किया जाता है। इन प्रक्रमों में एल्युमिनियम टैंकों की तली में जमा हो जाता है। एल्युमिनिबम की मिश्रधातुएँ खाना पकाने के बर्तन और प्रेशर कुकर उच्च मात्रा में बनाये जाते हैं। विज्ञान सम्बन्धी अनेक उपकरण इस धातु से बनाये जाते हैं।

आजकल एल्युमिनियम धातु का इस्तेमाल इतना बढ़ गया है कि इसे 'धातुओं का चैम्पियन' कहा जाने लगा है। यह एक हल्की और मजबूत धातु है। इस पर जंग नहीं लगता। इसकी मिश्रधातु डुरालुमिन (Duralumin) हवाई जहाज बनाने के काम आती है। एल्युमिनियम से बिजली के तार बनाये जाते हैं। इसकी पतली चादरों को पैकिंग में प्रयुक्त किया जाता है। इस धातु से दरवाजों और खिड़कियों के फ्रेम तथा हैण्डल बनाये जाते हैं।

❂❂❂

लीथियम (Lithium)

नाम	:	**लीथियम** (Lithium) (ग्रीक शब्द 'लीथोस', जिसका अर्थ है–पत्थर)
संकेत	:	Li
परमाणु संख्या	:	3
परमाणु द्रव्यमान	:	6-941
रंग	:	**चाँदी जैसा सफेद**
गलनांक	:	180°C
क्वथनांक	:	1347°C
घनत्व	:	**सबसे हल्की धातु** (0.53)

स्वीडन के रसायन विज्ञानी जोहन आगस्ट आर्फवेडसन (Johan August Arfvedson) ने सन् 1817 में पेटेलाइट (PataLite) खनिज से एक नये धात्विक तत्त्व लीथियम की खोज की थी। लगभग 38 वर्ष बाद विद्युत अपघटन द्वारा बड़े पैमाने पर शुद्ध लीथियम का उत्पादन शुरू हुआ।

पृथ्वी की पपड़ी में लीथियम की मात्रा बहुत कम (0.0065%) है। 20 ऐसे खनिज हैं, जिनमें लीथियम पाया जाता है। लेपिडोलाइट स्पोडुमीन (Spodumene) और एपलीगोनाइट इसके प्रमुख खनिज हैं। ग्रेनाइट में भी लीथियम की कुछ मात्रा होती है। एक घन किलोमीटर ग्रेनाइट से 1,12,000 टन लीथियम निकाला जा सकता है।

लीथियम चाँदी जैसी एक सफेद मुलायम धातु है। यह एल्कली धातुओं की श्रेणी में आती है। लीथियम सबसे हल्की धातु है। इस धातु में हाइड्रोजन से संयुक्त होने की अत्यधिक क्षमता है। 250 ग्राम लीथियम हाइड्राइट में 700 लीटर हाइड्रोजन होती है। यह एक बहुत ही क्रियाशील तत्त्व है। यह वायु में सफेद ज्वाला के साथ जलती है।

लीथियम का उपयोग मिश्रधातुएँ बनाने में किया जाता है। रॉकेट के ईंधन के रूप में भी इसका इस्तेमाल होता है। रॉकेट के नोजल और दहनकक्ष पर लीथियम की कोटिंग की जाती है, ताकि उच्च तापमान के कारण वे पिघल न पायें। बैटरियों और सेलों में लीथियम के उपयोग से उनकी शक्ति तीन गुनी बढ़ जाती है। परमाणु ऊर्जा पैदा करने वाले रिएक्टरों में भी लीथियम का उपयोग किया जाता है। लीथियम द्वारा बना काँच अधिक ताप को सह सकता है, इसलिए टीवी. पिक्चर ट्यूब इसी काँच से बनायी जाती है। लेंस, एनेमल (Enamels), पेण्ट (Paints), पोर्सलेन (Porcelain) तथा टेक्सटाइल (Textile) उद्योग में भी लीथियम का उपयोग किया जाता है। लीथियम कार्बोनेट से बनी औषधियों का सेवन मानसिक रोगों में किया जाता है।

⭘⭘⭘

रॉकेटों में ईंधन के रूप में भी लीथियम का इस्तेमाल होता है।

बेरिलियम (Beryllium)

लैटिन नाम	:	**बेरिलियम** (Beryllium)(बेरिल खनिज के नाम पर)
संकेत	:	Be
परमाणु संख्या	:	4
परमाणु द्रव्यमान	:	9-012
रंग	:	**सफेद स्लेटी**
गलनांक	:	1280°C
क्वथनांक	:	2970°C
घनत्व	:	**पानी से 1.8 गुना भारी**

फ्रांस के रसायन विज्ञानी निकोलस लुइस वॉकुलिन (Nicholas Louis Vanquelin) ने सन् 1798 में एक नये धात्विक तत्त्व की खोज की, जिसे उन्होंने ग्लुसिनम (Glucinum) नाम दिया। क्लाप्रोथ ने इसका नाम 'बेरिलियम' रखा। इस तत्त्व की खोज तो हो गयी, लेकिन शुद्ध बेरिलियम धातु सन् 1828 में जर्मनी के फ्रेडरिक व्होलर और फ्रांस के ए. ए. बुसी ने बेरिलियम क्लोराइड से प्राप्त की। कई खनिजों में बेरिलियम की थोड़ी मात्रा पायी जाती है, लेकिन मुख्य रूप से बेरिल (Beryl) और पन्ना (Emerald) से ही यह धातु प्राप्त की जाती है। बेरिल के विशाल क्रिस्टल प्रकृति में पाये जाते हैं। ब्राजील और अर्जेंटाइना में बेरिल की अनेक खानें हैं। लीथियम के बाद बेरिलियम ही अधिक हल्की धातु होती है। हल्का होने के साथ-साथ मजबूती का भी गुण इस धातु में है। यह स्टील से कहीं अधिक मजबूत होता है। एल्युमिनियम की तुलना में यह छह गुना अधिक भार सहन कर सकता है। उत्तम ऊष्मा सुचालकता (Thermal Conductivity), उच्च ऊष्मा धारिता (High Heat Capacity) और ऊष्मा प्रतिरोधकता (Heat Resistance) इस धातु के विशेष गुण हैं। इन्हीं गुणों ने इसे 'अन्तरिक्ष युग की धातु' (Space-age Metal) बना दिया है। विमानों, रॉकेटों, कृत्रिम उपग्रहों और अन्तरिक्षयानों में इसी धातु का उपयोग किया जाता है। बेरिलियम और ताँबे की मिश्रधातु से विमानों के सैकड़ों पुर्जे बनाये जाते हैं, क्योंकि ये हल्के और मजबूत होते हैं। अन्तरिक्षयानों में भी कई महत्त्वपूर्ण पुर्जे इसी धातु से निर्मित किये जाते हैं। आवश्यकता पड़ने पर अन्तरिक्षयानों में ईंधन के रूप में भी यह प्रयुक्त होता है। बेरिलियम के यौगिक विषैले होते हैं। अतः इसका प्रयोग सावधानी से करना पड़ता है।

❂❂❂

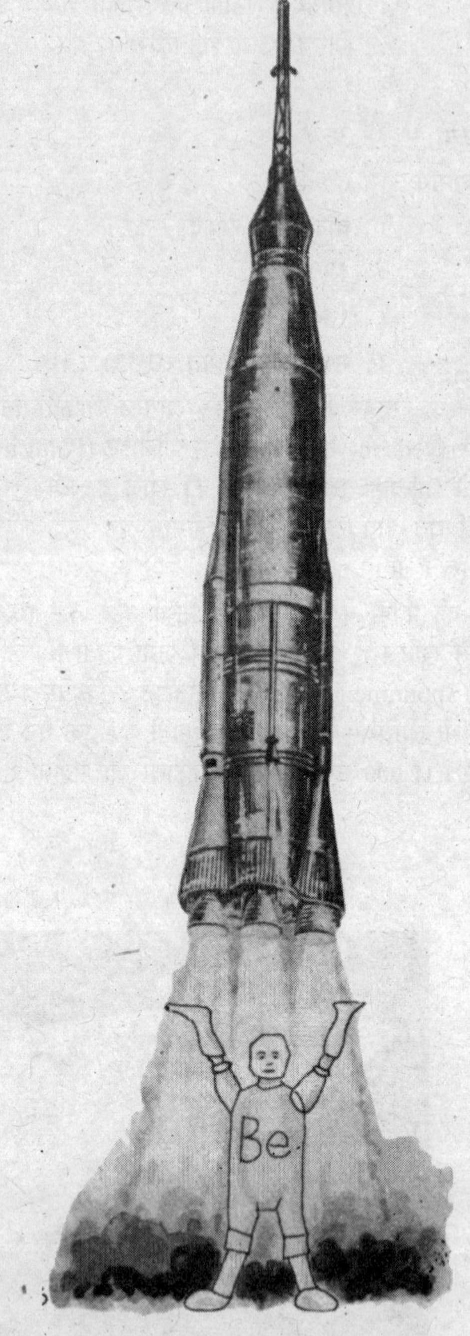

बेरिलियम हल्की होने के साथ-साथ मजबूत धातु भी है, इसलिए इसे 'अन्तरिक्ष युग की धातु' भी कहते हैं।

सीसा (Lead)

लैटिन नाम	:	**प्लम्बम** (Plumbum)
संकेत	:	Pb
परमाणु संख्या	:	82
परमाणु द्रव्यमान	:	207-19
रंग	:	**स्लेटी**
गलनांक	:	327-3°C
क्वथनांक	:	1750°C
घनत्व	:	**पानी से 11.3 गुना भारी**

सीसा (लेड) एक मुलायम भारी नीले-ग्रे रंग का धात्विक तत्त्व है। प्राचीन मिस्र की एक सीसे की मूर्ति प्राप्त हुई है, जो 6,000 वर्ष से भी अधिक पुरानी है। पिरामिडों में भी सीसे की बनी कुछ वस्तुएँ मिली हैं। इन वस्तुओं को देखकर अनुमान लगाया गया है कि सीसे की खोज मिस्रवासियों ने की थी।

आज से 3,000 वर्ष पूर्व सीसे का काफी इस्तेमाल किया जाता था। प्राचीन रोमनों ने सीसे का उपयोग सबसे अधिक किया था। वहाँ पानी के नल, बर्तन, घरेलू साज-सामान और मुद्राएँ सीसे से बनायी जाती थीं। जहाँ सीसे ने रोमन सभ्यता के विकास में योगदान दिया, वहाँ यह उसके पतन का कारण भी बना। चूँकि सीसे के अधिक प्रयोग से शरीर में इसका जहर फैल जाता है। अतः रोम के लोगों की हड्डियों में सीसे की मात्रा बढ़ गयी और उन्हें मानसिक रोगों ने आ घेरा। आजकल पेट्रोल में टेट्राएथिल लेड (Tetraethyl Lead) मिलाया जाता है। इसके धुएँ में सीसा मिला रहता है, जो वायु-प्रदूषण बढ़ाता है, लेकिन कुछ वर्षों से लैडफ्री पेट्रोल बिक रहा है। सीसे के घातक प्रभाव मनुष्य पर ही नहीं, बल्कि पेड़-पौधों और जानवरों पर भी पड़ते हैं।

अधिकांश सीसा गैलेना (Galena) (लेड सल्फाइड) सेरूसाइट (Cerussite) (लेड कार्बोनेट) और मैसीकोट (लैड ऑक्साइड अयस्कों से भी निकाला जाता है। ऑस्ट्रेलिया और रूस में इन अयस्कों के विशाल भण्डार हैं। इन अयस्कों को भट्ठियों में गरम करके धातु प्राप्त की जाती है। इसका मुख्य अयस्क गैलेना है। इसे विद्युत अपघटन द्वारा शुद्ध किया जाता है।

सीसे का अधिक इस्तेमाल बन्दूक के छर्रे, बिजली के केबल और लेड बैटरियाँ बनाने में किया जाता है। इसके अलावा काँच तैयार करने में, रंग और पेण्ट्स बनाने में तथा गन्धक का अम्ल बनाने में भी सीसा काम आता है। सीसा रेडियोऐक्टिव पदार्थों से निकलने वाली खतरनाक किरणों और एक्स किरणों को अवशोषित कर लेता है। इसलिए नाभिकीय भट्ठियों की दीवारों में भी सीसा लगाया जाता है। टाँका बनाने में टिन के साथ सीसे का प्रयोग किया जाता है।

सीसा कई यौगिक बनाता है। लेड ऑक्साइड बैटरियों में और लेड हाइड्रोऑक्साइड पेण्टों में प्रयोग किया जाता है। सीसे के यौगिक विषैले होते हैं, इसलिए इसका प्रयोग सावधानी से करना पड़ता है।

✪✪✪

आस्ट्रेलिया और रूस में सीसा अयस्कों के विशाल भण्डार हैं।

मैग्नेशियम (Magnesium)

नाम	:	**मैग्नियम** (Megnium)
संकेत	:	Mg
परमाणु संख्या	:	12
परमाणु द्रव्यमान	:	24-305
रंग	:	**चाँदी जैसा सफेद**
गलनांक	:	649-3°C
क्वथनांक	:	1090°C
घनत्व	:	**पानी से 1.7 गुना भारी**

ब्रिटिश वैज्ञानिक सर हम्फ्री डेवी (Sir Humphry Davy: 1778-1829) ने सफेद मैग्नेशिया के चूर्ण से सन् 1808 में एक नया धात्विक तत्त्व प्राप्त किया था। इस तत्त्व का नाम उन्होंने 'मैग्नियम' रखा, जो बाद में 'मैग्नेशियम' के नाम से जाना गया।

प्रकृति में मैग्नेशियम की प्रचुर मात्रा मौजूद है। झीलों और सागरों के पानी में यह धातु पायी जाती है। लगभग 200 खनिज ऐसे हैं, जिनमें मैग्नेशियम पाया जाता है। डोलोमाइट (Dolomite) और मैग्नेसाइट (Magnesite) इसके दो मुख्य खनिज हैं। यह धातु मैग्नेशियम क्लोराइड में विद्युत-धारा प्रवाहित करके प्राप्त की जाती है। पेड़-पौधों और जीव-जन्तुओं में भी यह तत्त्व मौजूद रहता है। पेड़-पौधे, जो हमारे जीवन के आधार हैं, हरा रंग क्लोरोफिल के कारण होता है और क्लोरोफिल में मैग्नेशियम रहता है।

मैग्नेशियम की पतली पत्ती जलने पर तेज चमकीली रोशनी पैदा करती है। इसका चूर्ण आतिशबाजी में इस्तेमाल किया जाता है। इसके चूर्ण से बड़ी चमकीली सफेद रोशनी पैदा होती है। जीनॉन फ्लैश लाइट के विकास से पहले फोटोग्राफर रोशनी के लिए मैग्नेशियम का चूर्ण जलाते थे। मैग्नेशियम से महत्त्वपूर्ण मिश्रधातुएँ बनायी जाती हैं। इसकी मिश्रधातु एल्युमिनियम से ज्यादा मजबूत और हल्की होती है। विमानों के पुर्जे, रॉकेट, अन्तरिक्षयानों आदि बनाने में इसका इस्तेमाल किया जाता है। मैग्नेशियम यौगिकों का उपयोग रंग, कपड़ा, रबड़, सीमेण्ट और अग्निसह ईंटों के निर्माण में किया जाता है।

मैग्नेशियम ऑक्साइड भट्ठियों में लाइनिंग के लिए प्रयुक्त किया जाता है। मैग्नेशियम सल्फेट और मैग्नेशियम हाइड्रोक्साइड औषधि-निर्माण में प्रयुक्त किये जाते हैं।

✪✪✪

मैग्नेशियम का चूर्ण आतिशबाजी में इस्तेमाल किया जाता है।

प्लैटिनम (Platinum)

नाम	:	**'प्लेटिनो-डेल पिण्टो'** (Platino-del Pinto) नदी के नाम पर
संकेत	:	Pt
परमाणु संख्या	:	78
परमाणु द्रव्यमान	:	195-09
रंग	:	**चाँदी की तरह सफेद**
गलनांक	:	1772°C
क्वथनांक	:	3800°C
घनत्व	:	**पानी से 21.5 गुना भारी**

प्लैटिनम का वास्तविक ज्ञान तो लोगों को सोलहवीं शताब्दी में ही हुआ, लेकिन प्राचीन एजटेक (Ancient Aztecs) सभ्यता के लोग बहुत पहले से प्लैटिनम के दर्पण बनाना जानते थे। उन दर्पणों में काँच नहीं होता था, बल्कि ये प्लैटिनम की समतल और पॉलिश की हुई शीटें होती थीं। अभी तक यह एक रहस्य ही है कि उन्होंने इस धातु को शीट का रूप देने के लिए इतना अधिक तापमान कैसे पैदा किया होगा। एजटेक के शासक मॉण्टेजुमा (Montezuma) ने इस किस्म के कई दर्पण स्पेन के सम्राट के पास भेजे थे।

स्पेनवासी सोने के लालची थे। उन्होंने मैक्सिको और दक्षिणी अमेरिका के बहुत-से भागों को जीतकर वहाँ के सोने के खजाने लूट लिये थे। उन्हें पता चला कि अमेरिकी नदियों की रेत में सोना मिला हुआ है, जिसे छानकर निकाला जा सकता है। स्पेनी सेना ने कोलम्बिया की नदी 'प्लेटिनो-डेल पिण्टो (Platino-del Pinto) के किनारे रेत को जब छाना, तो उसमें से सोने के कणों के साथ चाँदी जैसी चमकीली एक अन्य धातु के कण भी मिले। सैनिकों ने उस धातु को बेकार समझकर फेंक दिया। वे लोग इसे 'प्लेटिनो' (Platino) कहते थे, जिसका अर्थ है–घटिया चाँदी (Poor Quality Silver। उन्हें क्या पता था कि यह धातु कभी सोने से भी अधिक महँगी हो जायेगी।

डॉन अन्तोनियो डे अलोआ (Don Antonio del Ulloa) और डब्ल्यू. ब्राउनरिग (W. Brownrigg) ने सन् 1748 में प्लैटिनम की खोज की थी। सन् 1803-04 में प्लैटिनम धातु में अन्य मिश्रित धातुओं का पता लगा। अँग्रेज रसायन विज्ञानी विलियम हाइड वोलेस्टन (William Hyde Wollaston) ने रोडियम (Rhodium) और

स्पेनवासियों ने प्लैटिनम धातु को बेकार समझकर फेंक दिया।

सन् 1803-04 में प्लैटिनम धातु में अन्य मिश्रित धातुओं का पता लगा।

पैलेडियम को सन् 1803 में एक-दूसरे से अलग किया। ओस्मियम (Osmium) और इरीडियम (Iridium) की खोज स्मिथसन टेनेण्ट (Smithson Tennant) ने सन् 1804 में की थी। रूसी वैज्ञानिक कार्ल कार्लोविच क्लॉस (Karl Karlavich Klaus) ने सन् 1845 में रूथेनियम (Ruthenium) की खोज की थी।

प्रकृति में प्लैटिनम धातु की मात्रा बहुत कम है। कनाडा और रूस में यह धातु सबसे अधिक मिलती है। दक्षिणी अफ्रीका और दक्षिणी अमेरिका में भी प्लैटिनम पाया जाता है। यह कणों या नगेट के रूप में मिलती है।

प्लैटिनम सफेद रंग की एक बहुत ही चमकीली कीमती धातु है। यह सोने से भी कई गुना कीमती होती है। इसमें कभी जंग नहीं लगता। इस पर अम्लों का भी कोई प्रभाव नहीं होता। ताप सहन करने की भी इसमें बहुत अधिक क्षमता रहती है। पालिश करने पर यह बहुत चमकदार बन जाती है।

प्लैटिनम के जेवरात बनाये जाते हैं। इस धातु का इस्तेमाल हवाई जहाज, रेडियो, टेलीविजन, मिसाइल, जेट इंजनों तथा अन्य इलेक्ट्रॉनिक उपकरणों को बनाने में किया जाता है। रासायनिक प्रयोगशालाओं में प्लैटिनम का विशेष महत्त्व है। उत्तम लेंसों के निर्माण में भी इस धातु का उपयोग किया जाता है। इस धातु के इलेक्ट्रोड भी बनाये जाते हैं। प्लैटिनम और चाँदी की मिश्रधातुएँ दाँत भरने में प्रयुक्त होती हैं।

विज्ञान प्रयोगशालाओं में प्लैटिनम रेजिस्टेंस थर्मामीटर बनाये जाते हैं। आजकल प्लैटिनम से हीरे के जेवरात बनाये जाते हैं। प्लैटिनम आज की दुनिया में बहुत ही महँगी धातु है।

✪✪✪

यूरेनियम (Uranium)

लैटिन नाम	:	**यूरेनियम** Uranium (यूरेनस ग्रह के नाम पर)
संकेत	:	U
परमाणु संख्या	:	92
परमाणु द्रव्यमान	:	238-03
रंग	:	**चाँदी जैसा सफेद**
समस्थानिक	:	**यूरेनियम–238, 232, 235**
गलनांक	:	1132°C
क्वथनांक	:	3818°C
घनत्व	:	**पानी से 19 गुना भारी**

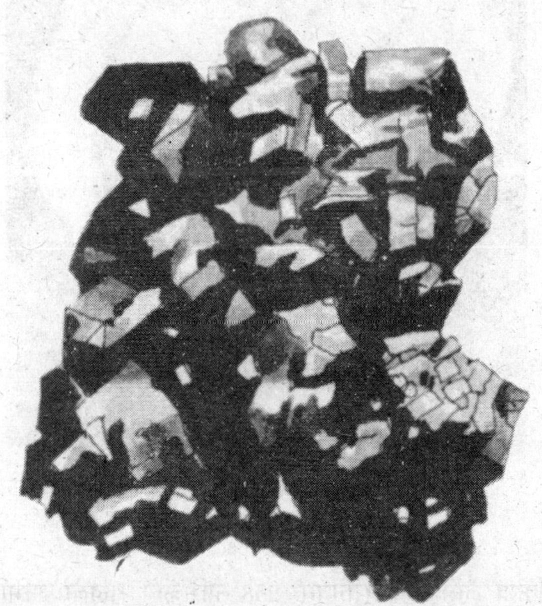

'पिच-ब्लेण्ड' खनिज में यूरेनियम के यौगिक पाये जाते हैं।

यूरेनियम एक रेडियोधर्मी धातु है। परमाणु ऊर्जा के उपयोग से पहले यह एक साधारण धातु थी। यूरोप के अनेक काँच-निर्माता काँच और चीनी मिट्टी के बर्तनों को रंगने के लिए इसके यौगिकों का प्रयोग करते थे, लेकिन आज यूरेनियम एक महत्त्वपूर्ण तत्त्व है। 4.5 किग्रा. यूरेनियम–235 की कीमत 2,00,000 डॉलर से भी अधिक है।

मार्टिन क्लाप्रोथ (Martin Klaproth) ने सन् 1789 में पिच-ब्लेण्ड (Pitch-blende) नामक अयस्क से 'यूरेनियम' तत्त्व प्राप्त किया था और यूरेनस ग्रह के नाम पर इसका नाम 'यूरेनियम' रखा था। फ्रांसीसी रसायन विज्ञानी यूजीन पेलीगॉट (Eugene Peligot) ने सन् 1841 में शुद्ध यूरेनियम तत्त्व प्राप्त किया था।

यूरेनियम पृथ्वी की सम्पूर्ण ऊपरी सतह पर मौजूद है। इसका प्रमुख अयस्क 'पिच-ब्लेण्ड' है, जिसे 'यूरेनिनाइट' भी कहा जाता है। यह अयस्क अफ्रीका, कांगों तथा कनाडा में अधिक मिलता है। इसके अलावा यह अयस्क ऑस्ट्रेलिया, अमेरिका, पूर्वी अफ्रीका और रूस में भी मिलता है।

यह एक सफेद रंग की धातु है। इसके लवणों के विलयनों को प्रकाश में रखने पर प्रतिदीप्ति दिखायी देती है। यह एक रेडियोएक्टिव तत्त्व है और विखण्डन उत्पादों की एक श्रेणी देता है। यह एक ऐसा तत्त्व है, जो रेडियोक्षरण द्वारा धीरे-धीरे करोड़ों वर्षों से सीसे (लेड) में बदल जाता है। इस प्रक्रिया में रेडियम की तरह यूरेनियम से भी किरणें निकलती हैं। वैज्ञानिकों के अनुसार, एक तत्त्व का एक परमाणु उसके बाकी परमाणुओं जैसा होना चाहिए, लेकिन रेडियोऐक्टिव तत्त्व 'यूरेनियम' में ऐसा नहीं है। यह एक ऐसा तत्त्व है, जिसकी कई किस्में या समस्थानिक (Isotopes) मौजूद हैं। जैसे–यूरेनियम–235 और यूरेनियम–238। यूरेनियम–235 नाभिकीय ईंधन है, जिससे नाभिकीय विखण्डन (Nuclear Fission) में काफी अधिक ऊर्जा मुक्त होती है। नाभिकीय अस्त्रों (Atomic Weapons) और अधिकांश नाभिकीय रिएक्टरों (Nuclear Reactors) में इसका

नाभिकीय अस्त्रों और नाभिकीय रिएक्टरों में यूरेनियम का इस्तेमाल किया जाता है।

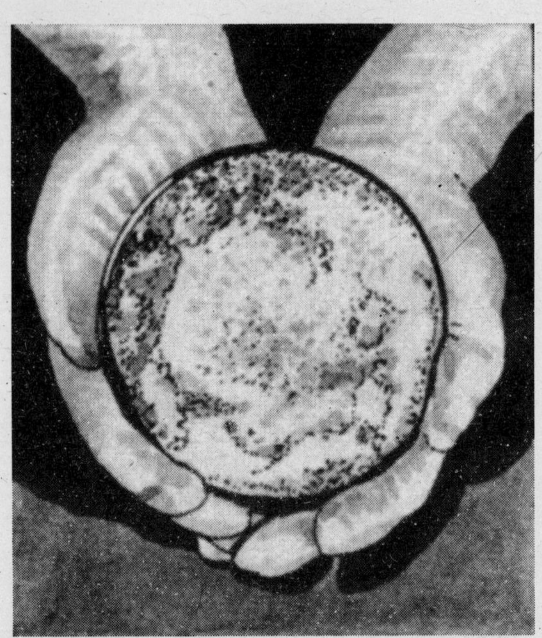

यूरेनियम 235 एक कीमती धातु है।

प्रयोग किया जाता है। यूरेनियम–238 नाभिकीय शृंखला अभिक्रिया को दबा देता है, इसलिए इसका इस्तेमाल ब्रीडर रिएक्टरों में किया जाता है। इससे पैदा ऊष्मा से पानी गरम करके और भाप बनाकर टरबाइनें चलायी जाती हैं तथा विद्युत पैदा की जाती है।

यूरेनियम एक महत्त्वपूर्ण परमाणु ईंधन है। इसका उपयोग पानी की भाप बनाकर जनरेटरों को चलाने में किया जाता है। विश्व के बड़े-बड़े देशों में परमाणु विद्युत केन्द्र स्थापित किये गये हैं, जिनमें विद्युत उत्पादन करके कोयले और पेट्रोल की बचत की जा रही है। एक ग्राम यूरेनियम से जितनी ऊर्जा मिलती है, उतनी ऊर्जा प्राप्त करने के लिए लगभग 12,250 टन कोयले की जरूरत होती है। यूरेनियम को नाभिकीय रिएक्टरों में प्रयोग करने योग्य बनाने की तकनीक कुछ ही देशों के पास है। इसे 'यूरेनियम एनरिचमेण्ट (Enrichment) कहा जाता है। इस तत्त्व ने दुनिया में तहलका मचा रखा है। यूरेनियम से परमाणु बम बनाये जाते हैं। यूरेनियम की तीन समस्थानिक (Isotopes) हैं, ये हैं–

232U—1.39×10^{10} वर्ष

235U—7.1×10^{8} वर्ष

238U—4.5×10^{9} वर्ष

❂❂❂

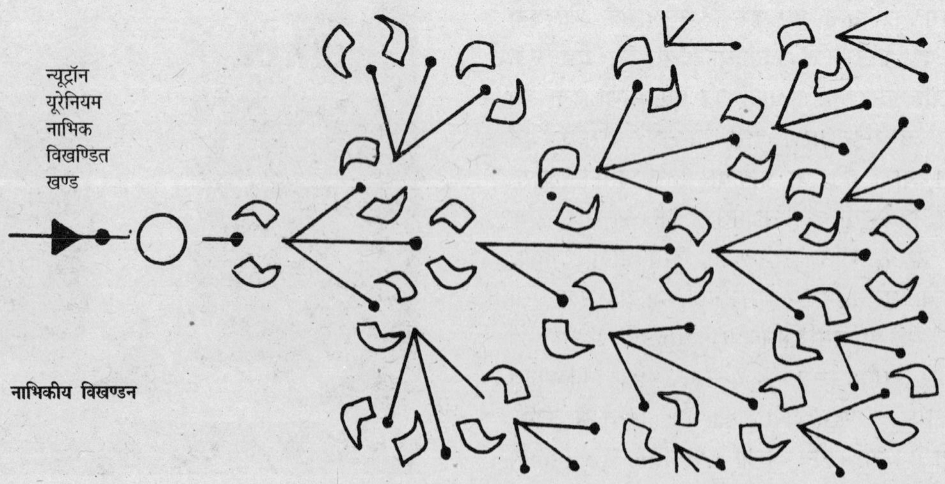

नाभिकीय विखण्डन

16 वैज्ञानिक और आविष्कार (Scientists & Inventions)

वैज्ञानिक और आविष्कार (Scientists And Inventions)

आदिमानव की स्थिति को जानना या उसकी कल्पना करना लगभग असम्भव है। आरम्भ में रहने के लिए न तो उसके पास घर था, न यन्त्र थे, न हथियार थे और न ही पहनने को कपड़े। उसे कृषि के बारे में भी ज्ञान नहीं था। वह अपनी चतुराई से शिकार करता और कन्दमूल खाता था। भोजन की तलाश के विषय में वह दूसरे जानवरों से भिन्न और चतुर था।

शुरू से ही मानव दूसरे जीवों की तुलना में अधिक परिपक्व मस्तिष्क वाला प्राणी रहा है। अपने इसी दिमाग के आधार पर वह समय के साथ-साथ उन्नति करता गया और अपने लिए चीजें जुटाता गया।

मानव का सबसे पहला आविष्कार सम्भवतः पत्थर का एक नुकीला टुकड़ा था, जिसे उसने प्रथम औजार के रूप में प्रयोग किया था। इसी साधारण औजार से उसने कुल्हाड़ी, चाकू और दूसरे औजारों का विकास किया।

इसके बाद उसने लगभग 5,00,000 वर्ष पहले आग का आविष्कार किया। उसने जानवरों की खाल को कपड़ों के रूप में प्रयोग करना आरम्भ किया और गुफाओं में रहना शुरू किया। लगभग 10,000 ईसा पूर्व उसने खेती करना सीखा। लगभग 5,000 वर्ष पहले उसने पहिये का आविष्कार किया। ऐसे ही आविष्कारों के आधार पर मानव-सभ्यता का विकास होता आया है और होता रहेगा।

विज्ञान यानी साइंस (Science) लेटिन के 'साइंसिया' (Scientia) शब्द से बना है, जिसका अर्थ है- विद्या या ज्ञान (Knowledge)। आज विज्ञान एक महत्त्वपूर्ण विषय है।

पाइथागोरस (Pythagorus), अरस्तू (Aristotle), सुकरात (Socrates), प्लेटो (Plato), आर्किमिडीज (Archimedes) आदि दार्शनिकों के सिद्धान्त विज्ञान के विकास में सहायक सिद्ध हुए।

मिस्र की प्राचीन विद्या 'अलकेमी', जिसका विकास एवं प्रसार विभिन्न देशों में विविध रूपों से हुआ था, ने सोलहवीं शताब्दी के

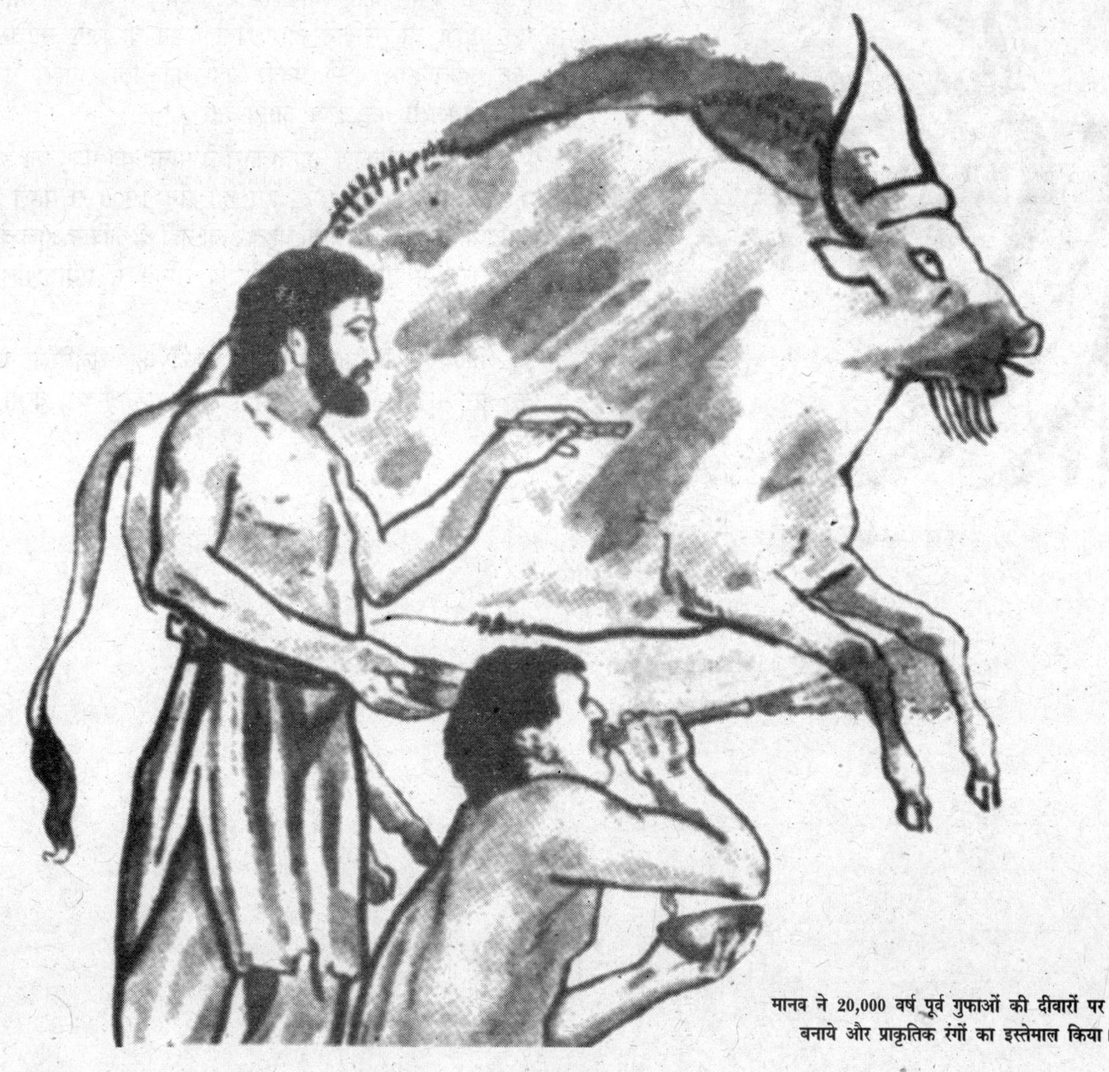

मानव ने 20,000 वर्ष पूर्व गुफाओं की दीवारों पर चित्र बनाये और प्राकृतिक रंगों का इस्तेमाल किया।

अन्त तक रसायन विज्ञान की प्रगति में योगदान दिया। 'अलकेमी' में एसिड आदि का निर्माण और विभिन्न प्रकार के नये यौगिकों की प्राप्ति मुख्य थी। जाबिर इब्न-हय्यान (Jabir Ibn-Hayyan), अल-राज़ी (Al-Razi) इब्न-सीना (Ibn Sina), चरक और सुश्रुत आदि उस समय के प्रमुख वैज्ञानिक थे।

वास्तव में सत्रहवीं शताब्दी के मध्य से ही विज्ञान के युग की शुरुआत हुई। इस युग में रॉबर्ट बॉयल ने पहले-पहले विज्ञान-जगत् को प्रयोगों के महत्त्व का सन्देश दिया। इसी समय इंग्लैण्ड, फ्रांस और जर्मनी में वैज्ञानिक संस्थाएँ खुलीं और लगभग इसी समय गैलीलियो, न्यूटन आदि महान वैज्ञानिकों ने अपने सिद्धान्तों और आविष्कारों द्वारा विज्ञान को आगे बढ़ाया।

अरस्तू (384-322) ईसा पूर्व

आविष्कार कभी-कभी अचानक भी हो जाते हैं। रॉण्टजन ने एक्स-रे का आविष्कार अचानक ही सन् 1895 में कर डाला। पेनी. सिलीन की खोज भी अनायास ही हो गयी थी। ऐसे आविष्कार गिने-चुने हैं। वास्तव में असाधारण प्रतिभा वाले वैज्ञानिक ही इस अनायास प्राप्त वैज्ञानिक उपलब्धि को एक नये आविष्कार का रूप देते हैं, लेकिन अधिकतर आविष्कार नियमित योजना और परिश्रम का परिणाम होते हैं। मैडम क्यूरी ने रेडियम के आविष्कार में योजनाबद्ध रूप से प्रयोग किये और सन् 1898 में उन्हें सफलता मिली। कई बार आवश्यकताएँ भी नये आविष्कार करा डालती हैं। जर्मनी ने इंग्लैण्ड को तबाह करने के लिए रॉकेट विज्ञान और प्रक्षेपास्त्रों का आविष्कार किया। अमेरिका ने जापान को सबक सिखाने के लिए परमाणु बम का आविष्कार किया। आज ये सभी आविष्कार जीवनोपयोगी सिद्ध हो रहे हैं।

विज्ञान के सहारे आज मानव अन्तरिक्ष में जा पहुँचा है। कम्प्यूटर के आविष्कार ने सूचनाओं के भेजने और प्राप्ति की गति को अविश्वसनीय रूप से तेज कर दिया है। सूचना क्रान्ति वास्तव में कम्प्यूटर से ही जन्मी है।

आविष्कार और खोज शब्दों में मूल रूप से अन्तर है। प्रकृति में मौजूद चीज का पता लगाने को 'खोज' कहते हैं और किसी नयी वस्तु के बनाने को 'आविष्कार'। उदाहरण के लिए आग पैदा करना एक खोज थी, लेकिन आग पैदा करने के लिए माचिस का बनाना एक आविष्कार। इसी प्रकार ग्रहों का पता लगाना एक खोज थी, परन्तु बिजली का बल्ब आविष्कार था।

यद्यपि अधिकांश आविष्कारों ने मानव की मदद की है, लेकिन दूसरे कुछ हानिकारक भी सिद्ध हुए हैं। सन् 1900 से पहले के अधिकांश आविष्कारों की शिक्षा-दीक्षा बहुत ऊँची नहीं थी लेकिन आज के आविष्कारक पूरी तरह से प्रशिक्षित हैं और वे समूहों में प्रयोगशालाओं में काम करते हैं।

विश्व में आविष्कारों और खोजों का सिलसिला मानव सभ्यता के आरम्भ से चलता आ रहा है और यह शृंखला कभी नहीं टूटेगी।

✪✪✪

गैलीलियो गैलिली (Galileo Galilei) 1564-1642

इटली के गैलीलियो गैलिली विश्व के उन महान वैज्ञानिकों में से एक थे, जिन्होंने अपने बनाये हुए दूरदर्शी यन्त्र से सर्वप्रथम खगोलीय पिण्डों के विषय में महत्त्वपूर्ण खोजें कीं। उन्होंने इस दूरदर्शी से चन्द्रमा के पर्वत एवं घाटियाँ, बृहस्पति के उपग्रहों तथा शनि के वलयों को देखा। गैलीलियो ने इसी यन्त्र के आधार पर आकाशगंगा को दूरवर्ती तारों का समूह बताया।

गैलीलियो का जन्म 15 फरवरी, सन् 1564 को पीसा (इटली) में हुआ था। 23 वर्ष की उम्र में गैलीलियो पीसा विश्वविद्यालय में गणित के प्राध्यापक पद पर नियुक्त किये गये। सन् 1581 में उन्होंने दोलक (Pendulum) का आविष्कार किया। इसी के आधार पर उनके पुत्र ने दीवार घड़ियों के मॉडल बनाये। बैरोमीटर का निर्माण और प्रथम स्टीम इंजन का विकास भी उन्हीं की खोजों के आधार पर हुआ।

उनका जन्म ऐसे समय में हुआ था, जब पृथ्वी और ब्रह्माण्ड को बाइबल और अरस्तू के विचारों के आधार पर समझाया जाता था और पृथ्वी को ब्रह्माण्ड का केन्द्र माना जाता था। उन्होंने सैकड़ों वर्षों से प्रचलित धार्मिक कथनों को वैज्ञानिक तथ्यों के आधार पर गलत सिद्ध किया। उन्होंने बताया कि सूर्य ब्रह्माण्ड का केन्द्र है और पृथ्वी सूर्य के चारों ओर घूमती है। पीसा की झुकी हुई मीनार से धातु के दो गोले गिराकर गैलीलियो ने अरस्तू के इस कथन को गलत सिद्ध कर दिया कि समान ऊँचाई से अलग-अलग भार की दो वस्तुएं एक ही साथ गिरायी जायें तो अधिक भार की वस्तु कम भार की वस्तु की तुलना में जमीन पर पहले गिरेगी। उन्होंने यह भी बताया कि दूसरे सभी ग्रह सूर्य के चारों ओर घूमते हैं।

ऐसी धार्मिक मान्यताओं को गलत सिद्ध करने के अपराध में उन्हें जेल में डाल दिया गया। जेल से छूटने के बाद गैलीलियो अन्धे हो गये और 8 जनवरी, सन् 1642 को आरसेनी (इटली) में उनकी मृत्यु हो गयी। उनकी प्रसिद्ध पुस्तक 'डाइलॉग्स कंसर्निंग दि टू प्रिंसीपल सिस्टम्स ऑफ दि वर्ल्ड' (Dialogues concerning the two principal systems of the world) में उन्होंने अपने वैज्ञानिक विचारों का विस्तारपूर्वक उल्लेख किया है। गैलीलियो जैसे महान वैज्ञानिक ने ही मानव को अन्तरिक्ष अनुसन्धानों की राह दिखायी थी। वे ऐसे वैज्ञानिक थे, जो जीवन-भर सत्य की खोज में लगे रहे।

❂❂❂

गैलीलियो गैलिली (1564-1642)

सर आइज़क न्यूटन (Sir Isaac Newton) 1642-1727

न्यूटन अपने गुरुत्वाकर्षण के सिद्धान्त के लिए विश्व-भर में प्रसिद्ध हैं, जो उन्होंने सेब को पेड़ से नीचे गिरते देखकर प्रतिपादित किया था। सर आइज़क न्यूटन का जन्म वूल्सथॉर्प, लिंकनशायर (Woolsthorpe, Lincolnshire) में 25 दिसम्बर, सन् 1642 को हुआ था। वे विश्व के महानतम वैज्ञानिकों में से एक थे। उन्हें भौतिकी का जन्मदाता कहा जाता है। बचपन में न्यूटन कोई प्रतिभाशाली छात्र नहीं थे। कैम्ब्रिज विश्वविद्यालय से उन्होंने सन् 1665 में ग्रेजुएशन की डिग्री प्राप्त की। सन् 1669 में न्यूटन ट्रिनिटी कॉलेज में गणित के प्रोफेसर पद पर नियुक्त किये गये। सन् 1672 में उन्हें रॉयल सोसाइटी ऑफ लन्दन का फैलो चुना गया। न्यूटन 1689 में पार्लियामेण्ट के सदस्य चुने गये और सन् 1703 में उन्हें रॉयल सोसाइटी का अध्यक्ष बनाया गया। सन् 1705 में महारानी ऐन ने उन्हें 'सर' की उपाधि से सम्मानित किया।

न्यूटन ने गुरुत्वाकर्षण का सिद्धान्त (Theory of gravitation) और गति के तीन नियम (Three laws of motion) प्रतिपादित किये, जो आज भी भौतिकी का आधार माने जाते हैं और विद्यार्थियों को पढ़ाये जाते हैं। सन् 1687 में उन्होंने गति के नियम और गुरुत्वाकर्षण के सिद्धान्त समझाने के लिए एक पुस्तक प्रकाशित की, जिसका नाम था 'दि मैथेमैटिकल प्रिंसिपल्स ऑफ नेचुरल फिलॉसफी' (The Mathematical Principles of Natural Philosophy)। न्यूटन ने सिद्ध किया कि सूर्य का सफेद प्रकाश सात रंगों–लाल, सन्तरी, पीला, हरा, आसमानी, बैंगनी से मिलकर बना है। एक प्रिज्म की सहायता से उन्होंने सात रंगों को जोड़कर दिखाया। न्यूटन द्वारा बनायी गयी डिस्क को घुमाने पर सात रंग सफेद रंग में बदल जाते हैं। उन्होंने सात रंगों को दूसरे प्रिज्म द्वारा मिलाकर फिर से सफेद रंग में बदला। उन्होंने अपने दूसरे आविष्कारों को 'प्रिंसीपिया' (Principia) नामक पुस्तक में छपवाया। प्रकाश से सम्बन्धित उनके आविष्कार 'ऑप्टिक्स' (Optics) नामक पुस्तक में प्रकाशित किये गये हैं। न्यूटन ने गणित में कैलकुलस (Calculus) की भी नींव डाली।

सर आइजक न्यूटन (1642-1727)

वृद्धावस्था में न्यूटन ने खगोलीय पिण्डों पर भी कार्य किया। विज्ञान की सेवा करते हुए 20 मार्च, सन् 1727 को 85 वर्ष की आयु में उनका लन्दन में देहान्त हो गया। आज भी न्यूटन को विश्व के महानतम वैज्ञानिकों में गिना जाता है।

❂❂❂

सर हम्फ्री डेवी (Sir Humphry Davy) 1778-1829

पिछली सदी के शुरू तक मिथेन गैस के कारण कोयला खानों में आग लग जाती थी। इससे बहुत से मजदूर मर जाते थे। इसका कारण खानों में प्रयोग होने वाला लैम्प था। डेवी ने एक सुरक्षा लैम्प खोजा।

कोयले की खानों में प्रयोग होने वाले सेफ्टी लैम्प (Safety Lamp) के आविष्कारक के रूप में सर हम्फ्री डेवी के नाम से सभी परिचित हैं। इसका आविष्कार सन् 1815 में हुआ। उन्होंने रोगियों को बेहोश करने वाले पदार्थ नाइट्रस ऑक्साइड (लाफिंग गैस) का आविष्कार किया, जो आज भी शल्य-चिकित्सा में प्रयोग होती है। अमोनियम नाइट्रेट गरम करके लाफिंग गैस को प्राप्त करने की विधि भी डेवी ने ज्ञात की थी। इसके अलावा नाइट्रोजन और ऑक्सीजन के यौगिकों के विश्लेषण की विविध विधियाँ और पोटेशियम नाइट्रोसो सल्फेट प्राप्त करने की विधि भी उन्होंने ही विकसित की थी। लेकिन उनका सबसे महत्त्वपूर्ण कार्य था–रसायन में नवीन शोध के लिए विद्युत का प्रयोग। विद्युत अपघटन (Electrolysis) द्वारा उन्होंने नये तत्त्वों और यौगिकों की खोज ही नहीं की, बल्कि कुछ की प्राप्ति के लिए नयी विद्युत-पद्धतियाँ भी प्रस्तुत कीं।

सर हम्फ्री डेवी (1778-1829)

हम्फ्री डेवी का जन्म पेंजेंस (Penzance), इंग्लैण्ड में 17 दिसम्बर, सन् 1778 को हुआ था। प्रारम्भ में वह एक चिकित्सक के यहाँ काम करते थे, लेकिन अपने अध्ययन के द्वारा उन्होंने प्राकृतिक विज्ञान का ज्ञान प्राप्त कर लिया था। सन् 1801 में अपनी योग्यताओं के आधार पर उन्हें रॉयल इंस्टीट्यूशन में एक पद प्राप्त हो गया। यहाँ वह जन साधारण को वैज्ञानिक विषयों पर भाषण देते थे। उनकी ख्याति विश्व-भर में फैल गयी और उन्हें संस्था में प्राध्यापक बना दिया गया। डेवी को सन् 1812 में 'सर' की उपाधि से विभूषित किया गया। सन् 1820 में उन्हें रॉयल सोसाइटी का अध्यक्ष चुना गया। 29 मई, सन् 1829 को जिनीवा में उनकी मृत्यु हो गयी।

डेवी ने सोडियम और पोटेशियम को विद्युत अपघटन द्वारा प्राप्त किया और इसी विधि से अन्य धातुएँ भी प्राप्त कीं। उन्होंने सिद्ध किया कि क्लोरीन एक तत्त्व है।

सन् 1813 में फैराडे ने उनके सहायक के रूप में काम करना शुरू किया, जो बाद में एक प्रसिद्ध वैज्ञानिक बने। फैराडे के साथ उन्होंने यह सिद्ध किया कि हीरा कार्बन का ही एक रूप है। विद्युत आर्क का निर्माण भी उनका एक महत्त्वपूर्ण आविष्कार था। उन्होंने ज्वलनशील गैसों के मिश्रण पर तप्त प्लेटिनम के तारों की उत्प्रेरक क्रिया को भी दर्शाया था। डेवी के वैज्ञानिक योगदानों को हम कभी भुला नहीं सकते।

डेवी का सेफ्टी लैम्प

माइकल फैराडे (Michael Faraday) 1791-1867

माइकल फैराडे को विद्युत चुम्बकीय प्रेरण (Electro-magnetic Induction) के आविष्कार का जन्मदाता कहा जाता है। उन्होंने सन् 1831 में विद्युत पैदा करने वाला पहला डायनमो बनाया। यह उन्हीं के आविष्कार का चमत्कार है कि आज सारे विश्व में लाखों विद्युत केन्द्र हैं, जहाँ विद्युत जेनरेटरों द्वारा विद्युत उत्पादन किया जाता है। इन सभी में फैराडे का मूल सिद्धान्त काम आता है। फैराडे ने अपने शोध कार्यों से विद्युत-रसायन की उन्नति में भी सराहनीय योगदान दिया।

माइकल फैराडे (1791-1867)

माइकल फैराडे एक ब्रिटिश वैज्ञानिक थे जिनका जन्म 22 सितम्बर, सन् 1791 को न्यूविंगटन, लन्दन में हुआ था। उनके पिता एक लोहार थे और उनकी आर्थिक स्थिति अच्छी नहीं थी। इसलिए उन्हें 13 वर्ष की उम्र में ही एक पुस्तक विक्रेता के यहाँ कार्य करना पड़ा। डेवी के भाषणों से फैराडे बहुत प्रभावित हुए। फैराडे ने डेवी से निवेदन किया कि वे उन्हें अपना सहायक बना लें। डेवी ने फैराडे की प्रार्थना पर उन्हें अपना सहायक बना लिया। सन् 1824 में उन्हें रॉयल इंस्टीट्यूशन का सदस्य बना लिया गया। शीघ्र ही अपनी प्रतिभा के कारण फैराडे रॉयल इंस्टीट्यूशन की प्रयोगशाला के निदेशक बना दिये गये। सन् 1833 में उन्हें रॉयल इंस्टीट्यूशन में रसायन का प्राध्यापक नियुक्त किया गया। सन् 1839 में वह गम्भीर रूप से बीमार हुए। अपने जीवन के अन्तिम दिनों में उनकी स्मरण शक्ति काफी कमजोर हो गयी थी। सन् 1861 में फैराडे हैम्पटन कोर्ट (Hampton Court) के भवन में चले गये। वहीं 25 अगस्त, सन् 1867 को इस महान वैज्ञानिक की मृत्यु हो गयी।

उनके अधिकांश शोधकार्य भौतिकी से ही सम्बन्धित थे। रसायन विज्ञान के दृष्टिकोण से उनका श्रेष्ठतम कार्य विद्युत अपघटन के नियमों (Laws of Electrolysis) का प्रस्तुतिकरण रहा। विद्युत रसायन में प्रयोग की जाने वाली पूर्ण नामावली को प्रस्तुत करने का श्रेय भी फैराडे को ही जाता है। उन्होंने यह भी सिद्ध करके दिखाया कि अधिक दाब द्वारा गैसों को तरल अवस्था में बदला जा सकता है। उन्होंने कार्बन के क्लोराइड भी बनाये। सन् 1925 में उन्होंने बेंजीन का आविष्कार किया। उनके नाम से दो विद्युत इकाइयाँ 'फैराडे' और फैराड (Farad) आज भी प्रयोग में लायी जाती हैं। 'फैराडे' विद्युत मात्रा को मापने तथा 'फैराड' कैपेसिटर की धारिता मापने के काम आती है।

❂❂❂

चार्ल्स रॉबर्ट डार्विन (Charles Robert Darwin) 1809-1882

चार्ल्स डार्विन ब्रिटेन के एक प्रमुख प्रकृति-वैज्ञानिक (Naturalist) थे, जिन्होंने अपने अध्ययनों द्वारा प्रकृतिवाद और जीवन के क्रमिक विकास के सिद्धान्त की सरल व्याख्या की थी। उन्होंने सिद्ध किया कि आज के सभी जीवों का विकास एक सरल प्राणी से हुआ है। विभिन्न प्रकार के जीव-जन्तु या पेड़-पौधों का आधुनिक रूप करोड़ों वर्षों के क्रमिक विकास के अन्तर्गत हुआ है।

डार्विन का जन्म 12 फरवरी, सन् 1809 को श्रुबरी (Shrewbury) में हुआ था। बचपन में उनकी रुचि कीड़े-मकोड़े, वनस्पति और विभिन्न प्रकार के खनिज जमा करने में थी। उन्हें 16 वर्ष की उम्र में एडिनबरा विश्वविद्यालय में आयुर्विज्ञान के अध्ययन के लिए भेजा गया, लेकिन वहाँ उनका मन नहीं लगा। इसके बाद उन्हें अध्यात्मशास्त्र पढ़ने के लिए कैम्ब्रिज विश्वविद्यालय भेज दिया गया। अध्ययन के दौरान वनस्पति विज्ञान और भूगर्भ विज्ञान के कुछ प्रोफेसर उनके मित्र बन गये, जिन्होंने प्रकृति विज्ञान में उनकी दिलचस्पी बढ़ा दी।

सन् 1831 में इनके भाग्योदय का आरम्भ हुआ। कैप्टन फिज रॉय (Fitz Roy) की देखरेख में सन् 1831 में इंग्लैण्ड के समुद्री जहाज बीगल (Beagle) को सरकारी सर्वे के लिए विश्व-यात्रा पर जाना था। डार्विन को प्रकृति वैज्ञानिक के रूप में इस यात्रा के लिए आमन्त्रित किया गया। उन्होंने पाँच वर्ष लगातार समुद्र की यात्रा करके अनेक पौधों और जन्तुओं को एकत्र किया। इनमें अनेक विलुप्त जन्तुओं के अवशेष (Fossil) भी थे। ब्राजील में वे रेन फॉरेस्टों (Rain Forests) में घूमे और बाहिया ब्लैंका (Bahia Blanca) के पास उन्हें पहला जीवाश्म मिला, जो विलुप्त दैत्य स्लॉथ मेगाथिरियम (Megatherium) का था। गालापागोस (Galapagos) द्वीप समूह पर उन्होंने प्रवालों, कछुओं और इगुनाओं का अध्ययन किया। इन जन्तुओं को देखकर इनका मस्तिष्क हैरान हो गया। उन्होंने देखा कि इस द्वीप में रहने वाले जन्तु दूसरे द्वीपों के जन्तुओं से केवल आंकार में ही भिन्न नहीं थे बल्कि रंग, गोलाई आदि में भी भिन्न थे। इन बातों से उन्हें विकासवाद का सिद्धान्त देने में बड़ी मदद मिली।

गालापागोस द्वीप समूह पर डार्विन कछुओं और इगुनाओं का अध्ययन किया।

चार्ल्स रॉबर्ट डार्विन (1809-1882)

इस विश्व-यात्रा से लौटने पर वे कुछ दिन इंग्लैण्ड में रुके और अपने अनुभवों को लिखा। उनके पास इकट्ठे किये गये नमूनों का खजाना था। सन् 1839 में उन्होंने ऐम्मा वेजवुड (Emma Wedgewood) नामक महिला से शादी की। सन् 1844 में वे केट में डान नामक स्थान पर लौट आये।

लगभग उन्हीं दिनों अल्फ्रेड रसेल वेलेस (Alfred Russel Wallace) नामक एक प्रकृति वैज्ञानिक ने भी विकासवाद के सम्बन्ध में अपने स्वतन्त्र विचार प्रकट किये, जो डार्विन के सिद्धान्तों के समान ही थे। डार्विन और वेलेस ने सन् 1858 में एक संयुक्त शोधपत्र प्रस्तुत किया। उनकी पहली पुस्तक 'द ओरिजिन ऑफ स्पीशीज़ बाई नेचुरल सलेक्शन' (The Origin of Species by Natural Selection) सन् 1859 में प्रकाशित हुई। इसमें जीवों की उत्पत्ति के सम्बन्ध में प्रचलित धार्मिक विचारों का खण्डन किया गया था। इस पुस्तक का पहला संस्करण उसी दिन बिक गया, जिस दिन वह छपा था। सन् 1868 में उनकी दूसरी पुस्तक 'द वेरिएशन ऑफ ऐनिमल एण्ड प्लाण्ट्स अण्डर डोमेस्टिकेशन' (The Variation of Animals and Plants Under Domestication) प्रकाशित हुई। उनकी अन्य प्रसिद्ध पुस्तकें थीं–'इंसेक्टीवोरस प्लाण्ट्स' (Insectivorous Plants), 'द पावर ऑफ मूवमेण्ट इन प्लाण्ट्स' (The Power of Movement in Plants) तथा 'डिसेण्ट ऑफ मैन' (Descent of Man) आदि।

19 अप्रैल, सन् 1882 को 74 वर्ष की आयु में चार्ल्स डार्विन की मृत्यु हो गयी। उन्हें वेस्टमिनस्टर ऐबे (Westminster Abbey) में सर आइज़क न्यूटन की कब्र के नजदीक दफनाया गया।

इनके 9 बच्चे हुए जिनमें से 7 जिन्दा रहे। उनके 4 बेटे उच्च श्रेणी के वैज्ञानिक हुए। इनमें से तीन को रॉयल सोसाइटी ऑफ लन्दन का फैलो नियुक्त किया गया। डार्विन को बहुत से सम्मान मिले, लेकिन कोई भी सम्मान इनके सरल जीवन में परिवर्तन न ला सका।

✪✪✪

फ्रीडरिक वूलर (Friedrich Wohler) 1800-1882

जर्मनी के फ्रीडरिक वूलर ने कार्बनिक-रसायन शास्त्र में महत्त्वपूर्ण शोध-कार्य किये। उनका एक महान कार्य था प्रयोगशाला में यूरिया (Urea) का निर्माण करना। यह पदार्थ आज खेतों में रासायनिक उर्वरक के रूप में प्रयोग होता है।

उनका जन्म फ्रेंकफर्ट (Frankfurt) के निकट एशरशीम (Ascher-sheim) में हुआ था। उन्होंने रसायन विज्ञान का अध्ययन लियोपोल्ड ग्मेलिन (Leopold Gmelin) और बर्ज़ीलियस की देखरेख में किया। सन् 1831 में केसेल (Casscel) में प्राध्यापक हो गये। सन् 1836 में वह गॉटिंजन विश्वविद्यालय (University of Göttingen) में रसायन विज्ञान के प्राध्यापक नियुक्त हुए, जहाँ उन्होंने रसायन शास्त्र के अध्यापन को शिखर पर पहुँचा दिया। यहाँ कई कार्यों में वह लीबिग (Liebig) के सहयोगी रहे। 19वीं सदी के श्रेष्ठ वैज्ञानिक वूलर ने अपने अध्ययनकाल में ही सायनोजेन आयोडाइड (Cyanogen Iodide) प्राप्त कर लिया था और फैरोह के साँप (Pheroah's Serpent) की विचित्र क्रिया को मर्क्यूरिक थायो-साइनाइड जलाकर प्रस्तुत किया था। उन्होंने सिल्वर आइसो-साइनाइड का विश्लेषण करके उसका रासायनिक सूत्र भी दिया था।

फ्रीडरिक वूलर का अधिकांश कार्य बर्लिन में हुआ। सन् 1827 में उन्होंने एक महान रासायनिक उपलब्धि प्राप्त की, जिसको प्राप्त करने में डेवी जैसे वैज्ञानिक असफल हो चुके थे। यह उपलब्धि थी—एल्यूमीनियम धातु की पोटेशियम और एल्यूमीनियम क्लोराइड की क्रिया द्वारा प्राप्ति। सन् 1828 में वह हाइड्रोसायनिक एसिड की क्रियाओं से सम्बन्धित प्रयोगों में लगे हुए थे। उन्होंने प्रयोगशाला में यूरिया के क्रिस्टल प्राप्त किये। यूरिया पहले मूत्र से प्राप्त होने वाला एक कार्बनिक यौगिक था। ऐसे यौगिकों के विषय में महान रसायनज्ञ बर्ज़ीलियस ने कहा था कि ये प्रकृति द्वारा निर्मित यौगिक हैं, जिन्हें प्रयोगशाला में नहीं बनाया जा सकता, लेकिन उन्हीं के शिष्य वूलर ने ऐसे ही एक यौगिक को प्रयोगशाला में बनाकर संश्लेषित कार्बन रसायन शास्त्र (Synthetic Organic Chemistry) का सूत्रपात किया।

सन् 1832 में लीबिग के साथ कार्य करते हुए उन्होंने कड़वे बादाम के तेल (Bitter Almonds) और बेंजोइक एसिड पर कार्य किया। उन्होंने क्यूनॉन (Quinone), हाइड्रोक्यूनॉन (Hydroquinone) और क्यूनहाइड्रोन (Quinhydrone) पर शोध कार्य किये। एल्कालॉइडों (Alkaloids) पर भी उन्होंने शोध कार्य किया। अकार्बनिक रसायन के क्षेत्र में भी उन्होंने महत्त्वपूर्ण कार्य किये। हड्डियों की राख से फॉस्फोरस और कैल्शियम कार्बाइड से एसिटलीन भी प्राप्त की। बोरॉन और सिलीकॉन के हाइड्राइडों की खोज और उनके दुर्लभ यौगिकों पर भी वूलर ने शोध किया। इस महान वैज्ञानिक का निधन सन् 1882 में हुआ।

फ्रीडरिक वूलर (1800-1882)

❂❂❂

ग्रेगर जौहान्न मेण्डल (Gregor Johann Mendel) 1822-1884

ग्रेगर जौहान्न मेण्डल का जन्म 22 जुलाई, 1822 में ऑस्ट्रिया के हींनजेण ड्रोफ नामक स्थान के एक किसान परिवार में हुआ था। इनकी प्रारम्भिक शिक्षा घर पर ही हुई। बचपन से ही उन्हें प्रकृति विज्ञान में रुचि थी। अध्ययन के लिए वे वियना विश्वविद्यालय गये, जहाँ विज्ञान की शिक्षा प्राप्त करने के पश्चात् सन् 1847 में वे ऑस्ट्रिया के ब्रूनो शहर में एक चर्च के पादरी हो गये। वहाँ पर वह प्रकृति विज्ञान पढ़ाते थे। चर्च के बगीचे में उन्होंने लम्बे मटर और बौने पौधों की कई किस्में उगायीं और विभिन्न किस्मों में परपरागण कराया। मटर के पौधों पर सन् 1856 से 1864 तक उन्होंने आनुवंशिकता से सम्बन्धित निरन्तर प्रयोग किये। इन प्रयोगों से निकले निष्कर्षों से सम्बन्धित लेख उन्होंने 'नेचुरल हिस्ट्री सोसाइटी' की पत्रिका में प्रकाशित कराये। मेण्डल की खोज पर 34 वर्षों तक किसी वैज्ञानिक का ध्यान नहीं गया। मेण्डल के कार्यों का महत्त्व उन्नीसवीं सदी के अन्त में उस समय सामने आया जब हॉलैण्ड, जर्मनी और ऑस्ट्रिया के कुछ वैज्ञानिक अलग-अलग प्रयोग करके मेण्डल के परिणामों तक पहुँचे।

6 जनवरी, 1884 को, मेण्डल की मृत्यु के 16 वर्ष बाद उनके द्वारा प्रतिपादित आनुवंशिकता के तीन नियम वैज्ञानिकों की समझ में आये और उनकी सत्यता प्रमाणित हुई। उनके अनुसार सभी जीवों में कुछ विशेष लक्षण होते हैं, जो सन्तानों में उनके माता-पिता से पीढ़ी दर पीढ़ी पहुँचते रहते हैं। सन्तानों में माता-पिता से आने वाले इस प्रकार के गुणों को आनुवंशिक लक्षण (Hereditary Character) कहते हैं। मेण्डल के इन प्रयोगों का महत्त्व सामने आते ही उन्हें आनुवंशिकता का जनक (Father of Genetics) कहा जाने लगा। मेण्डल का प्रभाविता का नियम (Law of Dominance), विसंयोजन का नियम (Law of Segregation) तथा स्वतन्त्र अपव्यूहन का नियम (Law of Independent Assortment) आज भी विद्यार्थियों को पढ़ाये जाते हैं। मेण्डल ने जिन कारणों को आनुवंशिक लक्षणों के संचार का साधन माना, इन्हें अब 'जीन' कहा जाता है। जीन ही आनुवंशिकता की इकाई है।

❂❂❂

आनुवंशिकता के जनक ग्रेगर जौहान्न मेण्डल (1822-1884)

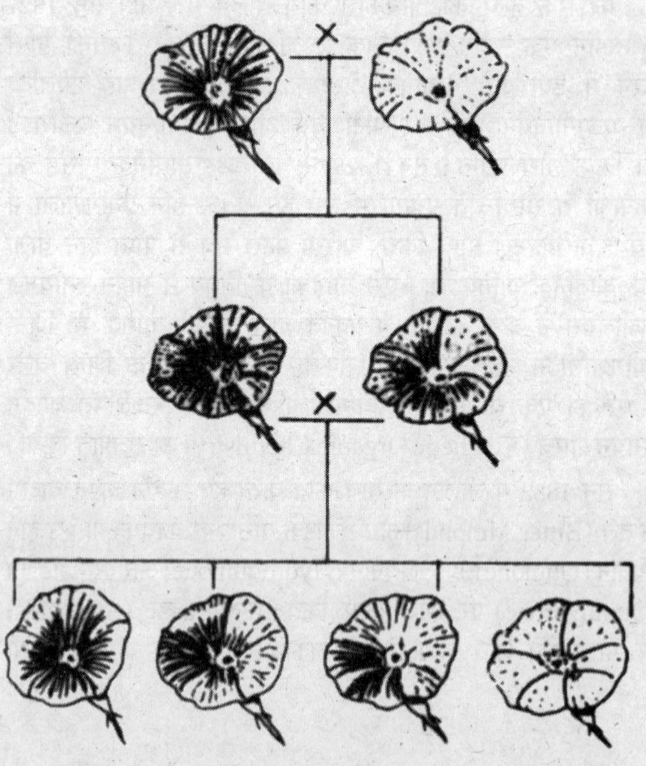

मेण्डल ने मटर के पौधों पर सन् 1856 से 1864 तक निरन्तर प्रयोग किये।

लुई पाश्चर (Louis Pasteur) 1822-1895

विज्ञान और मानव जाति दोनों ही फ्रेंच वैज्ञानिक लुई पाश्चर के आभारी हैं, जिन्होंने अपनी खोजों से स्थापित किया कि जीवाणु भोजन में पहुँचकर रोग उत्पन्न करते हैं। दूध, शराब, मक्खन आदि जैसे पदार्थों को खराब होने से बचाने के लिए उन्होंने एक उत्तम तरीका बताया जिसे पाश्चराइजेशन (Pasteurization) कहते हैं। लुई पाश्चर इससे भी अधिक विख्यात भयानक रोग रेबीज़ (Rabies) के टीके आविष्कृत करने के लिए प्रसिद्ध हैं।

लुई पाश्चर (1822-1895)

लुई पाश्चर का जन्म सन् 1822 में डोल (Dole) (फ्रांस) में हुआ था। इनके परिवार की आर्थिक स्थिति अच्छी नहीं थी। प्रारम्भिक शिक्षा के बाद वह पेरिस चले गये, जहाँ उन्होंने बेलार्ड और ड्यूमा दोनों ही के व्याख्यान सुने और बेलार्ड के सहायक बन गये। यहाँ वह शोध कार्य में लग गये। यहीं उनका ध्यान मणिभों (Crystals) के अध्ययन की ओर आकर्षित हुआ। सन् 1848 में वह लायसी (Lycee) में भौतिकी के प्राध्यापक नियुक्त हुए और सन् 1852 में स्ट्रासबर्ग में रसायन शास्त्र के। सन् 1857 में वह ईकोल नॉर्मल (Ecole Normale) पेरिस के निदेशक नियुक्त हो गये, जहाँ उन्होंने फरमेण्टेशन (Fermentation) पर शोध कार्य किया, जिससे सूक्ष्म जैविकी (Microbiology) जैसी विज्ञान की शाखा का सूत्रपात हुआ। उन्होंने दूध को फटने से बचाने के लिए बताया कि ताजा दूध को 70°C तक गरम करके अचानक ठण्डा किया जाये, तो उसमें उपस्थित जीवाणु मर जाते हैं और दूध फटता नहीं है। इसे 'पाश्चुरीकरण' कहते हैं। मक्खन को भी पाश्चुरीकरण द्वारा खराब होने से बचाया जाता है। एक बच्चे पर, जिसे 14 बार पागल कुत्ते ने काटा था, प्रयोग करके उन्होंने रेबीज़ के टीके का आविष्कार किया। सन् 1888 में पाश्चर इंस्टीट्यूट (Pasteur Institute) की स्थापना हुई और यहीं अपने अन्तिम समय तक वे इस संस्थान के अध्यक्ष के रूप में काम करते रहे। उनके योगदानों को आने वाली सदियाँ नहीं भुला पायेंगी।

✿✿✿

फ्रीडरिक ऑगस्ट केकुले (Friedrich August Kekule) 1829-1896

जर्मन रसायनज्ञ फ्रीडरिक केकुले को बेंजीन की संरचना के आविष्कारक के रूप में जाना जाता है। उनका जन्म 7 सितम्बर, 1829 में डार्मस्टेड (Darmstadt) जर्मनी में हुआ था। शुरू में उन्हें भवननिर्माण कला में रुचि थी, लेकिन लीबिग के सम्पर्क में आकर उनका आकर्षण रसायन विज्ञान में हो गया।

केकुले ने सन् 1852 में डॉक्टरेट की डिग्री प्राप्त की और पेरिस में अध्ययन शुरू किया। सन् 1856 में वे हाइडलबर्ग विश्वविद्यालय में रसायन विज्ञान के प्राध्यापक नियुक्त हुए और सन् 1858 में बेल्जियम के गेण्ट (Ghent) विश्वविद्यालय में रसायन शास्त्र के प्रोफेसर बने। सन् 1865 में वे बॉन आ गये।

बेंजीन के संरचना-सूत्र के सम्बन्ध में कहा जाता है कि एक दिन स्वप्न में उन्होंने देखा कि कार्बन परमाणुओं की लम्बी शृंखलाएँ एक-दूसरे से साँपों की तरह जुड़ती चली जा रही हैं। इस क्रिया में साँप अपने मुँह से दूसरे की पूँछ पकड़े हुए एक वलय बना रहे थे। जागने के बाद उन्होंने इसी स्वप्न के आधार पर बेंजीन की संरचना प्रस्तुत की।

उन्होंने कार्बन के परमाणु की चार संयोजकता के आधार पर कार्बन के परमाणुओं के संयोजन को समझाने की कोशिश की। केकुले ने वैज्ञानिकों को नये पदार्थों के बनाने का मार्ग दिखाया। उनके अनुसार कार्बन के परमाणु एक-दूसरे के साथ तीन प्रकार से बन्ध बना सकते हैं–खुली शृंखलाओं में, बन्द शृंखलाओं में और वलयाकार संरचनाओं में। यह एक ऐसी खोज थी, जिसके आधार पर वैज्ञानिक 7,00,000 से भी अधिक कार्बनिक यौगिक बना सके।

19वीं सदी में केकुले ने कार्बन यौगिकों के संरचना-सूत्र लिखने की पद्धति में क्रान्तिकारी परिवर्तन पैदा किये। उन्होंने बेंजीन और उसके अन्य यौगिकों को एक नये नाम द्वारा सम्बोधित किया। उन यौगिकों को, जिनमें कार्बन के बन्द वलय होते हैं, उन्होंने 'एरोमैटिक' यौगिकों के नाम से पुकारा। हॉफमेन ने अन्य प्रकार के यौगिकों को 'एलीफैटिक' कहा और उनके यौगिकों में मौजूद दो प्रकार के हाइड्रोकार्बनों को सन्तृप्त और असन्तृप्त नाम दिया। केकुले ने विविध हाइड्रोकार्बनों के नामों के साथ -ane, -ene, -ine जोड़कर उनका नये सिरे से वर्गीकरण किया। उन्होंने मर्करी फल्मीनेट और थायो अम्लों पर महत्त्वपूर्ण खोजें कीं। उन्होंने कार्बन रसायन पर चार पुस्तकें भी लिखीं।

कार्बनिक रसायन विज्ञान में क्रान्तिकारी परिवर्तन लाने वाले इस महान वैज्ञानिक की मृत्यु 13 जुलाई, सन् 1896 को बान में हो गयी।

❂❂❂

फ्रीडरिक केकुले (1829-1896) का मुख्य कार्य बेंजीन के संरचना सूत्र का प्रतिपादन था।

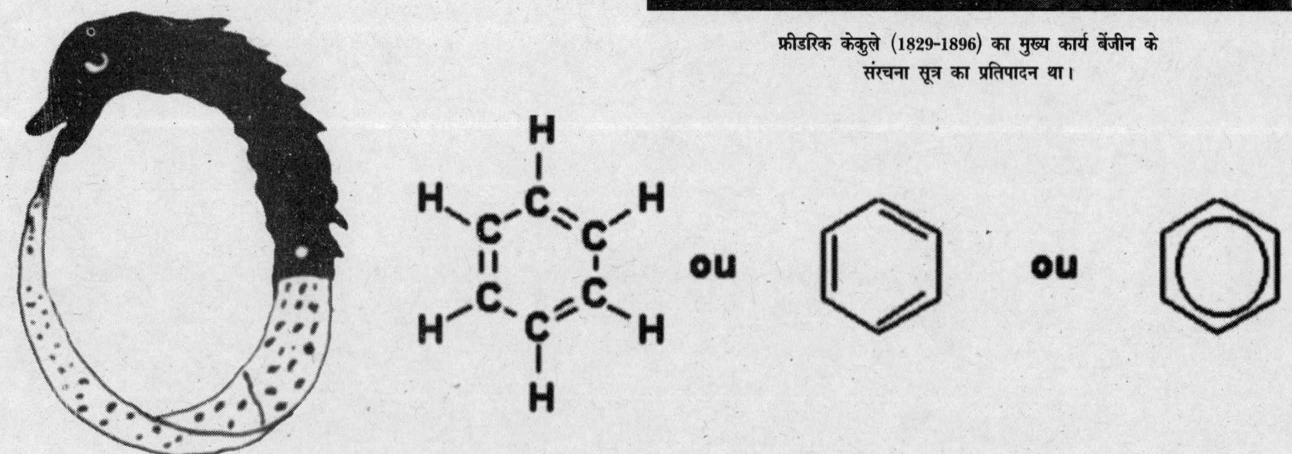

थॉमस अल्वा एडीसन (Thomas Alva Edison) 1847-1931

थॉमस अल्वा एडीसन ने अपने जीवन-काल में एक हजार से भी अधिक आविष्कार किये। विज्ञान के विकास के इतिहास में इनके अतिरिक्त किसी और वैज्ञानिक का ऐसा उदाहरण नहीं मिलता, जिसने इतने आविष्कार किये हों। इनका जन्म अमेरिका में मिलान (Milan) नामक स्थान पर 11 फरवरी, सन् 1847 को हुआ था। जब वे दस वर्ष के थे, उन्होंने अपने घर के बेसमेण्ट में अपनी एक प्रयोगशाला बनायी। सन् 1860 में वे सं.रा. तथा कनाडा में टेलीग्राफ का कार्य करते थे। सन् 1876 में सौभाग्य से उनका बनाया हुआ एक टेलीग्राफ प्रिण्टर्स अच्छी कीमत में बिक गया। इस धन से सन् 1876 में उन्होंने न्यूजर्सी के मैनलों पार्क में अपनी एक प्रयोगशाला स्थापित की। यहाँ उन्होंने कार्बन- रेज़िस्टेंस ट्रांसमीटर (Carbon-resistance Transmiter) का आविष्कार किया। इसके एक वर्ष बाद एडीसन ने फोनोग्राफ (Phonograph) का आविष्कार किया। यह पहला उपकरण था, जिसमें आवाज को रिकॉर्ड करके सुना गया। इस आविष्कार पर लोगों ने इन्हें मैनलो पार्क का जादूगर कहा।

सन् 1879 में एडीसन ने विद्युत बल्ब (Bulb) का आविष्कार किया। उन्होंने तापायनिक उत्सर्जन (Thermionic Emission) के सिद्धान्त की खोज की, जो आज एडीसन प्रभाव (Edison Effect) के नाम से जाना जाता है। सन् 1880 में एडीसन ने 100 विद्युत बल्बों के प्रकाश से मैनलो पार्क को चमका दिया था। यह उनके महान आविष्कार का एक साधारण-सा प्रदर्शन था। न्यूयॉर्क विश्व का वह पहला नगर था, जिसमें विद्युत प्रकाश का सबसे पहले इस्तेमाल किया गया। एडीसन ने 75 किलोमीटर लम्बी केबल बिछाई। एक हजार भवनों में बिजली पहुँचाई और एक पावर स्टेशन का निर्माण किया। 4 सितम्बर, सन् 1882 की वह ऐतिहासिक रात थी, जब एडीसन ने सड़कों और भवनों को बिजली के प्रकाश से चमका दिया था।

सन् 1887 में उन्होंने न्यू जर्सी के वेस्ट ऑरेंज स्थान पर अपनी एक नयी प्रयोगशाला खोली। यहाँ से नये आविष्कारों की एक अटूट धारा बह निकली। यहीं सन् 1891 में उन्होंने काइनेटोग्राफ (Kinetograph) का पेटेण्ट कराया। यह पहला चलचित्र कैमरा था। इसमें जॉर्ज ईस्टमैन की बनी फिल्म का इस्तेमाल किया जाता था। फिल्म की डेवेलपिंग के बाद इसे काइनेटोस्कोप (Kinetoscope) पर देखा जाता था।

अपने जीवनकाल में एडीसन ने 1093 पेटेण्ट कराये। उन्हें तकनीकी युग का जादूगर कहा जाता था। अन्तिम समय तक वह आविष्कार करते रहे। 84 वर्ष की उम्र में 18 अक्तूबर, सन् 1931 को थॉमस अल्वा एडीसन की मृत्यु हो गयी। सन् 1960 में उनका नाम ''मेम्बर ऑफ द हॉल ऑफ फेम'' की सूची में जोड़ा गया।

✪✪✪

थॉमस अल्वा एडीसन ने एक हजार से भी अधिक आविष्कार किये।

एल्बर्ट आइंस्टीन (Albert Einstein) 1879-1955

एल्बर्ट आइंस्टीन को आधुनिक भौतिक-विज्ञान का जन्मदाता कहा जाता है। इनका जन्म 14 मार्च, सन् 1879 को जर्मनी के उल्म (Ulm) नामक स्थान पर हुआ। वे सन् 1901 में स्विस नागरिक बन गये और जर्मनी पर हिटलर की तानाशाही से घबराकर सन् 1933 में अमेरिका चले गये।

बचपन से ही विज्ञान और गणित आइंस्टीन के प्रिय विषय थे। उनके पिता उनकी शिक्षा का खर्च नहीं उठा पाते थे, इसलिए उन्हें पढ़ाई के साथ-साथ काम भी करना पड़ता था। एक अमीर रिश्तेदार की मदद से उन्होंने उच्च शिक्षा प्राप्त की। अत्यधिक प्रतिभाशाली होने के बावजूद भी उन्हें नौकरी नहीं मिली।

जब उनकी उम्र 15 वर्ष की थी, तब उनका परिवार इटली चला गया। वहाँ से उन्हें अध्ययन के लिए स्विट्ज़रलैण्ड आना पड़ा। ज्यूरिख विश्वविद्यालय में ही गणित और भौतिकी में उनकी प्रतिभा का वास्तविक विकास हुआ। शिक्षा समाप्त करने के बाद वे स्विस नागरिक बन गये। उन्हें कोई अच्छी नौकरी नहीं मिल सकी। आखिर गुजारे के लिए स्विट्ज़रलैण्ड के पेटेण्ट ऑफिस में उन्होंने क्लर्क की नौकरी कर ली। खाली समय में वे खूब पढ़ते थे और अपने दिमाग में ही जटिल प्रयोग किया करते थे। सन् 1903 में उन्होंने मिलेवा मैरिक नामक छात्रा से प्रेम विवाह कर लिया। आइंस्टीन के दो पुत्र पैदा हुए।

पेटेण्ट ऑफिस में काम करते हुए ही उन्होंने सन् 1905 में एक ऐसा लेख प्रकाशित कराया, जिसने भौतिक राशियों के प्रति वैज्ञानिकों का दृष्टिकोण ही बदल दिया। यह लेख था 'सापेक्षता का सिद्धान्त' यानी 'थ्योरी ऑफ रिलेटिविटी' (Theory of Relativity)। इस लेख से आइंस्टीन की ख्याति दुनिया भर में फैल गयी। सापेक्षता का सिद्धान्त विज्ञान में किये गये महानतम योगदानों में से एक है। इसी वर्ष उन्हें पीएच.डी. की डिग्री मिली। इस सिद्धान्त से मिलने वाला सरल समीकरण $E=mc^2$ सम्भवतः विज्ञान का सबसे क्रान्तिकारी समीकरण है। इसी सूत्र के आधार पर परमाणु बम के निर्माण का कार्य प्रारम्भ हुआ। इस सूत्र का दुखद प्रमाण है, हिरोशिमा व नागासाकी में बमों के कारण हुई तबाही। आइंस्टीन का मन इस दुर्घटना से द्रवित हो उठा। उन्हें बड़ा दुख हुआ कि इस महाविनाश की जड़ में उनका प्रसिद्ध सूत्र था। इसके बाद वे जीवन-भर परमाणु ऊर्जा के शान्तिपूर्ण उपयोगों पर जोर देते रहे। सन् 1909 में उन्होंने 'जनरल थ्योरी ऑफ रिलेटिविटी' दी।

एल्बर्ट आइंस्टीन का सापेक्षता का सिद्धान्त विज्ञान में किये गये महानतम योगदानों में से एक है।

आइंस्टीन ने 'फोटो-इलेक्ट्रिक इफेक्ट' का सिद्धान्त प्रतिपादित किया। इस प्रभाव की व्याख्या उन्होंने क्वाण्टम सिद्धान्त से की थी। इसी सिद्धान्त के लिए आइंस्टीन को सन् 1921 का भौतिकी का नोबेल पुरस्कार प्रदान किया गया।

भौतिकी की सेवा करते हुए सन् 1945 में आइंस्टीन प्रिंस्टन विश्वविद्यालय से रिटायर हो गये। अपने अन्तिम वर्ष उन्होंने 'द यूनीफाइड फील्ड थ्योरी' यानी ऐसे सरल सूत्र की खोज करने में बिताये जिसके द्वारा सभी प्राकृतिक प्रतिक्रियाओं को एक बल के आधार पर प्रतिपादित किया जा सके। पर अपने जीवनकाल में वे इस काम को पूरा न कर सके। एल्बर्ट आइंस्टीन की मृत्यु प्रिंस्टन में 18 अप्रैल, सन् 1955 को हुई। अन्तिम क्षणों में जर्मन भाषा में उन्होंने कुछ कहा था लेकिन उनकी नर्स जर्मन नहीं जानती थी। इसलिए उनके अन्तिम उद्गार जानने से दुनिया वंचित रह गयी। आइंस्टीन का मस्तिष्क आज भी प्रिंस्टन अस्पताल में सुरक्षित रखा हुआ है। आइंस्टीन को आदर देने के लिए एक तत्त्व का नाम आइंस्टीनियम रखा गया है।

✪✪✪

एनरिको फर्मी (Enricho Fermi) 1901-1954

29 सितम्बर, सन् 1901 को रोम (इटली) में जन्मे भौतिक-विज्ञानी एनरिको फर्मी ने सर्वप्रथम परमाणु रिएक्टर का निर्माण करके परमाणु ऊर्जा के युग की शुरुआत की। वास्तव में उन्हें परमाणु ऊर्जा का जन्मदाता कहा जाता है।

फर्मी ने पीसा विश्वविद्यालय में भौतिकी का अध्ययन किया और सन् 1922 में 'एक्स' किरणों के क्षेत्र में डॉक्टरेट की डिग्री प्राप्त की। सन् 1927 में रोम विश्वविद्यालय में वे भौतिकी के प्राध्यापक चुने गये और सन् 1929 में उन्हें इटली अकादमी का सदस्य चुना गया। सन् 1933 में उन्होंने न्यूट्रिनों की परिकल्पना मूल पदार्थ के रूप में की। न्यूट्रिनों की बौछार करके उन्होंने 80 नये कृत्रिम नाभिक बनाये। न्यूट्रिनों की इसी खोज के लिए उन्हें सन् 1938 में भौतिकी के नोबेल पुरस्कार से सम्मानित किया गया। इटली उस समय मुसोलिनी की राजनैतिक गतिविधियों में उलझा हुआ था। फर्मी की पत्नी यहूदी थीं, इसलिए किसी भी समय उन्हें खतरा हो सकता था। उन्हीं दिनों उन्हें स्टॉकहोम (Stockholm) के समारोह में आमन्त्रित किया गया। फर्मी के लिए इटली छोड़ने का यह सुनहरा अवसर था। वे अपने परिवार के साथ अमेरिका चले गये और वहीं बस गये। सन् 1939 में वे कोलम्बिया विश्वविद्यालय में भौतिकी के प्रोफेसर बने और वहीं उन्होंने नियन्त्रित नाभिकीय शृंखला प्रक्रियाओं पर कार्य आरम्भ किया। कई वर्षों के कठिन परिश्रम के बाद सन् 1942 के अन्त में वे शिकागो में पहला नाभिकीय रिएक्टर बनाने में सफल हुए। फर्मी और उनके सहयोगियों ने मेनहटन प्रोजेक्ट में गुप्त रूप से परमाणु बम बनाने के लिए कार्य किया। सन् 1945 में वे परमाणु बम बनाने में सफल हुए, जिन्हें जापान के नगरों–हिरोशिमा और नागासाकी पर गिराया गया। दूसरा विश्वयुद्ध समाप्त हो जाने पर फर्मी शिकागो विश्वविद्यालय में आ गये। यहाँ नाभिकीय भौतिकी का अध्ययन करने के लिए उनके नाम पर एक संस्थान बनाया गया। 28 नवम्बर, सन् 1954 में उनकी मृत्यु हो गयी। उनके सम्मान में एक तत्त्व का नाम फर्मियम (Fermium) रखा गया है।

❂❂❂

एनरिको फर्मी (1901-1954)

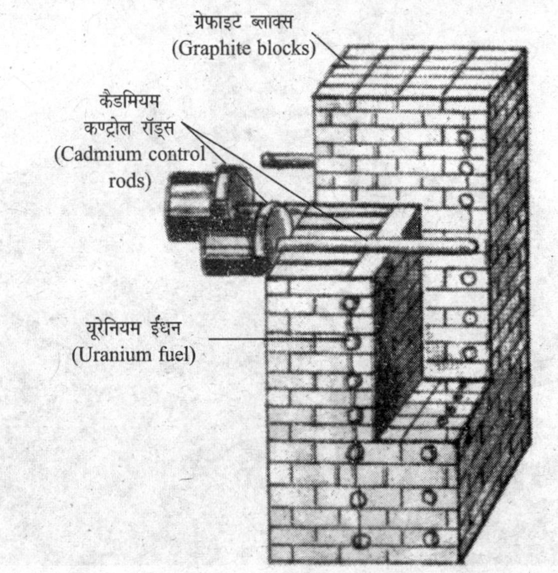

फर्मी का परमाणु रिएक्टर

जे. रॉबर्ट ओपनहीमर (J. Robert Oppenheimer) 1904-1967

जे. रॉबर्ट ओपनहीमर एक कुशल प्रशासक, भौतिक विज्ञानी, गणितज्ञ, शोधकर्ता और शिक्षक थे। सबसे पहले परमाणु बम विकास से सम्बन्धित मैनहटन प्रोजेक्ट (Manhattan Project) के डायरेक्टर के रूप में उन्हें पूरी दुनिया जानती है। सन् 1943 में उन्हीं की देखरेख में अलामोस (Alamos) में वैज्ञानिकों की एक टीम द्वारा परमाणु बम का निर्माण कार्य आरम्भ किया गया, जिसका सफल परीक्षण 16 जुलाई, सन् 1945 को प्रातः काल 5.30 बजे किया गया। इस बम की विनाशकारी क्षमता देखकर समस्त विश्व काँप उठा। यह इतना विशाल विस्फोट था कि इसे लोगों ने 450 मील की दूरी तक देखा। इस विस्फोट से 40 हजार फुट ऊँचाई का धुएँ का विशाल बादल बन गया। दूसरे विश्वयुद्ध में 6 अगस्त, सन् 1945 को हिरोशिमा नगर पर ऐसा ही पहला बम गिराया गया, जिसमें 80,000 लोगों की मृत्यु हो गयी और 70,000 से भी अधिक लोग घायल हो गये। दूसरा बम 9 अगस्त, को नागासाकी पर गिराया गया, जिसमें 40,000 लोग मारे गये और 25,000 लोग घायल और अपाहिज हो गये। बमों के इन विनाशकारी परिणामों को देखकर ओपनहीमर ने अपने पद से त्यागपत्र दे दिया।

जे. रॉबर्ट ओपनहीमर (1904-1967)

ओपनहीमर का जन्म 22 अप्रैल, सन् 1904 में न्यू यॉर्क नगर में हुआ था। यहूदी परिवार के इनके धनी माता-पिता जर्मनी से आकर अमेरिका में बस गये थे।

सन् 1925 में उन्होंने हार्वर्ड (HarvUrd) विश्वविद्यालय से स्नातक की परीक्षा पास की। इसके बाद वे कुछ समय के लिए इंग्लैण्ड की कैवेण्डिश (Cavendish) प्रयोगशाला में चले गये जहाँ उन्होंने अर्नेस्ट रदरफोर्ड (Ernest Rutherford) के साथ काम किया।

सन् 1929 में ओपनहीमर कैलीफोर्निया विश्वविद्यालय में आ गये। यहाँ उन्होंने परमाणु अनुसन्धान के क्षेत्र में अमेरिका के वैज्ञानिकों को प्रशिक्षण दिया और साथ ही नाभिकीय विज्ञान में अपने प्रयोग भी जारी रखे। सन् 1931 में वे यहाँ एसोसिएट प्रोफेसर बन गये।

सन् 1941 में राष्ट्रपति फ्रैंक्लिन डी रूज़वेल्ट ने परमाणु बम बनाने के लिए मैनहटन इंजीनियरिंग डिस्ट्रिक्ट (Manhattan Engineering District) की स्थापना की, जो 'प्रोजेक्ट Y' के नाम से भी जाना जाता है। परमाणु बम बनाने के लिए वैज्ञानिकों की एक टीम बनायी गयी और ओपनहीमर को इस प्रोजेक्ट का चीफ साइंस डायरेक्टर बनाया गया।

दूसरे विश्वयुद्ध के बाद ओपनहीमर को यू एस एटॉमिक एनर्जी कमीशन (US Atomic Energy Commission) की सलाहकार कमेटी का अध्यक्ष बनाया गया। सन् 1963 में उन्हें एटॉमिक एनर्जी कमीशन का फर्मी पुरस्कार मिला। अमेरिका का यह उच्चतम पुरस्कार माना जाता है। 18 फरवरी, सन् 1967 को प्रिंस्टन में उनकी मृत्यु हो गयी।

❂❂❂

डॉ. होमी जहाँगीर भाभा (Dr. Homi Jahangir Bhabha) 1909-1966

भारत में परमाणु ऊर्जा की नींव डालने का श्रेय डॉ. होमी जहाँगीर भाभा को जाता है। सन् 1948 में परमाणु ऊर्जा आयोग के गठन के बाद इन्हें उसका अध्यक्ष बनाया गया। भारत के वैज्ञानिकों ने इनकी देखरेख में परमाणु ऊर्जा के विकास के लिए काम करना शुरू किया। भाभा एक प्रमुख वैज्ञानिक ही नहीं बल्कि एक कुशल प्रशासक भी थे। इन्हें भारत का 'ओपनहीमर' कहते हैं। सन् 1956 में देश का प्रथम परमाणु रिएक्टर 'अप्सरा ट्राम्बे (मुम्बई में) इन्हीं की देखरेख में स्थापित किया गया। भाभा की देखरेख में दो और न्यूक्लियर रिएक्टर सायरस (Cirus) और जरलिना (Zerlina) चालू किये गये। यह भाभा की ही कोशिशों का परिणाम था कि भारत का पहला परमाणु ऊर्जा से चलने वाला विद्युत-उत्पादन केन्द्र तारापुर में बना। इसके दो वर्ष बाद एक प्लूटोनियम प्लाण्ट का निर्माण हुआ। 18 मई, सन् 1974 को पोखरन में भूमिगत परमाणु बम के विस्फोट की सफलता भाभा द्वारा डाली गयी नींव का ही परिणाम था।

डॉ. होमी जहाँगीर भाभा का जन्म 30 अक्तूबर, सन् 1909 को एक पारसी परिवार में मुम्बई में हुआ था। उनकी प्राथमिक शिक्षा मुम्बई में हुई। स्नातक परीक्षा पास करने के बाद वे अध्ययन के लिए कैम्ब्रिज विश्वविद्यालय चले गये। सन् 1930 में इन्होंने इंजीनियरिंग की डिग्री प्राप्त की और सन् 1934 में वहीं से डॉक्टरेट की उपाधि भी पायी। कैम्ब्रिज विश्वविद्यालय में उन्हें नील्स बोर जैसे वैज्ञानिक के साथ काम करने का अवसर मिला। इन्होंने एनरिको फर्मी और पौली के साथ भी काम किया।

भाभा ने कॉस्मिक किरणों पर महत्त्वपूर्ण कार्य किया। सन् 1945 में इन्होंने 'टाटा इंस्टीट्यूट ऑफ फण्डामेण्टल रिसर्च' की स्थापना की और उसके निदेशक बने। परमाणु ऊर्जा के शान्तिपूर्ण उपयोगों के लिए सन् 1955 में जिनोवा में हुए प्रथम संयुक्त राष्ट्र सम्मेलन के वे अध्यक्ष थे। इस सम्मेलन में विश्व-भर के वैज्ञानिक आये थे। 24 जनवरी, सन् 1966 को वे ऐसे ही एक सम्मेलन में जा रहे थे, जहाँ एक विमान दुर्घटना में उनकी मृत्यु हो गयी। भाभा जीवन भर अविवाहित ही रहे।

डॉ. होमी जहाँगीर भाभा (1909-1966)

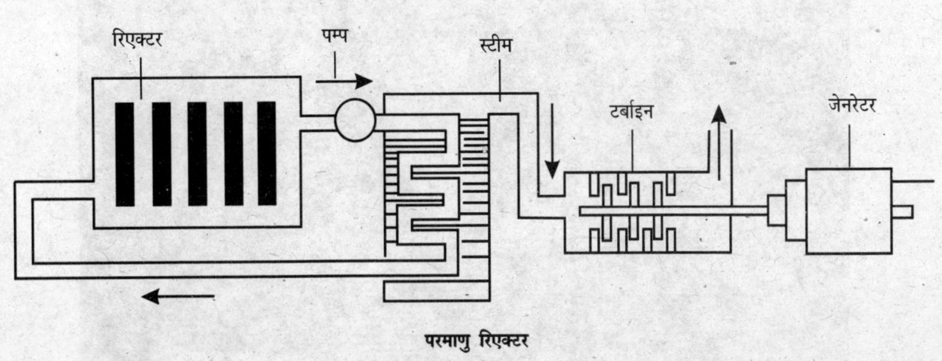

परमाणु रिएक्टर

महान आविष्कार (Great Inventions)

मानव-सभ्यता का विकास वैज्ञानिकों द्वारा किये गये आविष्कारों के परिणामस्वरूप ही हुआ है। ईसा से 4000 वर्ष पूर्व धातु प्रगलन (Metal Smelting) प्रारम्भिक आविष्कारों में महानतम था। पहिया और हल ईसा से 3000 वर्ष पूर्व ही अस्तित्व में आ चुके थे। 14वीं सदी तक आविष्कारों की गति धीमी रही। 17वीं सदी से विज्ञान का तेजी से विकास हुआ और महत्त्वपूर्ण आविष्कार होने लगे। कुछ विशेष आविष्कारों को समयावधि के क्रम में नीचे दिया गया है।

सन्	आविष्कार
1450	**प्रिण्टिंग प्रेस** (Printing Press) जोहांस गुटेनबर्ग (Johannes Gutenberg), जर्मनी।
1590	**संयुक्त सूक्ष्मदर्शी** (Compound Microscope) जैकेरियास जैनसेन (Zacharias Janssen), नीदरलैण्ड्स।

मांतगाल्फेयर का गरम हवा का गुब्बारा

1593 **थर्मामीटर** (Thermometer)
गैलीलियो गैलिली (Galileo Galilei)
इटली।

1601 **अपवर्ती दूरदर्शी** (Refracting Telescope)
1609 हैंस लिपरशे (Hans Lippershey),
गैलीलियो गैलिली (Galileo Galilei),
इटली।

1668 **परावर्ती दूरदर्शी** (Reflecting Telescope)
आइज़क न्यूटन (Isaac Newton),
ब्रिटेन।

1698 **स्टीम पम्प** (Steam Pump)
थॉमस सैवरी (Thomas Savery),
ब्रिटेन।

1712 **बीम इंजन** (Beam Engine)
थॉमस न्यूकोमेन (Thomas Newcomen),
ब्रिटेन।

1733 **फ्लाइंग शटल** (Flying Shuttle)
जॉन के (John Kay),
ब्रिटेन।

1767 **स्पिनिंग जेनी** (Spinning Jenny)
जेम्स हारग्रीव्स (James Hargreaves),
ब्रिटेन।

1780 **परिवर्धित भाप का इंजन** (Improved Steam Engine) जेम्स वाट (James Watt)

1783 **गरम हवा का गुब्बारा** (Hot-air Balloon)
मान्तगोल्फेयर बन्धु (Montgolfier Brothers),
फ्रांस।

1785 **पावर लूम** (Power Loom)
एडमण्ड कार्टराइट (Edmund Cartwright),
ब्रिटेन।

1792 **कॉटन जिन** (Cotton Gin)
एली ह्विटनी (Eli Whitney),
सं.रा. अमेरिका।

1800 **विद्युत बैटरी** (Electric Battery)
एलेसाण्ड्रो वोल्टा (Allessandro Volta),
इटली।

1800 **लेथ** (Lathe)
हेनरी मॉडस्ले (Henry Maudslay),
ब्रिटेन।

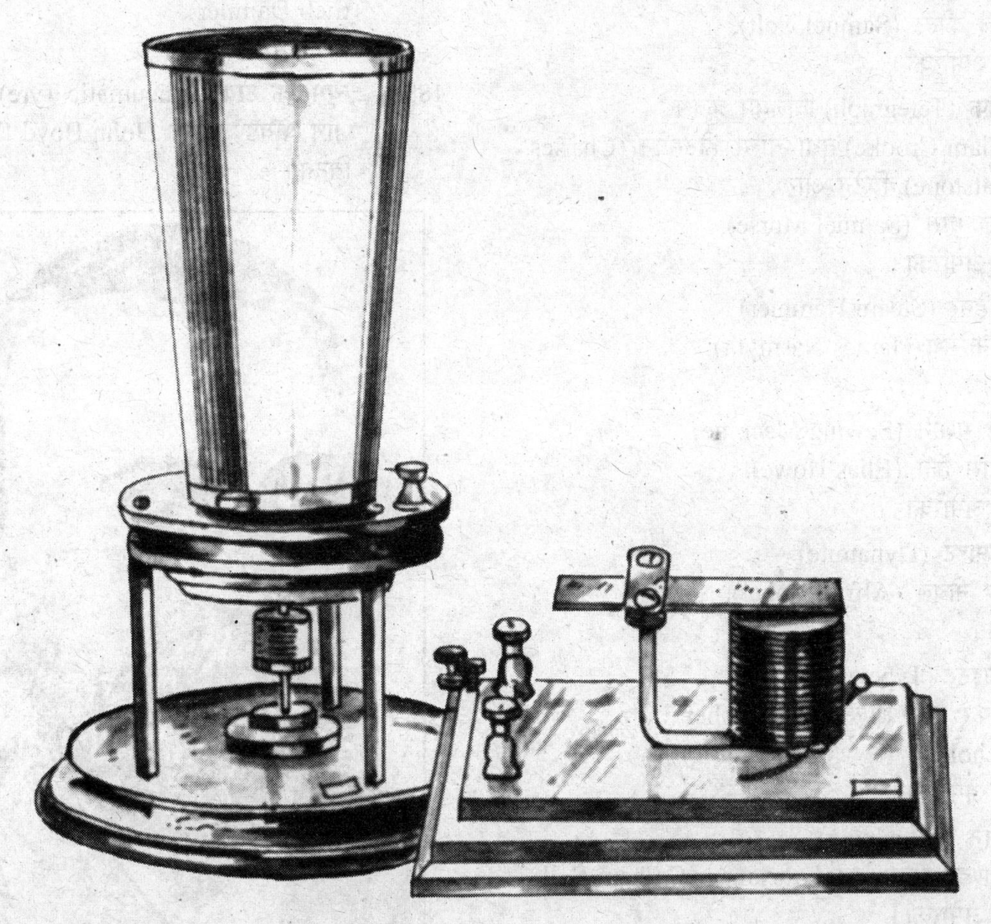

अलेक्जैण्डर ग्राहम बेल ने सन् 1876 में टेलीफोन का आविष्कार किया।

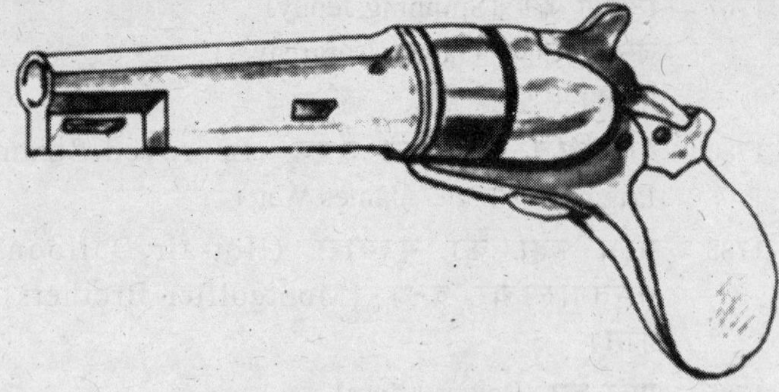
सेमुअल कॉल्ट ने पहला रिवॉल्वर बनाया।

1804 **स्टीम लोकोमोटिव** (Steam Locomotive)
रिचर्ड ट्रेविथिक (Richard Trevithick),
ब्रिटेन।

1815 **अभयदीप** (Safety Lamp)
सर हम्फ्री डेवी (Sir Humphry Davy),
ब्रिटेन।

1815 **स्टेथस्कोप** (Stethoscope)
रेने टी.एच. लैनेक (Rene T.H. Laenec),
फ्रांस।

1836 **रिवॉल्वर** (Revolver)
सेमुअल कोल्ट (Samuel Colt),
सं.रा. अमेरिका।

1837 **टेलीग्राफ** (Telegraph) विलियम क्रुक्स (William Crooke) तथा चार्ल्स व्हीटस्टोन (Charles Wheatstone), ब्रिटेन और
सैमुअल मॉर्स (Samuel Morse),
सं.रा. अमेरिका।

1839 **स्टीम हैमर** (Steam Hammer)
जेम्स नैस्मिथ (James Nasmyth),
ब्रिटेन।

1845 **सिलाई मशीन** (Sewing Machine)
एलिआस होव (Elias Howe),
सं.रा. अमेरिका।

1867 **डायनामाइट** (Dynamite)
अल्फ्रेड नोबेल (Alfred Nobel),
स्वीडन।

1872 **टाइपराइटर** (Typewriter)
क्रिस्टोफर एल. शोल्स (Christopher L. Scholes),
सं.रा. अमेरिका।

1876 **टेलीफोन** (Telephone)
एलेक्जैण्डर ग्राहम बेल (Alexander Graham Bell),
सं.रा. अमेरिका।

1877 **फोनोग्राफ या ग्रामोफोन** (Phonograph or Gramophone)
थॉमस अल्वा एडीसन (Thomas Alva Edison),
सं.रा. अमेरिका।

1878 **कैथोड-रे ट्यूब** (Cathode-Ray Tube)
विलियम क्रुक्स (William Crookes),
ब्रिटेन।

1878/ **इलेक्ट्रिक बल्ब** (Electric Bulb)
1879 जोसेफ़ स्वान (Joseph Swan)
ब्रिटेन तथा थॉमस अल्वा एडीसन (Thomas Alva Edison)
सं.रा. अमेरिका।

1880 **मशीन गन** (Machine Gun)
हिरम स्टीवेंस मैक्सिम (Hiram Stevens Maxim),
सं.रा. अमेरिका।

1884 **स्टीम टर्बाइन** (Steam Turbine)
चार्ल्स एल्गेमन पारसंस (Charles Algemon Parsons),
ब्रिटेन।

1885 **पेट्रोल इंजन** (Petrol Engine)
कार्ल बेंज़ (Karl Benz), तथा गौटलिब डेमलेर (Gottlieb Daimler),
जर्मनी।

1888 **न्यूमैटिक टायर** (Pneumatic Tyre)
जॉन बॉयड डनलप (John Boyd Dunlop),
ब्रिटेन।

अल्फ्रेड नोबेल ने डायनामाइट का आविष्कार किया।

1893 **डीजल इंजन** (Diesel Engine)
रुडोल्फ डीजल (Rudolf Diesel),
जर्मनी।

1895 **रेडियो** (Radio)
गुगलील्मो मार्कोनी (Guglimo Marconi),
इटली।

1903 **वायुयान** (Aircraft)
विल्बर तथा ऑर्विल राइट (Wilbur and Orvile Wright),
सं.रा. अमेरिका।

1926 **टेलीविज़न** (Television)
जॉन लॉगी बेयर्ड (John Logie Baird), ब्रिटेन।
तथा वी. ज्वोरिकिन (Vladimir Zworykin),
सं.रा. अमेरिका।

1930 **साइक्लोट्रोन,** अर्नेस्ट लॉरेंस (Ernest Lawrece),
सं.रा. अमेरिका।

1937 **जेट इंजन** (Jet Engine)
फ्रैंक ह्विटल (Frank Whittle),
ब्रिटेन।

1944 **डिजिटल कम्प्यूटर** (Digital Computer)
हॉवर्ड एकेन (Howard Aiken),
सं.रा. अमेरिका।

1947 **पोलारॉइड कैमरा** (Polaroid Camera)
एड्विन एच. लैण्ड (Edwin H. Land),
सं.रा. अमेरिका।

1948 **ट्रांजिस्टर** (Transistor)
विलियम शॉकले (William Shockley), जॉन बारडीन (John Bardein) और
डब्ल्यू. एच. ब्राटेन (W.H. Bratain)
सं.रा. अमेरिका।

1955 **हावरक्राफ़्ट** (Hovercraft)
क्रिस्टोफ़र कॉकरेल (Christopher Cockerell),
ब्रिटेन।

1969 20 जुलाई, सन् 1969 को नील आर्मस्ट्रांग
अपोलो 11 की उड़ान से चन्द्रतल पर उतरे।

1971 **माइक्रो प्रोसेसर** (Micro Processor)
इण्टेल कॉर्पोरेशन (Intel Corporation),
सं.रा. अमेरिका।

1972 **कमर्शियल वीडियो गेम्स** (Commercial Video Games), **पॉकेट कैलकुलेटर** (Pocket Calculator) **तथा होम वीडियो सिस्टम** (Home Video System)।

1972 भारतीय उपग्रह आर्यभट्ट सन् 1972 में छोड़ा गया।

1975 **बॉडी स्कैनर्स** (Body Scanners)

एडीसन ने सन् 1877 में फोनोग्राफ का आविष्कार किया।

1977 **ऐप्पल** II (Apple II) पर्सनल कम्प्यूटर

1978 **प्रथम टेस्ट ट्यूब बेबी डिस्क**

1980 **कॉम्पैक्ट डिस्क ऑडियो सिस्टम डिस्क**

1985 CD-ROM **कॉम्पैक्ट डिक्स मेमोरी सिस्टम डिस्क**

1986 **चैलेंजर स्पेस शटल**

1987 **डॉकलैण्ड्स लाइट रेलवे** (Docklands Light Railway), ब्रिटेन

1990 **हाई-डेफ़िनिशन टीवी सिस्टम**
(High-definition TV System)

❂❂❂

विज्ञान और टेक्नोलॉजी (Science and Technology)

समय की माप (Measurement of Time)

समय की माप के लिए सबसे पहले यन्त्र थे–सूर्य-घड़ी (Sundial) और जल-घड़ी (Water Clock)। इनका आविष्कार ईसा से लगभग 1500 वर्ष पूर्व मिस्र में हुआ था। सूर्य-घड़ियों में घड़ी के केन्द्र पर लगी एक छड़ी की छाया अंकों पर पड़ती थी। सूर्य के प्रकाश से बनी यही छाया समय दर्शाती थी। जल-घड़ी में एक बर्तन में भरा पानी, नीचे बने एक छोटे-से छेद से बूँद-बूँद करके दूसरे बर्तन में गिरता था। बर्तन की साइड में चौबीस चिह्नों का एक स्केल लगा होता था। प्रत्येक चिह्न एक घण्टा दर्शाता था।

प्रथम यान्त्रिक दीवार घड़ी सन् 1088 में चीन में बनायी गयी। इसकी ऊँचाई 10 मीटर थी और इसको पानी की शक्ति से चलाया जाता था। यूरोप में पहली यान्त्रिक घड़ी सन् 1200 में बनायी गयी। प्रारम्भिक घड़ी (जिसकी जानकारी उपलब्ध है) सन् 1276 में स्पेन में बनायी गयी थी। सबसे पुरानी यान्त्रिक घड़ी, सालिसबरी कैथेड्रल (Salisbury Cathedral), जो ब्रिटेन में अभी तक चालू हालत में है, सन् 1368 में बनायी गयी थी।

काँच (Glass) **का निर्माण**

काँच सबसे पहले सीरिया और उसके आसपास के देशों में ईसा से 3000 वर्ष पूर्व सोडे और बालू के मिश्रण को गरम करके बनाया गया था। ग्लास-ब्लोइंग (Glass-blowing) की खोज भी ईसा से लगभग 100 वर्ष पूर्व सीरिया में ही हुई थी।

पहली तुला (First Balance)

वस्तुओं को तौलने के लिए पहली तुला ईसा से 5000 से 4000 वर्ष पूर्व सीरिया और उसके पड़ोसी देशों में बनायी गयी। यह तुला प्रायः सोना तौलने के लिए प्रयोग की जाती थी। तौलने के लिए पत्थर के बाट प्रयोग किये जाते थे, जिन्हें जानवरों की शक्ल में तराश कर बनाया जाता था।

बारूद (Gunpowder)

प्राचीन काल में चीनी या भारतीय लोगों ने सॉल्टपीटर (Saltpetre), गन्धक (Sulphur) और चारकोल (Charcoal) को मिलाकर बारूद बनाने की खोज की। सन् 850 के आसपास चीनी लोग आतिशबाजी बनाने तथा विस्फोटकों के रूप में बारूद का इस्तेमाल करते थे। 13वीं सदी के मध्य काल तक यूरोप के देश बारूद से परिचित नहीं थे। यूरोप में बारूद का इस्तेमाल सन् 1300 में शुरू हुआ, जिसके आविष्कार का श्रेय इंग्लैण्ड के रॉजर बेकन (Rodger Beken) को जाता है।

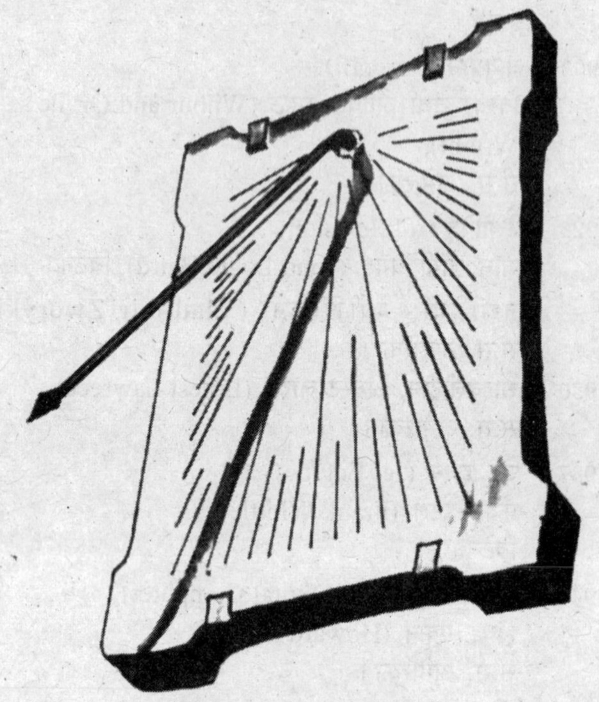

सूर्य घड़ी

काँच सबसे पहले 3000 ई.पू. सीरिया में सोडे और बालू के मिश्रण से बनाया गया।

चश्मों (Spectacles) **का आविष्कार**

अरब वैज्ञानिक अल-हजन (Al-hazen) ने लगभग सन् 1000 में लेंसों से प्रतिबिम्बों के बनने की क्रिया का पता लगाया। उन्होंने पाया कि लेंसों के द्वारा कमजोर दृष्टि वाले व्यक्ति वस्तुओं को स्पष्ट रूप से देख सकते हैं। इसी के आधार पर नजर के चश्मों का विकास हुआ। कमजोर नजर वालों के लिए दूर की वस्तुओं को स्पष्ट रूप से देखने के लिए लगभग सन् 1430 में इटली में चश्मे बनने लगे थे।

पेट्रोल (Petrol) **का उत्पादन**

सन् 1841 में पहली बार अमेरिका में ड्रिलिंग करके तेल निकाला गया और सन् 1859 में पहला तेल का कुआँ खोदा गया। इस तेल से लगभग सन् 1864 में पेट्रोल प्राप्त किया गया। मोटरकार के आविष्कार से पहले पेट्रोल का कोई विशेष उपयोग नहीं था। सन् 1883 में मोटरकार के आविष्कार के बाद सन् 1895 में फ्रांस में पहला पेट्रोल स्टेशन खोला गया। पहली रिफ़ाइनरी सन् 1860 में अमेरिका में बनायी गयी। सन् 1870 में स्टैण्डर्ड ऑयल (Standard Oil Company) कम्पनी स्थापित की गयी, जो विश्व की सबसे बड़ी तेल कम्पनी थी। सन् 1890 से उत्तम क्वालिटी के पेट्रोल का उत्पादन आरम्भ हुआ।

भाप इंजन (Steam Engine)

पहला सफल भाप इंजन ब्रिटिश इंजीनियर थॉमस न्यूकोमेन (Thomas Newcomen) ने सन् 1712 में बनाया था। इसका इस्तेमाल खान से पानी निकालने में किया जाता था। जेम्स वाट ने न्यूकोमेन के इंजन को परिवर्धित करके नया रूप दिया। सन् 1765 में जेम्स वाट ने नया भाप इंजन बनाया, जो शक्तिशाली और अधिक तेज गति वाला था। वाट के भाप इंजनों से सन् 1785 में पहली बार कॉटन मिल चलाये गये। भाप की शक्ति से चलने वाले ये इंजन कारखानों को विकसित करने में उपयोगी सिद्ध हुए। 19वीं सदी से सड़क और पानी में चलने वाले वाहनों में भाप इंजनों का प्रयोग होने लगा। इसके बाद भाप इंजनों में काफी सुधार और प्रगति हुई। सन् 1803 में ब्रिटेन में लोकोमोटिव (Locomotive) का आविष्कार हुआ। सबसे पहला सफल रेल-इंजन जॉर्ज स्टीफेंसन ने सन् 1814 में बनाया था। यह इंजन सवारी लाने-ले जाने में प्रयोग हुआ।

कातने की मशीनें (Spinning Machines)

कातने की मशीनों का आविष्कार सन् 1700 में ब्रिटेन में हुआ। इससे पहले लोग हाथ से धागा बनाते थे या साधारण चर्खे का इस्तेमाल करते थे। पहली कातने की सफल मशीन हाथ से चलायी जाने वाली स्पिनिंग जेनी (Spinning Jenny) थी, जिसे जेम्स हारग्रीव्स (James Hargreaves) ने सन् 1764 में बनाया था। इससे बारीक धागा काता जाता था। दूसरी मशीन रिचर्ड आर्कराइट की वाटर फ्रेम (Richard Arkwright's Water Frame) थी, जो सन् 1769 में बनायी गयी। इस मशीन से मजबूत धागा तैयार होता था। सैमुअल क्रॉम्पटन (Samuel Crompton) ने इन दोनों मशीनों को जोड़कर स्पिनिंग म्यूल (Spinning Mule) नामक मशीन बनायी, जिससे वस्त्र उद्योग का आरम्भ हुआ।

पहली स्वचालित मशीन सन् 1801 में फ्रांस में बनायी गयी। इसे लूम (Loom) कहते थे। यह सिल्क के वस्त्रों में डिज़ाइन बुन सकती थी। इसके आविष्कारक थे जोसेफ़ मैरी जैक्वार्ड (Joseph Marie Jacquard)। इस मशीन में विभिन्न पंच-कार्डों (Punched Cards)

एडविन ड्रैक (Edwin Drake) ने सन् 1859 में तेल का पहला कुआँ बनाया।

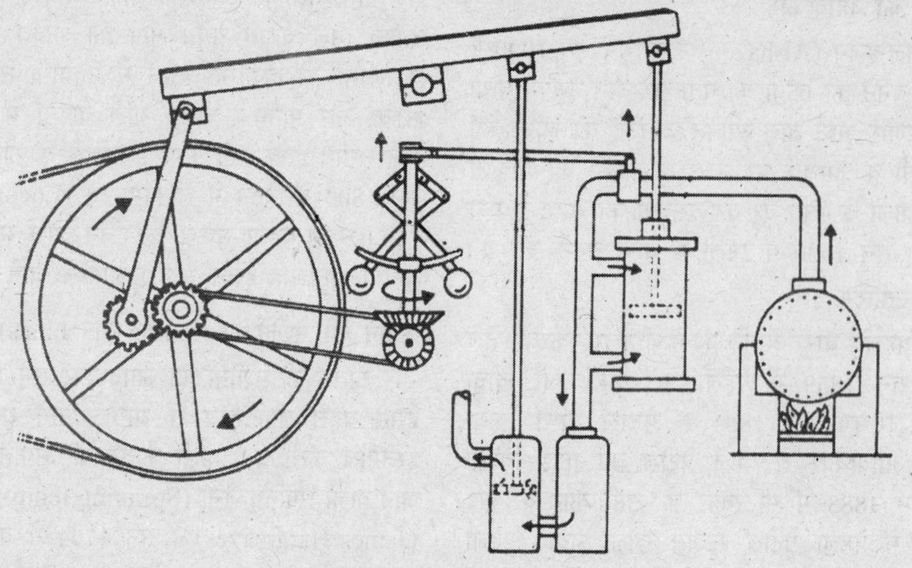

जेम्स वाट ने स्टीम इंजन विकसित किया।

के सेट से नये पैटर्न (Pattern) बुने जा सकते थे। पंच-कार्ड का सबसे पहला सफल प्रयोग जैक्वार्ड ने ही किया। बाद में कम्प्यूटरों में इन कार्डों का इस्तेमाल किया गया।

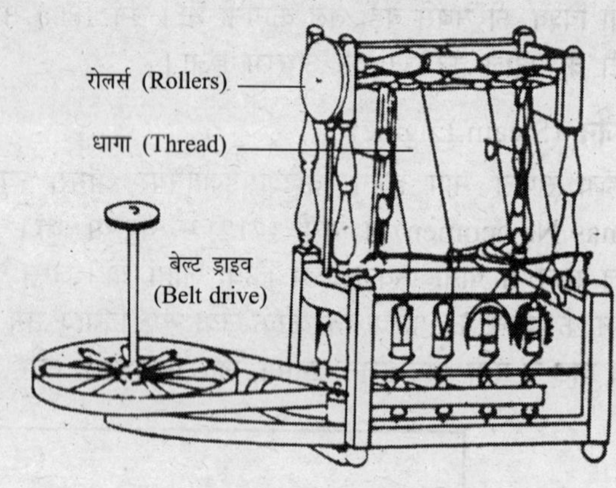

आर्करराइट की वाटर फ्रेम मशीन

सिलाई मशीन (Sewing Machine)

पहली सिलाई मशीन फ्रांस के बारथेलेमी थिमोनियर (Barthelemy Thimmonier) ने सन् 1830 में बनायी थी। यह मशीन एक मिनट में 200 टाँके लगा सकती थी। सन् 1845 में पहली सफल सिलाई मशीन अमेरिका के एलियस हॉवे (Elias Howe) ने बनायी। अमेरिका के आइज़क सिंगर (Isaac Singer) ने सन् 1851 में पुरानी सिलाई मशीनों को विकसित करके वर्तमान रूप दिया।

कटाई मशीनें (Harvesting Machines)

हार्वेस्टिंग या कटाई मशीनें दो प्रकार की होती हैं–फसल काटने वाली तथा अनाज और भूसे को अलग करने वाली। पहली थ्रेशिंग

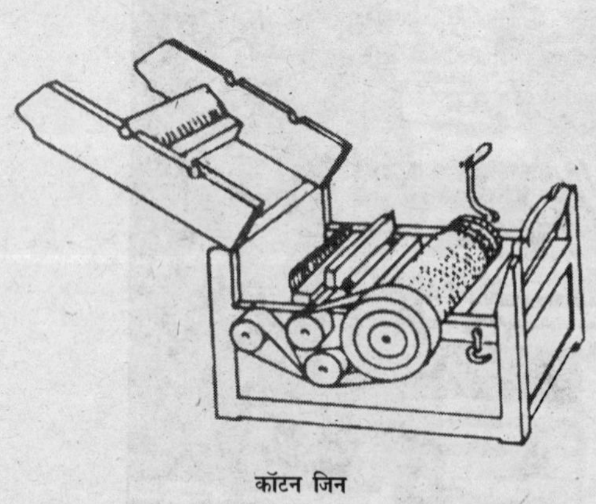

कॉटन जिन

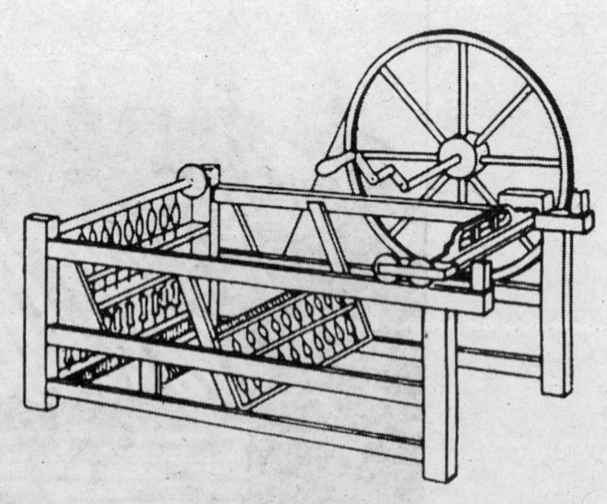

हारग्रीव्ज की स्पिनिंग जेनी मशीन

(Threshing) मशीन ब्रिटेन में बनायी गयी, जिसका आविष्कार एण्ड्रू माइकल (Andrew Meikle) ने सन् 1786 में किया था। पहली कटाई (Reaping) मशीन भी सन् 1826 में ब्रिटेन में बनी, जिसके आविष्कारक थे पैट्रिक बेल (Patrick Bell)प्रथम सफल फसल काटने की मशीन सन् 1831 में साइरस मेककॉर्मिक (Cyrus McCormick) ने अमेरिका में बनायी। हार्वेस्टिंग मशीनों का सबसे अधिक विकास अमेरिका में ही हुआ। आज विश्व में इन मशीनों का प्रयोग बहुत अधिक बढ़ गया है।

इलेक्ट्रिक मोटर का आविष्कार

सर्वप्रथम इलेक्ट्रिक मोटर (Electric Motor) का निर्माण सन् 1821 में माइकल फैराडे (Michael Faraday) ने किया था। उनकी मोटर केवल प्रायोगिक थी। पहला सफल 'डायनमो' ज़ेनोब थियोफ़िल ग्राम (Zenobe Theophile Gramme) ने सन् 1870 में बेल्जियम में बनाया। इसके बाद सन् 1873 में उन्होंने पहली प्रैक्टिकल इलेक्ट्रिक मोटर बनायी, जिससे शक्तिशाली डी.सी. करण्ट बनायी जा सकती थी। ए.सी. मोटर का आविष्कार निकोला टेसला (Nikola Tesla) ने सन् 1888 में अमेरिका में किया था।

विद्युत प्रकाश (Electric Light)

सबसे पहले इलेक्ट्रिक आर्क (Electric Arc) द्वारा विद्युत प्रकाश उत्पन्न किया गया। ब्रिटेन के सर हम्फ्री डेवी Sir Humphry Devy ने सन् 1802 में इलेक्ट्रिक आर्क बनाया, जिसका प्रकाश बहुत तेज था, इसलिए उसका इस्तेमाल घरों में नहीं किया जा सकता था। जे.डब्लू. स्टार (J.W. Starr) और जोजेफ स्वान (Joseph Swan) ने इलेक्ट्रिक लाइट बल्ब बनाने की कोशिशें कीं, लेकिन सफलता नहीं मिली। सन् 1879 में अमेरिकी आविष्कारक थॉमस अल्वा एडीसन (Thomas Alva Edison) 'लाइट बल्ब' बनाने में सफल हुए। वायर फ़िलामेण्ट बल्बों का इस्तेमाल सन् 1898 में शुरू हुआ।

कृत्रिम डाई (Artificial Dye)

पहली कृत्रिम डाई सन् 1856 में ब्रिटिश वैज्ञानिक विलियम परकिन (William Perkin) ने बनायी थी। उनकी इस खोज से पहले सभी डाइयाँ पौधों और कीटों (Insects) से बनायी जाती थीं। विभिन्न रंगों की कृत्रिम डाइयाँ परकिन की खोज के बाद ही बनायी गयीं।

एक्स-किरणों (X-Rays) **की खोज**

एक्स-किरणों की खोज जर्मन वैज्ञानिक विल्हेम रोंटजन (Wilhelm Roentgen) ने सन् 1895 में की थी। कैथोड-रे ट्यूब (Cathode-ray Tube) द्वारा कुछ प्रयोग करते समय रोंटजन ने अकस्मात ही एक्स-किरणों की खोज कर ली थी। एक्स-किरणों का इस्तेमाल केवल हड्डियों के चित्र लेने में ही नहीं किया जाता, बल्कि औद्योगिक और वैज्ञानिक कार्यों में भी इनका विशेष महत्त्व है। रोंटजन ने ही इन अदृश्य (Invisible) किरणों को 'एक्स-रेज़' का नाम दिया। एक्स का अर्थ है 'अज्ञात'। इस आविष्कार के लिए भौतिकी का प्रथम नोबेल पुरस्कार सन् 1901 में रोण्टजन को ही दिया गया।

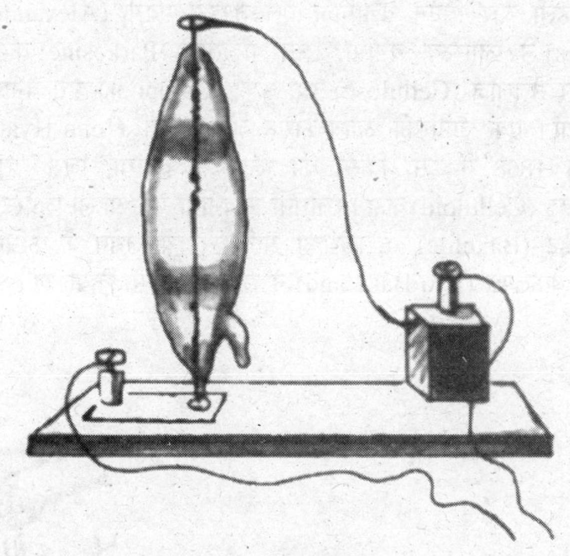

स्वान का लाइट बल्ब

एडीसन का 'विद्युत बल्ब'

प्लास्टिक (Plastic) **का आविष्कार**

पहली बार ब्रिटेन वैज्ञानिक एलेक्जैण्डर पार्क्स (Alexander Parkes) ने प्लास्टिक बनाया, जिसे पार्केसीन (Parkesine) कहते थे। इसे सेलुलोज़ (Cellulose) तथा कपूर (Camphor) द्वारा बनाया गया था। एक अमेरिकी आविष्कारक जॉन हयात (John Hyatt) ने सन् 1868 में इसी किस्म का प्लास्टिक बनाया, जिसे उसने सेलुलॉइड (Celluloid) कहा। रसायनों से बनाया गया पहला प्लास्टिक बैकेलाइट (Bakelite) था, जिसका आविष्कार बेल्जियम के केमिस्ट लिओ बैकलैण्ड (Leo Bakeland) ने सन् 1907 में किया था।

पहला टेलीफोन (First Telephone)

टेलीफोन का आविष्कार अमेरिका के एलेक्जैण्डर ग्राहम बेल ने सन् 1876 में किया था। पहली बार टेलीफोनों का इस्तेमाल सन् 1877 में बॉस्टन में शुरू हुआ और पहला पब्लिक कॉल बॉक्स सन् 1880 में कनेक्टीकट (Connecticut) में लगाया गया। इण्डियाना (Indiana) के ला पोर्ट (La Port) में सन् 1892 में पहला स्वचालित टेलीफोन एक्सचेंज खोला गया। यूरोप में स्वचालित टेलीफोन एक्सचेंजों का प्रयोग सन् 1909 में शुरू हुआ।

हार्वेस्टिंग मशीन

विलियम परकिन ने डाई बनाने की विधि खोजी

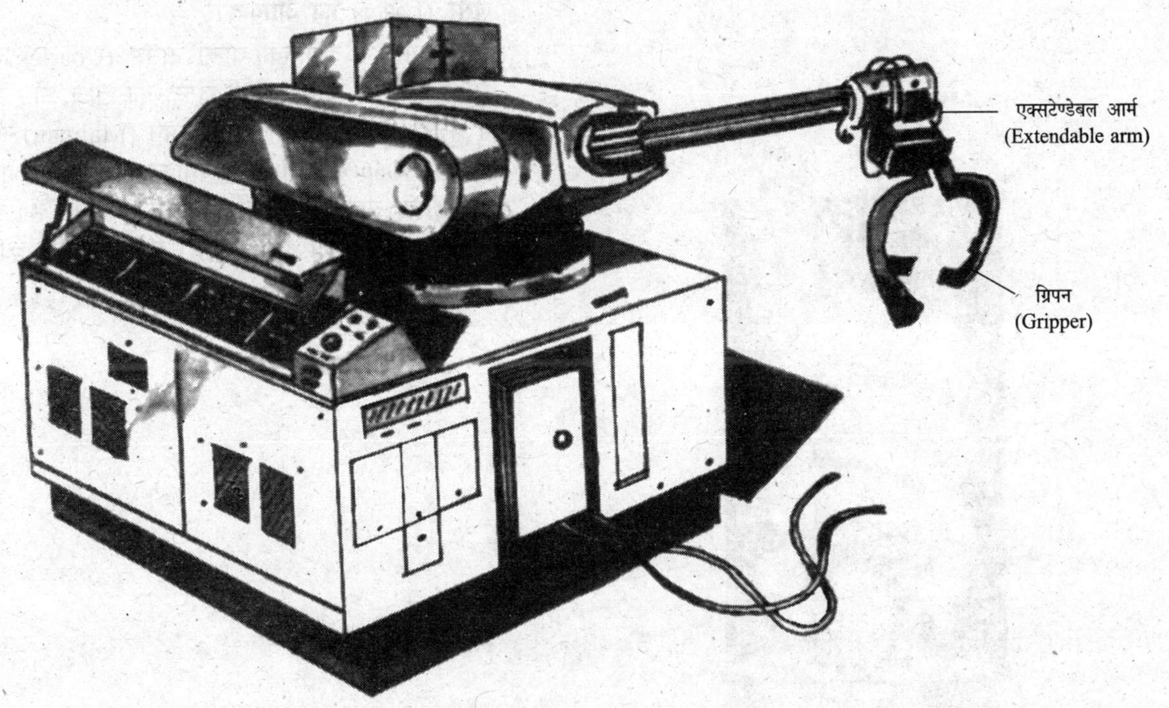

इण्डस्ट्रियल रोबोट

रेडियो ब्रॉडकास्टिंग (Radio Broadcasting)

रेडियो-तरंगों की खोज जर्मन वैज्ञानिक हेनरिख हर्ट्ज (Henrich Hertz) ने सन् 1887 में की थी। इटली के गुगलील्मो मार्कोनी (Guglilmo Marconi) ने सन् 1895 में पहला सन्देश मॉर्स सिगनलों के रूप में भेजा। पहला रेडियो प्रसारण, जिसमें बातचीत और संगीत शामिल थे, कनाडा आविष्कारक रेगीनाल्ड फेसेण्डेन (Reginald Fessenden) द्वारा 24 दिसम्बर, सन् 1906 में अमेरिका में किया गया। पहला रेडियो स्टेशन सन् 1907 में न्यूयॉर्क में स्थापित किया गया था।

टेलीविजन का आविष्कार (Invention of Television)

पहला टेलीविजन चित्र ब्रिटेन आविष्कारक जॉन लॉगी बेयर्ड (John Logie Baird) ने सन् 1924 में प्रेषित किया। बेयर्ड की पद्धति आजकल इस्तेमाल होने वाली इलेक्ट्रॉनिक पद्धति से भिन्न थी। इलेक्ट्रॉनिक टेलीविजन का आविष्कार सन् 1927 में फिलो फ्रांसवर्थ (Philo Fransworth) द्वारा अमेरिका में हुआ। इलेक्ट्रॉनिक टेलीविजन विकसित करने में ज्योरिकिन (Zworykin) को सन् 1930 में असाधारण सफलता प्राप्त हुई।

नाभिकीय शक्ति (Nuclear Power)

नाभिकीय ऊर्जा का सर्वप्रथम उत्पादन सन् 1942 में इटली के वैज्ञानिक एनरिको फर्मी (Enricho Fermi) द्वारा अमेरिका में किया गया था। फर्मी ने पहला नाभिकीय रिएक्टर (Nuclear Reactor) शिकागो में बनाया। रिएक्टर में ऊष्मा (heat) उत्पन्न करने के लिए यूरेनियम ईंधन का इस्तेमाल किया गया था। इस प्रकार के रिएक्टर आजकल नाभिकीय पावर स्टेशनों में विद्युत उत्पादन में इस्तेमाल किये जाते हैं।

पहला कम्प्यूटर (First Computer)

पहला कम्प्यूटर कोलोसस (Colossus) कहलाता था, जिसका आविष्कार सन् 1943 में ब्रिटेन में हुआ। यह युद्ध में इस्तेमाल होने वाले संकेतों (Codes) को आसानी से और कम समय में हल कर सकता था। साधारण इस्तेमाल के लिए पहला कम्प्यूटर ENIAC सन् 1946 में अमेरिका में बनाया गया। इसमें 19,000 वाल्व थे और कई हजार इलेक्ट्रॉनिक घटक लगाये गये थे। इसका आकार एक बड़े कमरे की भाँति था। आज तो अति तीव्र वेग वाले सुपर कम्प्यूटर बनाये जा चुके हैं।

रोबोट (Robot) **का आविष्कार**

पहले रोबोट, जो मशीनी मानव की तरह काम कर सकते थे, सन् 1770 के दौरान यूरोप में बनाये गये थे। इन्हें खिलौनों की तरह इस्तेमाल किया जाता था। एक स्विस घड़ीसाज़ पियरे जैक्वेट-ड्रोज़ (Pierre Jacquet-Droz) ने सन् 1770 में एक लेखक रोबोट बनाया, जो 40 अक्षरों (Letters) का कोई भी सन्देश हाथ से लिख सकता था। औद्योगिक रोबोट सन् 1960 के दौरान बनाये गये। इनका इस्तेमाल पेण्ट करने, मशीन चलाने आदि के लिए कारखानों में किया जाता है। मारुति उद्योग लिमिटेड, गुड़गाँव में कार निर्माण में कई रोबोट प्रयोग हो रहे हैं।

मेमन ने लेसर किरणें बनायीं

लेसर (Laser) का आविष्कार

अमेरिकन वैज्ञानिक चार्ल्स टाउंस (Charles Townes) ने सन् 1951 में लेसर किरणों के सिद्धान्त की खोज की। उन्होंने सन् 1953 में मेज़र का आविष्कार किया। मेमन (Maiman) ने मेज़र के आधार पर सन् 1960 में रूबी लेसर बनाकर दुनिया की आंखें चकाचौंध कर दीं। इसके बाद अनेक लेसर बनाये जा चुके हैं। इतने शक्तिशाली लेसर भी बनाये जा चुके हैं जो उड़ती मिसाइलों को गिरा सकते हैं।

✪✪✪

17 प्रकाश (Light)

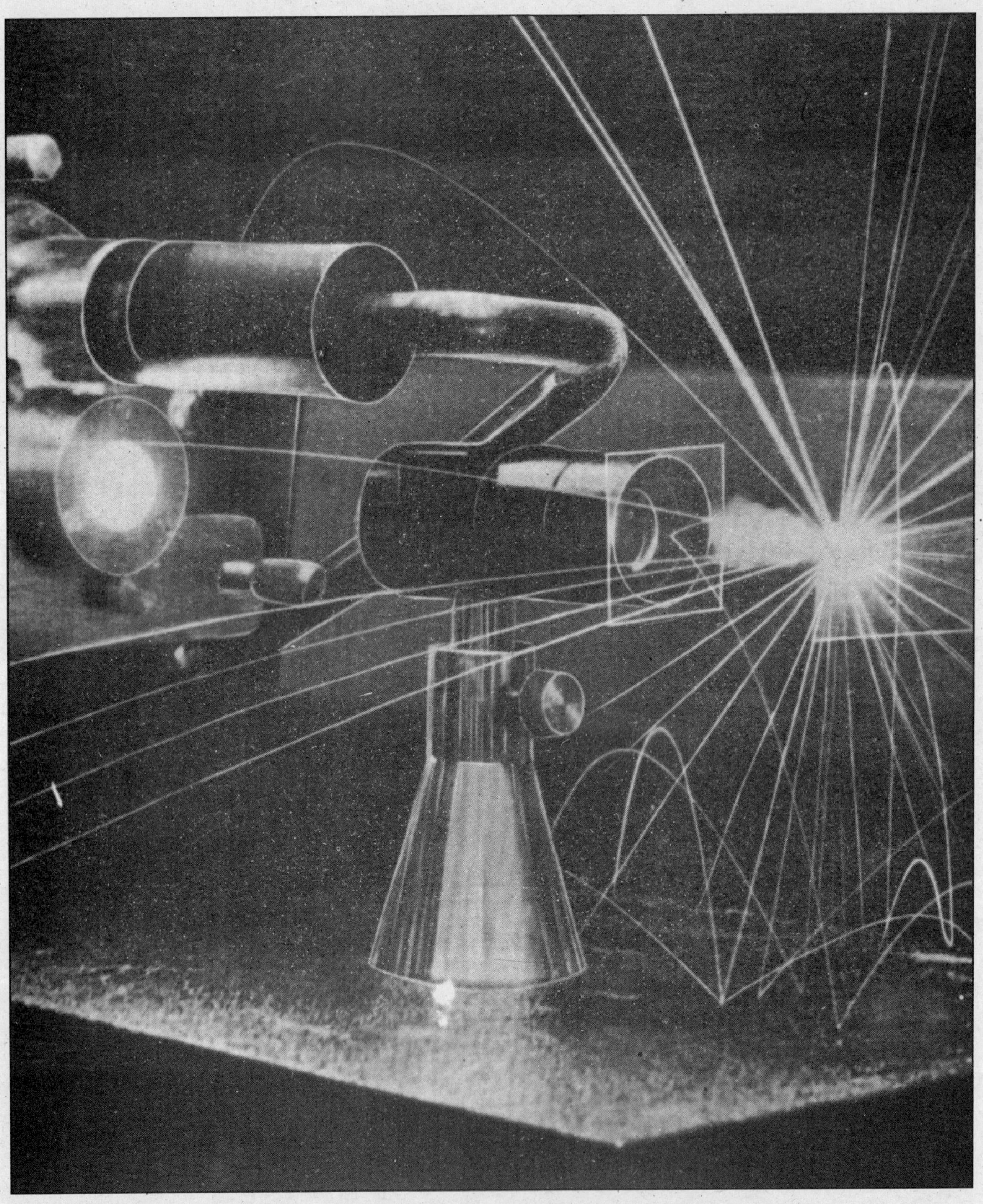

प्रकाश (Light)

प्रकाश ऊर्जा का वह रूप है, जो हमें वस्तुओं को देखने में मदद करता है। प्रकाश के बिना पेड़-पौधे जीवित नहीं रह सकते और पेड़-पौधों के बिना पृथ्वी पर जीवन असम्भव है। प्रकाश एक प्रकार की विकिरण ऊर्जा (Radiant Energy) है, जो अन्य ऊर्जाओं की तरह नजर नहीं आती। अतः हम केवल उन वस्तुओं को ही देख पाते हैं, जिन पर प्रकाश ऊर्जा पड़ती है।

आरम्भ से ही प्रकाश मानव के लिए एक रहस्य रहा है। विभिन्न दार्शनिकों के वस्तुओं के दिखायी देने के सम्बन्ध में विभिन्न विचार रहे हैं। ईसा से छह शताब्दी पहले पाइथागोरस ने कहा था कि वस्तुओं से अनेक छोटी-छोटी कणिकाएँ निकलती हैं और जब वे आँखों पर पड़ती हैं, तो वस्तुएँ हमें दिखायी देने लगती हैं। एम्पीडोक्लीज (Empedocles) के अनुसार आँखों से छोटे-छोटे निकले कणों से ही वस्तु देखने योग्य बनती है। प्लेटो (Plato) ने बताया कि आँखों से दिव्य किरणें (Divine Rays) निकलती हैं, जोकि सूर्य की किरणों से मिलकर वस्तु पर पड़ती हैं और तभी हमें वस्तु दिखायी देती है। अरस्तू (Aristotle) को प्रकाश के सीधी रेखाओं में चलने (Rectilinear Propagation) तथा उसके परावर्तन के नियमों की जानकारी थी।

इसके बाद 1000 वर्ष तक प्रकाशिकी के विषय में कोई उल्लेखनीय प्रगति नहीं हुई। लगभग 11वीं शताब्दी में प्रसिद्ध अरबी दार्शनिक अलहाजेन (Alhazen) ने आँखों की संरचना का अध्ययन किया और आँख के कार्यों की व्याख्या की। उन्हें अपवर्तन (Refraction) के नियम अच्छी तरह ज्ञात थे। कहते हैं कि 13वीं शताब्दी में रोजर बेकन (Roger Becon) ने लेंसों के संयोग से दूरदर्शी (Telescope) और सूक्ष्मदर्शी (Microscope) बनाये।

16वीं शताब्दी में प्रकाश सम्बन्धी अनेक छोटे-बड़े आविष्कार हुए, लेकिन 17वीं शताब्दी को प्रकाशिकी का महत्त्वपूर्ण काल कहा जा सकता है। इस युग में न्यूटन (Newton), हाइगेंस (Huygens) तथा रोमर (Romer) आदि वैज्ञानिकों ने प्रकाशिकी के क्षेत्र में महत्त्वपूर्ण आविष्कार किये। न्यूटन ने करपस कूलर सिद्धान्त प्रतिपादित किया। जिसके अनुसार–'प्रकाश कणों के रूप में चलता है।' हाइगेंस ने प्रकाश का तरंग सिद्धान्त दिया तथा रोमर ने सन् 1675 में प्रकाश का वेग ज्ञात किया।

जेम्स क्लार्क मैक्सवैल (James Clark Maxwell) ने सन् 1873 में बताया कि जब किसी परिपथ में चुम्बकीय अथवा विद्युतीय क्षेत्र किसी आवृत्ति में बदलता है, तो वह केवल परिपथ तक ही सीमित नहीं रहता,

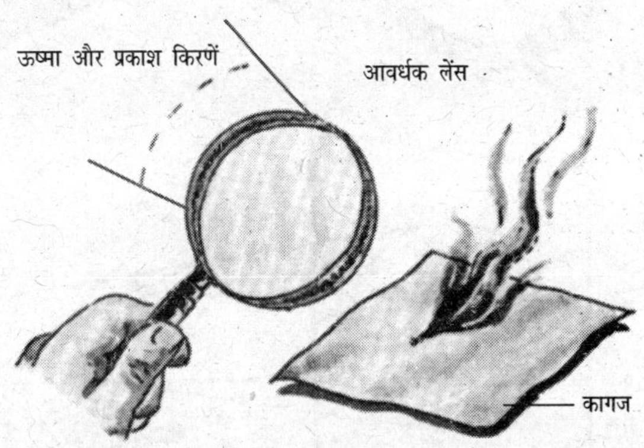

प्रकाश एक प्रकार की विकिरण ऊर्जा है। यही कारण है कि जब सूर्य की किरणों को किसी आवर्धक लेंस द्वारा कागज या कपड़े पर केन्द्रित किया जाता है, तो वह जल उठता है।

पेड़-पौधों में प्रकाश द्वारा ही प्रकाश-संश्लेषण होता है।

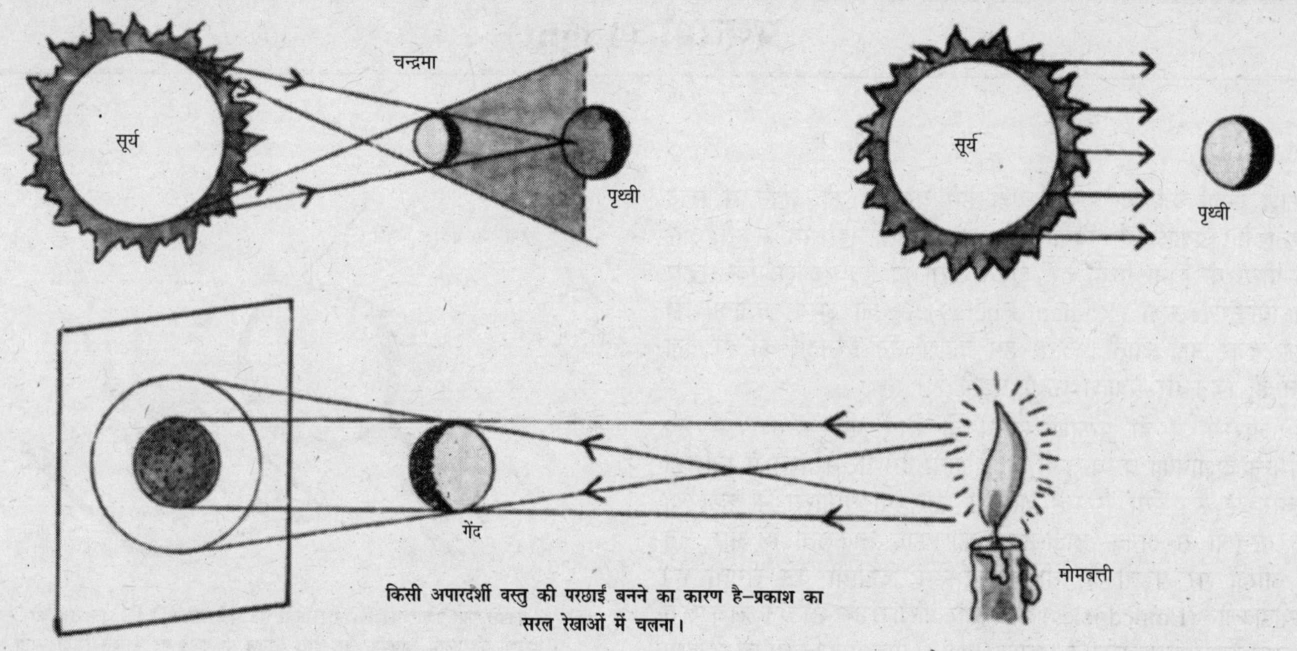

किसी अपारदर्शी वस्तु की परछाईं बनने का कारण है–प्रकाश का सरल रेखाओं में चलना।

बल्कि परिपथ में हो रहे दोलनों से एक प्रकार की तरंगें पैदा होती हैं, जिन्हें विद्युत-चुम्बकीय तरंगें (Electromagnetic Waves) कहते हैं, जो प्रकाश के वेग से चारों ओर फैलती हैं। इन तरंगों का प्रसरण विद्युत और चुम्बकीय क्षेत्र की आवर्त गति के कारण होता है। इन कम्पनों से विद्युत-चुम्बकीय तरंगें प्रकाश की चाल से आगे फैलती जाती हैं। जब विद्युत या चुम्बकीय कम्पनों की आवृत्ति एक निश्चित सीमा में होती है, तो हमें ये कम्पन दृश्य प्रकाश के रूप में दिखायी देने लगते हैं। प्रकाश का रंग इन कम्पनों की आवृत्ति पर निर्भर करता है। हर्ट्ज (Hertz) ने सन् 1887 में प्रयोगशाला में विद्युत-चुम्बकीय तरंगें उत्पन्न करके यह सिद्ध कर दिया कि विद्युत चुम्बकीय तरंगों में प्रकाश के सभी गुण मौजूद होते हैं। विद्युत-चुम्बकीय तरंगों के निम्नलिखित गुण हैं–

(i) ये तरंगें निर्वात में भी चल सकती हैं और निर्वात में इनका वेग प्रकाश के वेग के बराबर होता है।

(ii) विद्युत-चुम्बकीय तरंगें अनुप्रस्थ तरंगें (Transverse Waves) होती हैं।

दृश्य प्रकाश के अतिरिक्त कुछ ऐसी भी तरंगें निकलती हैं, जिन्हें हम देख नहीं सकते, लेकिन उनका अनुभव कर सकते हैं। गामा किरणें (Gama Rays), एक्स-किरणें (X-Rays), पराबैंगनी किरणें (Ultra Violet Rays), अवरक्त किरणें (Infrared Rays) तथा रेडियो तरंगें (Radio Waves) सभी विद्युत-चुम्बकीय तरंगें हैं।

सन् 1900 ई. में मैक्स प्लांक (Max Planck) ने ब्लैक बॉडी के विकिरण पर कार्य करते हुए देखा कि विकिरण के प्रायोगिक निष्कर्ष और प्रचलित सैद्धान्तिक विवेचना में साम्यता नहीं है। उन्होंने एक नये सिद्धान्त की खोज की, जिसे प्रकाश का क्वाण्टम सिद्धान्त (Quantum Theory) कहते हैं। इस सिद्धान्त के अनुसार ऊर्जा सतत रूप से नहीं बल्कि पैकटों के रूप में चलती है। ऊर्जा की इन छोटी-छोटी इकाइयों को क्वाण्टम कहते हैं। आइंस्टाइन आदि वैज्ञानिकों ने इस सिद्धान्त के महत्त्व को स्वीकार किया और यह भी मान लिया कि प्रकाश अत्यन्त छोटे-छोटे कणों के रूप में चलता है, जिन्हें फोटॉन कहते हैं। प्रकृति में कुछ घटनाएँ ऐसी भी हैं, जिनकी व्याख्या क्वाण्टम सिद्धान्त के आधार पर नहीं की जा सकती। प्रकाश की इस दोहरी प्रकृति से वैज्ञानिक बड़ी उलझन में पड़ गये, कि आखिर प्रकाश को वे किस रूप में मानें। अन्त में इस समस्या का समाधान एक नये, नियमित और गणितीय सिद्धान्त से हुआ। इस नये सिद्धान्त का प्रतिपादन सन् 1924 में हाइजनबर्ग (Heisenberg) और श्रोडिंगर (Schrodinger) द्वारा किया गया। फ्रांस के वैज्ञानिक डी. ब्रोगली के अनुसार 'इलेक्ट्रॉन को कण के रूप में या तरंग के रूप में मानने से कोई अन्तर नहीं पड़ता, वह केवल एक सम्भावना की तरंग है और इसके आयाम का वर्ग किसी विशेष स्थान पर (प्रणाली में) उपस्थिति की सम्भावना को जाहिर करता है।' आज का वैज्ञानिक यह चिन्ता ही नहीं करता कि प्रकाश एक तरंग है या कण।

विकिरण (Radiation)

यदि ऊर्जा का संचरण (Propagation) एक स्थान से दूसरे स्थान तक बिना किसी द्रव्यात्मक माध्यम (Material Medium) के होता है, तो उसे विकिरण (Radiation) कहते हैं। विकिरण से तात्पर्य 'विद्युत-चुम्बकीय विकिरण' से होता है। विद्युत-चुम्बकीय तरंगों को चलने के लिए किसी माध्यम की आवश्यकता नहीं पड़ती और न ही इन पर विद्युत तथा चुम्बकीय क्षेत्रों का कोई प्रभाव पड़ता है। एक्स-किरणें, अवरक्त किरणें, रेडियो तरंगें और फोटॉन आदि सभी विकिरण हैं। प्रत्येक विकिरण का अपना तरंगदैर्ध्य होता है और उसी के अनुसार उसके गुण होते हैं। दृश्य प्रकाश भी एक प्रकार का विकिरण है, जो आँखों को नजर आता है। इसे दृश्य विकिरण कहते हैं। दृश्य विकिरण की तरंगदैर्ध्य लगभग 4,000A° से 8,000A° तक होती हैं। जिस विकिरण की तरंगदैर्घ्य 4000A° से कम या 8000A° से अधिक होती हैं, वे हमें दिखायी नहीं पड़ते। ऐसे विकिरणों को अदृश्य विकिरण कहते हैं, जैसे अवरक्त किरणें, पराबैंगनी किरणें, गामा किरणें, एक्स-किरणें आदि।

प्रकाश की चाल (Speed of Light)

स्विच दबाते ही बल्ब का प्रकाश हमारी आँखों तक पहुँच जाता है। बल्ब से आँखों तक प्रकाश के पहुँचने में इतना कम समय लगता है कि उसका अनुमान नहीं लगाया जा सकता, लेकिन दूर से आने वाले प्रकाश का समय हम ज्ञात कर सकते हैं। चन्द्रमा से आने वाला प्रकाश हम तक 1.3 सेकेण्ड में पहुँचता है और सूर्य से चलने वाले प्रकाश को हम तक पहुँचने में 8 मिनट 22 सेकेण्ड का समय लगता है। तारों से आने वाले प्रकाश को बहुत लम्बा समय लगता है।

यद्यपि प्रकाश की चाल सबसे अधिक है, लेकिन प्रकाश एक स्थान से दूसरे स्थान तक एक निश्चित चाल से चलता है। प्रकाश जिस दिक् (Space) में चलता है, उसे माध्यम (Medium) कहते हैं। यह माध्यम हवा, पानी, काँच आदि हो सकता है और निर्वात भी हो सकता है, क्योंकि प्रकाश निर्वात (Vacuum) में भी चलता है। प्रकाश की चाल निर्वात में सबसे अधिक होती है। निर्वात में प्रकाश की चाल 299,792.5 किलोमीटर प्रति सेकेण्ड मापी गयी है।

जेम्स क्लार्क मैक्सवैल (1831-79)

हीनरिख हर्ट्ज (1857-94)

मैक्स प्लांक (1858-1947)

स्पेक्ट्रम (Spectrum)

सन् 1666 में न्यूटन ने एक बन्द कमरे की खिड़की के एक छेद से आते हुए सूर्य के प्रकाश को एक प्रिज्म से होकर पर्दे पर डाला, परिणामस्वरूप पर्दे पर सात रंगों की एक ऐसी पट्टी बन गयी, जिसके एक सिरे पर लाल रंग और दूसरे पर बैंगनी रंग था। इस पट्टी में क्रमशः लाल, सन्तरी, पीला, हरा, नीला, आसमानी और बैंगनी–सात रंग थे। न्यूटन ने इस सतरंगी पट्टी को स्पेक्ट्रम (Sepectrum)कहा। अँग्रेजी में इन रंगों के प्रथम अक्षरों से बने शब्द Vibgyor द्वारा इन्हें प्रदर्शित किया जाता है। इस प्रयोग से उन्होंने यह सिद्ध कर दिया कि सूर्य का सफेद प्रकाश वास्तव में सात रंगों का मिश्रण है। उनके इस प्रयोग से ही स्पेक्ट्रम-विज्ञान की शुरूआत हुई।

हमें प्रतिदिन स्पेक्ट्रम के बहुत-से उदाहरण देखने को मिलते हैं। फानूस में लगे काँच के टुकड़े सफेद प्रकाश को प्रिज्म की तरह विभिन्न रंगों में विभाजित कर देते हैं। वर्षा के मौसम में आकाश में लटके असंख्य जल-कणों पर सूर्य का प्रकाश पड़ने से इन्द्रधनुष का निर्माण होता है। इन्द्रधनुष (Rainbow) सूर्य की विपरीत दिशा में दिखायी देता है। यह सुबह या शाम के समय ही बनता है, दोपहर के समय नहीं। कभी-कभी दोहरा इन्द्रधनुष भी देखने को मिलता है। इनमें दूसरे इन्द्रधनुष के रंगों का क्रम उलट जाता है।

बहुत दिनों तक स्पेक्ट्रम पर प्रयोग होने के बाद यह पाया गया कि बैंगनी और लाल रंगों के बाद भी रश्मियाँ होती हैं, जिन्हें आँखों से तो नहीं देखा जा सकता, लेकिन उनका प्रभाव फोटो फिल्म पर आसानी से देखा जा सकता है। इन किरणों को क्रमशः पराबैंगनी (Ultra Violet) और अवरक्त (Infrared) किरणें कहते हैं। बाद के अनेक परीक्षणों से पता चला कि अवरक्त और पराबैंगनी विकिरणों के अतिरिक्त और भी विकिरण होते हैं। अब सैद्धान्तिक गणनाओं और प्रयोगों के आधार पर यह निश्चित हो गया कि ये सभी तरंगें यानी गामा किरणों से लेकर रेडियो तरंगों तक एक ही परिवार के अंग हैं। इनके इस परिवार को विद्युत-चुम्बकीय स्पेक्ट्रम (Electro-magnetic Spectrum) कहते हैं। इसलिए विभिन्न वर्ण की तरंगों का विभाजन रंग के आधार पर न करके तरंगदैर्ध्य (Wave Length) के आधार पर किया जाता है, क्योंकि रंग तरंगदैर्ध्य के अनुसार ही क्रम में स्थित होते हैं। दृश्य प्रकाश का भाग, पूरे विद्युत-चुम्बकीय स्पेक्ट्रम की तुलना में अत्यन्त छोटा होता है, इसलिए तरंगदैर्ध्य के अनुसार वर्णों की इस सुव्यवस्था को स्पेक्ट्रम कहते हैं।

पानी की नन्हीं बूँदों पर सूर्य का प्रकाश पड़ने से इन्द्रधनुष बनता है।

न्यूटन के प्रयोग से स्पेक्ट्रम-विज्ञान की शुरुआत हुई।

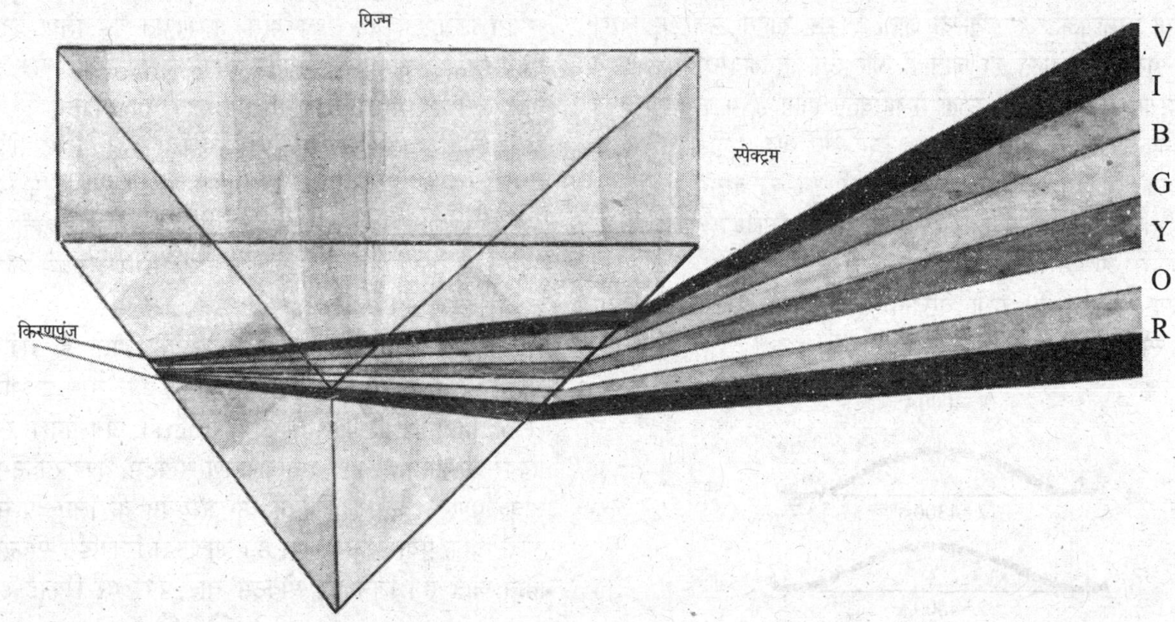

प्रिज्म द्वारा बना स्पेक्ट्रम

दृश्य प्रकाश के विभिन्न भागों में प्रकाश की तरंगदैर्ध्य

रंग	बैंगनी	नीला	आसमानी	हरा	पीला	नारंगी	लाल
तरंगदैर्ध्य A° में	3900-4460	4460-4650	4650-5000	5000-5700	5700-5900	5900-6200	6200-7600

विद्युत-चुम्बकीय स्पेक्ट्रम

नाम	तरंगदैर्ध्य (आंगस्ट्राम) में
गामा किरणें	10^{-3}A° से 0.01A°
एक्स किरणें	0.1A° से 100A°
पराबैंगनी	100A° से 4000A°
दृश्य	4000A° से 8000A°
अवरक्त	8000A° से 10^{7}A°
सूक्ष्म तरंगें	10^{7}A° से 10^{11}A°
रेडियो तरंगें	10^{11}A°

वोलेस्टन (Wollaston) ने शुद्ध स्पेक्ट्रम प्राप्त करने के प्रयास किये। फ्रॉनहोफर ने प्रिज्म की सहायता से शुद्ध स्पेक्ट्रम प्राप्त किया और समतल ग्रेटिंग का आविष्कार किया। स्पेक्ट्रम-विज्ञान की प्रगति में फ्रॉनहोफर का कार्य विशिष्ट महत्त्व का है। सन् 1860 में किरचौफ और बुंसन (Kirchoff and Bunson) ने अनेक तत्त्वों के स्पेक्ट्रम लिये और उनका अध्ययन किया। उन्होंने बताया कि प्रत्येक तत्त्व के स्पेक्ट्रम की कुछ विशेषताएँ होती हैं। कोई पदार्थ उत्तेजित होने पर जिन तरंगदैर्ध्यों को उत्सर्जित करता है, कम ताप पर उन्हीं तरंगदैर्ध्यों को वह अवशोषित कर सकता है।

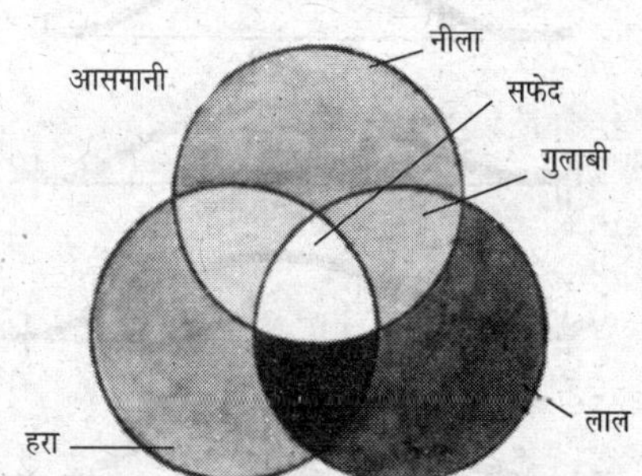

प्रकाश का मिश्रण : लाल, हरा तथा नीला प्रकाश मिलने से सफेद प्रकाश बनता है।

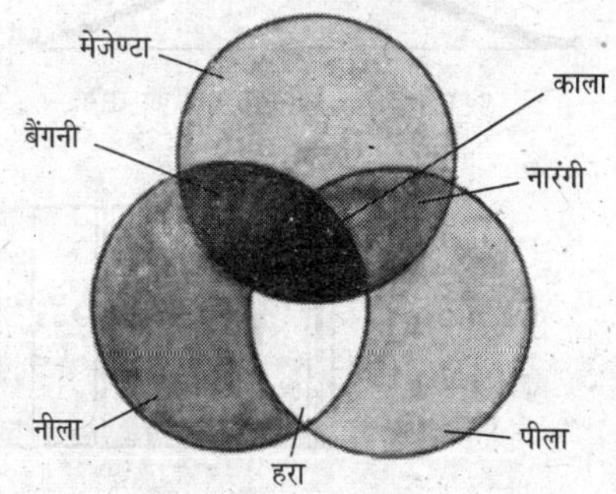

लाल, नीले और पीले रंग पेण्टों के प्राथमिक रंग (Primary Colours) हैं, इनके मिलने से विभिन्न रंग बनते हैं। प्राथमिक रंगों के किन्हीं दो रंगों के मिलने से जो रंग बनता है, उसे पूरक रंग (Complementary Colour) कहते हैं।

स्पेक्ट्रम दो प्रकार के होते हैं : उत्सर्जन स्पेक्ट्रम (Emission Spectrum) और अवशोषण स्पेक्ट्रम (Absorption Spectrum)।

किसी वस्तु का उत्सर्जन स्पेक्ट्रम प्राप्त करने के लिए उस वस्तु के अणुओं या परमाणुओं को ऊर्जा दी जाती है। इस बाहरी ऊर्जा के कारण अणु या परमाणु उत्तेजित हो जाते हैं और उत्तेजित अवस्था से जब वे मूल अवस्था में आते हैं, तो ऊर्जा में परिवर्तन होता है, फलस्वरूप उनसे प्रकाश निकलने लगता है। यह प्रकाश दृश्य और अदृश्य दोनों हो सकता है। यदि उत्सर्जित प्रकाश की तरंगदैर्ध्य बैंगनी रंग की तरंगदैर्ध्यों से कम होती हैं, तो पराबैंगनी स्पेक्ट्रम बनता है। यदि तरंगदैर्ध्य लाल रंग के तरंगदैर्ध्यों से अधिक होती हैं, तो अवरक्त स्पेक्ट्रम बनता है। ये दोनों ही अदृश्य विकिरण हैं। सभी चमकने वाली वस्तुओं से प्राप्त स्पेक्ट्रम उत्सर्जन स्पेक्ट्रम कहलाता है।

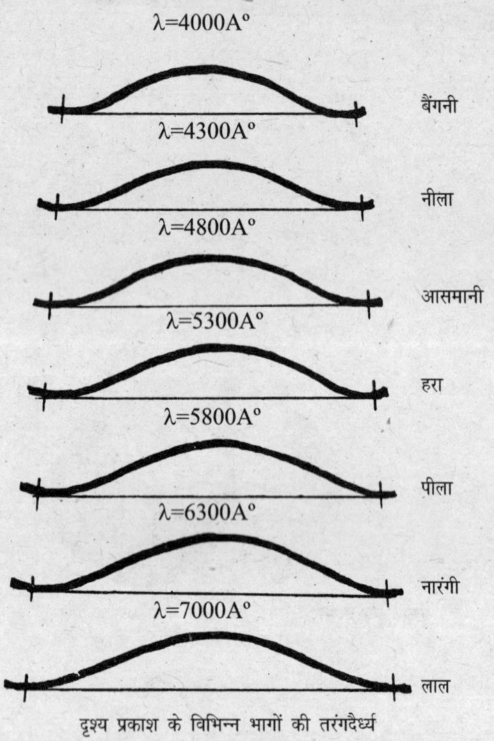

दृश्य प्रकाश के विभिन्न भागों की तरंगदैर्ध्य

किसी वस्तु से उत्सर्जित स्पेक्ट्रम यदि पुनः उसी वस्तु की वाष्प से गुजारा जाये, तो वह वाष्प द्वारा अवशोषित कर लिया जाता है। यदि एक नली में सोडियम की वाष्प भरकर उससे सतत स्पेक्ट्रम पैदा करने वाले स्रोत का प्रकाश गुजरने दिया जाये, तो स्पेक्ट्रम के पीले भाग में दो काली अवशोषण रेखाएँ नजर आती हैं। ये रेखाएँ सोडियम रेखाएँ होती हैं। स्पेक्ट्रम द्वारा सूर्य का स्पेक्ट्रम लेने पर, स्पेक्ट्रम में जगह-जगह काली रेखाएँ दिखायी देती हैं। ये अवशोषण रेखाएँ होती हैं और इन्हें फ्रॉनहोफर रेखाएँ कहते हैं, क्योंकि इनका अध्ययन सबसे पहले फ्रॉनहोफर ने ही किया था।

उत्सर्जित स्पेक्ट्रम भी दो प्रकार का होता है–रेखीय उत्सर्जित स्पेक्ट्रम (Line Emission Spectrum) और सतत उत्सर्जित स्पेक्ट्रम (Continuous Emission Spectrum)। अवशोषण स्पेक्ट्रम तीन प्रकार का होता है–रेखीय अवशोषण स्पेक्ट्रम, बैण्ड स्पेक्ट्रम और सतत अवशोषण स्पेक्ट्रम। स्पेक्ट्रम के अध्ययन के लिए प्रिज्म या ग्रेटिंग स्पेक्ट्रोग्राफ प्रयोग किये जाते हैं। आजकल रिकार्डिंग स्पेक्ट्रोग्राफ प्रयोग किये जाते हैं। जिन पर स्पेक्ट्रम चार्ट पेपर पर रिकार्ड हो जाता है।

✪✪✪

सूर्य के प्रकाश के स्पेक्ट्रम में दिखायी देने वाली फ्रॉनहोफर रेखाएँ।

सौर स्पेक्ट्रम और विद्युत-चुम्बकीय स्पेक्ट्रम
(Solar Spectrum and Electromagnetic Spectrum)

सौर स्पेक्ट्रम को सूर्य का उत्सर्जन स्पेक्ट्रम कहते हैं। स्पेक्ट्रम सतत (Continuous) तथा इसमें चमकीली रेखाओं के बीच वाली काली अनेक रेखाएँ होती हैं। इन काली रेखाओं को सन् 1802 में सबसे पहले कोलेस्टन ने पता किया था। सन् 1815 में फ्रॉनहोफर ने उन्हें फिर खोजा और उनका अध्ययन किया। इन रेखाओं को फ्रॉनहोफर रेखाएँ कहते हैं। फ्रॉनहोफर ने रेखाओं का नाम अक्षरों के आधार पर किया, लेकिन इनकी उत्पत्ति के विषय में वे कोई भी निष्कर्ष नहीं निकाल पाये।

सन् 1860 में किरचौफ और बुंसन ने इन रेखाओं की उत्पत्ति का कारण बताया। उनके अनुसार यदि किसी वस्तु की उत्सर्जित रेखाओं को पुनः उस वस्तु की वाष्प से होकर गुजारा जाये, तो वाष्प द्वारा उत्सर्जित रेखाओं का अवशोषण हो जाता है। इससे यह भी स्पष्ट हो जाता है कि इन रेखाओं को उत्सर्जित करने वाले तत्त्व सूर्य में मौजूद हैं। लगभग 20,000 फ्रॉनहोफर रेखाओं को अब तक ज्ञात किया जा चुका है। इन रेखाओं के अध्ययन से यह ज्ञात हुआ है कि लगभग 36 तत्त्व सूर्य में मौजूद हैं, जो पृथ्वी पर भी पाये जाते हैं। कुछ ऐसे भी तत्त्व हैं, जिनका सर्वप्रथम अस्तित्त्व सूर्य में ही पाया गया। हीलियम तत्त्व के अस्तित्व का पता सर्वप्रथम सूर्य से ही ज्ञात हुआ और बाद में रैमसे (Ramsay) ने इसे पृथ्वी पर क्लेवाइट (Clevite) से प्राप्त किया।

राबर्ट विल्हेम बुंसन (1811-99)

फ्रॉनहोफर रेखाओं के अध्ययन से सूर्य की आन्तरिक संरचना के बारे में हमें बहुत-सी बातें ज्ञात हुई हैं। सूर्य गैसीय पदार्थों से मिलकर बना है, जिसका तापमान सभी जगह समान नहीं होता। केन्द्र का तापमान सबसे अधिक और बाहरी भाग का सबसे कम है। प्रकाश

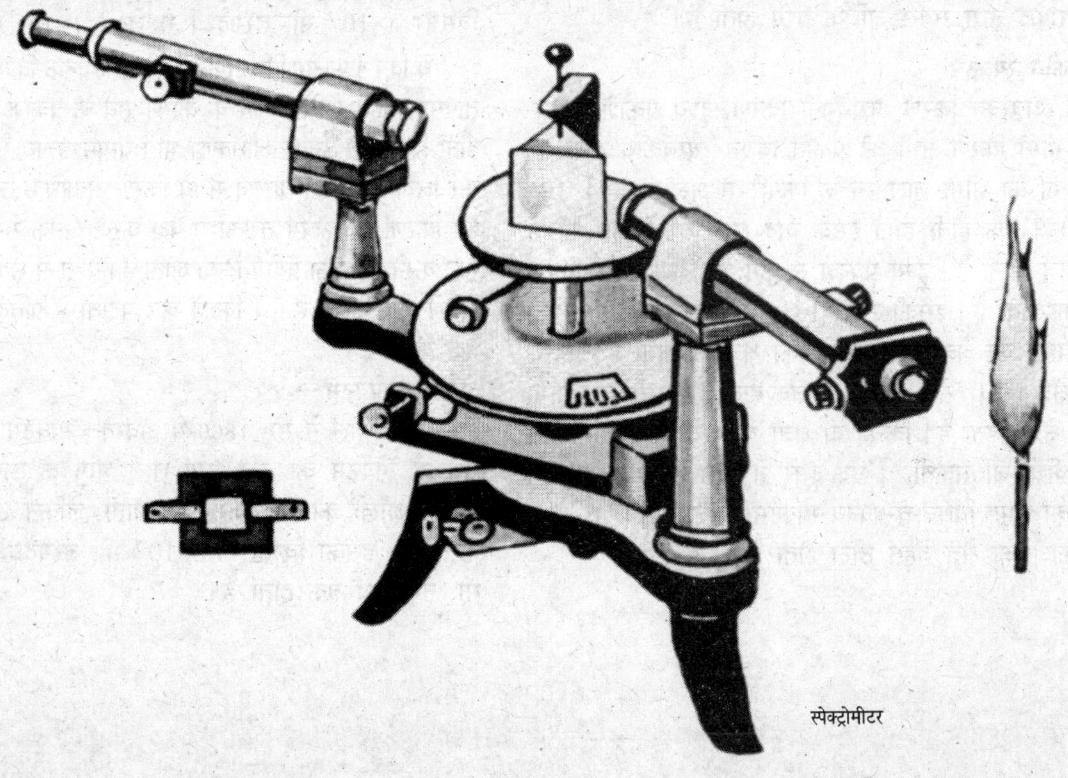

स्पेक्ट्रोमीटर

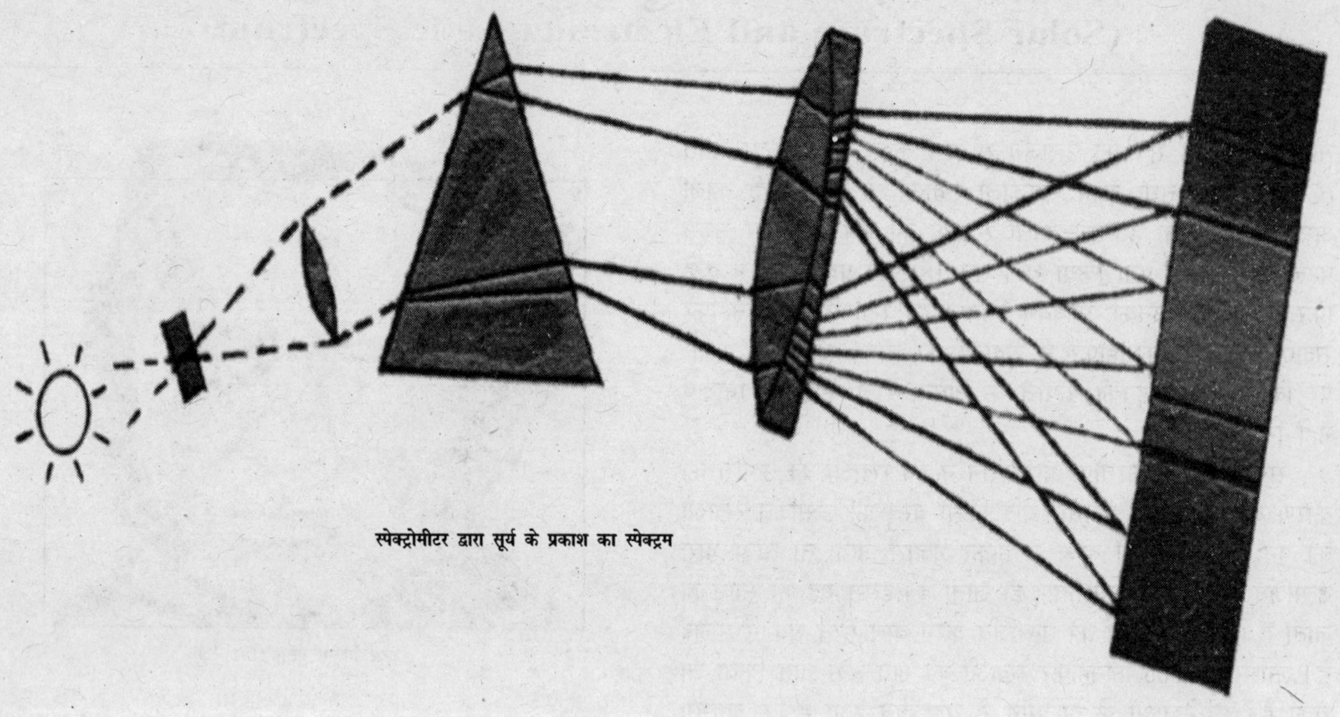

स्पेक्ट्रोमीटर द्वारा सूर्य के प्रकाश का स्पेक्ट्रम

के रंग से ही हम आकाश में विभिन्न रंगों के तारों को देखकर बता सकते हैं कि किसका तापमान कम और किसका अधिक है, जैसे–हल्का लाल तारा कम गरम; गहरा लाल तारा अधिक गरम; नारंगी लाल तारा और अधिक गरम; पीला तारा–उससे भी अधिक गरम और सफेद तारा सबसे अधिक गरम होता है।

विद्युत-चुम्बकीय स्पेक्ट्रम

रेडियो तरंगें, अवरक्त किरणें, पराबैंगनी किरणें, दृश्य प्रकाश, एक्स-किरणें एवं गामा किरणें सभी की प्रकृति विद्युत- चुम्बकीय होती है। अवरक्त तरंगों की सीमा लाल रंग के किनारे से शुरू होकर 4×10^{-2} सेमी. तरंगदैर्ध्य तक होती है।। इसके बाद सूक्ष्म तरंगों और रेडियो तरंगों का क्षेत्र आता है। दृश्य प्रकाश से कम तरंगदैर्ध्य का विकिरण पराबैंगनी कहलाता है। इसकी सीमा 1×10^{-8} मी. तरंगदैर्ध्य तक होती है। इसके पहले का क्षेत्र एक्स-किरणों का क्षेत्र कहलाता है। एक्स-किरणों का क्षेत्र 1×10^{-8} से 4×10^{-12} मी. तक होता है। इससे पहले गामा किरणों का क्षेत्र पड़ता है। किन्हीं दो क्षेत्रों के बीच में एक निश्चित रेखा नहीं खींची जा सकती, वे एक-दूसरे से मिले हुए होते हैं। इन सभी क्षेत्रों का समूह विद्युत-चुम्बकीय स्पेक्ट्रम कहलाता है। इस समूह में दृश्य प्रकाश का क्षेत्र बहुत छोटा होता है।

पराबैंगनी स्पेक्ट्रम

रिटर (Ritter) ने सन् 1801 में पराबैंगनी स्पेक्ट्रम की खोज की थी। सूर्य के स्पेक्ट्रम का कुछ भाग बैंगनी भाग के नीचे फैल जाता है, जो आँख से अदृश्य होते हुए भी रासायनिक क्रिया करता है। इसका विस्तार 4×10^{-7} मी. तरंगदैर्ध्य से लेकर 1×10^{-8} मी. तक होता है।

ये किरणें फोटोग्राफिक फिल्मों पर रासायनिक क्रिया करती हैं। सूर्य का तापमान बहुत अधिक होने के कारण सूर्य के प्रकाश में इनकी अधिकता होती है, लेकिन इनका अधिकांश भाग वायुमण्डलीय गैसों द्वारा अवशोषित कर लिया जाता है। वास्तव में, ये किरणें अत्यधिक ऊर्जायुक्त फोटॉन हैं। इन किरणों को कृत्रिम तरीकों से पैदा करके अनेक रोगों के कीटाणुओं को नष्ट करने में इनका प्रयोग किया जाता है। बहुत-से रोगों के इलाज में भी ये किरणें काम आती हैं। ये किरणें कुछ पदार्थों में प्रतिदीप्ति एवं स्फुरदीप्ति पैदा करती हैं।

अवरक्त स्पेक्ट्रम

विलियम हरशैल ने सन् 1800 में अवरक्त स्पेक्ट्रम की खोज की थी। सूर्य के स्पेक्ट्रम का कुछ भाग लाल भाग के ऊपर भी फैला हुआ है, जो आँखों को तो नजर नहीं आता, लेकिन ऊष्मीय प्रभाव पैदा करता है। इसका विस्तार 7.8×10^{-7} मी. तरंगदैर्ध्य से लेकर 1×10^{-3} मी. तरंगदैर्ध्य तक होता है।

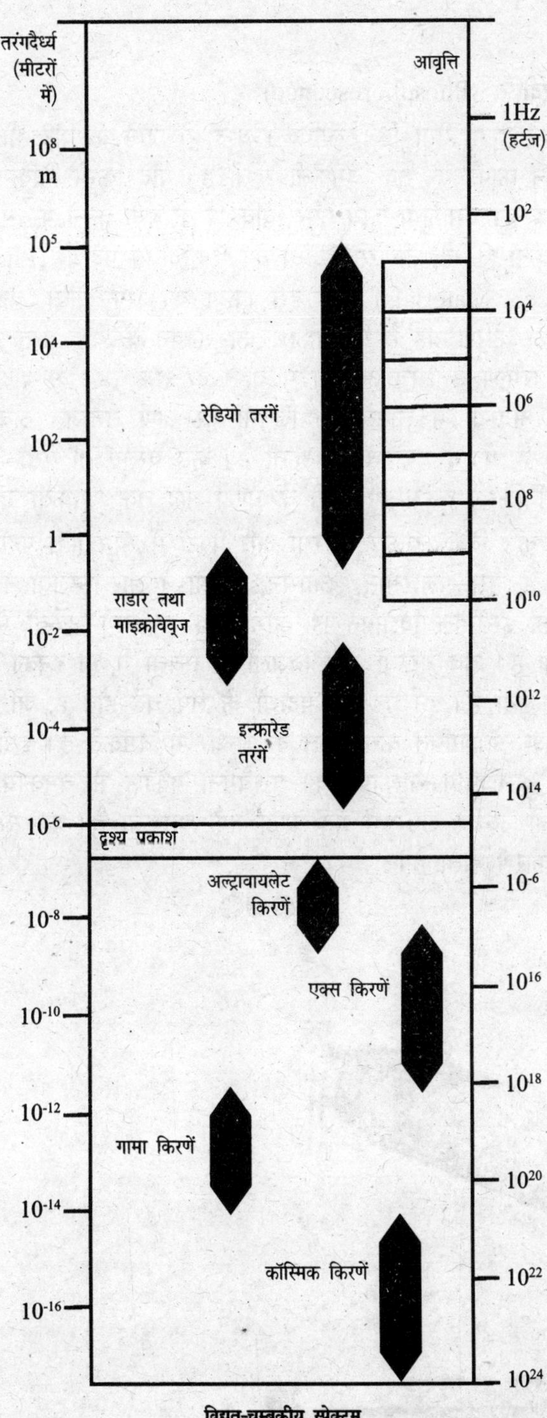

विद्युत-चुम्बकीय स्पेक्ट्रम

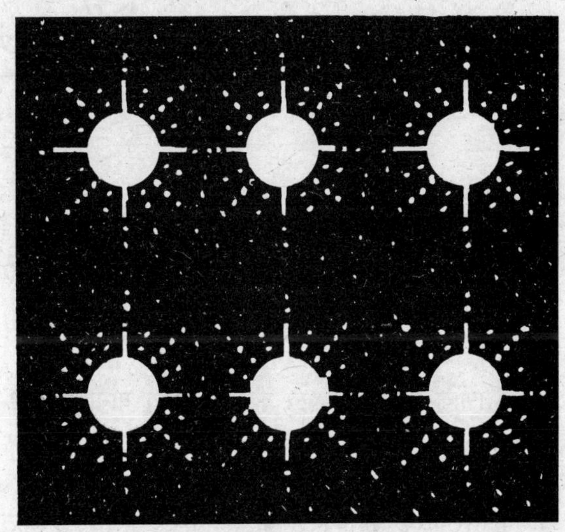
तारों के रंगों से उनके तापमान का पता चलता है।

विभिन्न प्रकार के दर्दों के उपचार के लिए इन किरणों से शरीर की सिकाई की जाती है। बिना प्रकाश के, अन्धेरे में ही इनसे फोटोग्राफी की जा सकती है। इन्फ्रारेड दूरदर्शी से रात्रि में भी सब कुछ उसी तरह नजर आता है, जैसे दिन की रोशनी में। हवाई जहाज और टैंकों में युद्ध के दौरान इन दूरदर्शियों का इस्तेमाल किया जाता है।

रेडियो तरंगें

विभिन्न रेडियो तरंगों को अलग-अलग कामों के लिए प्रयोग किया जाता है। इन किरणों का मुख्य प्रयोग आधुनिक संचार-व्यवस्थाओं जैसे रेडियो, टीवी, टेलीफोन, फैक्स आदि में किया जा रहा है। कुछ महत्त्वपूर्ण रेडियो तरंगें निम्नलिखित हैं :

VLF (अत्यन्त लो फ्रिक्वेंसी)–वैज्ञानिकों के लिए विशेष टाइम सिग्नलों में।

LF (लो फ्रिक्वेंसी या दीर्घ तरंगें)–जलयान संचार के लिए, रेडियो सिग्नल तथा AM (आयाम मौडूलित) रेडियो के लिए।

HF (हाई फ्रिक्वेंसी या शॉर्टवेव)–अव्यवसायी "ham" रेडियो।

VHF (वेरी हाई फ्रिक्वेंसी)–FM (आवृत्ति मौडूलित) रेडियो, श्याम-श्वेत टेलीविजन।

MF (मीडियम फ्रिक्वेंसी या मीडियम वेव)–पुलिस रेडियो तथा MF (आयाम मौडूलित) रेडियो के लिए।

UHF (अल्ट्राहाई फ्रिक्वेंसी) कलर टेलीविजन।

SHF (सुपरहाई फ्रिक्वेंसी) अन्तरिक्ष तथा संचार उपग्रहों के लिए।

समस्त विद्युत-चुम्बकीय स्पेक्ट्रम मानव के लिए अत्यन्त उपयोगी हैं।

❂❂❂

प्रतिदीप्ति और स्फुरदीप्ति (Fluorescence and Phosphorescence)

प्रतिदीप्ति (Fluorescence)

कुछ पदार्थ ऐसे होते हैं, जिन पर जब कोई प्रकाश डाला जाता है, तो उनसे भिन्न प्रकार का प्रकाश अत्यन्त कम समय के लिए उत्सर्जित होता है। ऐसे पदार्थ को 'प्रतिदीप्तिशील पदार्थ' (Fluorescent) और इस क्रिया को 'प्रतिदीप्ति' कहते हैं।

प्रतिदीप्तिशील पदार्थ पर जब कम तरंगदैर्ध्य यानी अधिक ऊर्जा का कोई प्रकाश डाला जाता है, तो वह उसका अवशोषण कर लेता है। अवशोषित ऊर्जा का कुछ भाग ऊष्मा के रूप में और शेष भाग अधिक तरंगदैर्ध्य के प्रकाश के रूप में उत्सर्जित हो जाता है। इस उत्सर्जित प्रकाश की ऊर्जा, पड़ने वाले प्रकाश से कम होती है।

आजकल प्रतिदीप्ति के बहुत-से व्यावहारिक उपयोग हो रहे हैं। जैसे–घरों में इस्तेमाल होने वाली ट्यूबलाइट (Fluorescent Tube। यह एक लम्बी-मोटी काँच की नली होती है। इसकी दीवारों पर मैगनेशियम टंगस्टेट और बेरीलियम सिलीकेट की तह चढ़ायी जाती है। इसके दोनों सिरों पर टंगस्टन धातु के दो इलेक्ट्रोड लगाये जाते हैं। नली के अन्दर की हवा निकालकर उसमें निऑन गैस भरकर पारे की दो-चार बूँदें डाल देते हैं। विद्युत देने पर नली में विसर्जन होता है। पारे के विसर्जन में अल्ट्रावायलेट किरणें निकलती हैं। ये किरणें काँच की दीवार पर लगी वस्तु द्वारा अवशोषित कर ली जाती हैं और पुनः दृश्य किरणों के रूप में उत्सर्जित होती हैं। जब अम्लीय क्विनेन के घोल में पराबैंगनी किरणें डाली जाती हैं, तो यह घोल नीले रंग में चमकने लगता है।

स्फुरदीप्ति (Phosphorescence)

आपने देखा होगा कि टेलीविजन बन्द हो जाने के बाद भी उसकी स्क्रीन काफी देर तक चमकती रहती है। यदि किसी विकिरण द्वारा पदार्थ को चमकाया जाये और विकिरण के बन्द करने पर भी पदार्थ चमकता ही रहे, तो ऐसे पदार्थों को 'स्फुरदीप्ति पदार्थ' (Phosphorescent Materials) और इस क्रिया को 'स्फुरदीप्ति' कहते हैं। इसका कारण यह है कि प्रकाश को सोखने के बाद वस्तु के अणु या परमाणु उत्तेजित अवस्था में बहुत देर तक रहने के बाद अपनी मूल अवस्था में लौटते हैं। जितनी देर अणु उत्तेजित अवस्था में रहते हैं, पदार्थ चमकता ही रहता है। कुछ वस्तुएँ तो ऐसी होती हैं, जो विकिरण के समाप्त होने के घण्टों बाद तक चमकती रहती हैं।

कुछ विशेष प्रकार के रंगों और पेण्टों में स्फुरदीप्ति पदार्थ मिले होते हैं, जैसे–फ्लोरेसीन, ईओसिन, रोडामाइन और स्टिलबाइन आदि। इनका इस्तेमाल विज्ञापन-पट्ट और सड़क पर लगे संकेतों में किया जाता है। अब घड़ियों और बिजली के स्विचों में भी इनका उपयोग होने लगा है। इन पर ऐसे पदार्थों के लेप चढ़े होते हैं, जो दिन में प्रकाश अवशोषित करके रात के अन्धेरे में चमकते हैं। इसी प्रकार जब कैलशियम सल्फाइड को पराबैगनी प्रकाश से चमकाया जाता है, तो अन्धेरे कमरे में यह घण्टा तक चमकता है। यह स्फुरदीप्ति के कारण होता है।

❂❂❂

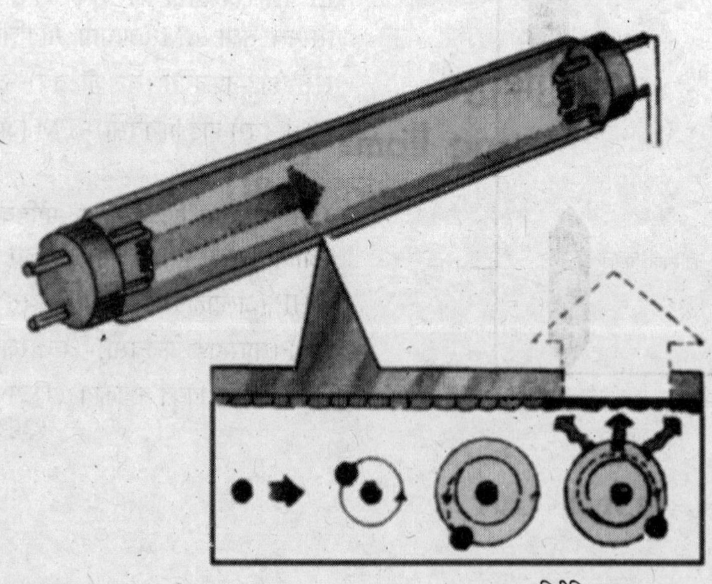

प्रतिदीप्ति ट्यूब

प्रकाश का अपवर्तन (Refraction of Light)

जब कोई प्रकाश की किरण एक पारदर्शी माध्यम से दूसरे पारदर्शी माध्यम में जाती है, तो वह अपने रास्ते से विचलित हो जाती है। प्रकाश-किरण का इस प्रकार अपने रास्ते में विचलित हो जाना ही प्रकाश का 'अपवर्तन' कहलाता है। जब प्रकाश की किरण विरल माध्यम (Rarer Medium) से सघन माध्यम (Denser Medium) में जाती है, तो यह अभिलम्ब की ओर झुक जाती है। इसके विपरीत जब प्रकाश की किरण सघन से विरल माध्यम में जाती है, तो अपवर्तित किरण अभिलम्ब से दूर हट जाती है। आम जीवन में अपवर्तन के अनेक उदाहरण देखने को मिलते हैं। पानी से भरे गिलास की तली में पड़ा सिक्का अपवर्तन के कारण ही तली से ऊपर उठा दिखायी देता है। इसी प्रकार नदी में मछली गहराई में होते हुए भी कम गहराई पर दिखायी देती है। नदियाँ और तालाब अपवर्तन के कारण ही उथले नजर आते हैं। पानी में आधी डूबी हुई सीधी पेंसिल अपवर्तन के कारण टेढ़ी दिखायी देती है। तारों का टिमटिमाना भी अपवर्तन के कारण ही होता है। सूर्योदय और सूर्यास्त के समय सूर्य का क्षितिज के नीचे होते हुए भी दिखायी देना अपवर्तन के कारण ही होता है।

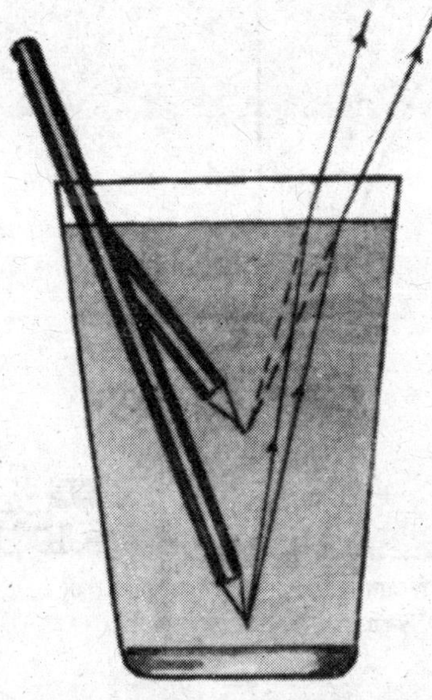

पानी में आधी डूबी हुई सीधी पेंसिल अपवर्तन के कारण टेढ़ी दिखायी देती है।

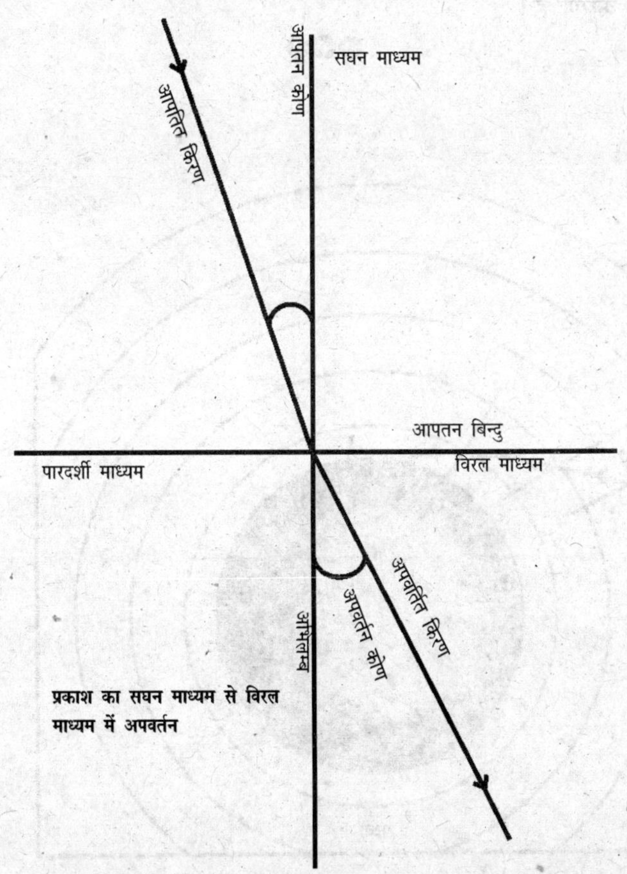

प्रकाश का सघन माध्यम से विरल माध्यम में अपवर्तन

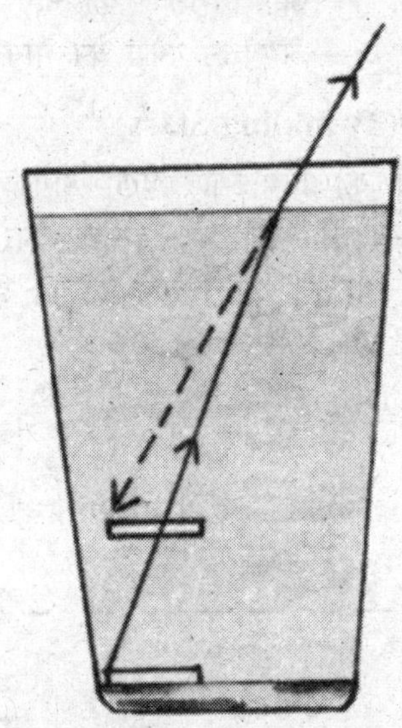

पानी से भरे गिलास में पड़ा सिक्का अपवर्तन के कारण उठा दिखायी देता है।

अपवर्तन के दो नियम हैं :

(i) आपतन कोण, अपवर्तन कोण और अभिलम्ब एक ही तल में होते हैं।

(ii) आपतन कोण के साइन और अपवर्तन कोण के साइन का अनुपात स्थिर होता है, जिसे अपवर्तनांक कहते हैं।

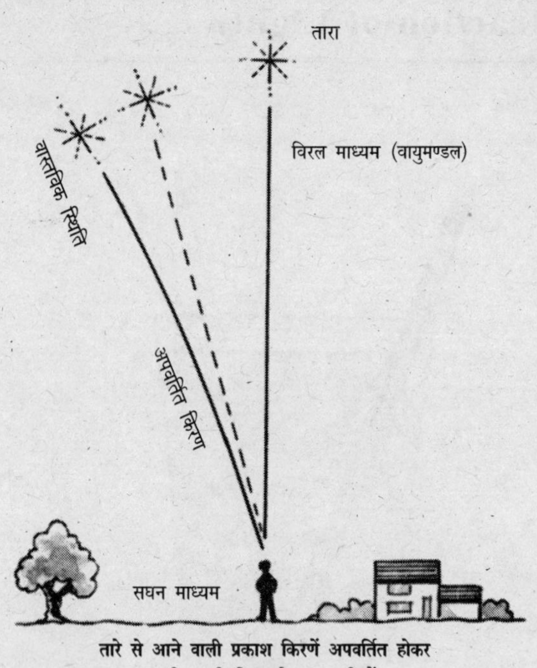

तारे से आने वाली प्रकाश किरणें अपवर्तित होकर अपनी पहली दिशा से हट जाती हैं।

अर्थात्

$\frac{\sin i}{\sin r}$ = Constant जहाँ, i = आपतन कोण का मान

r = अपवर्तन कोण का मान

तारों का टिमटिमाना (Twinkling Stars)

रात को आपने तारों को टिमटिमाते देखा होगा। टिमटिमाने में इनकी रोशनी घटती-बढ़ती रहती है। इसका कारण यह है कि पृथ्वी का वायुमण्डल बिल्कुल शान्त नहीं रहता। इसमें हर समय ठण्डी और गरम हवा की धाराएँ चलती रहती हैं। इसलिए किसी विशेष स्थान की हवा का अपवर्तनांक (Refractive Index) बदलता रहता है। किसी तारे से आने वाली प्रकाश की किरणें अपवर्तित होकर अपनी पहली दिशा से विचलित हो जाती हैं। इसका परिणाम यह होता है कि कुछ क्षणों के लिए हमारी आँखों तक तारे से आने वाला प्रकाश या तो बिल्कुल नहीं पहुँचता या बहुत कम पहुँचता है और हमें तारा टिमटिमाता हुआ दिखायी देता है।

क्षितिज के नीचे होते हुए भी सूर्य का दिखायी देना

सूर्योदय के समय सूर्य क्षितिज के नीचे होने पर भी हमें दिखायी देता है। इसका कारण भी अपवर्तन है। पृथ्वी के धरातल से ऊँचाई के साथ-साथ हवा विरल होती जाती है और उसका अपवर्तनांक कम होता जाता है। 'वायुमण्डल' हवा की अनेक पर्तों का बना हुआ है, जिसका अपवर्तनांक पृथ्वी के धरातल से ऊपर की ओर घटता जाता है। यही कारण है कि सूर्योदय के समय जब सूर्य क्षितिज के नीचे होता है, तब उससे आने वाली किरणें वायुमण्डल में प्रवेश करने पर हवा की गोलीय पर्तों द्वारा अपवर्तित हो जाती हैं। अपवर्तित होने पर यह किरण अभिलम्ब की ओर झुक जाती है और हमारी आँखों तक पहुँचती है। इस प्रकार सूर्य क्षितिज के नीचे होने पर भी दिखायी देने लगता है। सूर्यास्त के समय भी सूर्य का अधिक देर तक दिखायी देना अपवर्तन का ही कारण है।

❂❂❂

सूर्य

क्षितिज

सूर्य से आने वाली प्रकाश किरणें

सूर्य

पृथ्वी

सूर्योदय के समय सूर्य क्षितिज के नीचे होते हुए भी अपवर्तन के कारण दिखायी देता है।

मरीचिका (Mirage)

जब प्रकाश की कोई किरण सघन माध्यम से विरल माध्यम में प्रवेश करती है, तो वह अभिलम्ब से दूर हट जाती है। आपतित कोण के बढ़ने पर अपवर्तित कोण बढ़ता जाता है। आपतित कोण के एक निश्चित मान पर अपवर्तित कोण 90° अंश का हो जाता है। आपतित कोण के इस मान को क्रान्तिक कोण (Critical Angle) कहते हैं। जब आपतित कोण का मान क्रान्तिक कोण से अधिक हो जाता है, तो विरल माध्यम में प्रकाश नहीं जाता, बल्कि सघन माध्यम में ही परावर्तित हो जाता है। इसे प्रकाश का पूर्ण आन्तरिक परावर्तन (Total Internal Reflection) कहते हैं। पूर्ण आन्तरिक परावर्तन के प्रकृति में अनेक उदाहरण देखने को मिलते हैं। रेगिस्तान और ठण्डे प्रदेशों में मरीचिका का कारण भी प्रकाश का पूर्ण आन्तरिक परावर्तन ही है।

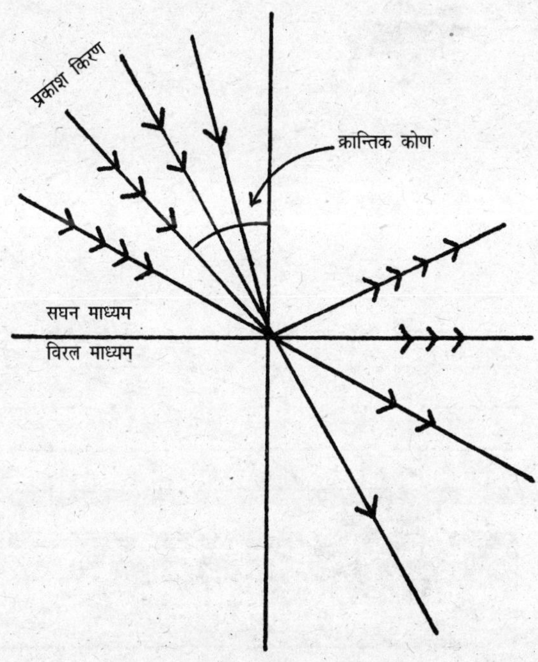

प्रकाश का पूर्ण आन्तरिक परावर्तन

रेगिस्तान की मरीचिका (Mirage)

आम तौर पर गरमियों में दोपहर के समय रेगिस्तान में सफर करने वाले यात्रियों को कुछ दूरी पर पानी होने का भ्रम हो जाता है। इसी भ्रम को रेगिस्तान की मृगतृष्णा या मरीचिका (Mirage) कहते हैं।

रेगिस्तान की रेतीली भूमि गरमी के कारण अधिक गरम हो जाती है। इसलिए धरती के पास हवा की गरम पर्तें विरल हो जाती हैं, लेकिन ऊपर की पर्तें ठण्डी होने के कारण वे अपेक्षाकृत सघन होती हैं।

ऐसी अवस्था में किसी वस्तु या पेड़ की चोटी से आने वाली प्रकाश की किरणें वायु की विभिन्न पर्तों से अपवर्तित होकर अभिलम्ब से दूर हटती जाती हैं। एक ऐसी स्थिति आ जाती है, जबकि हवा की किसी पर्त पर इन किरणों का आपतन कोण (Angle of Incidence) क्रमागत पर्तों के लिए क्रान्तिक कोण (Critical Angle) से अधिक हो जाता है। इससे इन किरणों का पूर्ण आन्तरिक परावर्तन हो जाता

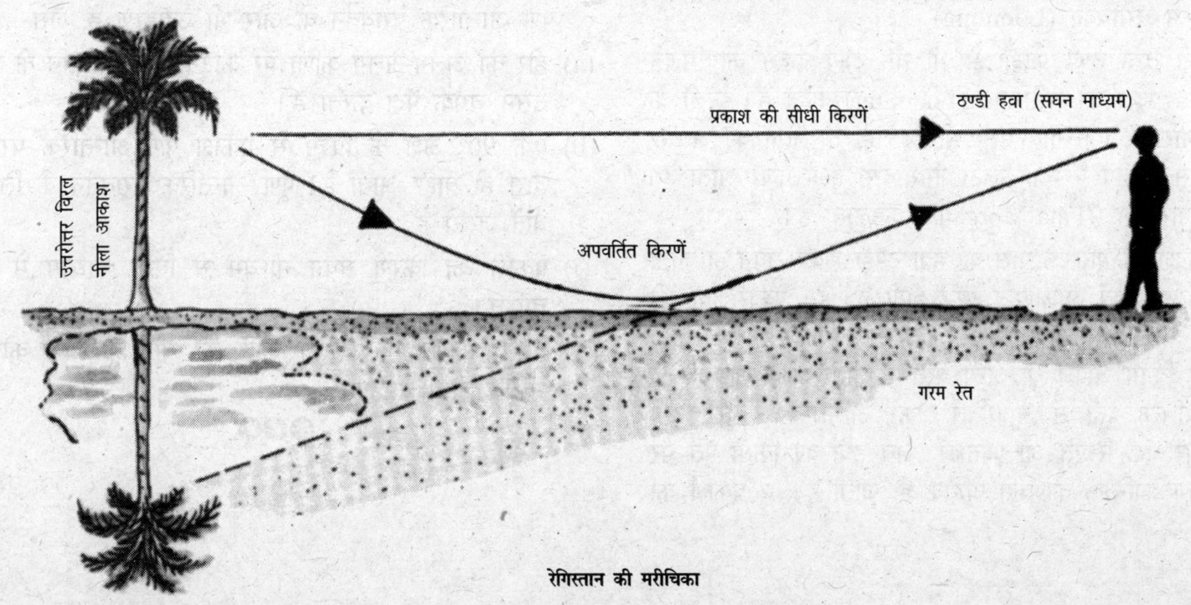

रेगिस्तान की मरीचिका

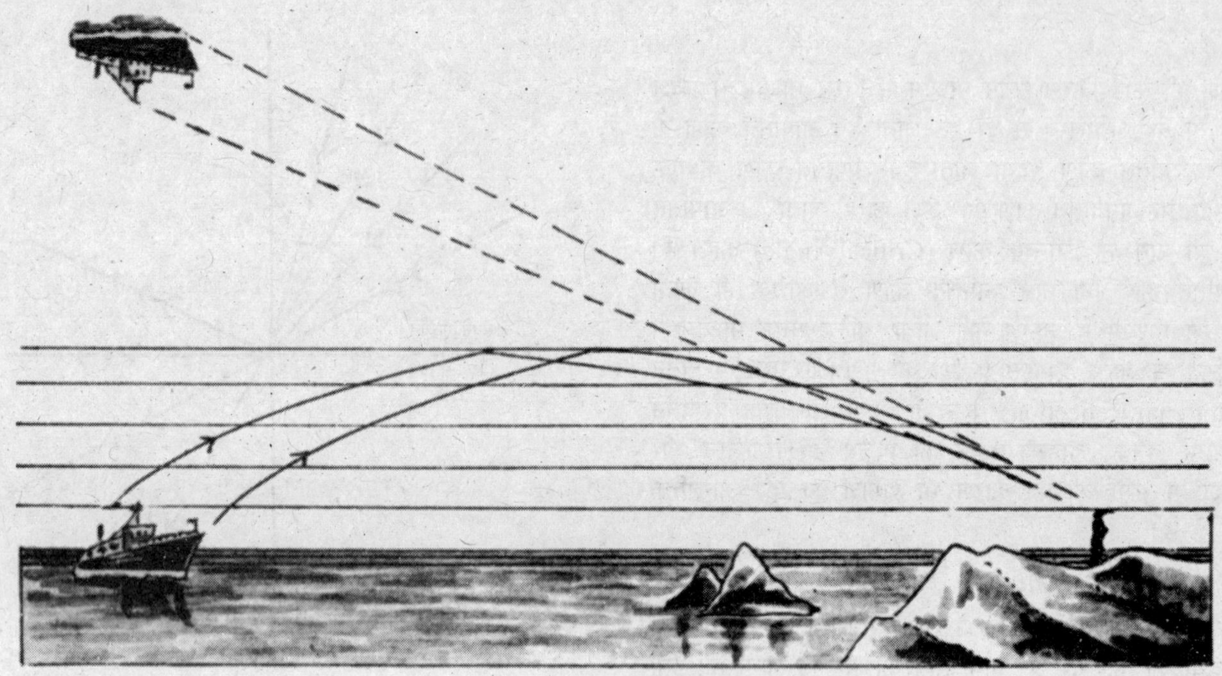

ठण्डे प्रदेशों में मरीचिका

है। अब ये किरणें ऊपर के माध्यम में परावर्तित होकर यात्रियों की आँखों तक पहुँच जाती हैं। इस प्रकार यात्रियों को पेड़ का उलटा प्रतिबिम्ब दिखायी देता है। उल्टे प्रतिबिम्ब से उन्हें ऐसा लगता है जैसे आगे पानी है। रेगिस्तानों में यही आभास हिरण को भी होता है और वह पानी प्राप्त करने की चाह में दौड़-दौड़कर अपने प्राण गँवा देता है।

ठण्डे प्रदेशों में मरीचिका (Looming)

रेगिस्तान की तरह ठण्डे प्रदेशों में भी यह दृश्य देखने को मिलते हैं। इसे ठण्डे प्रदेश की मरीचिका (Looming) कहते हैं। इटली के दक्षिणी किनारे पर एक गाँव ऐसा भी है, जहाँ के लोगों को अक्सर पास ही सिसली द्वीप में एक उलटा नगर बसा हुआ नजर आता है। यह 'फैटा मोरगाना' (Fata Morgana) कहलाता है।

ठण्डे प्रदेशों में भूमि के पास की हवा ठण्डी होकर सघन हो जाती है, लेकिन ऊपरी पर्तें अपेक्षाकृत गरम होती हैं। इस प्रकार हवा की विभिन्न पर्तें धरातल से ऊपर की ओर विरल होती जाती हैं। दूर समुद्र में तैरते हुए किसी जहाज या अन्य वस्तु से आने वाली कोई किरण हवा की विभिन्न पर्तों से अपवर्तित होकर अभिलम्ब से दूर हटती जाती है और एक स्थिति आ जाती है, जब हवा की किसी पर्त पर आपतन कोण क्रान्तिक कोण से अधिक हो जाता है और प्रकाश का पूर्ण परावर्तन होने लगता है। परावर्तन के कारण यह किरण हवा की विभिन्न पर्तों से अपवर्तित होकर अभिलम्ब की ओर झुकती है और हमें समुद्र में तैरता हुआ जहाज या बहुत दूर का कोई दृश्य आकाश में उलटा लटका हुआ दिखायी देता है। ऐसी मरीचिका में क्षितिज के आर-पार लगभग 120 डिग्री तक पहाड़ियाँ, घाटियाँ और बर्फीली चोटियाँ आदि उल्टी नजर आती हैं।

पूर्ण आन्तरिक परावर्तन के और भी उदाहरण हैं, जैसे-

(a) हीरे का अलग-अलग कोणों पर काटना पूर्ण परावर्तन के कारण उसमें चमक पैदा करता है।

(b) एक 90° अंश के प्रिज्म से प्रकाश पूर्ण आन्तरिक परावर्तन द्वारा ही बाहर आता है। पूर्ण आन्तरिक परावर्तन के लिए दो बातें जरूरी हैं :–

(i) प्रकाश की किरण सघन माध्यम से विरल माध्यम में जानी चाहिए।

(ii) सघन माध्यम में आपतन कोण का मान क्रान्तिक कोण से अधिक होना चाहिए।

✪✪✪

लेंस (Lenses)

किसी पारदर्शी माध्यम (जैसे काँच) का वह भाग, जो दो गोलीय या बेलनाकार पृष्ठों से घिरा होता है 'लेंस' कहलाता है। आम तौर पर लेंस दो प्रकार के होते हैं–उत्तल लेंस (Convex Lens) तथा अवतल लेंस (Concave Lens। उत्तल लेंस बीच में मोटे और किनारों पर पतले होते हैं। इसके विपरीत अवतल लेंस किनारों पर मोटे और बीच में पतले होते हैं। इन दोनों लेंसों के प्रामाणिक रूप (Standard Forms) छह प्रकार के हैं–युगल उत्तल (Double Convex), सम उत्तल (Plano Convex), अवतल उत्तल (Concavo Convex), युगल अवतल (Double Concave), सम अवतल (Plano Concave) तथा उत्तल अवतल (Convexo Concave)।

लेंसों के प्रामाणिक रूपों में भी दो तरह के लेंस होते हैं–पतले लेंस तथा मोटे लेंस। पतले लेंसों की मोटाइयाँ, उनकी फोकस-दूरियों, वक्रता-त्रिज्याओं तथा वस्तु और प्रतिबिम्ब की दूरियों की तुलना में कम होती हैं। आम तौर पर पतले लेंसों का ही अधिक उपयोग किया जाता है। लेंस सामान्यतः गोलीय (Spherical) और बेलनाकार (Cylinderical) होते हैं।

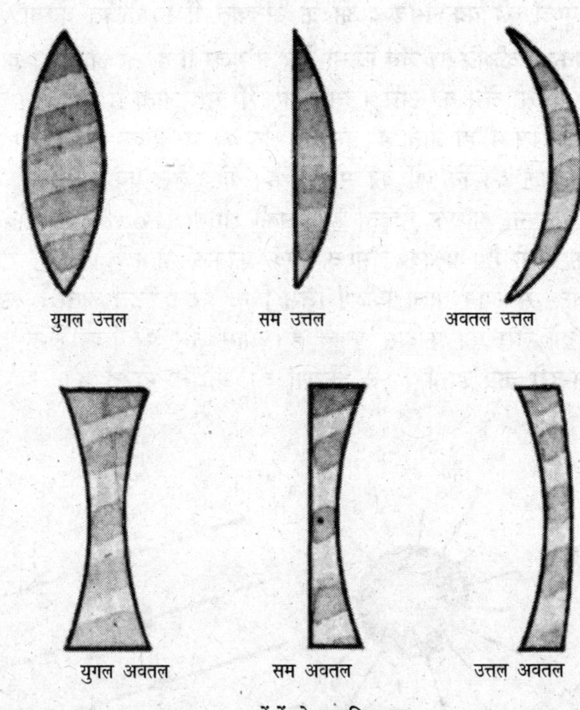

लेंसों के प्रामाणिक रूप

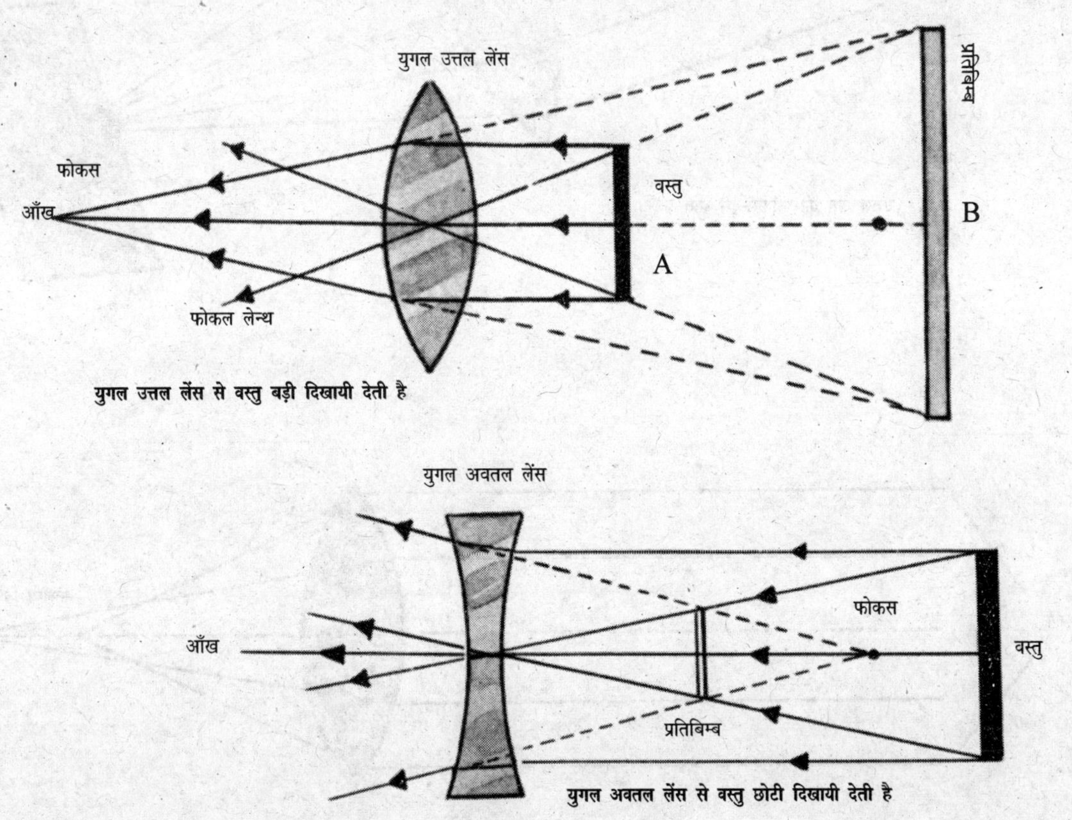

युगल उत्तल लेंस से वस्तु बड़ी दिखायी देती है

युगल अवतल लेंस से वस्तु छोटी दिखायी देती है

लेंस के दोनों पृष्ठों के वक्रता केन्द्र से होकर जाने वाली रेखा लेंस का मुख्य अक्ष (Principal Axis) कहलाती है। मुख्य अक्ष पर स्थित लेंस का वह बिन्दु जिसमें होकर जाने वाली प्रकाश की किरणें अपने मार्ग से विचलित नहीं होती हैं, लेंस का प्रकाशिक केन्द्र (Optical Centre) कहलाता है। यह लेंस की मोटाई को उसके दोनों पृष्ठों की वक्रता-त्रिज्याओं के अनुपात में विभाजित करता है।

प्रकाश की किरणें जब किसी लेंस से गुजरती हैं, तो अपवर्तन द्वारा किरणें या तो लेंस की ओर (उत्तल लेंस में) मुड़ जाती हैं या उससे दूर (अवतल लेंस में) हो जाती हैं। इसलिए लेंस का वास्तविक काम अपवर्तन द्वारा प्रकाश की किरणों को मोड़ना है। कोई लेंस प्रकाश की किरण ों को जितना अधिक मोड़ता है, उसकी क्षमता (Power) उतनी ही अधिक होती है। प्रत्येक लेंस का एक फोकस होता है। उत्तल लेंस में अनन्त से आने वाली किरणें जिस बिन्दु पर केन्द्रित होती हैं, उस बिन्दु को लेंस का फोकस कहते हैं। आम तौर पर जिन लेंसों की फोकस-दूरी कम होती है, वे किरणों को अधिक मोड़ते हैं।

अधिकतर लेंस अपवर्तन द्वारा प्रतिबिम्ब बनाते हैं। जैसे हमारी आँख का लेंस वस्तुओं का प्रतिबिम्ब रेटीना पर बनाता है। कैमरे का लेंस वस्तुओं का प्रतिबिम्ब फोटो फिल्म पर बनाता है आदि। लेंसों से बनने वाले प्रतिबिम्बों में कुछ दोष होते हैं, जैसे–

वर्ण विपथन (Chromatic Aberration)

किसी लेंस से बना सफेद वस्तु का प्रतिबिम्ब आम तौर पर रंगीन और अस्पष्ट (Blurred) होता है। प्रतिबिम्बों के इस दोष को 'वर्ण विपथन' कहते हैं। इस दोष को दूर करने के लिए क्राउन काँच के उत्तल लेंस और फ्लिण्ट काँच के अवतल लेंस को मिलाकर एक अवर्णक लेंस (Achromatic Lens) बनाया जाता है। इन लेंसों को बनाने में ऐसी फोकस-दूरी रखी जाती है कि एक लेंस द्वारा उत्पन्न विक्षेपण दूसरे के द्वारा निष्फल हो जाये। लेंस-संयोजन को अवर्णक बनाने के लिए यह आवश्यक है कि क्राउन काँच से बना लेंस अभिसारी (Convergent) तथा फ्लिण्ट से बना लेंस अपसारी (Divergent) हो। दो पतले लेंसों से बना अवर्णक लेंस युग्म केवल

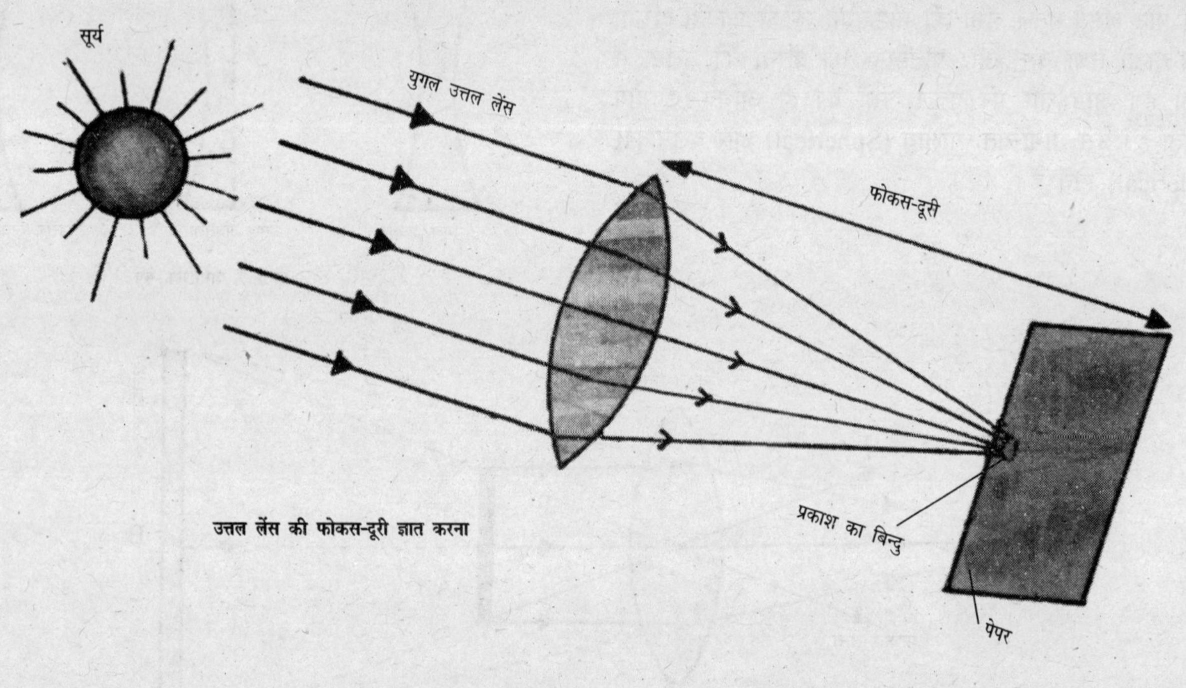

उत्तल लेंस की फोकस-दूरी ज्ञात करना

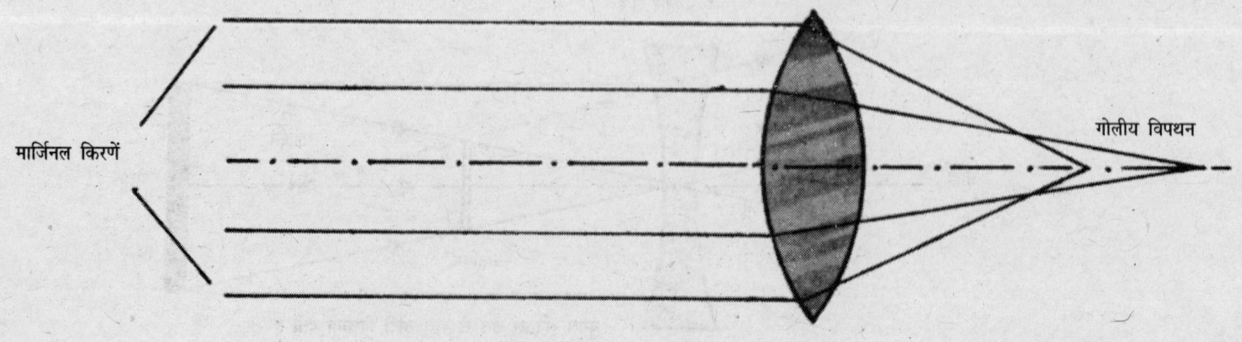

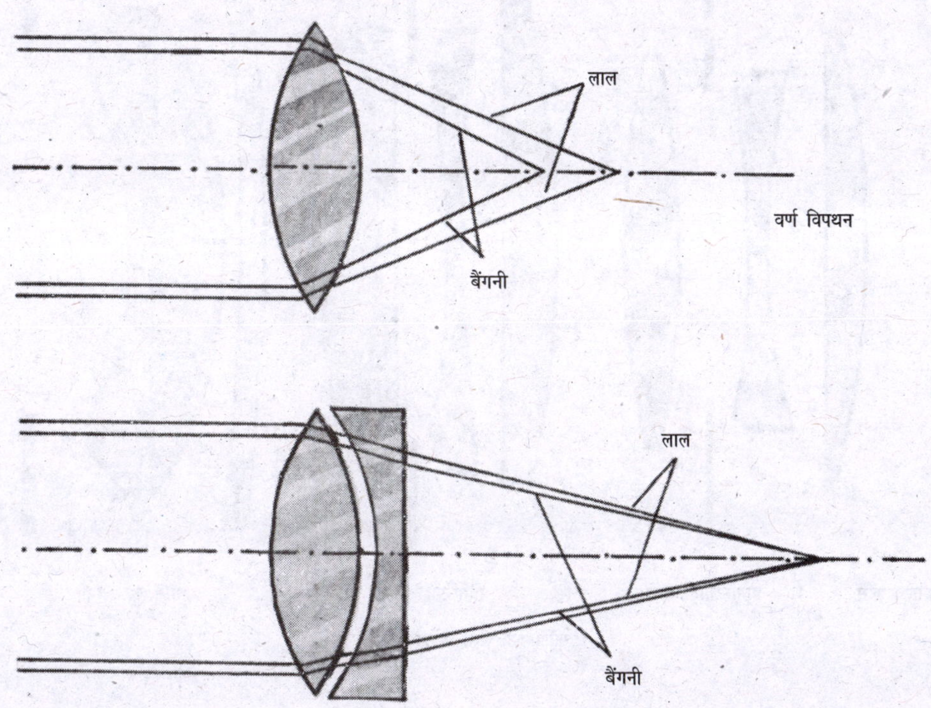

अवर्णक लेंस

कैमरों में अच्छे किस्म के लेंस लगाये जाते हैं।

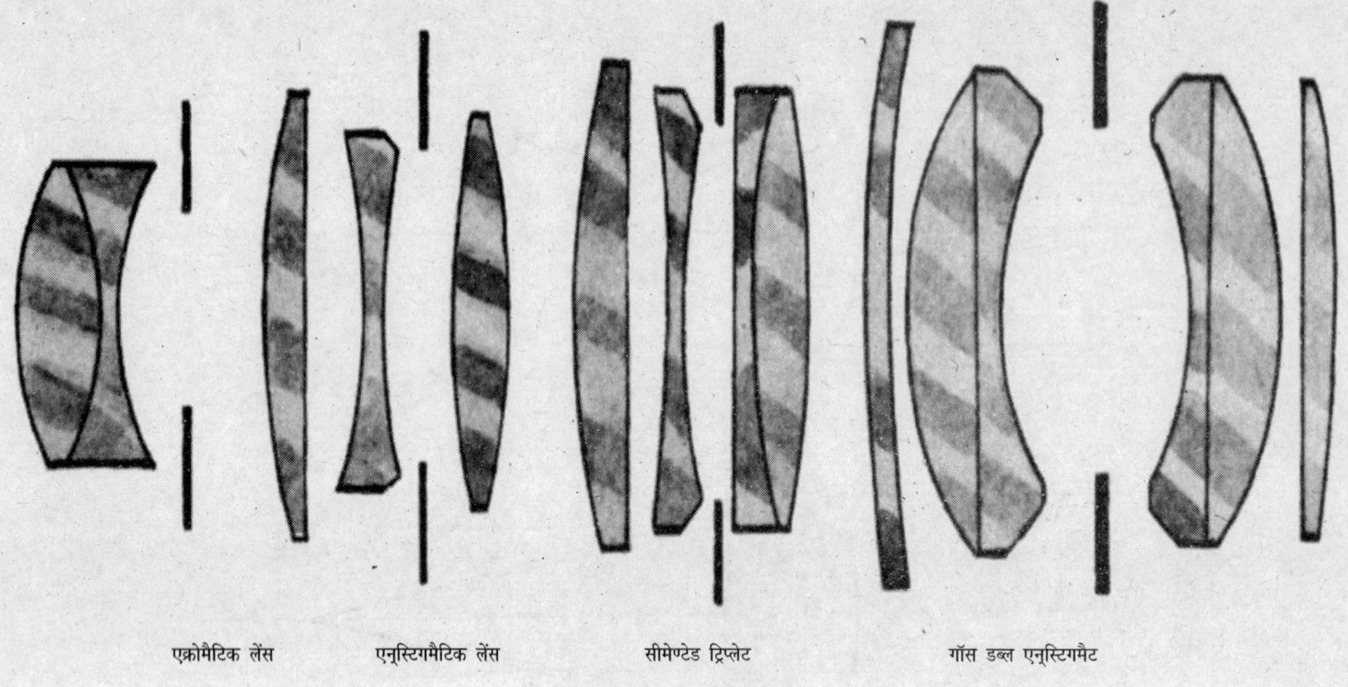

फोटोग्राफी लेंसों के प्राथमिक रूप।

दो निश्चित रंगों के लिए ही अवर्णक होता है, सभी रंगों के लिए नहीं। इस लेंस से बने प्रतिबिम्ब में इन दो रंगों के अतिरिक्त अन्य रंग कुछ-न-कुछ मात्रा में जरूर दिखायी देते हैं, लेकिन इनकी उपस्थिति का कोई विशेष प्रभाव नहीं होता।

लेंसों में वर्ण विपथन के अलावा और भी कई दोष होते हैं, जैसे–एस्टिगमैटिज्म। इस दोष के कारण गोल वस्तु का प्रतिबिम्ब अण्डाकार बनता है। सभी दोषों को दूर करना कठिन होता है। फिर भी लेंस बनाते समय यह ध्यान रखा जाता है कि वह किस उपकरण के लिए बनाया जा रहा है। दूरदर्शक के ऑबजेक्टिव के इस्तेमाल के लिए लेंस में गोलीय विपथन (Spherical Aberration), कोमा (Coma) तथा अनुदैर्ध्य वर्णिक विपथन (Longitudinal Chromatic Aberration) के दोषों को दूर किया जाता है। फोटोग्राफी कैमरों में इस्तेमाल होने वाले लेंसों में इन दोषों को आंशिक रूप से ही दूर करने की जरूरत पड़ती है, जबकि अबिदंकता (Astigmatism), वक्रता (Curvature) और विकृति (Distortion) को काफी हद तक दूर करना होता है।

आजकल विभिन्न आकार और विभिन्न फोकस-दूरियों के लेंस बनने लगे हैं। आँखों के लिए इतने पतले लेंस बनने लगे हैं, जिन्हें आँख की पुतली के ऊपर लगाया जा सकता है। इन्हें कॉण्टेक्ट लेंस कहते हैं। लगभग सभी प्रकाशीय उपकरणों में लेंस ऊँचे पैमाने पर प्रयोग होते हैं।

✪✪✪

प्रकाश का परावर्तन (Reflection of Light)

जब प्रकाश किसी चिकनी, चमकीली सतह या दर्पण पर पड़ता है, तो उसका अधिकांश भाग उसी माध्यम में वापस लौट जाता है। इसे हम 'प्रकाश का परावर्तन' कहते हैं। समतल दर्पण में हमें अपनी और दूसरी वस्तुओं की आकृतियाँ प्रकाश के परावर्तन के कारण ही नजर आती हैं। इस आकृति को वस्तु का प्रतिबिम्ब कहते हैं।

प्रकाश के परावर्तन के दो नियम हैं। पहले नियम के अनुसार–'आपतन कोण (Angle of Incidence) परावर्तन कोण (Angle of Reflection) के बराबर होता है।' दूसरे नियम के अनुसार–'आपतित किरण (Incident Ray) अभिलम्ब (Normal) तथा परावर्तित किरण (Reflected Ray) एक ही तल में होते हैं।'

यदि किसी वस्तु को दर्पण से कुछ दूर हटाया जाये, तो उसका दर्पण द्वारा बना प्रतिबिम्ब दर्पण से उतना ही दूर पीछे हट जाता है, जितना वस्तु को दर्पण से दूर हटाया गया है। समतल दर्पण से बने प्रतिबिम्ब का आकार वस्तु के बराबर होता है, लेकिन उसके पार्श्व बदल जाते हैं। समतल दर्पण के सामने खड़ा कोई व्यक्ति यदि अपना दाहिना हाथ ऊपर उठाये, तो उसे अपने प्रतिबिम्ब में बायां हाथ ऊपर उठता हुआ नजर आयेगा। किताब के अक्षर भी दर्पण में उलटे नजर आते हैं। दर्पण से बने प्रतिबिम्ब में पार्श्व बदलने की घटना को पार्श्व उत्क्रमण (Lateral Inversion) कहते हैं।

समतल दर्पण पर प्रकाश का परावर्तन

पार्श्व उत्क्रमण

समतल दर्पण द्वारा वस्तु का प्रतिबिम्ब

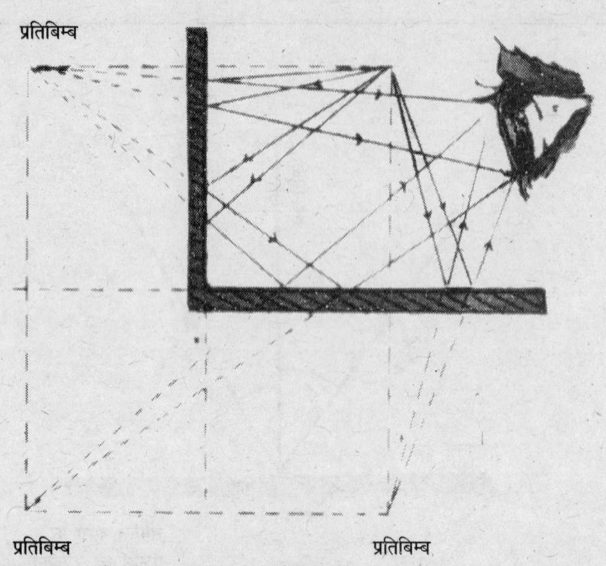

जब कोई दो दर्पण किसी कोण पर झुके हों और उनके बीच कोई वस्तु रखी हो, तो उनमें से किसी एक दर्पण से बना प्रतिबिम्ब दूसरे दर्पण के लिए एक वस्तु का काम करता है। इस प्रकार बार-बार परावर्तन द्वारा प्रतिबिम्बों के बनने का क्रम उस समय तक चलता रहता है, जब तक कि अन्तिम प्रतिबिम्ब दोनों दर्पणों के परावर्तक तल के पीछे नहीं बनता।

(i) किसी कोण पर (मान लो θ पर) यदि दो दर्पण झुके हैं, तो प्रति. बिम्बों की संख्या इस प्रकार होती है–यदि

$\frac{360}{\theta}$ सम संख्या है तो $n = \frac{360}{\theta} - 1$

यदि $\frac{360}{\theta}$ विषम है तो $n = \frac{360}{\theta} - 1$ यदि वस्तु सिमेट्रीकल है या $n = \frac{360}{\theta}$ यदि वस्तु अनसिमेट्रीकल है।

(ii) यदि दर्पण को θ डिग्री घुमाया जाये, तो परावर्तित किरण 2θ डिग्री घूम जायेगी।

(iii) मनुष्य का पूरा प्रतिबिम्ब देखने के लिए दर्पण की लम्बाई मनुष्य की लम्बाई से आधी होनी चाहिए।

दर्पण तीन प्रकार के होते हैं। समतल दर्पण, उत्तल दर्पण और अवतल दर्पण। समतल दर्पणों को हम आम जीवन में चेहरा देखने, बाल सँवारने आदि में प्रयोग करते हैं। अवतल दर्पणों को कान विशेषज्ञ प्रयोग करते हैं। इन्हें परावर्तक दूरदर्शियों में भी प्रयोग किया जाता है। इसका प्रयोग दाढ़ी बनाने में भी किया जाता है। उत्तल दर्पणों को मोटरकारों में पीछे से आने वाली गाड़ियों को देखने के लिए प्रयोग किया जाता है। ये तीनों प्रकार के दर्पण प्रकाश के परावर्तन पर कार्य करते हैं। समतल दर्पण में प्रतिबिम्ब वस्तु के आकार का बनता है, जबकि उत्तल दर्पण में वस्तु से छोटा। अवतल दर्पण में प्रतिबिम्ब का आकार इस बात पर निर्भर करता है कि वस्तु और दर्पण के बीच कितनी दूरी है।

❂❂❂

एक वस्तु के तीन प्रतिबिम्ब जब दो दर्पण 90ह पर होते हैं।

दृष्टि और नेत्र (Sight and Eye)

आँखें हमारे शरीर का महत्त्वपूर्ण अंग हैं। किसी वस्तु से परावर्तित या प्रकीर्णित प्रकाश जब आँखों में प्रवेश करता है, तब उस वस्तु का उलटा प्रतिबिम्ब आँख के पर्दे पर बनता है। इस पर्दे को रेटीना (Retina) कहते हैं। इस प्रतिबिम्ब के प्रत्येक बिन्दु से प्रकाश की तीव्रता के अनुरूप विद्युत स्पन्द पैदा होते हैं। ये स्पन्द प्रकाशिक तन्त्रिका (Optic Nerves) द्वारा मस्तिष्क तक पहुँचते हैं, जो प्रतिबिम्ब को सीधा कर देता है, जिससे हमें वस्तु के स्वरूप का सही ज्ञान होता है।

हमारी आँख की रचना और कार्यप्रणाली लगभग एक कैमरे की तरह है। आँख का व्यास लगभग 25 mm होता है। यह बाहर से दृढ़ व अपारदर्शी एक सफेद पर्त से ढकी रहती है।

आँखें नजदीक और दूर की सभी वस्तुओं को देख सकती हैं। आँख से अधिकतम दूर का वह बिन्दु जिस पर रखी हुई वस्तु को आँख स्पष्ट देख सकती है, 'दूर बिन्दु' (Far Point) कहलाता है। सामान्यतः यह बिन्दु अनन्त पर होता है। आँख से न्यूनतम दूरी पर स्थित वह बिन्दु जिस पर रखी वस्तु आँख को स्पष्ट दिखायी देती है, 'निकट बिन्दु' (Near Point) कहलाता है। सामान्य आँख के लिए निकट बिन्दु की आँख से दूरी लगभग 25 सेमी. होती है। निकट बिन्दु तथा दूर बिन्दु के बीच की दूरी को 'दृष्टि विस्तार' (Range of Vision) कहते हैं। यह दृष्टि विस्तार आम तौर पर 25 सेमी. से अनन्त तक होता है।

आँखों में कुछ कारणों से दृष्टि सम्बन्धी चार दोष उत्पन्न हो जाते हैं–निकटदृष्टि दोष (Short-Sightedness or Myopia), दूरदृष्टि दोष (Long-Sightedness or Hypermetropia) जरादृष्टि दोष (Presbyopia) और अबिन्दुकता (Astigmatism)।

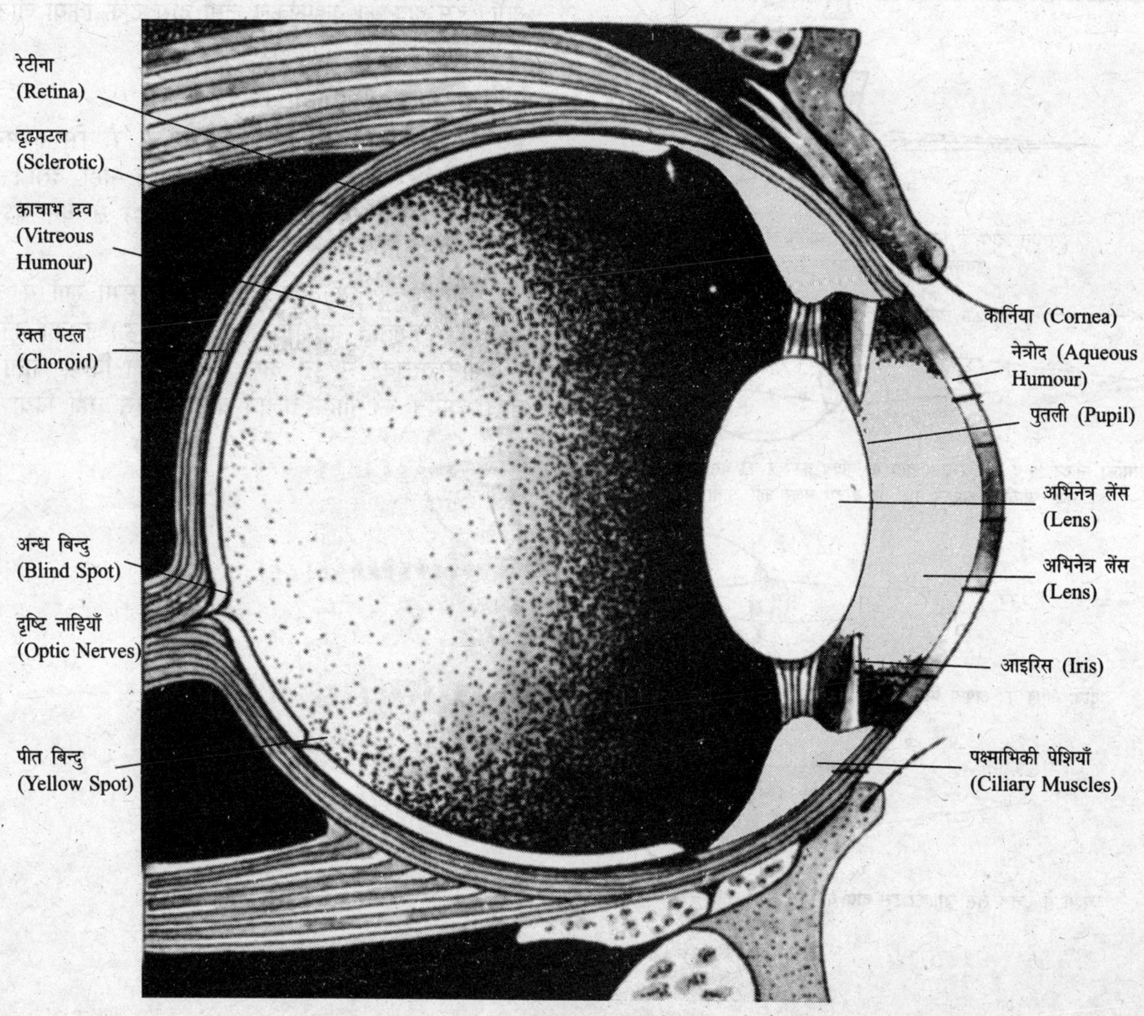

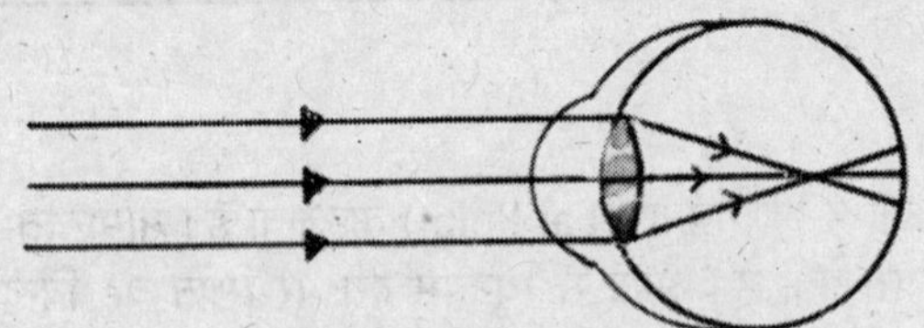

दूरान्धता दोष वाले व्यक्ति के नेत्र लेंस तथा रेटीना के बीच की दूरी उसकी फोकस-दूरी से अधिक होती है।

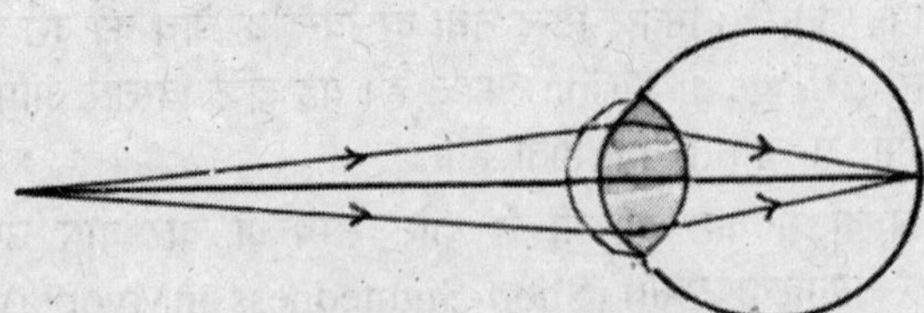

दूरान्धता वाले व्यक्ति का दूर बिन्दु अनन्त पर न होकर आँख के काफी समीप होता है।

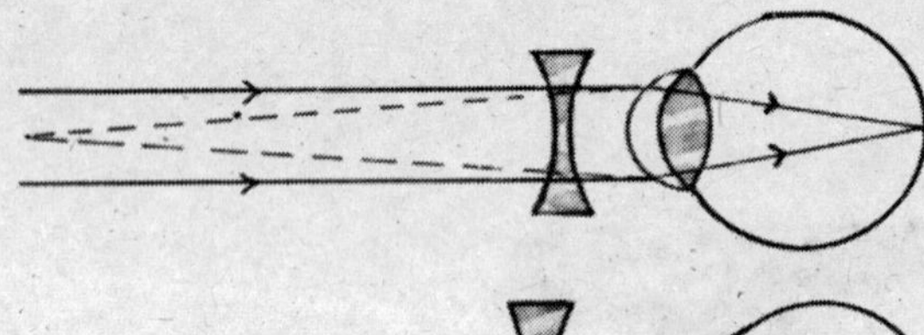

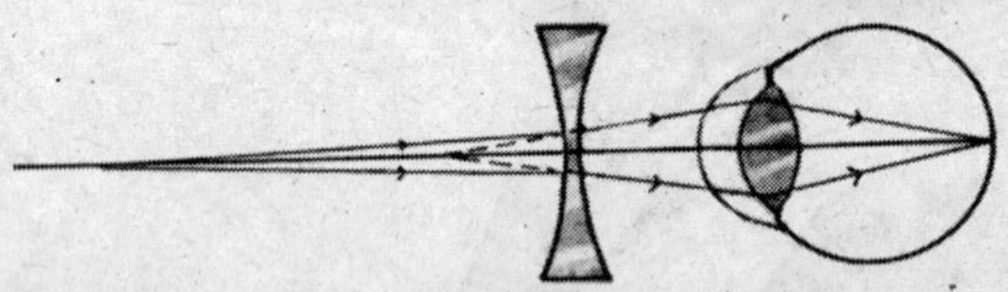

दूरान्धता दोष के निवारण के लिए व्यक्ति के चश्मे में अवतल लेंस लगाना पड़ता है।

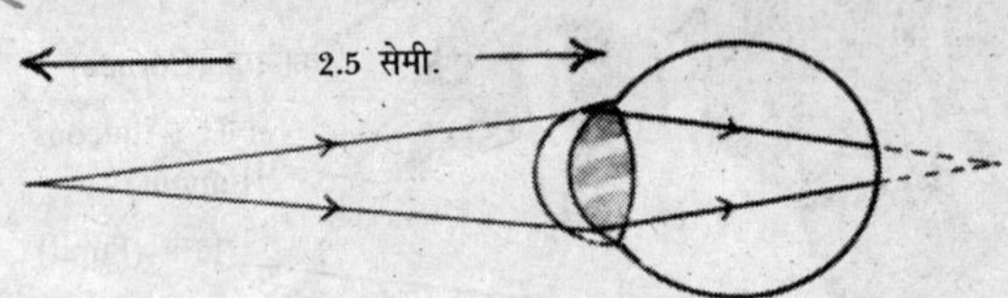

सामान्य निकट बिन्दु निकटान्धता दोष में व्यक्ति को दूर की वस्तुएँ तो स्पष्ट नजर आती हैं लेकिन पास की वस्तुएँ नजर नहीं आतीं।

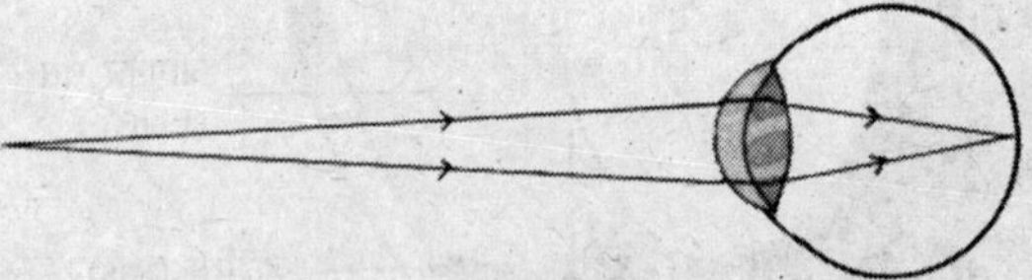

दोषी आँख का अपना निकट बिन्दु 2.5 सेमी. से दूर होता है।

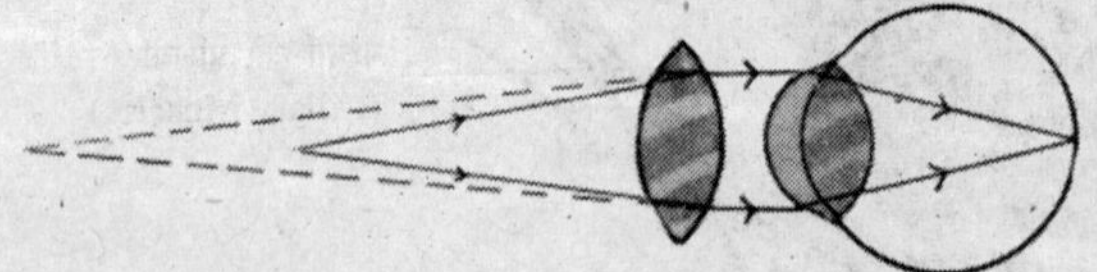

चश्मे में उत्तल लेंस लगाकर इस दोष को दूर किया जाता है।

निकटदृष्टि दोष (Short-Sightedness)

इस दोष में व्यक्ति को नजदीक की वस्तुएँ तो स्पष्ट दिखायी देती हैं, लेकिन दूर की वस्तुएँ स्पष्ट नजर नहीं आतीं। आँख का यह दोष नेत्र लेंस तथा रेटीना के बीच की दूरी बढ़ जाने के कारण होता है। इसलिए दूर की वस्तु का प्रतिबिम्ब रेटीना से पहले बन जाता है और वस्तु धुँधली दिखती है। इस दोष को अवतल लेंस (Concave Lenses) से बने चश्मे द्वारा ठीक किया जाता है। इस चश्मे से दूर की वस्तुओं के प्रतिबिम्ब रेटीना पर बनने लगते हैं। यह दोष सामान्यतः विद्यार्थियों की आँखों में होता है।

दूरदृष्टि दोष (Long-Sightedness)

इस दोष में व्यक्ति को दूर की वस्तुएँ तो स्पष्ट दिखायी देती हैं, लेकिन नजदीक की वस्तुएँ धुँधली नजर आती हैं। कम दूरी पर रखी वस्तुओं का प्रतिबिम्ब रेटीना के पीछे बनता है। इस दोष को उत्तल लेंस से बने चश्मे द्वारा ठीक किया जाता है। उत्तल लेंस द्वारा प्रतिबिम्ब रेटीना पर बनने लगता है, जिससे वस्तु स्पष्ट दिखायी देने लगती है। यह दोष सामान्यतः 40 वर्ष की आयु के बाद पैदा होता है।

जरादृष्टि दोष (Presbyopia)

इस दोष में दूर की और नजदीक की दोनों ही वस्तुएँ स्पष्ट दिखायी नहीं देतीं। इस दोष को वाइफोकल लेंसों द्वारा ठीक किया जाता है। यह दोष भी अधिक उम्र के लोगों में होता है।

अबिन्दुकता (Astigmatism)

इस दोष में वस्तु का प्रतिबिम्ब रेटीना से भिन्न-भिन्न दूरियों पर बनता है, इसलिए वस्तु स्पष्ट दिखायी नहीं देती। इस दोष को बेलनाकार लेंसों (Cylindrical Lenses) से बने चश्मों द्वारा ठीक किया जाता है।

रंगान्धता : इस दोष वाला व्यक्ति सभी रंगों में अन्तर स्थापित नहीं कर सकता। यह एक पैतृक दोष है। इसका कोई इलाज नहीं है। मोटरचालकों में इस दोष का परीक्षण किया जाता है। इस दोष वाले व्यक्ति को गाड़ी चलाने का लाइसेंस नहीं दिया जाता।

✪✪✪

रंगों की दुनिया (World of Colours)

रंगों का सीधा सम्बन्ध प्रकाश से है। रंगों के द्वारा मनुष्य और कुछ जानवर वस्तुओं में अन्तर स्थापित करते हैं। रंगों की अनुभूति हमें आँखों द्वारा होती है।

सूर्य का प्रकाश जो देखने में सफेद लगता है, सात रंगों से मिलकर बना है। इन रंगों को प्रिज्म की सहायता से अलग-अलग किया जा सकता है। जब श्वेत प्रकाश की किरण किसी वस्तु पर पड़ती है, तो वस्तु से जो तरंगदैर्ध्य परावर्तित होती है, तो वस्तु हमें उसी रंग की दिखने लगती है। उदाहरण के लिए घास पर पड़ने वाले सफेद प्रकाश से हरा रंग परावर्तित हो जाता है लेकिन शेष रंग अवशोषित हो जाते हैं। हरे रंग के परावर्तित होने से ही वस्तु हमें हरी दिखायी देती है।

जो वस्तु सभी रंगों को परावर्तित कर देती है, वह सफेद दिखायी देती है, लेकिन जो वस्तु सभी रंगों को अवशोषित कर लेती है, वह काली दिखायी देती है।

प्रकाश के तीन प्राथमिक (Primary) रंग होते हैं–लाल, हरा और नीला। इनमें से किन्हीं दो को मिलाने से दूसरे रंग प्राप्त होते हैं। इन तीनों रंगों के मिलने से श्वेत प्रकाश बनता है। लाल और नीले प्रकाश के मिलने से मेजेण्टा, लाल और हरे रंग के प्रकाश से पीला रंग बनता है। रंगीन टेलीविजन इन तीन रंगों के मिलने से ही विभिन्न रंग दर्शाता है।

पेण्ट और डाइयों के रंगों का सिद्धान्त अलग है। मेजेण्टा, नीला और पीला रंग पेण्टों के प्राथमिक रंग माने जाते हैं, इनके मिलाने से ही आर्टिस्ट विभिन्न रंगों का निर्माण करता है। उदाहरण के लिए मेजेण्टा और पीले रंग के पेण्ट के मिलाने से सन्तरी रंग बनता है।

रंगों की दुनिया बहुत ही सुन्दर है, लेकिन कुछ लोग रंगान्ध होते हैं। अर्थात् वे दो रंगों में अन्तर स्थापित नहीं कर सकते। रंगान्ध लोग केवल दो ही रंगों को देख सकते हैं। यह एक जन्मजात रोग है इसका कोई उपचार नहीं है।

❂❂❂

सूक्ष्मदर्शी और दूरदर्शी (Microscopes and Telescopes)

सूक्ष्मदर्शी तथा दूरदर्शी ऐसे यन्त्र हैं, जिनको क्रमशः पास की अत्यन्त सूक्ष्म वस्तुओं को और दूर की बड़ी वस्तुओं को स्पष्ट रूप से देखने के लिए प्रयोग किया जाता है।

सूक्ष्मदर्शी (Microscope)

सूक्ष्मदर्शी की सहायता से उन सूक्ष्म वस्तुओं को देखा जाता है, जिन्हें खाली आँखों से नहीं देखा जा सकता। इस यन्त्र से बना वस्तु का प्रतिबिम्ब स्पष्ट दृष्टि की न्यूनतम दूरी पर या उसके परे बनता है, जिसे हमारी आँखें आसानी से देख सकती हैं। सूक्ष्मदर्शी दो प्रकार के होते हैं–सरल सूक्ष्मदर्शी (Simple Microscope) तथा संयुक्त सूक्ष्मदर्शी (Compound Microscope)

सरल सूक्ष्मदर्शी एक उत्तल लेंस होता है। जब वस्तु को लेंस के फोकस और प्रकाशिक केन्द्र के बीच में रखा जाता है, तो वस्तु का आभासी बड़ा एवं सीधा प्रतिबिम्ब बनता है। इस यन्त्र से अधिक आवर्धन प्राप्त नहीं हो सकता, इसलिए अधिक आवर्धन प्राप्त करने के लिए एक के बजाय दो लेंसों का प्रयोग किया जाता है। इसको

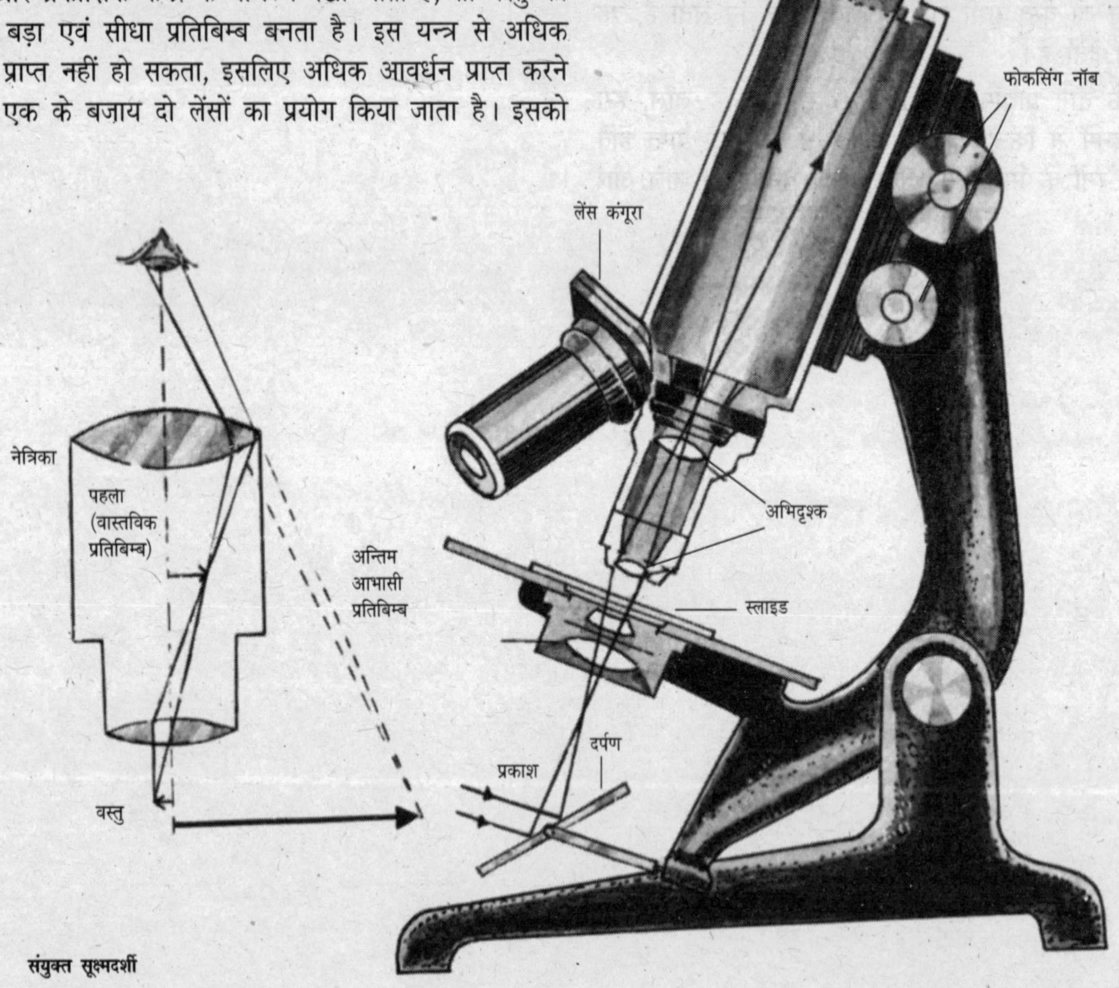

संयुक्त सूक्ष्मदर्शी

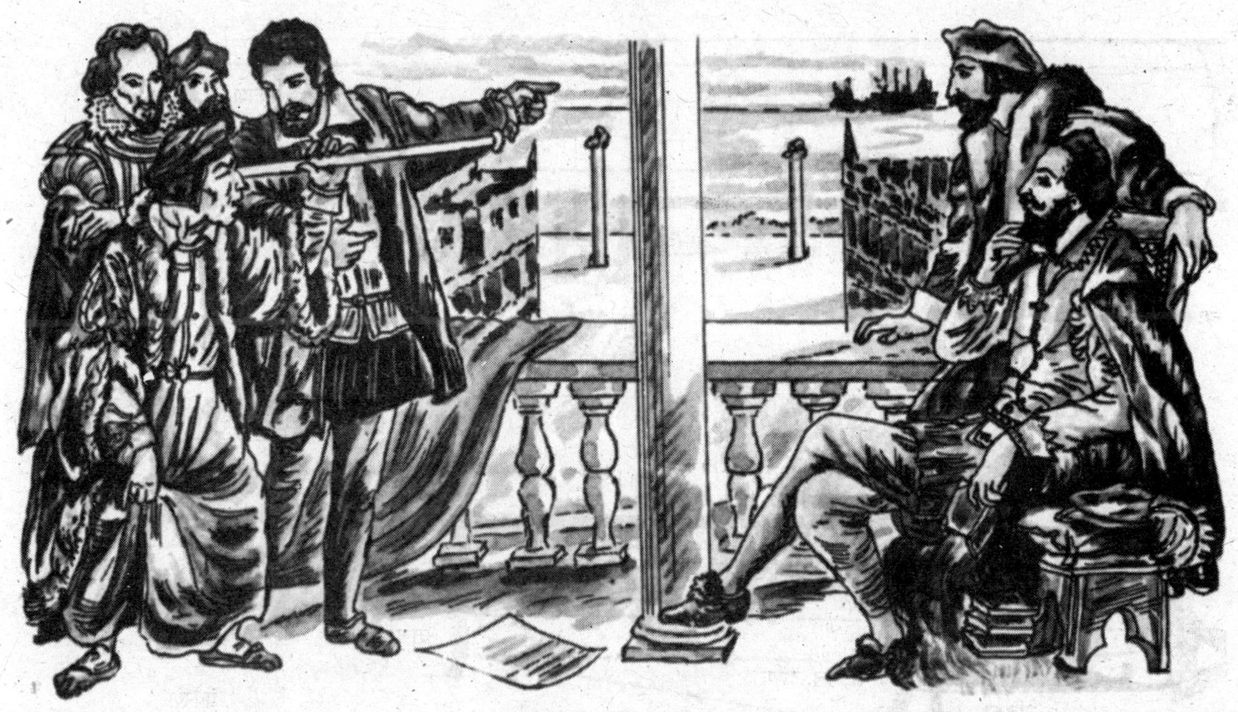

गैलिलियो अपना दूरदर्शी दिखाते हुए

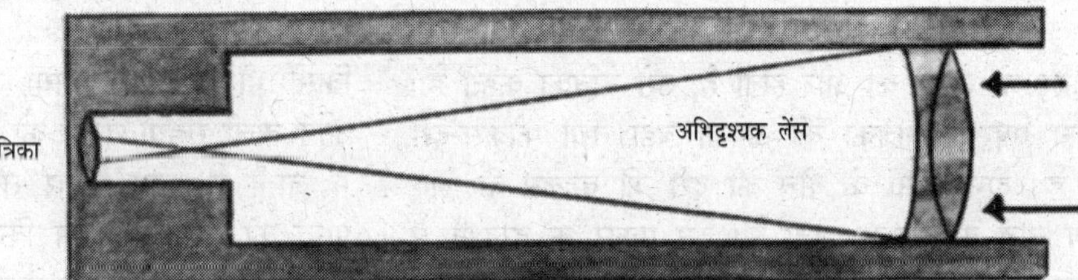

प्रारम्भिक खगोलीय-दूरदर्शी

संयुक्त सूक्ष्मदर्शी कहते हैं। संयुक्त सूक्ष्मदर्शी में एक ही उभयनिष्ठ अक्ष पर रखे हुए दो उत्तल लेंस होते हैं। जो लेंस वस्तु की ओर होता है, उसे 'अभिदृश्यक' (Objective) और जो आँख के पास होता है, 'नेत्रिका लेंस' (Eyepiece) कहते हैं। अभिदृश्यक लेंस का एपरचर नेत्रिका की अपेक्षा छोटा होता है। इन दोनों लेंसों की फोकस-दूरियाँ कम होती हैं। दोनों ही लेंस धातु की एक नली में लगे रहते हैं। नेत्रिका को नली के अन्दर एक फोकसिंग नॉब द्वारा आगे-पीछे खिसकाया जा सकता है। जो वस्तु देखनी होती है, उसे अभिदृश्यक के सामने उसकी फोकस-दूरी से कुछ अधिक दूरी पर रखा जाता है।

एक उत्तम प्रकाशीय सूक्ष्मदर्शी का आवर्धन 2500 तक हो सकता है। अधिक आवर्धन के लिए इलेक्ट्रॉन सूक्ष्मदर्शी का इस्तेमाल किया जाता है। इलेक्ट्रॉन सूक्ष्मदर्शी से वस्तु को दो लाख गुना तक आवर्धित किया जा सकता है। इस यन्त्र में दृश्य प्रकाश के स्थान पर इलेक्ट्रॉन किरणपुंज प्रयोग की जाती है। इनमें चुम्बकीय लेंस होते हैं। इनकी तरंगदैर्ध्य प्रकाश से बहुत कम होती है, इसलिए इनका आवर्धन अधिक होता है। जापान में कुछ वर्ष पहले ऐसा इलेक्ट्रान सूक्ष्मदर्शी बनाया गया, जिसका आवर्धन 10 लाख तक हो सकता है। आज तो वैज्ञानिकों ने ध्वनि तरंगों पर आधारित सूक्ष्मदर्शी भी बना लिये हैं।

खगोलीय-दूरदर्शी (Astronomical Telescope)

दूरदर्शी या दूरबीन का आविष्कार सन् 1608 में नीदरलैण्ड के हैंस लिपरशी ने किया था। गैलिलियो ने सन् 1609 में पहला सफल दूरदर्शी बनाकर वृहस्पति के चन्द्रमाओं और शनि के छल्लों का अध्ययन किया।

खगोलीय-दूरदर्शी आकाशीय पिण्डों या अत्यधिक दूरी पर स्थित वस्तुओं को देखने के काम आता है। इस यन्त्र में आम तौर पर दो उत्तल लेंस होते हैं, जो एक ही उभयनिष्ट अक्ष पर एक धातु की नली में लगे रहते हैं। जो लेंस वस्तु की ओर रहता है, उसे

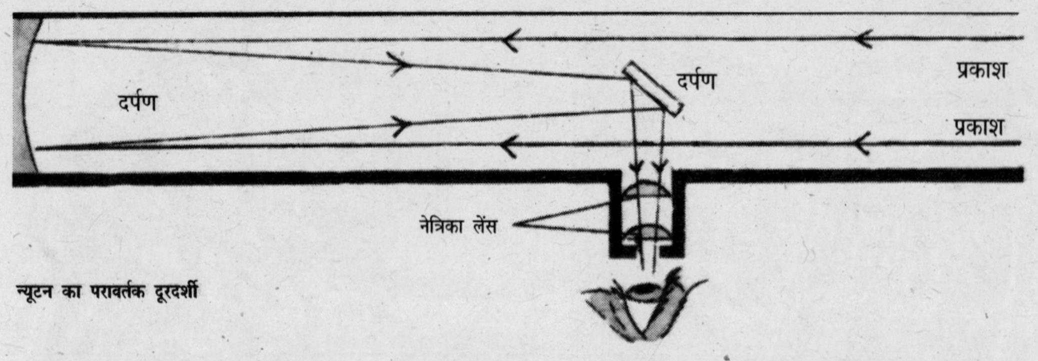

न्यूटन का परावर्तक दूरदर्शी

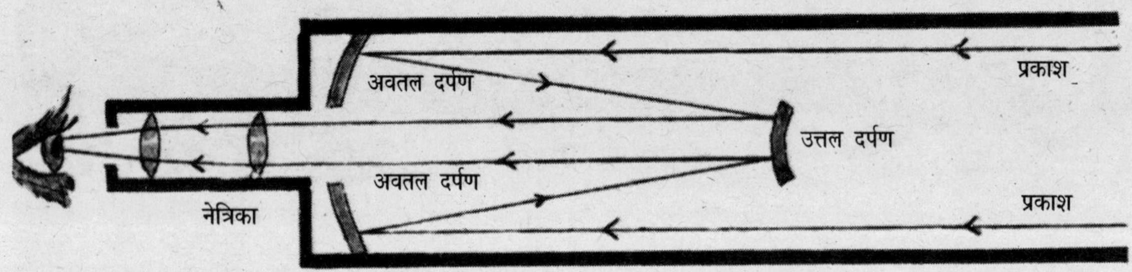

न्यूटन के दूरदर्शी के बाद कैसीग्रेनियन दूरदर्शी विकसित किया गया।

अभिदृश्यक और जो आँख की ओर होता है, उसे नेत्रिका कहते हैं। अभिदृश्यक का एपरचर नेत्रिका की अपेक्षा बड़ा तथा फोकस-दूरी अधिक होती है। दोनों लेंसों के बीच की दूरी को बदलने के लिए एक फोकसिंग नॉब का प्रबन्ध होता है। इस प्रकार के दूरदर्शी में वस्तु का उलटा प्रतिबिम्ब बनता है। प्रतिबिम्ब को सीधा करने के लिए प्रिज्म प्रयोग में लाया जाता है।

परावर्तक-दूरदर्शी (Reflecting Telescope)

न्यूटन ने सन् 1668 में परावर्तक-दूरदर्शी का आविष्कार किया। इसमें लेंस की जगह वक्राकार दर्पण का प्रयोग किया गया था। इसके बाद एन. कैसीग्रेन ने इसी प्रकार के दूसरे दूरदर्शियों का विकास किया।

परावर्तक-दूरदर्शी में अभिदृश्यक का एपरचर बड़ा होता है। इसमें वर्ण विपथन तथा गोलीय विपथन के दोष नहीं होते। परावर्तक-दूरदर्शी में प्रकाश का अवशोषण बहुत कम होता है, इसलिए इससे बना प्रतिबिम्ब, अपवर्तक-दूरदर्शी की अपेक्षा अधिक स्पष्ट होता है।

विश्व की सबसे बड़ी परावर्तक-दूरदर्शी रूस की एस्ट्रो फिजिकल ऑब्जरवेटरी में लगा है, जिसके दर्पण का व्यास 600 सेमी. है।

रेडियो-दूरदर्शी (Radio Telescope)

इनमें डिश के आकार का धातु का एक बड़ा एण्टीना होता है, जिसे किसी भी दिशा में घुमाया जा सकता है। यह खगोलीय पिण्डों से आने वाली रेडियो तंरगों को प्राप्त करता हैं। ये रेडियो तरंगें रिसीवर में जाती हैं। इस प्रकार तारों और ग्रहों के विषय में जानकारी प्राप्त की जाती है। इस किस्म का सबसे बड़ा दूरदर्शी पोर्टो रिको (Puerto Rico) के आरेसिबो (Arecibo) बन्दरगाह में एक पहाड़ी पर स्थित है। इसकी डिश का व्यास 304.80 मी. है। यह 1500 करोड़ प्रकाश वर्ष तक की दूरी से आने वाली रेडियो तरंगों को ग्रहण कर सकने में सक्षम है। यहाँ यह जान लेना जरूरी है कि एक प्रकाश वर्ष वह दूरी है, जो प्रकाश एक वर्ष में तय करता है। इसका मान 9.46×10^{12} किलोमीटर है। फ्रांस में भी एक ऐसा ही शक्तिशाली रेडियो-दूरदर्शी है।

अभी कुछ वर्ष पहले वैज्ञानिकों ने स्पेस शटल की सहायता से अन्तरिक्ष में पृथ्वी की कक्षा में हबल अन्तरिक्ष दूरदर्शी स्थापित किया है, जो धरती के किसी भी दूरदर्शी से दस गुना अधिक शक्तिशाली है। इस दूरदर्शी का नाम हबल अन्तरिक्ष दूरदर्शी (Hubble Space Telescope) है।

❂❂❂

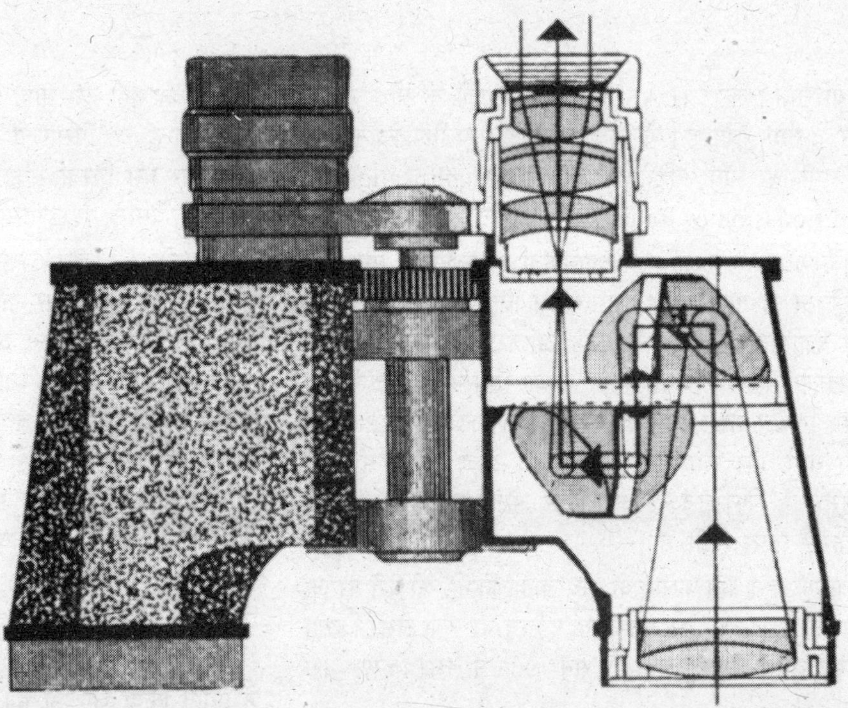

दूरदर्शी की अपेक्षा बाइनाकुलरों में प्रकतबिम्ब अधिक स्पष्ट दिखायी देते हैं। इनमें दो दूरदर्शी होते हैं तथा प्रत्येक ट्यूब में दो प्रिज्म होते हैं।

लेसर किरणें ऐसी विद्युत-चुम्बकीय किरणें हैं, जिनमें केवल एक रंग होता है, इनकी तरंगों में विशेष तालमेल होता है, इनकी तीव्रता बहुत अधिक होती है और ये अत्यधिक दूरियों तक एक ही दिशा में जाने पर बहुत कम फैलती है। ये गुण साधारण प्रकाश में नहीं होते। 'लेसर किरण' देने वाले स्रोत को भी 'लेसर' ही कहते हैं। प्रथम लेसर का निर्माण अमरीका के टी. एच. मेमन ने सन् 1960 में किया था। उन्होंने रूबी मणिभ की छड़ और जीनॉन फ्लैश लैम्प द्वारा एक उपकरण बनाया। इस उपकरण से एक लाल रंग की किरण निकली, जिसकी चमक सूर्य से भी कई गुना अधिक थी। इसी लाल किरण को 'लेसर'

रेडियो-दूरदर्शी

लेसर (Laser)

का नाम दिया गया। लेसर (LASER) शब्द अँग्रेजी के पाँच अक्षरों को मिलाकर बनाया गया है। ये अक्षर 'लाइट एम्पलीफिकेशन बाइ स्टिम्यूलेटेड एमीशन ऑफ रेडियेशन' (Light Amplification by Stimulated Emission of Radiation) को प्रदर्शित करते हैं।

लेसर किरणों के प्रकाश में दिशात्मकता, एकवर्णता, सम्बद्धता तथा उच्च तीव्रता के गुण होते हैं। इसके इन विचित्र गुणों का महत्त्व समझते हुए वैज्ञानिकों ने अब रूबी के अतिरिक्त और भी अनेक ऐसे पदार्थ खोज लिये हैं, जिनसे लेसर क्रिया सम्पन्न हो सकती है। इनमें हीलियम नियॉन लेसर, आर्गन लेसर, कार्बन डाइआक्साइड लेसर, नियोडिमियम याग और ग्लास लेसर मुख्य हैं। आज दुनिया में इतने प्रकार के लेसर हैं, जिनसे दृश्य किरणों के अतिरिक्त अवरक्त और पराबैंगनी किरणें प्राप्त होती हैं।

लेसर किरणें बहुत कम फैलाव के साथ लाखों किमी. की दूरी पर जा सकती हैं। धरती से चन्द्रमा की सतह तक पहुँचने पर रूबी लेसर किरण केवल 3 किमी. व्यास में ही फैलती है। सन् 1969 में लेसर किरण द्वारा चन्द्रमा की सही दूरी मापी गयी थी। युद्ध के लिए ऐसे यन्त्र विकसित किये गये हैं, जो मिसाइलों का नियन्त्रण तथा मार्ग-निर्देशन कर नियत स्थान पर बम गिरवा सकते हैं। इराक के दोनों युद्धों में लेसर यन्त्रों का ऊँचे पैमाने पर इस्तेमाल किया गया था।

आजकल विज्ञान, तकनीकी, चिकित्सा, रक्षा तथा संचार व्यवस्था के अनेक क्षेत्रों में लेसर का इस्तेमाल किया जा रहा है। हीरों में छेद करने, धातुओं को काटने और सुरंग को एक सीध में बनाने में लेसर महत्त्वपूर्ण सिद्ध हुए हैं। चिकित्सा-क्षेत्र में लेसर किरणों की सहायता से आँखों के मोतिया-बिन्द तथा रेटिना के सफल ऑपरेशन किये जा रहे हैं। इनसे बिना रक्त बहे शल्य-चिकित्सा की जा सकती है। अन्तरिक्ष अनुसन्धानों के क्षेत्र में तो ये किरणें वरदान सिद्ध हो रही हैं। होलोग्राफी, फोटोग्राफी, रेडियो, टेलीविजन, कम्प्यूटर प्रिण्टिंग आदि में भी लेसर किरणों का इस्तेमाल काफी बड़े पैमाने पर किया जा रहा है। लेसर किरणों ने तन्तु संचार में क्रान्ति पैदा कर दी है। रोग निदान में ये किरणें बहुत उपयोगी सिद्ध हुई हैं। रक्षा में इन किरणों को युद्ध के मैदान में प्रयोग किया जा रहा है।

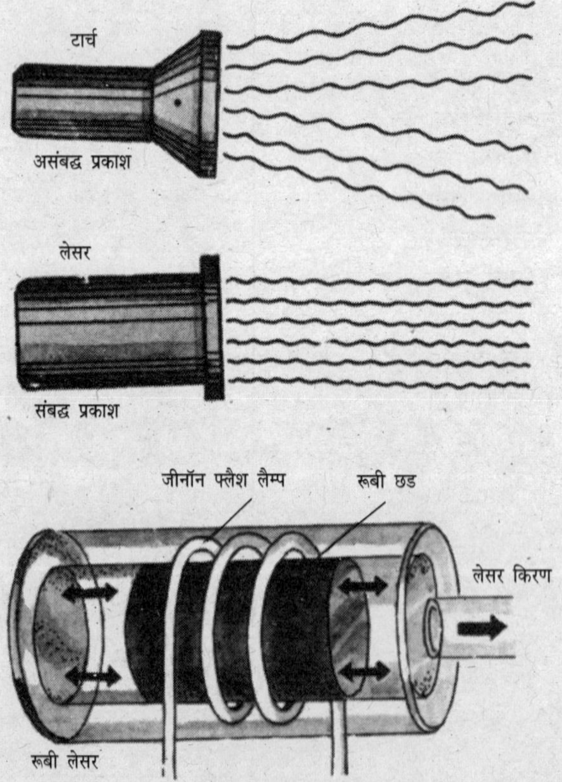

Quiz Books
(प्रश्नोत्तरी की पुस्तकें)

MYSTERIES
(रहस्य)

DRAWING BOOKS (ड्राइंग बुक्स)

QUOTES/SAYINGS (उद्धरण/सूक्तियाँ)

BIOGRAPHIES (आत्म कथाएँ)

PUZZLES (पहेलियाँ)

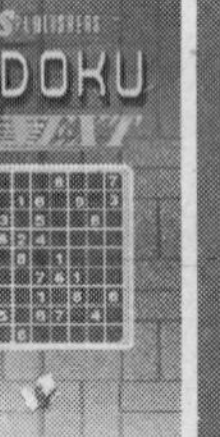

ACTIVITIES BOOK (एक्टिविटीज बुक)